中文版

AutoCAD 2018 建筑与土木工程辅助设计 从入门到精通

孙文君 / 著

中国青年出版社

图书在版编目（CIP）数据

中文版AutoCAD 2018建筑与土木工程辅助设计从入门到精通／孙文君著. 一 北京：中国青年出版社，2018.11
ISBN 978-7-5153-5248-0
I.①中… II.①孙… III. ①建筑设计-计算机辅助设计-AutoCAD软件
IV. ①TU201.4
中国版本图书馆CIP数据核字（2018）第193885号

策划编辑 张 鹏
责任编辑 张 军

中文版AutoCAD 2018
建筑与土木工程辅助设计从入门到精通

孙文君 / 著

出版发行：中国青年出版社
地　　址：北京市东四十二条21号
邮政编码：100708
电　　话：（010）50856188／50856199
传　　真：（010）50856111
企　　划：北京中青雄狮数码传媒科技有限公司
印　　刷：三河市文通印刷包装有限公司
开　　本：787 x 1092 1/16
印　　张：23.5
版　　次：2018年11月北京第1版
印　　次：2018年11月第1次印刷
书　　号：ISBN 978-7-5153-5248-0
定　　价：69.90元
（附赠语音视频教学+案例素材文件+设计模块素材+图集与效果图+海量实用资源）

本书如有印装质量等问题，请与本社联系
电话：（010）50856188 / 50856199
读者来信：reader@cypmedia.com
投稿邮箱：author@cypmedia.com
如有其他问题请访问我们的网站：http://www.cypmedia.com

前言

Preface

首先感谢您选择并阅读本书！

软件介绍

随着计算机技术的飞速发展，计算机绘图与计算机辅助设计技术作为现代科学技术，现已广泛应用于各行各业的设计中，并对工程制图产生了重大的影响。AutoCAD是美国AutoDesk公司开发的一款计算机辅助制图与设计软件，经过不断的完善，现已成为国际上广为流行的辅助制图工具。AutoCAD以简洁的用户界面、丰富的绘图命令、强大的编辑功能以及开放的体系结构，广泛应用于建筑、土木工程、机械、电子、轻工业、纺织、化工等诸多领域，赢得了各行各业绘图人士的青睐。

内容提要

为了使读者能够快速掌握建筑与土木工程图纸的绘制方法和设计技能，本书以最新的AutoCAD 2018版本为基础，对软件的应用进行详细讲解，并在实例的挑选和结构的设计上进行了精心的编排，全面、详细地介绍了AutoCAD 2018在建筑和土木工程方面的应用，大致内容如下：

章 节	内 容 概 要
Chapter 01	主要对建筑与土木工程制图的相关知识进行介绍，包括工程制图的发展历程、工程制图的现状与未来以及工程制图的基本制图标准等
Chapter 02	主要对AutoCAD 2018的入门操作知识进行介绍，包括软件概述、工作空间介绍、软件界面介绍以及绘图环境设置等
Chapter 03	主要对AutoCAD 2018的基础操作进行介绍，包括命令的调用方法、图形文件的基本操作、坐标系的应用、视口显示、视图显示控制以及图层的设置与管理等
Chapter 04	主要对AutoCAD 2018二维图形的绘制操作进行介绍，包括点的绘制方法、直线的绘制方法、各类圆的绘制方法、多边形的绘制方法、多线段的绘制方法、多线的绘制方法以及面域对象的绘制方法等
Chapter 05	主要对AutoCAD 2018二维图形的编辑操作进行介绍，包括图形对象的选取、图形对象的复制、图形对象的修改、图形对象位置和大小的改变以及图形对象的填充等
Chapter 06	主要对AutoCAD 2018辅助绘图功能的应用进行介绍，包括捕捉功能的应用、夹点功能的应用、图形特性功能的应用以及对象约束功能的应用等
Chapter 07	主要对AutoCAD 2018文本与表格的应用进行介绍，包括文字样式的设置、文本的创建与编辑以及表格的应用等
Chapter 08	主要对AutoCAD 2018尺寸标注功能进行介绍，包括尺寸标注的组成、尺寸标注的原则、尺寸标注的样式设置、基本尺寸标注的应用、尺寸标注的编辑以及引线标注的应用等

（续表）

章 节	内 容 概 要
Chapter 09	主要对AutoCAD 2018的图块、外部参照与设计中心应用进行介绍，包括图块的具体应用、图块属性的编辑、外部参照的应用、设计中心的应用以及动态图块的设置等
Chapter 10	主要对小高层建筑施工图的绘制方法进行详细介绍，主要包括小高层建筑图纸绘制的前期设置、平面图的绘制、南立面图的绘制、墙体窗洞的绘制、剖面图的绘制以及外墙装饰等
Chapter 11	主要对幼儿园建筑施工图的绘制方法进行详细介绍，主要包括幼儿园建筑标准层平面图、南立面图以及建筑剖面图的绘制等
Chapter 12	主要对别墅建筑施工图的绘制方法进行详细介绍，主要包括标准层平面图、顶平面图、立面图以及建筑剖面图的绘制等
Chapter 13	主要对别墅建筑结构图的绘制操作进行详细介绍，主要包括桩平面图的绘制、基础平面布置图的绘制、墙柱定位图的绘制以及梁配筋图与板配筋图的绘制等

读者对象

本书对AutoCAD在建筑与土木工程方面的应用进行了详细介绍，能够开拓读者思路，提高知识水平的综合运用能力，使用读者对象如下。

- 大中专院校建筑或土木工程专业的师生；
- 参加计算机辅助设计培训的学员；
- 建筑或土木工程行业的相关设计师；
- 想快速掌握AutoCAD软件并应用于实际工作的初学者。

随书附赠的独家秘料中，包含了本书所有实例的素材文件和最终文件，方便读者高效学习；高清语音教学视频，对本书所有案例的实现过程进行了详细讲解；海量的CAD图块和建筑设计图纸，供读者练习使用，可极大地提高学习效率。本书由河北水利电力学院孙文君老师编写，全书共计约56万字，在编写过程中力求严谨，但由于时间和精力有限，书中纰漏和考虑不周之处在所难免，敬请广大读者予以批评、指正。

编 者

目 录

Contents

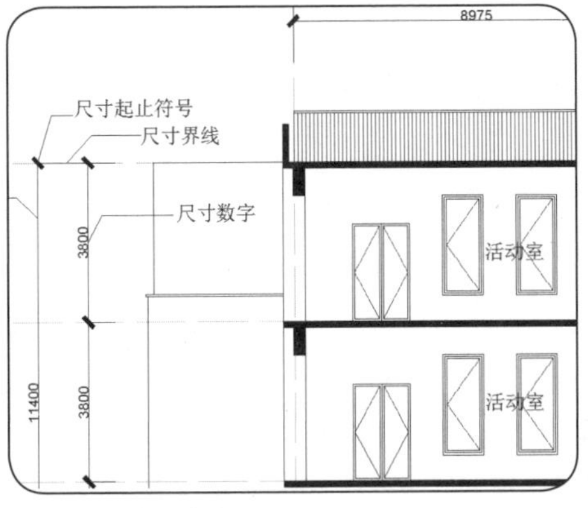

◎标注的各部分名称

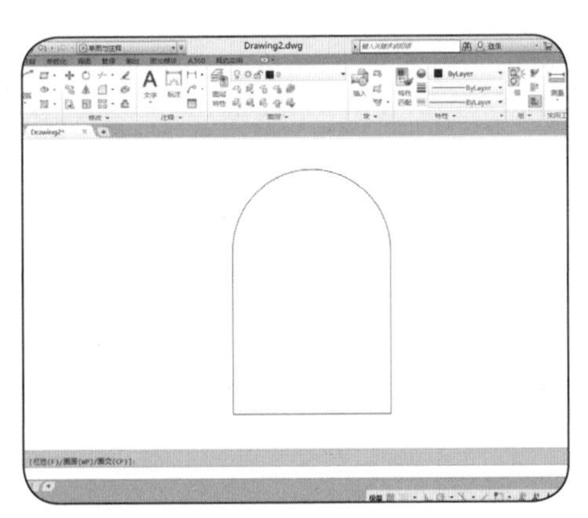

◎【草图与注释】工作空间

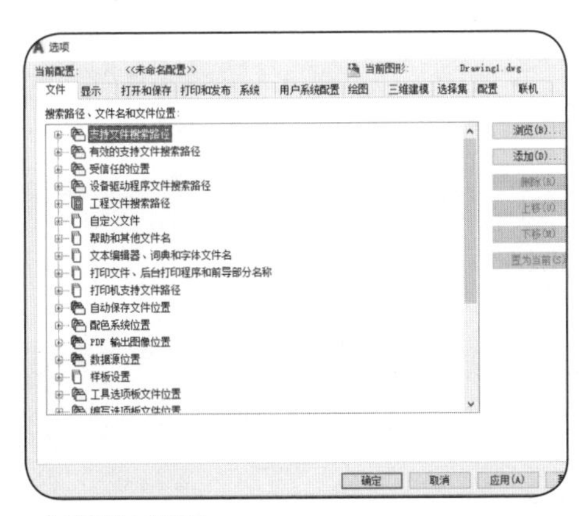

◎【选项】对话框

Chapter 01

工程绘图简介

Chapter 02

AutoCAD 快速入门

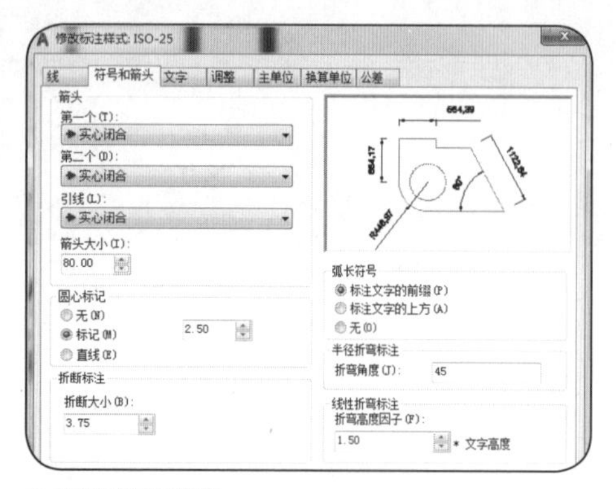

◎ 设置符号和箭头

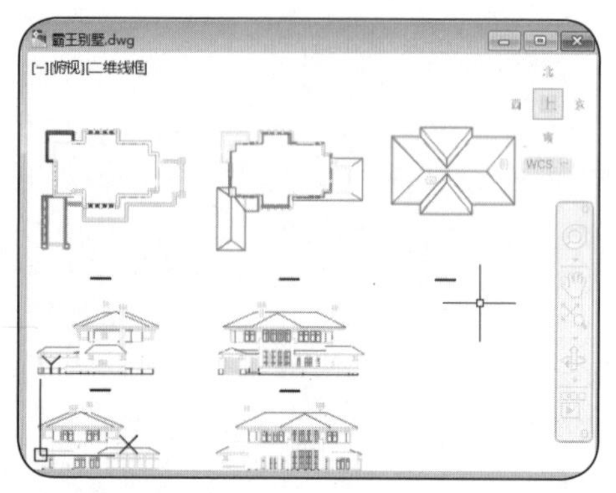

◎ 二维坐标系

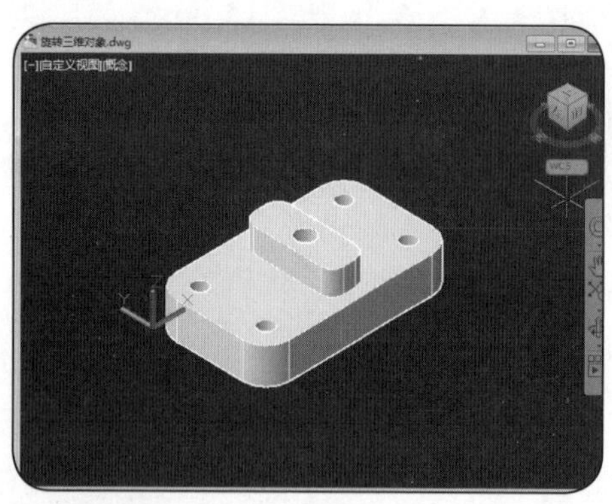

◎ 三维坐标系

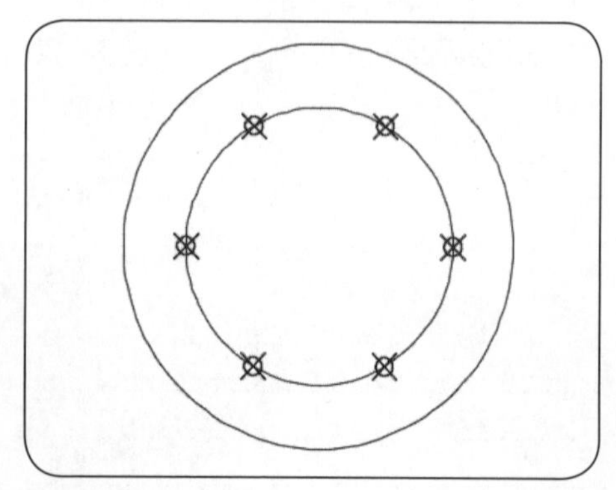

◎ 完成定数等分操作

Chapter 03
AutoCAD 基础操作

Chapter 04
二维图形绘制

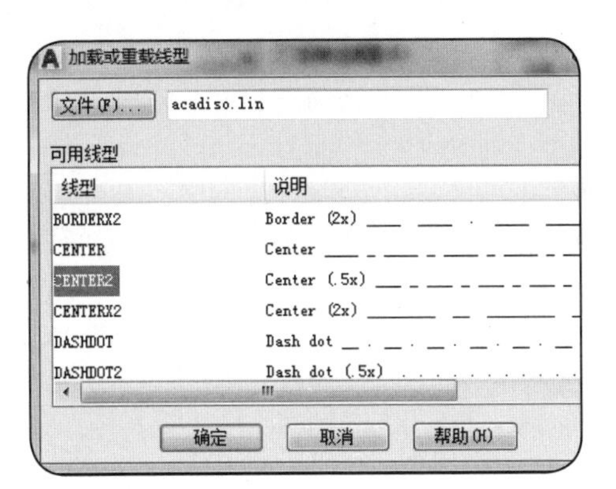

◎选择线型

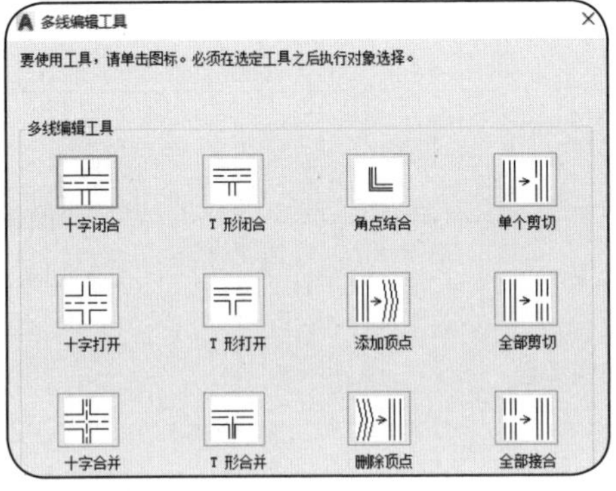

◎【多线编辑工具】对话框

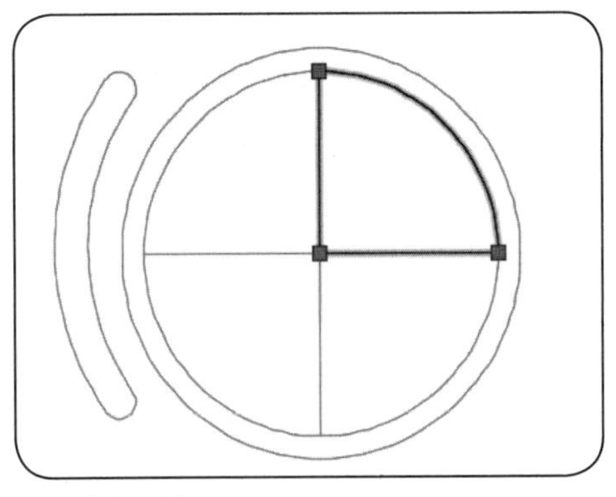
◎完成面域创建

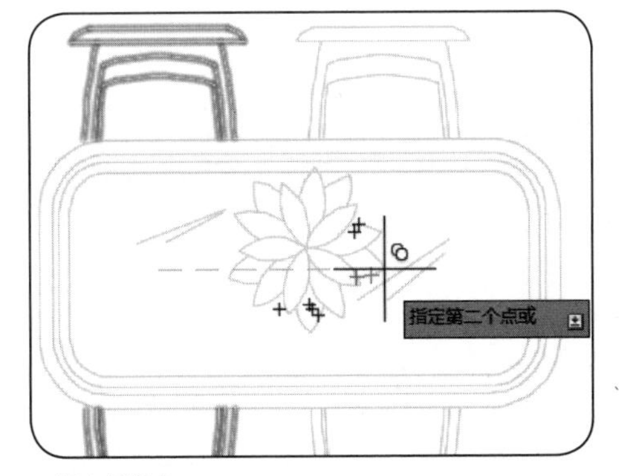

◎指定新基点

Chapter 05 二维图形编辑

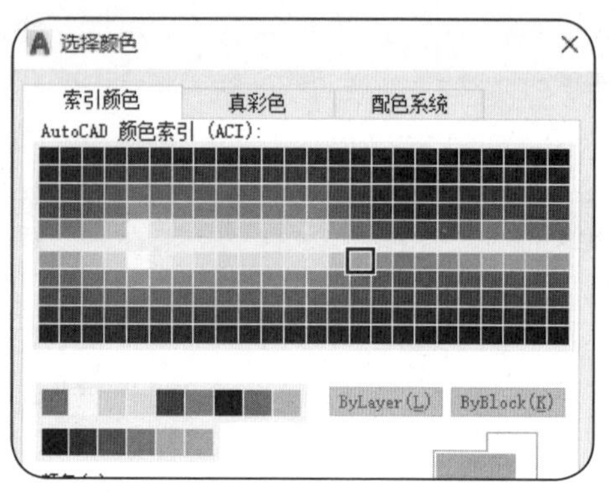

⊙设置颜色

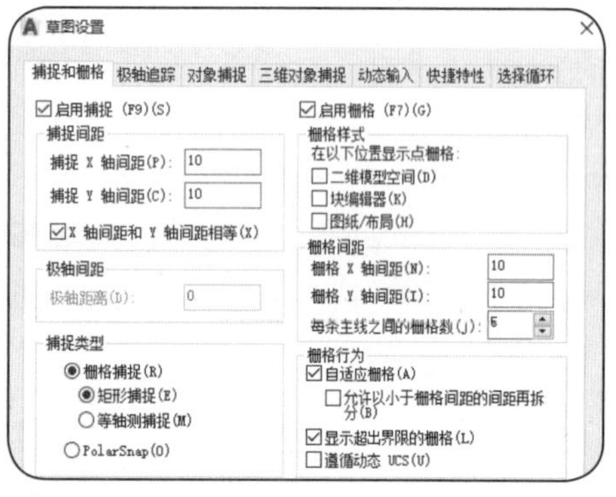

⊙菜单栏命令启用

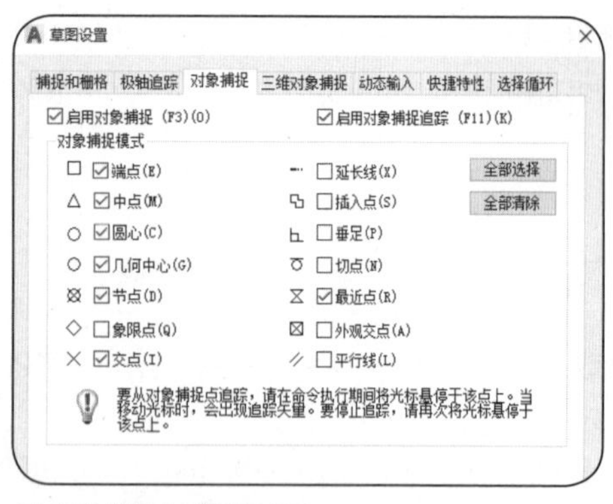

⊙【对象捕捉】对话框启用

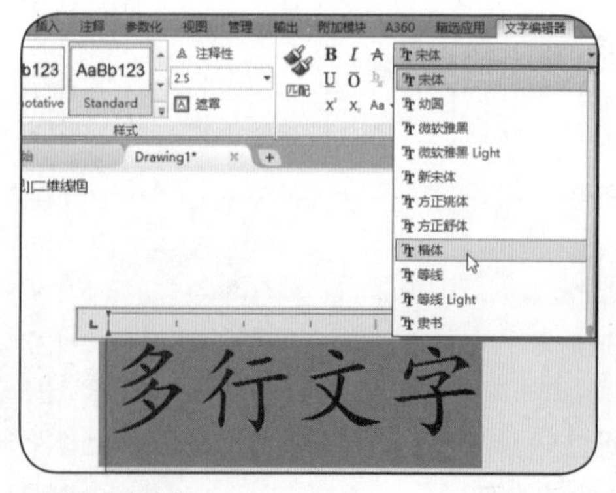

⊙设置文本字体

Chapter 06
精确绘制图形

Chapter 07
文本和表格应用

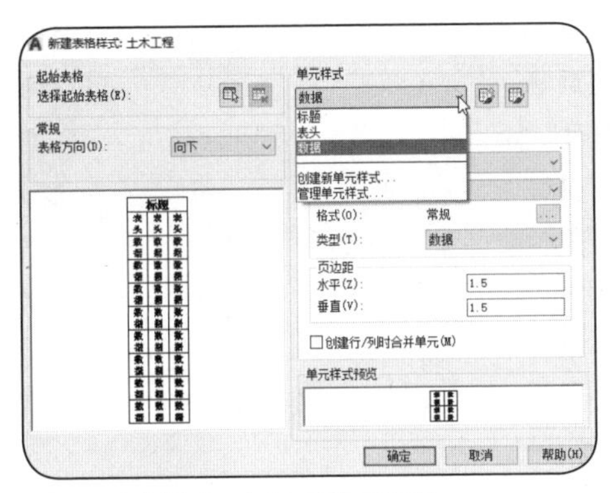

◎【新建表格样式：土木工程】对话框

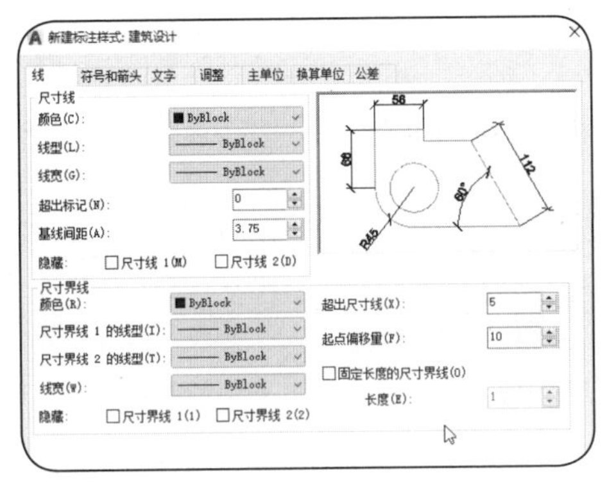

◎设置尺寸线

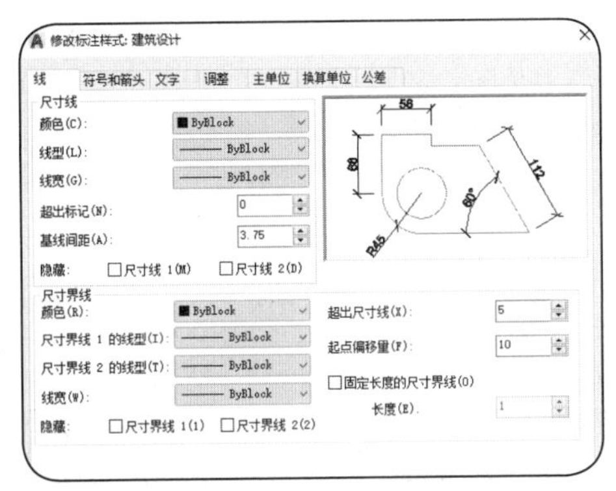

◎【线】选项卡

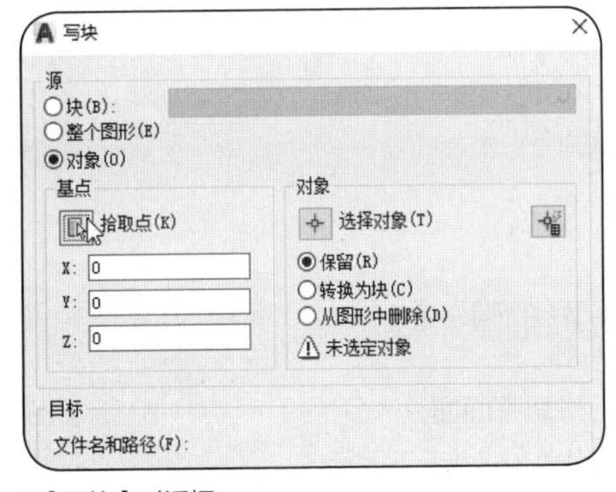

◎【写块】对话框

Chapter 08
尺寸标注应用

Chapter 09
图块、外部参照与设计中心应用

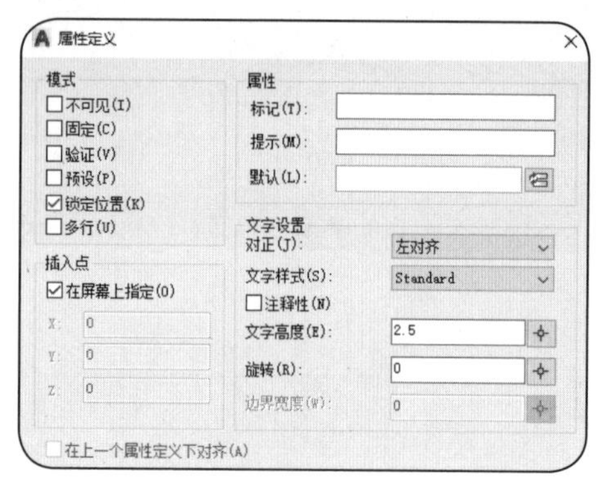

◎【属性定义】对话框

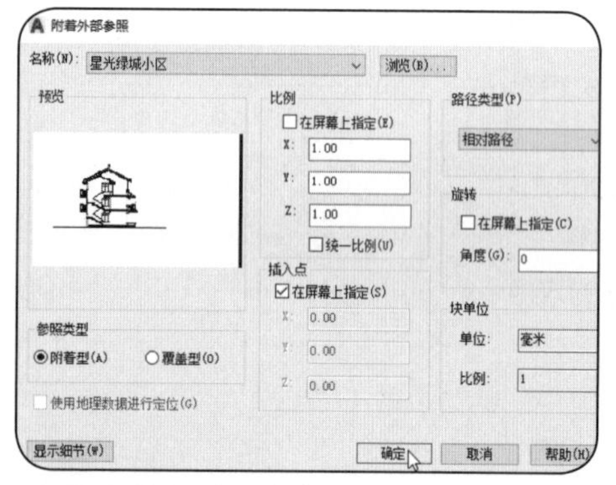

◎【附着外部参照】对话框

◎ 绘制标注

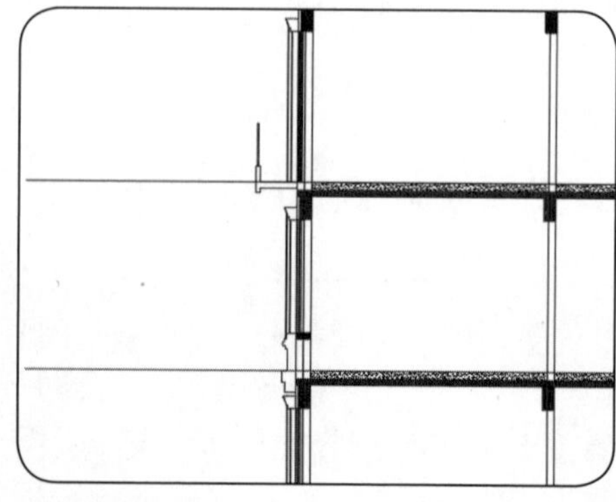

◎ 绘制外墙玻璃

Chapter 10

绘制小高层建筑图

Chapter 11

绘制幼儿园建筑图

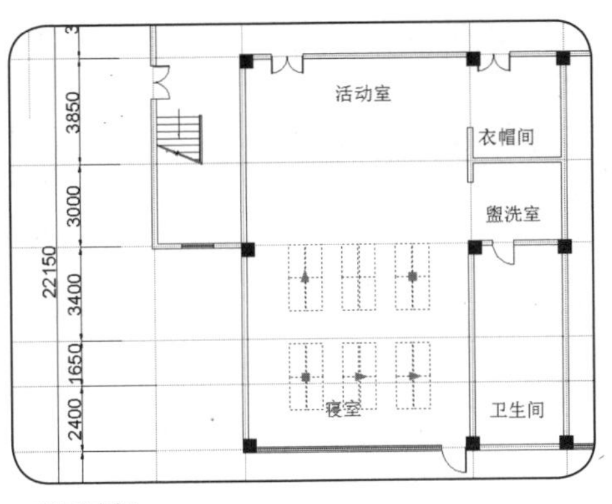

◎ 阵列床板

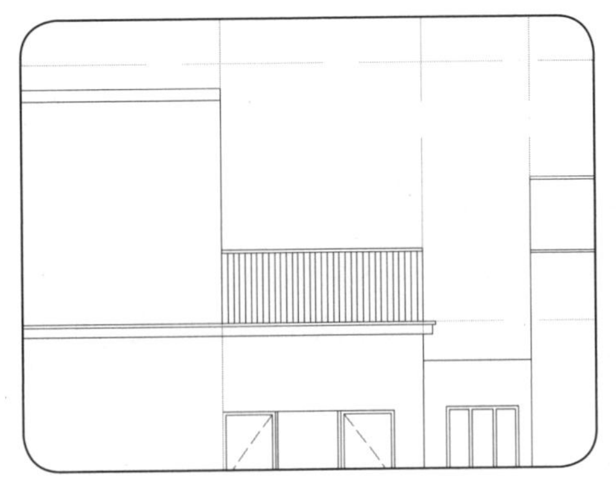

◎ 绘制栏杆扶手

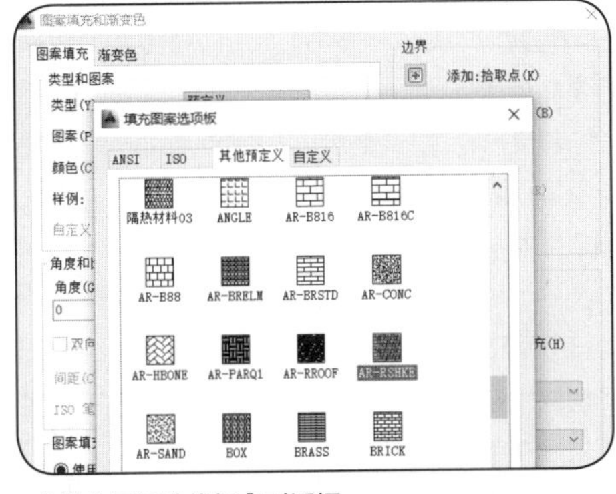

◎【填充图层选线板】对话框

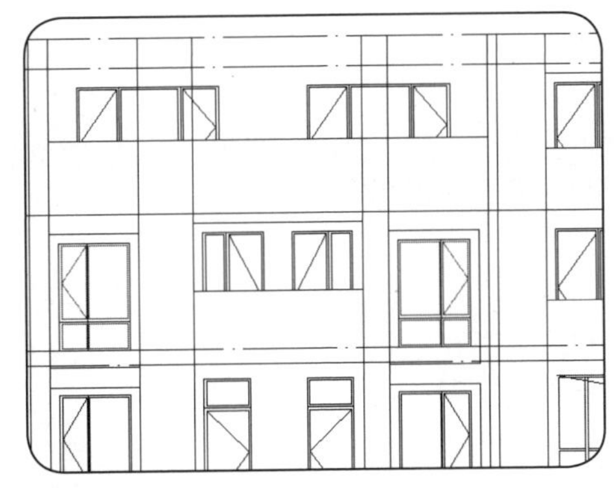

◎ 绘制阳台

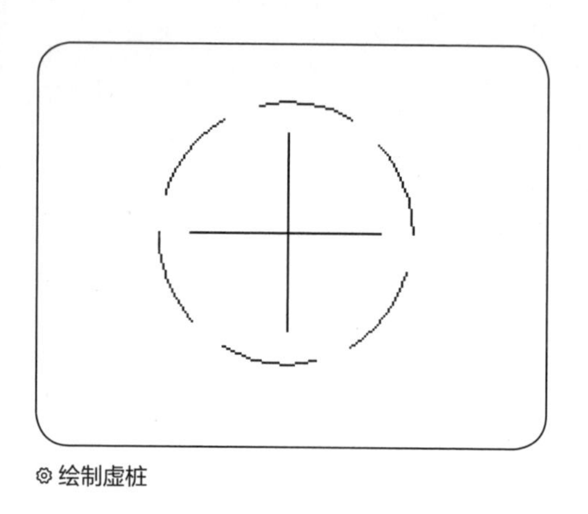

◎ 绘制虚桩

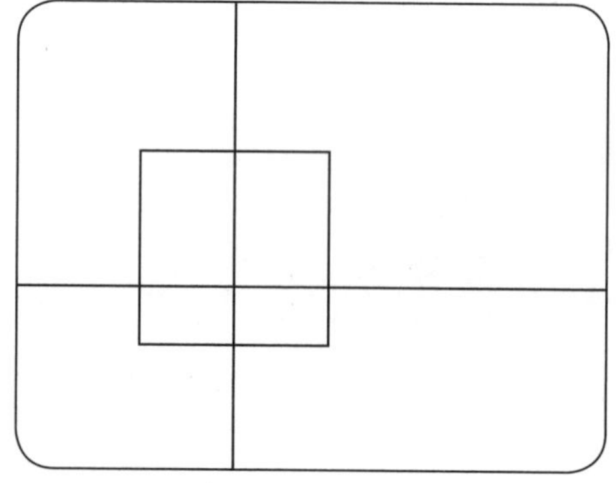

◎ 绘制墙柱

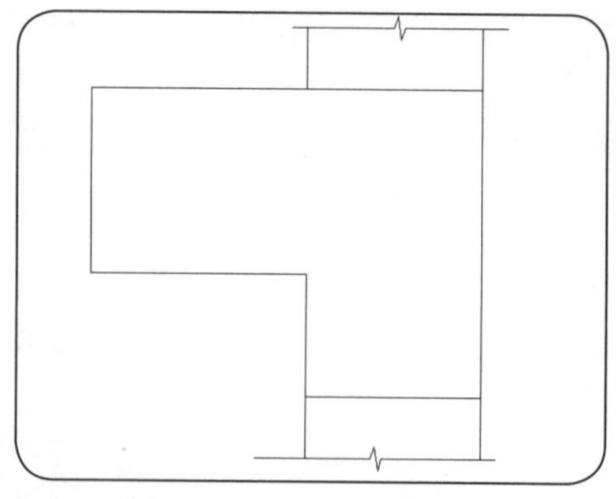

◎ 绘制柱子大样

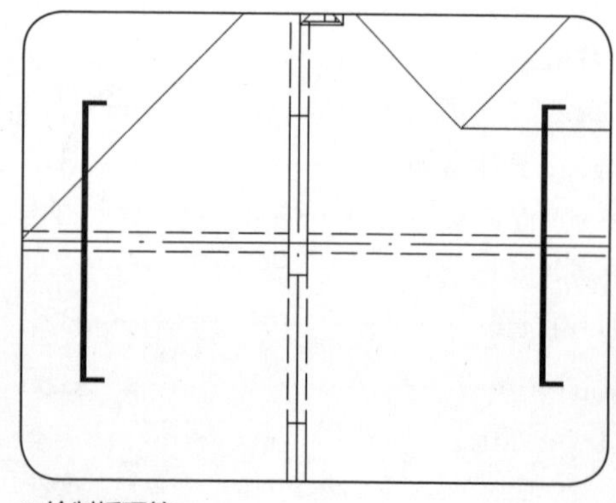

◎ 绘制板顶筋

Chapter 13 绘制建筑结构图

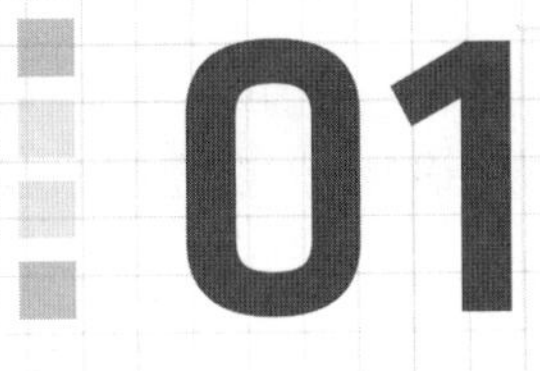

Chapter

工程绘图简介

如今，AutoCAD已经成为工程设计领域非常重要的基础绘图平台，利用AutoCAD计算机绘图技术来取代传统的手工绘图方式，可以让工程设计人员从手工设计绘图的烦琐、低效和重复性的劳动中解脱出来，缩短了设计周期，提高了设计质量。使用AutoCAD进行工程图绘制时，必须遵守一定的规则，才能绘制出符合工程需要的图纸，本章将对工程制图的相关知识进行介绍。

01 核心知识点

❶ 了解工程制图的发展历程

❷ 掌握工程制图中图幅与标题栏的应用

❸ 掌握工程制图中各种图线的具体应用

❹ 掌握工程制图中绘图比例与尺寸标注的应用

02 本章图解链接

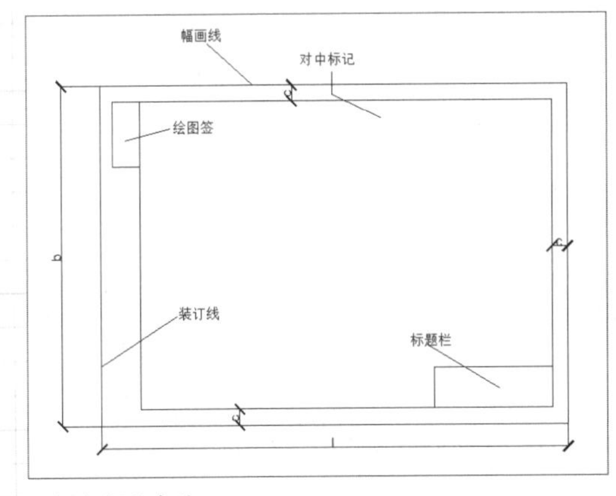

图纸各部分名称

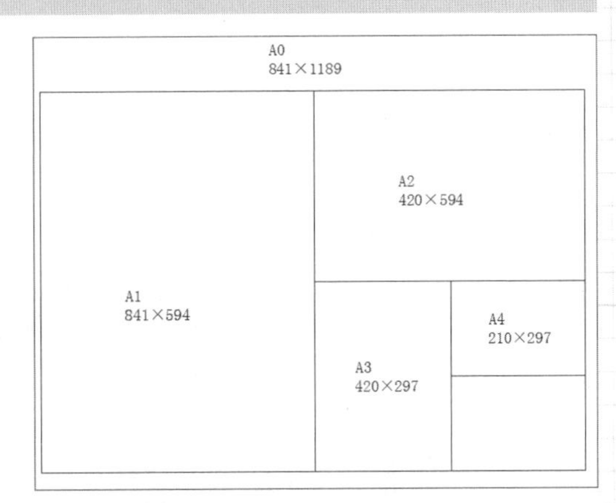

图纸比例关系

1.1 工程制图概述

工程制图是为工程设计服务的，因此，在工程设计的不同阶段，要绘制不同内容的设计图。在工程设计的方案设计阶段和初步设计阶段绘制初步设计图，在技术设计阶段绘制技术设计图，在施工图设计阶段绘制施工图。

1.1.1 工程制图发展历程

工程制图是用点、线、符号、文字和数字等描绘事物几何特征、形态、位置以及大小的一种形式，图的形象性、直观性和简洁性为人们交流信息提供了方便。在工程施工设计的不同阶段，需要绘制不同内容的设计图。中国隋代已使用百分之一比例尺的图样和模型进行建筑设计。宋代《营造法式》一书，绘有精致的建筑平面图、立面图、轴侧图和透视图等，可以说是中国最早的建筑制图著作，如下左图所示。清代主持宫廷建筑设计的样式雷家族绘制的大量建筑图样，是中国古代建筑制图的珍品，如下右图所示。

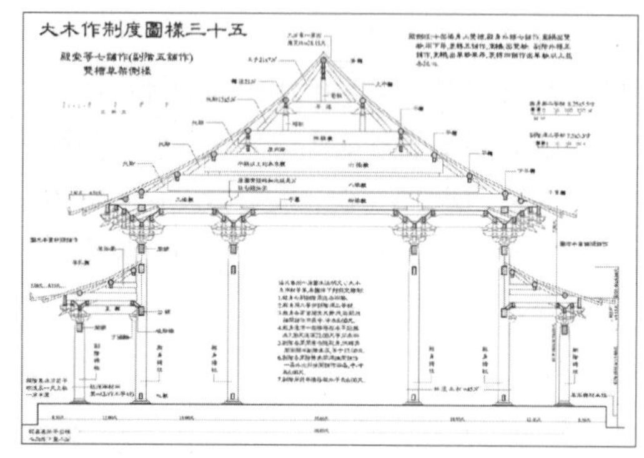

《营造法式》中的图样

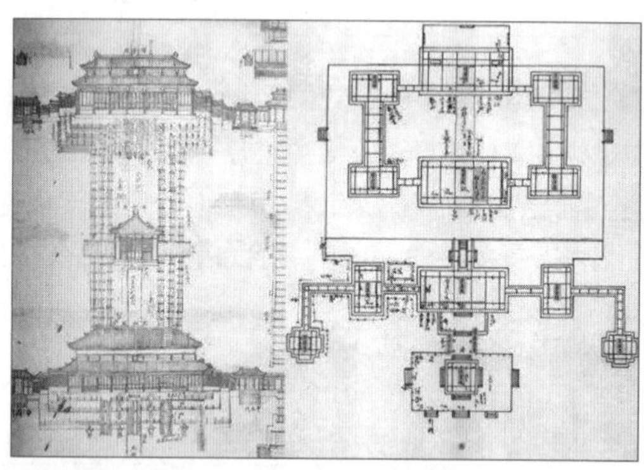

样式雷建筑图样

1799年，法国数学家G.蒙日（GaspardMonge，1748-1818）用几何学的原理系统地总结了将空间几何体正确绘制在平面图纸上的规律和方法，以在互相垂直的两个投影面上的正投影为基础，出版的《画法几何》一书，奠定了工程制图的理论基础。《画法几何》的发表是工程图学史上的里程碑，它把工程图的表达与绘制高度规范化、唯一化，从而使得画法几何学成为工程图最基本的“语法”，它在机械、建筑等工程的设计和制造上有着极重要的实用价值。下左图为《画法几何》的多面正投影图。目前，在世界范围内已普遍利用电子计算机制图，以提高效率，下右图为电子计算机制图图纸。

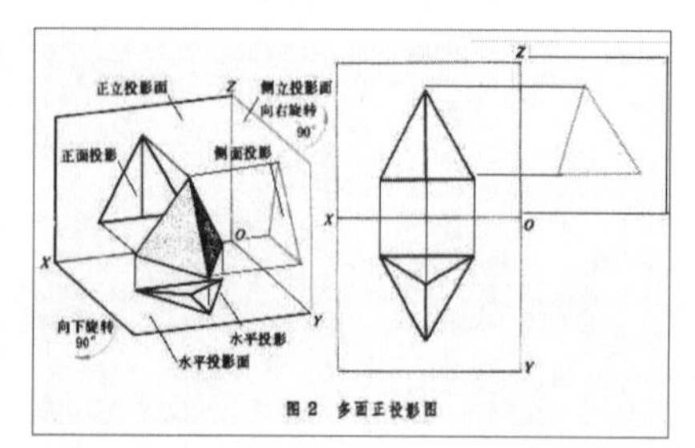

多面正投影图

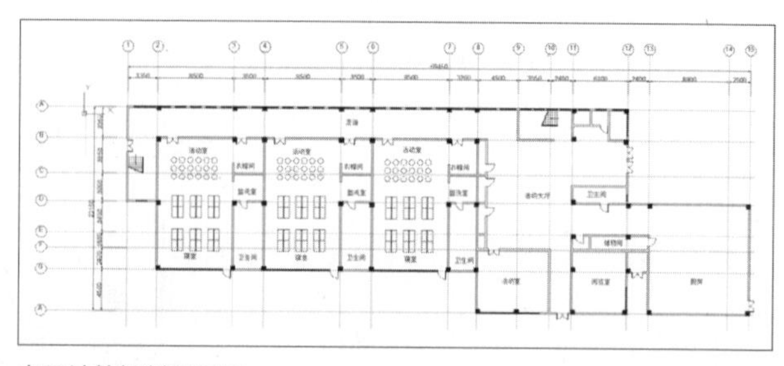

电子计算机制图图纸

1.1.2 工程制图的现状与未来

古今中外，工程图一直被认为是工程界的共同语言，是人类用来表达语言及交流思想的一种工具。但长期以来，绘制图形的方法却停留在手工操作的落后状态。传统的手工绘图方式，不仅劳动强度大、效率低，而且图纸不便管理。1946年世界上第一台数字计算机的诞生，20世纪50年代数控技术的问世，为人们奠定了计算机技术图形绘制的基础。计算机辅助设计（Computer Aided Design，CAD）是以计算机绘图（Computer Graphics，CG）为基础而发展起来的一种新技术。利用计算机绘图技术可以完全取代手工绘图，使工程设计人员真正从手工设计绘图的烦琐、低效和重复性的劳动中解脱出来，以缩短设计周期，提高设计质量，降低设计成本。

随着信息化的高速发展，计算机绘图（CG）和计算机辅助设计（CAD）技术作为现代科学技术，已广泛应用于我国各行各业的设计中，未来的计算机设计绘图将朝着组件式、智能化方向发展。

1.2 基本制图标准

为了统一工程制图的规则，使图纸简明、清晰、可读，保证设计施工质量、提高设计人员工作效率，国家对于建筑或土木工程制定了相应的制图标准，这些基本规则适用于总图、建筑、结构、给水排水、暖通空调、电气等各专业制图。

1.2.1 图幅、标题栏与会签栏

图纸幅面是指图纸本身的规格大小，国标对图幅制定了A0、A1、A2、A3、A4五种规格，基本幅面及图框尺寸如表1-1所示。

表1-1 基本幅面及图框尺寸 单位：mm

<table>
<tr><th>幅面代号</th><th>B×L（幅面尺寸）</th><th>a（装订边尺寸）</th><th>c（留装订尺寸时的边宽）</th><th>e（不留装订边的周边宽）</th></tr>
<tr><td>A0</td><td>841×1189</td><td rowspan="5">25</td><td rowspan="3">10</td><td rowspan="2">20</td></tr>
<tr><td>A1</td><td>594×841</td></tr>
<tr><td>A2</td><td>420×594</td><td rowspan="3">10</td></tr>
<tr><td>A3</td><td>297×420</td><td rowspan="2">5</td></tr>
<tr><td>A4</td><td>210×297</td></tr>
</table>

A0号图幅对折后变成A1号图幅，A1号图幅对折后变成A2号图幅，依此类推，上一号图幅的短边，即是下一号图幅的长边，如下左图所示。

在图纸上必须使用粗实线画出图框，其格式分为留装订边和不留装订边两种，同一产品图样只能采用一种格式，装订时通常采用A3横装或A4竖装。下右图为图纸中相应部分名称。

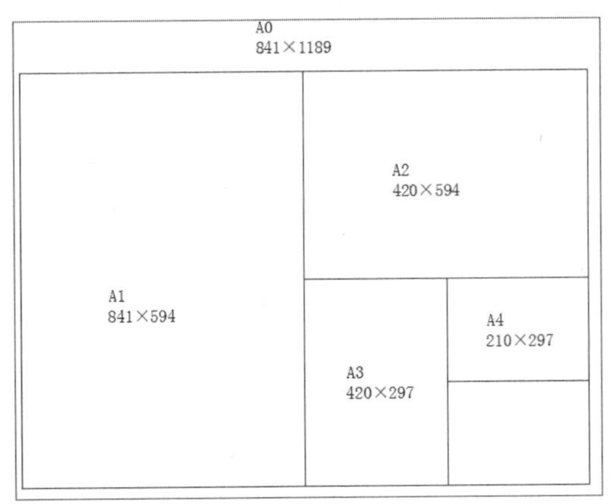

图纸比例关系

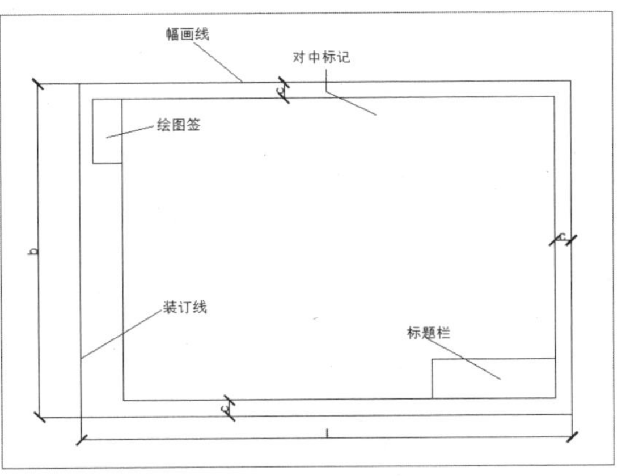

图纸各部分名称

图幅分横式和立式两种，以短边作为垂直边的图纸称为横式图纸，以短边作为水平边的图纸称为立式图纸，如下图所示。

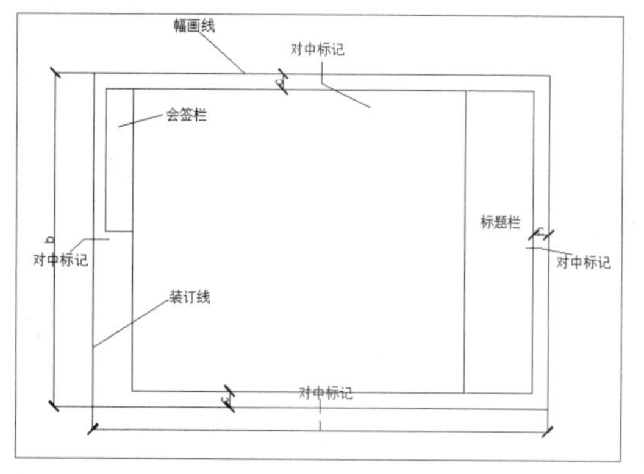

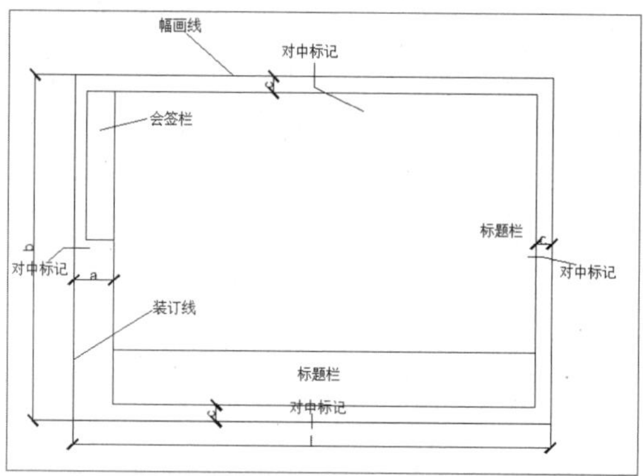

横式图纸

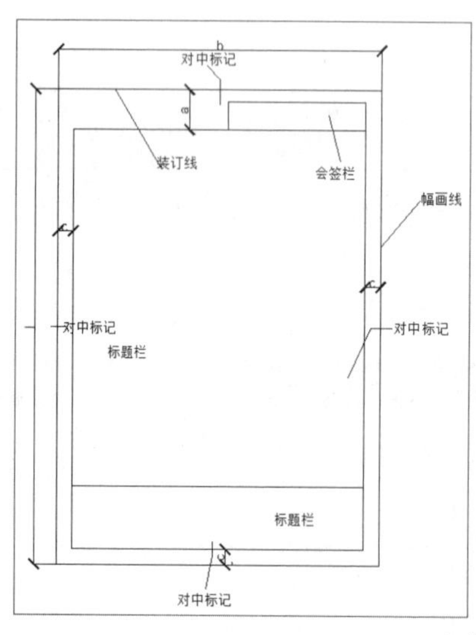

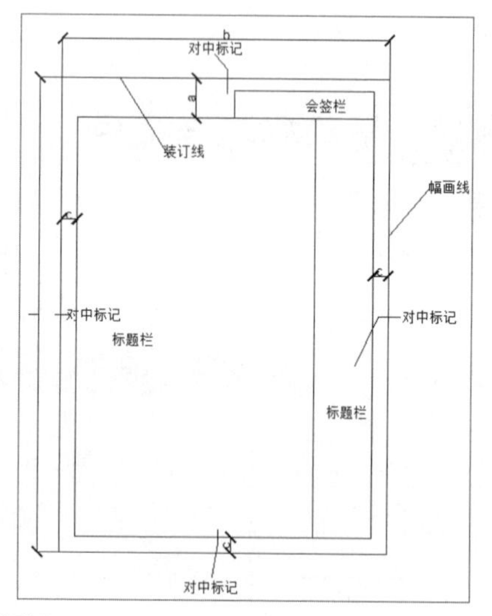

立式图纸

图纸标题栏用于填写与建设或土木工程相关的设计信息，如下左图所示。需要会签的图纸，在图框外的左上角有一会签栏，是各专业负责人签字的表格，如下右图所示。

工程图纸应按专业顺序编排，如图纸目录、总图、建筑图、结构图、给水排水图、暖通空调图、电气图等。各专业的图纸，应按图纸内容的主次关系、逻辑关系进行分类排序。

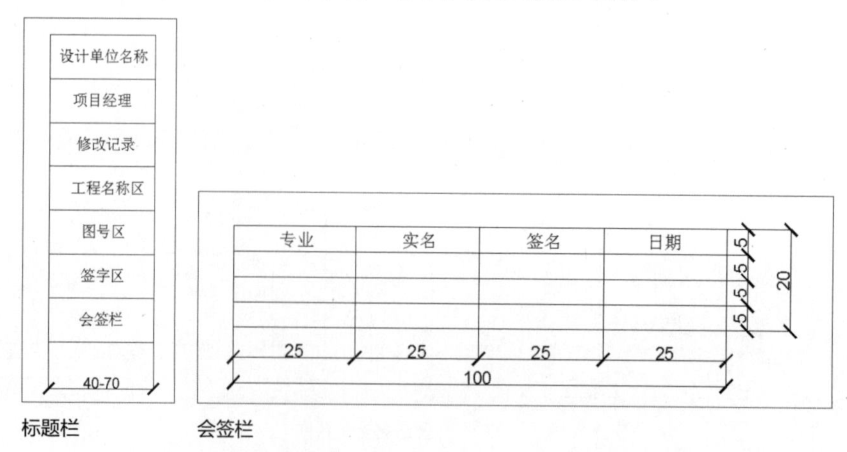

标题栏　　会签栏

1.2.2 图线

在工程制图中，图线主要分为实线、虚线、单点长划线、双点长划线、折断线等。不同线型、同种线型不同线宽表示的功能不同，如下图所示。

名称		线型	线宽	一般用途
实线	粗		b	主要可见轮廓线
	中粗		0.7b	可见轮廓线
	中		0.5b	可见轮廓线、尺寸线、变更云线
	细		0.25b	图例填充线、家具线
虚线	粗		b	见各有关专业制图标准
	中粗		0.7b	不可见轮廓线
	中		0.5b	不可见轮廓线、图例线
	细		0.25b	图例填充线、家具线
单点长划线	粗		b	见各有关专业制图标准
	中		0.5b	见各有关专业制图标准
	细		0.25b	中心线、对称线、轴线等

图线种类及用途

下面对各线型的应用进行介绍。

- 粗实线：一般应用于各种主要可见轮廓线，如平、剖面图中被剖切的主要建筑构造轮廓线；建筑立面外轮廓线；平、立、剖面的剖切符号等。
- 中实线：一般应用于可见轮廓线，如平、剖面图中被剖切的次要建筑构造轮廓线；建筑平、立、剖面图中建筑构配件的轮廓线。
- 细实线：一般应用于可见轮廓线或图例等，如细图形线、尺寸线、尺寸界线、图例线、索引符号、标高符号、引出线等。
- 虚线：一般应用于不可见轮廓线或图例线等，如建筑构配件不可见的轮廓线、拟扩建的建筑轮廓线、图例线。
- 单点长划线：一般应用于中心线、对称线、定位轴线。
- 双点长划线：一般应用于假想轮廓线、用地红线。
- 折断线：一般应用于不需画全的断开界线。

常见的图线线型宽度有1.4、1.0、0.7、0.35、0.13等，在同一图纸中，各种不同线宽中的细线，可统一采用较细的线宽组，具体的线宽组如表1-2所示。图框线、标题栏线的宽度如表1-3所示。

表1-2 线宽组 单位：mm

线宽比	线宽组			
b	1.4	1.0	0.7	0.5
0.7b	1.0	0.7	0.5	0.35
0.5b	0.7	0.5	0.35	0.25
0.25b	0.35	0.25	0.18	0.13

表1-3 图框线宽 单位：mm

幅面代号	图框线	标题栏外框线	标题栏分割线
A0、A1	b	0.5b	0.25b
A2、A3、A4	b	0.7b	0.35b

1.2.3 字体

工程图除图形外，还要有各种符号、字母代号、尺寸数字及文字说明等。这些数字、字母或文字均应笔画清晰、字体端正、排列整齐，不得随意涂改。否则，不仅影响图纸质量，而且容易引起误解或读数错误，甚至造成工程事故。

图样上的说明文字，应采用长仿宋字体，这种字体笔画清晰，容易辨认。仿宋字体字高与字宽的比例大约为3:2，书写的要领是横平竖直，起落分明，填满方格，结构均匀。字体大小用字号表示，字号即文字的高度，如下图所示。

字体种类	中文矢量字体	TRUETYPE字体及非中文矢量字体
字高	3.5、5、7、10、14、20	3、4、6、8、10、14、20

文字的字高

各字号的高度和宽度的关系应符合规定，如表1-4所示。

表1-4　长仿宋体字高/宽关系　　单位：mm

字高	20	14	10	7	5	3.5
字宽	14	10	7	5	3.5	2.5

数字及字母在图样上的书写分为直体和斜体两种。与中文字混合书写时应稍低于书写仿宋字体的高度，图样上数字应采用阿拉伯数字，其字高应不小于2.5mm，汉字字高应不小于3.5mm，如下图所示。

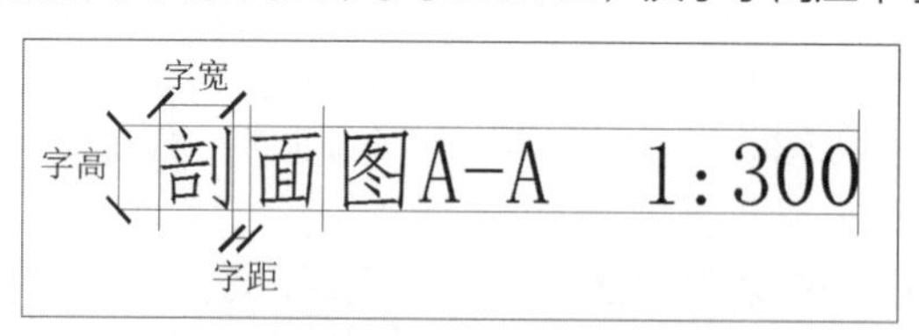

数字、字母与文字的关系

1.2.4 比例

比例是指图形的大小与实物相对应的线性尺寸之比。在工程制图中，选用的比例应符合标准规定，建筑制图常用比例如表1-5所示。

表1-5　建筑制图常用比例　　单位：mm

图名	比例
建筑物或者构筑物的平面图、立面图、剖面图	1:50、1:100、1:150、1:200、1:300
建筑物或构筑物的局部放大图	1:10、1:20、1:25、1:30、1:50
配件及构造详图	1:1、1:2、1:5、1:10、1:15、1:20、1:25、1:30、1:50

当整张图纸只用一种比例时，可注写在标题栏的“比例”一项中。若一张图纸中有几个图形并各自选用不同的比例时，可注写在图名的右侧。比例的字高应比图名的字高小一号或两号，如下图所示。

平面图　1:300

比例中数字与文字的字高

1.2.5 尺寸标注

尺寸标注是图样的重要组成部分，必须按规定注写清楚，可分为总尺寸、定位尺寸和细部尺寸。绘图时，应根据设计深度和图纸用途确定所需要注写的尺寸，标注的各部分名称如下图所示。图样上标注的尺寸要求要正确、完整、清晰。任何模糊和错误的尺寸标注，都会给施工造成困难和损失。

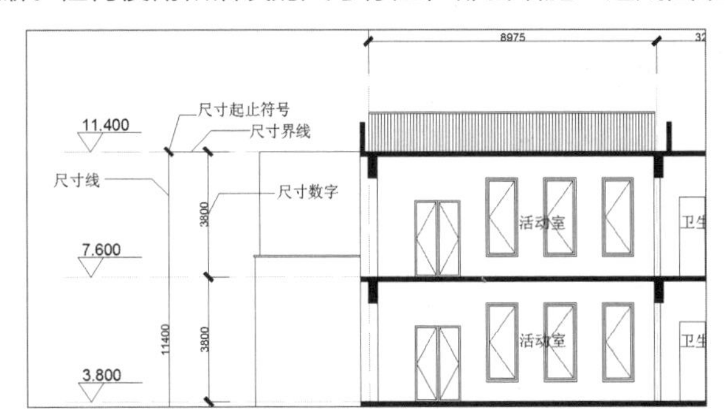

图纸中标注的各部分名称

标注建筑平面图各部位的定位尺寸时，应注写与其最邻近的轴线间的尺寸；标注建筑剖面各部位的定位尺寸时，应注写其所在层次内的尺寸。某建筑平面图尺寸标注效果如下图所示。

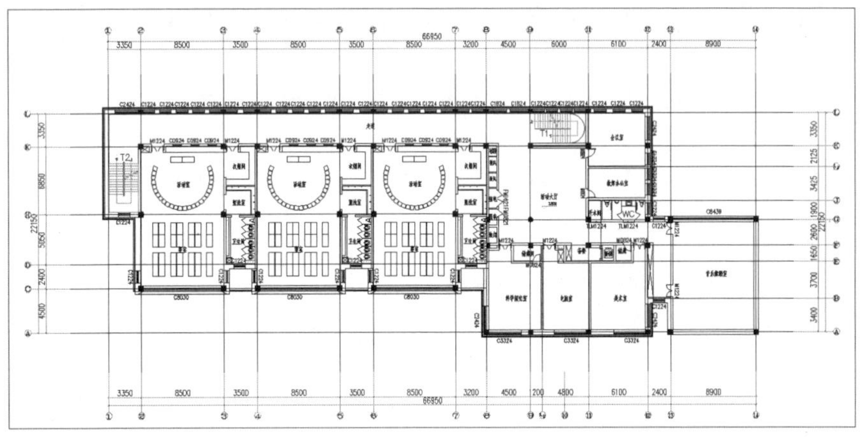

某建筑平面图尺寸标注

建筑立面图、剖面图及详图应注写完成面标高及高度方向的尺寸，如下图所示。

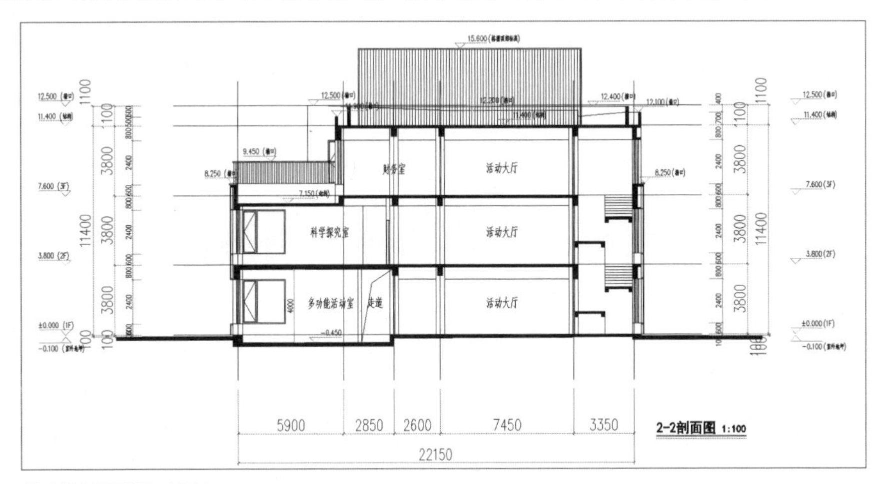

某建筑剖面图尺寸标注

1.2.6 符号

为了保持工程图纸图面的统一、整洁，制图标准对常用的制图符号及画法做了明确的规定，下面对建筑制图中常用的几种符号进行介绍。

- 剖切符号：使用阿拉伯数字、罗马数字或拉丁字母编号，剖切符号中剖线长，看线短，如下左图所示。
- 索引符号：对于图中需要另画详图表示的局部或构件，索引符号是由直径为10mm的圆和水平直径组成，圆及水平直径均应以细实线绘制，如下右图所示。

剖切符号

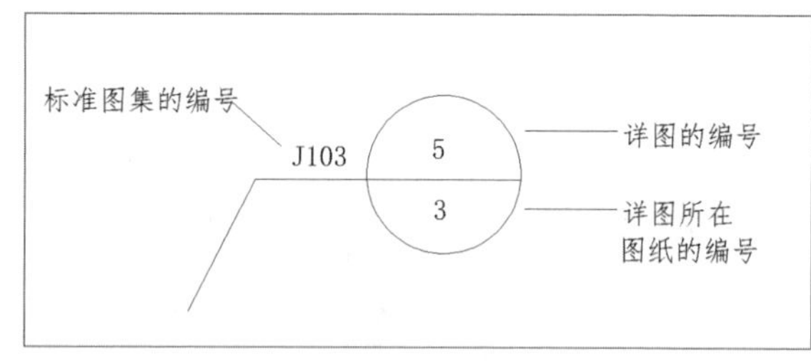

索引符号

- 引出线：引出线应以细实线绘制，宜采用水平方向的直线、与水平方向成30°、45°、60°、90°的直线，或经上述角度再折为水平线。文字说明宜写在水平线的上方，也可注写在水平线的端部，如下左图所示。

引出几个相同部分的引出线，宜互相平行，或者画成集中于一点的放射线，如下右图所示。

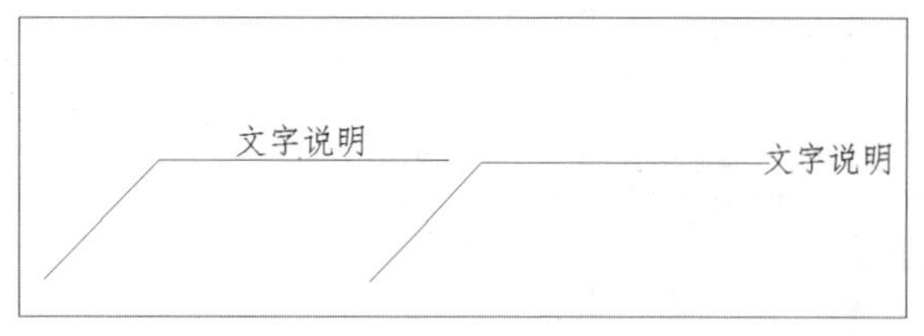

单部分引出线

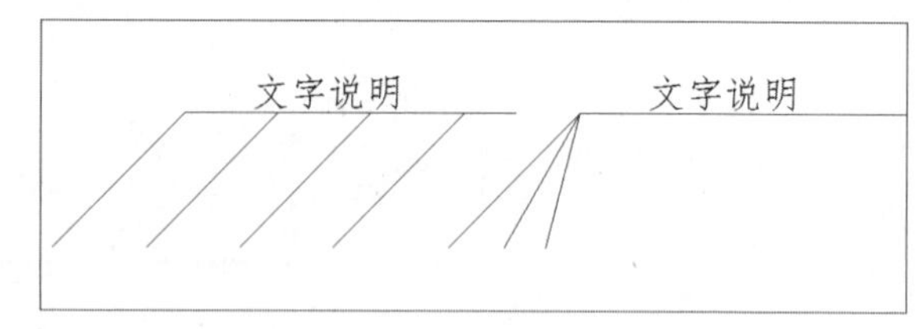

多部分引出线

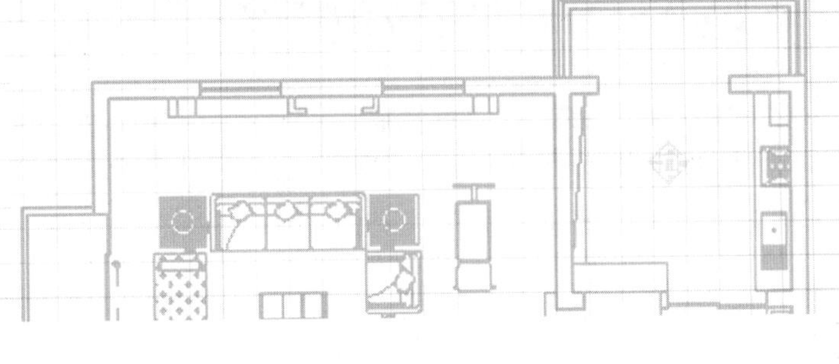

02 Chapter AutoCAD快速入门

使用AutoCAD进行工程图绘制，不仅能够将设计方案规范美观地表达出来，还能有效地帮助设计人员从效率低下的传统手工绘图中解脱出来，大大提高设计水平和绘图效果。本章将对AutoCAD 2018的入门操作进行介绍，使读者对该软件有一个初步的认识。

01 核心知识点

❶ 掌握软件启动与退出的方法
❷ 了解AutoCAD的工作空间
❸ 熟悉AutoCAD的工作界面
❹ 掌握软件绘图环境设置

02 本章图解链接

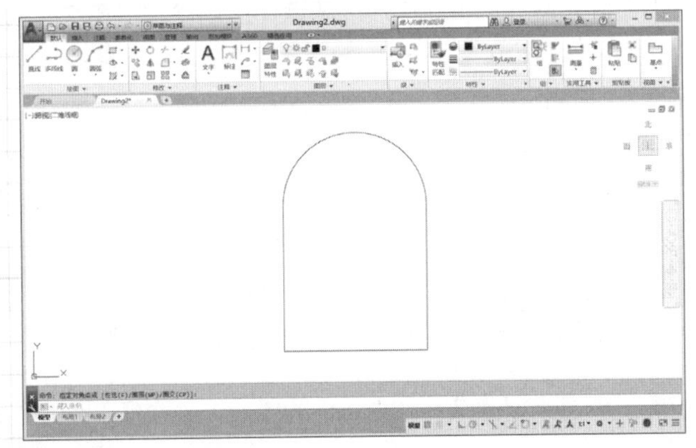

【草图与注释】工作空间

室内布局图

2.1 AutoCAD 2018概述

AutoCAD是一款广受欢迎的计算机辅助设计软件，可以帮助用户在统一的标准下对产品进行设计和开发，同时允许用户在同一平台上创作、管理和分享设计作品。本节将对AutoCAD 2018软件的功能特点、应用领域以及启动与退出的方法进行详细介绍。

2.1.1 初识AutoCAD

AutoCAD是由美国Autodesk公司开发的一款计算机辅助绘图与设计软件。是二维和三维图形设计、绘制的系统工具，用户可以使用它来创建、浏览、管理、打印、输出以及共享设计的图形。因其功能强大、使用方便、易于掌握等特点，目前已成为世界上应用最为广泛的CAD软件，市场占有率居世界第一。

概括地讲，AutoCAD具有以下特点。

- 具有完善的图形绘制功能；
- 具有强大的图形编辑功能；
- 可以采用多种方式进行二次开发或用户定制；
- 可以进行多种图形格式的转换，具有较强的数据交换能力；
- 支持多种硬件设备；
- 支持多种操作平台；
- 具有通用性、易用性，适用于各类用户。

2.1.2 AutoCAD的应用领域

随着计算机技术的飞速发展，CAD软件在工程领域的应用层次也在不断提高。作为最具代表性的CAD 软件，Autodesk公司自1982年推出AutoCAD第一个版本至今，已经对AutoCAD进行了若干次的升级。其强大的绘图辅助功能，已经成为当今时代最能实现设计创意的工具，被广泛应用于机械、建筑、测绘、电子、航天、造船、汽车、土木工程、纺织、地质、气象、轻工石油化等众多行业。

- AutoCAD在机械领域的应用。AutoCAD最早应用在机械制造行业，同时机械制造应用也是AutoCAD应用最广泛的行业。用户使用AutoCAD进行相关产品的设计，不但可以减轻设计人员繁重的图形绘制工作，同时方便设计人员创新设计思路，实现创新设计自动化，提高产品的品质，增强企业的市场竞争力，促使企业的生产管理模式由单一的作业管理模式向多元化作业与管理，以建立一种全新的设计制造与管理体制，提高生产效率。
- AutoCAD在建筑行业中的应用。随着AutoCAD在建筑行业的广泛使用，使得建筑行业的设计迎来了一场真正的变革，在AutoCAD软件由开始的二维通用的绘图软件逐步发展到今天的三维建筑模型软件，CAD技术已经开始被广泛使用，不仅提高了设计质量，缩短工程周期，同时也减少工程材料的浪费，节约建材和投资成本。
- AutoCAD在电子电气行业中的应用。AutoCAD在电子电气领域的应用被称为电子电气CAD，主要包括电气原理图的设计与编辑、电路功能调试与仿真、工作环境模拟以及印制板设计与检测等。同时使用电子电气CAD软件还能快速生成各类报表文件，为元件的统计、采购及工程的预算和决算提供了方便。
- AutoCAD在轻工纺织行业中的应用。传统的纺织品及服装的样式设计、图案的协调、色彩的变化、图案的分色及配色等全是由人工完成，生产速度慢、效率低，不能满足目前市场对于纺织品及服装的要求。随着生活水平的提高，市场要求小批量、多花色、高质量且交货快的纺织品与服装消费，因此随着CAD技术的不断应用，大大加快了轻工纺织及服装行业的发展。

- AutoCAD在娱乐行业的应用。现如今，AutoCAD技术已经进入人们生活的各个领域，不管是电影、动画、广告还是其他的娱乐行业，CAD技术均参与其中并发挥重要作用。例如，广告公司利用CAD技术构造布景，以虚拟现实的手法展现出人工难以做到的布景，达到人工布景所达不到的艺术境界和效果展示，不仅节约了大量的人力、物力，降低投资成本，还能充分发挥出非凡的意境和视觉冲击。

2.1.3 AutoCAD的启动与退出

AutoCAD 2018安装成功后，使用AutoCAD进行绘图前必须先启动软件。完成绘图操作后，用户要保存文件并退出软件。下面具体介绍AutoCAD 2018启动与退出的方法。

1. 启动AutoCAD

成功安装AutoCAD 2018后，系统会在桌面创建AutoCAD的快捷启动图标，并在程序文件夹中创建AutoCAD程序组，用户可以通过以下方式启动AutoCAD 2018软件。

- 双击快捷图标启动。双击桌面上的AutoCAD快捷图标，可以直接启动AutoCAD 2018应用程序。
- 双击图形文件启动。双击任意一个AutoCAD图形文件，即可打开该文件并启动AutoCAD 2018应用程序。

2. 退出AutoCAD

完成图形文件的绘制与保存操作后，用户可以通过以下方法退出AutoCAD 2018软件。

- 使用【文件】菜单命令退出。单击【文件】菜单，在下拉列表中选择【退出】命令，退出Auto-CAD应用程序。
- 单击标题栏的【关闭】按钮退出。直接单击标题栏右上角的【关闭】按钮，退出AutoCAD应用程序，如下左图所示。
- 单击【应用程序】按钮退出。单击【应用程序】按钮A，在打开面板的右下角单击【退出Autodesk AutoCAD 2018】按钮，退出应用程序，如下右图所示。
- 使用快捷键退出。直接按Ctrl+Q或Alt+F4组合键，退出AutoCAD应用程序。

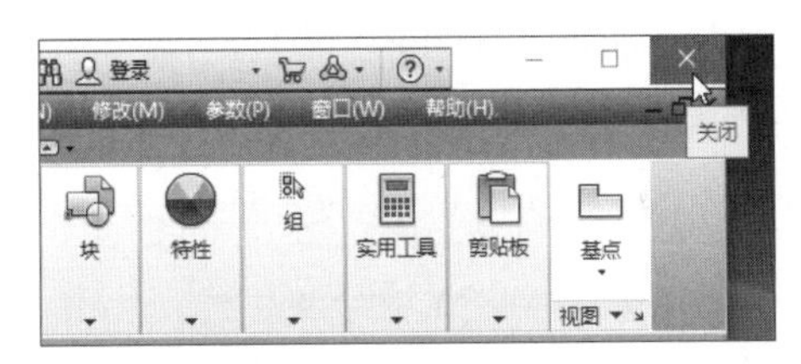

单击【关闭】按钮

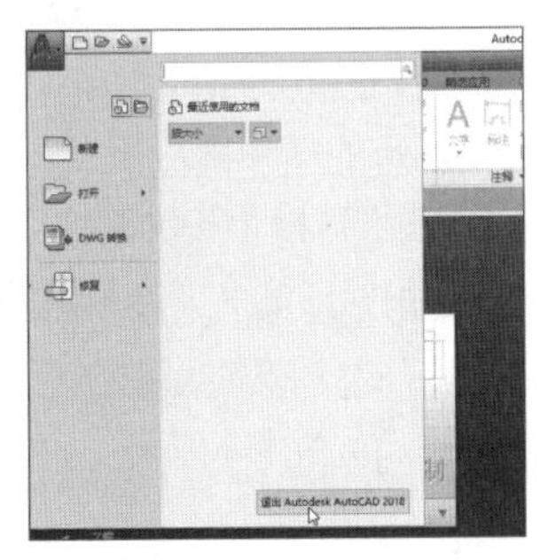
选择【关闭】选项

2.2 AutoCAD 2018工作空间

AutoCAD 2018分别提供了【草图与注释】、【三维基础】和【三维建模】三种工作空间，用户可以根据绘图需要通过【工作空间】工具栏中的下拉列表进行相互切换。下面将对这三种工作空间的特点、应用范围以及切换方式进行介绍。

2.2.1 切换工作空间

在进行图形绘制与编辑过程中，用户可以根据需要进行工作空间切换，AutoCAD 2018切换工作空间的方法一般有以下几种。

- 在菜单栏中进行切换。在菜单栏中执行【工具】>【工作空间】命令，在弹出的子菜单中选择相应的工作空间选项即可，如下左图所示。
- 通过状态栏进行切换。直接在状态栏中单击【切换工作空间】按钮，在弹出的菜单列表中选择相应的工作空间选项即可，如下右图所示。

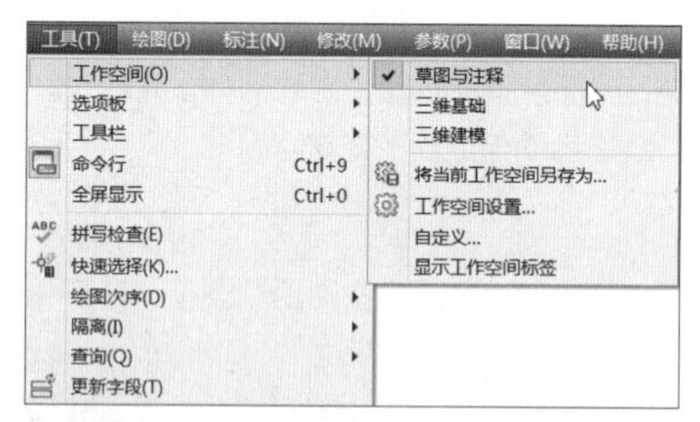

菜单栏切换

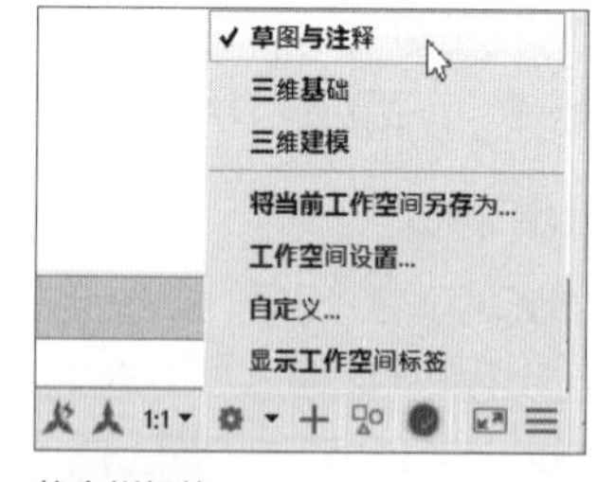

状态栏切换

- 从快速访问工具栏切换。单击快速访问工具栏中的按钮，在弹出的下拉列表中选择需要的工作空间选项即可，如下图所示。

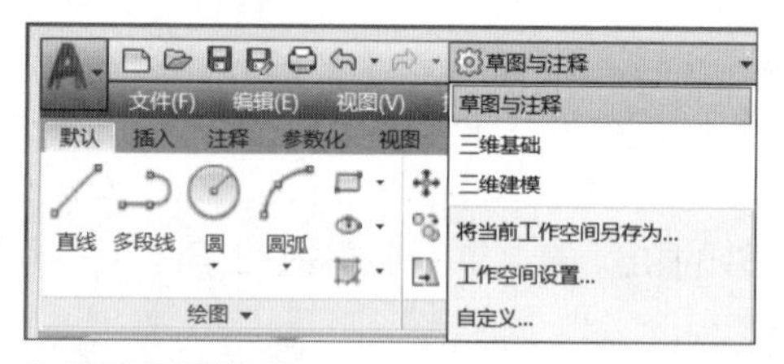

快速访问工具栏切换

2.2.2 草图与注释工作空间

【草图与注释】工作空间是AutoCAD 2018默认的工作空间，该空间用功能区代替了菜单栏和工具栏，这也是目前比较流行的一种界面形式。用户可以通过【工作空间】工具栏的下拉列表在【草图与注释】、【三维基础】、【三维建模】三种工作空间中进行切换。【草图与注释】工作空间的功能区包含最常用二维图形的绘制、编辑和标注命令，非常适合二维图形的绘制与编辑，如下图所示。

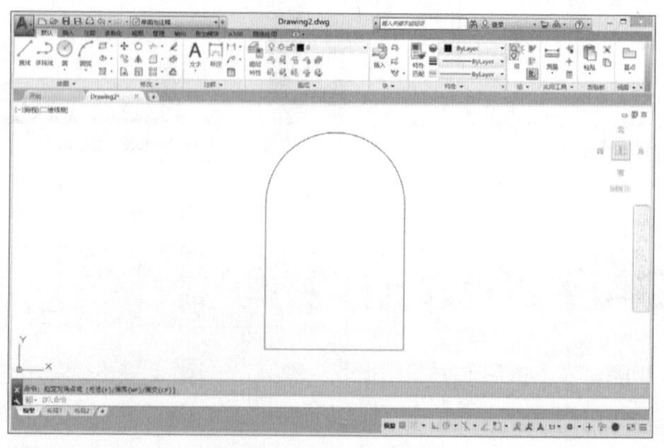

【草图与注释】工作空间

2.2.3 三维基础工作空间

【三维基础】工作空间与【草图与注释】工作空间类似，主要以单击功能区按钮的方式调用命令，但是与【草图与注释】工作空间不同的是，该工作空间包含了基础的三维建模工具，如三维建模、布尔运算和三维编辑工具等按钮，通过单击这些按钮，可以便捷地创建基础三维模型，如下图所示。

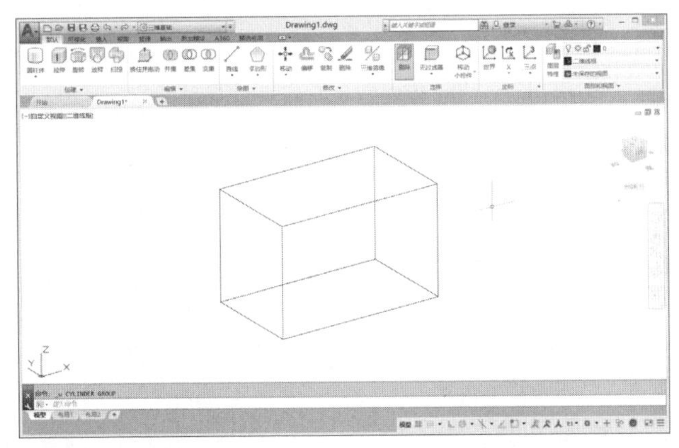

【三维基础】工作空间

2.2.4 三维建模工作空间

【三维建模】工作空间较【三维基础】工作空间而言较为相似，但是该工作空间功能区包含的工具有较大的差异，在功能区中集中了【建模】、【视觉样式】、【光源】、【渲染】和【导航】等面板，这些面板可以对三维模型完成如附加材质、创建动画、设置光源等相对较为复杂的三维绘图操作，如下图所示。

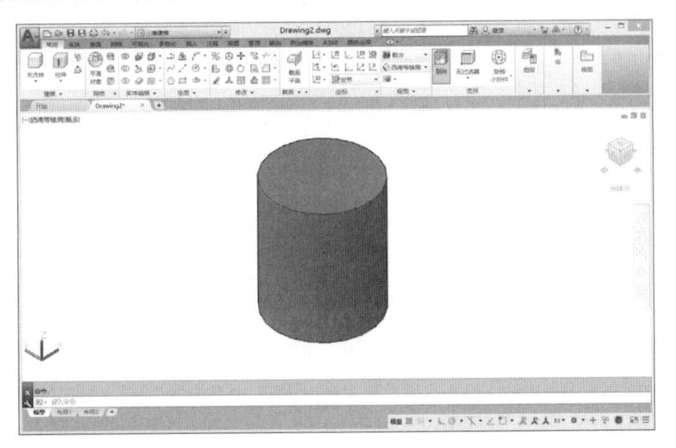

【三维建模】工作空间

2.2.5 自定义工作空间

除了【草图与注释】、【三维基础】和【三维建模】三种工作空间外，用户还可以根据绘图需要和个人喜好自定义工作空间，并保存在工作空间列表中以便随时调用，下面将介绍自定义个人工作空间的具体操作方法。

Step 01 首先将工作空间切换到【草图与注释】工作空间，如下图所示。

Step 02 接下来在快速访问工具栏中单击▾按钮，并在弹出的下拉列表中选择【显示菜单栏】选项，如下图所示。

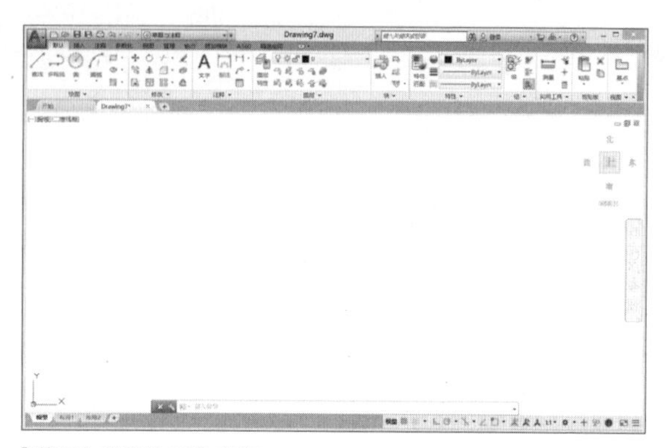

【草图与注释】工作空间

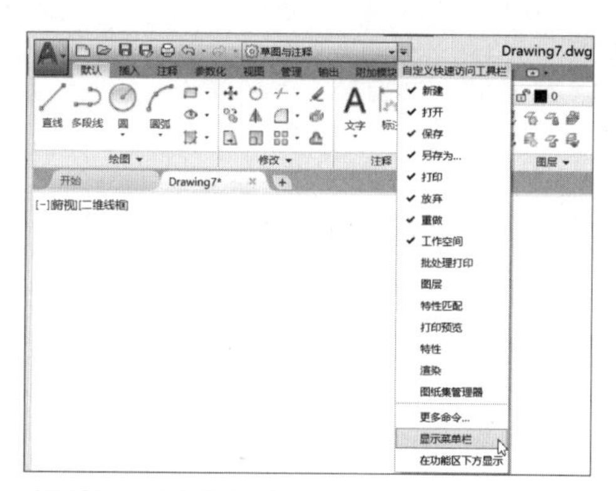

选择【显示菜单栏】选项

Step 03 接下来在菜单栏中执行【工具】>【工具栏】> AutoCAD >【修改】命令，如下图所示。

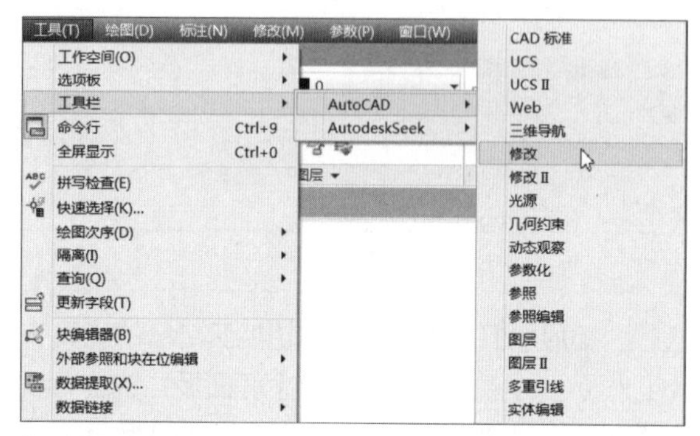

执行【修改】命令

Step 04 单击快速访问工具栏中的 按钮，在弹出的下拉列表中选择【将当前空间另存为】选项，如下图所示。

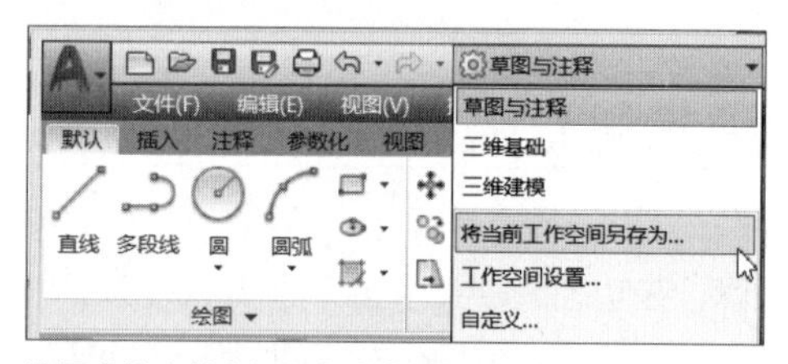

选择【将当前空间另存为】选项

Step 05 在弹出的【保存工作空间】对话框中输入新工作空间的名称，如下图所示。

输入自定义工作空间的名称

Step 06 单击【保存】按钮，即可完成对自定义工作空间的创建，如下图所示。

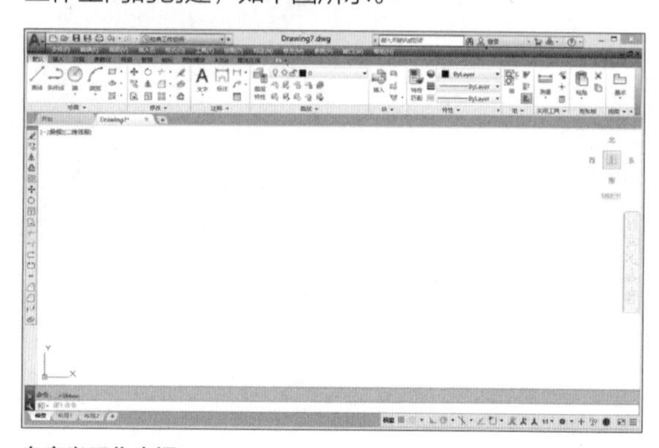

自定义工作空间

2.3 AutoCAD 2018的工作界面

启动AutoCAD 2018后将进入下图所示的默认工作界面，该工作界面包括应用程序按钮、标题栏、菜单栏、快速访问工具栏、交互信息工具栏、标签栏、工具栏、功能区、绘图区、光标、坐标系、命令行、布局标签和状态栏等。

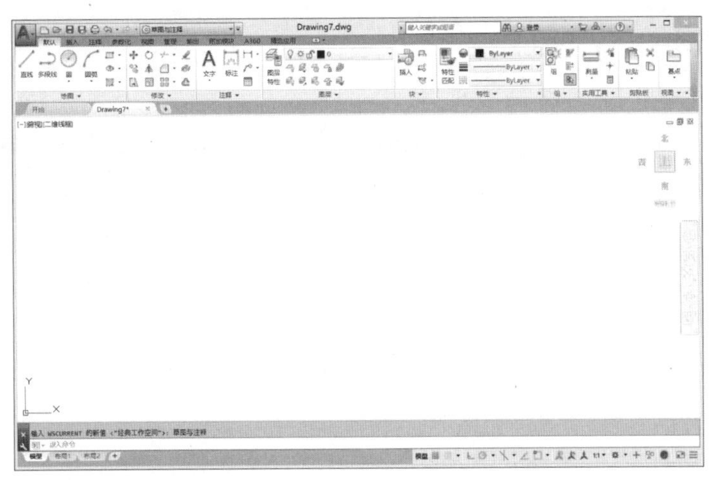

AutoCAD 2018的工作界面

2.3.1 应用程序按钮

应用程序按钮位于工作界面左上角，单击该按钮，会弹出用于管理AutoCAD图像文件的应用程序菜单，包含【新建】、【打开】、【保存】、【另存为】、【输出】以及【打印】等命令，如下左图所示。当然除了这些常规命令之外，用户还可以选择并打开最近使用的文件，也可以通过单击【搜索】按钮，输入相关命令关键字，搜索与之相关的若干命令，如下右图所示。

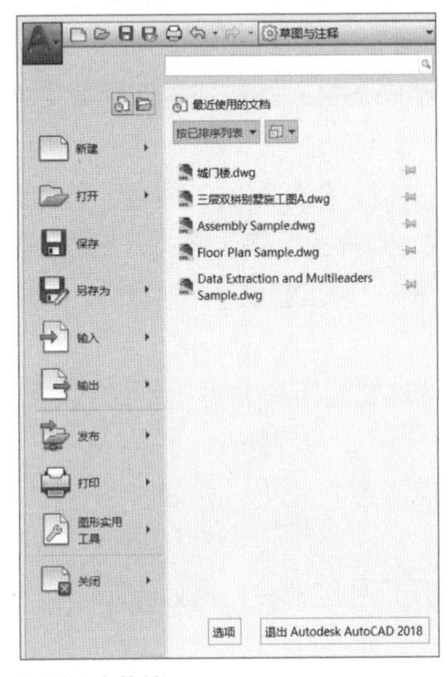

应用程序菜单

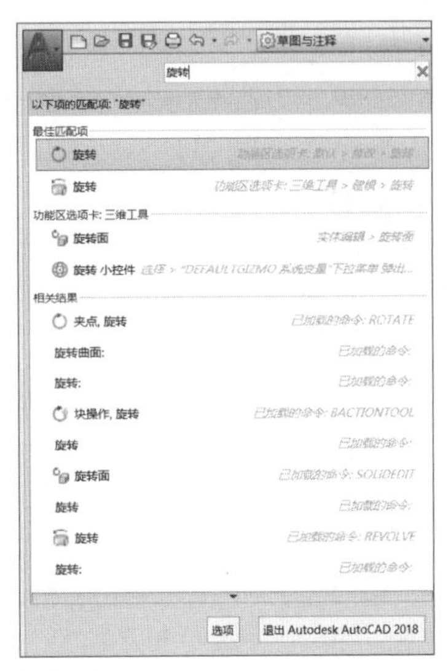

搜索功能

2.3.2 快速访问工具栏

快速访问工具栏位于应用程序菜单右侧，包含最常用的快捷键按钮，方便用户快速调用。默认状态下快速访问工具栏由【新建】、【打开】、【保存】、【另存为】、【打印】、【放弃】和【重做】7个快速访问工具按钮组成，如下图所示。工具栏右侧为工作空间列表框，单击工作空间下拉按钮，可自由切换AutoCAD 2018的工作空间。

快速访问工具栏

2.3.3 标题栏

标题栏位于工作空间的最上方，用于显示软件的版本和当前打开图形文件的名称，由当前图形标题、搜索栏、Autodesk online服务以及窗口控制按钮组成，如下图所示。单击标题栏右端的【最小化】、【最大化】和【关闭】三个窗口控制按钮，可以对AutoCAD窗口进行相应操作。

标题栏

2.3.4 菜单栏

菜单栏位于标题栏的下方，是所有可使用菜单命令的集合，默认状态下菜单栏是不显示的，用户可以通过单击自定义快速访问工具栏右侧的下拉按钮，在下拉列表中选项【显示菜单栏】选项，让菜单栏显示出来。AutoCAD的菜单栏也是下拉形式的，并且在下拉列表中包含了子菜单。AutoCAD 2018中有12个菜单，几乎包含了所有的绘图命令和编辑命令，分别为【文件】、【编辑】、【视图】、【插入】、【格式】、【工具】、【绘图】、【标注】、【修改】、【参数】、【窗口】和【帮助】，各菜单作用介绍如下。

- 【文件】菜单：包含用于管理图形文件的命令，例如文件的新建、打开、保存、另存为、输出、打印和发布等。
- 【编辑】菜单：包含用于对图形文件进行常规编辑的命令，例如放弃（U）命令组、剪切、复制、粘贴、删除、查找等。
- 【视图】菜单：包含用于对AutoCAD操作界面进行管理的命令，例如缩放、平移、动态观察、相机、漫游和飞行、视口、三维视图、视觉样式和渲染等。
- 【插入】菜单：包含用于在AutoCAD当前绘图状态下插入图块或其他格式文件的命令，例如，插入块或者PDF参考底图字段等。
- 【格式】菜单：包含用于设置与绘图环境有关的参数，例如图层、图层工具、颜色、线型、线宽、文字样式、标注样式、表格样式、多重引线样式、点样式、多线样式、单位、厚度、图形界限等。
- 【工具】菜单：包含用于设置一些绘图的辅助工具，例如选项板、工具栏、命令行、查询、向导和选项等。
- 【绘图】菜单：提供了绘制二维图形和三维模型需要的所有命令，例如直线、圆、矩形、正多边形、圆环、边界和面域等。
- 【标注】菜单：用于提供对图形进行尺寸标注时所需要的命令，例如线性标注、半径标注、直径标注、角度标注和多重引线等。
- 【修改】菜单：包含用于对图形文件进行修改时所需要的命令，例如删除、复制、镜像、偏移、阵列、移动、旋转、拉伸、修剪、倒角和圆角等。
- 【窗口】菜单：用于在多文档状态时设置各个文档的屏幕，例如重叠、水平平铺和垂直平铺等。
- 【帮助】菜单：提供使用AutoCAD 2018所需的帮助信息。
- 【参数】菜单：提供对图形约束时所需的命令，例如几何约束、动态约束、标注约束和删除约束等。

2.3.5 功能区

功能区通常由若干个选项卡组成，每个选项卡中包含若干个面板，每个面板中又包含多个分组放置的工具按钮，存在于【草图于注释】、【三维基础】和【三维建模】工作空间中。例如，在【草图与注释】工作空间中，功能区包含【默认】、【插入】、【注释】、【参数化】、【视图】、【管理】、【输出】、【附加模块】、【A360】、【精选应用】、【BIM 360】和【Performance】等选项卡，而【默认】选项卡中又包含

【绘图】、【修改】、【注释】、【图层】、【块】、【特性】、【组】、【实用工具】以及【剪切板】等多个图标工具按钮的分类面板，如下图所示。当操作不同的选项卡时，功能区只显示对应的选项卡，与当前操作无关的命令被隐藏，以方便用户快速选择相应的命令，从而将用户从烦琐的操作中解放出来。

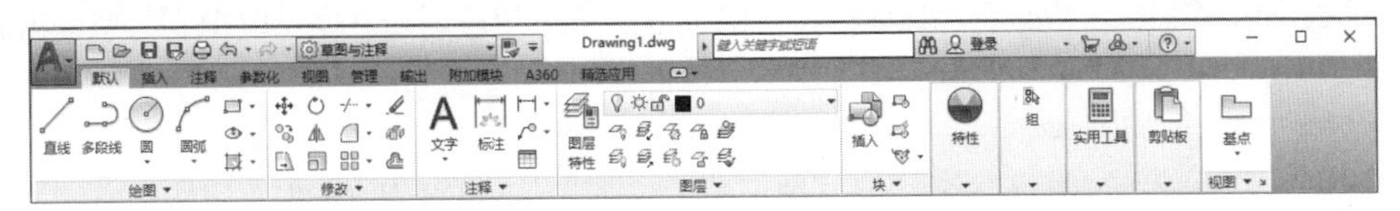

【草图与注释】工作空间的功能区选项卡及面板

2.3.6 图形选项卡

图形选项卡位于功能区的下方、绘图区的上方，除了可以显示当前绘图区绘制图形的名称外，单击鼠标右键，可以在弹出的快捷菜单中选择所需的命令，如下图所示。

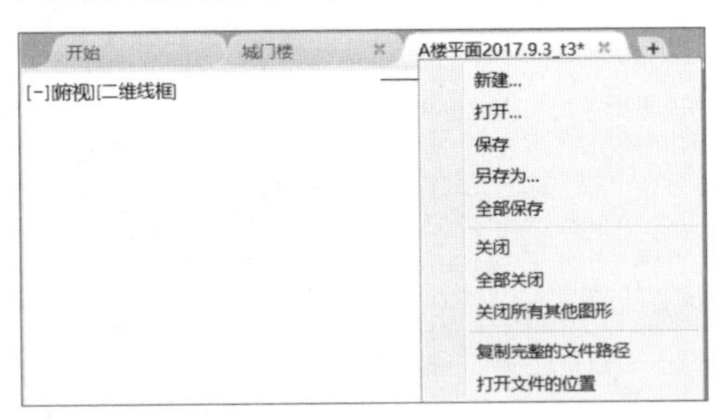

图形选项卡

2.3.7 绘图区

绘图区是用户绘图、编辑对象的工作区域，如下图所示。绘图区域其实是无限大的，用户可以通过【缩放】、【平移】等命令来随意观察图形文件。

绘图区的左下角有一个坐标系图标，用于显示当前坐标系位置，如坐标原点、X轴、Y轴、Z轴正方向等， AutoCAD默认的坐标系为世界坐标系（WCS）。如果重新设定坐标系原点或调整坐标系的其他位置，则世界坐标系就变为用户坐标系（UCS）。

绘图区右上角同样有【最小化】、【最大化】和【关闭】三个控制按钮，在AutoCAD中若同时打开多个图形文件，可以通过这些按钮关闭或切换图形文件。绘图窗口右侧显示有ViewCube工具导航栏，用于切换视图方向和控制视图。

绘图区

2.3.8 命令行

AutoCAD的命令行（或称命令窗口）如下左图所示。命令行主要用于接收和输入命令并为用户显示AutoCAD的提示信息。默认状态下，命令行位于绘图区底部，用户可以根据需要拖到任意位置，也可以利用光标拖动命令行的边框线来调整其大小。

在命令行中下方有一条水平界线，它将命令行分为两个部分，即命令行和命令历史区。位于水平界线下方为命令行，用于接收用户输入的命令，并显示AutoCAD提示信息；位于水平界线上方的为命令历史区，用于显示AutoCAD启动后所有用户操作的命令以及提示信息，将水平分界线向上拖动，显示命令历史区；将光标移到该区域滚动鼠标滚轮可以上下滚动查看以前用过的命令。

文本窗口相当于放大的命令窗口，记录了对文档的所有操作命令，如下右图所示。要打开文本窗口，用户可以选择【视图】>【显示】>【文本窗口】命令或者按下F2功能键。

AutoCAD命令行

AutoCAD文本窗口

2.3.9 状态栏

状态栏位于整个界面最下端，用于显示和控制AutoCAD当前工作状态，主要由快速查看工具、坐标值、绘图辅助工具、注释工具和工作空间工具等几部分组成。如下图所示。其右侧还包含推断约束、捕捉模式、栅格显示、正交模式、极轴追踪、对象捕捉、三维对象捕捉、对象捕捉追踪、切换工作空间、注释监视器等具有绘图辅助功能的控制按钮。

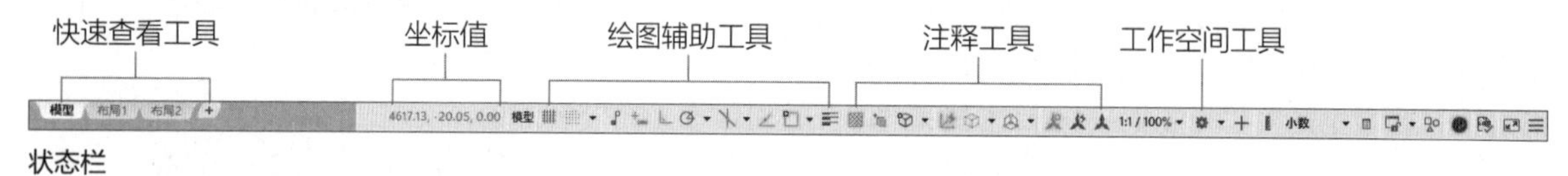

状态栏

2.4 绘图环境设置

在AutoCAD中，绘图环境主要指的是绘图窗口的显示颜色、光标颜色和尺寸、默认保存文件的路径以及打开和保存图形文件的格式等。在使用AutoCAD进行绘图前，用户需提前设置或选定一系列的环境属性。一个好的绘图环境能使用户有效地提高工作效率。

2.4.1 绘图单位设置

尺寸是衡量物体大小的标准，AutoCAD作为一款专业的图形绘制软件，为了满足各个行业的绘图需求，其绘图单位是可以修改的。AutoCAD绘图单位的设置主要包括设置长度单位、角度单位、精度以及坐标方向等内容。用户可以打开【图形单位】对话框，对图形单位进行设置。

要打开【图形单位】对话框，常用的方法有以下几种。

- 利用菜单栏打开。在菜单栏中执行【格式】>【单位】命令，打开【图像单位】对话框。
- 利用命令行打开。在命令行中输入UNITS/UN命令，打开【图形单位】对话框。

执行上述任意一种操作，都可打开【图形单位】对话框，如下左图所示，在该对话框中，用户可以对图形的长度、精度以及角度等参数进行设置。

下面对【图形单位】对话框中主要选项的功能进行介绍。

- 【长度】选项区域：用于设置长度单位的类型和精度。
- 【角度】选项区域：用于设置角度单位的类型和精度。其中【顺时针】复选框用于控制角度增量角的正负方向，如勾选该复选框，则表示按顺时针旋转的角度为正方向；未勾选该复选框，则表示按逆时针旋转的角度为正方向。
- 【插入时的缩放单位】选项区域：用于设置选中插入图块时的单位，也是当前绘图环境的尺寸单位。
- 【方向】按钮：用于设置角度方向，单击该按钮，打开下右图所示的【方向控制】对话框。角度方向将控制测量角度的起点和测量方向。默认起点角度0°，方向为正东。如果选择【其他】单选按钮，则可单击【拾取角度】按钮，通过拾取任意角度定为基准角度。

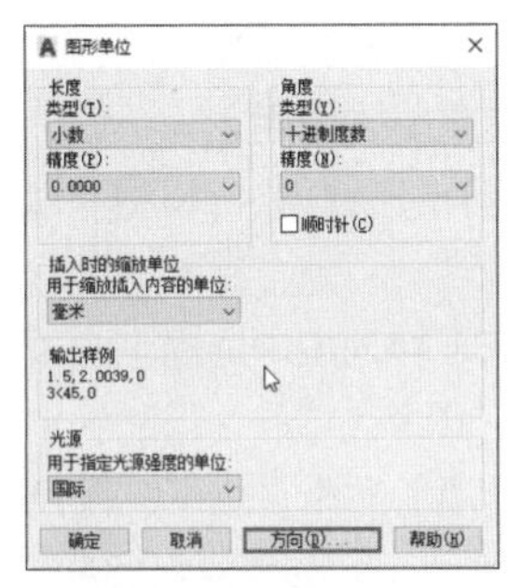

【图形单位】对话框

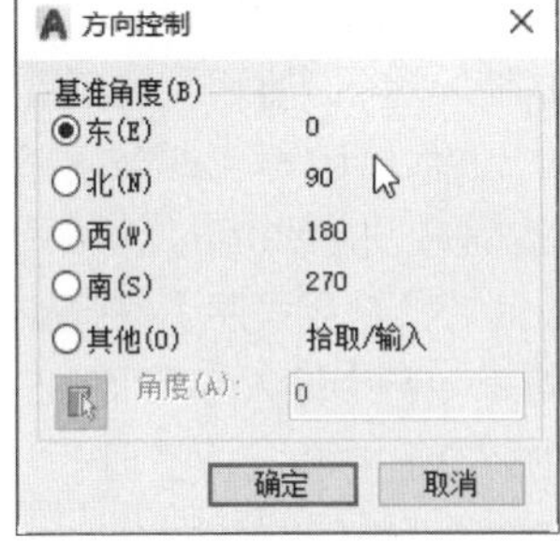

【方向控制】对话框

操作提示：基准角度的设定

在【方向控制】对话框中对基准角度进行设定后，返回上一级的【图形单位】对话框中，如果单击【取消】按钮，则对基准角度的设定仍然有效。

2.4.2 绘图比例设置

绘图比例的设置与所绘图形的精确度有很大联系，比例设置越大，绘制图形的精度越高。由于各个行业对绘图比例的要求不同，所以在绘图之前需要对绘图比例进行设置，下面介绍如何设置绘图比例。

Step 01 在菜单栏中执行【格式】>【比例缩放列表】命令，如下图所示。

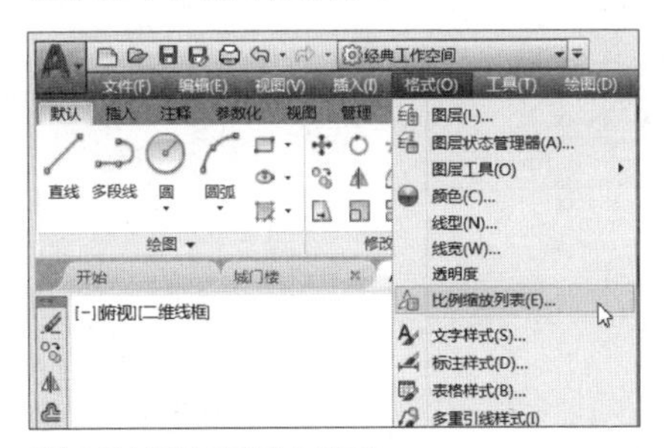

选择【比例缩放列表】选项

Step 02 在弹出的【编辑图形比例】对话框中选择合适的比例即可，如下图所示。

【编辑图形比例】对话框

Step 03 若没有合适的比例，单击【添加】按钮，在弹出的【添加比例】对话框中输入需要的比例，如下图所示。

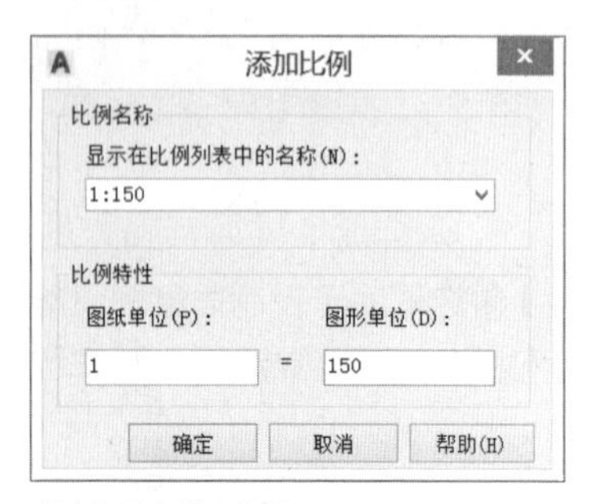

【添加比例】对话框

Step 04 回到【编辑图形比例】对话框便可看到添加的比例选项，选择并使用即可，如下图所示。

选择自定的绘图比例选项

2.4.3 基本参数设置

对AutoCAD 2018的系统基本参数设置包括选择文件路径、改变绘图背景颜色、设置自动保存时间等，是绘图前的重要工作，对绘图的速度和质量起着非常重要的作用。

对于大部分基本参数的设置，用户可以通过【选项】对话框进行设置，如下左所示。在AutoCAD 2018中，打开【选项】对话框的方法有如下几种。

- 利用应用程序打开。单击【应用程序】按钮，在下拉列表中选择【选项】选项，如下中图所示。
- 利用命令行打开。在命令行中输入OPTIONS/OP命令。
- 利用菜单栏打开。在菜单栏中执行【工具】>【选项】命令，如下右图所示。

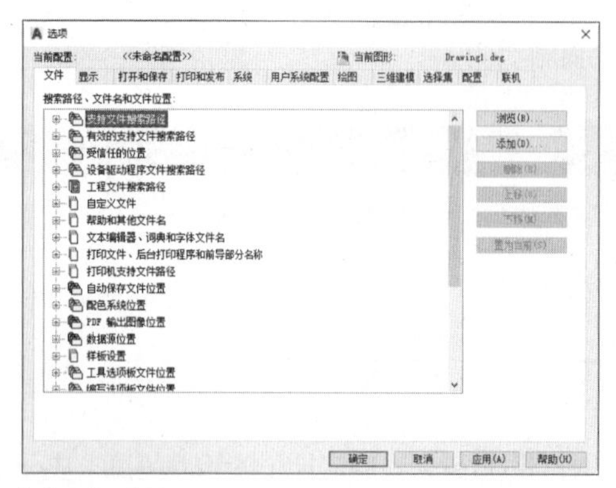

【选项】对话框

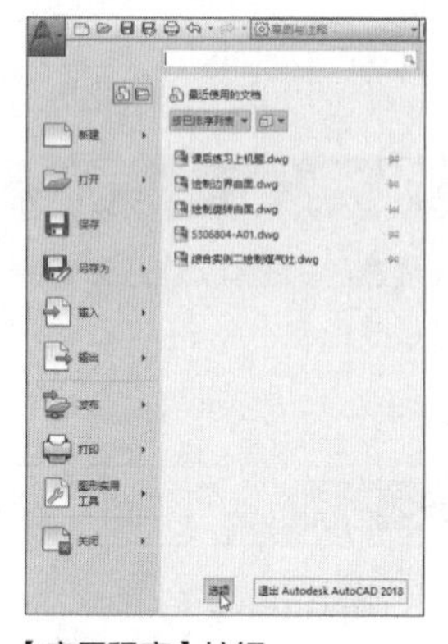

【应用程序】按钮

执行【选项】命令

下面对【选项】对话框中各选项卡功能进行介绍，具体如下。

- 【文件】选项卡：用于确定系统搜索支持文件、驱动程序文件、菜单文件、其他文件的路径以及用户定义的一些设置，如右图所示。

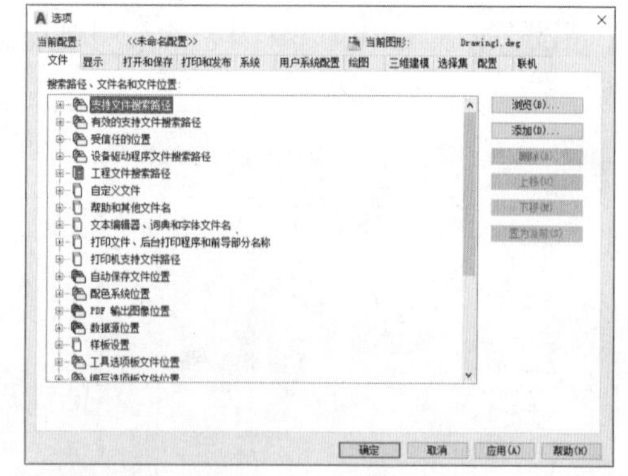

【文件】选项卡

- 【显示】选项卡：在该选项卡中可以设置窗口元素、布局元素、显示精度、显示性能、十字光标大小淡入度控制等显示性能，如下左图所示。用户可以在【窗口元素】选项区域中单击【颜色】按钮，打开【图形窗口颜色】对话框，在该对话框中可以根据需求设置绘图区的背景颜色，如下右图所示。

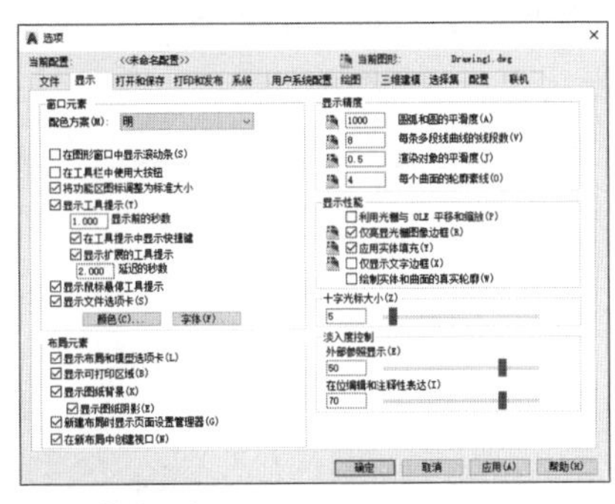

【显示】选项卡　　【图形窗口颜色】对话框

- 【打开和保存】选项卡：包括文件保存、文件安全措施、文件打开、应用程序菜单、外部参照以及ObjectARX应用程序的参数设置。用户可以设置是否自动保存文件、是否加载外部参照、是否维护日志以及指定自动保存文件的时间间隔等，如下左图所示。
- 【打印和发布】选项卡：用于设置打印机和打印机样式参数，系统默认的输出设备为Windows打印机，用户可以根据自己的需要进行选择，如下右图所示。

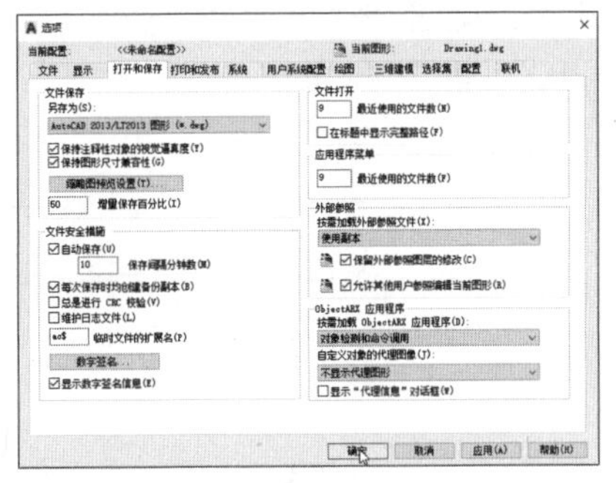

【打开和保存】选项卡

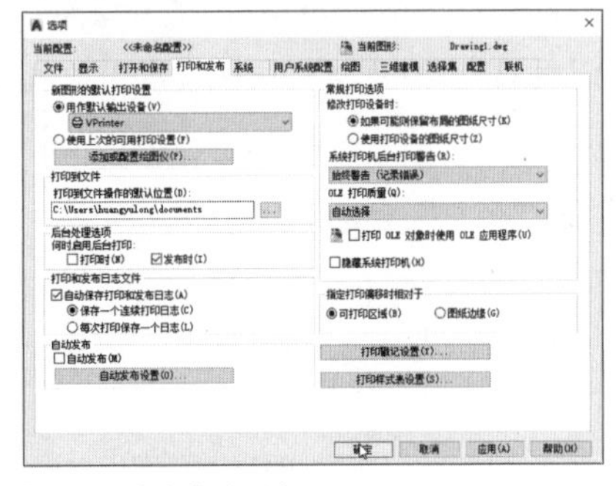

【打印和发布】选项卡

- 【系统】选项卡：由【硬件加速】、【当前定点设备】、【触摸体验】、【布局重生成选项】、【常规选项】以及【帮助】等选项区域组成，用于设置图形显示特性、当前定点设备的类型、警告信息的显示控制以及【OLE文字大小】对话框的显示控制等，如下左图所示。
- 【用户系统配置】选项卡：在该选项卡下，用户可以根据自己的习惯来自行定义系统配置，这些设置不会改变AutoCAD系统配置，却可以满足用户在使用上偏好的需求，如下右图所示。

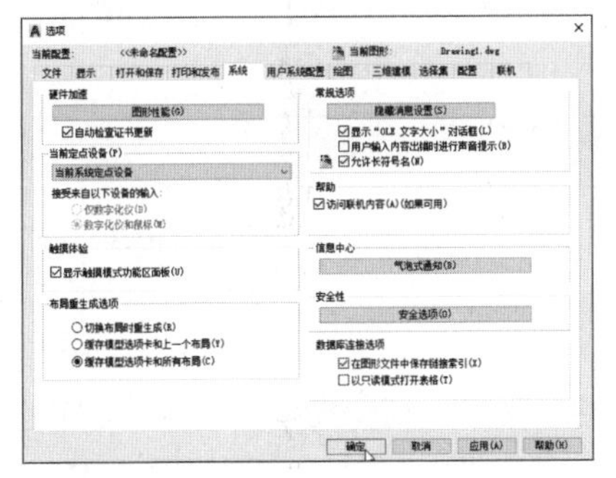

【系统】选项卡

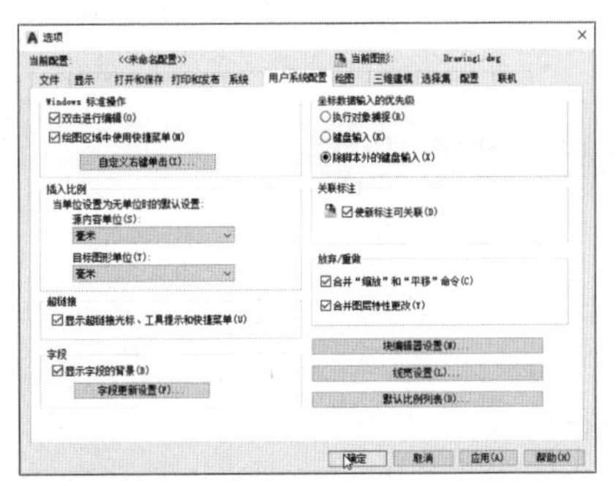

【用户系统配置】选项卡

- 【绘图】选项卡：用户可以在【自动捕捉设置】和【AutoTrack设置】选项区域中进行自动捕捉、自动追踪等定形和定位功能的设置，包括自动捕捉与自动追踪时标记和靶框的大小设置等，如下左图所示。
- 【三维建模】选项卡：用于三维绘图模式下相关参数设置，包括三维十字光标、三维对象视觉样式、曲面或网格的素线数、三维导航及动态输入设置等，如下右图所示。

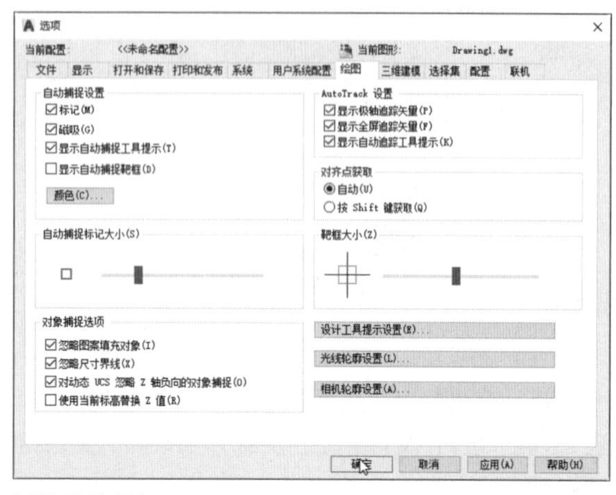

【绘图】选项卡

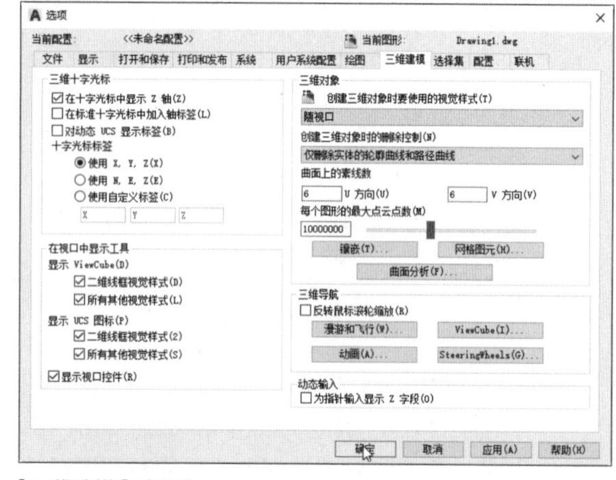

【三维建模】选项卡

- 【选择集】选项卡：用户可以设置选择集模式、拾取框大小以及夹点尺寸等，如下左图所示。
- 【配置】选项卡：用户可以根据不同的需求进行设置，例如系统配置文件的创建、重命名及删除等，以便在以后的使用中需要相同的设置时，直接调用该配置文件，如下右图所示。

【选择集】选项卡

【配置】选项卡

- 【联机】选项卡：在该选项卡下可以登录A360用户账户，随时随地上传、保存和共享文件。

2.4.4 图形界限设置

在绘图过程中，为了避免所绘图形超出图纸的边界、用户的工作区域或图纸的边界，可以使用绘图界线来标明边界。

调用【图形界限】命令常用的方法有以下两种。

- 从命令行调用。直接在命令行中输入LIMITS命令，按Enter键设置图形界限，如下左图所示。
- 从菜单栏调用。可以在菜单栏中执行【格式】>【图形界限】命令，设置图形界限，如下右图所示。

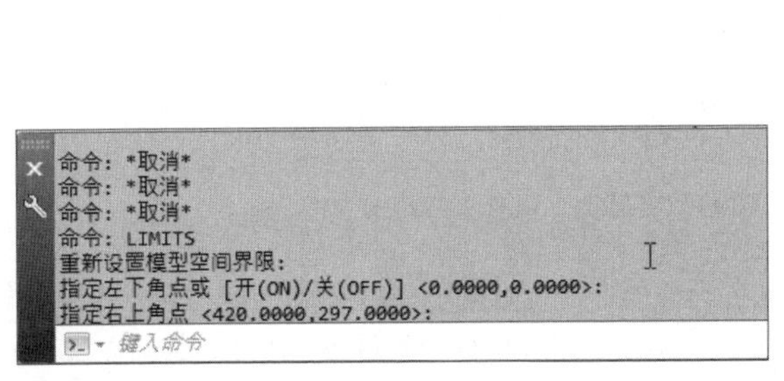

命令行提示

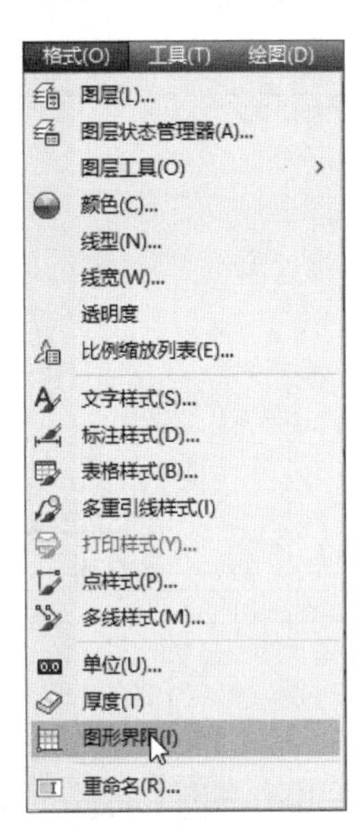

调用【图形界限】命令

上机实训——绘制复式二层室内布局图

本章主要介绍AutoCAD的基础知识，如软件的应用领域、软件的基本功能、工作空间切换以及工作界面认识等。下面以绘制室内布局图为例，进一步巩固所学的知识，具体操作步骤如下。

Step 01 新建【室内布局.dwg】文档，绘制出A3标准的图框。选择缩放工具，选择左下角，输入放大数值为40，绘图区如下图所示。

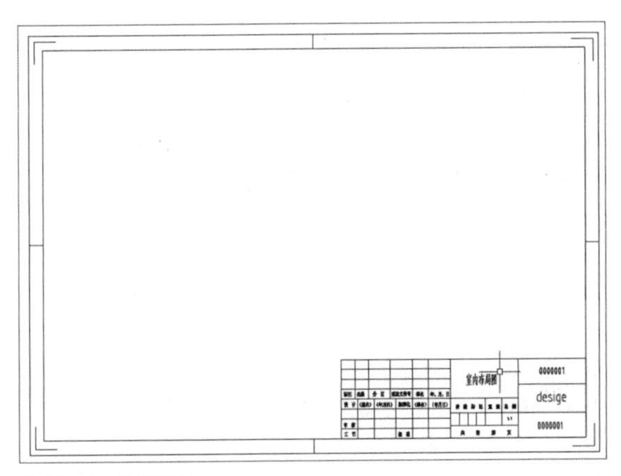

绘制A3标准的图框

Step 02 在命令行中输入LIMITS命令，按住Ctrl键捕捉左下角端点和右上角，单击鼠标左键确认操作，A3图纸尺寸的图形界限就确定下来了，如下图所示。

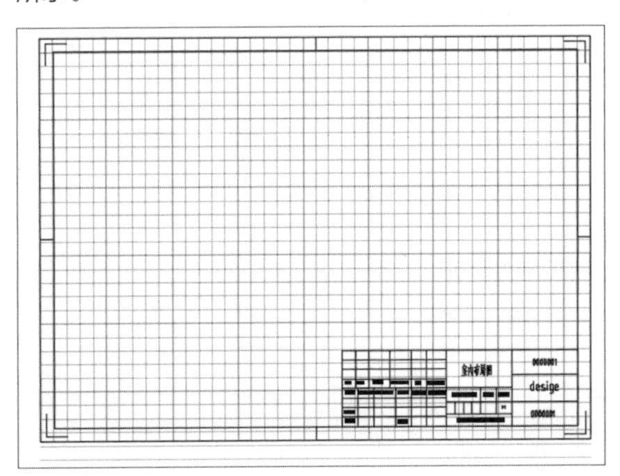

确定图形界限

Step 03 单击界面左下角【显示图形栅格】按钮 ，隐藏栅格，效果如下图所示。

Step 04 执行【工具】>【工作空间】>【草图与注释】命令，在打开的对话框中单击【确定】按钮，用户可以根据相同的方法切换到三维基础或三维建模工作空间，如下图所示。

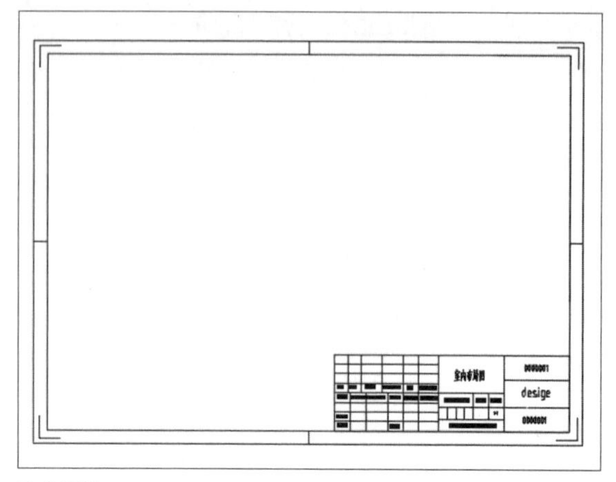

隐藏栅格

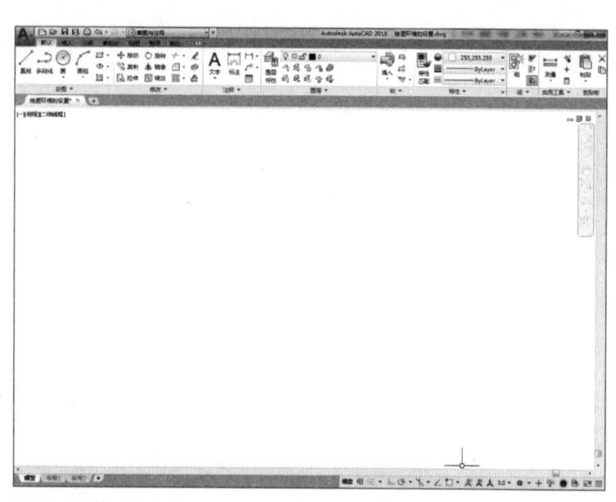

草图与注释工作空间

Step 05 执行【格式】>【图层】命令，打开【图层特性管理器】面板，单击【新建图层】按钮，新建【轴线】、【墙线】、【窗线】和【门线】图层，并设置颜色、线型和线宽，如下图所示。

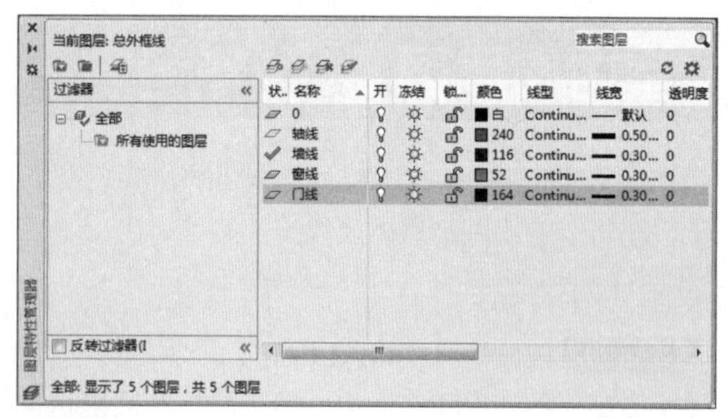

新建图层

Step 06 执行【格式】>【线型】命令，打开【线型管理器】对话框，单击【加载】按钮，如下图所示。

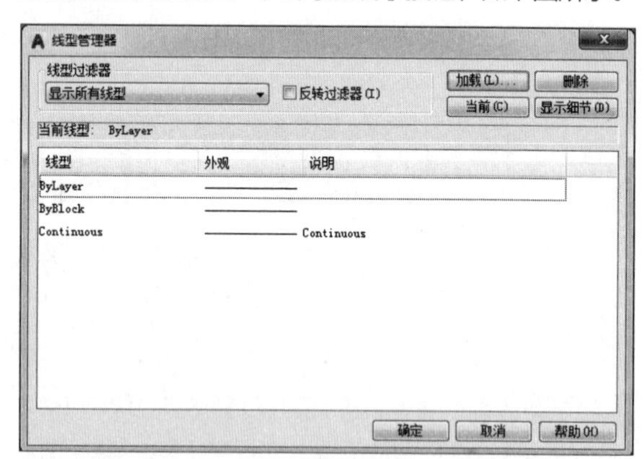

【线型管理器】对话框

Step 07 打开【加载或重载线型】对话框，选择需要的线型选项，如CENTER2线型，单击【确定】按钮，如下图所示。

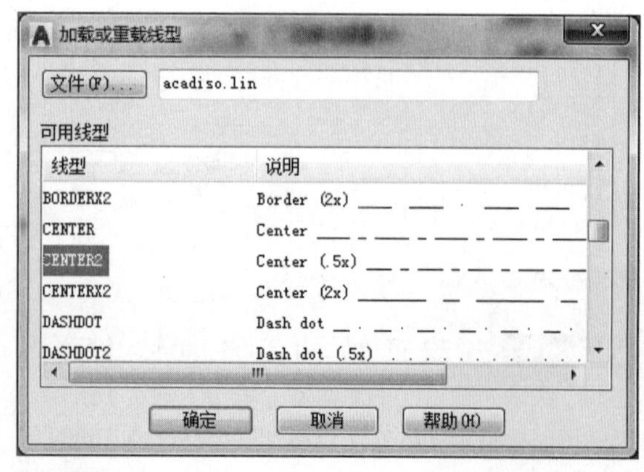

加载线型

Step 08 执行【格式】>【单位】命令，打开【图形单位】对话框，设置长度类型为【小数】、精度为0.00，具体参数设置如下图所示。

设置图形单位

Step 09 调用【直线】命令，绘制7200的竖直墙体轴线，如下图所示。

绘制轴线

Step 10 将【墙线】图层置为当前图层，调用【偏移】命令，选择轴线，分别向左和向右偏移120，再选择偏移出的轴线，效果如下图所示。

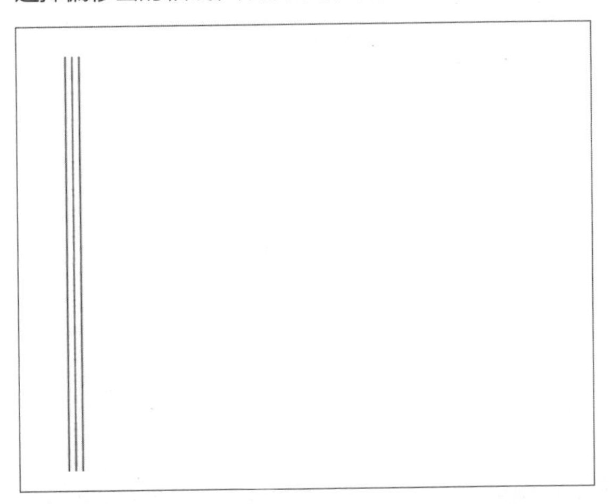

偏移直线

Step 11 调用【偏移】命令，将轴线向右偏移3200、5400、7020，效果如下图所示。

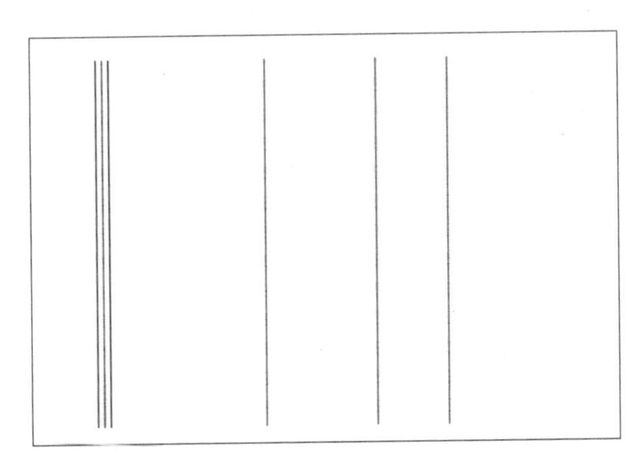

向右偏移直线

Step 12 按照同样的操作方法，分别将偏移的3条直线向左和向右偏移120，保持【墙线】图层为当前图层，效果如下图所示。

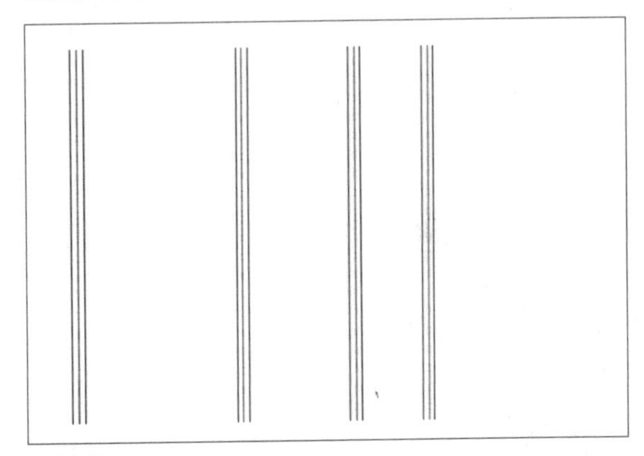

偏移轴线

Step 13 调用【直线】命令，捕捉左右两端轴线端点绘制出横墙体中心轴线，如下图所示。

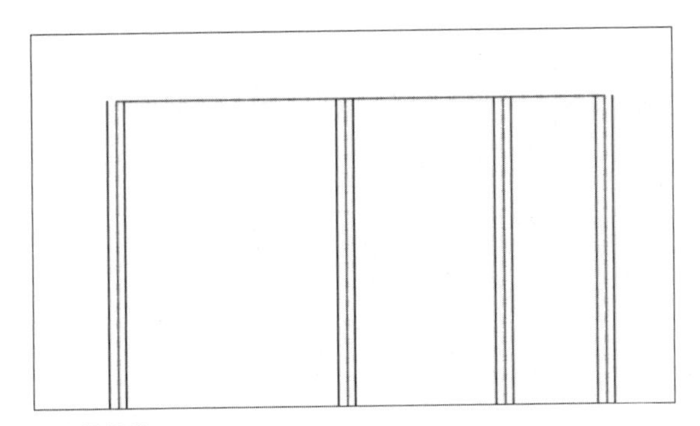

绘制横轴线

Step 14 将【墙线】图层置为当前图层，调用【偏移】命令，选择横中心轴线，分别向上和向下偏移120作为外墙，效果如下图所示。

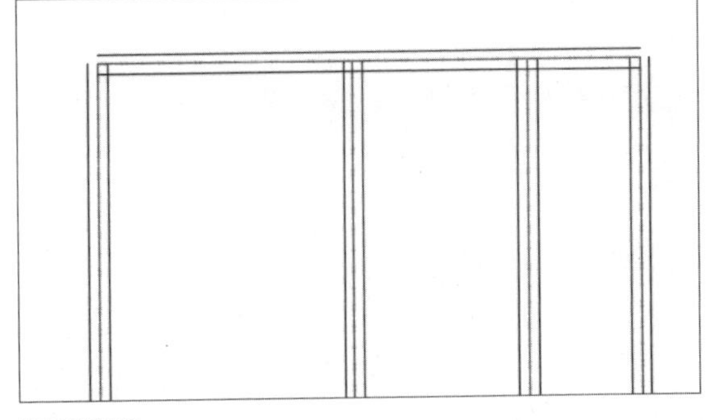

偏移横轴线

Step 15 调用【偏移】命令，选择上面中心轴线，分别向下偏移2800、800、4000、5600四条墙体轴线，效果如下图所示。

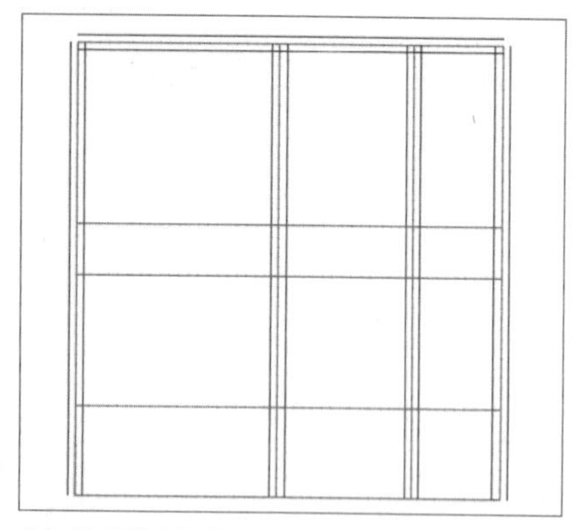

向下偏移横向轴线

Step 16 将【墙线】图层置为当前图层，调用【偏移】命令，将中间3条横中心轴线，分别向上和向下偏移100，作为内墙，效果如下图所示。

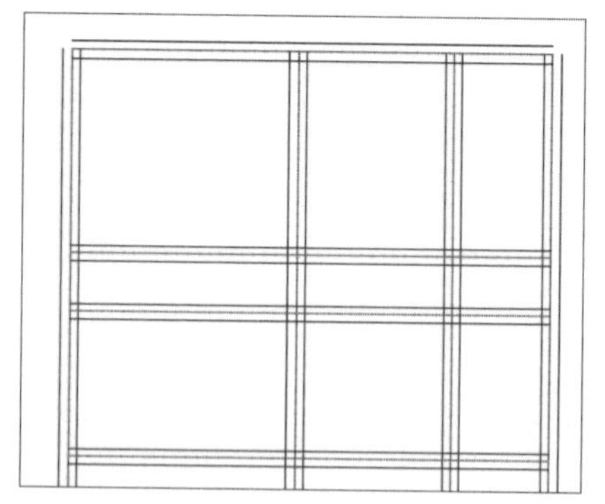

偏移横中心轴线

Step 17 将【墙线】置为当前图层，调用【偏移】命令，选择最下面的横中心轴线，向上和向下偏移120，作为外墙，如下图所示。

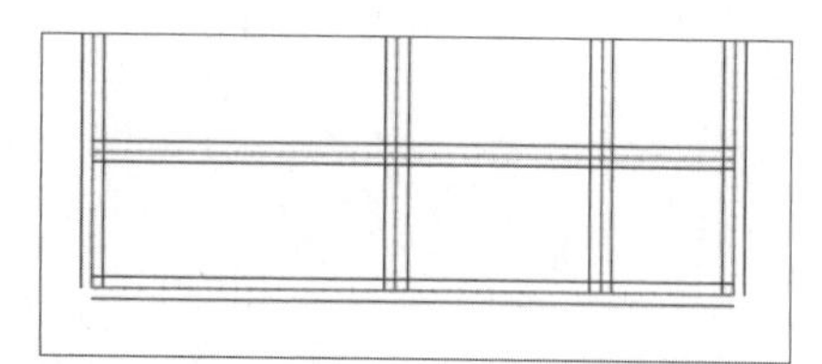

偏移下方横中心轴线

Step 18 调用【延伸】命令，选择要延伸的对象，输入E，再输入E，对外墙线进行延伸处理，使两条线之间没有空隙，效果如下图所示。

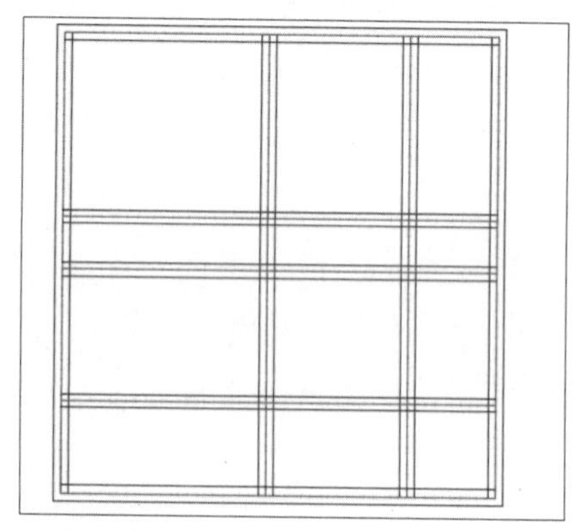

延伸直线

Step 19 将【墙线】置为当前图层，调用【偏移】命令，选择左边的横中心轴线，向右分别偏移800、2400、4000的线，效果如下图所示。

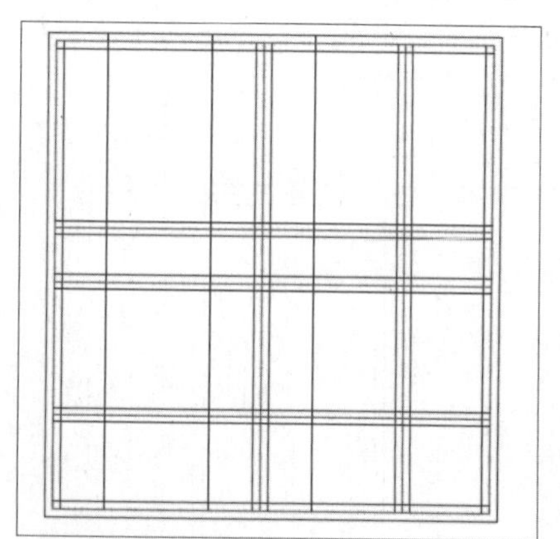

偏移左侧横中心轴线

Step 20 调用【延伸】命令，对偏移出的线进行延伸，效果如下图所示。

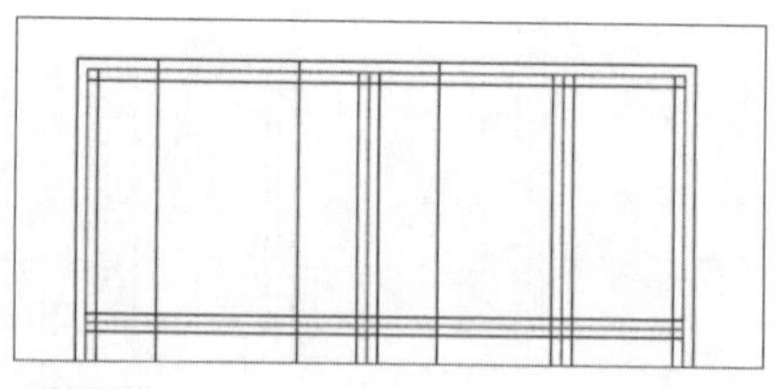

延伸直线

Step 21 调用【修剪】命令，修剪延伸的线，将墙体外的直线删除，效果如下图所示。

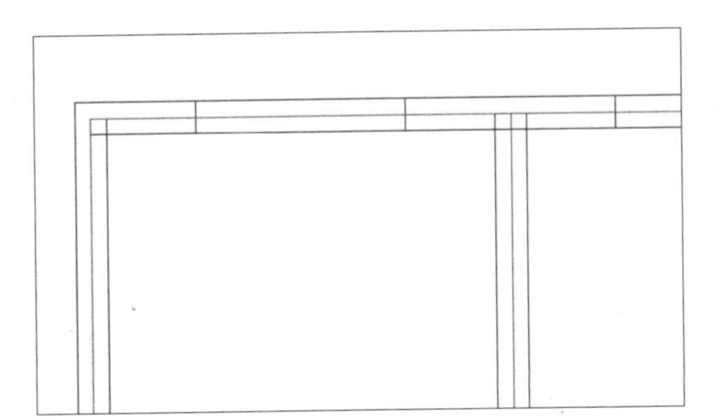

修剪延伸线

Step 22 调用【修剪】命令，对下面墙体进行修剪，效果如下图所示。

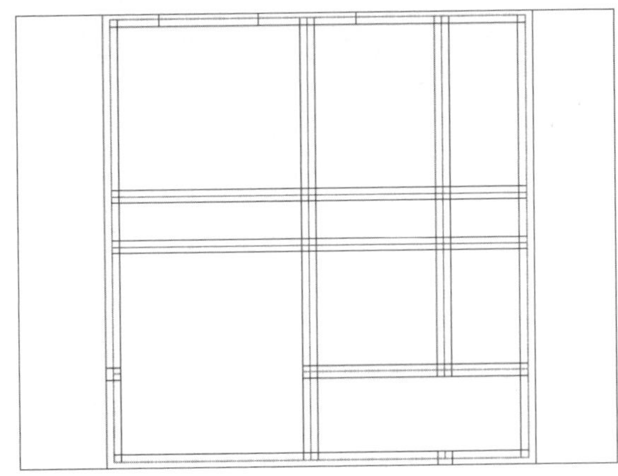

继续修剪线

Step 23 调用【偏移】命令，选择左边的中心轴线，向右偏移2000的墙线，效果如下图所示。

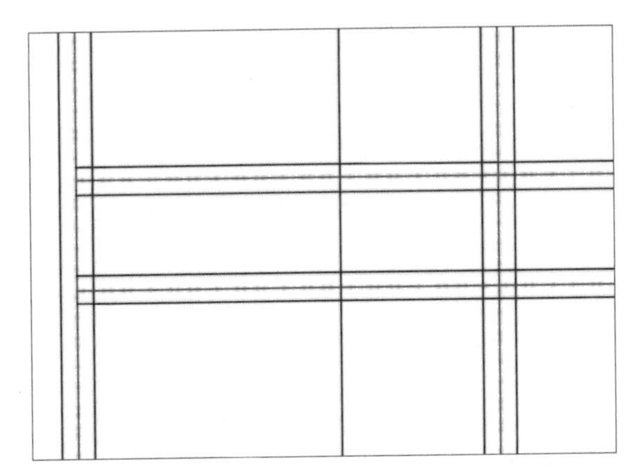

向右偏移左侧中心轴线

Step 24 调用【偏移】命令，选择左边的中心轴线，向右偏移1600的中心线，并分别向左右偏移100，作为内墙，效果如下图所示。

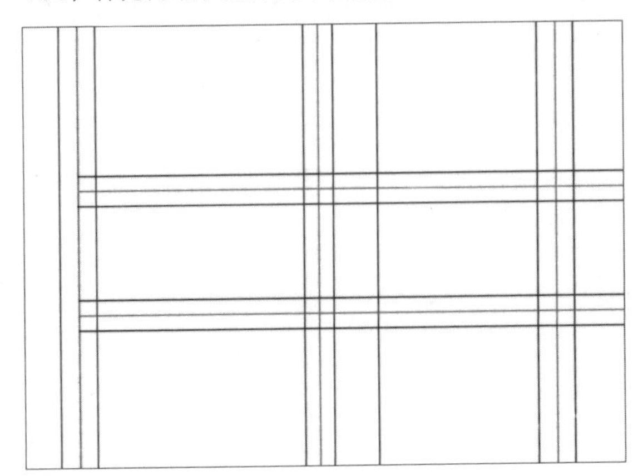

偏移轴线并向左右再偏移

Step 25 调用【偏移】命令，选择中间上面的中心轴线，向下偏移300、600的墙线，如下图所示。

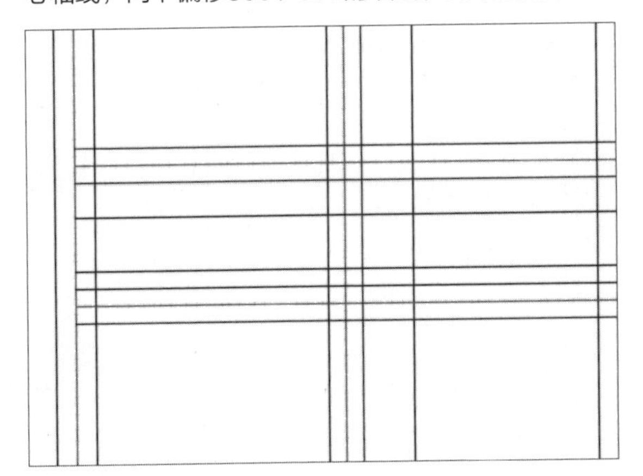

向下偏移直线

Step 26 调用【修剪】命令，对内墙线进行修剪，效果如下图所示。

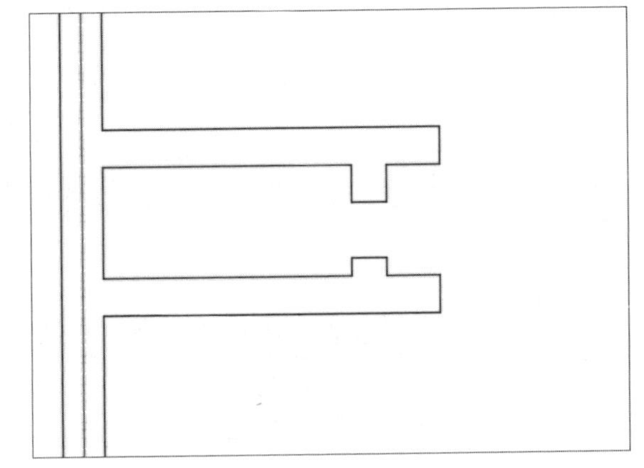

修剪内墙线

Step 27 调用【修剪】命令，按照同样方法对内墙线其他部分进行修剪，效果如下图所示。

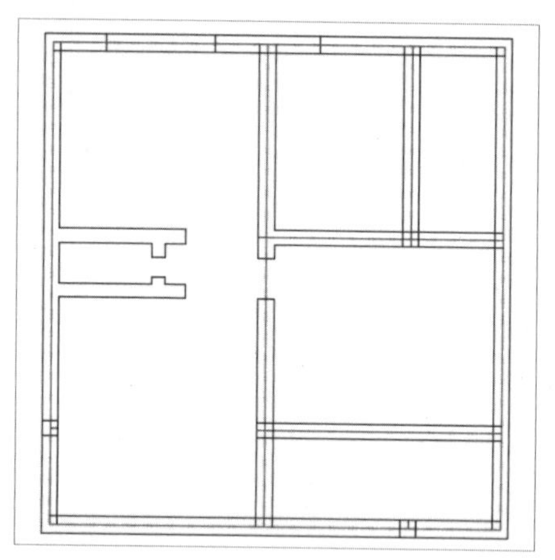

修剪内墙线

Step 28 调用【直线】和【样条曲线】命令，绘制出门形状，效果如下图所示。

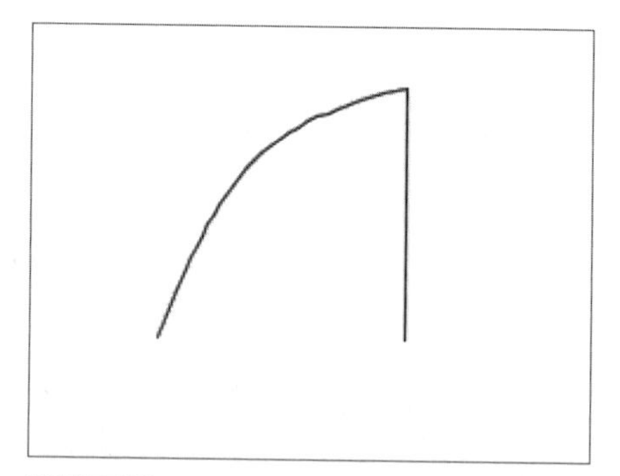

绘制门形状

Step 29 执行【工具】>【块编辑】命令，打开【插入】对话框，输入名称为【门】，单击【确定】按钮，把门形状转为块保存，效果如下图所示。

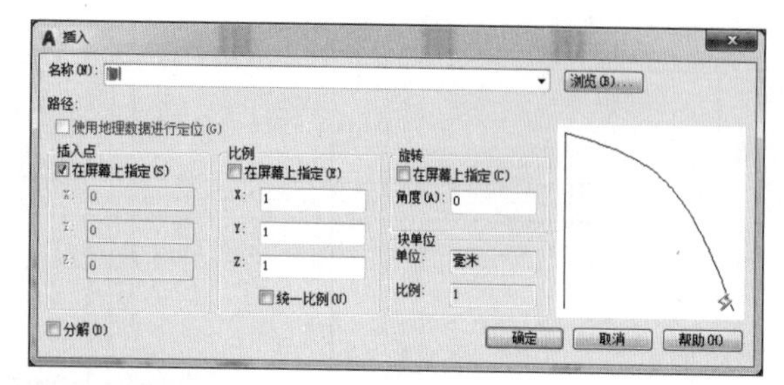

将门形状转换为块

Step 30 然后在室内需要插入门的位置，插入门块，如下图所示。

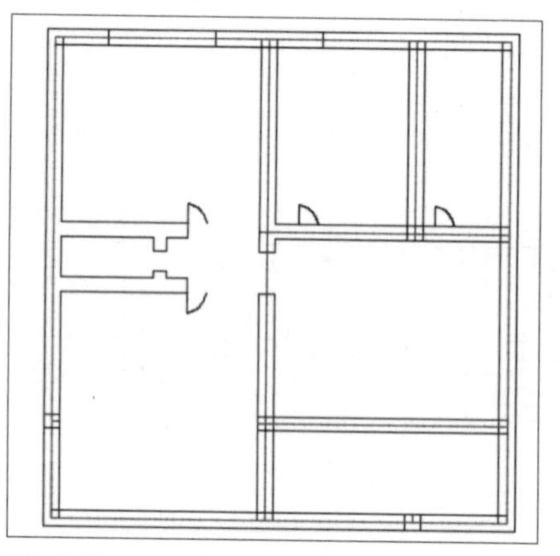

插入门块

Step 31 调用【延伸】和【修剪】命令，对墙体进行延伸和修剪处理，并去除轴线，效果如下图所示。

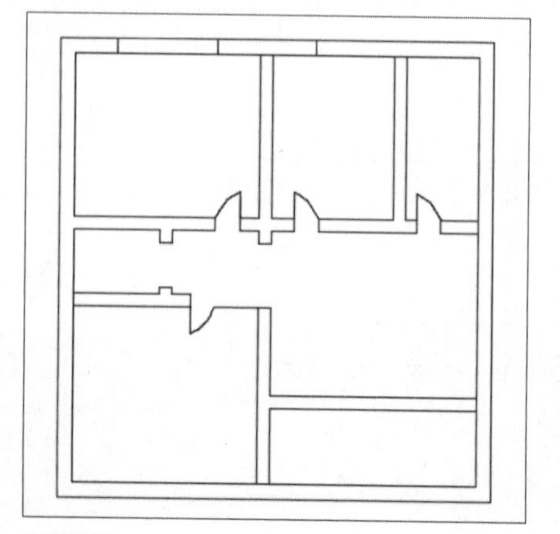

修剪轴线

Step 32 调用【直线】命令，绘制出图中剪力墙部分，并填充黑色，效果如下图所示。

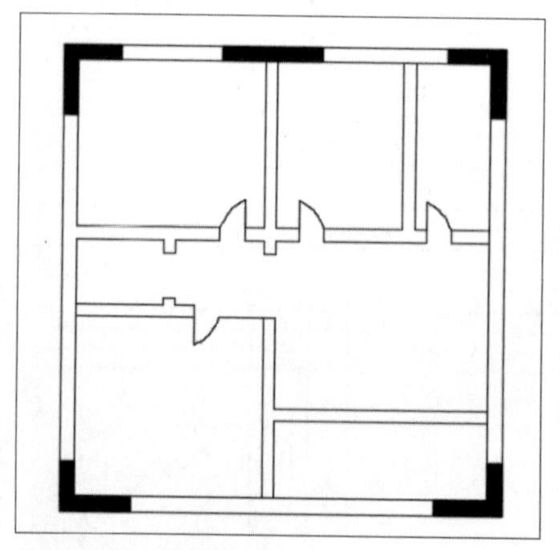

绘制剪力墙并填充颜色

Step 33 调用【矩形】命令，绘制出窗口部分，效果如下图所示。

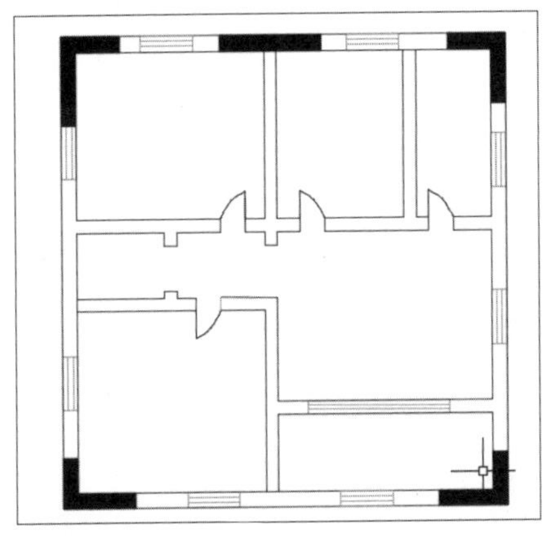

绘制窗口

Step 34 调用【图案填充】命令，打开【图案填充和渐变色】对话框，设置填充的图案为SOLID，对颜色进行设置，如下图所示。

设置填充

Step 35 然后对墙体进行填充，除窗户之外均需要填充，效果如下图所示。

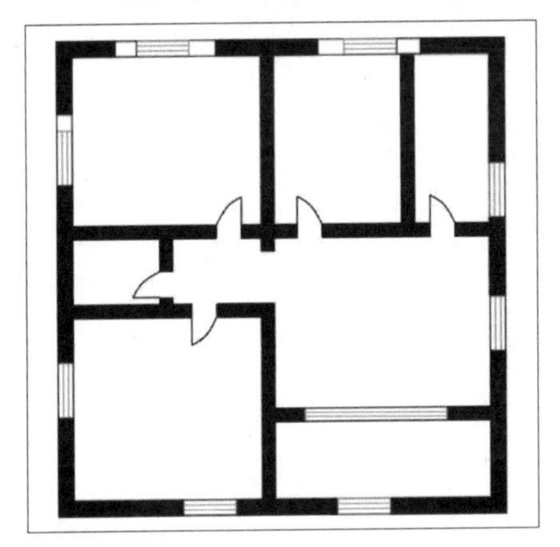

填充墙体

Step 36 调用【矩形】命令，在窗口未填充部分绘制一个相同大小的矩形，然后调用【图案填充】命令对矩形进行填充，效果如下图所示。

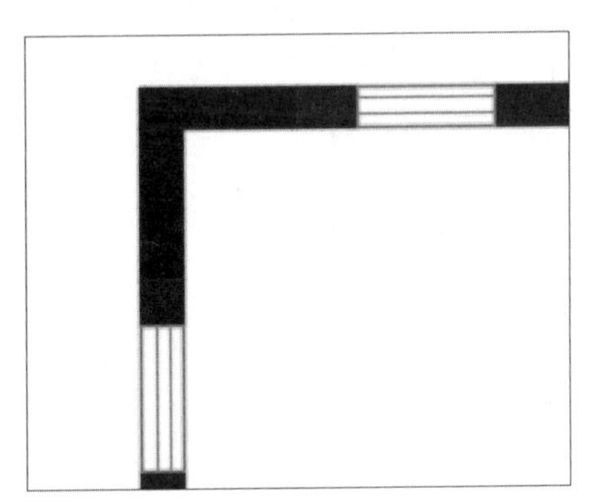

绘制矩形

Step 37 根据相同的方法将墙体未填充部分全部填充指定的图案，效果如下图所示。

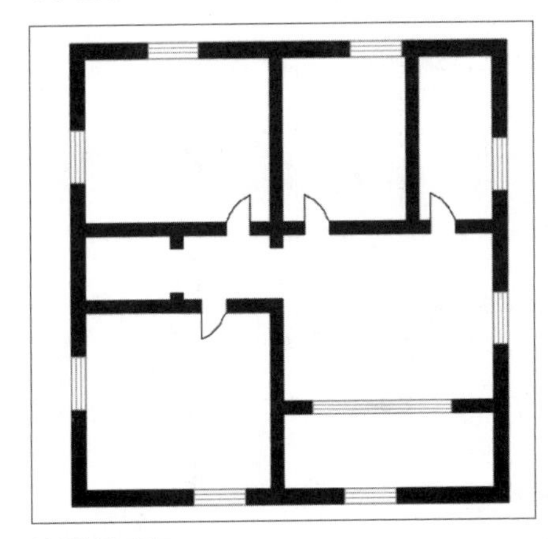

绘制其它窗口

Step 38 调用【多行文字】命令，对各室内进行标注，效果如下图所示。

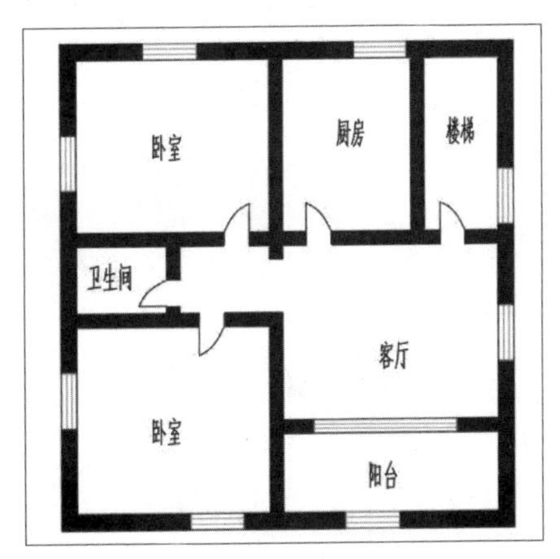

标注文字

Step 39 执行【格式】>【标注样式】命令，打开【标注样式管理器】对话框，单击【修改】按钮，如下图所示。

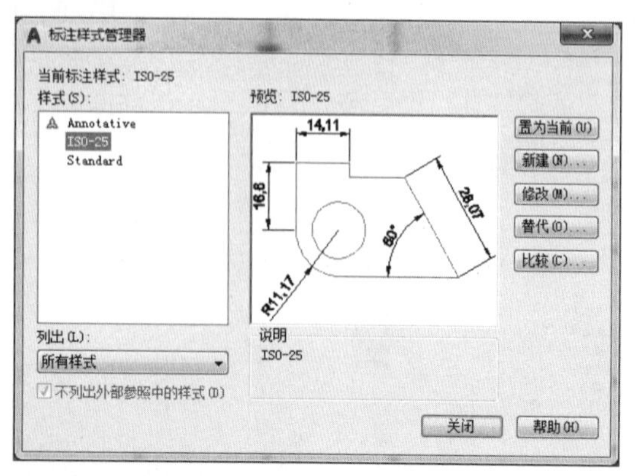

【标注样式管理器】对话框

Step 40 打开【修改标注样式】对话框，在【线】选项卡中设置相关参数，如下图所示。

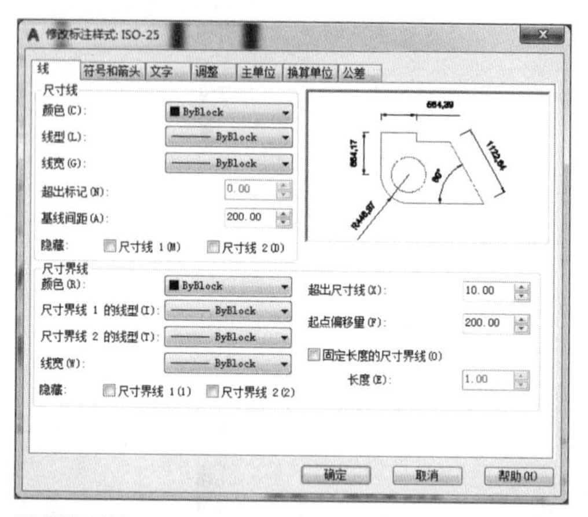

设置线参数

Step 41 切换至【符号和箭头】选项卡，设置相关参数，如下左图所示。

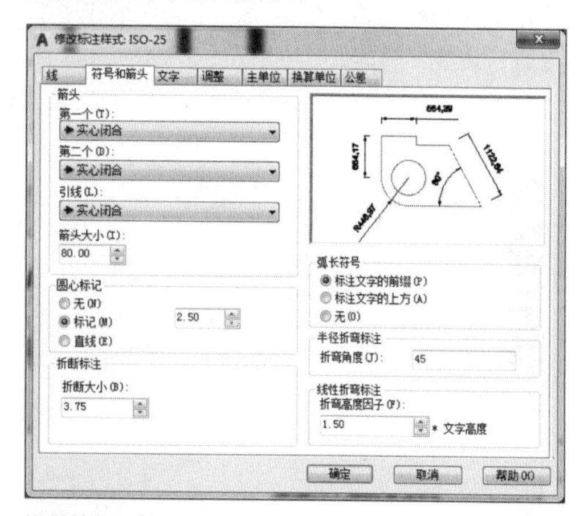

设置符号和箭头

Step 42 切换至【文字】选项卡，设置相关参数，如下右图所示。

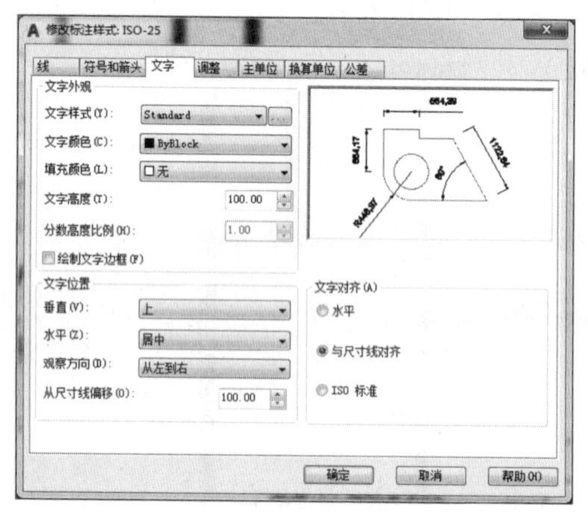

设置文字

Step 43 切换至【主单位】选项卡，设置相关参数，如下图所示。

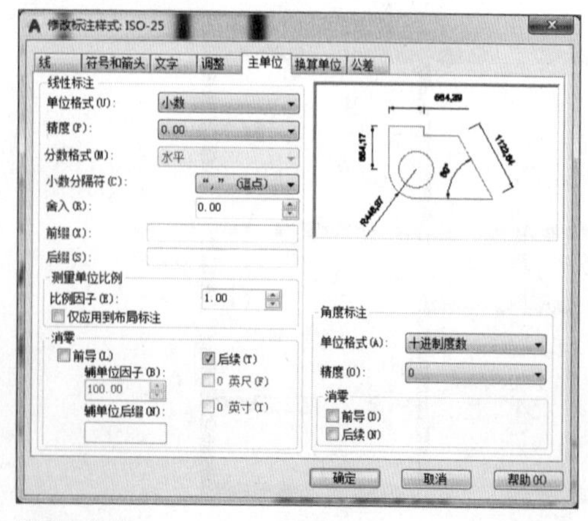

设置主单位

Step 44 选择线性标注，在图形上标注尺寸，调整下细节上的布局，最终效果如下图所示。

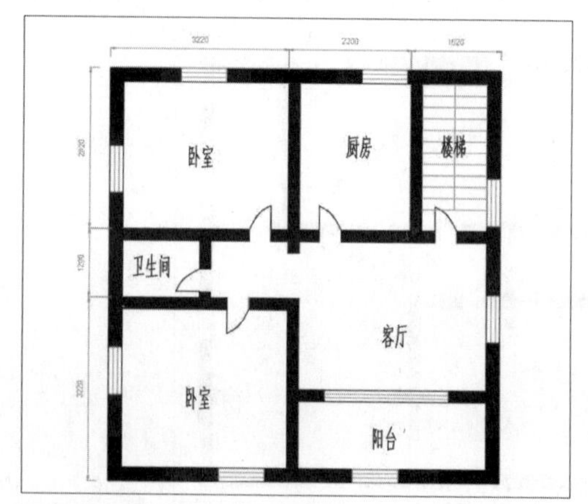

查看最终效果

AutoCAD基础操作

在了解AutoCAD软件的入门知识后，本章将介绍AutoCAD的基础操作，如绘图命令的调用、图形文件的基本操作、视图和视口操作以及图层的管理等。相信用户认真学习本章内容后，对绘制工程图纸会有很大的帮助。

01 核心知识点

❶ 掌握命令调用的方法

❷ 熟悉图形文件的基本操作

❸ 了解坐标系的应用

❹ 了解视图和视口的操作

❺ 掌握图层的管理操作

02 本章图解链接

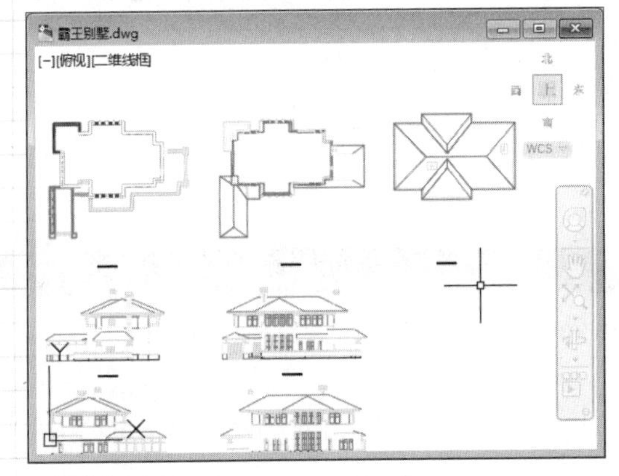

二维坐标系

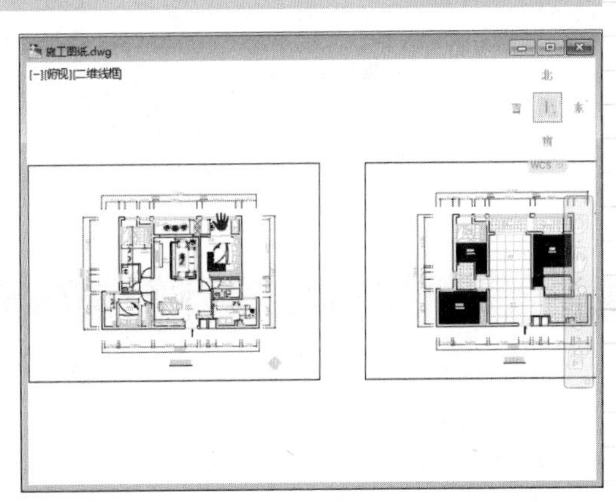

平移视图

3.1 AutoCAD命令的调用

要使用AutoCAD进行绘图工作，必须知道如何向软件下达相关的指令，即通过执行一系列命令进行绘图操作。在AutoCAD中命令的调用方式大致可以分为3种，分别为：使用功能区调用、使用命令行调和使用菜单栏调用。

3.1.1 使用功能区调用命令

功能区是AutoCAD软件所有绘图命令集中所在的操作区域，AutoCAD三个工作空间都是以功能区作为调用命令的主要方式。这种调用方式相较与其他方式更加直观，非常适合初学者使用。

用户在使用功能区调用命令时，直接单击功能面板所需执行的命令按钮即可。例如，用户需要调用【圆】命令时，则执行【默认】>【绘图】>【圆】命令，如下左图所示。在进行上述操作时，命令行会显示【圆】命令的相关提示信息，用户根据提示信息绘制圆即可，如下右图所示。

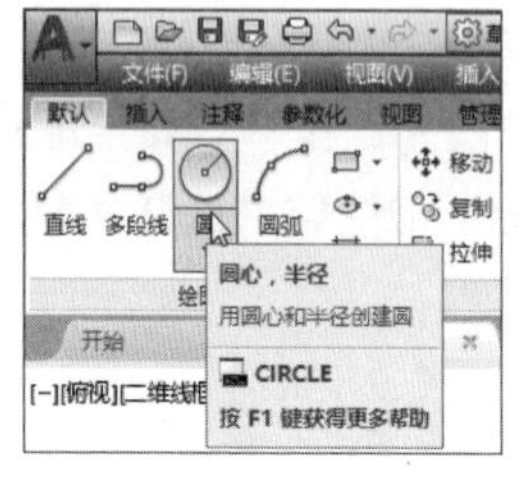

执行【圆】命令

【圆】命令命令行提示信息

单击功能区右侧的最小化按钮，可最小化或隐藏功能区，从而实现绘图区域最大化。当功能区处于默认状态时，单击该按钮，则会将功能区最小化，如下图所示。

最小化功能区

若再次单击该按钮，功能区将会隐藏，如下图所示。若想恢复功能区正常显示，则继续单击该按钮即可。

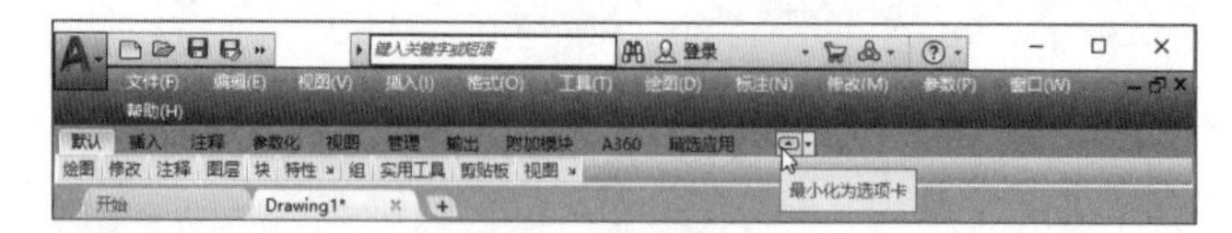

隐藏功能区

操作提示：如果当前界面未显示功能区

默认情况下，使用【草图与注释】、【三维建模】和【三维基础】工作空间时，功能区将自动打开。如果当前界面未显示功能区，可以在菜单栏中执行【工具】>【选项板】>【功能区】命令，手动打开功能区面板，如右图所示。

在功能区上单击鼠标右键，在弹出的快捷菜单中选择【显示选项卡】命令，根据需要选择子菜单中的相关选项，即可打开所需的面板选项。

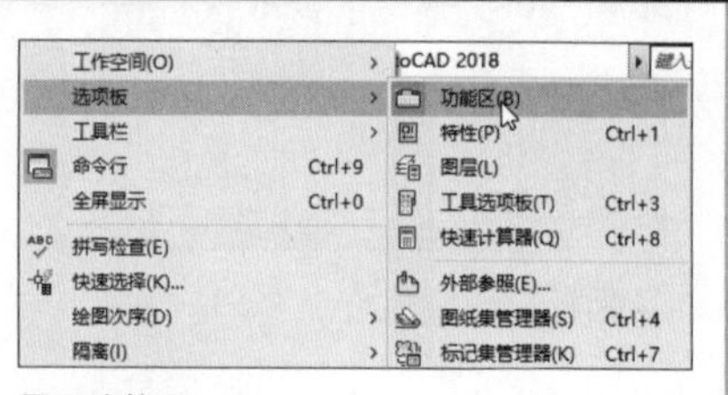

显示功能区

3.1.2 使用命令行调用命令

命令行调用命令是AutoCAD最快捷的绘图方式，但使用这种方式调用命令要求绘图者必须牢记各种绘图命令，对于AutoCAD比较熟悉的用户一般会选择使用这种方式绘制图形文件，因为这样可以大大提高绘图效率。

在AutoCAD中大部分命令都有其相应的简写方式，例如【直线】命令LINE的简写方式是L，绘制圆命令CIRCLE的简写方式是CI。对于常用的命令，使用简写方式输入将大大减少键盘输入的工作量从而提高工作效率。另外，AutoCAD对命令或者参数的输入不区分大小写，用户在使用时不需考虑大小写问题。例如，输入PL（多段线）命令，按Enter键后，命令行就会显示当前命令的操作信息，按照该提示信息就可以执行相应操作，命令行提示如下：

```
命令: *取消*
命令: PL
PLINE
指定起点:
当前线宽为 0.0000
指定下一个点或 [圆弧(A)/半宽(H)/长度(L)/放弃(U)/宽度(W)]: a
指定圆弧的端点(按住 Ctrl 键以切换方向)或
[角度(A)/圆心(CE)/方向(D)/半宽(H)/直线(L)/半径(R)/第二个点(S)/放弃(U)/宽度(W)]:
键入命令
```

【多线段】命令行

3.1.3 使用菜单栏调用命令

在AutoCAD中大部分的常用命令都分门别类地放在菜单栏中，默认状态下三种工作空间都没有菜单栏，用户需要自己调出来，具体方法可以参照第二章的相关章节。例如，若需要在菜单栏中调用【矩形】命令，则执行【绘图】>【矩形】命令即可，如右图所示。

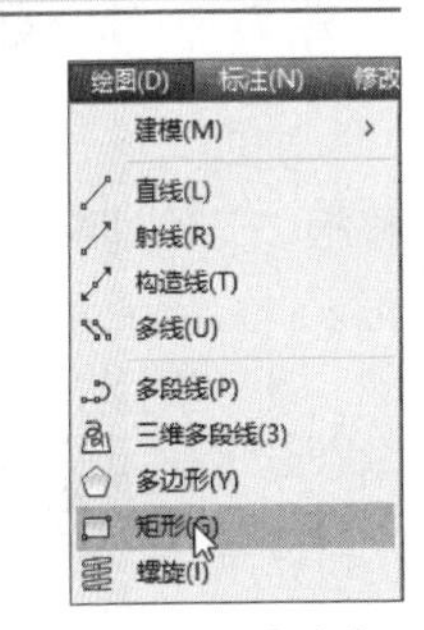

调用【矩形】命令

3.1.4 重复命令操作

在利用AutoCAD绘制图形文件时，常常会出现重复多次调用同一个命令的现象，此时，无须再次单击命令的工具按钮或者在命令行再次输入该命令，使用下列方法，可以快速重复调用命令。

- 利用命令行重复调用。在命令行中输入MULTIPLE/MUL并按下Enter键，重复调用上一个命令。
- 利用快捷键重复调用。按Enter键或者空格键，重复调用上一个命令。
- 利用快捷菜单重复调用。在命令行中单击鼠标右键，在快捷菜单中的【最近使用命令】列表中选择需要重复的命令。

3.1.5 透明命令操作

在AutoCAD中透明命令操作是指正在执行的一个命令还没有结束，为了更好地完成这个命令而在中间插入一个命令，插入的这个命令即为透明命令。

常见的透明命令包括【视图平移】、【视图缩放】、【对象捕捉】、【正交】、【极轴】、【栅格】等。下面以绘制直线为例，介绍如何使用透明命令。

Step 01 执行【直线】命令，在绘图区选择一点作为起点，移动光标确定直线长度，可以看到此时的绘图区开启了栅格模式，且未开启正交模式，如下图所示。

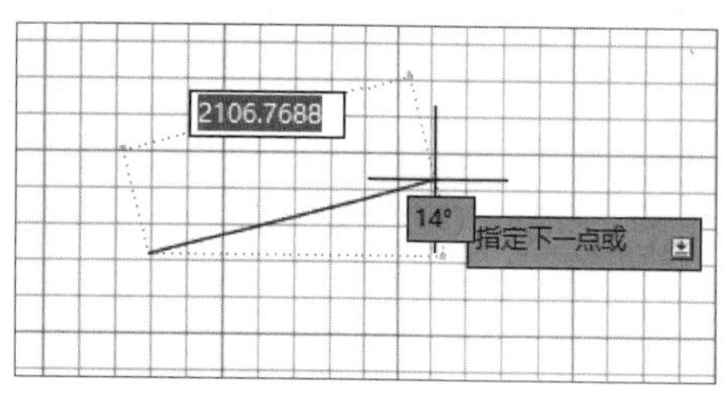

绘制直线

Step 02 在拖动鼠标的过程中，依次按键盘上的F7、F8功能键，即可关闭栅格模式并开启正交模式，如下图所示。

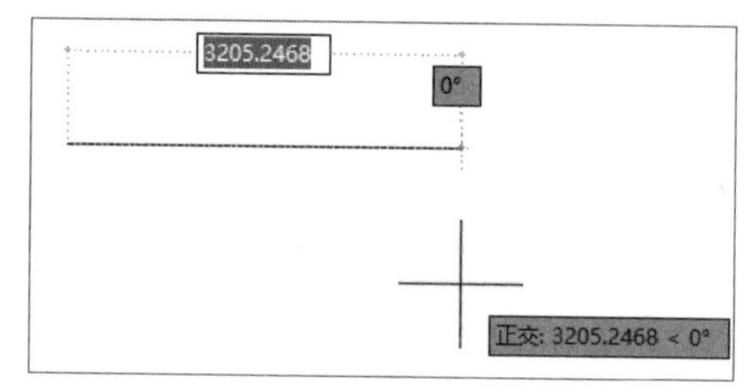

关闭栅格模式并开启正交模式

3.2 图形文件的基本操作

AutoCAD应用程序符合Windows标准，因此基本的文件操作方法和其他应用程序基本相同。在AutoCAD 2018中，图形文件的基本操作主要包括新建文件、打开文件、保存文件、查找文件和输出文件等。

3.2.1 新建图形文件

启动AutoCAD 2018后，系统会自动创建一个【开始】图形文件，该文件默认以【acadiso.dwt】为样板，无论是否在此图形文件中进行过编辑工作，在未保存之前其名称默认为Dwawing.dwg。用户在图形设计过程中可以随时创建新的图形文件，新建图形文件的方法有以下几种。

- 利用菜单栏创建。执行【文件】>【新建】命令，新建图形文件。
- 利用快捷键创建。按下Ctrl+N组合键，新建图形文件。
- 利用应用程序按钮创建。单击【应用程序】按钮，在弹出的下拉菜单中选择【新建】>【图形】命令，新建图形文件。
- 利用快速访问工具栏创建。单击快速访问工具栏中【新建】按钮，新建图形文件。
- 利用命令行创建。在命令行中输入QNEW/QN命令，并按Enter键，新建图形文件。

执行以上任意一种操作后，系统将弹出【选择样板】对话框，如右图所示。在日常设计中最常用的是acad样板和acadiso样板，如果要创建基于样板的图形文件，选择好样板后，单击【打开】按钮即可。用户也可以在【名称】列表框中选择其他的样板文件。

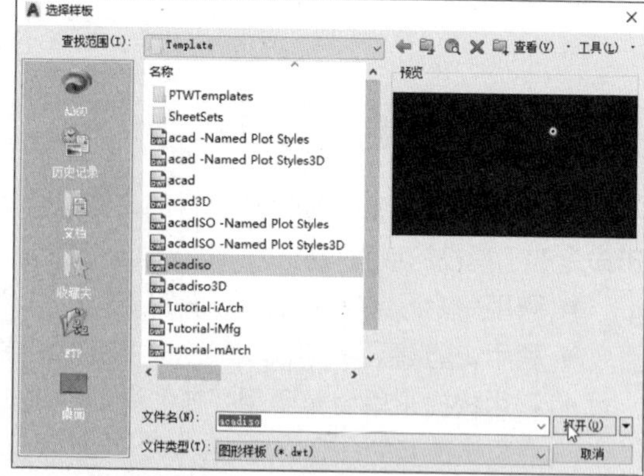

【选择样板】对话框

3.2.2 打开图形文件

用户在图形绘制过程中，往往不能一次完成所要设计的图纸任务，当需要再次打开查看或重新编辑已经保存的文件时，就涉及图形文件的打开操作。

在AutoCAD 2018中，常用的打开图形文件的操作方法有以下几种。

- 利用菜单栏打开。执行【文件】>【打开】命令，打开图形文件。
- 利用快捷键打开。按下Ctrl+O组合键，系统会弹出【选择文件】对话框，选择需要打开的图形文件。
- 利用应用程序按钮打开。单击【应用程序】按钮，在弹出的下拉列表中选择【打开】选项。
- 利用快速访问工具栏打开。单击快速访问工具栏中的【打开】按钮，选择需要打开的图形文件。
- 利用命令行打开。在命令行中输入OPEN命令，并按Enter键，选择需打开的图形文件。

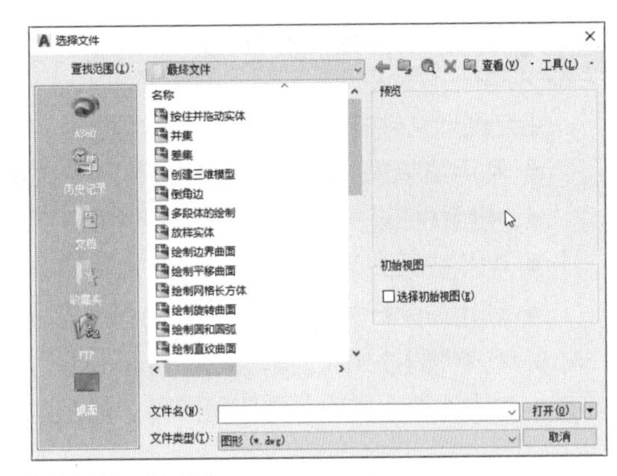

【选择文件】对话框

执行以上任意一种操作后，系统将弹出【选择文件】对话框，如上右图所示。选择需要打开的图形文件，单击【打开】按钮即可。

3.2.3 保存图形文件

在绘图过程中，往往会因为意外断电或死机等原因造成文件的丢失，给我们的工作带来不必要的麻烦，所以用户在工作时应养成一种良好的保存文件的习惯。

AutoCAD中保存的作用就是将新绘制或编辑过的图形文件进行存盘。在AutoCAD 2018中可以通过多种方式将所绘图形存入磁盘。

- 利用菜单栏保存。执行【文件】>【保存】命令，保存图形文件。
- 利用快捷键保存。使用Ctrl+S组合键，保存图形文件。
- 利用应用程序按钮保存。单击【应用程序】按钮，在弹出的下拉列表中选择【保存】选项。
- 利用快速访问工具栏保存。单击快速访问工具栏中的【保存】按钮，保存图形文件。
- 利用命令行保存。在命令行中输入SAVE命令并按Enter键，保存图形文件。

执行以上任意一种操作后，系统将弹出【图形另存为】对话框，如下左图所示。选择图形文件的存储位置，单击【保存】按钮，在弹出的提示对话框中单击【是】按钮即可，如下右图所示。

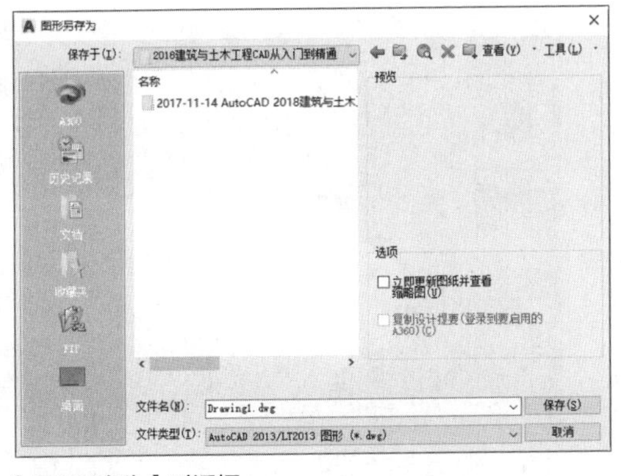

【图形另存为】对话框

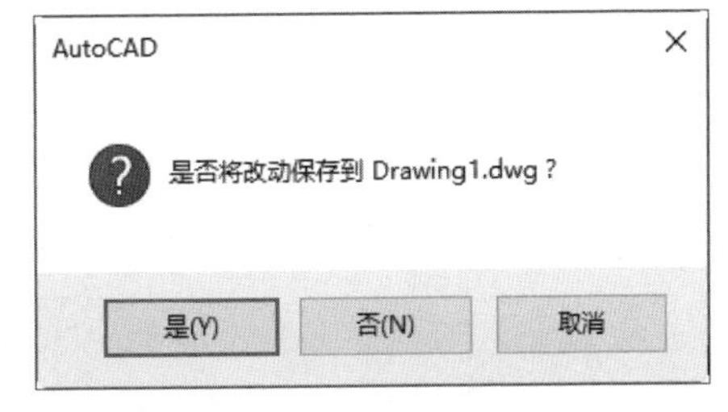

提示对话框

操作提示：另存为图形文件

如果修改了原来的文件之后，又不想原来的图形文件被覆盖，这时候可以将修改后的图形文件另存一份，这样既保存了修改后的文件，原来的文件也继续保留。执行【文件】>【另存为】命令，在弹出的【图形另存为】对话框中设置文件的存储位置、存储类型、文件的名称等信息，并单击【保存】按钮。此时将生成一个副本文件，副本文件为当前修改过的文件，原文件保留。

3.2.4 关闭图形文件

绘制图形文件并保存后，即可关闭图形文件。在AutoCAD 2018中，关闭图形文件的方法有以下几种。

- 利用菜单栏关闭。执行【文件】>【关闭】命令，关闭图形文件。
- 利用快捷键关闭。使用Ctrl+F4组合键，关闭图形文件。
- 利用按钮关闭。单击菜单栏右侧的【关闭】按钮，关闭图形文件。
- 利用命令行关闭。在命令行中输入CLOSE命令，关闭图形文件。

关闭文件时，如果当前图形文件没有保存，系统将弹出提示对话框，单击【是】按钮，即可保存当前文件；单击【否】按钮，则取消保存，关闭当前文件。

3.3 坐标系的应用

在AutoCAD中绘制各种图形时，都是通过坐标系来确定对象位置的，AutoCAD利用X、Y和Z坐标值精确地表示具体位置。下面将介绍AutoCAD坐标系的概念和创建的方法，为以后精确、高效地绘制作图形奠下良好的基础。

3.3.1 坐标系概述

图形的定位主要是依靠坐标系统进行确定，AutoCAD坐标系系统分为世界坐标系和用户坐标系，用户可以通过UCS命令切换两种坐标系。

1. 世界坐标系

世界坐标系是系统默认的坐标系，也称为WCS坐标系，是由三个相互垂直的X轴、Y轴、Z轴坐标轴构成，X轴、Y轴、Z轴的交点O称为原点。X轴正方向是水平向右，Y轴正方向是垂直向上，Z轴正方向垂直于XOY平面指向用户，在绘制和编辑图形的过程中，世界坐标原点和坐标轴是不变的。下左图为二维图形空间的坐标系，下右图为三维图形空间的坐标系。

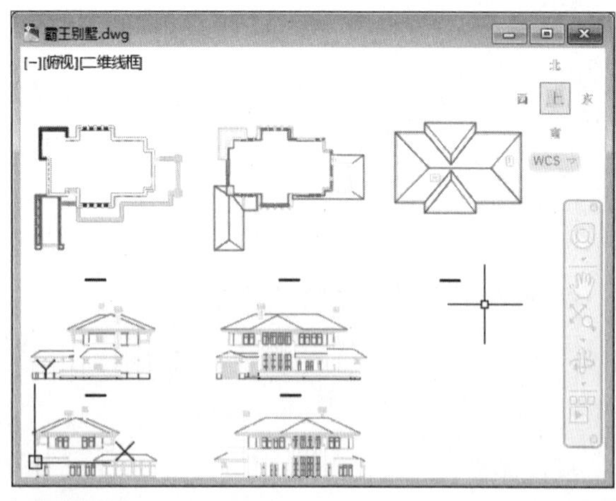

二维坐标系

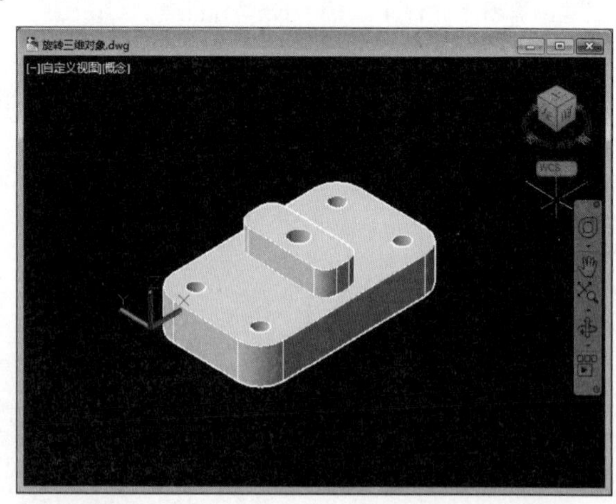

三维坐标系

2. 用户坐标系

用户坐标系，顾名思义是用户根据绘图需要定义的坐标系。在绘图过程中若需要修改坐标系的原点位置和坐标方向，需要使用用户坐标系，用户可以根据具体需要来定义。默认情况下用户坐标系与世界坐标系是完全重合的，用户坐标系的图标原点比世界坐标系原点处少了一个小方格。下左图为世界坐标系，下右图为用户坐标系。

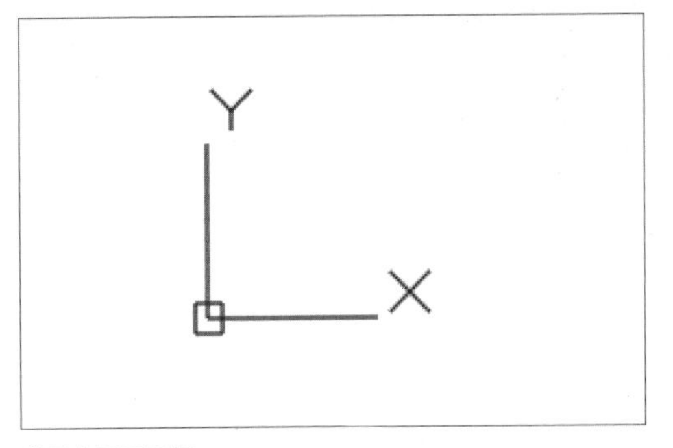

世界坐标系图标

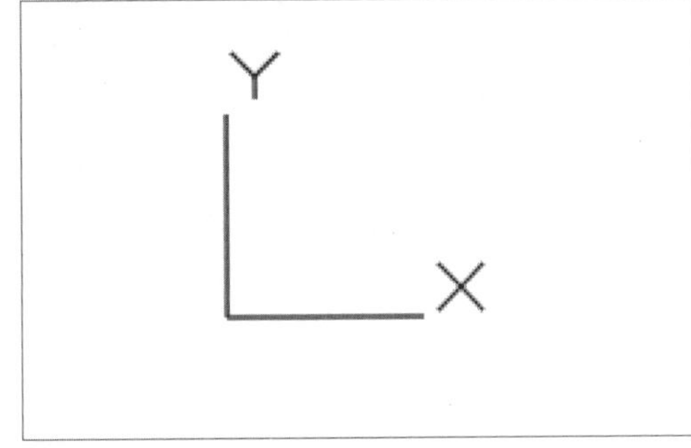

用户坐标系图标

3.3.2 创建新坐标系

用户在利用AutoCAD进行绘图时，可以根据需要自己创建坐标系，创建用户坐标系可以使用UCS命令进行操作。

在AutoCAD 2018中，启用UCS命令有以下几种方法。

- 利用命令行启用。在命令行中输入UCS命令，并按Enter键。
- 利用菜单栏启用。在菜单栏中执行【工具】>【新建UCS】命令。
- 利用工具栏启用。单击UCS工具栏中的UCS按钮，启动UCS命令。

执行上述任意一种操作，命令行提示如下：

```
命令: UCS
当前 UCS 名称: *世界*
UCS 指定 UCS 的原点或 [面(F) 命名(NA) 对象(OB) 上一个(P) 视图(V) 世界(W) X Y Z Z 轴(ZA)]
<世界>:
```

UCS命令行

3.4 控制视图的显示

在绘图过程中，为了方便观察图形的整体效果或局部细节，经常需要对视图进行移动、缩放、重生成等操作，本节将对视图控制的显示方式进行详细介绍。

3.4.1 缩放视图

缩放视图相当于调整当前视图的大小，这样既可以观察图形的细节，也可以观察到图形的整体效果。

在AutoCAD 2018中，读者可以通过以下几种方法执行视图缩放命令。

- 利用菜单栏执行视图缩放命令。在菜单栏中执行【视图】>【缩放】命令，在弹出的子菜单中选择相应的选项，如下左图所示。
- 利用工具栏执行视图缩放命令。单击【缩放】工具栏中相应的工具按钮，执行视图缩放命令，如下右图所示。
- 利用命令行执行视图缩放命令。在命令行中直接输入ZOOM/Z命令，并按下Enter键，执行视图缩放命令。

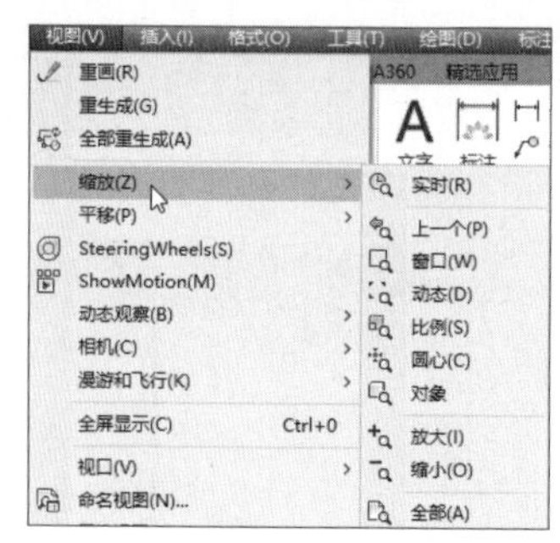

【缩放】子菜单

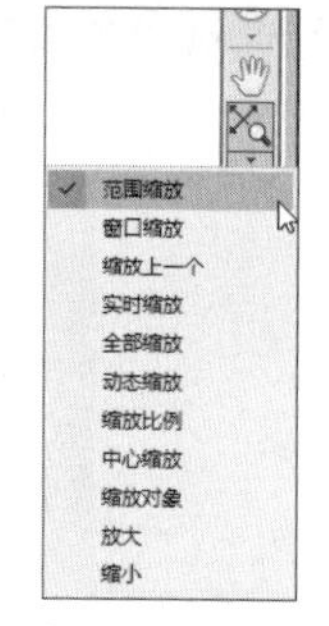

【缩放】列表

下面将对【缩放】命令各选项含义进行介绍，具体如下。

- 窗口缩放：在命令行中输入ZOOM命令并按Enter键，根据提示选择【窗口（W）】缩放选项后，可以按住鼠标左键拖出一个矩形区域，释放鼠标左键后，该矩形范围内的图形以最大化显示，下左图为缩放前效果，下右图为缩放后的效果。

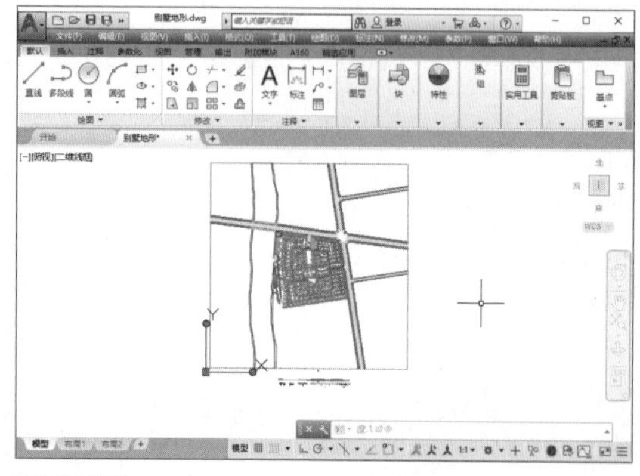

窗口缩放前

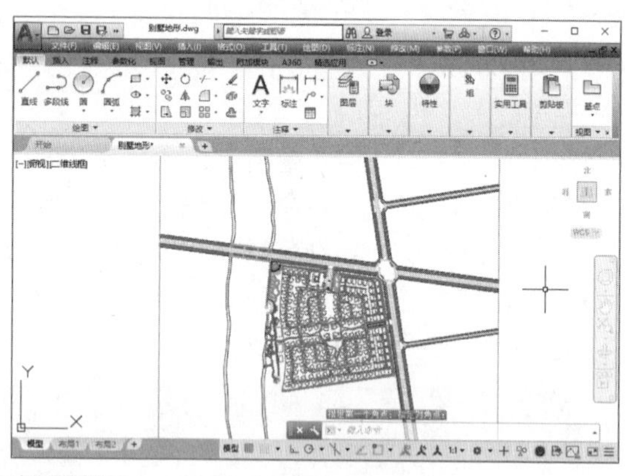

窗口缩放后

- 动态缩放：是指以动态方式缩放视图。在命令行中输入ZOOM命令并按Enter键，根据提示选择【动态（C）】选项，即可进行动态缩放操作。
- 比例缩放：是指按照输入的比例值进行缩放。在命令行中输入ZOOM命令并按Enter键，根据提示选择【比例（S）】选项，根据命令行提示输入缩放比例值。在AutoCAD中，有三种输入缩放比例值的方法：直接输入数值，表示相对于图形界限进行缩放；在输入的数值后加X，表示相对于当前视图进行缩放；在输入的数值后加XP，表示相对于图纸空间单位进行缩放。下左图为按比例进行缩放前效果，下右图为8倍缩放后的效果图。

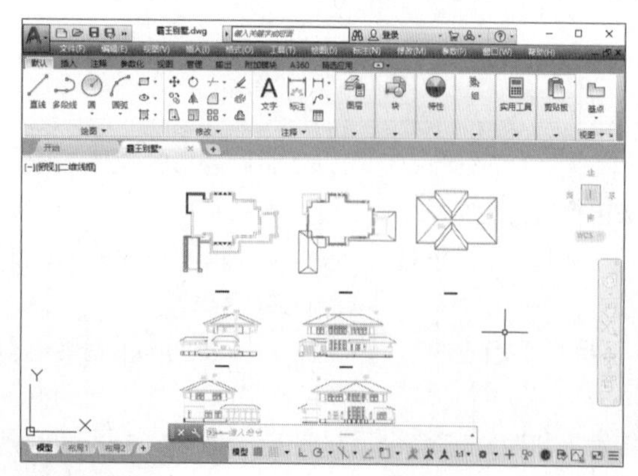

比例缩放前

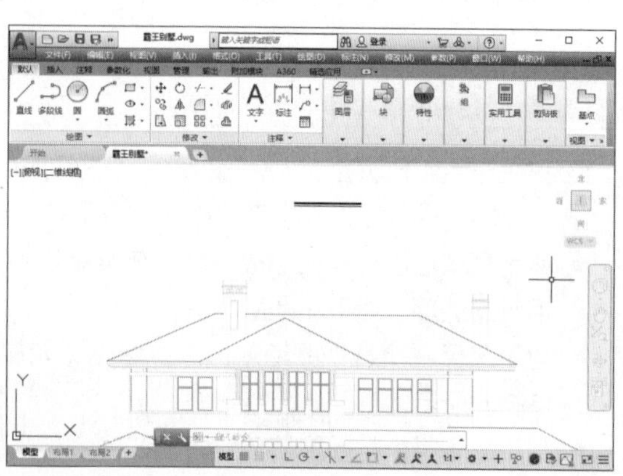

比例缩放后

- 全部缩放：是指按一定的比例对当前视图整体进行全部缩放。在命令行中输入ZOOM命令并按Enter键，根据提示选择【全部（A）】选项，即可完成全部缩放。下左图为全部缩放前的效果，下右图为全部缩放后的效果。

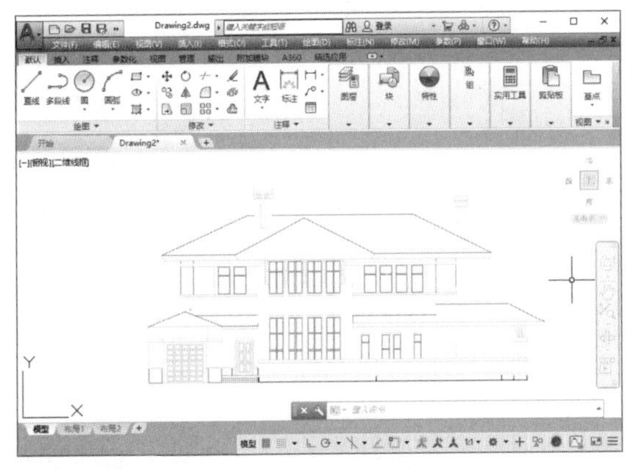

全部缩放前

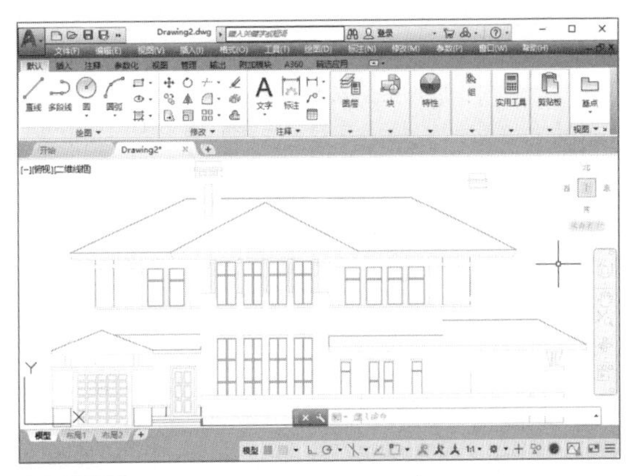

全部缩放后

- 中心缩放：是指以指定点为中心点，整个图形按照指定的缩放比例缩放。在命令行中输入ZOOM命令并按Enter键，根据提示选择【中心（C）】选项，即可完成中心缩放，缩放之后这个点将成为新视图的中心点。
- 范围缩放：是指所有图形对象尽可能最大化显示，充满整个窗口。在命令行中输入ZOOM命令并按Enter键，根据提示选择【范围（E）】选项，即可进行范围缩放操作。
- 实时缩放：是指根据绘图需要，将图纸随时进行放大或缩小操作。在命令行中输入ZOOM命令并按Enter键，根据提示选择【实时】选项，然后按住鼠标左键向上移动，即为放大操作；按住鼠标左键向下移动，即为缩小操作。
- 对象缩放：是指将选择的图形最大限度显示在屏幕上。在命令行中输入ZOOM命令并按Enter键，根据提示选择【对象（O）】选择，缩放对象后单击鼠标右键，即可完成对象的缩放操作。下左图为缩放前的效果，下右图为缩放后的效果。

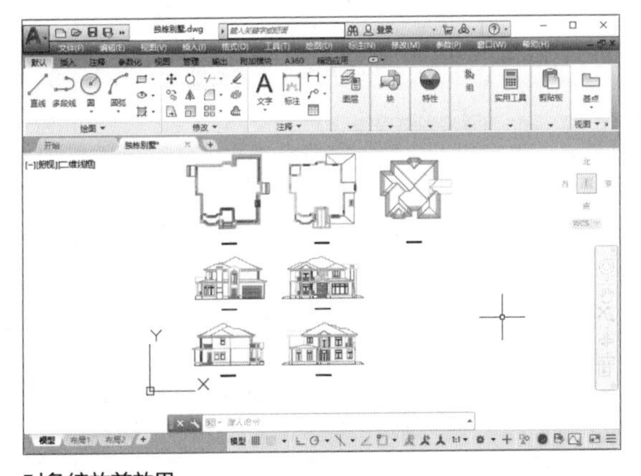

对象缩放前效果

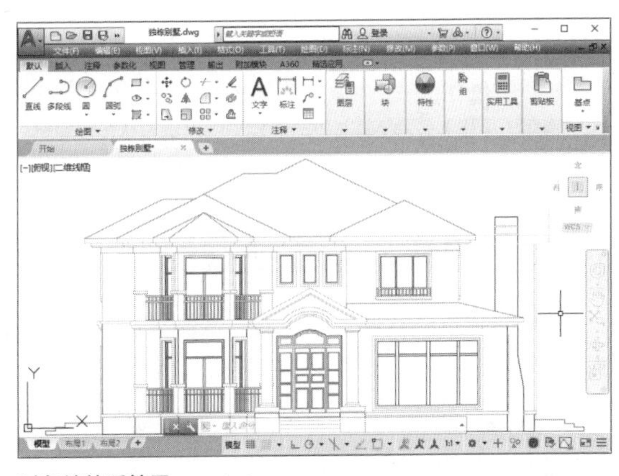

对象缩放后效果

3.4.2 平移视图

视图平移不会改变视图中图像的实际位置，只改变当前视图在操作区域的位置，以便于观察或绘制图形的其他组成部分。下左图为图像平移前效果，下右图图像为平移后效果。当图形显示不完整时，可以通过平移视图，观察其他区域。

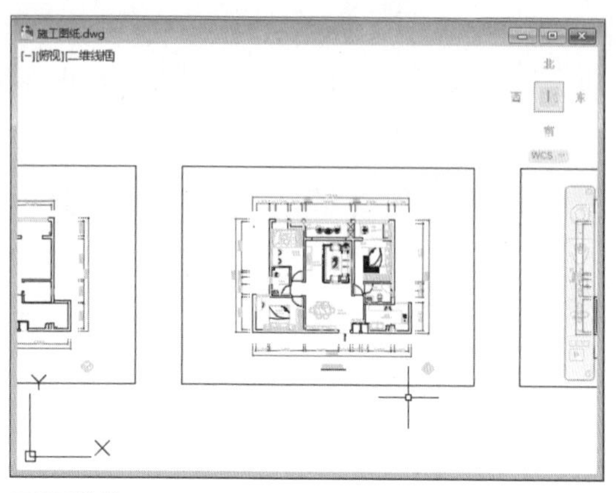
平移图像前

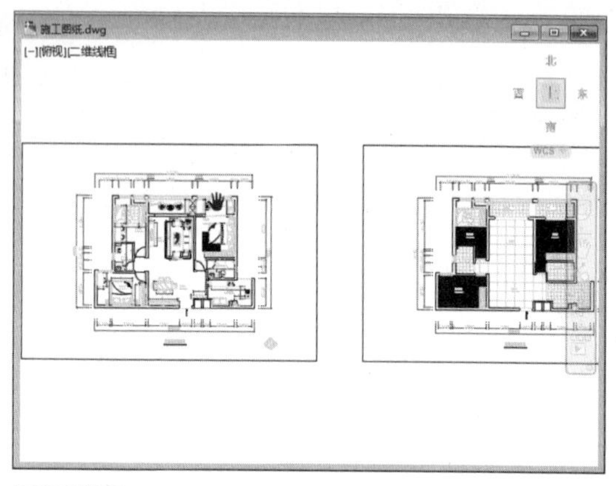
平移图像后

在AutoCAD 2018中，用户可以通过以下方法调用【平移】命令。

- 利用菜单栏操作。在菜单栏中执行【视图】>【平移】命令，在弹出的子菜单中选择相应的命令即可，如下图所示。
- 利用工具栏操作。单击【标准】工具栏中的【实时平移】按钮。
- 利用命令行操作。在命令行中输入PAN/P命令，并按下Enter键。

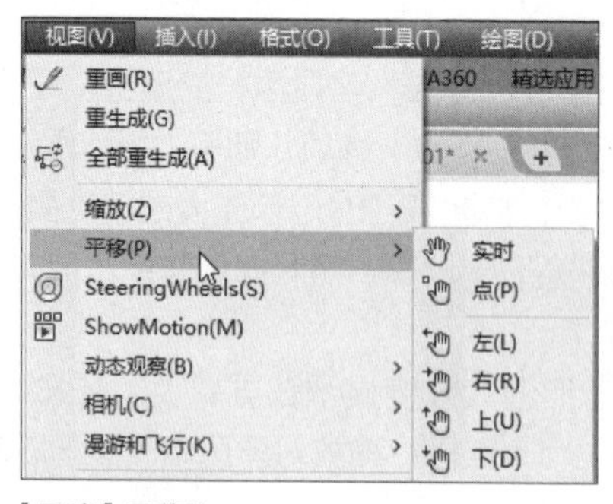

【平移】子菜单

操作提示：使用鼠标中键平移视图

除了利用【平移】命令平移视图外，用户还可以直接按住鼠标中键拖动，实现快速平移视图操作。

3.4.3 重画与重生成视图

在使用AutoCAD进行图形的绘制过程中，有时会在屏幕上留下绘图的痕迹与标记。此时，用户可以采用重画与重生成功能去除这些痕迹。下面对重画与重生成功能的应用进行具体介绍。

1. 重画

【重画】命令用于快速刷新视图，反映当前最新修改。用户可以通过以下方法调用【重画】命令。

- 利用菜单栏操作。在菜单栏中执行【视图】>【重画】命令。
- 利用命令行操作。在命令行中输入REDRAW/ REDRAWALL 命令。

操作提示：REDRAW与REDRAWALL命令的区别

系统调用REDRAW命令只刷新当前视口，而调用REDRAWALL 命令会刷新当前图形窗口所有显示的视口。

2. 重生成

当使用【重画】命令刷新视图失效时，用户可以选择【重生成】命令刷新当前视图。在AutoCAD 2018中，用户可以通过以下方法调用【重生成】命令。

- 利用菜单栏操作。在菜单栏中执行【视图】>【重生成】命令。
- 利用命令行操作。在命令行中输入REGEN/RE命令。

3. 自动重新生成图形

自动重生成图形功能用于自动生成整个图形，用户在进行图形编辑时可以直接在命令行中输入REGENAUTO命令，并按下Enter键，即可自动生成整个图形。

3.5 视口显示

视口用于显示模型不同的视图区域，根据模型的复杂程度和实际查看需要，AutoCAD一共提供了12种不同的视口样式。用户可以根据实际需要自由创建视口，通过选择不同的视口样式来观察模型的各个角度。

3.5.1 新建视口

【新建视口】命令可以将绘制窗口划分为若干个视口，便于查看图形，每个视口可以单独进行平移和缩放，不同视口也可以进行切换。在AutoCAD 2018中，用户可以根据实际需要自由创建视口，并将创建好的视口保存以便下次使用。

用户可以通过以下方法调用【新建视口】命令。

- 利用菜单栏操作。在菜单栏中执行【视图】>【视口】>【新建视口】命令，如下左图所示。
- 利用功能区【视图】选项卡操作。在功能区的【视图】选项卡下，单击【模型视口】面板中的【命名】按钮，如下右图所示。
- 利用命令行操作。在命令行中输入【VPORTS】命令，并按下Enter键。

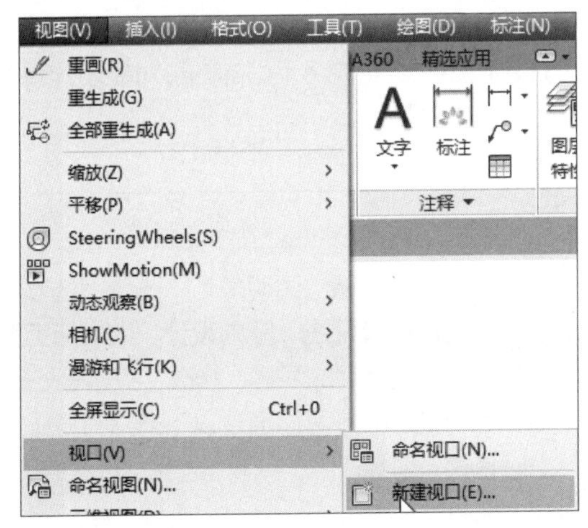

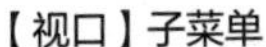
【视口】子菜单

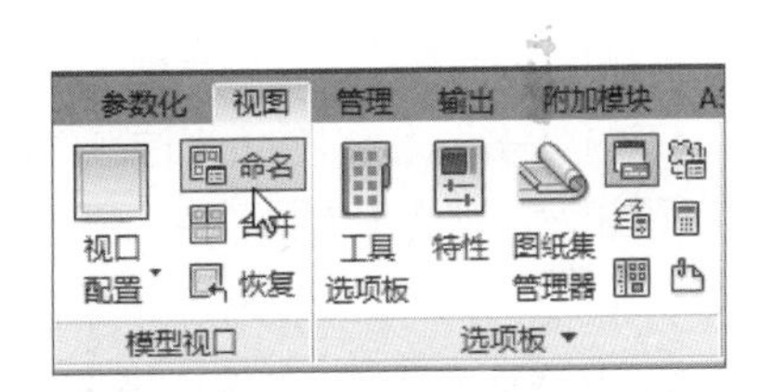

【视图】选项卡

执行以上任意一种操作后，系统将弹出【视口】对话框，如下左图所示。在【视口】对话框中切换至【命名视口】选项卡，可以重新为视口命名，如下右图所示。在【视口】对话框中，用户还可以对视口的数量、布局和类型进行设置，完成后单击【确定】按钮即可。

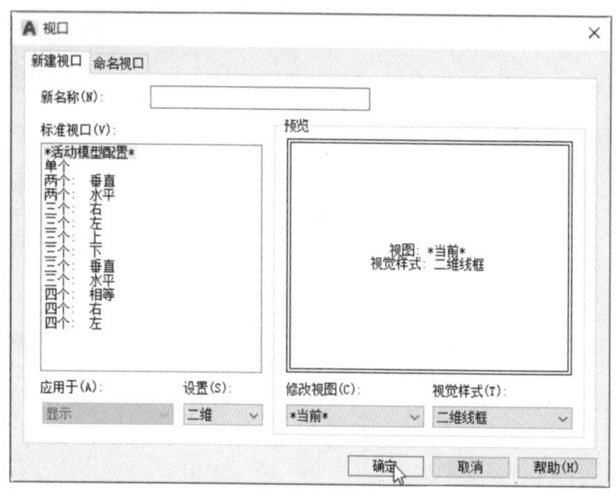

【新建视口】选项卡

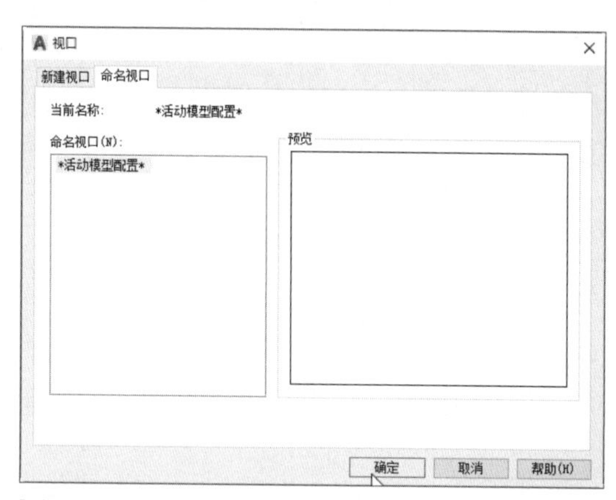

【命名视口】选项卡

3.5.2 合并视口

在AutoCAD2018中，用户可以根据需要对多个视口进行合并，具体操作方法如下。

- 利用菜单栏操作。在菜单栏中执行【视图】>【视口】>【合并】命令。
- 利用功能区【视图】选项卡操作。在功能区的【视图】选项卡下，单击【模型视口】面板中的【合并】按钮。

执行以上任意一种操作，即可执行合并视口操作，命令行提示如下。

```
命令:
命令: _-vports
输入选项 [保存(S)/恢复(R)/删除(D)/合并(J)/单一(SI)/?/2/3/4/切换(T)/模式(MO)] <3>: _j
选择主视口 <当前视口>:
选择要合并的视口: 正在重生成模型。
键入命令
```

合并视口命令行

3.6 图层的设置与管理

成熟的设计师和绘图人员在绘制图形时，都会通过使用图层功能将不同的图形对象划分到不同的图层中，从而有利于图形的分类管理和控制。

3.6.1 图层属性设置

用户可以将图层理解为根据不同属性将图形信息归类的可以重叠的透明薄片，一张图纸可以包含若干个图层。图层管理是用户管理图样的主要工具，对于复杂的机械装配图、室内设计、装潢施工图以及建筑图纸而言，合理的划分图层，以使图形信息更加清晰有序，方便后期的观察、修改、打印等处理。

图形的新建和设置都通过【图形特性管理器】面板进行的，用户可以通过以下方法打开【图形特性管理器】面板。

- 利用菜单栏操作。在菜单栏中执行【格式】>【图层】命令。
- 利用功能区【默认】选项卡操作。在功能区的【默认】选项卡下，单击【图层】面板中的【图层特性】按钮。
- 利用命令行操作。在命令行中输入LAYER/LA命令，并按下Enter键。
- 利用工具栏操作。单击【图层】工具栏中的【图层特性】按钮。

执行以上任意一种操作，即可打开【图形特性管理器】面板，如下图所示。用户可以根据需要设置图层的【状态】、【颜色】、【名称】、【线宽】、【线型】等属性。

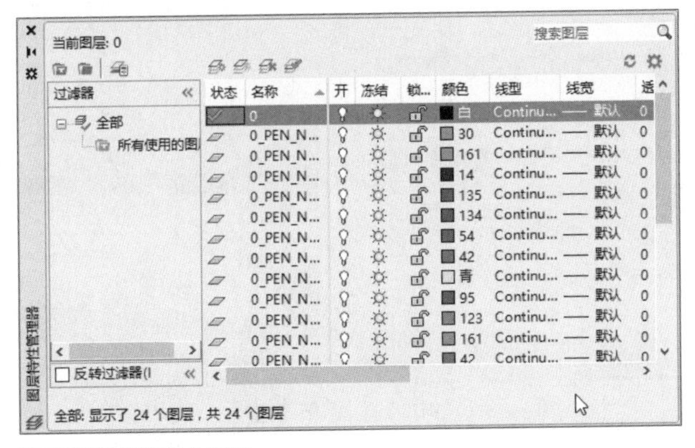

【图形特性管理器】面板

1. 图层的作用

在绘制复杂图形时，如果在同一个图层进行绘制，不仅不方便编辑与修改，也容易出错。这时，使用图层的功能可以对图形文件中各类实体的分类管理和综合控制。在一个图形文件中可以建立任意数量的图层，且同一图层的实体数量也没有限制，归纳图层的作用主要有以下几点。

- 更大程度上节省空间。
- 能够统一控制同一图层对象的颜色、线宽、线型等属性。
- 能够统一控制同类图形实体的显示、冻结等特性。
- 能够统一控制各图层间的性质、绘图界限及显示时的缩放倍数，同时也可以对不同图层上的对象进行编辑操作。

2. 图层的特性

每个图层都有自身的属性，这些属性决定的图层的特性，用户在使用时可以在功能区中的【图层】面板中对图层的特性进行设置，如打开、隔离、冻结、锁定、置为当前等，如下左图所示。还可以在【图层特性管理器】面板中对颜色、线型、线宽等特性进行设置，如下右图所示。

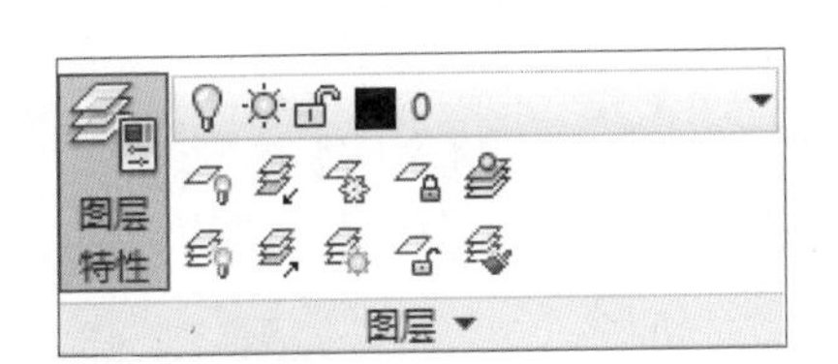

【图层】选项面板

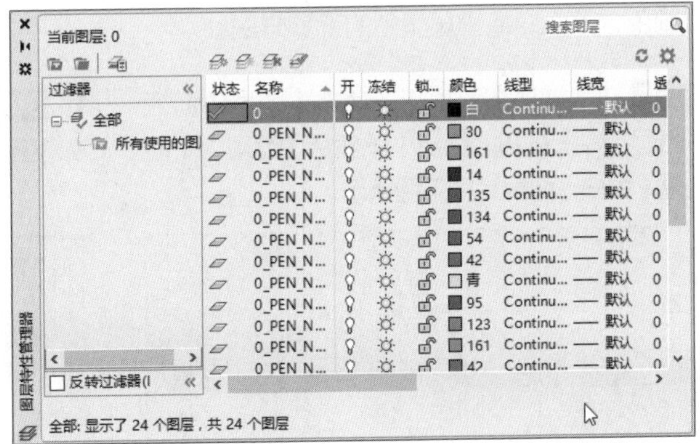

【图形特性管理器】面板

3. 新建图层

默认情况下，图层0为7号颜色、线型为CONTINUOUS、【默认】线宽及NORMAL打印样式。如果用户绘制复杂图形时需要使用更多的图层来规划图形，就需要先新建图层。用户可以在【图层特性管理器】面板中执行新建图层操作，具体方法如下。

Step 01 在【默认】选项卡下单击【图层】面板中的【图层特性】按钮，系统弹出【图层特性管理器】面板，如下图所示。

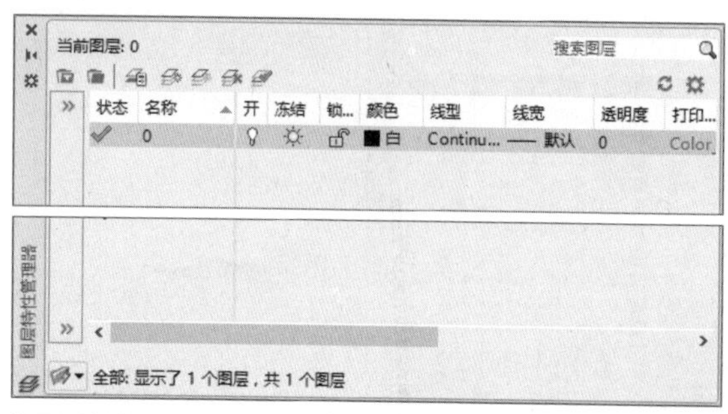

【图层特性管理器】面板

Step 02 单击【新建图层】按钮，新建一个【图层1】图层，如下图所示。

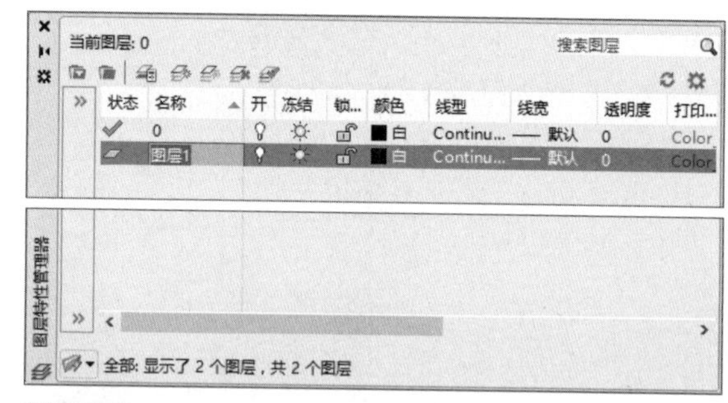

新建图层

Step 03 双击【图层1】图层，进入编辑状态，输入所建图层的名称为【墙体】，如下图所示。

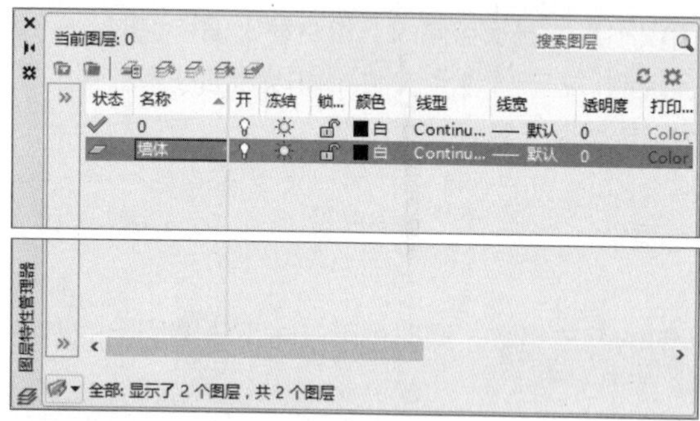

重命名图层

Step 04 按照同样的方法，用户可根据需要创建更多的图层，例如创建【窗户】图层等，如下图所示。

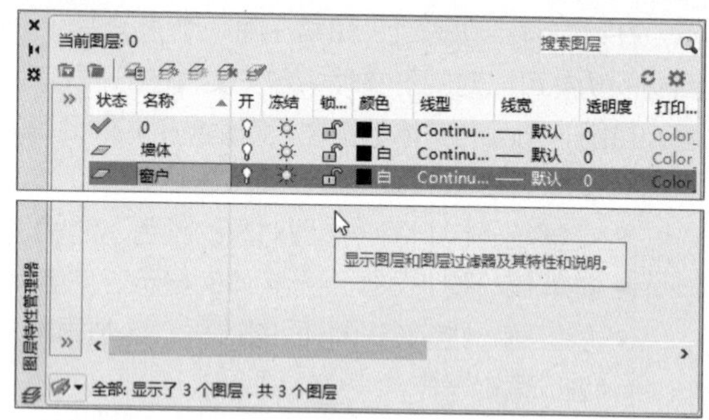

新建其他图层

4. 设置图层颜色

一张图纸一般会包含若干个图层，为了与其他图层区分，可以将各个图层设置为不同的颜色，AutoCAD默认提供7种标准颜色，用户可以根据需要在【索引颜色】、【真色彩】或【配色系统】选项卡下选择所需的颜色，下面介绍图层颜色的设置方法。

Step 01 在【默认】选项卡下单击【图层】面板中的【图层特性】按钮，弹出【图层特性管理器】面板，选择【窗户】图层，如下图所示。

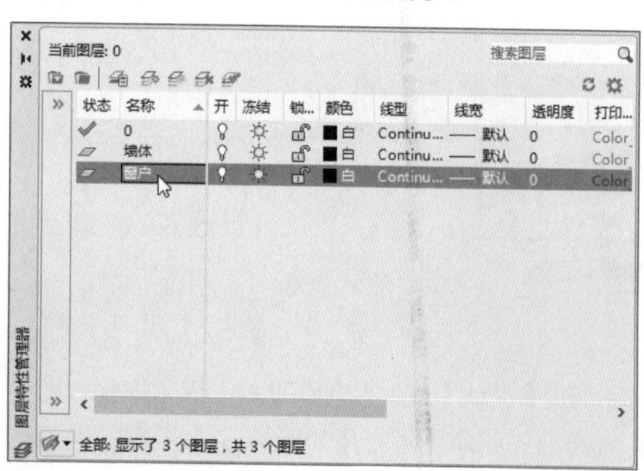

选择【窗户】图层

Step 02 选择完成后，单击右侧【颜色】色块■白，如下图所示。

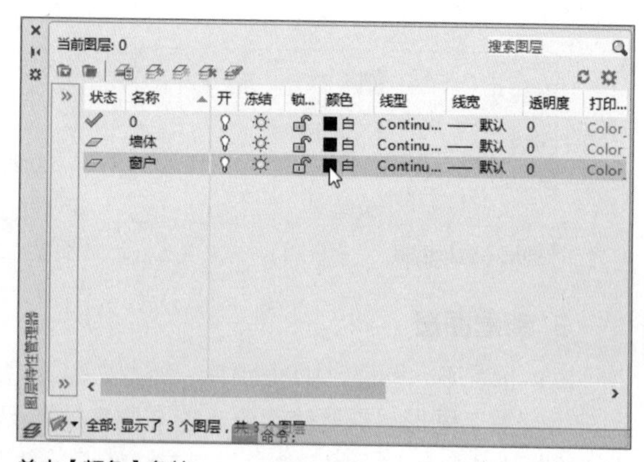

单击【颜色】色块

Step 03 弹出【选择颜色】对话框，选择需要的颜色，这里选择【蓝色】，如下图所示。

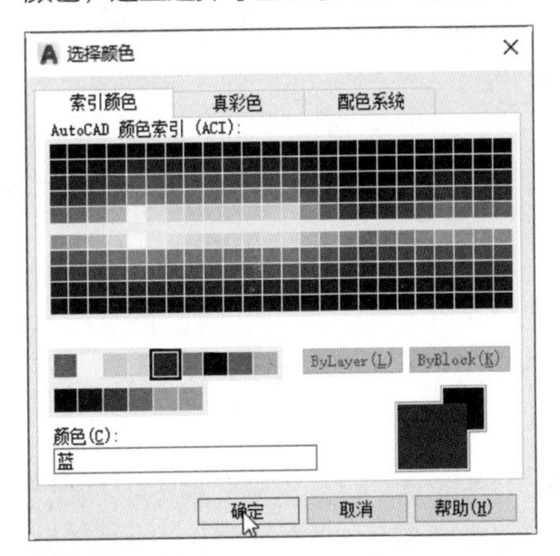

选择颜色

Step 04 单击【确定】按钮，返回到【图层特性管理器】面板，完成【窗户】图层颜色的设置，如下图所示。

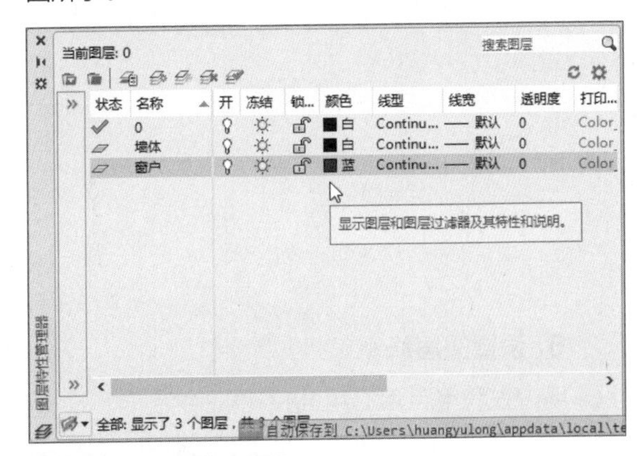

完成【窗户】图层颜色设置

5. 设置图层线型

线型是图形基本元素中线条的组成和显示方式，例如粗实线和细实线、实线和虚线等。为了满足用户的绘图需求以及不同国家或者行业的标准，在AutoCAD中既有简单线型也有由一些特殊符号组成的复杂线型。下面对图层线型的设置方法进行具体介绍。

Step 01 在命令行中输入LA命令并按Enter键，弹出【图层特性管理器】面板，选择需要设置线型的【窗户】图层，在【线型】列单击Continuous图标，如下图所示。

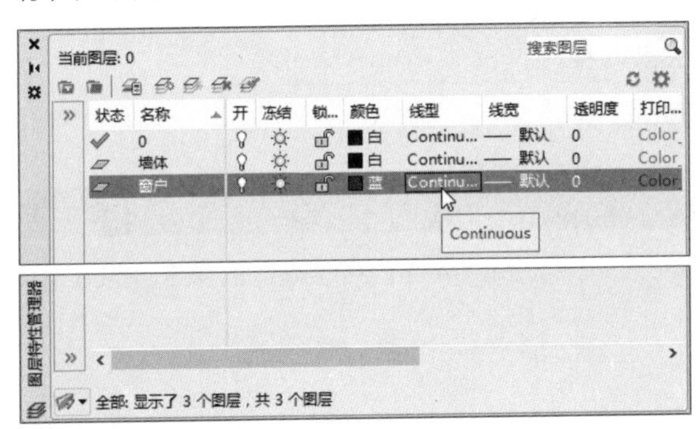

选择【窗户】图层

Step 02 系统将弹出【选择线型】对话框，单击【加载】按钮，如下图所示。

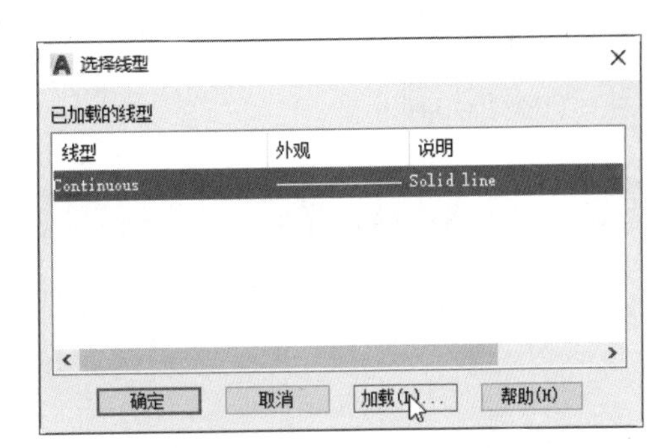

单击【加载】按钮

Step 03 此时将打开【加载或重载线型】对话框，选择需要的线型，这里选择ACAD_IS002W100线型，单击【确定】按钮，如右图所示。

加载或重载线型

文件(F)... acadiso.lin

可用线型

线型	说明
ACAD_IS002W100	ISO dash
ACAD_IS003W100	ISO dash space
ACAD_IS004W100	ISO long-dash dot
ACAD_IS005W100	ISO long-dash double-dot
ACAD_IS006W100	ISO long-dash triple-dot
ACAD_IS007W100	ISO dot

确定 取消 帮助(H)

选择需要的线型

Step 04 返回【选择线型】对话框，选中刚加载的线型，单击【确定】按钮，返回【图层特性管理器】面板，完成【窗户】图层线型的设置，如右图所示。

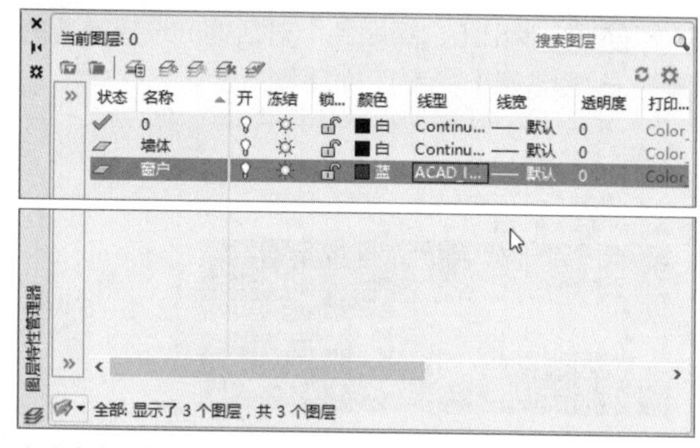

完成【窗户】图层线型设置

6. 设置图层线宽

用户在利用AutoCAD进行图形绘制时，应根据绘制对象的不同绘制不同的线条宽度，来区分不同对象的特性。在【图层特性管理器】面板中，单击某个图层名称后的【线宽】图标，系统将弹出【线宽】对话框，如下左图所示。用户可以根据需要选择相应的线宽选项，然后单击【确定】按钮，完成线宽的设置，效果如下右图所示。

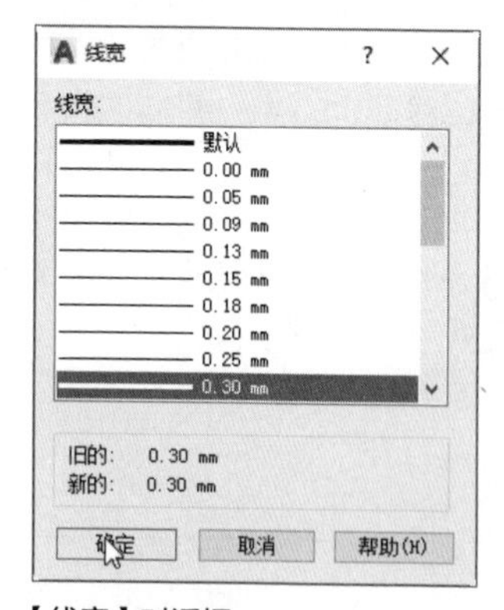

【线宽】对话框

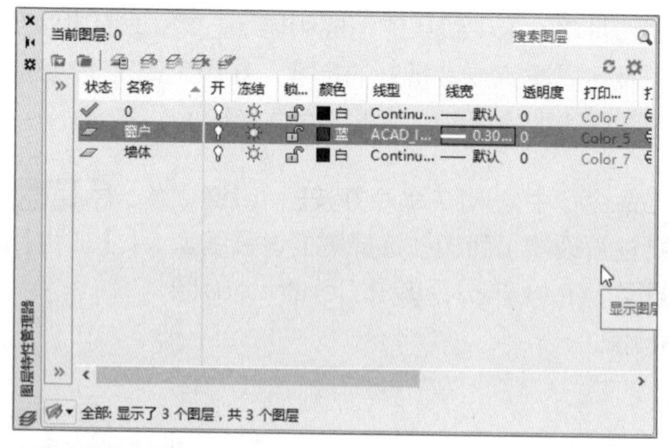

完成【线宽】设置

操作提示：显示/隐藏线宽

若用户设置了图层线宽后，在绘制图形时线宽并未发生变化，此时只需在该界面的状态栏中单击【显示/隐藏线宽】按钮，即可显示线宽；再次单击该按钮，则线宽隐藏。

3.6.2 管理图层

创建好图层之后，就可以进行图形绘制了，灵活地管理图层，可以使绘制的图面更加清晰、简洁，同时也能为绘图与打印带来便利。图层的管理主要在【图层特性管理器】面板中进行，主要包括锁定图层、过滤图层、删除图层以及图层的打开和关闭等。

1. 置为当前图层

当前图层是指当前工作状态下所处的图层，当设定某一图层为当前图层时，其绘制的图形对象都在这个图层中，如果想在其他图层中进行绘制，就需要将其他图层切换到当前图层。

在AutoCAD 2018中，用户可以利用以下几种方法将所需图层置为当前图层。

- 利用【置为当前】按钮操作。执行【图层特性】命令，在【图层特性管理器】面板中选中所需图层，单击【置为当前】按钮即可。

- 利用鼠标双击操作。在【图层特性管理器】面板中，双击需要置为当前的图层，即可将该图层置为当前，如下左图所示。
- 利用鼠标右键操作。在【图层特性管理器】面板中，选中所需图层并单击鼠标右键，在打开的快捷菜单中选择【置为当前】命令即可，如下右图所示。

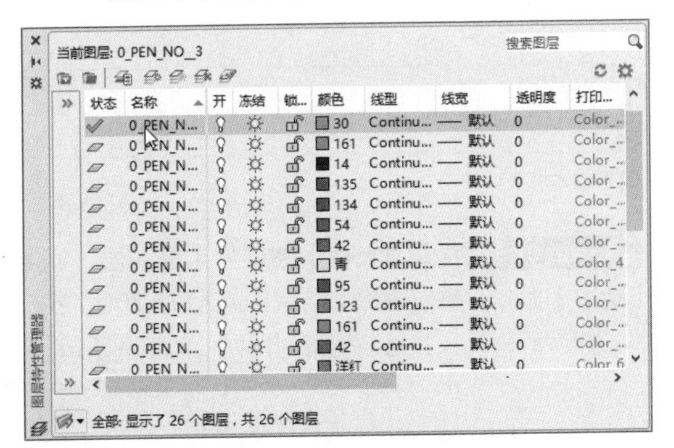

双击需置为当前的图层

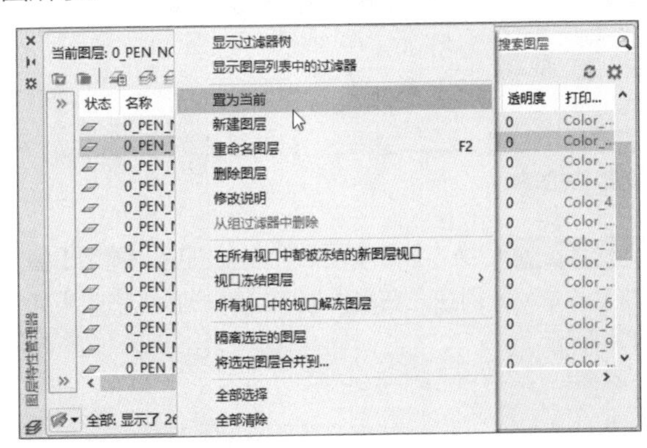

选择【置为当前】命令

学习了图层管理的相关知识后，下面将通过绘制消火栓平面图的操作，学习设置图层和置为当前图层的方法，具体操作方法如下。

Step 01 在命令行中输入LAYER命令，按Enter键，弹出【图层特性管理器】面板，单击【新建图层】按钮，新建【墙体】、【消火栓】、【标注】等图层，如下图所示。

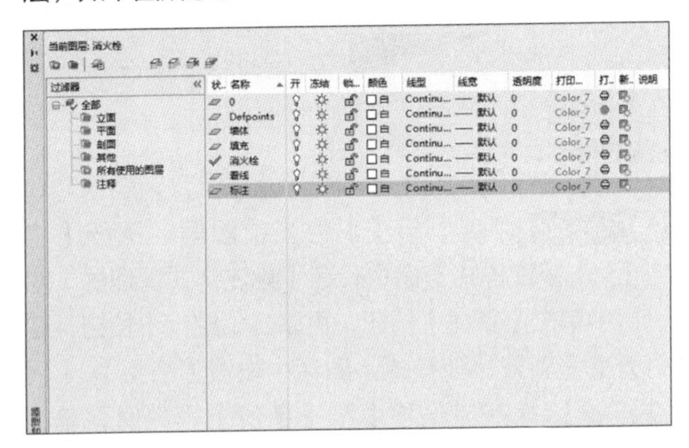

新建图层

Step 02 单击图层所在行的颜色色块，在打开的对话框中更改图层颜色，然后设置图层的线型、线宽等属性，效果如下图所示。

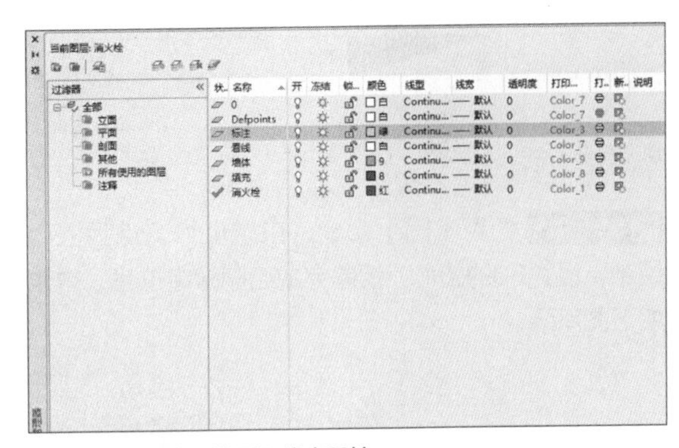

设置图层的颜色、线型和线宽属性

Step 03 切换【墙线】为当前图层，在命令行中输入ML，再输入J；输入Z；输入S；输入200，绘制主要墙体，如下图所示。

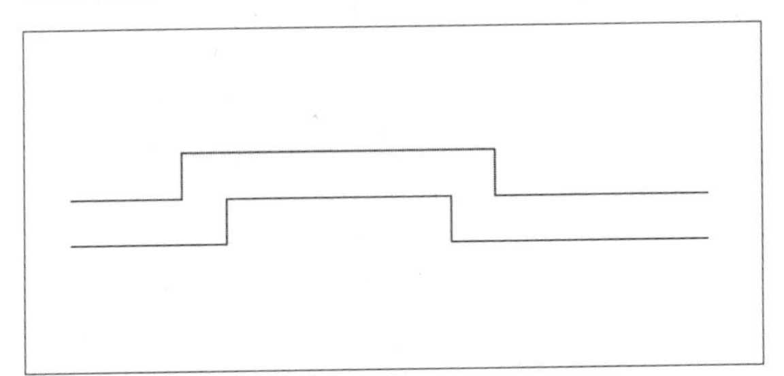

绘制主要墙体

Step 04 在命令行中输入LINE命令，进入绘制直线模式，并依次单击墙体左、右两侧未闭合点，使墙体形成封闭图形，如下图所示。

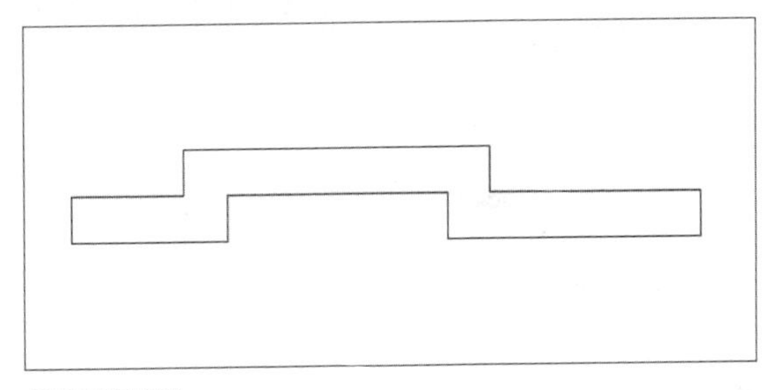

创建封闭图形

Step 05 切换【填充】图层为当前图层，在命令行中输入HATCH命令，在图案中选择合适的图案，调整填充比例为50，如下图所示。

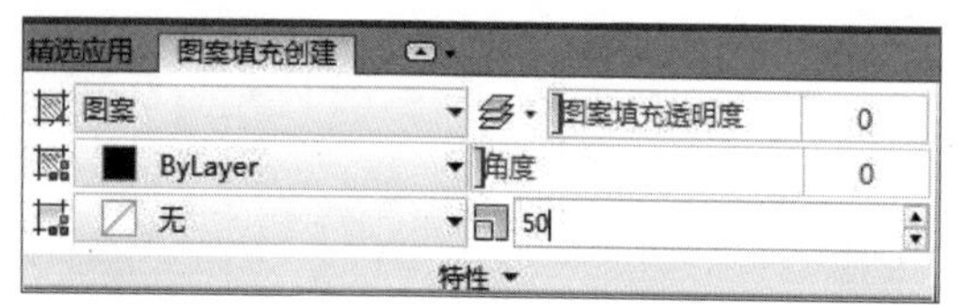

设置填充图案

Step 06 当十字光标处于墙体封闭区域内时，单击鼠标左键并按Enter键，完成墙体图案填充操作，如下图所示。

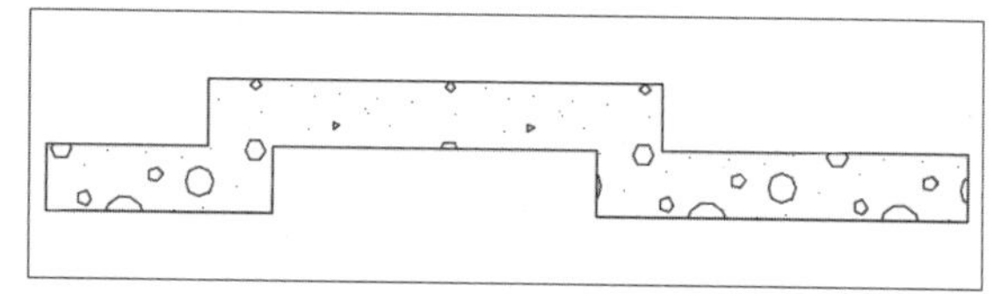

填充墙体

Step 07 切换【标注】图层为当前图层，调用【直线】命令，分别在左右墙体端点绘制折断线，效果如下图所示。

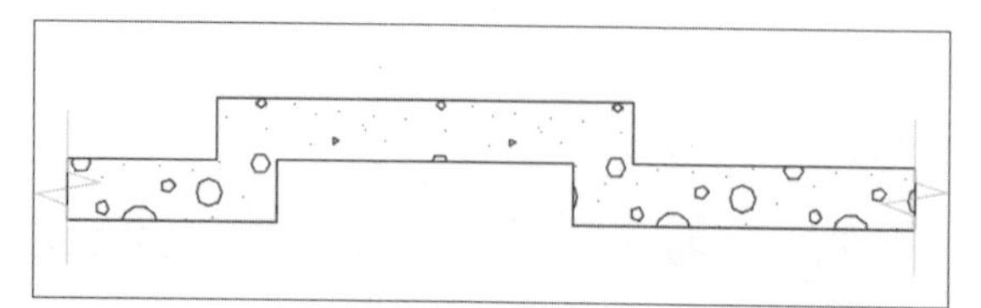

绘制折断线

Step 08 切换【消火栓】图层为当前图层，调用【矩形】命令，单击墙体角点后，输入D，700，200，按Enter键确认，并绘制矩形对角线，如下图所示。

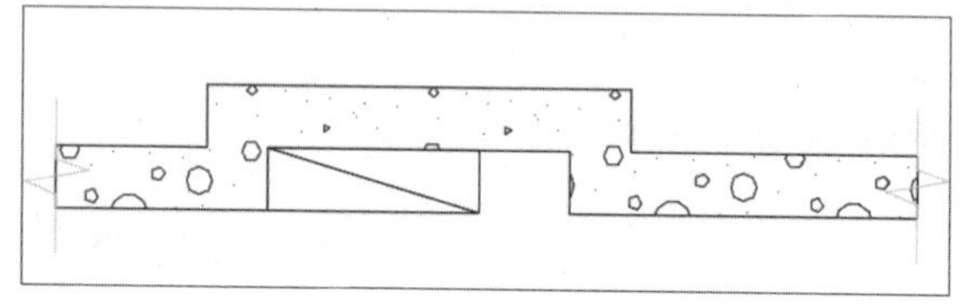

绘制矩形

Step 09 调用【图案填充】命令，选择SOLID填充图案对矩形右上部分进行填充，如下图所示。

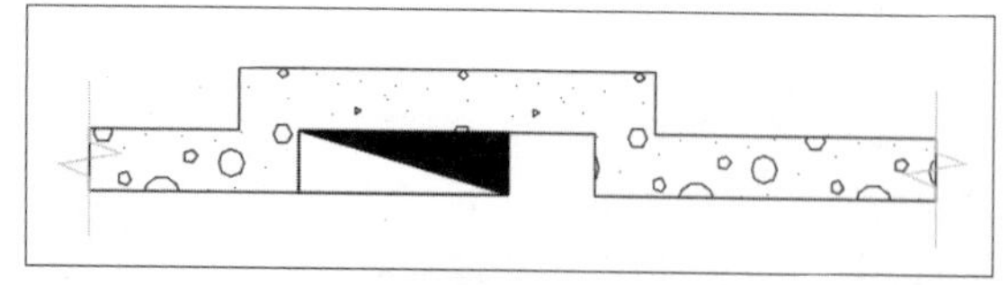

填充图形

Step 10 调用【直线】命令，绘制消火栓立管定位线，如下图所示。

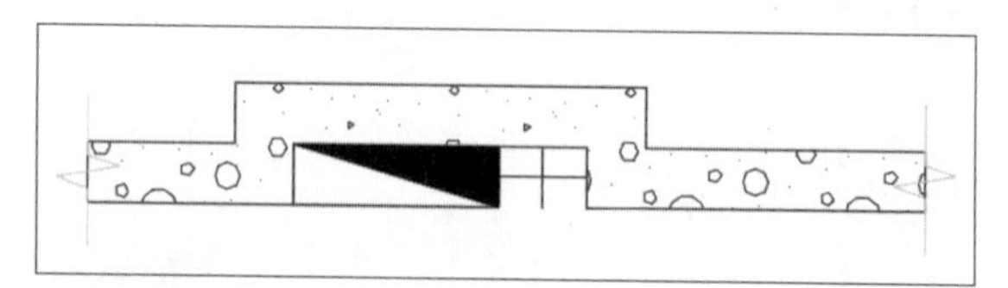

绘制定位线

Step 11 调用【圆】命令，以定位线交点为圆心绘制半径为60的圆形，绘制完成后删除定位线，效果如下图所示。

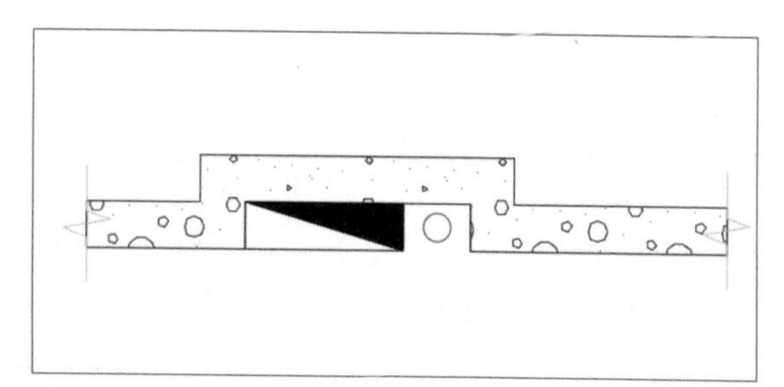

绘制圆形

Step 12 切换【标注】为当前图层。执行【格式】>【标注样式】命令，在【标注样式管理器】对话框中单击【新建】按钮，再单击【继续】按钮，在打开的【新建标注样式】对话中设置【箭头】、【尺寸界线】、【尺寸偏移】和【精度】等数值，单击【确定】后并置为当前，如下图所示。

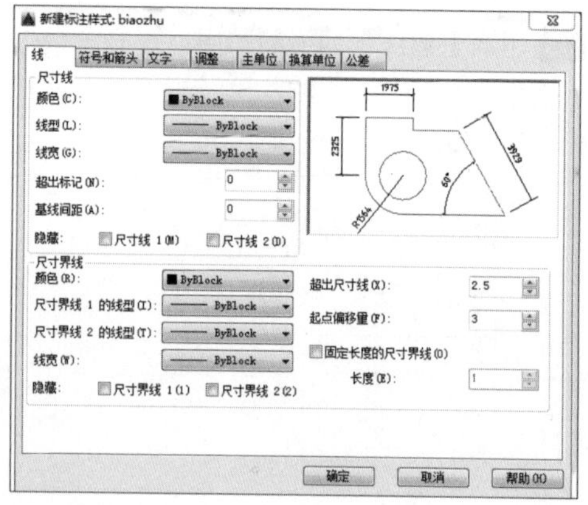

设置标注

Step 13 调用【对齐】命令，对相应节点尺寸进行标注。至此，消火栓平面图绘制完成，效果如右图所示。

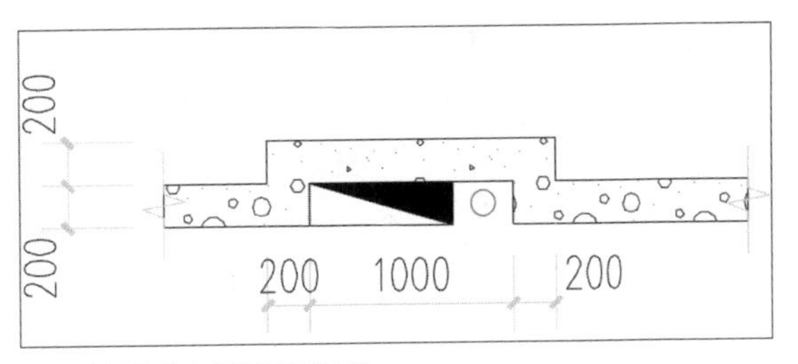

查看绘制的消火栓平面图效果

2. 打开/关闭图层

系统默认的图层全部都是打开的，关闭图层后，该图层中的所有图形要素均不可见，也不可编辑或者打印，重新生成图形时，图层上的实体将重新生成。图层的打开与关闭操作方法主要有以下几种。

- 利用【图层特性管理器】面板操作。在【图层特性管理器】面板中单击【开/关图层】图标，即可打开或关闭图层。打开的图层可见，可被打印；关闭的图层不可见，不能被打印。下左图为打开【房顶】图层效果，下右图为关闭【房顶】图层的效果。
- 利用图层面板操作。在功能区单击【默认】>【图层】>【图层】下拉按钮，在弹出的下拉列表中单击所需图层的开/关图标，同样可以打开或关闭图层。但用户需要注意的是，如果该图层为当前图层，则无法对其进行该操作。

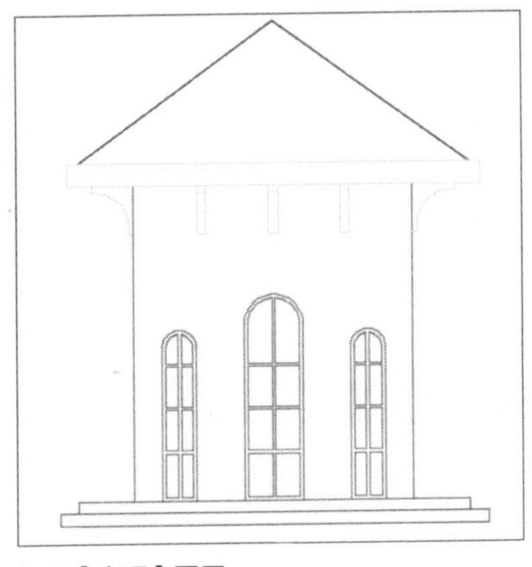

打开【房顶】图层

关闭【房顶】图层

3. 冻结/解冻图层

冻结长期不需要显示的图层有利于减少图形刷新时间，提高系统运行速度。与关闭图层操作一样，冻结的图层不能够被打印。在【图层特性管理器】面板中选择需要冻结的图层，单击在所有视口中冻结/解冻图标☼，即可冻结或解冻某一图层，如下左图所示。效果如下右图所示。

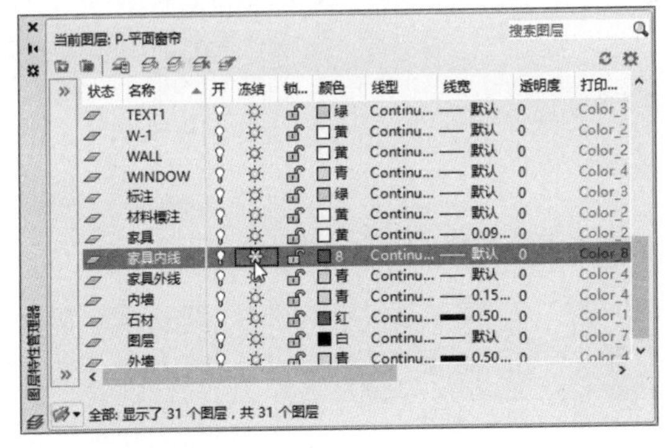

冻结【家具内线】图层

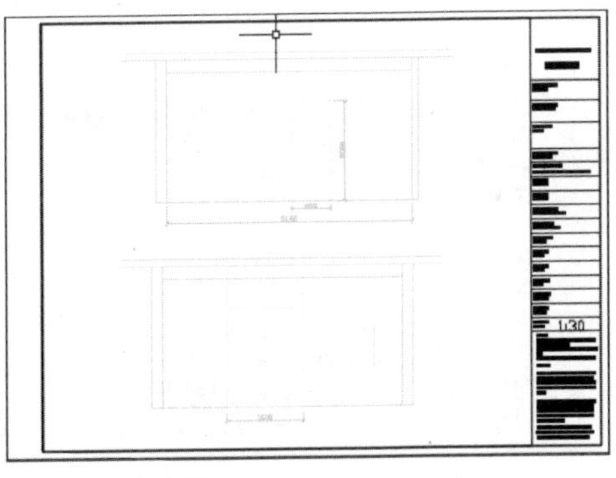

家具内线图形不显示

4. 锁定/解锁图层

被锁定的图层无法进行选择、修改和编辑操作，但该图层仍然可见，实体也仍可显示和输出，并且可以在该图层上添加新的图形对象。

用户可以在【图层特性管理器】面板中选择所需图层，然后单击锁定与解锁图标，即可锁定或解锁该图层，如下左图所示。将光标移到该图形上，在光标右上角显示锁定符号，效果如下右图所示。

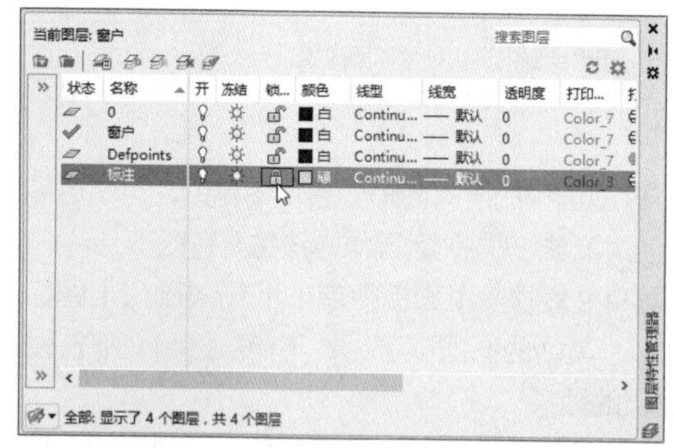

锁定【标注】图层

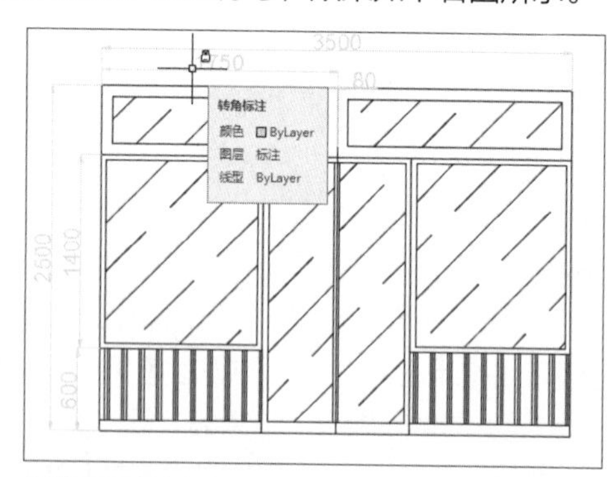

标注图层被锁定

5. 删除图层

当图形中某一部分图层不再需要时，用户可以清理该图层，以简化图形。在AutoCAD 2018中，用户可以使用以下方法删除图层。

- 利用【删除图层】按钮删除。在【图层特性管理器】面板中选择图层名称，然后单击【删除图层】按钮即可。
- 利用快捷键删除。在【图层特性管理器】面板中选择需要删除的图层，单击鼠标右键，在弹出的快捷菜单中选择【删除图层】命令，即可删除所选择的图层。

操作提示：不可删除的图层

当前图层、0层、定义点层以及包含图形对象的图层不能被删除。

6. 隔离图层

用户在绘制一些较复杂的图形时，如果只想对某个图层进行查看或者编辑，那么让整个图形都显示在绘图区中看起来会比较杂乱，且有可能影响对象选择或者进行对象捕捉等操作。使用图层隔离功能，可以轻松地解决这个问题。下面对图层隔离功能的应用进行详细介绍。

打开需要设置隔离图层的图像文件，在菜单栏中执行【格式】>【图层工具】>【图层隔离】命令，如下左图所示。根据命令行提示选择所需隔离图层上的图形对象，并按Enter键，完成图层隔离，命令行提示如下右图所示。

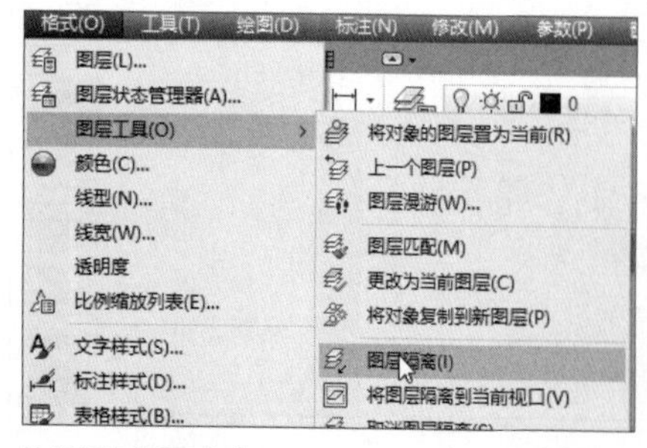

执行图层隔离命令

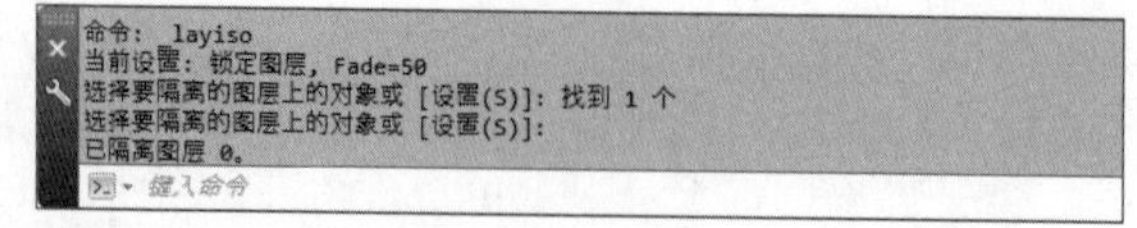

图层隔离命令行

7. 保存并输出图层

在绘制较为复杂的图形时，通常需创建多个图层并设置图形特性，如下次再绘制这种图形时，如果需要重新设置图层属性，会降低绘图效率，AutoCAD提供的图层保存、输出和输入功能可以解决此类问题，提高绘图效率。

Step 01 打开需要保存的图形文件，打开【图层特性管理器】面板，单击左上角【图层状态管理器】按钮，如下图所示。

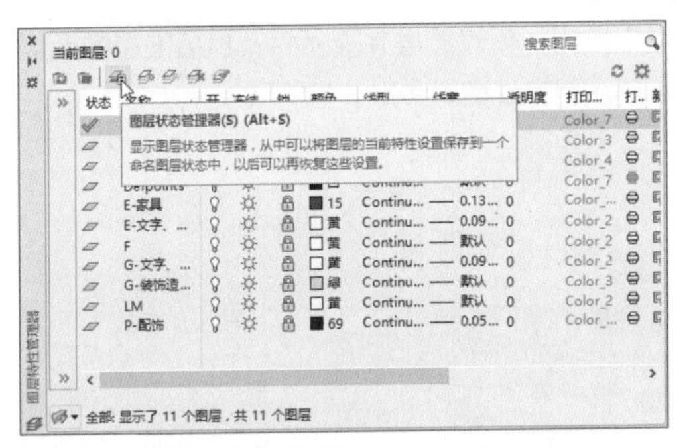

单击【图层状态管理器】按钮

Step 02 弹出【图层状态管理器】对话框，单击【新建】按钮，如下图所示。

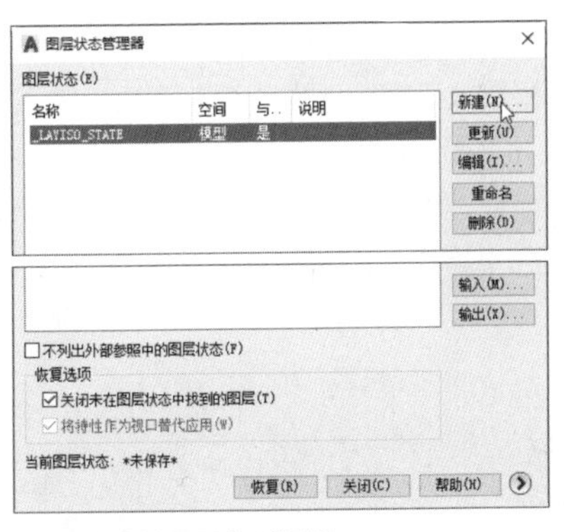

【图层状态管理器】对话框

Step 03 打开【要保存的新图层状态】对话框，设置新图层状态名称为【室内家具】，如下图所示。

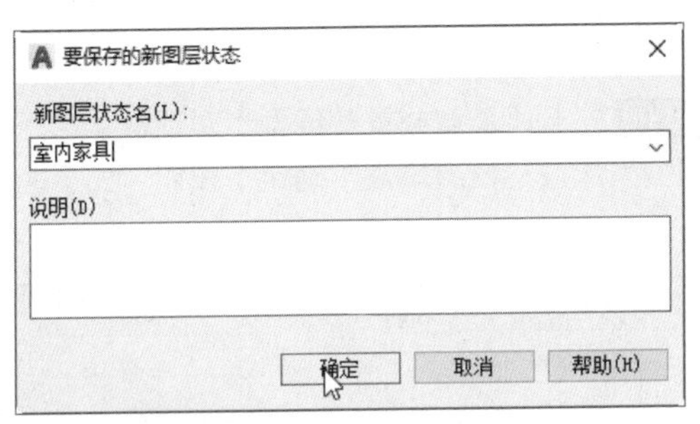

【要保存的新图层状态】对话框

Step 04 单击【确定】按钮，返回【图层状态管理器】对话框，单击【输出】按钮，如下图所示。

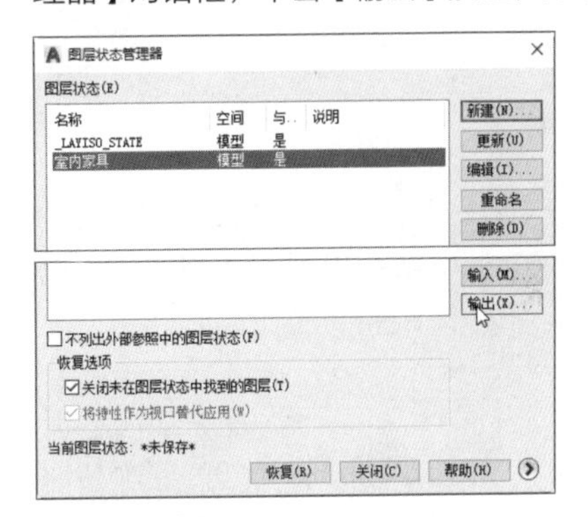

单击【输出】按钮

Step 05 在弹出的【输出图层状态】对话框中选择好保存路径，单击【保存】按钮，即可完成图层保存的输出操作，如下图所示。

【输出图层状态】对话框

Step 06 当再次需要调入【室内家具】图层时，打开【图层状态管理器】对话框，单击【输入】按钮即可，如下图所示。

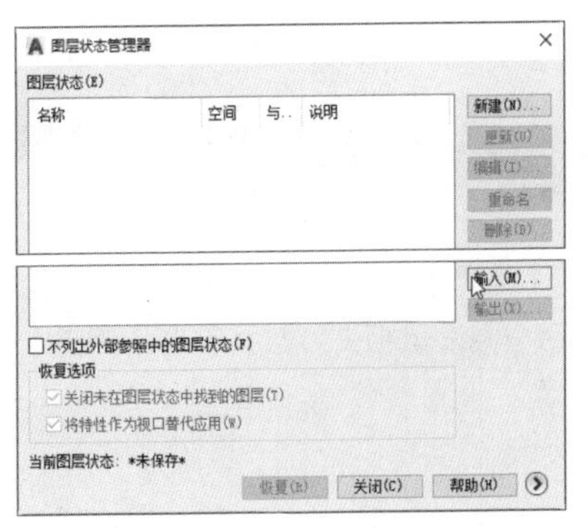

单击【输入】按钮

上机实训——绘制室内背景墙

学习了AutoCAD软件的基础操作后，相信用户对绘图命令的调用方法、坐标系的应用、视图的显示控制以及图层的设置与管理有了一定的了解。下面将以绘制室内背景墙的设计过程，对本章所学知识进行巩固，具体操作过程如下。

Step 01 新建【背景墙.dwg】文档，绘制A3标准的工程表格。选择缩放工具，选择图纸左下角，输入放大数值为40，如下图所示。

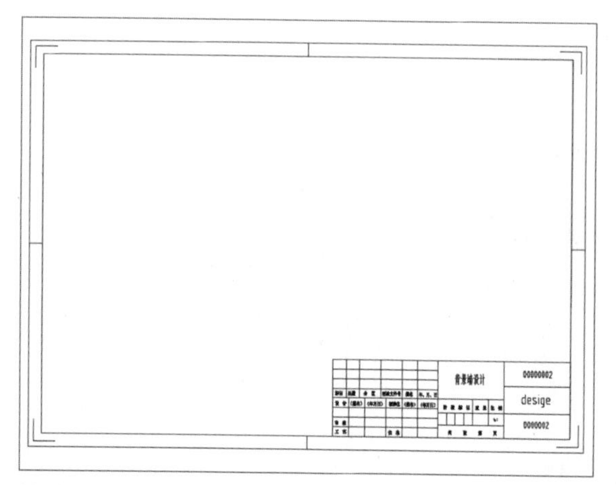

绘制A3标准的工程表格

Step 02 打开【图层特性管理】面板，单击【新建图层】按钮，新建图层并重命名，然后设置各图层的颜色、线型和线宽等参数，如下图所示。

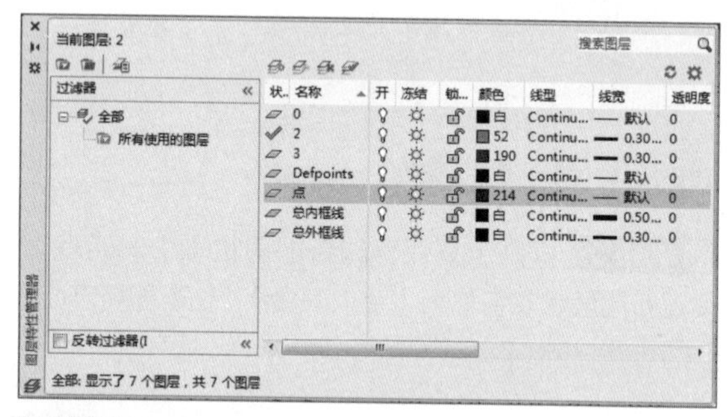

新建图层

Step 03 执行【格式】>【线型】命令，在打开的【线型管理器】对话框中单击【加载】按钮，如下图所示。

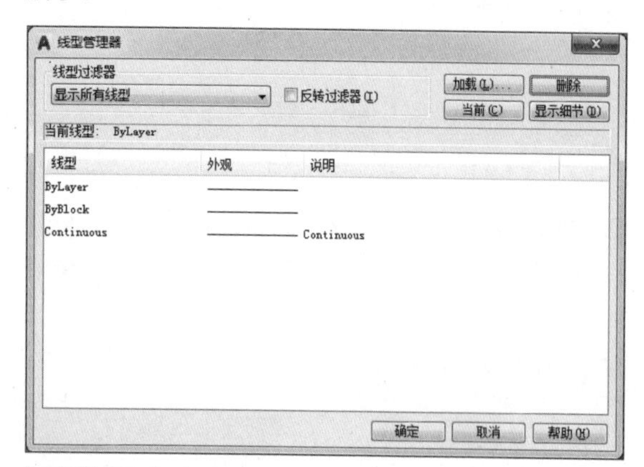

【线型管理器】对话框

Step 04 打开【加载或重载线型】对话框，选择所需的线型选项，依次单击【确定】按钮，如下图所示。

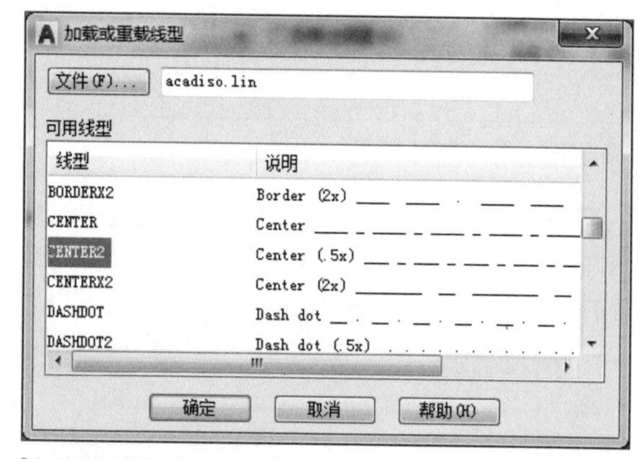

【加载或重载线型】对话框

Step 05 执行【格式】>【单位】命令，在打开的【图形单位】对话框中设置相关参数，单击【确定】按钮，如下图所示。

Step 06 调用【直线】命令，绘制长6000、宽3500的矩形背景墙体，如下图所示。

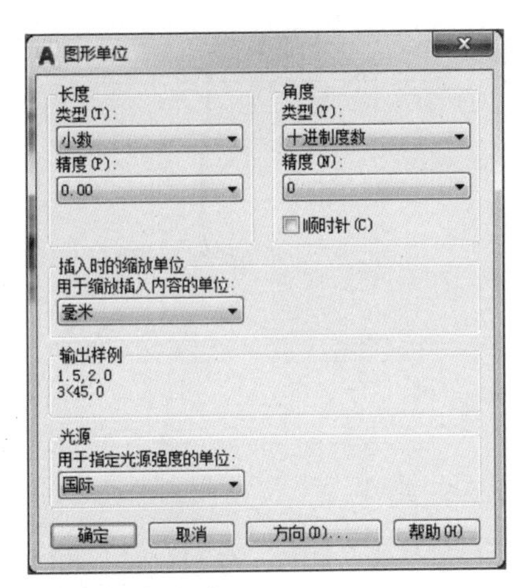

【图形单位】对话框

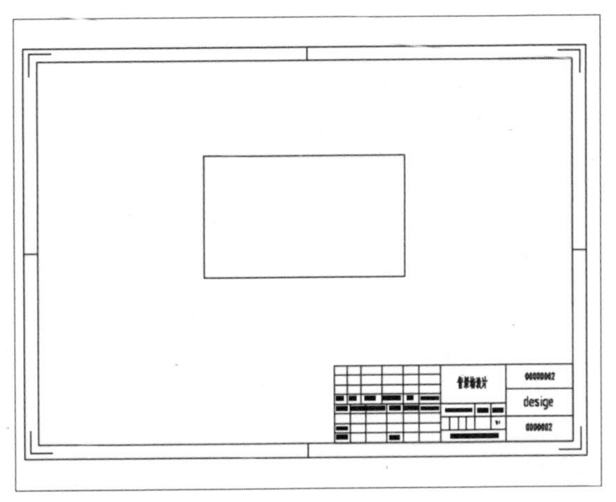

绘制矩形

Step 07 调用【偏移】命令，选择最上面的横线，分别向下偏移100、50、50、50、100的直线，效果如下图所示。

向下偏移直线

Step 08 调用【偏移】命令，选择最左边竖线，分别向右偏移出200、300、400、500的竖线，效果如下图所示。

向左偏移直线

Step 09 调用【修剪】命令，对偏移出的直线进行修剪，效果如下图所示。

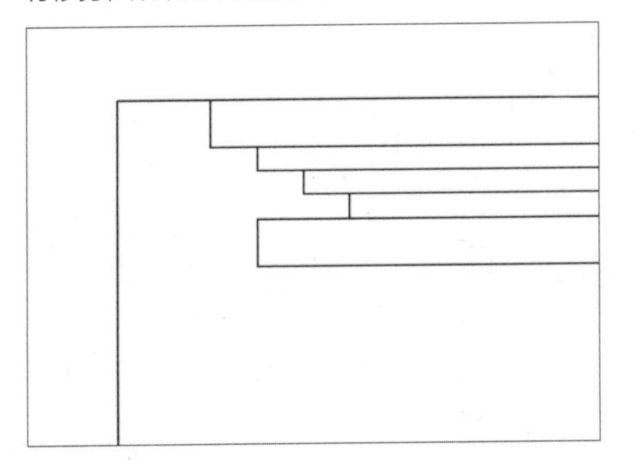

裁剪直线

Step 10 按照同样的方法，对右边的偏移线进行修剪，效果如下图所示。

修剪右边偏移的直线

Step 11 调用【偏移】命令后，选择最左边竖线，分别向右偏移出400、450、550、850、950的竖线，效果如下图所示。

Step 12 根据相同的方法，选择下面的横线，分别向上偏移600、700、750、800、880的直线，效果如下图所示。

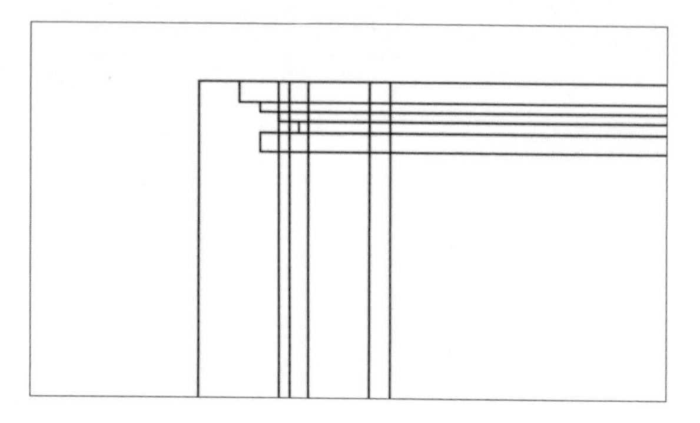

向右偏移直线

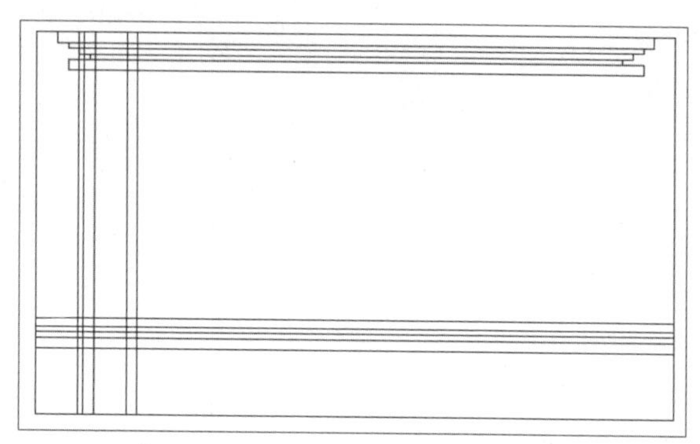

向上偏移直线

Step 13 调用【修剪】命令，对下面偏移的线进行修剪，效果如下图所示。

修剪偏移的直线

Step 14 将右侧边线向左偏移，并对右侧的偏移线进行修剪，效果如下图所示。

修剪右侧偏移的直线

Step 15 选择中心线型，为背景墙绘制中心轴线，效果如下图所示。

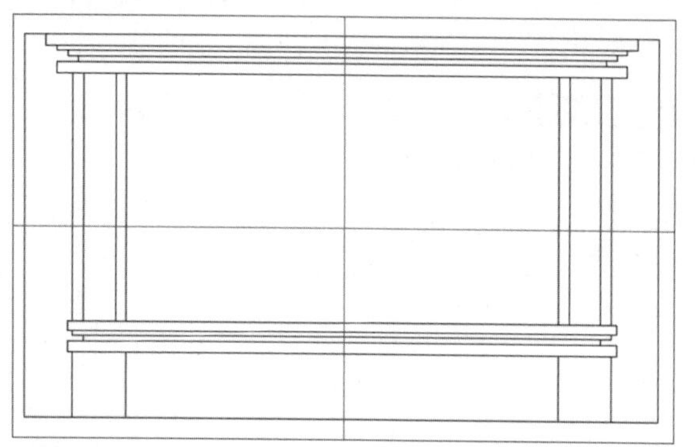

绘制中心轴线

Step 16 调用【偏移】命令，将竖直中心轴线向左偏移1100、1500、1900，效果如下图所示。

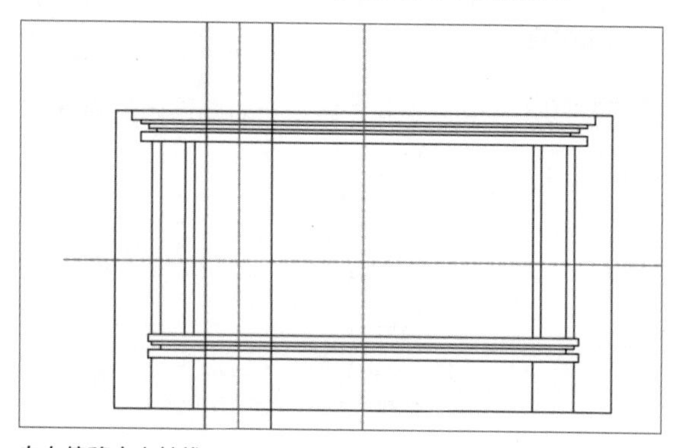

向左偏移中心轴线

Step 17 调用【圆】命令，在命令行中输入T，绘制与左右线相切的圆，效果如右图所示。

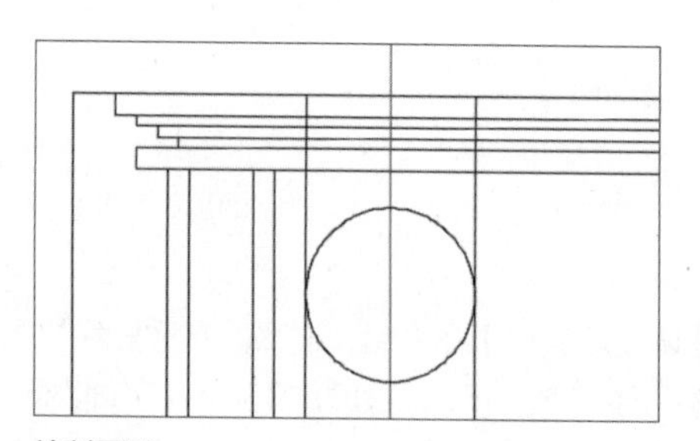

绘制圆形

Step 18 调用【修剪】命令，对圆和偏移线进行修剪，绘制背景墙的窗架，效果如下图所示。

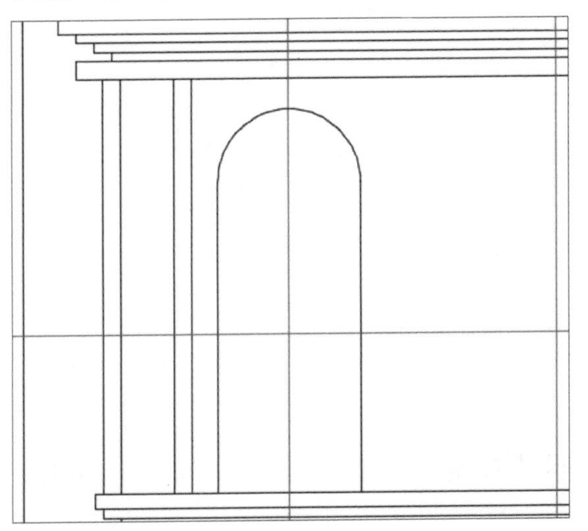

绘制背景墙的窗架

Step 19 调用【偏移】命令，在命令行中输入偏移值为100，偏移出窗架内框，效果如下图所示。

偏移出窗架内框

Step 20 调用【直线】命令，捕捉半圆的两个象限点，绘制一条直线，效果如下图所示。

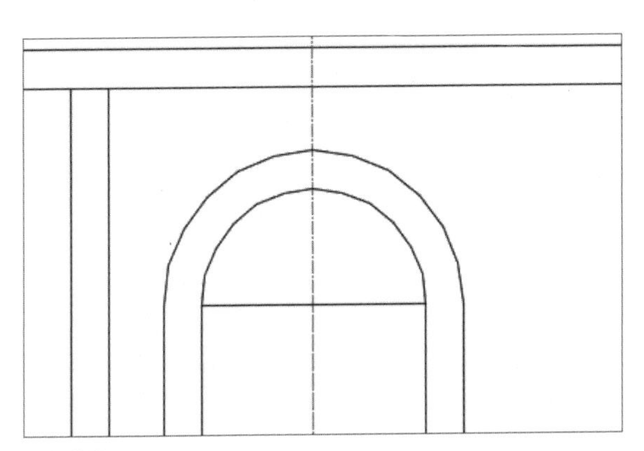

绘制直线

Step 21 调用【圆】命令，输入半径值为150，在选中的线上捕捉中心绘制圆，并对圆进行修剪，效果如下图所示。

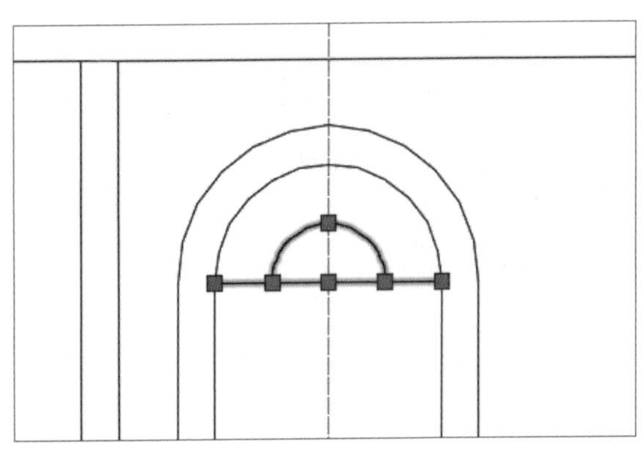

对圆进行修剪

Step 22 执行【格式】>【点样式】命令，在打开的【点样式】对话框中设置相关参数，如下图所示。

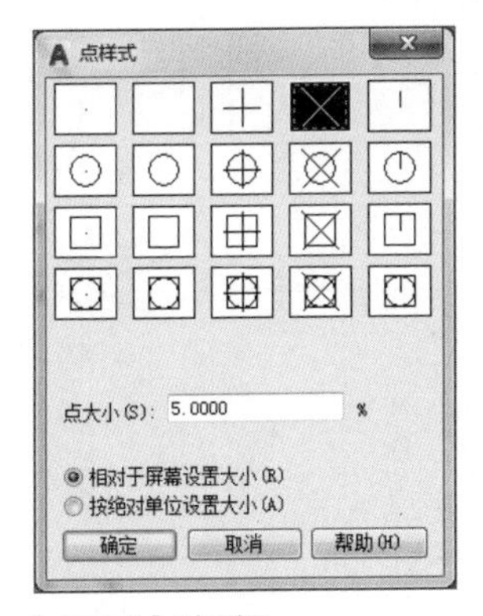

【点样式】对话框

Step 23 在命令行中输入指令DIVIDE，选择半圆，输入7，将半圆7等分，效果如下图所示。

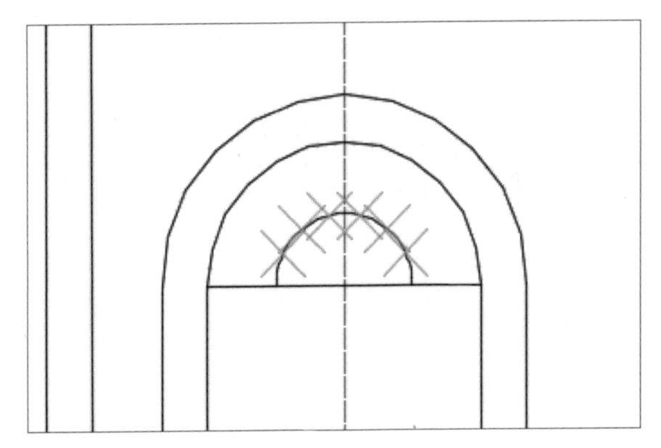

将半圆7等分

Step 24 按同样的操作方法，将最外侧的半圆7等分，效果如下图所示。

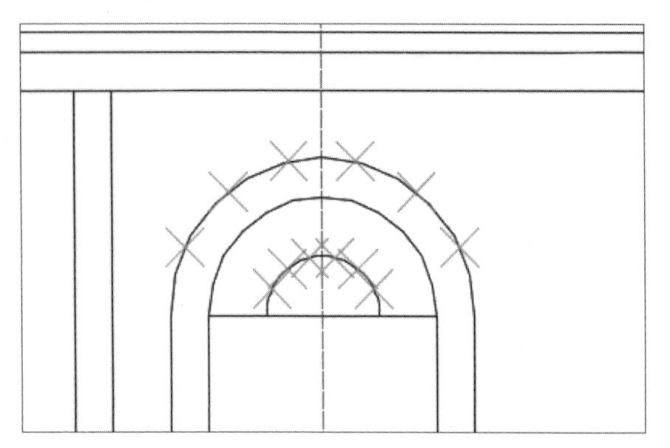

将外侧的半圆7等分

Step 25 调用【直线】命令，捕捉点绘制7条直线，然后对点进行删除并修剪直线，效果如下图所示。

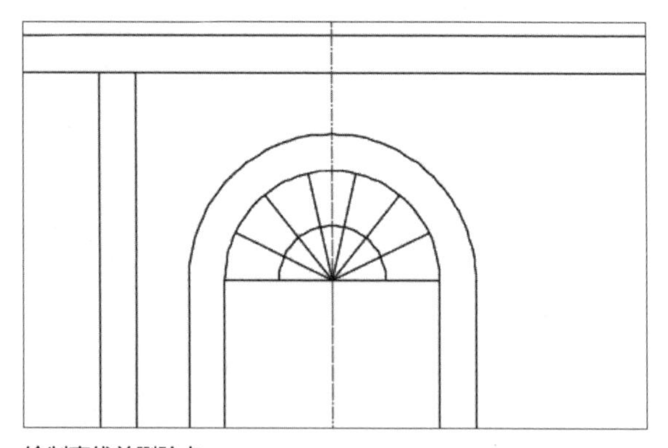

绘制直线并删除点

Step 26 调用【偏移】命令，对矩形向内偏移100，并对偏移出的线进行修剪，效果如下图所示。

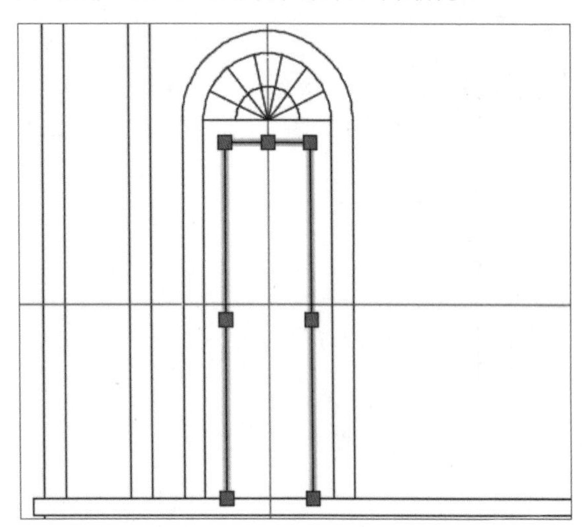

修剪偏移的线

Step 27 在命令行中输入指令DIVIDE，对选择的线进行4等分，效果如下图所示。

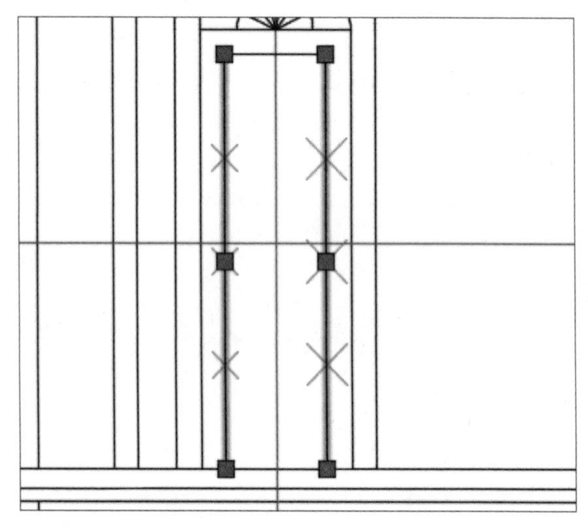

对选择的线进行4等分

Step 28 调用【直线】命令，捕捉两线的节点，绘制三条直线，效果如下图所示。

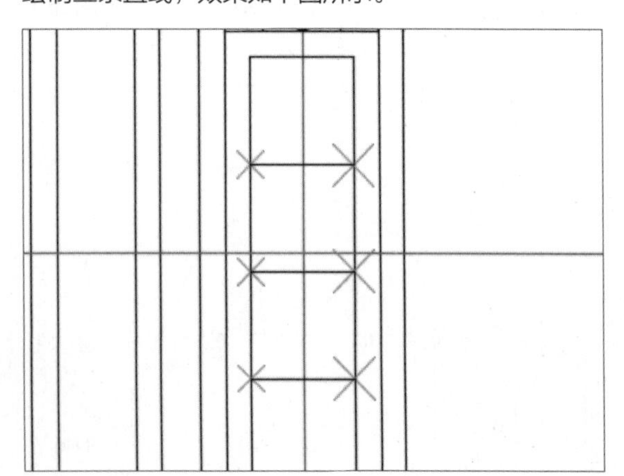

绘制三条直线

Step 29 调用【偏移】命令，对矩形的上下和中间的5条直线各偏移50，效果如下图所示。

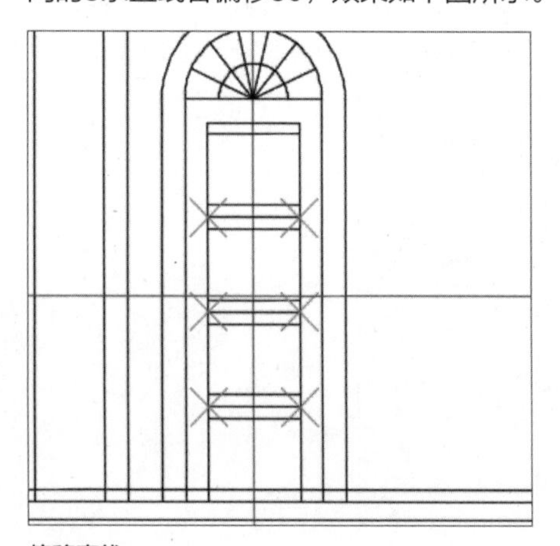

偏移直线

Step 30 调用【修剪】命令，对偏移的直线进行修剪，同时调用【删除】命令，删除一些不要的直线，效果如下图所示。

修剪直线

Step 31 调用【直线】命令，捕捉矩形四边中心点，绘制两条线，如下图所示。

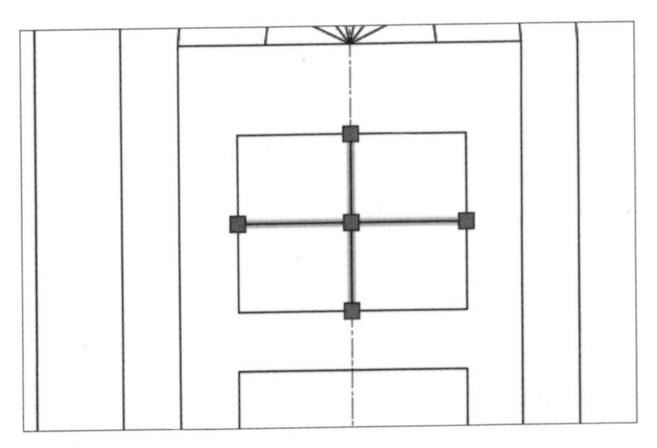

绘制直线

Step 32 调用【偏移】命令，对选中的两条线分别上下和左右各偏移10，偏移后的效果如下图所示。

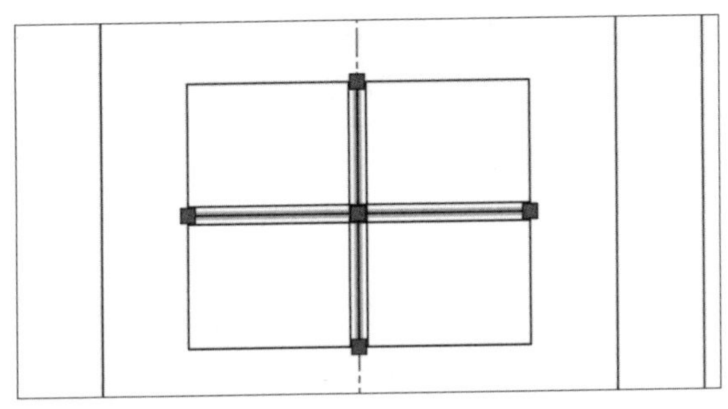

偏移直线

Step 33 调用【修剪】命令，对偏移的直线进行修剪，然后调用【删除】命令，删除一些不要的直线，效果如下图所示。

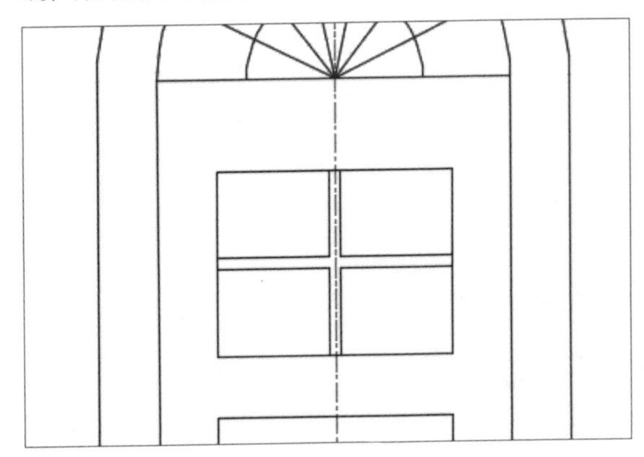

修剪直线

Step 34 接着复制矩形内的直线到其他三个矩形内，效果如下图所示。

复制直线

Step 35 调用【矩形】命令，在命令行中输入D后，绘制长为800、宽为300的矩形，效果如下图所示。

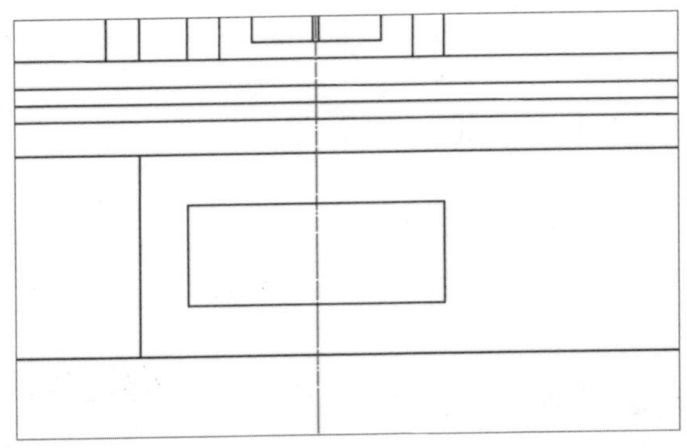

绘制矩形

Step 36 调用【偏移】命令，将矩形向内偏移30，效果如下图所示。

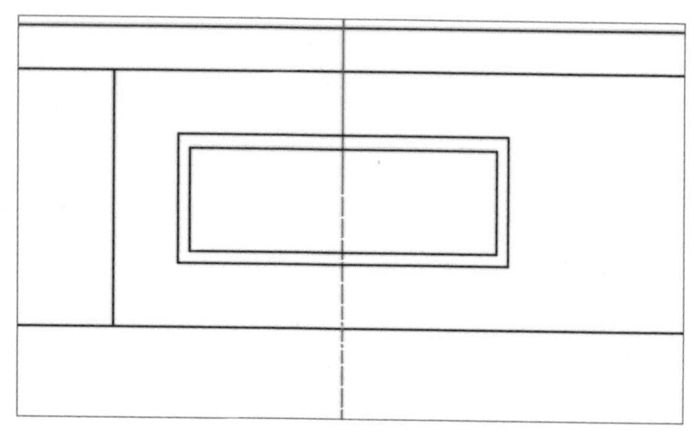

偏移矩形

Step 37 调用【分解】命令，对偏移的矩形进行分解，如下图所示。

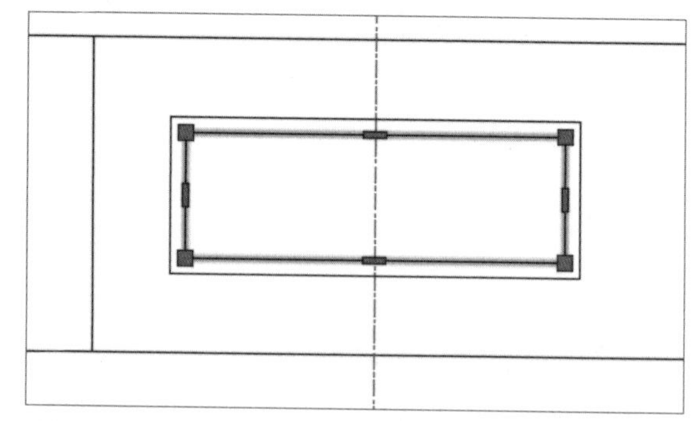

分解矩形

Step 38 输入指令DIVIDE，对分解的矩形上下两条直线进行4等分，并调用【直线】命令，捕捉节点绘制3条直线，效果如下图所示。

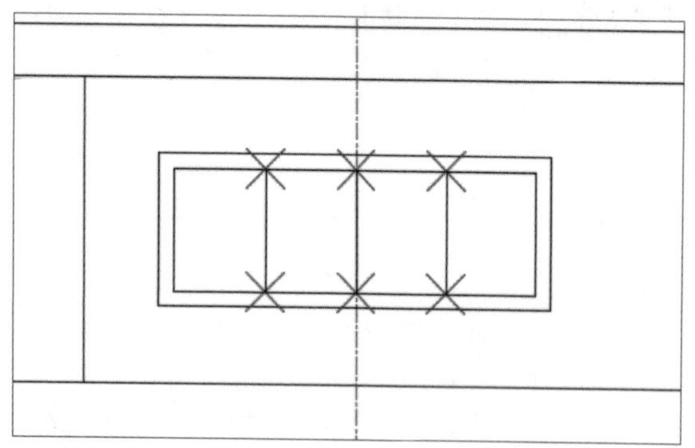

等分直线并绘制直线

Step 39 调用【环形阵列】命令，选择左边竖直线，捕捉直线中点，输入A后，输入30，直线进行旋转阵列，如下图所示。

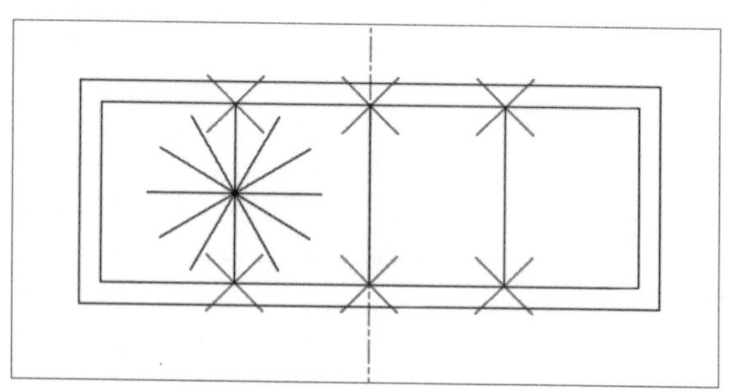

环形阵列直线

Step 40 调用【圆】命令，绘制45、50的同心圆，效果如下图所示。

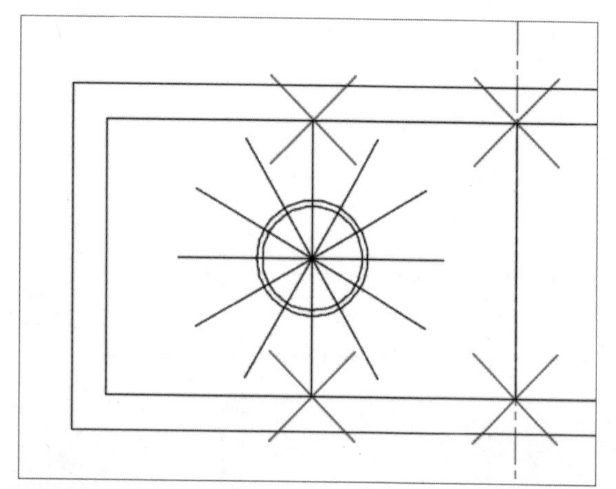

绘制同心圆

Step 41 输入指令DIVIDE，将大圆分24等份，然后删除节点，效果如下图所示。

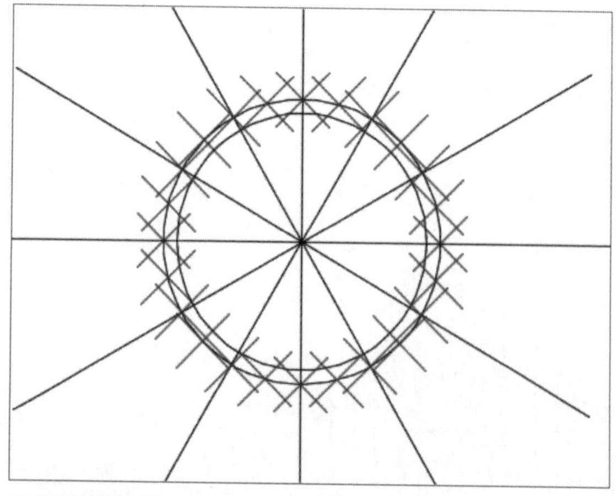

将大圆分24等份

Step 42 调用【直线】命令，捕捉节点到中心点，绘制直线，如下图所示。

Step 43 调用【样条曲线拟合】命令，捕捉相应的交点，绘制花纹曲线，如下图所示。

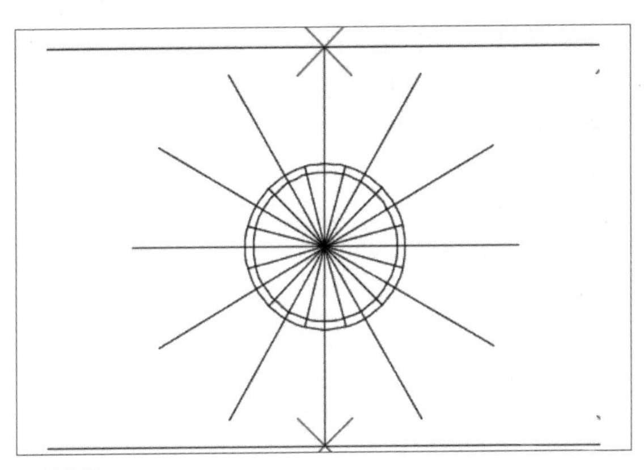
绘制直线

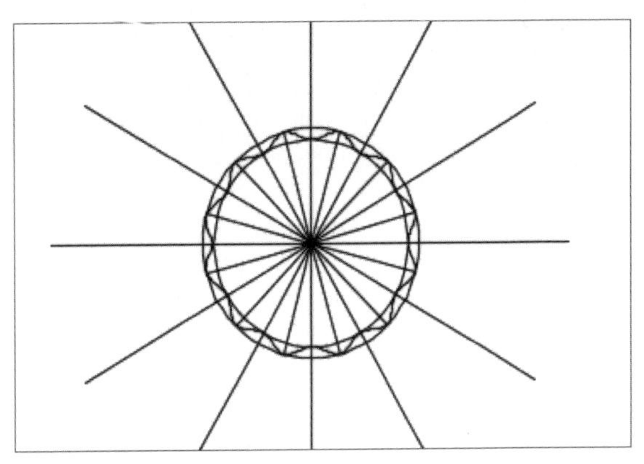
绘制花纹曲线

Step 44 调用【删除】命令，删除不需要的直线和圆，并调用【偏移】命令，输入20，偏移出内圆，调用【修剪】命令对直线进行修剪，绘制花形装饰图案，效果如下图所示。

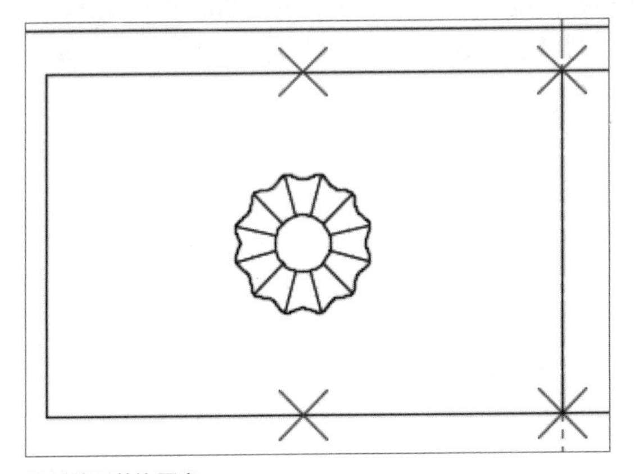
绘制花形装饰图案

Step 45 对绘制的花形装饰图案执行复制操作，捕捉圆心，把圆复制到右边两条线的中点上，效果如下图所示。

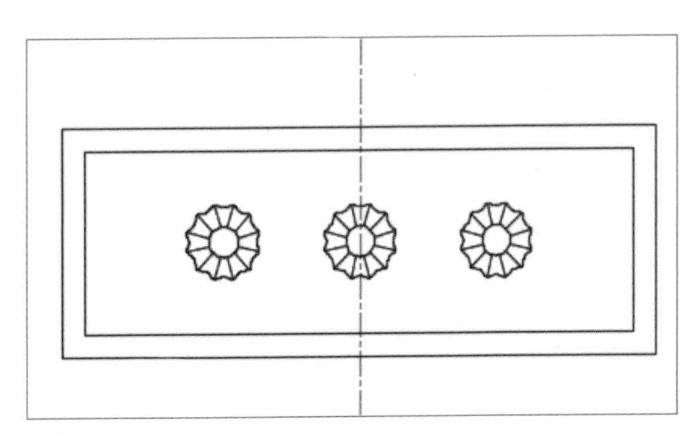
复制图形

Step 46 输入DIVIDE指令，对下图中的两条线进行6等分。

6等分直线

Step 47 调用【直线】命令，捕捉两线节点，绘制直线，如下图所示。

绘制直线

Step 48 调用【矩形】命令，输入D，输入150、150，绘制正方形。调用【旋转】命令，输入45，对正方形旋转45°，如下图所示。

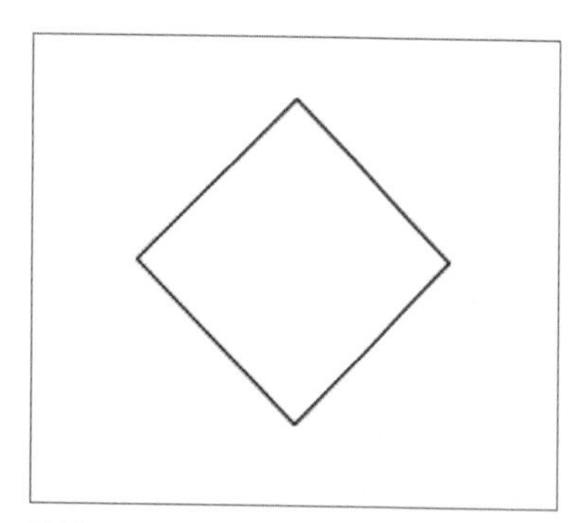

旋转正方形

Step 49 调用【移动】命令，按住Ctrl键捕捉正方形的几何中心点，再捕捉直线的中点，把正方形移动到直线的中点上，删除不要的线条，效果如下图所示。

移动正方形

Step 50 调用【直线】命令，按住Ctrl键，捕捉正方形的端点到直线的垂直点绘制直线，如下图所示。

绘制直线

Step 51 调用【镜像】命令，选择左边的图形，捕捉最上面直线的中点，镜像出右边的图形，效果如下图所示。

镜像图形

Step 52 调用【矩形】命令，输入D后，输入2000、1700，绘制中间的矩形，效果如下图所示。

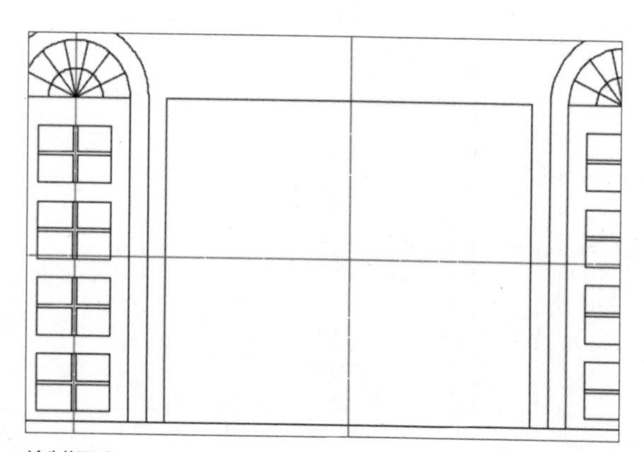

绘制矩形

Step 53 调用【分解】命令，对矩形进行分解，将矩形上面的直线，分别向上偏移150、200，调用【延伸】命令，对两条直线进行延伸，效果如下图所示。

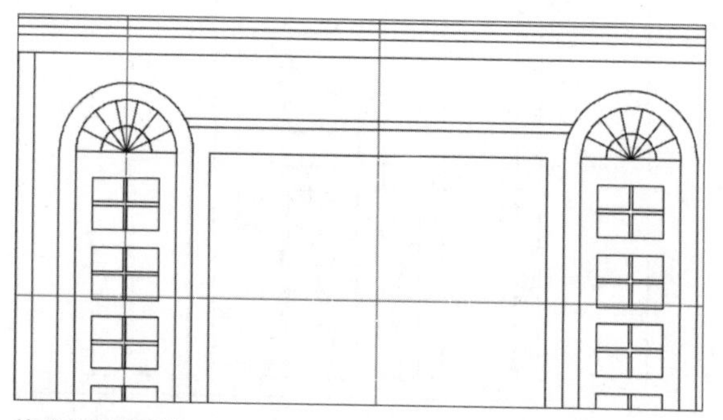

偏移并延伸直线

Step 54 调用【直线】命令，绘制两条对角线，效果如下图所示。

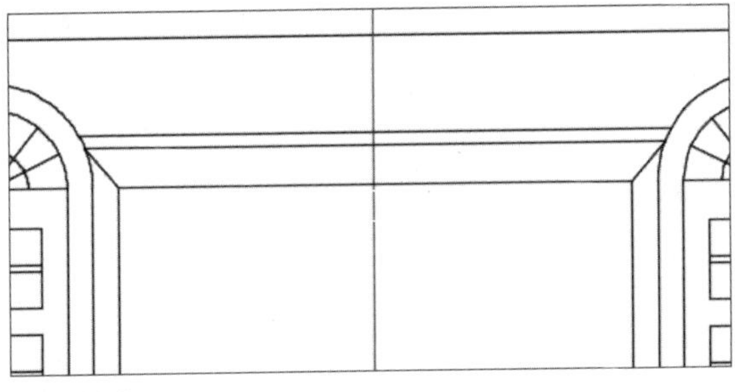

绘制对角线

Step 55 调用【移动】命令，选择花形图案，捕捉图案圆心，移动到下图所示的位置。然后调用【缩放】命令，输入2，对图形进行缩放。

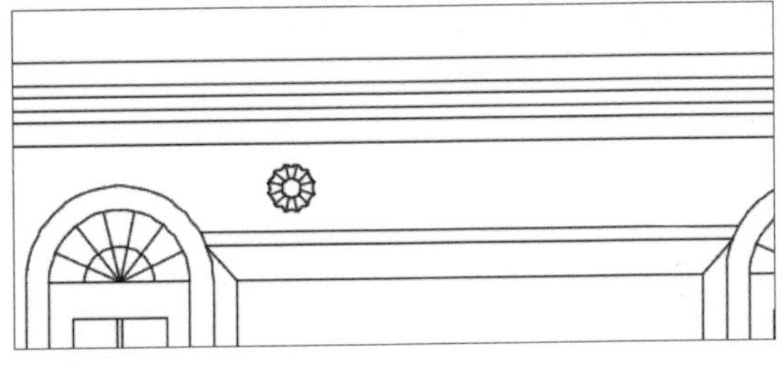

缩放图形

Step 56 调用【复制】命令，复制4份图案并进行排列，如下图所示。

复制图形

Step 57 调用【矩形】命令，绘制两个矩形，效果如下图所示。

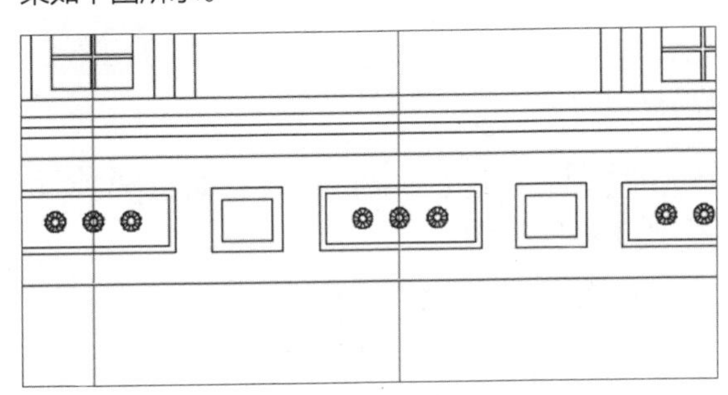

绘制矩形框

Step 58 调用【矩形】命令，输入D后，输入300、400，绘制矩形并移动到左下角方框里，如下图所示。

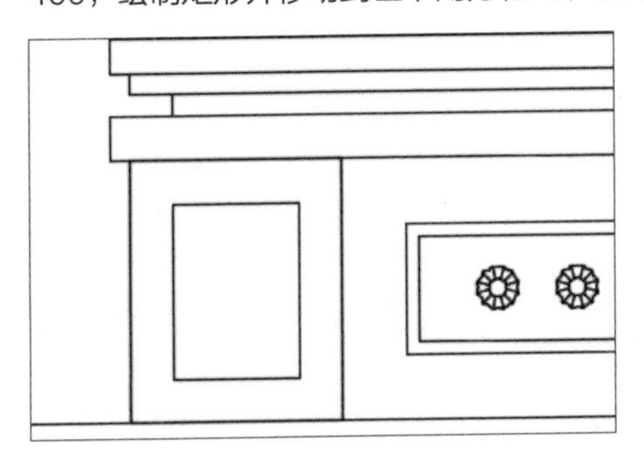

绘制并移动矩形

Step 59 调用【复制】命令，复制矩形到右下角方框里，效果如下图所示。

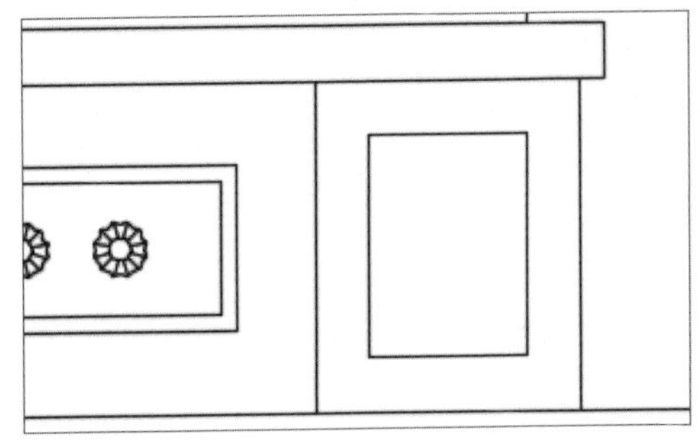

复制矩形

Step 60 执行【格式】>【标注样式】命令，打开【标注样式管理器】对话框，单击【修改】按钮，如右图所示。

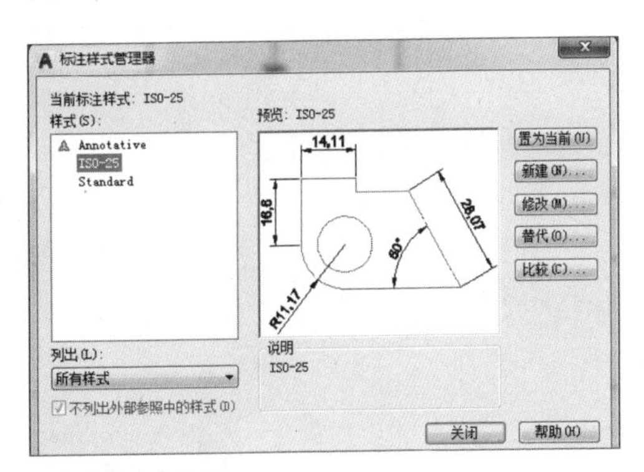

单击【修改】按钮

Step 61 打开【修改标注样式】对话框，在【线】选项卡下设置相关参数，如下图所示。

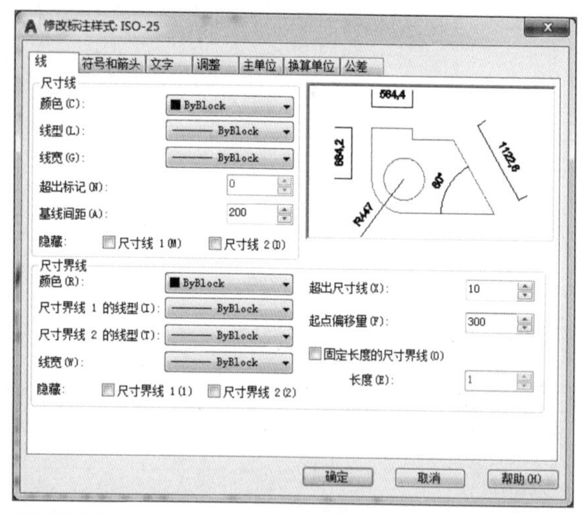

设置线参数

Step 62 然后切换到【符号和箭头】选项卡，设置符号和箭头相关参数，如下图所示。

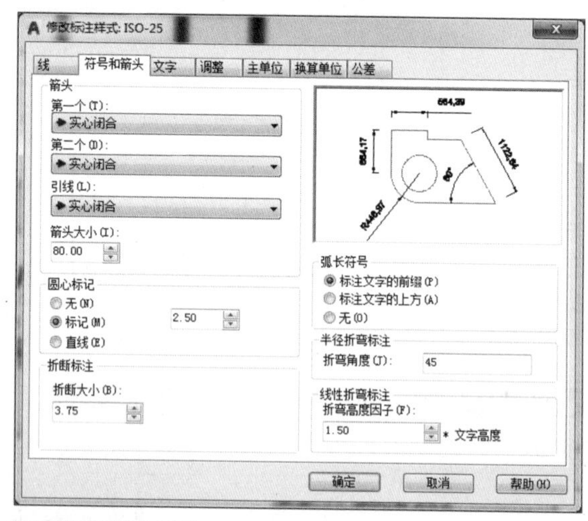

设置符号和箭头样式

Step 63 切换到【文字】选项卡，设置标注文字相关参数，如下图所示。

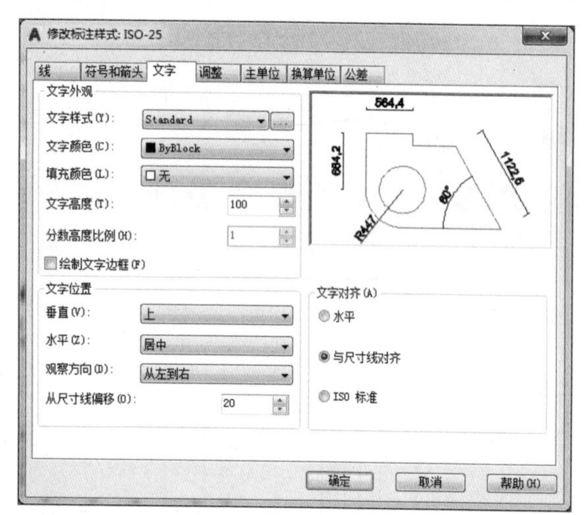

设置标注文字样式

Step 64 切换到【主单位】选项卡，设置标注单位相关参数，如下图所示。

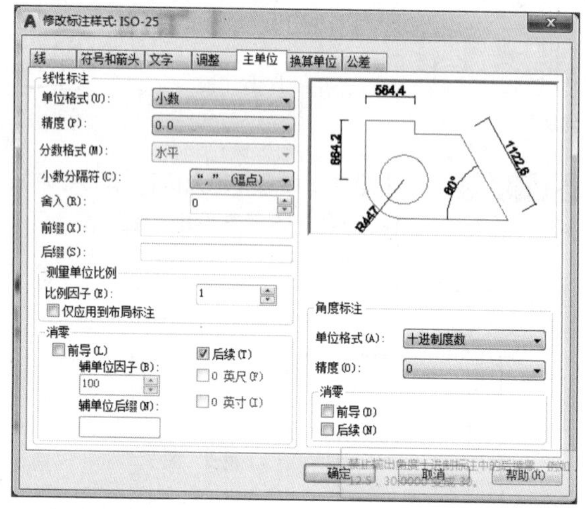

设置标注单位

Step 65 设置好标注参数后，调用【线性】命令，标注各部分尺寸，然后对细节进行相应的调整，最终效果如右图所示。

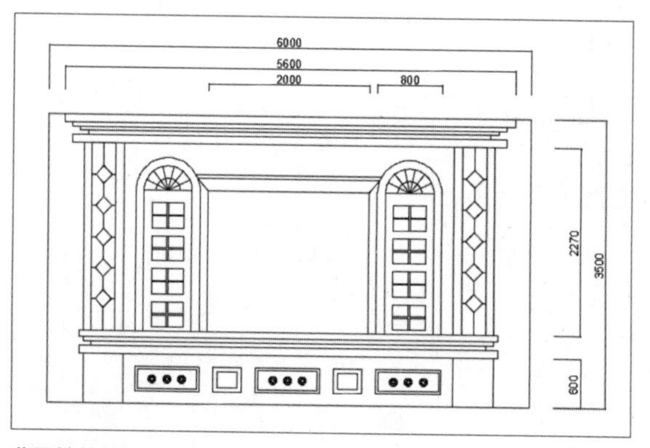

背景墙的效果

04 Chapter

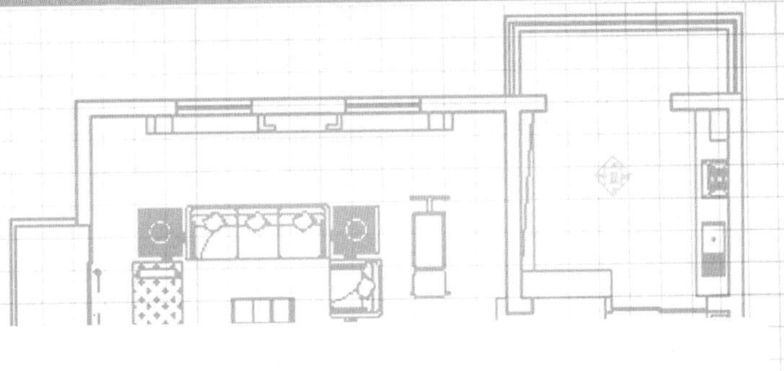

二维图形绘制

使用AutoCAD软件绘制的建筑和土木工程图纸，都是由点、直线、圆、多边形、多线等基本图形组成的。本章主要介绍二维图形的绘制，用户可以根据实际需要绘制更复杂、更精准的图形。通过本章的学习，使用户能够熟练掌握二维图形绘制的操作方法。

01 核心知识点

❶ 掌握点的绘制方法

❷ 掌握线段的绘制方法

❸ 掌握圆类对象的绘制方法

❹ 掌握多边形的绘制方法

02 本章图解链接

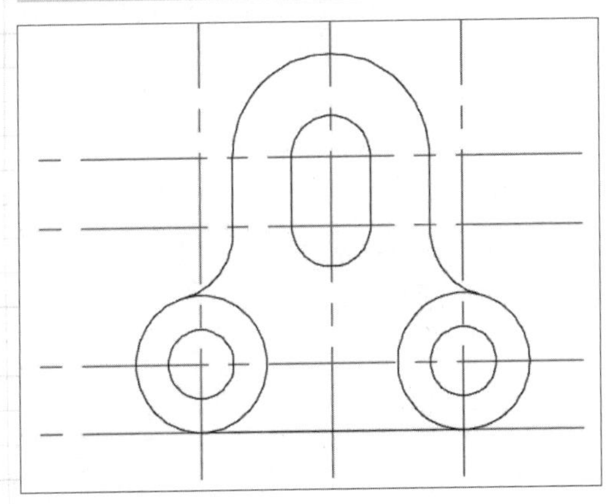

绘制零部件

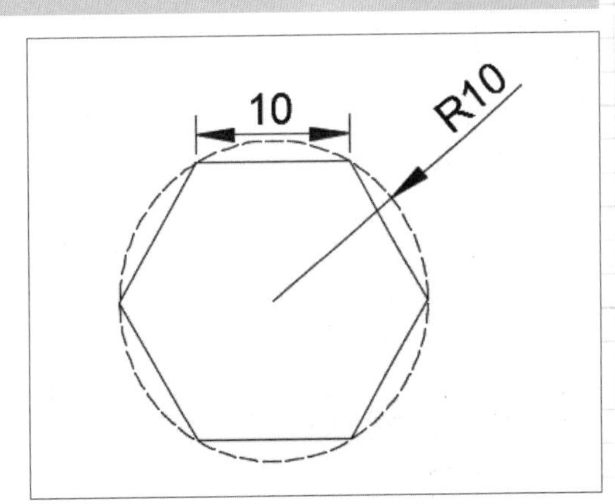

绘制内切于圆的正六边形

4.1 绘制点对象

点是构成图形的最基本元素，无论是直线、曲线还是多段线，都是由无数个点连接而成的。AutoCAD 2018提供了4种形式的点，包括单点、多点、定数等分点、定距等分点等。在绘制点前，用户可以根据需要对点样式进行设置。

4.1.1 设置点样式

在AutoCAD中，默认的点为一个很小的黑点，不便于用户观察，因此需要绘制点前，可以在【点样式】对话框中对点的样式进行设置。点样式设置不光可以调整点的外观形状，还可以对点的大小进行调整。

在AutoCAD 2018中，打开【点样式】对话框的方式有以下几种。

- 利用命令行打开。在命令行中输入DDPTYPE命令，并按下Enter键即可。
- 利用菜单栏打开。执行【格式】>【点样式】命令。
- 利用功能区打开。在【默认】选项卡下，单击【实用工具】面板上的【点样式】按钮。

执行上述任意一种操作后，系统将弹出【点样式】对话框，如右图所示。用户可以根据需要选择点的显示样式并更改其大小，然后单击【确定】按钮。

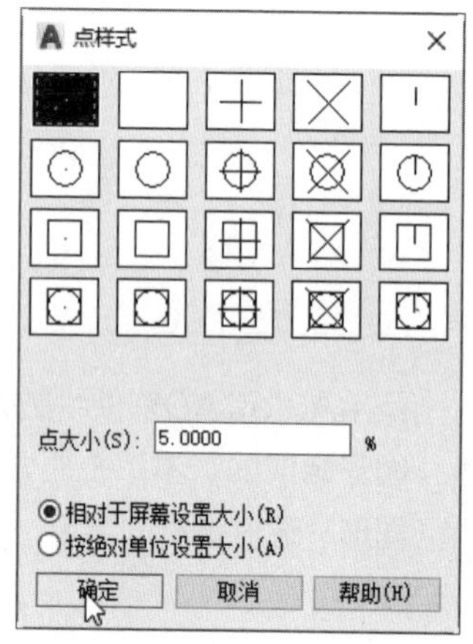

【点样式】对话框

4.1.2 绘制单点

执行绘制单点命令后，一次只能绘制一个点，在AutoCAD 2018中调用【单点】命令的方法有以下几种。

- 利用命令行调用。在命令行中输入POINT/PO命令，并按下Enter键。
- 利用菜单栏调用。在菜单栏中执行【绘图】>【点】>【单点】命令。

执行上述任意一种操作启用【单点】命令后，在绘图区的指定位置单击，即可绘制一个点。

4.1.3 绘制多点

执行绘制多点命令后，可以连续绘制多个点，直至按Esc键结束命令。在AutoCAD 2018中调用【多点】命令的方法有以下几种。

- 利用功能区调用。在【默认】选项卡下，单击【绘图】面板中的【多点】工具按钮。
- 利用菜单栏调用。在菜单栏中执行【绘图】>【点】>【多点】 命令。

执行上述任意一种操作调用【多点】命令后，移动鼠标在指定位置单击，即可创建多个点。

4.1.4 绘制定数等分点

【定数等分】是指将指定的线段或曲线按照指定的数量进行平均等分。在AutoCAD 2018中，调用【定数等分】命令的方法主要有以下几种。

- 利用命令行调用。在命令行中输入DIVIDE/DIV命令，并按下Enter键。
- 利用菜单栏调用。在菜单栏中执行【绘图】>【点】>【定数等分】命令。

- 利用功能区调用。在【默认】选项卡下，单击【绘图】面板中的【定数等分】工具按钮。

执行上述任意一种操作，命令行将提示选择需要定数等分的对象，如下图所示。

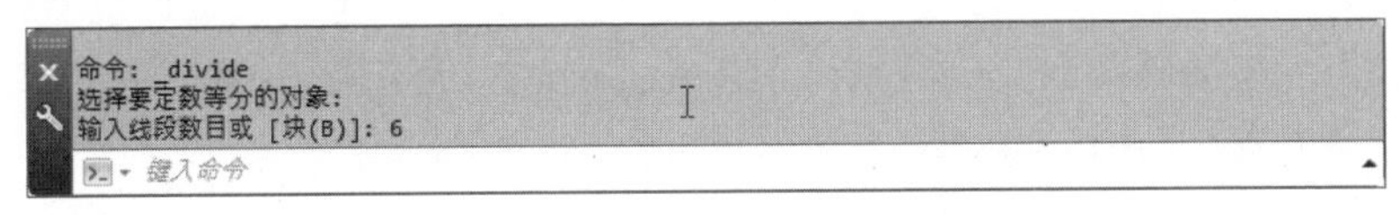

【定数等分】命令行提示信息

然后输入对该对象进行等分的数目，如下左图所示。按Enter键确认即可，效果如下右图所示。

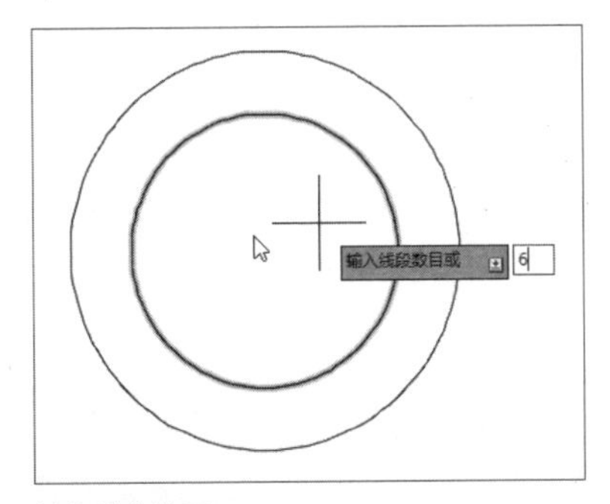

输入等分数量

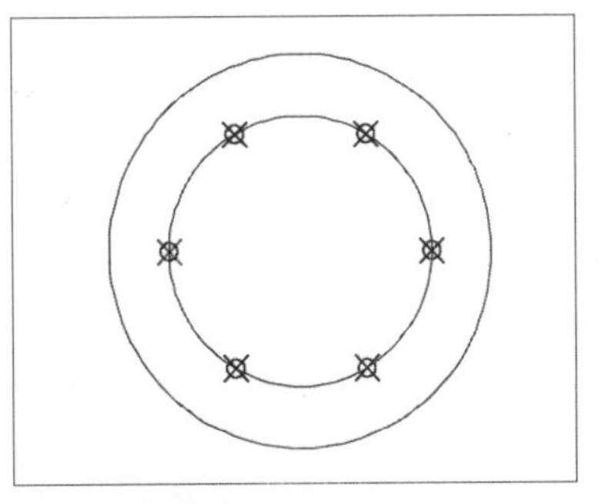

完成定数等分操作

操作提示：等分数不等于放置点数

因为输入的是等分数，而不是放置点的个数，所以如果将所选非闭合对象分为N份，实际上只生成N-1个点。并且每次只能对一个对象进行操作，不能对一组对象进行操作。

4.1.5 绘制定距等分点

【定距等分】是指将指定的线段或曲线按照指定的长度进行等分。与【定数等分】的区别在于，因为定距等分后子线段的个数是线段总长除以等分距，由于等分距的不确定性，用户在对线段执行【定距等分】命令后，可能出现剩余线段。

在AutoCAD 2018中调用【定距等分】命令的方法有以下几种。

- 利用命令行调用。在命令行中输入MEASURE/ME命令，并按下Enter键。
- 利用菜单栏调用。在菜单栏中执行【绘图】>【点】>【定距等分】命令。
- 利用功能区调用。在【默认】选项卡下，单击【绘图】面板中的【定距等分】工具按钮。

执行上述任意一种操作后，命令行将提示选择需要定距等分的对象，如下图所示。

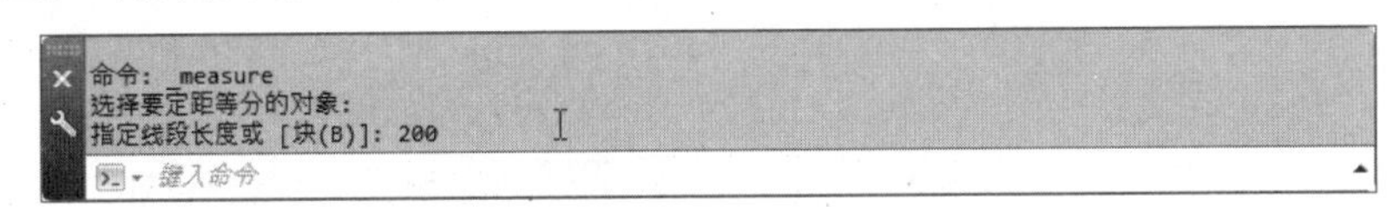

【定距等分】命令行提示信息

根据要求输入等分线段的长度，如下左图所示。然后按Enter键即可，效果如下右图所示。

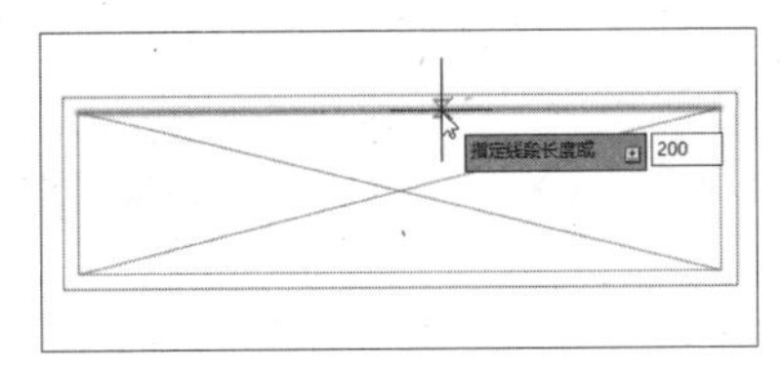

输入指定线段长度

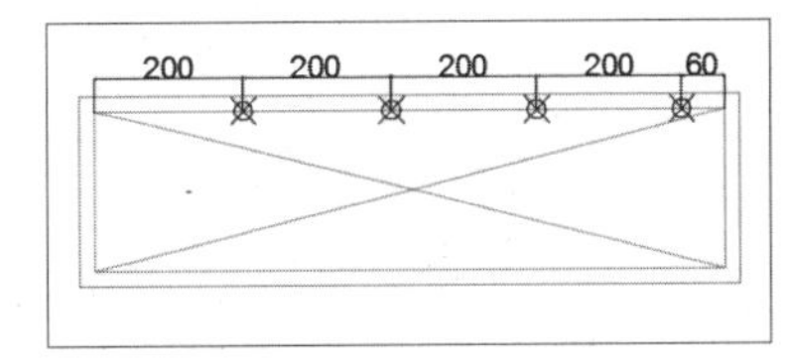

完成定距等分操作

4.2 绘制直线对象

直线对象是图形绘制时最简单的一类对象。在AutoCAD中，用户可以绘制直线、多段线、构造线、样条曲线等各种形式的线，使用这些元素对象可以绘制出一些简单的图形。

4.2.1 绘制直线

在AutoCAD 2018中，【直线】是最简单最常用的绘图命令，调用【直线】命令的方法有以下几种。

- 利用命令行调用。在命令行中输入LINE/L命令，并按下Enter键。
- 利用菜单栏调用。在菜单栏中执行【绘图】>【直线】命令。
- 利用功能区调用。在【默认】选项卡下，单击【绘图】面板中的【直线】工具按钮。
- 利用工具栏调用。单击【绘图】工具栏中的【直线】按钮。

执行上述任意一种操作，命令行提示调用【直线】命令，如下图所示。

```
命令:
命令:
命令: _line
指定第一个点: 0,0
指定下一点或 [放弃(U)]: @60<30
指定下一点或 [放弃(U)]: @30<0
指定下一点或 [闭合(C)/放弃(U)]: @40<-60
指定下一点或 [闭合(C)/放弃(U)]: c
```

【直线】命令行提示信息

下面介绍绘制直线的具体操作方法，步骤如下。

Step 01 在命令行输入L命令并按Enter键，根据命令行提示指定直线起点，输入数值0、0，按Enter键，如下图所示。

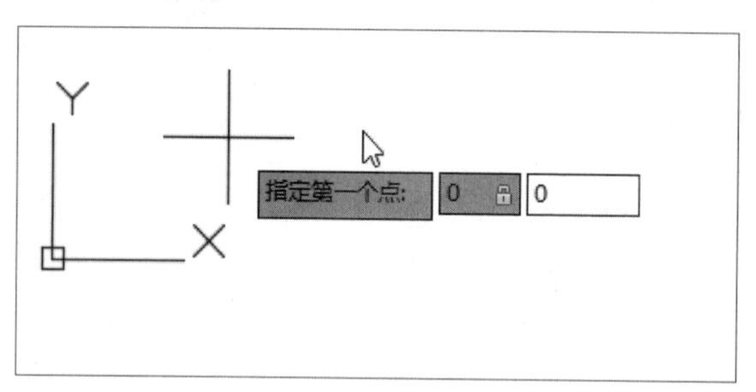

输入直线起点

Step 02 向右上方移动光标，并输入@60<30，按Enter键，如下图所示。

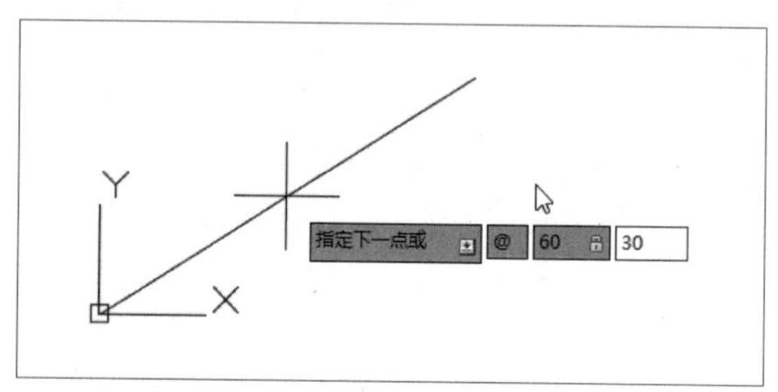

绘制四边形第一条边

Step 03 向右移动光标，并输入@30<0，按Enter键，如下图所示。

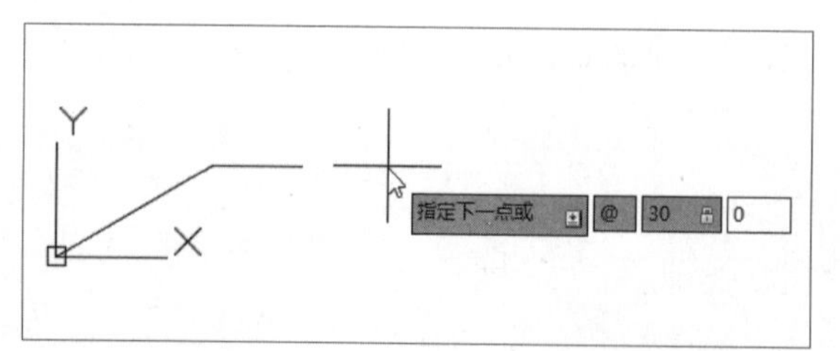

绘制四边形第二条边

Step 04 向下移动光标，并在命令行输入@40<-60，按Enter键，如下图所示。

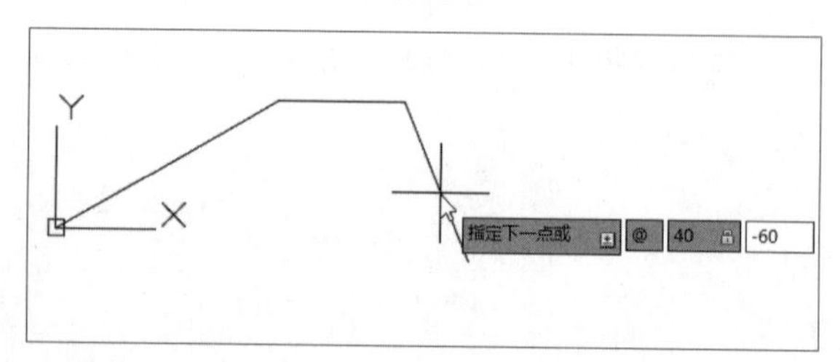

绘制四边形第三条边

Step 05 向左移动光标，并在命令行输入C，按Enter键，完成矩形的绘制，如右图所示。

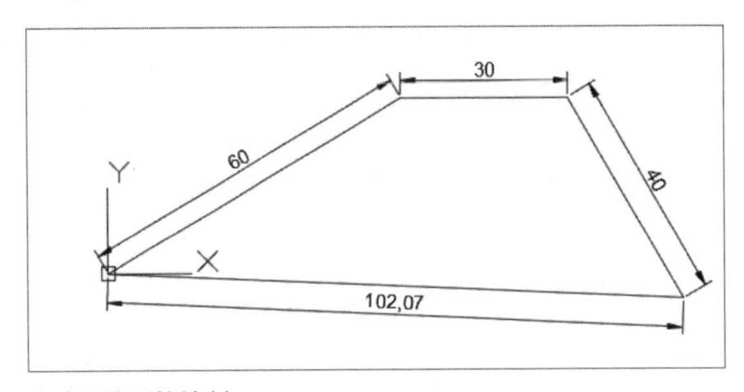

完成四边形的绘制

4.2.2 绘制构造线

构造线是两端无限延伸的直线，没有起点和终点，可以放置在三维空间的任何地方。构造线不像直线、圆弧、圆、椭圆、正多边等作为图形的构成元素，它只作为创建对象时的辅助线。用户可以通过以下方法调用【构造线】命令。

- 利用命令行调用。在命令行中输入XLINE/XL命令，并按下Enter键。
- 利用菜单栏调用。在菜单栏中执行【绘图】>【构造线】 命令。
- 利用功能区调用。在【默认】选项卡下，单击【绘图】面板中的【构造线】工具按钮。
- 利用工具栏调用。单击【绘图】工具栏中的【构造线】按钮。

执行上述任意一种操作后，命令行提示调用【构造线】命令，根据命令行提示指定线段的起始点和端点，即可绘制垂直和指定角度的构造线，这两点就是构造线上的点。

【构造线】命令行提示信息

- 水平（H）：绘制水平构造线。
- 垂直（V）：绘制垂直构造线。
- 角度（A）：通过指定角度创建构造线。可以是与X轴成指定角度的构造线，也可以先指定一条参考线，再指定直线与构造线的角度；还可以先指定构造线的角度，再设置通过点，如下图所示。

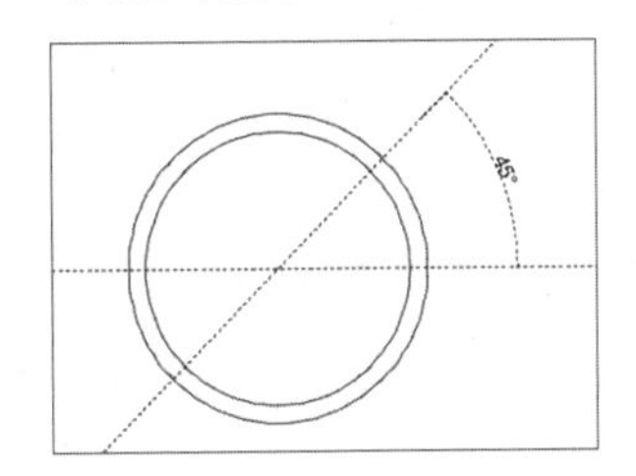

指定角度的构造线

```
命令: XL
XLINE
指定点或 [水平(H)/垂直(V)/角度(A)/二等分(B)/偏移(O)]: A
输入构造线的角度 (0) 或 [参照(R)]:  45
指定通过点:
键入命令
```

对应的命令行提示信息

- 二等分（B）：用来创建已知角的角平分线。需要指定等分角的顶点、起点和端点，如下图所示。

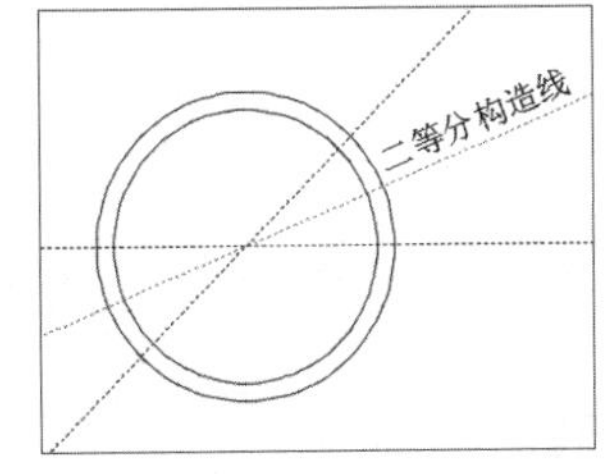

二等分构造线

```
命令:
命令: _xline
指定点或 [水平(H)/垂直(V)/角度(A)/二等分(B)/偏移(O)]: B
指定角的顶点:
指定角的起点:
指定角的端点:
键入命令
```

对应的命令行提示信息

- 偏移（O）：用来创建平行于另一条基线的构造线，需要指定偏移距离、选择基线以及指定构造线位于基线的哪一侧，如下图所示。

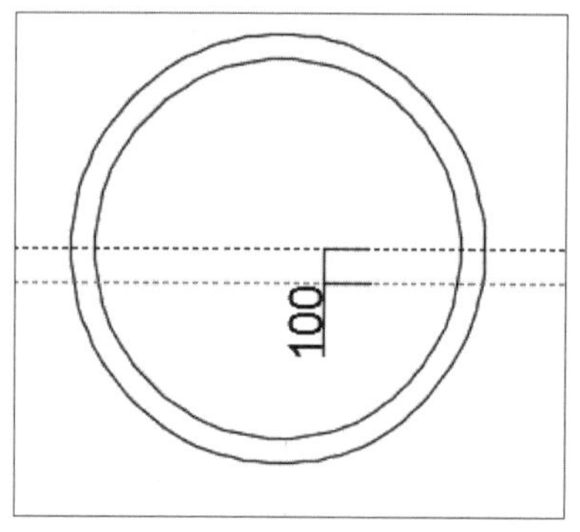

偏移构造线

```
命令: XL
XLINE
指定点或 [水平(H)/垂直(V)/角度(A)/二等分(B)/偏移(O)]: O
指定偏移距离或 [通过(T)] <50.0000>: 100
选择直线对象:
指定向哪侧偏移:
XLINE 选择直线对象:
```

对应的命令行提示信息

4.2.3 绘制射线

射线是一端固定，另一端无限延伸的直线。在AutoCAD 2018中，【射线】命令一般用于创建对象时的辅助线，用户可以通过以下方法调用【射线】命令。

- 利用命令行调用。在命令行中输入RAY命令，并按下Enter键。
- 利用菜单栏调用。在菜单栏中执行【绘图】>【射线】 命令。
- 利用功能区调用。在【默认】选项卡下，单击【绘图】面板中的【射线】工具按钮。

执行上述任意一种操作后，根据命令行的提示指定射线的起始点，移动光标到所需位置指定第二点并按Enter键，即可完成射线的绘制。射线可以是一条，也可以是多条。

4.3 绘制圆类对象

在AutoCAD软件中，用户还可以根据需要绘制多种曲线对象，例如圆、圆弧、椭圆、椭圆弧等都属于曲线对象，其绘制方法比较复杂，使用者在绘图过程中需灵活应用相关绘图命令。本节主要介绍这些曲线对象的绘制方法。

4.3.1 绘制圆

圆在工程制图中是一种很常见的基本图形，在机械工程、园林、建筑制图等行业中，【圆】命令的调用都十分频繁。

在AutoCAD 2018中，调用【圆】命令的方法有以下几种。

- 利用命令行调用。在命令行中输入CIRCLE/C命令，并按下Enter键。
- 利用菜单栏调用。在菜单栏中执行【绘图】>【圆】 命令。
- 利用功能区调用。在【默认】选项卡下，单击【绘图】面板中的【圆】工具按钮。
- 利用工具栏调用。单击【绘图】工具栏中的【圆】按钮。

执行上述任意一种操作，命令行提示调用【圆】命令，AutoCAD 2018提供了6种圆的绘制方法，下面分别进行介绍。

- 圆心、半径（R）：指定圆心位置和半径位置，如下左图所示。即可绘制圆，如下右图所示。该方法为系统默认绘制圆方式。

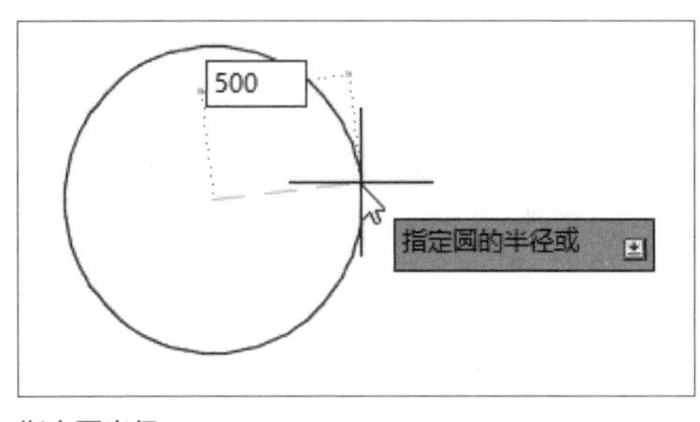

指定圆半径

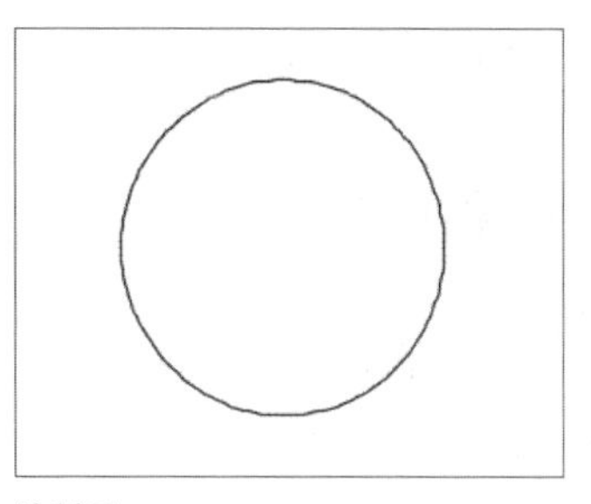

绘制圆

- 圆心、直径（D）：指定圆心位置和直径位置绘制圆，具体操作方法同上面介绍的【圆心、半径】，命令行提示信息如下图所示。

```
命令:
命令: _circle
指定圆的圆心或 [三点(3P)/两点(2P)/切点、切点、半径(T)]:
指定圆的半径或 [直径(D)] <500.0000>: _d 指定圆的直径 <1000.0000>: 500
```

【圆心、直径】命令行提示信息

- 两点（2）：指定两点的位置，并以两点间的距离为直径绘制圆。选择【默认】>【圆】>【两点】选项，如下左图所示。根据命令行提示，进行两点圆的绘制，如下右图所示。

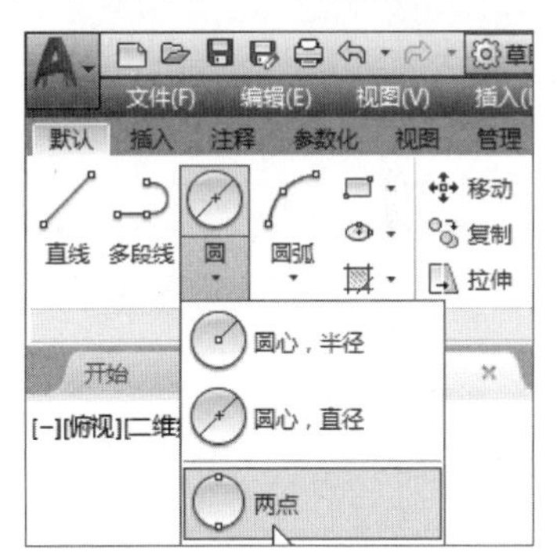

选择【两点】命令

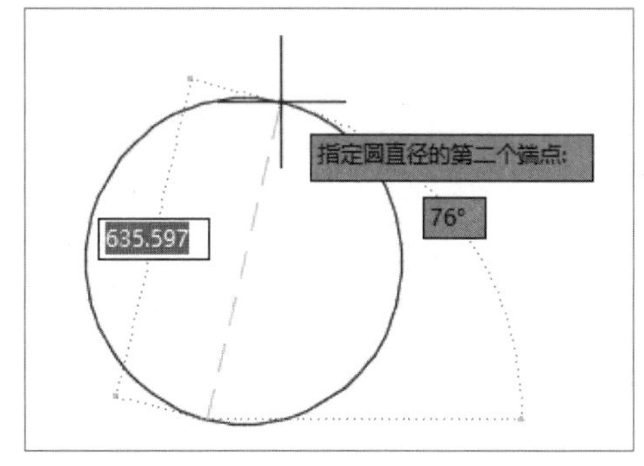

指定直径的第二个端点

执行【两点】命令后，命令行提示内容如下图所示。

```
命令:
命令: _circle
指定圆的圆心或 [三点(3P)/两点(2P)/切点、切点、半径(T)]: _2p 指定圆直径的第一个端点:
指定圆直径的第二个端点:
键入命令
```

【两点】命令行提示信息

- 三点（3）：指定圆周上的三点绘制圆，根据系统提示指定第一点、第二点、第三点，如下图所示。

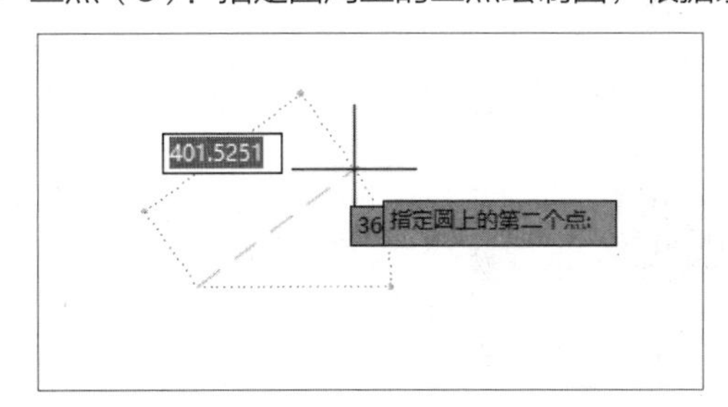

指定第二点

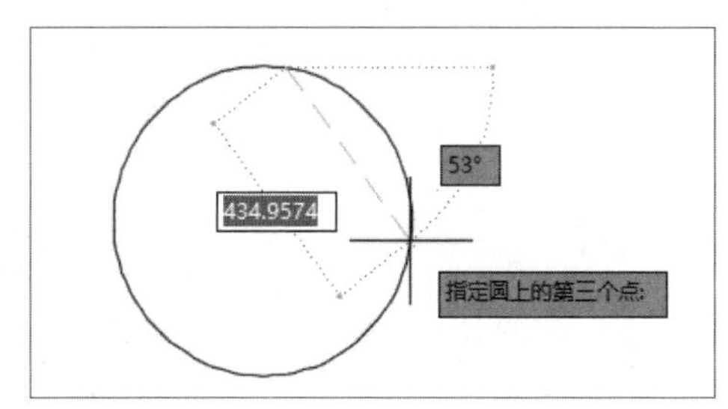

指定第三点

执行【三点】命令后，命令行提示内容如下图所示。

```
命令: _circle
指定圆的圆心或 [三点(3P)/两点(2P)/切点、切点、半径(T)]: _3p 指定圆上的第一个点:
指定圆上的第二个点:
指定圆上的第三个点:
键入命令
```

【三点】命令行提示信息

- 相切、相切、半径（T）：通过两个其他对象的切点和输入半径值来绘制圆。执行【相切、相切、半径】后，命令行的提示信息如下图所示。

```
指定圆的圆心或 [三点(3P)/两点(2P)/切点、切点、半径(T)]: _ttr
指定对象与圆的第一个切点:
指定对象与圆的第二个切点:
指定圆的半径 <252.7989>: 350
键入命令
```

【相切、相切、半径】命令行提示信息

执行【相切、相切、半径】后，命令行的提示信息会提示指定圆的第一条切线上的点、第二条切线上的点以及圆的半径，如下图所示。

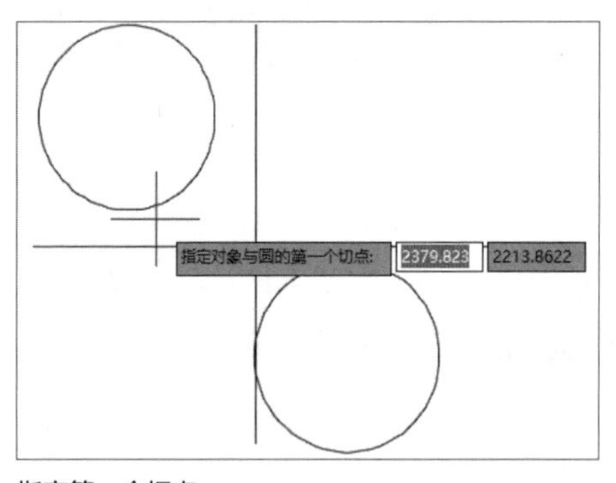

指定第一个切点

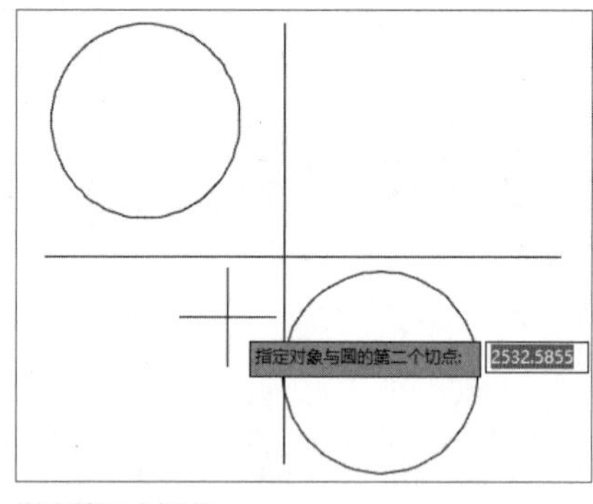

指定第二个切点

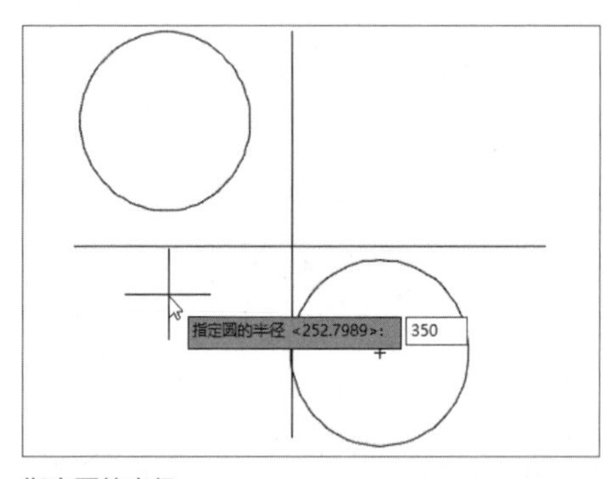

指定圆的半径

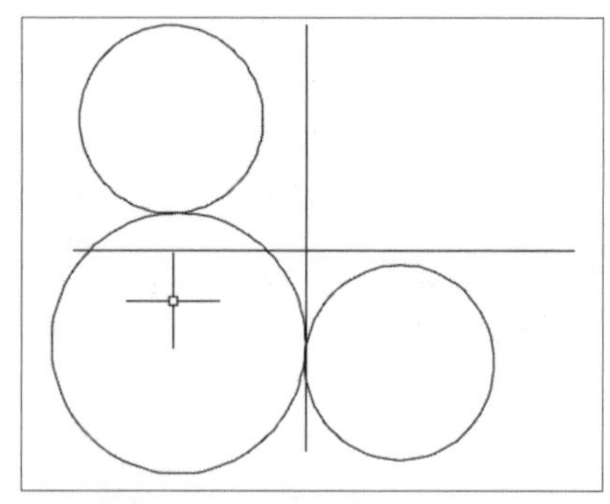

完成圆的绘制

- 相切、相切、相切（A）：依次指定与圆相切的三个对象来绘制圆。执行【相切、相切、相切】命令后，命令行的提示信息如下图所示。

```
命令:
命令: _circle
指定圆的圆心或 [三点(3P)/两点(2P)/切点、切点、半径(T)]: _3p 指定圆上的第一个点: _tan 到
指定圆上的第二个点: _tan 到
指定圆上的第三个点: _tan 到
键入命令
```

【相切、相切、相切】命令行提示信息

执行【相切、相切、相切】命令，用光标拾取已知的3个与圆相切的图形对象，即可完成圆的绘制，如下图所示。

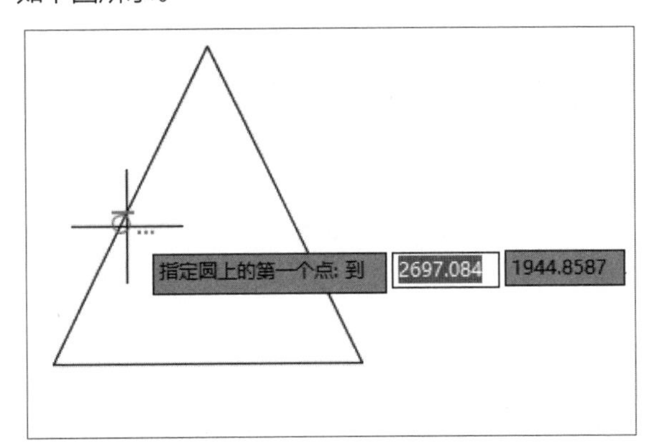

指定圆上第一点

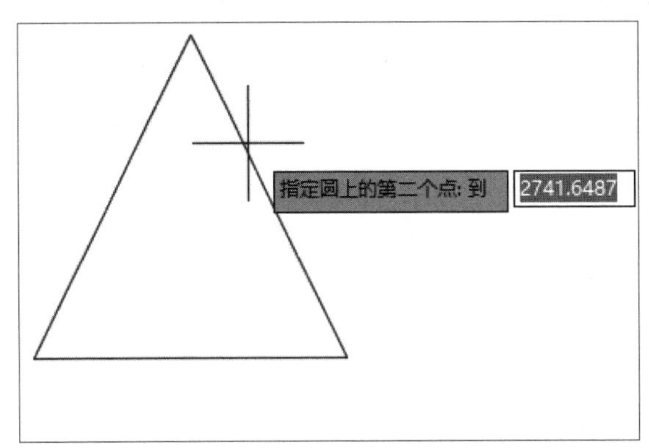

指定圆上第二点

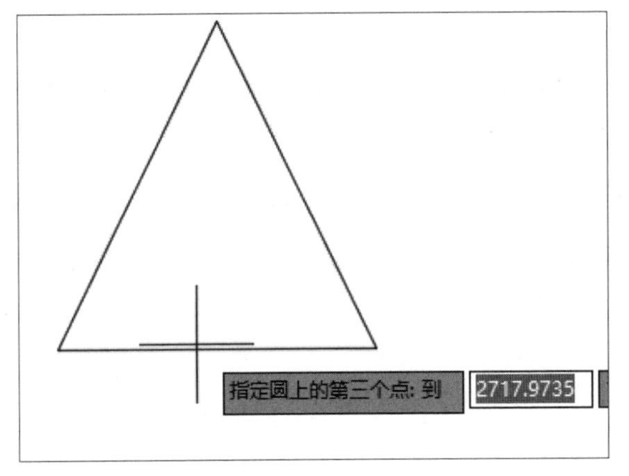

指定圆上第三点

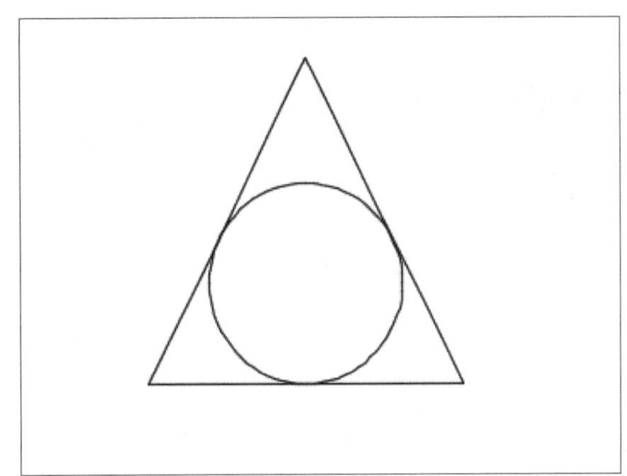

完成圆的绘制

学会了绘制圆的方法后，下面将通过绘制某门窗零部件的操作，来进一步巩固所学的知识，具体操作方法如下。

Step 01 在命令行中输入RECTANG命令，输入D后，再输入500、300，执行命令后均按Enter键，在绘图区指定点，即可绘制矩形，如下图所示。

绘制矩形

Step 02 在命令行中输入LIMITS命令，按住Ctrl键，捕捉到左下角端点，确定捕捉点，如下图所示。

捕捉左下角端点

Step 03 然后捕捉到右上角端点，并确定捕捉点，如下图所示。

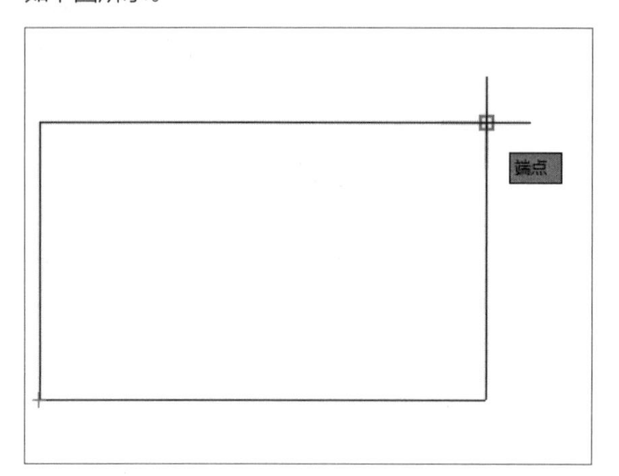

捕捉右上角端点

Step 04 在命令行输入LIMITS命令里单击ON按钮，完成图形界限设置，效果如下图所示。

设置图形界限

Step 05 打开【图层特性管理器】面板，新建【中心线】图层，颜色设置为红色，如下图所示。

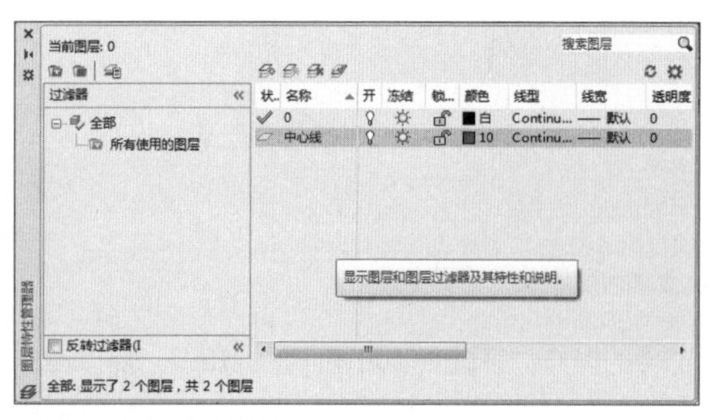

【图层特性管理器】面板

Step 06 执行【格式】>【线型】命令，在打开的【线型管理器】对话框中单击【加载】按钮，如下图所示。

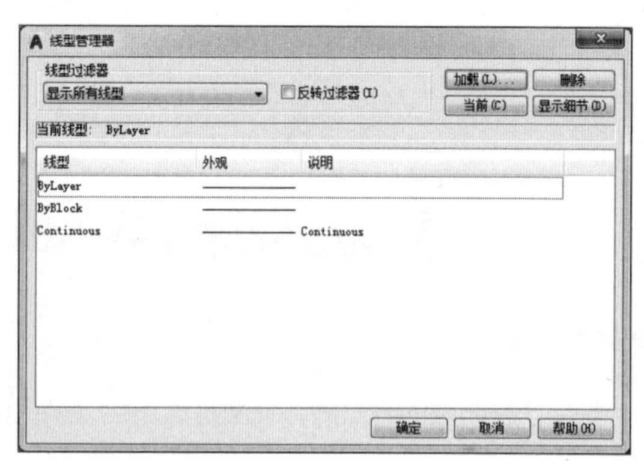

【线型管理器】对话框

Step 07 打开【加载或重载线型】对话框，选择需要的线型，单击【确定】按钮，如下图所示。

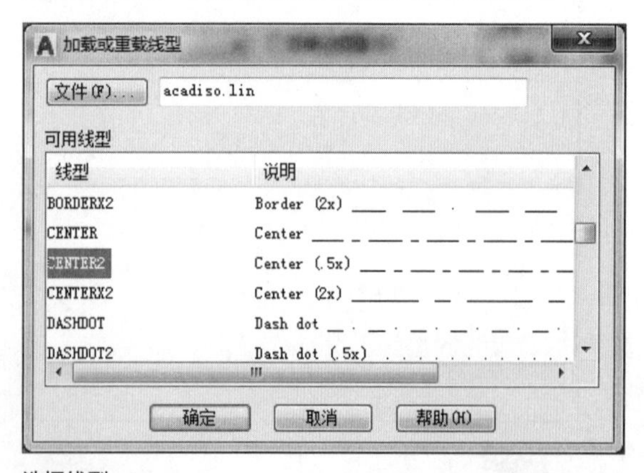

选择线型

Step 08 调用【直线】命令，在绘图区绘制出中心线，如下图所示。

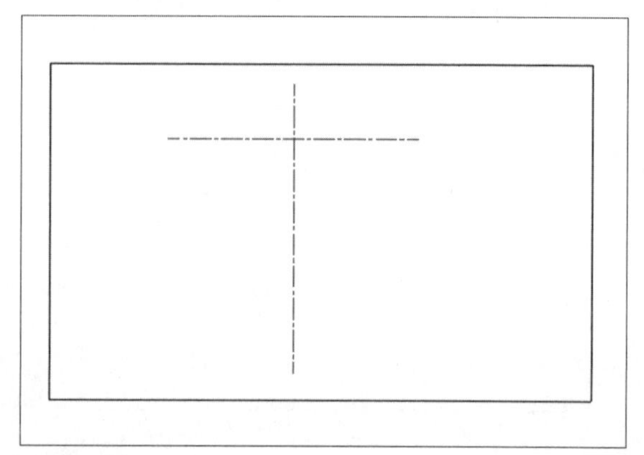

绘制中心线

Step 09 调用【偏移】命令，将横向中心线分别向下偏移10、20和30距离的线，效果如下图所示。

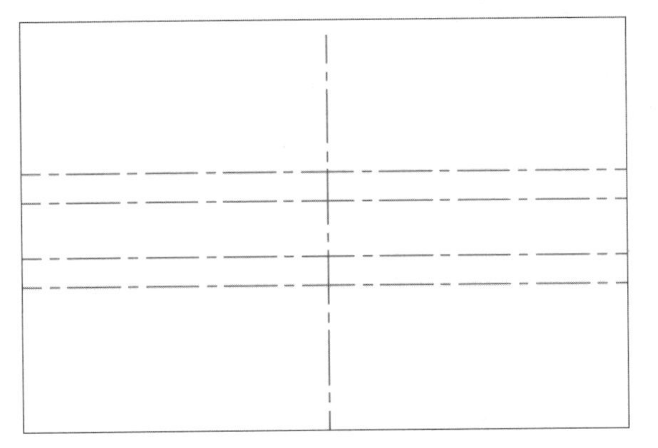

偏移横向中心线

Step 10 调用【偏移】命令，选择竖中心线，分别向左右各偏移出20距离的线，效果如下图所示。

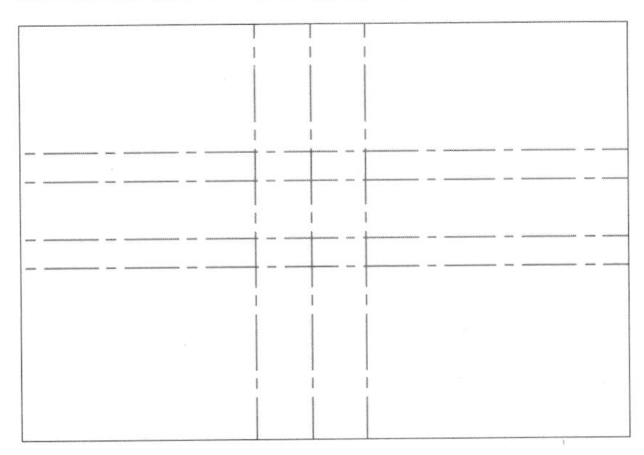

偏移竖向中心线

Step 11 调用【圆】命令，按住Ctrl+鼠标右键，选择捕捉交点，输入6，绘制出半径为6的正圆形，效果如下图所示。

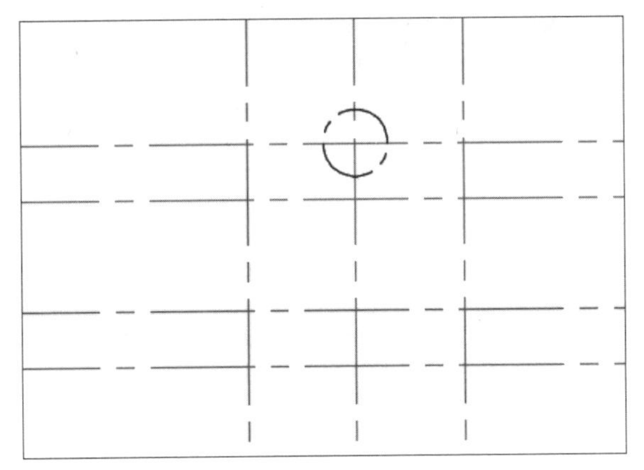

绘制半径为6的圆

Step 12 调用【圆】命令，按住Ctrl+鼠标右键，捕捉圆的中心点，输入15，绘制出半径为15的正圆形，效果如下图所示。

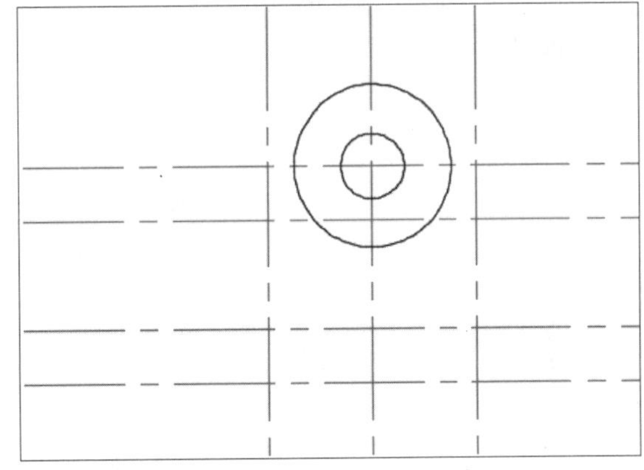

绘制半径为15的圆

Step 13 调用【圆】命令，按住Ctrl+鼠标右键，选择捕捉交点，输入5，绘制出半径为5的正圆形，效果如下图所示。

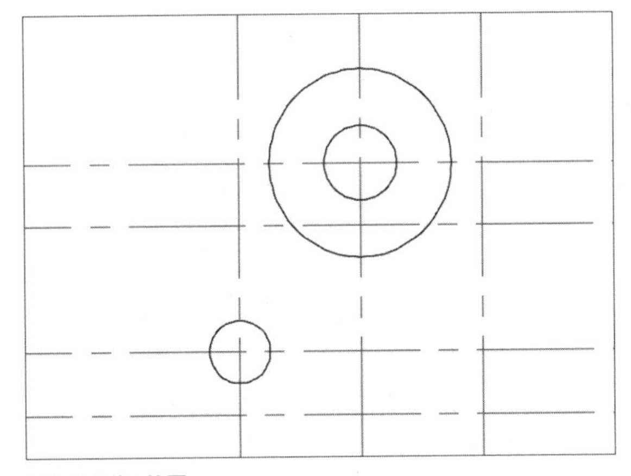

绘制半径为5的圆

Step 14 调用【圆】命令，按住Ctrl+鼠标右键，选择捕捉交点，输入5，绘制出半径为5的正圆形，效果如下图所示。

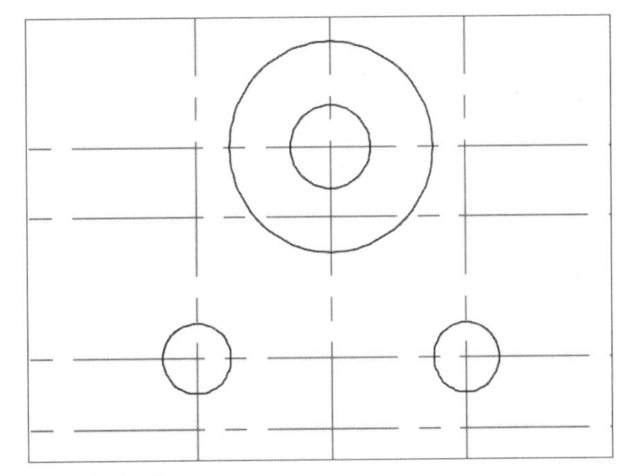

绘制半径为5的圆

Step 15 调用【圆】命令，按住Ctrl+鼠标右键，选择左边圆中心点，输入10，绘制出半径为10的圆形，效果如下图所示。

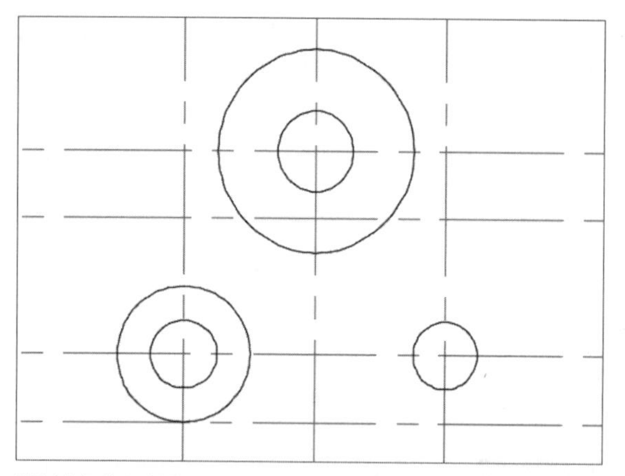

绘制半径为10的圆

Step 16 调用【圆】命令，按住Ctrl+鼠标右键，选择右边圆中心点，输入10，绘制出半径为10的圆形，效果如下图所示。

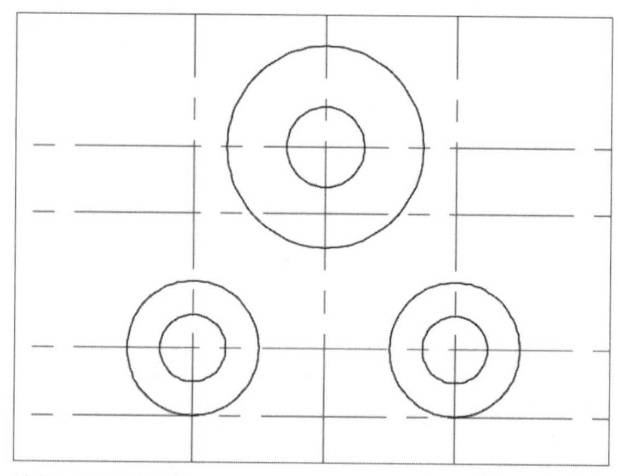

绘制半径为10的圆

Step 17 调用【复制】命令，点选半径为6的小圆，捕捉小圆中心点，绘制出大小一样的小圆，效果如下图所示。

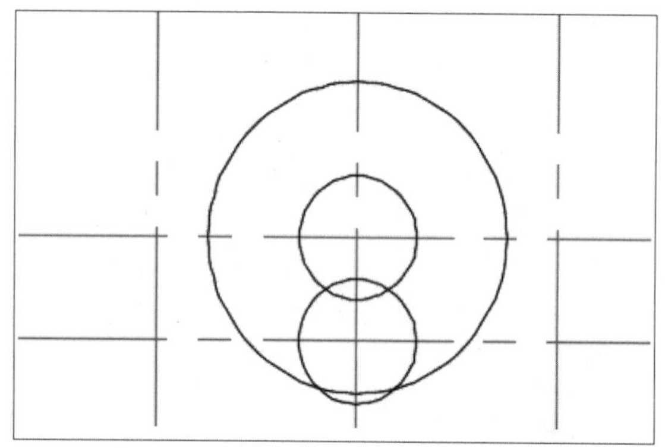

复制半径为6的圆

Step 18 调用【直线】命令，按住Ctrl+鼠标右键，选择捕捉象限点，绘制出两条小圆的切线，效果如下图所示。

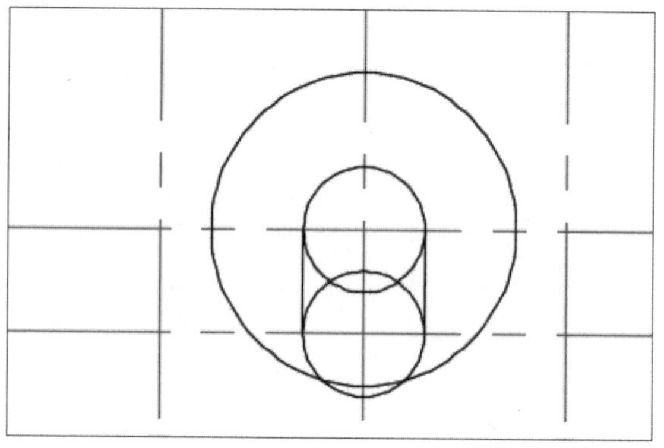

绘制圆的切线

Step 19 调用【修剪】命令，对两个小圆进行修剪，将两圆相交的线删除，效果如下图所示。

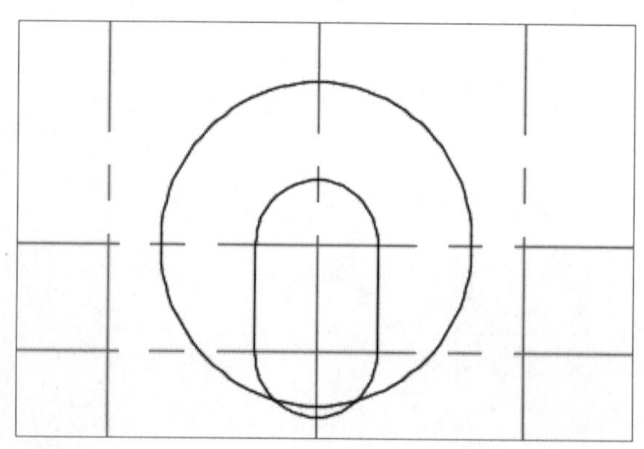

修剪线

Step 20 调用【直线】命令，按住Ctrl+鼠标右键，选择捕捉象限点，绘制出上面大圆和下面两个小圆的切线，如下图所示。

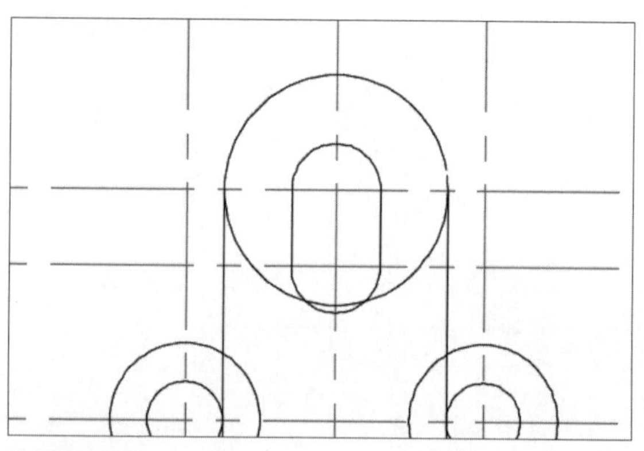

绘制两条切线

Step 21 调用【圆】命令，输入T，选择左边的大圆和左边竖线上的切点，输入10，绘制左边半径为10与左下圆和直线相切的圆，如下图所示。

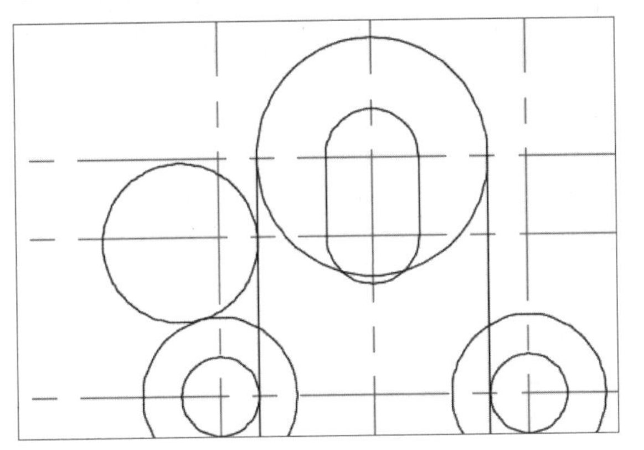

绘制圆形

Step 22 根据同样的方法，绘制出右边半径为10的圆，并与右侧的直线和右下角大圆相切，如下图所示。

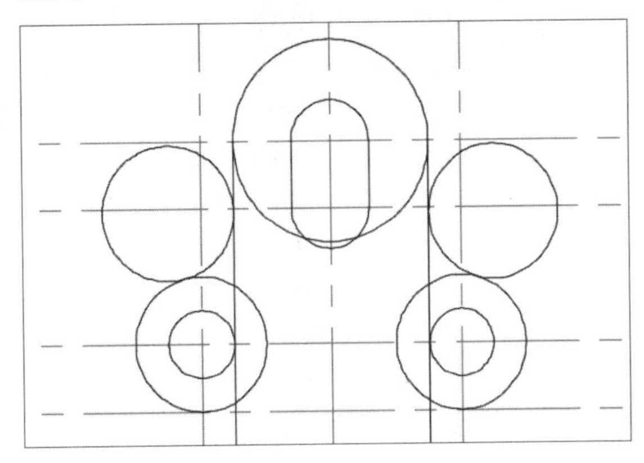

绘制右侧的圆

Step 23 调用【修剪】命令，对竖线和刚绘制的两圆进行修剪，效果如下图所示。

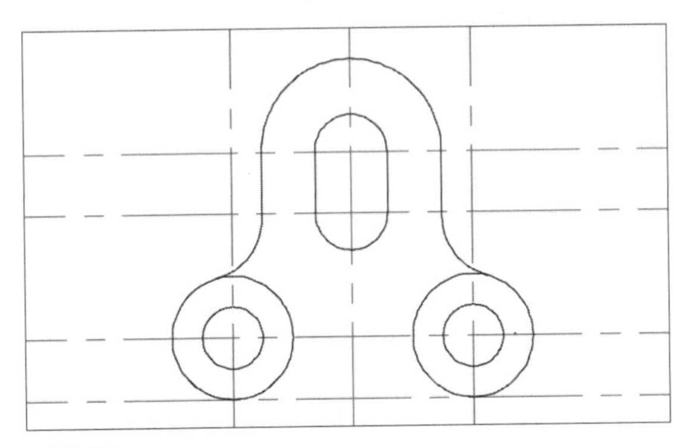

修剪图形

Step 24 调用【直线】命令，按住Ctrl+鼠标右键，选择捕捉象限点，绘制出左右两个大圆的横切线，如下图所示。

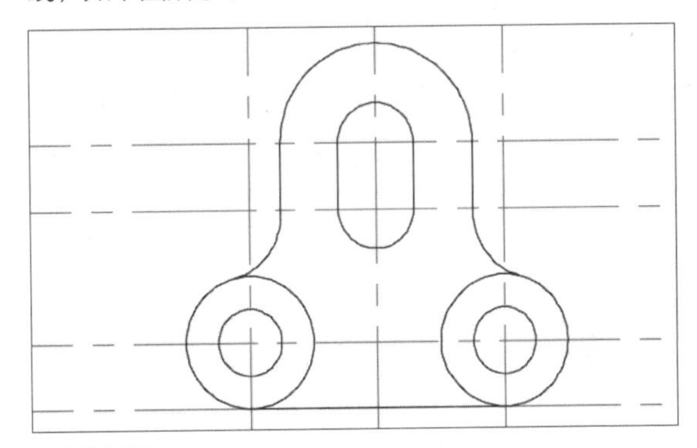

绘制横切线

Step 25 调用【修剪】命令，对下面两个大圆进行修剪，效果如下图所示。

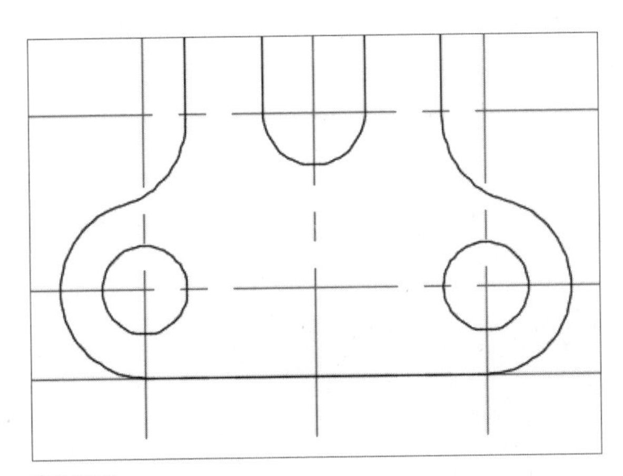

修剪图形

Step 26 调用【标注】命令，对相应的线和圆形进行标注，效果如下图所示。

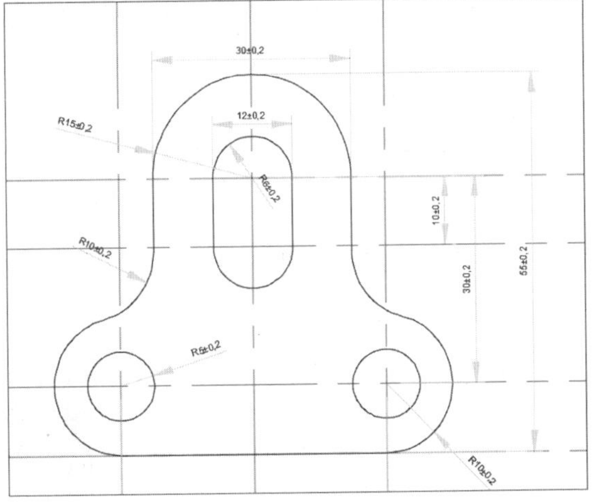

标注图形

4.3.2 绘制圆弧

圆弧是圆的一部分曲线，是与其半径相等的圆周上的一部分。在AutoCAD 2018中，用户可以使用以下几种方法调用【圆弧】命令。

- 利用命令行调用。在命令行中输入ARC/C命令，并按下Enter键。
- 利用菜单栏调用。在菜单栏中执行【绘图】>【圆弧】命令。
- 利用功能区调用。在【默认】选项卡下，单击【绘图】面板中的【圆弧】工具按钮。
- 利用工具栏调用。单击【绘图】工具栏中的【圆弧】按钮。

执行上述任意一种操作，命令行提示启用【圆弧】命令，AutoCAD 2018提供了11种圆的绘制方法，包括【三点】、【起点、圆心、端点】、【起点、端点、角度】、【圆心、起点、端点】以及【连续】等，其中【三点】模式为默认模式。下面对各个命令的应用进行具体介绍。

- 三点（P）：通过指定三点来绘制圆弧，第一点为圆弧起点、第二点为圆弧通过点、第三点为圆弧端点。
- 起点、圆心、端点（S）：通过指定圆弧的起点、圆心和端点绘制圆弧，如下图所示。

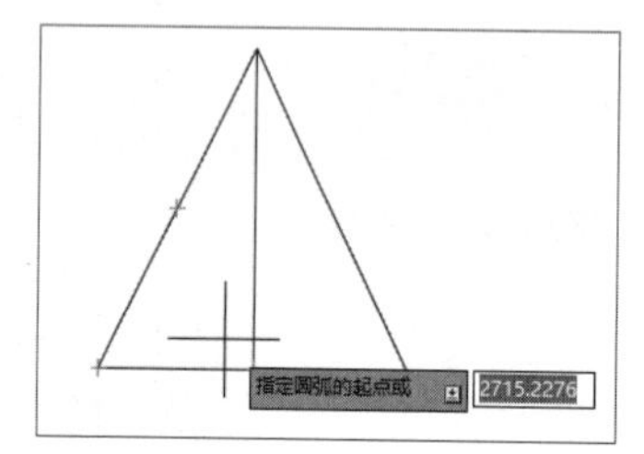

指定圆弧起点

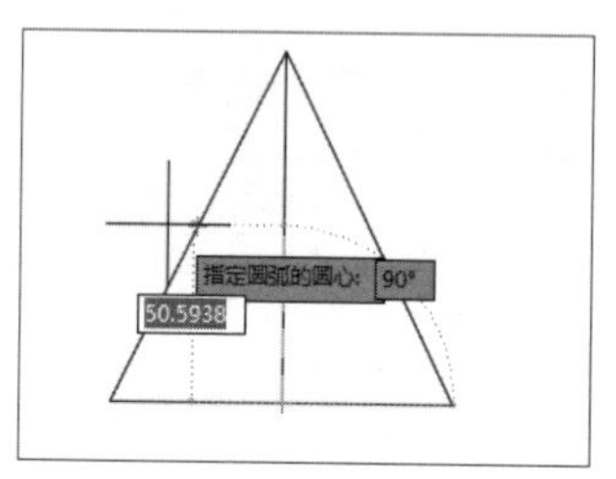

指定圆心

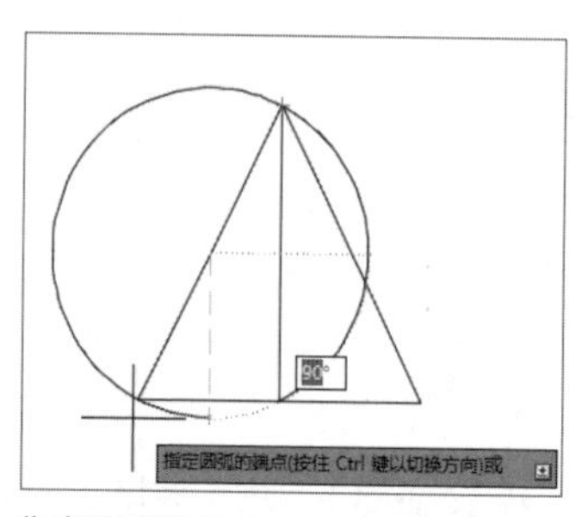

指定圆弧端点

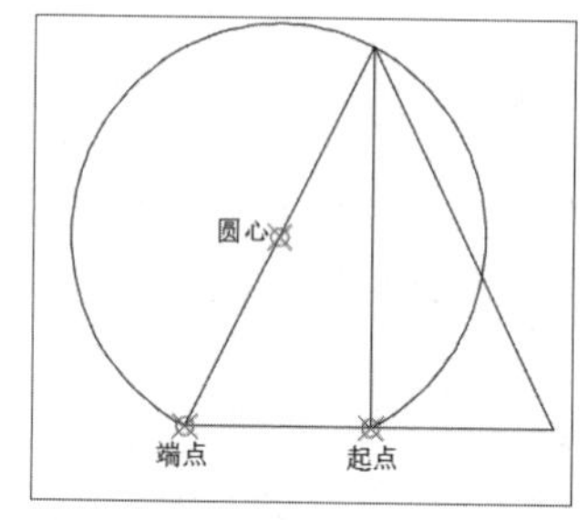

完成圆弧绘制

- 起点、圆心、角度（T）：通过指定圆弧的起点、圆心和包含角绘制圆弧。
- 起点、圆心、长度（A）：通过指定圆弧的起点、圆心和弦长绘制圆弧，如下左图所示。需要注意的是，如果在命令行提示的【指定弦长】信息下，输入的是负值，则该值的绝对值将作为对应整圆的空缺部分圆弧的弦长。【起点、圆心、长度】命令行的提示信息如下右图所示。

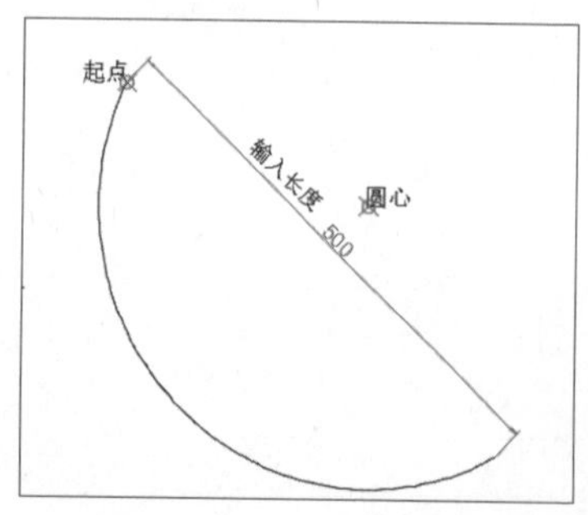

使用【起点、圆心、长度】模式绘制圆弧

```
命令: _arc
指定圆弧的起点或 [圆心(C)]:
指定圆弧的第二个点或 [圆心(C)/端点(E)]: _c
指定圆弧的圆心:
指定圆弧的端点(按住 Ctrl 键以切换方向)或 [角度(A)/弦长(L)]: _l
指定弦长(按住 Ctrl 键以切换方向): 500
105.2491
```

【起点、圆心、长度】命令行提示信息

- 起点、端点：指定圆弧的起点和端点绘制圆弧。该模式细分为：【起点、端点、角度（N）】、【起点、端点（D）、方向】、【起点、端点、半径（R）】，因此还需要设置指定圆弧的角度、方向或者半径。
- 圆心、起点：指定圆弧的圆心和起点绘制圆弧。该模式细分为：【圆心、起点、端点（C）】、【圆心、起点、角度（E）】、【圆心、起点、长度（L）】，因此还需要指定圆弧的端点、角度或者长度。
- 连续（O）：使用该方法绘制的圆弧与最后一个创建的对象相切。

操作提示：圆弧方向

绘制圆弧时，起点和端点的前后顺序决定圆弧的朝向。

4.3.3 绘制圆环

圆环为圆心相同、直径不同的两个同心圆组成，调用【圆环】命令有以下几种方法。

- 利用命令行调用。在命令行输入DONUT/DO命令，并按下Enter键。
- 利用菜单栏调用。在菜单栏中执行【绘图】>【圆环】命令。
- 利用功能区调用。在【默认】选项卡下，单击【绘图】面板中的【圆环】工具按钮。

操作提示：圆环的填充

系统默认状态下所绘制的圆环填充的是实心图形，在绘制圆环之前用户可以通过FILL命令来控制圆环填充的可见性。
在命令行输入FILL命令，根据命令行提示：
选择【开（ON）】表示绘制的圆或圆环要填充，如下左图所示。
选择【关（OFF）】表示绘制的圆或圆环不要填充，如下右图所示。

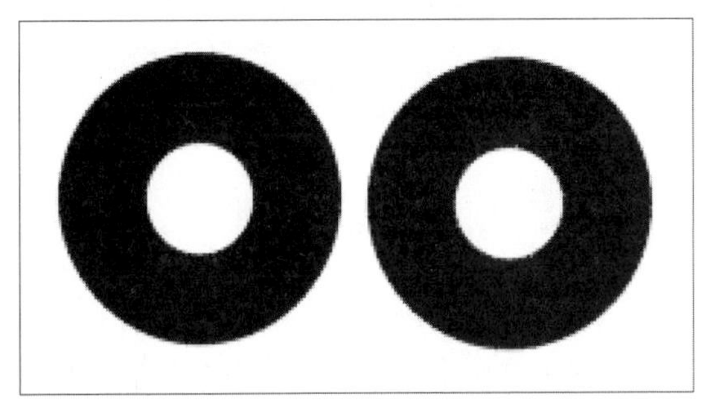

选择ON模式

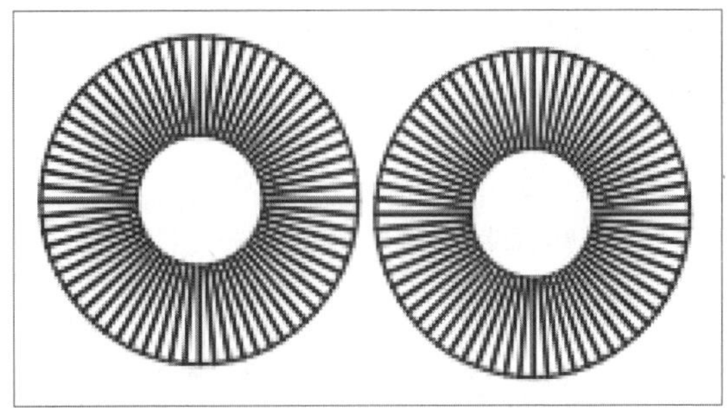

选择OFF模式

4.3.4 绘制椭圆与椭圆弧

椭圆与椭圆弧的绘制，在工程绘图中也经常被用到，在绘制轴测图时也可作为轴测圆。下面分别对椭圆和椭圆弧的绘制方法进行介绍。

1. 绘制椭圆

绘制椭圆的默认方法是通过指定椭圆的圆心、主轴的两个端点以及副轴的半轴长度来创建椭圆。在AutoCAD 2018中，调用【椭圆】命令的方法有以下几种。

- 利用命令行调用。在命令行输入ELLIPSET/EL命令，并按下Enter键。
- 利用菜单栏调用。在菜单栏中执行【绘图】>【椭圆】命令。

- 利用功能区调用。在【默认】选项卡下，单击【绘图】面板中的【椭圆】工具按钮。
- 利用工具栏调用。单击【绘图】工具栏中的【椭圆】按钮。

执行上述任意一种操作，调用【椭圆】命令，命令行提示如下图所示。

```
命令: _ellipse
指定椭圆的轴端点或 [圆弧(A)/中心点(C)]: _c
指定椭圆的中心点:
指定轴的端点: 400
指定另一条半轴长度或 [旋转(R)]: 200
键入命令
```

【椭圆】命令行提示信息

用户可以根据命令行提示指定圆心后，移动光标，指定椭圆长半轴与短半轴的值，绘制椭圆，如下图所示。

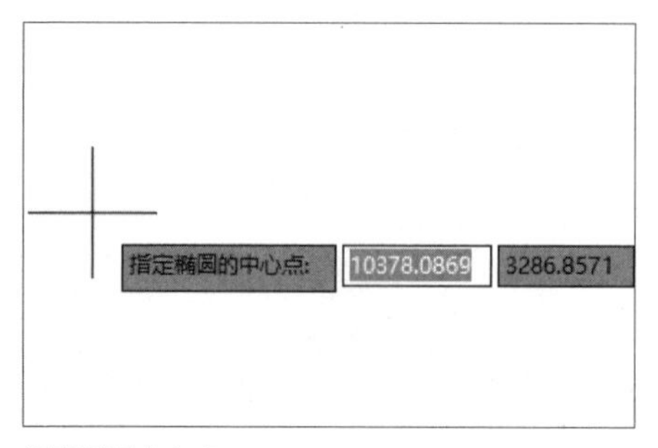

指定椭圆中心点

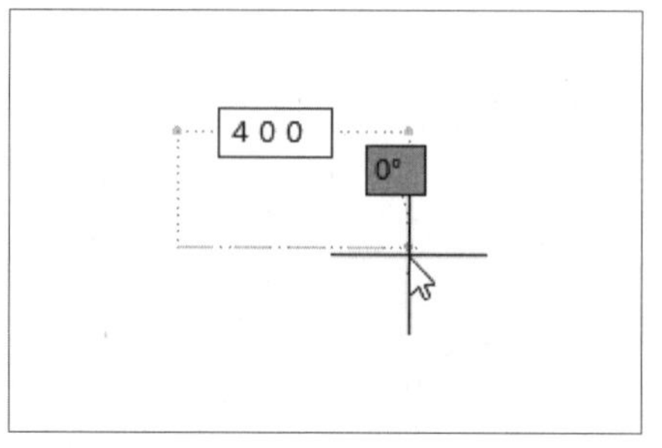

指定长半轴数值

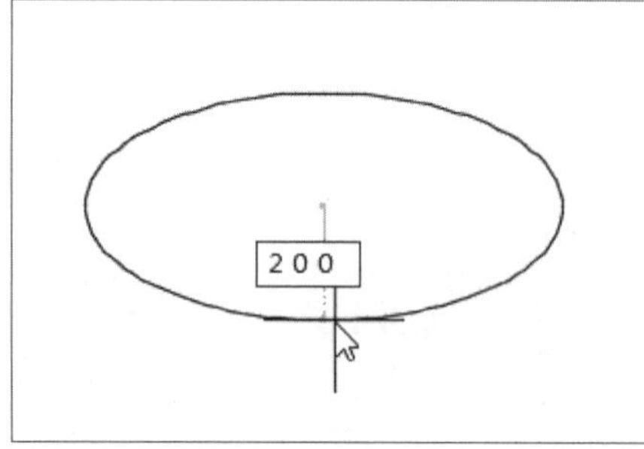

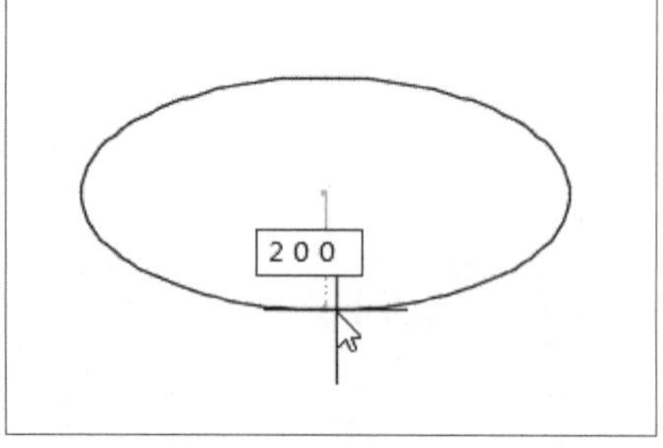

指定短半轴数值

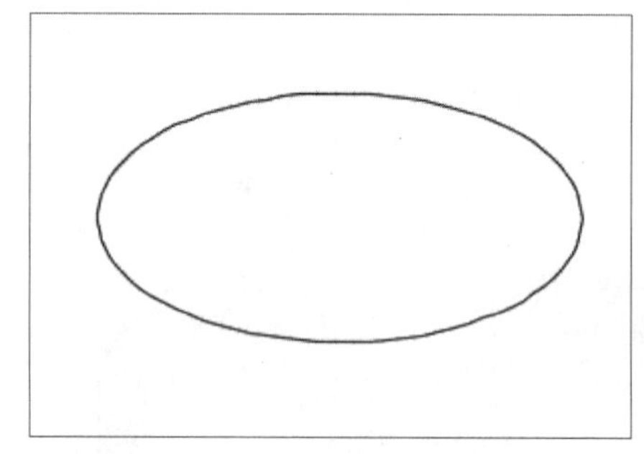

完成椭圆绘制

2. 绘制椭圆弧

椭圆弧是椭圆的一部分，绘制椭圆弧与绘制椭圆的方法类似，调用【椭圆弧】命令后出现与创建椭圆相同的选项和提示，只需在结束的时候指定椭圆弧的起始角和终止角即可。用户可以通过键盘输入或者在绘图窗口中拾取点的方式指定椭圆弧的角度。

在AutoCAD 2018中，调用【椭圆弧】命令的方法有以下几种。

- 利用菜单栏调用。在菜单栏中执行【绘图】>【椭圆】>【椭圆弧】命令。
- 利用功能区调用。在【默认】选项卡下，单击【绘图】面板中的【椭圆弧】工具按钮。
- 利用工具栏调用。单击【绘图】工具栏中的【椭圆弧】按钮。

执行上述任意一种操作，调用【椭圆弧】命令，命令行提示信息如下图所示。

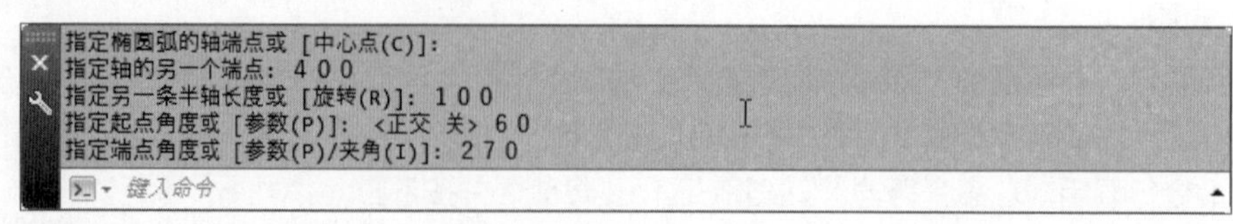

【椭圆弧】命令行提示信息

椭圆弧前半部分的绘制与椭圆相同，只需在结束的时候指定椭圆弧的起始角和终止角，具体操作如下图所示。

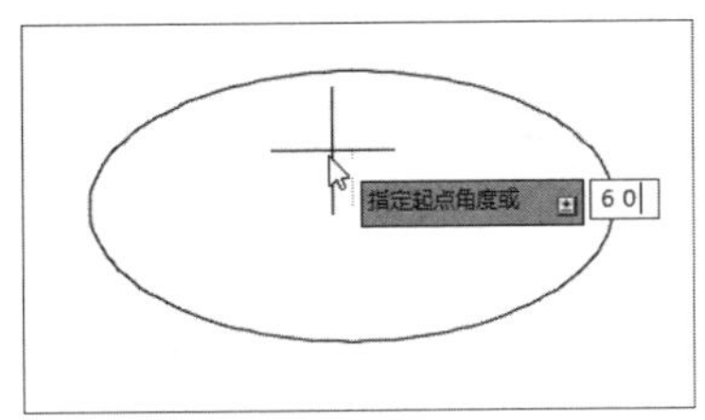

指定起始角度

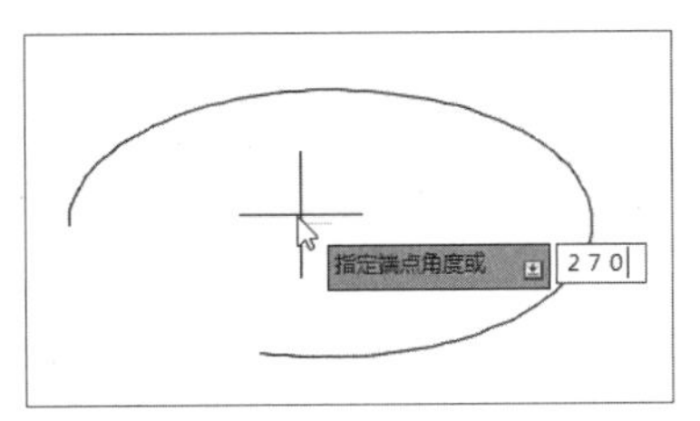

指定终止角度

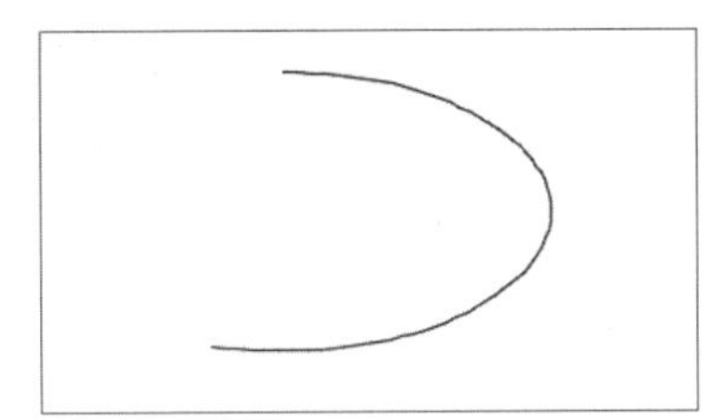
完成椭圆弧绘制

4.4 绘制多边形对象

多边形对象包括矩形、正方形和正多边形等，下面我们将对其绘制方法逐一进行介绍。

4.4.1 绘制矩形

【矩形】命令在绘图中经常被用到，是AutoCAD中最基本的平面绘图命令，它是通过两个角点来定义的。在AutoCAD中，用户使用【矩形】命令创建的矩形是由封闭的多段线作为矩形的4条边，调用该命令的方法有以下几种。

- 利用命令行调用。在命令行输入RECTANG/REC命令，并按下Enter键。
- 利用菜单栏调用。在菜单栏中执行【绘图】>【矩形】 命令。
- 利用功能区调用。在【默认】选项卡下，单击【绘图】面板中的【矩形】工具按钮。
- 利用工具栏调用。单击【绘图】工具栏中的【矩形】按钮。

执行上述任意一种操作，调用【矩形】命令，根据命令行提示绘制矩形，如下图所示。

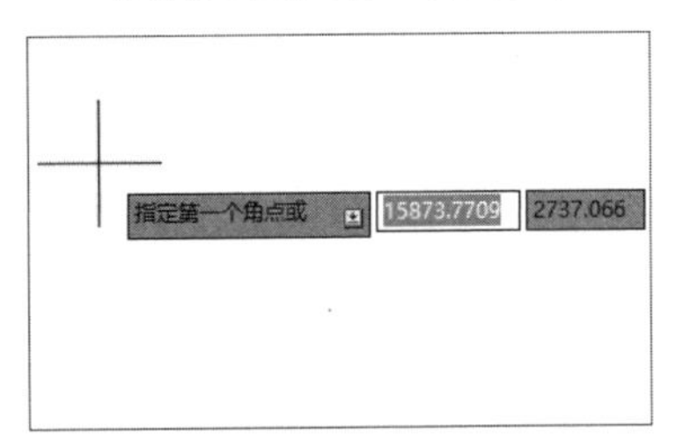

指定第一个角点

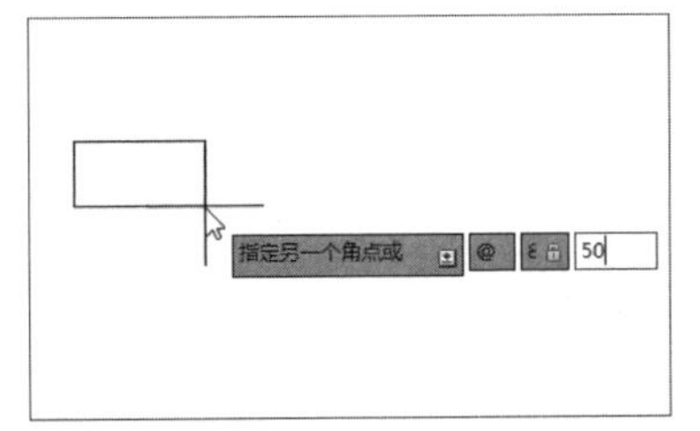

指定另一个角点

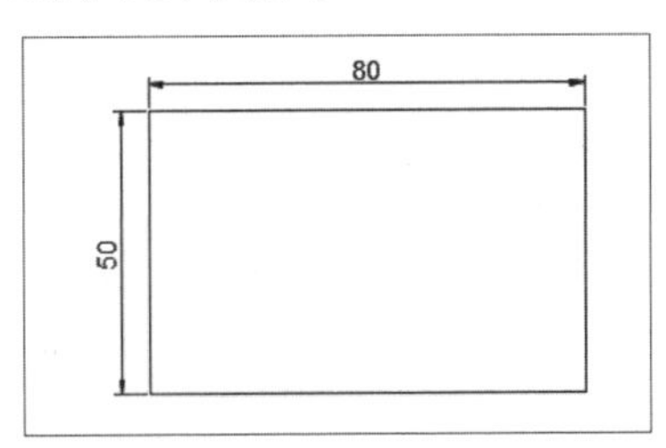

完成矩形绘制

对应的【矩形】命令行提示信息如下图所示。

```
命令:
命令:
命令: _rectang
指定第一个角点或 [倒角(C)/标高(E)/圆角(F)/厚度(T)/宽度(W)]:
指定另一个角点或 [面积(A)/尺寸(D)/旋转(R)]: @80,50
键入命令
```

【矩形】命令行提示信息

下面对【矩形】命令行提示信息各选项的含义进行介绍。

- 倒角（C）：用来绘制倒角矩形，选择该选项后用户可以指定矩形倒角的距离。设置好该选项后，执行【矩形】命令时此值为当前的默认值，如果不需要再设置倒角，则要再次将其设置为0。

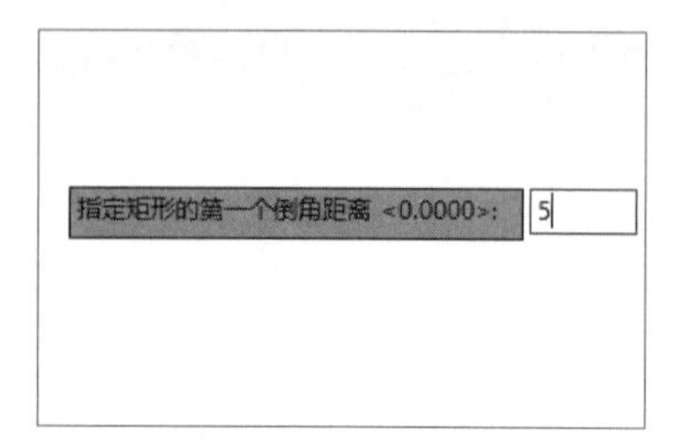

指定倒角距离

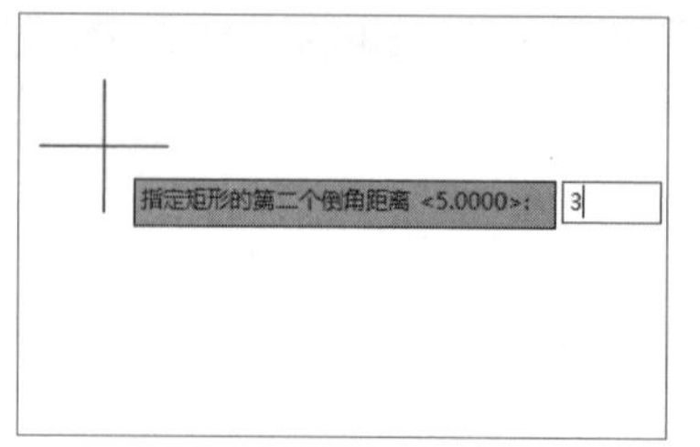

指定第二个倒角距离

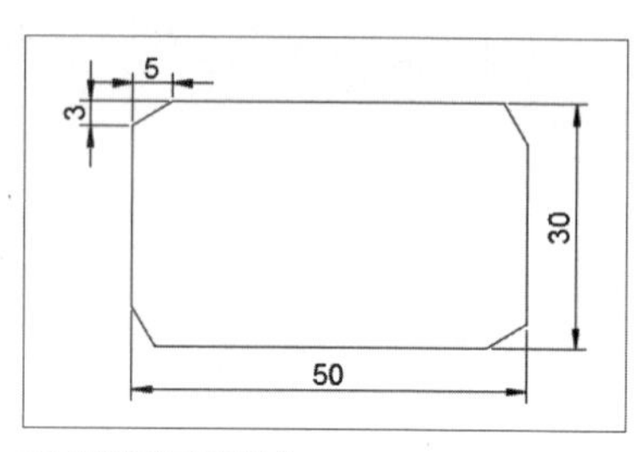

完成倒角矩形绘制

绘制倒角矩形的命令行提示信息，如下图所示。

```
命令: _rectang
指定第一个角点或 [倒角(C)/标高(E)/圆角(F)/厚度(T)/宽度(W)]: C
指定矩形的第一个倒角距离 <0.0000>: 5
指定矩形的第二个倒角距离 <5.0000>: 3
指定第一个角点或 [倒角(C)/标高(E)/圆角(F)/厚度(T)/宽度(W)]:
指定另一个角点或 [面积(A)/尺寸(D)/旋转(R)]: D
指定矩形的长度 <50.0000>: 50
指定矩形的宽度 <30.0000>: 30
指定另一个角点或 [面积(A)/尺寸(D)/旋转(R)]:
键入命令
```

倒角矩形的命令行提示信息

- 标高（E）：该命令用于指定矩形距离所在平面的高度。
- 圆角（F）：用于绘制带有圆角的矩形，执行该命令需要输入圆角半径值，如下左图所示。效果如下右图所示。

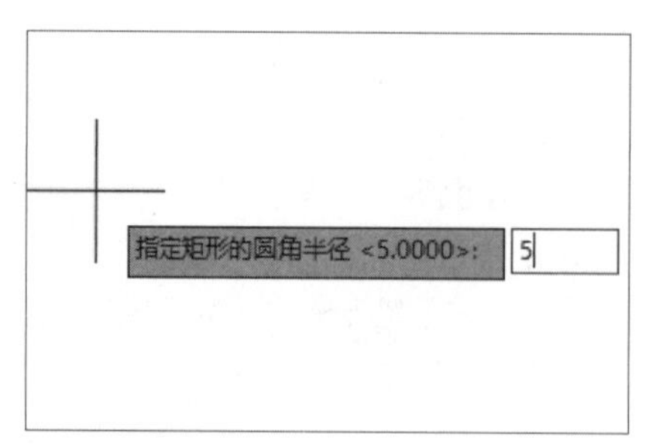

指定圆角半径

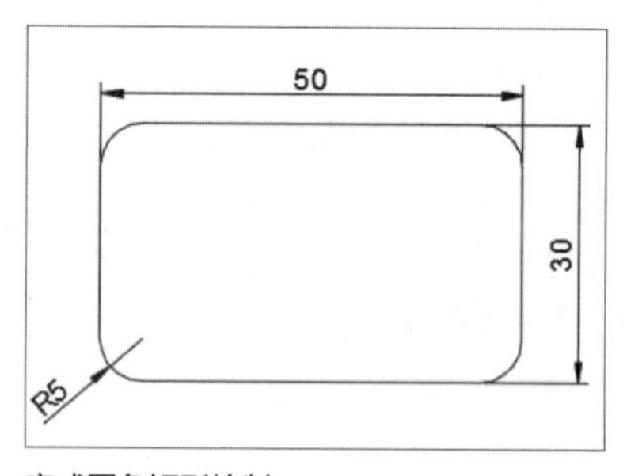

完成圆角矩形绘制

绘制圆角矩形的命令行提示信息，如下图所示。

```
命令: _rectang
当前矩形模式:  倒角=5.0000 x 3.0000
指定第一个角点或 [倒角(C)/标高(E)/圆角(F)/厚度(T)/宽度(W)]: F
指定矩形的圆角半径 <5.0000>: 5
指定第一个角点或 [倒角(C)/标高(E)/圆角(F)/厚度(T)/宽度(W)]:
指定另一个角点或 [面积(A)/尺寸(D)/旋转(R)]: D
指定矩形的长度 <50.0000>: 50
指定矩形的宽度 <30.0000>: 30
指定另一个角点或 [面积(A)/尺寸(D)/旋转(R)]:
键入命令
```

圆角矩形的命令行提示信息

操作提示：圆角倒角值设置

在绘制圆角或倒角时，如果矩形的长度和宽度太小而无法使用当前设置创建矩形时，绘制出来的矩形将不进行圆角或倒角处理。

- 厚度（T）：用于绘制带有一定厚度的矩形，选择该选项后需要指定矩形的厚度。
- 宽度（W）：用于绘制一定宽度的矩形，选择该选项后需要指定矩形的宽度，如下左图所示。效果如下右图所示。

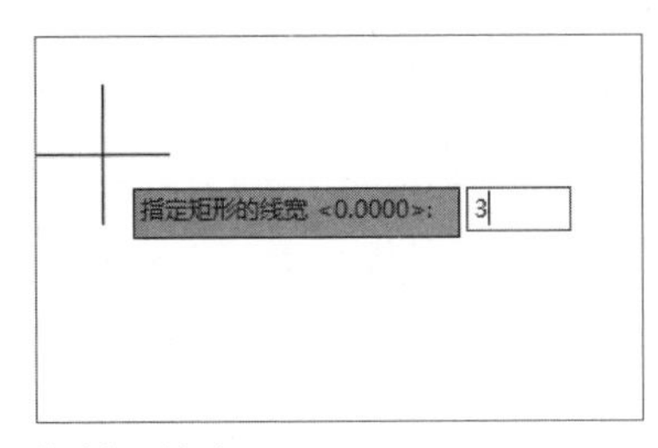

指定矩形宽度

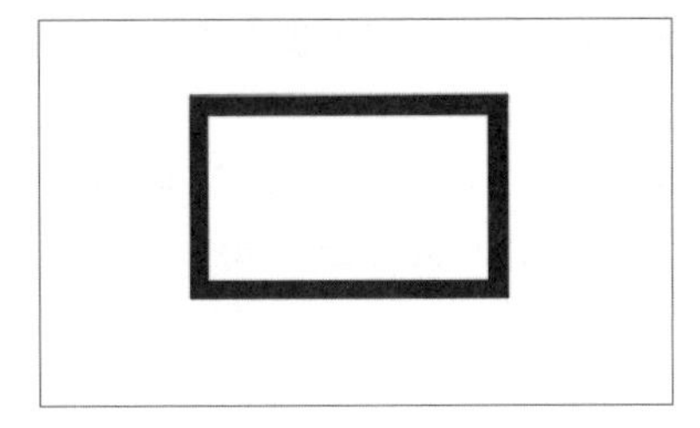
完成宽度矩形绘制

绘制一定宽度矩形的命令行提示信息，如下图所示。

```
命令:
命令: _rectang
指定第一个角点或 [倒角(C)/标高(E)/圆角(F)/厚度(T)/宽度(W)]: w
指定矩形的线宽 <0.0000>: 3
指定第一个角点或 [倒角(C)/标高(E)/圆角(F)/厚度(T)/宽度(W)]:
指定另一个角点或 [面积(A)/尺寸(D)/旋转(R)]: d
指定矩形的长度 <50.0000>: 50
指定矩形的宽度 <30.0000>: 30
指定另一个角点或 [面积(A)/尺寸(D)/旋转(R)]:
命令:
键入命令
```

宽度矩形的命令行提示信息

- 面积（A）：通过指定矩形的面积来确定矩形的长或宽。
- 尺寸（D）：通过指定矩形的长度、宽度以及另一个角点的方向来绘制矩形。
- 旋转（R）：通过指定矩形的旋转角度来绘制矩形。

操作提示：编辑矩形对象

在使用【矩形】命令绘制矩形后，该矩形对象是一个整体，不能单独编辑。若需要进行单独编辑，应将其分解后再操作。

4.4.2 绘制正多边形

正多边形是由三条或三条以上长度相等的线段首尾相连形成的闭合图形。正多边形各角角度相等，各边边长相等，利用【正多边形】命令可以绘制由3~1024条边组成的正多边形，默认情况下边数为4。绘制多边形时需要指定多边形的边数、位置与大小。

在AutoCAD 2018中，调用【多边形】命令的方法有以下几种。

- 利用命令行调用。在命令行输入POLYGON/POL命令，并按下Enter键。
- 利用菜单栏调用。在菜单栏中执行【绘图】>【多边形】 命令，如下左图所示。
- 利用功能区调用。在【默认】选项卡下，单击【绘图】面板中的【多边形】工具按钮，如下右图所示。
- 利用工具栏调用。单击【绘图】工具栏中的【多边形】按钮。

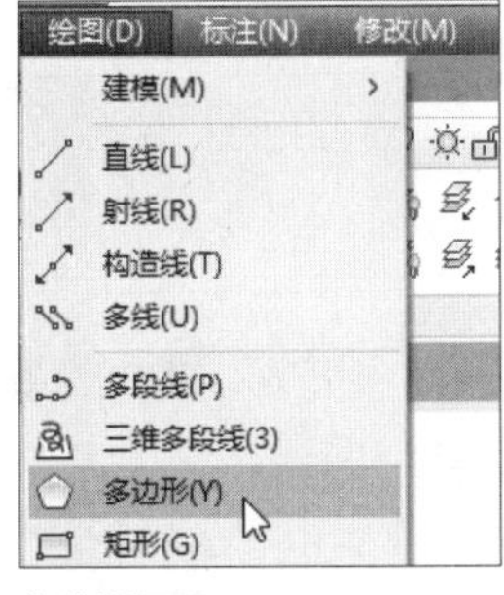

菜单栏调用

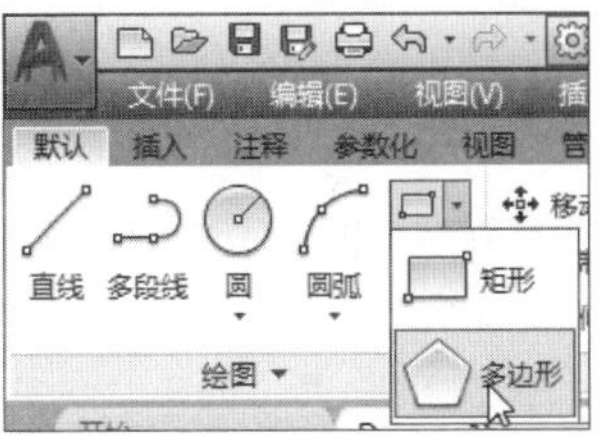

【绘图】面板调用

执行上述任意一种操作，都可以调用【多边形】命令绘制多边形。多边形通常有唯一的内切圆或外接圆，下面将分别进行介绍。

- 绘制外切于圆的多边形。用户可以在【输入选项】列表中选择【内接于圆（I）】或【外切于圆（C）】提示下输入C，如下左图所示。绘制外切于圆的正六边形，如下右图所示。

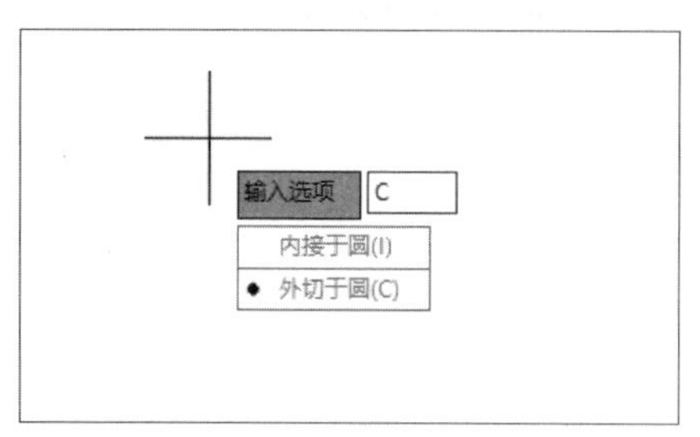

选择【外切于圆】

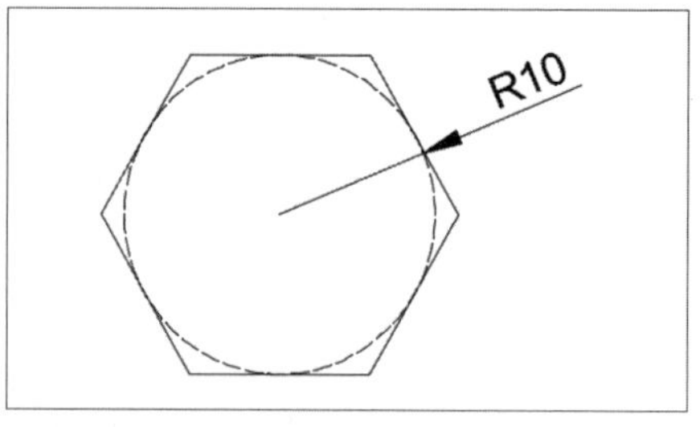

完成外切于圆的正六边形的绘制

绘制外切于圆的正六边形命令行的提示信息如下图所示。

```
命令: _polygon 输入侧面数 <6>:
指定正多边形的中心点或 [边(E)]:
输入选项 [内接于圆(I)/外切于圆(C)] <C>: C
指定圆的半径: 10
键入命令
```

绘制外切于圆正六边形的命令行提示信息

- 绘制内接于圆的多边形。用户可以在【输入选项】右侧输入I，如下左图所示。绘制内接于圆的正六边形，如下右图所示。

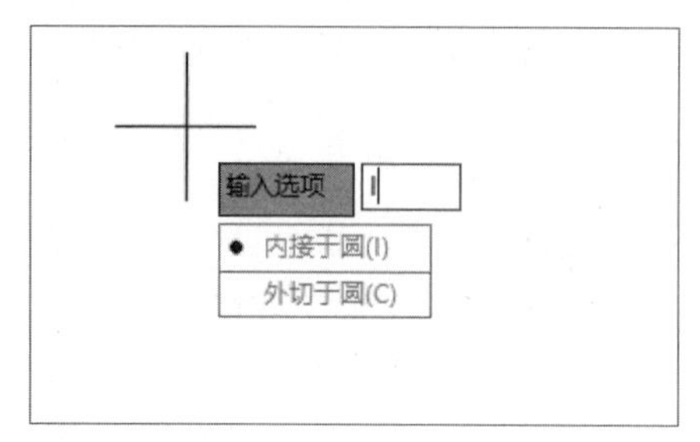

选择【内接于圆】

完成内切于圆的正六边形的绘制

绘制内切于圆的正六边形的命令行提示信息如下图所示。

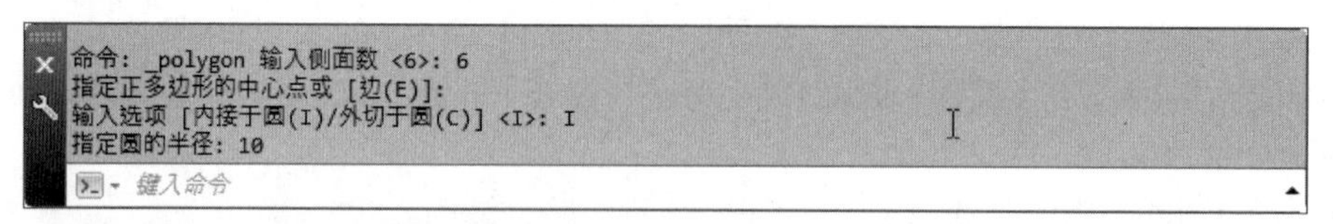

绘制内切于圆正六边形的命令行提示信息

4.5 绘制多段线

多段线是由首尾相连的直线段和弧线段组成的复合对象，用户可以根据需要对不同的线段设置不同的线宽，AutoCAD系统默认这些对象为一个整体，方便进行统一编辑。

在AutoCAD 2018中，用户可以通过以下几种方法调用【多段线】命令。

- 利用命令行调用。在命令行输入PLINE/PL命令，并按下Enter键。

- 利用菜单栏调用。在菜单栏中执行【绘图】>【多段线】命令。
- 利用功能区调用。在【默认】选项卡下，单击【绘图】面板中的【多段线】工具按钮。
- 利用工具栏调用。单击【绘图】工具栏中的【多段线】按钮

任意执行上述一种命令都可以调用【多段线】命令，下面以绘制箭头为例具体介绍多段线的绘制方法。

Step 01 在命令行输入PL命令后按下Enter键，根据命令行提示指定多段线起点，并在命令行输入W，如下图所示。

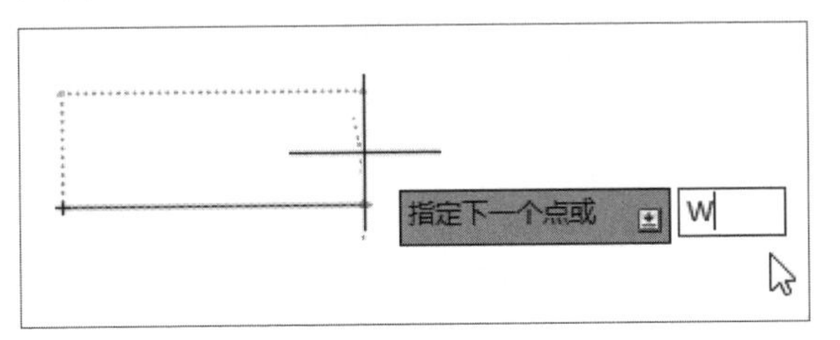

在命令行输入宽度W

Step 02 按Enter键确认操作后，在命令行输入多段线起点宽度为20，如下图所示。

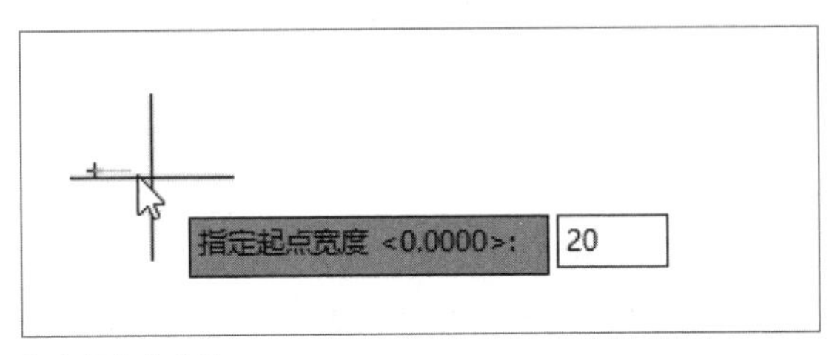

指定起点宽度值

Step 03 按Enter键确认操作，根据命令行提示输入多段线端点宽度为20，如下图所示。

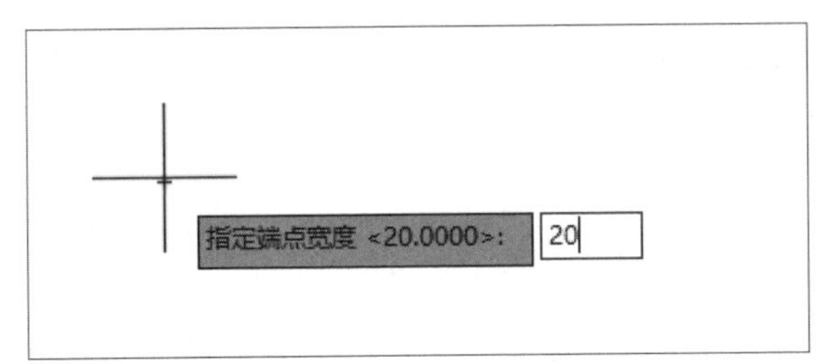

指定端点宽度值

Step 04 按Enter键确认后，向右移动光标输入长度为1000，如下图所示。

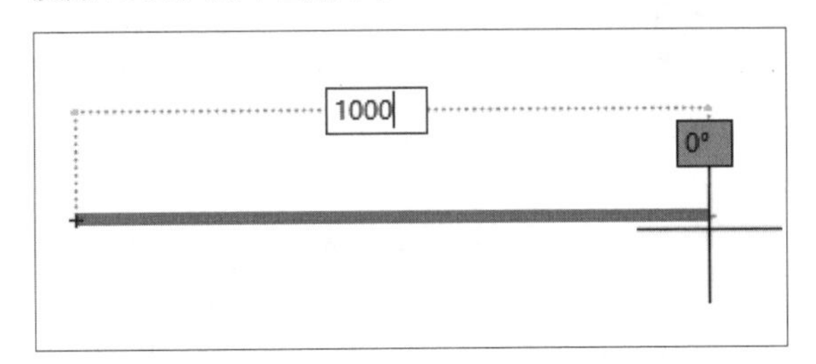

在命令行输入长度值

Step 05 按Enter键确认操作后，在命令行输入W并按Enter键，然后在命令行输入多段线起点宽度为80，如下图所示。

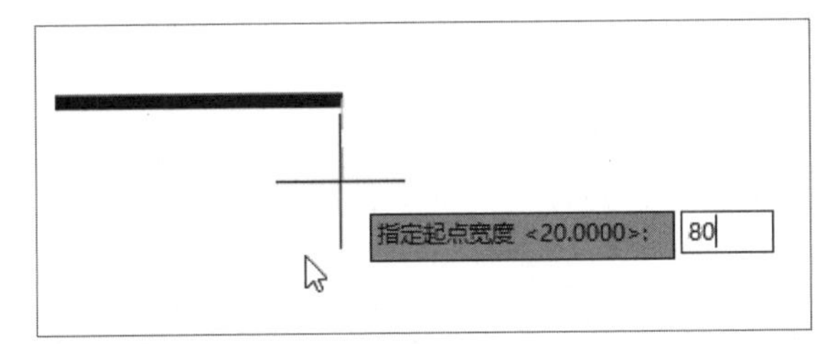

指定起点宽度值

Step 06 按Enter键确认后，根据命令行提示输入多段线端点宽度为0，如下图所示。

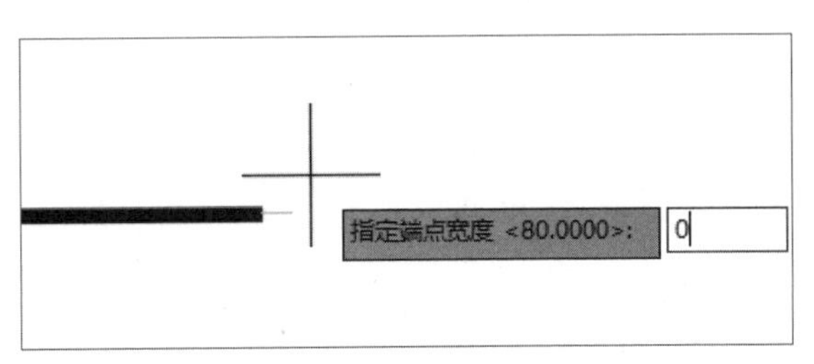

指定端点宽度值

Step 07 按Enter键确认后，向右移动光标，在命令行输入长度为150，如下图所示。

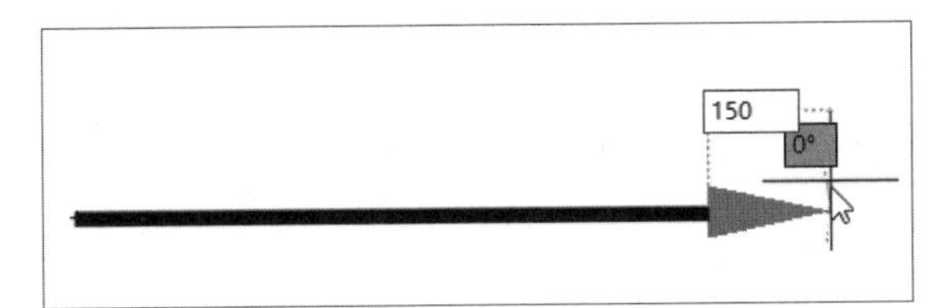

在命令行输入长度值

Step 08 按Enter键，完成箭头的绘制，效果如下图所示。

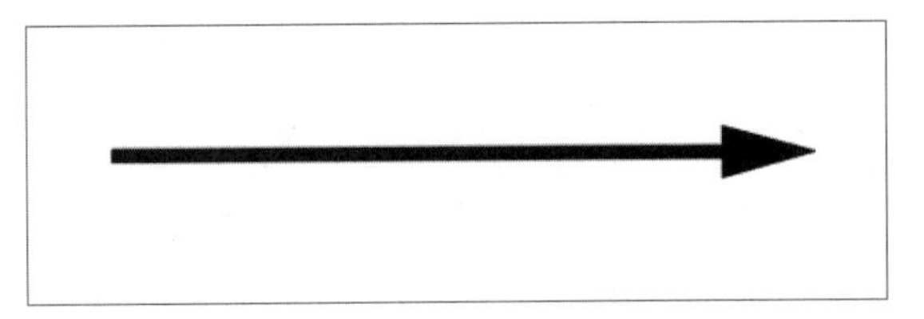

完成箭头绘制

使用【多段线】命令绘制箭头时，对应的命令行提示信息如下图所示。

```
命令: _pline
指定起点:
当前线宽为 0.0000
指定下一个点或 [圆弧(A)/半宽(H)/长度(L)/放弃(U)/宽度(W)]: W
指定起点宽度 <0.0000>: 20
指定端点宽度 <20.0000>: 20
指定下一个点或 [圆弧(A)/半宽(H)/长度(L)/放弃(U)/宽度(W)]: 1000
指定下一点或 [圆弧(A)/闭合(C)/半宽(H)/长度(L)/放弃(U)/宽度(W)]: W
指定起点宽度 <20.0000>: 80
指定端点宽度 <80.0000>: 0
指定下一点或 [圆弧(A)/闭合(C)/半宽(H)/长度(L)/放弃(U)/宽度(W)]: 150
指定下一点或 [圆弧(A)/闭合(C)/半宽(H)/长度(L)/放弃(U)/宽度(W)]:
自动保存到 C:\Users\huangyulong\appdata\local\temp\Drawing1_1_12230_9451.sv$ ...
```

【多段线】命令行提示信息

下面对【多段线】命令行中各主要选项的含义进行介绍。

- 圆弧（A）：选择该选项，切换至画圆弧模式。
- 半宽（H）：选择该选项，设置多段线起始与结束的上下部分的宽度值，用户可以分别指定所绘对象的起点半宽和端点半宽。
- 长度（L）：该选项用于指定与上一段角度相同的线段的长度。
- 放弃（U）：该选项用于返回到上一点。
- 宽度（W）：该选项用于设定多段线起始宽度值和端点宽度值。

4.6 绘制样条曲线

样条曲线是通过指定一系列定点绘制而成的光滑曲线，主要用来表达一系列不规则变化曲率半径的曲线。

在AutoCAD 2018中，调用【样条曲线】命令的方法有以下几种。

- 利用命令行调用。在命令行输入SPLINE/SPL命令，并按下Enter键。
- 利用菜单栏调用。在菜单栏中执行【绘图】>【样条曲线】>【拟合/控制点】命令。
- 利用功能区调用。在【默认】选项卡下，单击【绘图】面板中的【样条曲线拟合】按钮和【样条曲线控制点】按钮。
- 利用工具栏调用。单击【绘图】工具栏中的【样条曲线】按钮。

任意执行上述一种操作后，都可以调用【样条曲线】命令，对应的命令行提示信息如下图所示。

```
命令: _SPLINE
当前设置: 方式=拟合    节点=弦
指定第一个点或 [方式(M)/节点(K)/对象(O)]: _M
输入样条曲线创建方式 [拟合(F)/控制点(CV)] <拟合>: _FIT
当前设置: 方式=拟合    节点=弦
SPLINE 指定第一个点或 [方式(M) 节点(K) 对象(O)]:
```

【样条曲线】命令行提示信息

4.7 绘制多线对象

多线一般是由多条平行线组成的组合图形对象，平行线之间的间距和数目是可以根据需要进行设置，一般用于建筑平面墙体以及管道工程等的绘制。

4.7.1 定义多线样式

在绘制多线前，要先创建多线样式。系统默认的多线样式为STANDARD样式，用户也可以根据需要创建不同的多线样式。

在AutoCAD 2018中，调用【多线样式】命令的方法有以下几种。

- 利用命令行调用。在命令行输入MLSTYLE命令，并按下Enter键。
- 利用菜单栏调用。在菜单栏中执行【格式】>【多线样式】 命令，如下左图所示。

执行上述任意一种操作，都可以调用【多线样式】命令，系统将弹出【多线样式】对话框，如下右图所示。

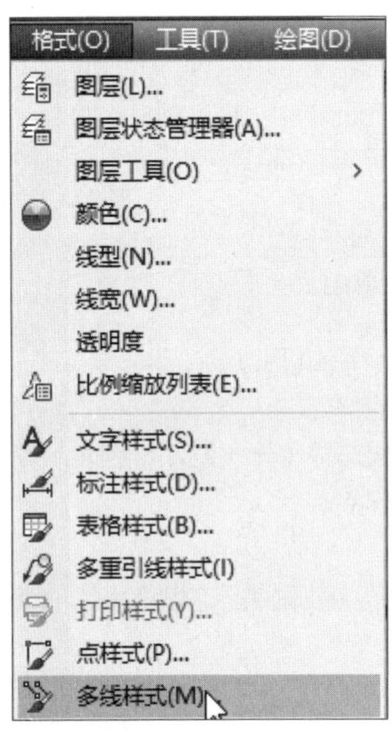

执行【多线样式】命令

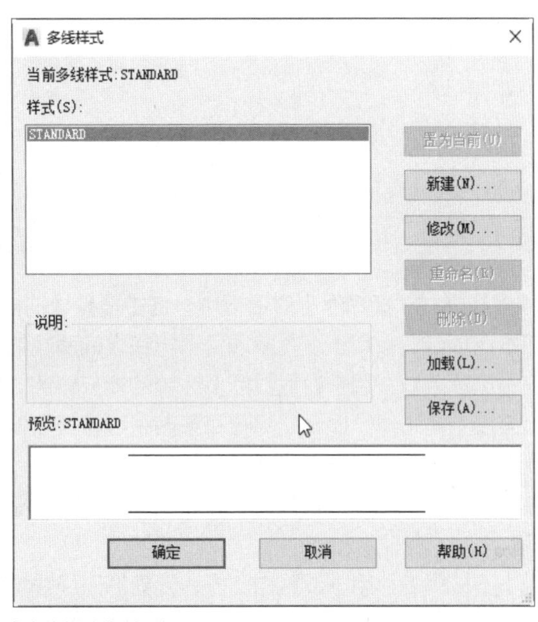

【多线样式】对话框

在【多线样式】对话框中，用户可以根据需要新建多线样式并对其进行修改、重命名、加载、删除等操作，具体操作步骤如下。

Step 01 在【多线样式】对话框中单击【新建】按钮，打开【创建新的多线样式】对话框，输入新样式名为【窗口线】，单击【继续】按钮，如下图所示。

【创建新的多线样式】对话框

Step 02 弹出【新建多线样式：窗口线】对话框，在【说明】文本框中输入对该多线的说明，并在【图元】选项区域单击【添加】按钮，通过偏移功能将直线偏移185，60，-60，-185个单位，如下图所示。

【创建多线样式：窗口线】对话框

Step 03 在【封口】选项区域，勾选【直线】的【起点】与【端点】复选框，单击【确定】按钮，如下图所示。

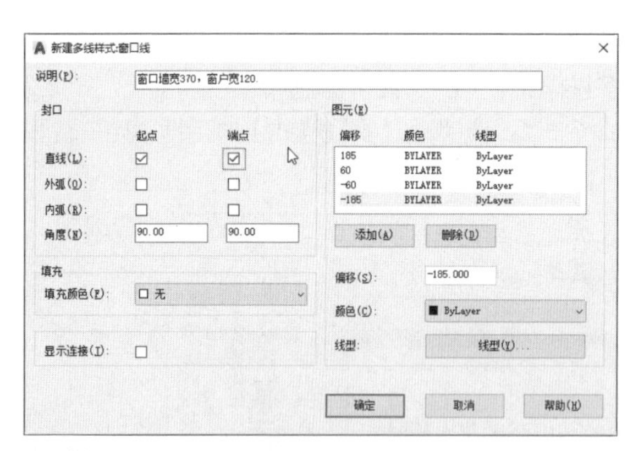

设置封口

Step 04 返回到【多线样式】对话框，此时在【样式】列表框中显示了【窗口线】选项，然后单击【确定】按钮，即可完成新多线样式的创建，如下图所示。

完成新建多线样式操作

在【创建多线样式：窗口线】对话框中，各主要参数的含义介绍如下。

- 【封口】选项区域：用于设置多线各平行线之间两端封口的样式。
- 【填充】选项区域：用于设置封闭多线内的填充颜色，如果选择（无）选项，则表示颜色为透明。
- 【显示连接】复选框：显示或隐藏每条多线线段顶点处的连接。
- 【图元】选项区域：用于构成多线的元素。
- 【偏移】数值框：用于设置多线元素距离中线的偏移值，值为正则表示向上偏移，值为负则表示向下偏移。
- 【颜色】下拉列表：用于设置构成多线元素的直线线条颜色。
- 【线型】按钮：用于设置构成多线元素的直线线条线型。

4.7.2 绘制多线

在AutoCAD 2018中，用户可以通过以下方式调用【多线】命令。

- 利用命令行调用。在命令行输入MLINE/ML命令，并按下Enter键。
- 利用菜单栏调用。在菜单栏中执行【绘图】>【多线】 命令。
- 利用工具栏调用。单击【绘图】工具栏中的【多线】按钮。

执行上述任意一种操作，都可以调用【多线】命令，命令行提示信息如下图所示。

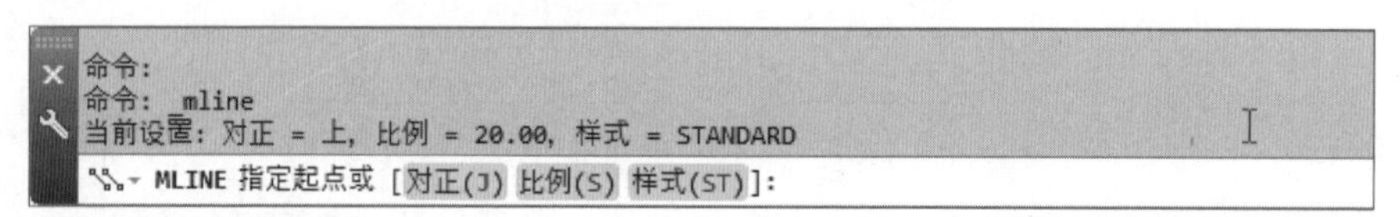

【多线】命令行提示信息

执行【多线】命令后，其命令行中各选项含义如下。

- 对正（J）：控制多线的对正类型，包括【上】、【无】和【下】三种类型。
- 比例（S）：控制多线的全局宽度，设置平行线宽的比例值。
- 样式（ST）：用于在多线样式库中选择当前所需用到的多线样式。

下面通过具体操作步骤介绍多线的绘制方法，步骤如下。

Step 01 在命令行输入ML命令并按Enter键，根据命令行提示，设置多线比例为200、对正类型为【无】，如下图所示。

```
MLINE
当前设置: 对正 = 无, 比例 = 200.00, 样式 = STANDARD
指定起点或 [对正(J)/比例(S)/样式(ST)]: s
输入多线比例 <200.00>: 200
当前设置: 对正 = 无, 比例 = 200.00, 样式 = STANDARD
指定起点或 [对正(J)/比例(S)/样式(ST)]: j
输入对正类型 [上(T)/无(Z)/下(B)] <无>: z
当前设置: 对正 = 无, 比例 = 200.00, 样式 = STANDARD
MLINE 指定起点或 [对正(J) 比例(S) 样式(ST)]:
```

设置多线比例与对正类型

Step 02 在绘图区单击指定多线起点，向右移动光标，根据命令行提示输入长度值为2000，如下图所示。

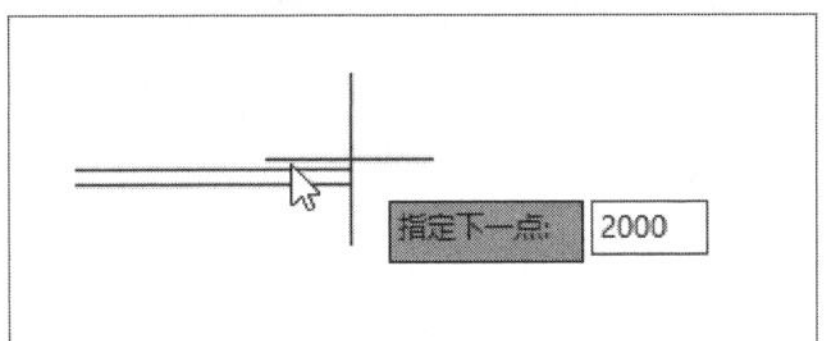

指定下一点并输入长度值

Step 03 按Enter键，向下移动光标，根据命令行提示输入长度值为1500，如下图所示。

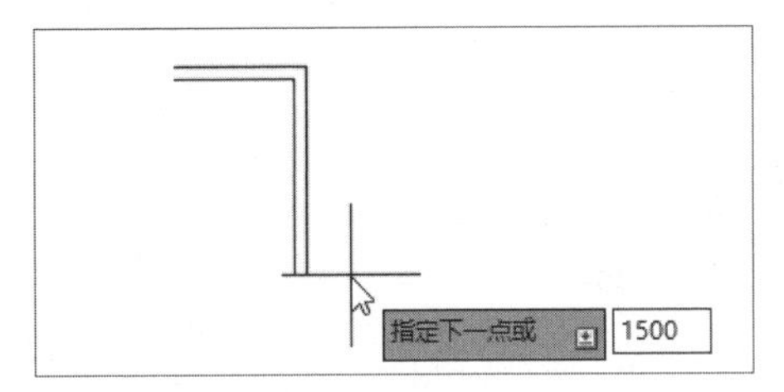

指定下一点并输入长度值

Step 04 按Enter键，向右移动光标，根据命令行提示输入长度值为1000，如下图所示。

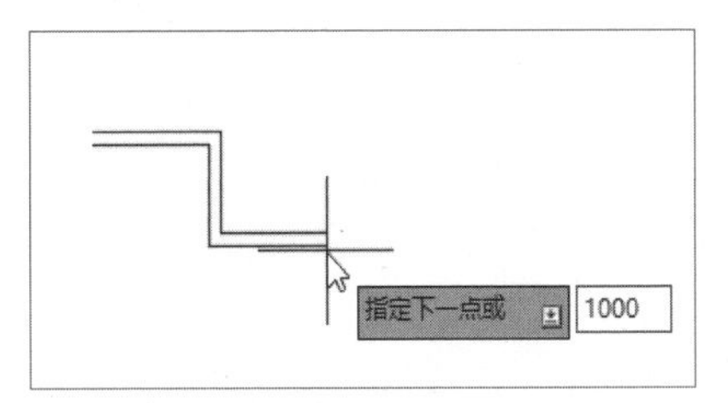

指定下一点并输入长度值

Step 05 按Enter键，根据命令行提示依次输入长度值为1200、1000、1400、4200，并在命令行输入C，如下图所示。

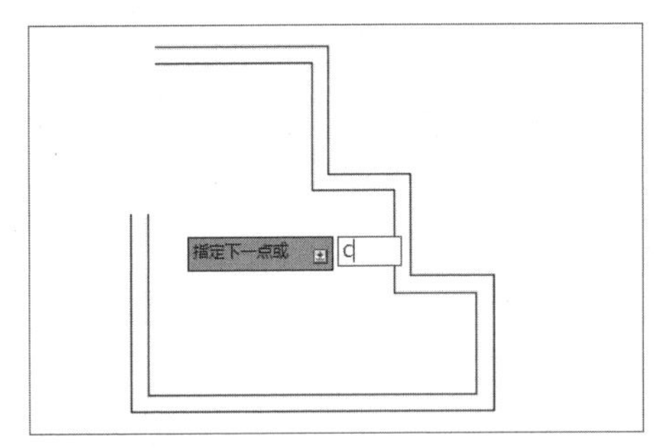

输入闭合命令

Step 06 按Enter键，完成多线的绘制，最终效果如下图所示。

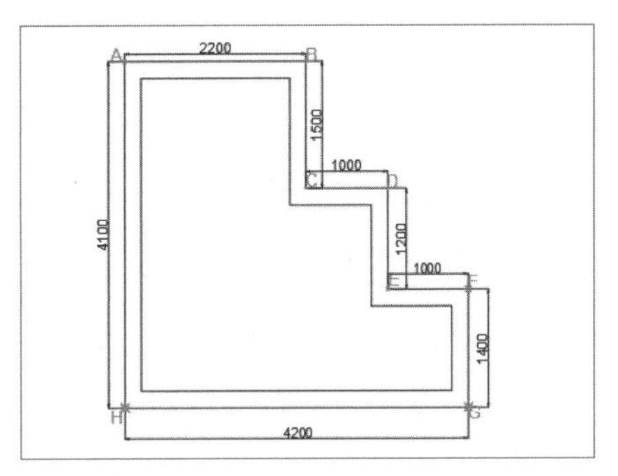

完成绘制

绘制多线的命令行提示信息如下图所示。

```
命令: *取消*
命令: ML
MLINE
当前设置: 对正 = 无, 比例 = 200.00, 样式 = STANDARD
指定起点或 [对正(J)/比例(S)/样式(ST)]:
指定下一点: 2000
指定下一点或 [放弃(U)]: 1500
指定下一点或 [闭合(C)/放弃(U)]: 1000
指定下一点或 [闭合(C)/放弃(U)]: 1200
指定下一点或 [闭合(C)/放弃(U)]: 1000
指定下一点或 [闭合(C)/放弃(U)]: 1200
指定下一点或 [闭合(C)/放弃(U)]: 4000
指定下一点或 [闭合(C)/放弃(U)]: C
命令:
```

【多线】命令行提示信息

操作提示：切换正交模式

用户在绘制多线确定下一点时，可以按F8功能键切换到正交模式，移动光标水平或者竖直指向绘制的方向，然后在键盘上输入该多线的长度值即可。

4.7.3 编辑多线

多线绘制完成后，用户可以根据需要进行编辑。一般可以通过编辑多线不同交点方式来修改多线，或者将其【分解】后利用【修剪】命令进行编辑。

在AutoCAD 2018中，用户可以通过以下几种方法调用【编辑多线】命令。

- 利用命令行调用。在命令行输入MLEDIT/命令，并按下Enter键。
- 利用菜单栏调用。在菜单栏中执行【修改】>【对象】>【多线】命令，如下左图所示。
- 在绘图区双击编辑。在绘图区双击要编辑的多线对象。

执行上述任意一种操作，都可以调用【编辑多线】命令，此时系统会弹出【多线编辑工具】对话框，用户可以根据需要进行设置，如下右图所示。

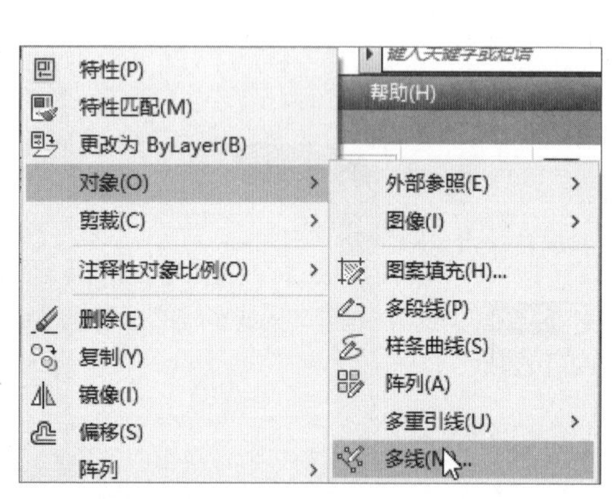

调用【多线】命令

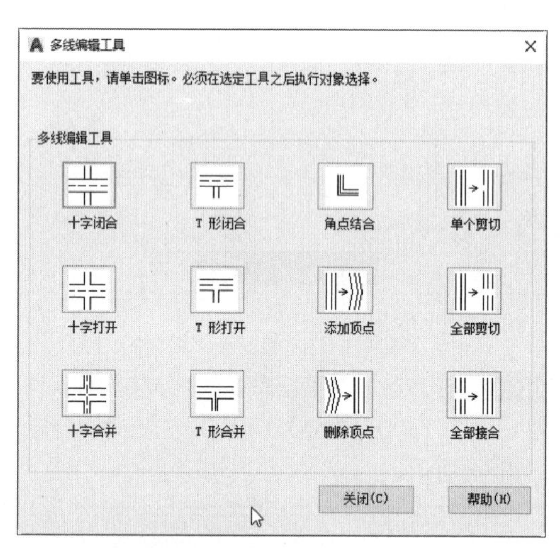

【多线编辑工具】对话框

4.8 绘制面域对象

面域是具有一定边界的二维闭合区域，它是一个面对象，组成面域的对象必须是闭合或者通过与其他对象共享端点形成的闭合区域，内部可以包含孔特征。

4.8.1 创建面域

用户可以通过选择封闭对象或者端点相连构成的封闭对象，快速地创建面域。创建面域一般采用面域工具和边界工具两种方法，下面分别进行介绍。

1. 利用面域工具创建面域

在AutoCAD 2018中，利用【面域】工具创建面域有以下几种方式。

- 利用命令行创建。在命令行输入REGION/REG命令，并按下Enter键。
- 利用菜单栏创建。在菜单栏中执行【绘图】>【面域】命令。
- 利用工具栏创建。单击【绘图】工具栏中的【面域】按钮。
- 利用功能区创建。在【默认】选项卡下，单击【绘图】面板中的【面域】按钮。

执行上述任意一种操作，都可以调用【面域】命令，根据命令行提示选择需要创建面域的对象，如下左图所示。然后按Enter键完成面域的创建，如下右图所示。

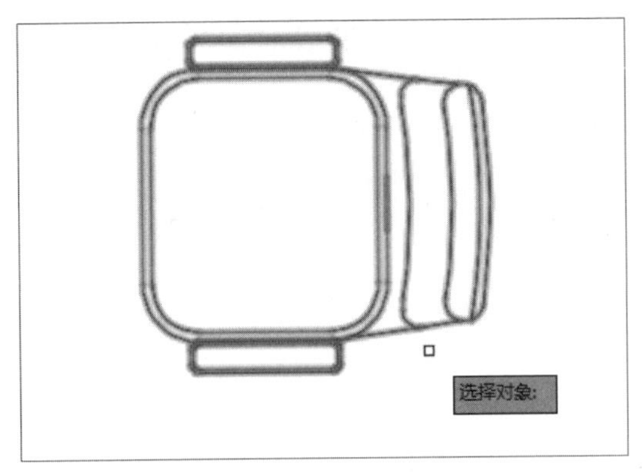

选择对象

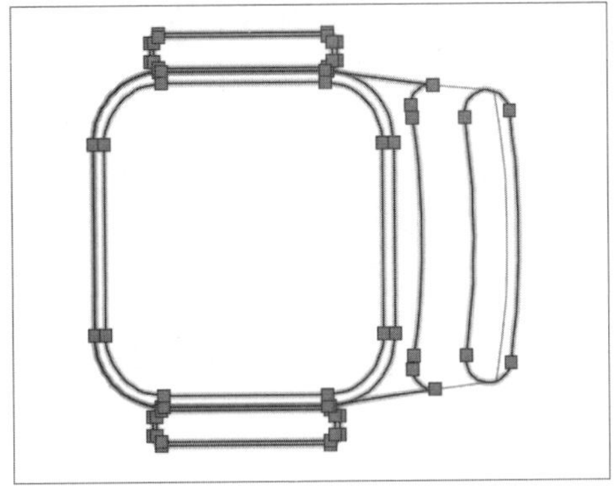

完成面域的创建

调用【面域】命令进行图形绘制时，对应的命令行提示信息如下图所示。

```
命令: _region
选择对象: 指定对角点: 找到 65 个
选择对象:
已提取 9 个环。
已拒绝 1 个环。
    度数大于二的顶点        : 1 个环。
已创建 8 个面域。
键入命令
```

【面域】命令行提示信息

2. 利用边界工具创建面域

在AutoCAD 2018中，利用【边界】工具创建面域的方法有以下几种。

- 利用命令行创建。在命令行输入BOUNDARY/BO命令，并按下Enter键。
- 利用菜单栏创建。在菜单栏中执行【绘图】>【边界】命令。
- 利用功能区创建。在【默认】选项卡下，单击【绘图】面板中的【边界】按钮。

执行上述任意一种操作，都可以调用【边界】命令，下面介绍使用该命令进行图形绘制的操作方法，具体步骤如下。

Step 01 在命令行输入BO命令并按Enter键，弹出【边界创建】对话框，单击【边界保留】选项区域中【对象类型】下三角按钮，在弹出的下拉列表中选择【面域】选项，如下图所示。

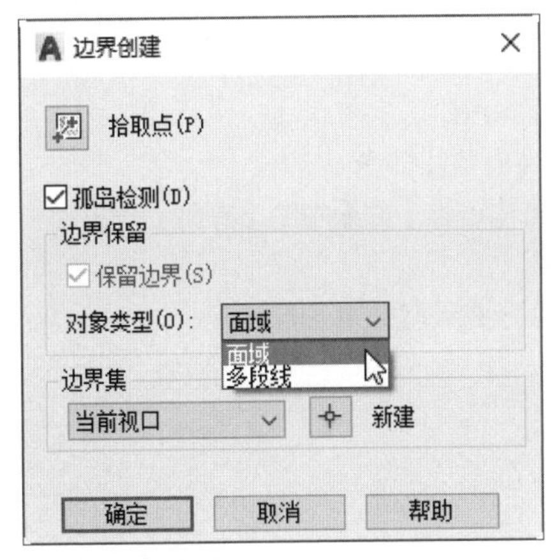

【边界创建】对话框

Step 02 然后单击对话框左上角的【拾取点】按钮，如下图所示。

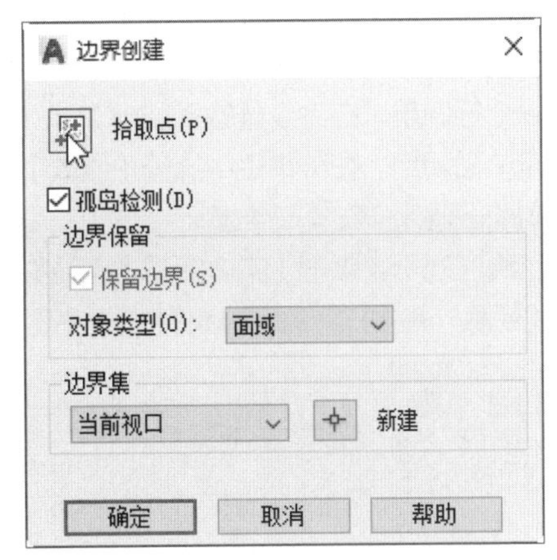

单击【拾取点】按钮

Step 03 在需要创建【面域】的图形中拾取内部点，如下图所示。

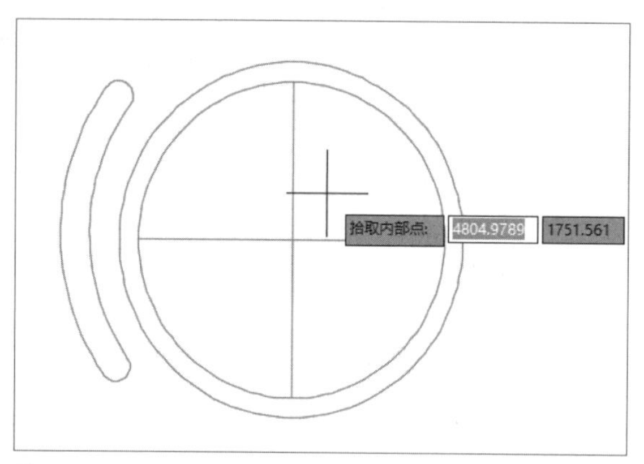

拾取内部点

Step 04 内部点拾取后按Enter键，完成面域的创建，如下图所示。

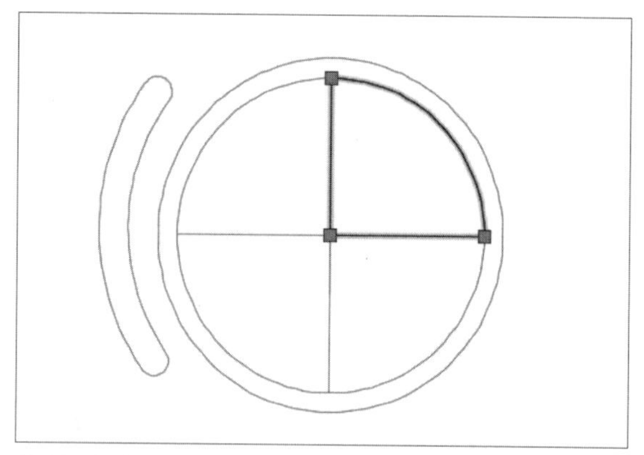

完成面域创建

调用【边界】命令进行图形绘制时，对应的命令行提示信息如下图所示。

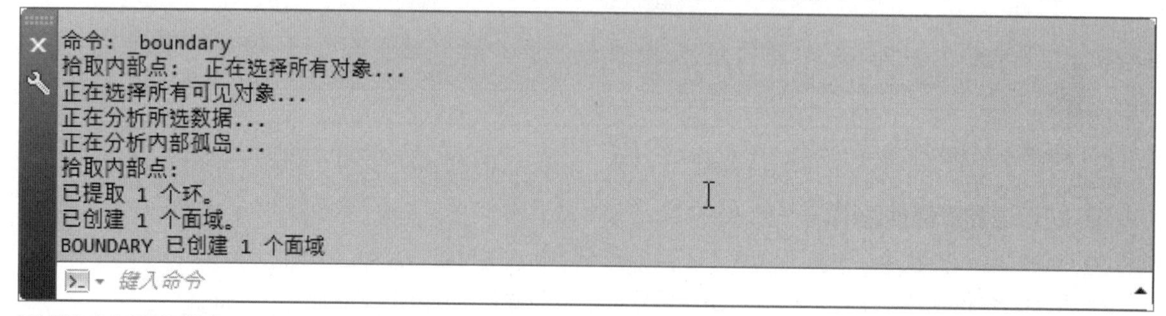

【边界】命令行提示信息

4.8.2 面域的布尔运算

布尔运算是一种逻辑运算，主要针对实体和面域进行剪切、添加以及获取交叉部分等操作。对于一些未成形的面域或者多段线，无法进行布尔运算。

布尔运算主要有三种运算方式，分别是【并集】、【差集】和【交集】，下面分别进行介绍。

1. 并集

【并集】命令用于将多个面域进行合并，即创建多个面域的合集。在AutoCAD 2018中，调用【并集】命令的方式有以下几种。

- 利用命令行调用。在命令行输入UNION/UNI命令，并按下Enter键。
- 利用菜单栏调用。在菜单栏中执行【修改】>【实体编辑】>【并集】命令。
- 利用功能区调用。在【三维基础】或【三维建模】空间，单击【编辑】面板中的【并集】按钮。
- 利用工具栏调用。单击【实体编辑】工具栏中的【并集】按钮。

执行上述任意一种操作，都可以调用【并集】命令，对应的命令行提示信息如下图所示。

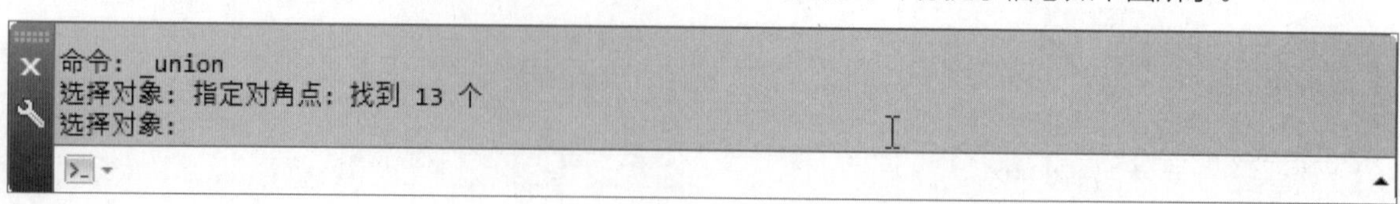

【并集】命令行提示信息

应用【并集】命令前后的对比效果如下图所示。

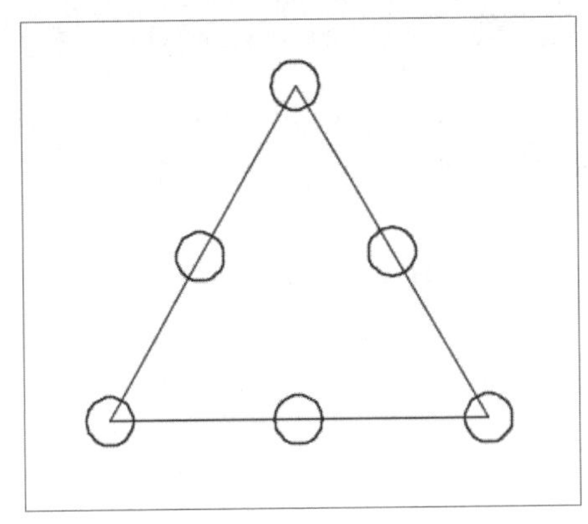

应用【并集】命令前

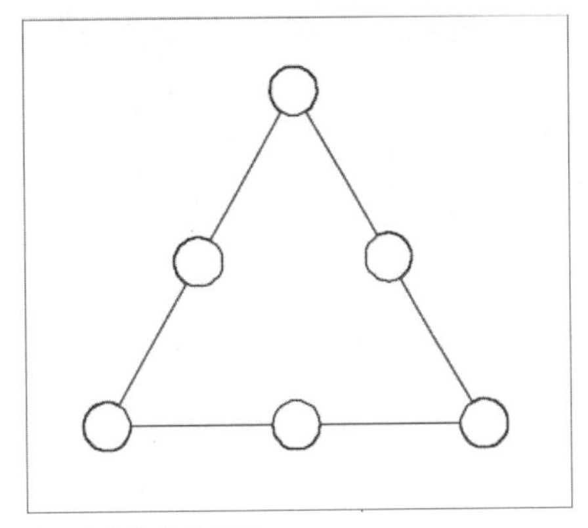

应用【并集】命令后

2. 差集

【差集】运算命令用于从所选中的面域组中，减去一个或多个面域并得到一个新的面域。在AutoCAD 2018中，调用【差集】命令的方法有以下几种。

- 利用命令行调用。在命令行输入SUBTRACT/SU命令，并按下Enter键。
- 利用菜单栏调用。在菜单栏中执行【修改】>【实体编辑】>【差集】命令。
- 利用功能区调用。在【三维基础】或【三维建模】空间，单击【编辑】面板中的【差集】按钮。
- 利用工具栏调用。单击【实体编辑】工具栏中的【差集】按钮。

执行上述任意一种操作，都可以调用【差集】命令，该命令对应的命令行提示如下图所示。

```
命令:
命令: _subtract 选择要从中减去的实体、曲面和面域...
选择对象: 指定对角点: 找到 15 个
SUBTRACT 选择对象:
```

【差集】命令行提示信息

3. 交集

【交集】运算命令用于保留多个面域的公共部分，删除非公共部分，从而获得多个面域之间共同部分的面域。在AutoCAD 2018中，调用【交集】命令的方式有以下几种。

- 利用命令行调用。在命令行输入INTERSECT/IN命令，并按下Enter键。
- 利用菜单栏调用。在菜单栏中执行【修改】>【实体编辑】>【交集】命令。
- 利用功能区调用。在【三维基础】或【三维建模】空间，单击【编辑】面板中的【交集】按钮。
- 利用工具栏调用。单击【实体编辑】工具栏中的【交集】按钮。

执行上述任意一种操作，都可以调用【交集】命令，该命令对应的命令行提示如下图所示。

```
命令:
命令: _intersect
选择对象: 指定对角点: 找到 15 个
INTERSECT 选择对象:
```

【交集】命令行提示信息

操作提示：布尔运算的对象必须是面域

在进行布尔运算之前，必须确定图形是面域对象。

上机实训——绘制门图形

本章主要学习各种二维图形的绘制操作，如点、直线、圆、多边形、多段线、样条曲线和面域等，下面通过绘制门图形进一步巩固所学知识，具体操作方法如下。

Step 01 新建【门.dwg】文档，执行【格式】>【单位】命令，在弹出的【图形单位】对话框中设置单位参数后，单击【确定】按钮，如下图所示。

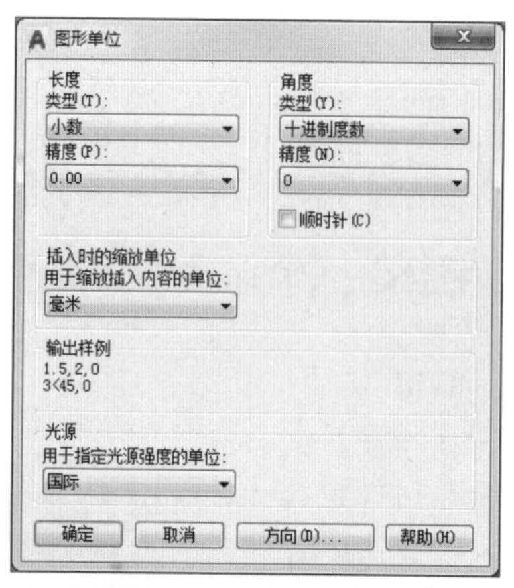

设置图形单位

Step 02 执行【格式】>【图层】命令，在打开的【图层特性管理器】面板中新建图层并重命名，然后设置图层颜色、线型等属性，如下图所示。

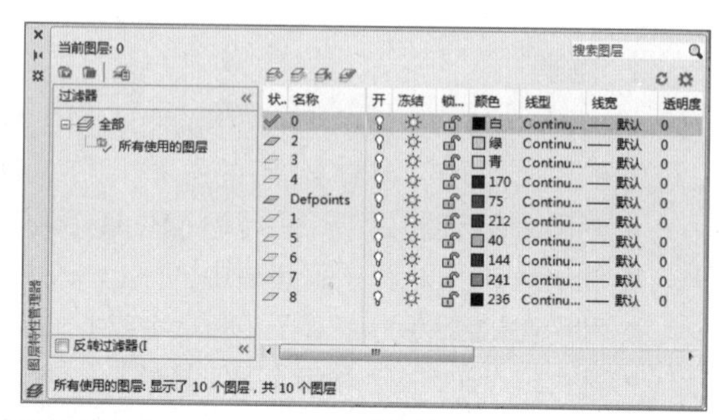

新建图层

Step 03 在命令行中输入RECTANG命令后，输入D，然后输入700、2500，绘制矩形，效果如下图所示。

绘制矩形

Step 04 在命令行中输入OFFSET命令后，输入20，将绘制矩形的4条边向内偏移20，如下图所示。

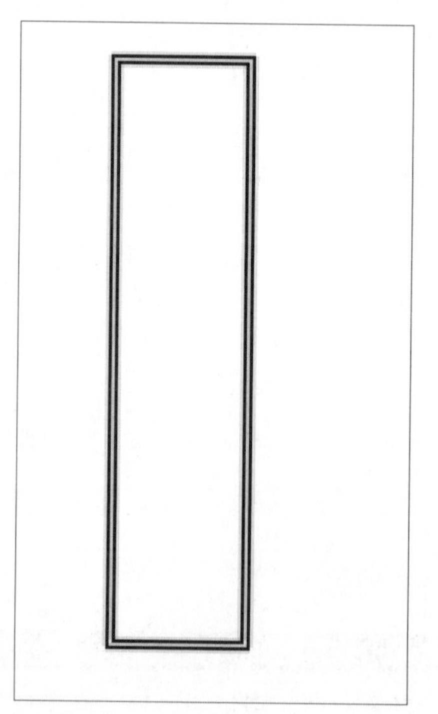

向内偏移矩形

Step 05 在命令行中输入RECTANG命令后，输入D，再输入500、200，在上方绘制矩形，如下左图所示。

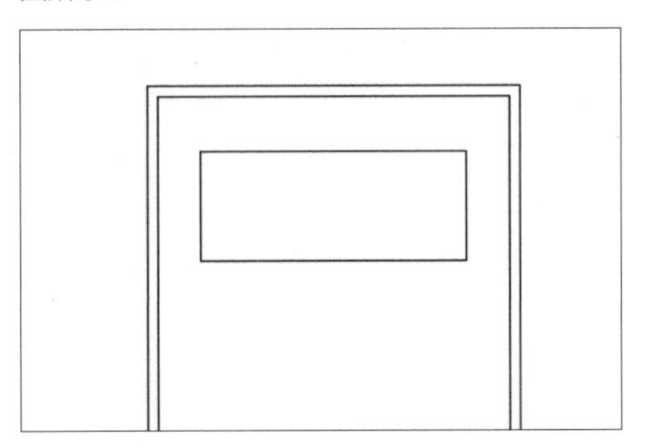

绘制矩形

Step 06 在命令行中输入RECTANG命令后，输入D，再输入500、1000，在门的中间绘制矩形，以便在方框内加上花边装饰，效果如下图所示。

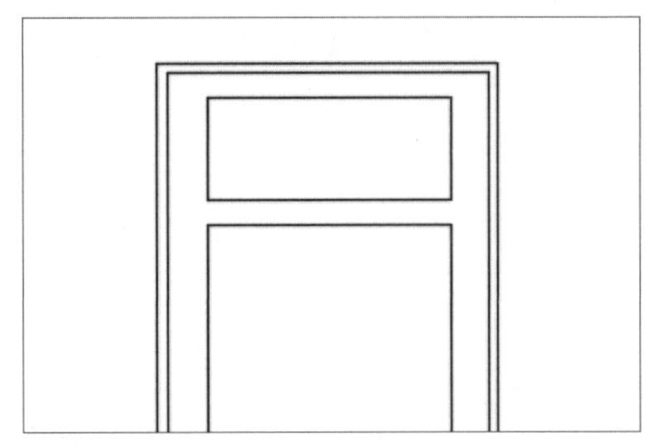

绘制大一点的矩形

Step 07 在命令行中输入MIRROR命令后，选择上面绘制的小点的矩形，然后以下面矩形中点为镜像点执行镜像操作，最后按Enter键完成镜像操作，如下图所示。

镜像矩形

Step 08 在命令行中输入RECTANG命令后，输入D，然后输入500、650，在镜像矩形下方绘制矩形，如下图所示。

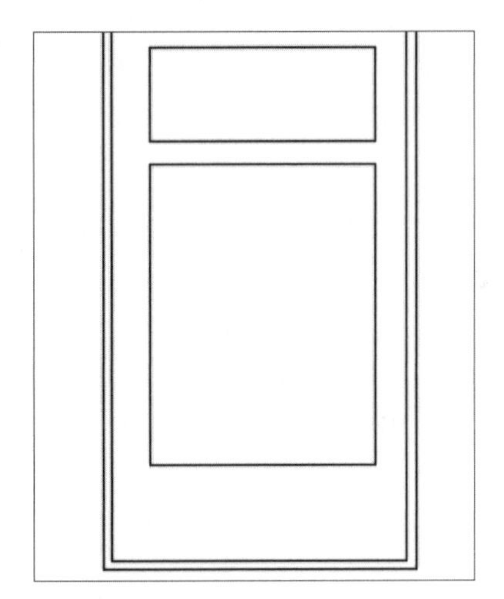

绘制矩形

Step 09 在命令行中输入LINE命令后，按住Ctrl+鼠标右键，选择捕捉端点，在门图形上方矩形的两个角绘制对角线，如下图所示。

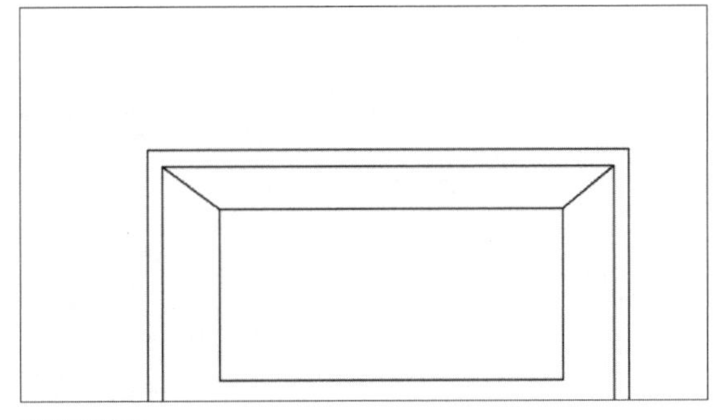

绘制对角线

Step 10 在命令行中输入COPY命令后，选择上面对角线，按住Ctrl+鼠标右键，选择捕捉端点并复制到下面矩形端角处，如下图所示。

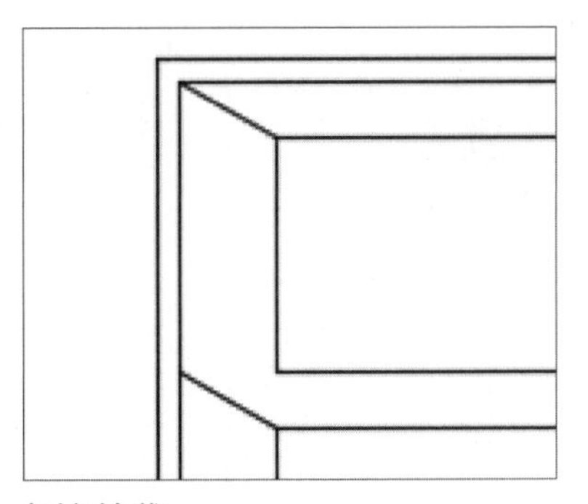

复制对角线

Step 11 在命令行中输入MIRROR命令后，选择下面对角线，按住Ctrl+鼠标右键，捕捉中点，镜像出另一边对角线，最后按Enter键，完成镜像操作，如下图所示。

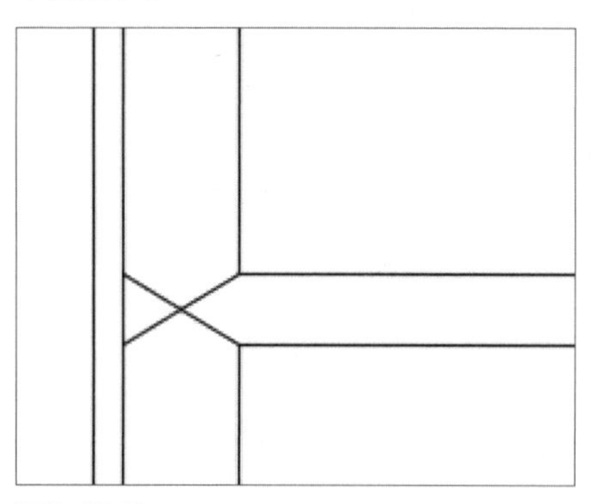

镜像对角线

Step 12 在命令行中输入TRIM命令，对刚镜像的两条对角线进行修剪，效果如下图所示。

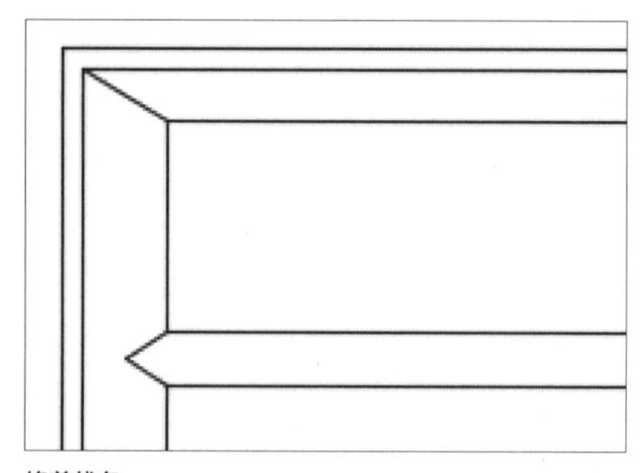

修剪线条

Step 13 按照同样的操作方法，绘制另一边，效果如下图所示。

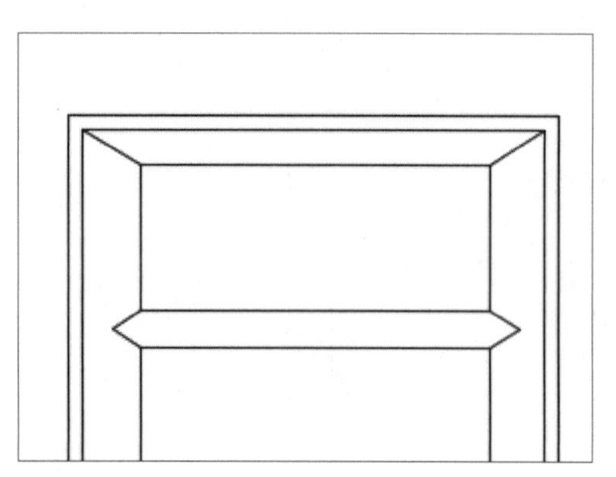

绘制另一边的形状

Step 14 在命令行中输入COPY命令后，选择刚修剪的对角线，按住Ctrl+鼠标右键，选择捕捉端点，复制到其他矩形端角处，如下图所示。

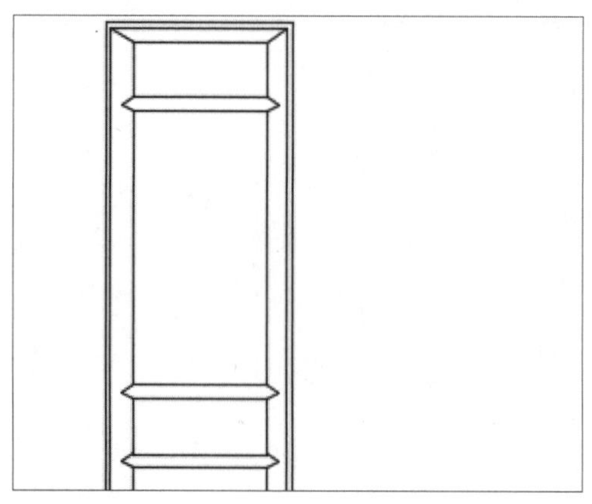

复制对角线

Step 15 在命令行中输入RECTANG命令后，输入D，然后输入400、50，在上方矩形内绘制矩形，如下图所示。

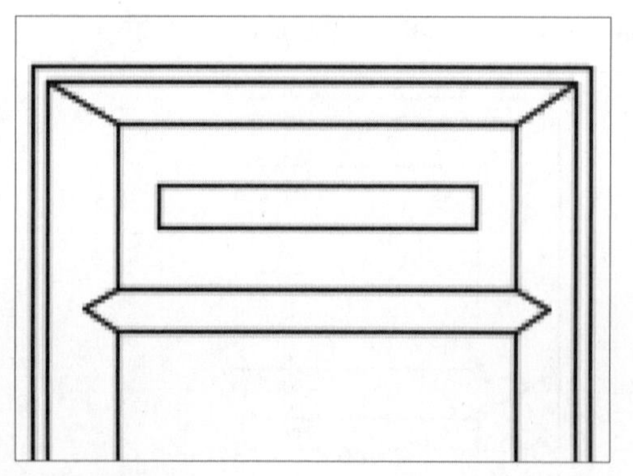

在上方绘制矩形

Step 16 在命令行中输入FILLET命令后，输入R，然后输入10，对绘制的矩形执行圆角操作，如下图所示。

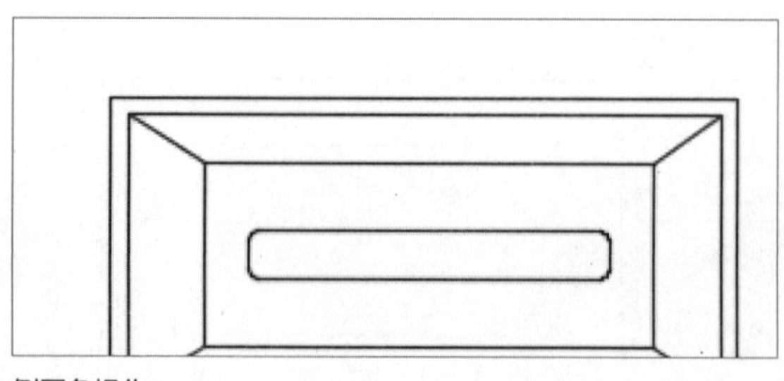

倒圆角操作

Step 17 在命令行中输入RECTANG命令后，输入D，再输入380、30。按住Ctrl+鼠标右键，捕捉圆角矩形几何中心点，执行命令后均按Enter键，即可绘制矩形，如下图所示。

绘制矩形

Step 18 在命令行中输入OFFSET命令后，输入20，对稍大的矩形执行偏移操作，如下图所示。

将矩形向内偏移

Step 19 在命令行中输入LINE命令后，按住Ctrl+鼠标右键，调出【捕捉】选项，选择中点，绘制一条中线，如下图所示。

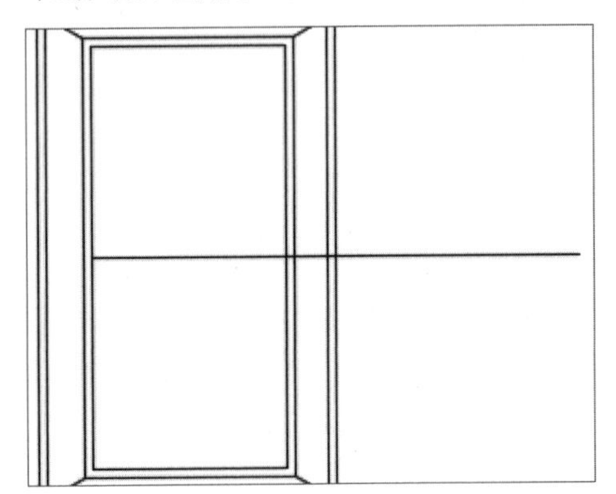

绘制中线

Step 20 在命令行中输入OFFSET命令后，输入240，向上和向下各偏移一条直线，如下图所示。

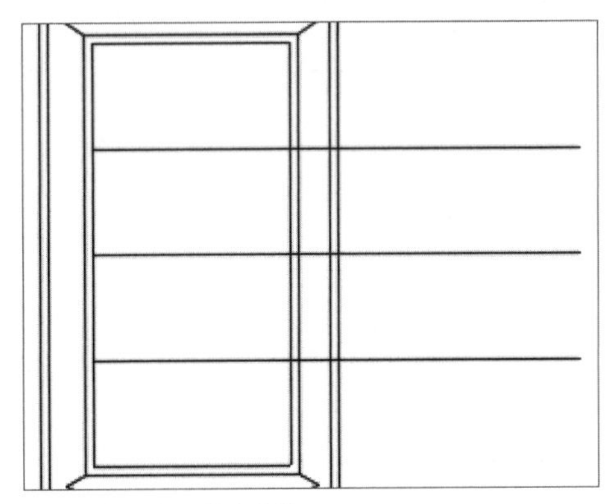

分别向上、向下偏移中线

Step 21 分别将中线和偏移的直线向上、向下再偏移10，然后在命令行中输入TRIM命令，对各偏移的线条执行修剪操作，如下图所示。

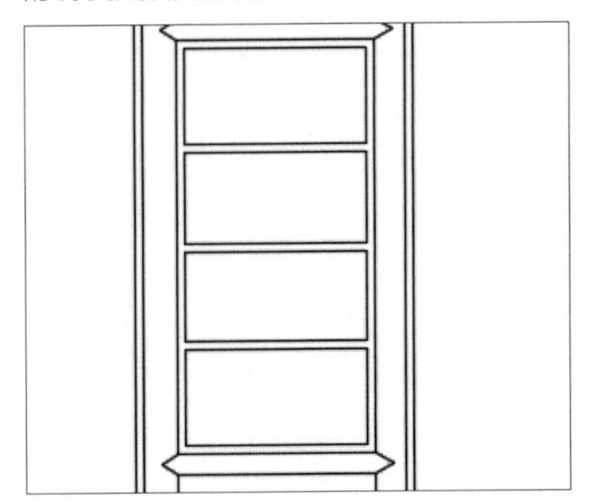

修剪中线

Step 22 在命令行中输入LINE命令后，按住Ctrl+鼠标右键，调出【捕捉】选项，选择中点，绘制一条垂直中线，如下图所示。

绘制垂直中线

Step 23 在命令行中输入OFFSET命令，接着输入10，向左和向右各偏移出一条直线，如下图所示。

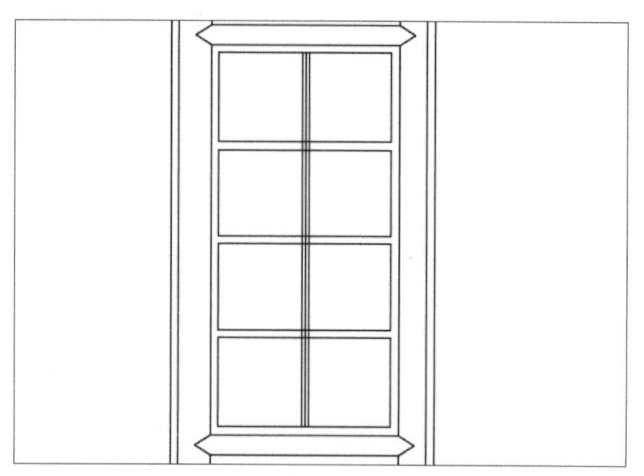

偏移垂直的中线

Step 24 在命令行中输入TRIM命令，对偏移的线条进行修剪，如下图所示。

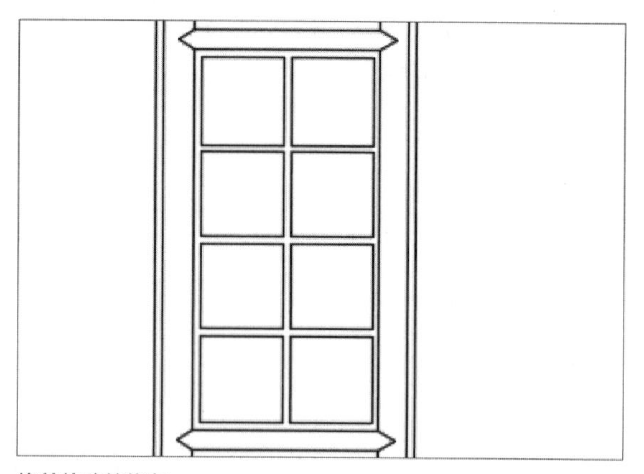

修剪偏移的线条

Step 25 在命令行中输入ARC命令，绘制弧形形状，如下图所示。

在矩形内绘制弧形

Step 26 在命令行中输入COPY命令后，选择弧形形状，为左边的四个方框添加弧形，如下图所示。

复制弧形

Step 27 在命令行中输入MIRROR命令，选择弧形形状后，选择方框线中点，执行镜像操作，如下图所示。

镜像弧形

Step 28 按照同样的方法，将左边弧形图案镜像到右侧4个矩形中，如下图所示。

镜像弧形图案

Step 29 在命令行中输入TRIM命令，对弧形执行修剪操作，如下图所示。

修剪图形

Step 30 在命令行中输入RECTANG命令，接着输入D，输入400、50，在中间矩形内绘制矩形，如下图所示。

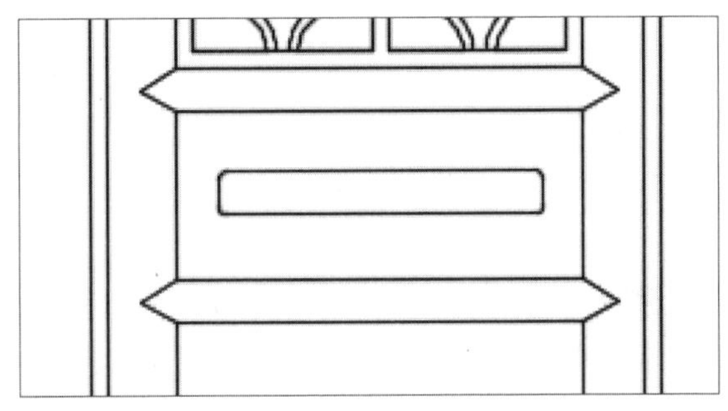

绘制矩形

Step 31 在命令行中输入RECTANG命令后，输入D，输入380、30，按住Ctrl+鼠标右键，选择几何中心，捕捉中心对齐，如下图所示。

绘制矩形

Step 32 在命令行中输入RECTANG命令后，输入D，输入200、200，绘制正方形，按住Ctrl+鼠标右键，选择几何中心，捕捉中心对齐，如下图所示。

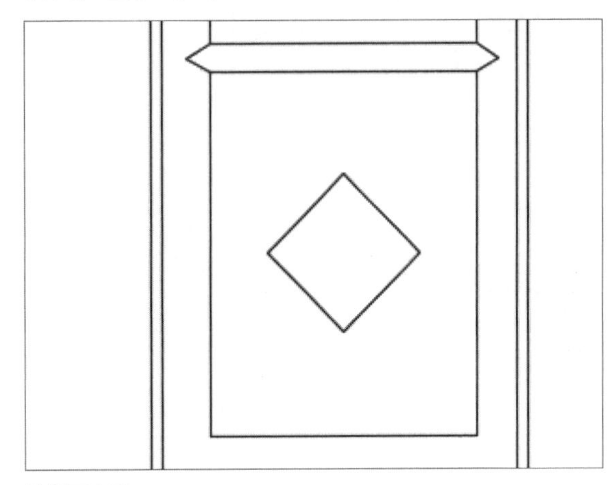

绘制正方形

Step 33 在命令行中输入LINE命令后，按住Ctrl+鼠标右键，捕捉正方形端点绘制直线，如下图所示。

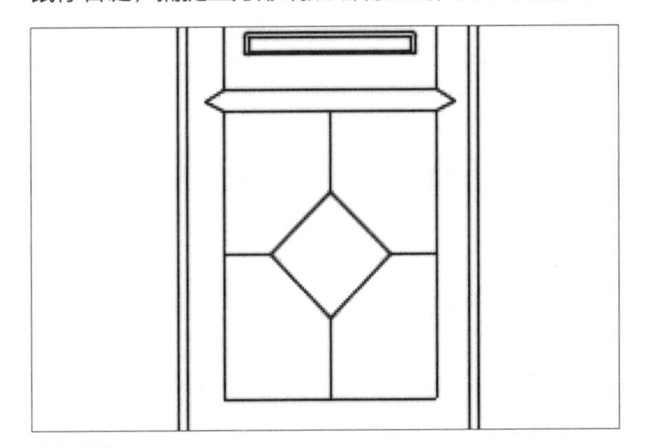

绘制直线

Step 34 在命令行中输入COPY命令后，选择对角线，执行复制操作，如下图所示。

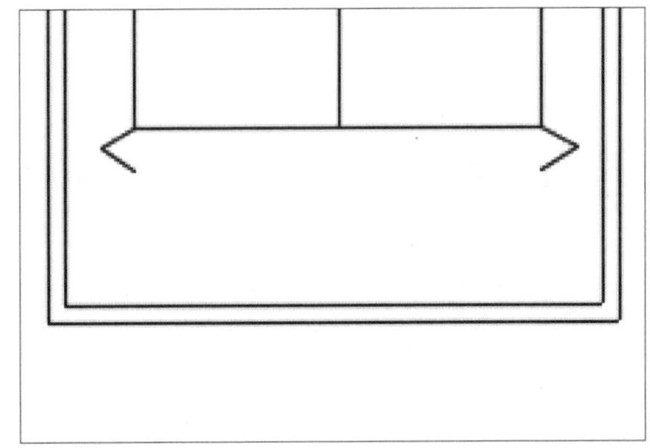

复制对角线

Step 35 在命令行中输入RECTANG命令后，输入D，输入500、100，执行绘制矩形操作，如下图所示。

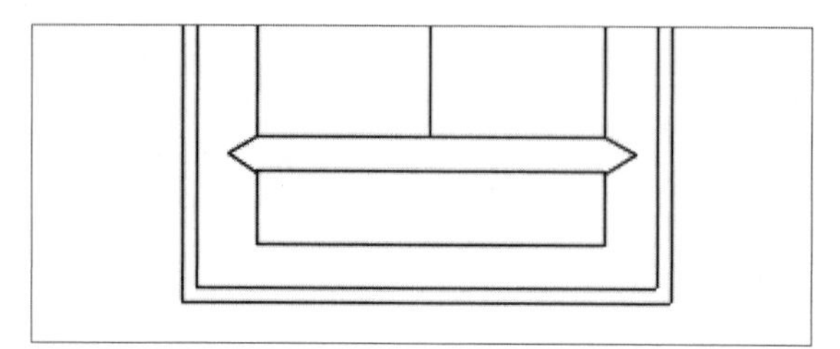

绘制矩形

Step 36 在命令行中输入LINE命令后，按住Ctrl+鼠标右键，捕捉矩形端点绘制对角线，如下图所示。

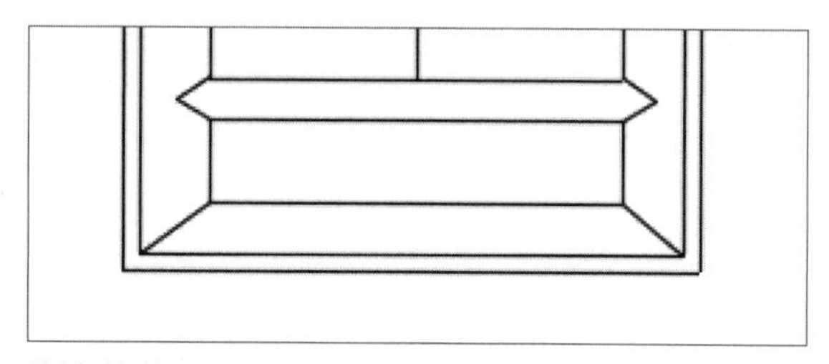

绘制对角线

Step 37 在命令行中输入ARC命令，绘制角边弧形，如下图所示。

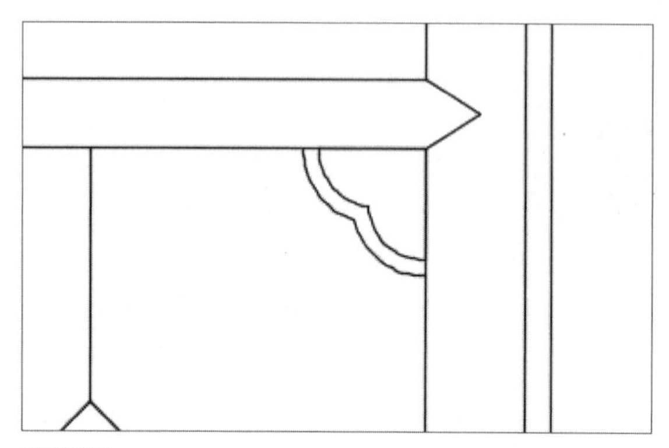

绘制弧形

Step 38 继续在命令行中输入ARC命令，绘制其它3个角的角边弧形，如下图所示。

绘制其他弧形

Step 39 在命令行中输入RECTANG命令后，输入D，输入400、50，在最下方矩形中绘制矩形，如下图所示。

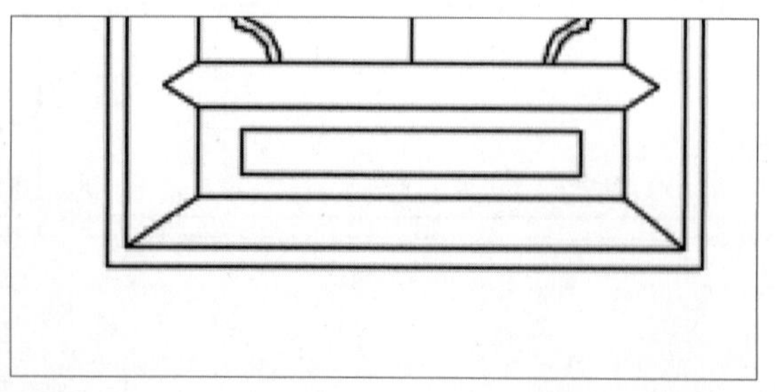

绘制矩形

Step 40 在命令行中输入DIMLIMEAR命令后，按住Ctrl+鼠标右键，捕捉矩形端点标注尺寸，最终效果如下图所示。

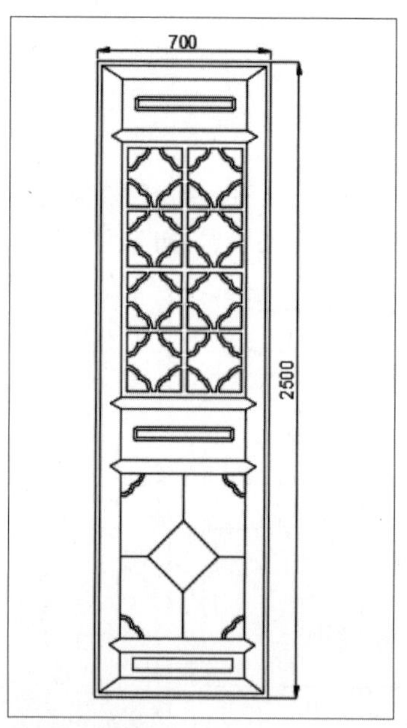

查看最终效果

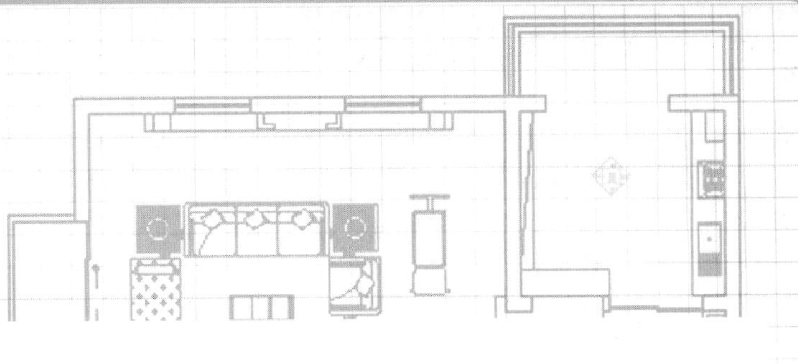

05

二维图形编辑

在绘制建筑和土木工程图纸时，如果只是绘制二维图形是不能满足绘图需要的，此时可以使用AutoCAD提供的图形编辑功能来完成更复杂图形的创建。AutoCAD提供了多种二维图形的编辑功能，如复制、偏移、镜像、阵列、拉伸、旋转和修剪等。通过本章内容的学习，用户可以熟练绘制出所需的图形。

01 核心知识点

❶ 掌握二维图形的复制操作

❷ 掌握二维图形的修改操作

❸ 掌握二维图形位置和大小的变换操作

❹ 掌握图案的填充操作

02 本章图解链接

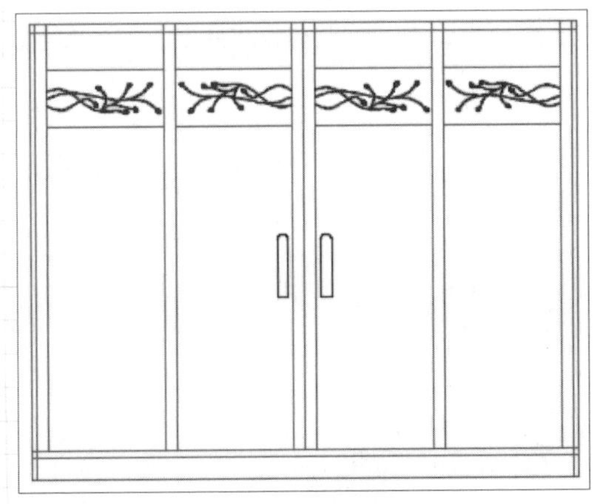

拉伸图形

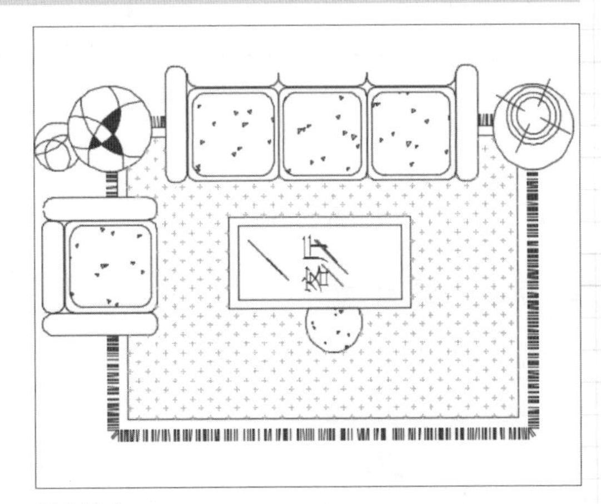

图案填充

5.1 图形对象的选取

单纯地使用绘图工具只能绘制简单的图形对象，要想创建复杂的图形，必须借助图形对象的编辑功能。在对图形对象进行编辑之前首先要选取图形对象，选择图形对象的过程，就是建立选择集的过程。在AutoCAD中，图形的选取方式有很多种，下面将分别介绍。

5.1.1 选取图形

在AutoCAD中图形的选取方式有很多中，包括点选、窗口选择、交叉窗口选择、栏选等，下面逐一进行介绍。

1. 点选对象

点选方式是平时比较常用的一种选择方法，一般用于选择单个图形对象。用户可以直接将光标移动到要选择的对象上方，此时图形对象会以虚线的形式显示，单击鼠标左键即可完成选择操作，图形被选中后，会显示图形的夹点，如下左图所示。

点选方式一次只能选择一个图形对象，若要选择多个对象，需要连续单击要选择图形的对象，如下右图所示。点选的方法较为简单直观，不适于较复杂图形对象的选择。

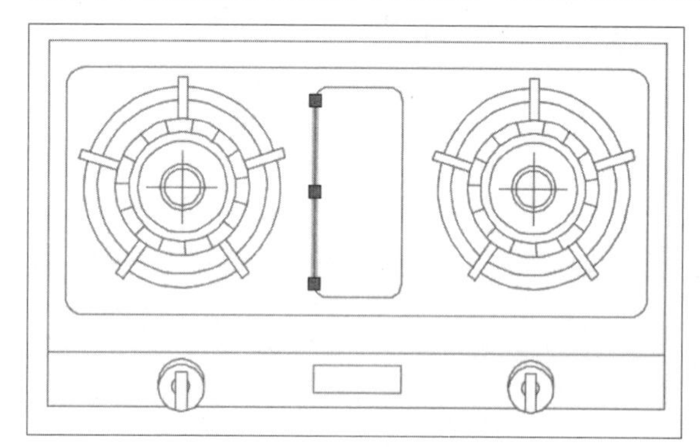

点选单个对象

点选多个对象

2. 窗口选择

窗口选择是通过定义矩形窗口的方式来选择对象的。利用窗口选择对象时，首先在图形对象左上方单击，从左往右拉出矩形窗口，如下左图所示。只有全部位于矩形窗口中的图形对象才会被选中，如下右图所示。

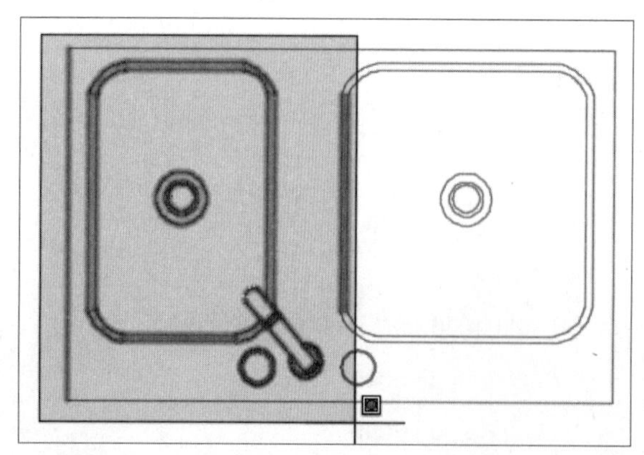

窗口选择

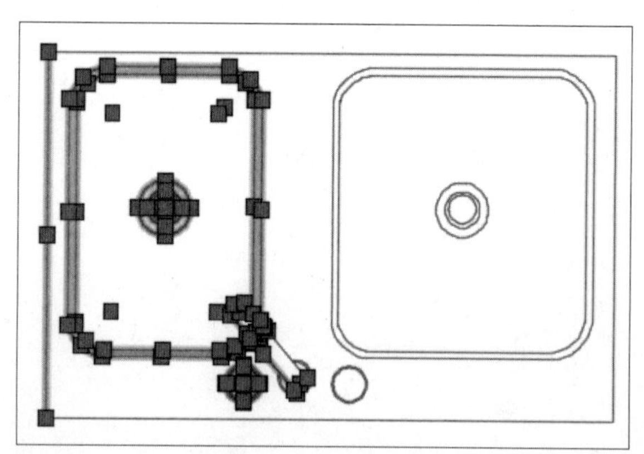

完成选择

3. 交叉窗口选择

交叉窗口选择方式与窗口选择方式相反，选择该方式时从右至左拉出一个矩形窗口，如下左图所示。无论是全部还是部分位于矩形窗口中的对象都会被选中，如下右图所示。

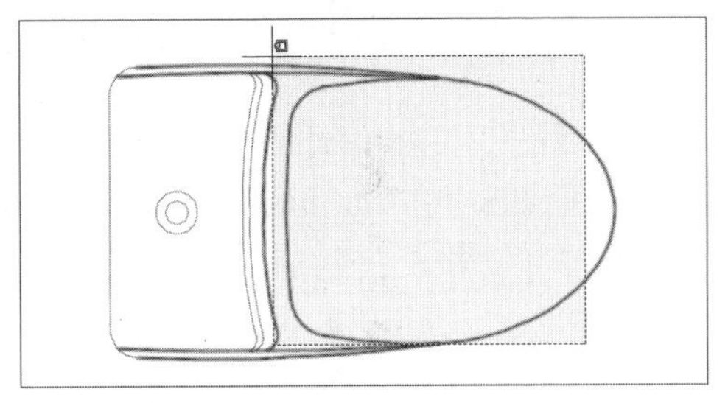

交叉窗口选择

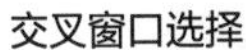

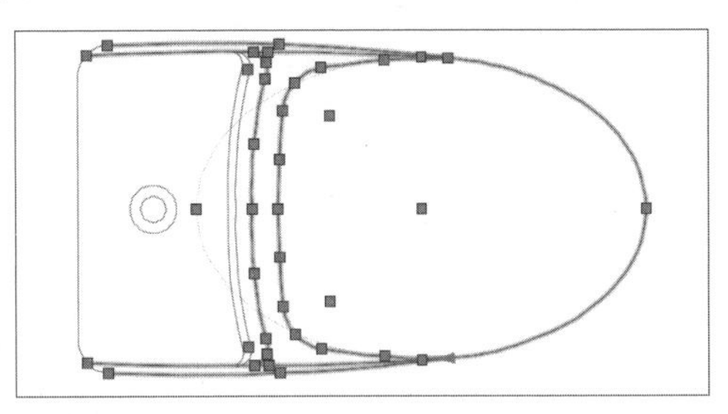

完成选择

操作提示：窗口选择与交叉窗口选择

窗口选择拉出的选择窗口为实线框，窗口颜色为蓝色，如下左图所示。交叉窗口选择拉出的选择窗口为虚线框，窗口颜色为绿色，如下右图所示。

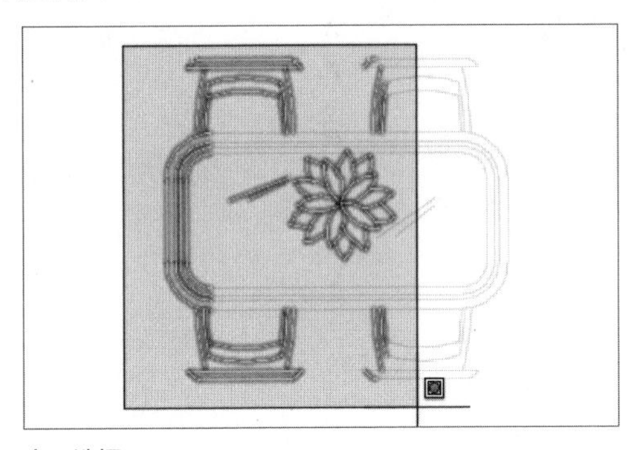

窗口选择

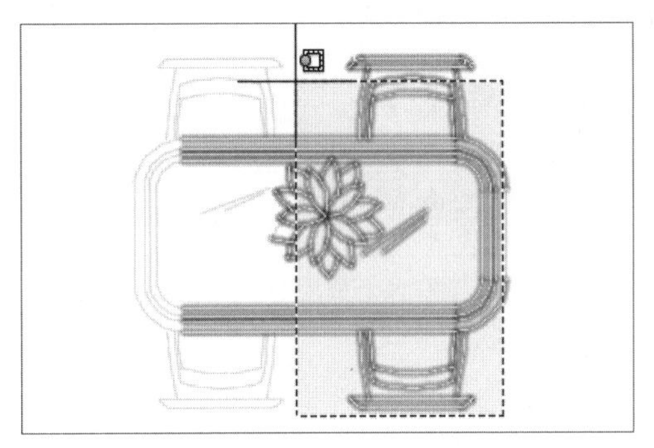

交叉窗口选择

4. 框选

当用户所绘制矩形的第一个角点位于第二个角点的左侧时，框选方式与窗口选择（W）方式相同；当用户所绘制矩形的第一个角点位于第二个角点的右侧时，框选方式与窗口交叉选择（C）方式相同。

5. 不规则窗口选择

不规则窗口选择方式是通过创建不规则多边形来选择图形对象，不规则窗口选择分为圈围和圈交两种方式。

- 圈围（WP）：这种方式与窗口选择（W）方式相似，但是它可以构造任意形状的多边形区域，如下左图所示。并且包含在多边形窗口内的图形均被选中，如下右图所示。

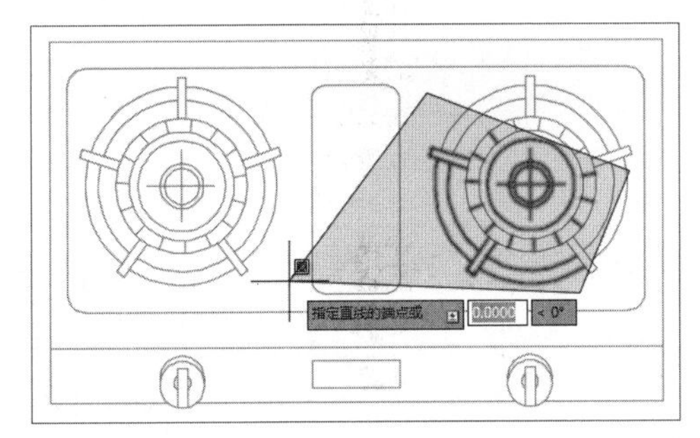

圈围选择

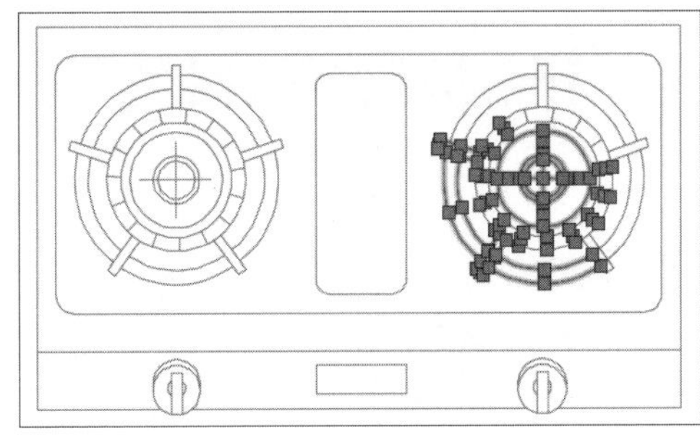

完成选择

执行圈围选择的命令行提示信息，如下图所示。

```
命令: 指定对角点或 [栏选(F)/圈围(WP)/圈交(CP)]: WP
指定直线的端点或 [放弃(U)]:
指定直线的端点或 [放弃(U)]:
```

圈围选择命令行提示信息

- 圈交（CP）：该方式与窗口交叉选择（C）方式相似，但是它可以构造任意形状的多边形区域，如下左图所示。包含在多边形窗口内的图形或与该多边形相交的任意图形均被选中，如下右图所示。

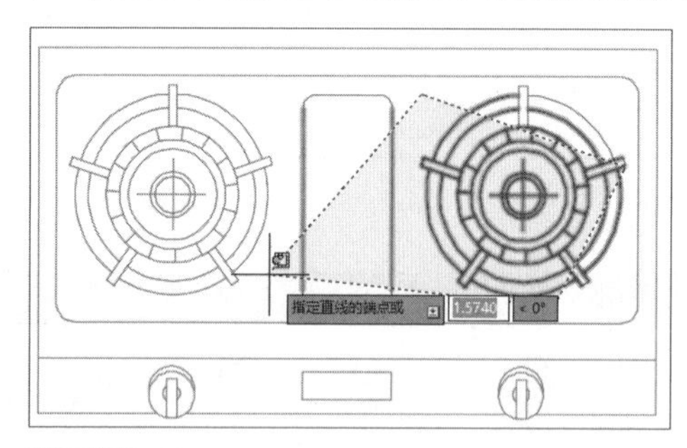

圈交选择

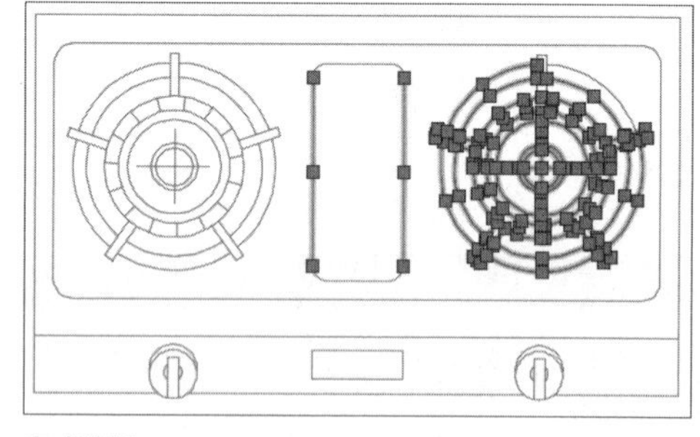

完成选择

执行圈交选择的命令行提示信息，如下图所示。

```
命令: 指定对角点或 [栏选(F)/圈围(WP)/圈交(CP)]: CP
指定直线的端点或 [放弃(U)]:
指定直线的端点或 [放弃(U)]:
```

圈交选择命令行提示信息

6. 栏选

使用栏选方式，用户可以绘制任意折线，如下左图所示。凡是与折线相交的图形均被选中，如下右图所示。

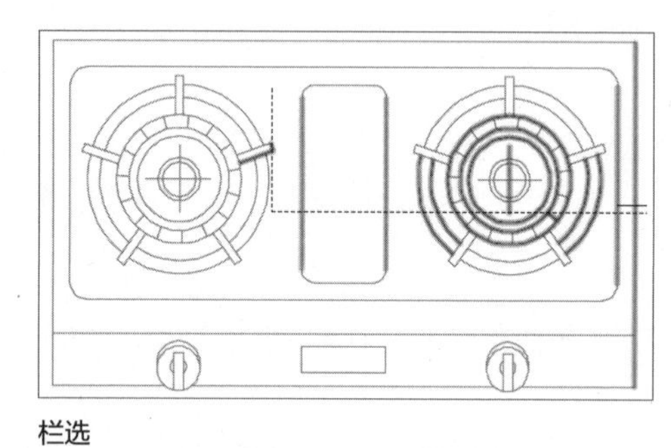

栏选

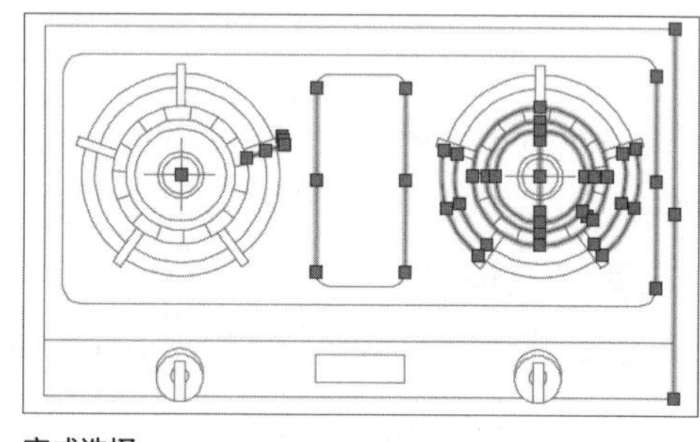

完成选择

执行栏选选择的命令行提示信息，如下图所示。

```
命令: 指定对角点或 [栏选(F)/圈围(WP)/圈交(CP)]: f
指定下一个栏选点或 [放弃(U)]:
指定下一个栏选点或 [放弃(U)]:
```

栏选命令行提示信息

7. 其他选取方式

除了以上介绍的选取方式外，AutoCAD还提供了其他的选择方式，例如【上一个】、【全部】、【多个】、【自动】等。用户只需在命令行输入SELECT后按Enter键，然后在命令行输入？，即可显示多种选择方式，用户可以根据需要选择选取方式。

对应的命令行提示信息如下图所示。

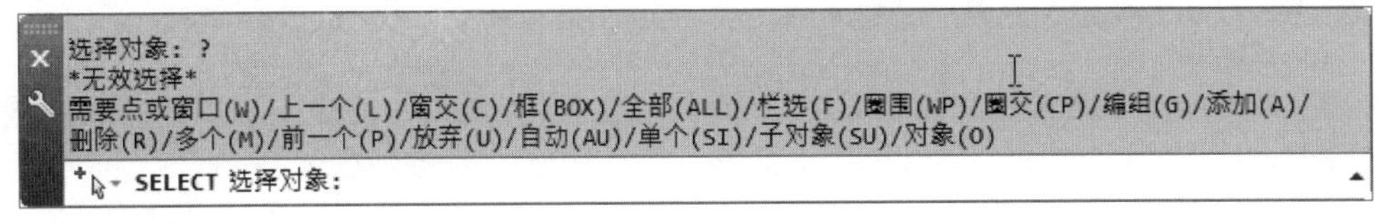

命令行提示信息

下面对命令行中各主要选项的含义进行介绍。

- 上一个（L）：用于选择最后一次绘制的图形对象作为编辑对象。
- 编组（G）：输入已定义的选择集，系统将提示输入编组名称。
- 添加（A）：当用户完成目标选择后，还有少数没有选中时，可以通过【添加】方式把目标添加到选择集中。
- 删除（R）：把选择集中一个或多个对象移出选择集。
- 多个（M）：当命令中出现选择对象时，鼠标变为一个矩形小方框，逐一点取要选中的目标即可。
- 前一个（P）：此方法用于选中前一次操作所选择的对象。
- 放弃（U）：取消上一次所选中的目标对象。
- 自动（AU）：若拾取框正好有一个图形，则选中该图形；反之，则用户指定另一角点以选中对象。
- 单个（SI）：当命令行出现【选择对象】时，鼠标变为一个矩形小框，点取要选中的目标对象即可。

5.1.2 快速选择图形

当需要大量选择特性相同的图形对象时，用户可以通过【快速选择】对话框进行相应的设置，然后根据对象的特性、类型进行快速选择。

在AutoCAD 2018中，调用【快速选择】命令的方法有以下几种。

- 利用命令行调用。在命令行中输入QSELECT命令，并按下Enter键。
- 利用菜单栏调用。在菜单栏中执行【工具】>【快速选择】命令。

执行上述任意一种操作，将弹出【快速选择】对话框，如下左图所示，用户可以根据需要设置过滤条件后单击【确定】按钮，即可快速选择满足该条件的所有图形对象，图形中所有的圆对象均被选中，如下右图所示。

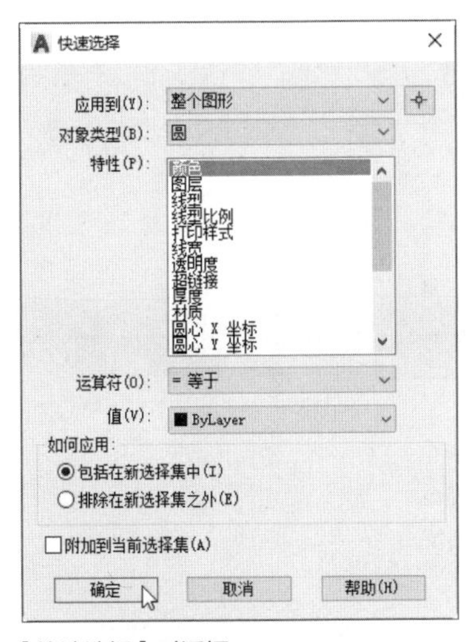

【快速选择】对话框

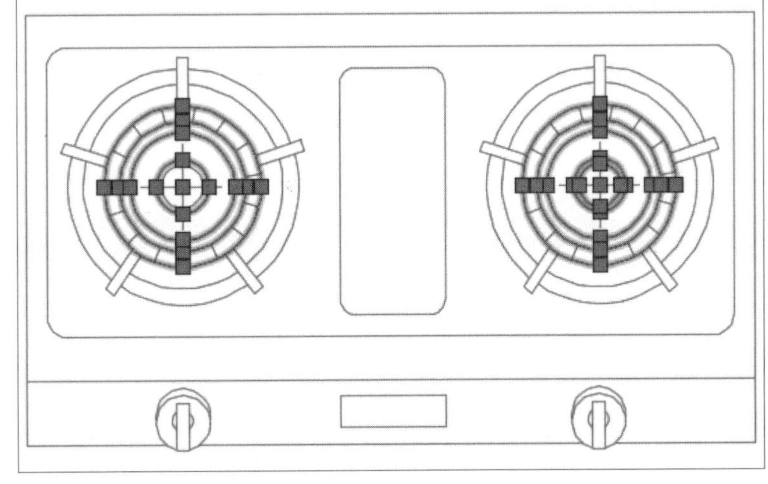

完成选择

5.2 图形对象的复制

在利用AutoCAD进行图形绘制时，若需要创建多个位置不同的相同图形，可以应用复制、偏移、镜像以及阵列等命令和工具，快速创建这些相同的对象，达到事半功倍的效果。

5.2.1 复制图形

复制是对当前选中图形对象的一种重复操作。对于需要绘制许多相同图形对象的用户来说，使用【复制】命令能够快速、便捷地生成多个相同形状的图形对象。

在AutoCAD 2018中，调用【复制】命令的方法有以下几种。

- 利用命令行调用。在命令行中输入COPY/CO命令，并按下Enter键。
- 利用菜单栏调用。在菜单栏中执行【修改】>【复制】 命令。
- 利用功能区调用。在【常用】选项卡下，单击【修改】面板中的【复制】按钮复制。
- 利用工具栏调用。单击【修改】工具栏中的【复制】按钮复制。

执行上述任意一种操作，都可以调用【复制】命令，根据命令行提示选择需要复制的图形，并指定复制基点，移动光标到新位置，完成复制操作，对应的命令行提示信息如下图所示。

```
命令:  COPY
选择对象: 指定对角点: 找到 12 个
选择对象: 指定对角点: 找到 12 个, 总计 24 个
选择对象:
当前设置:  复制模式 = 多个
指定基点或 [位移(D)/模式(O)] <位移>:
指定第二个点或 [阵列(A)] <使用第一个点作为位移>:
指定第二个点或 [阵列(A)/退出(E)/放弃(U)] <退出>: *取消*
```

【复制】命令行提示信息

下面举例介绍【复制】命令的应用方法，具体如下。

Step 01 执行【复制】命令后，根据命令行提示选择需要复制的图形对象，如下图所示。

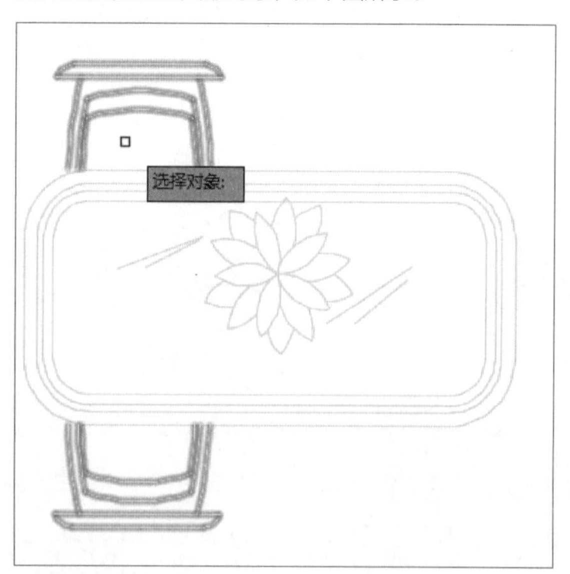

选择复制对象

Step 02 按下Enter键，根据命令行提示在绘图区中指定复制基点，如下图所示。

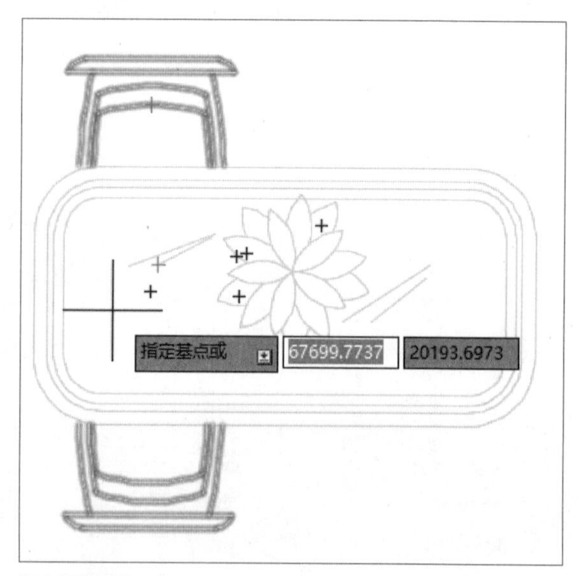

指定复制基点

Step 03 将光标向右移动，根据命令行提示指定新基点，如下图所示。

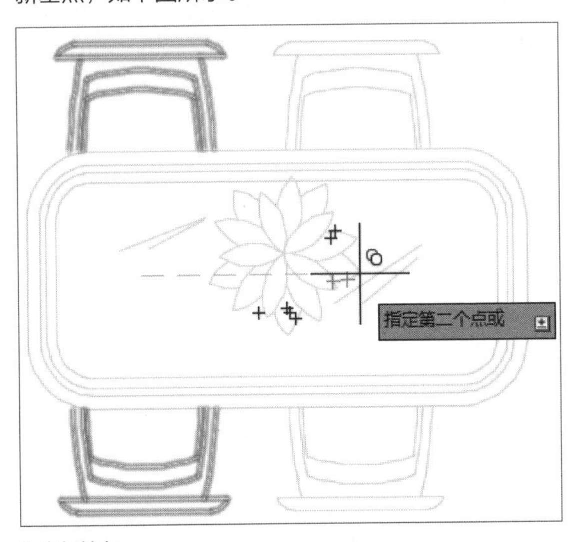

指定新基点

Step 04 指定新基点后，单击鼠标左键确认，即可完成图形对象的复制操作，如下图所示。

完成复制

在【复制】命令行中各主要选项含义介绍如下。

- 指定基点：指定复制的基点。
- 位移（D）：使用坐标值指定相对距离和方向。
- 模式（O）：控制命令是否自动重复（COPYMODE系统变量）。
- 多个（M）：一次选择图形对象进行多次复制。
- 阵列（A）：快速复制对象以呈现出指定数目和角度的效果。

5.2.2 偏移图形

【偏移】命令是以指定的方位和距离来生成与源对象相同性质的图形对象，偏移的对象包括直线、圆、圆弧、椭圆、椭圆弧、二维多段线、构造线等。

在AutoCAD 2018中，常用的执行【偏移】命令的操作方法有以下几种。

- 利用命令行调用。在命令行中输入OFFSET/O命令，并按下Enter键。
- 利用菜单栏调用。在菜单栏中执行【修改】>【偏移】命令。
- 利用功能区调用。在【常用】选项卡下，单击【修改】面板中的【偏移】按钮。
- 利用工具栏调用。单击【修改】工具栏中的【偏移】按钮。

执行上述任意一种操作，调用【偏移】命令，根据命令行提示，输入偏移距离，并选择所需偏移的图形，移动光标到需要偏移的方向并单击鼠标左键，完成偏移操作。命令行的提示信息如下图所示。

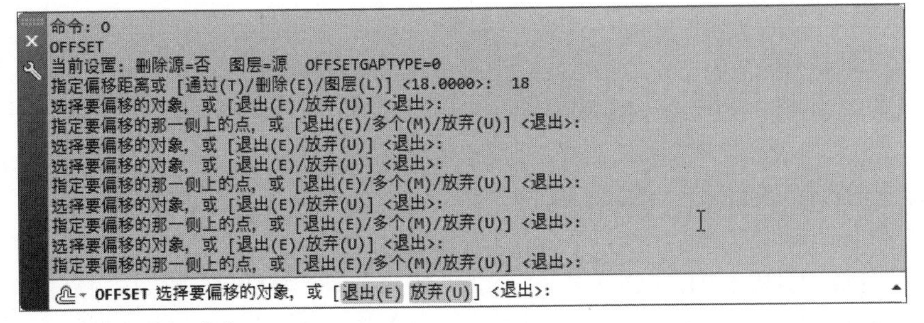

【偏移】命令行提示信息

下面举例介绍【偏移】命令的应用方法，具体如下。

Step 01 首先在命令行中输入O命令，按Enter键，根据命令行提示指定偏移距离为18，如下图所示。

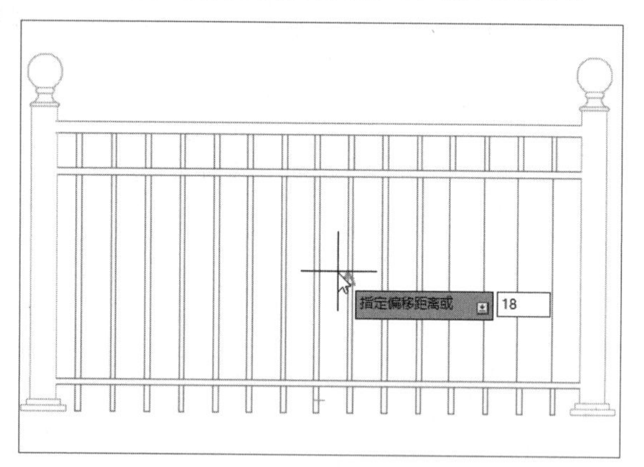

指定偏移距离

Step 02 按Enter键，然后选择偏移对象，如下图所示。

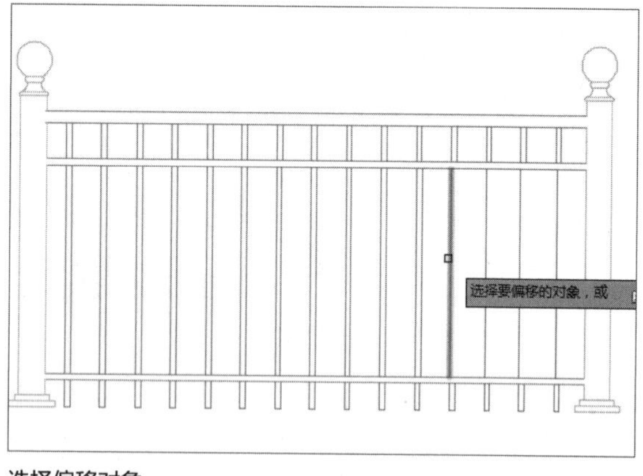

选择偏移对象

Step 03 根据命令行提示指定偏移方向，如下图所示。

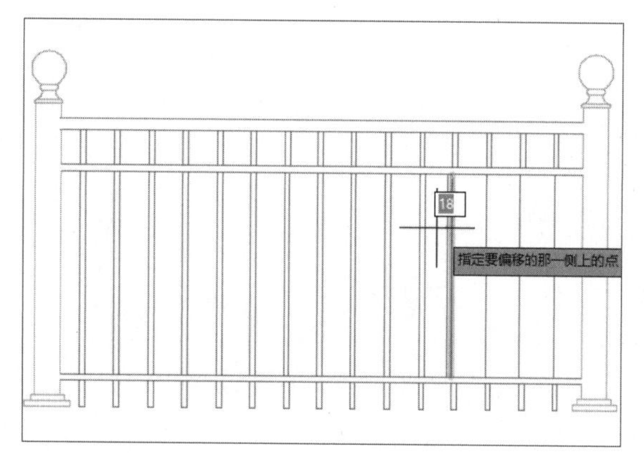

指定偏移方向

Step 04 指定好偏移方向后，单击鼠标左键即可。重复此操作，完成其他线偏移操作，如下图所示。

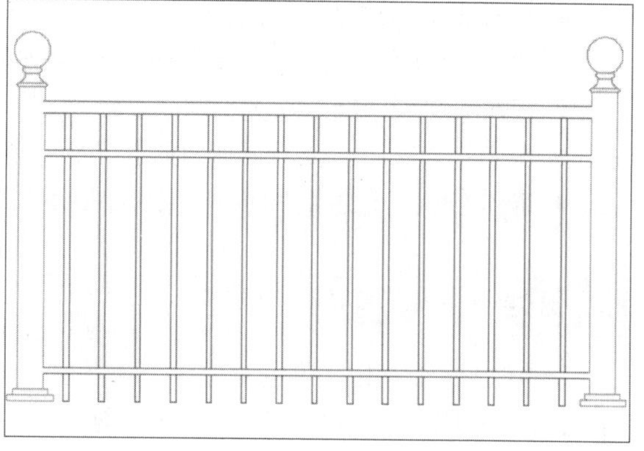

完成偏移操作

在【偏移】命令行中各主要选项含义如下。

- 通过（T）：创建通过指定点的偏移对象。
- 删除（E）：偏移源对象后将其删除。
- 图层（L）：在命令行输入L，然后选择要偏移的图层。

5.2.3 镜像对象

【镜像】是一种特殊的复制命令，其生成的图形对象与源对象以一条基线对称。【镜像】命令在绘制图形时经常被用到，执行该命令后源对象默认保留，也可以根据需要进行删除。

在AutoCAD 2018中，常用的执行【镜像】命令的操作方法有以下几种。

- 利用命令行调用。在命令行中输入MIRROR/MI命令，并按下Enter键。
- 利用菜单栏调用。在菜单栏中执行【修改】>【镜像】 命令。
- 利用功能区调用。在【常用】选项卡下，单击【修改】面板中的【镜像】按钮。
- 利用工具栏调用。单击【修改】工具栏中的【镜像】按钮。

执行上述任意一种操作，调用【镜像】命令后，根据命令行提示，选择源图形对象，然后指定好镜像轴线，并确定是否删除源图形对象，按Enter键，完成镜像操作。对应的命令行提示信息如下图所示。

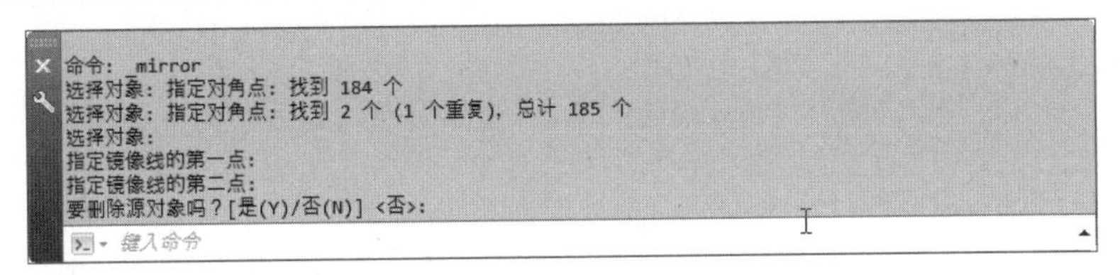

【镜像】命令行提示信息

下面举例介绍【镜像】命令的应用方法，具体如下。

Step 01 首先在命令行中输入MI命令，按Enter键，根据命令行提示选择要镜像的对象，如下图所示。

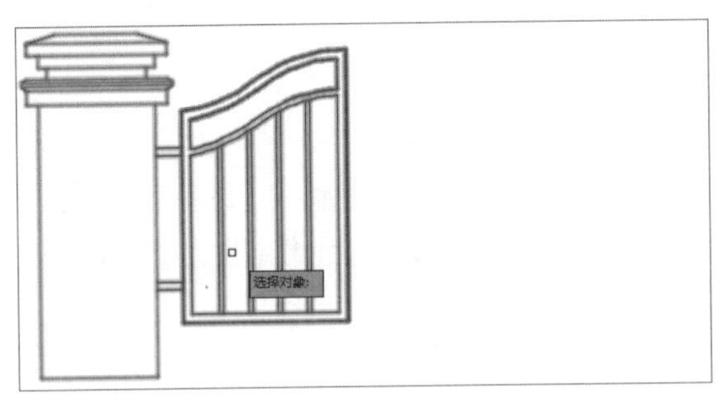

选择镜像对象

Step 02 根据命令行提示，在绘图区中指定镜像线第一点，如下图所示。

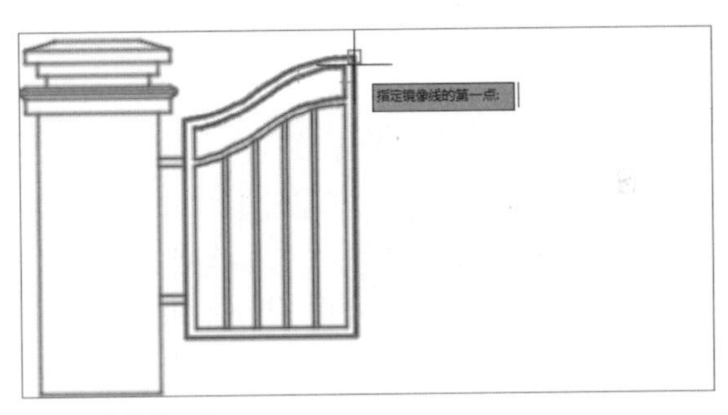

指定镜像线第一点

Step 03 根据命令行提示，指定镜像线第二点，如下图所示。

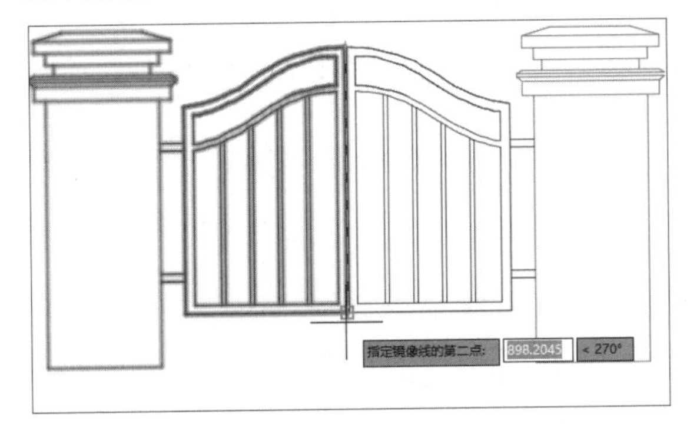

指定镜像线第二点

Step 04 根据命令行提示，选择是否【要删除源对象吗？】为【否】，如下图所示。

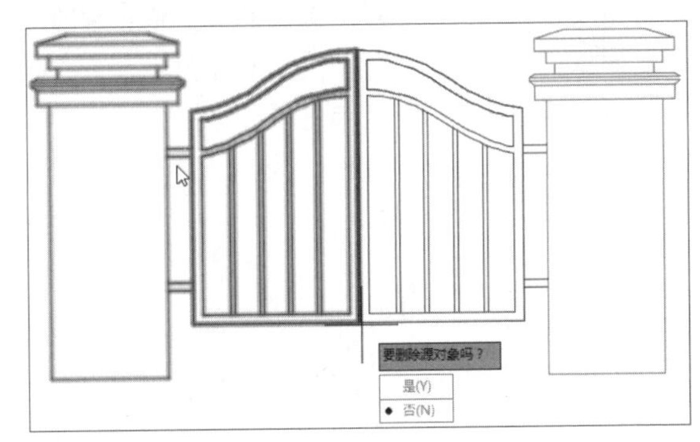

选择是否删除源对象

Step 05 按Enter键，完成图形的镜像，效果如右图所示。

完成镜像操作

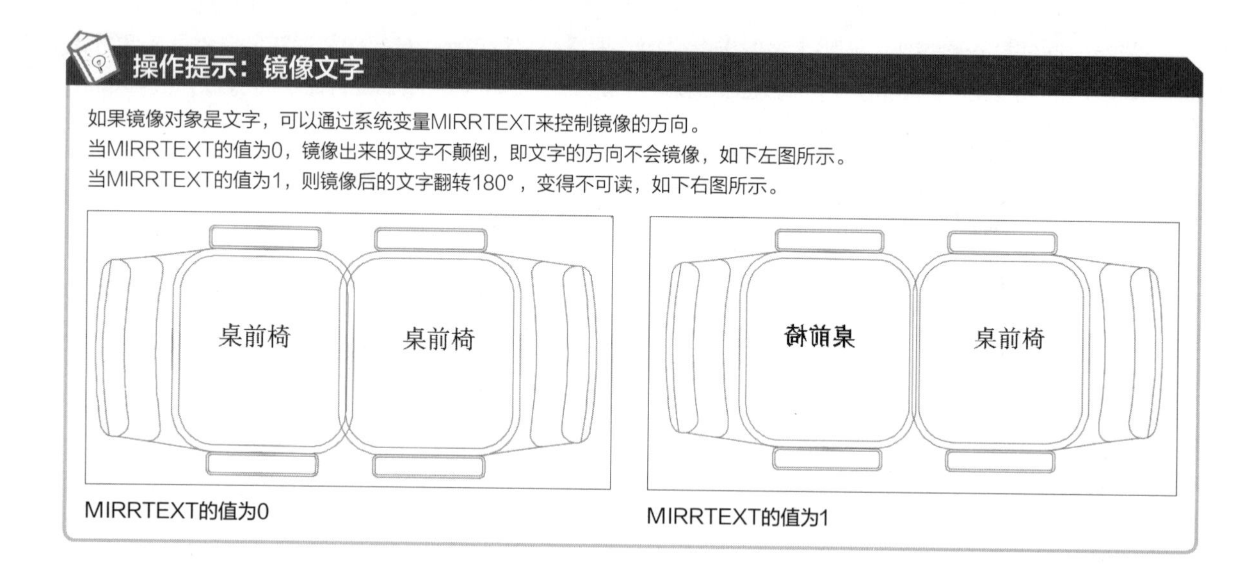

操作提示：镜像文字

如果镜像对象是文字，可以通过系统变量MIRRTEXT来控制镜像的方向。
当MIRRTEXT的值为0，镜像出来的文字不颠倒，即文字的方向不会镜像，如下左图所示。
当MIRRTEXT的值为1，则镜像后的文字翻转180°，变得不可读，如下右图所示。

MIRRTEXT的值为0

MIRRTEXT的值为1

5.2.4 阵列对象

前面介绍的【复制】、【偏移】、【镜像】命令一次只能复制一个图形副本，若想一次复制多个副本，可以执行AutoCAD2018提供的【阵列】命令。【阵列】命令是按照一定规律大量地复制图形，可以一次复制多个图形副本。该命令可以按照矩形、环形和路径三种方法进行快速复制图形。

1. 矩形阵列

矩形阵列是通过设置行数、列数、行偏移和列偏移来选择对象并进行复制。在AutoCAD 2018中，执行【矩形阵列】命令的操作方法有以下几种。

- 利用命令行调用。在命令行中输入ARRAYREC/AR命令，并按下Enter键。
- 利用菜单栏调用。在菜单栏中执行【修改】>【阵列】>【矩形阵列】 命令。
- 利用功能区调用。在【常用】选项卡下，单击【修改】面板中的【矩形阵列】按钮。
- 利用工具栏调用。单击【修改】工具栏中的【矩形阵列】按钮。

执行上述任意一种操作，调用【矩形阵列】命令，根据命令行提示指定行数、列数、行间距、列间距，按Enter键，即可完成矩形阵列操作。对应的命令行提示信息如下图所示。

```
命令:
命令: _arrayrect
选择对象: 找到 1 个
选择对象:
类型 = 矩形  关联 = 是
选择夹点以编辑阵列或 [关联(AS)/基点(B)/计数(COU)/间距(S)/列数(COL)/行数(R)/层数(L)/退出(X)] <退出>: COU
输入列数数或 [表达式(E)] <4>: 4
输入行数数或 [表达式(E)] <3>: 3
选择夹点以编辑阵列或 [关联(AS)/基点(B)/计数(COU)/间距(S)/列数(COL)/行数(R)/层数(L)/退出(X)] <退出>: S
指定列之间的距离或 [单位单元(U)] <30>: 40
指定行之间的距离 <30>:45
选择夹点以编辑阵列或 [关联(AS)/基点(B)/计数(COU)/间距(S)/列数(COL)/行数(R)/层数(L)/退出(X)] <退出>:
键入命令
```

【矩形阵列】命令行提示信息

在【矩形阵列】命令行中各选项的含义介绍如下。

- 关联（S）：指定阵列中对象是关联的还是独立的。
- 基点（B）：定义阵列基点和基点夹点的位置。
- 计数（COU）：指定行数和列数并使用户在移动光标时可以动态观察阵列结果。
- 间距（S）：指定行间距和列间距并使用户在移动光标时可以动态观察结果。
- 列数（COL）：编辑列数和列间距。

- 行数（R）：指定行阵列中的行数、它们之间的距离以及行之间的增量标高。
- 层数（L）：指定三维阵列的层数和层间距。

下面举例介绍【矩形阵列】命令的应用方法，具体如下。

Step 01 执行【矩形阵列】命令后，根据命令行提示选择要阵列的对象，如下图所示。

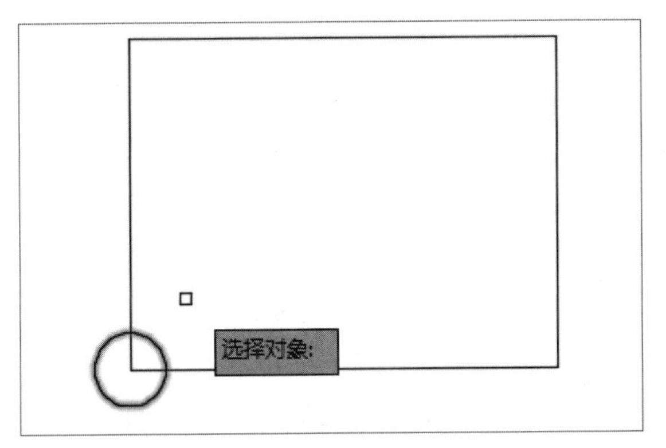

选择阵列对象

Step 02 根据命令行提示在命令行输入COU，如下图所示。

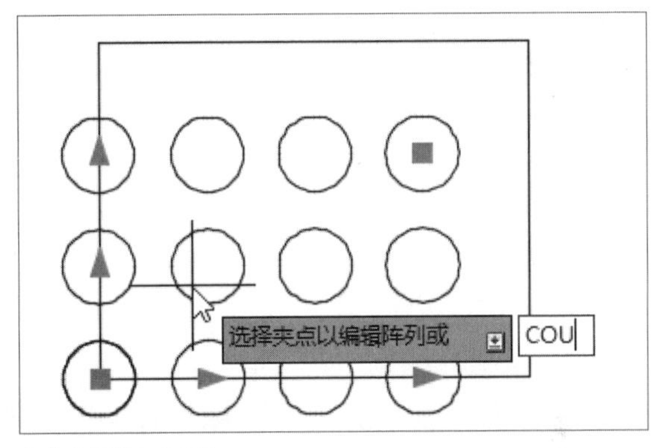

在命令行输入COU

Step 03 按Enter键，根据命令行提示输入列数4，如下图所示。

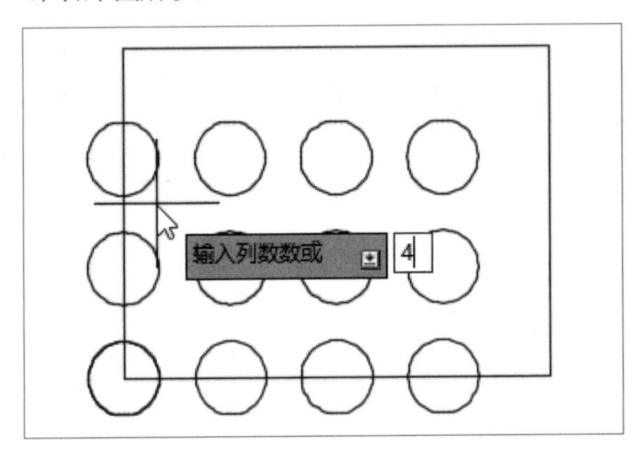

指定列数

Step 04 按Enter键，根据命令行提示输入行数3，如下图所示。

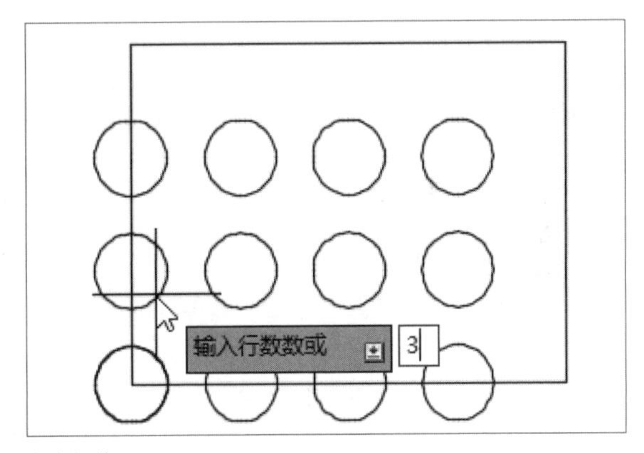

指定行数

Step 05 按Enter键，根据命令行提示在命令行输入S，如下图所示。

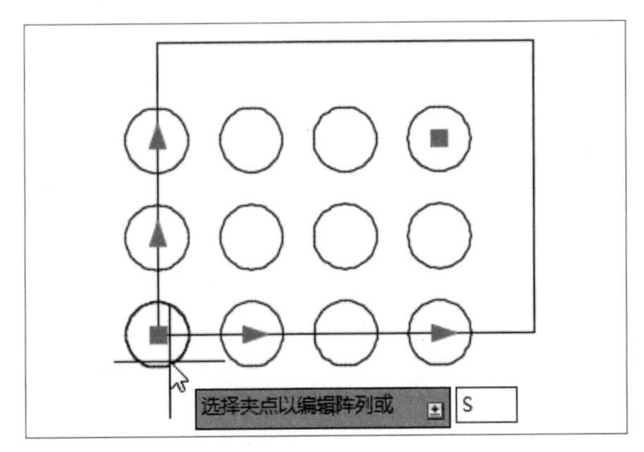

在命令行输入S

Step 06 按Enter键，根据命令行提示输入指定列之间的距离为40，如下图所示。

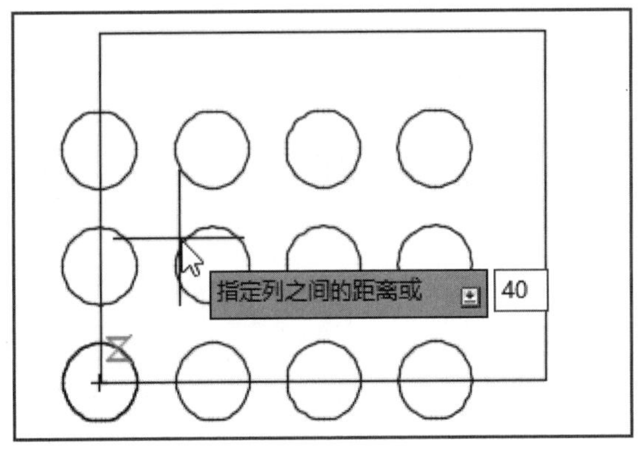

指定列间距

Step 07 按Enter键，根据命令行提示输入指定行之间的距离为45，如下图所示。

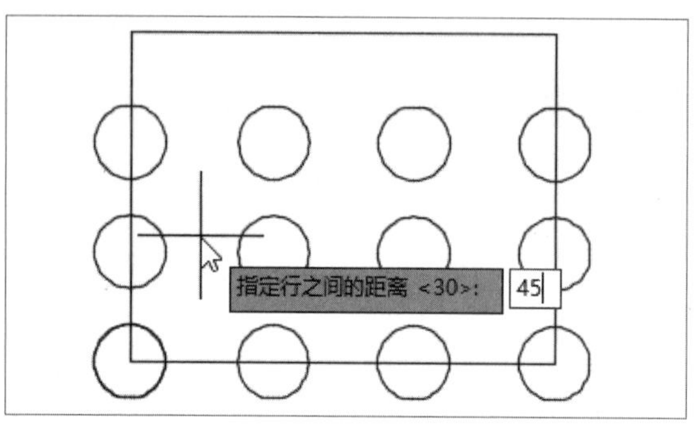

指定行之间间距

Step 08 按Enter键，完成矩形阵列，效果如下图所示。

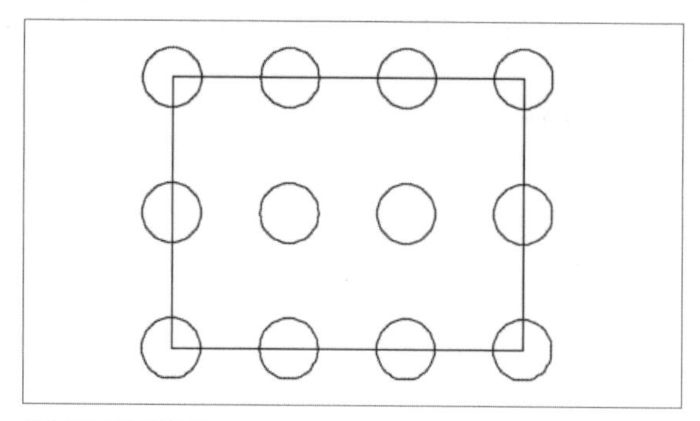

查看矩形阵列效果

执行【矩形阵列】命令后，在功能区会打开【阵列创建】选项卡，在该选项卡中，用户可以对阵列后的图形进行编辑修改。

默认 插入 注释 参数化 视图 管理 输出 附加模块 A360 精选应用 阵列创建

类型	列		行		层级		特性	关闭
矩形	列数:	4	行数:	3	级别:	1	关联 基点	关闭阵列
	介于:	40	介于:	45	介于:	1		
	总计:	120	总计:	90	总计:	1		

【阵列创建】选项卡

操作提示：反方向阵列

在矩形阵列的过程中，如果希望阵列的图形往相反的方向复制，则在列数或者行数前面加【-】符号即可。

2. 环形阵列

环形阵列是围绕某个中心点或者旋转轴形成的环形图案平均分布的对象副本。在AutoCAD 2018中，执行【环形阵列】命令的操作方法有以下几种。

- 利用命令行调用。在命令行中输入ARRAYREC/AR命令，并按下Enter键。
- 利用菜单栏调用。在菜单栏中执行【修改】>【阵列】>【环形阵列】命令。
- 利用功能区调用。在【常用】选项卡下，单击【修改】面板中的【环形阵列】按钮。
- 利用工具栏调用。单击【修改】工具栏中的【环形阵列】按钮。

执行上述任意一种操作，调用【环形阵列】命令，根据命令行提示指定阵列中心并输入阵列数目值，即可完成环形阵列操作。阵列前后的效果，如下图所示。

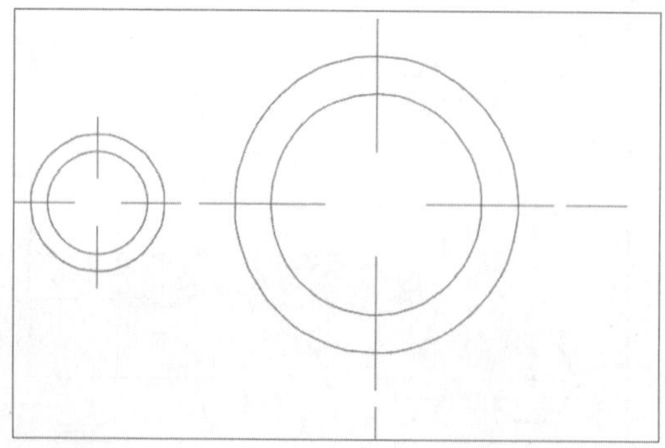

环形阵列前

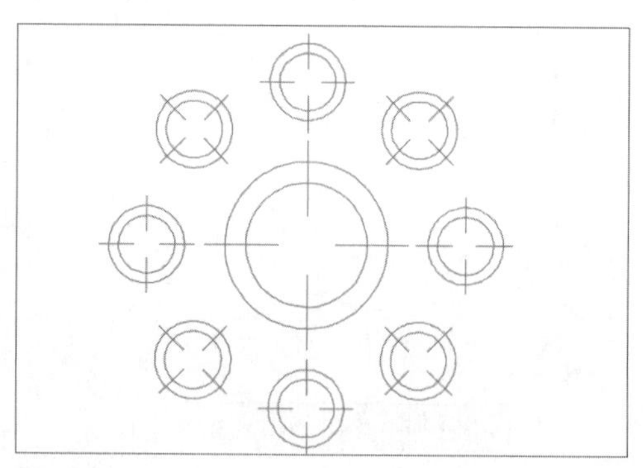

环形阵列后

调用【环形阵列】命令时，对应的命令行提示信息如下图所示。

```
命令:
命令: _arraypolar
选择对象: 找到 1 个
选择对象: 指定对角点: 找到 6 个 (1 个重复), 总计 6 个
选择对象:
类型 = 极轴  关联 = 是
指定阵列的中心点或 [基点(B)/旋转轴(A)]:
选择夹点以编辑阵列或 [关联(AS)/基点(B)/项目(I)/项目间角度(A)/填充角度(F)/行(ROW)/层(L)/旋转项目(ROT)/退出(X)]
<退出>: I
输入阵列中的项目数或 [表达式(E)] <6>: 8
选择夹点以编辑阵列或 [关联(AS)/基点(B)/项目(I)/项目间角度(A)/填充角度(F)/行(ROW)/层(L)/旋转项目(ROT)/退出(X)]
<退出>: *取消*
键入命令
```

【环形阵列】命令行提示信息

在【环形阵列】命令行中各主要选项的含义介绍如下。

- 基点（B）：指定阵列的基点
- 填充角度：指定对象环形阵列的总角度。
- 旋转项目：控制阵列项时是否旋转项。

执行【环形阵列】命令后，在功能区会打开【阵列创建】选项卡，在该选项卡中，用户可以对阵列后的图形进行编辑修改。

【阵列创建】选项卡

3. 路径阵列

路径阵列是指根据指定的路径进行的阵列，例如曲线、弧线、折线等开放性线段。在AutoCAD 2018中，执行【路径阵列】命令的操作方法有以下几种。

- 利用命令行调用。在命令行中输入ARRAYREC/AR命令，并按下Enter键。
- 利用菜单栏调用。在菜单栏中执行【修改】>【阵列】>【路径阵列】命令。
- 利用功能区调用。在【常用】选项卡下，单击【修改】面板中的【路径阵列】按钮。
- 利用工具栏调用。单击【修改】工具栏中的【路径阵列】按钮。

执行上述任意一种操作，调用【路径阵列】命令后，根据命令行提示选择需要阵列的图形对象和阵列路径，然后输入路径阵列数目值，即可完成路径阵列操作，如下图所示。

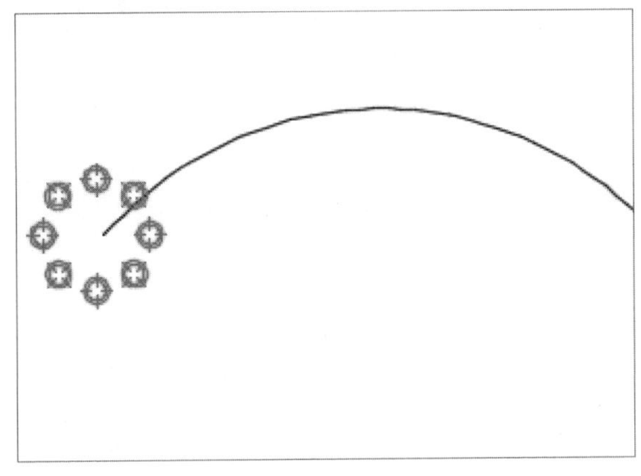

路径阵列前

路径阵列后

执行【路径阵列】命令后，对应的命令行提示信息如下图所示。

```
命令: _arraypath
选择对象: 找到 1 个
选择对象:
类型 = 路径  关联 = 是
选择路径曲线:
选择夹点以编辑阵列或 [关联(AS)/方法(M)/基点(B)/切向(T)/项目(I)/行(R)/层(L)/对齐项目(A)/z 方向(Z)/退出(X)] <
退出>: I
指定沿路径的项目之间的距离或 [表达式(E)] <1353.4733>: 1000
最大项目数 = 4
指定项目数或 [填写完整路径(F)/表达式(E)] <4>:
选择夹点以编辑阵列或 [关联(AS)/方法(M)/基点(B)/切向(T)/项目(I)/行(R)/层(L)/对齐项目(A)/z 方向(Z)/退出(X)] <
退出>:
键入命令
```

【路径阵列】命令行提示信息

在【路径阵列】命令行中各主要选项的含义介绍如下。

- 关联（AS）：指定是否创建阵列对象，或者是否创建选定对象的非关联副本。
- 方法（M）：控制如何沿路径分布项目。
- 基点（B）：指定阵列的基点，阵列中的项目相对于基点放置。
- 切向（T）：指定阵列中的项目如何相对于路径的起始方向对齐。
- 项目（I）：根据【方法】设置，指定项目数或项目之间的距离。
- 对齐项目（A）：指定是否对齐每个项目，以便与路径的方向相切，从而对齐相对于第一个项目的方向。
- Z方向（Z）：控制是否保持项目的原始Z方向或沿三维路径自然倾斜项目。

执行【路径阵列】命令后，在功能区会打开【阵列创建】选项卡，在该选项卡中，用户可以对阵列后的图形进行编辑修改。

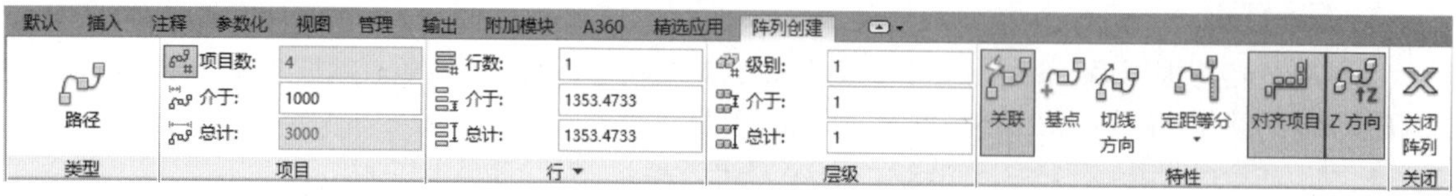

【阵列创建】选项卡

5.3 图形对象的修改

图形对象绘制完成后，用户可以根据需要对图形进行相应的修改操作。AutoCAD 2018提供了多种修改命令，包括【倒角】、【倒圆角】、【分解】、【合并】、【打断】等，本节将对这些命令的应用方法进行详细介绍。

5.3.1 图形倒角

【倒角】命令可以将两个不平行的线用斜角边连接起来，在AutoCAD 2018中，可用于【倒角】命令操作的对象有直线、射线、多段线等。常用的调用【倒角】命令的方法有以下几种。

- 利用命令行调用。在命令行中输入CHAMFER/CHA命令，并按下Enter键。
- 利用菜单栏调用。在菜单栏中执行【修改】>【倒角】 命令，如下左图所示。
- 利用功能区调用。在【默认】选项卡下，单击【修改】面板中的【倒角】按钮，如下右图所示。

- 利用工具栏启动。单击【修改】工具栏中的【倒角】按钮。

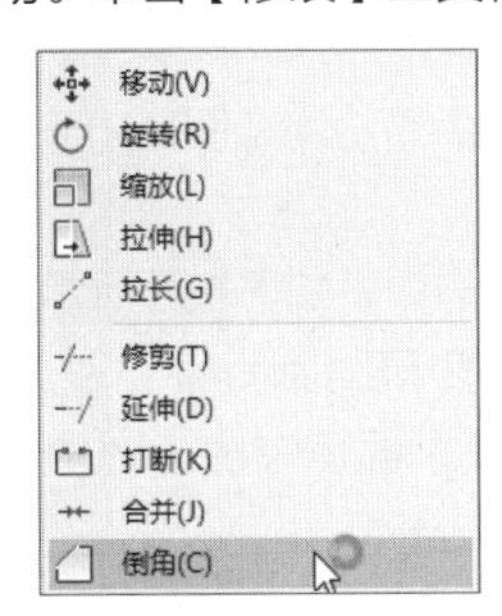

菜单栏执行

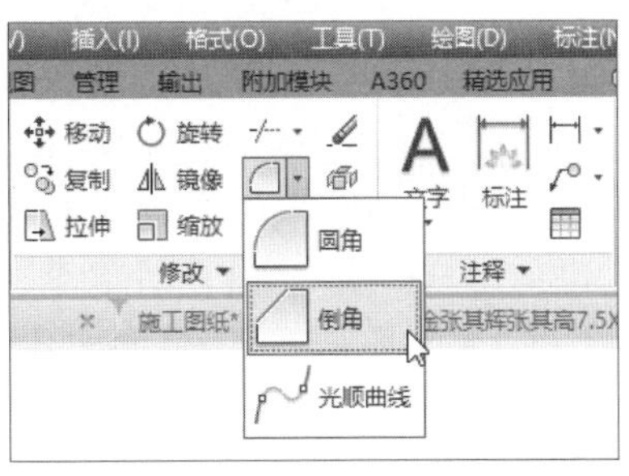

功能区执行

执行上述任意一种操作，都可以调用【倒角】命令，根据命令行提示，设置好两条倒角边的距离，然后选择需要倒角的边即可。查看倒角前后效果，如下图所示。

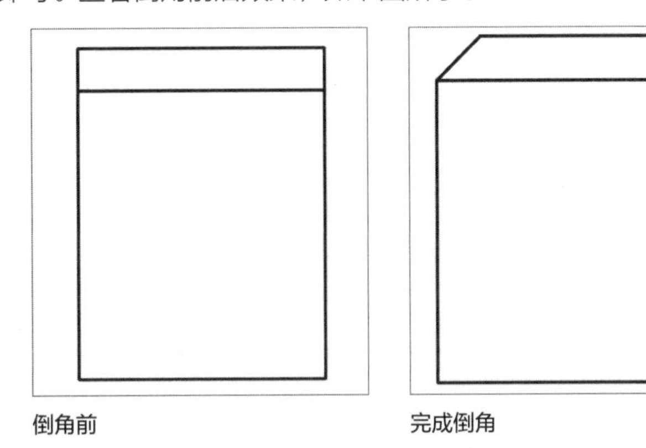

倒角前　　完成倒角

调用【倒角】命令进行图形编辑时，对应的命令行提示信息如下图所示。

```
命令: _chamfer
("修剪"模式) 当前倒角距离 1 = 0.0000, 距离 2 = 0.0000
选择第一条直线或 [放弃(U)/多段线(P)/距离(D)/角度(A)/修剪(T)/方式(E)/多个(M)]:  D
指定 第一个 倒角距离 <0.0000>: 150
指定 第二个 倒角距离 <150.0000>:
选择第一条直线或 [放弃(U)/多段线(P)/距离(D)/角度(A)/修剪(T)/方式(E)/多个(M)]:
选择第二条直线, 或按住 Shift 键选择直线以应用角点或 [距离(D)/角度(A)/方法(M)]:
命令:  CHAMFER
("修剪"模式) 当前倒角距离 1 = 150.0000, 距离 2 = 150.0000
选择第一条直线或 [放弃(U)/多段线(P)/距离(D)/角度(A)/修剪(T)/方式(E)/多个(M)]:
选择第二条直线, 或按住 Shift 键选择直线以应用角点或 [距离(D)/角度(A)/方法(M)]:
键入命令
```

【倒角】命令行提示信息

在【倒角】命令行中各主要选项的含义介绍如下。

- 放弃（U）：用于取消倒角命令。
- 多段线（P）：以当前设置的倒角大小来对多段线执行倒角操作。
- 距离（D）：设置倒角的距离尺寸。
- 角度（A）：设置倒角的角度。
- 修剪（T）：控制CHAMFER是否将选定的边修剪到倒角直线的端点。
- 方式（E）：控制CHAMFER是使用两个距离、一个距离还是一个距离一个角度来创建倒角。
- 多个（M）：为多组对象的边倒角。

操作提示：不体现倒角效果

当用户执行倒角操作后，看不出倒角效果或者不能执行倒角操作时，说明倒角距离或者角度过大或过小。

5.3.2 图形倒圆角

【圆角】命令与【倒角】命令相似，不同的是【圆角】命令是将两个图形对象以圆弧边连接起来。在AutoCAD 2018中，调用【圆角】命令的方法有以下几种。

- 利用菜单栏调用。在菜单栏中执行【修改】>【圆角】命令，如下左图所示。
- 利用命令行调用。在命令行中输入FILLET/F命令，并按下Enter键。
- 利用功能区调用。在【默认】选项卡下，单击【修改】面板中的【圆角角】按钮，如下右图所示。
- 利用工具栏调用。单击【修改】工具栏中的【圆角】按钮。

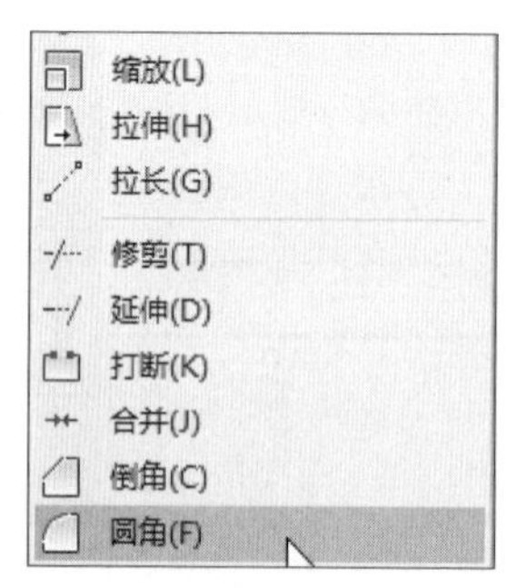

利用菜单栏执行

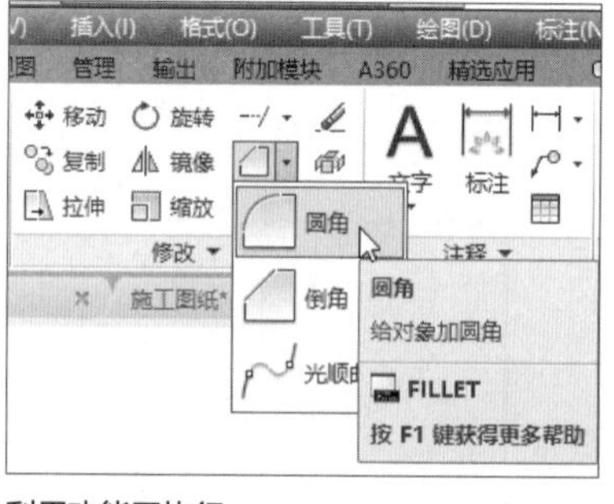

利用功能区执行

执行上述任意一种操作，都可以执行【圆角】命令，根据命令行提示，设置好圆角半径，然后选择需要倒圆角的边即可。查看倒圆角前后的效果，如下图所示。

倒圆角前

完成倒圆角操作

调用【圆角】命令进行图形编辑时，对应的命令行提示信息如下图所示。

```
命令:
命令: fillet
当前设置: 模式 = 修剪, 半径 = 50.0000
选择第一个对象或 [放弃(U)/多段线(P)/半径(R)/修剪(T)/多个(M)]: R
指定圆角半径 <50.0000>: 100
选择第一个对象或 [放弃(U)/多段线(P)/半径(R)/修剪(T)/多个(M)]:
选择第二个对象, 或按住 Shift 键选择对象以应用角点或 [半径(R)]:
命令: FILLET
当前设置: 模式 = 修剪, 半径 = 100.0000
选择第一个对象或 [放弃(U)/多段线(P)/半径(R)/修剪(T)/多个(M)]:
选择第二个对象, 或按住 Shift 键选择对象以应用角点或 [半径(R)]:
命令: FILLET
当前设置: 模式 = 修剪, 半径 = 100.0000
选择第一个对象或 [放弃(U)/多段线(P)/半径(R)/修剪(T)/多个(M)]:
键入命令
```

【圆角】命令行提示信息

在【圆角】命令行中各主要选项的含义介绍如下。

- 放弃（U）：取消圆角命令。
- 多段线（P）：以当前设置的圆角大小来对多段线执行圆角命令。
- 半径（R）：设置圆角命令的半径。
- 修剪（T）：圆角后是否保留原拐角边，输入【N】表示不进行修剪，输入【T】表示进行修剪。
- 多个（M）：对多个图形对象进行圆角操作。

5.3.3 分解图形

若要对一些由多个对象组合而成的图形对象、外部引用的块以及阵列对象进行编辑，就需要先调用【分解】将其分解，才能再调用其他命令执行编辑操作。

在AutoCAD 2018中，常用的调用【分解】命令的方法有以下几种。

- 利用命令行调用。在命令行中输入EXPLODE/X命令，并按下Enter键。
- 利用菜单栏调用。在菜单栏中执行【修改】>【分解】 命令。
- 利用功能区调用。在【默认】选项卡下，单击【修改】面板中的【分解】按钮。
- 利用工具栏调用。单击【修改】工具栏中的【分解】按钮。

执行上述任意一种操作调用【分解】命令后，根据命令行提示，选择需要分解的对象并按Enter键，即可以对象分解。查看分解前后的对比效果，如下图所示。

图形分解前

图形分解后

5.3.4 合并图形

执行【合并】命令，可以将相似的图形对象合并为一个图形对象，合并的对象可以为直线段、圆弧、椭圆弧、多段线和样条曲线等。

在AutoCAD 2018中，常用的调用【合并】命令的方法有以下几种。

- 利用命令行调用。在命令行中输入JOIN/J命令，并按下Enter键。
- 利用菜单栏调用。在菜单栏中执行【修改】>【合并】 命令。
- 利用功能区调用。在【默认】选项卡下，单击【修改】面板中的【合并】按钮。
- 利用工具栏调用。单击【修改】工具栏中的【合并】按钮。

执行上述任意一种操作调用【合并】命令后，根据命令行提示，选择需要合并的对象并按Enter键，即可完成合并操作。对应的命令行提示信息如下图所示。

命令:
命令: _join
选择源对象或要一次合并的多个对象: 指定对角点: 找到 2 个
选择要合并的对象:
2 条直线已合并为 1 条直线
键入命令

【合并】命令行提示信息

操作提示：执行【合并】命令时注意事项

合并直线时，所要合并的所有直线必须共线，即位于同一无限长的直线上。
合并两条或多条圆弧时，将从源对象开始沿逆时针方向合并圆弧。
合并多个线段时，其对象可以是直线、多段线或圆弧，但是各个对象间不能有间隙，且必须位于同一平面上。

5.3.5 打断图形

执行【打断】命令可以将一个对象打断成两个具有同一端点的对象，或者将图形对象在指定两点之间的部分删除。在AutoCAD 2018中，常用的调用【打断】命令的方法有以下几种。

- 利用命令行调用。在命令行中输入BREAK/BR命令，并按下Enter键。
- 利用菜单栏调用。在菜单栏中执行【修改】>【打断】 命令。
- 利用功能区调用。在【默认】选项卡下，单击【修改】面板中的【打断】按钮。
- 利用工具栏调用。单击【修改】工具栏中的【打断】按钮。

执行上述任意一种操作，都可调用【打断】命令，根据命令行提示，选择需要打断的对象并选择两点作为打断点，即可完成打断操作。打断前后的对比效果，如下图所示。

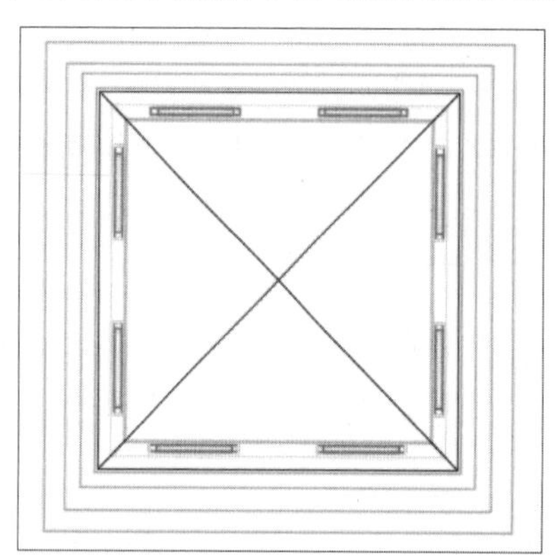

图形打断前效果

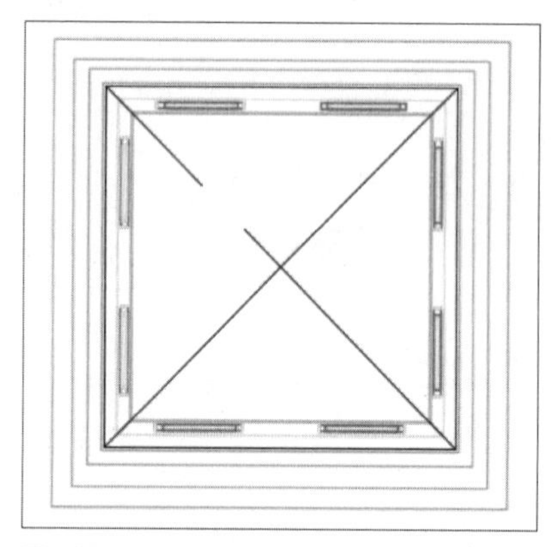

图形打断后效果

调用【打断】命令后，对应的命令行提示信息如下图所示。

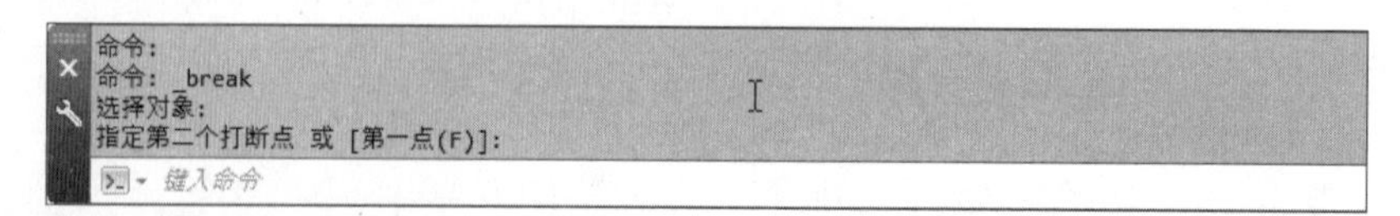

命令:
命令: _break
选择对象:
指定第二个打断点 或 [第一点(F)]:
键入命令

【打断】命令行提示信息

操作提示：自定义打断点位置

默认情况下，选择线段后系统自动将选择点设置为第一点，然后根据需要选择下一断点。用户也可以自定义第一、二断点位置：调用【打断】命令并选择打断的线段，然后在命令行中输入F并按Enter键。这时用户选择需要的第一断点和第二断点，即可完成打断操作。

5.4 图形位置与大小的改变

用户在利用AutoCAD进行图形绘制时，若需要针对图形的位置 、大小、方向、尺寸等进行调整，可以使用【移动】、【旋转】、【缩放】、【拉伸】等命令来完成相关操作，从而绘制出理想的图形对象。

5.4.1 移动图形

移动图形只是将所选对象的位置进行平移，并不改变图形的大小、方向和倾斜角度。在AutoCAD 2018中，调用【移动】命令的方法有以下几种。

- 利用命令行调用。在命令行中输入MOVE/MO命令，并按下Enter键。
- 利用菜单栏调用。在菜单栏中执行【修改】>【移动】 命令。
- 利用功能区调用。在【默认】选项卡下，单击【修改】面板中的【移动】按钮移动。
- 利用工具栏调用。单击【修改】工具栏中的【移动】按钮移动。

执行上述任意一种操作，都将调用【移动】命令。要完善门廊的绘制，首先应根据命令行提示，选择需要移动的图形对象，并指定移动基点，即可将其移动到新的位置。移动前后的效果对比如下图所示。

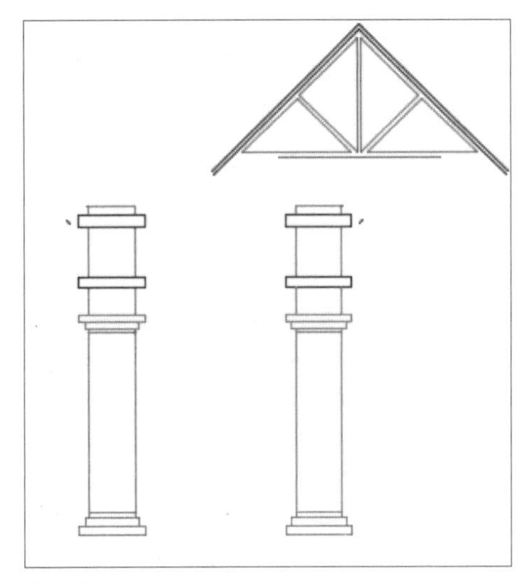
移动前

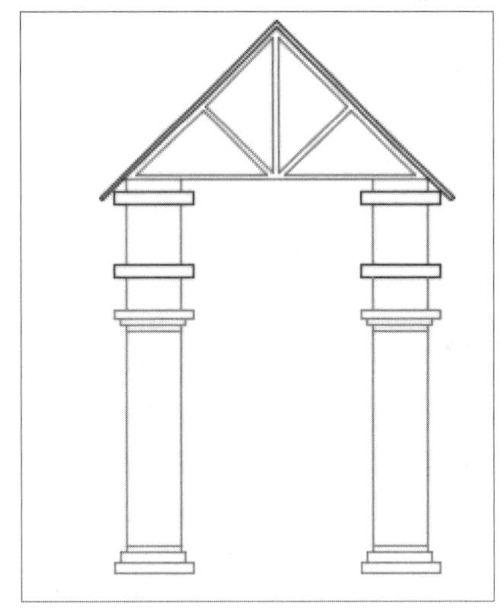
移动后

调用【移动】命令编辑图形时，对应的命令行提示信息如下图所示。

```
命令:
命令: _move
选择对象: 指定对角点: 找到 17 个
选择对象:
指定基点或 [位移(D)] <位移>:
指定第二个点或 <使用第一个点作为位移>:
```

【移动】命令行提示信息

5.4.2 旋转图形

旋转图形操作是将指定对象围绕基点旋转一定的角度。在AutoCAD 2018中，调用【旋转】命令的方法有以下几种。

- 利用命令行调用。在命令行中输入ROTATE/RO命令，并按下Enter键。
- 利用菜单栏调用。在菜单栏中执行【修改】>【旋转】 命令。

- 利用功能区调用。在【默认】选项卡下，单击【修改】面板中的【旋转】按钮旋转。
- 利用工具栏调用。单击【修改】工具栏中的【旋转】按钮旋转。

执行上述任意一种操作，调用【旋转】命令后，根据命令行提示，选择需要旋转的图形对象，并指定旋转基点，即可完成图形对象的旋转操作，对比效果如下图所示。

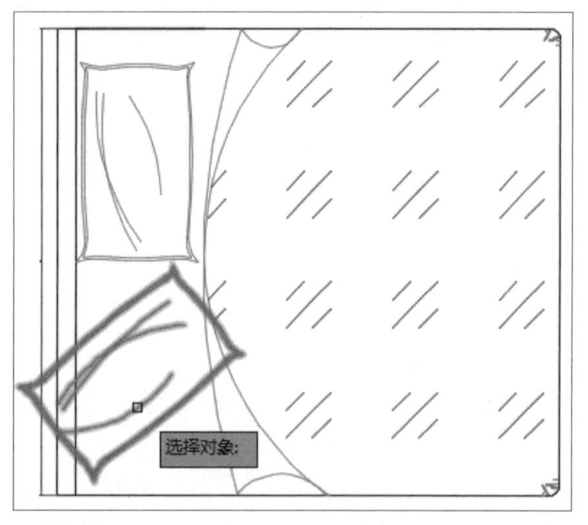

选择旋转对象

完成【旋转】操作

执行【旋转】命令时，对应的命令行提示信息如下图所示。

```
命令: _rotate
UCS 当前的正角方向:  ANGDIR=逆时针  ANGBASE=0
选择对象: 找到 1 个
选择对象:
指定基点:
指定旋转角度, 或 [复制(C)/参照(R)] <326>:
键入命令
```

【旋转】命令行提示信息

下面对【旋转】命令行中各主要选项的含义进行介绍，具体如下。

- 复制（C）：旋转并保留源图形对象。
- 参照（R）：以某一指定角度为基准再进行旋转
- 点（P）：在绘图区使用光标指定新角度的起点与终点。

操作提示：旋转角度的正负方向

默认情况下在执行【旋转】命令时，以逆时针为正，顺时针为负。

5.4.3 修剪图形

使用【修剪】命令可以对图形对象中不需要的部分进行剪切。在AutoCAD 2018中，调用【修剪】命令的方法有以下几种。

- 利用命令行调用。在命令行中输入TRIM/TR命令，并按下Enter键。
- 利用菜单栏调用。在菜单栏中执行【修改】>【修剪】命令。
- 利用功能区调用。在【默认】选项卡下，单击【修改】面板中的【修剪】按钮。
- 利用工具栏调用。单击【修改】工具栏中的【修剪】按钮。

执行上述任意一种操作调用【修剪】命令后，根据命令行提示，先选择需要修剪的边，按Enter键，再选择需要修剪的线段即可，效果如下图所示。

选择修剪边

完成【修剪】操作

执行【修剪】命令时，对应的命令行提示信息如下图所示。

```
命令:
命令:  trim
当前设置:投影=UCS, 边=无
选择剪切边...
选择对象或 <全部选择>:  找到 1 个
选择对象: 找到 1 个, 总计 2 个
选择对象: 找到 1 个, 总计 3 个
选择对象: 找到 1 个, 总计 4 个
选择对象:
选择要修剪的对象, 或按住 Shift 键选择要延伸的对象, 或
[栏选(F)/窗交(C)/投影(P)/边(E)/删除(R)/放弃(U)]:  指定对角点: 指定对角点:
键入命令
```

【修剪】命令行提示信息

下面对【修剪】命令行中各主要选项的含义进行介绍，具体如下。

- 栏选（F）：选择与选择栏相交的所有对象。选择栏是一系列临时线段，它们是用两个或多个栏选点指定的。选择栏不构成闭合环。
- 窗交（C）：选择矩形区域（由两点确定）内部或与之相交的对象。
- 投影（P）：指定修剪对象时使用投影方式。
- 边（E）：确定对象是在另一对象的延长边上进行修剪。输入【E】表示当前边太短，而且没有与被修剪的对象相交时自动延伸至修剪边，然后进行修剪；输入【N】表示只有当修剪边与被修剪边对象真正相交时才能执行【修剪】命令。

5.4.4 延伸图形

使用【延伸】命令可以以某些图形为边界，将线段延伸到图形边界处。在AutoCAD 2018中，调用【延伸】命令的方法有以下几种。

- 利用命令行调用。在命令行中输入EXTEND/EX命令，并按下Enter键。
- 利用菜单栏调用。在菜单栏中执行【修改】>【延伸】命令。
- 利用功能区调用。在【默认】选项卡下，单击【修改】面板中的【延伸】按钮，如下左图所示。
- 利用工具栏调用。单击【修改】工具栏中的【延伸】按钮。

执行上述任意一种操作调用【延伸】命令后，根据命令行提示，选择需延伸到的边界，按Enter键，再选择需要延伸的线段即可，效果如下中图和下右图所示。

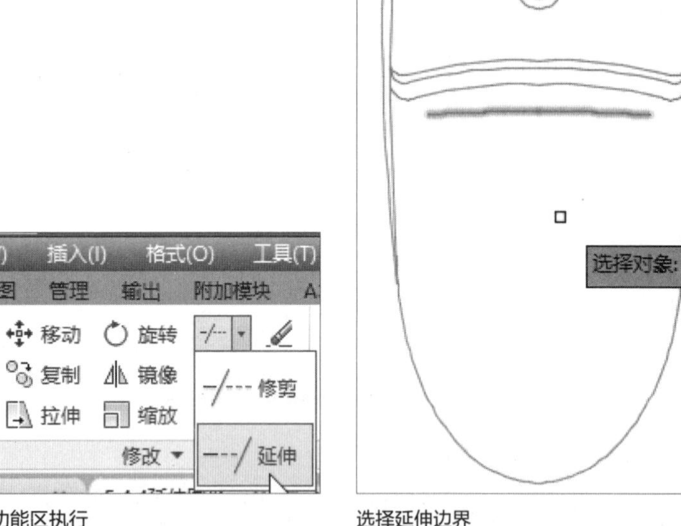

功能区执行

选择延伸边界

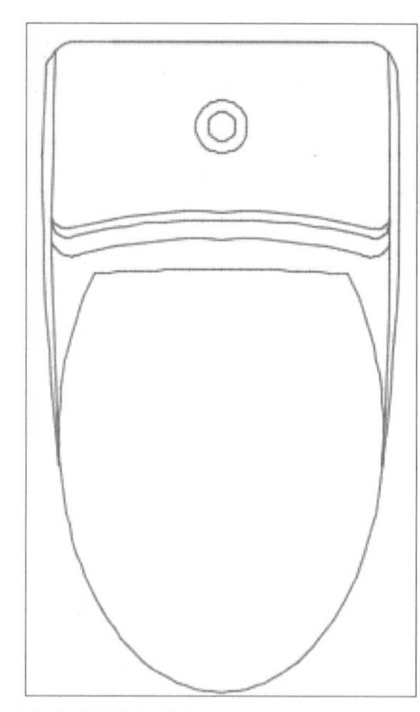

完成【延伸】操作

执行【延伸】命令时，对应的命令行提示信息如下图所示。

```
命令:
命令: _extend
当前设置:投影=UCS, 边=无
选择边界的边...
选择对象或 <全部选择>:  指定对角点: 找到 2 个
选择对象:
选择要延伸的对象, 或按住 Shift 键选择要修剪的对象, 或
[栏选(F)/窗交(C)/投影(P)/边(E)/放弃(U)]:
选择要延伸的对象, 或按住 Shift 键选择要修剪的对象, 或
[栏选(F)/窗交(C)/投影(P)/边(E)/放弃(U)]:
选择要延伸的对象, 或按住 Shift 键选择要修剪的对象, 或
[栏选(F)/窗交(C)/投影(P)/边(E)/放弃(U)]:
键入命令
```

【延伸】命令行提示信息

操作提示：修剪命令与延伸命令的切换

在进行修剪操作时按住Shift键，可转换执行延伸Exteend命令。选择要修剪对象时，若某条线段未于修剪边界相交，则按住Shift键，然后单击该线段，可将其延伸到最近的边界。

5.4.5 拉伸图形

使用【拉伸】命令，可以拉伸和压缩图形对象，拉伸后图形对象与源对象是一个整体，只是长度会发生变化。在AutoCAD 2018中，调用【拉伸】命令的方法有以下几种。

- 利用命令行调用。在命令行中输入STRETCH/S命令，并按下Enter键。
- 利用菜单栏调用。在菜单栏中执行【修改】>【拉伸】命令。
- 利用功能区调用。在【默认】选项卡下，单击【修改】面板中的【拉伸】按钮。
- 利用工具栏调用。单击【修改】工具栏中的【拉伸】按钮。

执行上述任意一种操作调用【拉伸】命令后，根据命令行提示，选择需延伸到的边界，按Enter键，再选择需要延伸的线段即可，效果如下图所示。

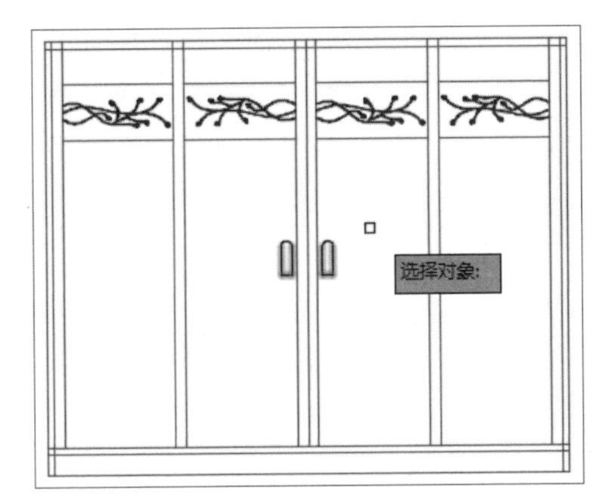

选择拉伸对象

完成【拉伸】操作

执行【拉伸】命令时，对应的命令行提示信息如下图所示。

```
命令: _stretch
以交叉窗口或交叉多边形选择要拉伸的对象...
选择对象: 指定对角点: 找到 3 个
选择对象: 指定对角点: 找到 3 个, 总计 6 个
选择对象:
指定基点或 [位移(D)] <位移>:
指定第二个点或 <使用第一个点作为位移>:  100
键入命令
```

【拉伸】命令行提示信息

操作提示：拉伸图形的注意事项

拉伸选择图形文件需要遵循以下原则：

- 通过单击选择和窗口选择获得的拉伸对象，将只被平移，不被拉伸。
- 通过交叉选择获得的拉伸对象，如果所有夹点都落入框内，图形将发生平移；如果只有部分夹点落入选框内，图形将沿拉伸位移拉伸；如果没有夹点落入选框内，图形将保持不变。

5.5 图案填充的应用

在工程制图中，图案填充主要用于表示各种不同的工程材料，例如在机械零件的剖面图上，为了分清零件的实心部分和空心部分，国标规定被剖切到的部分应绘制填充图案；在建筑剖面图中，为了清楚地表现物体中被剖切的部分，在横截面上应该绘制表示建筑材料的填充图案。图案填充是一种使用图形图案对指定的图形区域进行填充的操作。用户可以根据需要选择图案进行填充，也可以使用渐变色进行填充，填充好的图案也可以进行编辑操作。

5.5.1 图案填充的概念

图案填充是指使用某种图案充满图形中指定的区域。在工程设计中，经常使用图案填充表示机械和建筑剖面，或者建筑规划图中的林地、草坪图例等。

1. 图案边界

边界是由构成封闭区域的对象来确定，用户在进行图案填充时，首先要确定填充图案的边界。而且作为边界的对象，在当前图层中必须全部可见。

2. 孤岛

用户在执行图案填充操作时，通常将位于一个定义好的填充区域内的封闭区域称为孤岛。在调用图案填充命令时，AutoCAD允许用户以拾取点的方式确定填充边界，即在所要填充的区域内任意拾取一点，系统就会自动确定填充边界，同时也确定该边界的孤岛。如果用户以选择对象的方式确定填充边界，则必须确切地选取这些孤岛。

3. 填充方式

在进行图案填充时，需要控制填充的范围，AutoCAD 2018为用户设置了3种填充方式，以实现对填充范围的控制，下面分别进行介绍。

- 普通：该方式从外部边界向内填充，如果遇到内部孤岛，填充将关闭直到遇到另一个孤岛，如下左图所示。
- 外部：该方式从外部边界向内填充。此选项仅填充指定的区域，不会影响内部孤岛，如下中图所示。
- 忽略：选择该方式，对于所有内部的对象，填充图案时将填充这些对象，如下右图所示。

普通填充

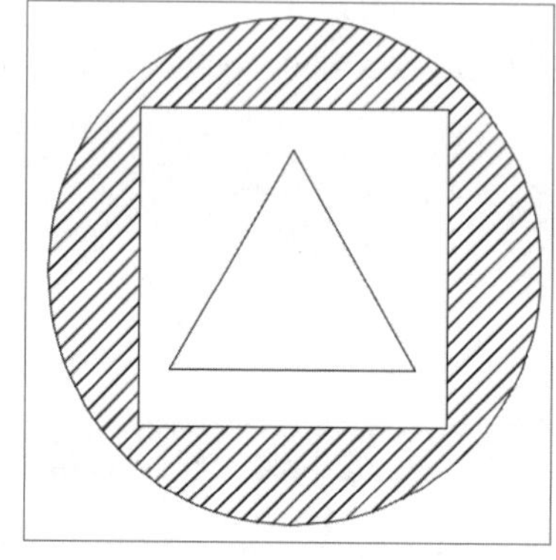
外部填充

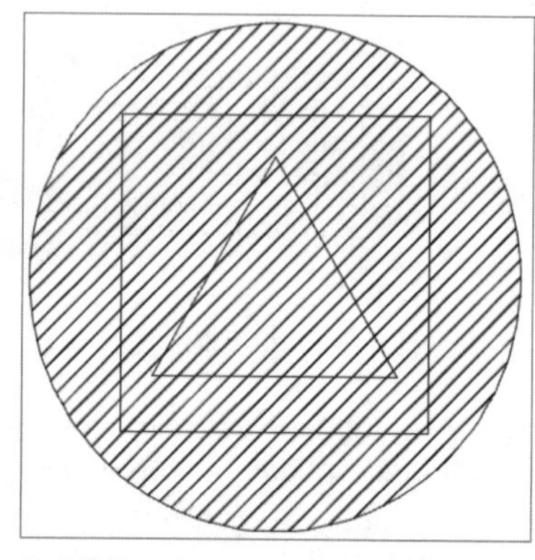
忽略填充

5.5.2 图案填充的应用

在进行图形编辑过程中，用户可以根据需要使用【图案填充】命令来创建图案。在AutoCAD 2018中，调用【图案填充】命令的方法有以下几种。

- 利用命令行调用。在命令行中输入BHATCH/BH命令，并按下Enter键。
- 利用菜单栏调用。在菜单栏中执行【绘图】>【图案填充】 命令。
- 利用功能区调用。在【默认】选项卡下，单击【绘图】面板中的【图案填充】按钮。
- 利用工具栏调用。单击【绘图】工具栏中的【图案填充】按钮。

执行上述任意一种操作调用【图案填充】命令，都将打开【图案填充创建】选项卡，用户可以根据需要选择填充的图案、颜色以及其他选项设置，如下图所示。

【图案填充创建】选项卡

下面将对【图案填充创建】选项卡中各选项面板的含义和应用进行介绍，具体如下。

1.【边界】面板

【边界】面板用于设置拾取点和填充区域的边界，并确定其对象类型。

- 拾取点（K）▣：用于根据图中现有的对象自动确定填充区域的边界。该方式要求这些对象必须构成一个闭合区域。单击该按钮，在闭合区域内拾取一点，系统将自动确定该点的封闭边界，并将边界加粗加亮显示，步骤如下图所示。

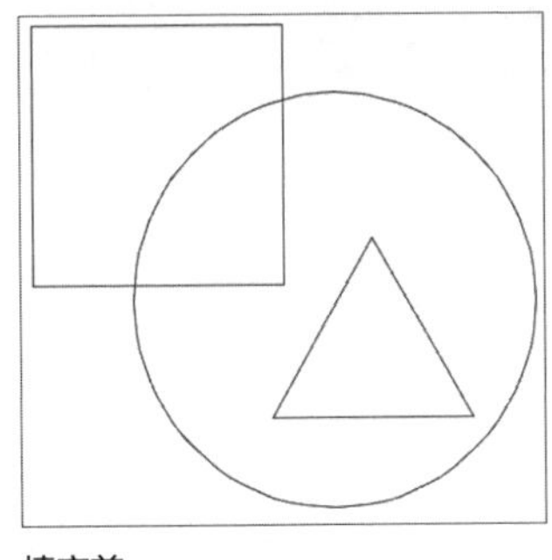
填充前

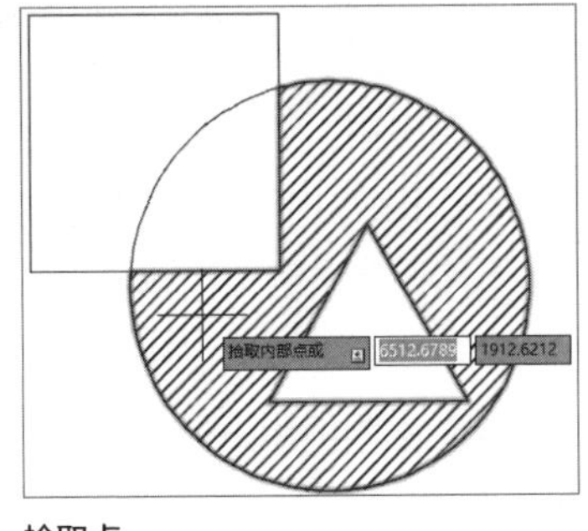

拾取点

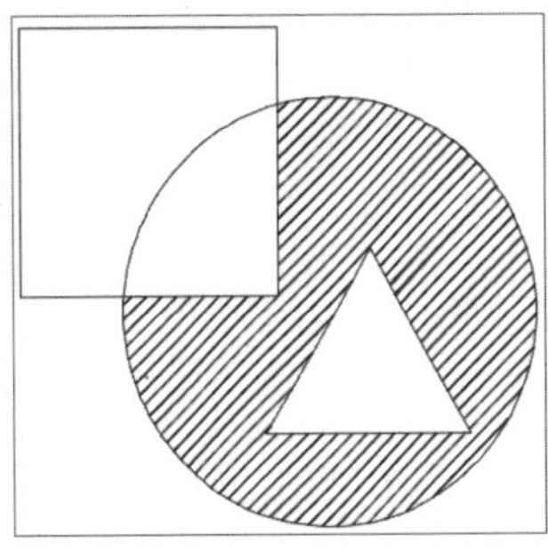
填充后

- 选择（B）▣：以选择对象的方式确定填充区域的边界。用户可以根据需要选择构成填充区域的边界，步骤如下图所示。

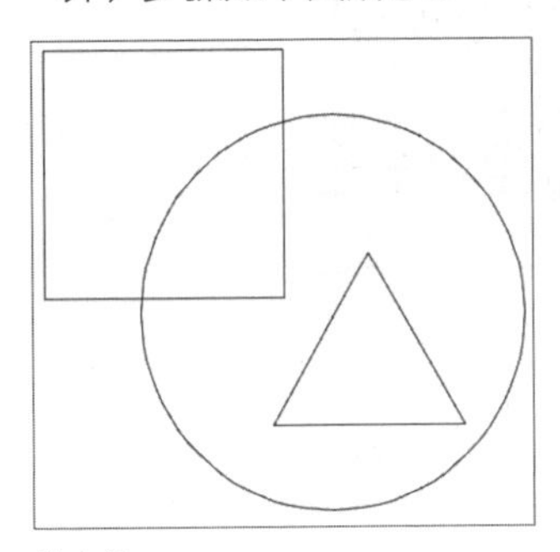
填充前

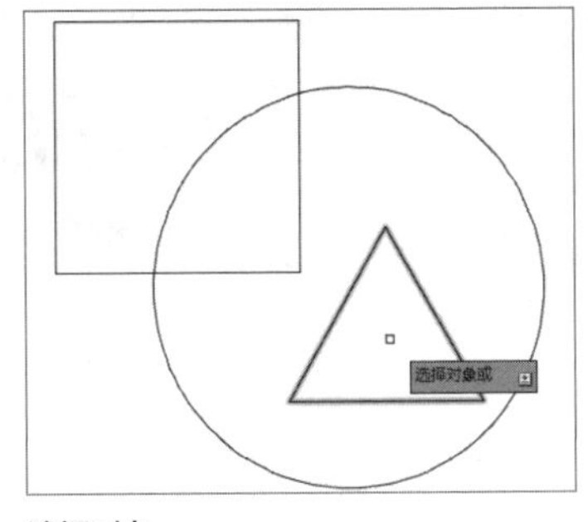

选择对象

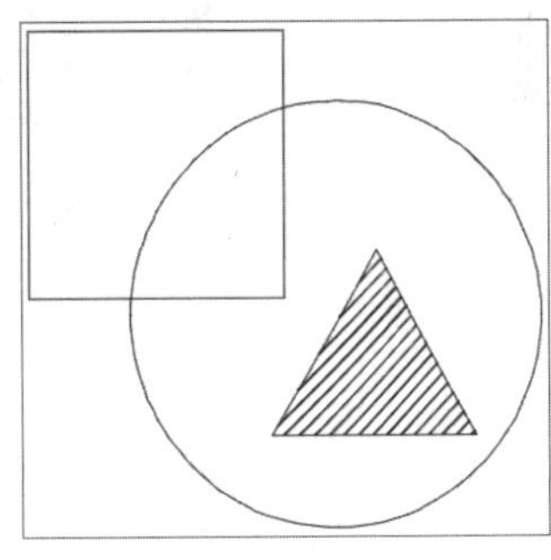
填充后

- 删除（D）：用于从边界定义中删除之前添加的任意对象。
- 重新创建（R）：围绕选定的图形边界或填充对象创建多段线或面域，并使其与图案填充对象相关联。如果未定义图案填充，则此按钮不可选用。

2.【图案】面板

【图案】面板用于指定图案填充的类型和图案。单击其右侧的上三角按钮或者下三角按钮，如下左图所示。在下拉列表中选择所需的预定义图案，如下右图所示。

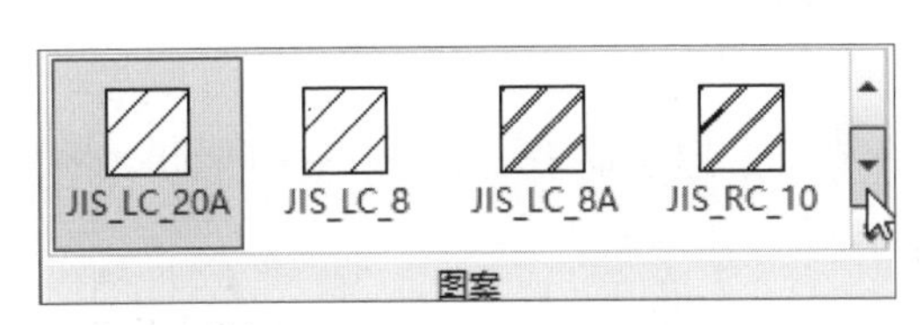

单击下三角按钮

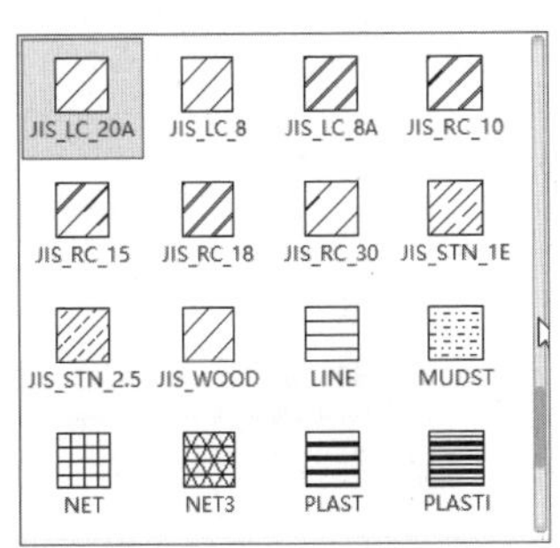

选择图案

3.【特性】面板

【特性】面板用于设置图案填充的方式、颜色、透明度、角度以及填充比例值，包含图案样式、类型、填充颜色和填充比例等，如下左图所示。

- 图案填充类型：用于显示当前图案类型，即设置填充图案的类型，其中包含【实体】、【渐变色】、【图案】和【用户定义】四个选项，如下右图所示。

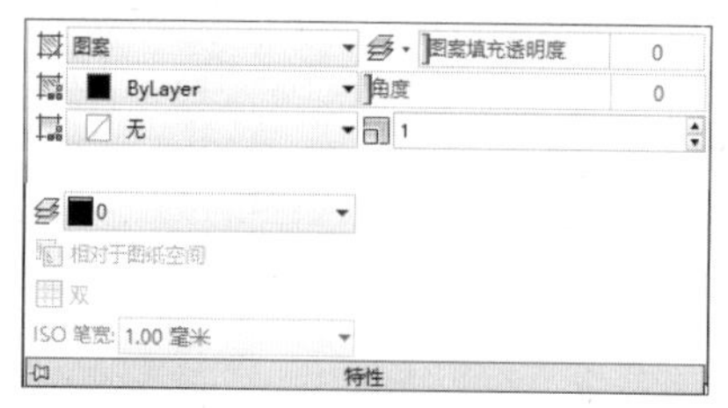

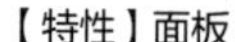
【特性】面板

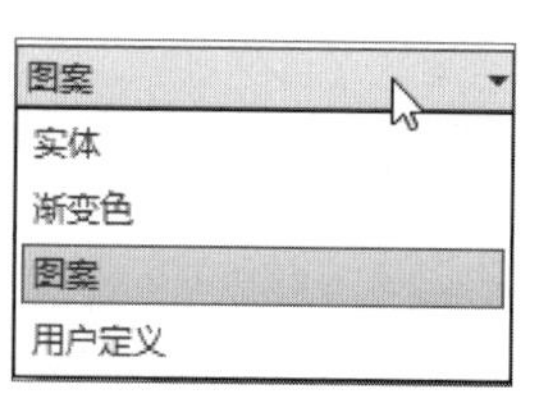

图案填充类型

- 图案填充颜色：用于显示和设置当前图案的填充颜色，单击右侧下拉按钮，系统将显示可选用颜色，如下左图所示。若选择【更多颜色】选项，系统将弹出【选择颜色】对话框，如下右图所示。

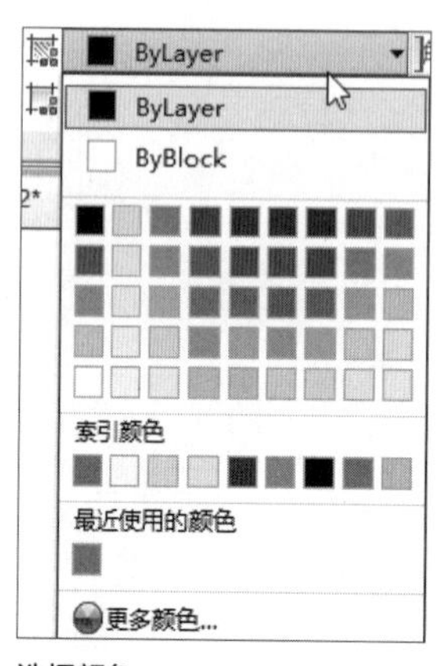

选择颜色

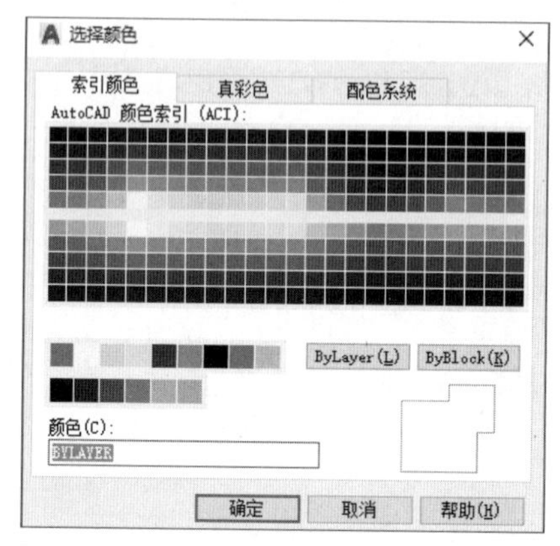

【选择颜色】对话框

- 背景色：用于显示和设置当前填充图案的背景色，单击右侧下拉按钮，在下拉列表中可选择背景颜色，如下左图所示。若选择【更多颜色】选项，系统将弹出【选择颜色】对话框，如下右图所示。

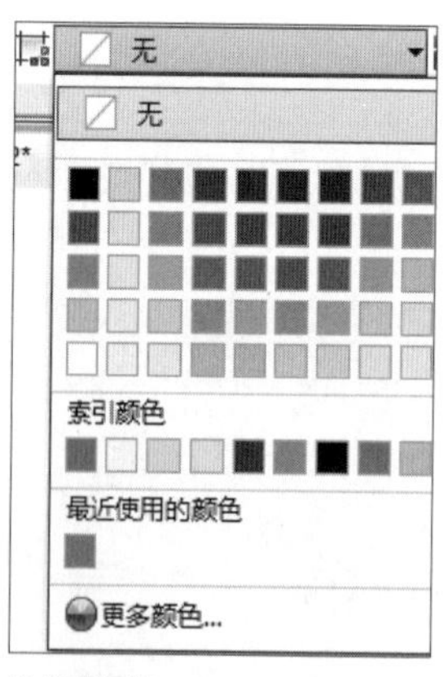

选择背景色

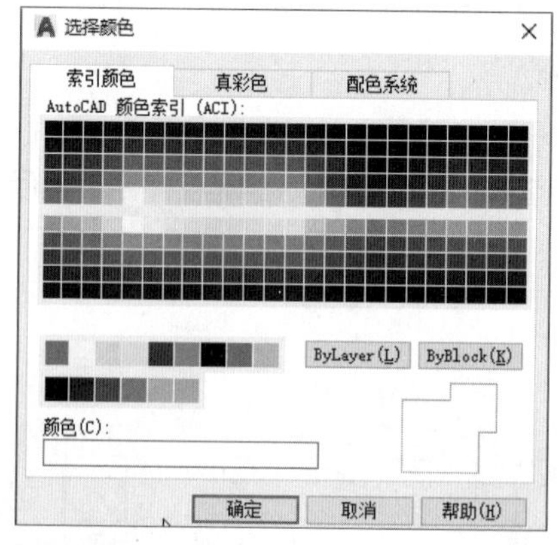

【选择颜色】对话框

- 图案填充透明度：用于设置当前填充图案的透明程度。用户可单击其右侧下拉按钮选择相应的透明度，也可以在右侧数值框中输入相应的透明度参数值。
- 角度 角度 0 ：指定填充图案相对于当前用户坐标系X轴的旋转角度。用户可以在右侧的数值框中直接输入相应的角度值，设置填充样例AR-BRSTD的图案角度为0°和90°时的效果，如下图所示。

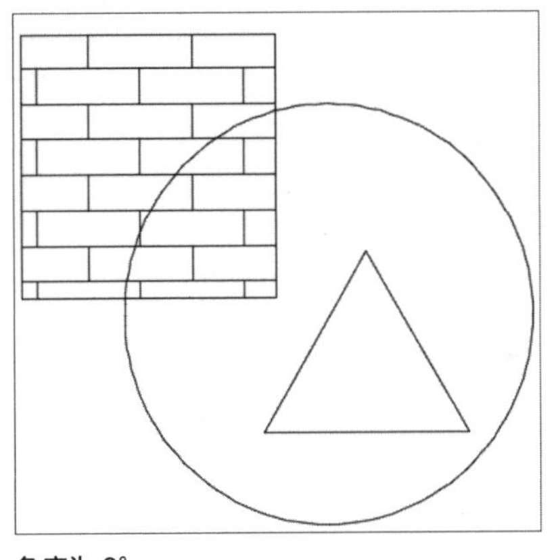

角度为 0°

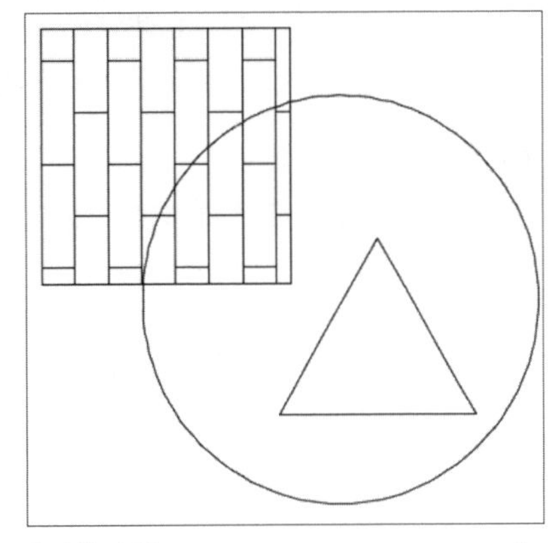

角度为 90°

- 填充图案比例：设置填充图案的缩放比例，以使所填充图案的外观变得更加稀疏，或者紧密。设置填充样例CORK的图案比例为1和10的显示效果，如下图所示。

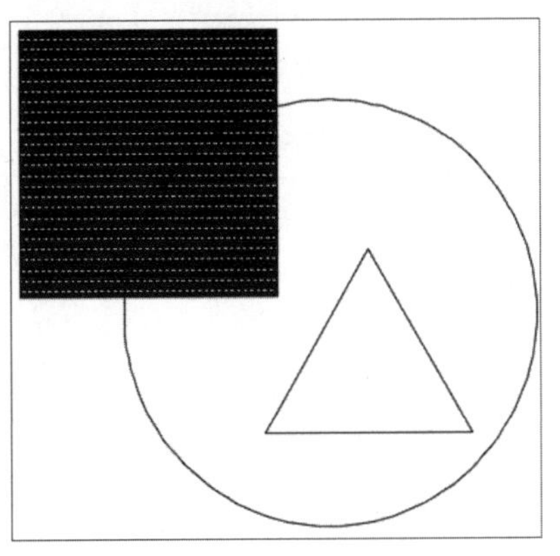

比例为 1

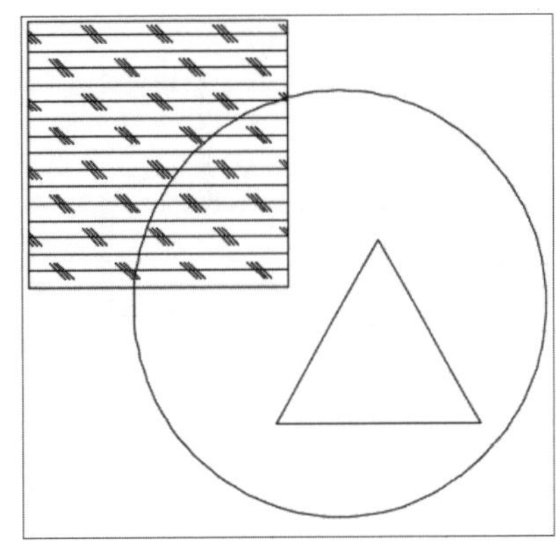

比例为 10

4.【原点】面板

【原点】面板用于确定填充图案的原点。其中包括使用当前原点（为默认原点）左下、左上、右上、右下、中心等，如下图所示。

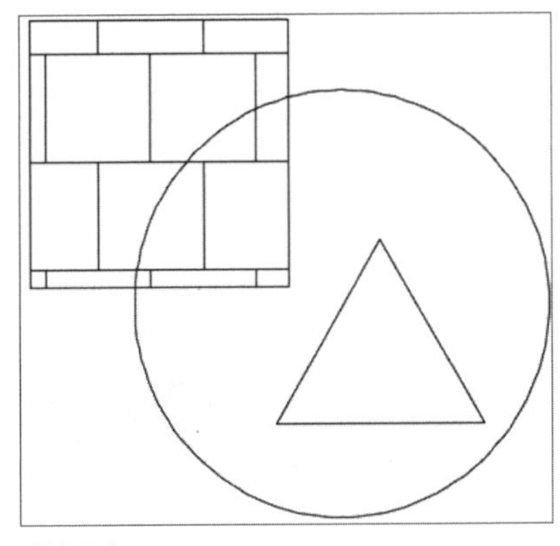

默认原点

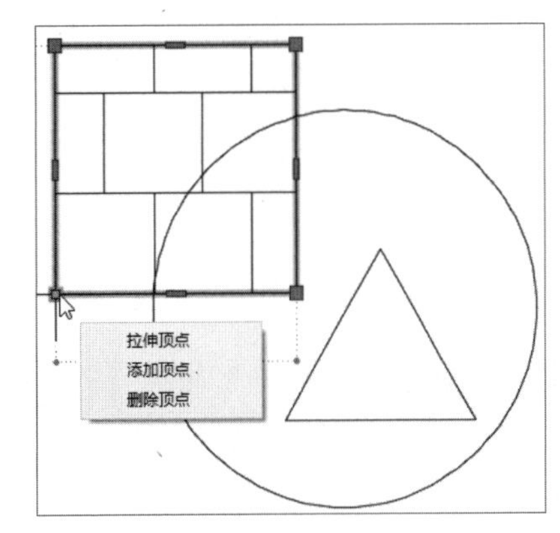

指定左下角为新原点

5.【选项】面板

【选项】面板用于设置填充图案的关联性、注释性及特性匹配。

- 关联：控制用户修改填充图案边界时，是否自动更新图案填充。

- 注释性：指定根据视口比例自动调整填充图案的比例。
- 特性匹配：使用选定的图案填充特性，应用到其他填充图案，图案填充原点除外。

6.【关闭】面板

在【关闭】面板中单击【图案填充创建】按钮，退出该选项卡。

下面以填充客厅地毯的操作为例，具体介绍如何对图形对象进行图案填充。

Step 01 打开素材文件【5.5.2图案填充.dwg】，如下图所示。

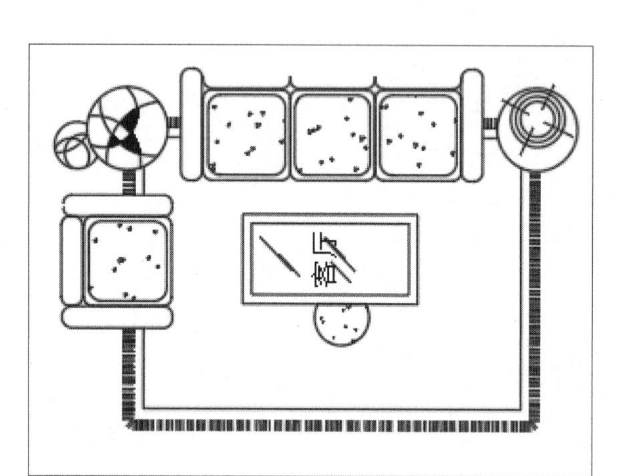

打开素材文件

Step 02 执行【绘图】>【图案填充】命令，在命令行输入T，弹出【图案填充和渐变色】对话框，如下图所示。

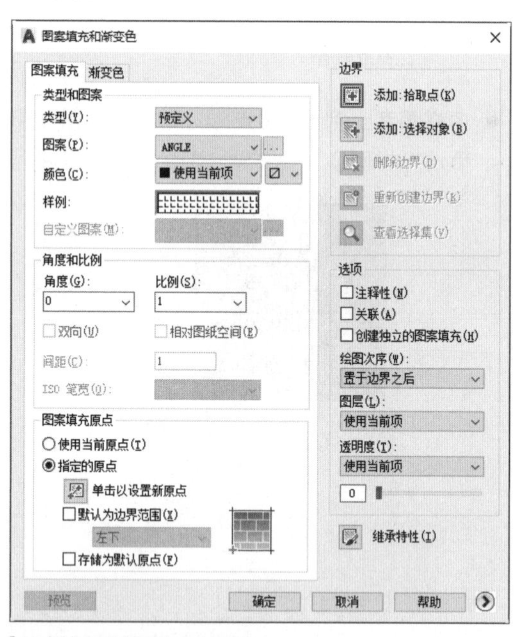

【图案填充和渐变色】对话框

Step 03 在【图案填充】选项卡下单击【图案】选项后的省略号按钮，打开【图案填充选项板】对话框，在【其他预定义】选项卡下选择CROSS图案，并单击【确定】按钮，如下图所示。

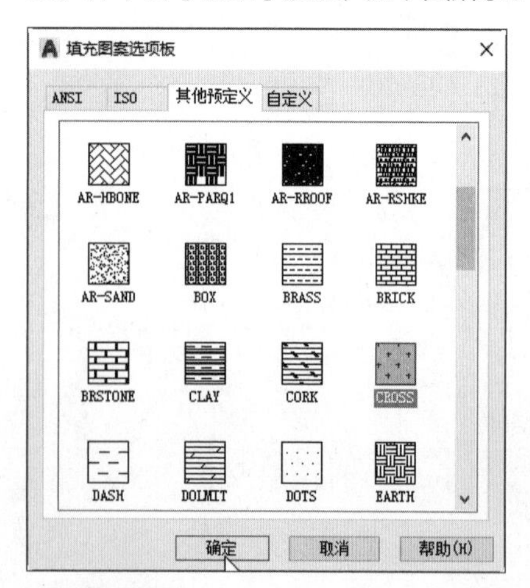

选择填充图案

Step 04 返回到【图案填充和渐变色】对话框，单击【颜色】下拉按钮，在弹出的下拉列表中选择【选择颜色】选项，如下图所示。

选择【选择颜色】选项

Step 05 系统将弹出【选择颜色】对话框，在【索引颜色】选项卡下选择索引颜色151，并单击【确定】按钮，如下图所示。

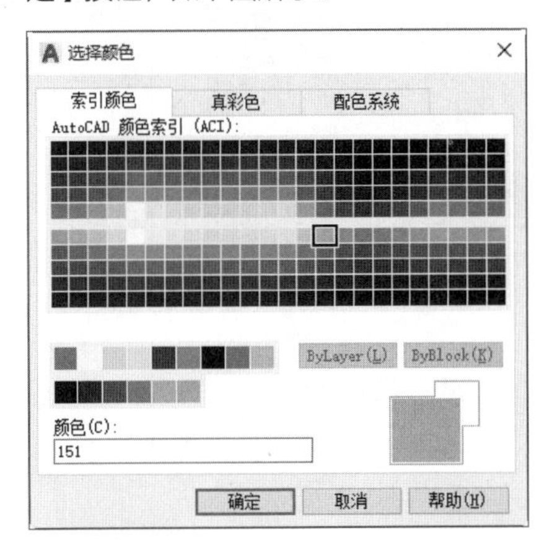

设置颜色

Step 06 返回到【图案填充和渐变色】对话框，在【角度和比例】选项区域的【比例】数值框中输入10，如下图所示。

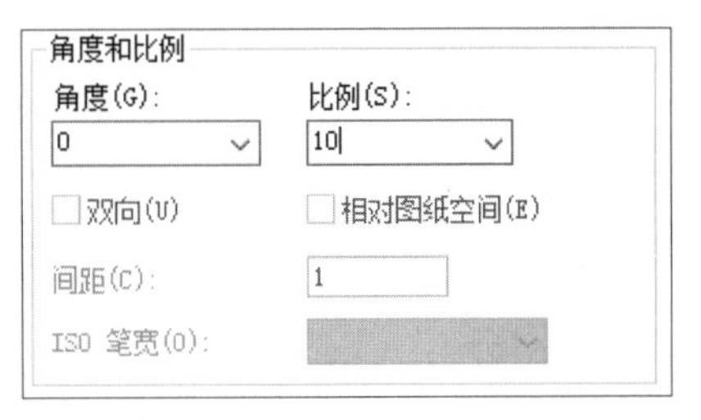

设置比例

Step 07 在【边界】选项区域内单击【添加：拾取点】按钮，根据命令行提示，在绘图区内需要填充图案的图形文件内拾取内部点，如下图所示。

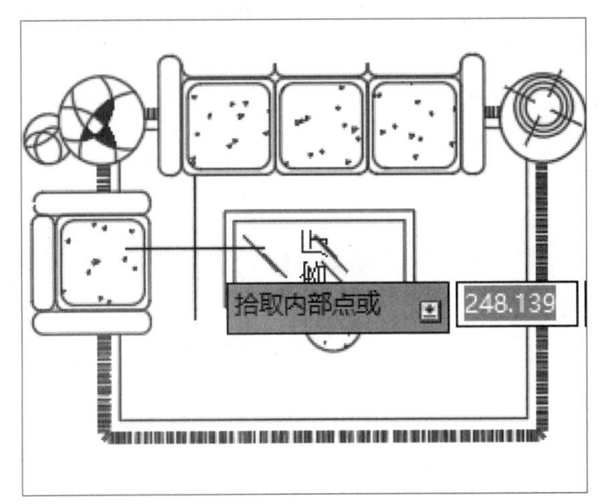

拾取内部点

Step 08 按Enter键，返回【图案填充和渐变色】对话框，单击【确定】按钮，完成图案填充操作，效果如下图所示。

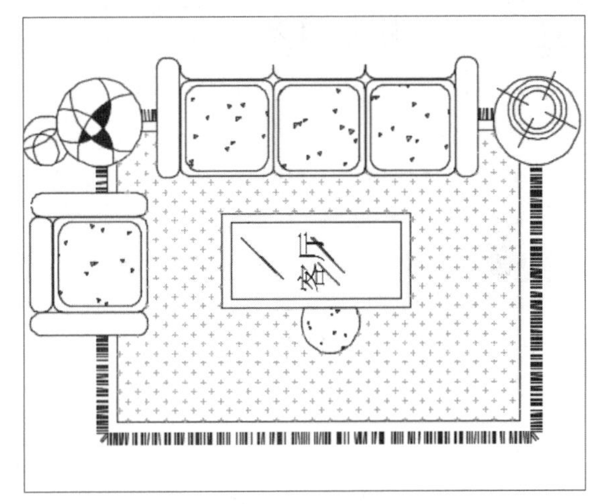

查看图案填充效果

5.5.3 编辑填充的图案

在对图形进行图案填充后，如果用户对填充的效果不满意，可以通过图案填充编辑命令对其进行编辑，包括设置填充比例、图案、颜色等。

在AutoCAD 2018中，用户可以通过以下方式调用【编辑图案填充】命令。

- 利用命令行调用。在命令行中输入HATCHEDIT命令，并按下Enter键。
- 利用菜单栏调用。在菜单栏中执行【修改】>【对象】>【图案填充】命令，如下左图所示。
- 利用功能区调用。在【默认】选项卡下，单击【修改】面板中的【编辑图案填充】按钮。
- 利用工具栏调用。单击【修改II】工具栏中的【编辑图案填充】按钮。
- 利用右键快捷方式调用。选中要编辑的对象，单击鼠标右键，在弹出的快捷菜单中选择【图案填充编辑】命令。

执行上述任意一种操作打开【图案填充编辑】对话框后，用户可以根据需要对填充对象的图案、比例、颜色等选项进行编辑，如下右图所示。

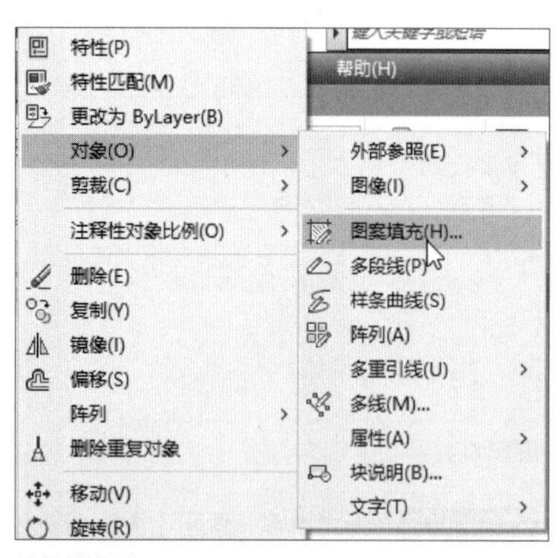

从菜单栏调用

【图案填充编辑】对话框

5.5.4 渐变色填充

在AutoCAD软件中，用户除了可以对图形进行图案填充，也可以对图形进行渐变色填充。在AutoCAD 2018中，用户可以通过以下方式调用【渐变色】命令。

- 利用命令行调用。在命令行中输入GRADIENT/GD命令，并按下Enter键。
- 利用菜单栏调用。在菜单栏中执行【绘图】>【渐变色】命令，如下左图所示。
- 利用功能区调用。在【默认】选项卡下，单击【绘图】面板中的【渐变色】按钮。
- 利用工具栏调用。单击【绘图】工具栏中的【渐变色】按钮。

执行上述任意一种操作调用【渐变色】命令后，都将打开【图案填充和渐变色】对话框，用户可以根据需要设置渐变色颜色类型、填充样式以及其他选项参数，如下右图所示。

菜单栏启动

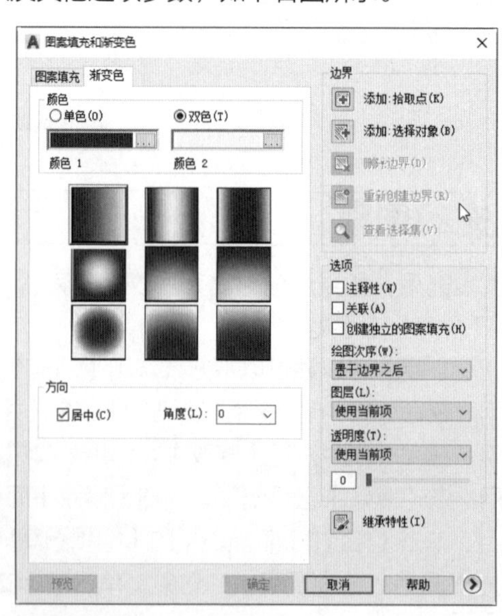

【图案填充和渐变色】对话框

下面以对衣柜执行渐变色填充为例，对AutoCAD【渐变色】命令的具体应用进行介绍。

Step 01 单击快速访问工具栏中的【打开】按钮，打开【5.5.4渐变色填充.dwg】素材文件，效果如下图所示。

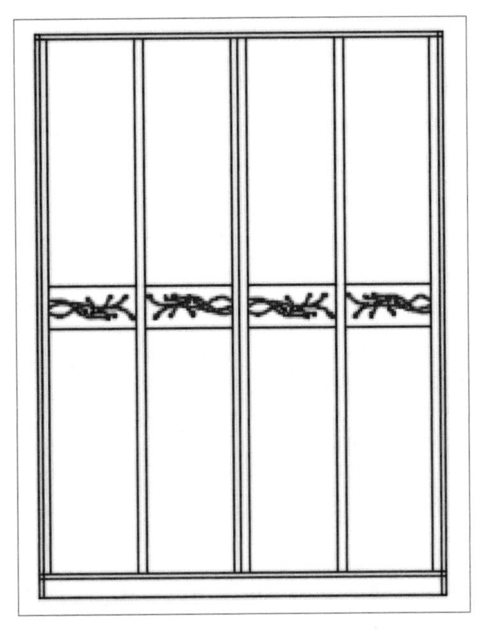

打开素材文件

Step 02 在菜单栏中执行【绘图】>【渐变色】命令，弹出【图案填充和渐变色】对话框，在【渐变色】选项卡的【颜色】选项区域中选择【双色】单选按钮，设置颜色1为索引颜色112，设置颜色2为索引颜色132，如下图所示。

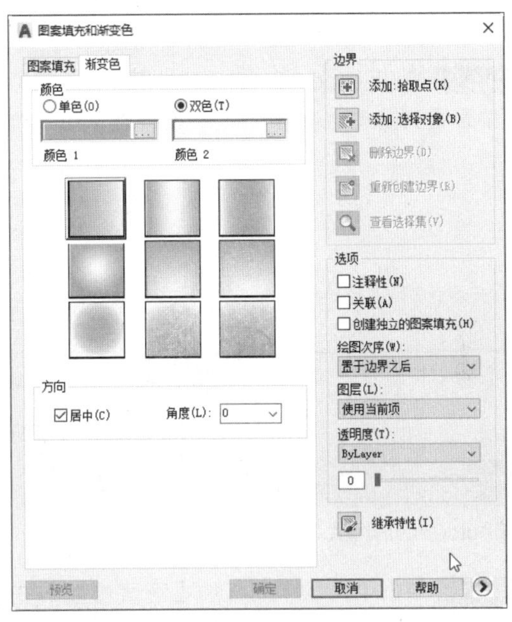

设置渐变色

Step 03 单击【边界】选项区域的【添加：拾取点】按钮，在绘图区衣柜门内单击拾取内部点，如下图所示。

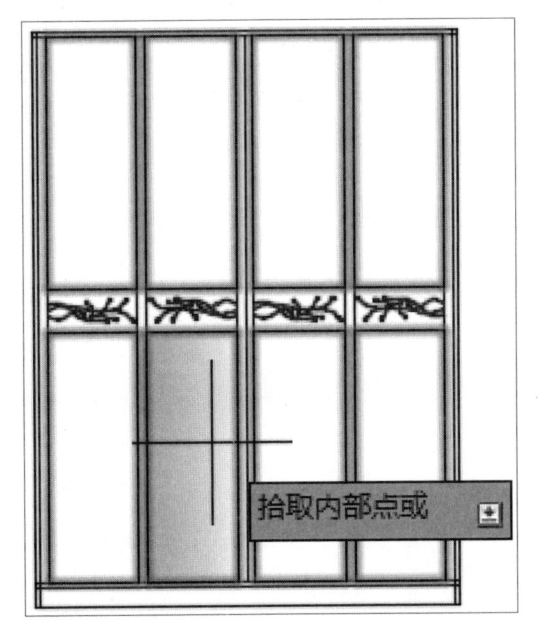

拾取内部点

Step 04 按Enter键，返回【图案填充和渐变色】对话框，单击【确定】按钮，完成渐变色填充操作，效果如下图所示。

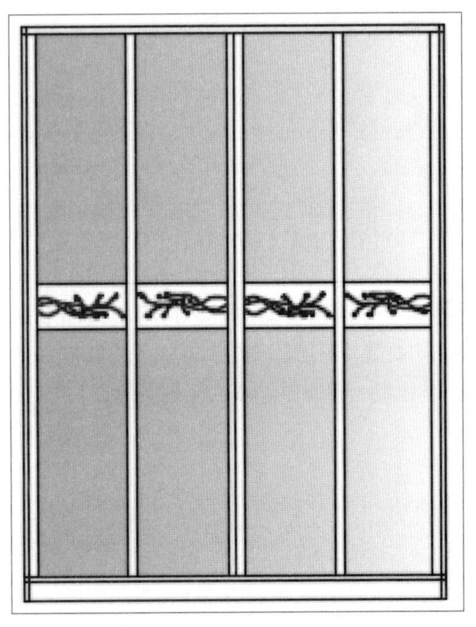

完成渐变色填充

上机实训——绘制公住宅首层平面图

本章主要学习二维图形的编辑操作，如图形的选取、复制、偏移、镜像、分解、合并、旋转以及图案的填充等。下面以绘制建筑平面图的操作进一步巩固所学的知识。

要绘制建筑标准层平面图，首先确定定位轴线，再根据辅助线运用直线、偏移、镜像等多个命令完成图形绘制操作，标准层平面图的操作方法介绍如下。

Step 01 打开AutoCAD 2018软件后，在界面的右下角设置其模式为AutoCAD经典模式，如下图所示。

切换至AutoCAD经典模式

Step 02 在命令行中输入LIMITS命令，然后输入42000、29700，输入Z，输入S，输入1/100，输入Z，输入A，执行命令后均按Enter键，完成图纸尺寸的设置，如下图所示。

设置图纸尺寸

Step 03 单击【图层】面板中【图层特性】按钮，在弹出的【图层特性管理器】面板中单击【新建图层】按钮，新建图层，如下图所示。

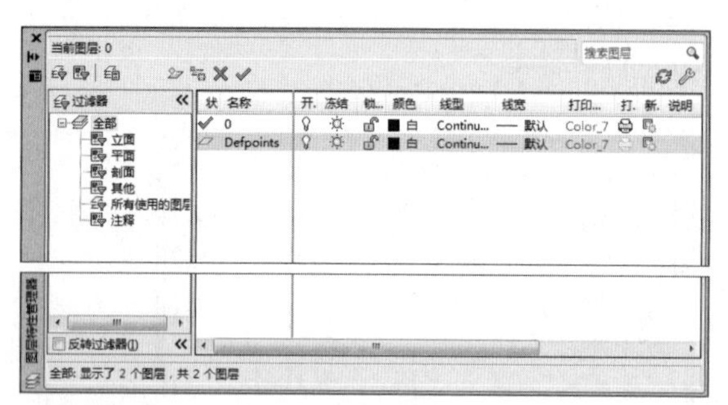

新建图层

Step 04 新建图层并分别命名为【轴线】、【墙体】、【门窗】、【楼梯】、【标注】、【柱子】和【文字】，然后修改各图层的颜色、线型、线宽等参数，如下图所示。

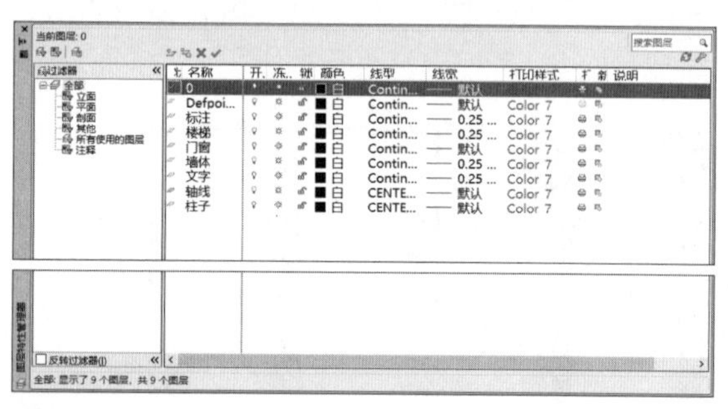

设置各图层的线型

Step 05 选择【轴线】图层后，调用【直线】命令，按下F8功能键，开启正交限制模式，先绘制一条竖向轴线，再绘制一条水平轴线，如右图所示。

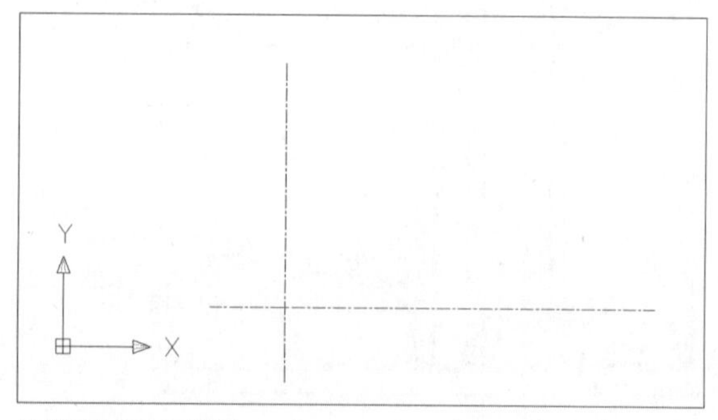

绘制竖向和水平轴线

Step 06 调用【偏移】命令，将竖向直线向右分别偏移1200、4200、4200、200、4200、4200、4200、4200、4200、1200，如下图所示。

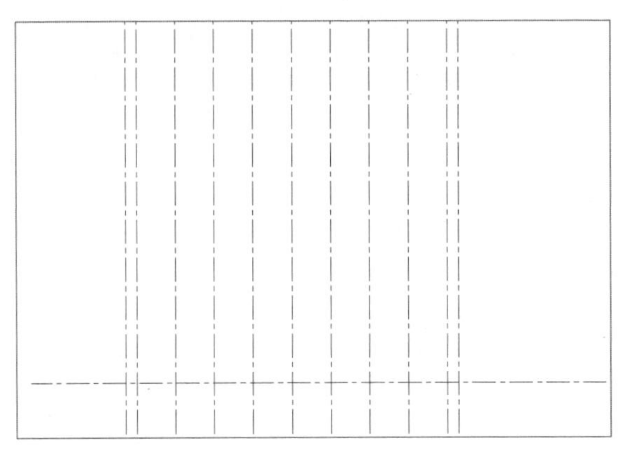

向右偏移竖向直线

Step 07 根据相同的方法，将水平直线向上偏移1200、7200、2100、5700、1200，然后对线条进行整理，效果如下图所示。

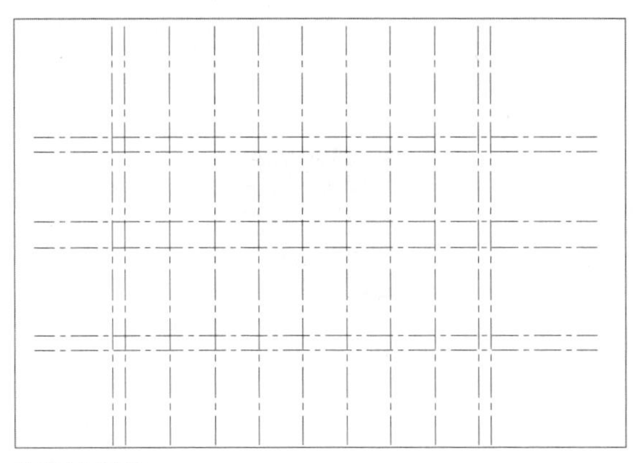

偏移水平直线

Step 08 切换【柱子】图层为当前图层，选择矩形工具，在轴网交界处绘制500×500的矩形作为柱子，如下图所示。

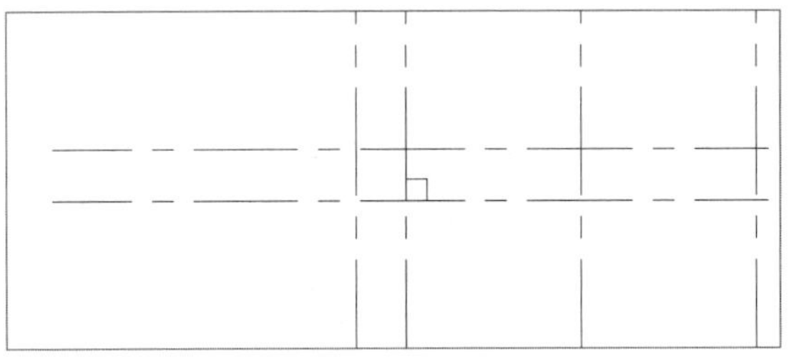

绘制矩形

Step 09 移动柱子，使矩形中心点在轴线交点处。选择柱子，在命令行输入M命令，开启自动捕捉功能，单击柱子左下角并向左移动250，捕捉点为轴线交点，按Enter键确定操作。用同样的方法将柱子向下移动250，柱子的绘制效果，如下图所示。

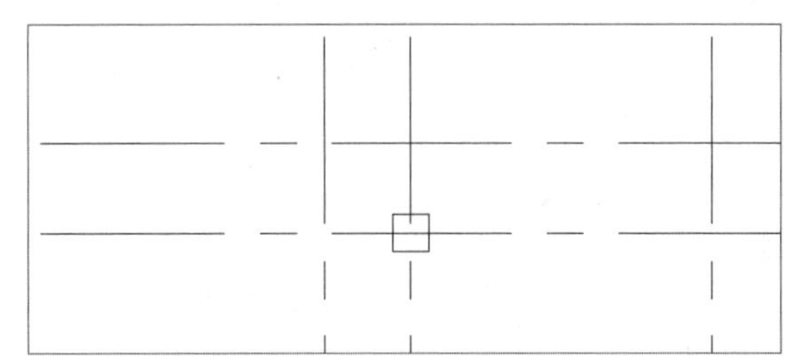

移动矩形

Step 10 使用相同的方法绘制其他的柱子，用户也可以使用【复制】命令，复制出其他柱子，效果如下图所示。

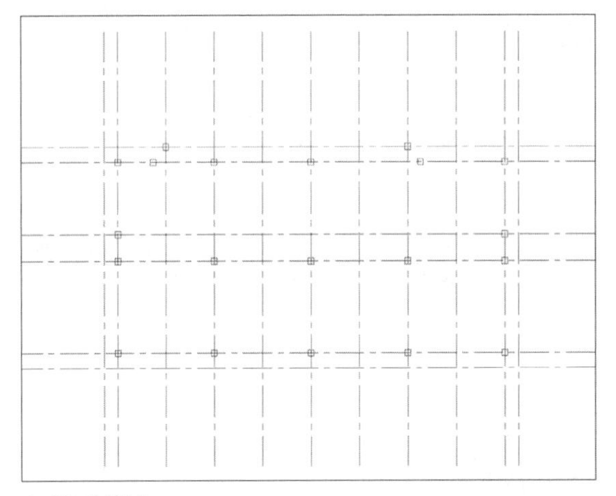

完成柱的绘制

Step 11 打开【图案填充和渐变色】对话框，设置【类型】为【用户定义】，单击【边界】选项区域中的【添加：拾取点】按钮，如下图所示。

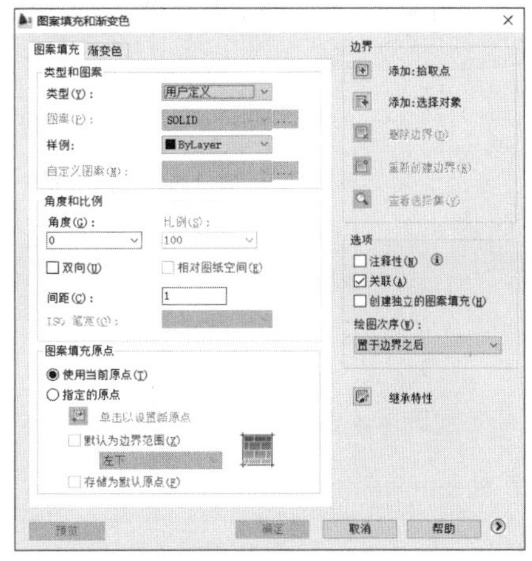

打开【图案填充和渐变色】对话框

Step 12 在矩形内拾取内部点，按Enter键返回对话框中单击【确定】按钮，完成填充，如下图所示。

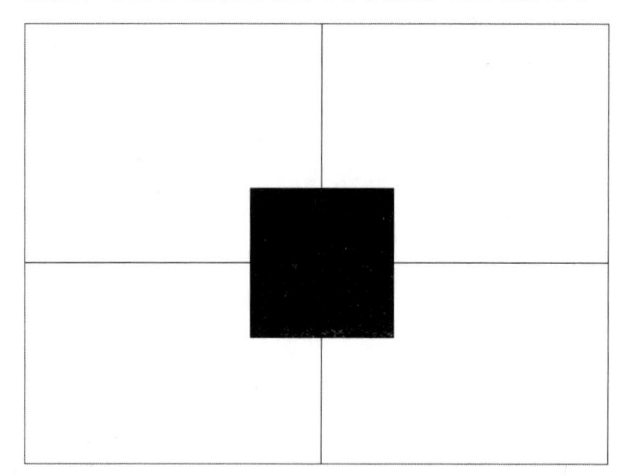

填充柱子

Step 13 使用同样的方法对所有柱子进行填充，效果如下图所示。

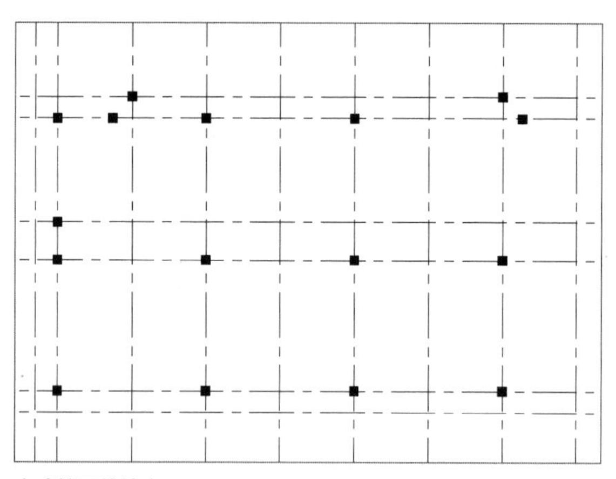

完成柱子的填充

Step 14 切换【墙体】图层为当前图层，在命令行中输入MLSTYLE命令，弹出【多线样式】对话框，单击【新建】按钮，在打开的【创建多线样式】对话框中创建240墙体类型的多线，如下图所示。

创建240墙体

Step 15 根据相同方法创建120墙体多线，单击【确定】按钮，返回【多线样式】对话框，确定无误后单击【确定】按钮，如下图所示。

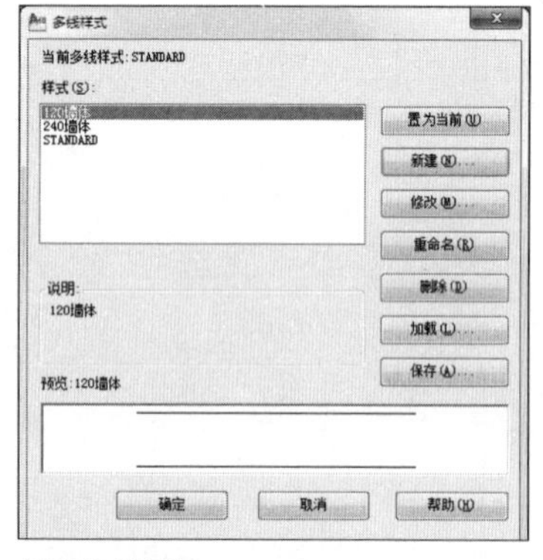

创建120墙体

Step 16 选择240墙体，在命令行中输入ML命令，接着输入J，再输入Z，绘制主要墙体，如下图所示。

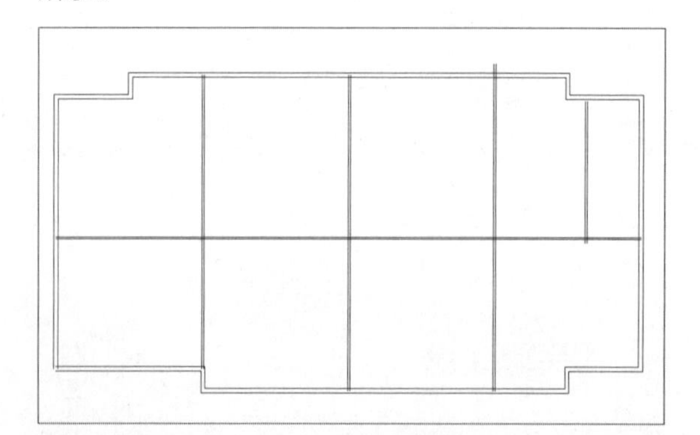

绘制主要墙体

Step 17 将【轴线】图层冻结，然后使用多线编辑工具修剪多余的线条，形成完整的房间框架，如下图所示。

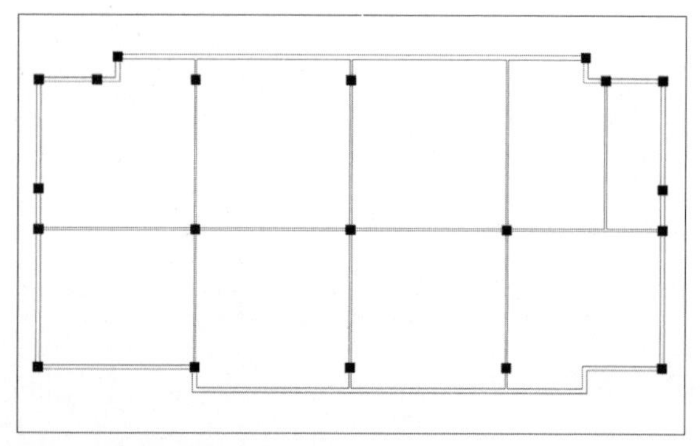

完整的框架效果

Step 18 在菜单栏中执行【修改】>【对象】>【多线】命令，弹出【多线编辑工具】对话框，选用相应的工具进行编辑，然后调用【修剪】、【打断】和【延伸】命令对墙体进行修改，如下图所示。

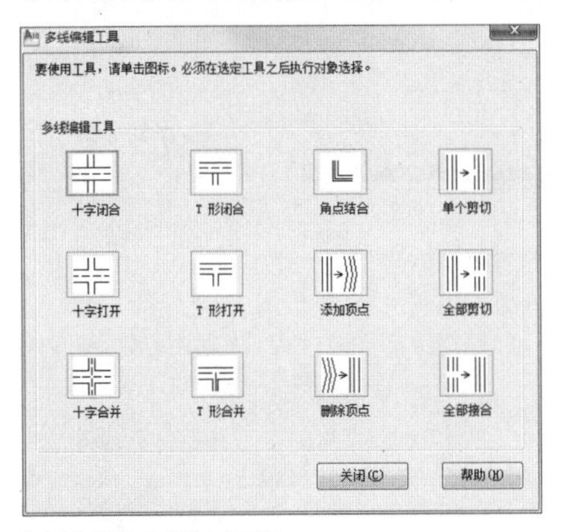

【多线编辑工具】对话框

Step 19 切换【墙线】图层为当前图层，在命令栏输入ML命令，输入J，输入Z，输入ST，输入120墙体，绘制剩余墙体。有部分为240墙体，则需要输入240，同样的方法使用多线编辑工具进行修改编辑，如下图所示。

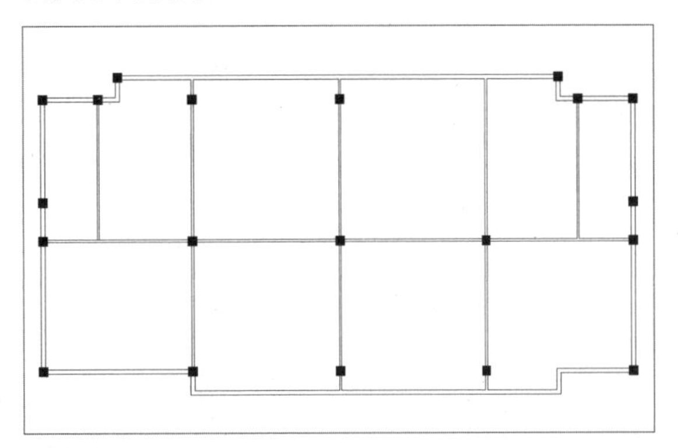

修改墙体

Step 20 调用【分解】命令，将所有墙线分解。调用【偏移】、【修剪】命令，修剪出2800、1800的窗洞，如下图所示。

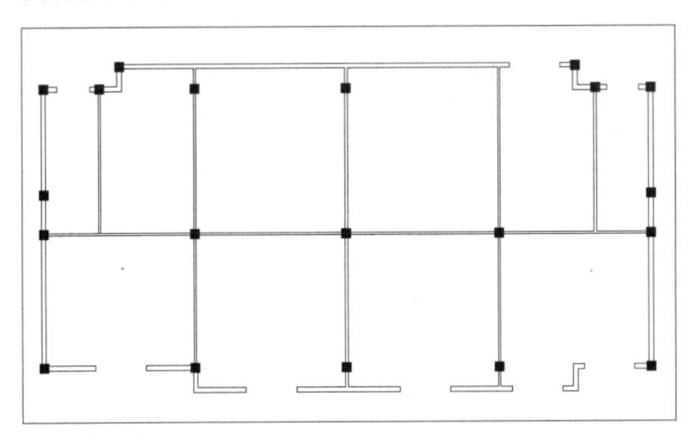

分解墙线并创建窗洞

Step 21 按照上述方法绘制出图形中所有窗洞口，效果如下图所示。

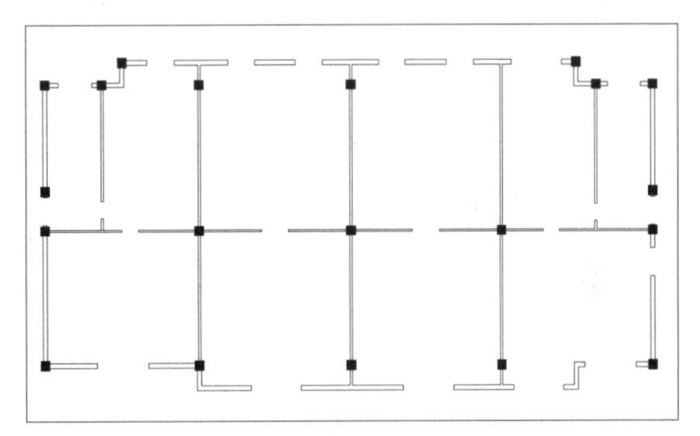

绘制窗洞口

Step 22 按照创建窗洞口的方法，绘制出图形中所有门洞口（M1门洞1500，M2门洞900），效果如下图所示。

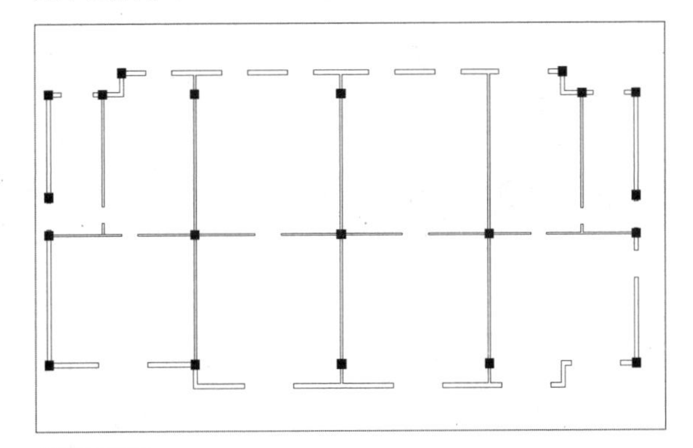

绘制门洞口

Step 23 切换【门窗】图层为当前图层，在【绘图】面板中单击【矩形】按钮，在窗洞口绘制矩形，选择【直线】工具，将矩形均分为3份，完成窗户绘制，如下图所示。

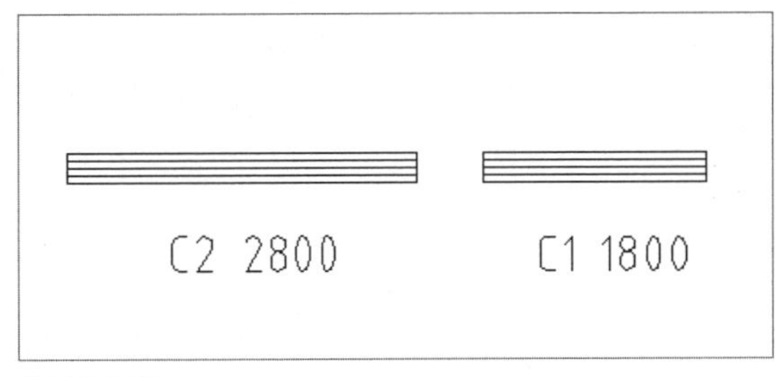

绘制窗户图形

Step 24 在【块】面板中单击【创建】按钮，打开【块定义】对话框，设置名称后单击【拾取点】按钮进行拾取，然后单击【对象】选项区域中【选择对象】按钮，如下图所示。

定义块

Step 25 在菜单栏中执行【插入】>【块】>【插入】命令，打开【插入】对话框，选择定义的块，单击【确定】按钮，如下图所示。

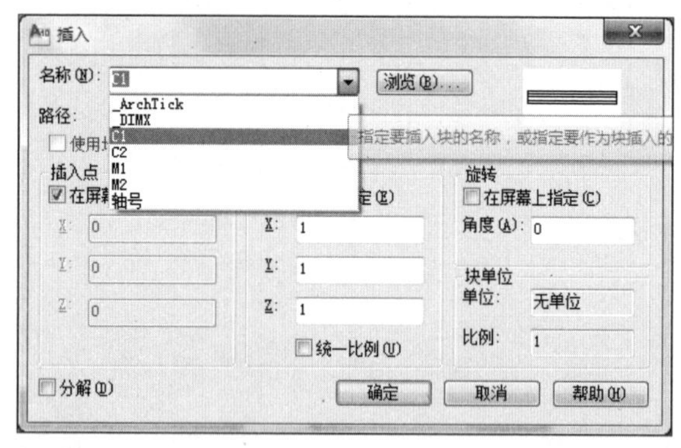

插入块

Step 26 在窗洞口上插入C2窗块，根据相同的方法绘制所有窗户，效果如下图所示。

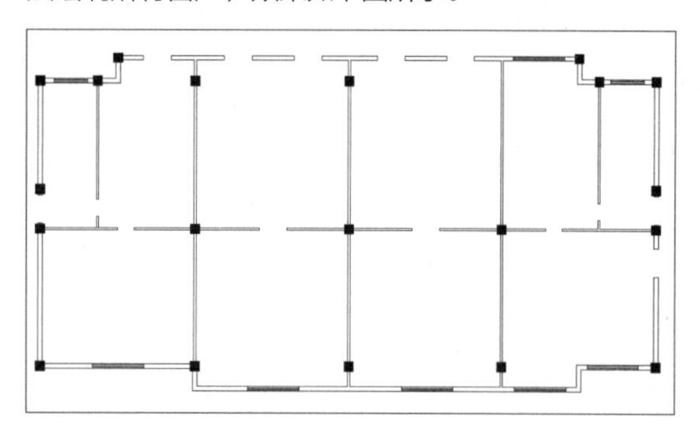

绘制块

Step 27 调用【矩形】命令，绘制宽为240、长为900的矩形。调用【圆】命令，以门洞口轴线为圆心绘制半径为900的圆。修剪多余线完成门M1的绘制。根据相同方法绘制M2门，如下图所示。

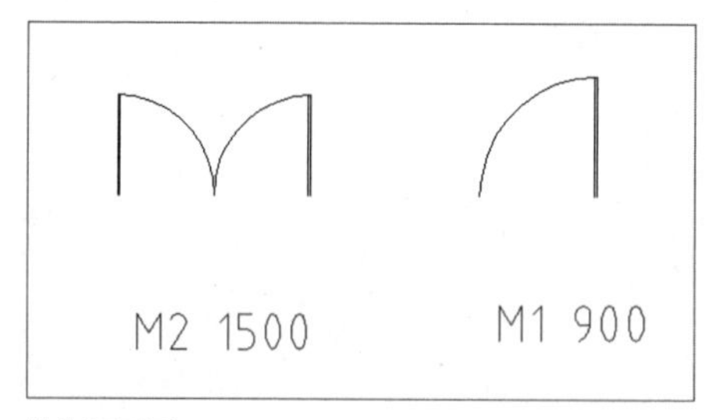

绘制门图形

Step 28 为门图形创建块，并绘制所有门，然后利用【旋转】、【镜像】等命令修改门的方向，效果如下图所示。

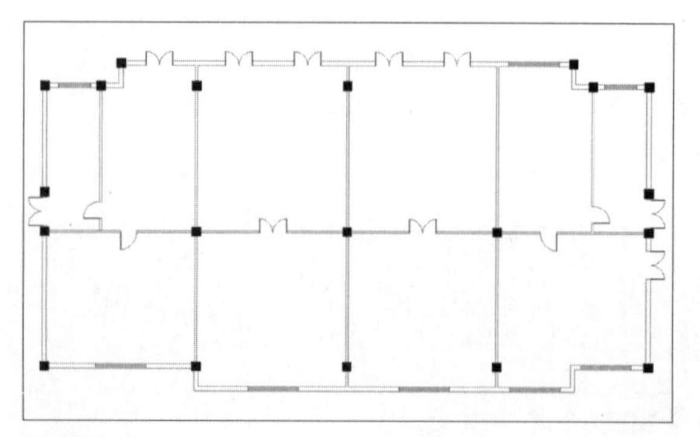

绘制所有的门

Step 29 切换【楼梯】图层为当前图层，调用【直线】命令，启用正交限制功能，绘制楼梯的墙体与扶手，执行【格式】>【点样式】命令，在打开的【点样式】对话框中选择X样式。执行【绘图】>【点】>【定数等分】命令，以左边扶手的外面线段为对象，设置数目为8，绘制等分点，效果如下图所示。

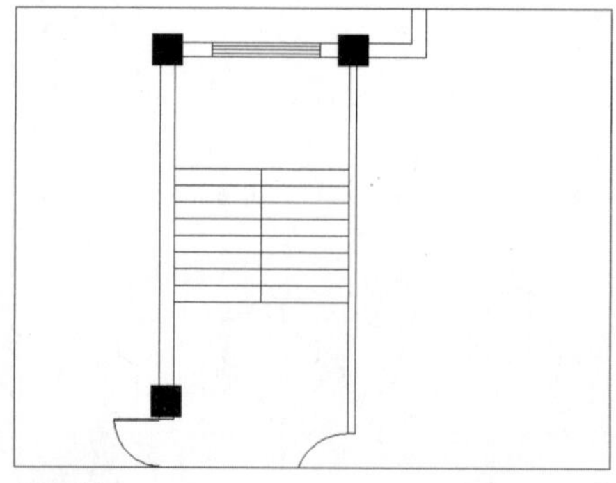

绘制楼梯

Step 30 调用【直线】命令，分别以等分点为起点、左边墙体上的点为终点绘制水平线段。最后，删除绘制的等分点，利用【镜像】功能绘制楼梯的另一边，如下图所示。

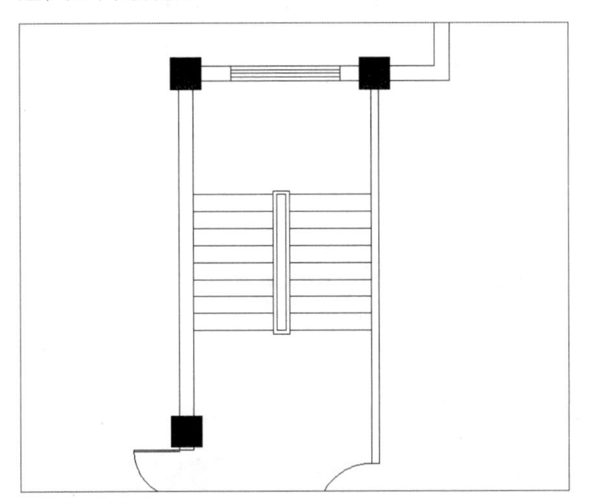

绘制中间扶手

Step 31 调用【多段线】命令，自下而上绘制多段线，在端点处单击，在命令栏中输入W；输入50；输入0，拖动鼠标左键绘制箭头，如下图所示。

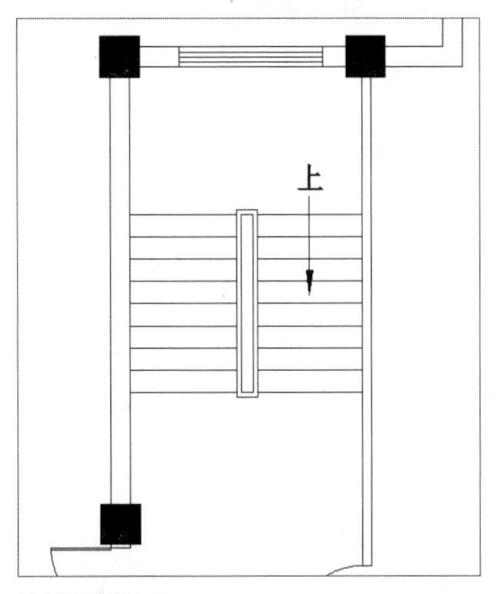

绘制多段线

Step 32 关闭【正交限制】功能，调用【直线】命令，在台阶处绘制两条平行直线，在平行直线中间斜着再绘制两条平行直线。调用【修剪】命令，修剪多余线段，将楼梯上行部分的线条改成虚线，效果如下图所示。

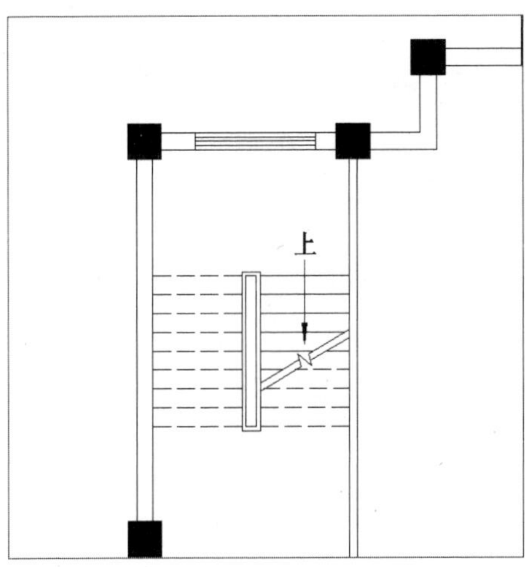

修改线条

Step 33 然后绘制出向下箭头，利用相同的方法绘制出右侧楼梯。至此，建筑平面图绘制完成，效果如下图所示。

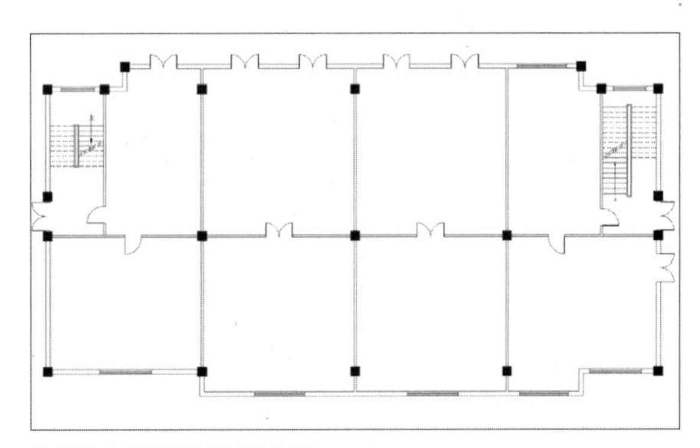

查看住宅首层平面图的效果

06 Chapter

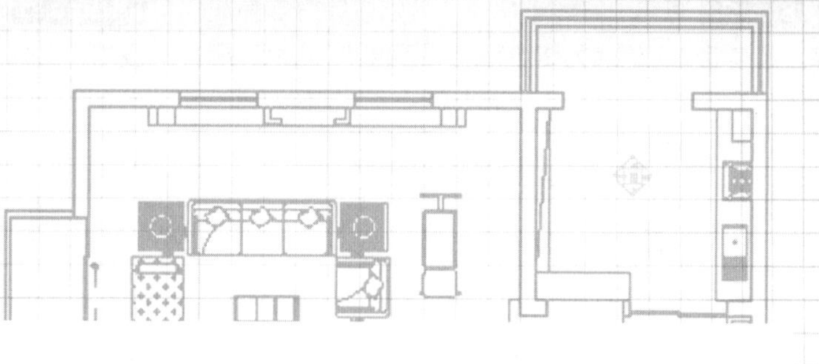

精确绘制图形

在实际绘图中，使用鼠标定位，虽然方便快捷，但精度不高，绘制的图形不是很精确，不能满足制图的要求。为了快速准确地绘制图形，用户需要借助捕捉、追踪和动态输入等功能进行图形的精确绘制。

01 核心知识点

❶ 掌握捕捉功能的应用

❷ 掌握夹点功能的使用

❸ 掌握图形特征功能的使用

❹ 掌握参数化功能的使用

02 本章图解链接

应用动态输入功能

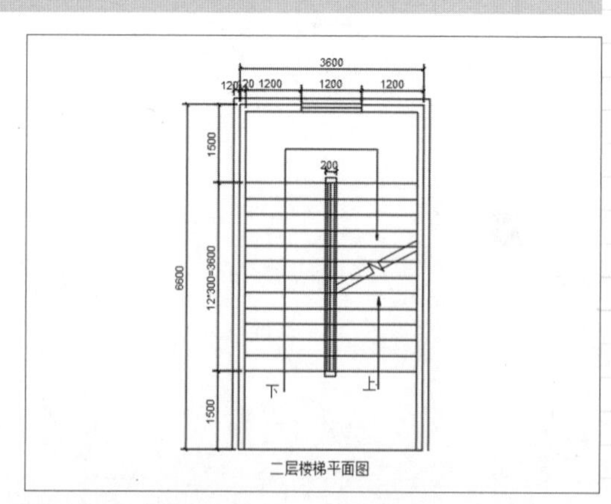

绘制楼梯平面图

6.1 辅助功能的应用

AutoCAD 2018提供了多种绘图辅助工具，如对象捕捉、对象追踪、对象约束以及正交模式等。利用这些绘图辅助工具不仅提高了绘图质量，还能更好地提高绘图效率。

6.1.1 栅格和捕捉

【捕捉】功能用于设置光标的移动间距；【栅格】是一些标定位的位置小点，用以提供直观的距离和位置参照。当栅格点的距离与光标捕捉点的距离相同时，栅格点阵就会形象地反映出捕捉点阵的形状。

在AutoCAD 2018中，用户可以通过以下方法调用捕捉或栅格功能。

- 利用命令行调用。在命令行中输入GRID/SE命令，并按下Enter键。
- 利用菜单栏调用。在菜单栏中执行【工具】>【绘图设置】命令，系统将弹出【草图设置】对话框，在【捕捉和栅格】选项卡中勾选【启用捕捉】和【启用栅格】复选框即可，如下左图所示。
- 利用状态栏调用。在状态栏中，单击【捕捉模式】按钮和【显示栅格】按钮，如下右图所示。

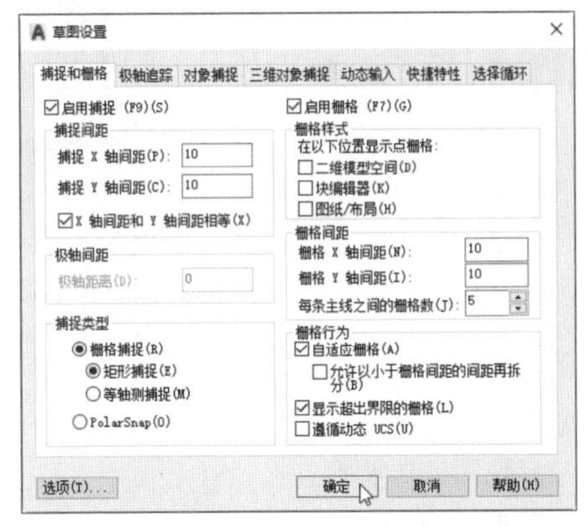

勾选相应的复选框

状态栏启用

下面对【捕捉和栅格】选项卡中各主要参数的应用进行介绍，具体如下。

- 【启用捕捉】复选框：用于控制捕捉功能的开启与关闭状态。
- 【捕捉间距】选项区域：用于设置捕捉参数，其中【捕捉X轴间距】与【捕捉Y轴间距】数值框用于确定捕捉栅格点在水平和垂直两个方向上的距离。勾选【X间距和Y轴间距相等（X）】复选框，则表明使用同一个X轴和Y轴间距值，取消勾选则表明使用不同间距值。
- 【极轴间距】选项区域：用于控制极轴捕捉增量距离。【极轴距离】选项只能在启用【极轴捕捉】功能时才可以使用。
- 【捕捉类型】选项区域：用于设置栅格垂直方向上的间距。设置捕捉类型和样式，其中捕捉类型包括【栅格捕捉】、【矩形捕捉】和【PolarSnap】（极轴捕捉）。【栅格捕捉】是指按正交位置捕捉位置点；【PolarSnap】是指按设置的任意极轴角捕捉位置点。
- 【启用栅格】复选框：用于控制栅格功能的开启与关闭状态。
- 【栅格间距】选项区域：用于设置栅格在X轴与Y轴上的间距，方法与【极轴间距】选项区域相同。

6.1.2 对象捕捉

对象捕捉的实质是对图形对象特征点的捕捉，如圆心、中点、端点、切点以及两个对象的交点等。在AutoCAD 2018中，用户可以通过以下方法调用对象捕捉功能。

- 单击【对象捕捉】按钮调用。单击状态栏中【对象捕捉】按钮，在弹出的列表中选择【对象捕捉设置】选项，打开【草图设置】对话框，切换至【对象捕捉】选项卡，勾选所需的捕捉功能复选框即可，如下左图所示。
- 利用菜单栏调用。在菜单栏中执行【工具】>【绘图设置】命令，打开【草图设置】对话框，切换至【对象捕捉】选项卡，勾选所需的捕捉功能复选框即可
- 利用快捷菜单调用。在状态栏中单击【对象捕捉】右侧下拉按钮，在打开的快捷列表中根据需要勾选需要捕捉的选项即可，如下右图所示。

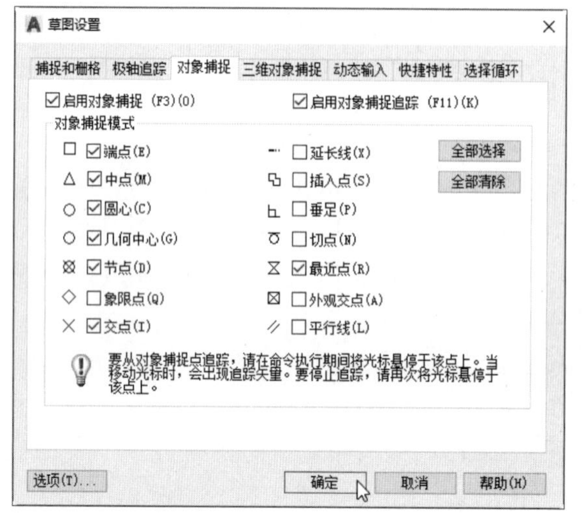

在【对象捕捉】选项卡下设置

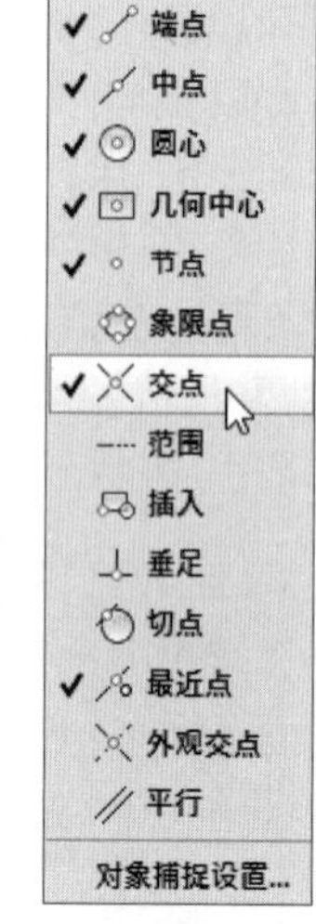

【对象捕捉】菜单

下面对【对象捕捉】选项卡中各主要参数的应用进行介绍，具体如下。

- 端点（E）：勾选该复选框，捕捉直线或曲线的端点。
- 中点（M）：勾选该复选框，捕捉直线或者弧段的中心点。
- 圆心（C）：勾选该复选框，捕捉圆、椭圆或弧的中心点。
- 节点（D）：勾选该复选框，捕捉用POINT命令绘制的点对象。
- 象限点（Q）：勾选该复选框，捕捉圆或圆弧的象限点。
- 交点（I）：勾选该复选框，捕捉两条直线或弧段的交点。
- 延长线（X）：勾选该复选框，捕捉直线或圆弧延长线上的点。
- 插入点（S）：勾选该复选框，捕捉块、图形、文字或外部参照的插入点。
- 垂足（P）：勾选该复选框，捕捉从已知点到已知直线垂线的垂足。
- 切点（N）：勾选该复选框，捕捉圆、圆弧以及其他曲线的切点。
- 最近点（R）：勾选该复选框，捕捉处在直线、弧段、椭圆或样条曲线上而且距离光标最近的特征点。
- 外观交点（A）：勾选该复选框，捕捉两个对象的外观交点。
- 平行线（L）：勾选该复选框后，选定路径上的一点，使通过该点的直线与已知直线平行。

6.1.3 运行和覆盖捕捉

对象捕捉模式可分为运行捕捉模式和覆盖捕捉模式，本小节将分别对其功能进行介绍。

1. 运行捕捉模式

运行捕捉模式需要用户在捕捉特征点之前设置需要的捕捉点。当光标移动到这些对象捕捉点附近时，系统会自动运行捕捉这些特征点。

单击状态栏的【对象捕捉】按钮，在弹出的列表中选择【对象捕捉设置】选项，打开【草图设置】对话框，切换至【对象捕捉】选项卡，从中勾选所需的捕捉功能复选框，即可启用运行捕捉模式，直到关闭该模式为止。

2. 覆盖捕捉模式

覆盖捕捉模式是一种一次性的普通模式，这种模式不需要提前设置。覆盖捕捉模式是一次性的，就算是在命令未结束时也不能反复使用。

在命令提示行输入点坐标时，按住（Shift）键+鼠标右键，系统会弹出右图所示的快捷菜单，在其中可以选择需要的捕捉类型。用户也可以直接执行捕捉对象的快捷命令来选择捕捉模式，例如MID、CEN、PER、QUA等命令。

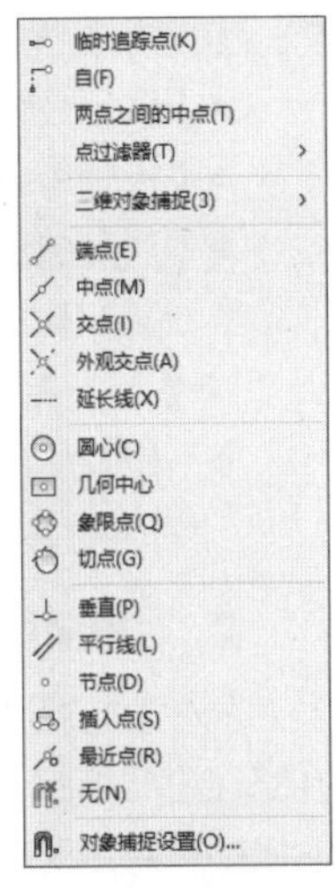

对象捕捉快捷菜单

6.1.4 对象追踪

【对象追踪】功能在AutoCAD中是一个非常便捷地绘图功能，在绘制图形时自动追踪功能能够显示出许多临时辅助线，帮助用户在精确的角度或位置上创建图形对象。对象追踪分为极轴追踪和对象捕捉追踪两种。

1. 极轴追踪

极轴追踪功能可以在系统要求指定一点时，按事先设置的角度增量显示一条无限延伸的辅助线，用户可以沿着辅助线追踪到指定点。

在AutoCAD 2018中，用户可以通过以下方式调用【极轴追踪】命令。

- 利用命令行调用。在命令行中输入DDOSNAP命令，并按下Enter键。
- 利用菜单栏调用。在菜单栏中执行【工具】>【绘图设置】命令。
- 利用快捷键调用。按F10功能键调用，该方法仅用于切换极轴追踪功能的开、关状态。
- 利用状态栏调用。单击状态栏中的【极轴追踪】按钮，该方法仅用于切换极轴追踪功能的开、关状态，如下左图所示。

在命令行输入DS命令，并按Enter键，系统将弹出【草图设置】对话框，切换至【极轴追踪】选项卡，然后设置相关选项即可，如下右图所示。

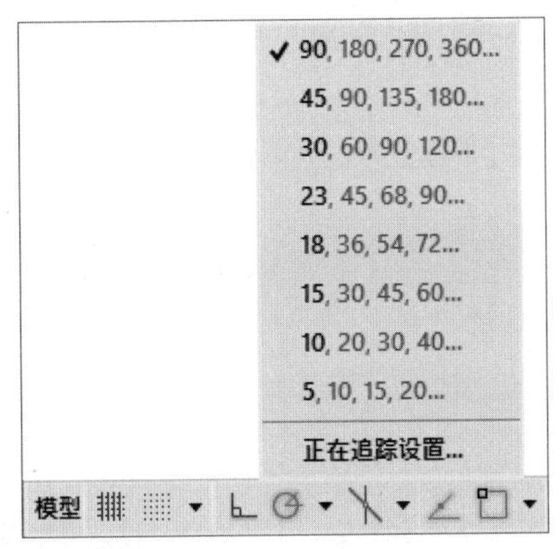

启用极轴追踪功能

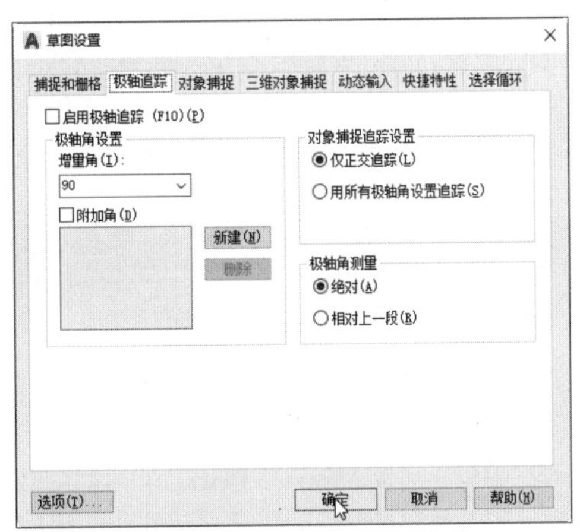

设置极轴追踪相关选项

在【草图设置】对话框的【极轴追踪】选项卡下，各选项含义介绍如下。

- 【启用极轴追踪】复选框：勾选该复选项，即可启用极轴追踪功能。
- 【极轴角设置】选项区域：用于设置极轴角的值，包括增量角和附加角。
- 【对象捕捉追踪设置】选项区域：用于设置对象的追踪模式。选择【仅正交追踪】单选按钮时，仅追踪沿X、Y方向相互垂直的直线；选择【用所有极轴角设置追踪】单选按钮时，将根据极轴角设置进行追踪。
- 【极轴角测量】选项区域：定义极轴角的测量方式。选择【绝对】单选按钮，表示以当前坐标系为基准计算极轴角；选择【相对上一段】单选按钮时，以最后创建的线段为基准计算极轴角。

2. 对象捕捉追踪

【对象捕捉追踪】功能是可以进行自动追踪的辅助绘图功能，即可使光标从对象捕捉点开始，沿着对齐路径进行追踪，并找到需要的精确位置。对齐路径分别指和对象捕捉点水平对齐、垂直对齐或者按设置的极轴追踪角对齐的方向。

在AutoCAD 2018中，用户可以通过以下方式调用【对象捕捉追踪】命令。

- 利用命令行调用。在命令行中输入DDOSNAP命令，并按下Enter键，即可打开【草图设置】对话框的【对象捕捉】选项，如右图所示。
- 利用菜单栏调用。在菜单栏中执行【工具】>【绘图设置】命令。
- 利用快捷键调用。按F11功能键，切换【对象捕捉追踪】的【开】、【关】状态。
- 利用状态栏调用。单击状态栏中的【显示捕捉参照线】按钮，切换【对象捕捉追踪】的【开】、【关】状态。

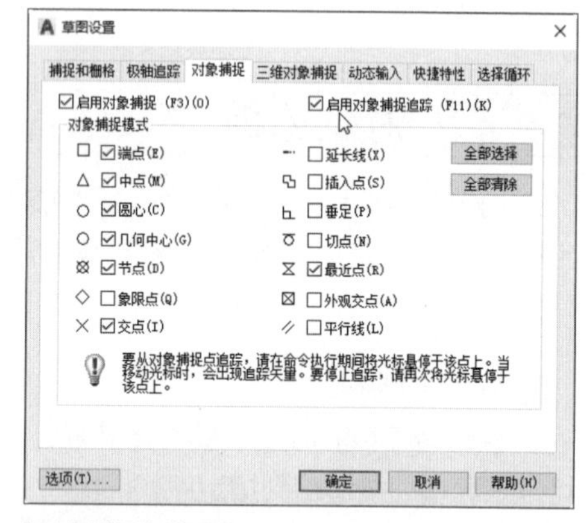

【对象捕捉】选项卡

6.1.5 正交模式

正交模式是指在绘制图形时指定第一个点后，连接光标和起点的直线总是与X轴或Y轴平行。在正交模式下，使用光标绘制的直线只能是水平直线或者平行直线，用户只需要输入直线的长度即可。

在AutoCAD 2018中，打开或关闭正交模式的方法有以下几种。

- 利用命令行启用。在命令中输入ORTHO命令，并按下Enter键。
- 利用菜单栏启用。在菜单栏中执行【工具】>【绘图设置】 命令。
- 利用快捷键启用。直接按下F8功能键。
- 利用状态栏启用。单击状态栏中的【正交】按钮。

启用【正交】模式后，因为只能绘制水平或垂直的直线，限制直线的方向，因此在绘制一定长度的直线时，只需要输入直线的长度即可。

6.1.6 动态输入

在AutoCAD 2018中使用动态输入功能，可以在光标位置处显示标注输入和命令提示等信息，从而极大地方便了绘图操作。

在状态栏中单击【动态输入】按钮，即可启用动态输入功能；再次单击该按钮，则关闭【动态输入】功能。用户也可以通过按F12功能键将其临时关闭。当用户启用【动态输入】功能后，其工具栏提示将在光标附近显示信息，该信息会随着光标的移动而动态更新，如下左图所示。

在输入字段中输入值并按Tab键后，该字段将显示一个锁定图标，并且光标会受用户输入值的约束，随后可以在第二个输入字段中输入值，如下右图所示。

另外，如果用户输入值后按的是Enter键，则第二个字段被忽略，且该值将被视为直接距离输入值。

动态输入

锁定标记

- 启用指针输入。在【草图设置】对话框的【动态输入】选项卡中，通过勾选【启用指针输入】复选框来启用指针输入功能，如下左图所示。单击【指针输入】下的【设置】按钮，在打开的【指针输入设置】对话框中设置指针的格式和可见性，如下中图所示。

在执行某项命令时，启用指针输入功能，十字光标的位置将在光标附近的工具栏提示中显示为坐标。

- 启用标注输入。在【草图设置】对话框的【动态输入】选项卡中，通过勾选【可能时启用标注输入】复选框，可启用该功能。单击【标注输入】下的【设置】按钮，在打开的【标注输入的设置】对话框中设置标注输入的可见性，如下右图所示。

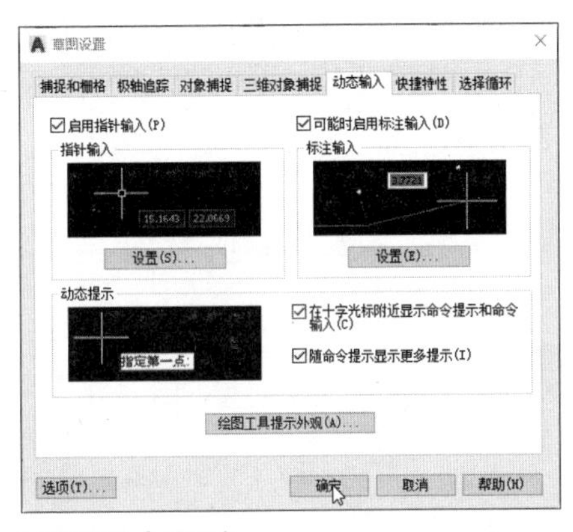

【动态输入】选项卡

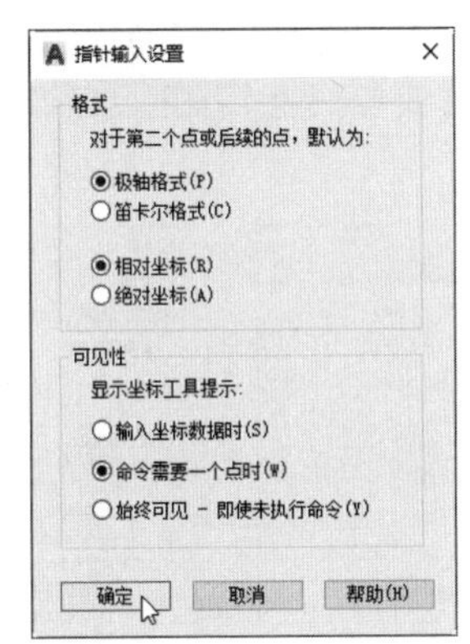

设置指针输入

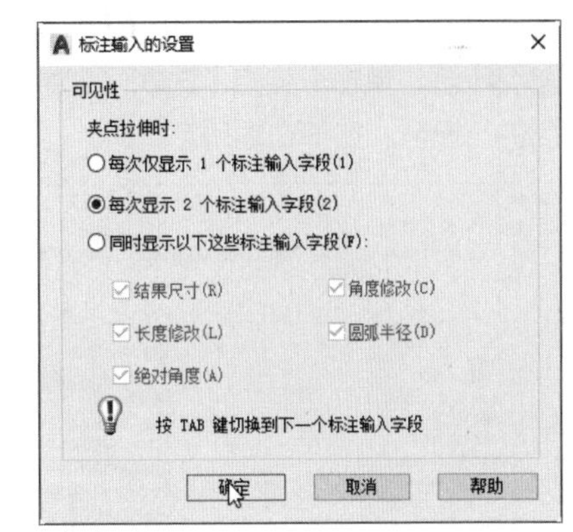

设置标注输入

6.2 夹点功能的应用

夹点实际就是对象上的一些特征点，包括顶点、端点、中点、中心点等。默认情况下，夹点以蓝色的小方块显示，个别的也有圆形显示，如下图所示。用户可以根据个人的喜好和需要修改夹点的大小和颜色。利用夹点功能可以方便用户对图形对象进行拉伸、旋转、缩放、移动、复制以及镜像等编辑操作。

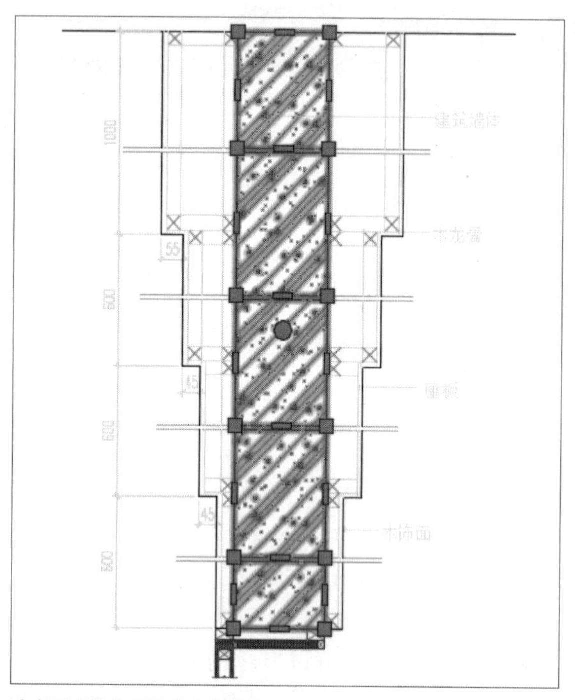

选中图案填充对象的夹点效果

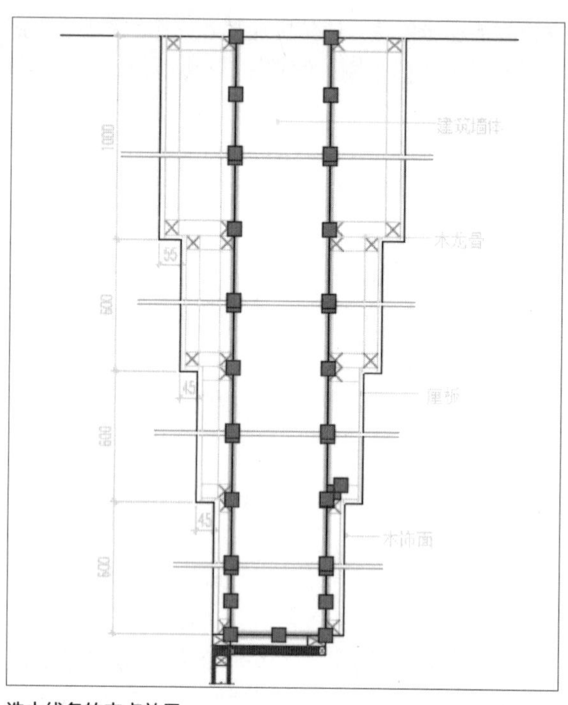

选中线条的夹点效果

6.2.1 设置夹点

单击要编辑的图形对象后，经常出现的小方格称为对象的特征点，也就是夹点。夹点分为两种状态，一种是蓝色的小方格，表示夹点为未激活状态；另一种是红色的小方格，表示夹点为激活状态。未激活状态称为冷态，激活状态称为热态。

用户可以在菜单栏中执行【工具】>【选项】命令，弹出【选项】对话框的【选项集】选项卡，如下左图所示。单击【夹点】选项区域中的【夹点颜色】按钮，在弹出的【夹点颜色】对话框中可以对夹点颜色进行设置，如下右图所示。

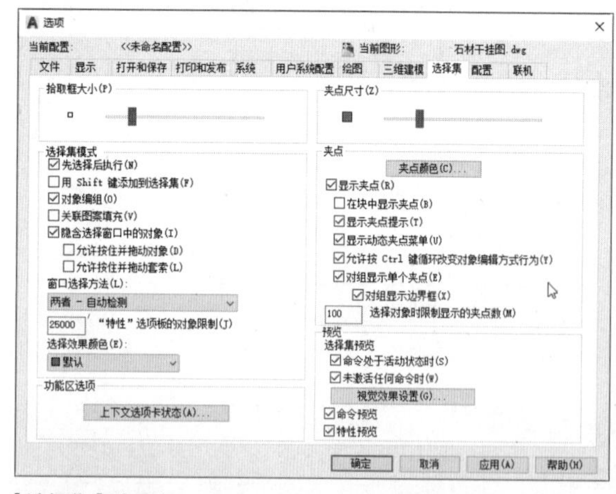

【选择集】选项卡

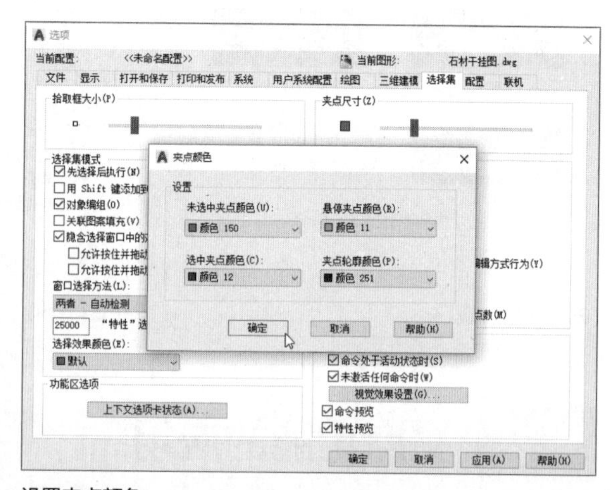

设置夹点颜色

操作提示：激活多个热夹点

在激活热夹点时按住Shift键，可以激活多个热夹点。

6.2.2 编辑夹点

使用夹点可以对图形对象进行拉伸、旋转、缩放、移动、复制以及镜像等编辑操作，本小节将对夹点的编辑操作进行详细介绍。

- 利用夹点拉伸对象。在不调用任何命令的情况下单击图形对象，显示若干夹点，单击其中一个夹点作为编辑操作的基点进入编辑状态。命令行提示指定拉伸点，移动光标到需要的位置，即可将图形对象拉伸到新位置，步骤如下图所示。

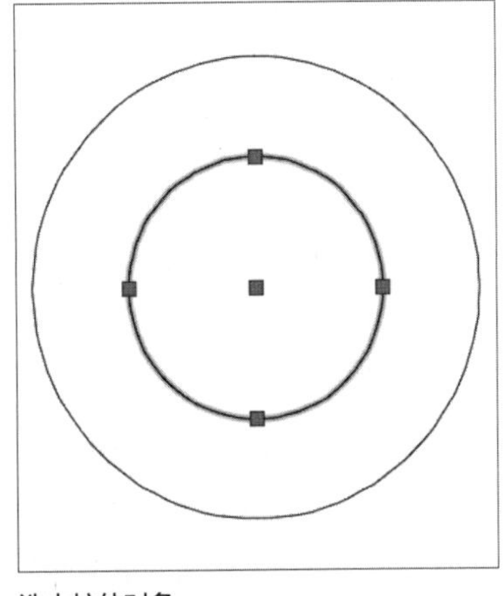

选中拉伸对象

拉伸图形

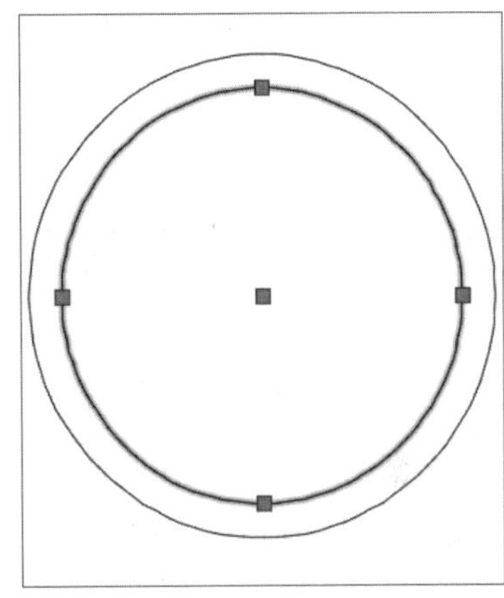

完成夹点拉伸

- 利用夹点旋转对象。选取对象并指定基点后，在命令行中输入RO命令，进入旋转模式。用户可以通过移动光标，旋转对象到新位置后单击鼠标或者直接输入旋转角度值来确定旋转角度，旋转对象将围绕基点按照指定角度进行旋转。
- 利用夹点移动对象。选取对象并指定基点后，在命令行输入MO命令进入移动模式。直接输入点的坐标或通过拖动鼠标到新位置后单击，从而将对象移动到新位置。
- 利用夹点缩放对象。选取对象并指定基点后，在命令行输入SC命令进入缩放模式。命令行输入缩放比例值后，按Enter完成缩放。当缩放比例值大于1时，放大对象；当缩放比例值大于0小于1时，缩小对象。

6.3 图形特性功能的应用

在AutoCAD软件中，图形特性主要是由图形的颜色、线型样式以及线宽三种特性组成。要更改图像特性，除了使用图层功能外，还可以使用特性功能进行更改。下面对其操作进行介绍。

6.3.1 更改图形颜色

颜色在图形中具有非常重要的作用，可用来表示不同的组件、功能和区域。系统默认当前颜色为Bylayer，即为随图层颜色改变当前颜色。如果用户需要对当前颜色进行修改，则可按下列方法进行操作。

Step 01 打开【6.3.1图形颜色更改.dwg】素材，选择图形对象，单击【默认】选项卡的【特性】面板中【对象颜色】下三角按钮，打开颜色列表，如下图所示。

Step 02 选择合适的颜色，按Enter键完成当前图形颜色的更改，效果如下图所示。

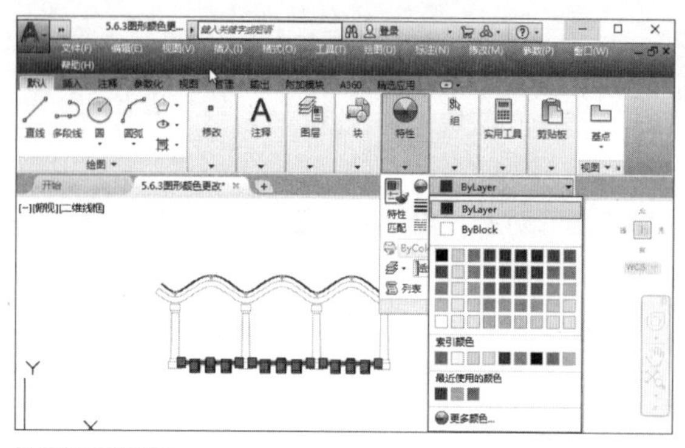

选择需要的颜色

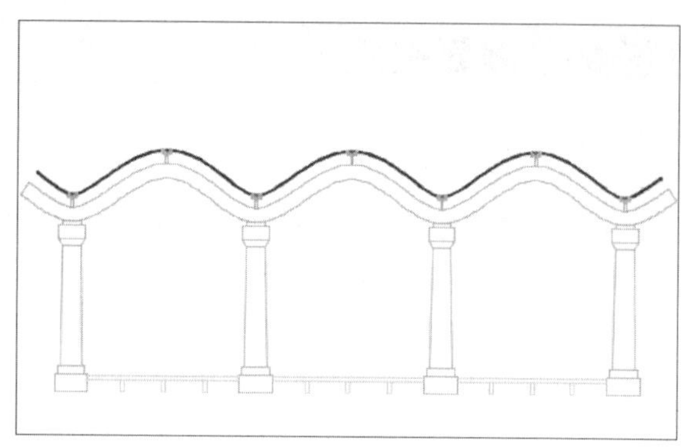

完成颜色更改

6.3.2 更改图形线型

线型是指图形基本元素中线条的组成和显示方式，如虚线和实线等。系统默认当前线型为Continuous实线。如果用户需要对当前线型进行更改，除了使用图层功能更改线型外，还可以使用特性功能进行更改，具体操作如下。

Step 01 单击【默认】选项卡的【特性】面板中【线型】下三角按钮，在列表中选择所需线型选项。如果还需要其他线型，则在下拉列表中选择【其他】选项，打开【线型管理器】对话框，如下图所示。

【线型管理器】对话框

Step 02 单击【加载】按钮，在打开的【加载或重载线型】对话框中选择需要的线型，这里选择ACAD_IS002W100，如下图所示。

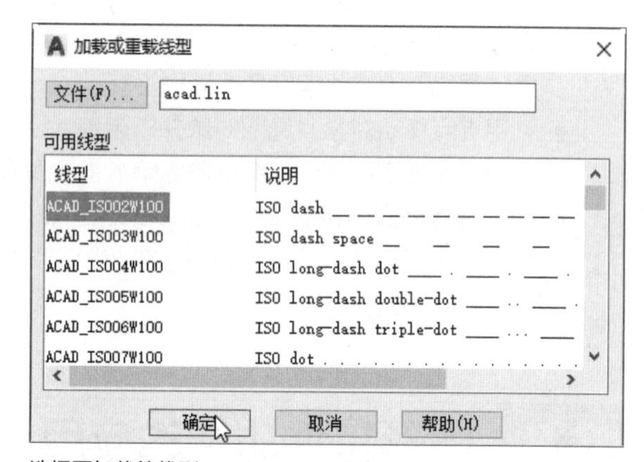

选择要加载的线型

Step 03 单击【确定】按钮，返回上一层对话框，选择刚加载的ACAD_IS002W100线型，单击【确定】按钮，如右图所示。

加载线型

Step 04 在绘图区中选中需要更改线型的图形对象，单击【默认】选项卡的【特性】面板中【线型】下三角按钮，在下拉列表中选择刚加载的线型即可，如右图所示。

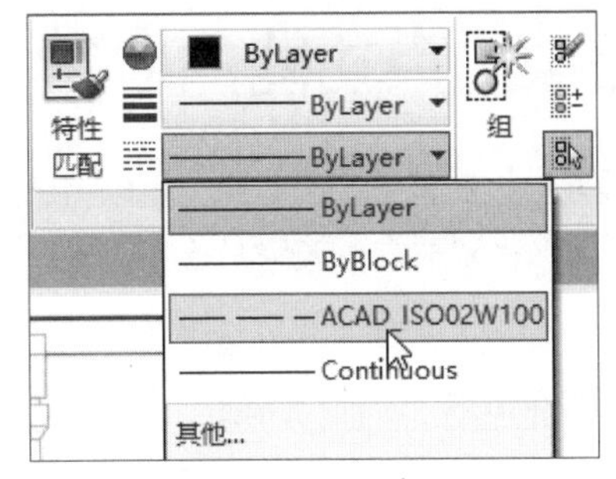

选择加载的线型

6.3.3 更改图形线宽

在绘制图形过程中，有时需要根据对象的不同，绘制不同的线条宽度以区分不同对象的特性。除了使用图层功能更改线宽外，用户还可以使用特性功能进行更改，具体操作如下。

Step 01 单击【默认】选项卡【特性】面板中的【线宽】下三角按钮，在弹出的下拉列表中选择【线宽设置】选项，如下图所示。

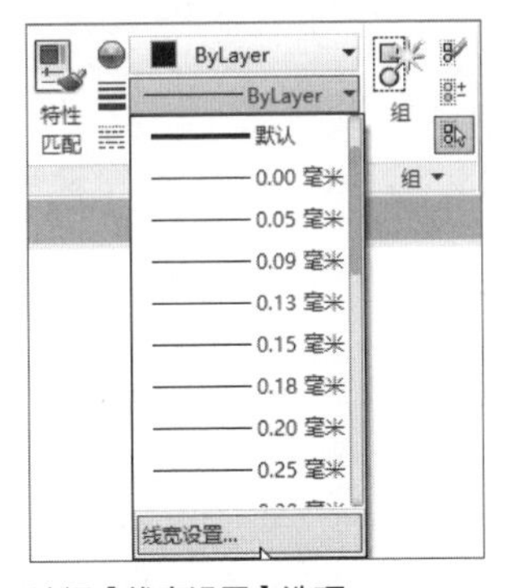

选择【线宽设置】选项

Step 02 打开【线宽设置】对话框，勾选【显示线宽】复选框后，单击【确定】按钮，如下图所示。

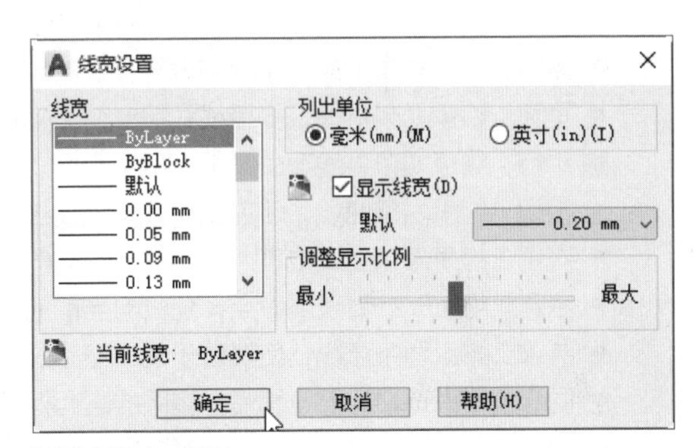

【线宽设置】对话框

Step 03 在绘图区选中需要更改线宽的图形对象，如下图所示。

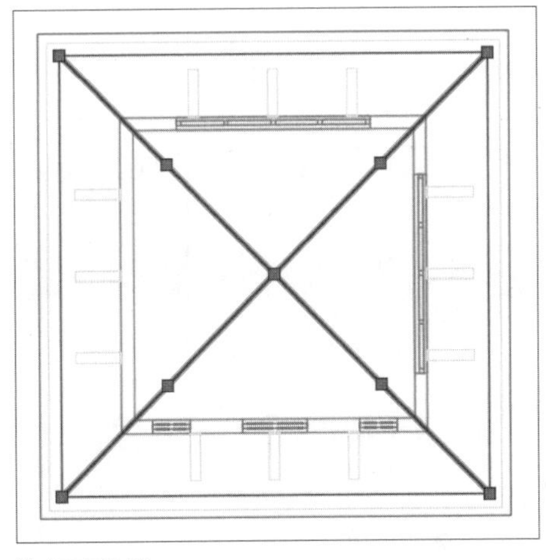
选中图形对象

Step 04 在【特性】面板中单击【线宽】下三角按钮，在弹出的下拉列表中选择合适的线宽选项，这里选择0.3mm，效果如下图所示。

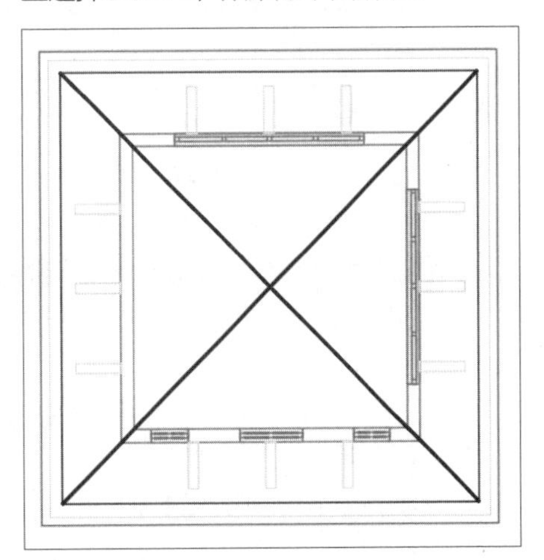
完成线宽设置

6.4 对象约束功能的应用

约束能够精准地控制草图中的对象，可以将选择的对象进行尺寸和位置的限制。对象约束分为几何约束和尺寸约束，下面将分别对相关知识进行介绍。

6.4.1 几何约束

几何约束即为几何限制条件，主要用于限制二维图形或对象上点的位置。利用几何约束工具可以指定草图对象必须遵守的条件，或是草图对象之间必须维持的关系。

在AutoCAD 2018中，用户可以通过以下几种方法调用几何约束的相关命令。

- 利用菜单栏调用。在菜单栏中执行【参数】>【几何约束】命令。
- 利用功能区调用。在【参数化】选项卡中，单击【几何】面板中的相关按钮，如右图所示。
- 利用工具栏调用。单击【几何约束】工具栏中的几何约束工具按钮。

几何约束功能区面板

下面对【几何约束】下拉菜单中相关命令的应用进行介绍，具体如下。

- 重合：约束对象上的一个点与已经存在的点重合。
- 垂直：约束两条直线或多段线线段，使其夹角始终保持90° 。
- 平行：约束两条直线，使其保持相互平行。
- 相切：约束两条曲线，使其相切或延长线彼此相切。
- 水平：约束一条直线或者点，使其与当前的UCS坐标系的X轴平行。
- 竖直：约束一条直线或者点，使其与当前的UCS坐标系的Y轴平行。
- 共线：约束两条直线，使其位于同一无限延长的线上。
- 同心：约束选定的圆、圆弧、椭圆的圆心保持在同一个中心点上。
- 平滑：约束一条样条曲线，使其与其他样条曲线、直线、圆弧或多段线间彼此相连，并保持连续性。
- 对称：约束两条曲线或者点，使其与选定直线为对称轴彼此对称。
- 相等：约束两条直线或多段线线段，使其具有相同的长度；或约束圆弧或圆，使其具有相同的半径值。
- 固定：约束一个点或者曲线，使其固定在相对于世界坐标系指定的位置和方向。

6.4.2 标注约束

标注约束可以限制图形几何对象的大小，尺寸约束与尺寸标注相似，同样设置尺寸标注线，建立相应的表达式，但不同之处在于尺寸约束可以在后续的编辑工作中实现尺寸的参数化驱动。

在AutoCAD 2018中，用户可以通过以下几种方法调用标注约束的相关命令。

- 利用菜单栏调用。在菜单栏中执行【参数】>【标注约束】命令，如右图所示。
- 利用功能区调用。在【参数化】选项卡中，单击【标注】面板中的相关按钮。

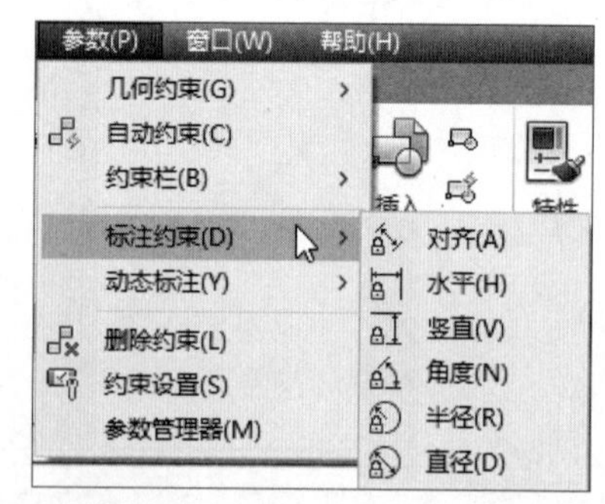

菜单栏启用

- 利用工具栏调用。单击【标注约束】工具栏中的标注约束工具按钮。

下面对尺寸约束的主要类型进行介绍，具体如下。

- 线性约束：用于约束两点之间水平或竖直距离。
- 对齐约束：用于约束两点、点与直线、直线与直线间的距离。
- 水平约束：用于约束对象的点或者不同对象上两个点之间X轴方向的距离。
- 竖直约束：用于约束对象的点或者不同对象上两个点之间Y轴方向的距离。
- 直径、半径、角度约束：分别用于约束圆或圆弧的直径值或半径值。
- 角度约束：用于约束直线间的角、圆弧的圆心角或由3个点构成的角度。
- 转换约束：用于将现有的标注转换为约束标注。

上机实训——绘制楼梯平面图

本章主要介绍AutoCAD辅助功能的应用，如捕捉功能、夹点功能、图形特征功能和对象约束功能等。下面通过介绍楼梯平面图的绘制方法，对本章所学知识进行巩固，具体操作步骤如下。

Step 01 首先设置图纸尺寸为A3、比例为1/100，效果如下图所示。

设置图纸尺寸

Step 02 在菜单栏中执行【格式】>【图层】命令，在弹出的【图层特性管理器】面板中单击【新建图层】按钮，新建图层，如下图所示。

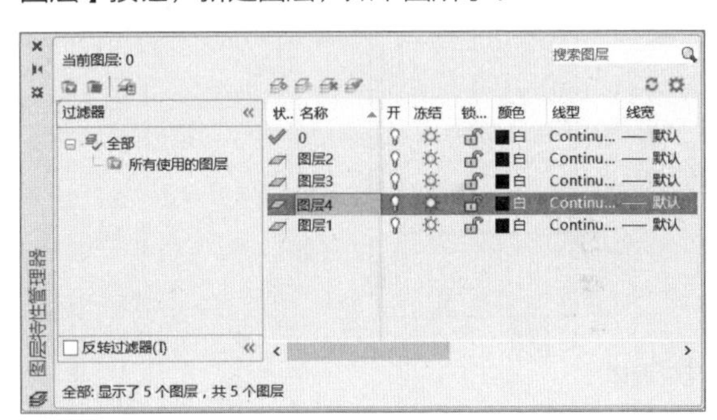

新建图层

Step 03 将图层分别命名为【轴线】、【墙体】、【台阶】、【扶手】和【窗】，然后分别修改图层的颜色、线型、线宽，如下图所示。

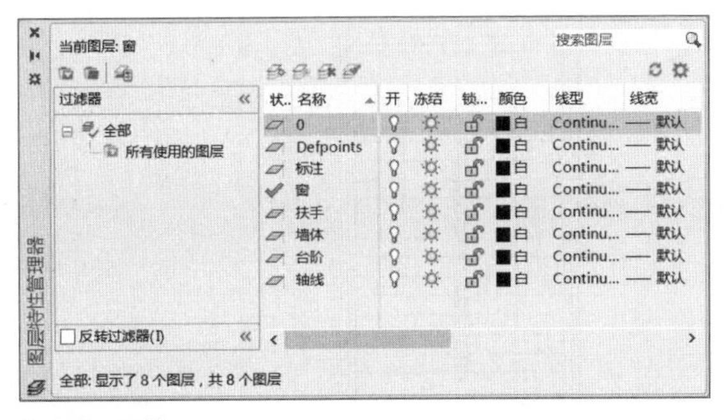

修改图层属性

Step 04 选择【轴线】图层，在【绘图】面板中单击【直线】按钮，开启【正交限制】模式，绘制一条竖向轴线和一条水平轴线，如下图所示。

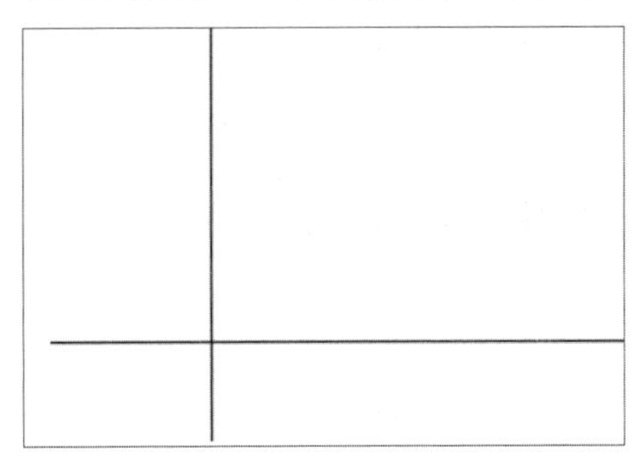

绘制直线

Step 05 在【修改】面板中单击【偏移】按钮，将竖向直线向右偏移1800、1800，将水平直线向上偏移2100、3600、1500，如下图所示。

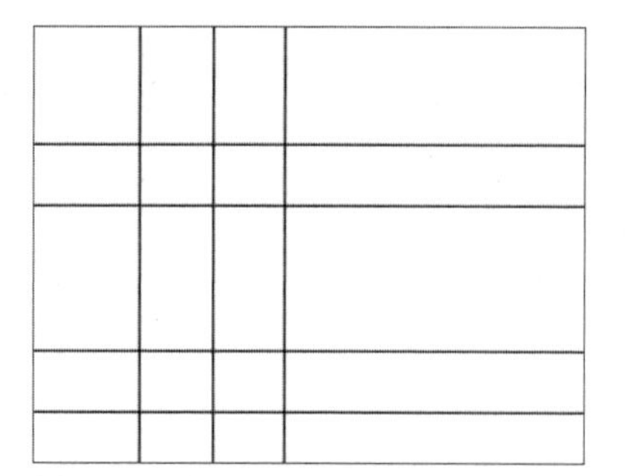

偏移直线

Step 06 单击【修改】面板中的【修剪】按钮，修剪多余线条，效果如下图所示。

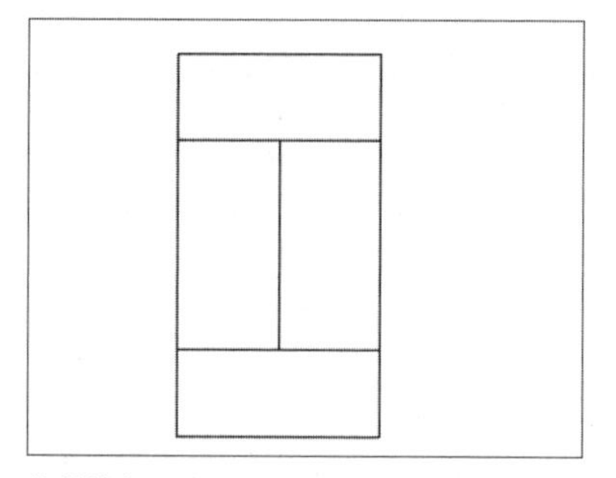

修剪线条

Step 07 切换【墙线】图层为当前图层，在命令行中输入ML命令并按Enter键，然后输入J，输入Z，输入S，输入240，执行命令后均按Enter键，绘制墙体，效果如下图所示。

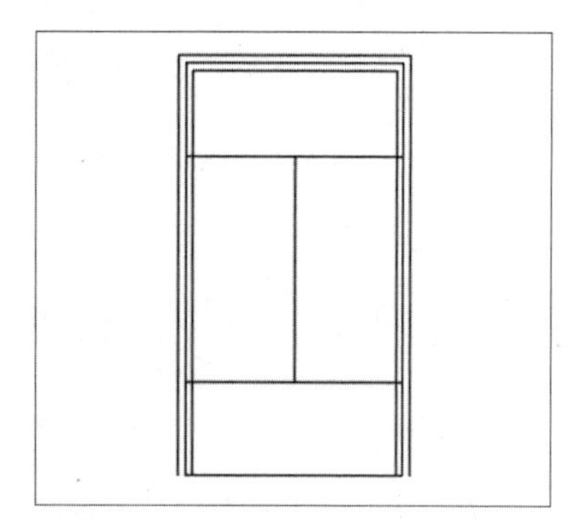

绘制墙体

Step 08 切换【扶手】图层为当前图层，单击【直线】按钮，在中间竖向轴线上绘制直线，并向上、下各延伸出100。调用【偏移】命令，向左右各偏移70、30，调用【直线】命令进行封闭操作。调用【修剪】命令，修剪多余线条，效果如下图所示。

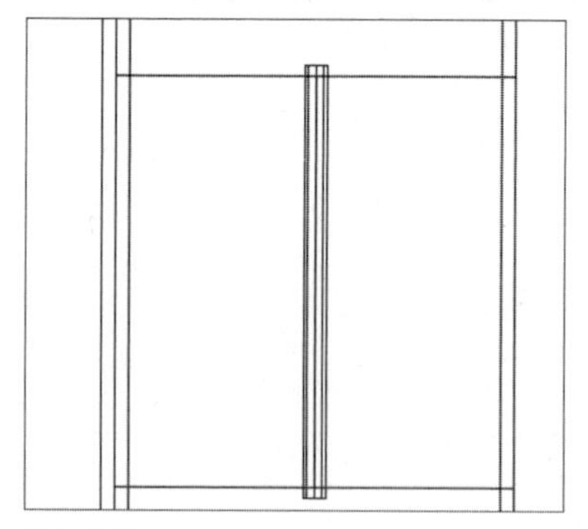

修剪线条

Step 09 切换【台阶】图层为当前图层，调用【直线】命令，沿水平轴线绘制直线。调用【偏移】命令，以水平直线为基点，向上偏移300，重复12次，并修剪多余线条，如下图所示。

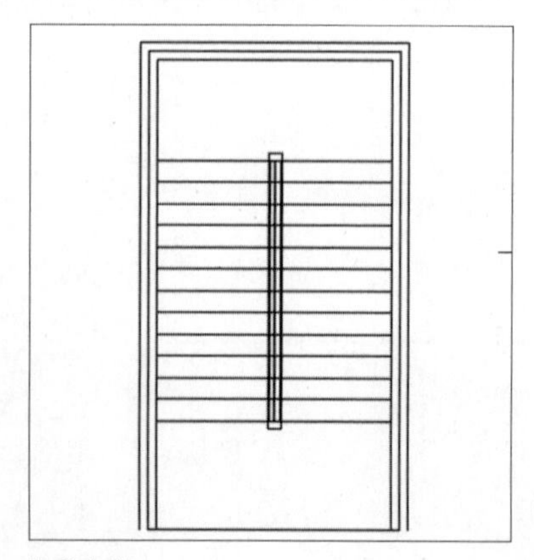

偏移直线

Step 10 调用【多段线】命令，自下而上绘制多段线，然后在端点处单击，在命令行中输入W，输入50，输入0，执行命令后均按Enter键，拖动鼠标左键绘制箭头，如下图所示。

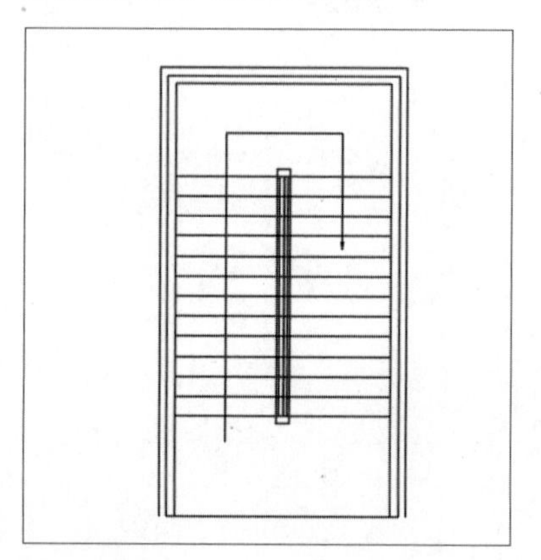

绘制多段线

Step 11 关闭【正交限制】功能，调用【直线】命令，在台阶处绘制两条平行直线，在直线中间再绘制两条平行直线。调用【修剪】命令，修剪多余线段，然后按照Step 10的方法绘制向上箭头，如下图所示。

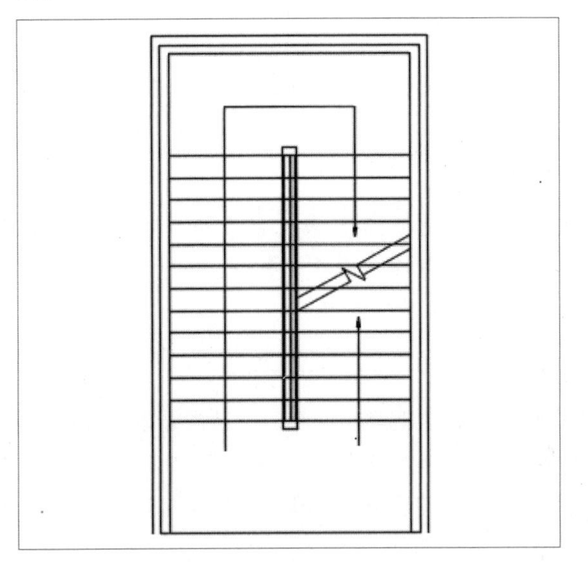

绘制直线和向上箭头

Step 12 切换【窗户】图层为当前图层，调用【偏移】命令，将左边轴线向右偏移1200、1200。调用【延伸】命令，将偏移的直线延伸到墙体，如下图所示。

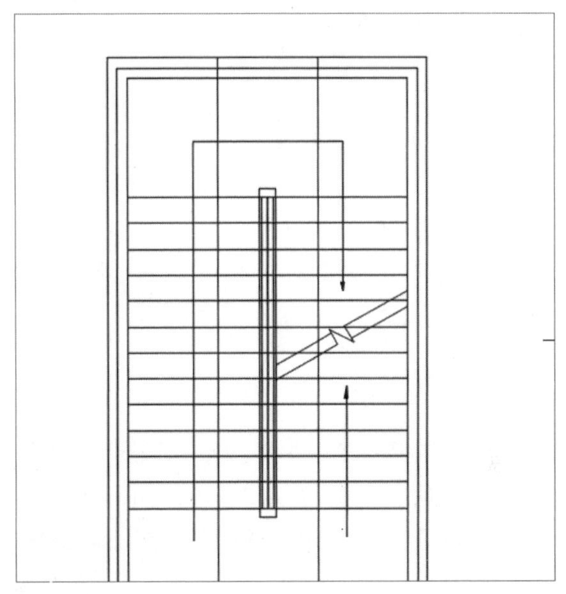

延伸直线

Step 13 在【修改】面板中单击【分解】按钮，分解墙体。调用【修剪】命令，将窗户的位置修剪成矩形，执行【直线】命令，上下均分矩形，如下图所示。

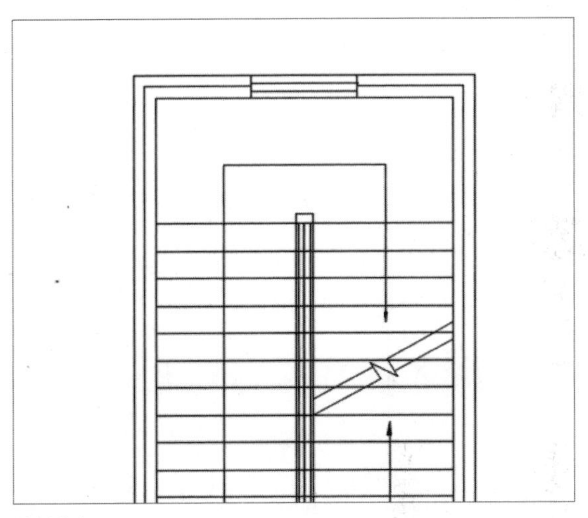

绘制窗户

Step 14 切换【标注】图层为当前图层，调用【线性】命令，进行尺寸标注，调用【文字】命令进行文字标注。至此，整个楼梯平面图绘制完成，如下图所示。

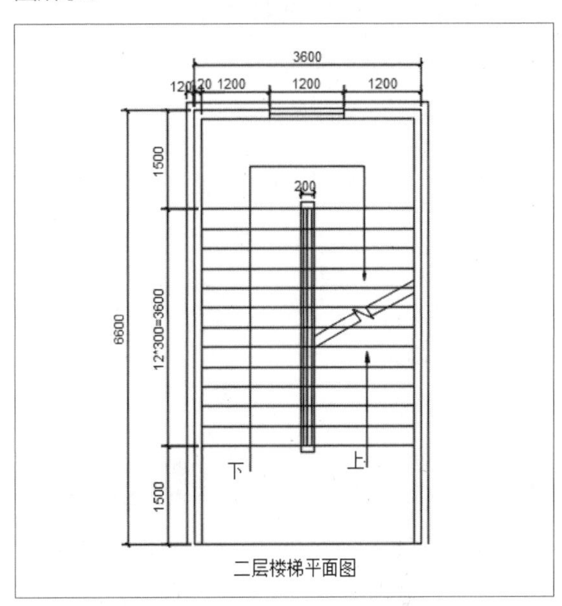

查看楼梯平面图的绘制效果

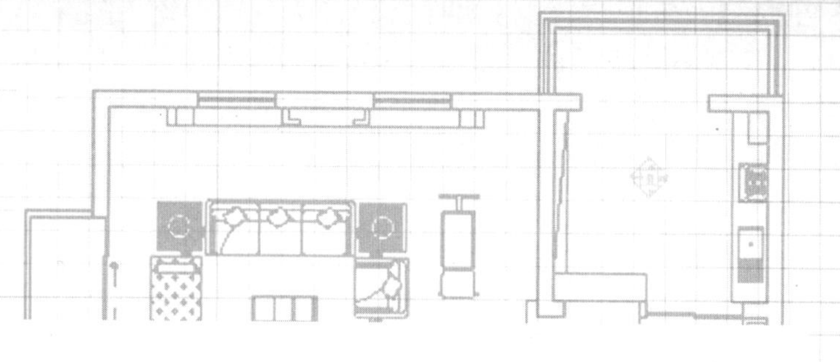

07 Chapter 文本和表格应用

在绘制建筑工程图时，除了需要精确的图形外，还要有必要的文字说明，如技术要求、标题以及明细表等，在AutoCAD中用户可以通过文本和表格对这些注释性清晰地表达出来，能让施工人员按照图纸进行正确地施工。本章主要对文本样式的设置、文本的创建与编辑、表格样式的设置、表格的创建与编辑以及外部表格的调用等相关知识点进行详细介绍。

01 核心知识点

❶ 掌握文本的输入方法

❷ 掌握文字样式的设置

❸ 掌握表格的应用

02 本章图解链接

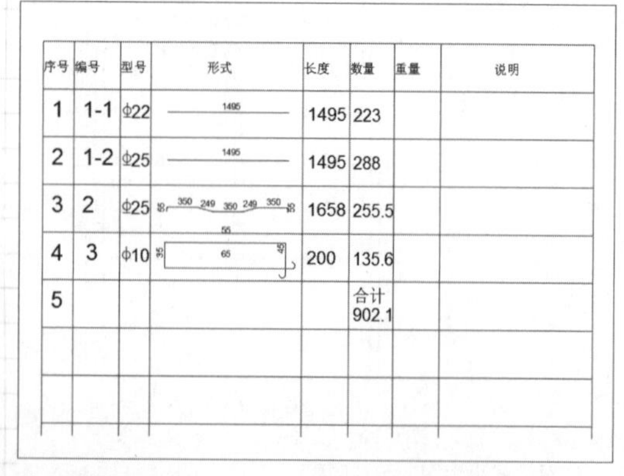

序号	编号	型号	形式	长度	数量	重量	说明
1	1-1	ф22	1495	1495	223		
2	1-2	ф25	1495	1495	288		
3	2	ф25	350 249 350 249 350 55	1658	255.5		
4	3	ф10	35 65 45	200	135.6		
5					合计 902.1		

绘制钢筋加工表

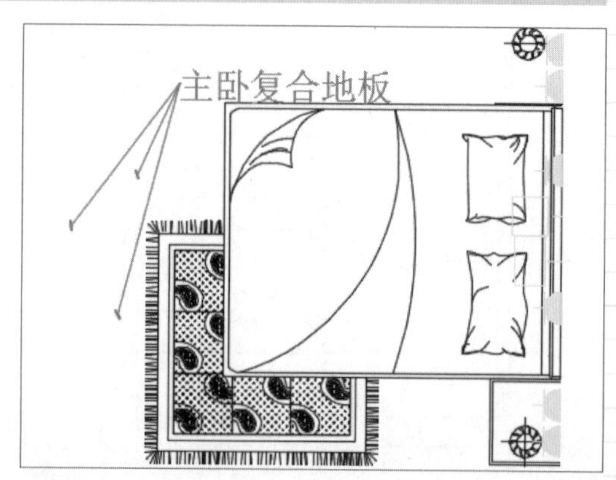

添加引线

7.1 文字样式的设置

文字样式是一组可以跟随图形文件保存的文本格式设置的集合，文本格式设置包括字体、文字高度以及特殊符号效果等。在标注文字前，首先需要定义文字样式来指定文字字体、高度等参数，然后再用定义好的文字样式进行标注。

7.1.1 设置文字样式

系统默认的文字样式为STANDARD，用户在进行标注时，如果当前文字样式不能满足需求，可以在【文字样式】对话框中对当前文字样式进行设置。

在AutoCAD 2018中，打开【文字样式】对话框的方法有以下几种。

- 利用命令行打开。在命令行中输入STYLE/ST命令，并按下Enter键。
- 利用菜单栏打开。在菜单栏中执行【格式】>【文字样式】命令。
- 利用功能区打开。在【注释】选项卡下，单击【文字】面板右下角的↘按钮。
- 利用工具栏打开。单击【文字】或【样式】工具栏中的【文字样式】按钮。

执行上述任意一种操作，系统将弹出【文字样式】对话框，用户可以根据需要创建或设置文字样式，如下图所示。

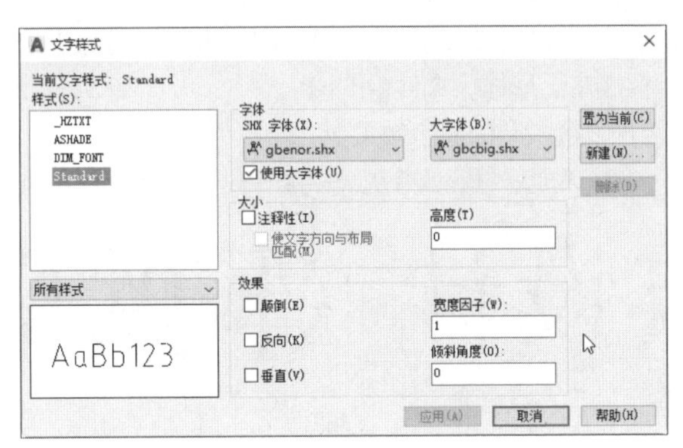

【文字样式】对话框

下面对文字样式的新建与设置的方法进行介绍，具体如下。

Step 01 执行【格式】>【文字样式】命令，在打开的【文字样式】对话框中单击【新建】按钮，如下图所示。

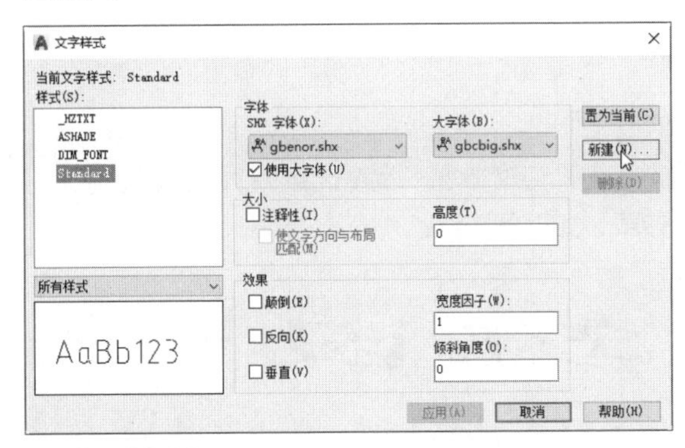

单击【新建】按钮

Step 02 在【新建文字样式】对话框中，输入样式名称，这里输入【建筑】，然后单击【确定】按钮，如下图所示。

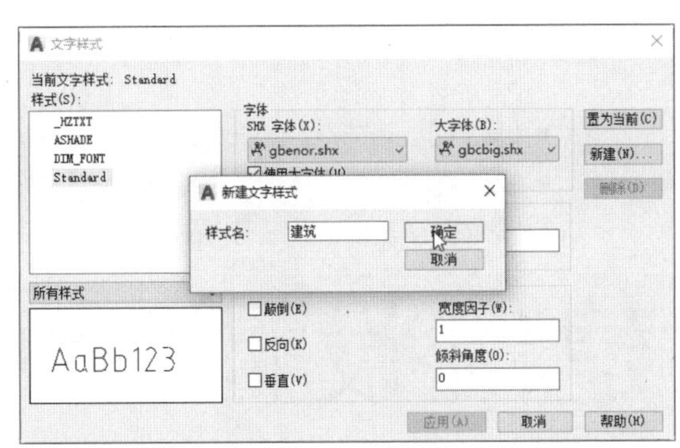

设置样式名称

Step 03 返回【文字样式】对话框，单击【SHX字体（X）】下三角按钮，在下拉列表中选择需要的字体，这里选择txt.shx选项，如下图所示。

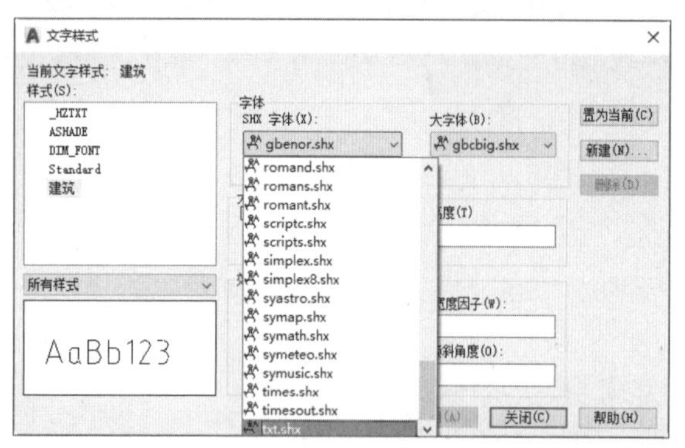

设置文本字体

Step 04 在【高度】数值框中输入合适的文字高度值，这里输入10，然后依次单击【应用】按钮和【关闭】按钮即可，如下图所示。

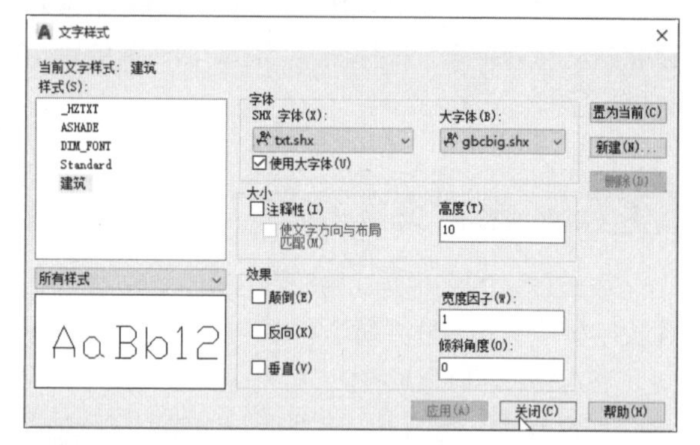

完成设置

下面对【文字样式】对话框中各参数的含义进行介绍，具体如下。

- 【样式】选项区域：在该选项区域中显示了当前图形文件中的所有文字样式，默认文字样式为Standard（标准）。
- 【字体】选项区域：用于选择需要的字体类型。
- 【大小】选项区域：用于设置文字的高度，如果用户输入的数值为0，文字的高度将默认为上次使用的文字高度或使用存储在图形样板文件中的值。
- 【效果】选项区域：用于设置文字的显示效果。
  - 【颠倒】复选框：勾选该复选框，文字方向将翻转，查看颠倒前后效果，如下图所示。

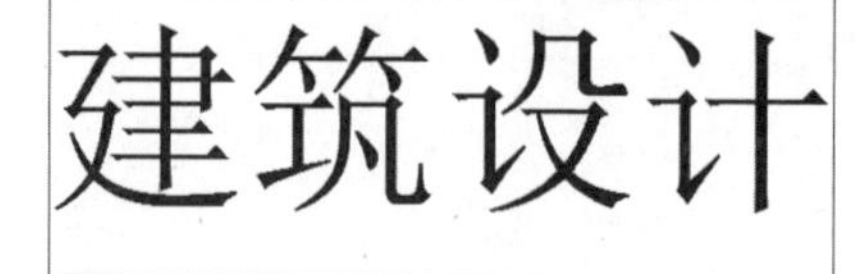

颠倒前

颠倒后

  - 【反向】复选框：勾选该复选框，文字的阅读顺序将于开始前相反，查看反向前后的效果，如下图所示。

反向前

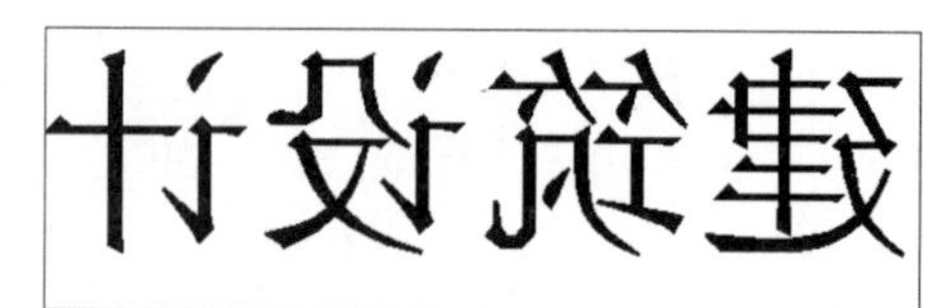

反向后

  - 【垂直】复选框：勾选该复选框，文字将垂直排列。
  - 【宽度因子】数值框：该参数用于控制文字的宽度，正常情况下宽度比例为1，如果想增大比例，文字宽度变宽，查看设置宽度因子前后效果，如下图所示。

设置【宽度因子】为1

设置【宽度因子】为4

- 【倾斜角度】数值框：调整文字的倾斜角度，用户只能输入-85度~85度之间的角度值，超过这个区间的角度值无效，设置倾斜角度的文字对比效果，如下图所示。

建筑设计

倾斜角度为0

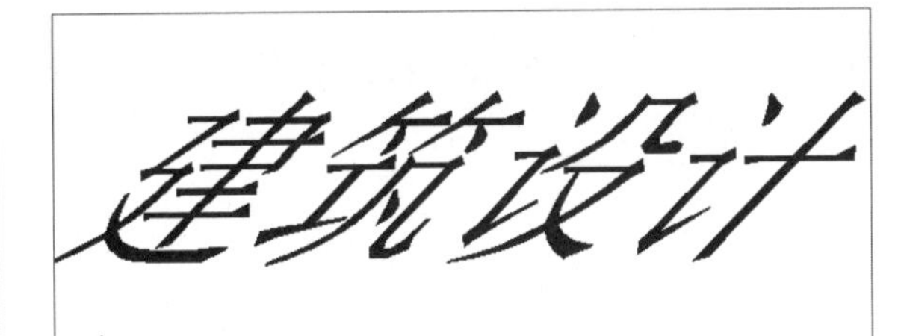

倾斜角度为45

- 【置为当前】按钮：单击该按钮，可将选择的文字样式设置为当前文字样式。
- 【新建】按钮：单击该按钮，新建文字样式。
- 【删除】按钮：单击该按钮，可以删除所选的文字样式，但无法删除被使用的和默认的文字样式。

操作提示：颠倒、反向与宽度因子设置条件

只有使用【单行文字】命令，输入的文字才能颠倒与反向；【宽度因子】参数设置只对用MTEXT命令输入的文字才有效。

7.1.2 修改文本样式

创建好文字样式后，如果用户不满意可以根据需要进行修改。在AutoCAD 2018中，用户可以通过以下方法对文字样式进行修改。

- 在对话框中修改。在【文字样式】对话框中，选中需要修改的文字样式，根据需要修改其字体、大小即可，如下左图所示。
- 在功能区中修改。用户可以在绘图区中直接双击输入的文本，此时功能区会打开【文字编辑器】选项卡，根据需要在【样式】和【格式】面板中进行相应的设置即可，如下右图所示。

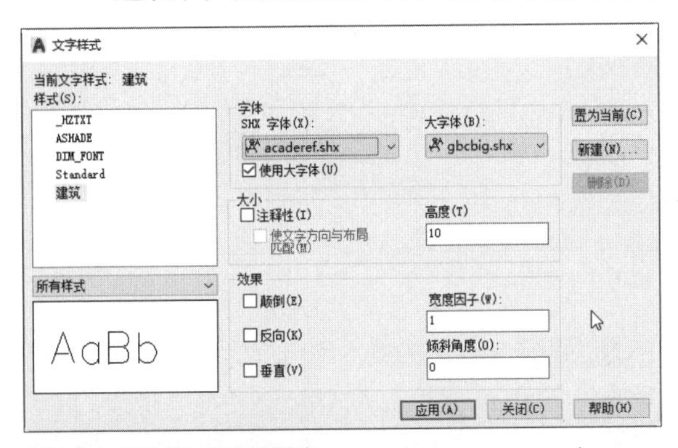

使用【文字样式】对话框修改

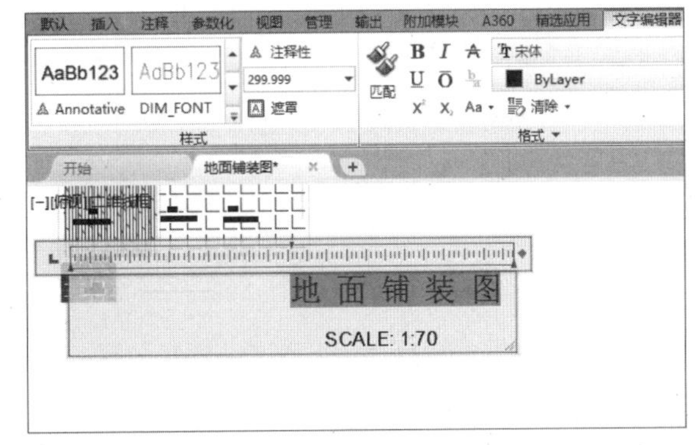

使用功能区命令修改

7.2 文本的创建与编辑

在AutoCAD中，根据输入文字形式的不同，可以分为单选文字和多行文字，本节将对单行文本的输入与编辑、多行文本的创建与编辑操作一一进行介绍。

7.2.1 输入与编辑单行文本

【单行文字】命令可以创建一行或多行文字，所创建的每一行文字都作为一个独立的文字对象，用户可以对其进行重新定位或进行格式修改，并且可以对任意文字对象进行单独编辑修改。

1. 创建单行文本

【单行文字】命令一般用于文本较少的输入操作，用户可以通过以下方式调用【单行文字】命令。

- 利用命令行调用。在命令行中输入DT /DTEXT命令，并按下Enter键。
- 利用菜单栏调用。在菜单栏中执行【绘图】>【文字】>【单行文字】命令。
- 利用功能区调用。在【默认】选项卡下单击【注释】面板中的【单行文字】按钮A͟I，或者在【注释】选项卡下单击【文字】面板中的【单行文字】按钮A͟I。
- 利用工具栏调用。单击【文字】工具栏中的【单行文字】按钮A͟I。

执行上述任意一种操作调用【单行文字】命令后，根据命令行提示信息，输入文本高度和旋转角度，其后在绘图区输入文本内容，按Enter键即可完成文本输入。

执行【单行文字】命令后，对应的命令行提示信息如下图所示。

```
命令:
命令:
命令: _text
当前文字样式: "Standard"  文字高度: 50.0000  注释性: 否  对正: 左
指定文字的起点 或 [对正(J)/样式(S)]:
指定高度 <50.0000>: 150
指定文字的旋转角度 <0>:
键入命令
```

【单行文字】命令行提示信息

下面介绍应用【单行文字】命令进行文本创建的操作方法，具体如下。

Step 01 执行【绘图】>【文字】>【单行文字】命令，根据命令行提示，在绘图区指定文字起点，如下图所示。

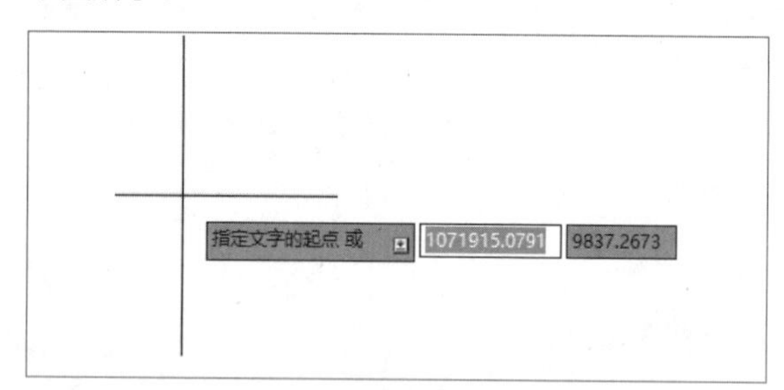

指定文字起点

Step 02 根据命令行提示输入文字高度为150（默认情况下为2.5），并按Enter键，完成文字高度设置，如下图所示。

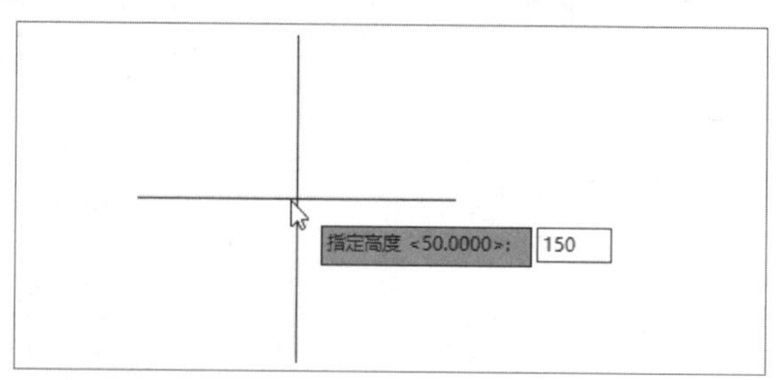

指定文字高度

Step 03 根据命令行提示输入文字旋转角度，保持默认值0，并按Enter键，如下图所示。

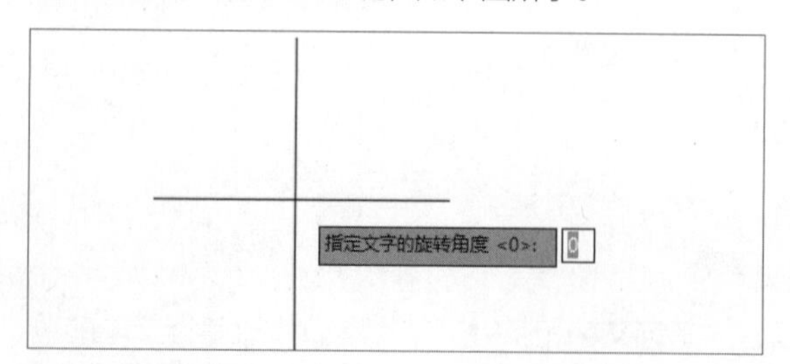

指定文字旋转角度

Step 04 在弹出的文本编辑框中输入文字，然后单击绘图区空白区域，完成单行文字输入操作，如下图所示。

建筑设计

完成文字输入

执行【单行文字】命令后，命令行中各选项含义介绍如下。

- 【起点】：选中该项时，用户可使用鼠标来捕捉或指定视图中单行文字的起点位置。
- 【样式（S）】：用于选择文字样式，一般默认为Standard。
- 【对正（J）】：用于确定单行文字的排列方向，选择该选项后，命令行会出现下图所示的内容。

```
A TEXT 输入选项 [左(L) 居中(C) 右(R) 对齐(A) 中间(M) 布满(F) 左上(TL) 中上(TC) 右上(TR)
左中(ML) 正中(MC) 右中(MR) 左下(BL) 中下(BC) 右下(BR)]:
```

【对正】选项

在【对正】选项中，常用选项含义介绍如下。

- 对齐（A）：可使生成的文字在指定的两点之间均匀分布，自动调整文字高度，宽度比不变，如下图所示。

建筑设计建筑设计

文字对齐

选择【对齐】选项后，对应的命令行提示信息如下图所示。

```
命令: _text
当前文字样式: "Standard" 文字高度: 150.0000 注释性: 否 对正: 对齐
指定文字基线的第一个端点 或 [对正(J)/样式(S)]: J
输入选项 [左(L)/居中(C)/右(R)/对齐(A)/中间(M)/布满(F)/左上(TL)/中上(TC)/右上(TR)/左中(ML)/正中(MC)/右中(MR)/左下(BL)/中下(BC)/右下(BR)]: A
指定文字基线的第一个端点:
指定文字基线的第二个端点:
```

【对齐】选项对应的命令行提示信息

- 布满（F）：可使生成的文字充满在指定的两点之间，文字宽度发生变化，但文字的高度不变，如下图所示。

文字布满

选择【布满】选项后，对应的命令行提示信息如下。

```
当前文字样式: "Standard" 文字高度: 150.0000 注释性: 否 对正: 布满
指定文字基线的第一个端点 或 [对正(J)/样式(S)]: J
输入选项 [左(L)/居中(C)/右(R)/对齐(A)/中间(M)/布满(F)/左上(TL)/中上(TC)/右上(TR)/左中(ML)/正中(MC)/右中(MR)/左下(BL)/中下(BC)/右下(BR)]: F
指定文字基线的第一个端点:
指定文字基线的第二个端点:
指定高度 <150.0000>:
键入命令
```

【布满】选项对应的命令行提示信息

- 居中（C）：可使生成的文字以插入点为中心，向两边排列。

操作提示：查看当前图形文字样式

用户可以在命令行输入?，并按下Enter键，则在命令行提示中会提示当前图形已有文字样式，命令行提示内容如下图所示。

```
命令:
命令: _text
当前文字样式: "Standard" 文字高度: 150.0000 注释性: 否 对正: 布满
指定文字基线的第一个端点 或 [对正(J)/样式(S)]: S
输入样式名或 [?] <Standard>: ?
输入要列出的文字样式 <*>: ?
文字样式:
  未找到匹配的文字样式。
当前文字样式: Standard
当前文字样式: "Standard" 文字高度: 150.0000 注释性: 否 对正: 布满
TEXT 指定文字基线的第一个端点 或 [对正(J) 样式(S)]:
```

当前图形已有文字样式命令行提示

2. 编辑单行文本

在实际操作过程中，用户常常需要对输入好的文本进行编辑操作，例如文字内容以及特性设置等。在AutoCAD 2018中，常用的修改文本内容的方法有以下几种。

- 利用命令行修改。在命令行中输入DDEDIT/ED命令，并按下Enter键。
- 利用菜单栏修改。在菜单栏中执行【修改】>【对象】>【文字>编辑】命令。
- 直接双击要修改的文字
- 利用工具栏修改。单击【文字】工具栏中的【编辑】按钮。

执行上述任意一种操作，文字变成可编辑状态，如下左图所示。此时输入修改的文字并按Enter键，即可完成修改操作，如下右图所示。

建筑设计

可编辑状态

机械设计

完成文字内容编辑

操作提示：【单行文字】命令下Enter键的作用

用户在执行单行文字命令时，按Enter键不会结束文字的输入，而是执行换行操作。

7.2.2 输入与编辑多行文本

多行文字一般用于创建字数较多、字体比较复杂的操作，多用于图形的技术要求和说明中。

1. 创建多行文本

多行文字是指行数为两行或两行以上的文本，与单行文字不同，多行文字整体为一个对象，每一行不再是单独的文字对象，不可单独编辑。

在AutoCAD 2018中，用户可以通过以下方式调用【多行文字】命令。

- 利用命令行调用。在命令行中输入MTEXT/T命令，并按下Enter键。
- 利用菜单栏调用。在菜单栏中执行【绘图】>【文字】>【多行文字】命令。
- 利用功能区调用。在【默认】选项卡下，单击【注释】面板中的【多行文字】按钮A。

- 利用工具栏调用。单击【文字】工具栏中的【多行文字】按钮A。

执行上述任意一种操作调用【多行文字】命令后，根据命令行提示，确定用于多行文字编辑的矩形框后，将弹出【文字格式】工具栏，用户根据要求设置格式并输入文字，然后单击【确定】按钮即可。

执行【多行文字】命令后，对应的命令行提示信息如下图所示。

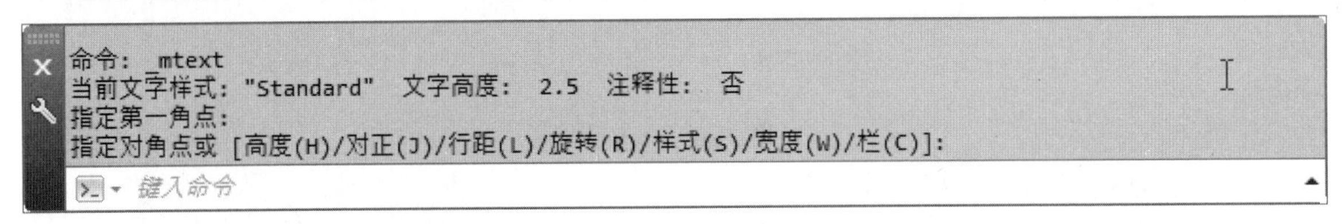

【多行文字】命令行提示信息

下面将对【多行文字】命令行提示信息中各选项的含义进行介绍，具体如下。

- 高度（H）：用于指定其文本框的高度值。
- 对正（J）：用于确定所标注文字的对齐方式，是将文字的某一点与插入点对齐。
- 行距（L）：用于设置多行文本的行间距。
- 旋转（R）：用于设置多行文本的倾斜角度。
- 样式（S）：用于指定当前文本的样式。
- 宽度（W）：用于指定文本编辑框的宽度值。
- 栏（C）：用于设置文本编辑框的尺寸。

2. 设置多行文本格式

多行文字内容输入完成后，用户可以根据需要对多行文本格式进行设置，包括字体、段落、颜色、格式设置等，具体操作方法如下。

Step 01 双击需要设置格式的多行文本，在【文字编辑器】选项卡中单击【字体】下三角按钮，选择新字体，如下图所示。

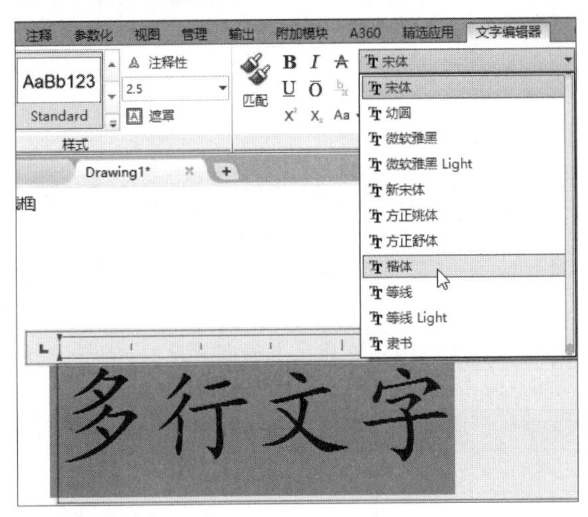

设置文本字体

Step 02 单击【格式】面板中【粗体】命令，对文本字体实行加粗操作，如下图所示。

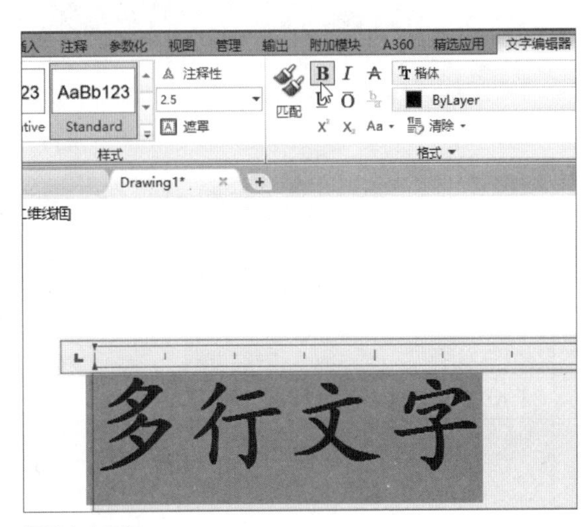

设置文本加粗

Step 03 单击【格式】面板中【斜体】按钮，对文本字体进行倾斜操作，如下图所示。

Step 04 单击【格式】面板中【颜色】下三角按钮，在下拉列表中，选择需要的颜色，即可改变当前文本颜色，如下图所示。

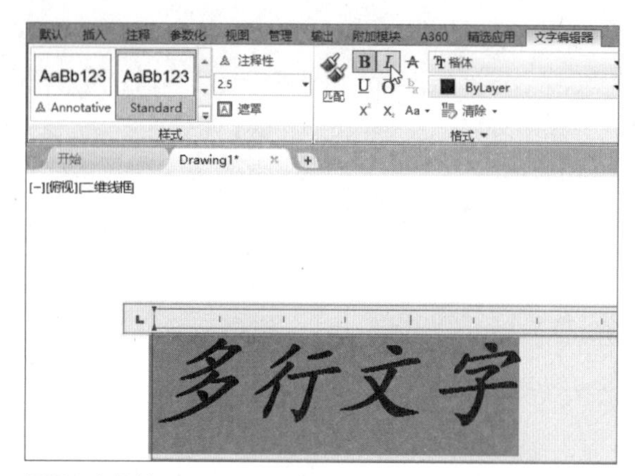

设置文本倾斜

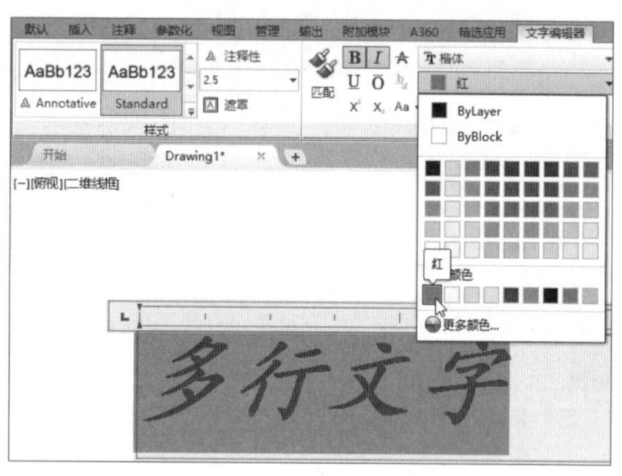

设置文本颜色

Step 05 单击【样式】面板中【遮罩】按钮，在系统弹出的【背景遮罩】对话框中，勾选【使用背景遮罩】复选框，设置背景填充颜色为蓝色，如下图所示。

背景遮罩

☑使用背景遮罩(M)

边界偏移因子(F):

1.5000

填充颜色(C)

☐使用图形背景颜色(B)

蓝

确定

取消

打开【背景遮罩】对话框

Step 06 设置完成后，单击【确定】按钮，即可完成段落文本的背景设置，如下图所示。

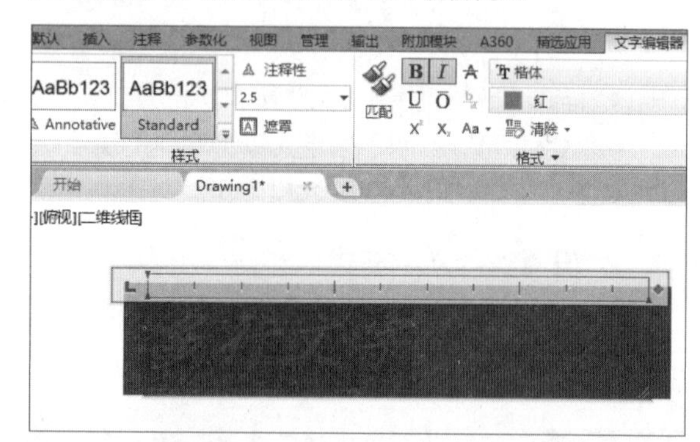

完成文本背景设置

操作提示：特殊字符

用户在实际绘图时常常需要输入像正、负号这样的特殊字符。这些特殊字符并不能在键盘上直接输入，因此AutoCAD 2018提供了相应的控制符，以实现特殊字符的输入。AutoCAD中常用的标注控制符如下表所示。

常用标注控制符

字符代码	标注的特殊字符	字符代码	标注的特殊字符
%%O	文字上划线打开或关闭	\u+2260	不相等
%%U	文字下划线打开或关闭	\u+0394	差值
%%D	度(°)	\u+2104	中心线
%%%	百分号(%)	\u+E100	边界线
%%C	直径(Φ)	\u+0278	电相位
%%P	正负号(±)	\u+2126	欧姆
\u+2220	角度	\u+03A9	欧米加

3. 查找与替换文本

多行文本输入完成后，如果发现某个字段或词语输入有误，利用【查找】命令，可以进行快速修改。在AutoCAD 2018中，调用【查找】命令的方法有以下几种。

- 利用命令行调用。在命令行中输入FIND命令，并按下Enter键。

● 利用菜单栏调用。在菜单栏中执行【编辑】>【查找】命令。

执行上述任意一种操作，将弹出【查找与替换】对话框，如右图所示。根据需要输入查找文字与替换内容，然后单击【查找】按钮进行查找，或者单击【替换】按扭执行替换操作。

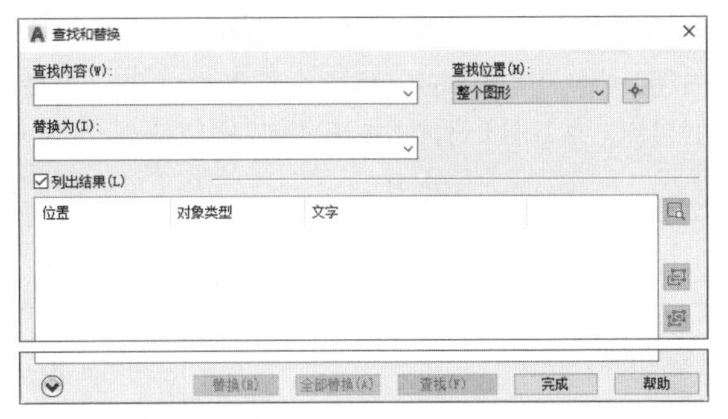

【查找与替换】对话框

7.3 表格的应用

表格是一种信息的简洁表达方式，材料清单、零件尺寸一览表、机械类图纸中标题栏以及园林制图中的创建植物名录等，都可以应用表格简洁明了地对图纸进行说明，同时也可在表格中进行数据统计分析等。使用AutoCAD表格功能，能够自动创建和编辑表格，其操作方法与Word类似。

7.3.1 设置表格样式

创建表格样式与创建文本样式相同，具有许多性质参数，例如字体、颜色、行距、文本等。系统提供的Standard样式为默认样式，用户也可以根据需要在【表格样式】对话框中定义新的表格样式。

在AutoCAD 2018中，打开【表格样式】对话框的方法有以下几种。

● 利用命令行启用。在命令行中输入TS命令，并按下Enter键。
● 利用菜单栏启用。在菜单栏中执行【格式】>【表格样式】 命令。
● 利用功能区启用。在【注释】选项卡下单击【表格】面板右下角的对话框启用器按钮。
● 利用工具栏启用。单击【样式】工具栏中的【表格样式】按钮。

执行上述任意一种操作，系统将弹出【表格样式】对话框。用户可以根据需要创建或设置表格样式、文字字体、颜色、高度、表格的行数列数、线宽、背景填充等。

下面介绍设置表格样式的操作方法，具体步骤如下。

Step 01 单击【默认】选项卡下【注释】面板中的【表格】按钮，系统将弹出【插入表格】对话框，如下图所示。

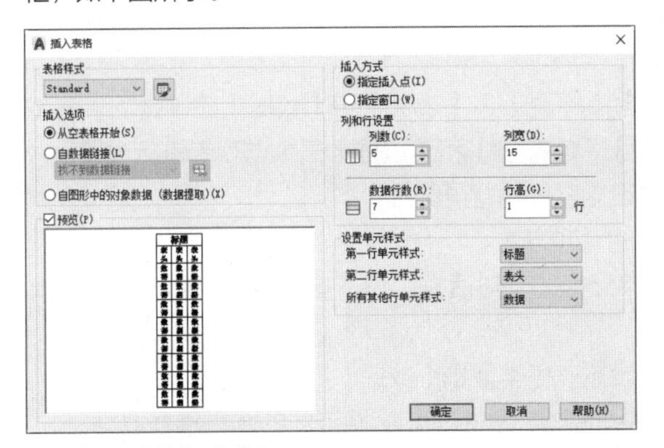

打开【插入表格】对话框

Step 02 单击【启动“表格样式”对话框】按钮，打开【表格样式】对话框，如下图所示。

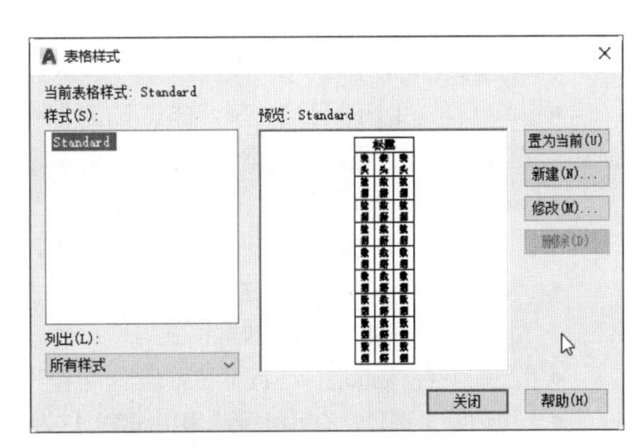

打开【表格样式】对话框

Step 03 在【表格样式】对话框中单击【新建】按钮，弹出【创建新的表格样式】对话框，输入新样式名称，并单击【继续】按钮，如下图所示。

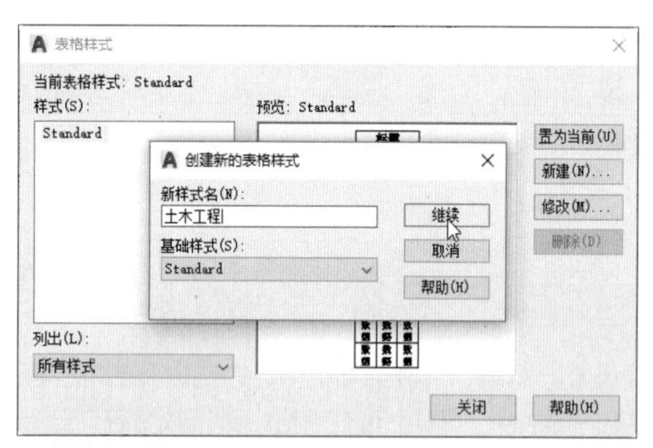

设置表格样式名称

Step 04 系统将弹出【新建表格样式：土木工程】对话框，在【单元样式】下拉列表中，用户可以根据需要设置表头、标题、文字、边框等特性，如下图所示。

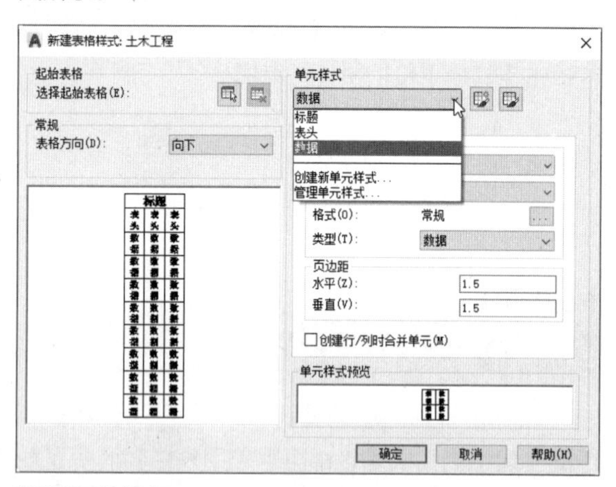

设置单元格样式

Step 05 设置完成后单击【确定】按钮，返回【表格样式】对话框，此时【样式】列表框中会显示刚刚创建的样式，如右图所示。

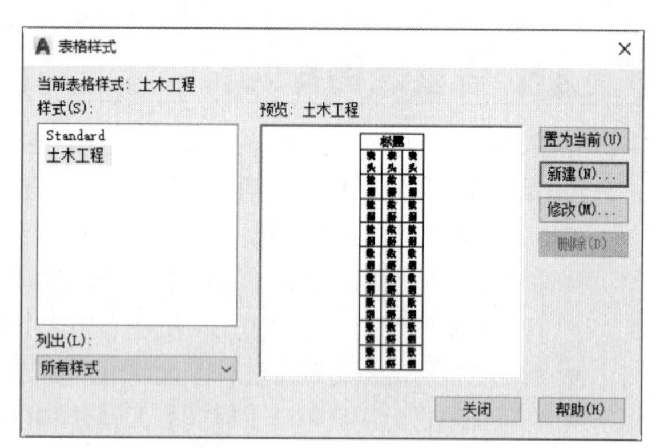

查看设置的表格样式

下面对【新建表格样式】对话框各选项卡下的相关功能的含义进行介绍，具体如下。

1.【常规】选项卡

- 【起始表格（E）】选项区域：单击按钮，将在绘图区选择一个表格作为新建的表格样式的起始表格。
- 【表格方向（D）】选项：当表格的方向选择【向上】时，将创建由下而上读取的表格；当表格方向选择【向下】时，则创建由上而下读取的表格。
- 【单元样式】选项区域：单元样式下拉列表中包含【标题】、【表头】和【数据】三种选项，三种选项的表格设置内容基本相似，都要对其【常规】、【文字】和【边框】三个选项卡进行设置。
- 【填充颜色（F）】选项：在填充颜色下拉列表中设置表格的背景颜色。
- 【对齐（A）】选项：用于调整表格单元格中文字的对齐方式。
- 【格式（O）】选项：单击按钮，打开【表格单元格式】对话框，如下左图所示。用户可以在此对话框中设置单元格的数据格式。
- 【类型（T）】选项：在其下拉列表框中用户可以设置表格类型是【数据】还是【标签】。
- 【页边距】选项：在【水平】和【垂直】文本框中分别设置表格的内容距连线的水平和垂直距离。

- 【创建行/列时合并单元（M）】复选框：勾选该复选框，使当前表格样式创建的所有新行或新列合并为一个单元。一般使用该选项在表格的顶部创建标题栏。

2.【文字】选项卡

下右图为【文字】选项卡，在【特性】选项区域中可以设置与文字相关的参数，如文字样式、文字高度、文字颜色和文字角度。

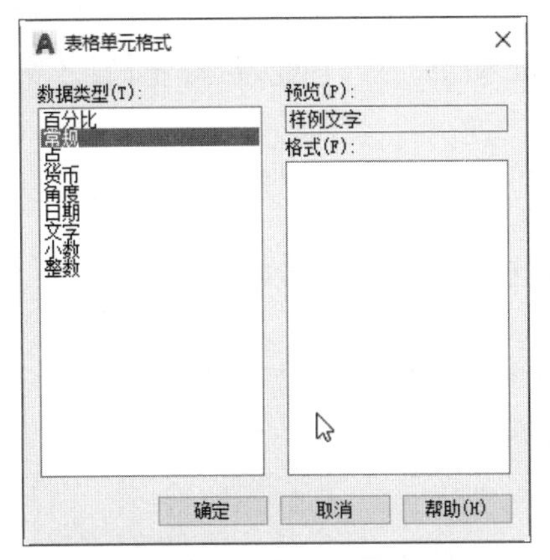

【表格单元格式】对话框

【文字】选项卡

- 【文字样式（S）】选项：在其下拉列表中选择已被定义的文字样式。用户也可以单击□按钮，在打开的【文字样式】对话框中设置文字样式，如下左图所示。
- 【文字高度（H）】选项：在文字高度文本框中可以设置单元格中内容的文字高度。
- 【文字颜色（C）】选项：在其下拉列表中可以设置文字的颜色。
- 【文字角度（G）】选项：在其文本框中设置单元格文字的倾斜角度。

3.【边框】选项卡

下右图为【边框】选项卡，用于设置与边框相关的参数，如边框的宽度、线型、颜色、间距以及将特性应用到边框等。

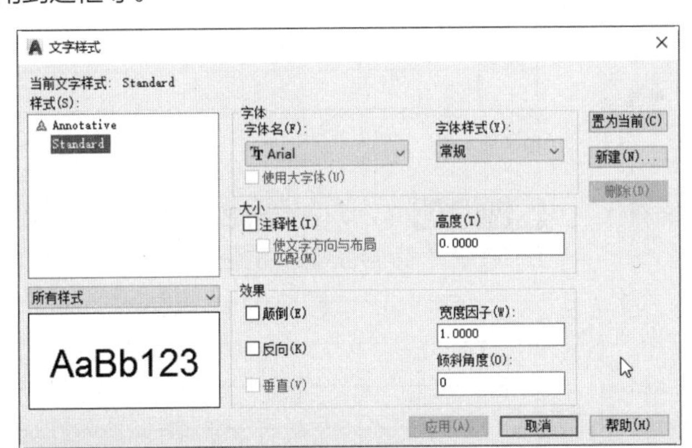

【文字样式】对话框

【边框】选项卡

- 【线宽（L）】选项：用于设置表格边框的线宽。
- 【线型（N）】选项：用于设置表格边框的线型样式
- 【颜色（C）】选项：用于设置表格边框的颜色。
- 【双线（U）】复选框：勾选该复选框，可将表格边框线型设置成双线。
- 【间距（P）】选项：用于设置边框双线间的距离。

7.3.2 创建与编辑表格

在AutoCAD中，表格主要用于展示与绘制图层相关的标准、材料和装配等信息，工作任务的不同，对表格的要求也不同，本节主要介绍创建表格和编辑表格的操作。

1. 创建表格

设置完表格样式后，就可以根据绘图需要创建表格了，在AutoCAD 2018中有多种方法创建表格，用户根据需要设置表格的行和列，然后在绘图区指定插入点即可。下面介绍打开【插入表格】对话框常用的几种方法，具体如下。

- 利用命令行打开。在命令行中输入TABLE/TB命令，并按下Enter键。
- 利用菜单栏打开。在菜单栏中执行【绘图】>【表格】命令。
- 利用功能区打开。在【注释】选项卡下，单击【表格】面板中的【表格】按钮。
- 利用工具栏打开。单击【绘图】工具栏中的【表格】按钮。

执行上述任意一种操作，打开【插入表格】对话框，用户可以根据需要设置插入表格的列数、行数、列宽、行高等参数，然后在绘图区单击【确定】按钮即可。

下面介绍创建表格的操作方法，具体步骤如下。

Step 01 调用【表格】命令，打开【插入表格】对话框，在【列和行设置】选项区域中分别设置行数和列数值，如下图所示。

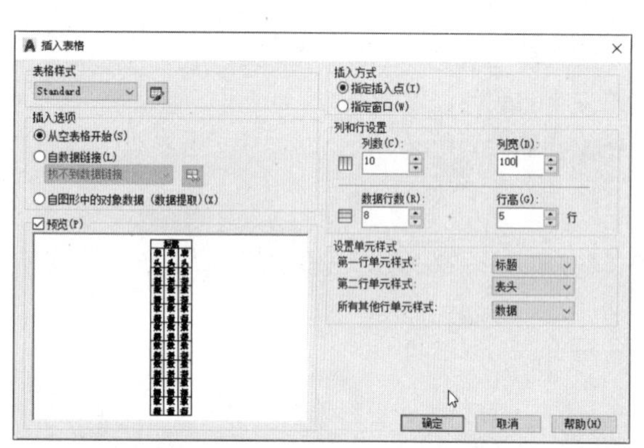

设置表格行数、列数、列宽、行高

Step 02 设置完成后单击【确定】按钮，根据命令行提示在绘图区指定插入点，如下图所示。

指定插入点: 3517.2893 1837.3711

指定插入点

Step 03 表格插入完成后，即可进入文字编辑状态，在此可以直接输入内容，如下图所示。

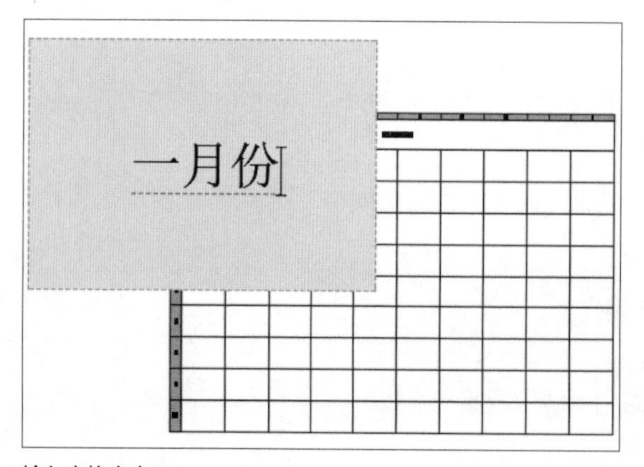

输入表格文字

Step 04 依次双击单元格，输入内容，完成后按Enter键，即可完成表格的创建，如下图所示。

销售计划表

一月份
二月份
三月份
四月份
五月份
六月份

完成表格创建

在【插入表格】对话框中，各选项功能的含义介绍如下。

- 【表格样式】下拉列表：用户可以从下拉列表中选择表格样式；也可以单击其后的按钮，创建新表格样式。
- 【插入选项】选项区域：该选项区域中包含三个单选按钮，分别为【从空表格开始】、【自数据链接】、【自图形中的对象数据（数据提取）(X)】。单击【从空表格开始】按钮，可以插入一个空的表格。单击【自数据链接】按钮，则可以从外部导入数据来创建表格。单击【自图形中的对象数据（数据提取）(X)】按钮，则可以从可输出到表格或外部文件的图形中提取数据来创建表格。
- 【插入方式】选项区域：该选项区域中包含两个单选按钮，分别为【指定插入点】和【指定窗口】。单击【指定插入点】单选按钮，可以在绘图区中指定的点插入固定大小的表格。单击【指定窗口】单选按钮，可以在绘图区中通过移动表格的边框来创建任意大小的表格。
- 【列和行设置】选项区域：该选项区域中包括【列数】、【列宽】、【数据行数】和【行高】四个数值框。
  - 【列数】：在数值框中设置表格的列数。
  - 【列宽】：在数值框中设置表格的列宽。
  - 【数据行数】：在数值框中设置表格的行数。
  - 【行高】：在数值框中设置表格的行高。
- 【设置单元样式】选项区域：该选项区域中可以设置【第一行单元样式】、【第二行单元样式】和【所有其他单元样式】样式。默认情况下，系统均以【空表格开始】方式插入表格。

2. 编辑表格

在工程文件设计过程中使用表格时，经常需要根据实际需要对表格对象进行修改，以满足需求。编辑表格通常包括修改表格特性和修改单元格特性两方面。

（1）修改表格特性

在AutoCAD 2018中，用户可以在【特性】面板或使用夹点编辑表格模式对表格特性进行修改。

- 使用【特性】面板编辑。双击表格上的任意一条表格线，即可打开【特性】面板，如下左图所示。在【特性】面板中，表格的所有属性都可以修改，包括图层、颜色、行数、列数、样式等。
- 使用夹点编辑。用户可以单击表格任意一条网格线，在表格的拐角处和其他几个单元的连接处可以看到夹点，在夹点编辑表格模式下，用户可以将表格的左边想象成稳定的一边，表格右边则是活动的，左上角的夹点为整个表格的基点，通过基点可以对表格进行移动、水平拉伸、垂直拉伸等编辑，如下右图所示。

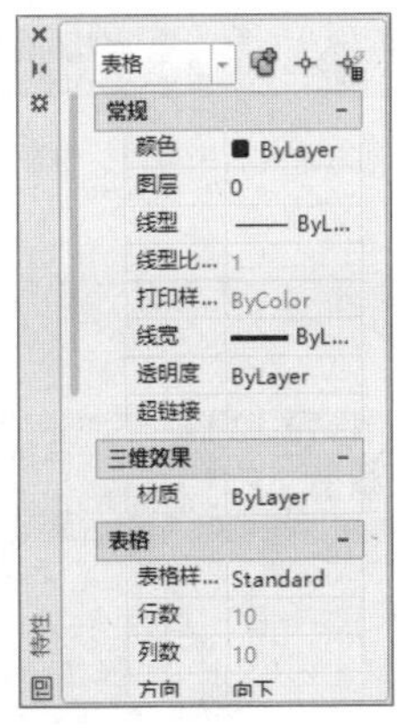

【特性】面板

夹点编辑模式

(2)修改单元格特性

在【表格单元】选项卡下，用户可以执行插入/删除表格、调整文字对齐方式、调整单元格背景颜色以及插入块等编辑操作。创建表格后，单击某个单元格，即可在功能区中显示【表格单元】选项卡，如下图所示。

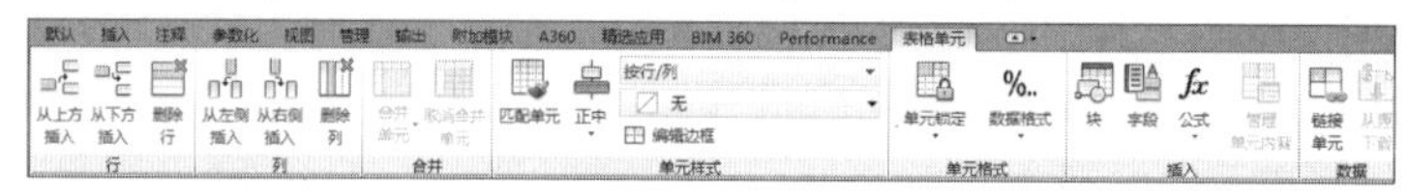

【表格】选项卡

7.3.3 添加表格内容

表格中的数据内容都是通过表格单元格进行添加的，表格单元格中不仅可以包含文本、数值等信息，还可以包含多个块内容，下面介绍在表格中添加插入块和添加数据的操作方法。

1. 插入块

选中表格后，在【表格单元】选项卡下单击【插入点】面板中的【块】按钮，如下左图所示。打开【在表格单元中插入块】对话框，进行插入块操作，如下右图所示。在表格单元格中插入块时，块可以自动适应单元格的大小，用户也可以调整单元格以适应块的大小，并且可以将多个块插入到同一个表格单元格中。

2. 添加数据

创建表格后，AutoCAD会高亮显示表格的第一个单元格，在功能区中会切换至【文字编辑器】选项卡，用户即可在表格中输入所需的文本内容。当要移动到下一个单元格时，可以按Tab键或按下键盘上的向上、向下、向左、向右键进行移动。此外，直接双击某个单元格将其激活，在其中输入内容即可。

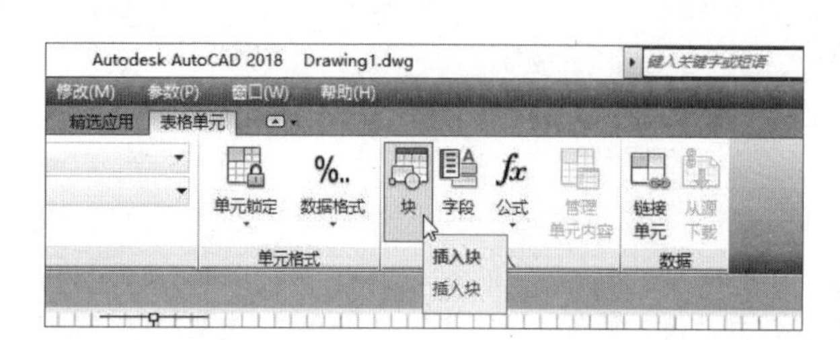

单击【块】按钮

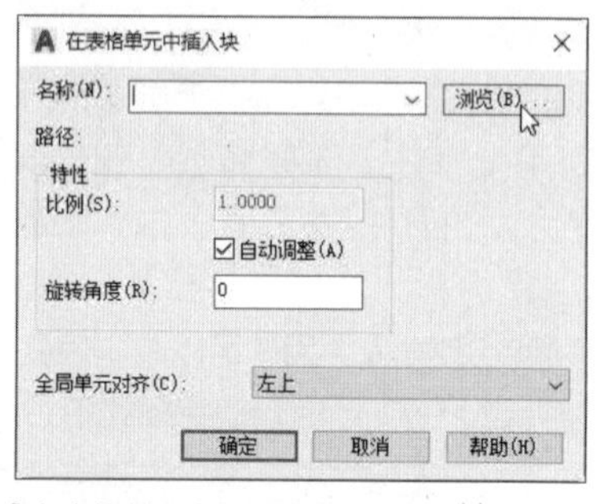

【在表格单元中插入块】对话框

操作提示：在表格中输入公式

创建表格后，选中需要输入公式的单元格后，用户可以使用【表格】工具栏和快捷菜单插入公式，也可以打开在位文字编辑器，然后手动在单元格中输入所需的公式。

上机实训——制作土建施工钢筋加工表

制作钢筋加工表虽然简单，却是土建施工中技术员最常用的施工技能。本案例先介绍最有代表性的在横梁中使用元宝筋的操作，然后再制作一个完整的钢筋加工表，具体操作方法如下。

Step 01 按Ctrl+N组合键，在打开的对话中设置参数，新建空白文件。单击【特性】面板中【线宽】下三角按钮，选择线宽为0.3mm，如下图所示。

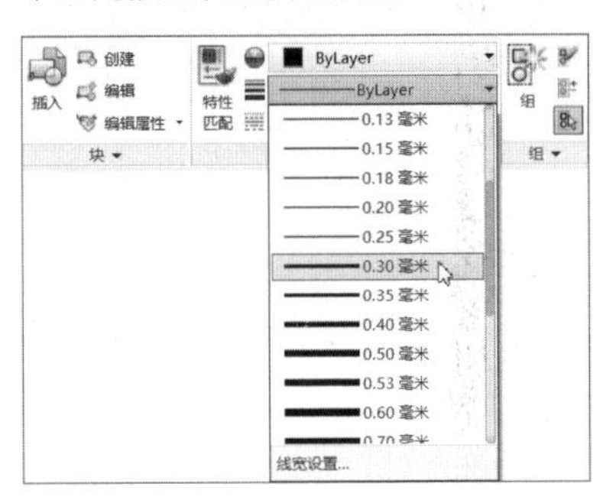

设置线宽

Step 02 单击【绘图】面板中【直线】按钮，绘制两条垂直相交的直线作为两条绘图辅助线，如下图所示。

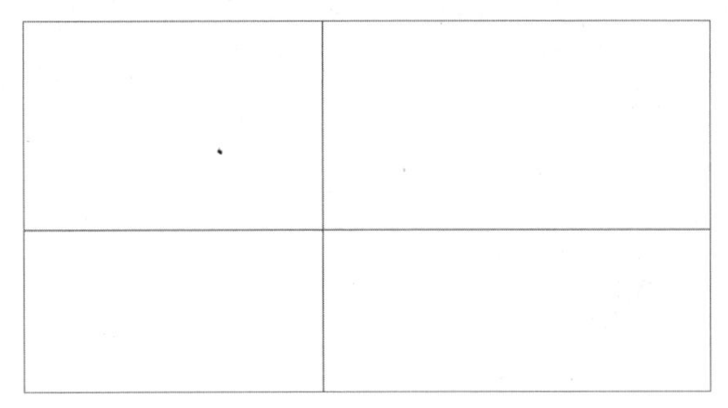

绘制垂直相交的直线

Step 03 单击【修改】面板中【偏移】按钮，在命令行中输入5，按Enter键。然后选中垂直线并在右侧单击，根据相同的方法再将偏移的垂直线向右侧偏移，如下图所示。

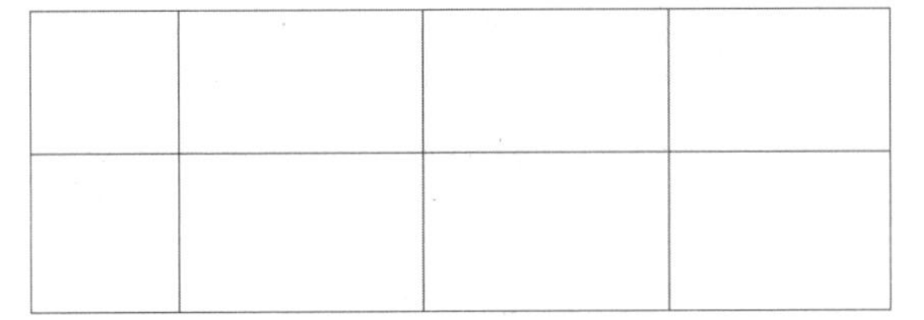

偏移垂直线

Step 04 单击【修改】面板中的【旋转】按钮，选择中间一条垂直线并右击确定，然后单击交点处作为旋转基点，如下图所示。

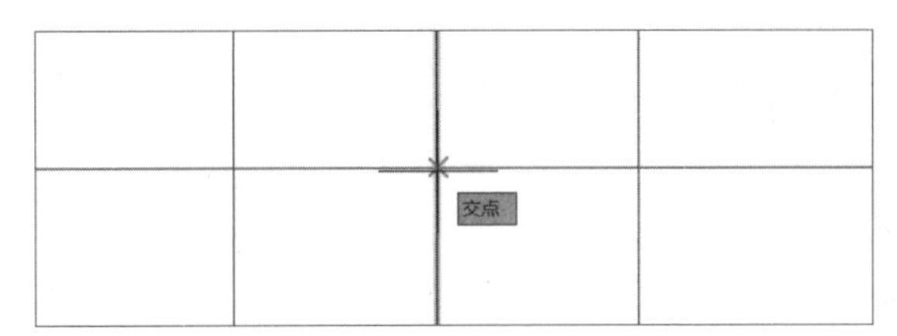

指定旋转基点

Step 05 在命令行中输入旋转角度为-75，按Enter键，可见中间垂直的直线以确定的基点为中心顺时针旋转，效果如下图所示。

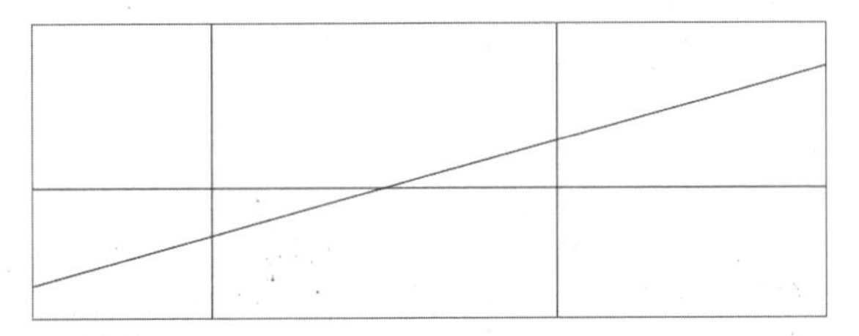

旋转直线

Step 06 以右侧直线与斜线交点为起点绘制一条水平线，长度超过左右两条垂直线间的距离，并将右侧垂直线向右偏移10，效果如下图所示。

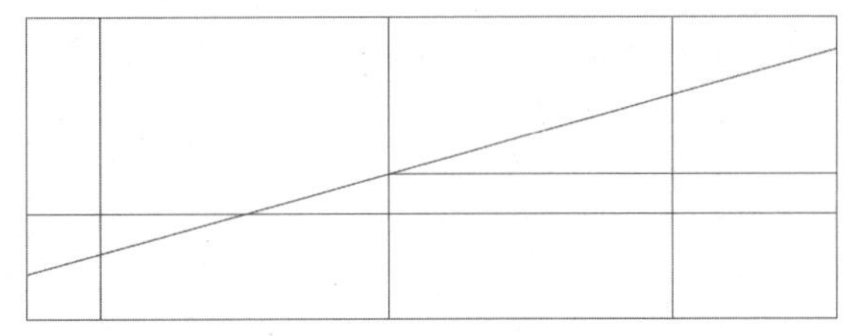

绘制水平方向直线

Step 07 单击【注释】面板中【单行文字】按钮，任意选择一点，设置输入文字高度为1、旋转角度为0，然后输入1。单击【修改】面板中【移动】按钮，将数字1移到左侧第一个水平线和垂直线交叉点处，如右图所示。

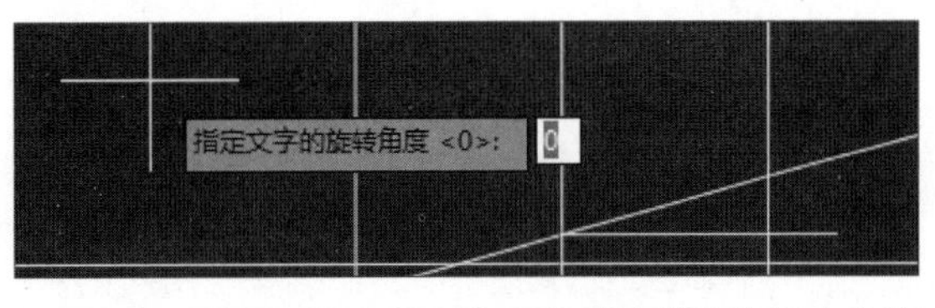

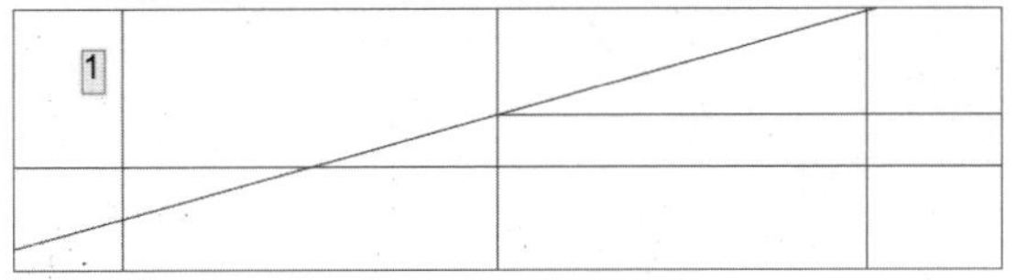

移动文本

Step 08 单击【修改】面板中【复制】按钮，复制数字1到下图所示的几个位置，并分别将后面几个数字改为2、3、4、5。

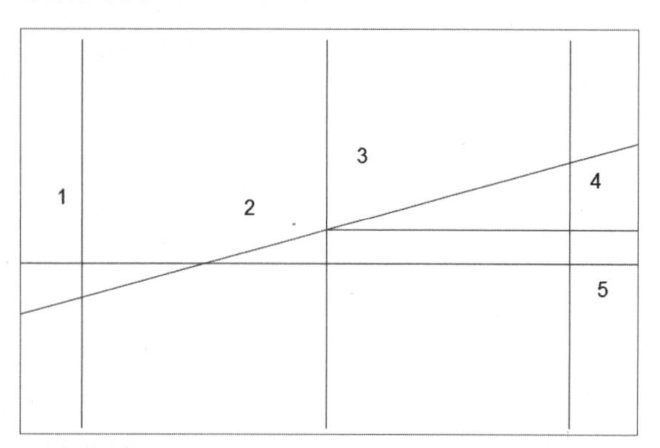

复制并修改文本

Step 09 单击【修改】面板中的【修剪】按钮，选中横线，按空格键确认，将该条线作为修剪参考，然后单击数字5左侧竖线，将多余线条修剪掉，如下图所示。

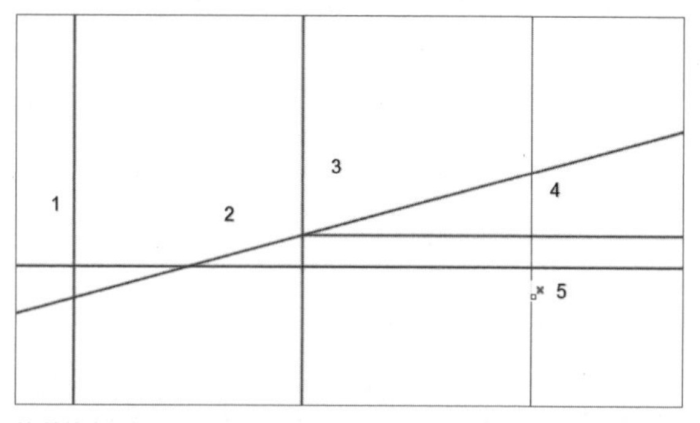

修剪线条

Step 10 使用相同的方法将其他多余的线修剪，最终效果如下图所示。

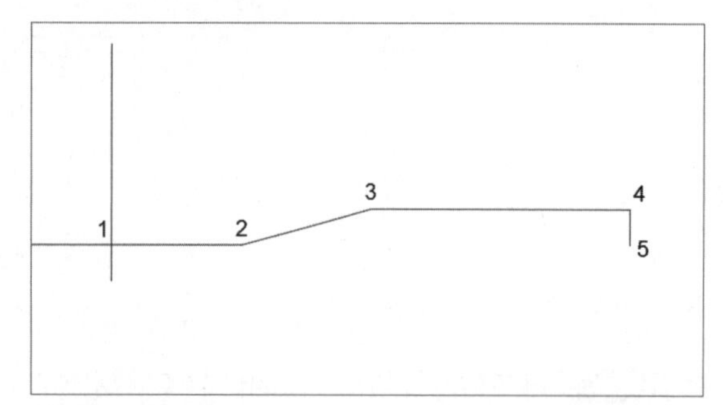

查看修剪线条后效果

Step 11 调用【偏移】命令，将两条水平线和斜线分别偏移5个单位，效果如下图所示。

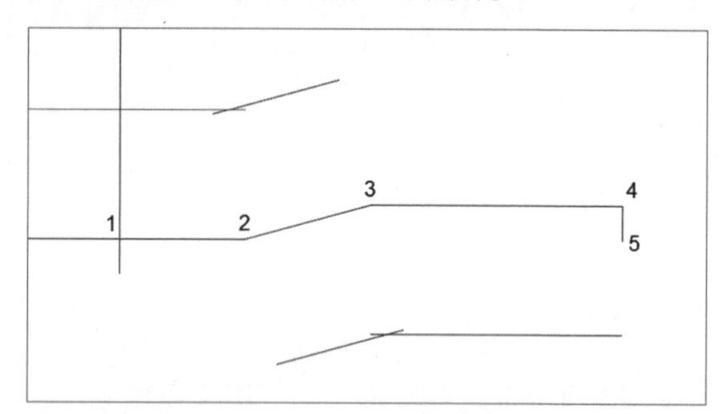

偏移直线

Step 12 单击【绘图】面板中【圆】按钮，在上方两条线交叉点单击作为圆心，在命令行中输入5，按Enter键创建一个半径为5的圆。并复制一个圆，将圆心移到下方交叉点，如下图所示。

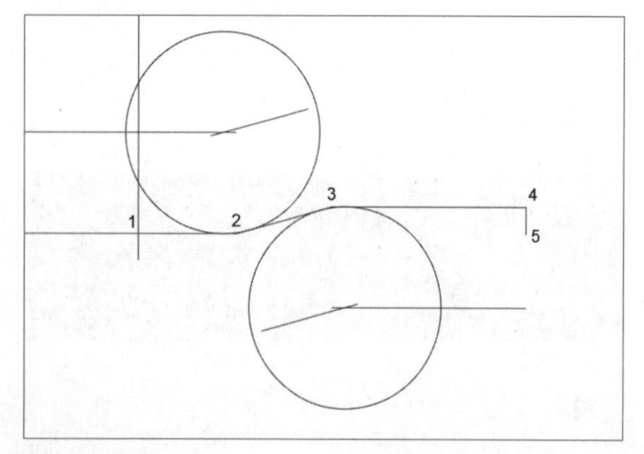

创建并复制圆

Step 13 单击【修改】面板中【修剪】按钮，选择中间横线和斜线并确定，然后修剪圆的上半部分，并以圆为对象修剪与其相切的两条直线，如下图所示。

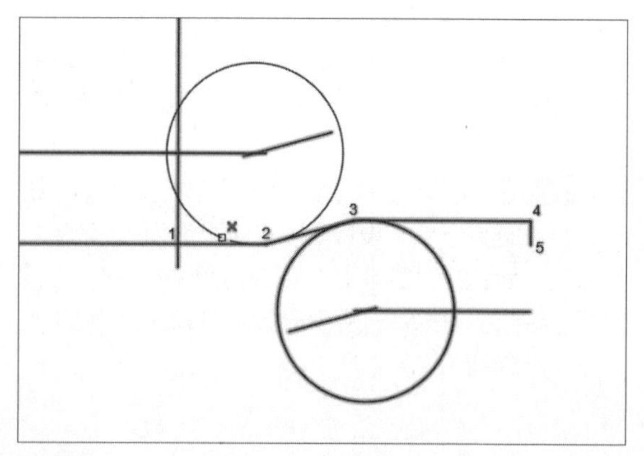

修剪图形

Step 14 根据相同的方法修剪第二个圆。单击【修改】面板中【圆角】按钮，在命令行中输入R，按Enter键，输入半径为0.2，然后选中数字4左下角的两条线，如右图所示。

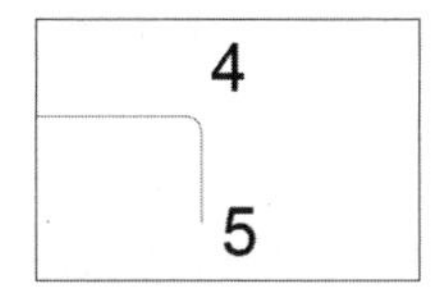

执行圆角操作

Step 15 删除创建圆时的多余辅助线，选中绘制的所有图形，单击【修改】面板的【镜像】按钮 ，如下图所示。

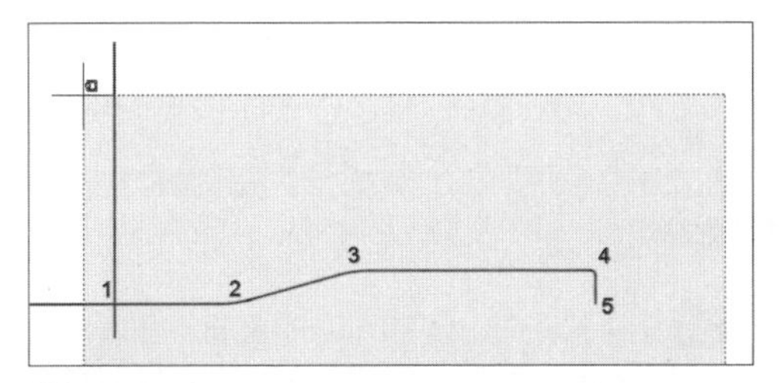

镜像图形

Step 16 然后单击垂直线上的两点，将垂直线作为参考线，按Enter键确定，如下图所示。

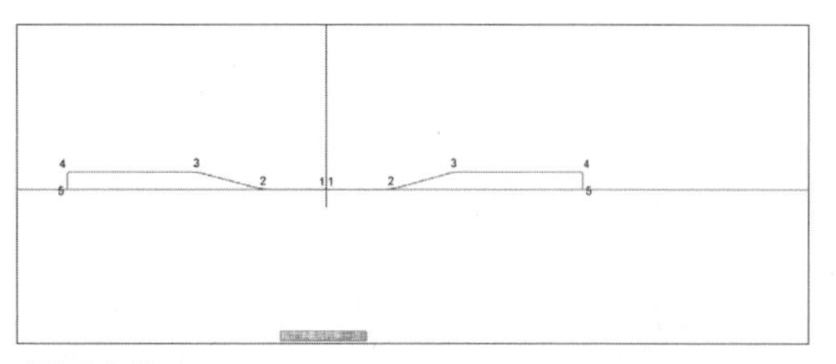
确认参考线

Step 17 以两条斜线下方圆弧为参考，修剪水平线两侧多余部分，然后删除垂直线，即可绘制完整的典型元宝筋平面图，如下图所示。

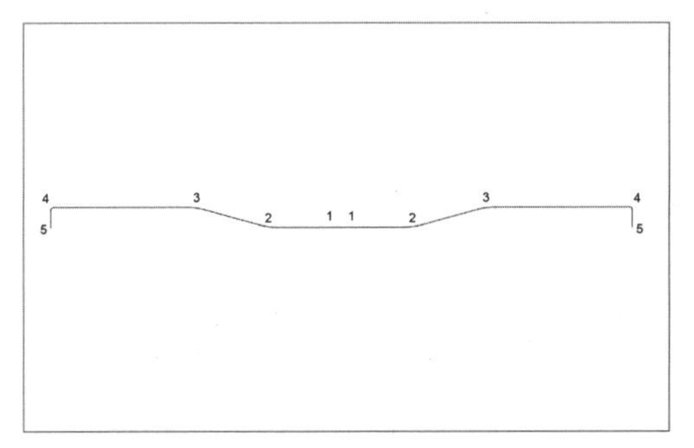
查看元宝筋平面图效果

Step 18 单击【绘图】面板中【直线】按钮，在绘制的钢筋图右侧绘制两条垂直相交的直线（长度超过300mm）。调用【偏移】命令，将垂直线偏移210mm、水平线偏移297mm，制作一个标准A4表，并删除多余的线条，结果如下图所示。

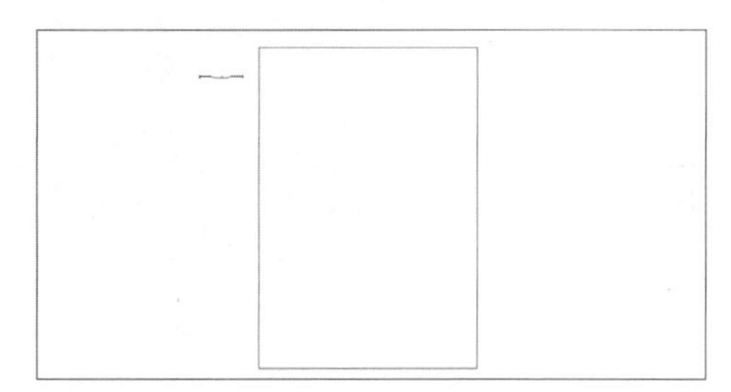
制作A4表

Step 19 再将表格四边分别向内偏移15mm，作为钢筋表边线，修剪多余的线。然后将表上边线向下以15mm依次偏移直至底部。将左边线向右偏移，绘制出下图所示的表格。

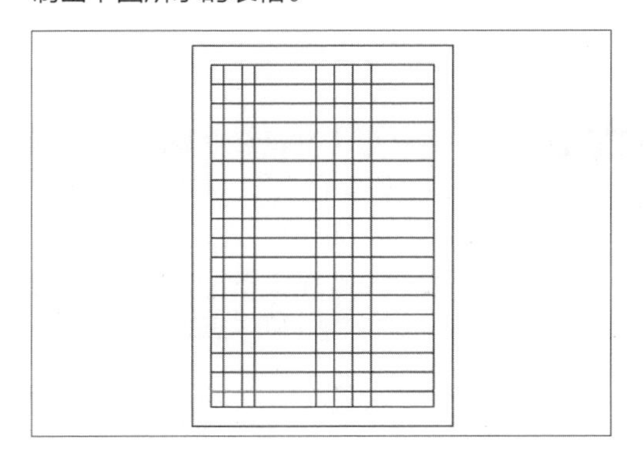
绘制表格

Step 20 调用【单行文字】命令，将光标定位在左上角第一个单元格，设置文字高度为3mm、旋转角度为0，然后输入【序号】文字，调用【移动】命令 调整文字的位置，如下图所示。

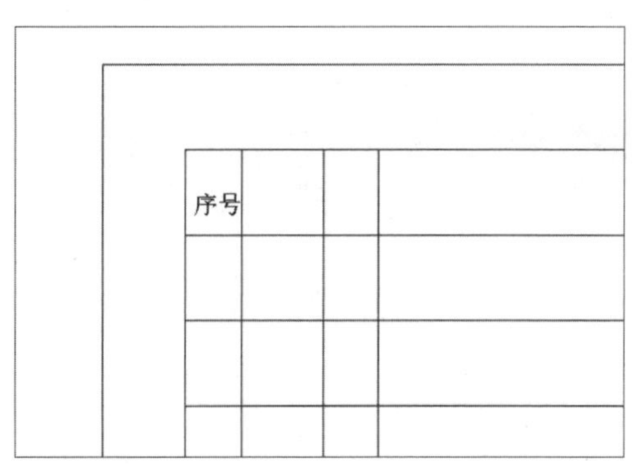

输入文本并调整位置

Step 21 然后依次在第一列中输入相关的数据信息，并调整各文字的位置，效果如下图所示。

序号	编号	型号	形式	长度	数量	重量	说明

输入数据信息

Step 22 复制第一列1-4行数字到第二列，并修改文字内容，如下图所示。

序号	编号	型号	形式	长度	数量	重量	说明
1	1-1						
2	1-2						
3	2						
4	3						
5							

复制并修改文本

Step 23 在图表外侧绘制一级钢和二级钢符号。将绘制的符号分别移到【型号】列不同位置，并将钢筋直径分别标注为22、25、25、10，如下图所示。

序号	编号	型号	形式	长度	数量	重量	说明
1	1-1	Φ22					
2	1-2	Φ25					
3	2	Φ25					
4	3	Φ10					
5							

标注钢筋直径

Step 24 上下排主筋为不带弯曲的直筋，在表格的第1、2行第4列内分别绘制两条40mm的直线，并调整横线到合适位置，如下图所示。

序号	编号	型号	形式	长度	数量	重量	说明
1	1-1	Φ22					
2	1-2	Φ25					
3	2	Φ25					
4	3	Φ10					
5							

移动横线

操作提示：本案例中钢筋简介

本钢筋表结合一个长1500cm、宽40cm、高60cm的横梁中主要的上排主筋、下排主筋、元宝筋、箍筋为例做简要说明。钢筋保护层25mm。上排主筋为直径22mm二级钢，下排主筋为直径25mm二级钢，箍筋为10mm一级钢，元宝筋为25mm二级钢。表中钢筋排列顺序依次是上排主筋、下排主筋、元宝筋、箍筋。表中【序号】是钢筋的编号；【编号】是钢筋设计编号，便于安装查询；【型号】指钢筋级别；【形式】是钢筋加工形状；【长度】为钢筋加工前下料长度；【数量】为钢筋加工根数；【重量】该型号钢筋总重量。

Step 25 将绘制的元宝筋复制并移到表格【形式】列的第3行。箍筋为中间间距200mm、两端间距10mm的方框，在图中以高为8、长为40的矩形框表示，在右下角伸出两个弯钩，如下图所示。

Step 26 在表中【长度】文本右侧输入cm。然后在该列分别输入钢筋长度1495、1495、1658、220，复制任意数字到箍筋左边并右击，在快捷菜单中选择【旋转】命令，单击钢筋左下角作为基点，输入90，按Enter键确认，效果如下图所示。

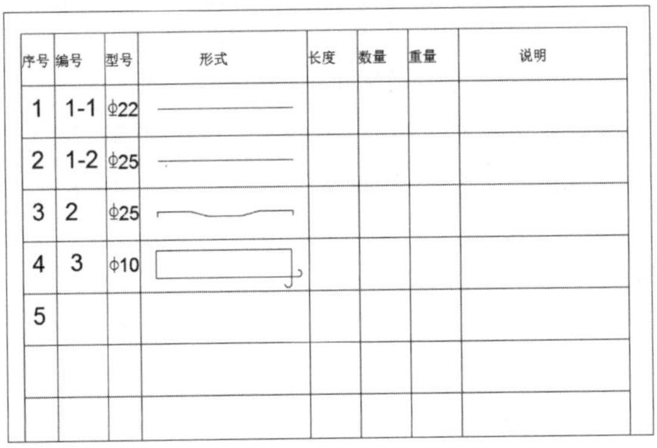

序号	编号	型号	形式	长度	数量	重量	说明
1	1-1	Φ22					
2	1-2	Φ25					
3	2	Φ25					
4	3	Φ10					
5							

添加元宝筋并绘制箍筋

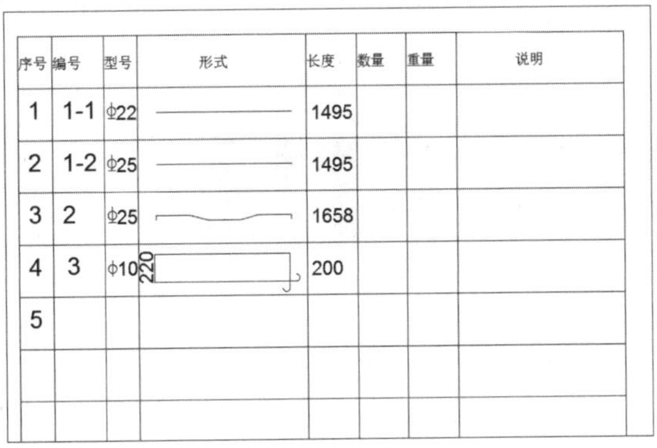

Step 27 单击【修改】工具栏内【缩放】按钮，选中旋转的数字220，单击钢筋左下角作为基点，输入比例因子为0.5，按Enter键确认，将数字缩小，然后将数字修改为35，并移动到合适位置，如下图所示。

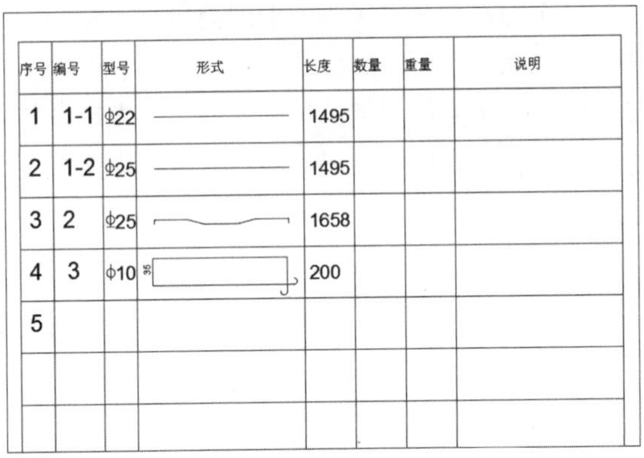

序号	编号	型号	形式	长度	数量	重量	说明
1	1-1	Φ22		1495			
2	1-2	Φ25		1495			
3	2	Φ25		1658			
4	3	Φ10	35	200			
5							

设置箍筋高度

Step 29 在【数量】和【重量】栏中输入对应的数字，重量根据钢筋断面和长度算出体积，然后乘以根数，用总体积乘以9.85kg/立方分米即可，结果如下图所示。

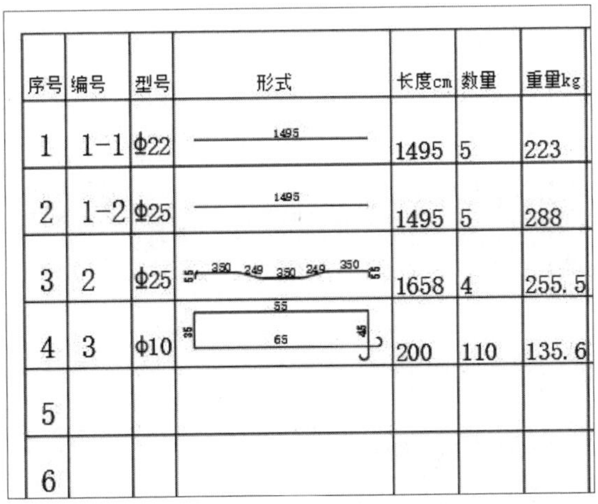

序号	编号	型号	形式	长度cm	数量	重量kg
1	1-1	Φ22	1495	1495	5	223
2	1-2	Φ25	1495	1495	5	288
3	2	Φ25	55 350 249 350 249 350 55 55	1658	4	255.5
4	3	Φ10	35 65 45	200	110	135.6
5						
6						

计算钢筋重量

序号	编号	型号	形式	长度	数量	重量	说明
1	1-1	Φ22		1495			
2	1-2	Φ25		1495			
3	2	Φ25		1658			
4	3	Φ10	220	200			
5							

输入钢筋长度

Step 28 使用相同的方法标注其余钢筋的尺寸。直钢筋直接标注，弯曲钢筋根据相应角度旋转并标注。字体格式可适当修改，效果如下图所示。

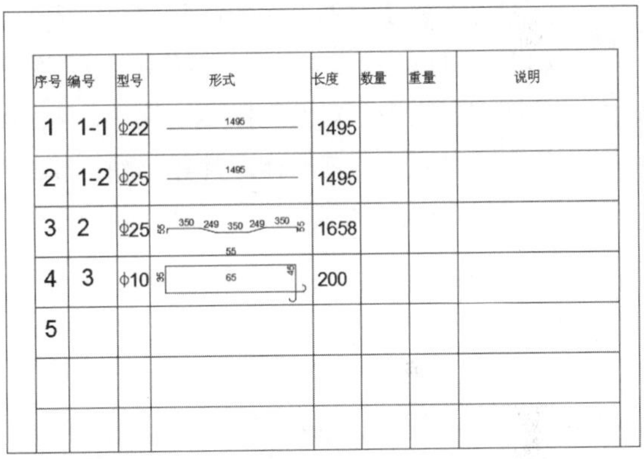

序号	编号	型号	形式	长度	数量	重量	说明
1	1-1	Φ22	1495	1495			
2	1-2	Φ25	1495	1495			
3	2	Φ25	55 350 249 350 249 350 55 55	1658			
4	3	Φ10	35 65 45	200			
5							

添加钢筋的尺寸

Step 30 表中【说明】部分用于对钢筋安装工序和注意事项进行说明，因属于技术部分，这里不再附加。对于【重量】部分，一般在下部进行汇总，便于统计，最终效果如下图所示。

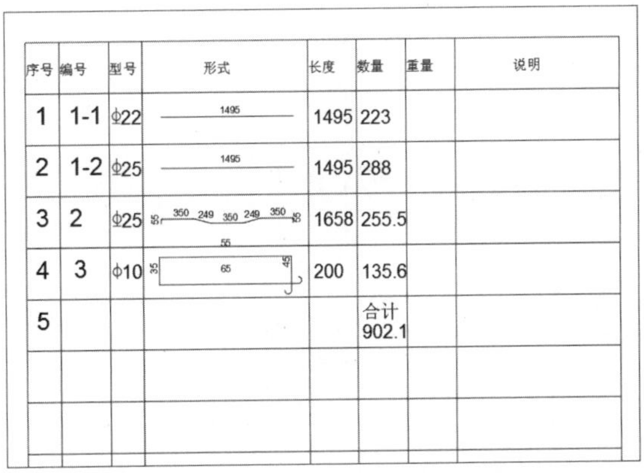

序号	编号	型号	形式	长度	数量	重量	说明
1	1-1	Φ22	1495	1495	223		
2	1-2	Φ25	1495	1495	288		
3	2	Φ25	55 350 249 350 249 350 55 55	1658	255.5		
4	3	Φ10	35 65 45	200	135.6		
5					合计 902.1		

合计总重量

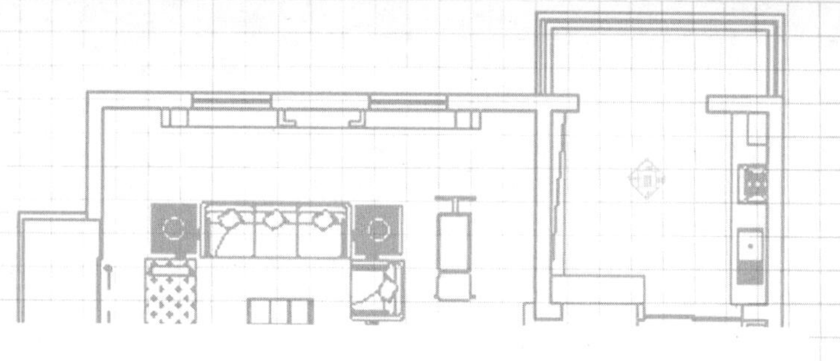

08 Chapter 尺寸标注应用

尺寸标注是工程图纸中的重要内容，用于展示图形各个组成部分的大小、相对位置、尺寸、材料属性等设计对象的详细信息，是工程施工的重要依据。基于图形标注本身的烦琐性以及要满足各个应用行业不同标注需求，AutoCAD提供了一套完整灵活的标注系统，用户可以很容易地完成标注操作。针对已经完成的尺寸标注，也可以调用编辑尺寸命令，针对标注样式、倾斜/旋转角度等进行编辑，以符合用户的标注需求。

01 核心知识点

❶ 了解尺寸标注的要素

❷ 掌握尺寸标注的应用

❸ 掌握引线标注的应用

02 本章图解链接

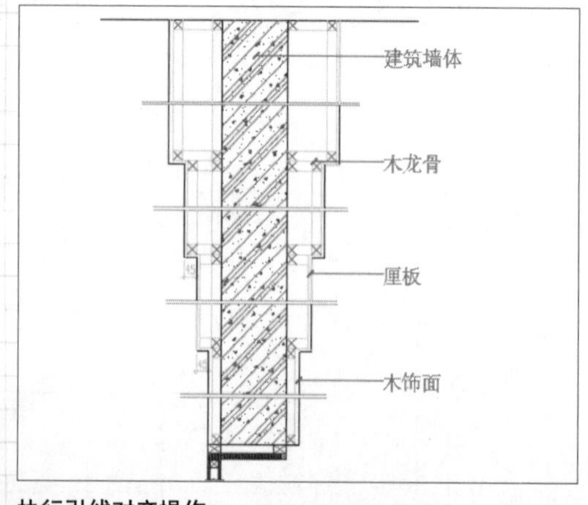

执行引线对齐操作

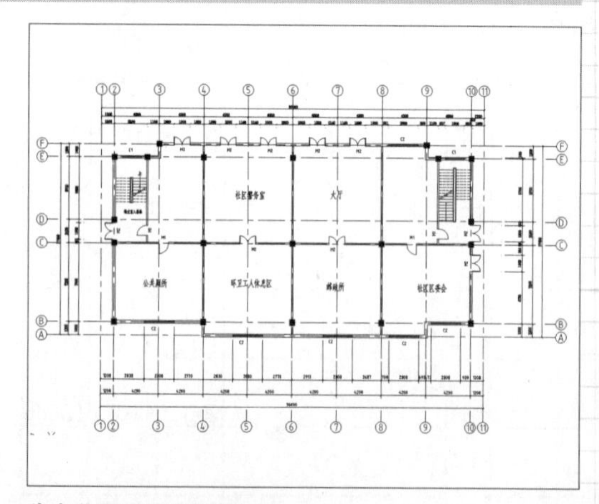

为办公区平面图添加标注

8.1 尺寸标注的要素

【尺寸标注】是一个复合体，是以块的形式存储在图形中。用户在进行标定时必须按照国标关于尺寸标注的相关规定执行，不能随意标注。

8.1.1 尺寸标注的组成

尺寸标注主要由尺寸界线、尺寸线、尺寸箭头、尺寸文字四大部分组成，AutoCAD标注命令及样式设置都是以这四部分要素展开，如下图所示。

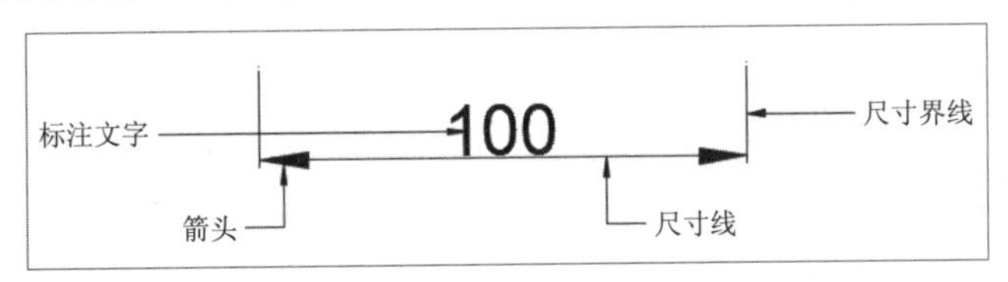

尺寸标注组成

- 尺寸界线：从标注起点引起的标明标注范围的直线，可以从图形的轮廓、轴线、对称中心等引出。尺寸界线是用细实线绘制的。
- 尺寸线：尺寸线绘制在尺寸界线之间，用于标明尺寸的度量方向。尺寸线必须单独绘制，不能用图形轮廓线代替，也不能和其他图线重合或者在其他图线的延长线上。
- 尺寸箭头：箭头又称为尺寸起始符，在建筑工程图纸中，尺寸起始符必须是45°中粗斜短线。尺寸起止符绘制在尺寸线的起止点，用于指出标识值的开始和结束位置。
- 尺寸文字：用于显示测量值的字符串，其中包括前缀、后缀和公差等。

操作提示：设置标注尺寸

一般情况下，用户在标注尺寸时使用的尺寸线、尺寸界线用细实线表示，尺寸线的颜色和线宽都设置为ByBlock。并且在使用绘图比例的情况下，标注时的尺寸数据不一定是标注对象的实际尺寸。

8.1.2 尺寸标注的原则

尺寸标注要求用户对标注对象进行完整、准确、清晰地标注，标注的尺寸数值能够真实地反映标注对象的实际大小和形状。因此国标对尺寸标注做了详细的规定，要求尺寸标注必须遵守以下原则。

- 物体的每一个尺寸，一般只标注一次，并且应该标在最能清晰反映该结构的视图上。
- 物体的真实大小应以图形上所标注的尺寸数值为依据，与图形的显示大小和绘图精确度无关。
- 图形标注的尺寸为物体的最终尺寸，如果是中间过程的尺寸也必须加以说明。

8.2 尺寸标注样式的设置

尺寸标注是对图形对象的形状和位置的定量化说明，是施工过程的重要依据，可以测量和显示对象的长度和角度。

AutoCAD提供了多种标注样式和修改标注样式的方法，用户在绘制不同的工程图样时，需要设置不同的标注样式，所以在绘图之前必须系统地了解尺寸设计制图的相关知识，用户可以参考有关机械制图或建筑制图的国家规范和行业标准，以及其他的相关资料。

8.2.1 新建尺寸样式

在AutoCAD中创建标注前，一般需要用户根据工程所涉及的专业或领域特点，进行相应的样式标注设置。

AutoCAD可以定义多种不同的标注样式，AutoCAD系统默认的样式STANDARD如果不能满足需求，用户可以在【标注样式管理器】对话框中进行新尺寸样式的创建。

在AutoCAD 2018中，常用的打开【标注样式管理器】对话框的方法有以下几种。

- 利用菜单栏打开。在菜单栏中执行【格式】>【标注样式】 命令，如下左图所示。
- 利用命令行打开。在命令行中输入DIMSTYLE/D命令，并按下Enter键。
- 利用功能区打开。在【注释】选项卡下，单击【标注】面板右下角的对话框启动器按钮，如下右图所示。
- 利用工具栏打开。单击【标注】工具栏中的【标注样式】按钮。

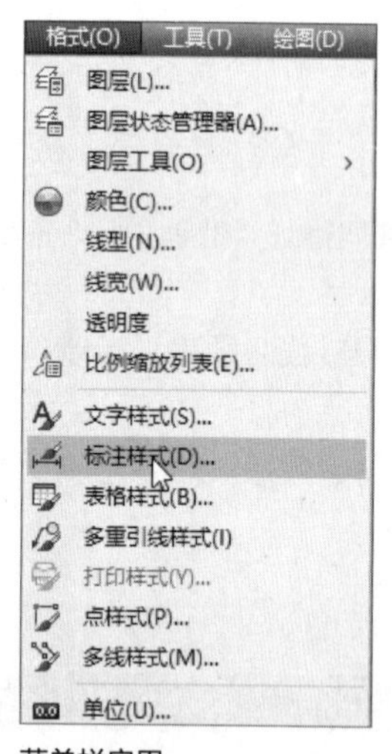

菜单栏启用

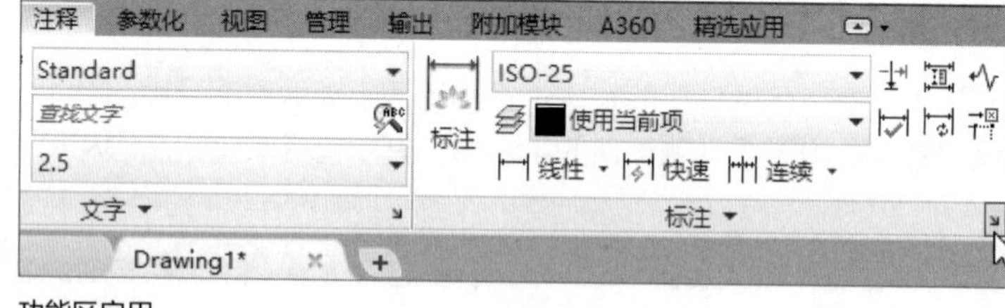

功能区启用

执行上述任意一种操作，都可以打开【标注样式管理器】对话框，用户可以通过单击【新建】按钮，创建新的标注样式，具体操作方法如下。

Step 01 在命令行中输入D命令并按下Enter键，打开【标注样式管理器】对话框，如下图所示。

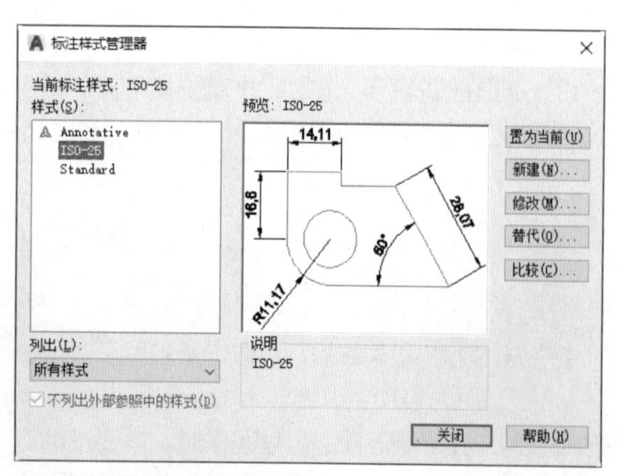

打开【标注样式管理器】对话框

Step 02 单击【新建】按钮，在打开的【创建新标注样式】对话框的【新样式名】文本框中输入新名称，单击【继续】按钮，如下图所示。

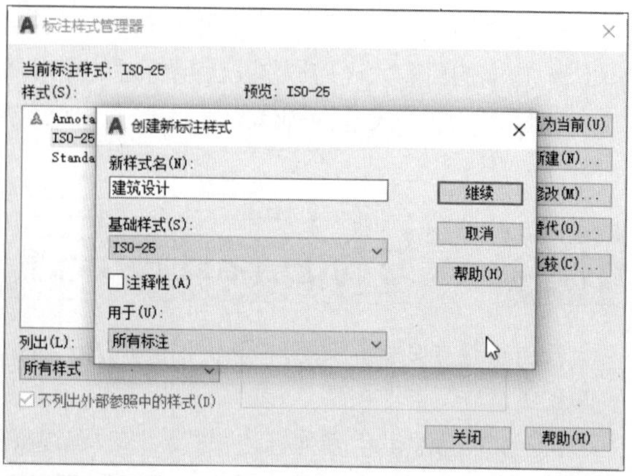

设置新样式名称

Step 03 在打开的【新建标注样式：建筑设计】对话框中，切换到【符号和箭头】选项卡，将箭头样式设置为【建筑标记】，如下图所示。

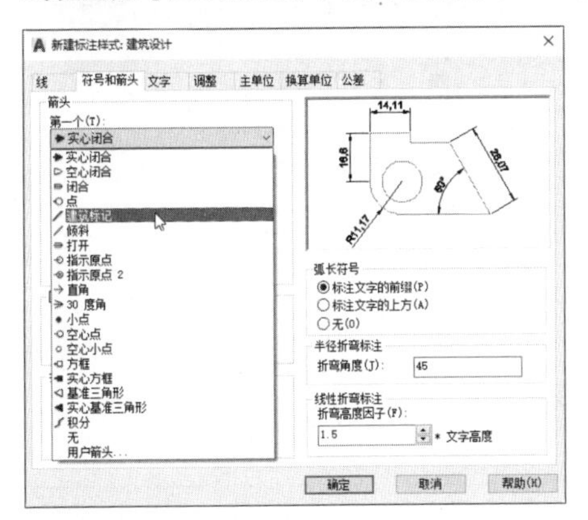

设置箭头样式

Step 04 在【箭头大小】数值框中输入10，如下图所示。

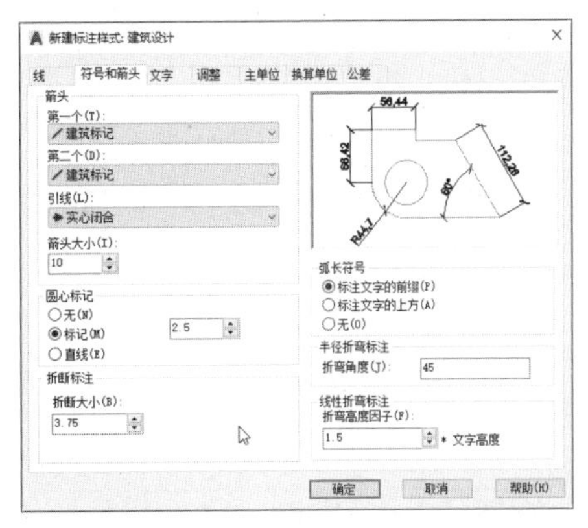

设置箭头大小

Step 05 切换到【文字】选项卡，设置文字高度为10，如下图所示。

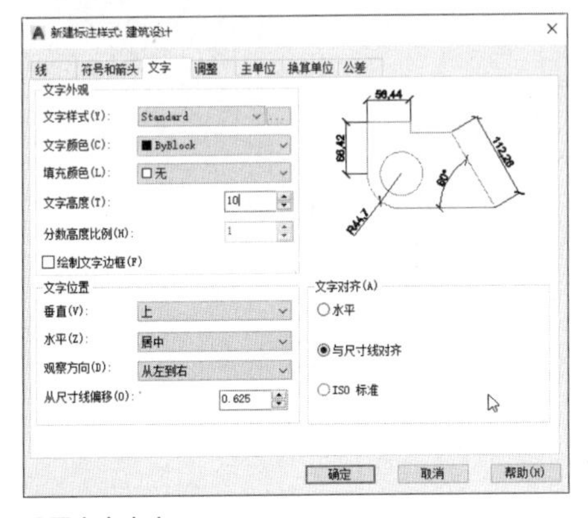

设置文字大小

Step 06 切换到【主单位】选项卡，在【线性标注】选项区域中，设置【精度】为0，如下图所示。

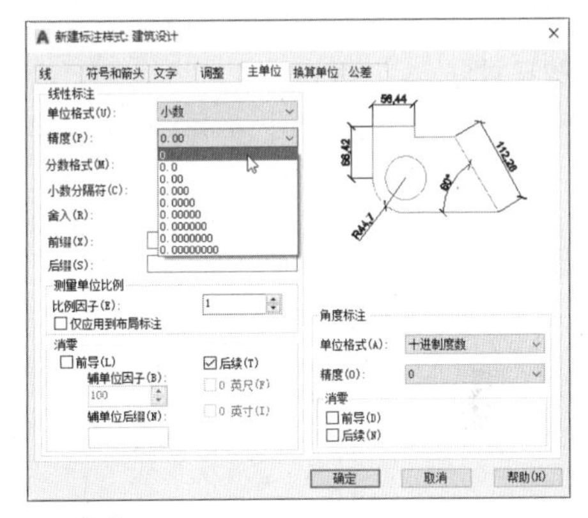

设置精度

Step 07 切换到【线】选项卡，在【尺寸界线】选项区域中，将【超出尺寸线】设置为5，将【起点偏移量】设置为10，如下图所示。

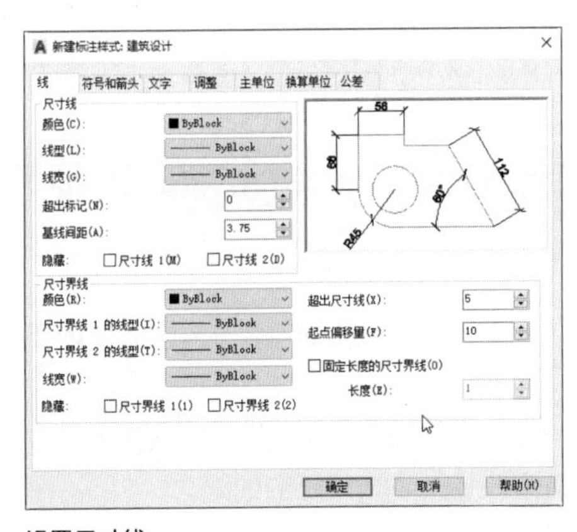

设置尺寸线

Step 08 切换到【调整】选项卡，选中【尺寸线上方，带引线】和【文字始终保持在尺寸界线之间】单选按钮，并勾选【若箭头不能放在尺寸界线内，则将其消】复选框，如下图所示。

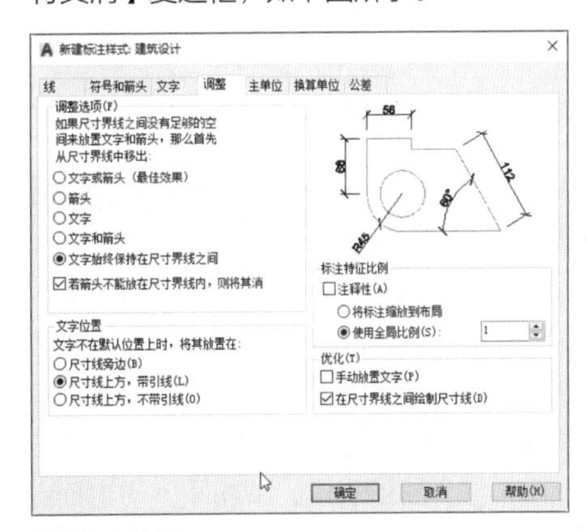

调整文字位置

Step 09 设置完成后，单击【确定】按钮，返回上一级对话框，单击【置为当前】按钮，并单击【关闭】按钮，即可完成新建标注样式，如右图所示。

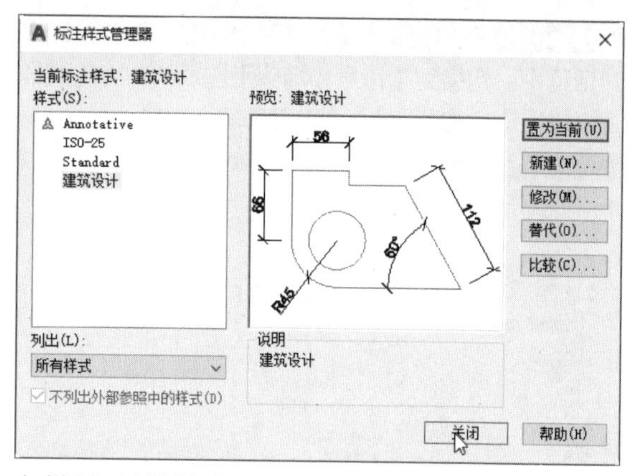

完成新建尺寸样式操作

8.2.2 修改尺寸样式

用户新建标注样式后，在使用过程中若发现不满意，可以在【标注样式管理器】对话框中单击【修改】按钮，并在打开的【修改标注样式】对话框的各选项卡下进行相关设置，如下左图所示。下面就针对各选项卡下的参数应用进行详细说明。

1. 修改尺寸线

在【线】选项卡中，用户可以设置尺寸线、尺寸界线、超出尺寸线长度值以及起点偏移量等参数，如下右图所示。

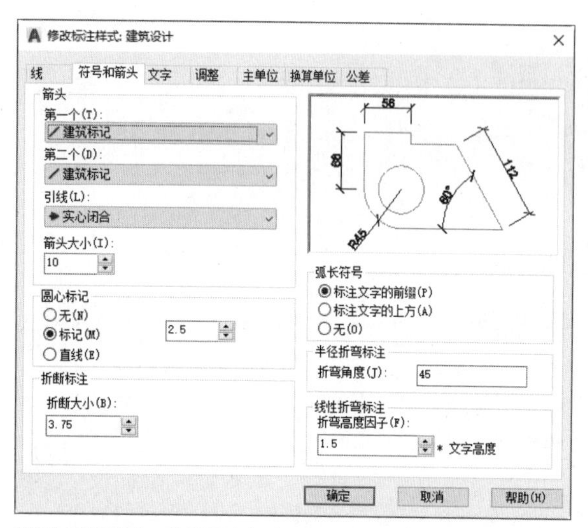

【修改标注样式：建筑设计】对话框

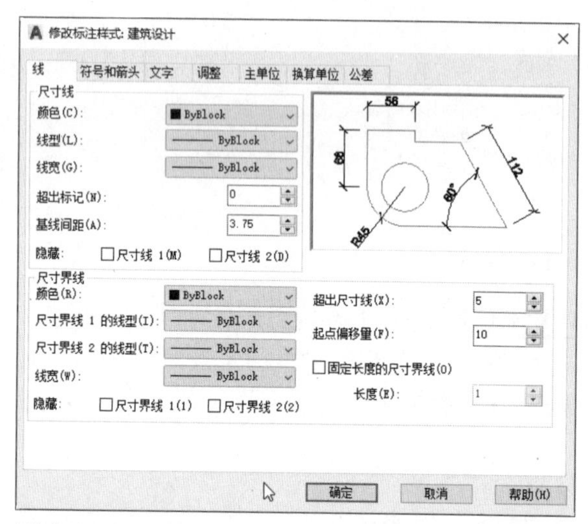

【线】选项卡

- 【颜色】下拉列表：用于设置尺寸线的颜色，默认情况下，尺寸线的颜色随块调整，也可以使用变量DIMCLRD设置。
- 【线型】下拉列表：用于设置尺寸线的线型。
- 【线宽】下拉列表：用于设置尺寸线的线宽，默认情况下，尺寸线的线宽随块调整，也可以使用变量DIMLWD设置。
- 【超出标记】数值框：当用户采用【建筑符号】作为箭头符号时，该选项则被激活，用来确定尺寸线超出尺寸界线的长度，下左图为超出标记为0的效果，下右图为超出标记为5的效果。

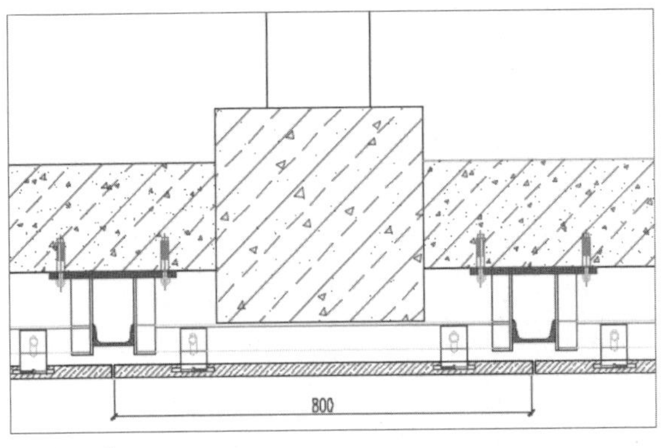

超出标记为0

超出标记为5

- 【基线间距】数值框：用于限定【基线】标注命令，标注的尺寸线距离基础尺寸标注的距离。多用于建筑图中标注多道尺寸线，设置的距离值在7~10之间，一般情况下也可以不做设置。
- 【隐藏】选项：通过勾选【尺寸线1】或者【尺寸线2】复选框，可以隐藏第一段或者第二段尺寸线及其相应的箭头。下左图为隐藏尺寸线1的效果，下右图为隐藏尺寸线1和2的效果。

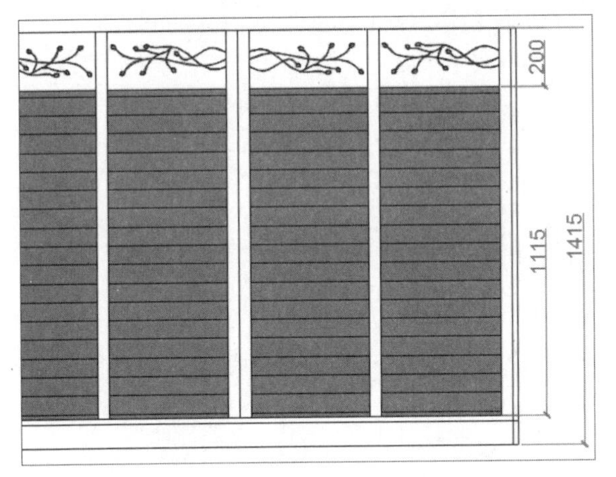

隐藏尺寸线1

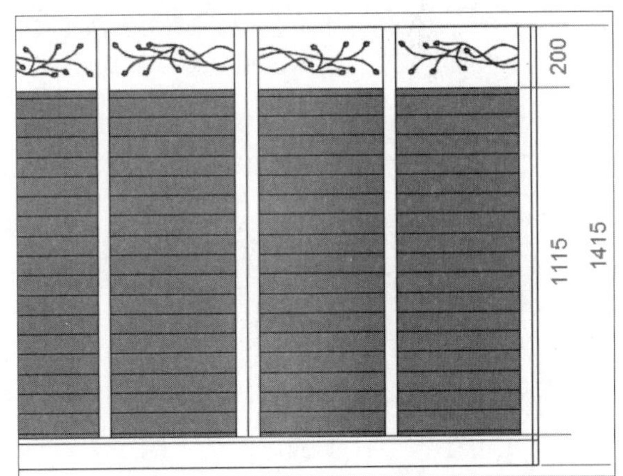

隐藏尺寸线1、2

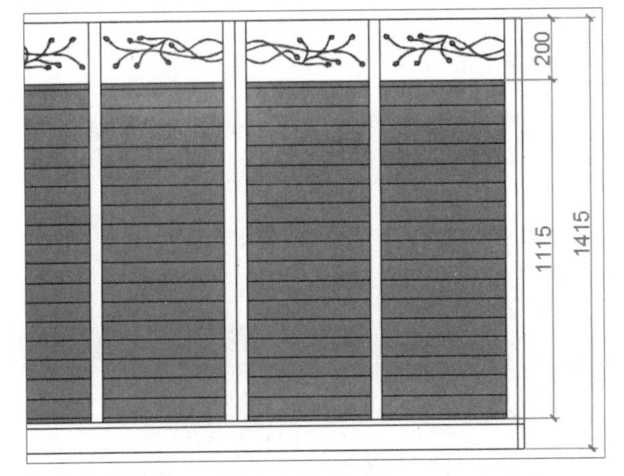

超出尺寸线为20

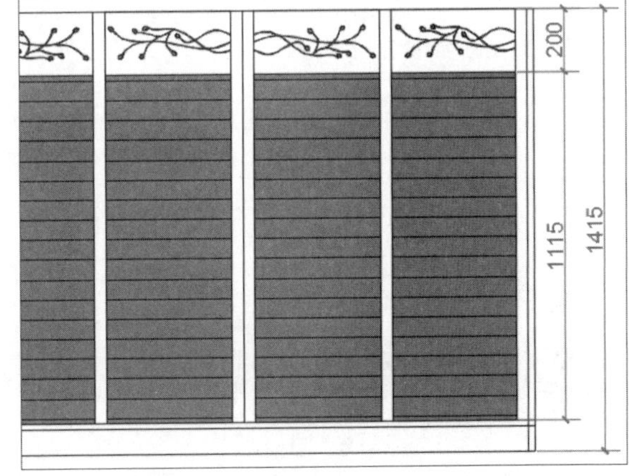

超出尺寸线为50

- 【超出尺寸线】数值框：用于设置延长线超出尺寸线的距离，制图规范标准输出图纸上的值为2~3，上图为设置不同数值不同效果。上左图为超出尺寸线为20的效果，上右图为超出尺寸线为50的效果。

- 【起点偏移量】数值框：用于设置尺寸界线与标注对象之间的距离，制图标注规定与被标注对象之间的距离不能小于2，用户在绘图时可根据具体情况设定。下左图为设置【起点偏移量】值为20的效果，下右图为设置【起点偏移量】值为50的效果。

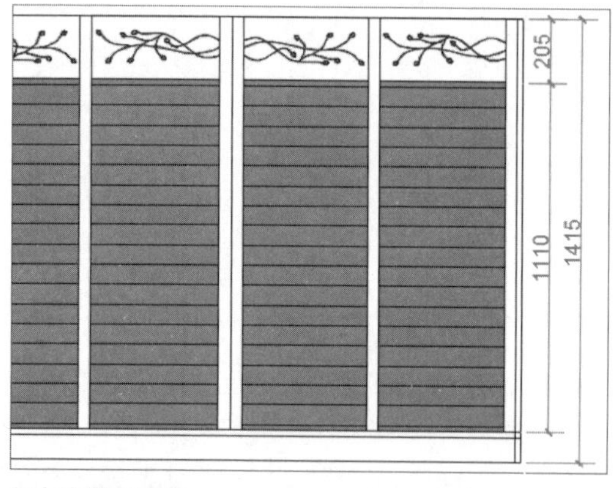

起点偏移量为20

起点偏移量为50

- 【固定长度的尺寸界线】复选框：勾选该复选框，可以设置特定长度的延伸线来标注图形。
- 【长度】文本框用来设置延伸线的长度值。下左图为设置【长度】值为20的效果，下右图为设置【长度】值为50的效果。

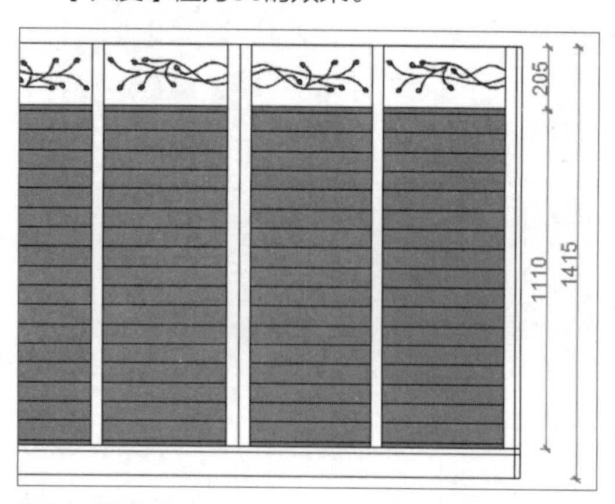

固定长度值为20

固定长度值为50

- 【隐藏】延伸线：通过勾选【尺寸界线1】或者【尺寸界线2】复选框，可以隐藏第一段或者第二段尺寸界线。下左图为隐藏尺寸界线1的效果，下右图为隐蔽尺寸界线1和2的效果。

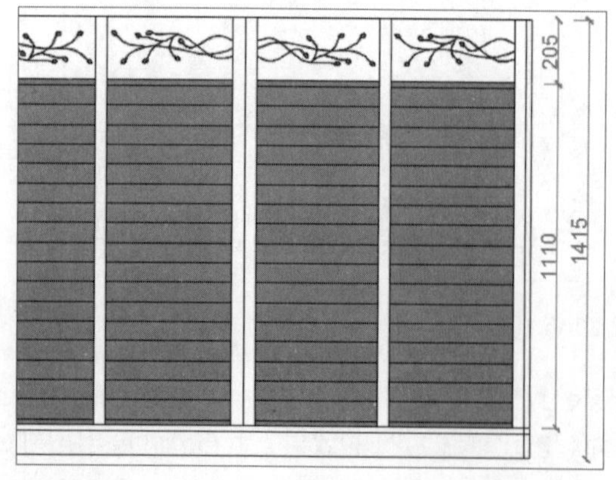

隐藏尺寸界线1

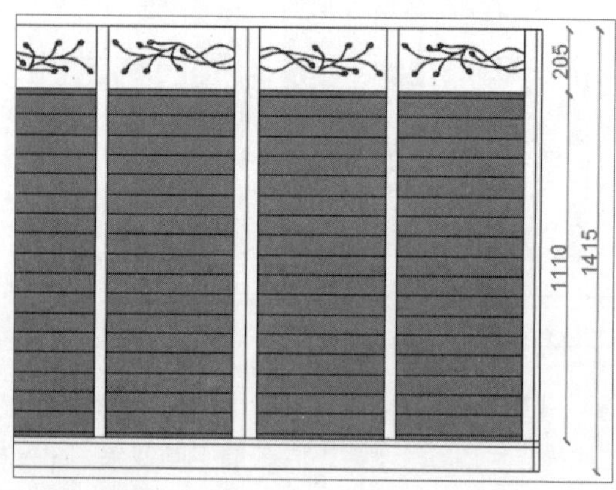

隐藏尺寸界线1、2

2. 修改符号和箭头

在【箭头和符号】选项卡中，用户可以设置箭头的类型、大小、引线类型、圆心标记以及折断标注等，如下图所示。

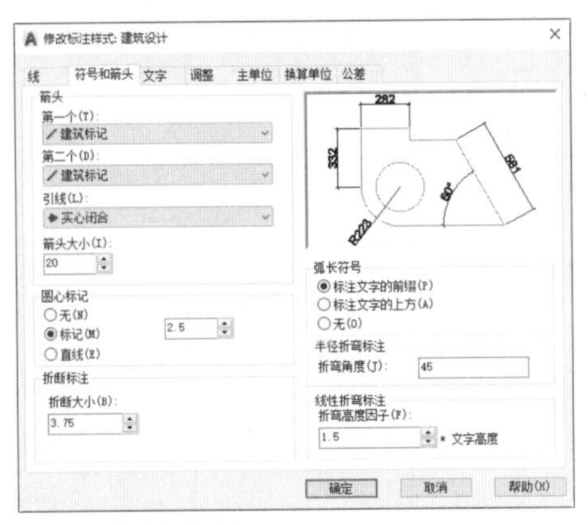

【符号和箭头】选项卡

- 【箭头】选项区域：用于设置尺寸线和引线箭头的大小和类型，一般情况下第一个箭头与第二个箭头大小相等、类型相同。AutoCAD 2018提供了20多种箭头样式，用户可以根据需要进行选择。在建筑设计中箭头一般设置为【建筑标记】或【倾斜】样式，如下图所示。

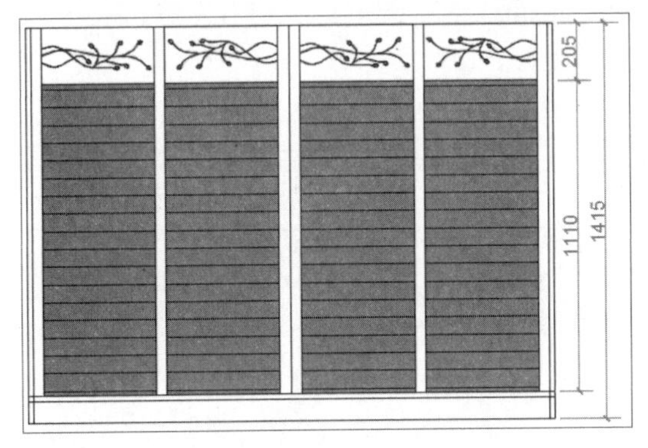

建筑标记

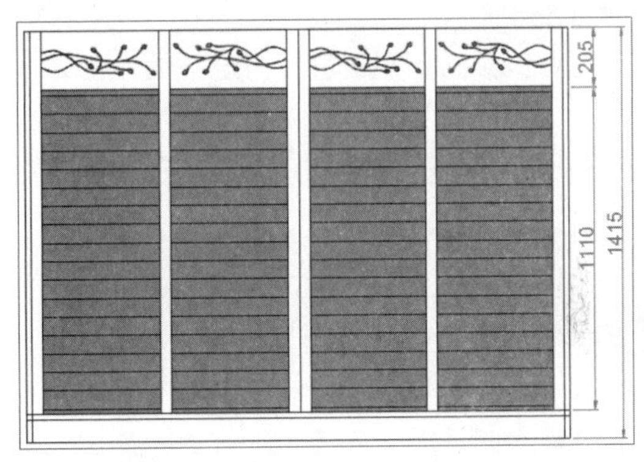

实心闭合标记

- 【圆心标记】选项区域：用于设置圆或圆心标记类型，包括【标记】、【直线】和【无】3个单选按钮。选中【标记】单选按钮，可对圆或圆弧绘制圆心标记；选中【直线】单选按钮，可对圆或圆弧绘制中心线；选中【无】单选按钮，则没有任何标记；当选中【直线】或者【标记】单选按钮时，可在【大小】文本框中设置标记的大小。
- 【弧长符号】选项区域：用于设置符号的显示位置，包括【标注文字的前缀】、【标注文字的上方】和【无】三种形式，如下图所示。

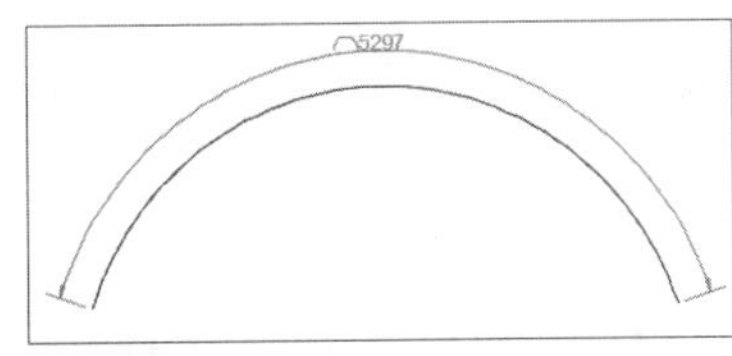

标注文字的前缀

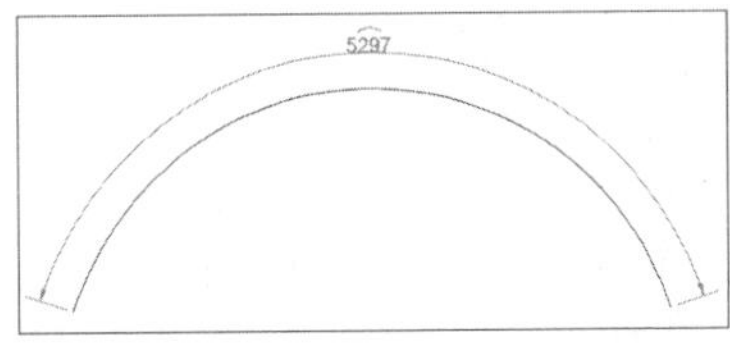

标注文字的上方

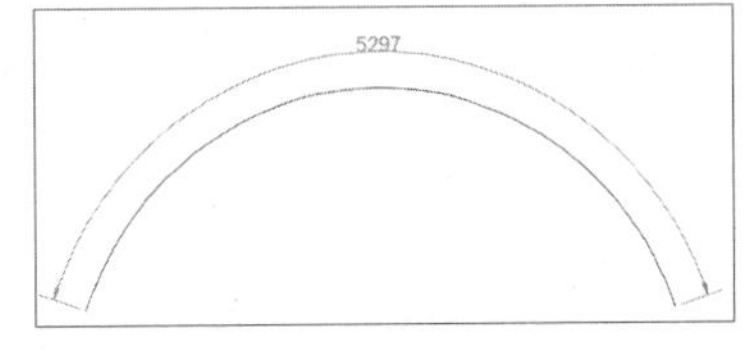

无

- 【半径折弯标注】选项区域：在【折弯角度】数值框中输入连接半径标注的尺寸线和尺寸界线的角度。
- 【线性折弯标注】选项区域：用于设置折弯高度因子的文字高度。

3. 修改文字样式

在【修改标注样式】对话框中，用户可以在【文字】选项卡下设置尺寸文字的外观、位置和对齐方式，如下左图所示。

- 【文字样式】下拉列表：用于选择标注的文字样式。用户也可以单击...按钮，在打开的【文字样式】对话框中新建文字样式或选择文字样式，如下右图所示。

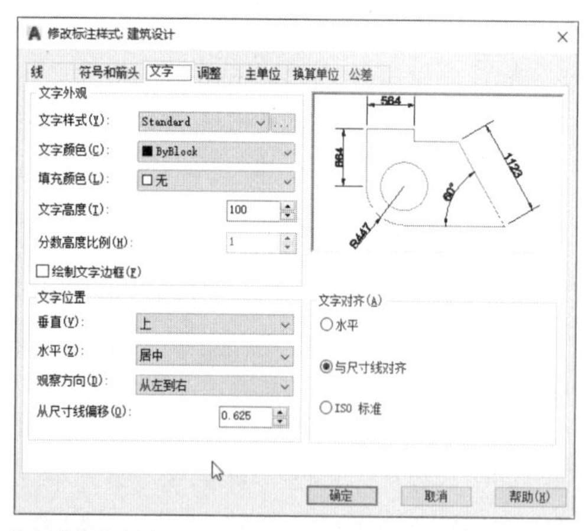

【文字】选项卡

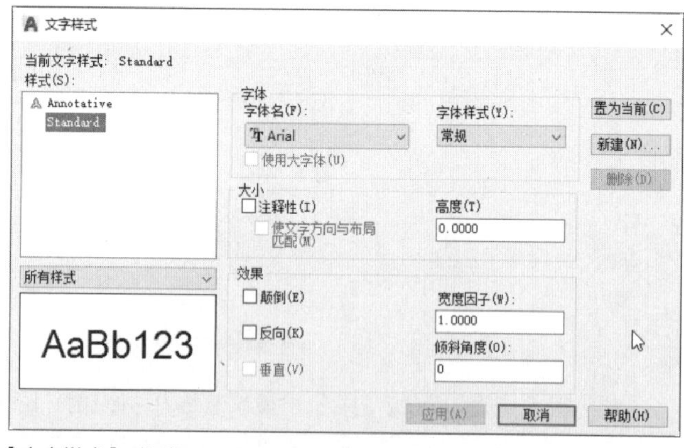

【文字样式】对话框

- 【文字颜色】下拉列表：用于设置标注文字的颜色，也可以使用变量DIMCLRT设置。
- 【填充颜色】下拉列表：用于设置标注文字的背影颜色。
- 【文字高度】数值框：用于设置标注文字的高度，也可以使用变量DIMTXT设置，如下图所示。

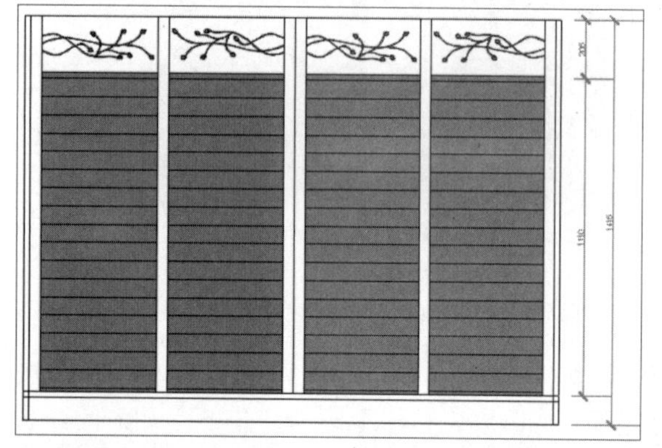

文字高度为20

文字高度为50

操作提示：文字高度设置

在进行文字样式设置时，为了防止尺寸标注设置混乱，标注用的文字高度必须设置为0，而在【标注样式】对话框中设置文字的高度为图纸高度。其他参数可以无须设置，直接采用AutoCAD默认参数即可。

- 【分数高度比例】数值框：建筑制图中不设置分数主单位。
- 【绘制文字边框】复选框：用于设置是否给标注文字加边框。
- 【文字位置】选项区域：用于设置标注文字的位置，分别有【垂直】、【水平】、【从尺寸线偏移】、【观察方向】4个选项。
  - 【垂直】下拉列表：用于设置标注文字相对于尺寸线在垂直方向的位置，分为居中、上、外部、JIS和下5个选项，具体效果如下图所示。

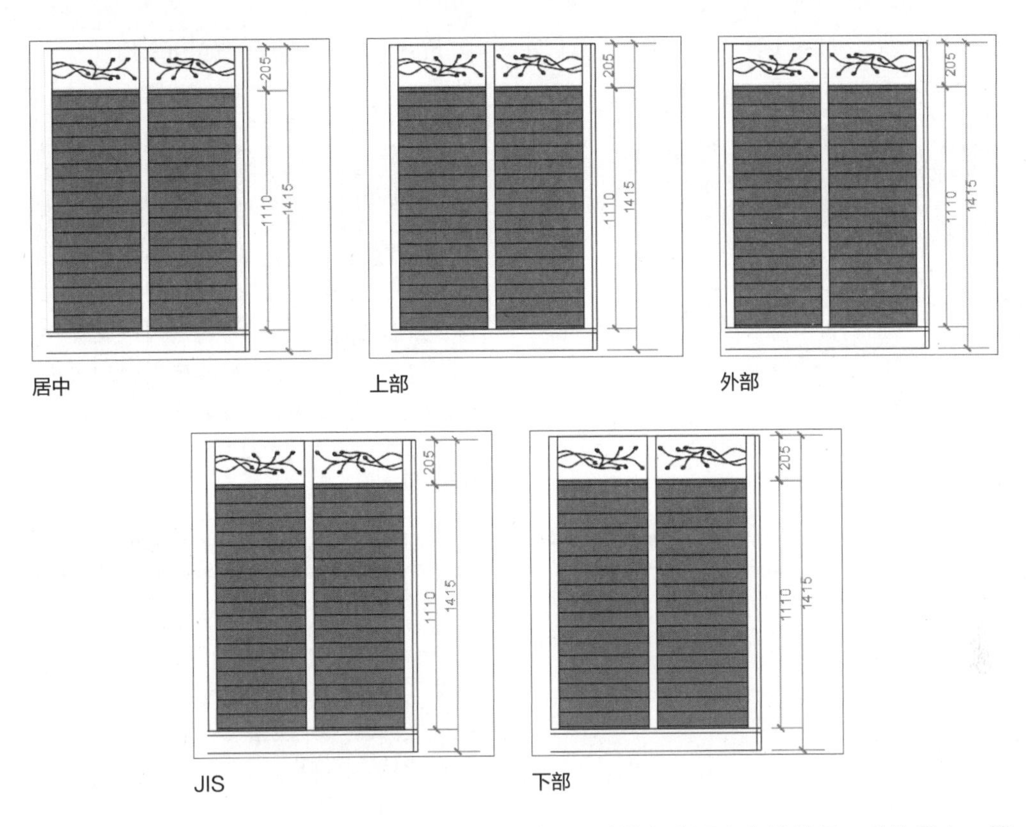

居中　上部　外部

JIS　下部

● 【水平】下拉列表：用于设置标注文字相对于尺寸线在水平方向的位置，分为居中、第一条尺寸界线、第二条尺寸界线、第一条尺寸界线上方、第二条尺寸界线上方4个选项，具体效果如下图所示。

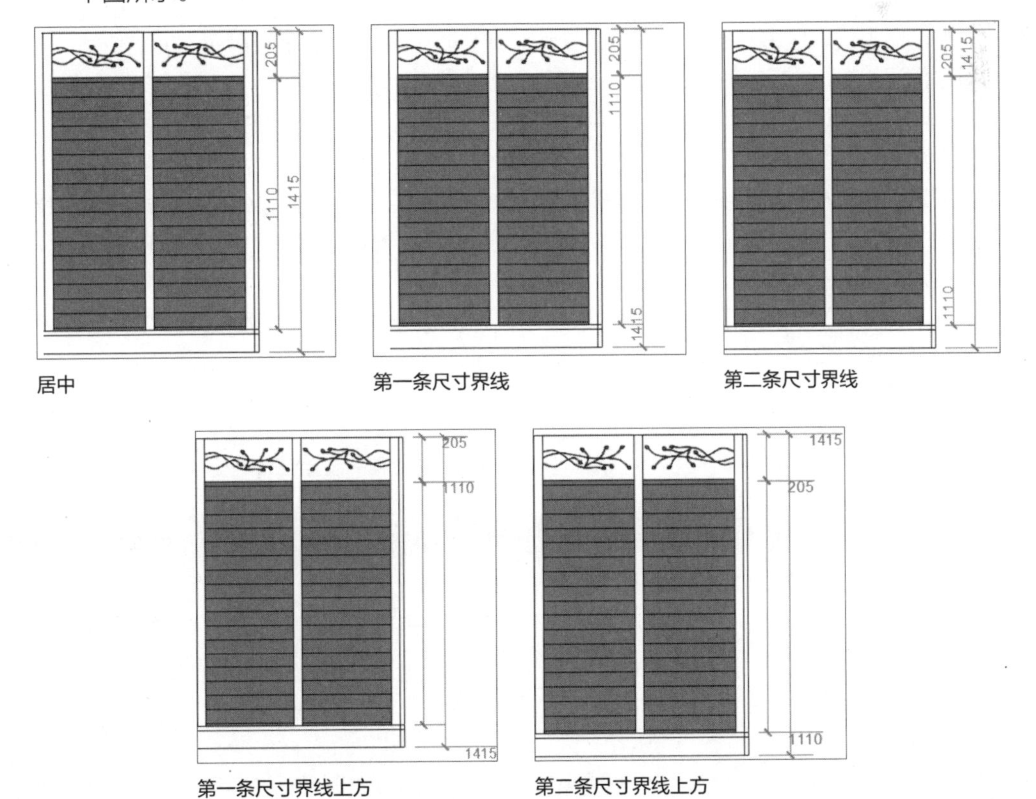

居中　第一条尺寸界线　第二条尺寸界线

第一条尺寸界线上方　第二条尺寸界线上方

- 【从尺寸线偏移】数值框：用于设置标注文字与尺寸线之间的距离，如下图所示。

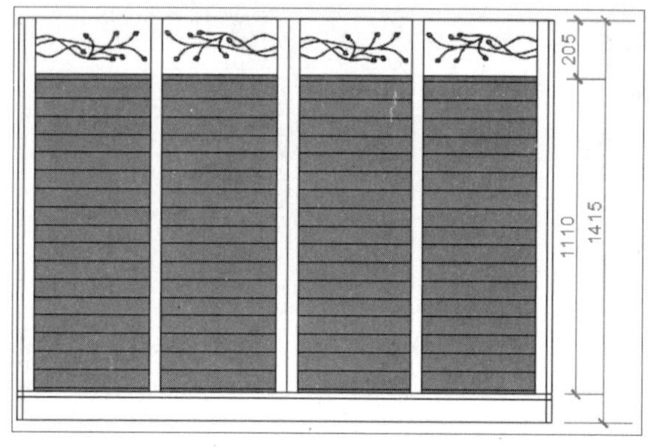

尺寸偏移量为5

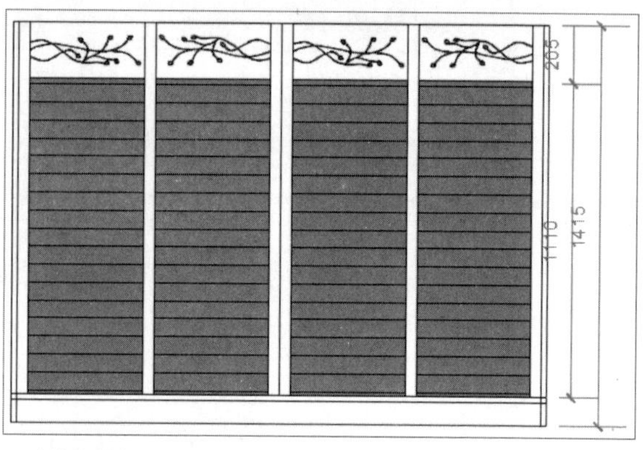

尺寸偏移量为50

操作提示：标注文字位置在建筑制图中的规定

依据《建筑制图标准》的相关规定：

- 文字垂直位置选择居于尺寸线的【上方】；
- 文字水平位置选择【居中】；
- 文字对齐方向应选择【与尺寸线对齐】，如右图所示。

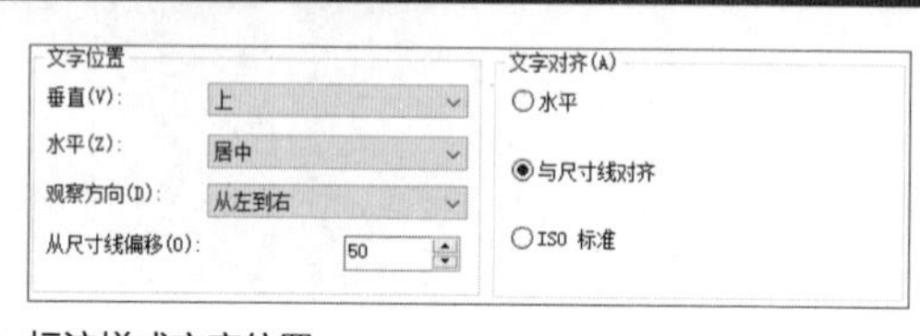

标注样式文字位置

4. 调整标注样式

在【修改标注样式】对话框中，用户可以在【调整】选项卡下对尺寸文字、箭头、引线和尺寸线的位置进行调整，如下左图所示。

- 【调整选项】选项区域：该选项区域主要用于调整尺寸界线、文字和箭头之间的位置。如果尺寸界线之间没有足够的空间来放置文字和箭头，首先从尺寸界线中移出。分为【文字或箭头】、【箭头】、【文字】、【文字和箭头】、【文字始终保持在界线之间】5个单选按钮。
- 【文字位置】选项区域：该选项区域用于调整尺寸文字的放置位置。当尺寸文字不能按【文字】选项卡设定的位置放置时，将按照【调整】选项卡下【文字位置】选项区域中的设置进行放置。
- 【将标注缩放到布局】单选按钮：选择该单选按钮，可以根据当前模型空间视口与图纸之间的缩放关系设置比例。
- 【使用全局比例】单选按钮：选择该单选按钮，可以对全部尺寸标注设置缩放比例，该比例不改变尺寸的测量值。

5. 修改主单位

在【修改标注样式】对话框中，用户可以在【主单位】选项卡中设置主单位的格式、精度、比例因子等属性，如下右图所示。

- 【单位格式】下拉列表：设置除角度标注之外的其余各标注类型的尺寸单位，包括科学、小数、工程、建筑、分数等选项。在建筑绘图中【单位格式】一般选择【小数】方式。
- 【精度】下拉列表：设置除角度标注之外的其余各标注的尺寸精度。在建筑绘图中【精度】一般选择0方式。
- 【比例因子】数值框：用于设置标注尺寸的缩放比例。AutoCAD的实际标注值为测量值与该比例的乘积。
- 【角度标注】选项区域：用户可以在【单位格式】下拉列表中选择标注角度单位，在【精度】下拉列表中选择标注角度的尺寸精度。

- 【消零】选项区域：用于设置是否消除角度尺寸的前导和后续零。

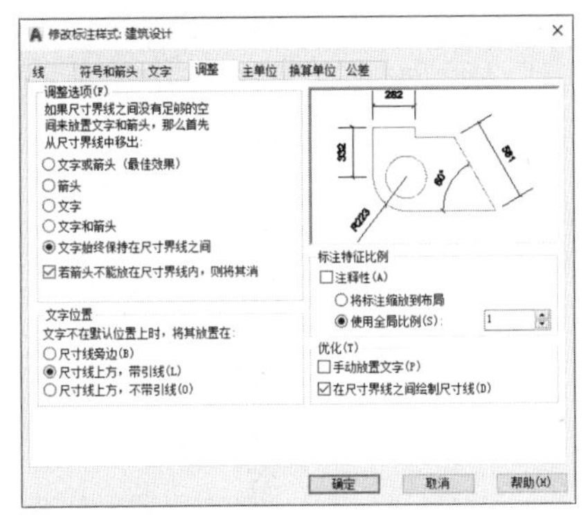

【调整】选项卡

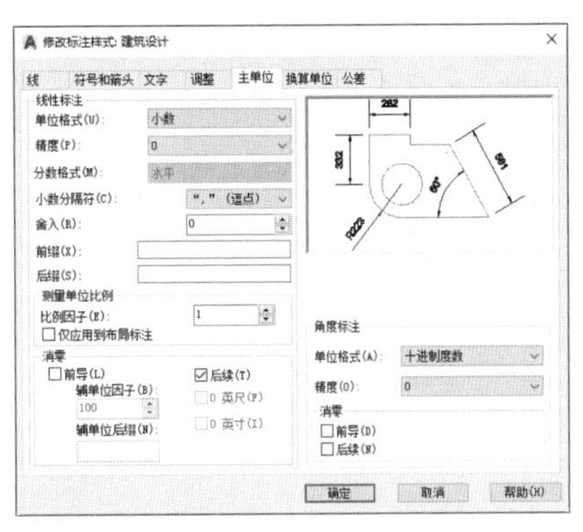

【主单位】选项卡

学习了修改尺寸标注参数的相关设置后，下面将以案例的形式介绍修改尺寸标注的具体应用，操作方法如下。

Step 01 打开【8.2.2尺寸标注.dwg】素材文档，如下图所示。

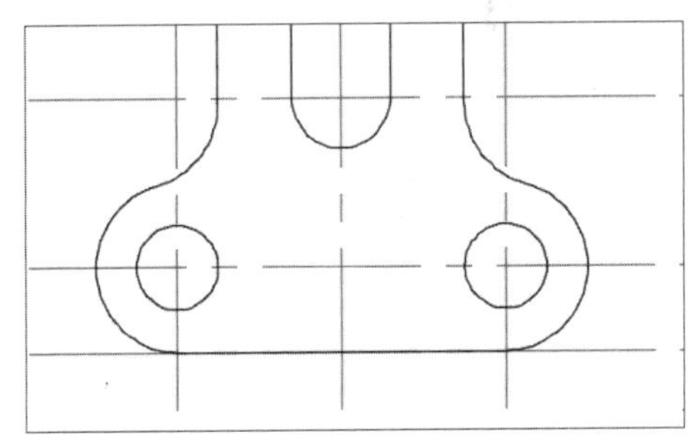

打开素材文件

Step 02 执行【格式】>【标注样式】命令，打开【标注样式管理器】对话框，单击【修改】按钮，如下图所示。

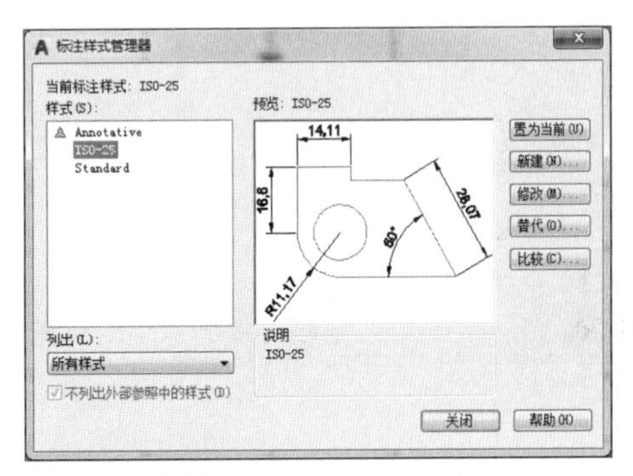

单击【修改】按钮

Step 03 打开【修改标注样式】对话框，切换至【线】选项卡，设置尺寸线的颜色、线型、粗线等参数，如下图所示。

修改尺寸线

Step 04 切换至【符号和箭头】选项卡，设置箭头格式，具体参数如下图所示。

设置箭头格式

Step 05 切换至“文字”选项卡，设置文字样式、颜色等参数，如下图所示。

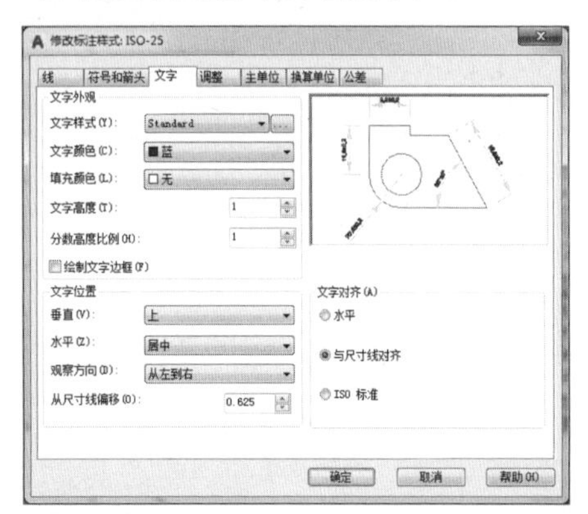

设置文字

Step 06 切换至【主单位】选项卡，设置单位格式为【小数】、精度为0.0，如下图所示。

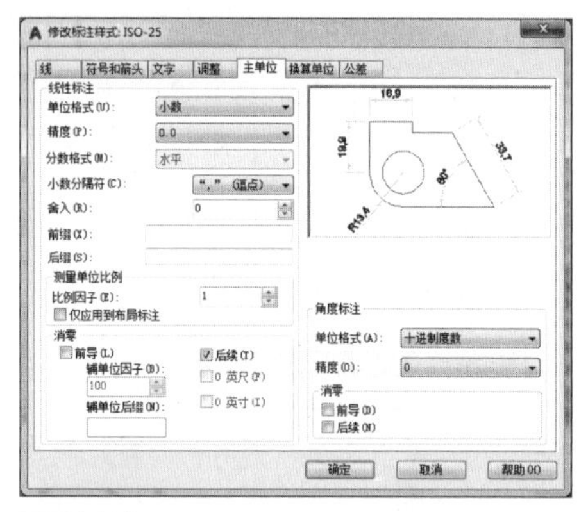

设置主单位

Step 07 切换至【公差】选项卡，设置方式为【对称】，上下偏差为0.2，具体参数如下图所示。

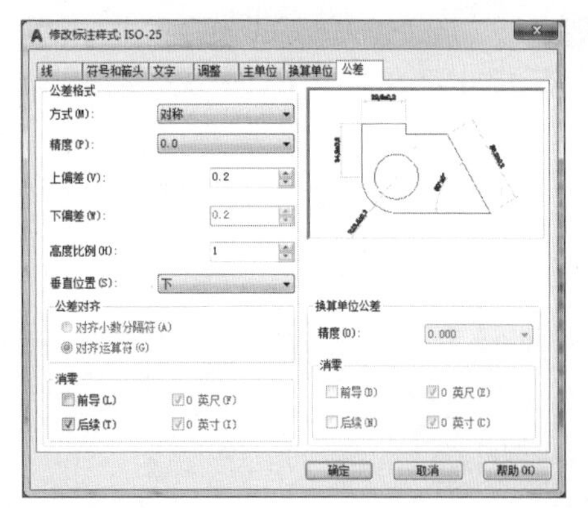

设置公差

Step 08 调用【标注】命令，对相应的直线和圆形进行标注，效果如下图所示。

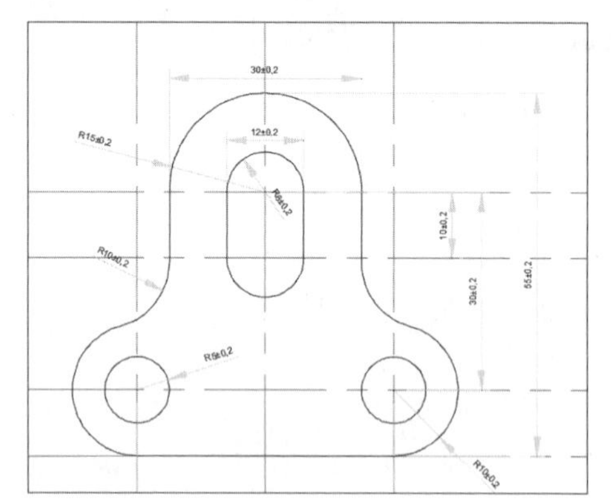

标注图形

Step 09 调用【图案填充】命令，打开【图案填充和渐变色】对话框，设置相关参数，如下图所示。

设置填充图案

Step 10 在绘图区的图形中选择填充区域，如下图所示。

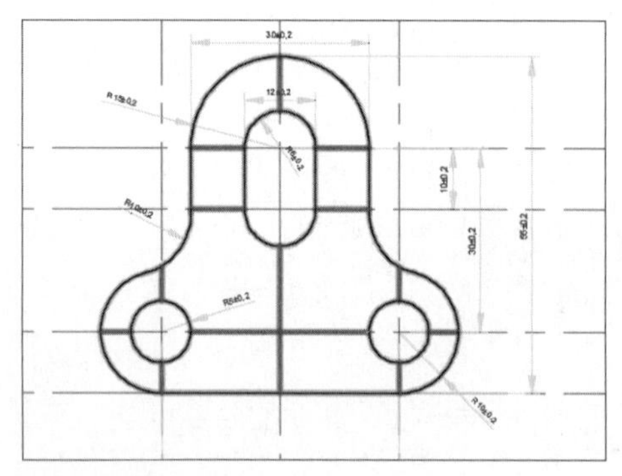

选择填充区域

Step 11 然后单击鼠标左键，确认填充，效果如下图所示。

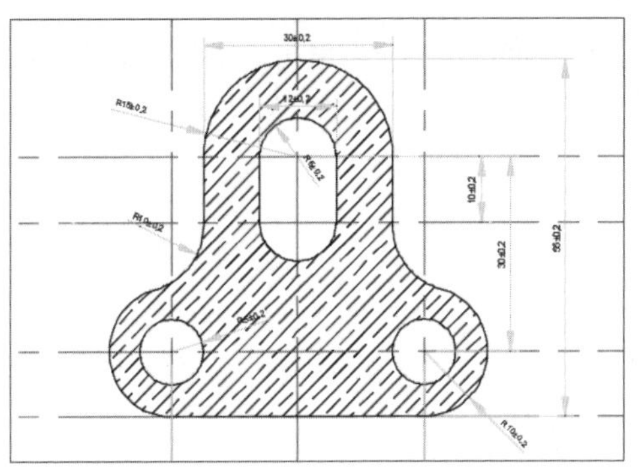

填充图案

Step 12 最后检查遗漏的部分，完善标注，最终效果如下图所示。

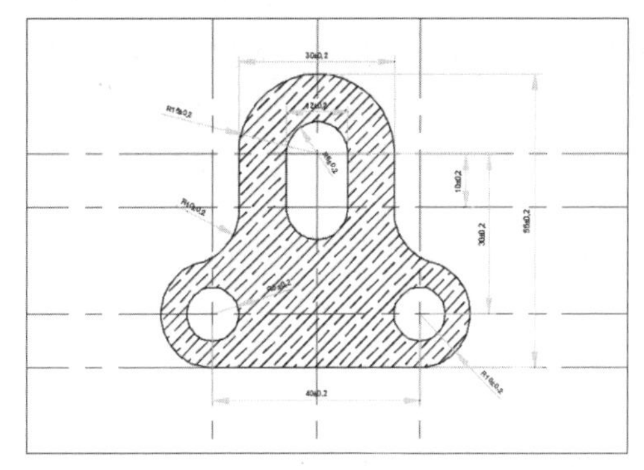

查看结果

8.2.3 删除尺寸样式

如果用户需要删除多余的尺寸样式，可以在【标注样式管理器】对话框中进行删除操作，其具体操作方法如下。

Step 01 在命令行中输入D命令并按下Enter键，打开【标注样式管理器】对话框，如下图所示。

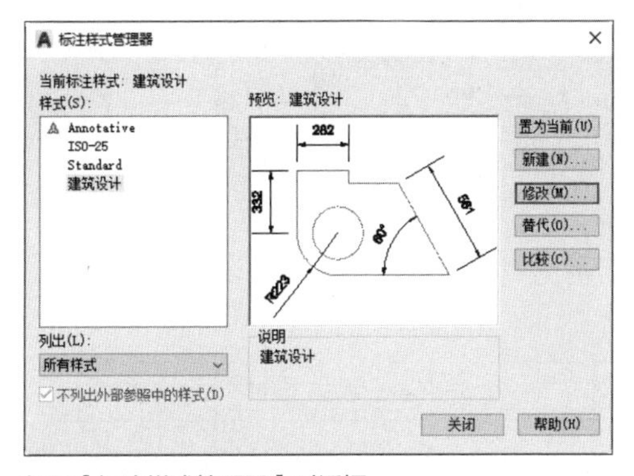

打开【标注样式管理器】对话框

Step 02 在【样式】列表框中选择需要删除的尺寸样式，单击鼠标右键，在弹出的快捷菜单中选择【删除】命令，如下图所示。

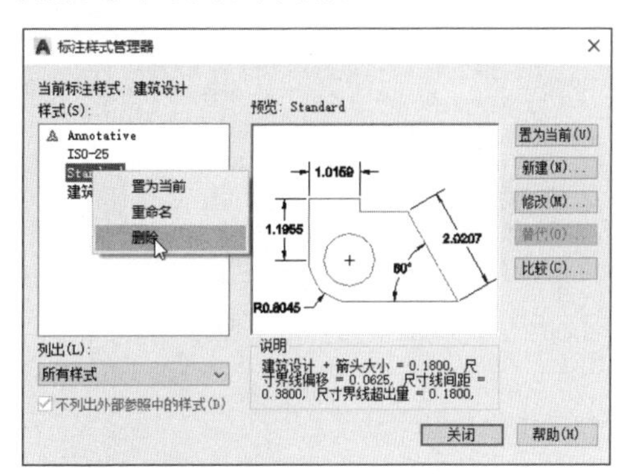

选择【删除】命令

Step 03 在弹出的系统提示对话框中，单击【是】按钮，如下图所示。

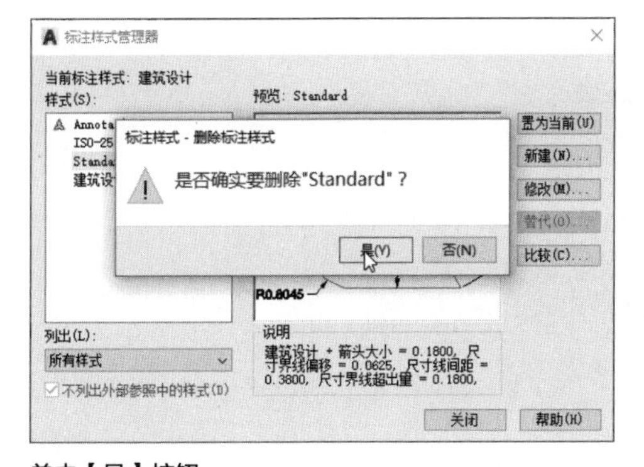

单击【是】按钮

Step 04 系统返回上一级对话框，此时原来被选中的样式已经被删除，如下图所示。

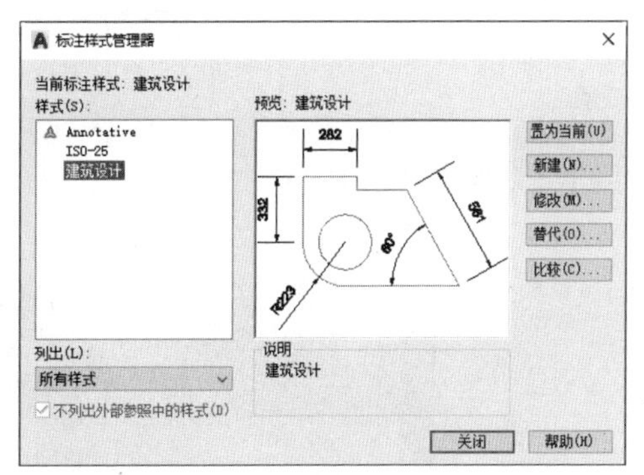

完成删除样式

8.3 基本尺寸标注的应用

AutoCAD尺寸标注功能充分考虑了各行业的需求，为方便用户使用提供了各种形式的尺寸标定，如线性标注、径向标注、角度标注、指引标注等类型，掌握这些标注方法可以灵活地为各种图形添加尺寸标注，使其成为生产制造或施工检验的依据。

8.3.1 线性标注

【线性标注】命令主要用于垂直方向与水平方向上的尺寸标注。在AutoCAD 2018中，调用【线性标注】的方法有以下几种。

- 利用菜单栏调用。在菜单栏中执行【标注】>【线性】命令，如下左图所示。
- 利用命令行调用。在命令行中输入DIMLINE/DLI命令，并按下Enter键。
- 利用功能区调用。在【默认】选项卡下，单击【注释】面板中的【线性】按钮，如下右图所示。
- 利用工具栏调用。单击【标注】工具栏中的【线性标注】按钮。

菜单栏调用

功能区调用

执行上述任意一种操作，都可以调用【线性标注】命令，根据命令行的提示，指定图形的两个测量点，并指定尺寸线位置即可，如下图所示。

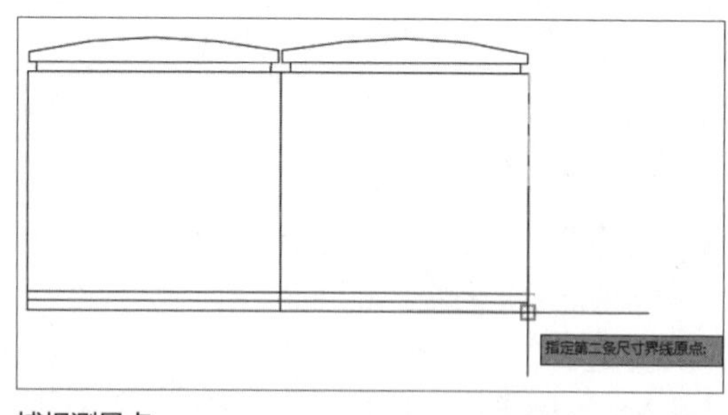

捕捉测量点

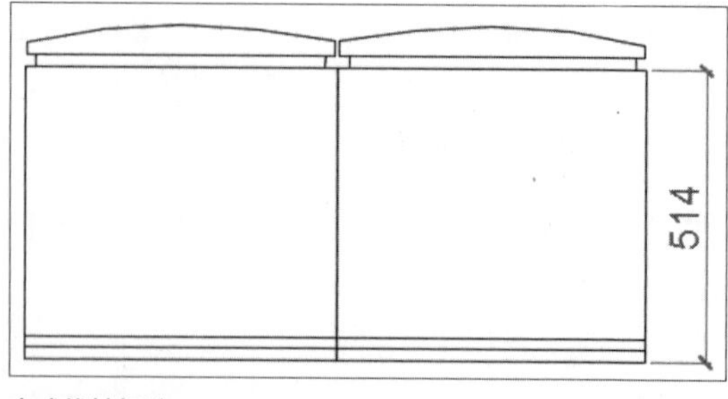

完成线性标注

调用【线性标注】命令后，对应的命令行提示信息如下图所示。

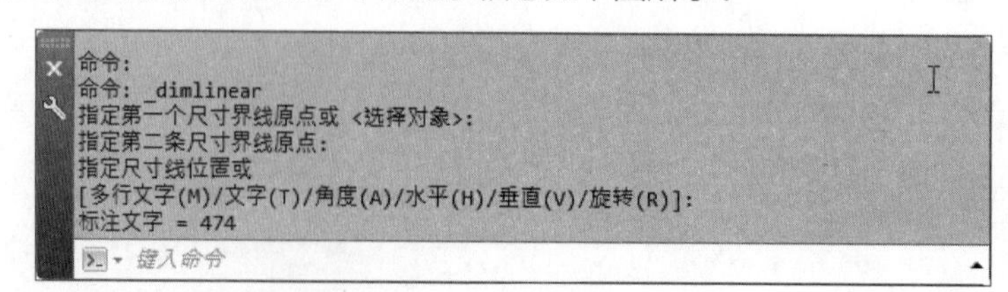

【线性标注】命令行提示信息

下面对【线性标注】命令行提示信息中各主要选项的含义进行介绍，具体如下。

- 【多行文字（M）】：选择该选项将进入多行文字编辑模式。
- 【文字（T）】：选择该选项可以以单行文字的形式输入标注文字。
- 【角度（A）】：该选项用于设置标注文字方向与标注端点连线之间的夹角，默认为0。
- 【水平（H）】/【垂直（V）】：用于标注水平尺寸与垂直尺寸。
- 【旋转（R）】：设置标注文字的旋转角度。

8.3.2 对齐标注

【对齐标注】命令用于标注倾斜方向的尺寸。在AutoCAD 2018中，调用【对齐标注】的方法有以下几种。

- 利用菜单栏调用。在菜单栏中执行【标注】>【对齐】命令，如下左图所示。
- 利用命令行调用。在命令行中输入DIMALIGNED/DAL命令，并按下Enter键。
- 利用功能区调用。在【默认】选项卡下，单击【注释】面板中的【对齐】按钮，如下右图所示。
- 利用工具栏调用。单击【标注】工具栏中的【对齐标注】按钮。

菜单栏调用

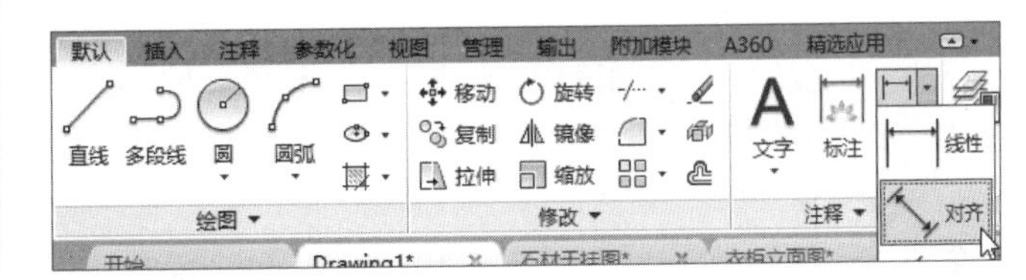

功能区调用

执行上述任意一种操作，都可以调用【对齐标注】命令，根据命令行的提示，指定图形的两个测量点，并指定尺寸线位置即可，如下左图所示。效果如下右图所示。

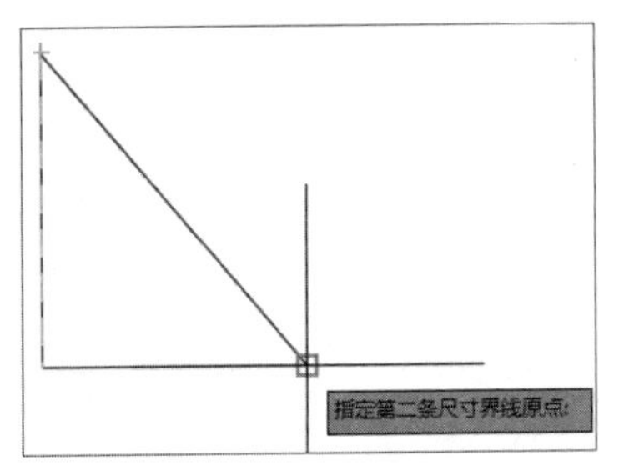

捕捉测量点

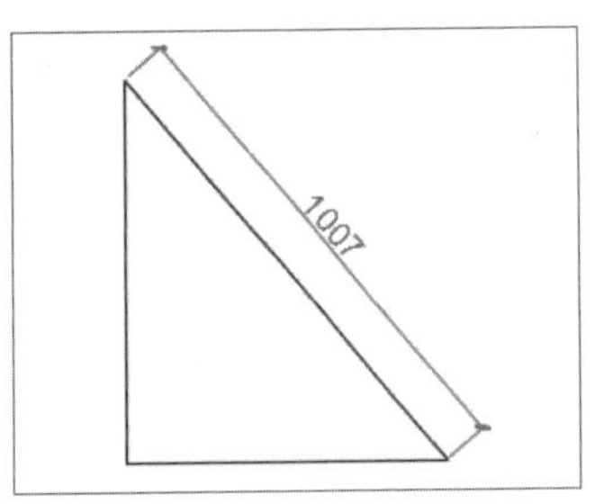

完成线性标注

执行【对齐标注】命令后，对应的命令行提示信息如下图所示。

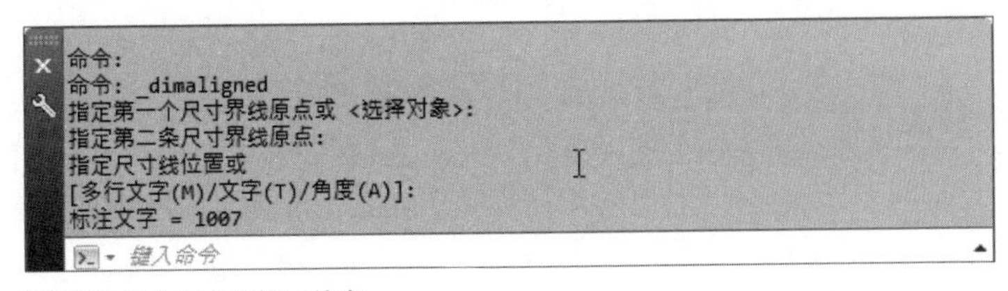

【对齐标注】命令行提示信息

8.3.3 角度标注

【角度标注】命令主要用于标注两条呈一定角度的直线，或者3个点之间的夹角。在AutoCAD 2018中，调用【角度标注】的方法有以下几种。

- 利用菜单栏调用。在菜单栏中执行【标注】>【角度】命令，如下左图所示。
- 利用命令行调用。在命令行中输入DIMANGULAR/DAN命令，并按下Enter键。
- 利用功能区调用。在【默认】选项卡下，单击【注释】面板中的【角度】按钮，如下右图所示。
- 利用工具栏调用。单击【标注】工具栏中的【角度标注】按钮。

从菜单栏调用

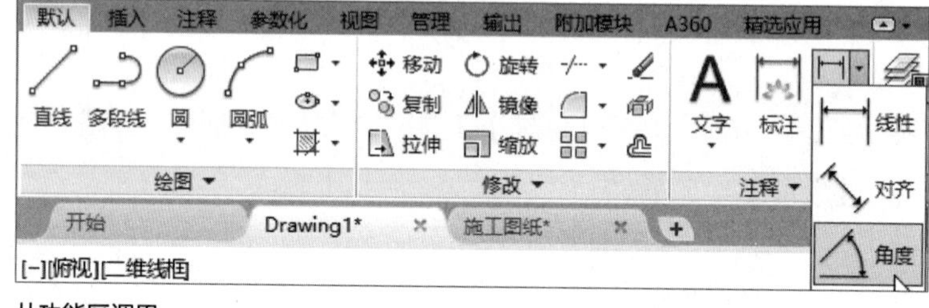

从功能区调用

执行上述任意一种操作，都可以调用【角度标注】命令，根据命令行的提示，指定呈一定角度的两条线段，如下左图所示。指定尺寸线位置即可完成标注，如下右图所示。

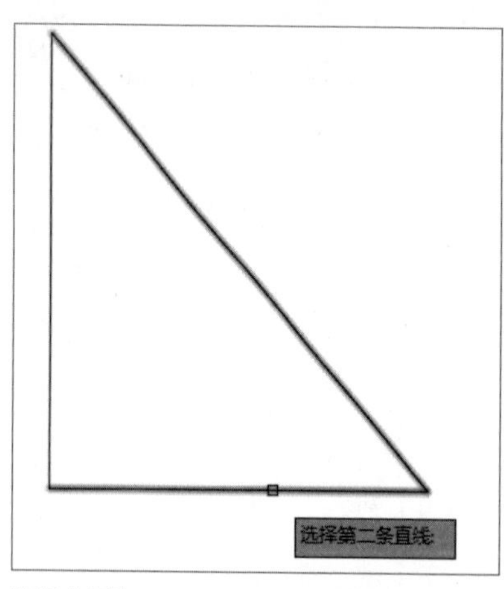

选择夹角边

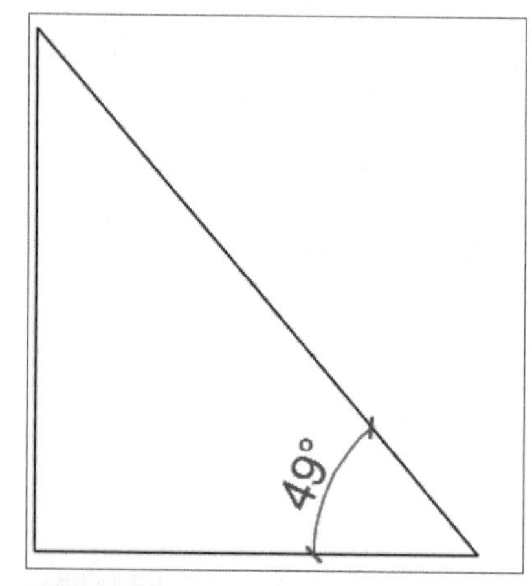

完成角度标注

调用【角度标注】命令后，对应的命令行提示信息如下图所示。

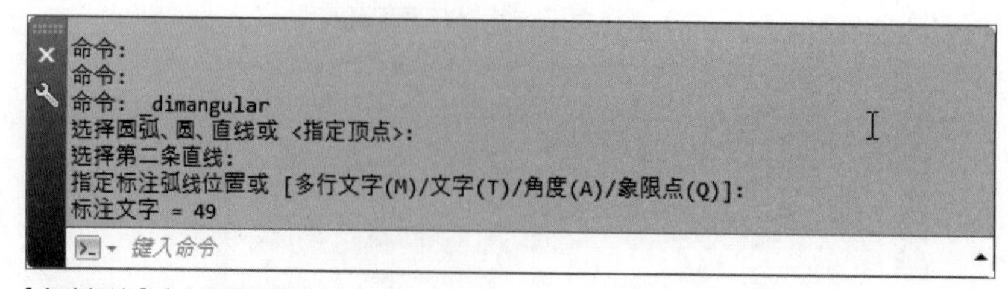

【角度标注】命令行提示信息

8.3.4 弧长标注

【弧长标注】命令用于标注圆弧、多段线圆弧以及其他弧线的长度。在AutoCAD 2018中，调用【弧长标注】的方法有以下几种。

- 利用菜单栏调用。在菜单栏中执行【标注】>【弧长】命令，如下左图所示。
- 利用命令行调用。在命令行中输入DIMARC命令，并按下Enter键。
- 利用功能区调用。在【注释】选项卡下，单击【标注】面板中的【弧长】按钮，如下右图所示。
- 利用工具栏调用。单击【标注】工具栏中的【角度标注】按钮。

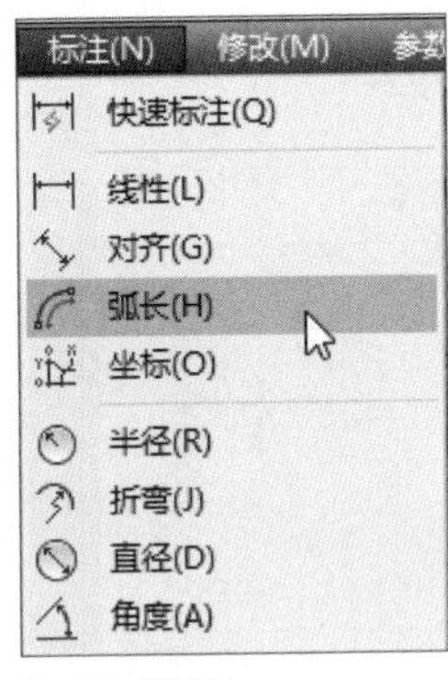

从菜单栏调用

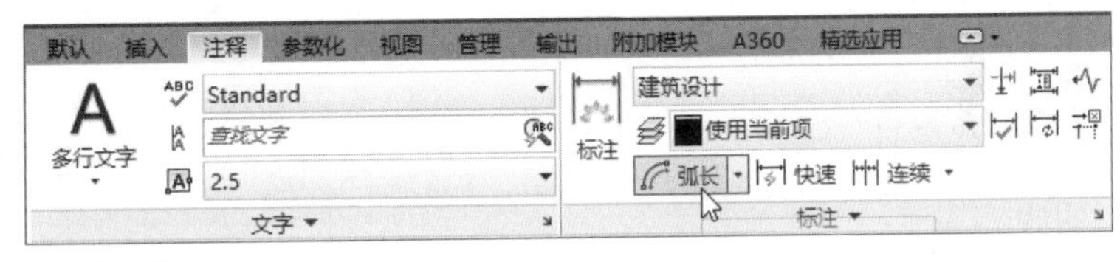

从功能区调用

执行上述任意一种操作，都可以调用【弧长标注】命令，根据命令行的提示，指定需要标注的弧长，如下左图所示。指定尺寸线位置即可完成标注，如下右图所示。

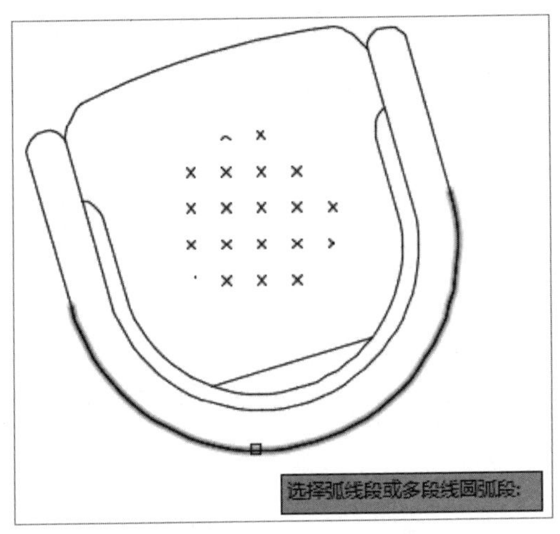

选择测量弧线

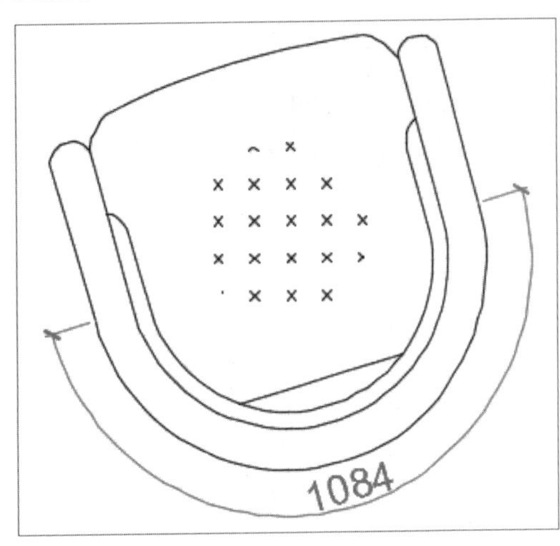

完成弧长标注

调用【弧长标注】命令后，对应的命令行提示信息如下图所示。

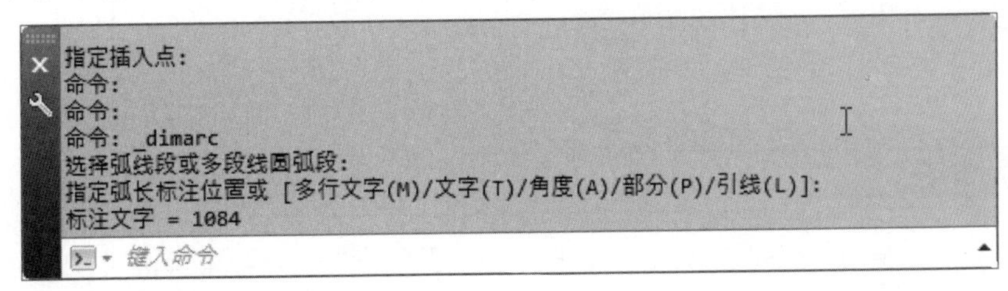

【弧长标注】命令行提示信息

8.3.5 半径/直径标注

半径/直径标注命令 / 用于标注圆或圆弧的半径或者直径尺寸。在AutoCAD 2018中，调用半径/直径标注的方法有以下几种。

- 利用菜单栏调用。在菜单栏中执行【标注】>【半径标注】/【直径标注】命令。
- 利用命令行调用。在命令行中输入DIMRADIUS/DIMDIAMETER命令，并按下Enter键。
- 利用功能区调用。在【注释】选项卡下，单击【标注】面板中的【半径标注】/【直径标注】按钮 / 。
- 利用工具栏调用。单击【标注】工具栏中的【半径标注】/【直径标注】按钮。

执行上述任意一种操作，都可以调用【半径标注】/【直径标注】命令，根据命令行的提示，指定需要标注的圆或弧长，如下左图所示。指定尺寸线位置即可完成标注，如下右图所示。

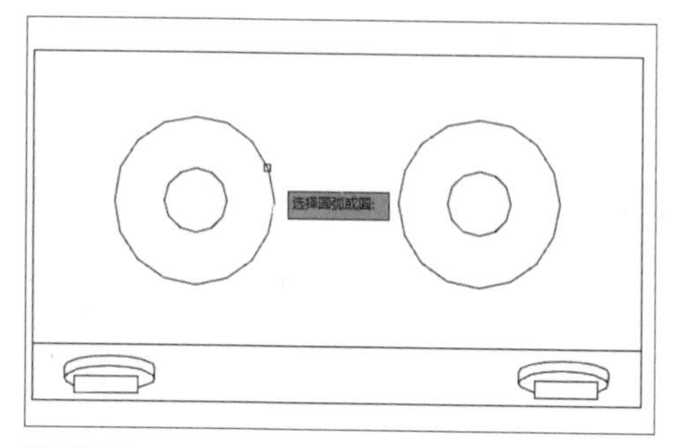

选择圆弧

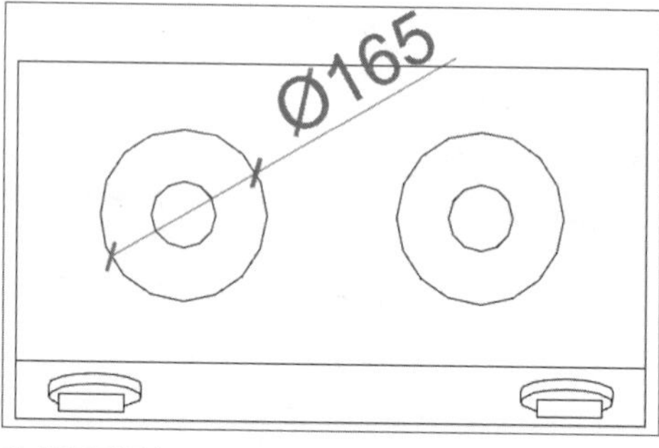

完成直径标注

调用【半径标注】/【直径标注】命令后，对应的命令行提示信息如下图所示。

```
命令:
命令: _dimdiameter
选择圆弧或圆:
标注文字 = 165
指定尺寸线位置或 [多行文字(M)/文字(T)/角度(A)]:
键入命令
```

【半径标注】/【直径标注】命令行提示信息

8.3.6 连续标注

【连续标注】命令 用于从某一尺寸界线开始，按某一方向顺序标注一系列的线性或角度尺寸。在AutoCAD 2018中，调用【连续标注】的方法有以下几种。

- 利用菜单栏调用。在菜单栏中执行【标注】>【连续】标注命令。
- 利用命令行调用。在命令行中输入DIMCONTINUE/DCO命令，并按下Enter键。
- 利用功能区调用。在【注释】选项卡下，单击【标注】面板中的【连续标注】按钮 。
- 利用工具栏调用。单击【标注】工具栏中的【连续标注】按钮。

执行上述任意一种操作，都可以调用【连续标注】命令，根据命令行的提示，选择上一个尺寸线，依次捕捉剩余测量点，按Enter键即可完成标注。

8.3.7 快速标注

【快速标注】 是AutoCAD中一个方便快捷的快速标注命令，常见的调用【快速标注】命令的方法有以下几种。

- 利用菜单栏调用。在菜单栏中执行【标注】>【快速标注】命令。
- 利用命令行调用。在命令行中输入QDIM命令，并按下Enter键。
- 利用功能区调用。在【注释】选项卡下，单击【标注】面板中的【快速标注】按钮。
- 利用工具栏调用。单击【标注】工具栏中的【快速标注】按钮。

执行上述任意一种操作，都可以调用【快速标注】命令，根据命令行的提示，选择需要标注的对象并按Enter键，如下左图所示。指定好尺寸线的位置即可完成标注，如下右图所示。

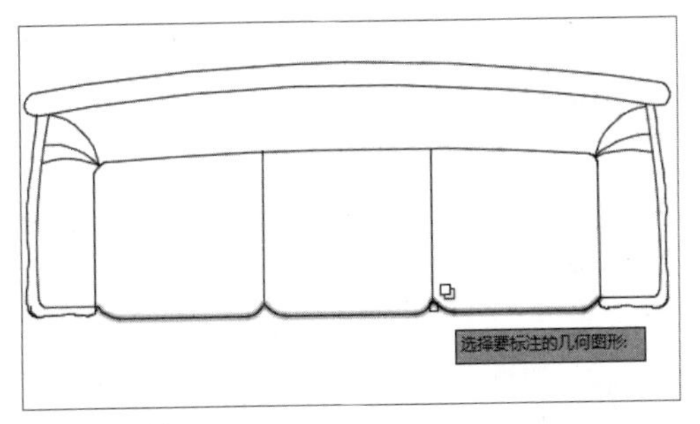

选择标注对象

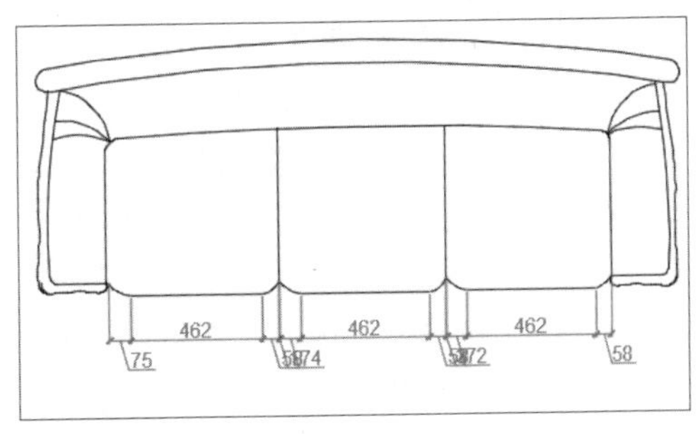

完成快速标注

调用【快速标注】命令后，对应的命令行提示信息如下图所示。

```
命令: _qdim
关联标注优先级 = 端点
选择要标注的几何图形: 找到 1 个
选择要标注的几何图形: 找到 1 个, 总计 2 个
选择要标注的几何图形: 找到 1 个, 总计 3 个
选择要标注的几何图形:
指定尺寸线位置或 [连续(C)/并列(S)/基线(B)/坐标(O)/半径(R)/直径(D)/基准点(P)/
编辑(E)/设置(T)] <连续>:
```

【快速标注】命令行提示信息

8.3.8 基线标注

【基线标注】命令主要用于具有共同尺寸线的尺寸标注。在AutoCAD 2018中，调用【基线标注】命令的方法有以下几种。

- 利用菜单栏调用。在菜单栏中执行【标注】>【基线标注】命令。
- 利用命令行调用。在命令行中输入DIMBASELINE命令，并按下Enter键。
- 利用功能区调用。在【注释】选项卡下，单击【标注】面板中的【基线标注】按钮。
- 利用工具栏调用。单击【标注】工具栏中的【基线标注】按钮。

执行上述任意一种操作，都可以调用【基线标注】命令，根据命令行的提示，选择指定的基准标注，然后依次捕捉其他延伸线的原点，如下左图所示。指定好尺寸线的位置即可完成标注，如下右图所示。

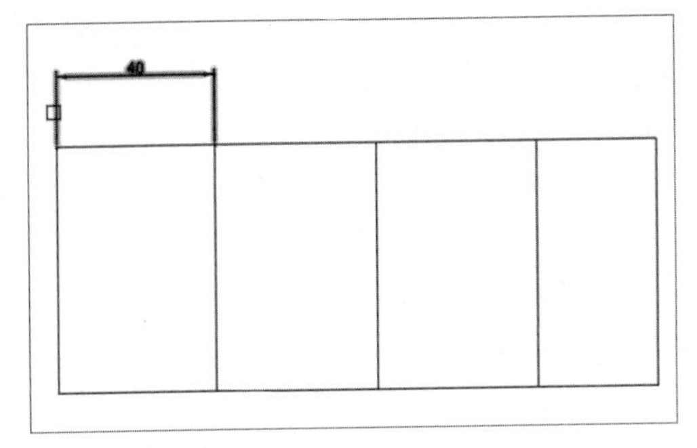

标注第一个尺寸

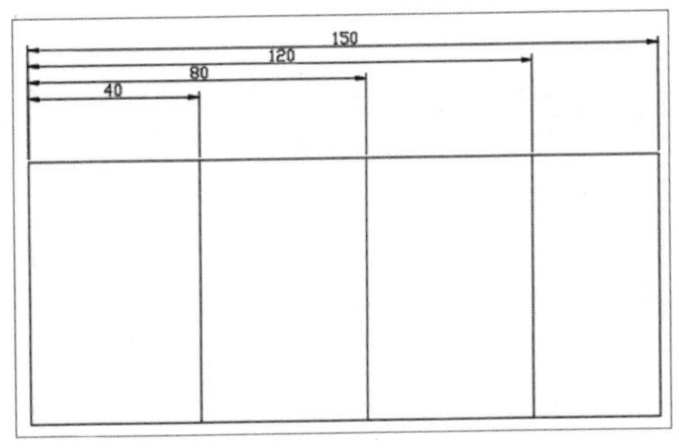

完成基线标注

8.4 尺寸标注的编辑

尺寸标注完成后，用户还可以使用AutoCAD提供的各种编辑功能对标注内容进行编辑处理。AutoCAD的尺寸标注编辑功能包括修改标注文本、修改标注角度和调整文字位置等。

8.4.1 编辑标注文本

在AutoCAD 2018中，用户可以通过以下方法调用【编辑标注文本】命令。

- 利用菜单栏调用。在菜单栏中执行【标注】>【对齐文字】标注命令。
- 利用命令行调用。在命令行中输入DIMTEDIT/DIMTED命令，并按下Enter键。
- 利用工具栏调用。单击【标注】工具栏中的【编辑标注文字】按钮。

执行上述任意一种操作，都可以调用【编辑标注文字】命令，对尺寸文本的位置、对齐方式、角度等进行修改。这里以编辑角度做示范，根据命令行提示，选择标注并指定文字的角度，即可完成编辑，如下左图所示。标注的效果如下右图所示。

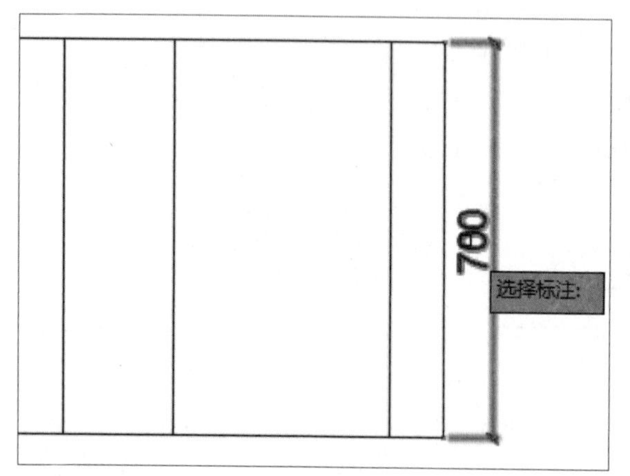

选择标注

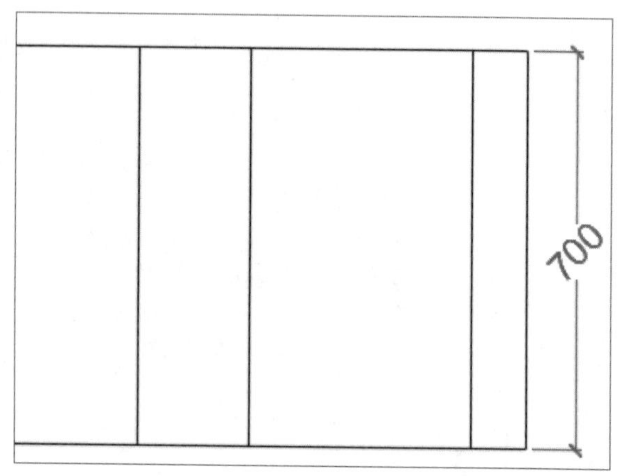

完成编辑

调用【编辑标注文字】命令后，对应的命令行提示信息如下图所示。

```
命令: *取消*
命令: DIMTEDIT
选择标注:
为标注文字指定新位置或 [左对齐(L)/右对齐(R)/居中(C)/默认(H)/角度(A)]: A
指定标注文字的角度: 45
键入命令
```

【编辑标注文字】命令行提示信息

8.4.2 编辑标注

【编辑标注】命令是一个综合的尺寸编辑命令，在AutoCAD 2018中，用户可以通过以下方法调用【编辑标注】命令。

- 利用命令行调用。在命令行中输入DIMEDIT/DED命令，并按下Enter键。
- 利用工具栏调用。单击【标注】工具栏中的【编辑标注】按钮。

执行上述任意一种操作，都可以调用【编辑标注】命令，从而修改尺寸文本的位置、方向、内容、尺寸界线的倾斜角度等。这里以旋转标注做示范，根据命令行提示，选择标注，并指定文字的旋转角度，即可完成编辑操作，如下左图所示。标注的效果如下右图所示。

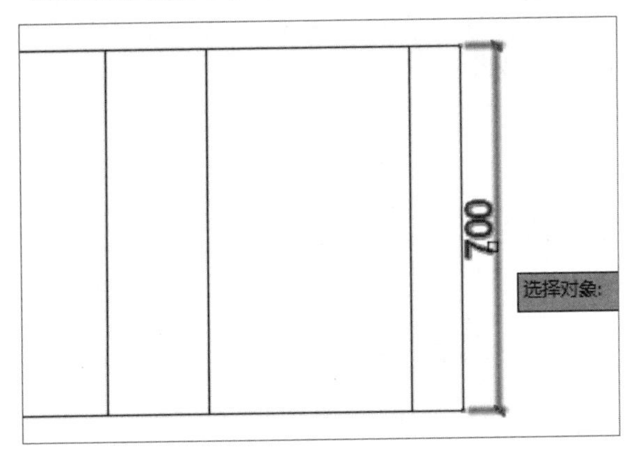

选择标注

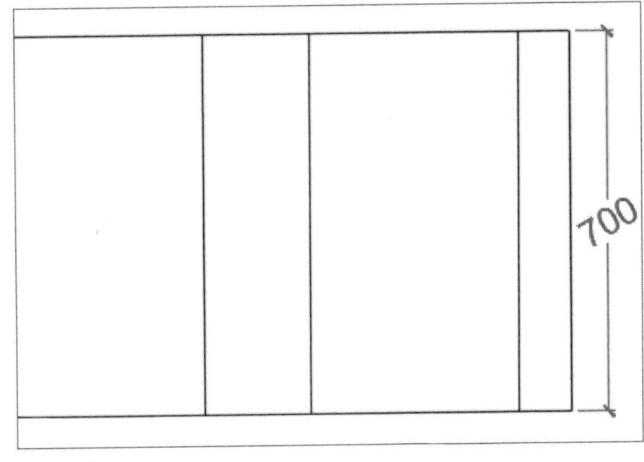

完成编辑

调用【编辑标注】命令后，对应的命令行提示信息如下图所示。

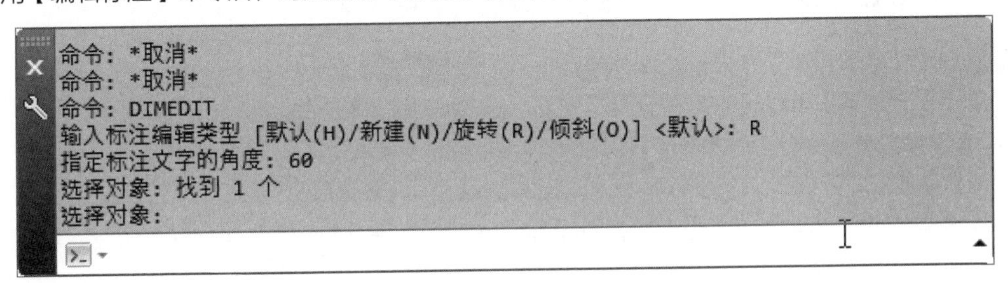

【编辑标注】命令行提示信息

8.4.3 应用【特性】面板编辑标注

用户除了可以通过上述介绍的方法对标注进行编辑外，还可以应用【特性】面板进行标注编辑操作。在AutoCAD 2018中，常用的打开【特性】面板的方法有以下几种。

- 利用菜单栏打开。在菜单栏中执行【工具】>【选项板】>【特性】命令。
- 利用命令行打开。在命令行中输入PROPERTIES/PR命令，并按下Enter键。

操作提示：【特性】面板的其他功能

【特性】面板中，除了编辑文字外，还可以修改标注的颜色、线型、箭头等。

8.5 引线标注的应用

在AutoCAD中，引线标注是指从指定位置绘制一条引线对图形进行标注。引线标注由箭头、引线和注释文字构成，主要用于注释对象的信息。

8.5.1 创建多重引线

在创建多重引线前，需要先设置多重引线的样式，系统默认的引线样式为Standard。用户如果需要创建新的多重引线样式，可以应用以下方法。

Step 01 在命令行中输入MLS命令并按下Enter键，打开【多重引线样式管理器】对话框，如下图所示。

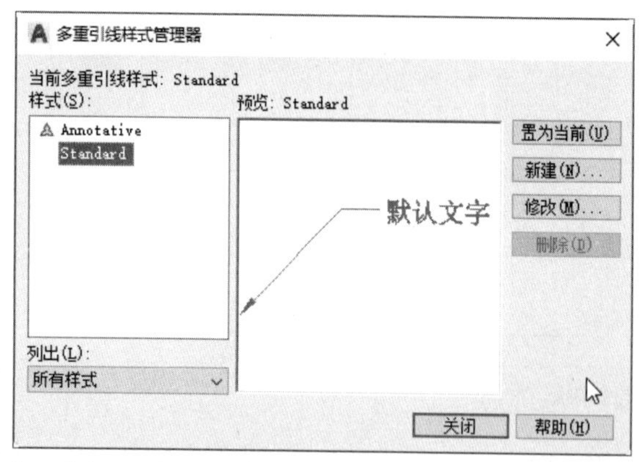

打开【多重引线样式管理器】对话框

Step 02 单击【新建】按钮，在弹出【创建新多重引线样式】对话框中，输入新样式名称，然后单击【继续】按钮，如下图所示。

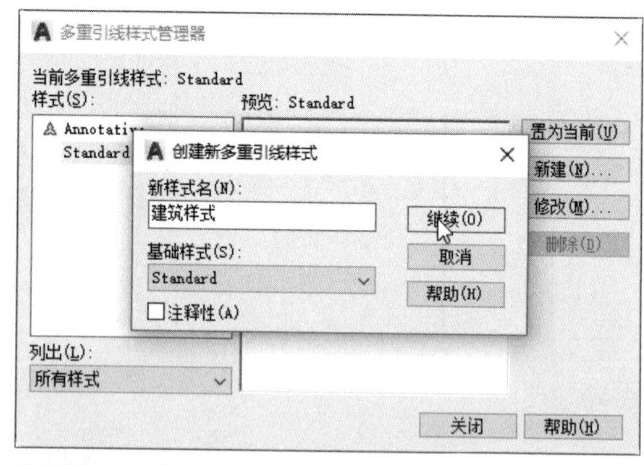

输入新样式名称

Step 03 弹出【修改多重引线样式：建筑样式】对话框，在【引线格式】选项卡中将箭头符号设为【建筑标记】、大小为40，如下图所示。

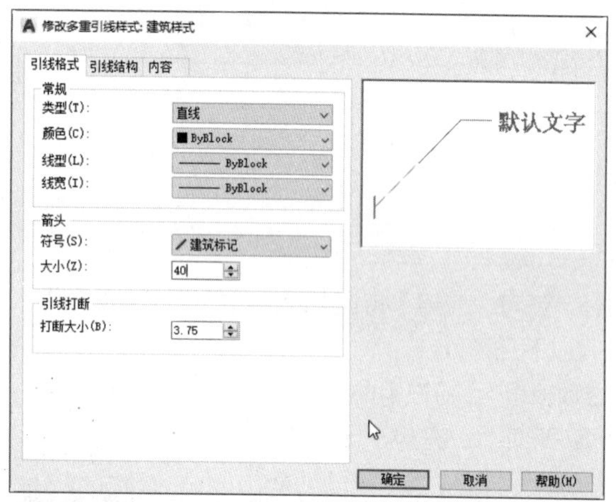

设置箭头样式

Step 04 在【内容】选项卡中，将文字高度设为150，如下图所示。

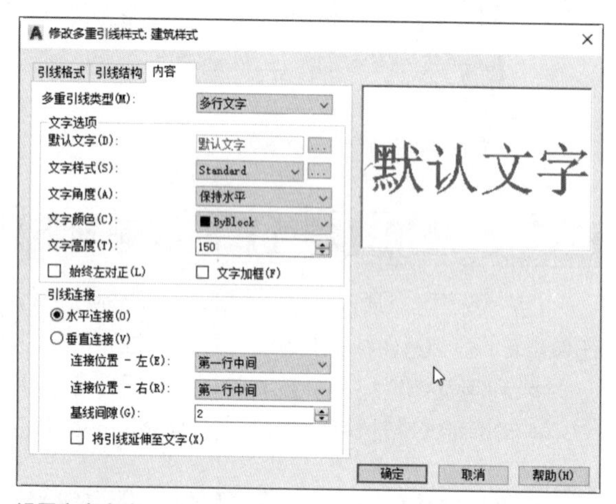

设置文字高度

Step 05 单击【确定】按钮，系统返回到【多重引线样式管理器】对话框，单击【置为当前】按钮并关闭该对话框，如右图所示。

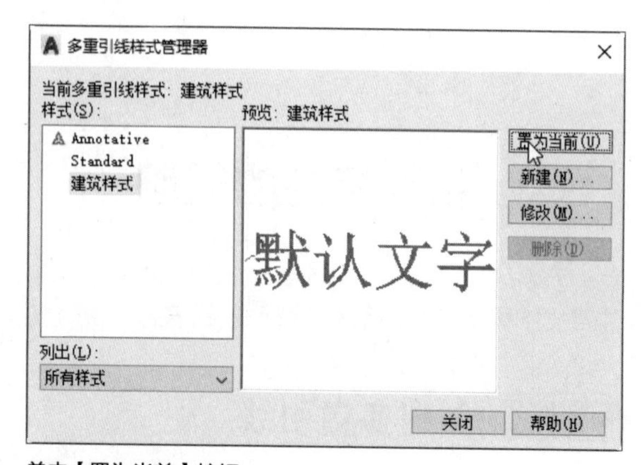

单击【置为当前】按钮

设置好多重引线样式后，就可以对图形尺寸进行标注了。首先执行【多重引线】命令，根据命令行提示，在绘图区指定引线的起点，并指定引线端点的位置，如下左图所示。输入注释内容，即可完成多重引线标注操作，如下右图所示。

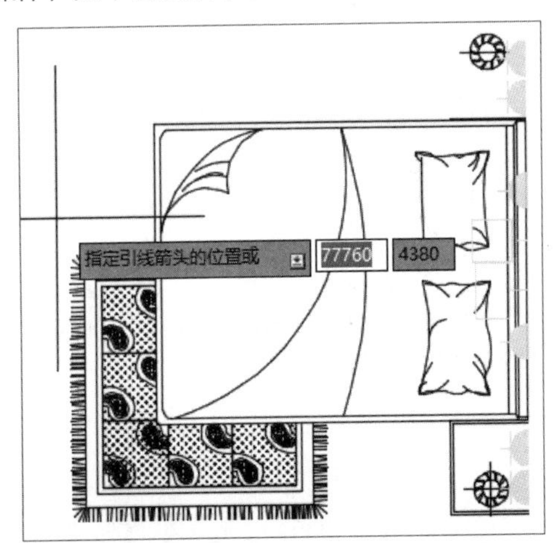

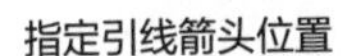
指定引线箭头位置

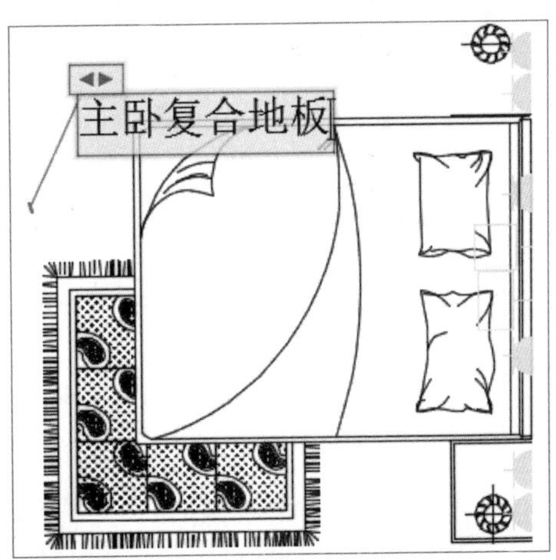

输入注释文字

8.5.2 添加/删除引线

在绘图过程中，如果遇到重复的引线注释时，可以使用【添加引线】功能轻松完成操作。在AutoCAD 2018中，用户可以通过以下方法调用【添加引线】命令。

- 利用工具栏调用。在【多重引线】工具栏中单击【添加多重引线】按钮。
- 利用功能区调用。在【注释】选项卡下，单击【引线】面板中的【添加引线】按钮 添加引线。

执行上述任意一种操作，都可以调用【添加引线】命令，根据命令行提示，选择已有的多重引线，如下左图所示。然后依次指定引出线的位置即可，如下右图所示。

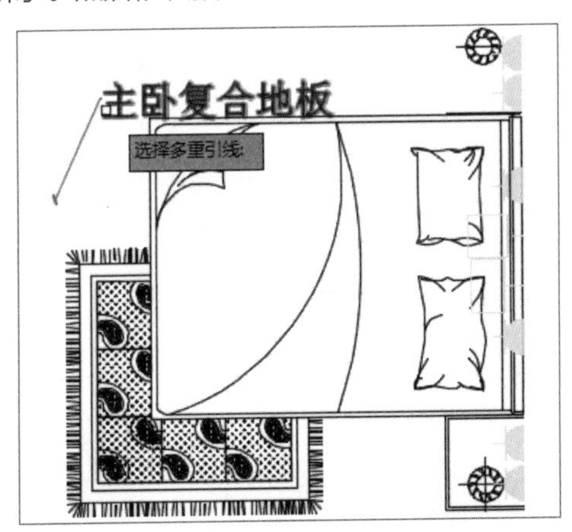

选择多重引线

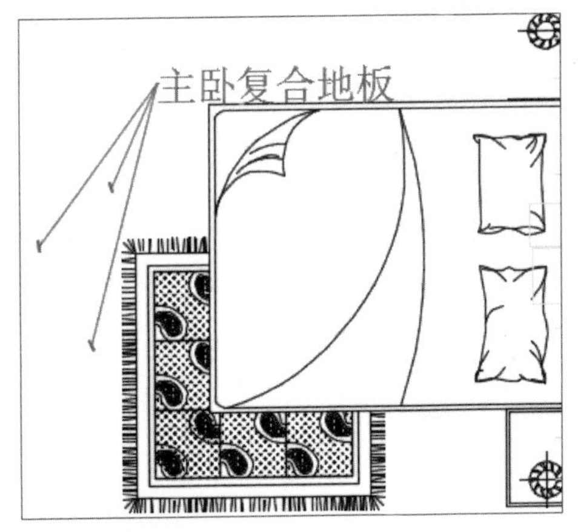

完成引线添加

添加多重引线后，如果用户需要将多余的多重引线删除，可以通过以下方法调用【删除引线】命令。

- 利用工具栏调用。在【多重引线】工具栏中单击【删除多重引线】按钮。
- 利用功能区调用。在【注释】选项卡下，单击【引线】面板中的【删除引线】按钮 删除引线。

执行上述任意一种操作，都可以调用【删除引线】命令，根据命令行提示，选择需要删除的多重引线，如下左图所示。按Enter键即可，效果如下右图所示。

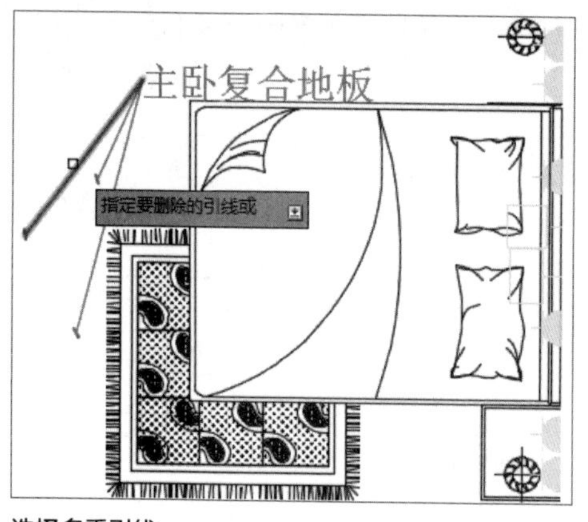

选择多重引线

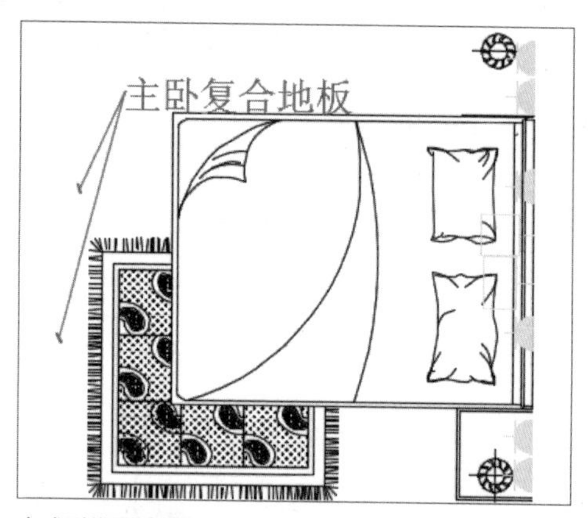

完成引线删除操作

调用【删除引线】命令后，对应的命令行提示信息如下图所示。

```
命令:
选择多重引线:
找到 1 个
指定要删除的引线或 [添加引线(A)]:
指定要删除的引线或 [添加引线(A)]:
键入命令
```

【删除引线】命令行提示信息

8.5.3 对齐引线

如果用户觉得创建的引线长短不一，使画面不够整洁，可以使用【对齐引线】命令，对引线注释进行对齐，从而使得画面更加美观规范。在AutoCAD 2018中，用户可以通过以下方法调用【对齐引线】命令。

- 利用工具栏调用。在【多重引线】工具栏中单击【多重引线对齐】按钮。
- 利用功能区调用。在【注释】选项卡下，单击【引线】面板中的【对齐】按钮。

执行上述任意一种操作，都可以调用【对齐引线】命令，根据命令行提示，选择需要对齐引线的对象，再选择作为对齐的基准引线对象及方向，如下左图所示。按Enter键即可查看效果，如下右图所示。

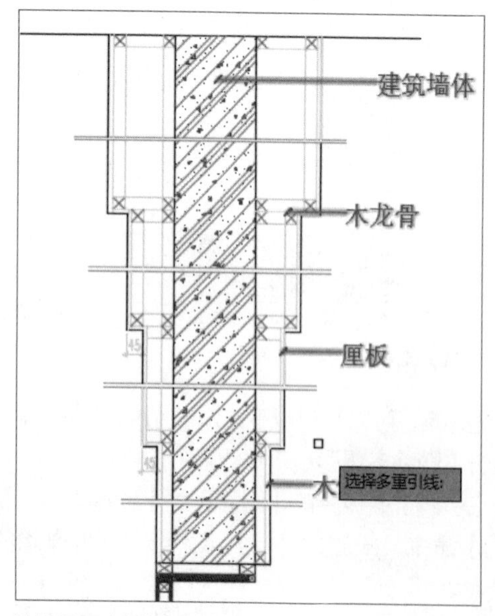

选择需要对齐的多重引线

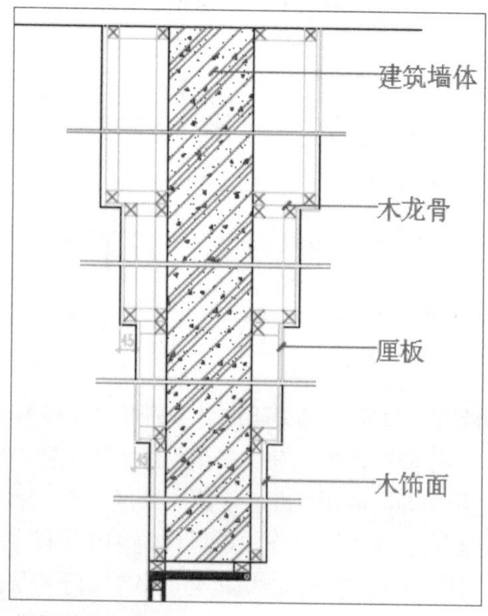

完成引线对齐操作

调用【对齐引线】命令后，对应的命令提示信息如下图所示。

```
命令: _mleaderalign
选择多重引线: 找到 1 个
选择多重引线: 找到 1 个, 总计 2 个
选择多重引线: 找到 1 个, 总计 3 个
选择多重引线: 找到 1 个, 总计 4 个
选择多重引线:
当前模式: 使用当前间距
选择要对齐到的多重引线或 [选项(O)]:
指定方向:
键入命令
```

【对齐引线】命令提示信息

上机实训——为办公区平面图添加标注

学习了尺寸标注和引线标注的相关操作后，本案例结合本章所学习的知识，详细介绍了为某办公区一层平面图添加标注的操作方法，具体步骤如下。

Step 01 打开【办公区平面图.dwg】文件，如下图所示。打开【图层特性管理器】面板中新建图层并命名为【标注】，设置相关参数。

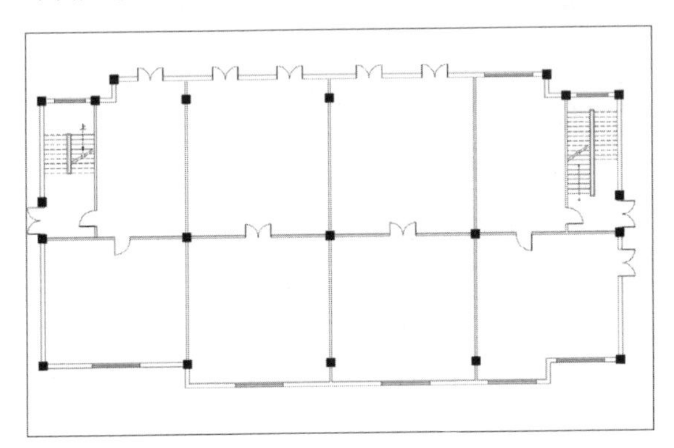

打开素材文件

Step 02 切换至【标注】图层为当前图层，在菜单栏中执行【格式】>【标注样式】命令。在【标注样式管理器】对话框中单击【新建】按钮，如下图所示。

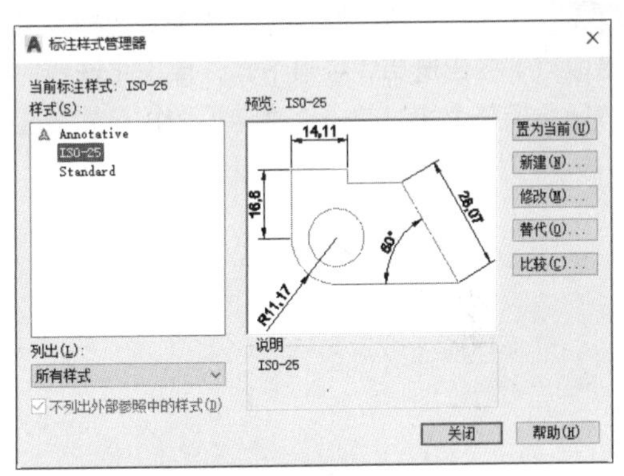

打开【标注样式管理器】对话框

Step 03 在打开的【新建标注样式】对话中设置【箭头】、【尺寸界线】、【尺寸偏移】、【精度】等数值，单击“确定”按钮返回【标注样式管理器】对话框，并单击【置为当前】按钮，如下图所示。

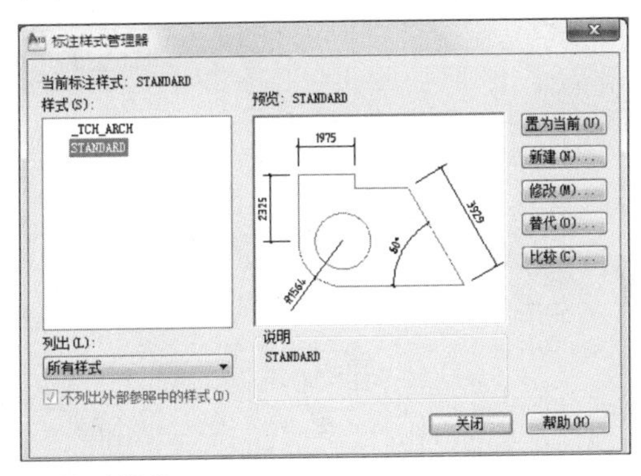

设置标注样式

Step 04 在菜单栏中执行【标注】>【线性】命令，进行尺寸标注，标注一个尺寸之后在菜单栏中执行【标注】>【连续】，进行尺寸的连续标注，效果如下图所示。

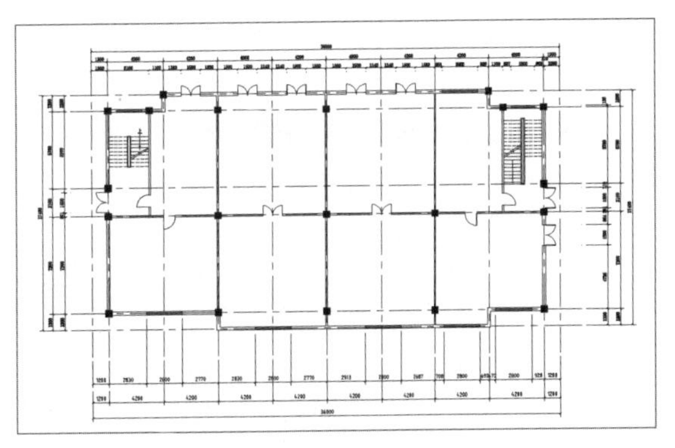

尺寸标注的效果

Step 05 调用【圆】命令，在适当位置绘制直径为500的圆。调用【直线】命令，在圆下方绘制1000直线，如下图所示。

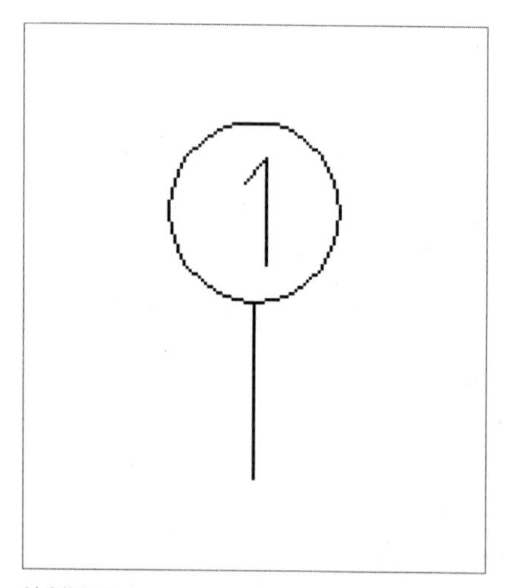

绘制图形

Step 06 在命令行输入ATT命令，打开【属性定义】对话框，设置标记为1、提示为【请输入轴号】、默认为1，在对正列表中选择【中间】选项，文字高度设为900，单击【确定】按钮，如下图所示。

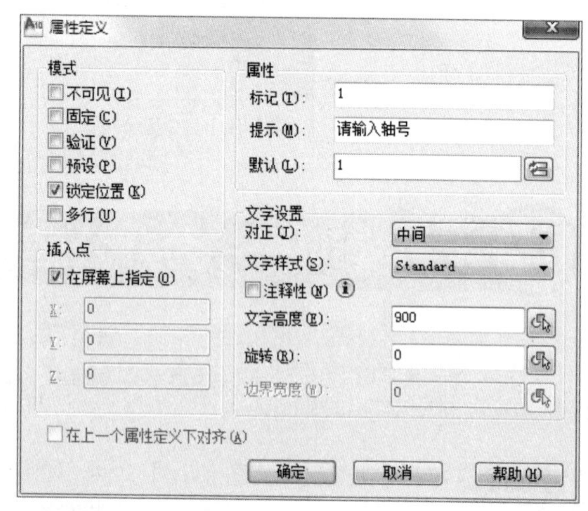

定义属性

Step 07 输入W命令，打开【写块】对话框，单击【拾取点】按钮选择线条最下端，单击【选择对象】按钮选择整个块，单击【确定】按钮，如右图所示。

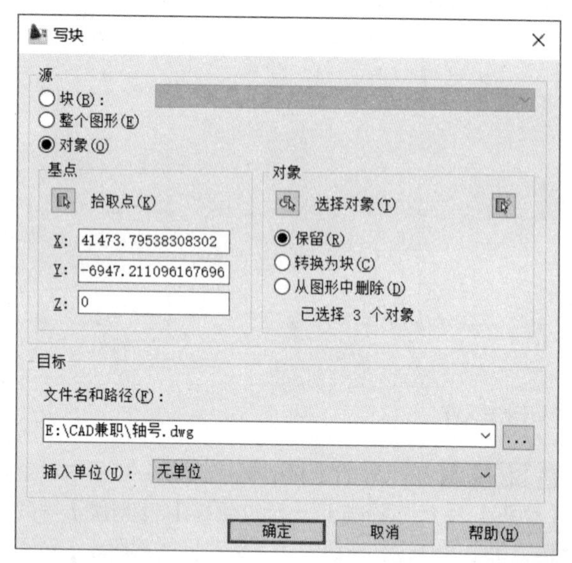

【写块】对话框

Step 08 在命令行中输入I命令，打开【插入】对话框，设置名称为【轴号】、旋转的角度为0、比例为1，单击【确定】按钮，如右图所示。

【插入】对话框

Step 09 插入的块旋转以后文字方向也改变，双击插入的块，打开【增强属性编辑器】对话框，在【文字选项】选项卡中设置文字倾斜角度为0，单击【确定】按钮，如下图所示。

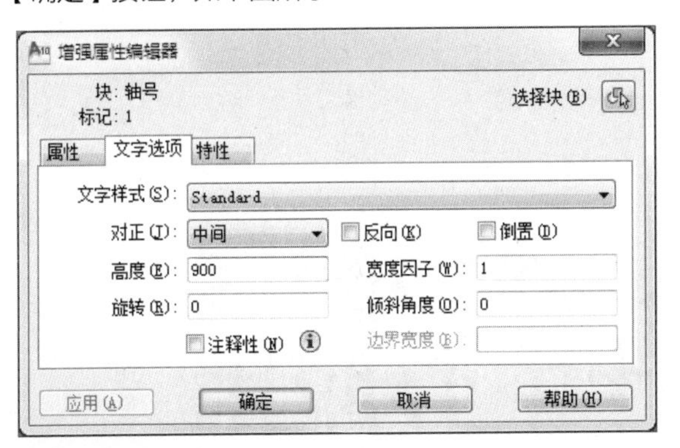

设置文字角度

Step 10 使用相同的方法绘制图纸上所有轴号，效果如下图所示。

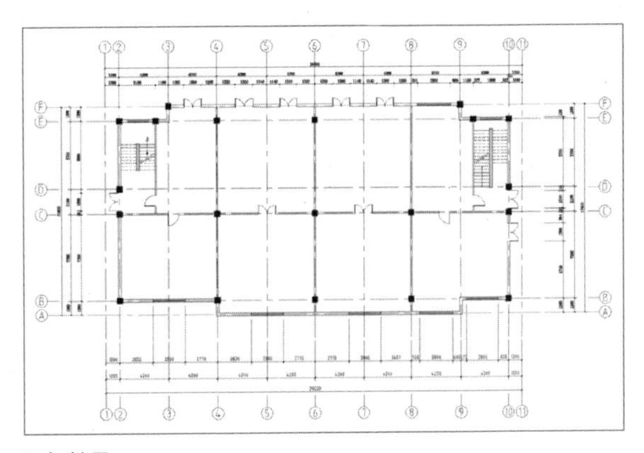

添加轴号

Step 11 新建【文字】图层并置为当前，在菜单栏中执行【绘图】>【文字】>【多行文字】命令，在相应位置输入需要标注文字，如右图所示。

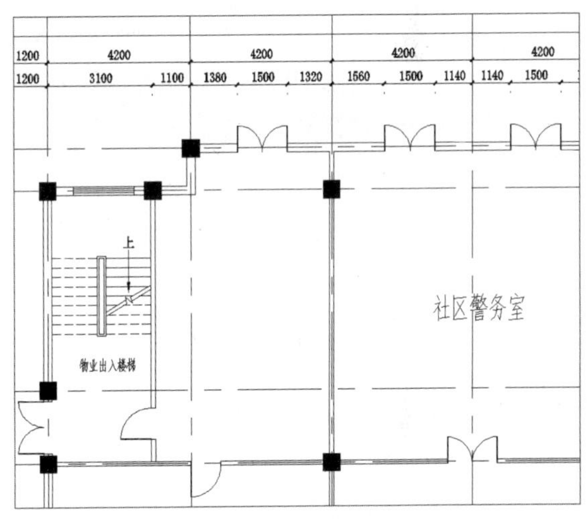

输入文字

Step 12 使用文字标注分别标注门、窗，然后绘制其他细节。至此，为办公区平面图添加标注完成，效果如右图所示。

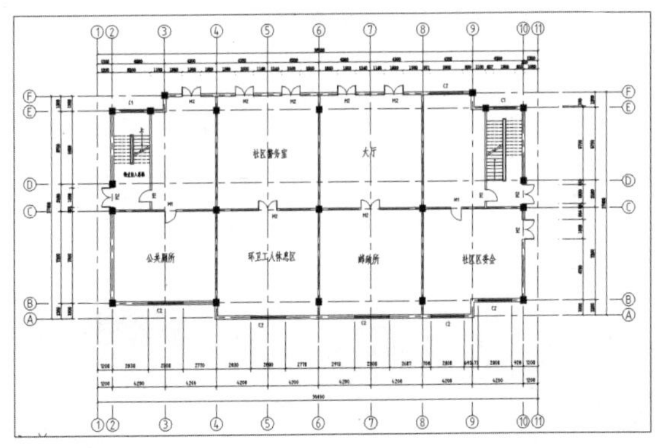

查看标注效果

09 Chapter

图块、外部参照与设计中心应用

在实际绘图中，用户经常会遇到需要使用相似的图形，或重复使用相同的图形。此时，用户可以将这些图形创建为块，然后在需要相同或类似的图形时直接插入即可。如果需要在另一个文件中使用图形文件中的块或文字样式等，可以通过【设计中心】进行复制，从而提高用户绘图的效率。

01 核心知识点

❶ 掌握创建块的方法

❷ 掌握编辑块的方法

❸ 熟悉外部参数的使用

❹ 掌握设计中心的应用

02 本章图解链接

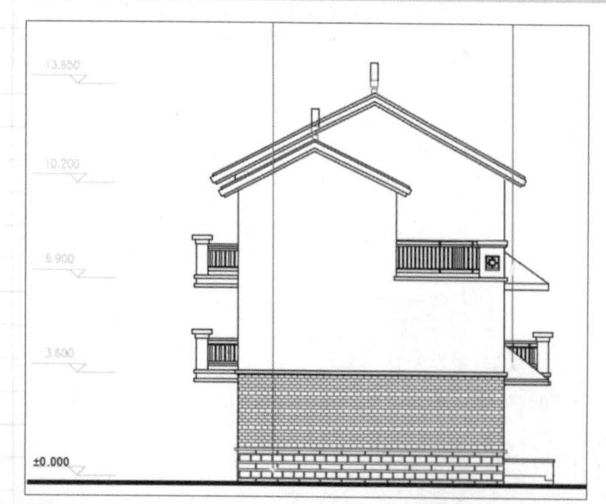

插入块

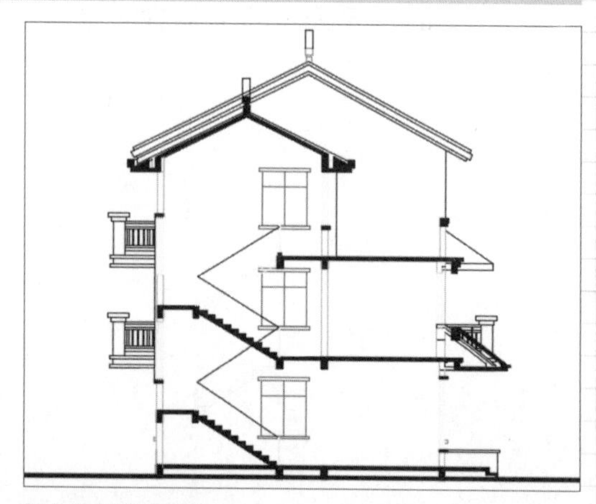
插入外部参照文件

9.1 图块的应用

在绘制图形时，经常会用到大量内容相同的图形，例如建筑设计中的门、窗、标高符号、标题栏；室内设计中的床、家居、电器等。如果每次都重新绘制，会耗费大量的时间，用户可以应用AutoCAD提供的图块功能，将重复使用的图形创建成块，再次使用时只需按合适的比例插入到图形中即可，减少大量的重复工作，提高工作效率。

9.1.1 创建图块

图块是由一个或者多个对象组成的一个整体，并取名保存，在绘图过程中可以随时进行调用和编辑。本小节将介绍创建内部块和外部块的具体操作方法。

1. 创建内部块

用户可以使用AutoCAD 2018的【创建块】命令，创建内部快。内部块是储存在文件内部的临时块，只有打开该图形文件后，才能使用。常用的调用【创建块】命令的方法有以下几种。

- 利用命令行调用。在命令行中输入BLOCK/B命令，并按下Enter键。
- 利用菜单栏调用。在菜单栏中执行【绘图】>【块】>【创建】命令。
- 利用功能区调用。在【默认】选项卡下，单击【块】面板中的【创建块】按钮。
- 利用工具栏调用。单击【绘图】工具栏中的【创建块】按钮。

执行上述任意一种操作，都将打开【块定义】对话框，用户可以设置图块的名称、基点等内容。

下面以创建【床】图块为例，介绍创建块的具体操作方法。

Step 01 在【默认】选项卡下，单击【块】面板中的【创建块】按钮，在弹出的【块定义】对话框中输入块名称，并单击【拾取点】按钮，如下图所示。

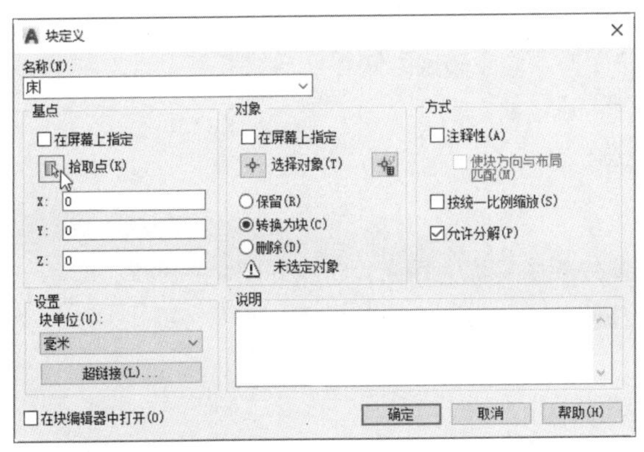

打开【块定义】对话框

Step 02 在绘图区指定图形的插入基点，如下图所示。

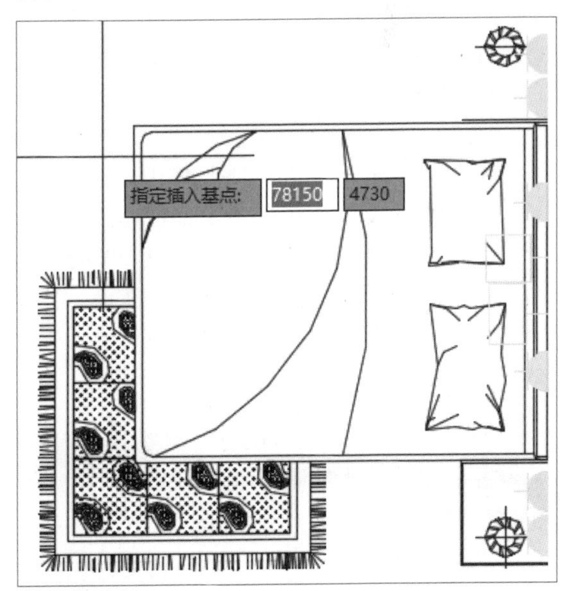

指定插入基点

Step 03 返回到【块定义】对话框，单击【对象】选项区域的【选择对象】按钮，如下图所示。

Step 04 在绘图区中框选出图形，如下图所示。

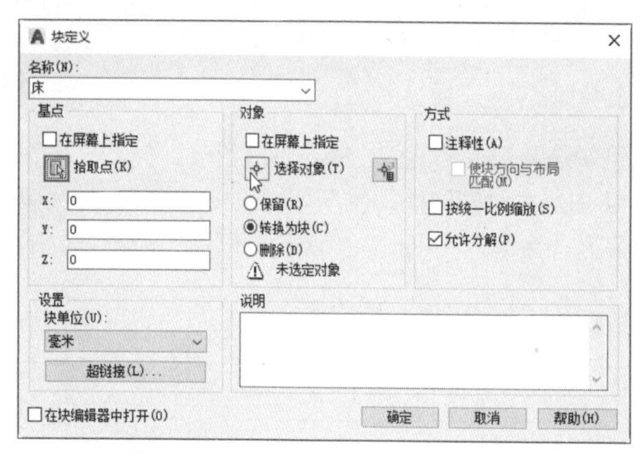

单击【选择对象】按钮

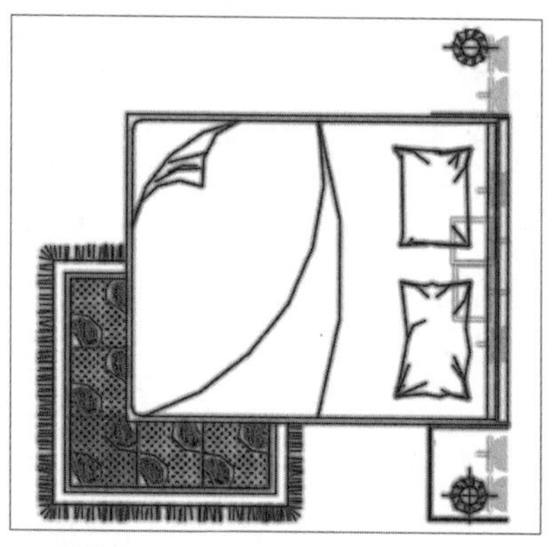

框选图形

Step 05 按Enter键返回【块定义】对话框，单击【确定】按钮，即可完成块的创建，如下图所示。

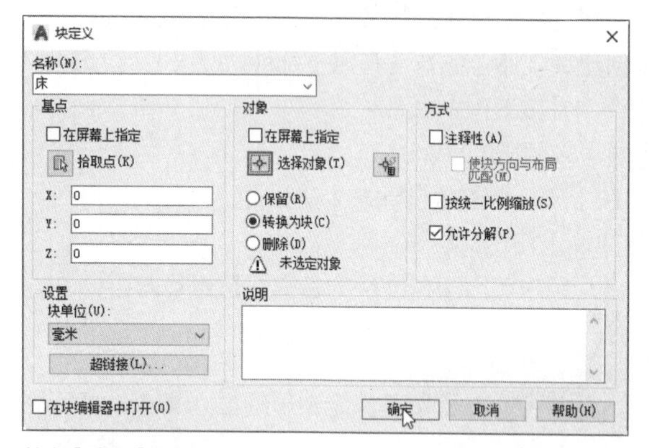

单击【确定】按钮

Step 06 创建完成的块中的所有图形对象为一个整体，效果如下图所示。

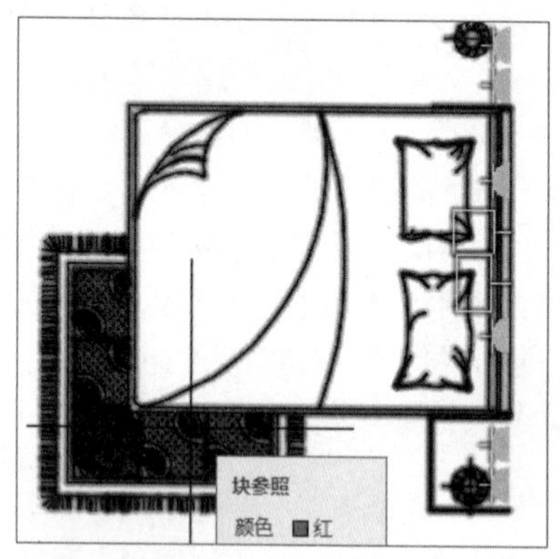

完成块的创建

下面对【块定义】对话框中各主要参数的含义进行介绍，具体如下。

- 【名称】文本框：用于输入创建图块的名称。
- 【拾取点】按钮：单击该按钮，切换到绘图窗口中拾取基点。
- 【选择对象】按钮：单击该按钮，切换到绘图窗口中拾取创建块的对象。
- 【保留】单选按钮：选择该单选按钮，创建块后保留源对象不变。
- 【转换为块】单选按钮：选择该单选按钮，创建块后将源对象转换为快。
- 【删除】单选按钮：选择该单选按钮，创建块后删除源对象。
- 【允许分解】复选框：勾选该复选框，允许块被分解。

2. 创建外部块

外部块属于永久块，可以用于其他图形文件中。创建外部块又称为写块，定义外部块的过程，实质上就是将图块保存为一个单独的DWG图形文件，所以可以被其他AutoCAD文件使用。同样，其他未被定义为块的DWG文件也可以作为外部块使用。

下面以创建【衣柜】图块为例，介绍创建外部块的具体操作方法。

Step 01 单击【块定义】面板中的【写块】按钮，弹出的【写块】对话框，单击【基点】选项区域中【拾取点】按钮，如下图所示。

Step 02 在绘图区单击指定图形的插入基点，如下图所示。

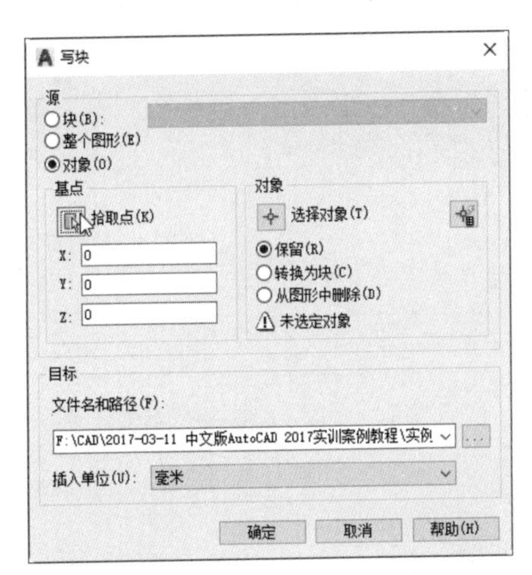

【写块】对话框

Step 03 返回到【写块】对话框，单击【对象】选项区域中【选择对象】按钮，如下图所示。

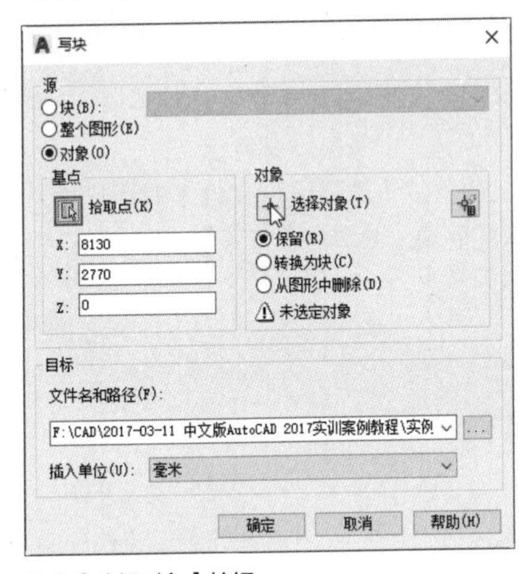

单击【选择对象】按钮

Step 05 按Enter键返回到【写块】对话框，单击【文件名和路径】按钮，打开【浏览图形文件】对话框，选择保存路径，如下图所示。

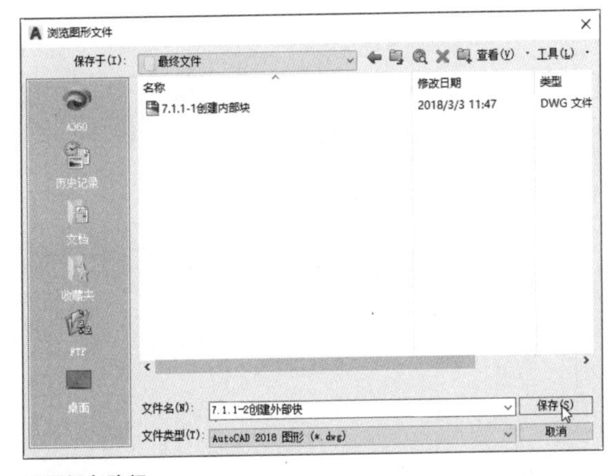

设置保存路径

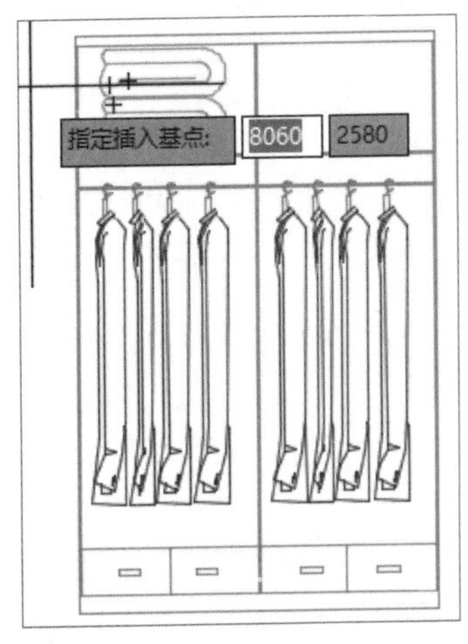

指定插入基点

Step 04 在绘图区中框选出图形，如下图所示。

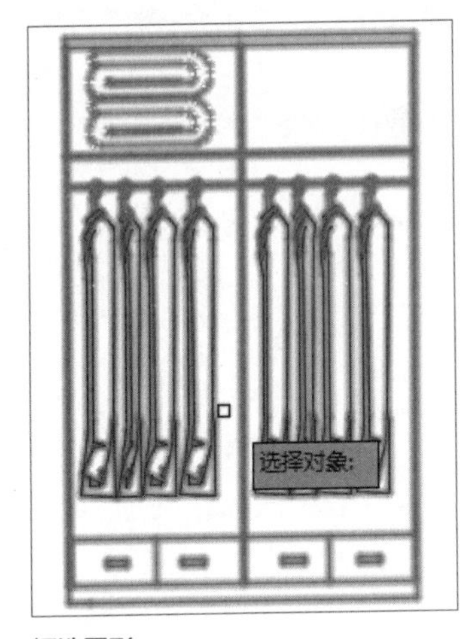

框选图形

Step 06 返回到【写块】对话框中单击【确定】按钮，完成外部块的创建，如下图所示。

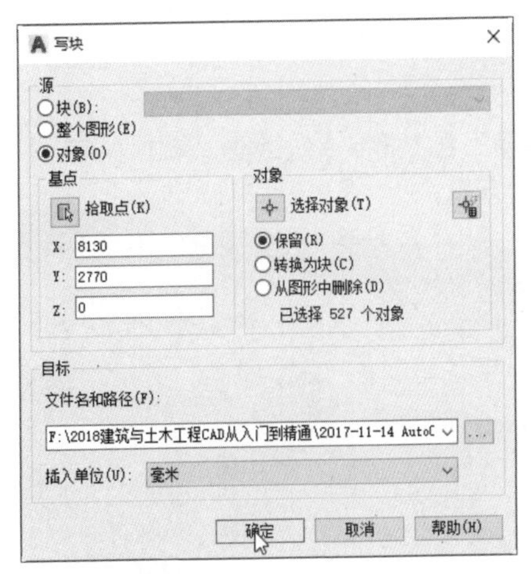

外部块创建完成

下面对【写块】对话框中各主要参数的含义进行介绍，具体如下。

- 【块】单选按钮：用于将定义好的块保存，可以在下拉列表中选择已有的内部块。
- 【整个图形】单选按钮：用于将当前工作区域的所有图形对象保存为外部块。
- 【对象】单选按钮：选择图形对象定义为外部块。
- 【文件名和路径】文本框：用于定义外部块的保存路径和名称。

9.1.2 插入图块

用户定义块以后，可以根据需要在图形文件中任意位置插入块。插入块时，可以设置块的缩放比例、旋转角度和插入位置。

在AutoCAD 2018中，调用【插入块】命令的方法有以下几种。

- 利用命令行调用。在命令行中输入INSERT/I命令，并按下Enter键。
- 利用菜单栏调用。在菜单栏中执行【插入】>【块】命令。
- 利用功能区调用。在【默认】选项卡下，单击【块】面板中的【插入】按钮。
- 利用工具栏调用。单击【绘图】工具栏中的【插入块】按钮。

执行上述任意一种操作，在打开的【插入】对话框中，用户可以对图块的插入位置、缩放比例等进行设置。

下面以插入【床】图块为例，介绍插入块的具体操作方法。

Step 01 执行【插入】>【块】命令，弹出【插入】对话框，单击【浏览】按钮，如下图所示。

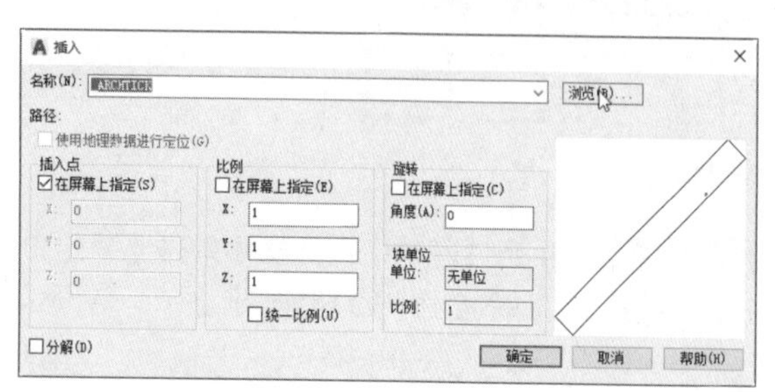

打开【插入】对话框

Step 02 在弹出的【选择图形文件】对话框中，选择需要插入的图块，并单击【打开】按钮，如下图所示。

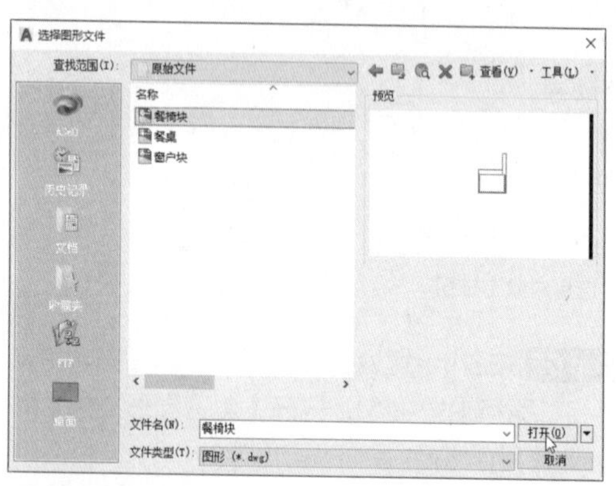

选择插入的图块

Step 03 返回到【插入】对话框，单击【确定】按钮，如下图所示。

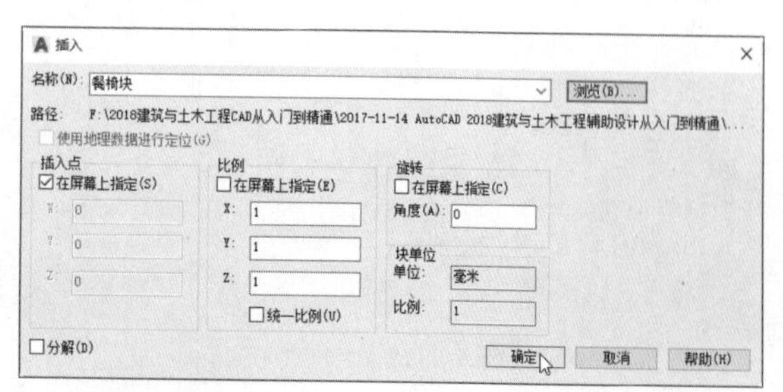

单击【确定】按钮

Step 04 在绘图区中指定图块的插入点，并按Enter键，即可完成图块插入，如下图所示。

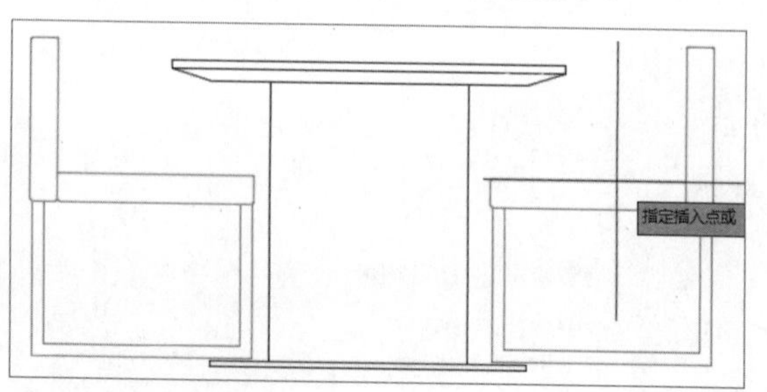

指定插入点并插入图块

下面对【插入】对话框中各主要参数的含义进行介绍，具体如下。

- 【名称】下拉列表：在该下拉列表中可选择或直接输入所插入图块的名称，单击【浏览】按钮，可在打开的对话框中选择所需的图块。
- 【插入点】选项区域：该选项区域用于插入基点坐标，可以通过勾选【在屏幕上指定（S）】复选框，使用对象捕捉的方法，在绘图区中直接捕捉来确定；或者在X、Y、Z三个文本框中输入插入点的绝对坐标。
- 【比例】选项区域：该选项区域用于指定插入图块的缩放比例。用户可以通过勾选【在屏幕上指定（E）】复选框，在绘图区动态确定缩放比例；或者直接在X、Y、Z三个文本框中输入三个方向上的缩放比例。
- 【旋转】选项区域：用于指定块参照插入时的旋转角度。用户可以通过勾选【在屏幕上指定（C）】复选框，在绘图区动态确定旋转角度；或者直接在【角度】数值框中输入旋转角度。
- 【分解】复选框：设置是否在插入块的同时分解插入的块。

9.2 图块属性的编辑

块的属性是块的组成部分，是包含在块定义中的文字对象。不同于一般的文字实体，块属性用于描述块的某些特征，增强块的通用性。

9.2.1 创建与附着图块属性

AutoCAD允许为图块附加一些文本信息，以增强图块的通用性，这些文本信息称为属性。

用户在为块创建属性时，首先要创建包含属性特征的属性定义。属性特征包括属性模式、标记、提示、属性值、插入点和文字设置。

在AutoCAD 2018中，定义图块对象的属性有以下几种方式。

- 利用命令行设置。在命令行中输入ATTDED/ATT命令，并按下Enter键。
- 利用菜单栏设置。在菜单栏中执行【绘图】>【块】>【定义属性】 命令，如下左图所示。
- 利用功能区设置。在【默认】选项卡下，单击【块】面板中的【定义属性】按钮。

执行上述任意一种操作，系统将弹出【属性定义】对话框，用户可根据需要进行设置，如下右图所示。

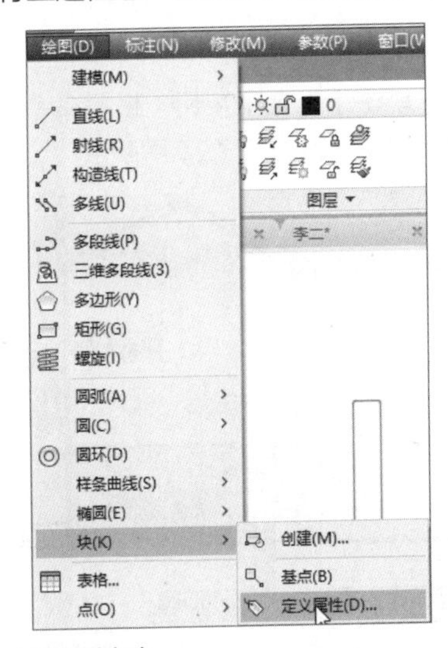

菜单栏启动

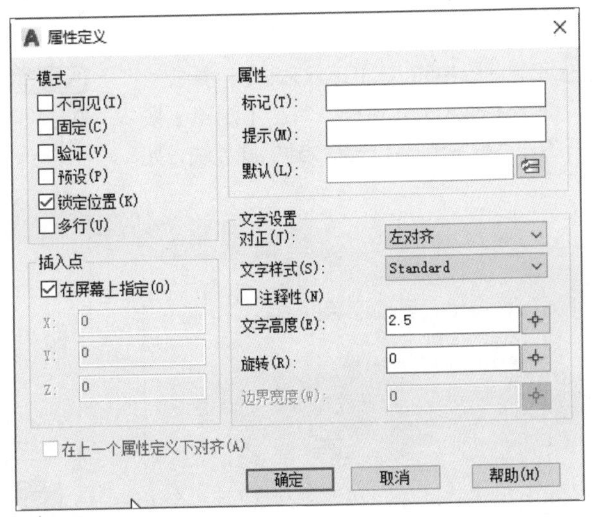

【属性定义】对话框

下面以创建【标高】属性为例，详细介绍定义图块对象属性的操作方法。

Step 01 单击快速访问工具栏中的【打开】按钮，打开【9.2.1标高.dwg】图形文件，如下图所示。

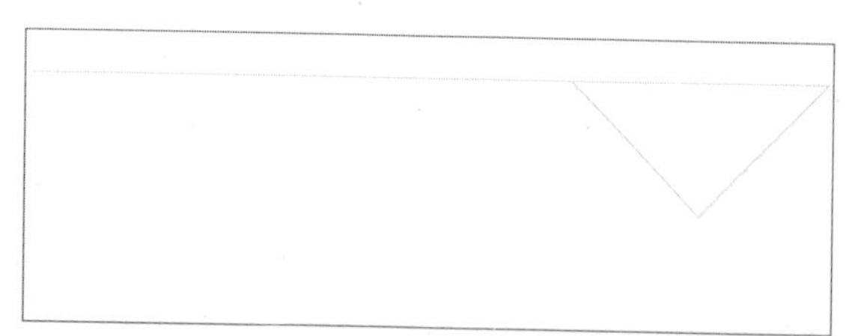

打开素材图形

Step 02 在命令行中输入ATTDED命令，并按下Enter键，弹出【属性定义】对话框，输入属性与文字高度，如下图所示。

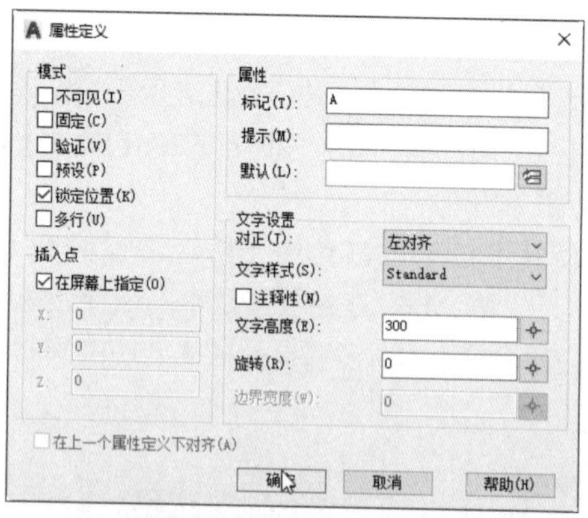

打开【属性定义】对话框

Step 03 单击【确定】按钮，根据命令行提示，在合适的位置指定属性值的插入点，如下图所示。

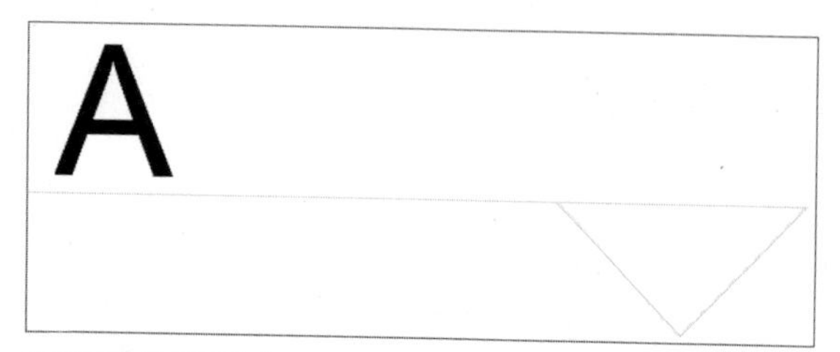

指定属性值的插入点

Step 04 单击【快速访问工具栏】中的【打开】按钮，打开【9.2.1楼房建筑.dwg】文件，如下图所示。

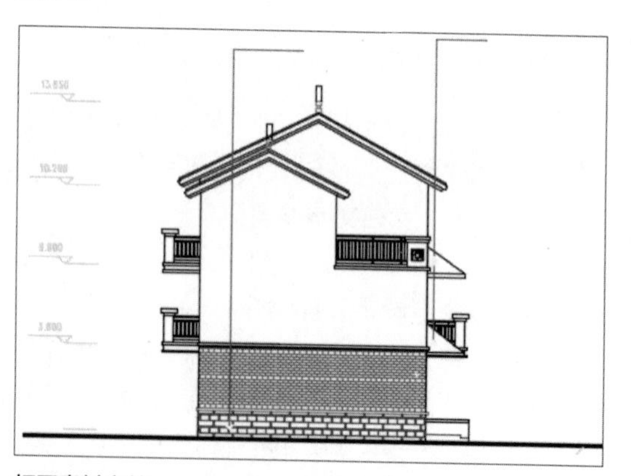

打开素材文件

Step 05 在命令行中输入INSERT命令，并按下Enter键，弹出【插入】对话框，单击【浏览】按钮，在打开的对话框中选择上一步创建的属性块，如下图所示。

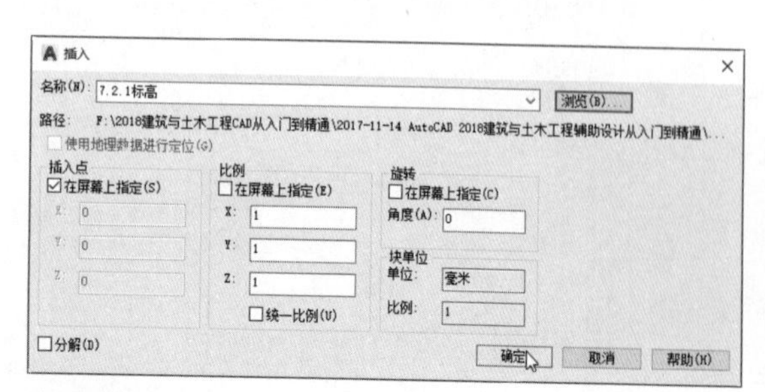

选择属性块

Step 06 单击【确定】按钮，根据命令行提示，在绘图区指定插入点位置，如下图所示。

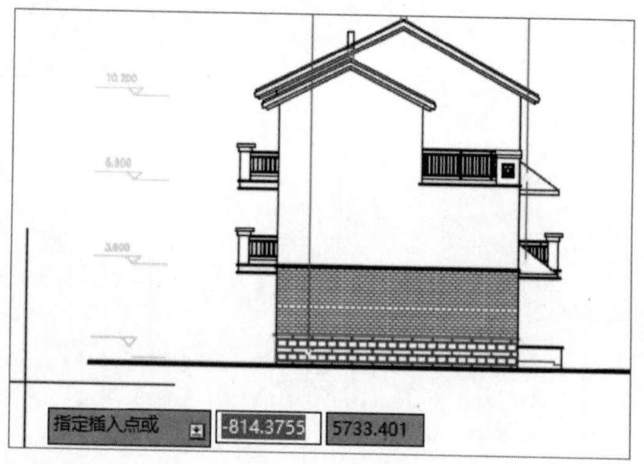

指定插入点

Step 07 弹出【编辑属性】对话框，在A标记数值框中输入数值，如下图所示。

【编辑属性】对话框

Step 08 输入完成后，单击【确定】按钮，最终效果如下图所示。

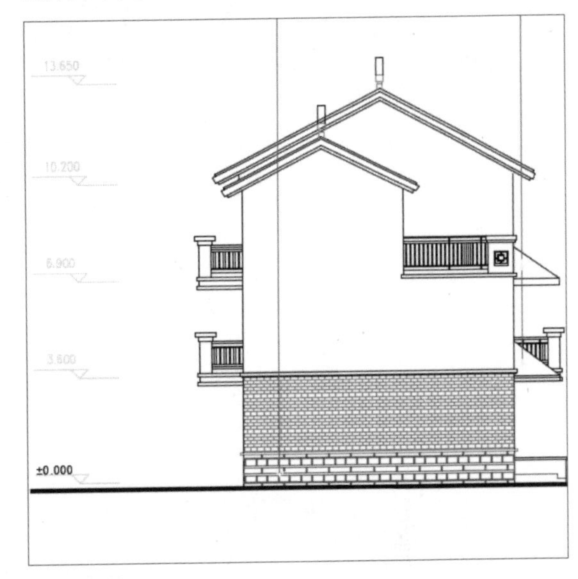

查看最终效果

下面对【属性定义】对话框中各参数的含义进行介绍，具体如下。

- 【不可见】复选框：用于指定插入属性块后是否显示其属性值。
- 【固定】复选框：用于指定属性是否为固定值，若为固定值，则插入块后属性值不再发生变化。
- 【验证】复选框：用于验证所输入的属性值是否正确。
- 【预设】复选框：用于指定是否将属性值设置为默认值。
- 【锁定位置】复选框：用于固定插入块的坐标位置。
- 【多行】复选框：用于表示用多行文字来标注块的属性。
- 【标记】文本框：用于输入属性的标记。
- 【提示】文本框：用于设置输入插入块时系统显示的提示信息内容。
- 【默认】文本框：用于输入属性的默认值。
- 【插入点】选项区域：用于设置属性值的插入点。
- 【文字位置】选项区域：用于设置属性文字的格式。

9.2.2 编辑块属性

块属性与其他图形对象一样，也可以进行编辑。在AutoCAD 2018中，用户可以在【增强属性编辑器】对话框中编辑图块属性，常用的打开该对话框的方式有以下几种。

- 利用命令行打开。在命令行中输入EATTEDIT命令，并按下Enter键。
- 利用菜单栏打开。在菜单栏中执行【修改】>【对象】>【属性】>【单一】命令，如下左图所示。
- 利用功能区打开。在【默认】选项卡下，单击【块】面板中的【单个】按钮。

执行上述任意一种操作，打开【增强属性编辑器】对话框后，用户可以根据需要对块属性进行修改，如下右图所示。

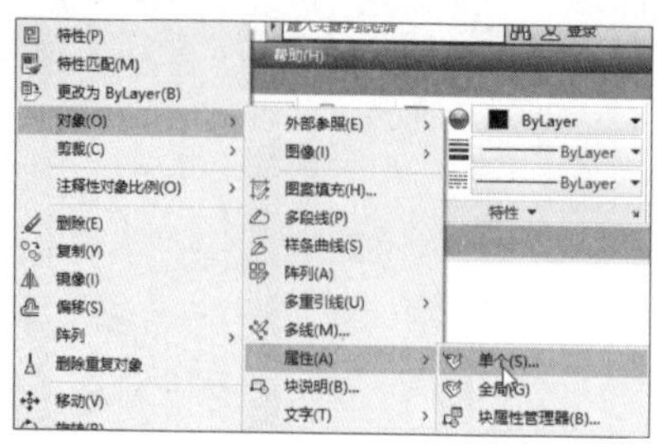

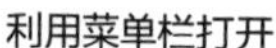
利用菜单栏打开

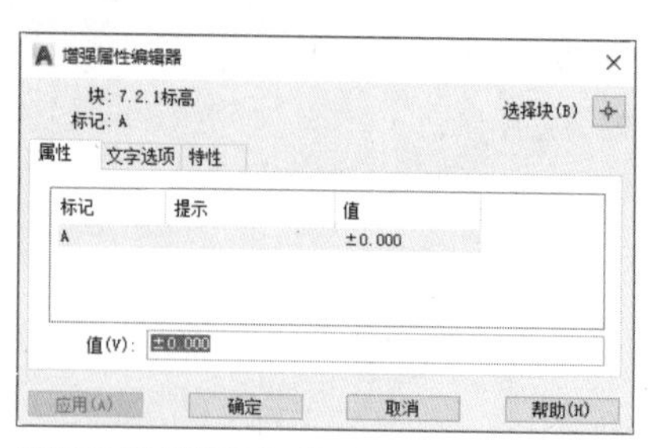

【增强属性编辑器】对话框

下面对【增强属性编辑器】对话框中各主要参数的含义进行介绍，具体如下。

- 【属性】选项卡：用于修改该属性的属性值。
- 【文字选项】选项卡：用于设置属性文字的格式，包括文字样式、对正方式、文字高度、比例因子、旋转角度等，如下左图所示。
- 【特性】选项卡：用于设置属性文字所在的图层、线型、颜色、线宽等显示控制属性，如下右图所示。

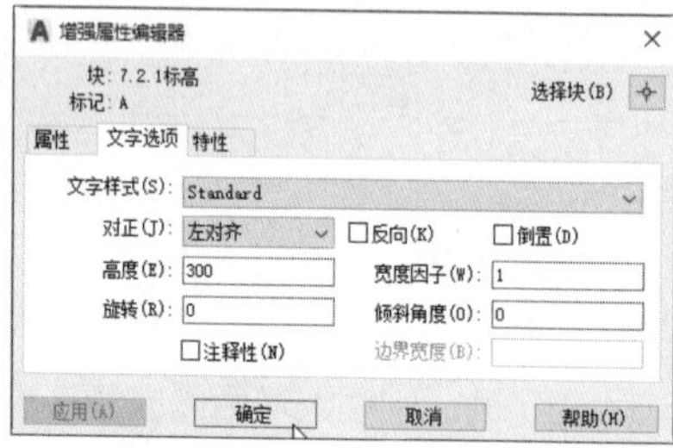

【文字选项】选项卡

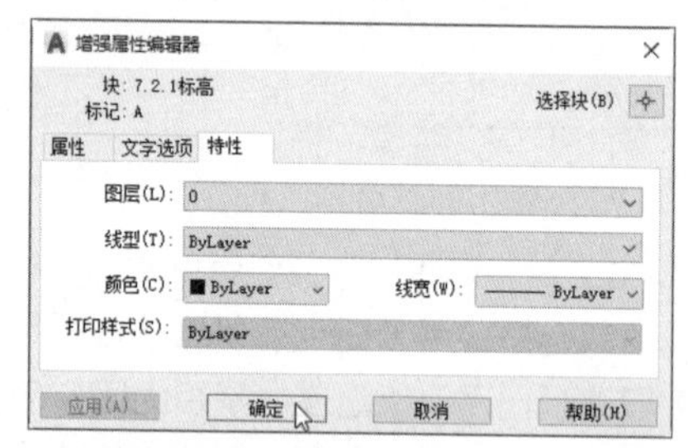

【特性】选项卡

9.2.3 提取属性数据

在AutoCAD软件中，用户可以在一个或者多个图形中查询属性图块的属性信息，并将其保存到当前文件或者外部文件。

Step 01 打开所需图形文件，在【插入】选项卡中单击【超链接和提取】面板中的【提取数据】按钮，打开【数据提取-开始】对话框，如下图所示。

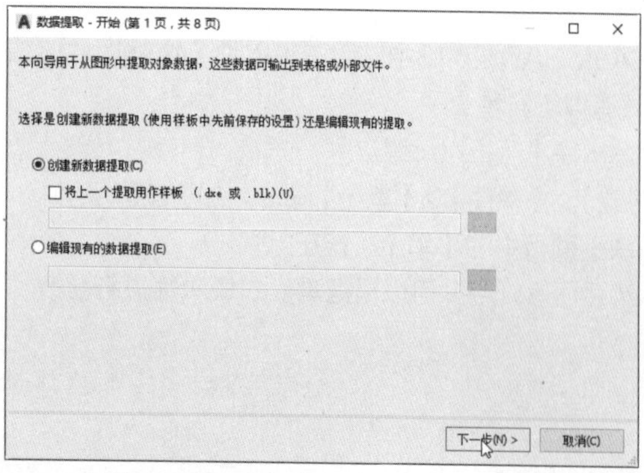

Step 02 选中【创建新数据提取】单选按钮，单击【下一步】按钮，打开【将数据提取另存为】对话框，设置保存路径和保存名称，单击【保存】按钮，如下图所示。

打开【数据提取-开始】对话框

保存图形

Step 03 在【数据提取-定义数据源】对话框中，选中【图纸/图纸集】单选按钮，并勾选【包括当前图形】复选框，单击【下一步】按钮，如下图所示。

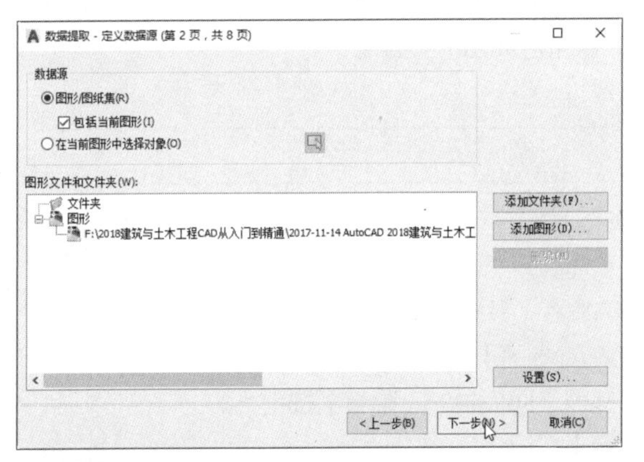

设置数据源

Step 05 在弹出【数据提取-选择特性】对话框中，勾选需要显示特性的复选框，并单击【下一步】按钮，如下图所示。

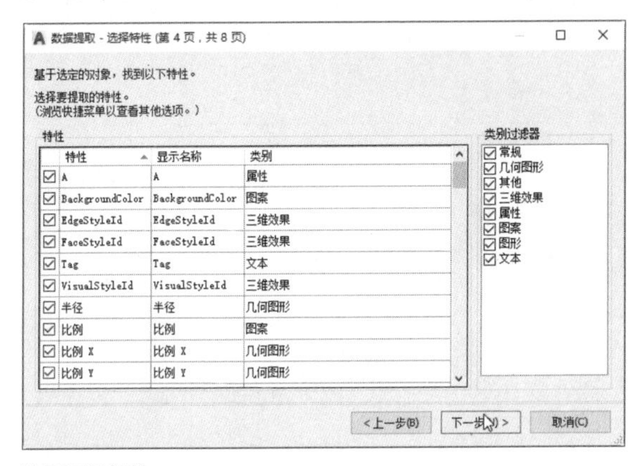

选择显示特性

Step 07 在弹出的【数据提取-选择输出】对话框中，勾选【将数据输出至外部文件】复选框，并单击【下一步】按钮，如下图所示。

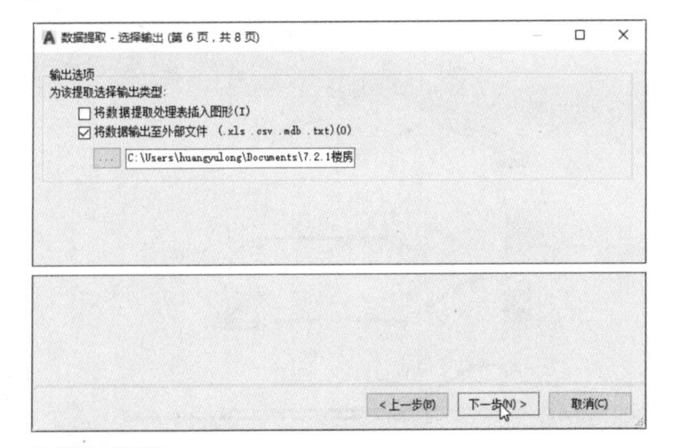

选择输出类型

Step 04 在弹出【数据提取-选择对象】对话框中，勾选【显示所有对象类型】复选框，并单击【下一步】按钮，如下图所示。

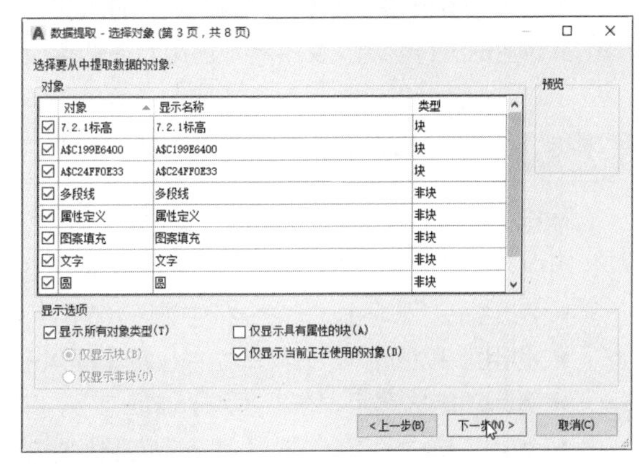

选择全部对象

Step 06 弹出【数据提取-优化数据】对话框，单击【下一步】按钮，开始进行数据提取，如下图所示。

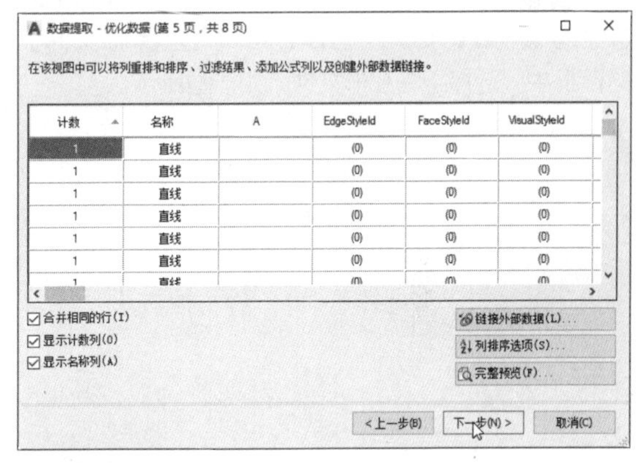

进行数据提取

Step 08 在弹出的【数据提取-完成】对话框中，单击【完成】按钮，完成数据提取操作，如下图所示。

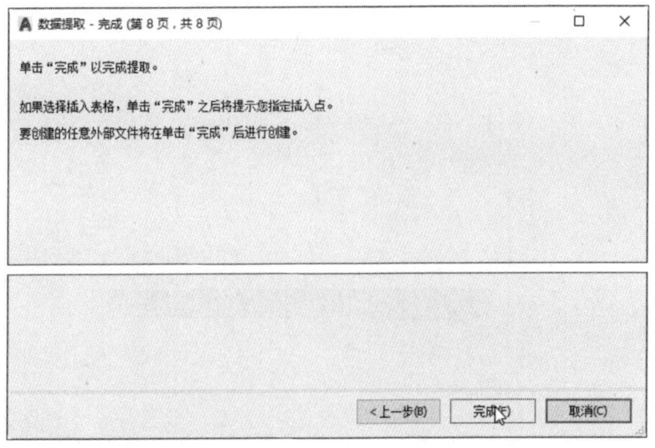

完成数据提取

9.3 外部参照的应用

附着外部参照是一种不同于块的将其他图形调入到当前图形中的模式。用户在绘图过程中，如果需要参照其他图形进行绘制，又不希望占用太多的存储空间，就可以使用外部参照功能。

9.3.1 附着外部参照

使用外部参照图形前，要先附着外部参照文件。外部参照类型分为：附着型、覆盖型和路径类型3种，用户可以通过以下方式调用【附着】外部参照。

- 利用命令行调用。在命令行中输入XATTACH/XA命令，并按下Enter键。
- 利用菜单栏调用。在菜单栏中执行【插入】>【DWG参照】命令。
- 利用功能区调用。在【插入】选项卡下，单击【参照】面板中的【附着】按钮。
- 利用工具栏调用。单击【插入】工具栏中的【附着】按钮。

执行上述任意一种操作，在系统弹出的【选择参照文件】对话框中选择参照文件，然后在【附着外部参照】对话框中单击【确定】按钮，即可插入外部参照图形文件。

下面将举例介绍附着外部参照图块的操作方法，具体如下。

Step 01 在【插入】选项卡下，单击【参照】面板中的【附着】按钮，在打开的【选择参照文件】对话框中，选择所需图形文件，如下图所示。

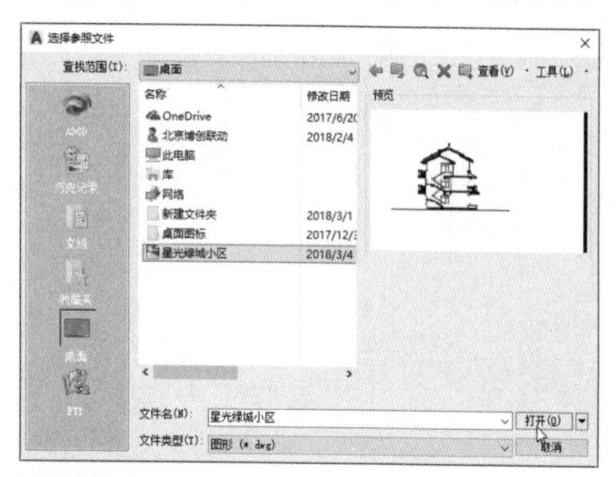

选择图形文件

Step 02 单击【打开】按钮，弹出【附着外部参照】对话框，如下图所示。

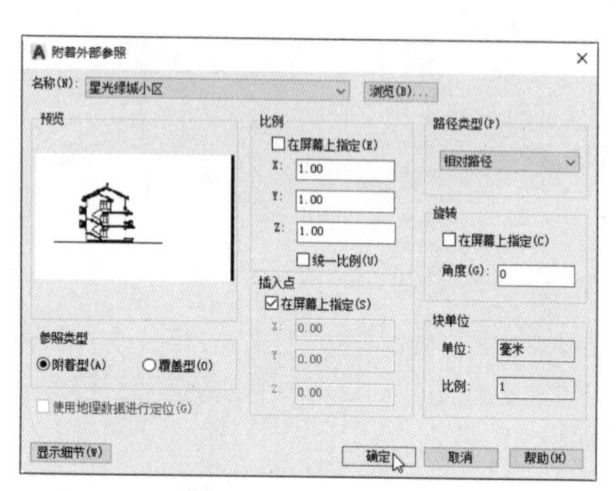

打开【附着外部参照】对话框

Step 03 单击【确定】按钮，根据命令行提示，在合适的位置指定外部参照的插入点，如下图所示。

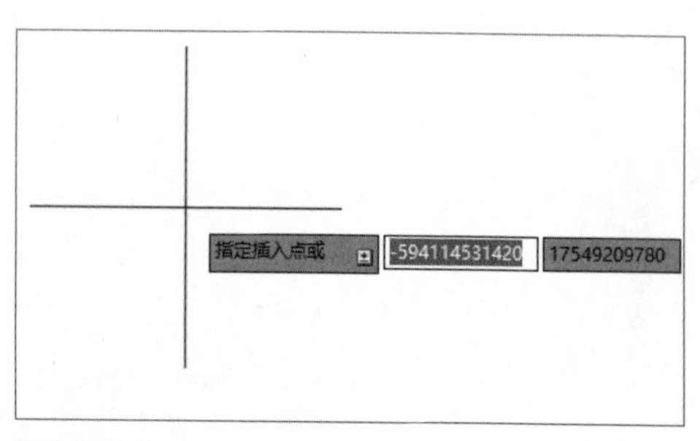

指定插入点

Step 04 按Enter键，完成外部参照文件的插入，如下图所示。

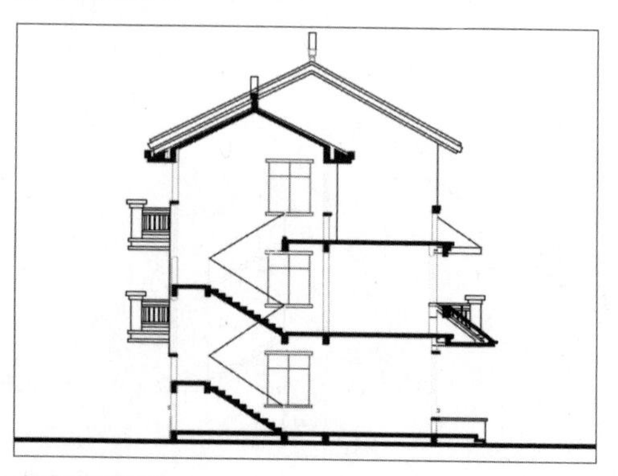

完成外部参照

下面对【附着外部参照】对话框中各选项含义进行介绍，具体如下。

【参照类型】选项区域：用于指定外部参照的类型，包括【附着型】和【覆盖型】。

- 【附着型】单选按钮：选择该单选按钮，表示显示出嵌套参照中的嵌套内容。
- 【覆盖型】单选按钮：选择该单选按钮，表示不显示出嵌套参照中的嵌套内容。

【比例】选项区域：用于指定所选外部参照的比例因子。

【插入点】选项区域：用于指定所选外部参照的插入点。

【旋转】选项区域：用于指定所选外部参照的旋转角度。

【路径类型】选项区域：用于指定外部参照的路径类型，包括完整路径、相对路径和无路径。若将外部参照指定为相对路径，则需先保存当前文件。

9.3.2 绑定外部参照

用户在对包含外部参照的图块图形文件进行存储时，有两种保存方法，一种是将外部参照图块与当前的图形一起保存，这种存储要求参照图与插入参照图块的图形始终保持在一起，任何对参照图块的修改都直接反映在当前图形中；另一种是将外部参照图块绑定至当前图形。通常选择将外部图块绑定至当前图形。

绑定外部参照图块到图形上后，外部参照图块将成为图形的固有部分，而不再是外部参照文件。选择外部参照图形，在菜单栏中执行【插入】>【外部参照】命令，或者在【插入】选项卡下单击【参照】面板右下角的对话框启动器按钮，在打开的【外部参照】面板中进行绑定外部参照操作，操作方法如下。

Step 01 在菜单栏中执行【插入】>【外部参照】命令，如下图所示。

执行【外部参照】命令

Step 02 弹出【外部参照】面板，选择需要绑定的外部参照文件，单击鼠标右键，从弹出的快捷菜单中选择【绑定】命令，如下图所示。

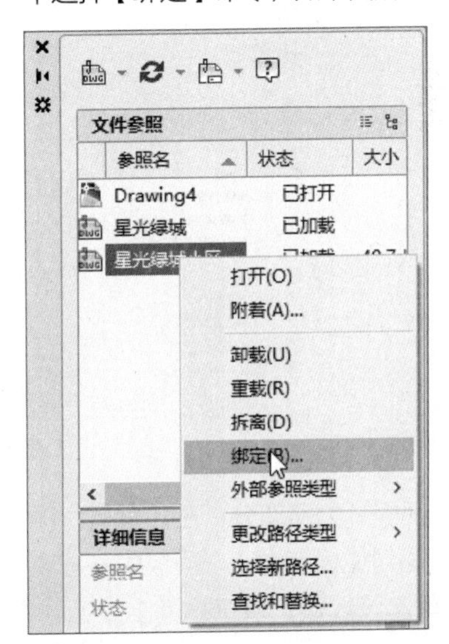

选择【绑定】命令

Step 03 在弹出的【绑定外部参照/DGA参考底图】对话框中选中【绑定】单选按钮，单击【确定】按钮，完成绑定操作，如右图所示。

选择【绑定】单选按钮

下面对【绑定外部参照/DGA参考底图】对话框中各选项含义进行介绍，具体如下。

- 【绑定】单选按钮：选中该单选按钮，将外部参照中的图形对象转换为块参照，命名对象定义将添加有固定前缀的当前图形。
- 【插入】单选按钮：选中该单选按钮，将外部参照中的图形转化为块参照，命令对象将合并到当前图形中，不添加前缀。

9.4 设计中心的应用

【设计中心】面板是AutoCAD为广大用户提供的一个既直观又高效的工具，它类似于Windows系统的资源管理器，通过设计中心管理着众多的图形资源。比如浏览查找本地磁盘、网络或互联网的图形资源，通过设计中心将图形文件及图形文件中包含的块、外部参照、图层、文字样式等信息展示出来，既提供预览功能，又能将其快速插入到当前文件中。

9.4.1 启用设计中心功能

在AutoCAD 2018中，打开【设计中心】面板的方式有以下几种。

- 利用命令行打开。在命令行中输入ADCENTER/ADC命令，并按下Enter键。
- 利用快捷键打开。按Ctrl+2组合键，打开【设计中心】面板。
- 利用功能区打开。在【视图】选项卡下，单击【选项板】面板中的【设计中心】按钮。
- 利用菜单栏打开。在菜单栏中执行【工具】>【选项板】>【设计中心】命令，如下左图所示。

执行上述任意一种操作都可以打开【设计中心】面板，如下右图所示。

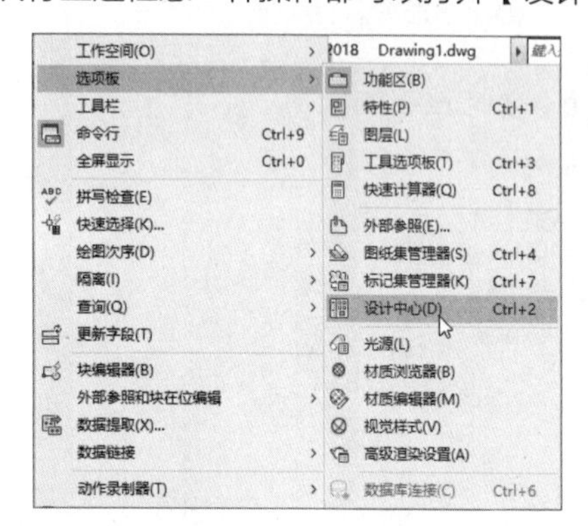

利用菜单栏启动

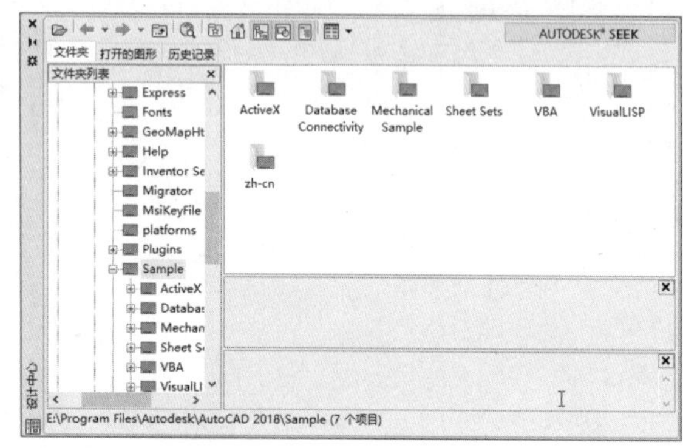

【设计中心】面板

【设计中心】面板分为两部分，左侧为树状图，可浏览内容的源；右侧为内容显示区，显示了被选文件的所有内容。下面对【设计中心】面板中各选项按钮的含义进行详细介绍。

- 加载：单击该按钮，系统将弹出【加载】对话框，通过该对话框选择预加载的图形文件，如下左图所示。
- 上一页：单击该按钮，回到上一步操作。如果没有上一步操作，该按钮为未激活的灰色状态，表示该按钮无效。
- 下一页：单击该按钮，回到设计中心下一步操作。如果没有下一步操作，该按钮为未激活的灰色状态，表示该按钮无效。
- 上一级：单击该按钮，将会在内容窗口或树状视图上显示上一级内容、内容类型、内容源、文件夹、驱动器等内容，如下右图所示。

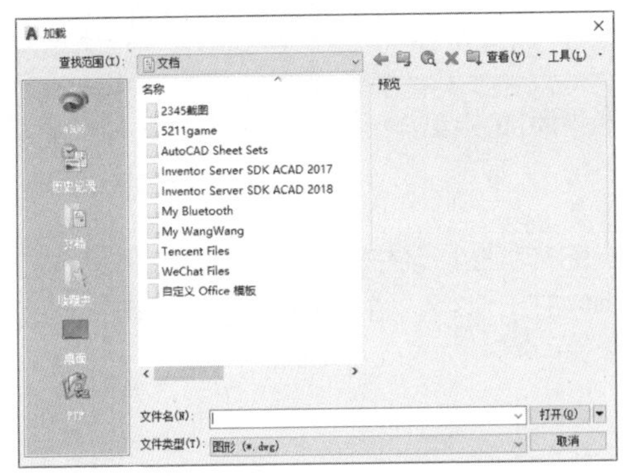

【加载】对话框

【上一级】窗口

- 搜索: 单击该按钮，AutoCAD将提供类似于Windows系统的查找功能，使用该功能可以查找内容源、内容类型及内容等信息。
- 收藏夹: 单击该按钮，可以找到常用文件的快捷方式图标。
- 主页: 单击该按钮，将设计中心返回到默认文件夹。
- 树状图切换: 单击该按钮可以显示隐藏树状图。树状图隐藏后，可以使用内容区浏览器加载图形文件。在树状图中使用【历史记录】选项卡时，【树状图切换】按钮不可用。
- 预览: 单击该按钮，用于打开或关闭预览窗格。
- 说明: 单击该按钮，用于打开或关闭说明窗格。
- 视图: 用于确定控制板所显示内容的不同格式，用户可以从视图列表中选择一种视图。
- 文件夹: 该选项卡用于显示导航图标的层次结构。选择层次结构中的某一对象，在内容窗口、预览窗口和说明窗口中将会显示该对象的内容信息。利用该选项卡还可以向当前文档中插入各种内容，如下左图所示。
- 打开的图形: 该选项卡用于在设计中心显示当前绘图区中打开的所有图像，其中包括最小化图形。选中某文件选项，则可查看到该图形的有关设置，例如图层、线型、布局视图样式、文字样式、标注样式、外部参照等，如下右图所示。

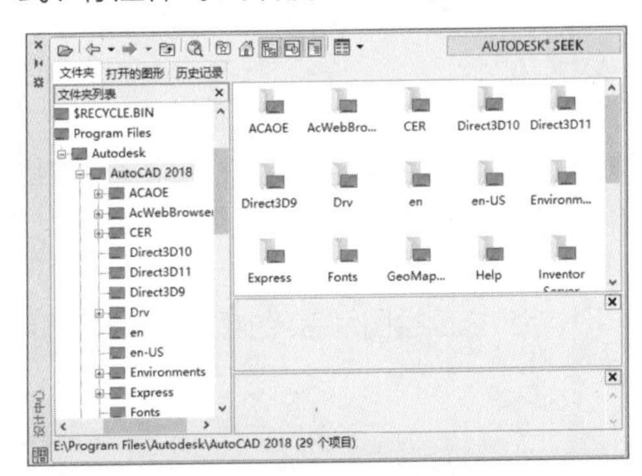

【文件夹】选项卡

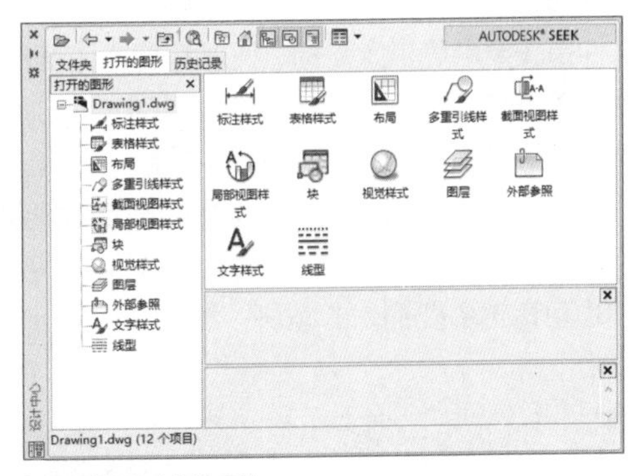

【打开的图形】选项卡

- 历史记录: 该选项卡用于显示用户最近浏览的AutoCAD图形文件的记录。显示历史记录后，在文件上单击鼠标右键，在弹出的快捷菜单中选择【浏览】命令，可以显示该文件的信息，如右图所示。

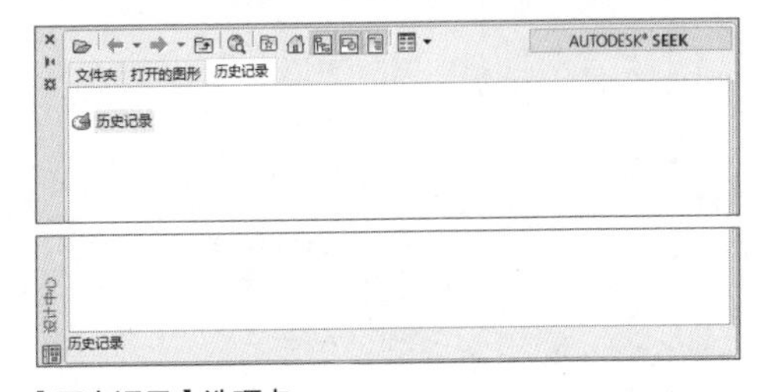

【历史记录】选项卡

9.4.2 插入图形内容

利用设计中心可以快捷地打开文件、查找内容或向图形中添加内容。

1. 打开图形文件

在【设计中心】面板中单击【文件夹】选项卡，在左侧的树状图目录中找到所需要的文件夹，右击内容窗口文件，在弹出的快捷菜单中选择【在应用程序窗口中打开】命令，如下左图所示。即可在绘图区看到被打开的文件。

2. 插入图形文件

【设计中心】面板最实用的功能，就是直接插入图形资源，可以直接将某个图形文件中已经存在的图层、线型、图块、样式等命令对象直接插入到当前文件，而不需要在当前文件中对样式进行重复定义。用户也可以直接将某个AutoCAD图形文件当作外部参照或者外部块插入到当前文件中。

打开【设计中心】面板，单击【文件夹】选项卡，在左侧的树状图目录中定位到文件。选中该文件，则【设计中心】右边的窗口中列出图层、文字样式和图块等项目图标，如下右图所示。根据需要选择项目，然后拖至图纸中即可。

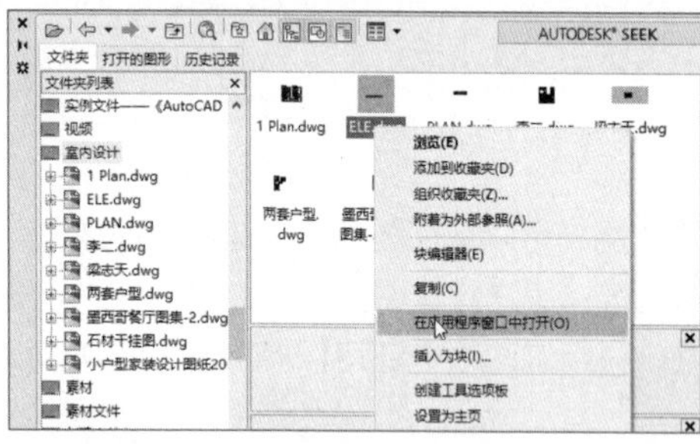

【设计中心】打开文件夹

查看图形项目

3. 插入图块

利用【设计中心】面板可以有两种插入图块的方法，一种是按照默认的旋转方式和缩放比例进行插入；另一种是按照精确指定坐标、比例和旋转角度的方式进行插入。

使用【设计中心】面板执行图块插入时，在【设计中心】面板中单击【文件夹】选项卡，在左侧的树状图目录中找到需插入的块，单击鼠标右键，在弹出的快捷菜单中选择【插入为块】命令，如下左图所示。

其后在【插入】对话框中，根据需要确定插入基点、插入比例等数值，完成后单击【确定】按钮，如下右图所示。

用户也可以选中要插入的图块，然后按住鼠标左键，并将其拖至绘图区后释放鼠标，然后调整图形的缩放比例和位置。

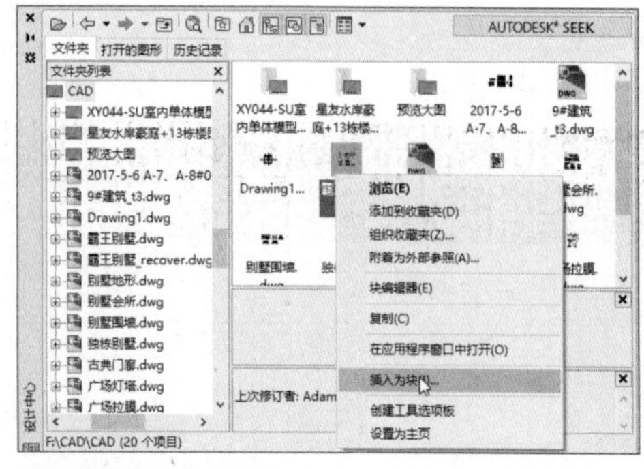

选择【插入为块】命令

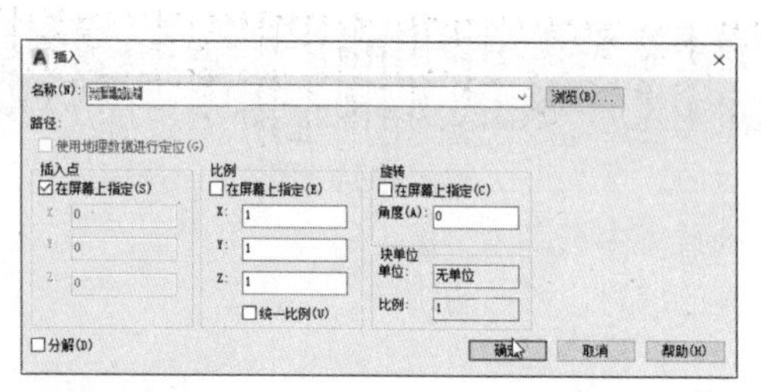

设置插入图块参数

9.5 动态图块的设置

在AutoCAD 2018中，用户可以根据需要对块进行整体或者局部的动态调整，通过参数、约束、动作的配合，动态图块可以轻松地实现拉伸、移动、旋转、阵列等动态功能。

9.5.1 使用参数

向动态块定义参数包括几何图形在块中的距离、位置和角度。在【插入】选项卡下，单击【块定义】面板中的【块编辑器】按钮，打开【编辑块定义】对话框，选择需要定义的块并单击【确定】按钮，如下左图所示。系统将弹出【块编写选项板】面板，如下右图所示。

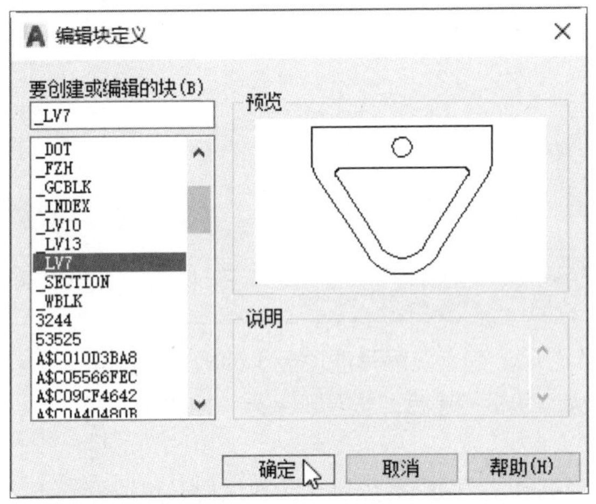

【编辑块定义】对话框

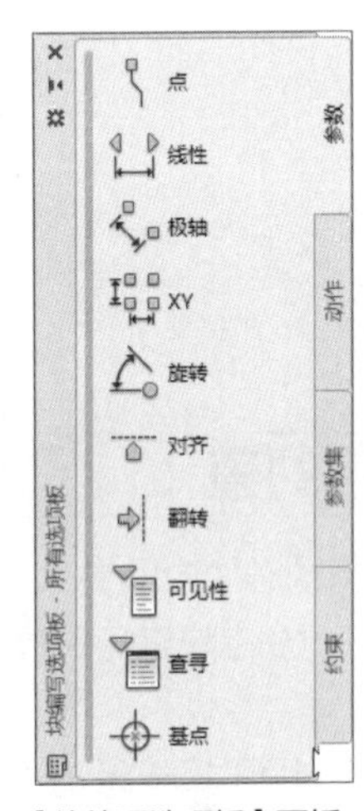

【块编写选项板】面板

9.5.2 使用动作

动作主要用于在图形操作动态块参照的自定义特性时，设置该块参照的几何图形将如何移动或修改，动态块通常至少包含一个动作。

在【块编写选项板】面板中单击【动作】选项卡中列举的可以向块中添加的动作类型，包括移动、缩放、拉伸、翻转等，如下图所示。

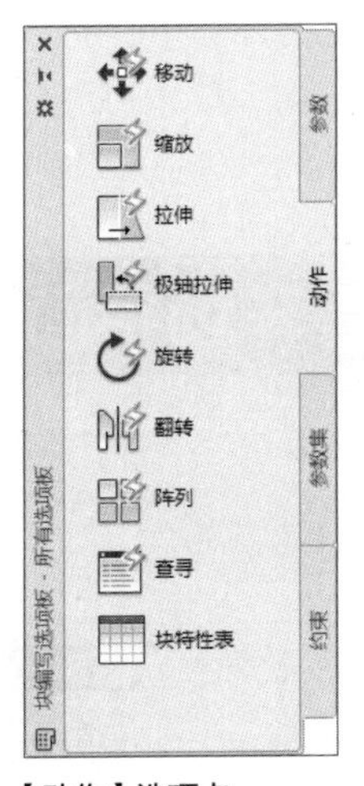

【动作】选项卡

9.5.3 使用参数集

参数集是参数和动作的结合，在【块编写选项板】面板中单击【参数集】选项卡可以向块定义成对的参数和动作，包括点移动、线性移动、线性拉伸、线性阵列等，如右图所示。

在首次添加参数集时，每个动作旁边都会显示一个黄色警告图标，双击该图标，然后根据命令行提示，将动作与选择集参数相关联即可。

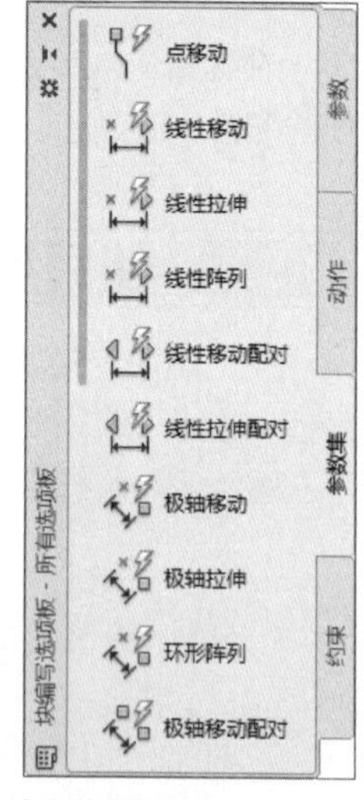

【参数集】选项卡

9.5.4 使用约束

约束参数是将动态块中的参数进行约束，在【块编写选项板】面板中切换至【约束】选项卡，对动态块进行参数约束，包括点重合、垂直、平行、相切等，如右图所示。

只有约束参数才可以编辑动态块特性，约束后的参数包含参数信息，可以显示或编辑参数值。

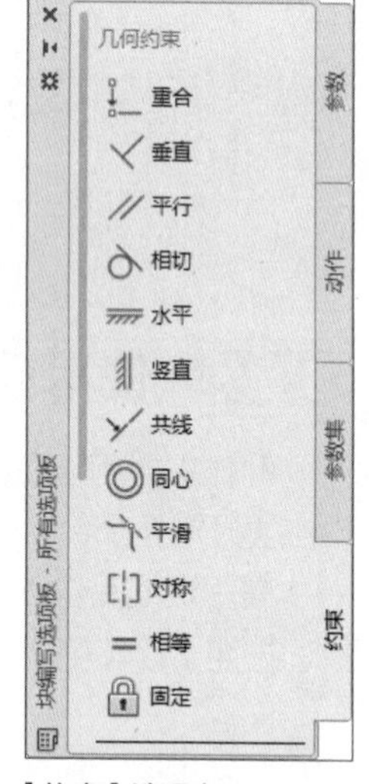

【约束】选项卡

上机实训——绘制停车场平面图

本章主要学习了块、外部参照和设计中心应用的相关知识，下面以绘制停车场平面图为例，让用户进一步熟悉如何运用块来提高绘图效率。

Step 01 新建【停车场.dwg】文档，选择【插入】>【外部参照】命令，调出【外部参照】面板，单击【附着DWG】按钮，如下图所示。

Step 02 在打开的【选择参照文件】对话框中选择要插入的外部参照文件，如下图所示。

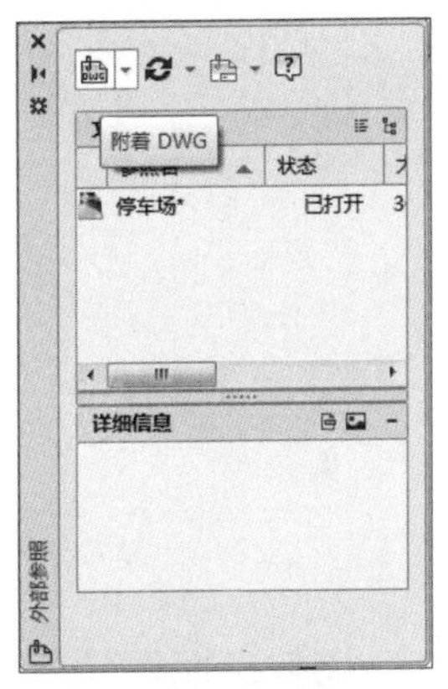

单击【附着DWG】按钮

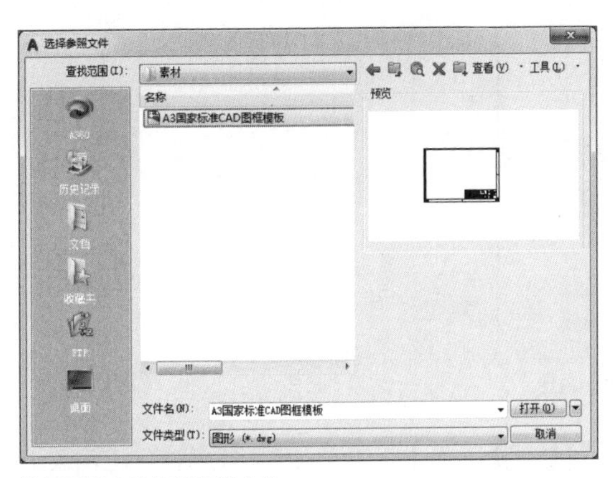

选择要插入的外部参照文件

Step 03 单击【打开】按钮，打开【附着外部参照】对话框，如下图所示。

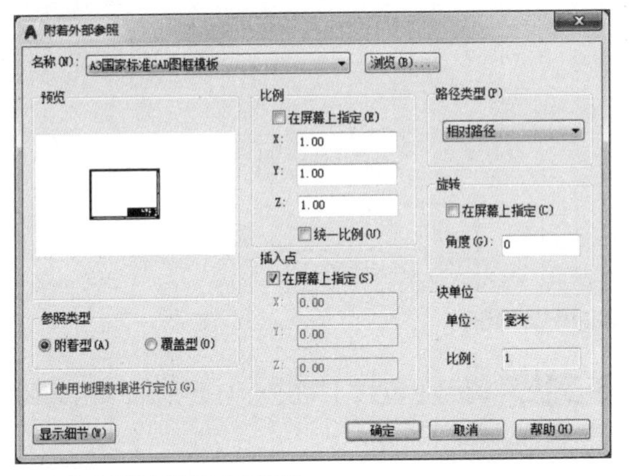

打开【附着外部参照】对话框

Step 04 单击【确定】按钮后，插入外部参照文件，效果如下图所示。

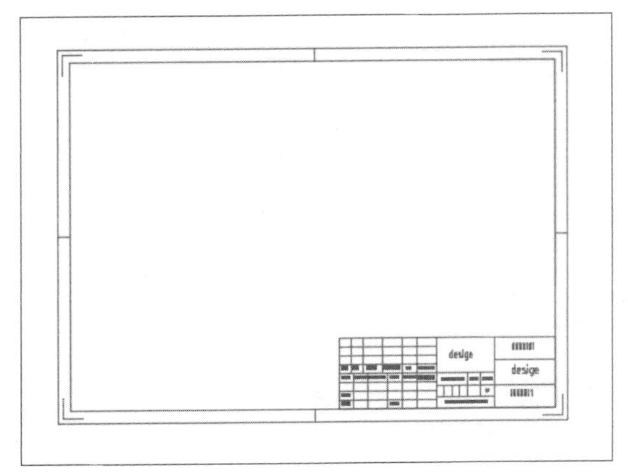

插入外部参照文件

Step 05 调用【直线】命令，参照插入的参照图，绘制A3标准的工程表格。调用【缩放】命令，选择左下角，输入放大数值为200，如下图所示。

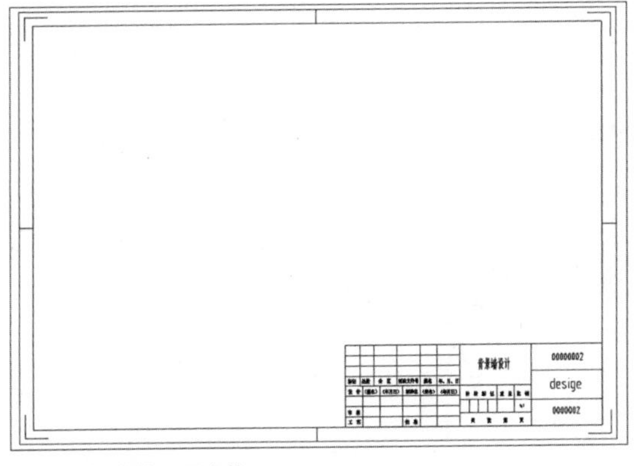

绘制A3标准的工程表格

Step 06 单击【图层特性】按钮，在打开的【图层特性管理器】面板中新建图层，并为图层命名和设置属性，如下图所示。

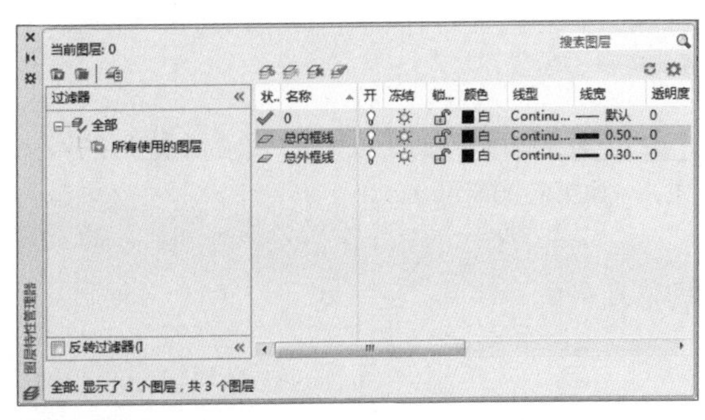

新建图层

Step 07 调用【直线】命令，绘制三条直线，如下图所示。

Step 08 调用【偏移】命令，设置偏移值为3000后，再选择右边两条线，分别向右偏移，如下图所示。

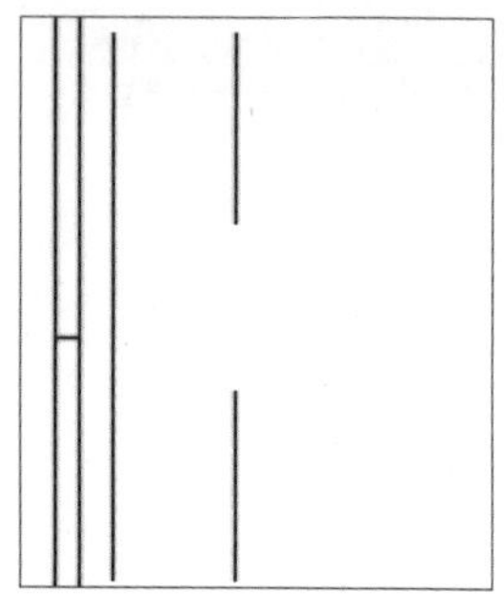
绘制直线

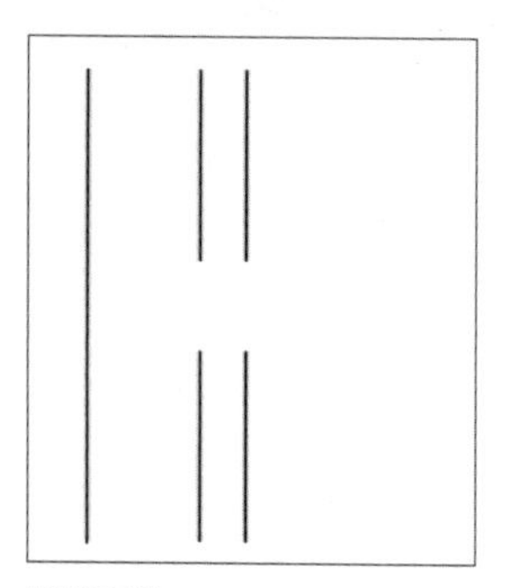
偏移直线

Step 09 调用【直线】命令，分别输入6000、6000，绘制两条直线，效果如下图所示。

绘制直线

Step 10 调用【修剪】命令，对偏移的直线进行修剪，然后调用【圆角】命令，对直线倒圆角，效果如下图所示。

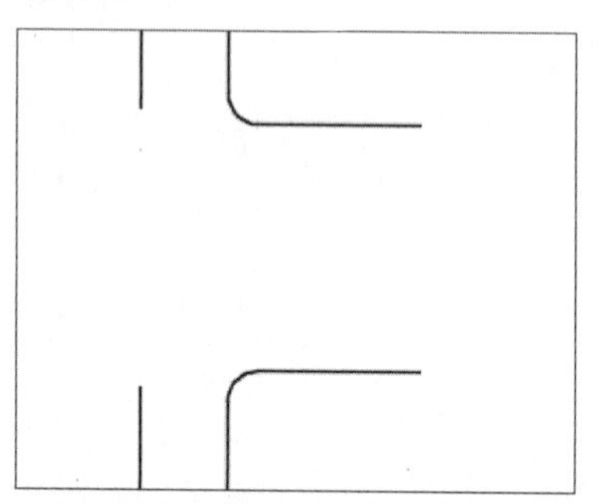
修剪并倒圆角图形

Step 11 调用【矩形】命令，绘制3000x1500的矩形，效果如下图所示。

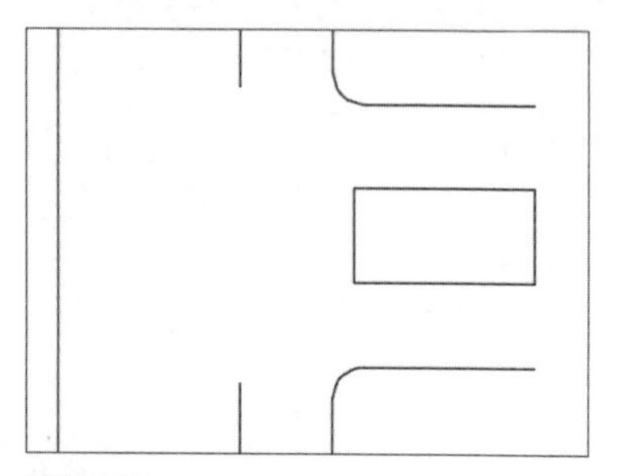
绘制矩形

Step 12 调用【直线】命令，在矩形框内绘制两条直线，效果如下图所示。

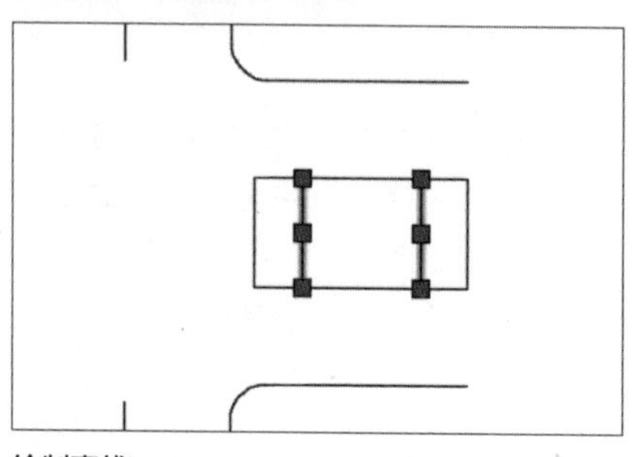
绘制直线

Step 13 调用【直线】命令，绘制小矩形的对角线，效果如右图所示。

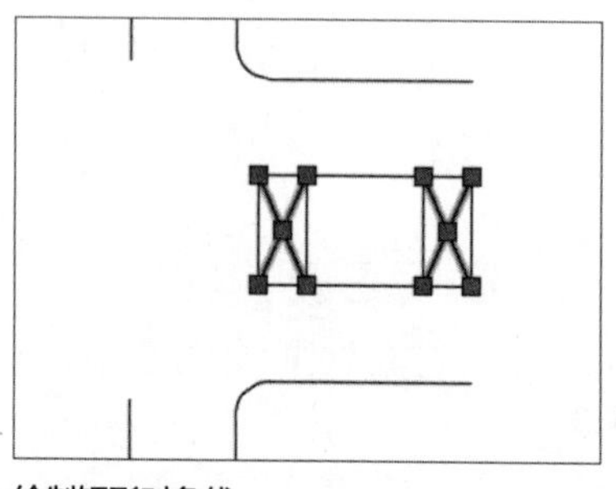
绘制矩形对角线

Step 14 调用【直线】命令，绘制直线作为外墙轴线，效果如下图所示。

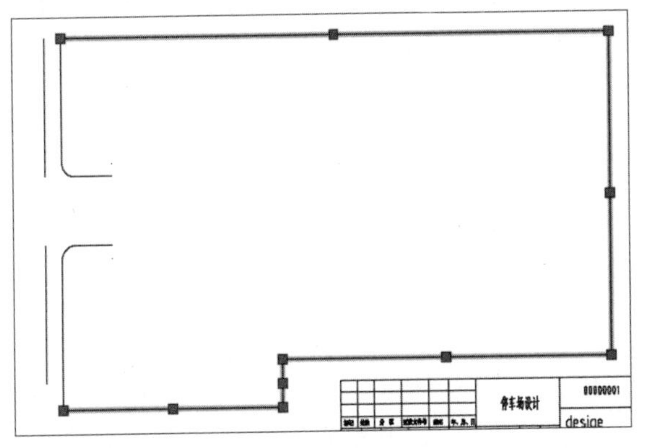

绘制外墙轴线

Step 15 调用【偏移】命令，设置偏移值为120，将外围轴线向两侧偏移120，效果如下图所示。

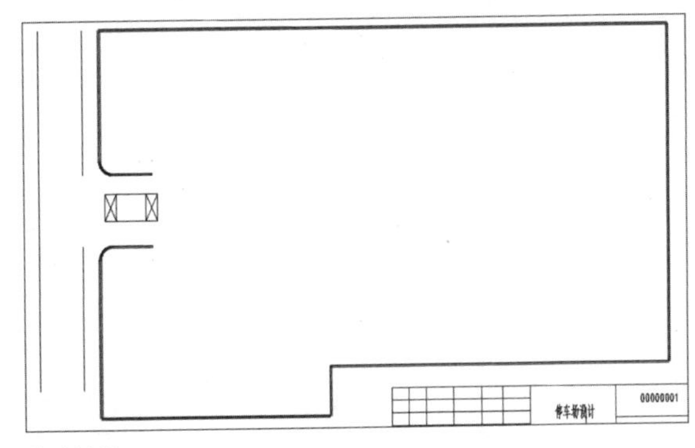

偏移轴线

Step 16 调用【延伸】命令，对偏移的直线进行延伸，再调用【修剪】命令，对偏移的线进行修剪，效果如下图所示。

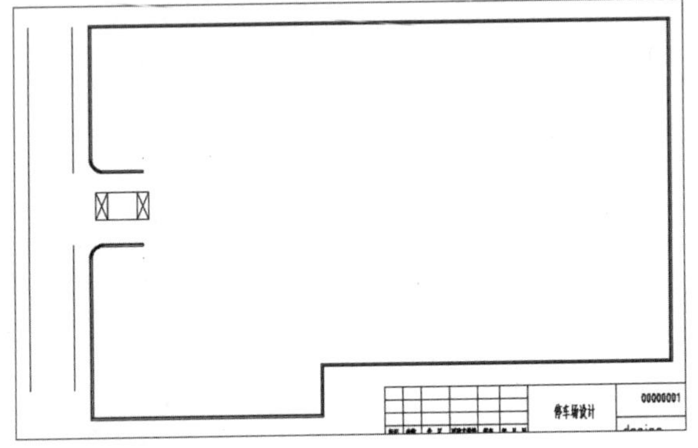

延伸并修剪直线

Step 17 调用【圆角】命令，对外墙线进行倒圆角，并删除轴线，效果如下图所示。

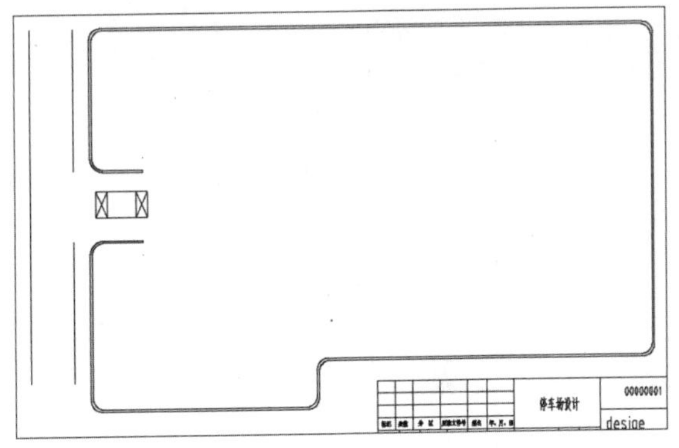

倒圆角操作

Step 18 调用【矩形】命令，绘制两个矩形作为栏杆，效果如下图所示。

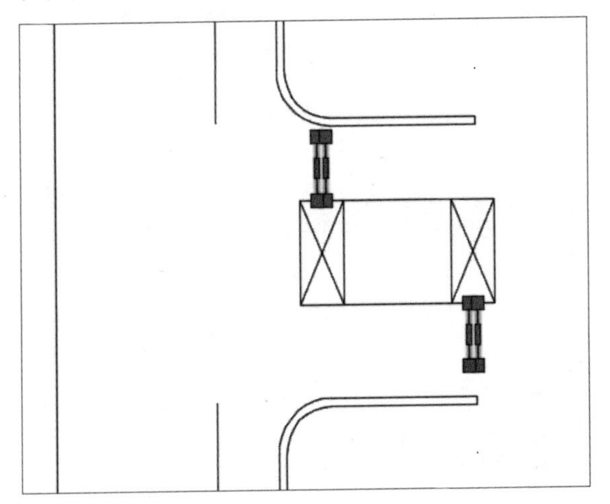

绘制栏杆

Step 19 调用【矩形】命令，绘制2500x5000的矩形作为停车位外框，效果如下图所示。

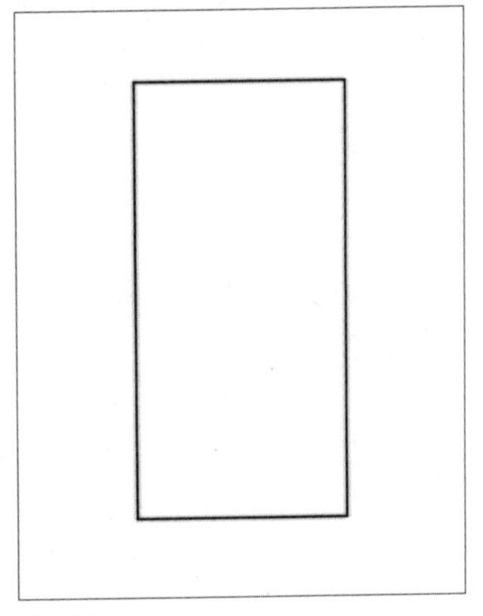

绘制矩形

Step 20 调用【偏移】命令，设置偏移值为150，将矩形向内偏移，效果如下图所示。

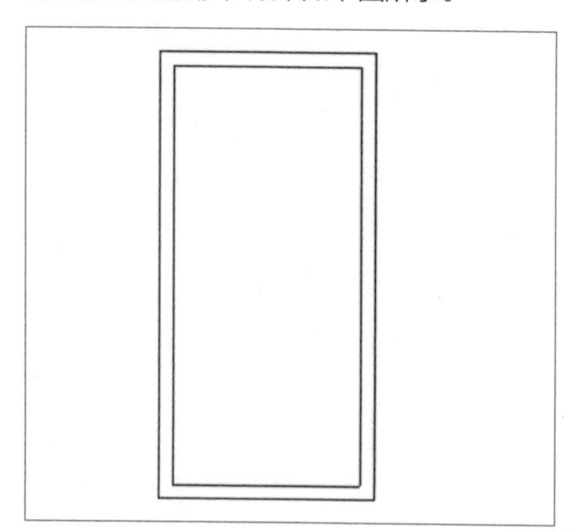

偏移矩形

Step 21 调用【直线】命令，绘制两条直线，如下图所示。

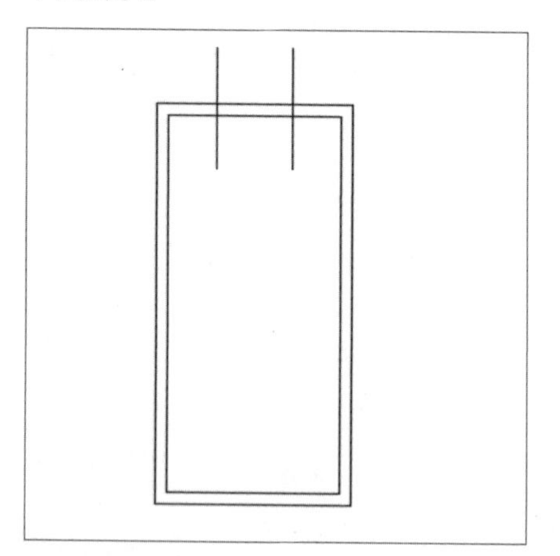

绘制两条直线

Step 22 调用【修剪】命令，对矩形进行修剪，效果如下图所示。

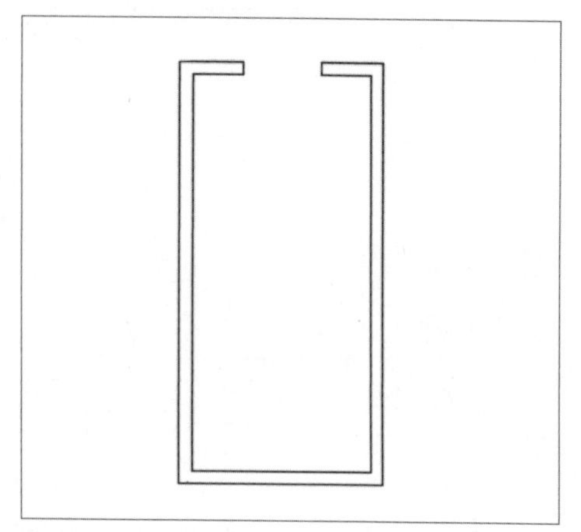

修剪矩形

Step 23 调用【多边形】命令，根据命令行提示输入3，绘制一个三角形，效果如下图所示。

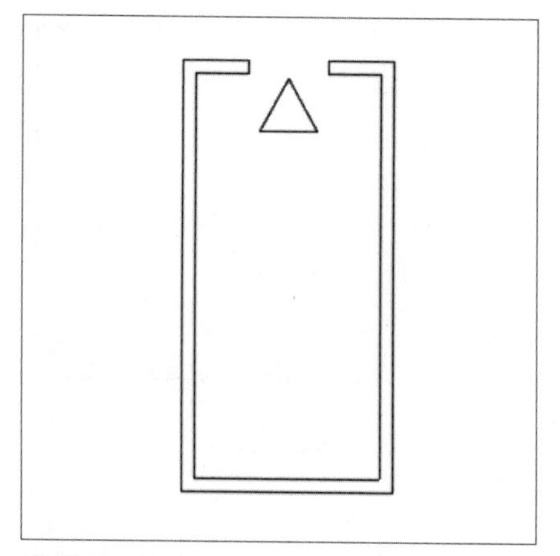

绘制三角形

Step 24 调用【直线】命令，绘制下图所示的两条直线。

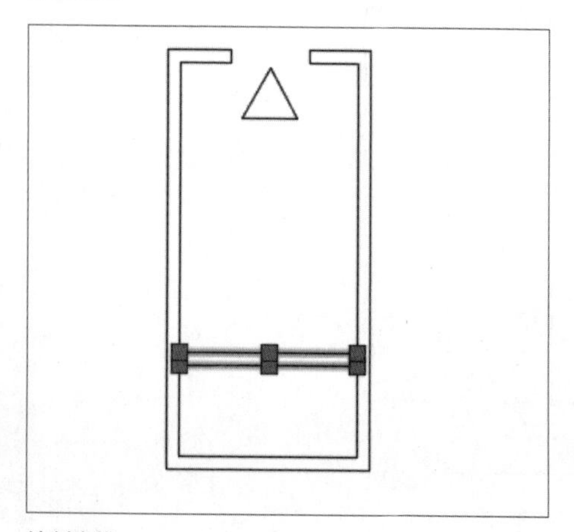

绘制直线

Step 25 执行【格式】>【点样式】命令，在打开的【点样式】对话框中设置参数，如下图所示。

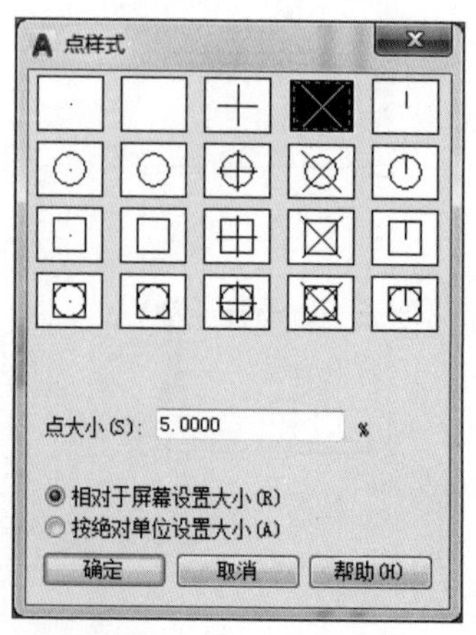

设置点样式

Step 26 执行DIVIDE命令后，选择两条直线，将其分为5等份，效果如下图所示。

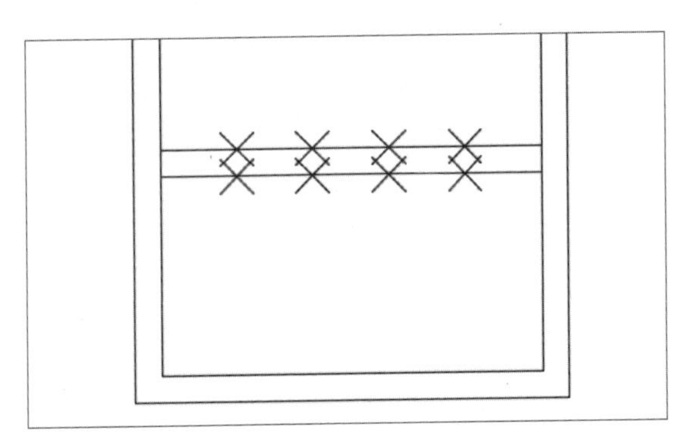

等分直线

Step 27 调用【直线】命令，按住Ctrl键，选择节点绘制四条直线，调用【删除】命令，删除节点，效果如下图所示。

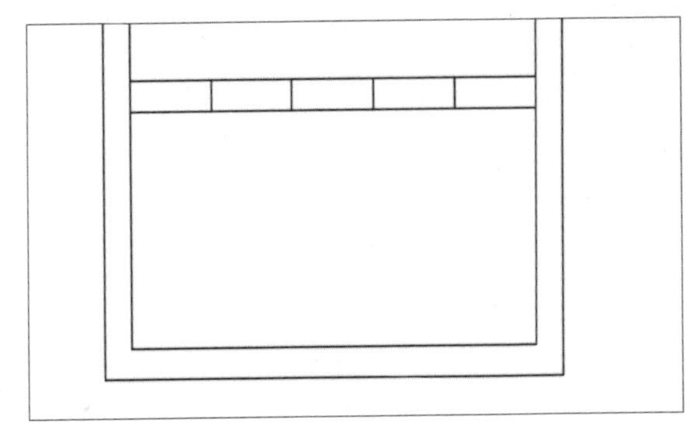

绘制直线

Step 28 调用【矩形】命令，在三角形下方绘制矩形，如下图所示。

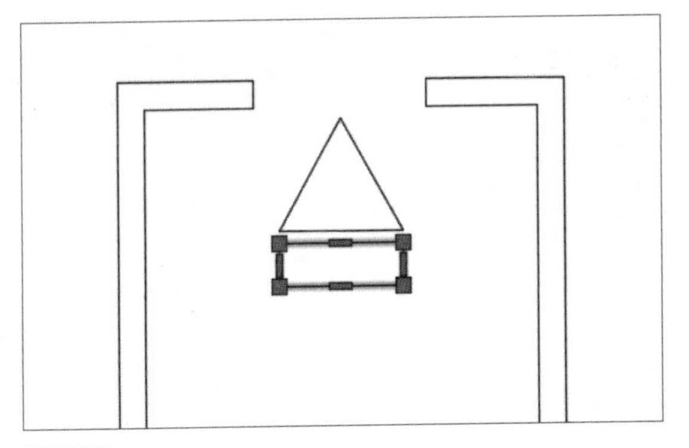

绘制矩形

Step 29 执行【格式】>【文字样式】命令，打开【文字样式】对话框并进行参数设置，如下图所示。

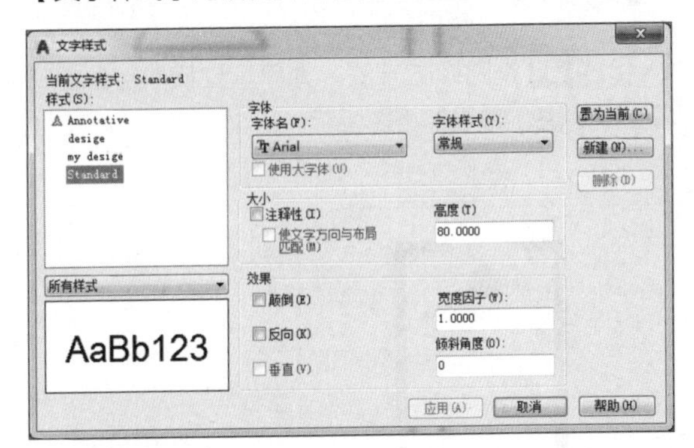

设置文字样式

Step 30 单击【注释】面板中【文字】下三角按钮，在列表中选择【单行文字】选项，在矩形内输入编号文字，效果如下图所示。

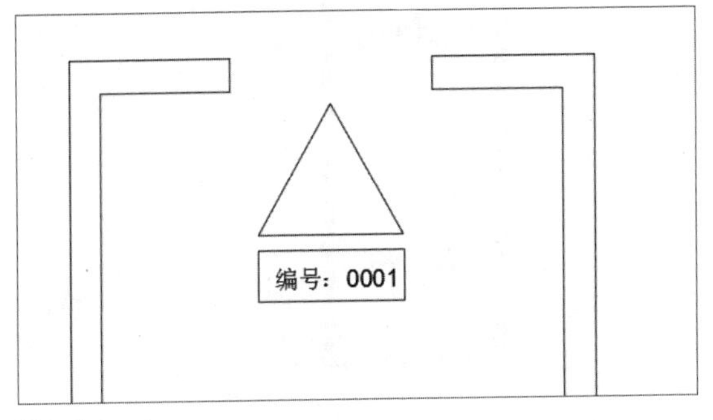

输入文字

Step 31 调用【图案填充】命令，并在命令行输入T，在打开的【图案填充和渐变色】对话框中设置【颜色】为黄色，如下图所示。

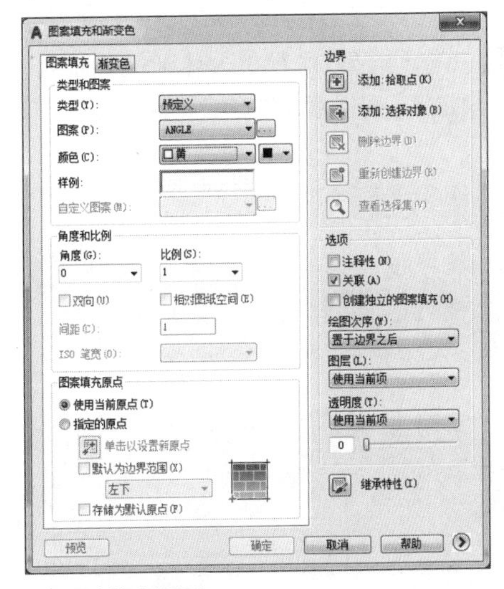

设置图案填充的颜色

Step 32 然后单击【样例】右侧的图案条，在打开的对话框中选择图案，如下图所示。

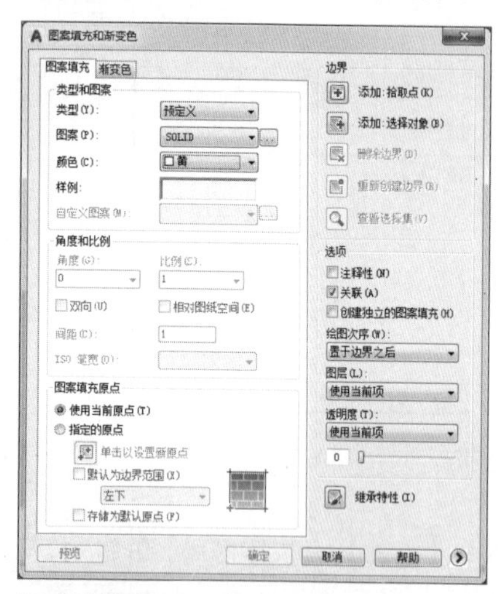

设置样例的效果

Step 33 单击【添加：拾取点】按钮，然后点选图中要填色的方框，效果如下图所示。

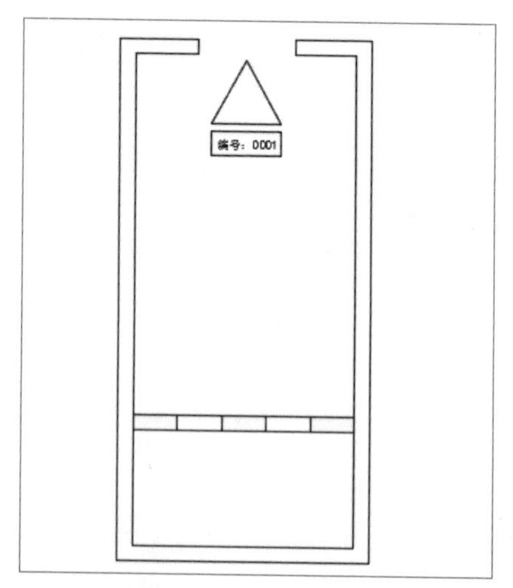

为方框填充颜色

Step 34 按同样的方法，为停车位其他部分填充不同的颜色，效果如下图所示。

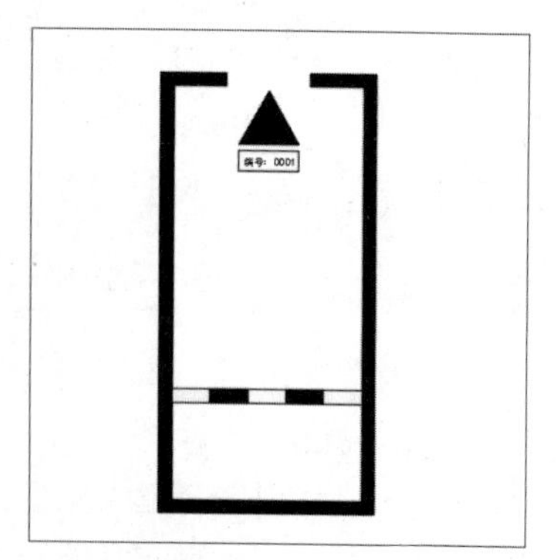

填充停车位其他部分

Step 35 执行【绘图】>【块】>【定义属性】命令，在打开的停车位其他部分中进行相关参数设置，如下图所示。

停车位其他部分

Step 36 执行【绘图】>【块】>【创建】命令，在打开的【块定义】对话框中进行相关参数设置，如下图所示。

打开【块定义】对话框

Step 37 在【块定义】对话框中单击【拾取点】按钮，选择停车位左下角，效果如下图所示。

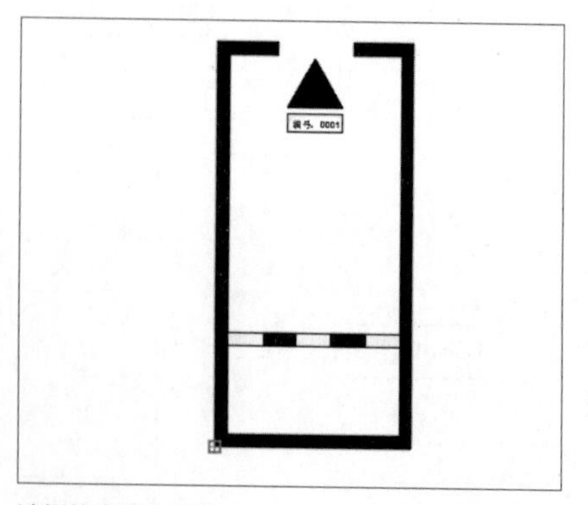

选择停车位左下角

Step 38 在【块定义】对话框中单击【选择对象】按钮，框选整个停车位图形，然后单击【确定】按钮，完成创建停车位的块，效果如下图所示。

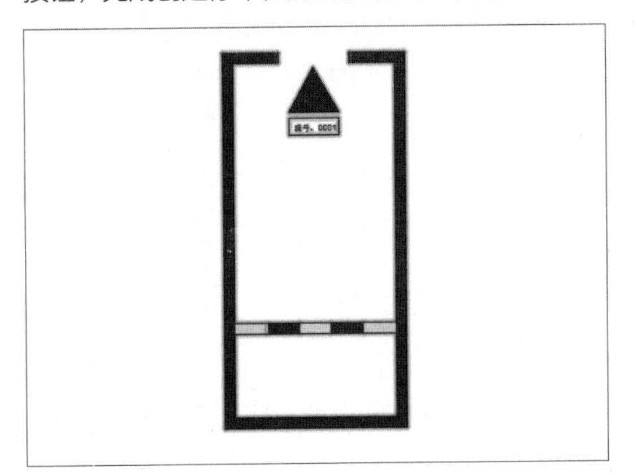

创建停车位的块

Step 39 若要创建动态图块，则执行【工具】>【块编辑器】命令，在弹出的【编辑块定义】对话框中进行参数设置，如下图所示。

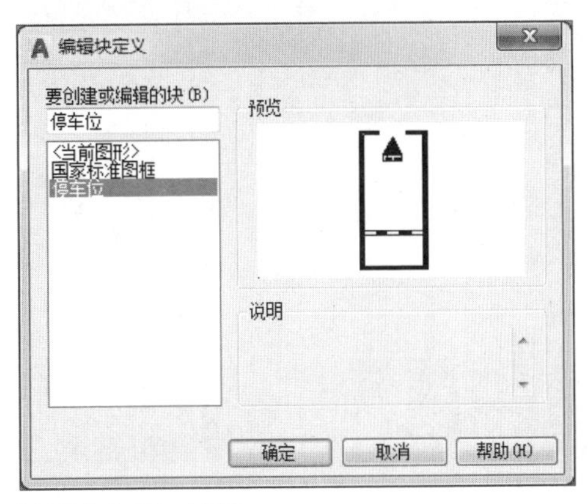

【编辑块定义】对话框

Step 40 单击【确定】按钮后，进入块编辑状态，效果如下图所示。

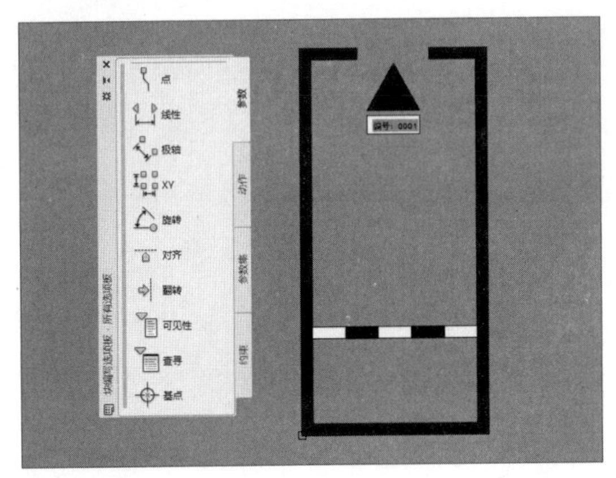

进入块编辑状态

Step 41 打开【车子.dwg】文档，效果如下图所示。

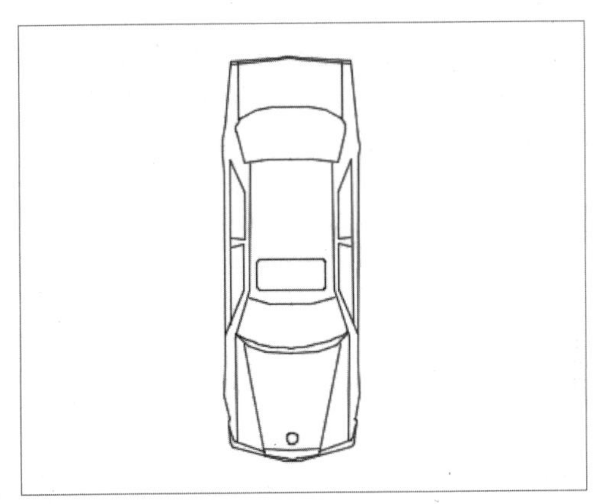

打开【车子.dwg】文档

Step 42 框选车子素材，执行【编辑】>【复制】命令，效果如下图所示。

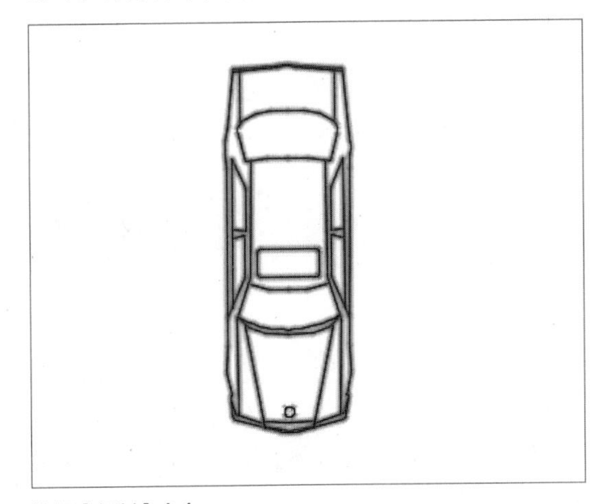

执行【复制】命令

Step 43 回到【停车场.dwg】文档，执行【编辑】>【粘贴】命令，效果如下图所示。

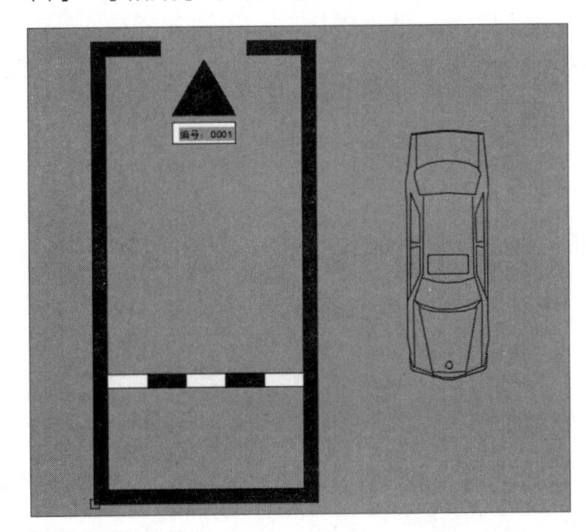

执行【粘贴】命令

Step 44 按同样的方法，打开【车子2.dwg】素材文档，粘贴车子2素材，效果如下图所示。

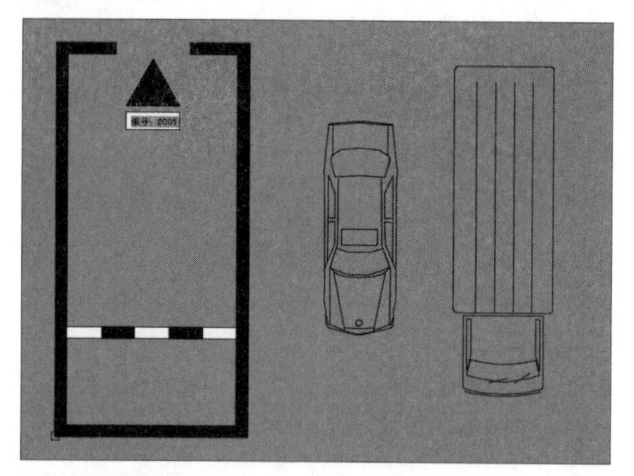

粘贴车子2素材

Step 45 执行【工具】>【块编辑器】命令，在打开的对话框中选择【停车位】块，单击【确定】按钮，在打开的面板中选择【可见性】选项，单击停车位左下角，出现可见性蓝色三角符号，效果如下图所示。

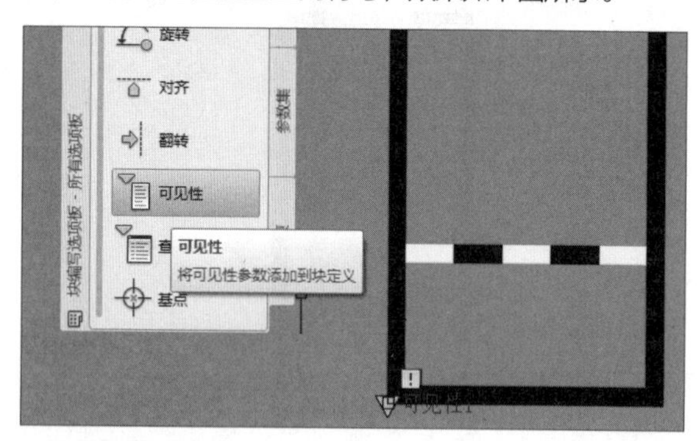

单击停车位左下角

Step 46 单击【可见性状态】按钮，弹出【可见性状态】对话框，如下左图所示。

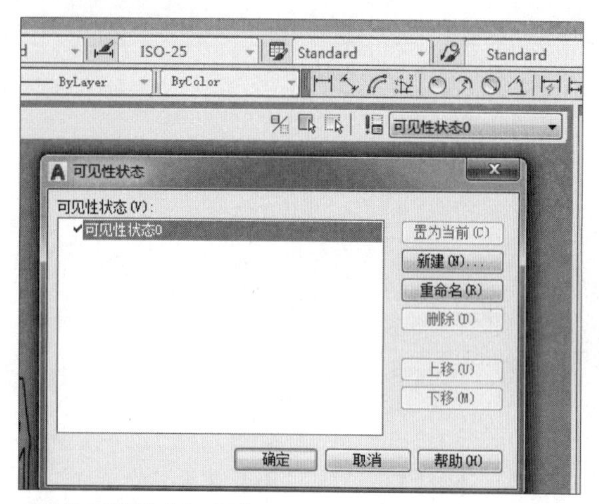

打开【可见性状态】对话框

Step 47 单击【新建】按钮，弹出【新建可见性状态】对话框，然后输入名称，如下右图所示。

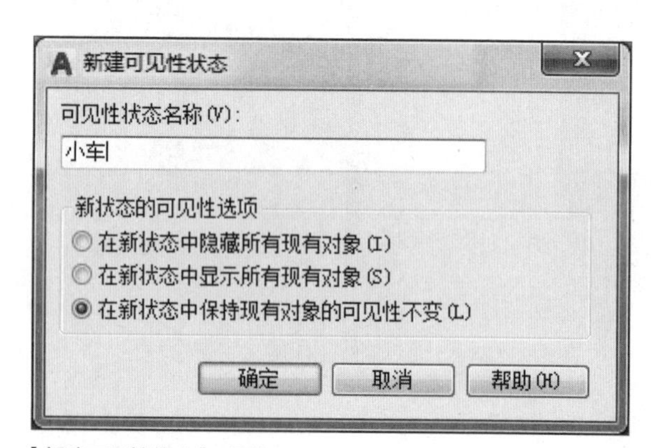

【新建可见性状态】对话框

Step 48 单击【确定】按钮，返回上级对话框查看设置的效果，如下图所示。

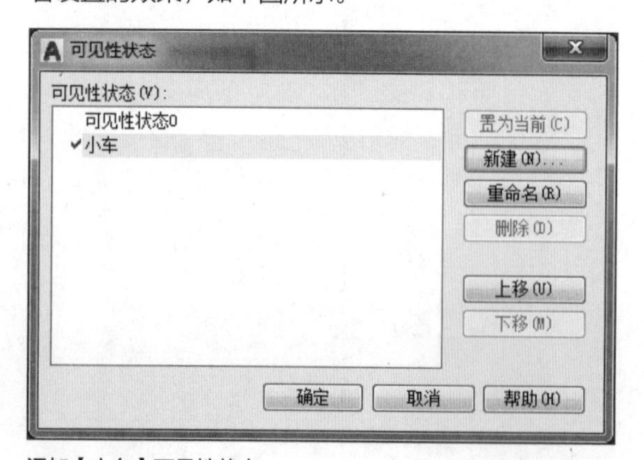

添加【小车】可见性状态

Step 49 按照同样操作，新建可见性状态大货车，效果如下图所示。

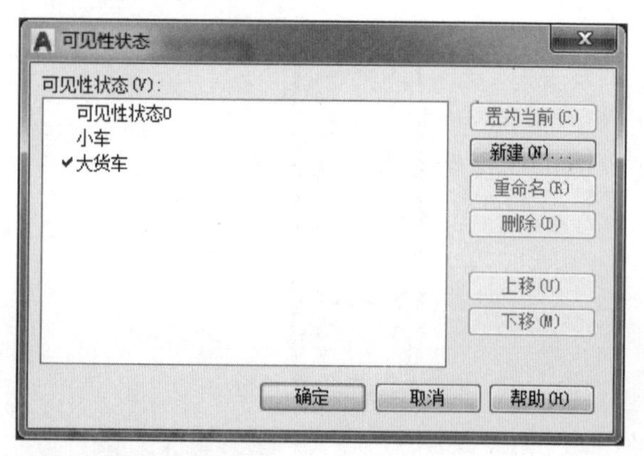

添加【大货车】可见性状态

Step 50 选择第一行可见性状态选项，单击【重命名】按钮，将其命名为【停车位】，单击【确定】按钮，效果如下图所示。

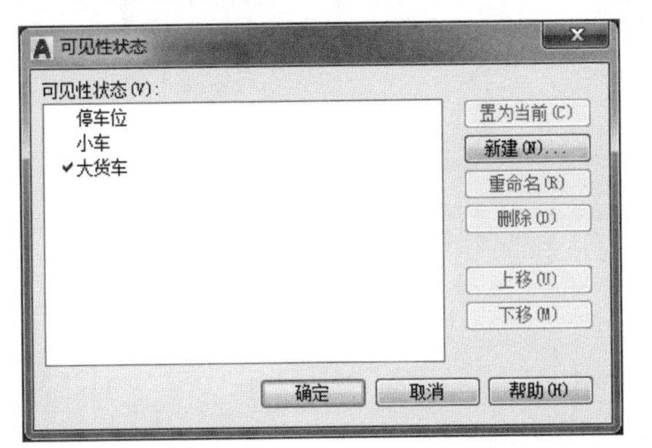

重命名可见性状态选项

Step 51 在【可见性】面板中选择停车位，然后选择小车和大货车，单击【使不可见】按钮，如下图所示。

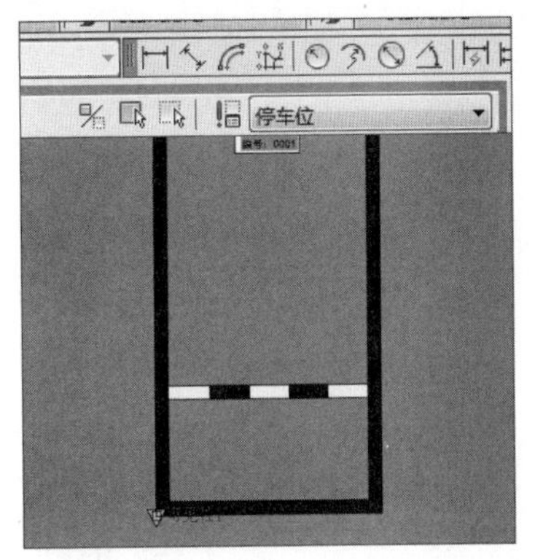

设置小车和大货车不可见

Step 52 选择小车，然后选择停车位和大货车，单击【使不可见】按钮，效果如下图所示。

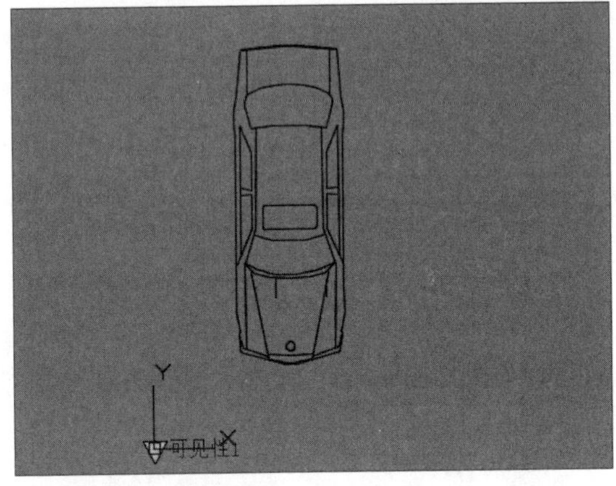

设置停车位和大货车不可见

Step 53 选择大货车，然后选择停车位和小车，单击【使不可见】按钮，效果如下图所示。

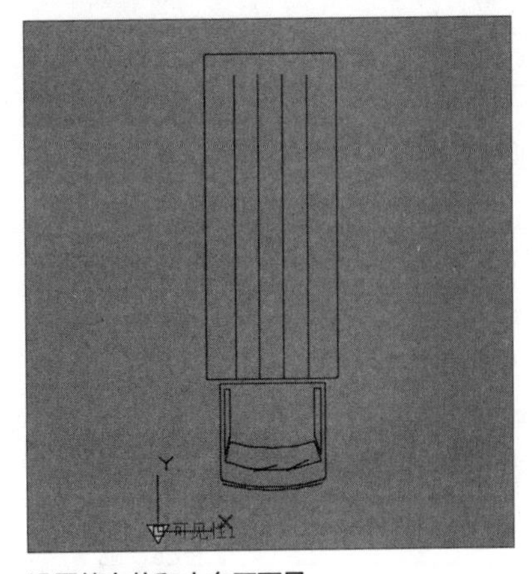

设置停车位和小车不可见

Step 54 单击【保存块】按钮，弹出块保存信息窗口，选择【保存更改】选项，如下图所示。然后关闭【块编辑器】选项卡，动态块设置完成。

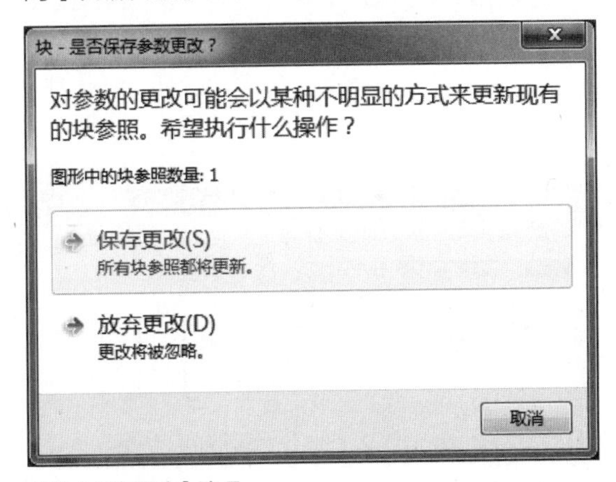

选择【保存更改】选项

Step 55 调用【矩形】命令，绘制下图所示的5个矩形作为停车场。

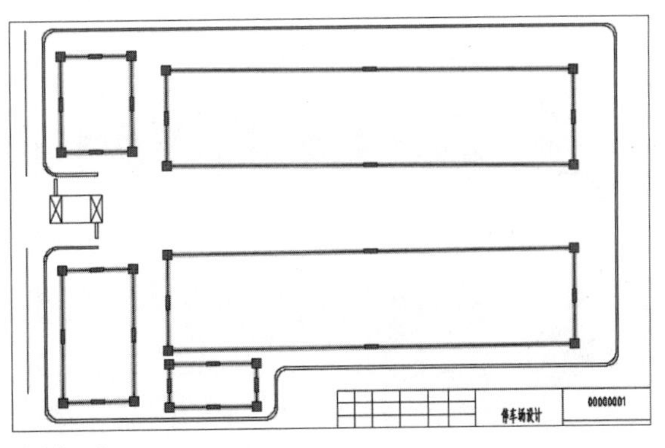

绘制矩形

Step 56 调用【圆角】命令，对矩形倒半径1000的圆角，效果如下图所示。

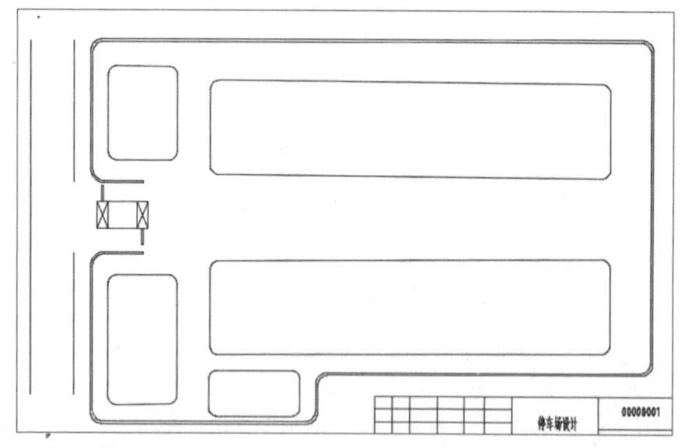

对矩形进行倒圆角

Step 57 调用【图案填充】命令，输入T，在打开的对话框中设图案填充参数，如下图所示。

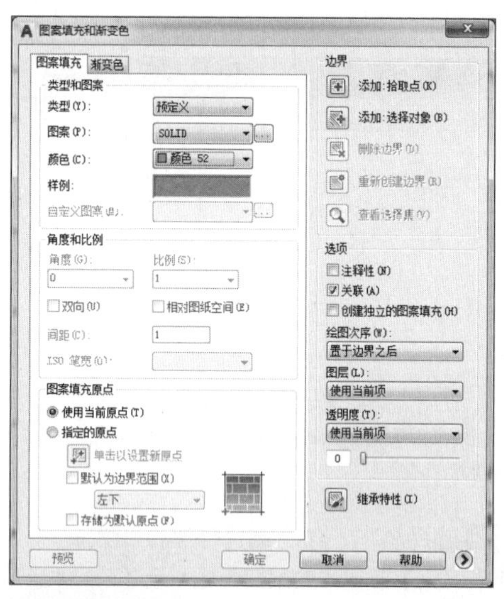

设置图案填充参数

Step 58 单击【添加：拾取点】按钮，拾取绘制的5个矩形，如下图所示。

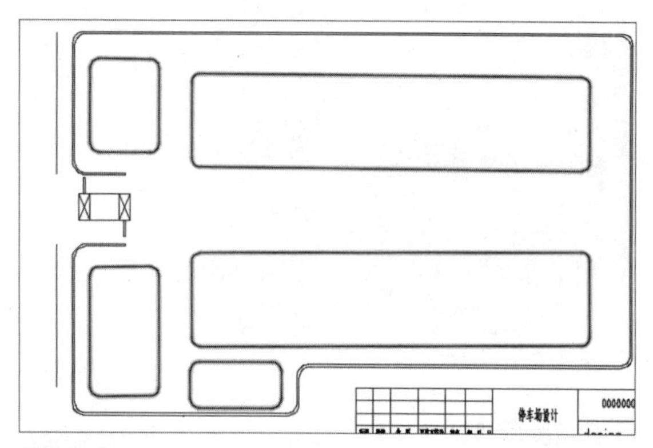

拾取图形

Step 59 单击【确定】按钮后查看填充效果，如下图所示。

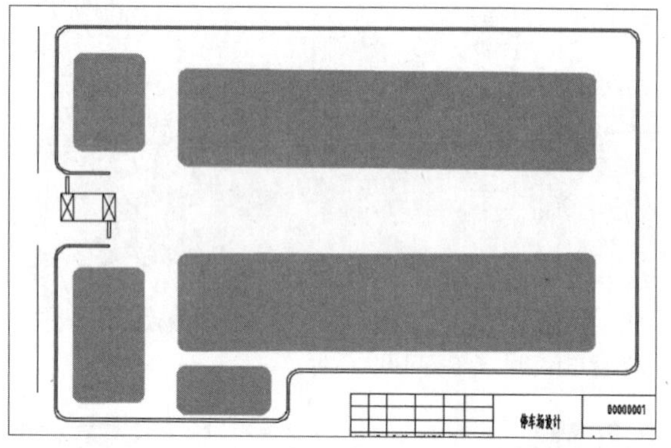

查看填充效果

Step 60 按同样的操作方式，对停车场外墙填充黑色，效果如下图所示。

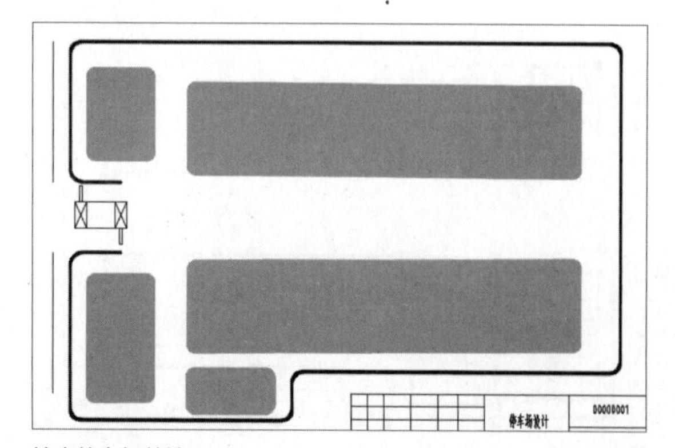

填充停车场外墙

Step 61 执行【插入】>【块】命令，在弹出的【插入】对话框中进行参数设置，如下图所示。

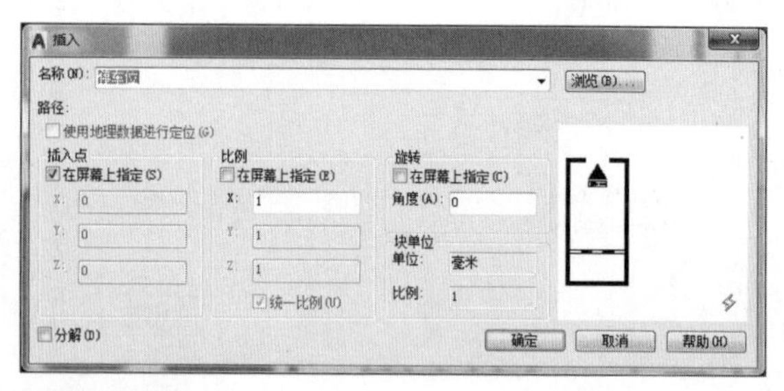

【插入】对话框

Step 62 单击【确定】按钮后，将停车位的块插入到停车场中，如下图所示。

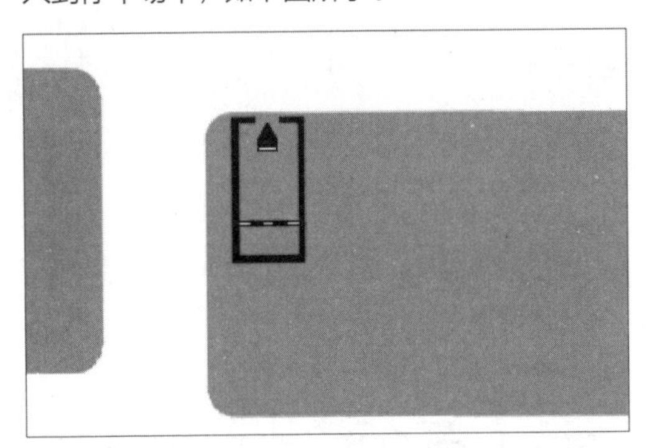

插入停车场块

Step 63 按同样的操作方法，插入停车位块到停车场的其他部分，效果如下图所示。

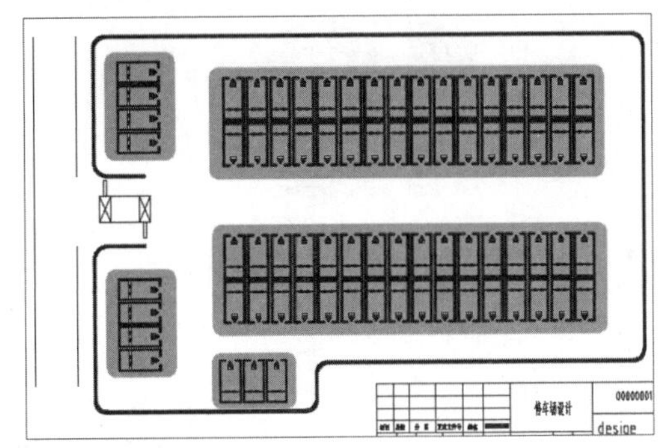

插入块到停车场的其他部分

Step 64 复制一个块，然后单击蓝色三角形符号，在弹出选项中选择小车或大货车，效果如下图所示。

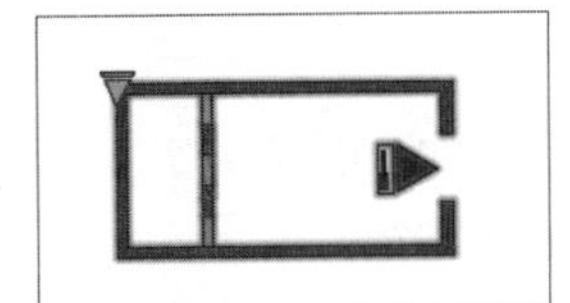

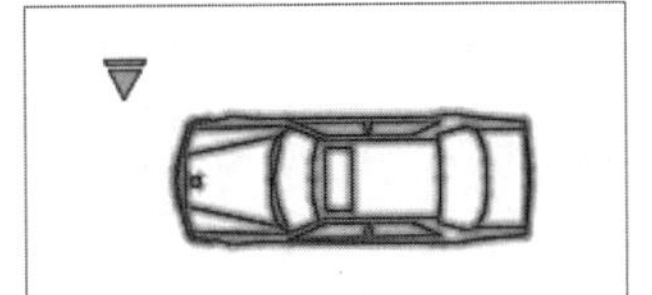

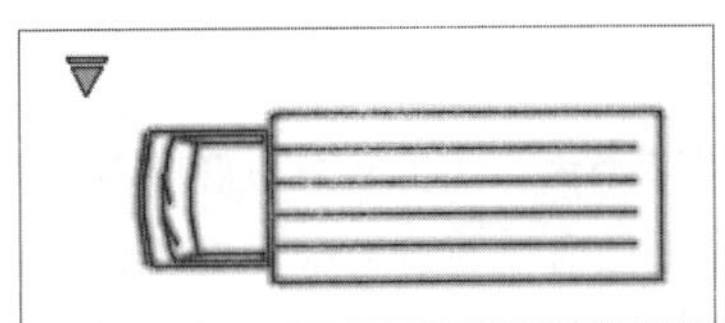

选择其他块

Step 65 调用【移动】命令，把小车和大货车移动到相应的车位上，效果如下图所示。

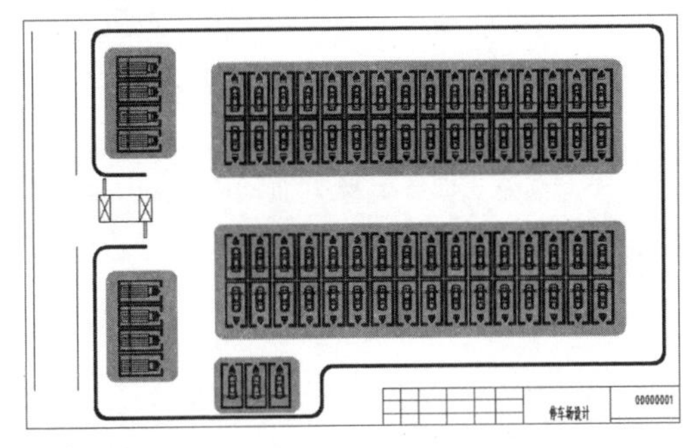

移动图形

Step 66 调用【多段线】命令，绘制路线行驶方向箭头，效果如下图所示。

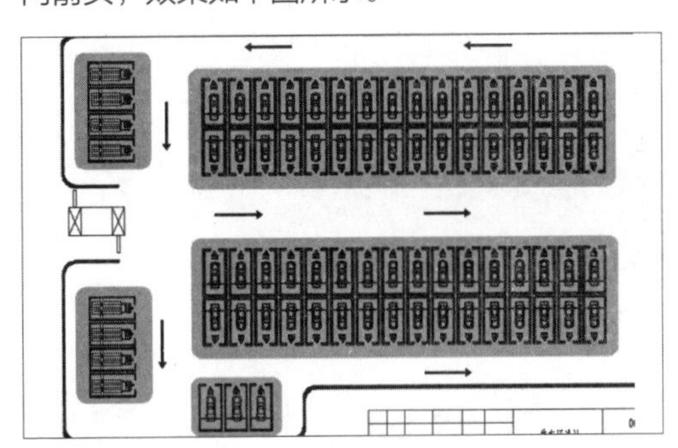

绘制箭头

Step 67 执行【格式】>【文字样式】命令，在打开的【文字样式】对话框中进行相关参数设置，如下图所示。

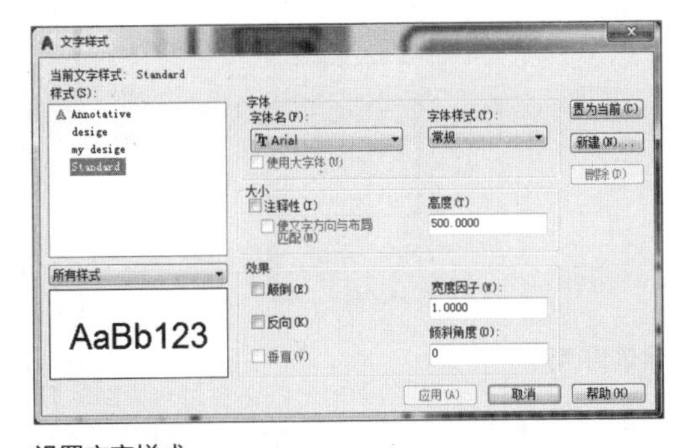

设置文字样式

Step 68 然后输入文字，至此，停车场平面图绘制完成，最终效果如下图所示。

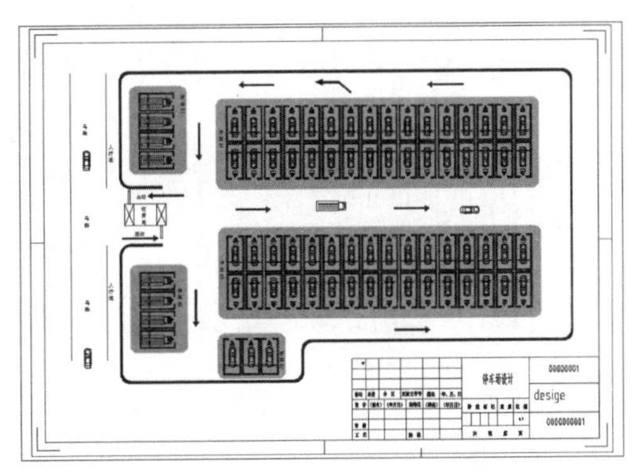

输入文字

10 Chapter 绘制小高层建筑图

高层住宅是城市化、工业现代化的产物，按建筑的外部形态可分为塔式、板式和墙式；按建筑的内部空间组合，可分为单元式和走廊式。小高层一般指7层至11层的住宅建筑，平面布局类似于多层，一梯两户且公摊面小。本章将对小高层建筑图纸绘制的前期设置、平面图的绘制、南立面图的绘制、墙体窗洞的绘制、剖面图的绘制以及外墙装饰的绘制等操作进行详细介绍。

01 核心知识点

❶ 绘制小高层建筑平面图
❷ 绘制小高层建筑立面图
❸ 绘制小高层建筑剖面图

02 本章图解链接

建筑立面图

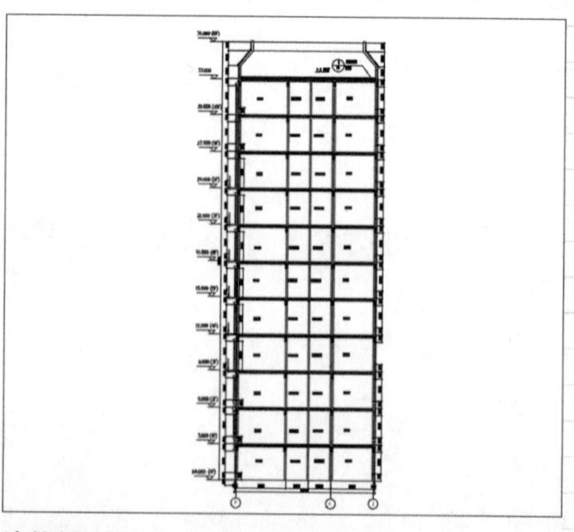

建筑剖面图

10.1 绘制小高层住宅建筑平面图

要绘制建筑标准层平面图，首先需要确定定位轴线，再根据辅助线运用【直线】命令、【偏移】命令、【块】命令以及【镜像】命令等进行绘制。下面详细介绍标准层平面图的绘制方法。

10.1.1 绘制轴线

绘图前首先需要对图形边界、图形比例以及文字样式进行设置，然后创建基础轴线，并通过【偏移】命令创建其他的轴线，最后使用【裁剪】命令裁剪多余轴线，下面介绍具体操作步骤。

Step 01 首先创建图形边界，在命令行中输入LIMITS命令，按Enter键后输入0.0000、0.0000，按Enter键后再输入42000、297000，如下图所示。

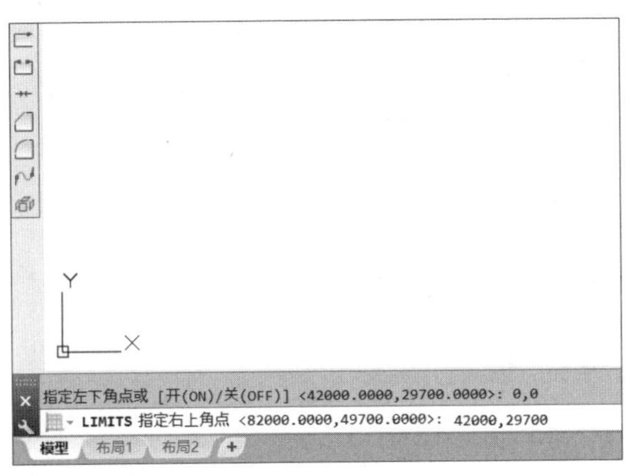

设置图形边界

Step 02 在菜单栏中执行【格式】>【比例缩放列表】命令，在弹出的【编辑图形比例】对话框中选择合适的图形比例，如下图所示。

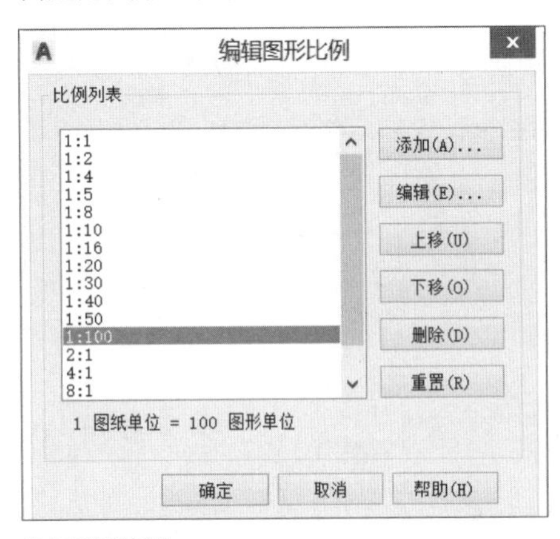

选择图形比例

Step 03 在菜单中执行【格式】>【文字样式】命令，并在弹出的【文字样式】对话框中单击【新建】按钮，同时定义样式名为【图内文字】，如下图所示。

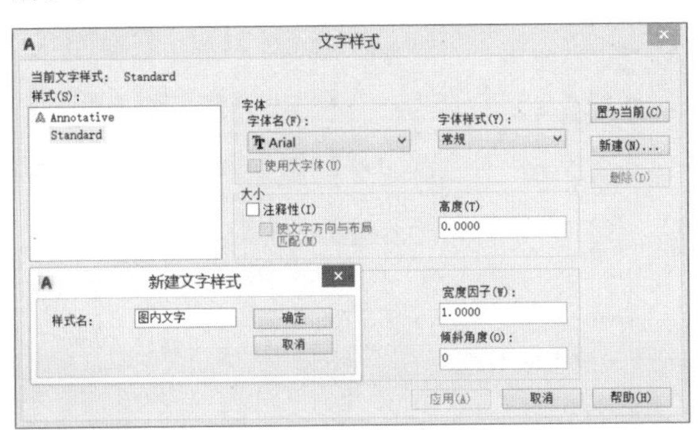

新建文字样式

Step 04 新建文件样式之后，需要对【字体】、【高度】、【宽度因子】等参数进行设置，单击【确定】按钮，如下图所示。

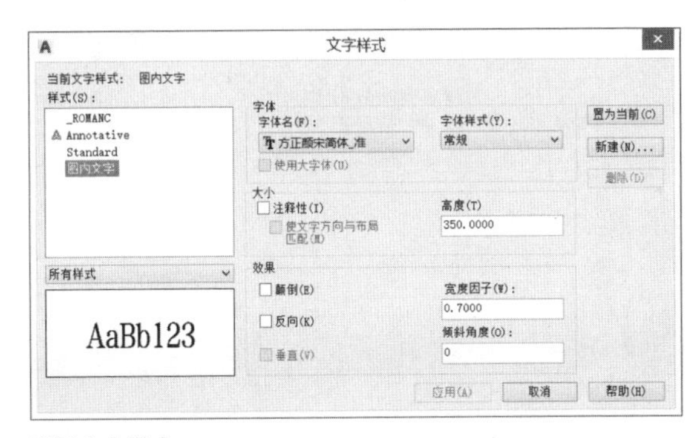

设置文字样式

Step 05 在菜单中执行【格式】>【标注样式】命令，在弹出的【标注样式管理器】对话框中单击【新建】按钮，同时定义样式名为【建筑平面】，如下图所示。

Step 06 弹出【新建标注样式：建筑平面】对话框，在【线】选项卡中对线型、线宽和颜色等参数进行设置，如下图所示。

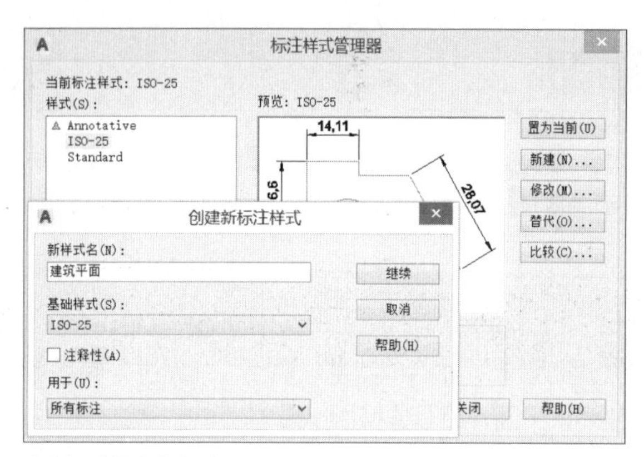

定义标注样式的名称

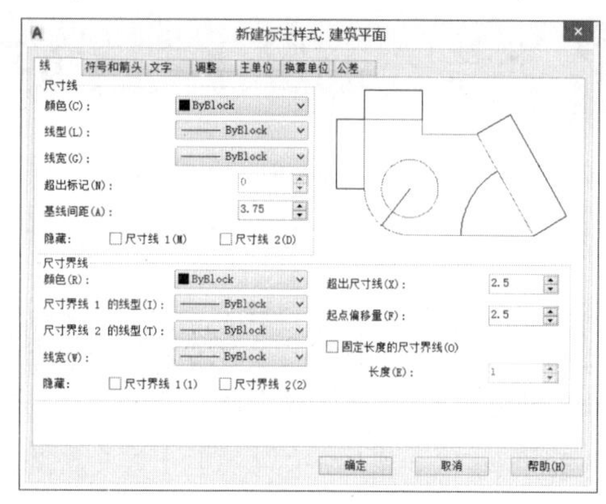

【新建标注样式：建筑平面】对话框

Step 07 切换至【符号和箭头】选项卡，对标注的符号和箭头参数进行参数设置，如下图所示。

Step 08 切换至【文字】选项卡，对标注的文字样式进行参数设置，这里文字样式可以选用之前创建的【图内文字】样式，如下图所示。

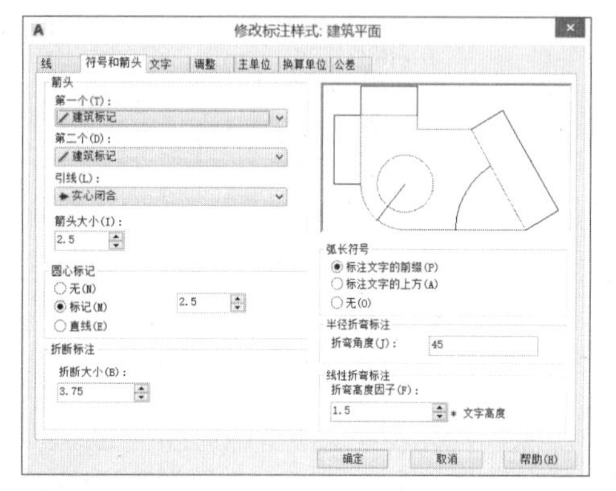

设置符号和箭头

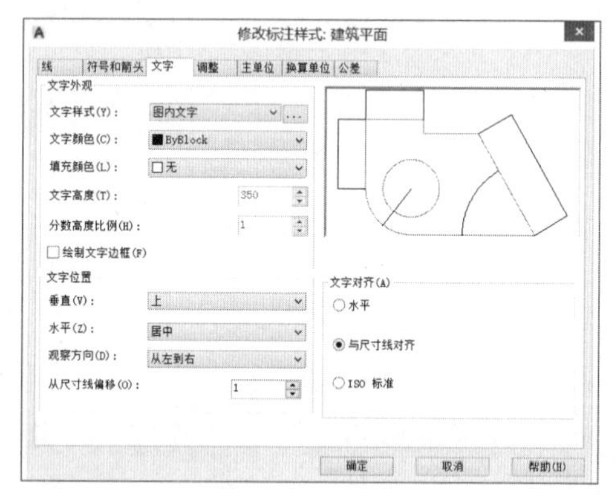

设置文字

Step 09 在菜单栏中执行【格式】>【图层】命令，在弹出的【图层特性管理器】面板中单击【新建图层】按钮，新建图层，如下图所示。

Step 10 将图层分别命名为【轴线】、【墙线】、【门】、【楼梯】、【标注】、【文字】和【窗】，同时设置各图层的颜色，线型、线宽，如下图所示。

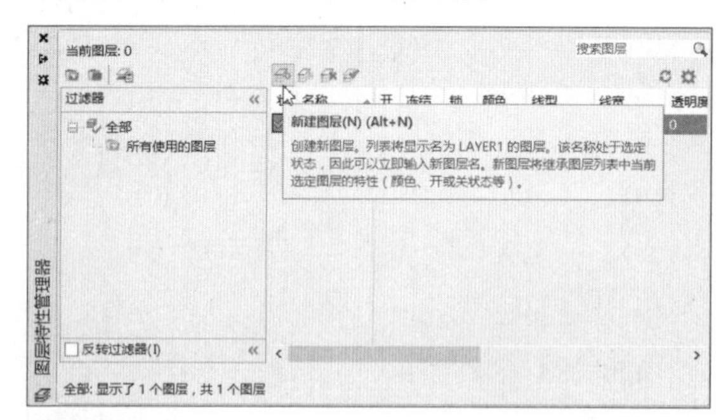

新建图层

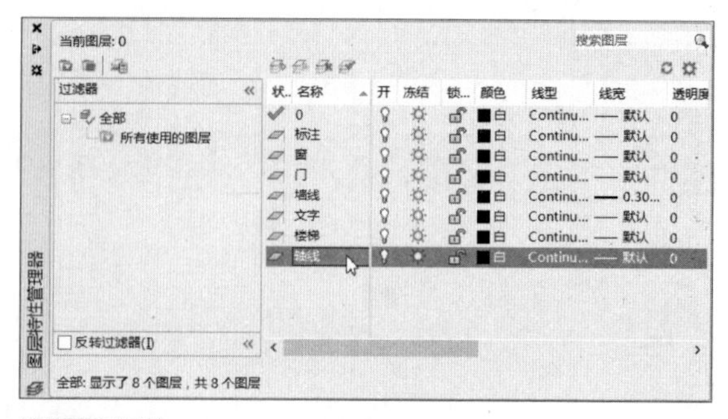

设置图层属性

Step 11 选择【轴线】图层并将其设为当前图层，调用【直线】命令，开启【正交限制光标】功能，绘制长度为23000的水平轴线和长度为13000的垂直轴线，如下图所示。

Step 12 在【修改】面板中单击【偏移】按钮，将垂直轴线向右偏移600，如下图所示。然后将每一条轴线依次向右侧偏移2100、1200、2700、1400、1600、1400、1300、2000、500、2900、500、2500、1400。

绘制轴线

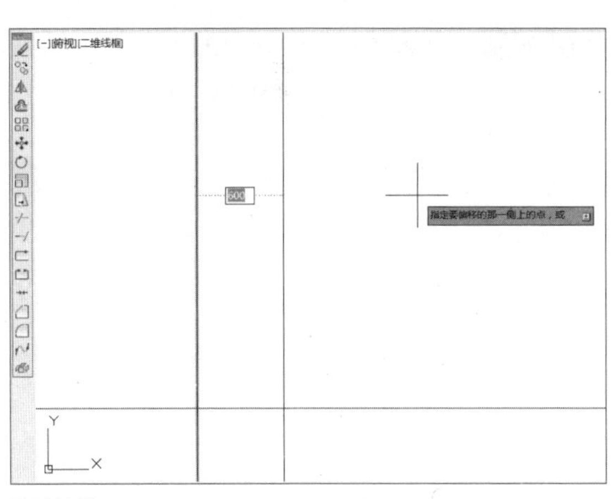

偏移轴线

Step 13 继续调用【偏移】命令，将水平直线依次向上偏移4500、1400、1200、1800、1800、900、1300，效果如下图所示。

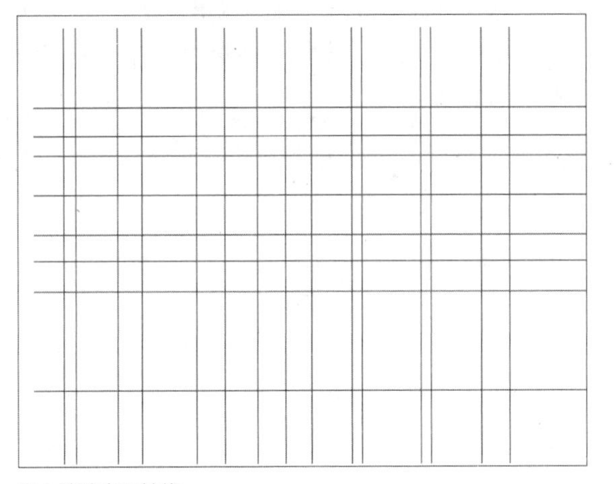

向上偏移水平轴线

Step 14 然后将原水平直线依次向下偏移900、1800，如下图所示。

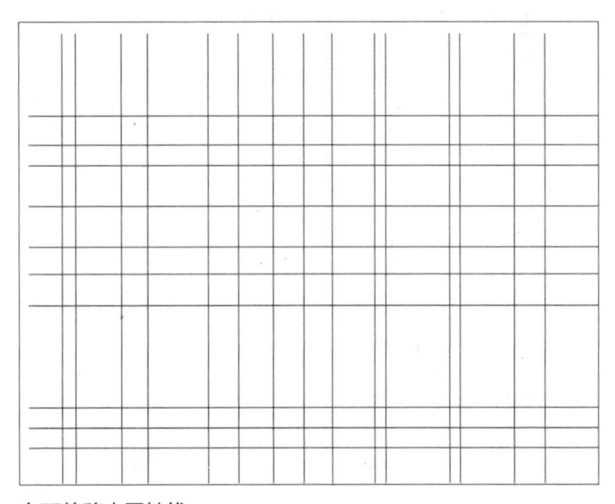

向下偏移水平轴线

Step 15 调用【修剪】命令，修剪多余的轴线，效果如右图所示。

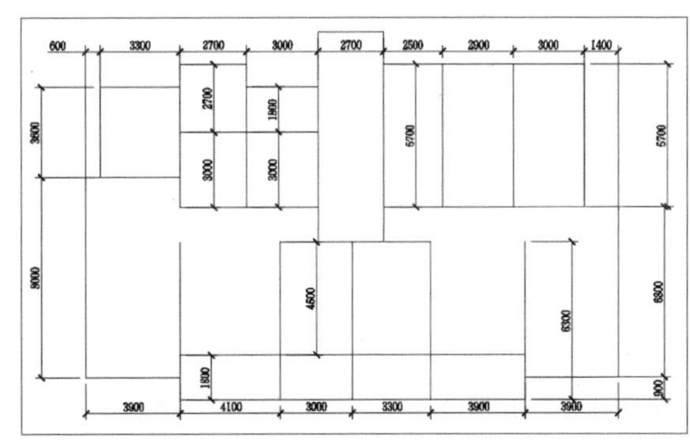

裁剪多余轴线

10.1.2 绘制墙体和墙柱

接下来需要绘制内外墙线，考虑到住宅楼采用的是混凝土结构，所以外墙的厚度为240，内墙以及一些分隔结构厚度为120，本小节将采用【多线】命令来绘制墙体，下面是详细介绍。

Step 01 首先需要对多线样式进行设置，在【图层特性管理器】面板中将【墙线】图层设为当前层，如下图所示。

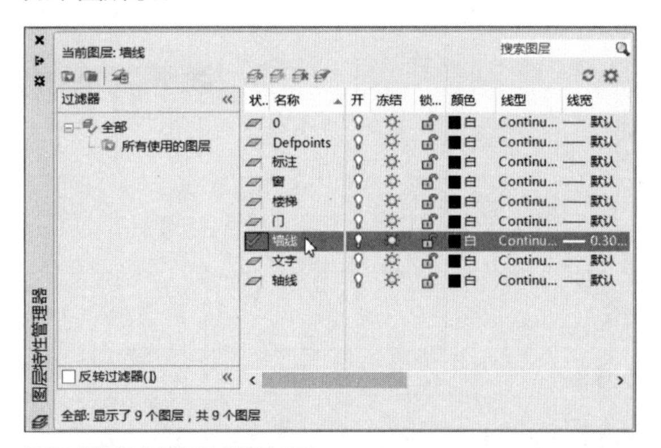

设置【墙线】图层为当前图层

Step 02 在菜单栏中执行【格式】>【多线样式】命令，并在弹出的【多线样式】对话框中单击【新建】按钮，如下图所示。

打开【多线样式】对话框

Step 03 在弹出的【创建新的多线样式】对话框中输入Q240，并单击【继续】按钮，如下图所示。

输入样式名称

Step 04 在弹出的【新建多线样式：Q240】对话框中对图元的偏移量以及其他参数进行设置，如下图所示。根据相同方法创建Q120多线样式并设置图元偏移为60和-60。

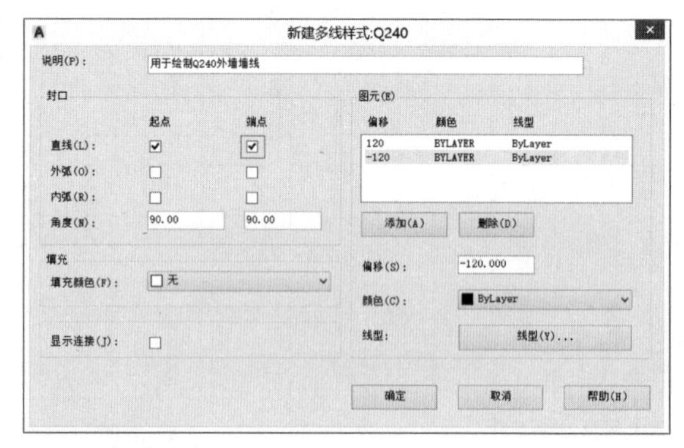

设置Q240样式

Step 05 在命令行输入ML命令，根据提示选择多线样式为Q240，设置相关参数，绘制垂直方向的多线，如下图所示。

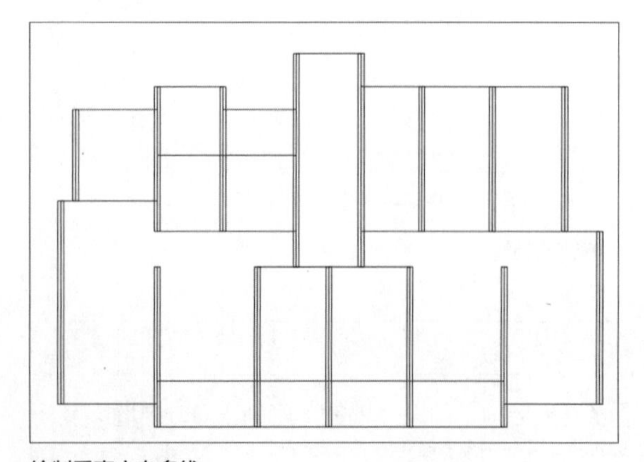

绘制垂直方向多线

Step 06 接下来绘制水平方向的多线，注意垂直方向的多线一定要和水平方向的多线有交集，如下图所示。

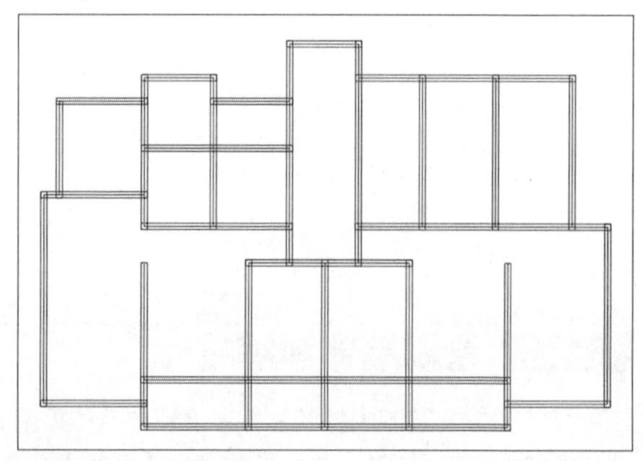

绘制水平方向多线

Step 07 在菜单栏中执行【修改】>【对象】>【多线】命令，并在弹出的【多线编辑工具】对话框中单击【角点结合】按钮，如下图所示。

单击【角点结合】按钮

Step 08 接下来选中角点的两条多线进行角点结合操作，效果如下图所示。

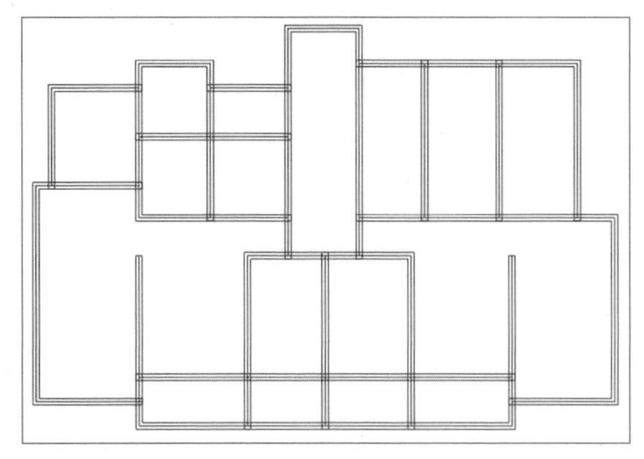

角点结合操作

Step 09 在菜单栏中执行【修改】>【对象】>【多线】命令，并在弹出的【多线编号工具】对话框中单击【十字合并】按钮，如下图所示。

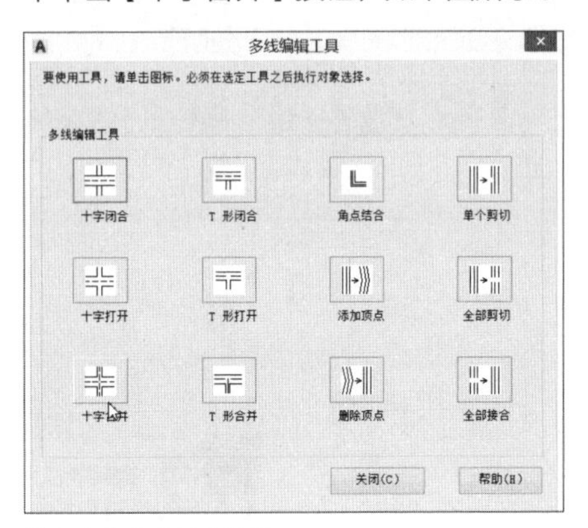

单击【十字合并】按钮

Step 10 接下来选中有十字交集两条多线进行十字合并操作，如下图所示。

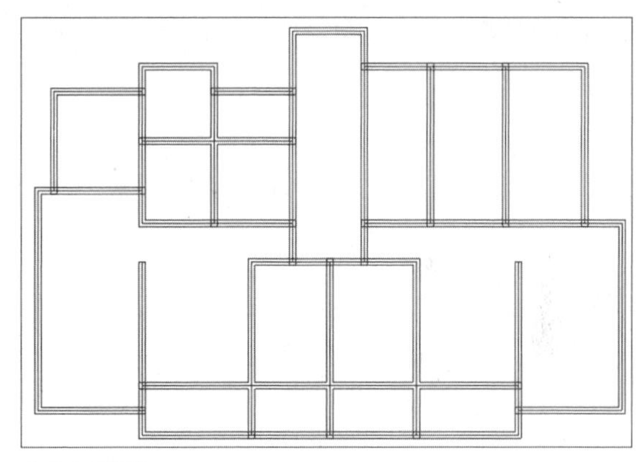

十字合并操作

Step 11 在菜单栏中执行【修改】>【对象】>【多线】命令，并在弹出的【多线编辑工具】对话框中单击【T字合并】按钮，如下图所示。

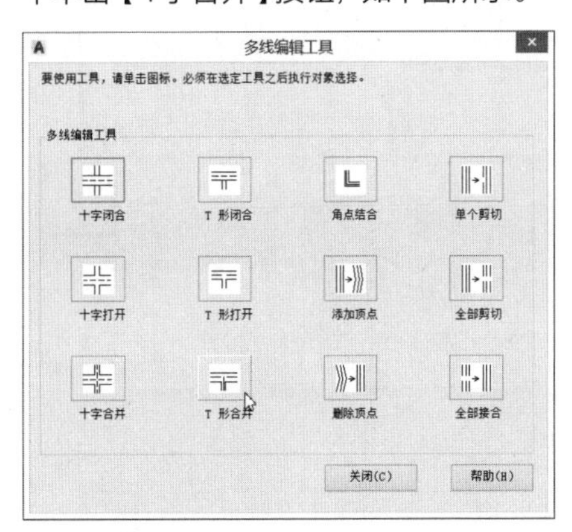

单击【T字合并】按钮

Step 12 接下来选中有T字交集两条多线进行T字合并操作，如下图所示。

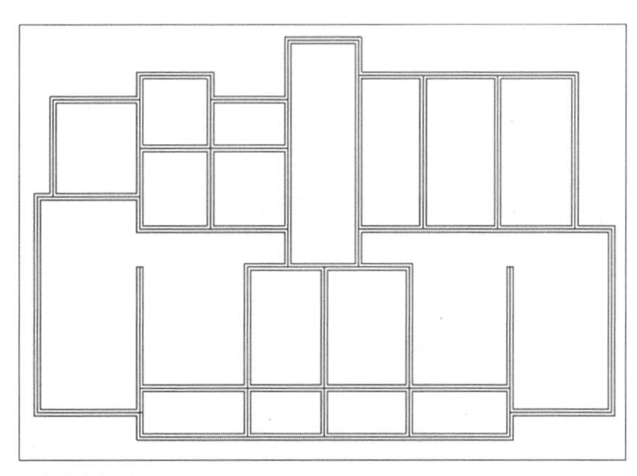

T字合并操作

Step 13 将【轴线】图层设为当前图层，调用【偏移】命令，按钮下图标注所示绘制内墙轴线（如卫生间、设备井等），并调用【修剪】命令，将多余的线修剪，形成完整的房间框架，如下图所示。

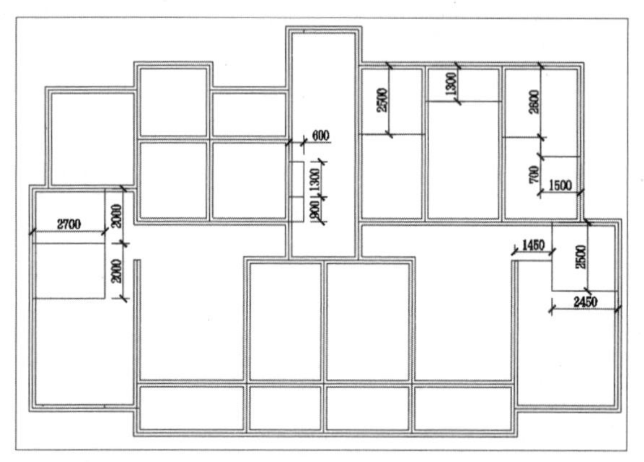

绘制内墙轴线

Step 14 将【墙线】设为当前图层，在命令行输入ML命令，根据提示输入ST并选择多线样式为Q120，设置对正为无，比例为1，选择轴线的起点绘制多线，如下图所示（删除标注）。

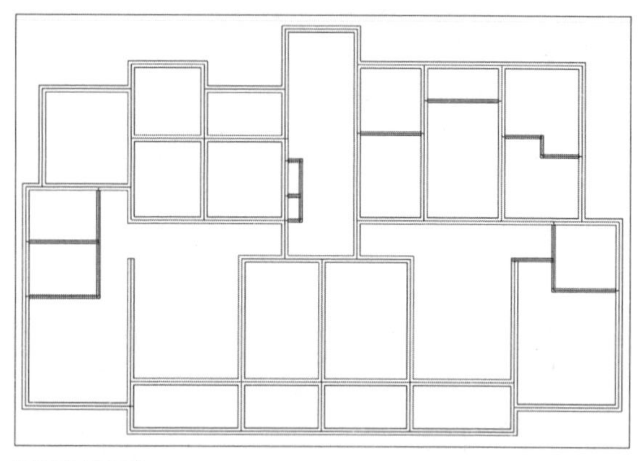

绘制内墙多线

Step 15 在菜单栏中执行【修改】>【对象】>【多线】命令，在弹出的【多线编辑工具】对话框中选择合适的合并类型对多线进行合并，如下图所示。

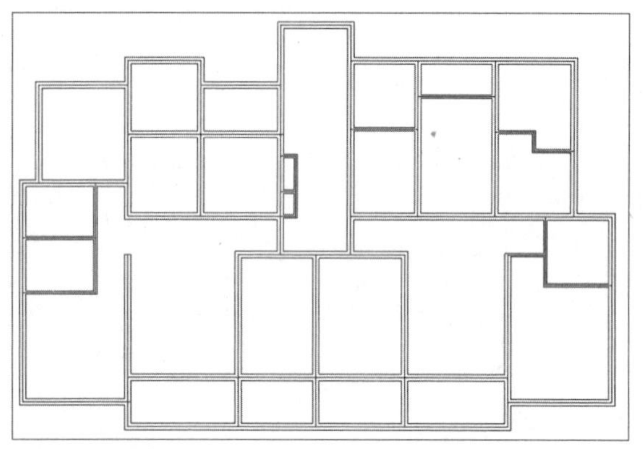

多线合并操作

Step 16 保持当前图层，在命令行输入REC命令，绘制240的正方形，在命令行输入H命令，给240的正方形填充SOLID图案，如下图所示。

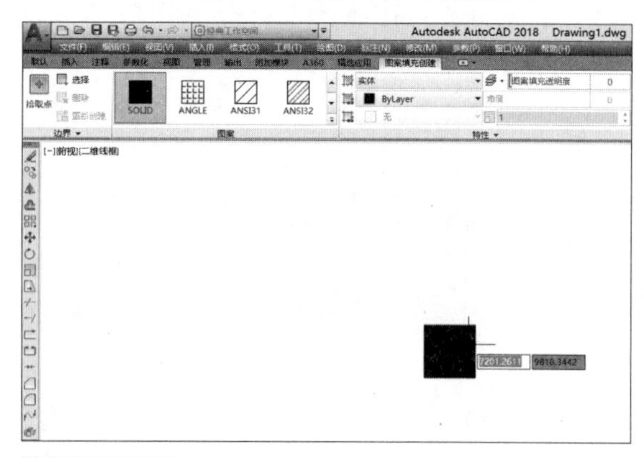

绘制并填充矩形

Step 17 然后在命令行中输入CO命令，将绘制的矩形复制并移动到平面图中对应的位置作为墙柱，如右图所示。

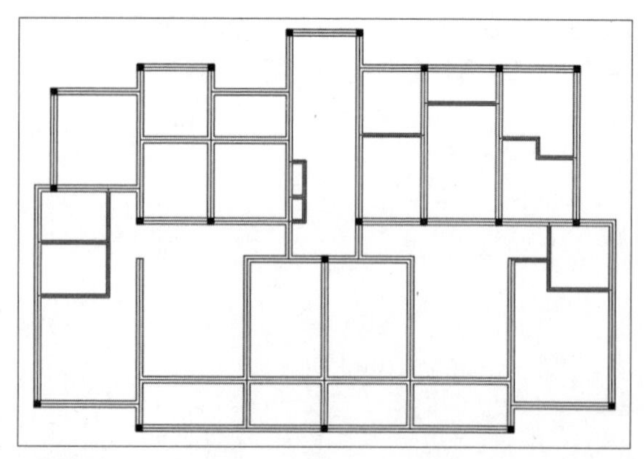

绘制墙柱

10.1.3 绘制门窗

接着绘制门窗，绘制前首先需要考虑开启门窗洞口，再根据需要绘制相应的门窗平面图块，然后将绘制好的门窗图块插入到相应的门窗洞口位置，下面是详细介绍。

Step 01 调用【分解】命令，将需要绘制窗口的外墙线分解，同时在【图层特性管理器】面板中将【轴线】图层设置为当前图层。接着调用【偏移】命令，左侧轴线向右偏移750，右侧轴线向左偏移750，再调用【修剪】命令，修剪出尺寸为1800的窗洞，如下图所示。

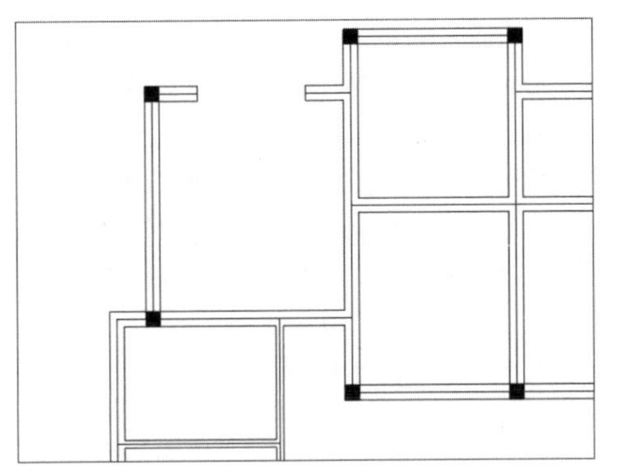

绘制第一个窗洞

Step 02 按照上述方法，并按图示尺寸绘制出平面图中所有窗洞，如下图所示。

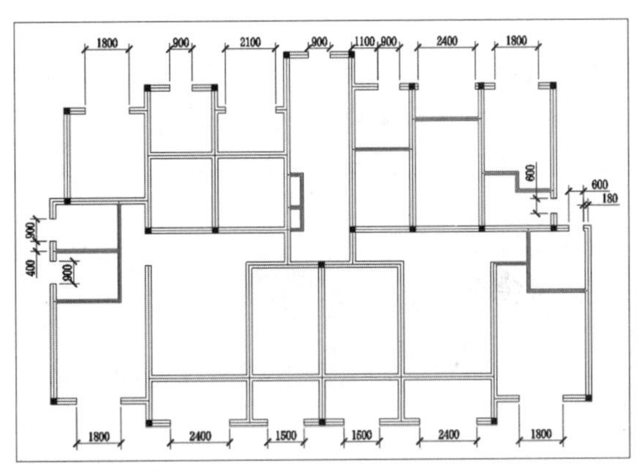

绘制其他窗洞

Step 03 切换【窗】图层为当前图层，接下来在菜单栏中执行【格式】>【多线样式】命令，并在弹出的【多线样式】对话框中新建多线样式，命名为C，在打开对话框中设置图元偏移为120、60、-60和-120，如下图所示。

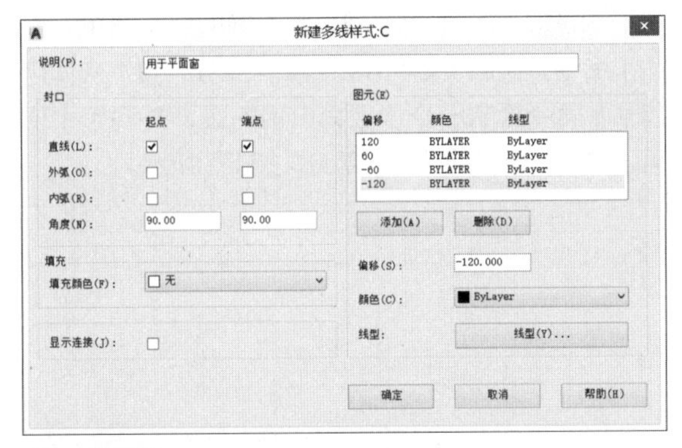

设置多线样式

Step 04 在命令行输入ML命令，根据提示输入ST选择多线样式为C，再选择【对正（J）】选项，在【输入对正类型】提示下选择【无（Z）】，再选择【比例（S）】，输入比例为1，在【指定起点】提示下选择垂直轴线的起点绘制平面窗口多线，如下图所示。

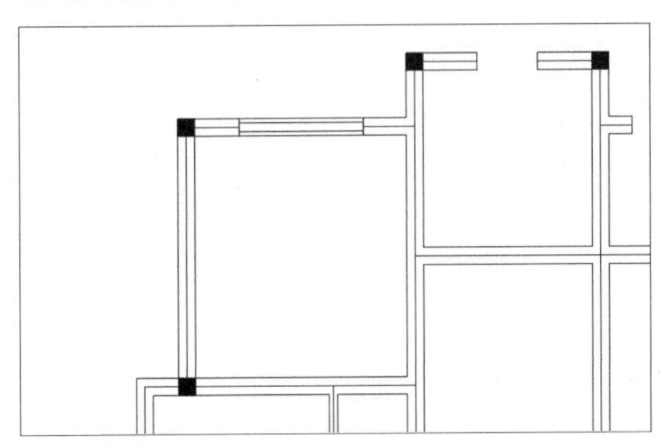

绘制平面窗

Step 05 之前绘制的窗洞尺寸为600、900、1800、2100和2400，因此需要绘制这5个尺寸的平面窗。在菜单栏中执行【绘图】>【块】>【创建】命令，调出【块定义】对话框，在名称中输入C2，如下图所示。

Step 06 单击【拾取点】按钮，选择绘制窗的左下角作为拾取点，然后单击【选择对象】按钮，选择刚绘制的平面窗，单击鼠标右键返回到【块定义】对话框单击【确定】按钮，如下图所示。

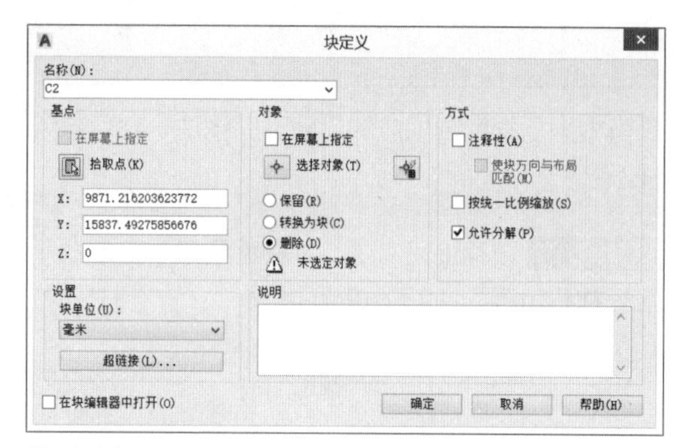

输入块的名称

Step 07 在菜单栏中执行【插入】>【块】命令，在弹出的【插入】对话框中选择定义的C2块，单击【确定】按钮之后在对应的位置插入块，如下图所示。

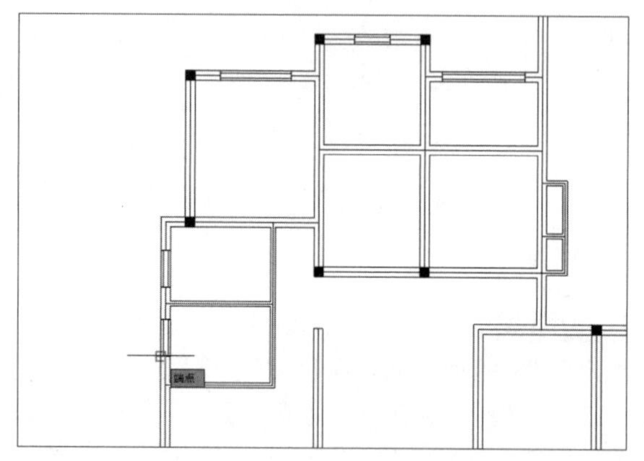

插入块

Step 09 调用【分解】命令，将需要绘制门的外墙线分解，同时在【图层特性管理】面板中将【轴线】图层设置为当前图层。接着调用【偏移】命令，配合使用【修剪】命令，修剪出如下图所示的门洞。

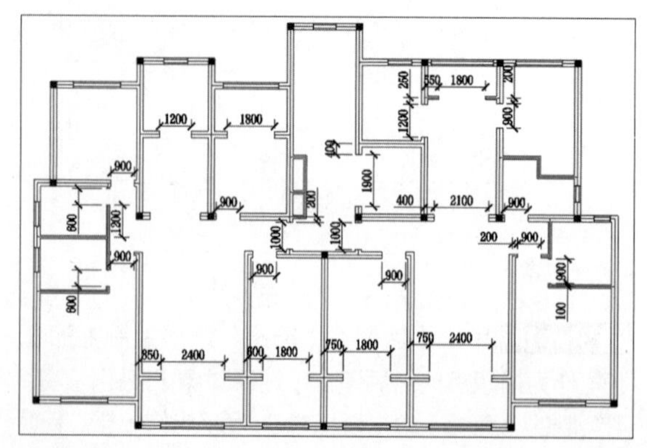

绘制门洞

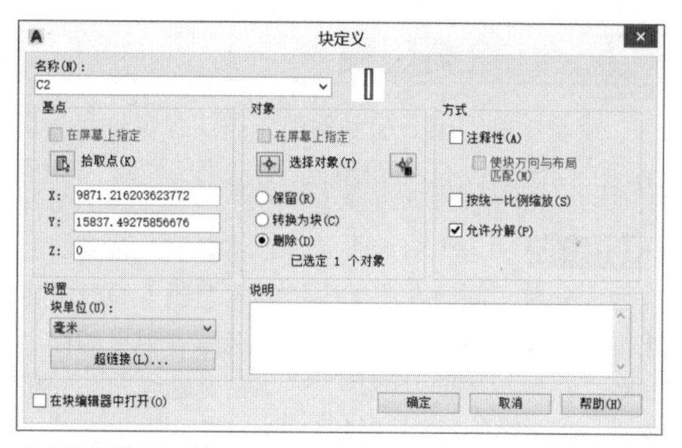

定义块的基点和对象

Step 08 根据相同的方法并将尺寸为600、1800、2100和2500的平面窗分别定义为C1、C3、C4和C5，定义完成之后在对应的位置插入对应的块，其中需要对部分块进行旋转操作，如下图所示。

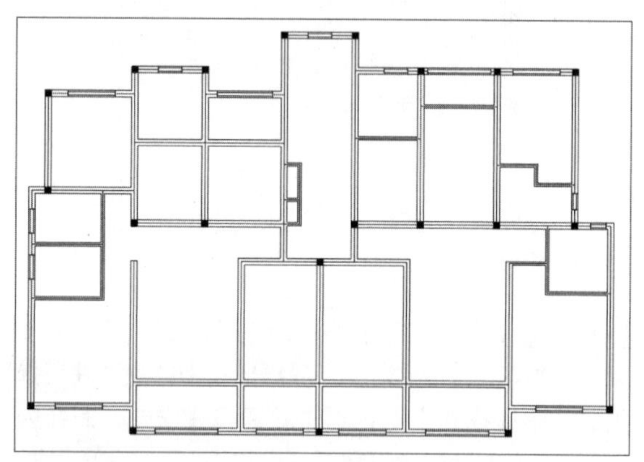

绘制窗口

Step 10 切换【门】图层为当前图层，调用【直线】命令，绘制长度为600的两条直线，接下来调用【圆】命令绘制一个半径为600的圆，并调用【修剪】命令，修剪掉多余的部分，如下图所示。

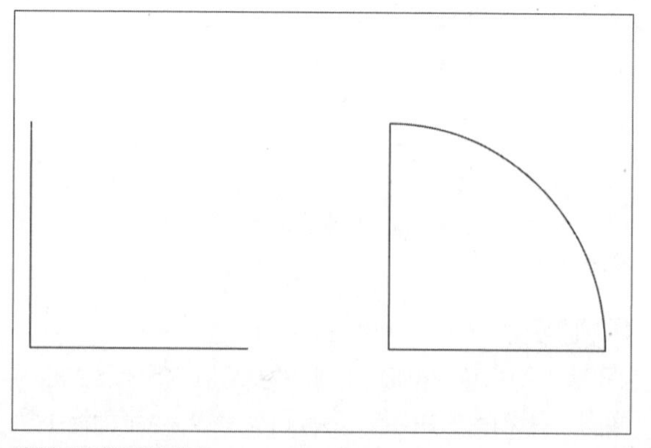

绘制平面门圆弧部分

Step 11 接下来删除两条直线，并在命令行输入REC命令，绘制一个长度为600、宽度为20的矩形，并绘制门的其他部分，如下图所示。

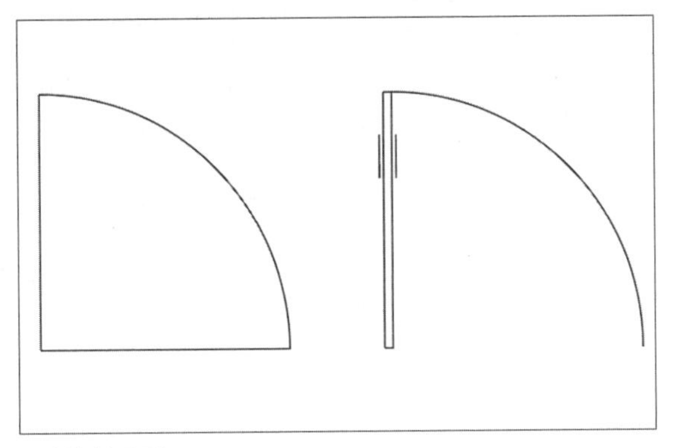

完成绘制平面门

Step 12 在命令行输入W命令，在弹出的【写块】对话框中单击【拾取点】按钮，拾取基点，如下图所示。

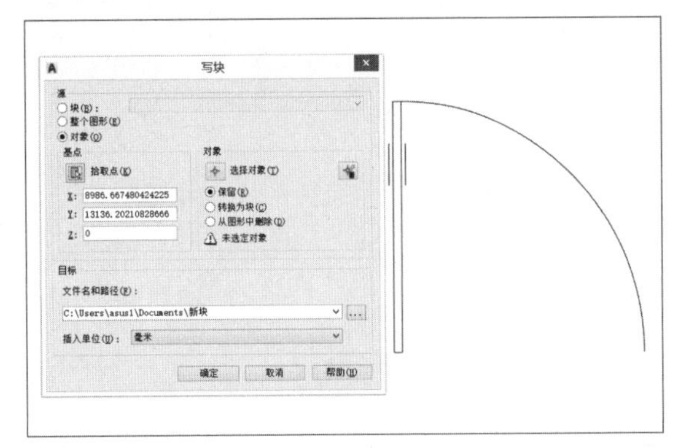

拾取基点

Step 13 接下来在【写块】对话框中单击【选择对象】按钮，选择块的主体对象，同时设置块的名称和存储路径，如下图所示。

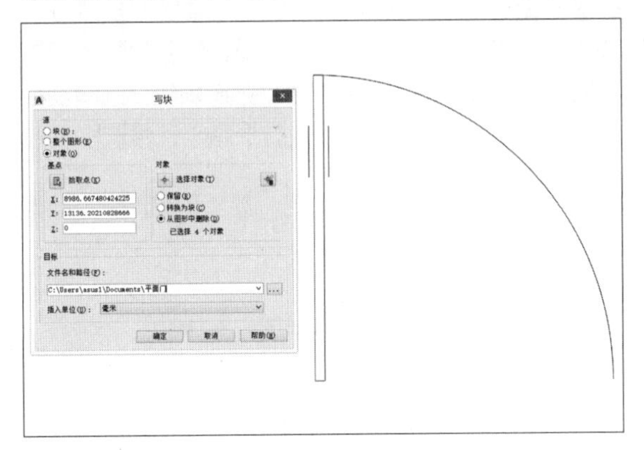

选择对象

Step 14 然后在合适的位置插入【平面门】块，在宽度为900的门洞处插入块时设置比例为1.5，注意在插入块时调整块的角度，如下图所示。

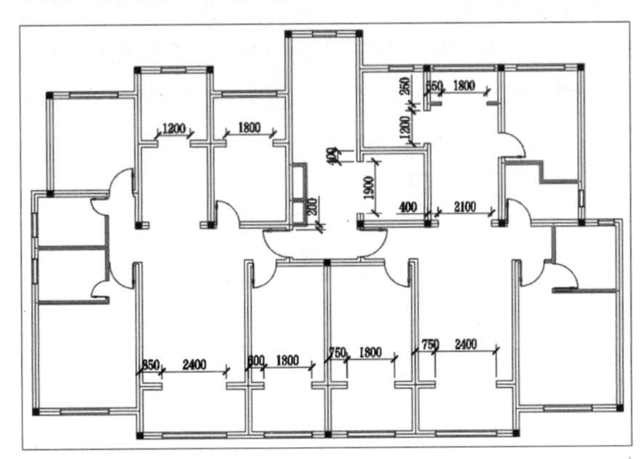

插入【平面门】块

Step 15 接着需要绘制如阳台、厨房等地方的推拉门，在命令行输入REC命令绘制一个长度为700，宽度为100的矩形，并复制一份矩形，将两个矩形错开排列，总长度为1200，如下图所示。

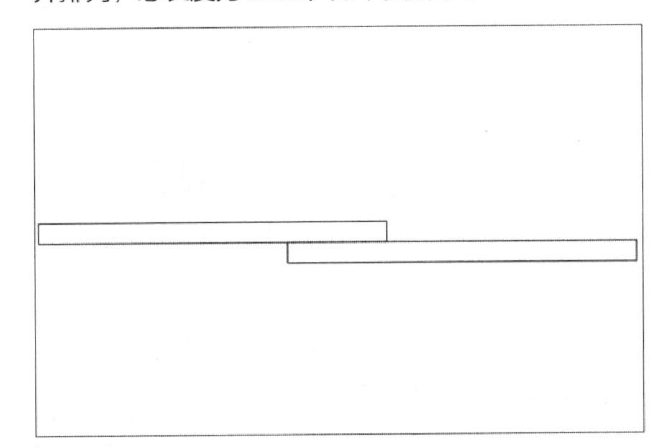

绘制平面推拉门部分

Step 16 在命令行输入PL命令、再输入H命令绘制一个箭头，调整好大小和位置之后，复制一份并旋转180°，然后移动到合适的位置，如下图所示。

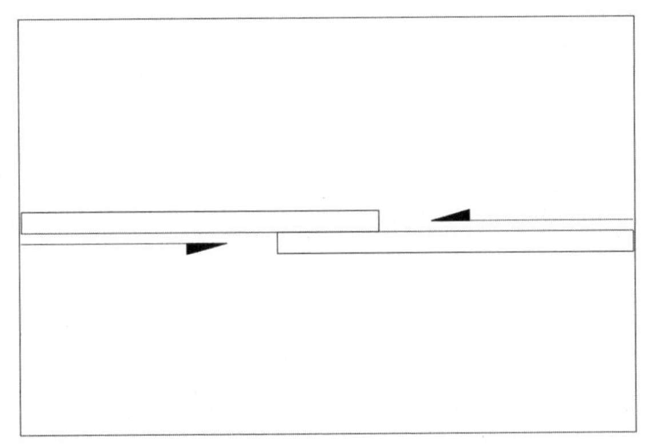

绘制平面推拉门箭头部分

Step 17 将推拉门写块之后按比例插入到合适的位置，效果如右图所示。

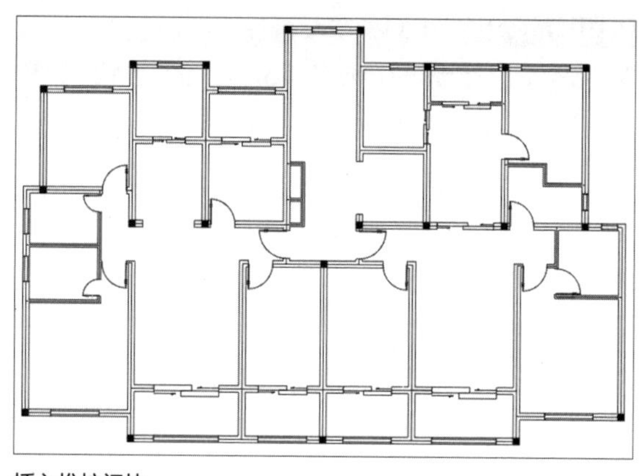
插入推拉门块

10.1.4 绘制楼梯

绘制好门窗后，现在需要绘制楼梯部分，绘制时可以使用轴线进行偏移，同时使用【多段线】命令以及【填充】命令绘制箭头，下面是详细介绍。

Step 01 切换【楼梯】图层为当前图层，调用【偏移】命令，将垂直方向轴线向右偏移1350，水平方向轴线向下偏移1300，然后再将偏移的水平轴线向下偏移260，重复执行8次，调用【修剪】命令，修剪多余的线，如下图所示。

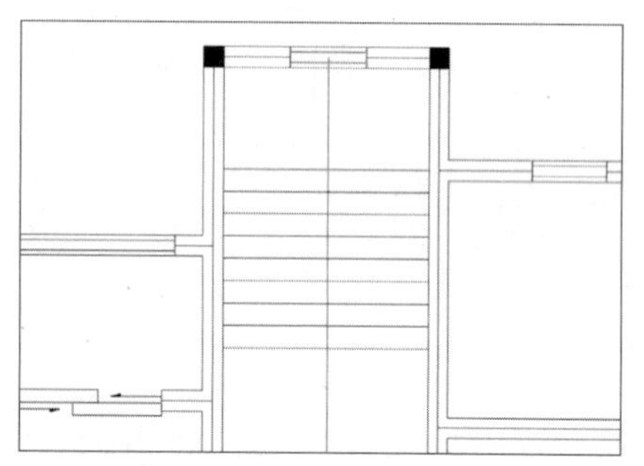
绘制楼梯主体

Step 02 调用【偏移】命令，将偏移的垂直方向轴线分别向左向右各偏移50、70，然后删除中间的垂直方向轴线。顶部和底部水平方向轴线分别向上和向下偏移90、60。调用【修剪】命令，修剪多余的线，如下图所示。

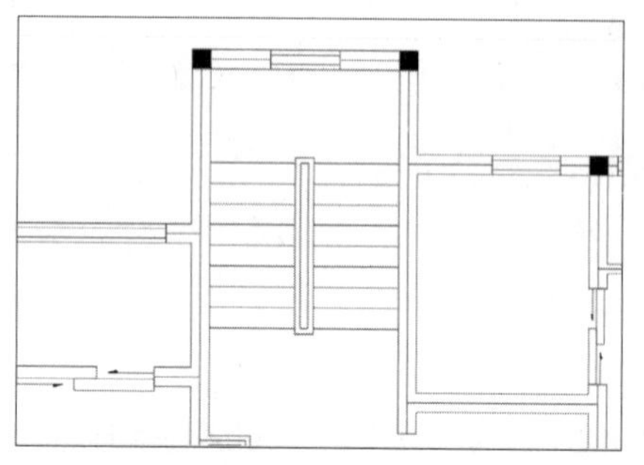
绘制楼梯扶手

Step 03 在命令行输入PL命令，自下而上绘制多段线，在端点处绘制箭头，绘制完成在命令行输入G命令编组，并在命令行输入H命令为箭头填充，效果如下图所示。

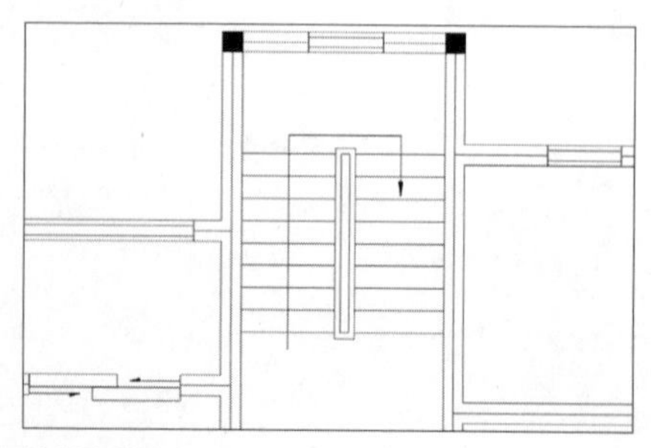
绘制方向线

Step 04 按照相同的方法绘制另一个箭头，同时绘制两条平行线，在中间处打断绘制箭头，效果如下图所示。

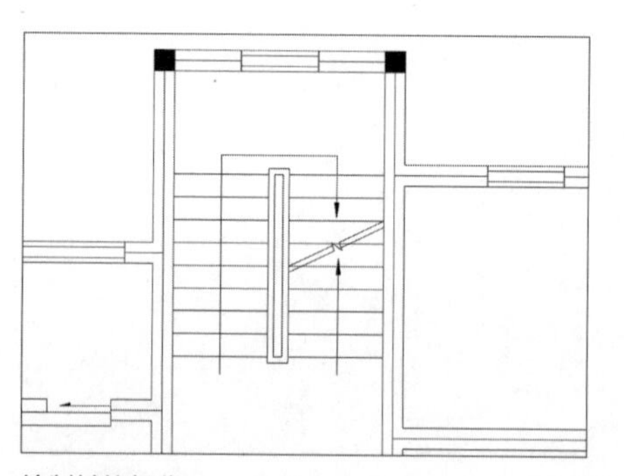
绘制其他部分

10.1.5 尺寸和文字标注

接下来需要为平面图添加尺寸标注和文字标注，在介绍轴线绘制时，我们已经对文字标注和尺寸标注的样式进行设置，这里直接对尺寸标注和文字标注进行设置即可。

Step 01 这里仅仅绘制了一个单元楼的平面图，根据设计要求，还需要镜像复制该单元平面图，调用【镜像】命令，选择整个图形并向右侧镜像，保留左侧的图形，效果如下图所示。

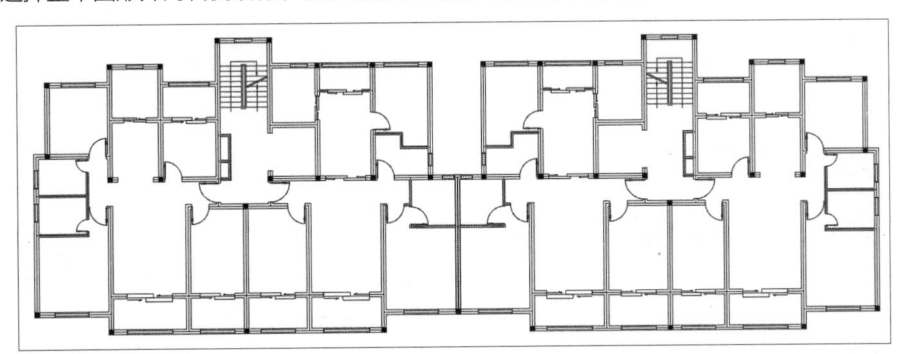

镜像平面图

Step 02 在【图层特性管理器】面板中切换【标注】图层为当前图层，在菜单栏中执行【标注】>【线性】命令，对平面图的外部尺寸进行标注，如下图所示。

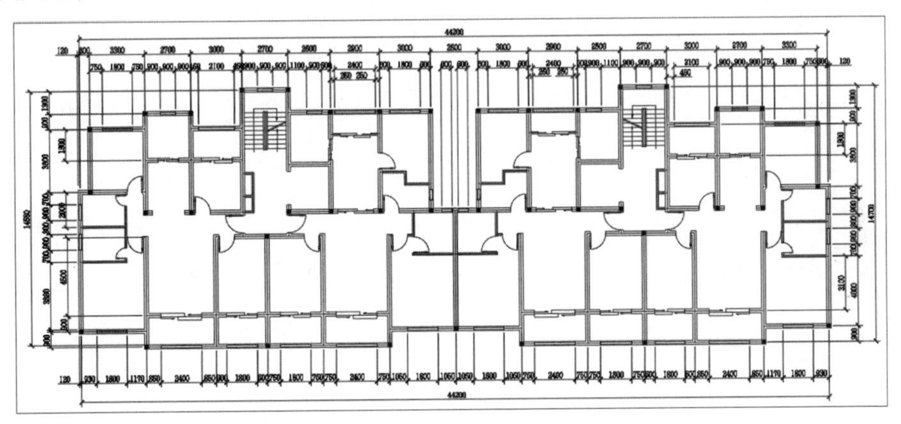

标注外部尺寸

Step 03 根据相同的方法对平面图内部进行标注，如下图所示。

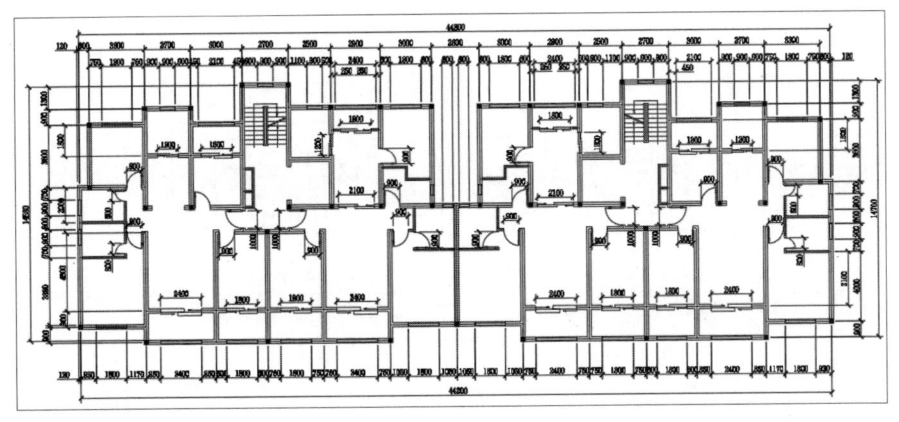

标注内部尺寸

Step 04 首先沿着左侧第一条轴线绘制一条垂直向上的标注线，接着在命令行中输入C命令，按Enter键后按照命令行提示输入R命令，按Enter键后输入200，在距刚绘制标注线顶端400处绘制一个圆形，如下图所示。

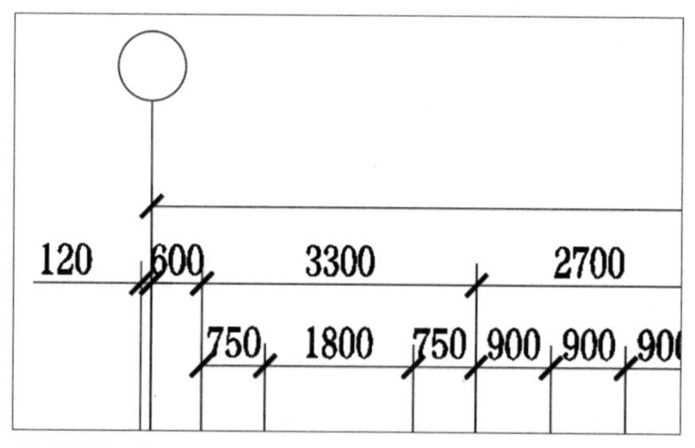

绘制轴线标注

Step 05 在菜单栏中执行【绘图】>【块】>【创建块】命令，在弹出的【块定义】对话框中单击【拾取点】按钮指定圆心为基点，单击【选择对象】按钮选定整个圆和垂直方向标注线轴线为对象，创建一个名称为【轴线标注】的块，如下图所示。

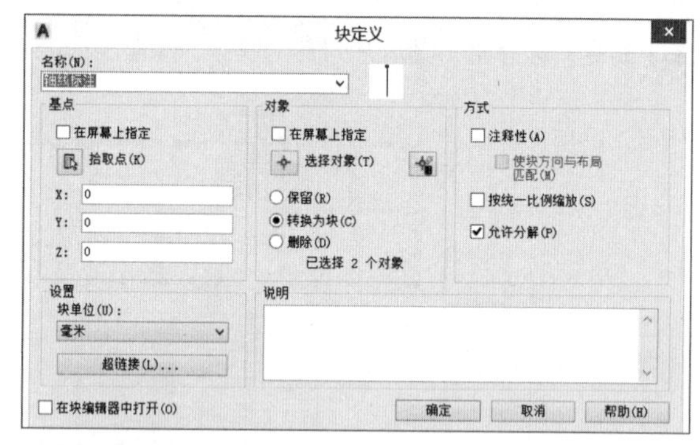

定义轴线标注块

Step 06 在菜单栏中执行【绘图】>【块】>【定义属性】命令，在【属性定义】对话框的【标记】文本框中输入【轴线】，单击【确定】按钮，在圆心位置输入块的属性值，如下图所示。

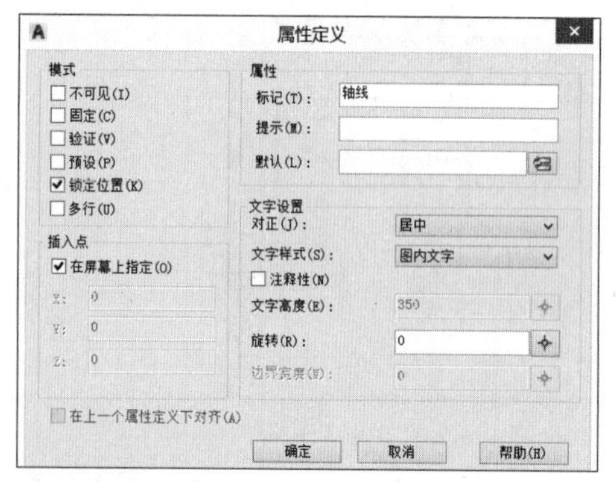

设置【标记】属性

Step 07 单击属性块，在弹出的【编辑属性定义】对话框的【标记】数值框中输入1数值，单击【确定】按钮，如下图所示。

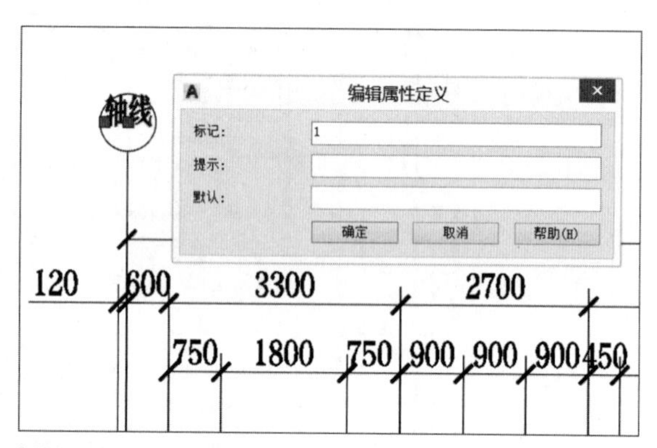

【编辑属性定义】对话框

Step 08 在菜单栏中执行【插入】>【块】命令，插入块后双击然后修改块的属性，以完成对轴号的编辑，效果如下图所示。

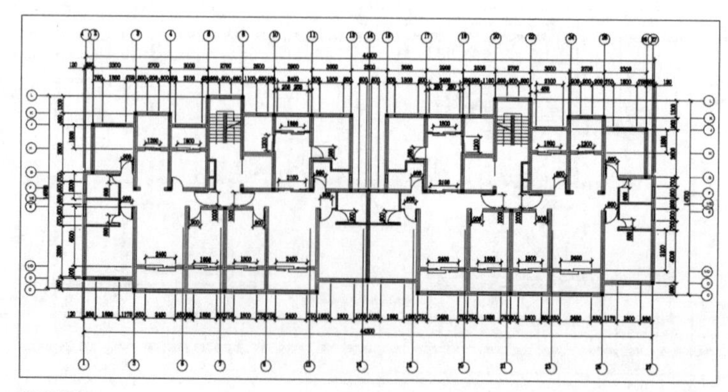
标注轴号

Step 09 切换【文字】图层为当前图层，在菜单栏中执行【绘图】>【文字】>【多行文字】命令，在相应位置输入需要标注文字，如下图所示。

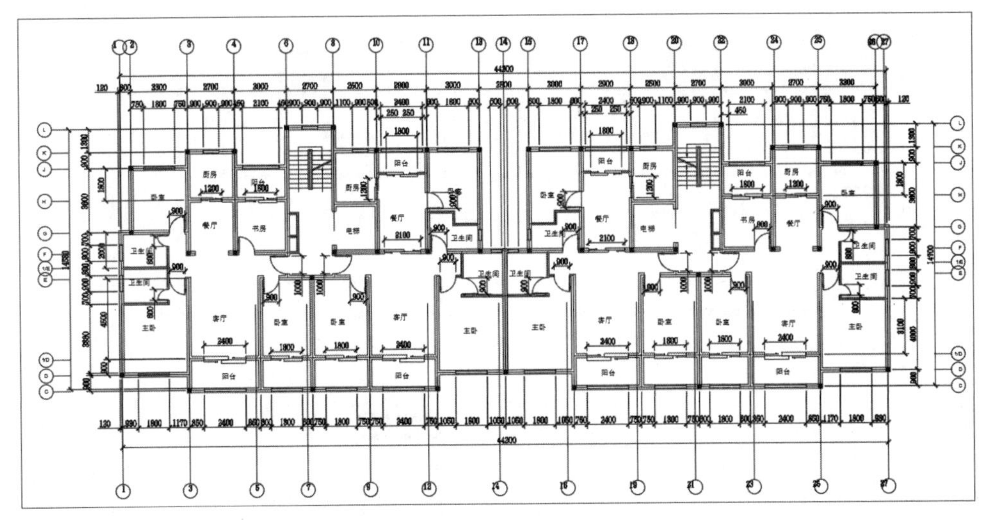

标注文字

Step 10 最后添加一些细节，包括空调、电梯井等，住宅建筑平面绘制完成，如下图所示。

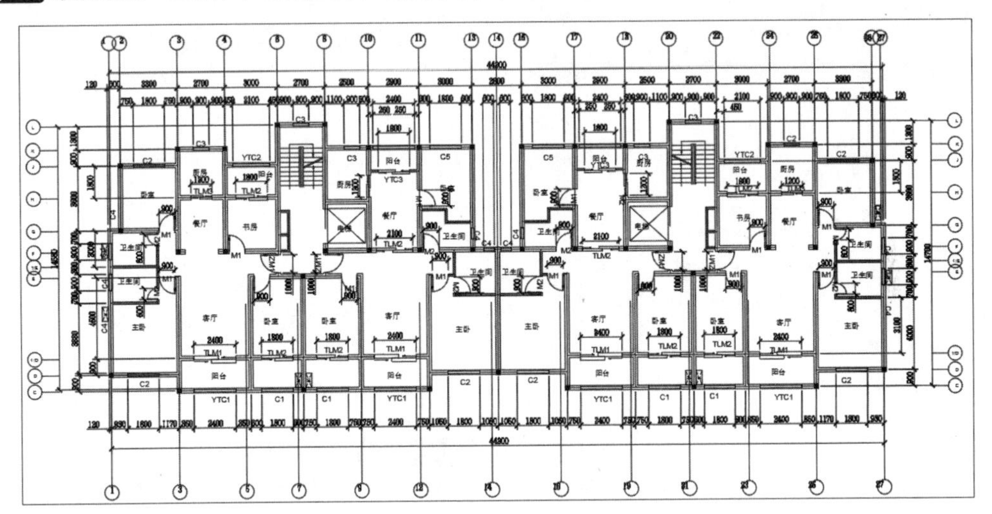

查看最终效果

10.2 绘制小高层住宅建筑南立面图

下面介绍南立面图的绘制，这里需要以上一节绘制的建筑平面图作为标准层，以确定定位轴线，再根据辅助线运用【直线】命令、【偏移】命令、【块】命令等多个命令完成绘制，具体操作步骤如下。

10.2.1 绘制定位轴线

本节将对轴线进行定位，将垂直方向的轴线进行延伸，同时绘制立面图层的其他水平方向的轴线，并对图层、文字样式、尺寸样式等进行设置，具体操作步骤如下。

Step 01 在菜单栏中执行【文件】>【打开】命令，在弹出的【打开】对话框中选择上一节制作的图像文件。复制并打开副本文件，选择不需要的标准、文字等，直接按Delete键删除即可，如下图所示。

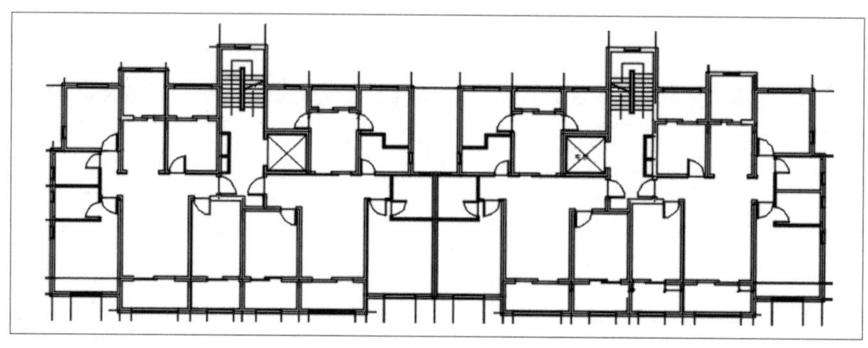

整理图像

Step 02 在菜单栏中执行【格式】>【图层】命令，在打开的【图层特性管理器】面板中将0图层设为当前图层，同时选中其他图层，执行【将选定图层合并到】命令，如下图所示。

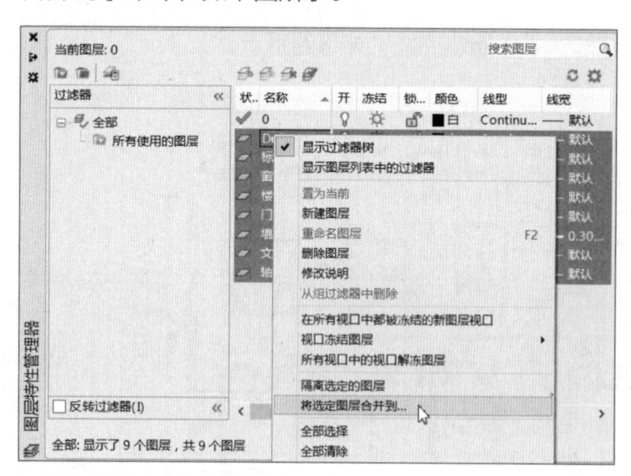

执行【将选定图层合并到】命令

Step 03 在弹出的【合并到图层】对话框中选择0图层，并单击【确定】按钮，如下图所示。接下来在弹出的【合并到图层】对话框单击【是】按钮，经过运算这些图层将被合并到0图层。

【合并到图层】对话框

Step 04 在命令行中输入LIMITS命令，按Enter键后输入0.0000、0.0000，按Enter键后再输入42000、297000，即可完成图形边界的创建，如下图所示。

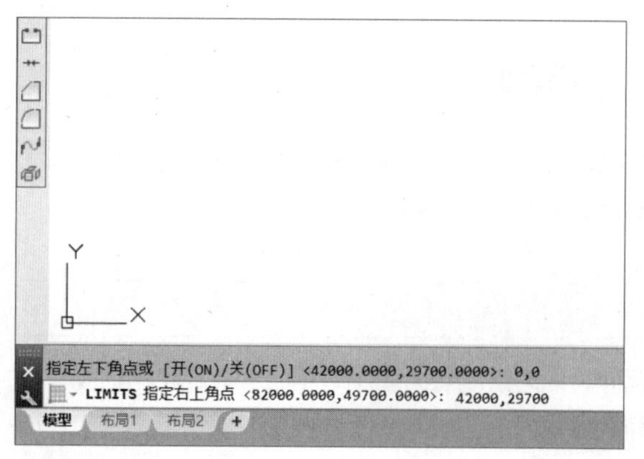

定义图形边界

Step 05 在菜单栏中执行【格式】>【比例缩放列表】命令，在弹出的【编辑图形比例】对话框中选择合适的图形比例，最后单击【确定】按钮，如下图所示。

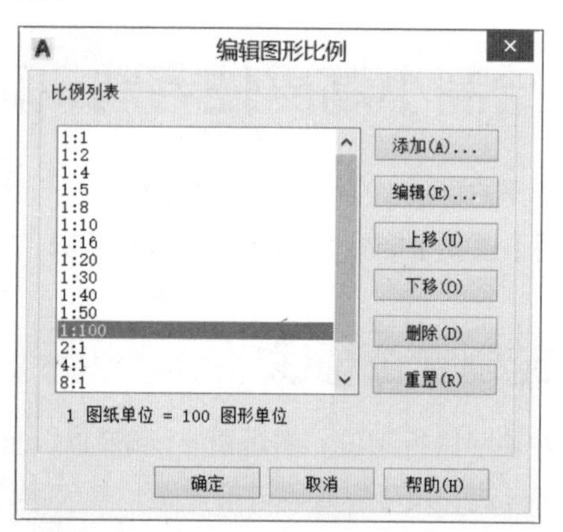

设置图形比例

Step 06 在菜单栏中执行【格式】>【文字样式】命令，打开【文字样式】对话框，选择上一节创建的【图内文字】文字样式，如下图所示。

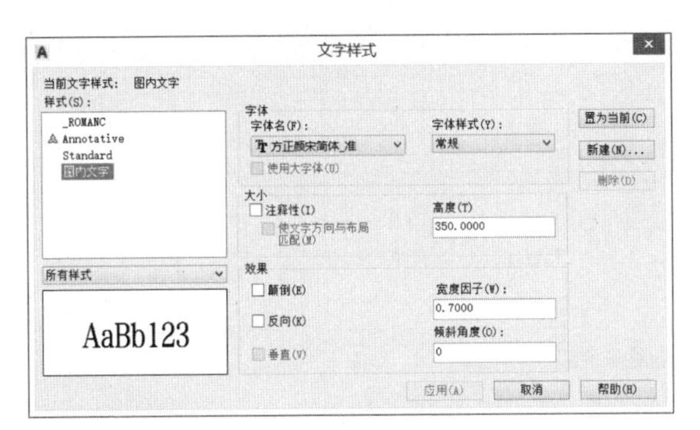

设置文字样式

Step 07 接着还需要设置标注样式，这里以上一节创建的【建筑平面】标注样式为基础样式创建【建筑立面】标注样式，如下图所示。

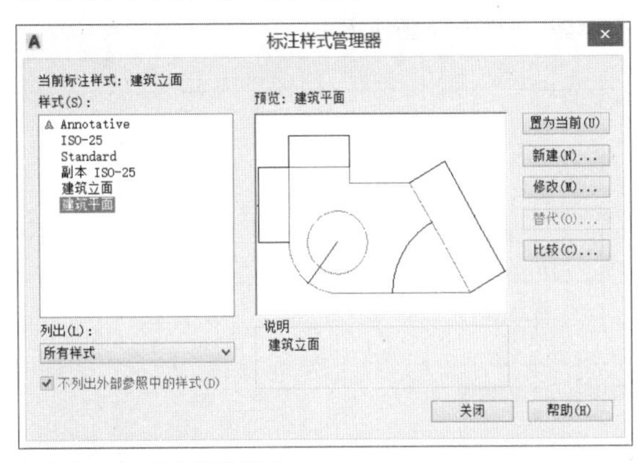

创建【建筑平面】标注样式

Step 08 在【图层特性管理器】面板中单击【新建图层】按钮，新建图层并将图层分别命名为【地坪线】、【轴线】、【屋顶】、【文字标注】、【外墙线】、【栏杆】、【空调装饰板】等，然后再分别修改每个图层的颜色，线型、线宽，如下图所示。

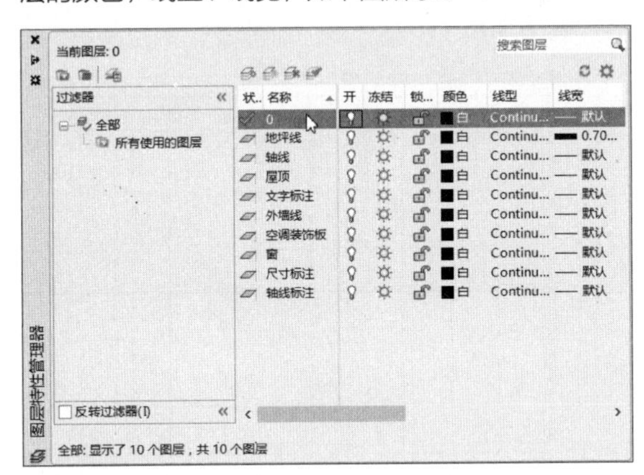

新建图层

Step 09 切换到源文件图纸，在菜单栏中执行【编辑】>【复制】命令，选择修剪后的标准层平面图，将其复制到新设置的图纸中。并将【地坪线】图层设为当前图层，在命令行输入L命令，在适当的距离处绘制地坪线，如下图所示。

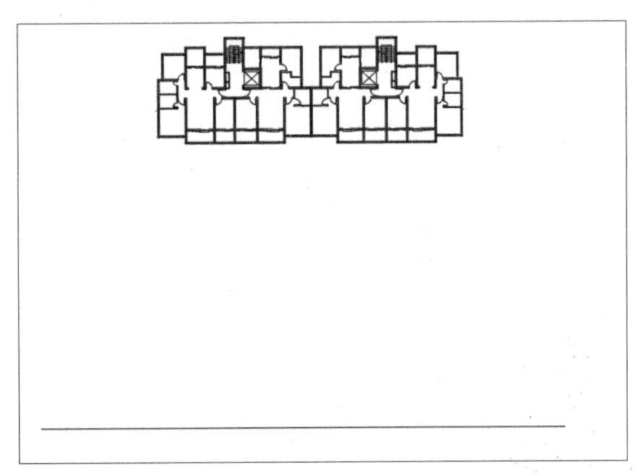

绘制地坪线

Step 10 切换【轴线】图层为当前图层，在菜单栏中执行【修改】>【延伸】命令，将平面图中的线延伸到地坪线上，如右图所示。然后在菜单栏中执行【修改】>【偏移】命令，将地坪线依次向上偏移450、3000、3000、600。

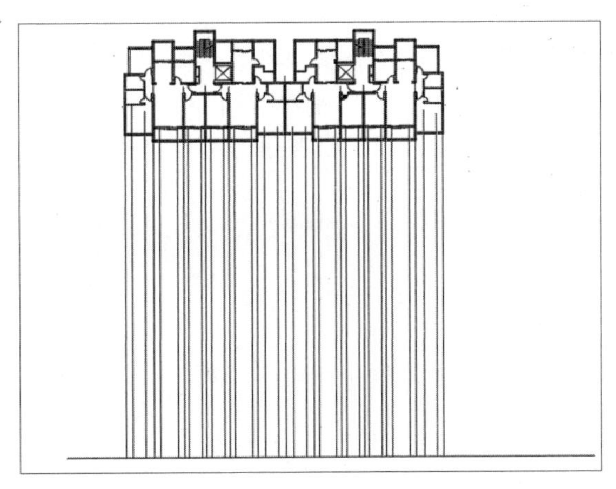

延伸轴线

Step 11 调用【偏移】命令，最左边和最右边的竖向直线分别向右、向左各偏移120、80。在菜单栏中执行【修改】>【修剪】命令，对引出的辅助线进行修剪，效果如下图所示。

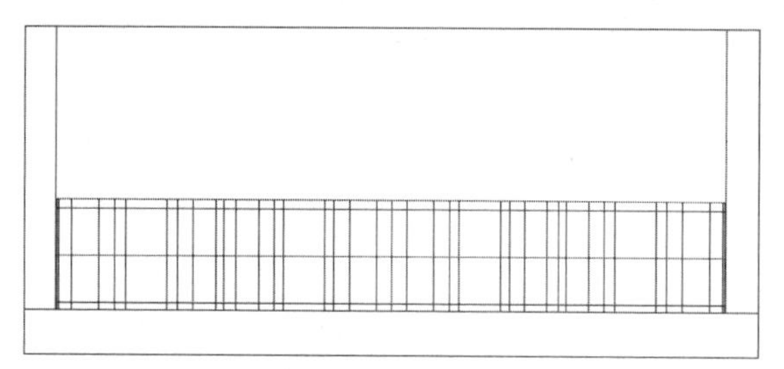

偏移垂直方向轴线

Step 12 调用【修剪】命令，保留左起第21条竖向轴线以左部分，将第22条轴线向右部分修剪删除，并比对之前的平面图检查轴线距离，效果如下图所示。

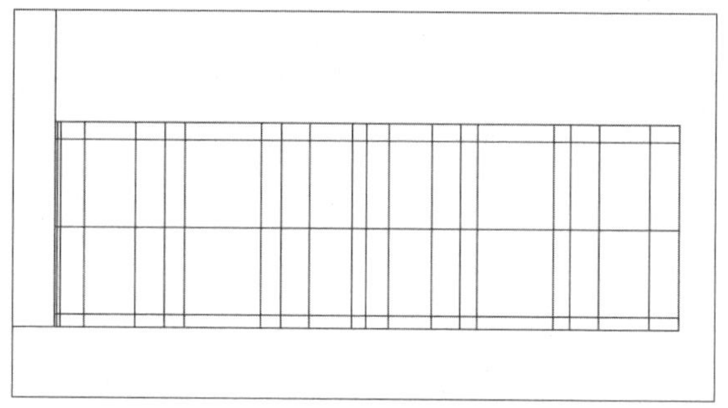

删除多余部分

10.2.2 绘制一层和二层立面图

接下来需要绘制一层和二层的立面图，最主要的部分是窗、空调装饰板以及正门，将用到的知识点包括【偏移】、【矩形】和【块】命令等，具体操作步骤如下。

Step 01 将【窗】图层设为当前图层，调用【偏移】命令，将左边第4条垂直方向轴线向右偏移900，将下面第2条水平直线向上偏移900，如下图所示。

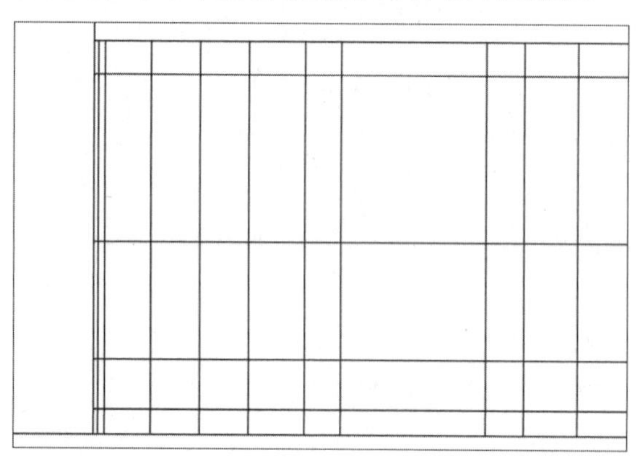

偏移窗线

Step 02 调用【修剪】命令，将上一步偏移的多余线段进行修剪，如下图所示。

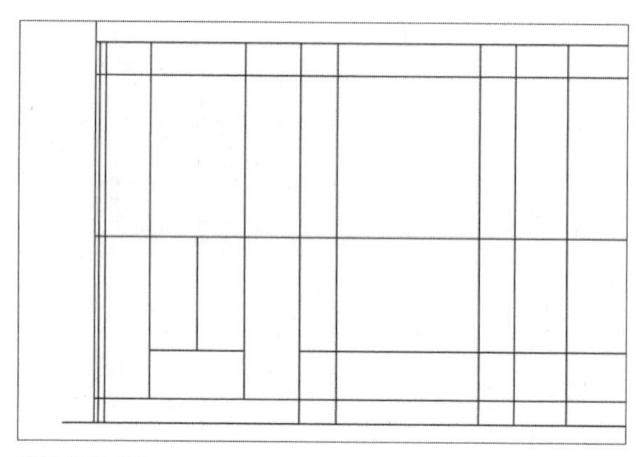

修剪多余窗线

Step 03 在命令行中输入REC命令，以左边起第4条垂直轴线和下方起第3条水平轴线交点为起点，绘制一个长1800、宽1800的矩形作为外窗框，如右图所示。

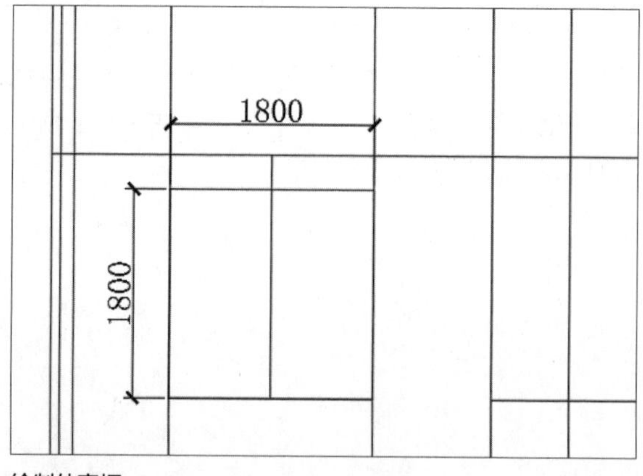

绘制外窗框

Step 04 选中上一步创建的矩形，在命令行输入CO命令并复制一份，选中复制的矩形将左边、右边以及下方的矩形边分别向内移动70，同时将上方的边向下移动470，如下图所示。

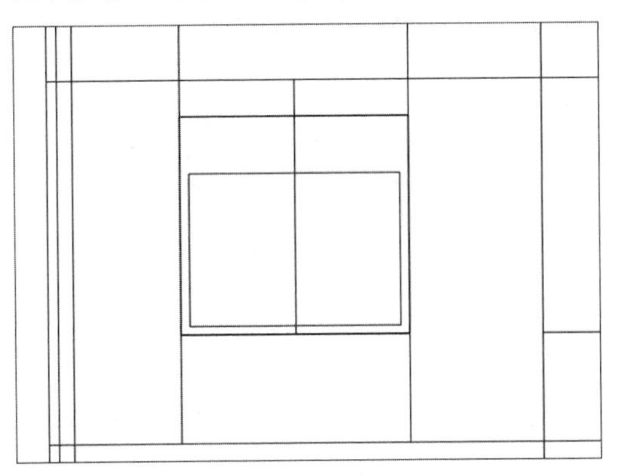

调整内窗框

Step 05 在命令行中输入L命令，以刚刚绘制的矩形为基础，在距左边向右45、距下方向上45的位置绘制两条直线，如下图所示。

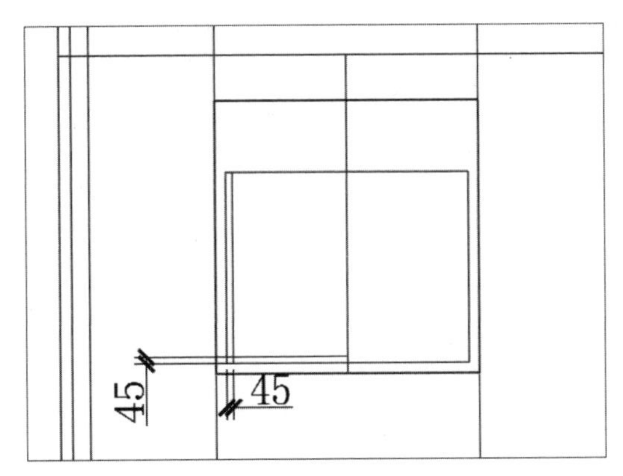

绘制直线

Step 06 以刚绘制的窗线的角点为起点，在命令行中输入REC命令，绘制一个长为740、宽为1170的矩形，如下图所示。绘制完成之后选中绘制的直线，按Delete键删除即可。

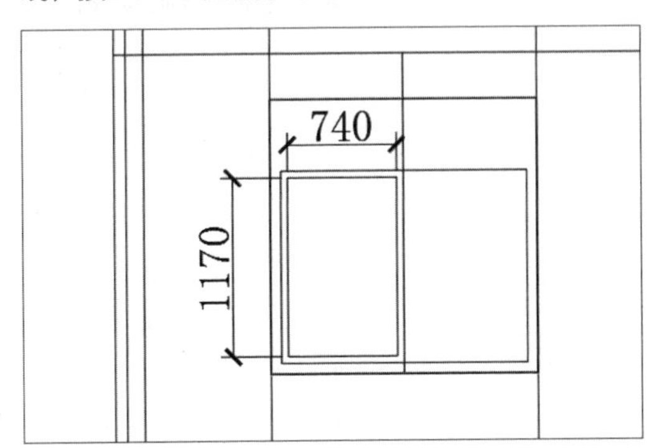

绘制玻璃框

Step 07 选中刚创建的矩形，调用【偏移】命令，将其向内偏移15，如下图所示。

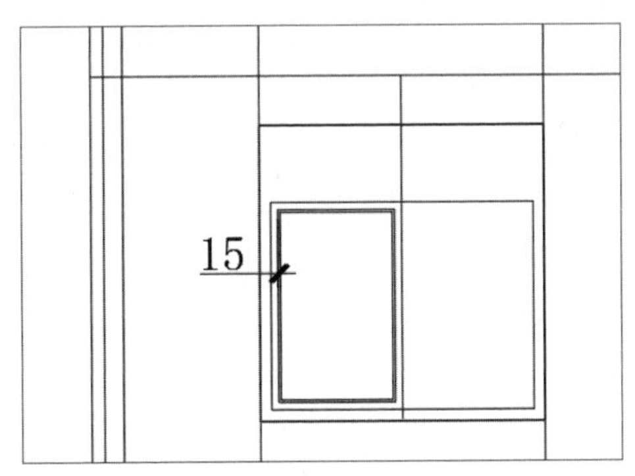

绘制内玻璃窗

Step 08 选中刚创建的两个玻璃窗框，调用【镜像】命令，选择中线进行镜像处理，如下图所示。

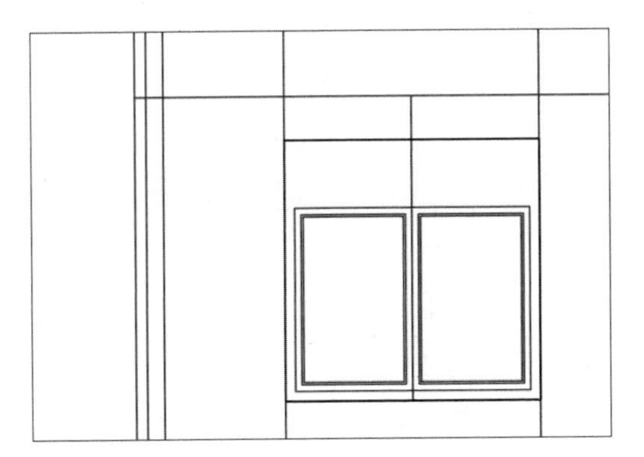

镜像玻璃窗

Step 09 选中窗户的外框，从其左上角向上移动70作为起点，在命令行输入REC命令，创建一个长度为800、宽度为330的矩形，如下图所示。

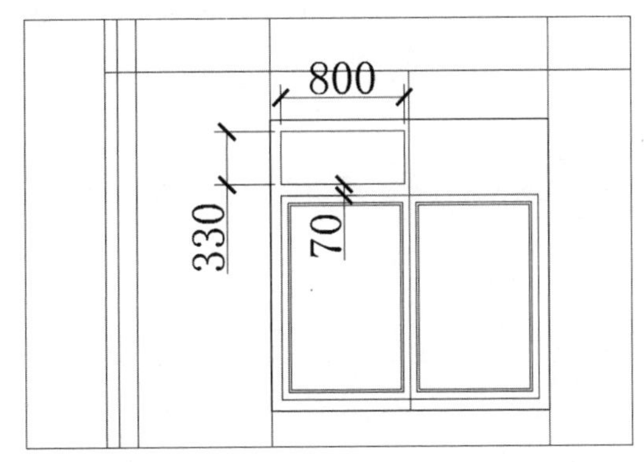

绘制花窗外框

Step 10 选中刚创建的矩形，调用【偏移】命令，将其向内偏移15。接着调用【镜像】命令，选择中线对这两个矩形进行镜像处理，如下图所示。

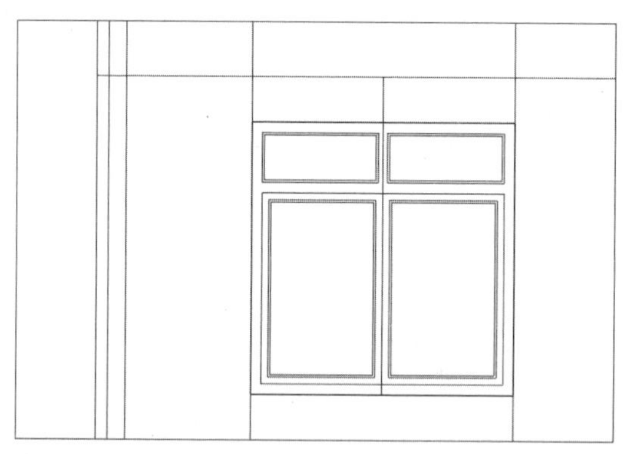

绘制完整花窗

Step 11 在菜单栏中执行【绘图】>【块】>【创建】命令，打开【块定义】对话框，在【名称】文本框中输入C2，单击【拾取点】按钮选择1800×1800矩形的左下角作为基点，接着单击【选取对象】按钮选择整个窗子作为对象，如下图所示。

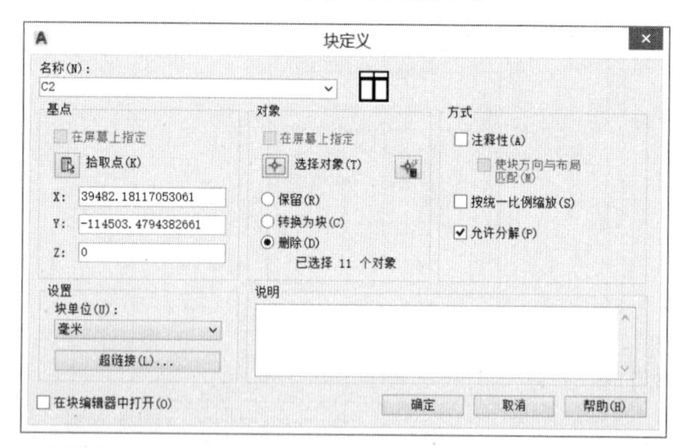

定义窗户块

Step 12 调用【偏移】命令，将下起第二条水平线向上偏移1100，将左起第7根垂直方向轴线向右偏移1350，以偏移的水平轴线与左起第7条垂直轴线的交点为起点，绘制一个长为2700、宽为1600的矩形，并将偏移后的水平方向轴线删除，如下图所示。

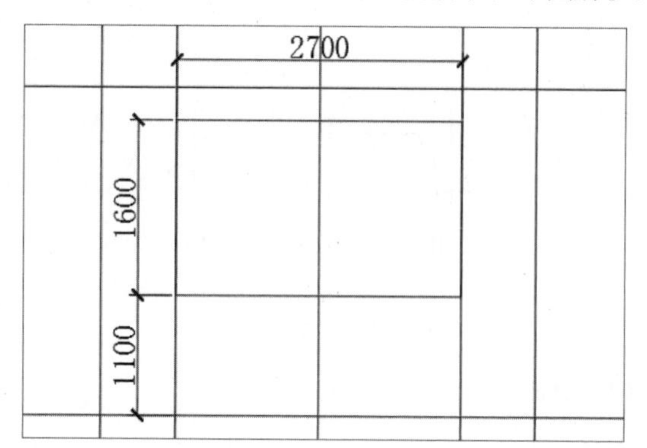

偏移窗线并绘制外窗框

Step 13 调用【偏移】命令，将矩形左边的长竖向轴线向右偏移70，在命令行输入L命令，在矩形下边线绘制一条直线，向上偏移70，与竖向直线交点为起点，绘制一个长为460、宽为1060的矩形，如下图所示。

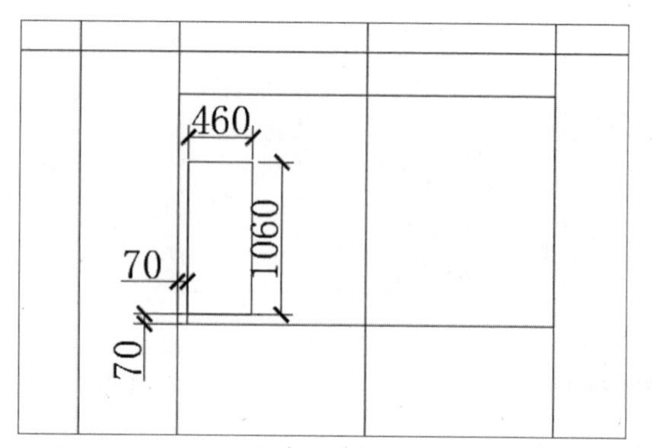

绘制内窗框

Step 14 调用【偏移】命令，将矩形左边的垂直方向轴线向右偏移70，与水平直线的交点为起点，绘制一个长750、宽1060的矩形，如下图所示。

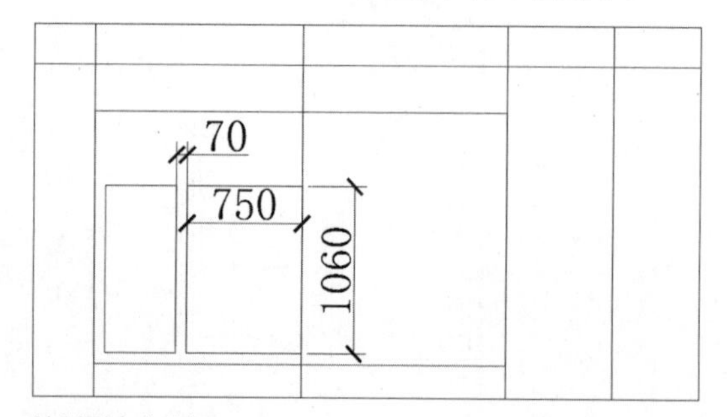

绘制剩余内窗框

Step 15 选择第一个矩形，调用【偏移】命令，将其向内偏移45；选择第二个矩形，将其向内偏移两次，分别为45和15，如下图所示。

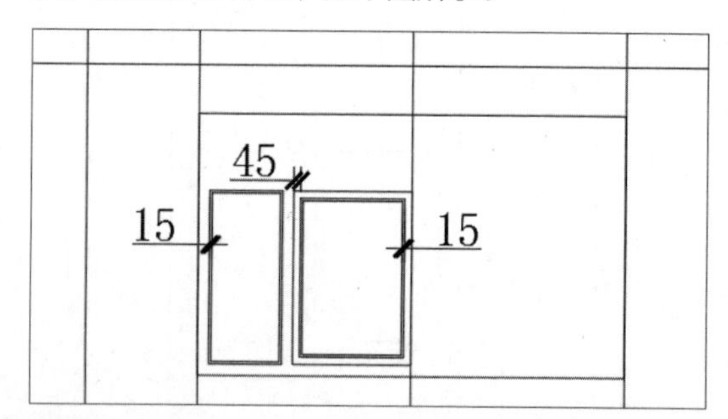

绘制左侧内窗框

Step 16 调用【镜像】命令，将左侧的窗口向右侧镜像处理，如下图所示。

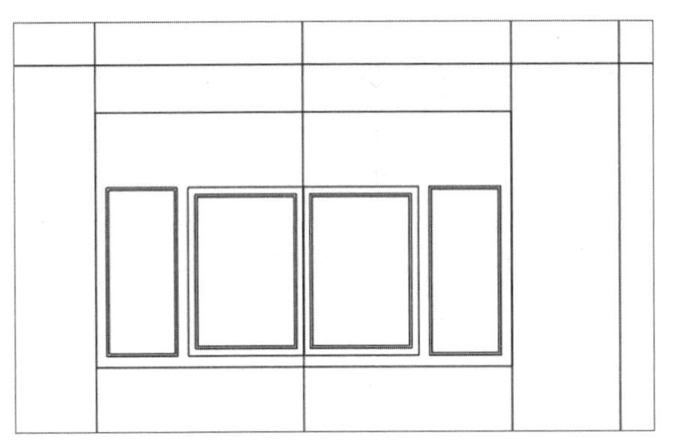

镜像处理

Step 17 在命令行中输入REC命令，选择第一个矩形左上角并向上移动70作为起点，绘制一个长为460、宽为330的矩形，如下图所示。

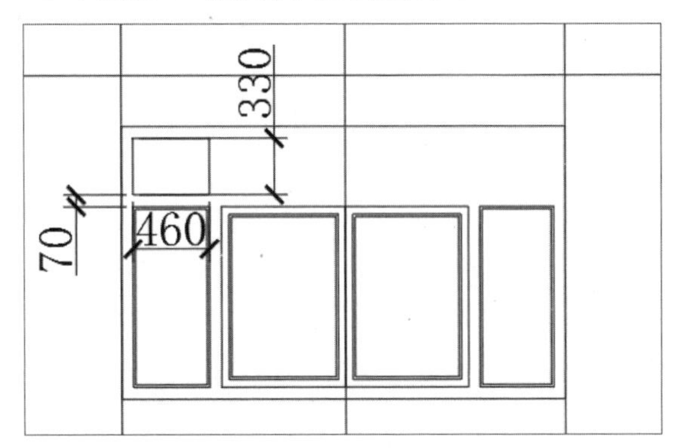

绘制第一个花窗外框

Step 18 以上一个矩形的右下角向右70为起点，绘制一个长为705、宽为330的矩形，如下图所示。

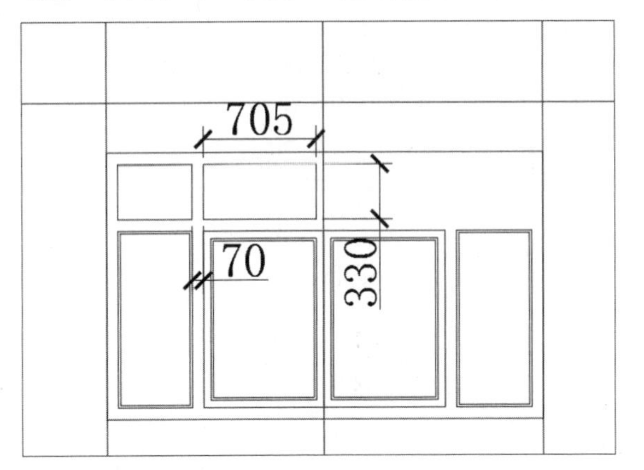

绘制第二个花窗外框

Step 19 选择两个花窗外框，调用【偏移】命令，分别将其向内偏移15，接着调用【镜像】命令将其向右侧镜像处理，如下图所示。

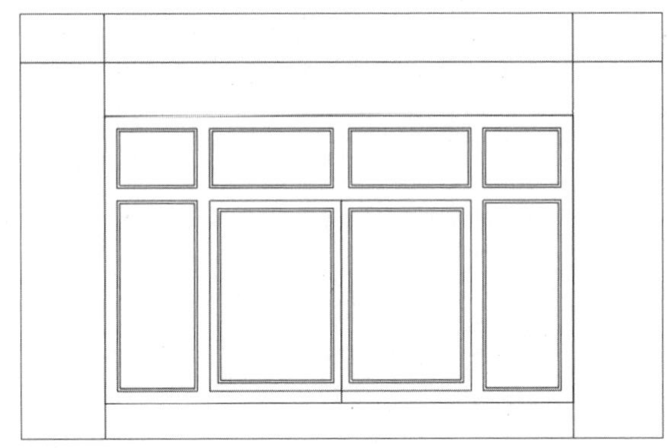

绘制完整窗户

Step 20 在菜单栏中执行【绘图】>【块】>【创建】命令，在弹出的【块定义】对话框设置块名称为C3，单击【拾取点】按钮选择外窗框左下角为基点，单击【选择对象】按钮选择整个窗户为对象，如下图所示。

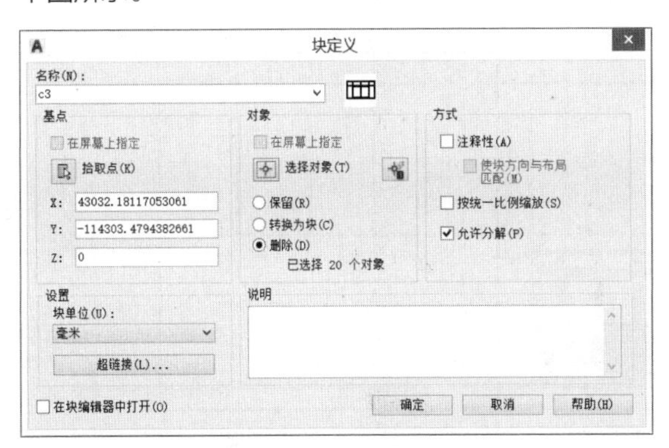
块定义

名称(N)：c3

基点
- 在屏幕上指定
- 拾取点(K)
- X: 43032.18117053061
- Y: -114303.4794382661
- Z: 0

对象
- 在屏幕上指定
- 选择对象(T)
- 保留(R)
- 转换为块(C)
- 删除(D)
- 已选择 20 个对象

方式
- 注释性(A)
- 使块方向与布局匹配(M)
- 按统一比例缩放(S)
- 允许分解(P)

设置
- 块单位(U)：毫米
- 超链接(L)...

说明

- 在块编辑器中打开(O)

确定　取消　帮助(H)

定义C3窗户

Step 21 在【图层特性管理器】面板中将【空调装饰板】图层设为当前图层，以块C3左下角为起点，在命令行中输入REC命令，绘制一个长为2700、宽为130的矩形，如下图所示。

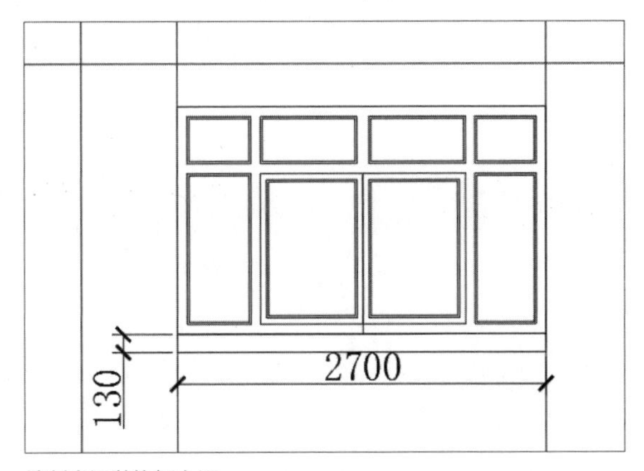

绘制空调装饰板上沿

Step 22 以刚绘制矩形左下角向右100处为起点，在命令行中输入REC命令绘制一个长为2500、宽为820的矩形，如下图所示。

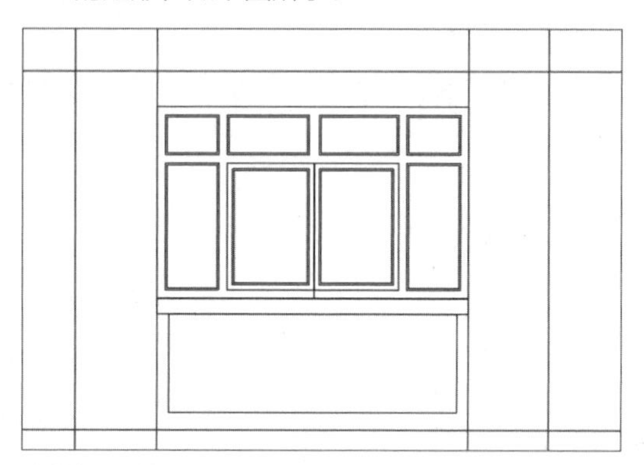

绘制空调装饰板外框

Step 23 调用【偏移】命令，将绘制的空调装饰板外框向内偏移70，如下图所示。

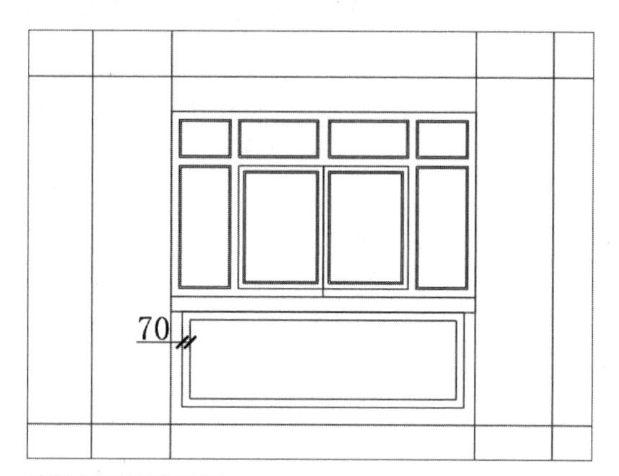

绘制空调装饰板内框

Step 24 调用【分解】命令，将偏移的空调装饰板内框进行分解，同时在命令行中输入L命令，配合【修剪】命令，将空调装饰板内框分解成两个长为1145、宽为680的矩形，如下图所示。

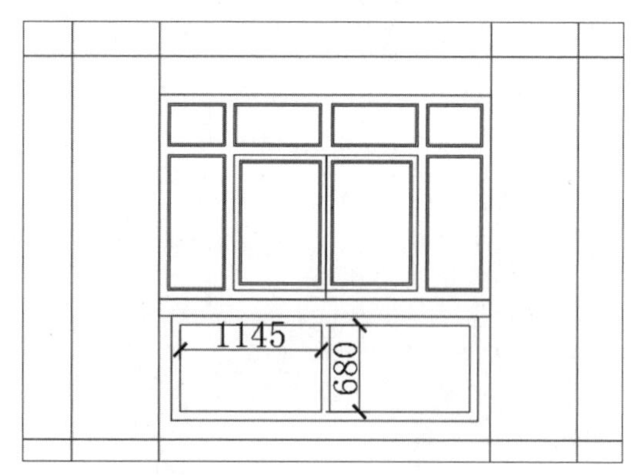

分解空调装饰板内框

Step 25 切换【空调装饰板】图层为当前图层，调用【偏移】命令，将内矩形下边线向上偏移75,35；75,35；75,35；75,35；75,35；75,35。调用【镜像】命令，将其镜像到右侧，如下图所示。

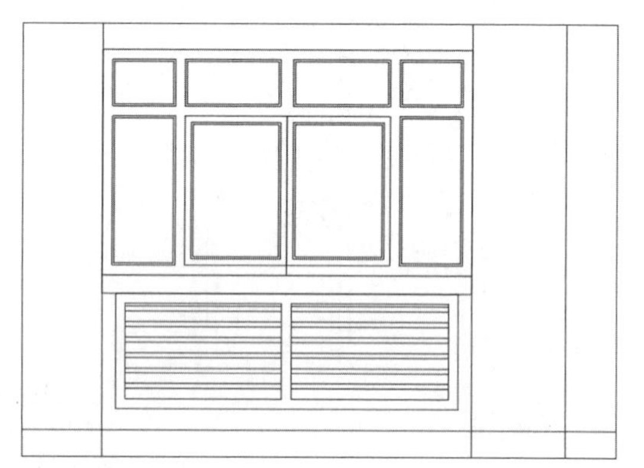

绘制空调板装饰

Step 26 执行【绘图】>【块】>【创建】命令，在【块定义】对话框中设置名称为KTB，单击【拾取点】按钮选择空调板左上角为基点，单击【选择对象】按钮选择整个空调板作为对象，如下图所示。

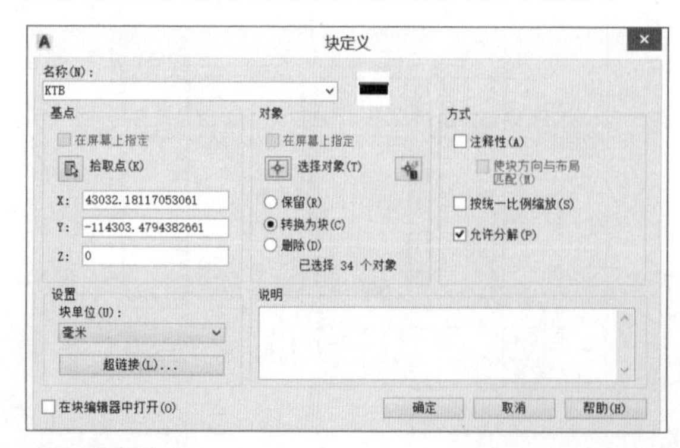

定义空调板为块

Step 27 调用【修剪】命令，在空调装饰板右侧修剪掉多余的线，效果如下图所示。

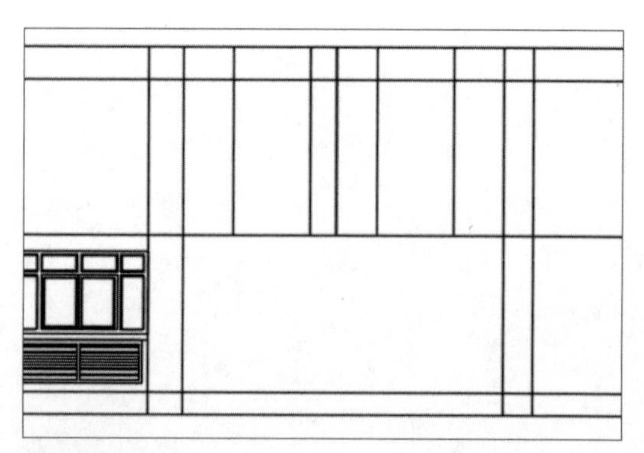

裁剪多余的线条

Step 28 将【门】图层设置为当前图层，调用【偏移】命令，将C3右侧的竖向直线向右偏移1600、650、900、900、650，如下图所示。

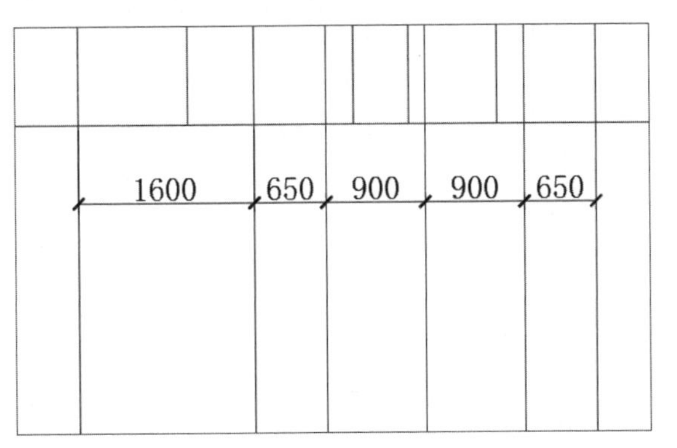

偏移门线

Step 29 选择刚偏移的第一根门线，在命令行中输入L命令，在其他右侧70位置绘制一条任意直线，同时从下方直线向上70位置绘制一条任意直线，并以两条直线的交点为起点，在命令行中输入REC命令，绘制一个长530、宽2230的矩形，如下图所示。

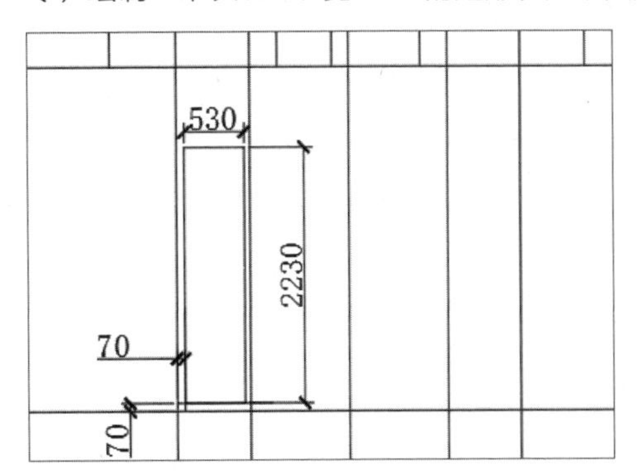

绘制第一个门框

Step 30 选择刚偏移的第二根门线，以其和下方直线的交点为起点，在命令行中输入REC命令，绘制一个长为900、宽为2300的矩形，如下图所示。

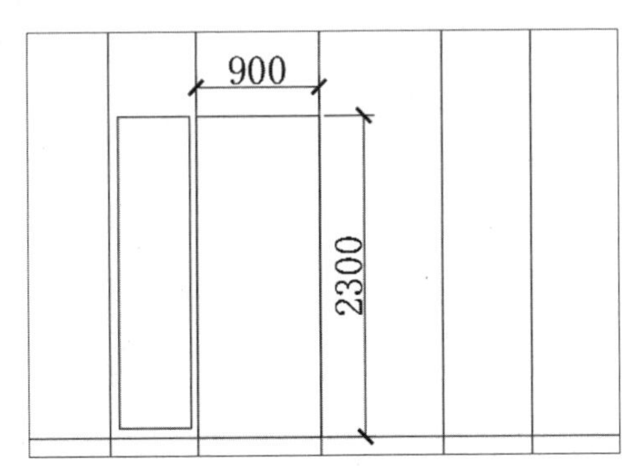

绘制第二个门框

Step 31 选择第一个门框，调用【偏移】命令，将其向内偏移15，接着选择第二个门框，将其向内分别偏移70和15。并将偏移的两个门框进行镜像处理，如下图所示。

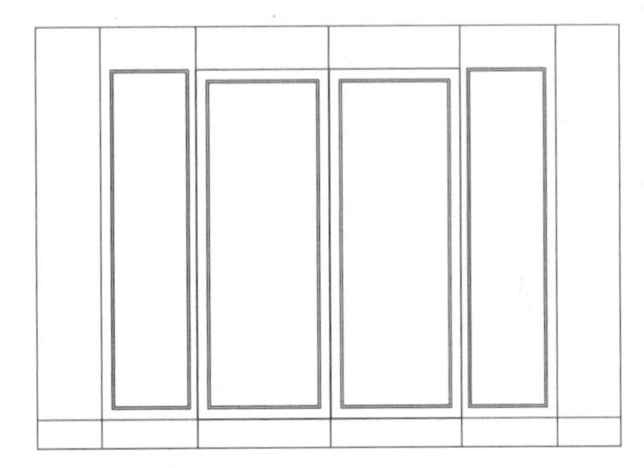

绘制完整门框

Step 32 选择第一个门框矩形，在其上方100处调用REC命令绘制一个长为2960、宽为15的矩形，如右图所示。

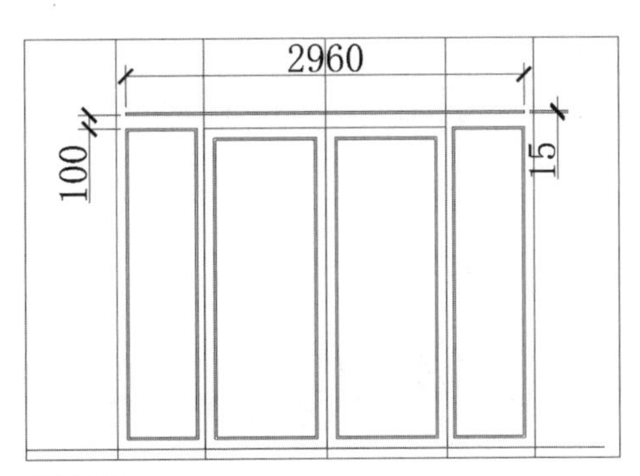

绘制门梁

Step 33 以门梁矩形的左下角和右下角为起点，绘制两个长为15、宽为90的矩形，如下图所示。

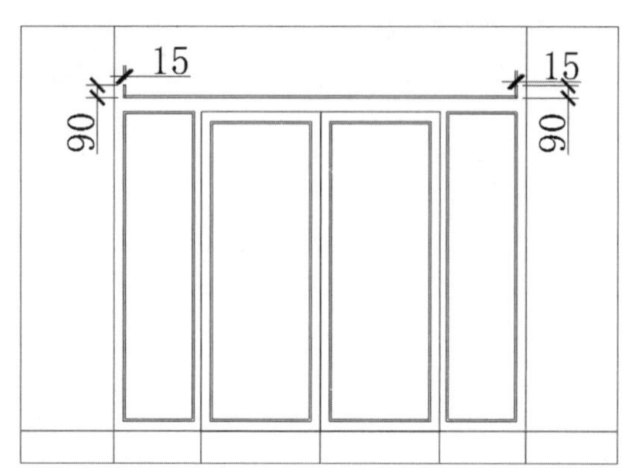

绘制门侧梁

Step 34 在命令行中输入L命令，以门梁的中点为起点，向上绘制一条长为330的直线，如下图所示。

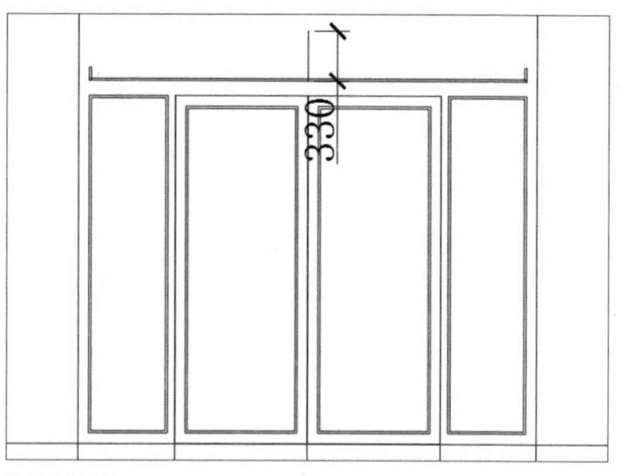

绘制辅助线

Step 35 调用【圆弧】命令，以左侧竖梁矩形的左上角为起点，辅助线的顶点为中点，右侧竖梁矩形的右上角为终点，绘制圆弧，如下图所示。

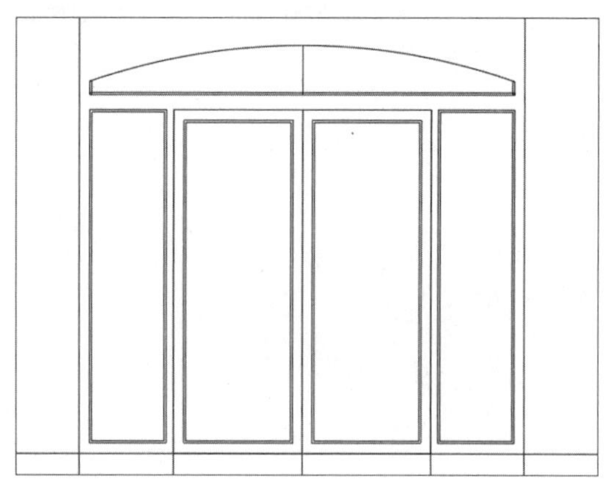
绘制圆弧梁

Step 36 调用【偏移】命令，将刚绘制的圆弧向下偏移15，向上偏移70，如下图所示。

偏移圆弧梁

Step 37 调用【分解】命令，将门梁的矩形进行分解，并调用【修剪】命令，将多余的部分修剪，如右图所示。

绘制圆弧梁

Step 38 调用【延伸】命令，将偏移70的圆弧向两侧延伸，同时在命令行中输入REC命令，以圆弧和门线的交点为起点，向下绘制一个宽为40、长为2540的矩形，如下图所示。

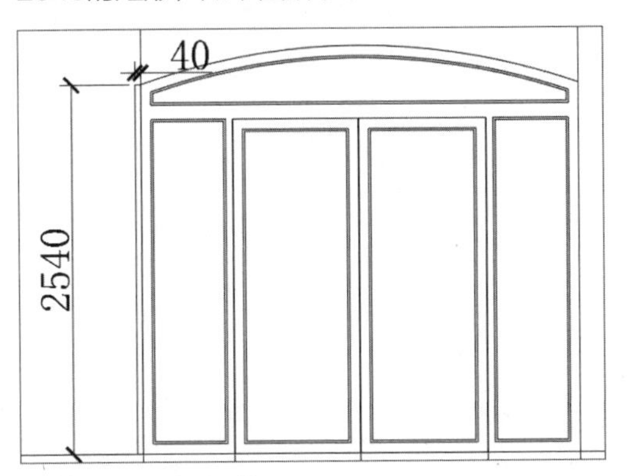

延伸圆弧梁并绘制门铰

Step 39 调用【镜像】命令将上一步绘制的矩形向左侧镜像，接着将这两个矩形向右侧镜像处理，效果如下图所示。

绘制门铰

Step 40 在菜单栏中执行【绘图】>【块】>【创建】命令，在弹出的【块定义】对话框中设置块名称为ZM，单击【拾取点】按钮选择门铰左下角为基点，单击【拾取对象】按钮选择整个门作为对象，如下图所示。

定义块

Step 41 在命令行中输入REC命令，在C2的上方600处绘制一个长为1800、宽为100的矩形，并在矩形的左上角插入C2块，如下图所示。

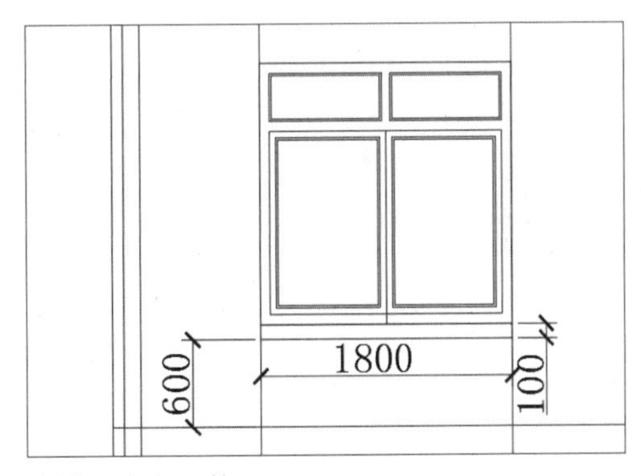

绘制矩形插入C2块

Step 42 调用【分解】命令，将C2块分解，删除花窗部分，并在窗外框左上角向上70处绘制一个长为1660、宽为15的矩形，同时以矩形的左下角和右下角为起点，绘制两个长为15、宽为100的矩形，如下图所示。

绘制侧梁

Step 43 调用【圆弧】命令，按照图中尺寸绘制圆弧，同时调用【偏移】命令，将圆弧向内偏移15、向外偏移70，如下图所示。

绘制圆弧

Step 44 调用【分解】命令，将圆弧花窗处矩形分解，并调用【修剪】命令，修剪多余部分，接着调用【延伸】命令，将向外偏移的圆弧进行延伸，如下图所示。

绘制完整窗户

Step 45 在菜单栏中执行【绘图】>【块】>【创建】命令，在弹出的【块定义】对话框中设置块名称为C4，单击【拾取点】按钮选择窗户左下角为基点，单击【拾取对象】按钮选择整个窗户作为对象，如下图所示。

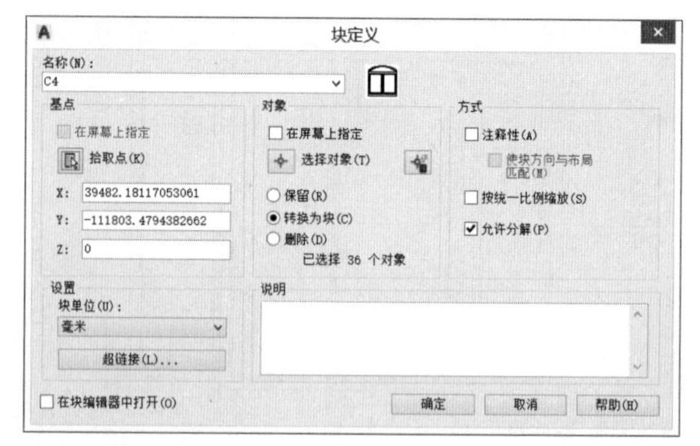

定义C4窗户块

Step 46 接下来在命令行中输入REC命令、L命令，结合【裁剪】、【偏移】和【裁剪】命令，绘制下图所示的窗户。

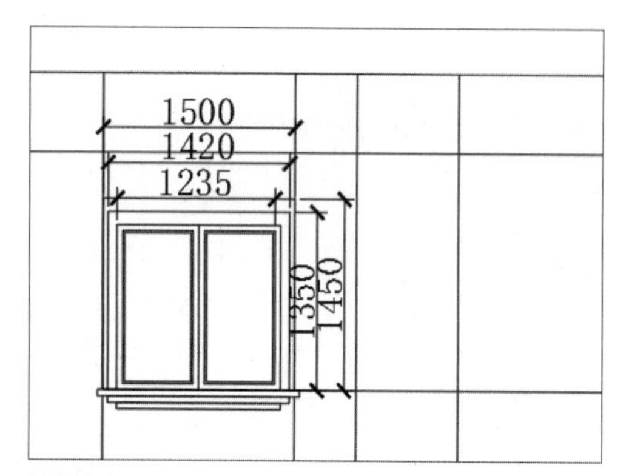

绘制窗户

Step 47 在菜单栏中执行【绘图】>【块】>【创建】命令，在弹出的【块定义】对话框中设置块名称为C1，单击【拾取点】按钮选择窗户外框左上角为基点，单击【拾取对象】按钮选择整个窗户作为对象，如下图所示。

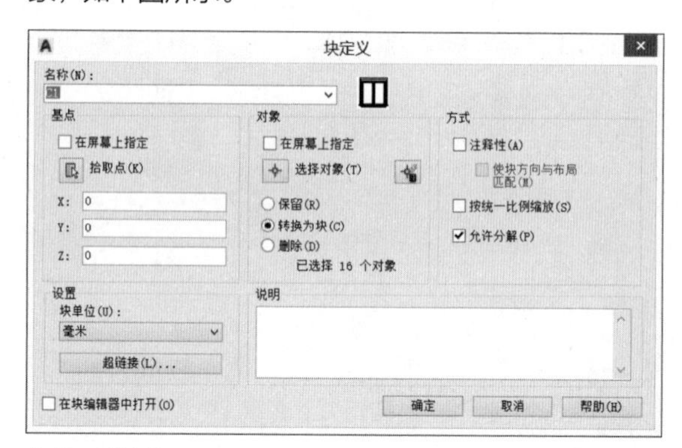

定义C1窗户块

Step 48 在菜单栏中执行【插入】>【块】命令，将各个块插入到合适的位置，如下图所示。

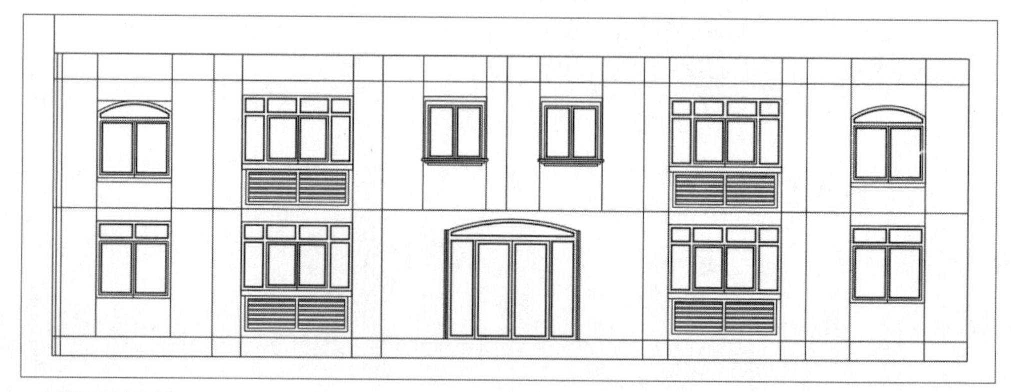

一层和二层立面图

10.2.3 绘制三层及以上立面

本小节将介绍三层及以上立面的绘制方法，首先介绍第三层立面图的详细绘制步骤，接下来对整层进行复制并向上堆积，复制完成之后根据需要对部分楼层的窗户等进行调整，具体操作步骤如下。

Step 01 将第2层上方轴线向上偏移3000，同时将偏移后的轴线向下偏移350、250、1800，并调用【延伸】命令将轴线向上延伸，如下图所示。

绘制第3层轴线

Step 02 以上一步绘制的轴线为基准，从左向右依次插入C2、C3、KTB、C1块，并将块进行镜像处理，同时删除参考轴线，如下图所示。

绘制第3层立面图

Step 03 选择第3层整层，将垂直方向轴线沿着第2层、第3层交点打断，接着在命令行中输入CO命令，以整层的左下角为基点向上复制直至11层，如右图所示。需要注意的是在顶层和第3层需要对部分窗户进行更换，同时需要创建新的块C5。

立面结构图

10.2.4 绘制阳台栏杆和墙体装饰线

本小节将介绍制作阳台栏杆以及墙体装饰线的绘制操作，主要用到的知识点包括【直线（L）】、【偏移】、【裁剪】等命令点，具体操作步骤如下。

Step 01 将【栏杆】图层设当前图层，调用【偏移】命令，自下第2条水平直线向下偏移100；向上偏移110、40、400、40、40、50,在栏杆左侧绘制一条垂直轴线并将其向右偏移80、40、110、40、110、40、80，如下图所示。

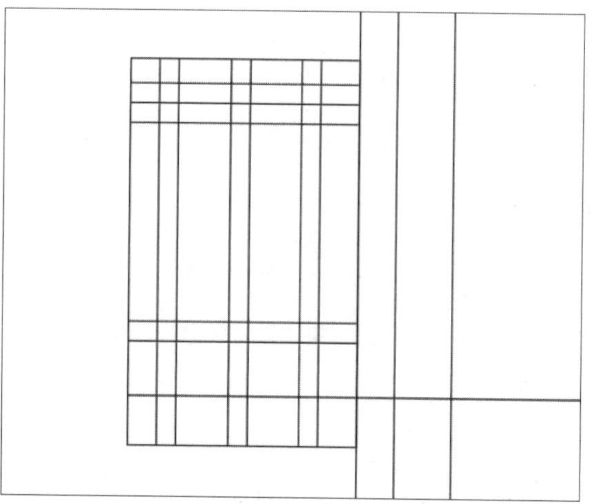

绘制阳台外线

Step 02 调用【修剪】命令，对多余的线进行修剪，完成绘制窗台栏杆。在菜单栏中执行【绘图】>【块】>【创建】命令，打开【块定义】对话框，以第2条水平直线与外墙线的交点为拾取点，创建一个名为LG1的块，如下图所示。

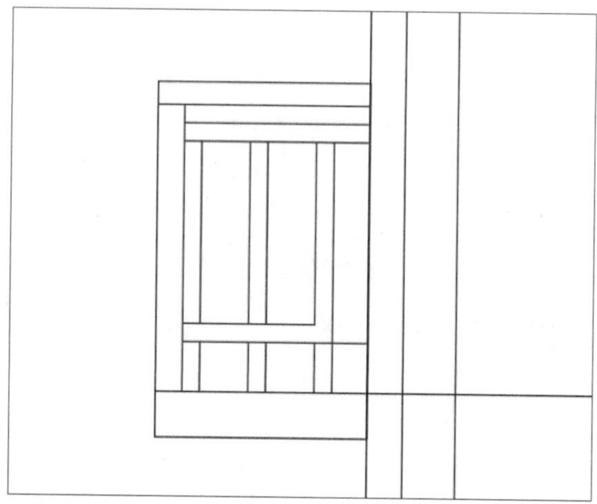

裁剪后效果

Step 03 执行【插入】>【块】命令，在第2-11层适当的位置插入LG1块，效果如下图所示。

插入LG1阳台的效果

Step 04 在命令行中输入L命令，绘制直线，调用【修剪】、【偏移】命令，在C2块下绘制第二种阳台，同时创建块并命名为LG2，如下图所示。

绘制第二种阳台

Step 05 在菜单栏中执行【插入】>【块】命令，在3-9层对应的位置插入LG2块，如下图所示。

Step 06 切换【墙线】图层为当前图层，调用【修剪】、【偏移】命令，在第3层和第9层阳台下绘制墙体线装饰，如下图所示。

插入LG2阳台的效果

Step 07 调用【修剪】、【偏移】命令，分别绘制C1窗户外墙线装饰和1-2层的外墙线装饰，效果如下图所示。

绘制一层、二层装饰线

Step 09 按照以上步骤，调用【修剪】、【偏移】、【插入块】命令，配合【直线】、【圆】命令，对细节进行完善，添加墙面装饰元素。调用【删除】命令，删除多余的线。除屋面外左半部分立面图制作完成，如下图所示。

左半侧立面图

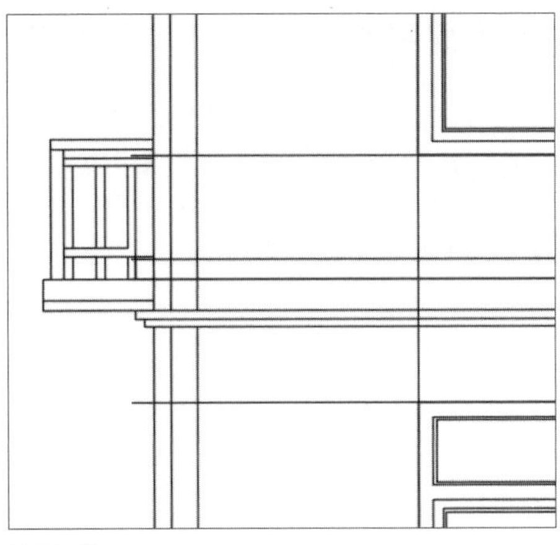

绘制屋檐

Step 08 按照相同的方法在顶楼绘制装饰线，如下图所示。

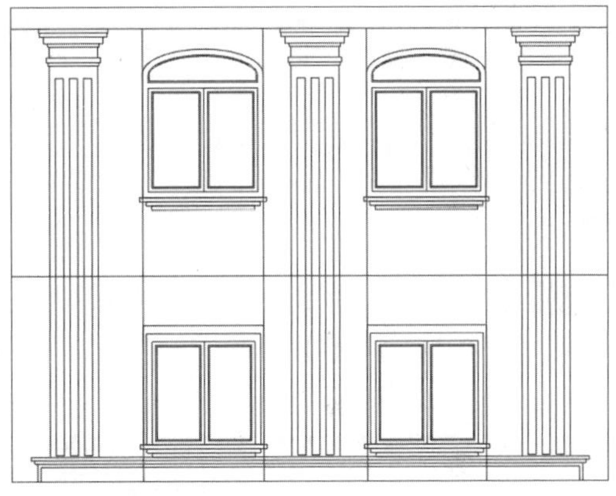

绘制顶层装饰线

Step 10 在菜单栏中执行【修改】>【镜像】命令，将建筑立面图左侧向右侧镜像处理，同时保留左侧的图形，绘制整个楼栋的立面图，效果如下图所示。

完整立面图

10.2.5 绘制屋顶

本小节将介绍屋顶的绘制操作，涉及的知识点包括【直线（L）】命令、【偏移】命令、【阵列】命令等，下面是具体的操作方法。

Step 01 切换【屋顶】图层为当前图层，将顶部水平方向轴线向上偏移60、60、150、60、90，接着左右两侧外墙线分别向左右侧偏移150、60、60、60、60，然后调用【修剪】命令，修剪多余的轴线，如下图所示。

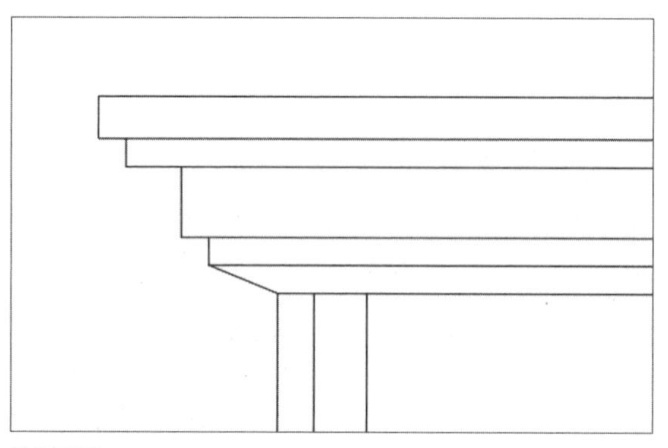

绘制屋檐

Step 02 在命令行输入L命令，绘制直线以创建檐角，效果如下图所示。

绘制檐角

Step 03 调用【镜像】命令，将檐角向右侧镜像处理，同时绘制两条直线将檐角相连，紧接着调用【路径阵列】命令，绘制屋瓦，效果如下图所示。

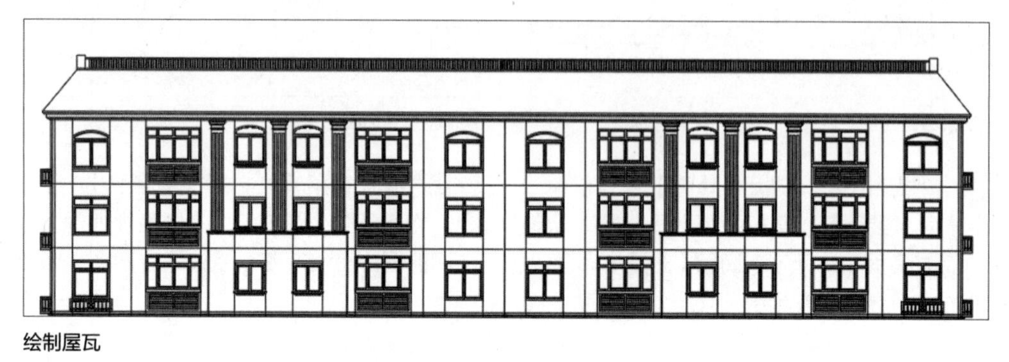

绘制屋瓦

Step 04 在命令行中输入L命令 、C命令、REC命令，在屋顶绘制装饰图形，效果如下图所示。

绘制屋顶装饰

Step 05 在菜单栏中执行【绘图】>【图案填充】命令，在【图案填充创建】选项卡中选择合适的预定义图案，对屋顶进行图案填充，效果如下图所示。

查看屋顶效果

10.2.6 绘制标高

接下来绘制标高和对应文字标注，前面已经对【文字样式】和【标注样式】进行了设置，这里将直接在对应位置绘制标高，下面是具体的操作方法。

Step 01 将【标注】图层设为当前图层，在菜单栏中执行【标注】>【线性】命令，进行尺寸标注，如下图所示。

绘制标注

Step 02 将【文字标注】图层设为当前图层，调用【直线】命令，绘制标高图形，在菜单栏中执行【绘图】>【文字】>【多行文字】命令，在标高上添加文字，如下图所示。

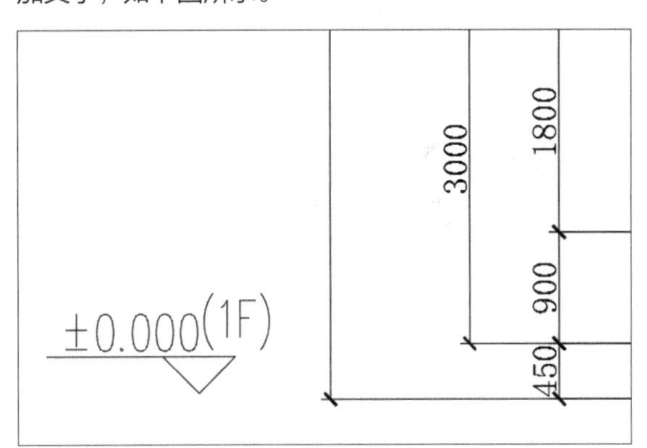

绘制标高

Step 03 在菜单栏中执行【修改】>【复制】命令，复制绘制的标高，将其放在合适位置并修改文字，完成所有标高绘制，如右图所示。

复制并移动标高

Step 04 在命令行中输入C命令，在适当位置绘制直径为400的圆，接着在命令行中输入L命令，在圆下方绘制长度为1000的直线，切换【轴线】图层为当前图层，调用【多行文字】命令，在圆内输入标注文字。如下图所示。

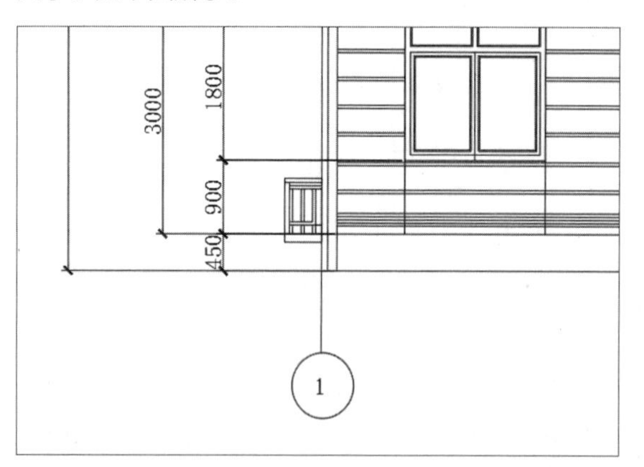

绘制轴号

Step 05 调用【复制】命令，复制轴号标注并放在适当的位置，修改圆内文字。至此，建筑立面图绘制完成，效果如下图所示。

建筑立面图最终效果

10.3 绘制小高层住宅建筑剖面图

建筑剖面图是与建筑平面图和立面图相互配合表达建筑物的重要图样，主要反映建筑物的结构形式、垂直空间利用、各层构造做法和门窗洞口高度等。下面是具体的操作方法。

10.3.1 绘制定位轴线

首先需要绘制定位轴线，将运用到的知识点包括【图层特性管理器】面板、【直线（L）】命令、【偏移】命令等，下面介绍具体操作方法。

Step 01 首先创建图形边界，在命令行中输入LIMITS命令，按Enter键后输入0.0000、0.0000，按Enter键后再输入42000、297000，如下图所示。

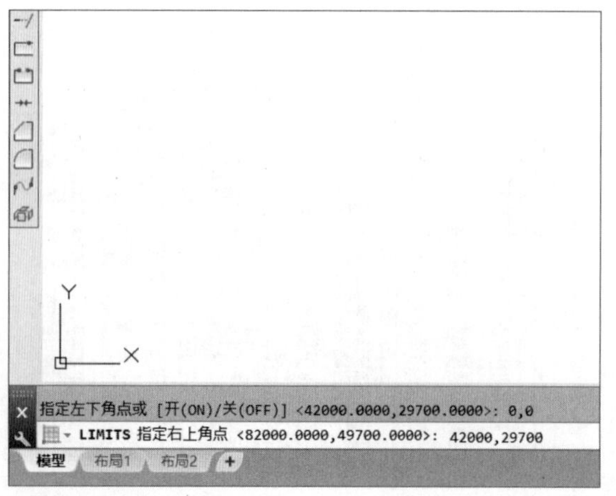

创建图形边界

Step 02 在菜单栏中执行【格式】>【比例缩放列表】命令，在弹出的【编辑图形比例】对话框中选择合适的图形比例，如下图所示。

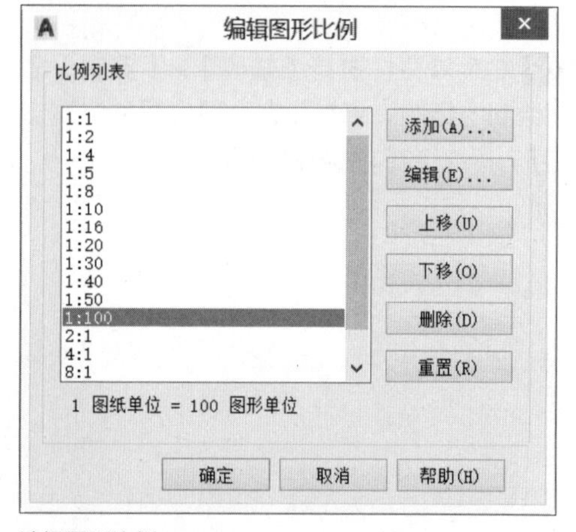

选择图形比例

Step 03 在菜单栏中执行【格式】>【图层】命令，在弹出的【图层特性管理器】面板中单击【新建图层】按钮，新建图层，将图层分别命名为【轴线】、【墙线】、【楼面】、【尺寸标注】、【文字标注】、【外墙装饰】和【窗】，并修改各图层的颜色、线型、线宽，如下图所示。

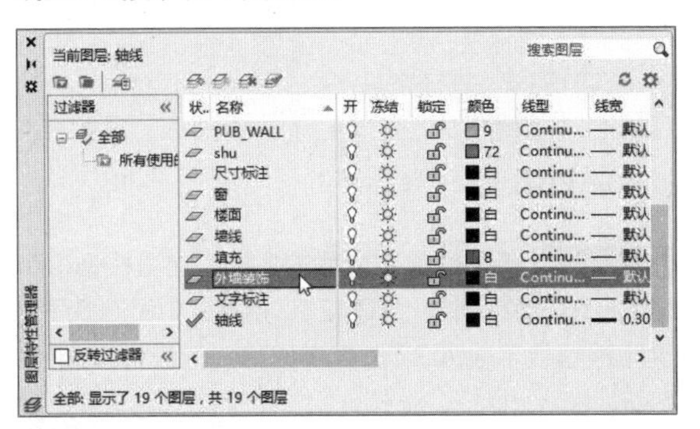

新建图层

Step 05 在菜单栏中执行【修改】>【偏移】命令，将竖向直线向右分别偏移4200、1900、1900、3600，如下图所示。

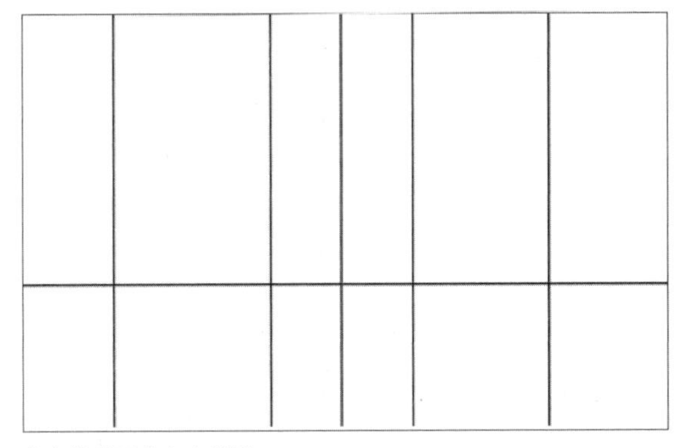

向右偏移垂直方向轴线

Step 04 将【轴线】图层设为当前图层，调用【直线】命令，开启【正交限制光标】功能，先绘制一条竖向轴线，再绘制一条水平轴线，如下图所示。

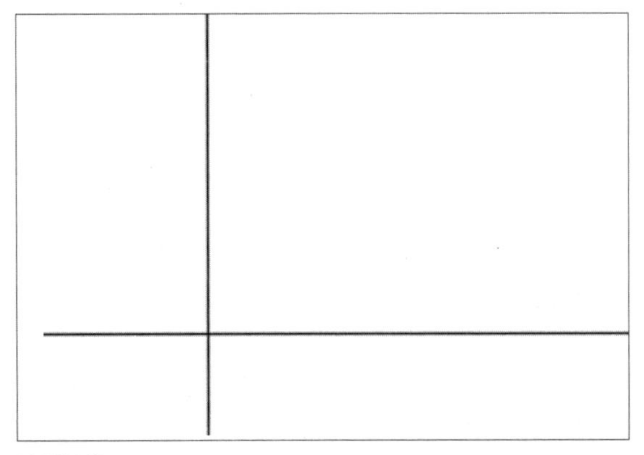

绘制轴线

Step 06 调用【偏移】按钮，将水平直线向上偏移3000，总计偏移12次，如下图所示。

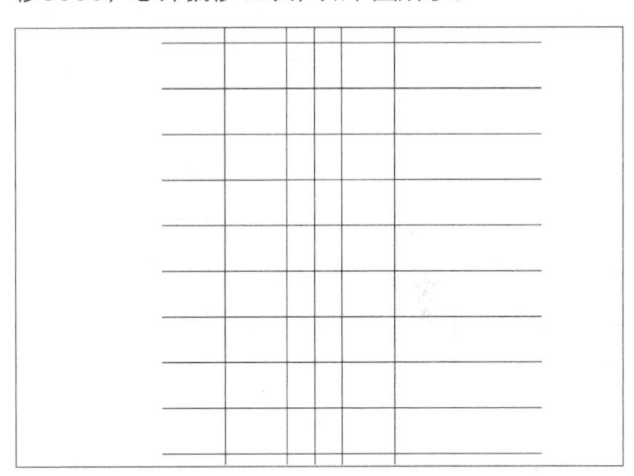

向上偏移水平方向轴线

10.3.2 绘制墙体和窗洞

绘制轴线后，本小节将介绍如何绘制墙体以及窗洞，涉及的知识点包括【多线】命令、【裁剪】命令等，具体操作方法如下。

Step 01 在【图层特性管理器】面板中将【墙线】图层设为当前层，在菜单栏中执行【格式】>【多线样式】命令，并在弹出的【多线样式】对话框中单击【新建】按钮，将新建的多线命名为Q240，单击【继续】按钮，在弹出的【新建多线样式：Q240】对话框进行参数设置，如下图所示。

Step 02 根据相同的方法创建Q120多线样式（图元偏移60和-60）和C1多线样式（图元偏移120、60、-60和-120），如下图所示。

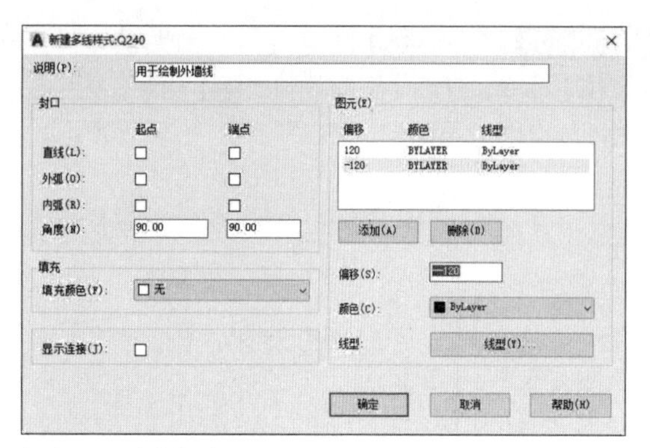
新建Q240多线样式

创建其他多线样式

Step 03 在命令行输入ML命令，根据提示输入ST选择多线样式为Q240，再选择【对正（J）】选项，在【输入对正类型】提示下选择【无（Z）】，再选择【比例（S）】，输入比例为1，在【指定起点】提示下选择垂直轴线的起点绘制垂直方向的多线，如下图所示。

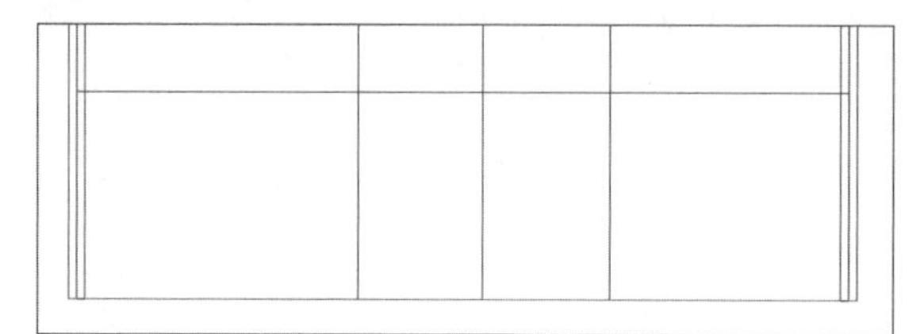
绘制外墙线

Step 04 接下来绘制内墙的多线，这里根据提示输入ST选择多线样式为Q120，接着绘制窗户多线，这里根据提示输入ST选择多线样式为C1，如下图所示。

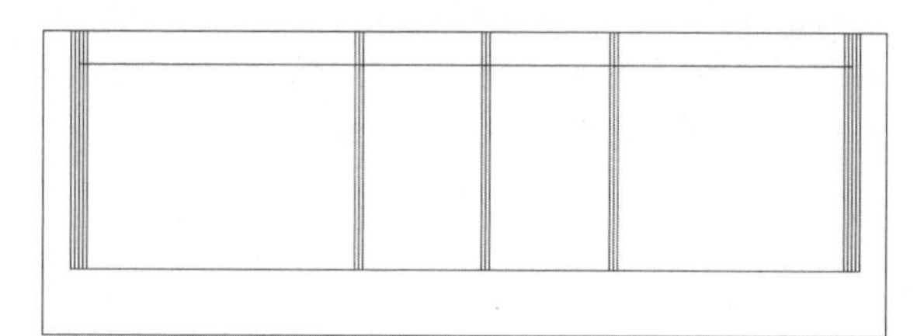
绘制内墙线

Step 05 调用【修剪】命令对外墙多线和窗户多线进行裁剪，其中从第4层开始左侧为落地窗，如右图所示。

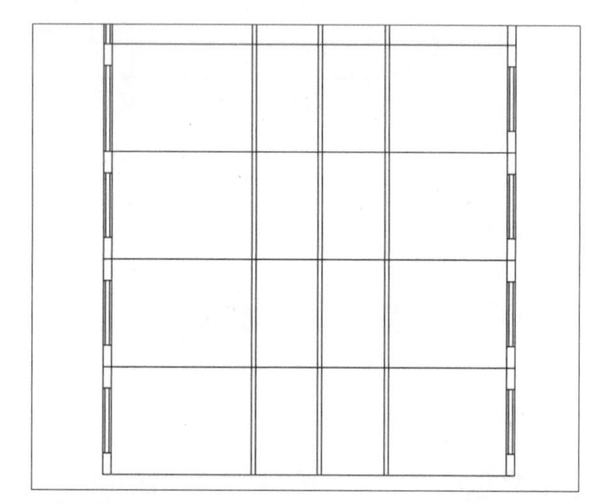
裁剪多余部分

10.3.3 绘制梁和屋顶

本小节将对梁和屋顶的绘制方法进行介绍，这里的梁是指在每一标准层上方绘制的承重梁，并在建筑顶部绘制屋顶和上人屋面，将用到的知识点包括【偏移】命令、【块】命令等，下面将介绍具体操作方法。

Step 01 将【楼面】图层设为当前图层，在命令行中输入REC命令，从第2层开始在每一层的下方绘制一个长为11360、宽为130的矩形，如下图所示。

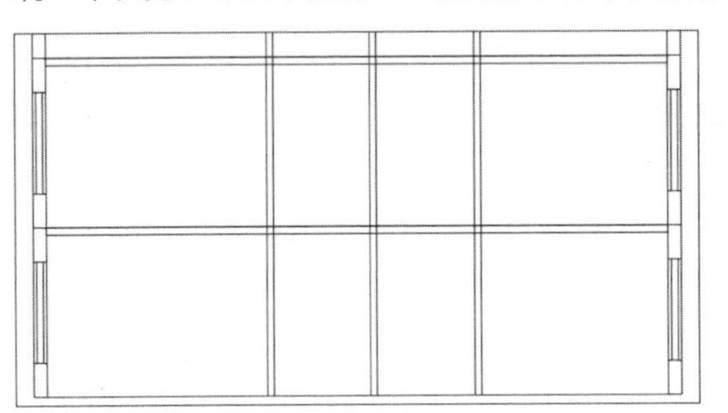
绘制地板

Step 02 在命令行中输入H命令，为刚绘制的矩形填充AR-SAND图案，注意不要为内墙填充。如下图所示。

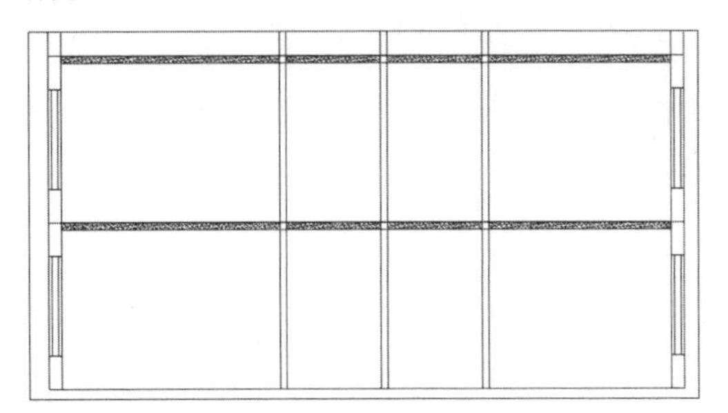
填充地板

Step 03 在命令行中输入PL命令，从第2层开始在每一层的地板下方绘制多段线形状，如下图所示。

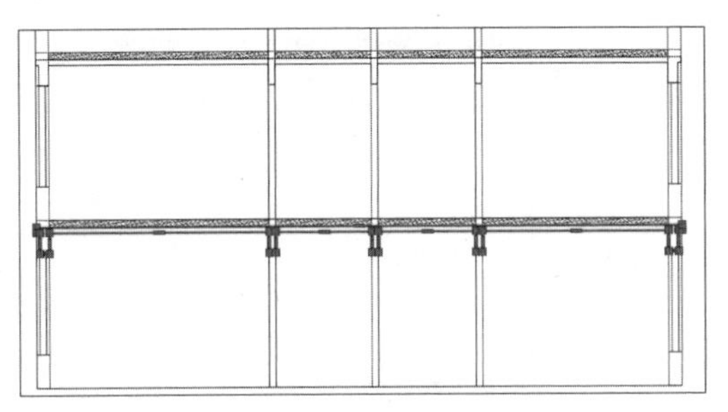
绘制梁

Step 04 在命令行中输入H命令，为刚绘制的梁形状填充ANGLE图案，如下图所示。

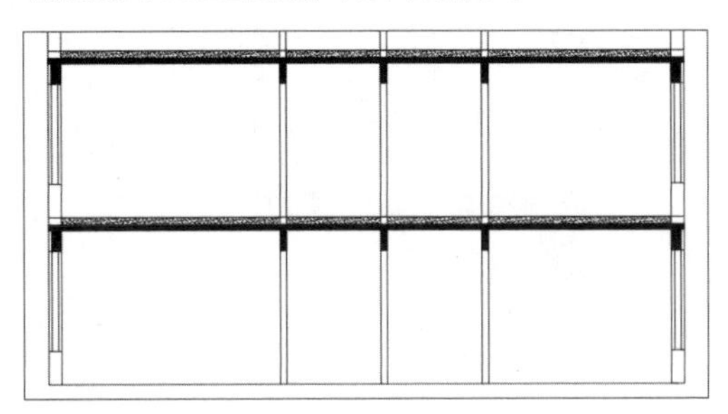
填充梁

Step 05 在命令行中输入REC命令，从每一个窗户的下方绘制一个长为240、宽为100的矩形（除了落地窗），如下图所示。

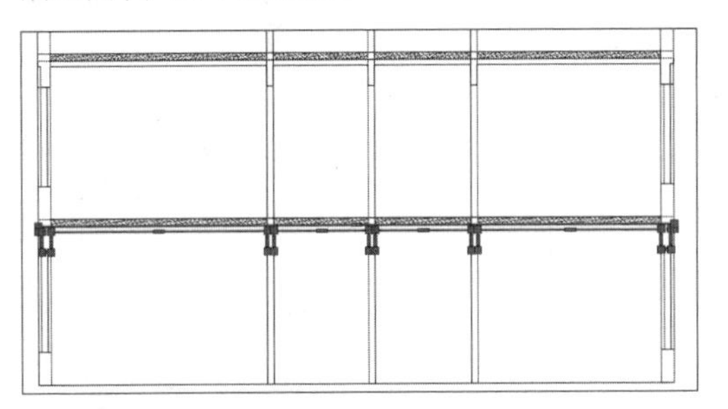
绘制窗沿

Step 06 在命令行中输入H命令，为刚绘制的矩形填充ANGLE图案，如下图所示。

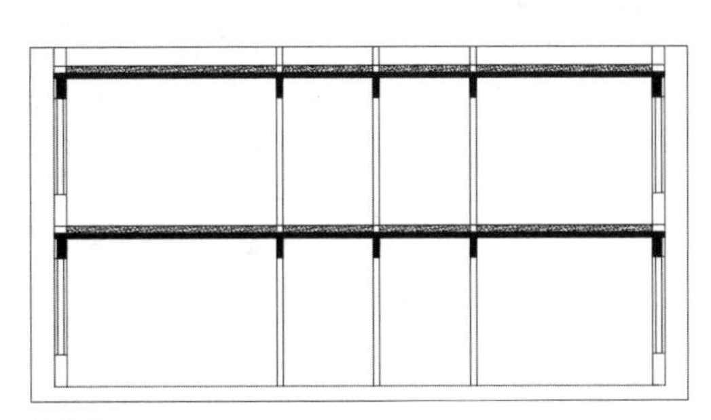
填充窗沿

Step 07 在菜单栏中执行【绘图】>【多段线】命令，连接倾斜的屋面外墙体。调用【图案填充】命令，将顶层屋面进行填充，如右图所示。

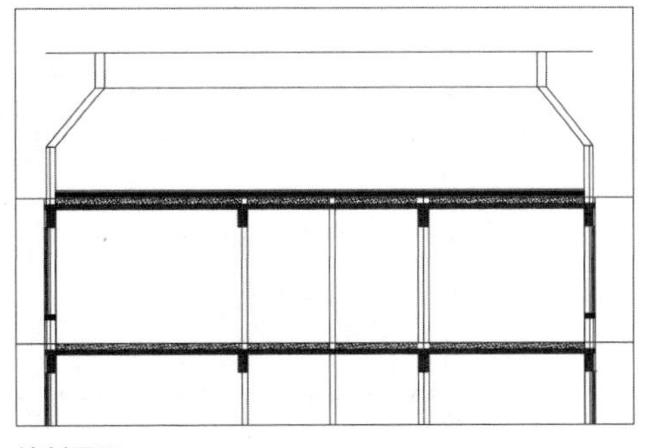
绘制屋顶

10.3.4 绘制外墙和装饰

接着需要绘制一些外墙装饰，主要依据的是平面图和立面图，运用的知识点包括【偏移】命令、【块】命令等，下面将介绍具体操作方法。

Step 01 将【外墙装饰】图层设为当前图层，调用【多段线】命令，以第1层屋顶的梁下口为起点，向左130，向上35，向左35，向上200，向右30，向上35，向右35，向上800，向左35，向上30，向左35，向上100，向右30，向右35，向上35，向右35，向上65，向右100，绘制外墙装饰柱，如下图所示。

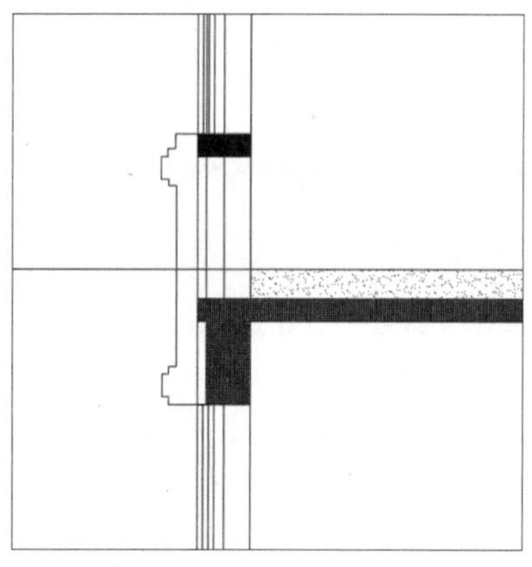

绘制外墙装饰

Step 02 按照相同方法，绘制另一个外墙装饰柱（中间的图形），并以此装饰柱创建一个【装饰柱1】的块。按同样方法绘制装饰柱2（上面的图形），并创建名为【装饰柱2】的块，如下图所示。

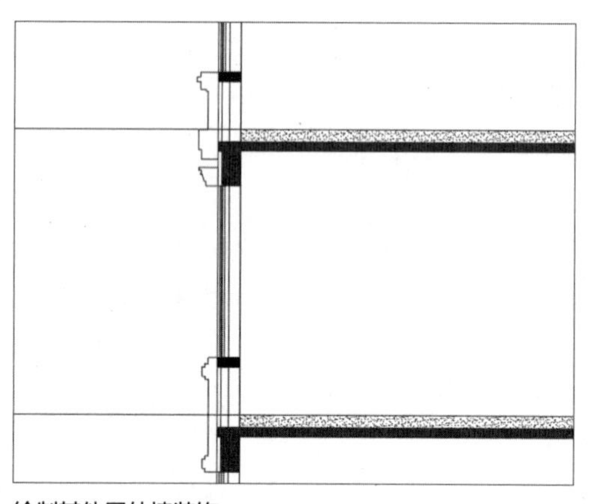

绘制其他层外墙装饰

Step 03 调用【多段线】命令，绘制阳台地面及栏杆。并以此阳台栏杆及地面创建一个【阳台】的块。在特定位置插入【阳台】和【装饰1】的块，如下图所示。

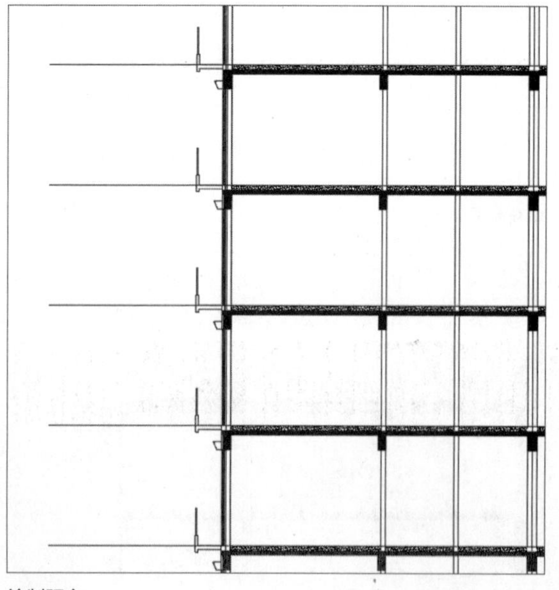

绘制阳台

Step 04 调用【偏移】命令，将外墙外边线分别向左偏移100，10，50，10。调用【延伸】命令，将线条延伸到上下装饰柱，绘制外墙玻璃，如下图所示。

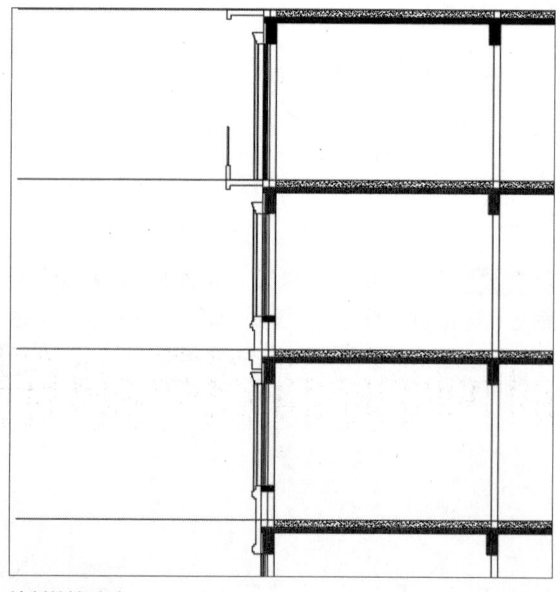

绘制外墙玻璃

Step 05 切换【楼面】图层为当前图层，将屋面向外平移20，共计平移4次。选择【多段线】命令，自上向下平行绘制140，垂直屋面绘制40的多段线，重复多个，直至绘制整个屋面斜坡，如下图所示。

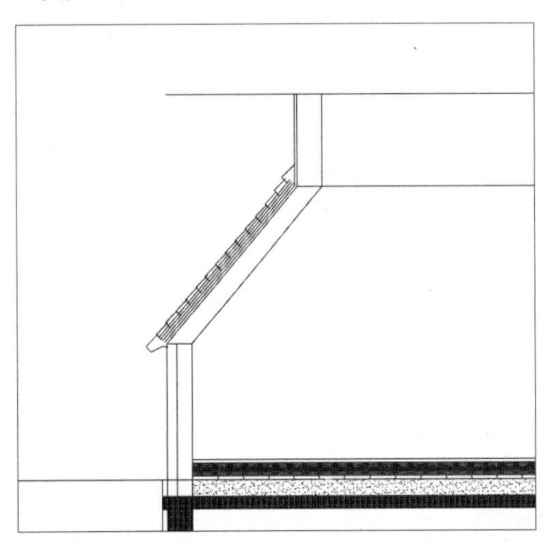

绘制屋瓦

Step 06 调用【偏移】命令，最上方水平轴线向上偏移100。调用【延伸】和【修剪】命令，进行修剪，如下图所示。

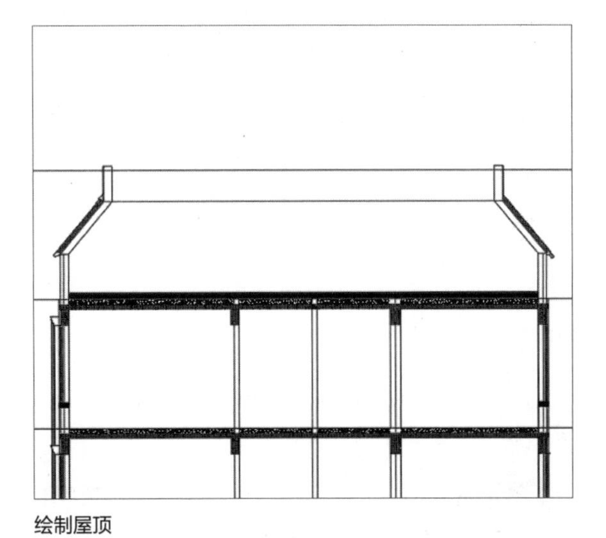

绘制屋顶

10.3.5 文字和尺寸标注

接下来需要对文字标注和尺寸标注，首先需要对文字样式和标注样式进行设置，下面将介绍具体操作方法。

Step 01 将【尺寸标注】图层设为当前图层，在菜单栏中执行【格式】>【标注样式】命令，在【标注样式管理器】对话框中单击【新建】按钮，在打开的【创建新标注样式】对话框中单击【继续】按钮，在打开的【新建标注样式】对话中设置【线】的参数，【基线间距】设置为200，【超出尺寸界线】设置为80，【起点偏移量】为40，如下图所示。

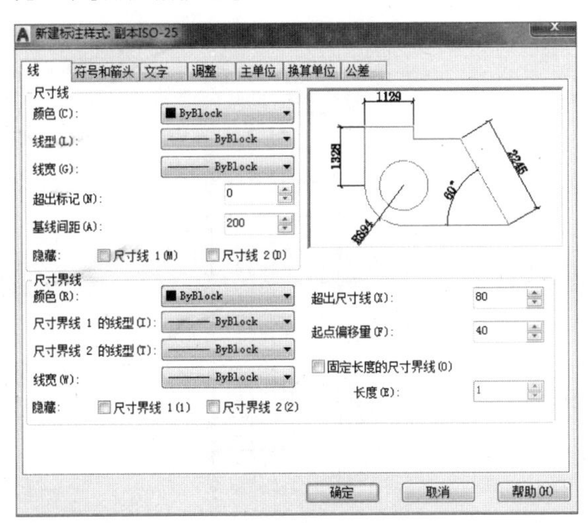

设置【线】参数

Step 02 切换至【符号和箭头】选项卡，在【箭头】选项区域中单击【第一个】和【第二个】下拉按钮，在列表中选择【建筑标记】选项，箭头大小设置为100，如下图所示。

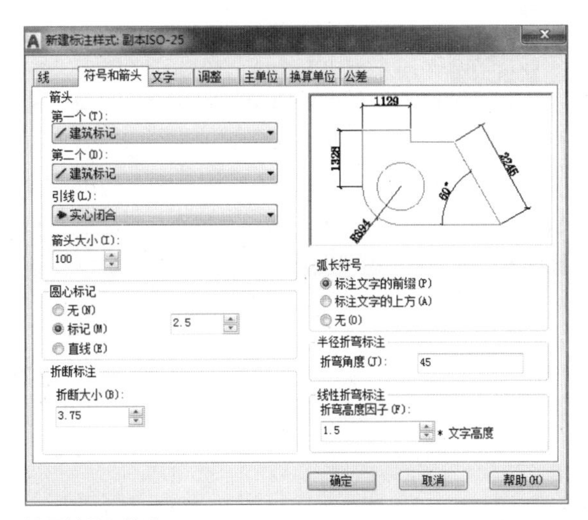

设置符号和箭头

Step 03 切换至【文字】选项卡，设置【文字高度】为200，【从尺寸线偏移】为20。然后设置【主单位】的【小数】为0，单击【确定】按钮，将【副本ISO-25】置为当前，如下图所示。

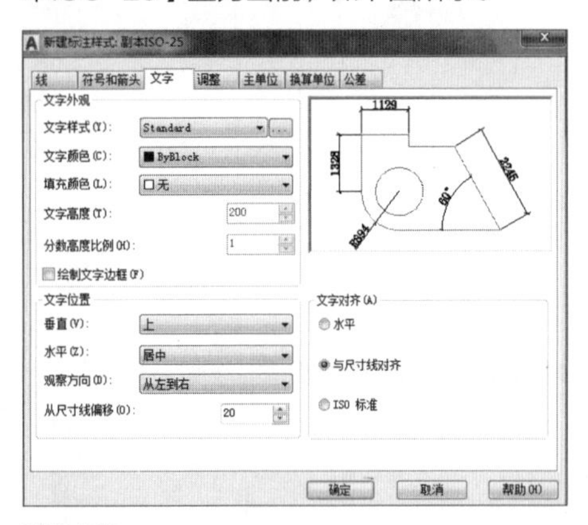

设置文字

Step 04 在菜单栏中执行【标注】>【线性】命令，进行尺寸标注，如下图所示。

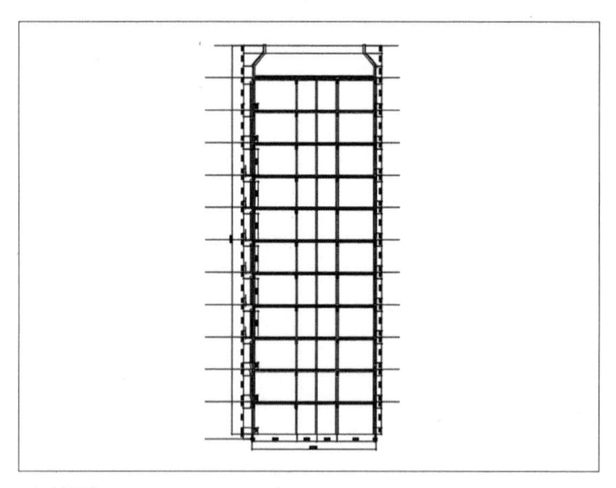

尺寸标注

Step 05 切换【文字】图层为当前图层，在菜单栏中执行【绘图】>【文字】>【多行文字】命令，在相应位置输入需要标注文字，如下图所示。

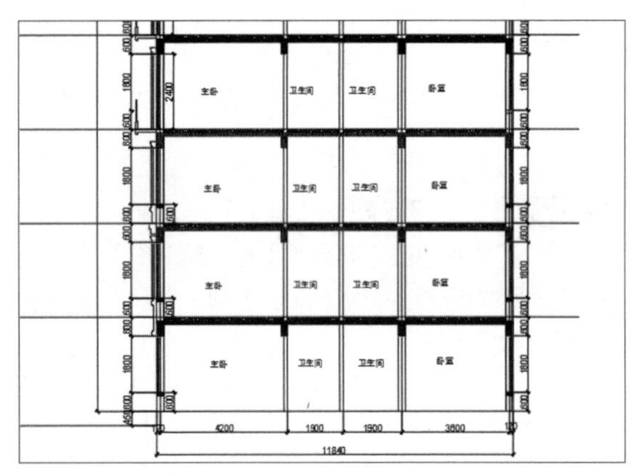

文字标注

Step 06 调用【圆】命令，在适当位置绘制直径为400的圆，调用【直线】命令，在圆下方绘制1500直线，在圆中分别输入D、G、J，如下图所示。

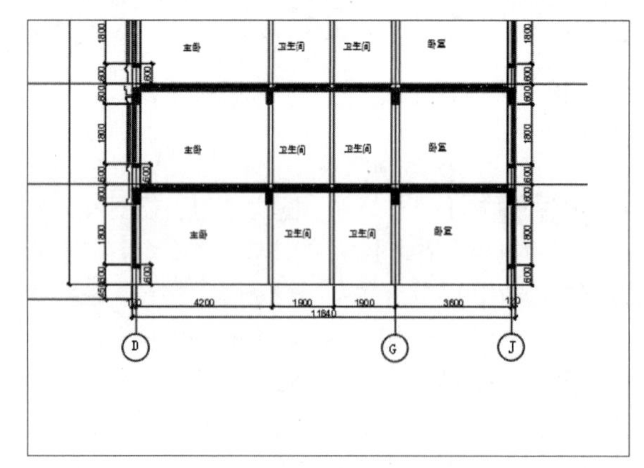

绘制轴号

Step 07 调用【直线】命令，绘制标高图形，在标高图形上输入标高。在菜单栏中执行【修改】>【复制】命令，选择已绘制的标高进行复制，双击标高上文字修改文字，完成所有标高绘制。调用【修剪】命令，修剪多余的线。至此，整个项目建筑剖面图绘制完成，如右图所示。

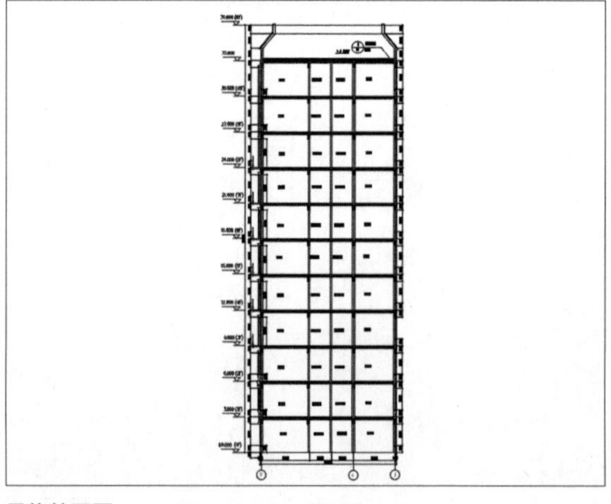

最终效果图

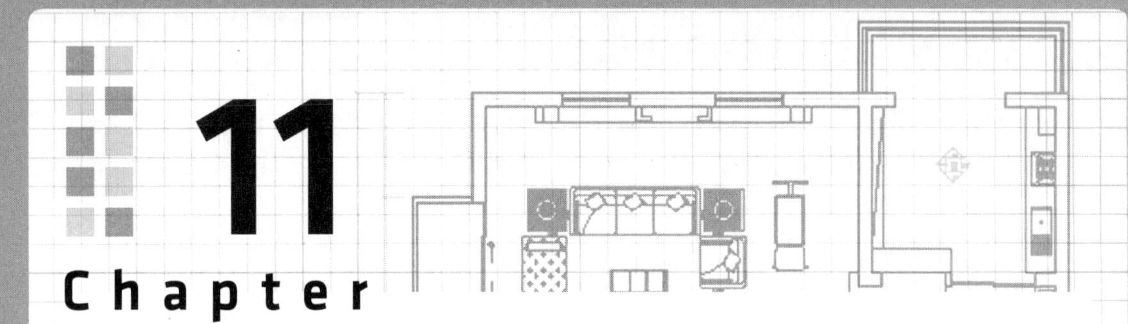

11 Chapter

绘制幼儿园建筑图

随着我国经济的快速发展，社会分工的改变，幼儿园在社会生活中的作用越来越重要。幼儿园是儿童离开家庭首次集体生活的场所，其建筑层数不能太高，一般不要超过三层，要美观、大方、实用、安全。本章将对幼儿园建筑的标准层平面图、南立面图以及建筑剖面图的绘制方法进行介绍。

01 核心知识点

❶ 绘制幼儿园标准层平面图

❷ 绘制幼儿园南立面图

❸ 绘制幼儿园剖面图

02 本章图解链接

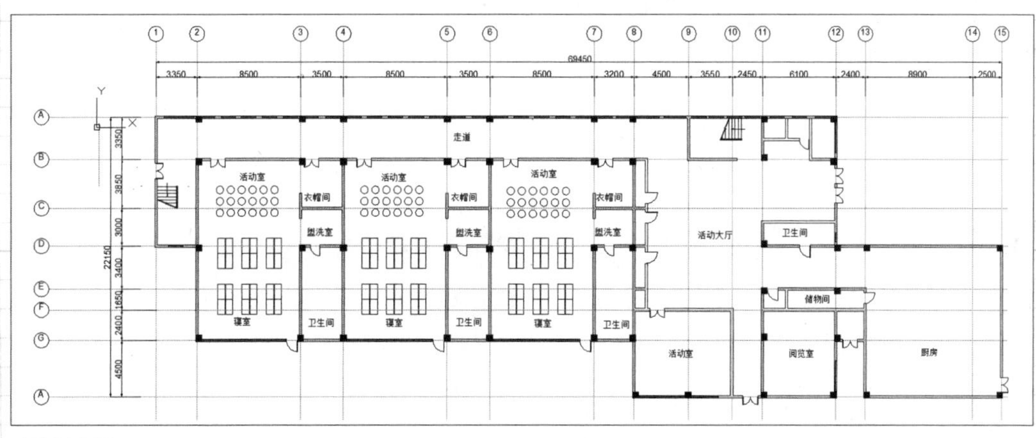

建筑平面图

11.1 绘制幼儿园标准层平面图

要绘制建筑标准层平面图，首先要确定定位轴线，再根据辅助线运用【直线】命令、【偏移】命令、【块】命令、【镜像】命令、【标注】命令等完成绘制。下面具体介绍幼儿园标准层平面图绘制的操作方法。

11.1.1 绘制轴线

下面将具体介绍轴线的绘制步骤，具体操作方法如下。

Step 01 在命令行中输入LIMITS命令，按Enter键后输入0.0000、0.0000，按Enter键后再输入42000、297000，接下来在菜单栏中执行【格式】>【比例缩放列表】命令，在弹出的【编辑图形比例】对话框中选择合适的图形比例，如下图所示。

绘制图形边界

Step 02 单击【图层】面板中【图层特性】按钮，在弹出的【图层特性管理器】面板中单击【新建图层】按钮，新建图层，如下图所示。

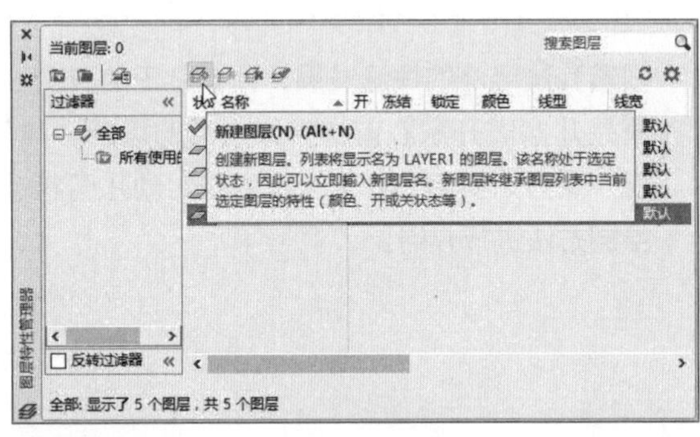

新建图层

Step 03 将图层分别命名为【轴线】、【墙线】、【门】、【楼梯】、【标注】、【文字】、【窗】、【家具】、【柱】，并修改各图层的颜色、线型、线宽，如下图所示。

设置图层属性

Step 04 将【轴线】图层设为当前图层后，调用【直线】命令，开启【正交限制光标】功能，先绘制一条垂直方向轴线，再绘制一条水平轴线，如下图所示。

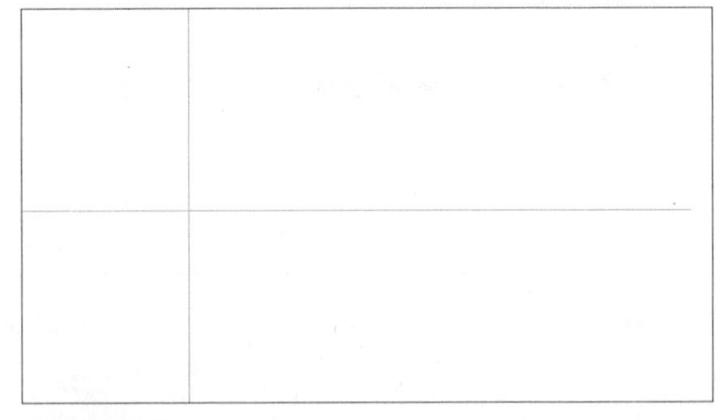

绘制基准轴线

Step 05 调用【偏移】命令，将垂直方向直线向右分别偏移3350、8500、3500、8500、3500、8500、3200、4500、6000、6100、2400、8900、2500，如下图所示。

Step 06 继续调用【偏移】命令，将水平直线向下偏移3350、6850、5050、2400、4500，如下图所示。

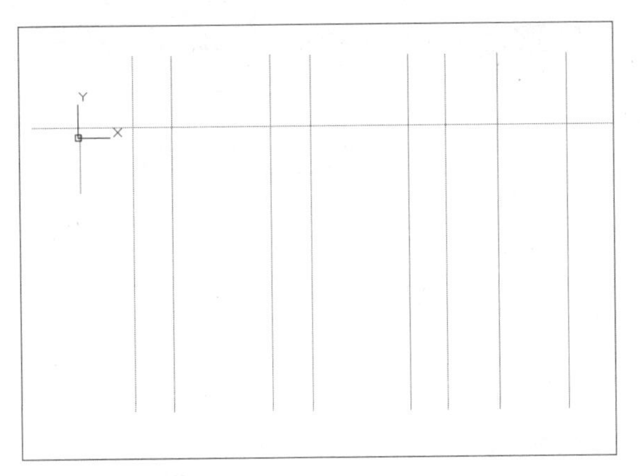

偏移垂直方向轴线

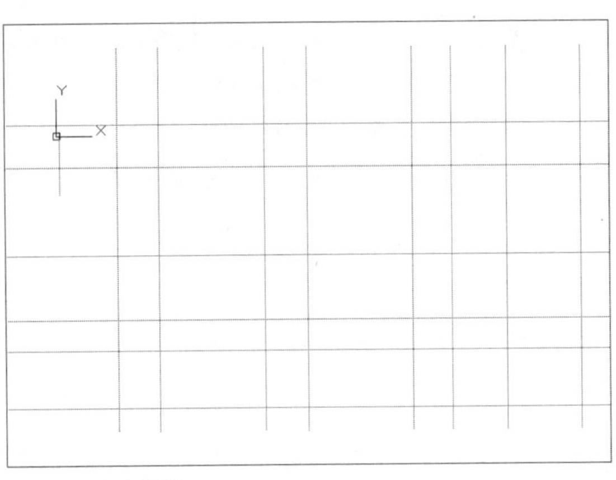

偏移水平方向轴线

Step 07 单击【图层】面板中【图层特性】按钮，在弹出的【图层特性管理器】面板中选择【轴线】图层，单击锁定图层图标，将【轴线】图层锁定，如右图所示。

锁定图层

11.1.2 绘制墙线

接下来需要绘制墙线，这里的混凝土墙体为200，墙体均按轴线居中，绘制完成之后需要通过【裁剪】命令在对应的位置绘制门窗洞口，具体操作方法如下。

Step 01 切换【墙线】图层为当前图层,在命令行输入MLSTYLE命令，弹出【多线样式】对话框，单击【新建】按钮，弹出【创建新的多线样式】对话框。在【新样式名】文本框中输入200，如下图所示。

设置新样式名称

Step 02 在弹出的【新建多线样式：200】对话框中进行相应的参数设置，在【图元】选项区域中设置偏移值分别为100和-100，如下图所示。

设置新建多线样式

Step 03 在命令行输入ML命令，根据提示输入ST选择多线样式为200，再选择【对正（J）】选项，在【输入对正类型】提示下选择【无（Z）】，再选择【比例（S）】，输入比例为1，如下图所示。

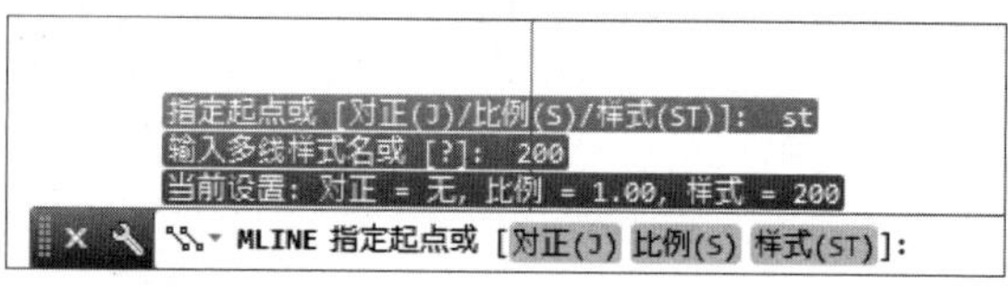

输入ML命令

Step 04 绘制轴线所在的主要墙体，如下图所示。

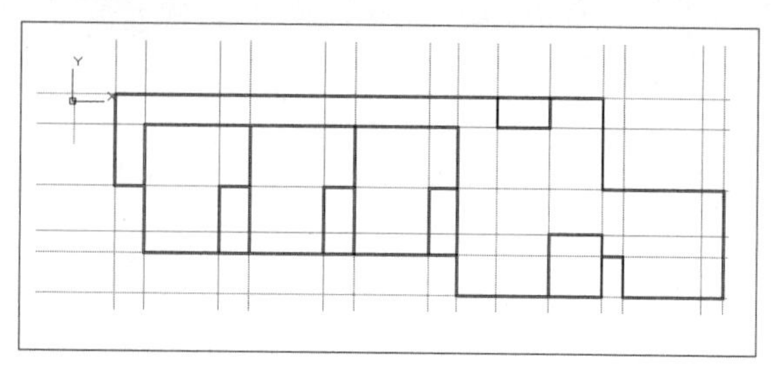

绘制外墙体

Step 05 切换【轴线】图层为当前图层并解除锁定，调用【偏移】命令，绘制除轴线以外墙轴线（如衣帽间、盥洗室等），形成完整的房间框架，然后锁定【轴线】图层，切换回【墙体】图层为当前图层，在命令栏输入ML命令并按Enter键，绘制其他房间的墙线，如下图所示。

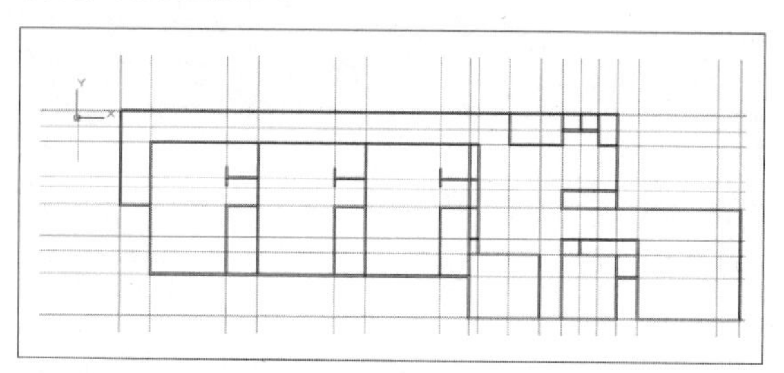

绘制内墙线

Step 06 选中绘制的墙体，在命令栏输入X命令，将墙线分解。然后调用【修剪】命令，将墙体交界处多余的线修剪，如下图所示。

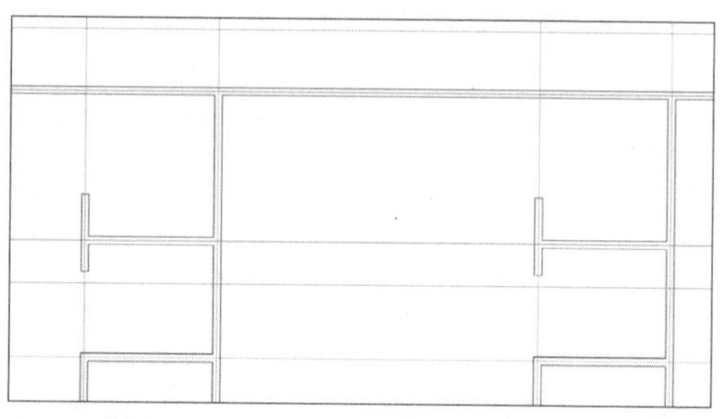

修剪多余墙线

Step 07 将【轴线】图层设为当前图层并解锁，选定左侧第一条轴线，调用【偏移】命令，将轴线向右偏移700。选中偏移后的轴线，再次调用【偏移】命令，将轴线向右偏移2400。在命令行输入TR命令，按空格键两次，单击两条轴线之间的墙线进行裁剪，形成长为2400的窗洞，如下图所示。

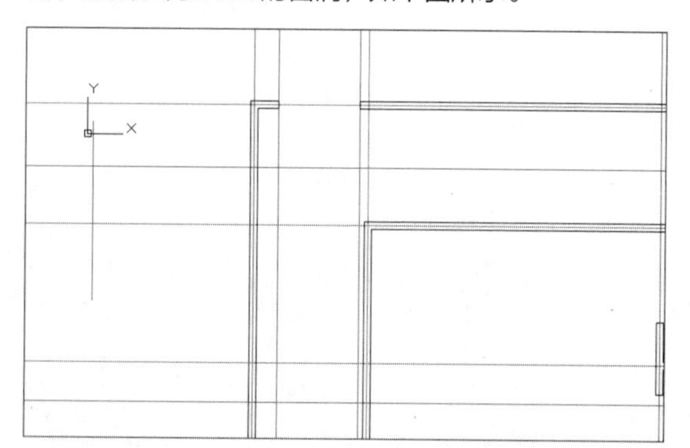

绘制窗洞

Step 08 按照上述方法绘制出图形中所有窗洞口，如下图所示。

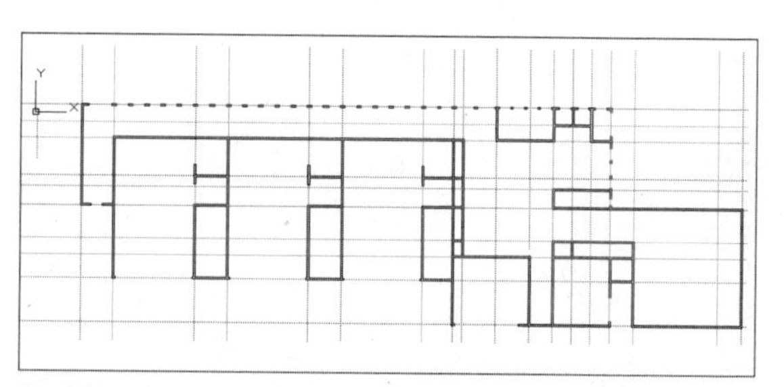

绘制窗洞口

Step 09 按照上述方法绘制出图形中所有门洞口，如右图所示。

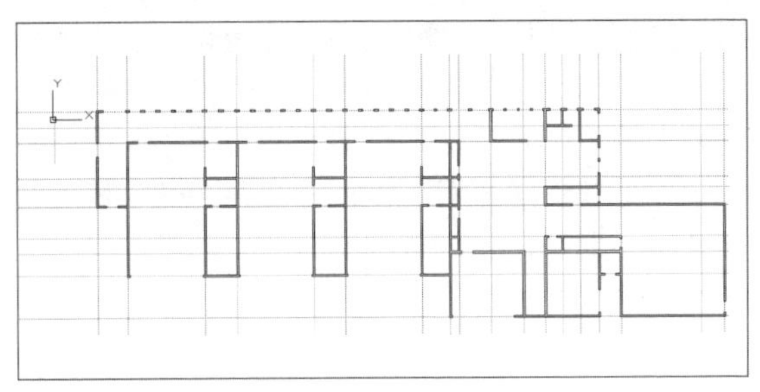
绘制门洞口

11.1.3 绘制门窗

完成门窗洞口绘制后，本小节将介绍制作窗户与门的操作方法，将运到【块】、【矩形】等命令，下面将介绍具体操作方法。

Step 01 将【窗】图层设为当前图层。在【绘图】面板中单击【矩形】按钮，在窗洞口绘制矩形，调用【直线】命令，将矩形均分为3份，完成窗户绘制，如下图所示。

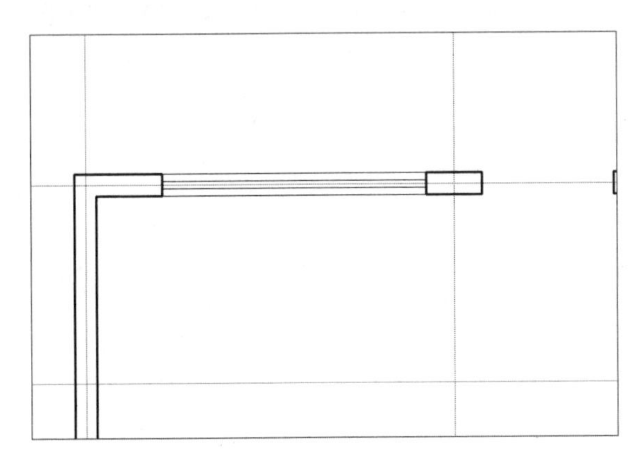
绘制窗户

Step 02 在【块】面板中单击【创建】按钮，在打开的【块定义】对话框中输入名称为C2，单击【拾取点】按钮，进行拾取，单击【选择对像】按钮，选中绘制的窗线，然后单击【确定】按钮，将窗线保存成块，如下图所示。

将窗线保存为块

Step 03 在菜单栏中执行【插入】>【块】命令，打开【插入】对话框，在【名称】列表中选择C2，设置【比例】为1，如下图所示。

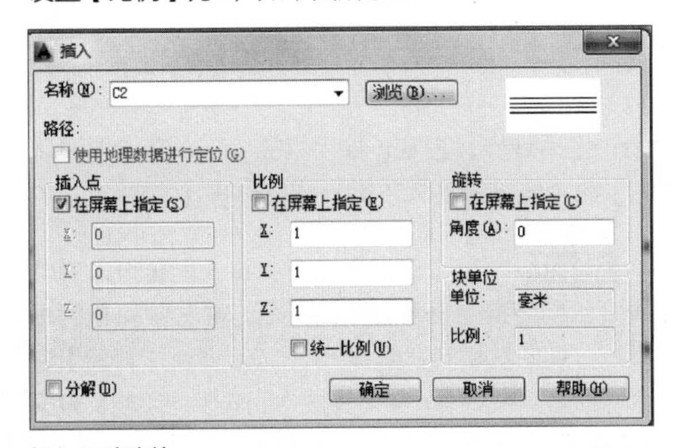

插入C2窗户块

Step 04 单击【确定】按钮，在图形中绘制所有窗户，如下图所示。

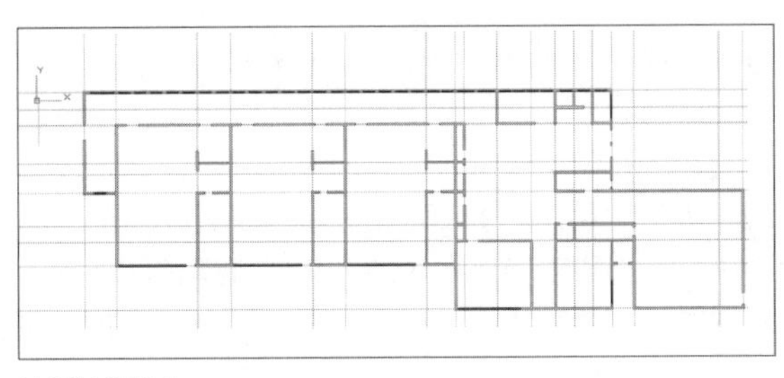
绘制其他窗户

Step 05 将【门】图层设为当前图层，在命令行中输入REC命令，绘制宽为20、长为900的矩形；调用【圆】命令，以门洞口轴线为圆点绘制半径为900的圆。调用【修剪】命令，对多余线进行修剪，门M1就绘制完成，如下图所示。

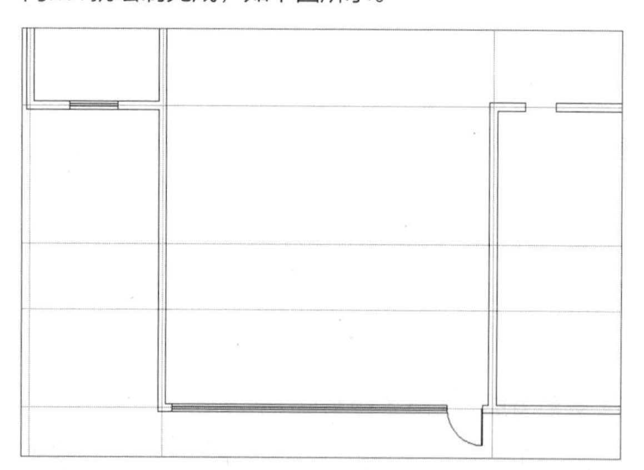

绘制M1门

Step 06 在命令行中输入REC命令，绘制宽为20、长为600的矩形。调用【圆】命令，以门洞口轴线为圆点绘制半径为600的圆。调用【修剪】命令，对多余线进行修剪。然后选中绘制的门，调用【镜像】命令，选择参考点为右端点，并保留源对象，门M2就绘制完成，如下图所示。

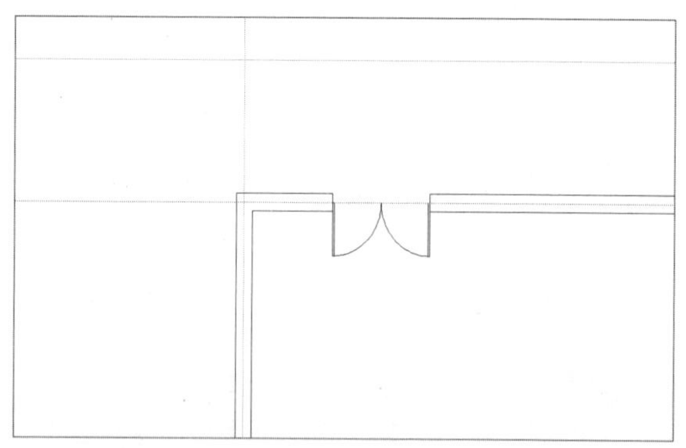

绘制M2对开门

Step 07 在【块】面板中单击【创建】按钮，在【块定义】对话框中输入名称，单击【拾取点】按钮，进行拾取，单击【选择对象】按钮，选中绘制的门M1，然后单击【确定】按钮，将门M1保存成块，如下图所示。同样操作将门M2保存成块。

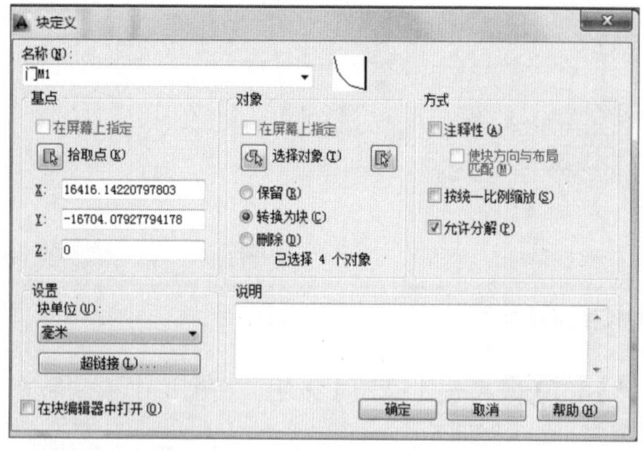

将门M1定义为块

Step 08 在菜单栏中执行【插入】>【块】命令，在其他门洞口插入相应的门M1、门M2，如下图所示。

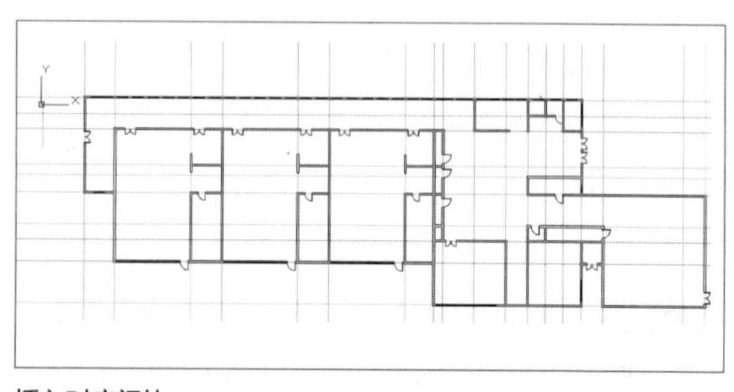

插入对应门块

11.1.4 绘制楼梯

绘制好门窗后，本小节将对楼梯的绘制操作进行介绍，包括踏步、方向、扶手等的绘制。在绘制时，将使用轴线进行偏移，同时使用【多段线】命令和【填充】命令绘制箭头，下面介绍具体操作方法。

Step 01 将【楼梯】图层设为当前图层，调用【直线】命令，绘制长为4200、宽为3150的长方形，选中左边线，调用【偏移】命令，向右偏移1600，再向右偏移260，并重复执行9次【偏移】操作。调用【修剪】命令，修剪多余的线，如下图所示。

Step 02 调用【偏移】命令，将中间垂直方向轴线分别向下向上各偏移50、50。将左侧和右侧垂直线分别向左和向右偏移50、50。调用【修剪】命令，修剪多余的线，即可完成中间扶手的绘制，效果如下图所示。

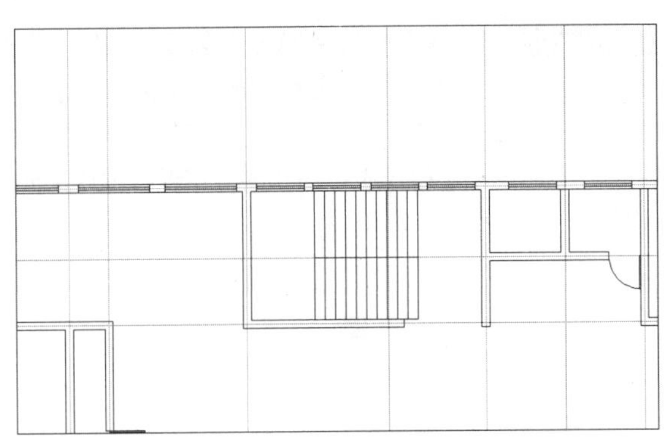

绘制踏步

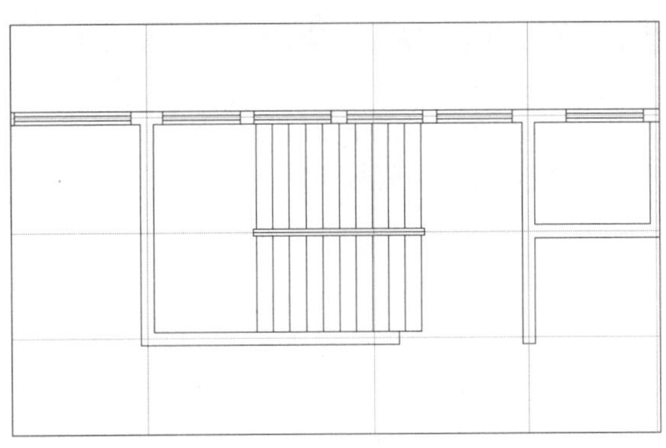

绘制楼梯扶手

Step 03 在命令行中输入PL命令，自左而右绘制多段线，在端点处单击鼠标左键，在命令行中输入W，在起点输入50，在终点输入0，拖动鼠标左键绘制箭头，如下图所示。

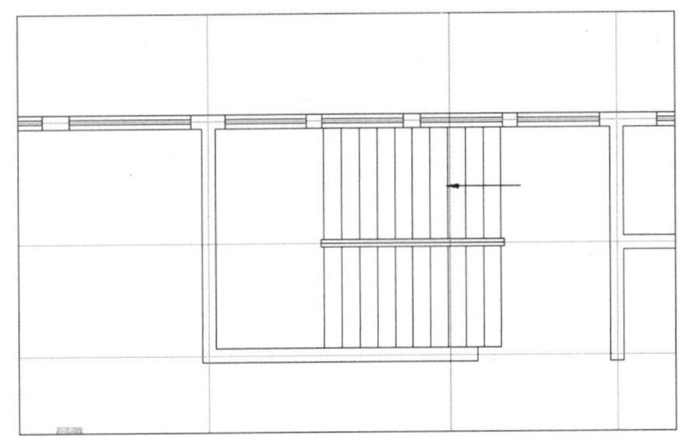

绘制上楼方向

Step 04 关闭【正交限制光标】功能，调用【直线】命令，在台阶处绘制两条平行直线，在平行直线中间斜着再绘制两条平行直线。调用【修剪】命令，修剪多余线段，如下图所示。

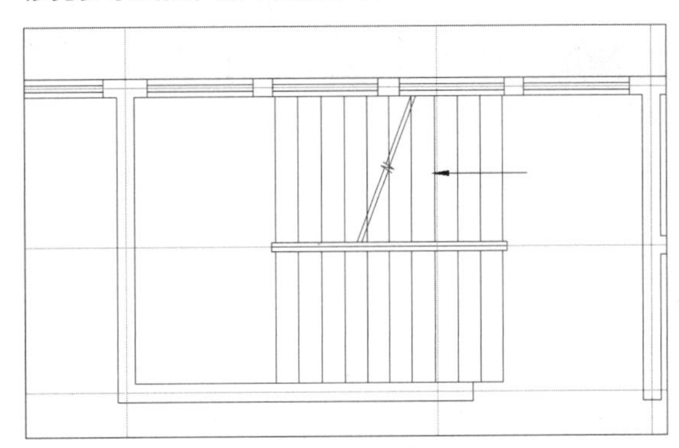

绘制剖切符号

Step 05 调用【修剪】和【删除】命令，修剪去一层平面看不到的楼梯部分，完成一层平面楼梯绘制，如下图所示。

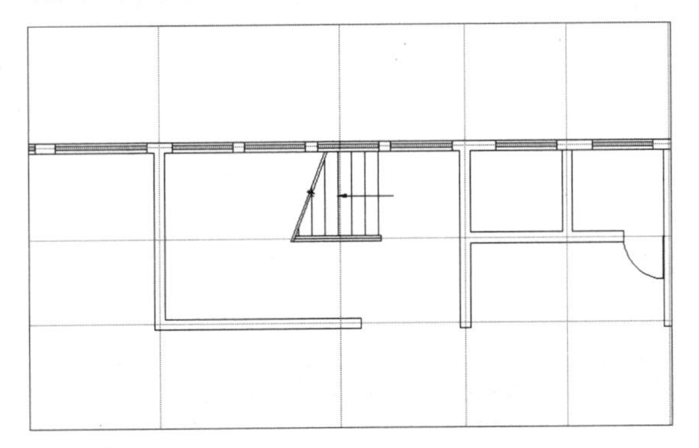

删除多余部分

Step 06 利用相同方法，绘制所有楼梯，如下图所示。

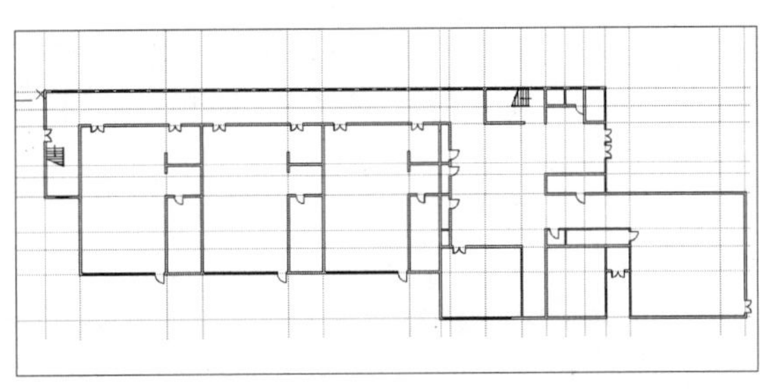

绘制其他楼梯

11.1.5 绘制承重柱

接下来介绍在墙体四周分布的承重柱的绘制操作，首先使用【矩形】命令进行绘制，然后对其进行填充，具体操作步骤如下。

Step 01 将【柱子】图层设为当前图层，在【绘图】面板中单击【矩形】按钮，绘制边长为500的正方形。然后在命令栏输入H命令，选择SOLID图案，填充绘制正方形，如下图所示。

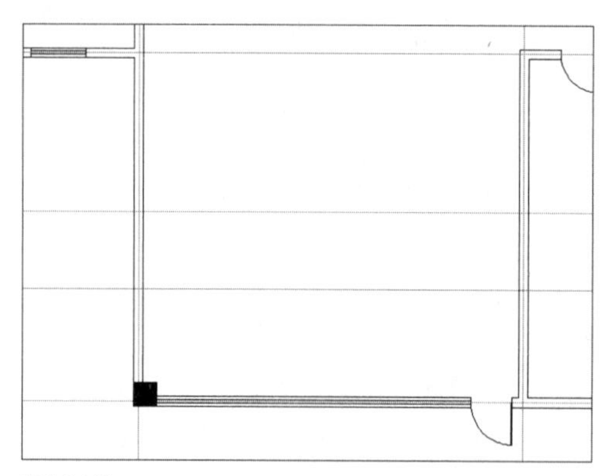

绘制墙柱

Step 02 在【块】面板中单击【创建】按钮，在【块定义】对话框中输入名称，单击【拾取点】按钮，进行拾取，单击【选择对象】按钮，选中绘制的柱子，然后单击【确定】按钮，将柱子保存成块，如下图所示。

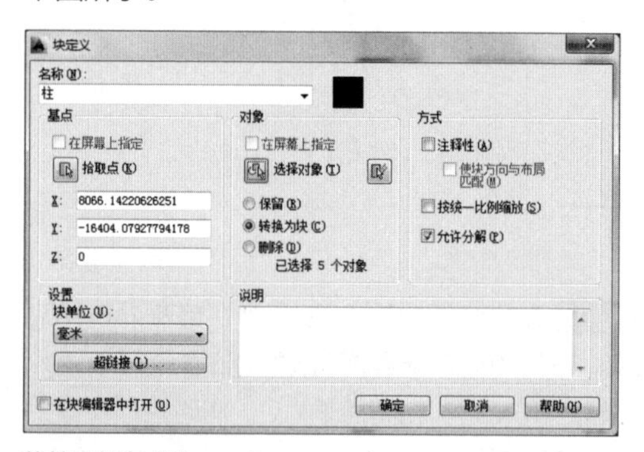

将柱子保存成块

Step 03 在菜单栏中执行【插入】>【块】命令，绘制其他柱子，效果如右图所示。

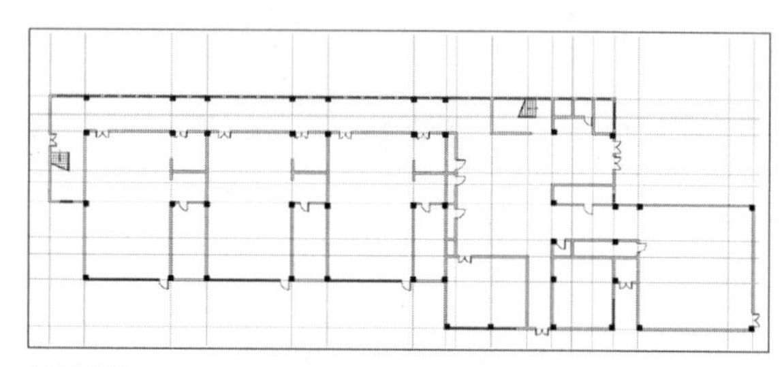

绘制墙柱

11.1.6 尺寸和文字标注

在上述操作均已完成之后，现在要为平面图添加尺寸标注以及文字标注，首先需要对文字标注和尺寸标注的样式进行设置，下面介绍如何进行尺寸和文字标注。

Step 01 切换【标注】图层为当前图层，在菜单栏中执行【格式】>【标注样式】命令，在【标注样式管理器】对话框中单击【新建】按钮，在打开的对话框中再单击【继续】按钮，在打开的【新建标注样式】对话框中设置标注样式的属性，单击【确定】按钮后并置为当前，如下图所示。

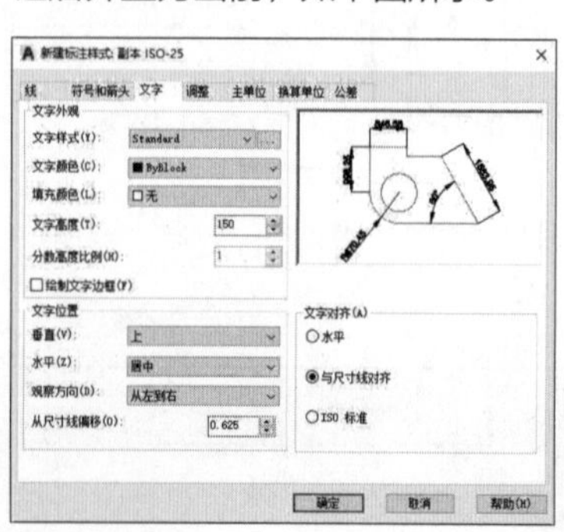

新建标注样式

Step 02 在菜单栏中执行【标注】>【线性】命令，对轴线进行尺寸标注，标注两道尺寸线，如下图所示。

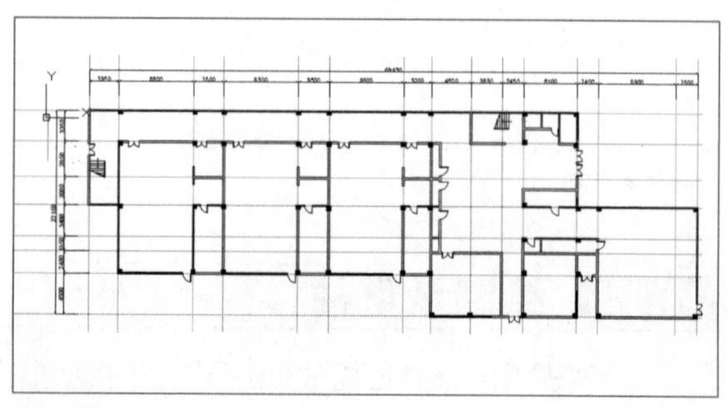

添加标注

Step 03 以轴线端点为圆心，绘制半径为600的圆，调用【移动】命令，将圆向上垂直移动600，如下图所示。

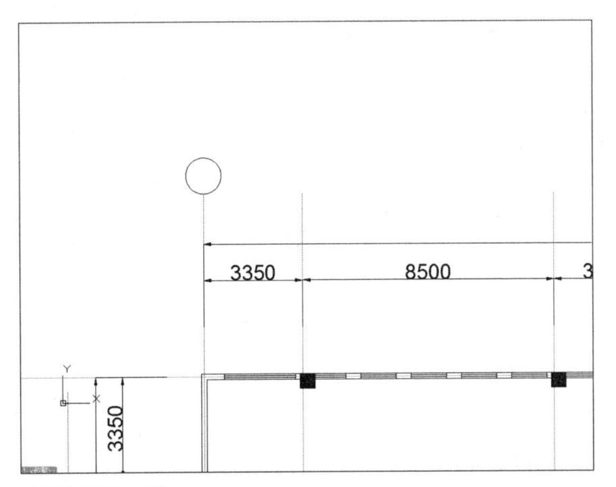

绘制并移动圆形

Step 05 将绘制的轴线创建为块，并在【编辑属性】对话框中输入1，如下图所示。

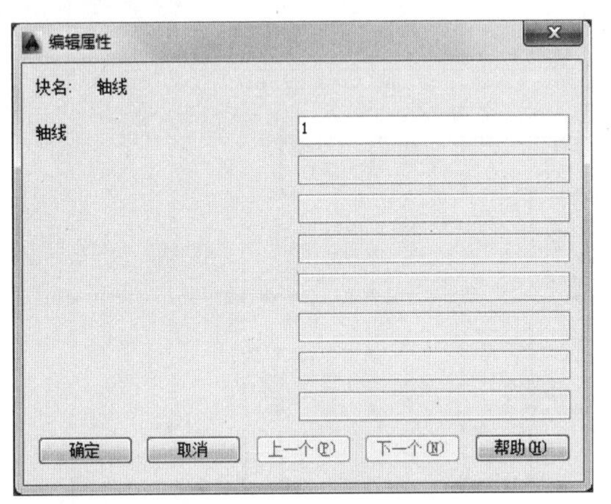

【编辑属性】对话框

Step 07 根据创建垂直方向轴号的方法对水平方向轴线进行标注，标注为A、B、C等，如下图所示。

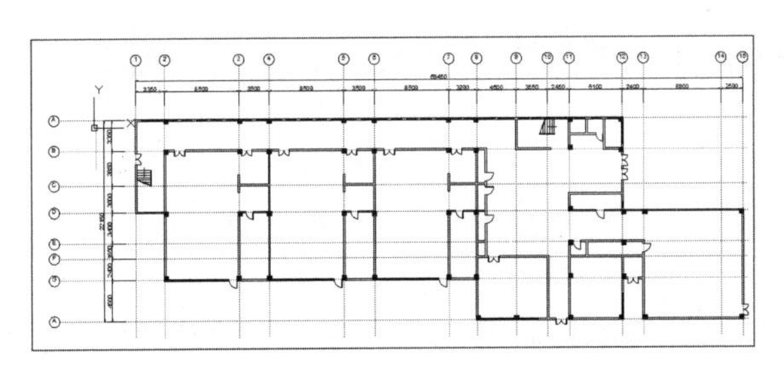

绘制水平方向轴号

Step 04 在菜单栏中执行【绘图】>【块】>【定义属性】命令，在【属性定义】对话框的【标记】文本框中输入【轴线】，单击【确定】按钮，在圆心位置输入块的属性值，如下图所示。

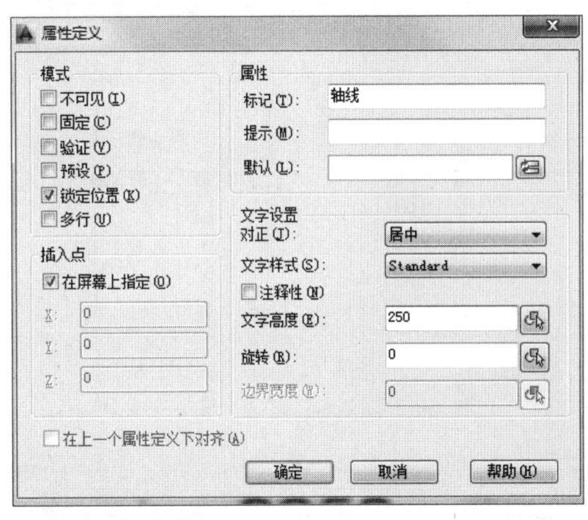

【属性定义】对话框

Step 06 按照相同的方法插入其他轴号块并按顺序输入轴号，以完成对垂直方向轴号的标注，效果如下图所示。

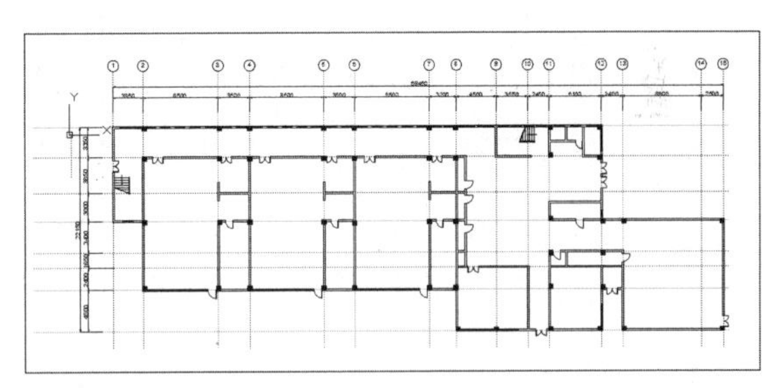

绘制垂直方向轴号

Step 08 将【文字】图层设为当前图层。在菜单栏中执行【绘图】>【文字】>【多行文字】命令，在相应位置输入需要标注文字，如下图所示。

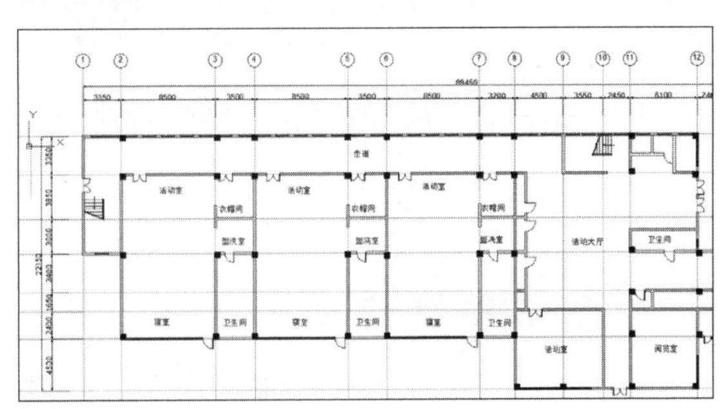

输入对应文字

Step 09 绘制简单家具，调用【直线】命令，绘制长1200、宽600的长方形。选中长方形，调用【复制】命令，选择左端点向右水平方向，输入650，得到两个长方形。选中这两个长方形，调用【镜像】命令，以下边线为参考线进行镜像，如下图所示。

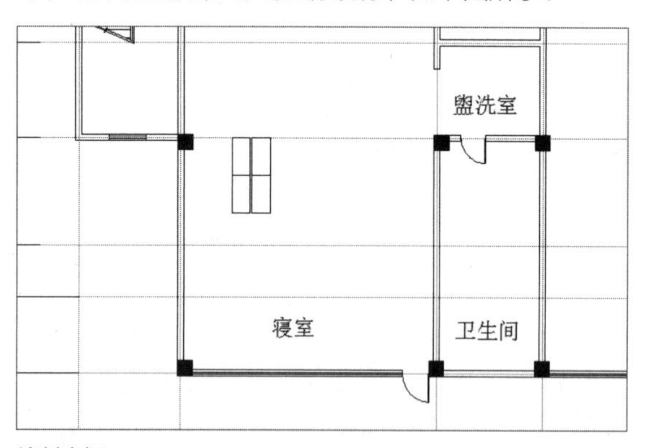

绘制床板

Step 10 选中这组家具，调用【阵列】命令，列数输入3，介于2000，总计4000。行数输入2，介于3600，总计3600，如下图所示。

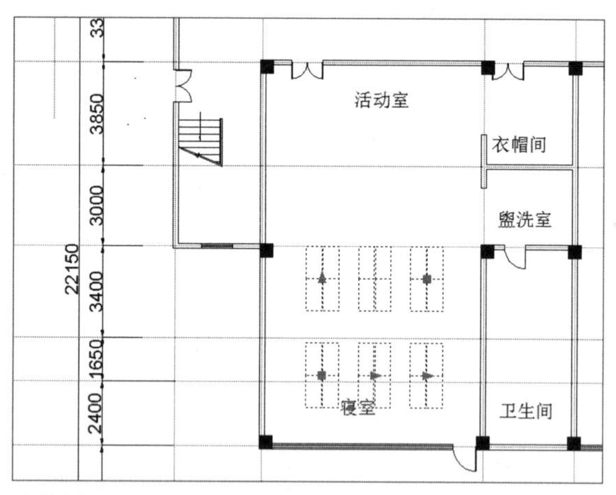

阵列床板

Step 11 调整家具位置，在其他位置以同样方式绘制家具并补充细节。至此，整个幼儿园一层平面图绘制完成，如下图所示。

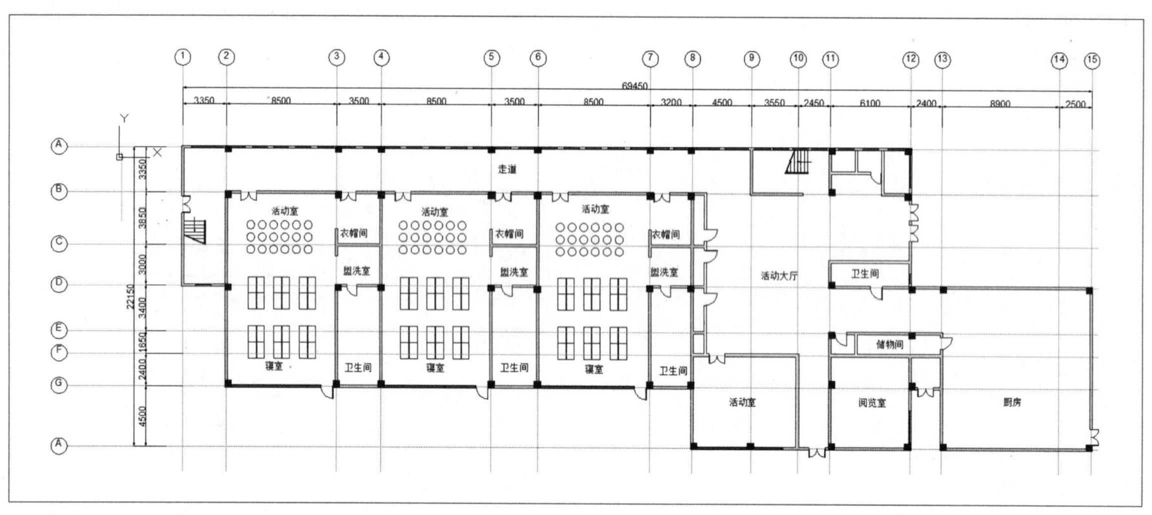

幼儿园一层平面图效果

11.2 绘制幼儿园南立面图

本节将对幼儿园南立面图的绘制进行介绍，制作过程与绘制标准层相似，但是略有差异。下面具体介绍绘制幼儿园立面图的操作方法。

11.2.1 绘制轴线

要绘制建筑立面图，首先需确定定位轴线，再根据辅助线运用【直线】命令、【偏移】命令、【块】命令、【镜像】命令、【标注】命令等多个命令完成，下面将介绍具体操作方法。

Step 01 在命令行中输入LIMITS命令，按Enter键后输入0.0000、0.0000，按Enter键后再次输入42000、297000，接下来在菜单栏中执行【格式】>【比例缩放列表】命令，在弹出的【编辑图形比例】对话框中选择合适的图形边界，即可创建图形边界，如下图所示。

设定图形边界和图像比例

Step 02 单击【图层】面板中【图层特性】按钮，在弹出的【图层特性管理器】面板中单击【新建图层】按钮，新建图层，如下图所示。

新建图层

Step 03 将图层分别命名为【轴线】、【建筑轮廓线】、【门】、【窗】、【扶手】、【格栅】、【外轮廓线】、【标注】、【文字】，并修改各图层的颜色、线型、线宽，如下图所示。

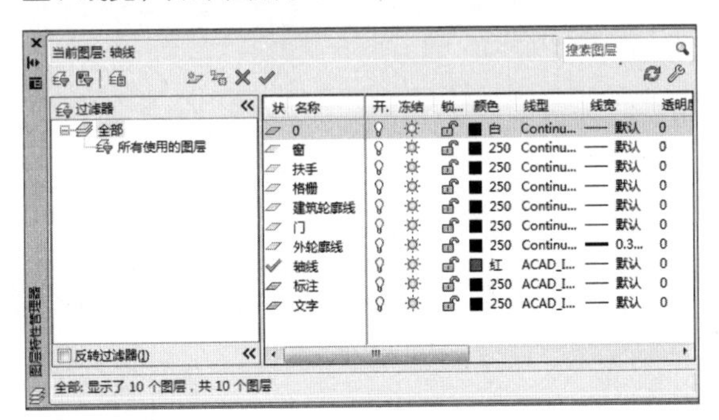

设置图层参数

Step 04 将【轴线】图层置为当前图层，调用【直线】命令，开启【正交限制光标】功能，先绘制垂直和水平轴线，如下图所示。

绘制基准轴线

Step 05 在【修改】面板中单击【偏移】按钮，将垂直方向直线向右分别偏移3100、9750、2300、9750、2300、9750、16000、3400、1800、9500，如下图所示。

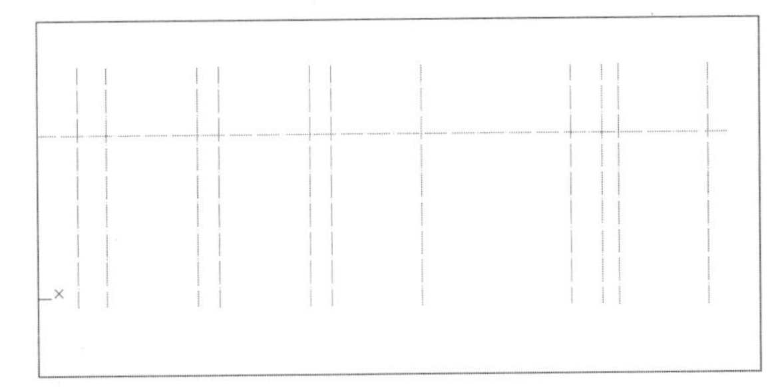

偏移垂直方向轴线

Step 06 继续调用【偏移】命令，将水平直线向下偏移4250、4650、3700，如下图所示。

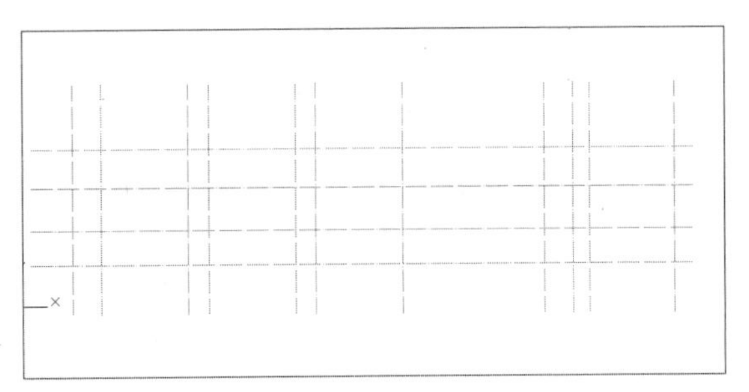

偏移水平方向轴线

Step 07 单击【图层】面板中【图层特性】按钮，在弹出的【图层特性管理器】面板中选择【轴线】图层，单击锁定图层图标，将【轴线】图层锁定，如右图所示。

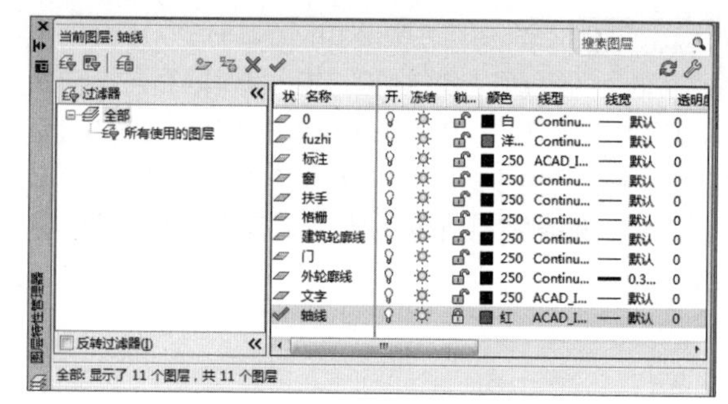

锁定【轴线】图层

11.2.2 绘制建筑轮廓线

接下来介绍建筑轮廓线的绘制操作，这里的轮廓线主要是指在建筑周围的装饰性线条以及窗台等结构，下面将介绍具体操作方法。

Step 01 将【建筑轮廓线】图层设为当前图层，首先绘制里面主要单元。调用【矩形】命令（或在命令行输入REC），选择垂直方向第2条轴线、水平方向第1条轴线交点为角点，再选择垂直方向第3条轴线、水平方向第3条轴线交点为另一个角点，如下图所示。

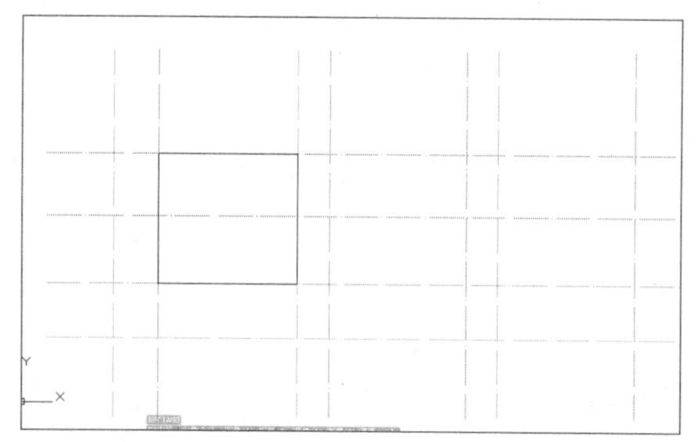

绘制矩形

Step 02 选中矩形，调用【分解】命令，将矩形分解。调用【偏移】命令（或在命令行输入OF），将矩形上边向下偏移1300，左边向右偏移200，右边向左偏移200、下边向上偏移200。再调用【修剪】命令（或在命令行输入TR），修剪两个矩形之间多余的线，如下图所示。

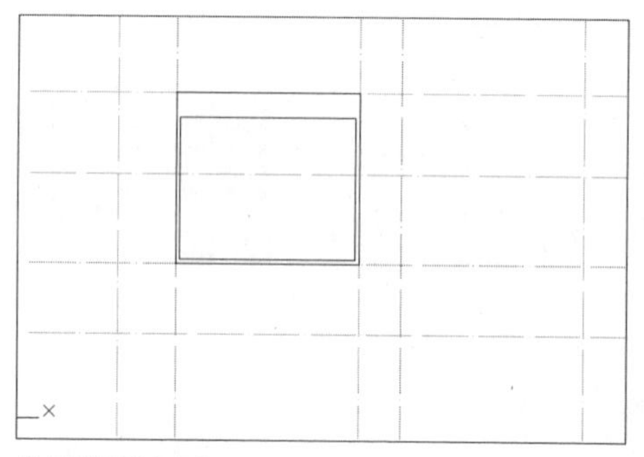

分解并偏移矩形

Step 03 调用【偏移】命令，将内部的矩形左边向右偏移650，右边向左偏移650，下边向上偏移600，调用【修剪】命令修剪多余线条，如下图所示。

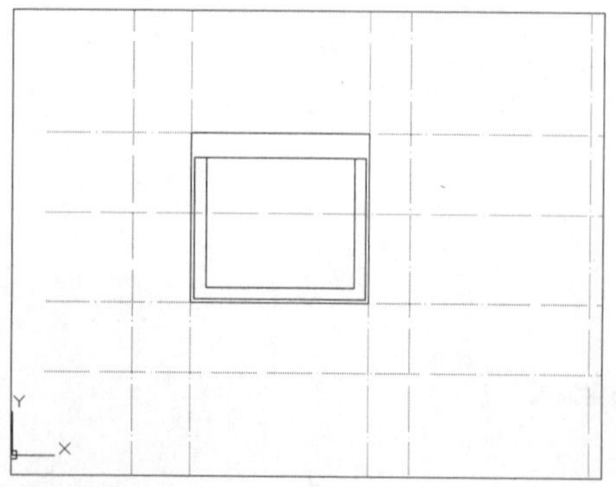

偏移直线并修剪

Step 04 调用【偏移】命令，将最内部的矩形上边向下偏移3000，下边向上偏移3000，调用【修剪】命令修剪多余线条，调用【直线】命令连接外侧两个矩形左下角点与右下角点，如下图所示。

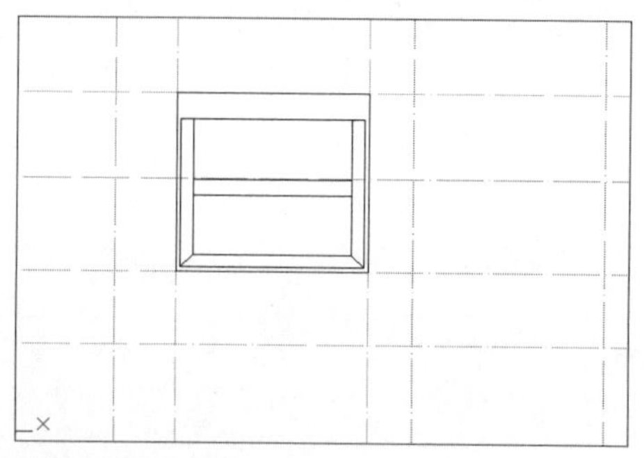

绘制直线连接矩形

Step 05 在命令行中输入REC命令，在指定的位置绘制矩形。调用【分解】命令，将矩形分解；调用【偏移】命令，将左边向右偏移850，右边向左偏移850、下边向上偏移100。在调用【修剪】工具修剪两个矩形之间多余的线条，如下图所示。

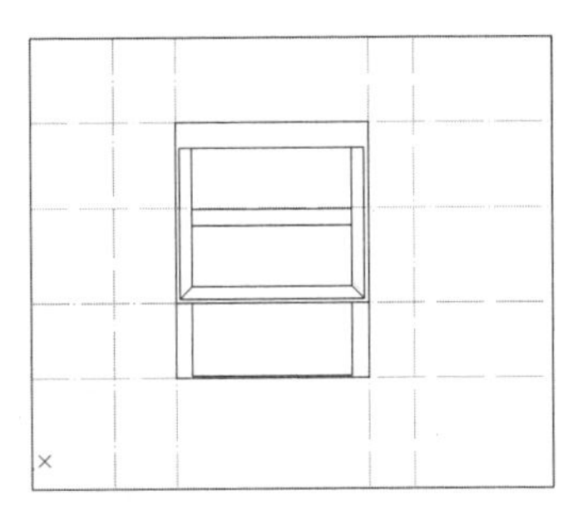

绘制内部结构

Step 06 在命令行中输入L命令，以垂直方向第3条轴线与水平方向第4条轴线为起点，向右水平绘制长2300的线段。调用【偏移】命令，将其向上偏移8150，再次将偏移后的线段向上偏移150、2400、1300、200、300，完成主要单元的绘制，如下图所示。

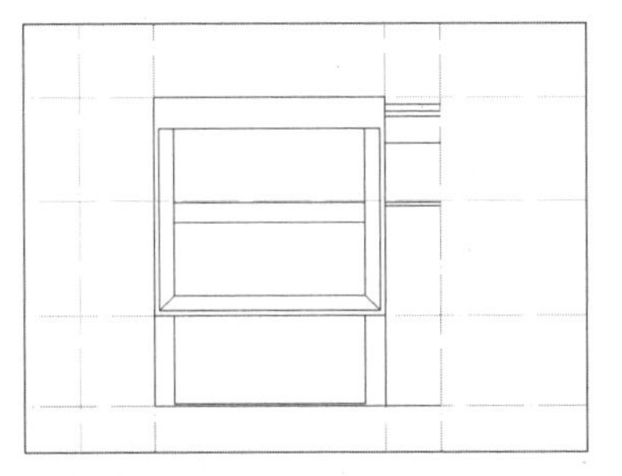

绘制主要单元

Step 07 在【块】面板中单击【创建】按钮，在打开的【块定义】对话框中输入名称为【单元a】，单击【拾取点】按钮，进行拾取，单击【选择对像】按钮，选中绘制的单元，然后单击【确定】按钮，将单元保存成块，如下图所示。

将单元保存为块

Step 08 在菜单栏中执行【插入】>【块】命令，在打开的对话框中选择定义的块，然后在该单元右侧插入两个单元块。调用【分解】命令，将第三个单元分解，并删除右侧多余的线，如下图所示。

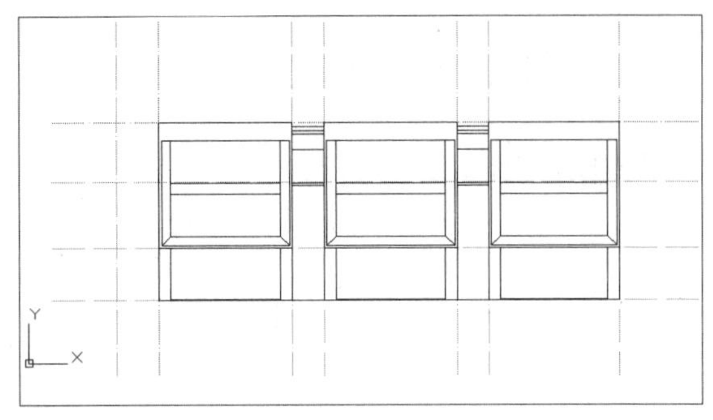

插入块

Step 09 绘制带檐口的其他建筑轮廓，在命令行中输入REC命令，以垂直方向第7条轴线与水平方向第3条轴线交点为一个起点，垂直方向第8条轴线与水平方向第3条轴线交点为另一个对角点绘制矩形，如下图所示。

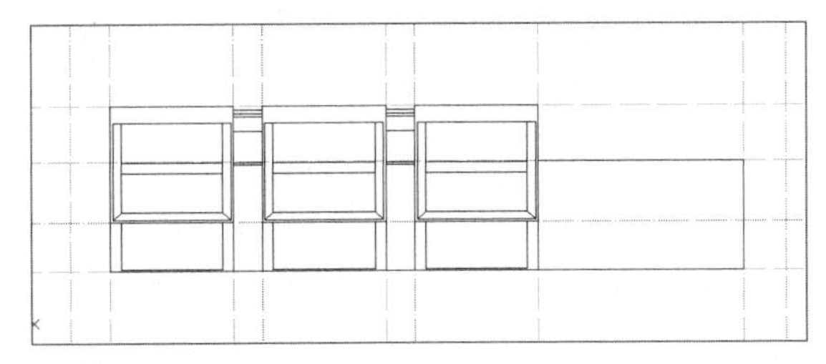

绘制外框

Step 10 调用【分解】命令将该矩形分解，调用【偏移】命令，将矩形上边向下偏移50，再偏移150。继续调用【偏移】工具，将矩形右边向右偏移150，再偏移50，如下图所示。

分解并偏移矩形

Step 11 选择最右边边线，调用【延伸】命令，再选择最上面两条线，使其延伸至最右边边线上。调用【修剪】命令，修剪多余的线，如下图所示。

延伸并修剪直线

Step 12 根据相同的操作将上面第3条线延伸至右边第2条线上，并修剪多余的线，即可绘制完成带檐口的建筑轮廓线，如下图所示。

绘制檐口

Step 13 按照上述方法绘制其他带檐口的建筑轮廓线，效果如右图所示。

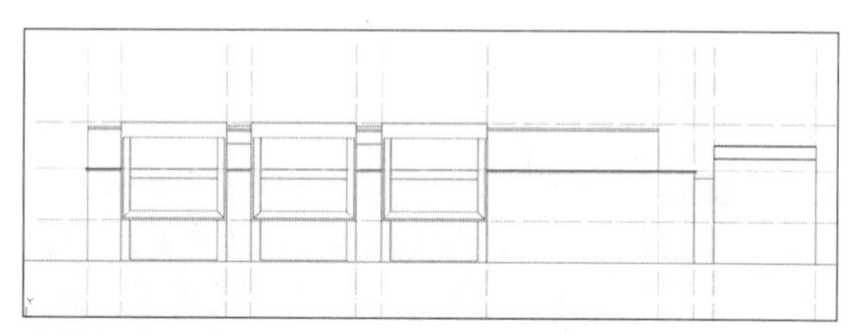

绘制檐口建筑轮廓

11.2.3 绘制窗

轮廓线绘制完成后，接着需要绘制的是从立面图观察到的窗户，这里的窗户与平面图中的窗户是有差异的，下面介绍具体操作方法。

Step 01 切换【窗】图层为当前图层，在【绘图】工具栏中单击【直线】按钮，绘制长1325，宽625的矩形。在命令行中输入DDOSN AP命令，打开【草图设置】对话框，在【对象捕捉】选项卡下设置捕捉对象，单击【确定】按钮，如下图所示。

草图设置
捕捉和栅格 | 极轴追踪 | 对象捕捉 | 三维对象捕捉 | 动态输入 | 快捷特性 | 选择循环
启用对象捕捉 (F3)(O)　启用对象捕捉追踪 (F11)(K)
对象捕捉模式
端点(E)　插入点(S)　全部选择
中点(M)　垂足(P)　全部清除
圆心(C)　切点(N)
节点(D)　最近点(R)
象限点(Q)　外观交点(A)
交点(I)　平行线(L)
延长线(X)
若要从对象捕捉点进行追踪，请在命令执行期间将光标悬停于该点上。当移动光标时会出现追踪矢量，若要停止追踪，请再次将光标悬停于该点上。
选项(T)...　确定　取消　帮助(H)

设置捕捉对象

Step 02 关闭【正交限制光标】功能，然后连接矩形左边中点与右边两角点，选中这两条斜线，在【特性】面板中将其线型修改为ACAD_ISO03W100，完成一扇窗的绘制，效果如下图所示。

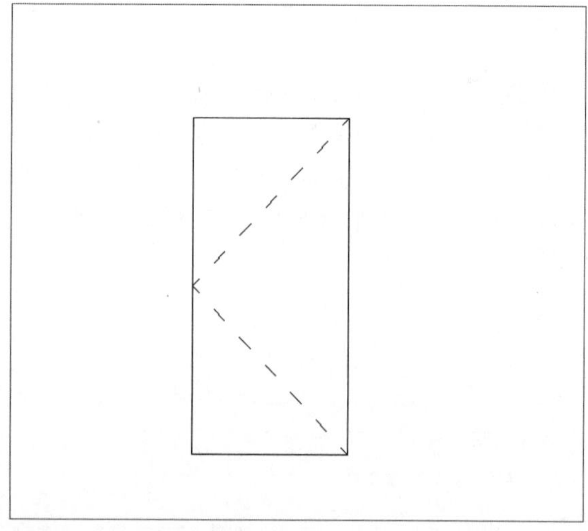

绘制窗户

Step 03 调用【偏移】命令，将矩形4条边向外偏移50，绘制窗框，如下图所示。

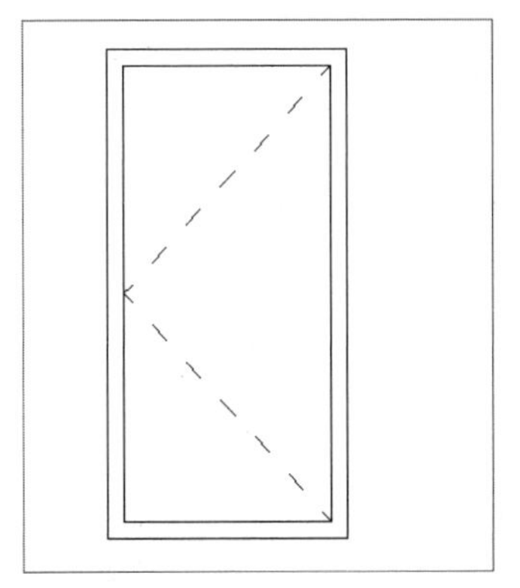

绘制外框

Step 04 在【块】面板中单击【创建】按钮，在打开的【块定义】对话框中输入名称为【窗a】，单击【拾取点】按钮，进行拾取，单击【选择对像】按钮，选中绘制的窗，然后单击【确定】按钮，将绘制的窗保存成块，如下图所示。

将窗保存成块

Step 05 在【绘图】面板中单击【构造线】按钮，沿着该窗框左侧和下侧绘制两条构造线作为辅助线，调用【偏移】命令，将下侧辅助线向下偏移50，如下图所示。

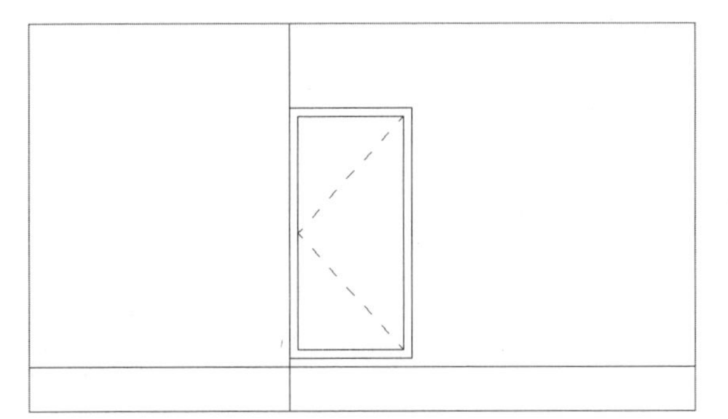

绘制构造线

Step 06 在菜单栏中执行【插入】>【块】命令，以两条构造线交点为参考点插入窗a，形成一条垂直方向窗。然后将该垂直方向条形窗创建块，命名为窗b，如下图所示。

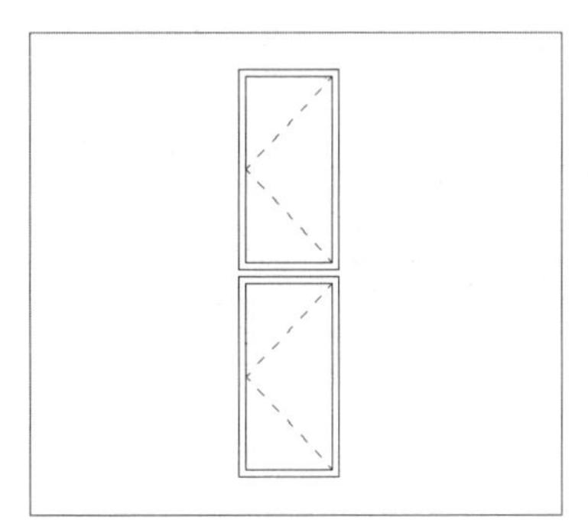

创建窗b块

Step 07 在【修改】面板中调用【复制】命令，选中该垂直方向条形窗，以左下角点为端点，水平向右复制并移动2000，重复复制3次，形成单元垂直方向条窗，如下图所示。

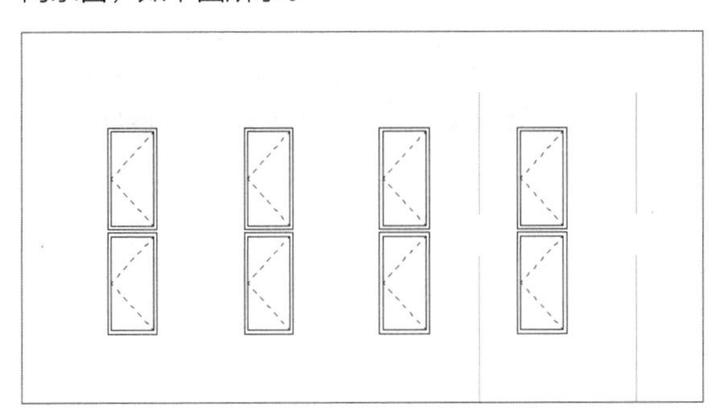

复制窗户

Step 08 以第1个单元为例，调用【偏移】命令，将窗洞4条边向内偏移50，形成窗框，效果如下图所示。

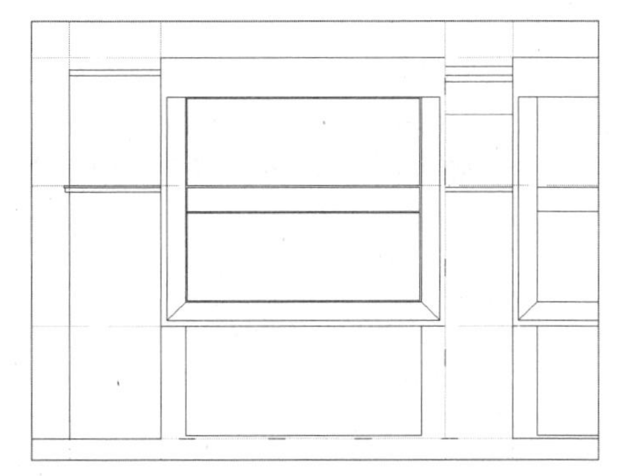

绘制窗框

Step 09 调用【修改】面板中的【移动】命令，选中一组（4个）垂直方向条形窗，选中其左下角点，在选择窗框左下角点，将其移动至窗框内，如下图所示。

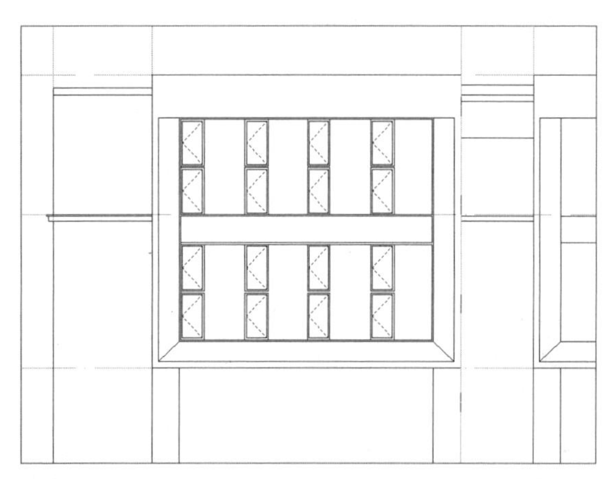

移动窗户

Step 10 选中下边的一组垂直方向条形窗，调用【修改】面板中的【镜像】命令，第一个参考点为第3个垂直方向条形窗左上角点，第二个参考点为第3个垂直方向条形窗左下角点，然后删除源对象，再调用【移动】命令，将其放入框内，如下图所示。

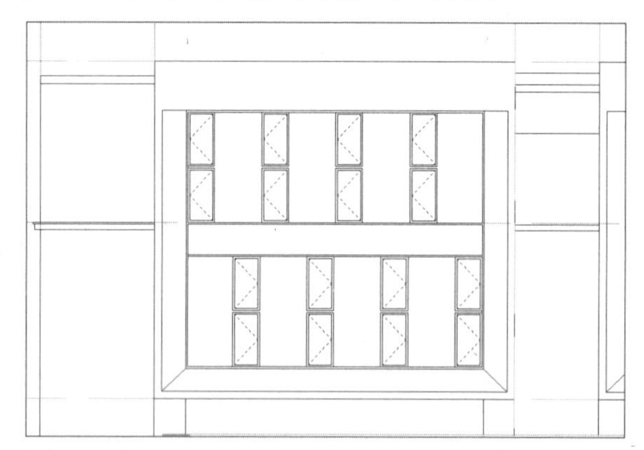

镜像下方窗户

Step 11 运用以上同样的方法，绘制其他窗，效果如下图所示。

绘制其他窗户

11.2.4 绘制门

窗户绘制完成之后，接下来将绘制门图形，从平面图中可知这里的门有单开门和对开门，下面将对如何绘制这两种门进行介绍。

Step 01 将【门】图层设为当前图层。调用【直线】命令，绘制长为2300、宽为700的矩形。调用【偏移】命令，将4条边向内偏移50，再调用【修剪】命令，修剪多余的线。调用【直线】命令，连接内矩形左边中点与外矩形右上角点和右下角点，然后在【特性】面板中设置线性为ACAD_ISO03W100，如下图所示。

Step 02 在【修改】面板中调用【镜像】命令，选择绘制的门，选择右上角点为第一个参考点，右下角点为第二个参考点，删除源对象，完成绘制双扇门，效果如下图所示。

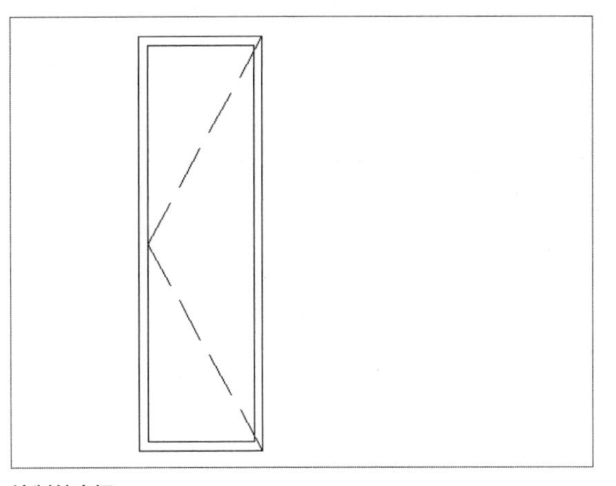

绘制单扇门

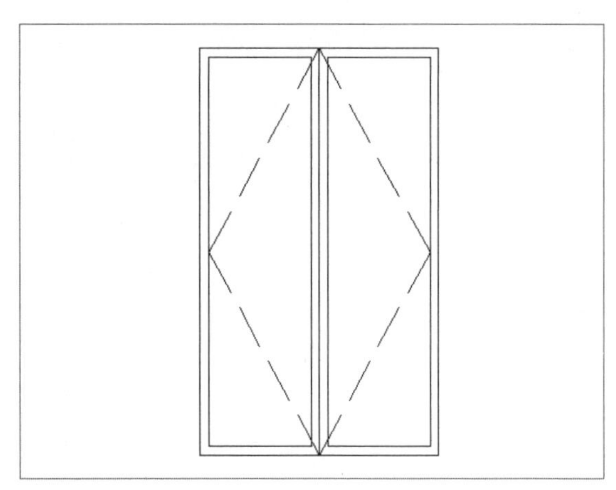

绘制双开门

Step 03 调用【直线】命令，以双扇门左上角点为端点向上绘制长1400，宽600的矩形。调用【偏移】命令，将矩形4条边向内偏移50，绘制双扇门上边框。然后用【偏移】命令，将该双扇门整体4条边向外偏移50，再调用【延伸】与【修剪】命令，绘制门上框，如下图所示。

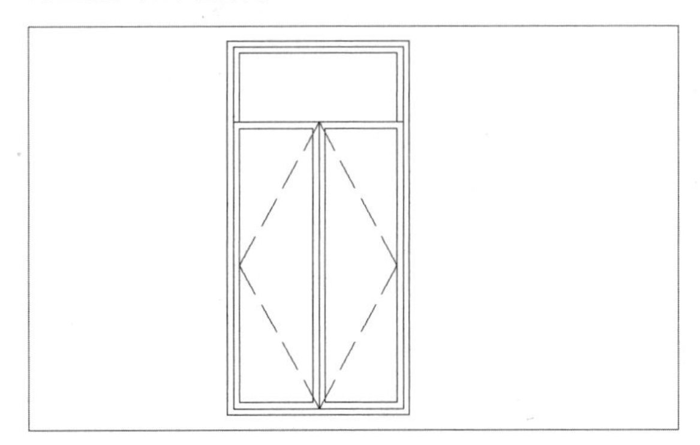

绘制门上框

Step 04 在【块】面板中单击【创建】按钮，在打开的【块定义】对话框中输入名称为【门a】，单击【拾取点】按钮，进行拾取，单击【选择对象】按钮，选中绘制的门，然后单击【确定】按钮，将单元保存成块，如下图所示。

将门保存为块

Step 05 切换至【轴线】图层并解锁，调用【偏移】命令，将垂直方向第10条轴线向左偏移225，将水平方向第3条轴线向下偏移550，绘制辅助线，如下图所示。

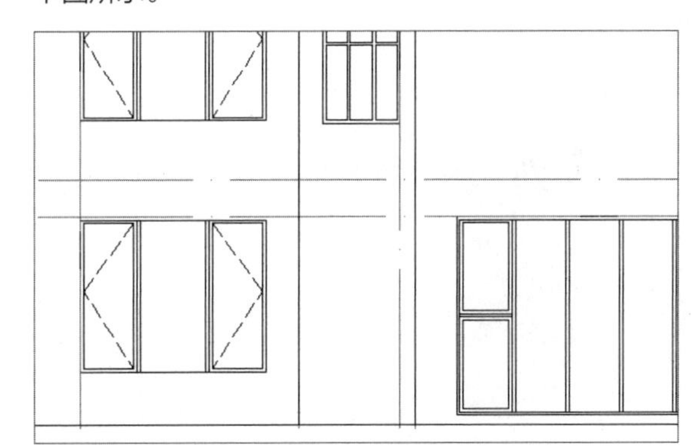

偏移直线

Step 06 切换至【门】图层，在菜单栏中执行【插入】>【块】命令，以两条辅助线交点为参考点插入门a。切换至【轴线】图层删除辅助线并锁定图层，如下图所示。

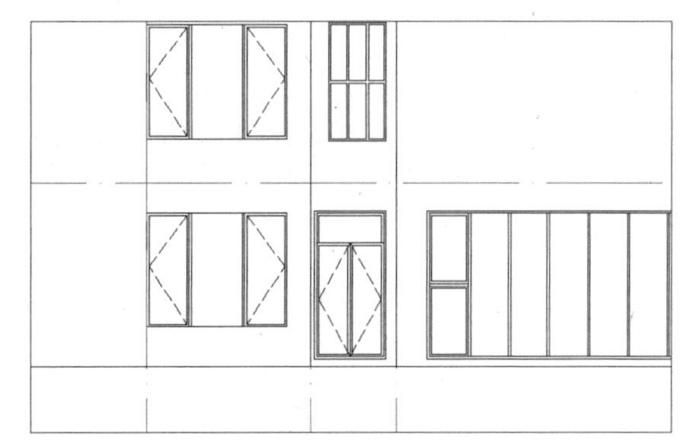

插入门a块

Step 07 根据同样的方法，绘制其他门，效果如下图所示。

绘制其他门

11.2.5 绘制扶手和格栅

门绘制完成后，下面将介绍扶手的绘制方法，考虑到设计需要和建筑物用途，这里将绘制格栅以作安全考虑，下面将介绍具体操作方法。

Step 01 将【扶手】图层设为当前图层。在【绘图】面板中调用【直线】命令，以垂直方向第9条轴线与水平方向第2条轴线的交点为起点，竖直向上绘制长1150的线段。在【修改】面板中调用【阵列】命令，列数为35，介于100，行数1，完成栏杆的阵列，如下图所示。

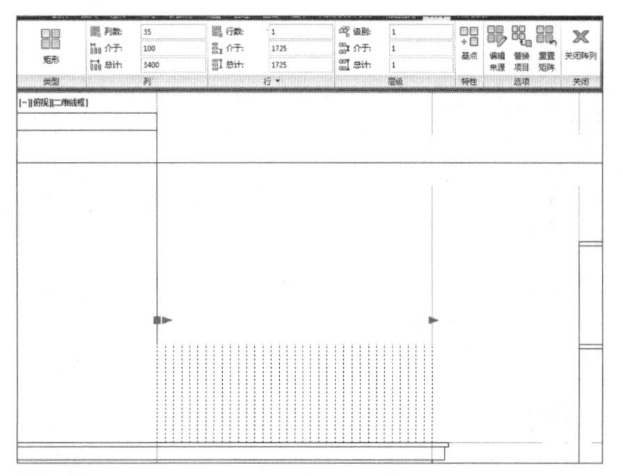

绘制栏杆

Step 02 调用【直线】命令，以垂直方向第9条轴线与水平方向第2条轴线的交点为起点，绘制长3400、宽50的矩形，完成扶手的绘制，效果如下图所示。

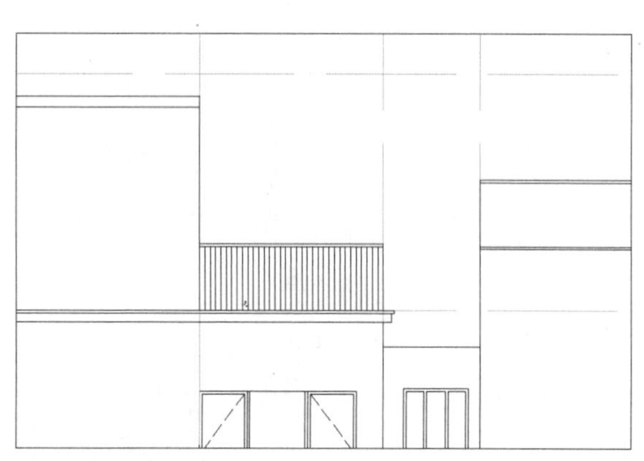

绘制栏杆扶手

Step 03 将【格栅】图层设为当前图层。在【绘图】面板中调用【直线】命令，以垂直方向第1条轴线，水平方向第4条轴线交点为起点绘制长8150，宽50的矩形。选中该矩形，在【修改】面板中调用【阵列】命令，列数为30，介于100，行数1，完成格栅的绘制，如右图所示。

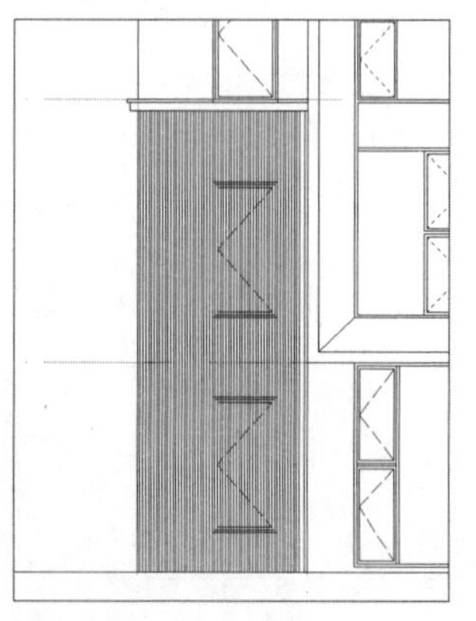

绘制格栅

Step 04 根据同样的方法，绘制其扶手和格栅，效果如右图所示。

绘制其他扶手与格栅

11.2.6 尺寸和文字标注

在上述操作均完成之后，本小节将学习如何为建筑立面图添加尺寸标注、文字标注以及标高，下面介绍具体操作方法。

Step 01 将【标注】图层设为当前图层。在菜单栏中执行【格式】>【标注样式】命令，并在弹出的【标注样式管理器】对话框中单击【新建】按钮，在弹出的对话框中单击【继续】按钮，打开【新建标注样式】对话框，设置标注样式相关参数，单击【确定】按钮后并置为当前，如下图所示。

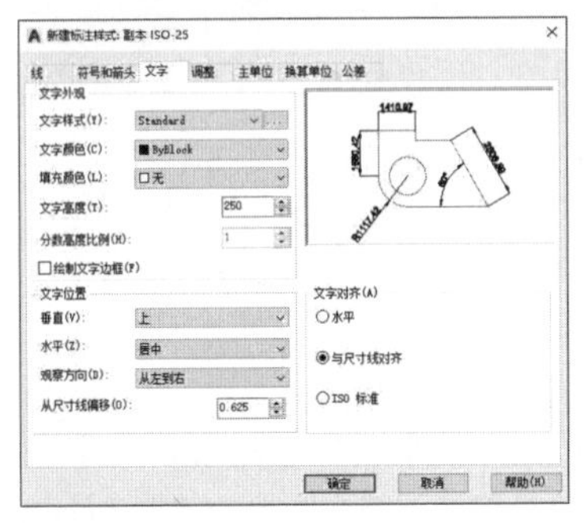

【修改标注样式】对话框

Step 02 在菜单栏中执行【标注】>【线性】命令，对轴线进行尺寸标注，标注两道尺寸线，如下图所示。

添加尺寸标注

Step 03 调用【直线】命令，绘制一条2000长的横线，在横线左侧400长处为起点，绘制一条向下垂直长600的线，再绘制一条向右长400的线，以横线左端点为起点连接垂直线下端，再连接垂点向右400处的点，形成一个等边三角形，选中绘制的图形，在命令行输入G命令，进行编组保存，完成标高符号制作，如下图所示。

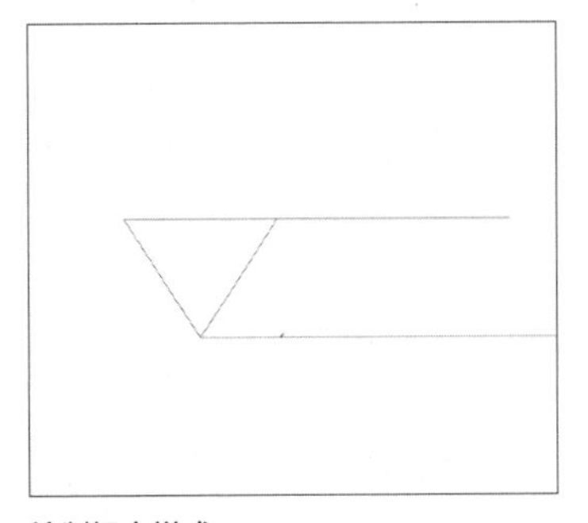

绘制标高样式

Step 04 调用【移动】命令，将标高符号三角形底点移动至第1条水平方向轴线左端，再调用【复制】命令，将标高符号垂直向下复制至水平方向第2、3、4条轴线左端上。切换【文字】图层为当前图层，在菜单栏中执行【绘图】>【文字】>【多行文字】命令，在相应标高符号输入相应高度，如下图所示。

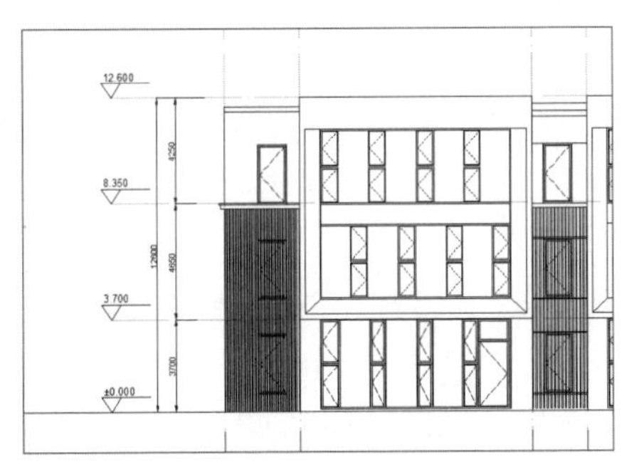

添加标高

Step 05 将【外轮廓线】图层设为当前图层，调用【直线】命令，将外轮廓线图层线型设置为0.3mm，对建筑外轮廓进行描边。至此，整个幼儿园南立面图绘制完成，如下图所示。

幼儿园南立面图

11.3 绘制幼儿园剖面图

要绘制建筑剖面图，首先需确定定位轴线，再根据辅助线运用【直线】命令、【偏移】命令、【块】命令、【图案】填充命令、【标注】命令、【阵列】命令等完成绘制操作，下面具体介绍绘制幼儿园剖面图的操作方法。

11.3.1 绘制轴线

要绘制建筑剖面图，首先需要设定图形边界，需要新建图层并绘制定位轴线，通过【偏移】命令对具体轴线进行定位，下面介绍具体操作方法。

Step 01 首先创建图形边界，在命令行中输入LIMITS命令，按Enter键后输入0.0000、0.0000，按Enter键后再输入42000、297000，在菜单栏中执行【格式】>【比例缩放列表】命令，在弹出的【编辑图形比例】对话框中选择合适的图形比例，如下图所示。

设定图形边界以及图形比例

Step 02 单击【图层】面板中【图层特性】按钮，在弹出的【图层特性管理器】面板中单击【新建图层】按钮，新建图层，如下图所示。

新建图层

Step 03 将图层分别命名为【轴线】、【地面】、【门窗】、【楼板】、【剖窗】、【剖墙】、【外轮廓线】、【标注】、【文字】，并修改各图层的颜色、线型、线宽，如下图所示。

Step 04 选择【轴线】图层后，调用【直线】命令，开启【正交限制光标】功能，先绘制一条垂直方向轴线，再绘制一条水平轴线，如下图所示。

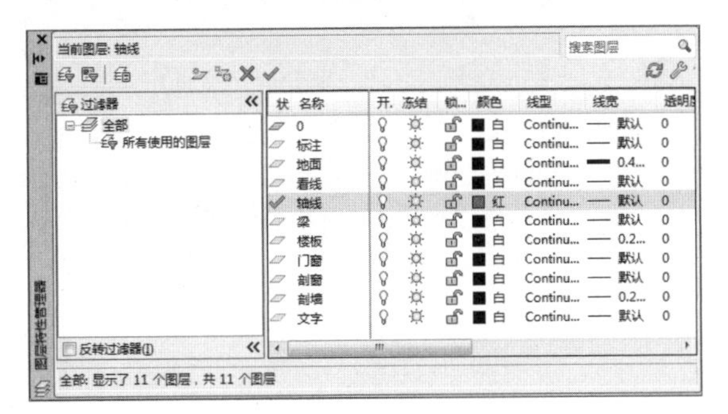

设置图层参数

绘制基准轴线

Step 05 在【修改】面板中单击【偏移】按钮，将垂直方向轴线向右分别偏移8975、3200、8800、3200、8800、3200、1000、3200、3700、2300、2975、5825、8750，如下图所示。

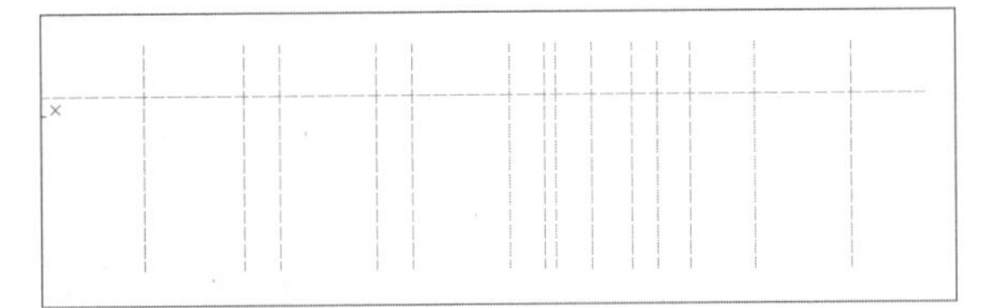

偏移垂直方向轴线

Step 06 继续调用【偏移】命令，将水平直线向下偏移3800、3800、3800，如下图所示。

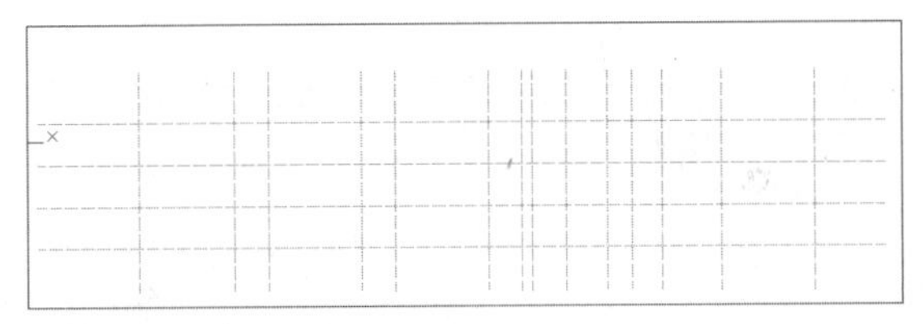

偏移水平方向轴线

Step 07 单击【图层】面板中【图层特性】按钮，在弹出的【图层特性管理器】面板中选择【轴线】图层，单击锁定图层图标，将【轴线】图层锁定，如右图所示。

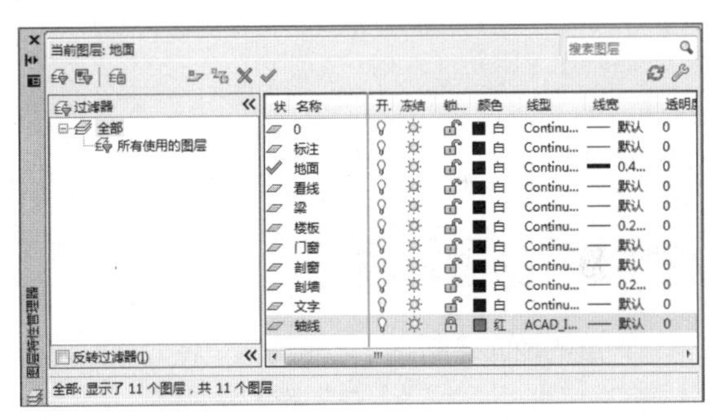

锁定【轴线】图层

11.3.2 绘制地面

轴线绘制完成后，下面将介绍如何绘制地面，这里主要用到【偏移】命令和【填充】命令，具体操作方法介绍如下。

Step 01 将【地面】图层设为当前图层，调用【直线】命令，沿着第4条水平方向轴线连接第1条到第14条垂直方向轴线。继续调用【直线】命令，以该线段左端点为起点，水平向左绘制275直线（因为轴线所在直线是墙的中线，外墙厚为550），再竖直向下绘制100直线（室内外高差100），再水平向左延伸10000。同理，以该线段右端点为起点，水平向右275，再竖直向下100，再水平向右延伸10000，如下图所示。

Step 02 选中位于水平方向第4条轴线上的线（室内的地面），调用【偏移】命令，将其竖直向下偏移150。选中水平方向第4条轴线下方100的线（室外的地面），调用【偏移】命令，将其竖直向下偏移200。调用【直线】命令，绘制直线将其闭合，如下图所示。

绘制地面基准

Step 03 在【绘图】面板中调用【图案填充】命令（或在命令行输入H命令），选择SOLID图案，如下图所示。

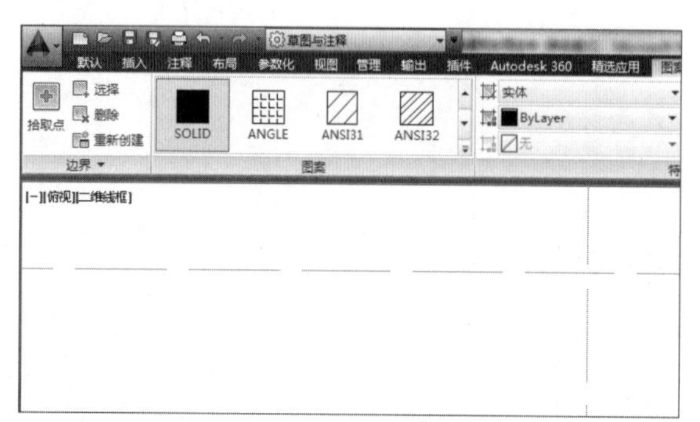

选择填充图案

绘制地面

Step 04 单击地面闭合的图形，对地面进行填充，效果如下图所示。

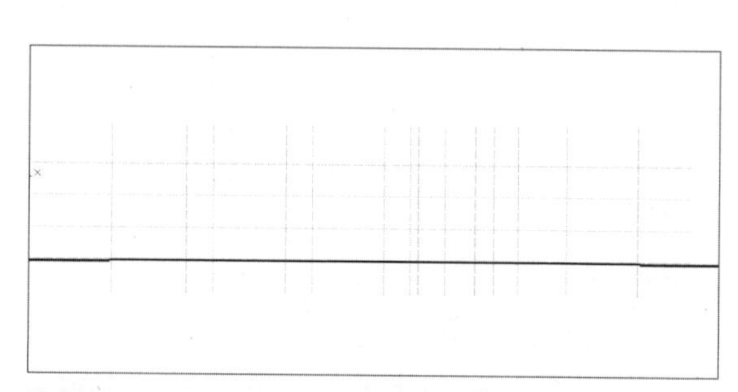

填充地板

11.3.3 绘制楼板

一层的地面绘制完成之后，这里将介绍如何绘制除一层以外其他楼层的地板。此外还对建筑物顶层女儿墙的绘制进行介绍，具体操作方法如下。

Step 01 将【楼板】图层设为当前图层，调用【直线】命令，沿着水平方向第3条轴线连接垂直方向第1条到第14条轴线。继续调用【直线】命令，以该线段左端点为起点，水平向左延伸275（因为轴线所在直线是墙的中线，外墙厚为550），同理，以该线段右端点为起点，水平向右延伸275。调用【偏移】命令，将该线向下偏移150，并调用【直线】命令将其闭合，如下图所示。

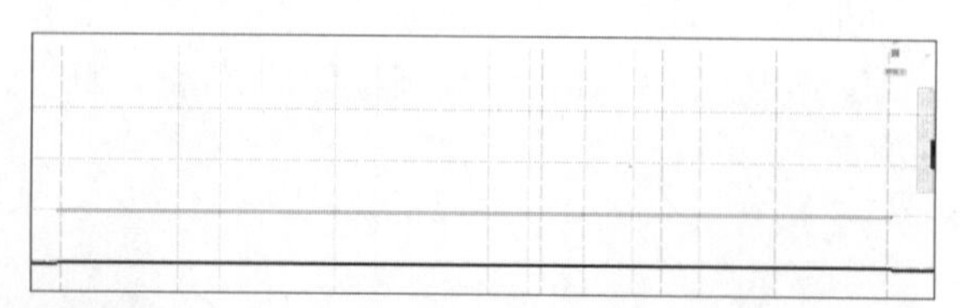

绘制楼板

Step 02 在【绘图】面板中调用【图案填充】命令，选择SOLID图案，单击楼板矩形内部，对楼板进行填充，如下图所示。

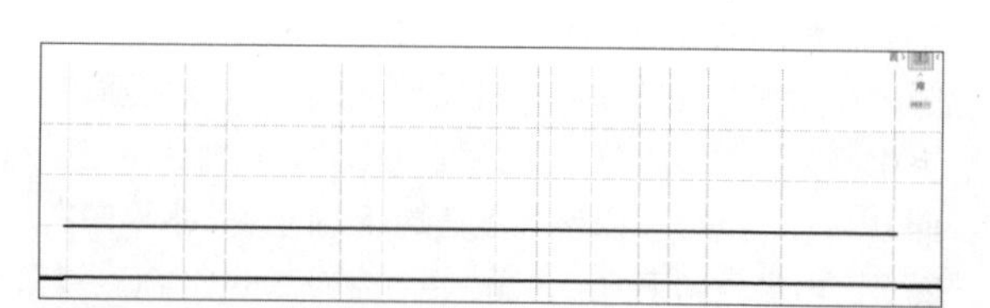

填充楼板

Step 03 调用【直线】命令，沿着水平方向第2条轴线连接垂直方向第1条到第13条轴线。继续调用【直线】命令，以该线段左端点为起点，水平向左延伸275（因为轴线所在直线是墙的中线，外墙厚为550）。调用【偏移】命令，将该线向下偏移150，如下图所示。

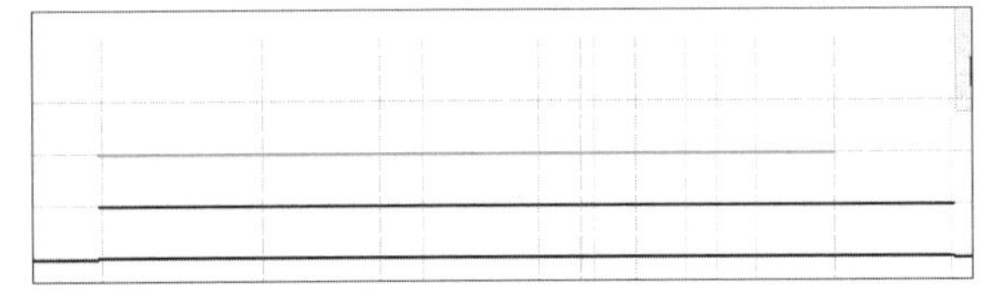

绘制第3层楼板

Step 05 调用【直线】命令，沿着水平方向第1条轴线连接垂直方向第1条到第12条轴线。继续调用【直线】命令，以该线段左端点为起点，水平向左延伸275（因为轴线所在直线是墙的中线，外墙厚为550），同理，以该线段右端点为起点，水平向右延伸275。调用【偏移】命令，将该线向下偏移150，并用【直线】命令将其闭合，并对楼板进行填充，如下图所示。

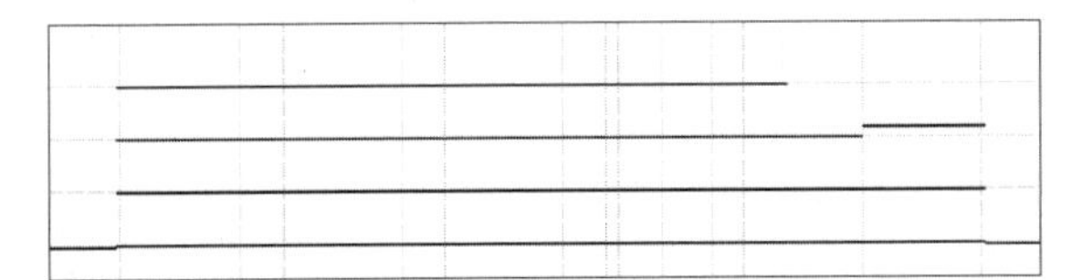

绘制顶层天花板

Step 07 在【块】面板中单击【创建】按钮，在打开的【块定义】对话框中输入名称为【女儿墙】，单击【拾取点】按钮，选取左下角点进行拾取，单击【选择对象】按钮，选中绘制的女儿墙，然后单击【确定】按钮，将女儿墙保存成块，如下图所示。

将女儿墙定义为块

Step 04 调用【直线】命令，沿着水平方向第2条轴线连接垂直方向第13条到第14条轴线。调用【直线】命令，以该线段右端点为起点，水平向右延伸275。调用【移动】命令，将该线段竖直向上平移750（因为音乐舞蹈室室内净高要求）；调用【偏移】命令，将该线向下偏移150，并对楼板进行填充，如下图所示。

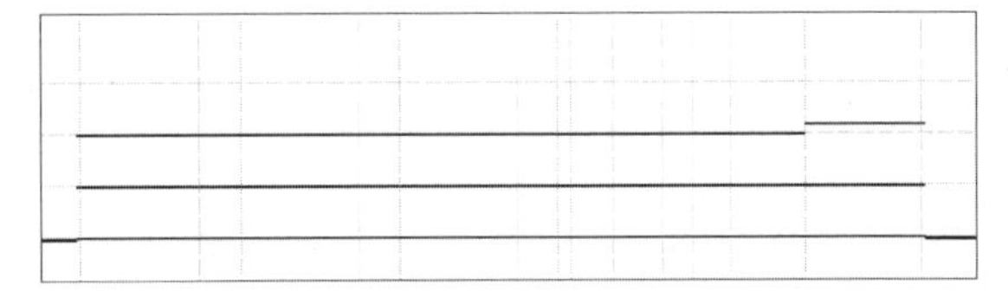

填充第3层楼板

Step 06 绘制女儿墙，调用【直线】命令，以顶层楼板左上角点为起点，绘制长900、宽150的矩形。在【绘图】面板中调用【图案填充】命令，选择SOLID图案，单击矩形内部进行填充，如下图所示。

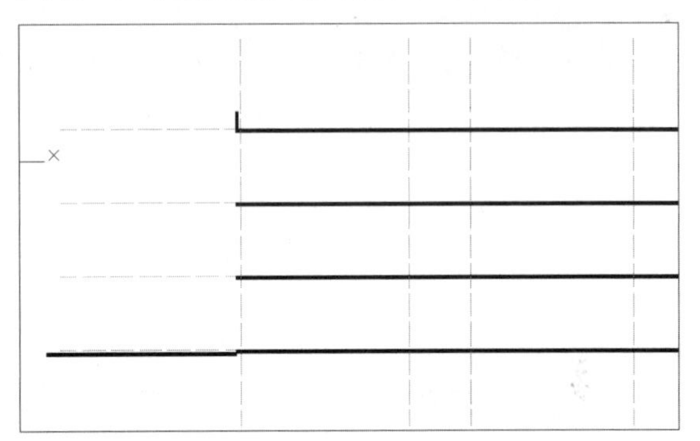

绘制女儿墙

Step 08 在菜单栏中执行【插入】>【块】命令，以垂直方向第2条轴线与水平方向第1条轴线交点为插入点插入女儿墙。调用【移动】命令，将该女儿墙水平向右移动300，效果如下图所示。

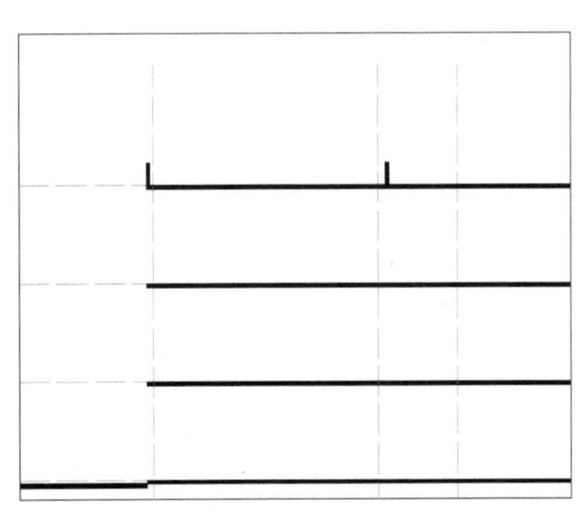

插入女儿墙块

Step 09 按照上述方法绘制其他女儿墙，效果如右图所示。

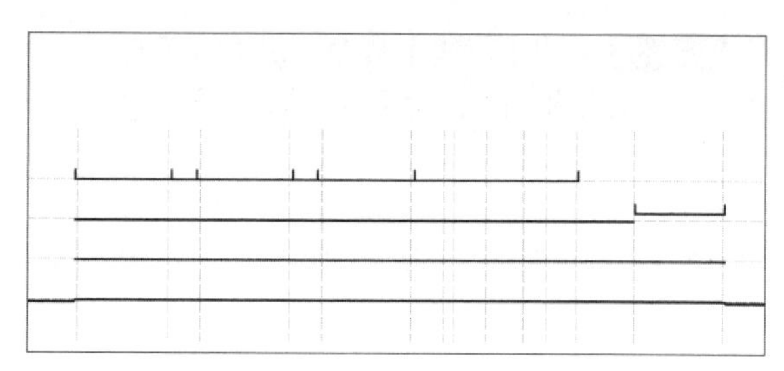
绘制其他女儿墙

11.3.4 绘制梁

楼板绘制完成后，需要在楼板下绘制对应的承重梁，主要通过绘制矩形并填充以完成相关梁的绘制，下面介绍具体操作方法。

Step 01 将【梁】图层设为当前图层，调用【直线】命令，以垂直方向第1条轴线与水平方向第1条轴线交点为端点，绘制长650、宽300的矩形。在【绘图】面板中调用【图案填充】命令，选择SOLID图案，单击矩形内部将其填充。调用【组】命令，将绘制填充的梁编组，如下图所示。

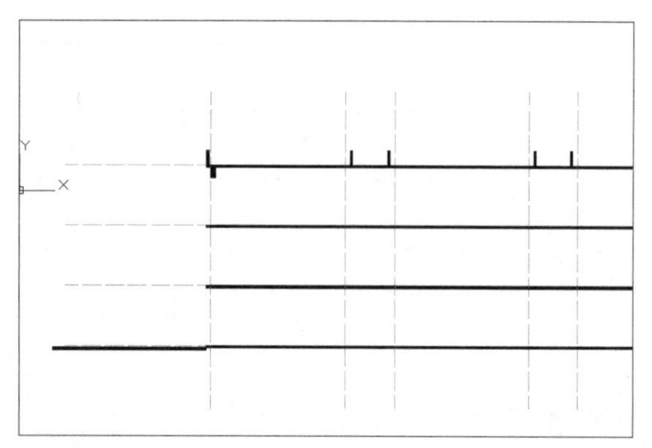
绘制顶层梁

Step 02 调用【移动】 命令，选中编组后的梁，将其向左水平移动25。调用【复制】命令，选中梁，竖直向下3800，复制出二层的梁。再调用【复制】命令将其竖直向下3800，复制出一层的梁，如下图所示。

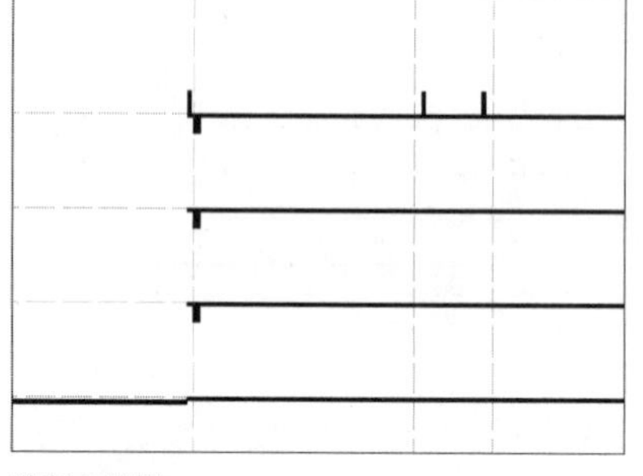
绘制左侧梁

Step 03 调用【组】命令，选中这3个梁，将其建组。调用【复制】命令，将梁水平向右复制8900、3100、8900、3100、8900、3100、4300、3600、2400、2850，绘制除右侧的所有梁，如下图所示。

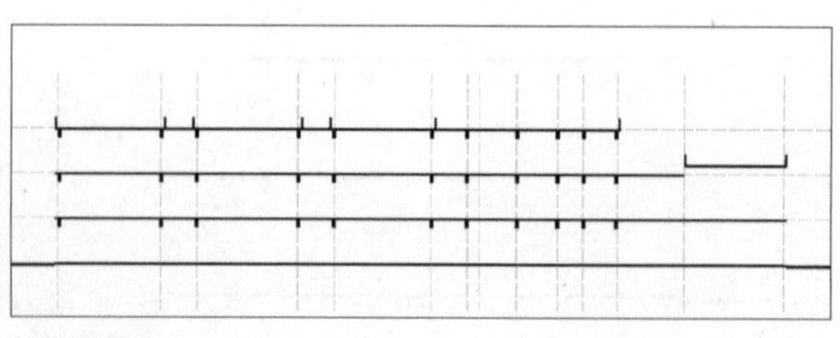
绘制中间梁

Step 04 调用【直线】命令，以垂直方向第13条轴线与水平方向第2条轴线交点上方600的点为左角点，绘制长1400、宽300的矩形。调用【图案填充】命令，将该矩形填充，如下图所示。

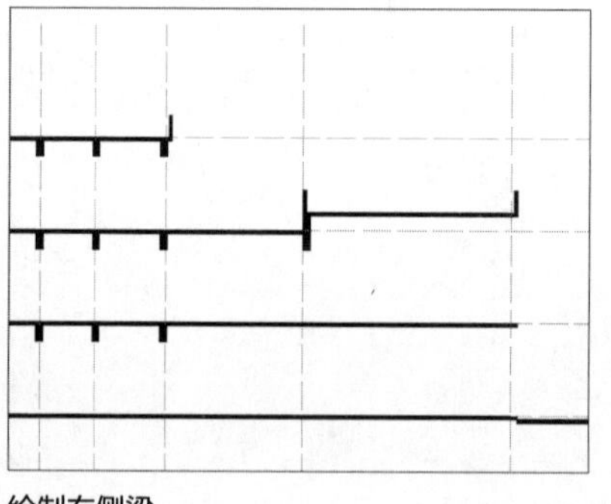
绘制右侧梁

Step 05 按照上述方法绘制其他梁，效果如右图所示。

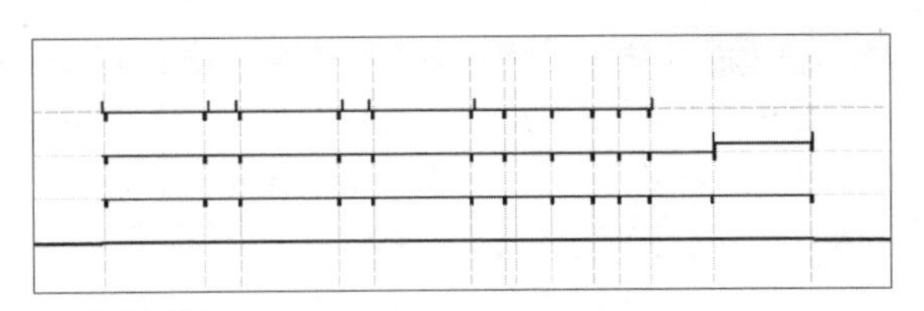

绘制其他的梁

11.3.5 绘制剖面墙

本小节将介绍剖面墙的绘制方法，绘制时要考虑到原墙的厚度以及结构，绘制相关的剖面墙，下面将介绍具体的操作方法。

Step 01 切换【剖墙】图层为当前图层，首先绘制外墙，调用【直线】命令，从第3层楼板左下角点向地面绘制垂线。调用【偏移】命令，将该线水平向右偏移550（这里外墙厚度为550，内墙为200），如下图所示。

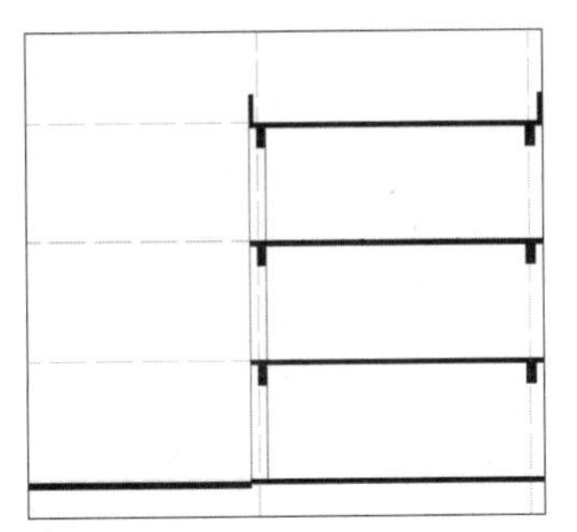

绘制左侧墙

Step 02 调用【直线】命令，从第2层楼板右下角点向地面绘制垂线。调用【偏移】命令，将该线水平向左偏移550。调用【直线】命令，从第3层楼板右下角点向第2层楼板绘制垂线。调用【偏移】命令，将该线水平向左偏移550，如下图所示。

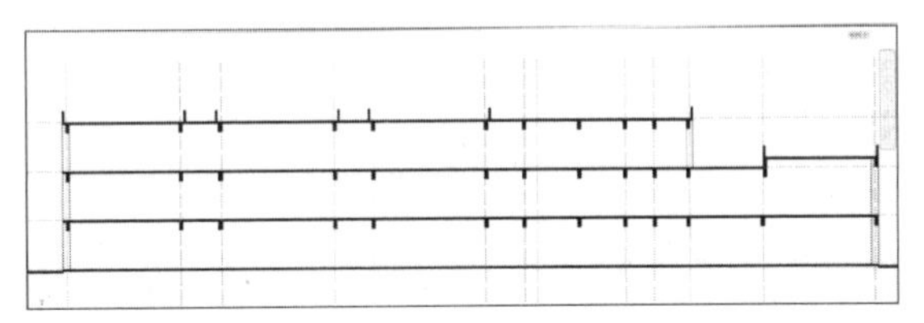

绘制右侧墙

Step 03 在命令行输入MLSTYLE命令，弹出【多线样式】对话框，单击【新建】按钮，弹出【创建新的多线样式】对话框，在【新样式名】文本框中输入200（内墙为200墙为例），如下图所示。

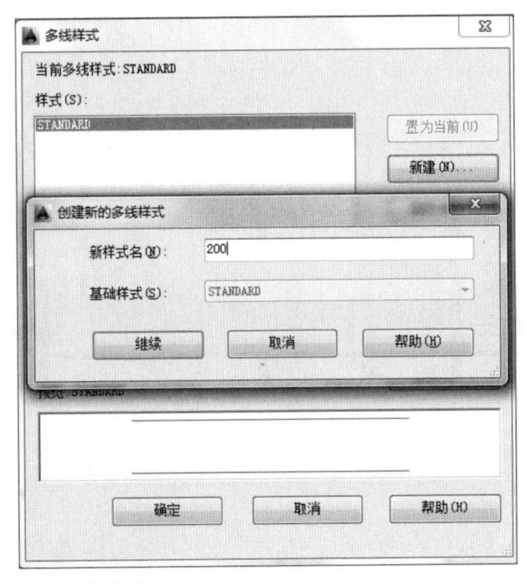

新建多线样式

Step 04 在弹出的【新建多线样式：200】对话框中进行相应的参数设置，在【图元】选项区域中设置偏移值分别为100和-100，如下图所示。

设置多线样式的参数

Step 05 在命令行中输入ML命令，输入J并按Enter键，再输入Z并按Enter键，(因为设置多线样式时设置的偏移值为+100和-100，所以此处设置0为基线，两侧各偏移100)、输入S并按Enter键，输入1(比例设置为1)后，按Enter键，继续输入ST并按Enter键，输入200，如下图所示。

```
指定起点或 [对正(J)/比例(S)/样式(ST)]: st
输入多线样式名或 [?]: 200
当前设置: 对正 = 无, 比例 = 1.00, 样式 = 200
MLINE 指定起点或 [对正(J) 比例(S) 样式(ST)]:
```

绘制多线

Step 07 在【绘图】面板中调用【构造线】命令，沿着第3层梁底边绘制辅助线。调用【偏移】命令，将该辅助线竖直向下移动800。选择垂直方向第11条轴线所在的第3层墙，调用【分解】命令将其分解。调用【修剪】命令，选择下移后的辅助线为剪切边，选择墙的下方为剪切的对象，剪切出窗洞，并删除参考线，如下图所示。

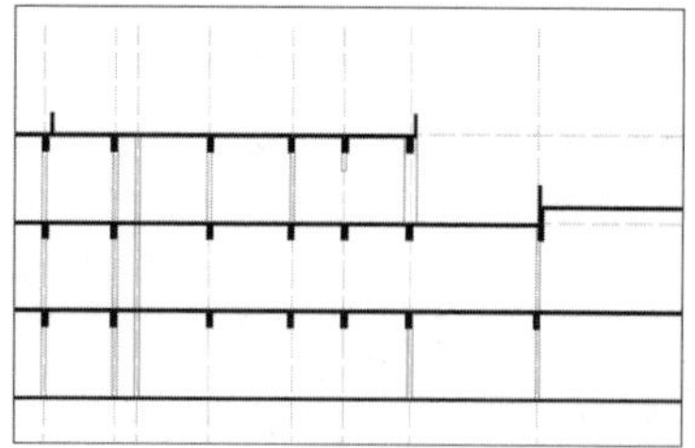

绘制窗洞

Step 06 绘制轴线所在的主要墙体，如下图所示。

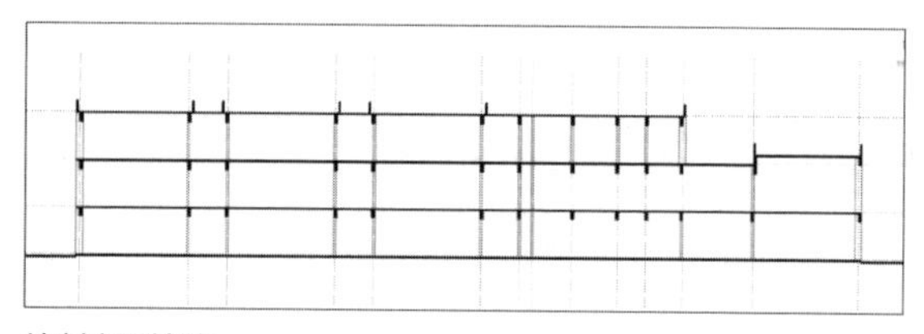

绘制主要墙体

Step 08 按照相同的方法修剪出其他窗洞和门洞，效果如下图所示。

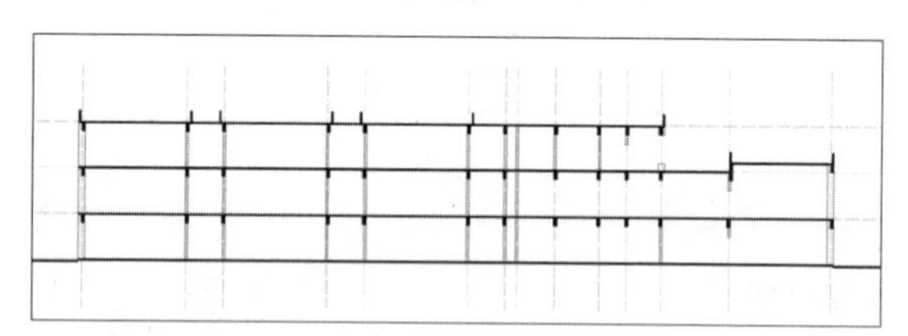

绘制其他门窗洞口

11.3.6 绘制剖面窗

下面介绍剖面窗的绘制操作，从剖面图的角度考虑，部分窗户仅能看到剖面，具体操作方法介绍如下。

Step 01 将【剖窗】图层为当前图层，以垂直方向第11条轴线第3层所在窗洞为例，调用【直线】命令，连接窗洞左上角点与右上角点。在【绘图】面板中调用【定数等分】命令，选择该线段，输入线段数目输入3。打开左下角工具栏【捕捉模式】，就可以捕捉到该线段的三等分点。调用【直线】命令，沿着等分点垂直向下绘制垂线，绘制一组剖面窗，如右图所示。

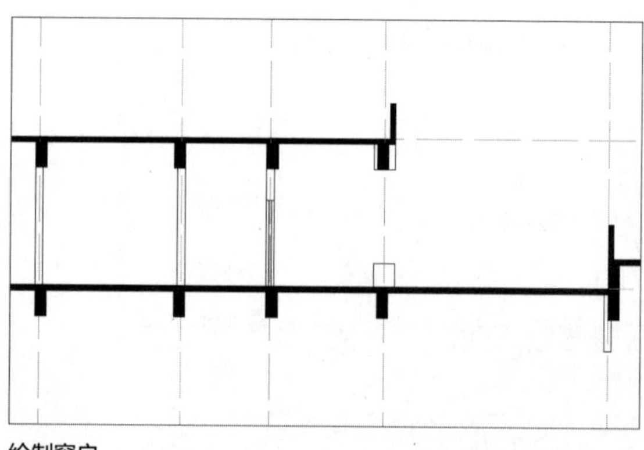

绘制窗户

Step 02 在【块】面板中单击【创建】按钮，在打开的【块定义】对话框中输入名称为【剖窗】，单击【拾取点】按钮，选取左下角点进行拾取，单击【选择对像】按钮，选中绘制的窗线，然后单击【确定】按钮，将窗户保存成块，如下图所示。

将窗户保存成块

Step 03 在菜单栏中执行【插入】>【块】命令，在其他窗洞位置插入【剖窗】块，完成剖面窗线的绘制，如下图所示。

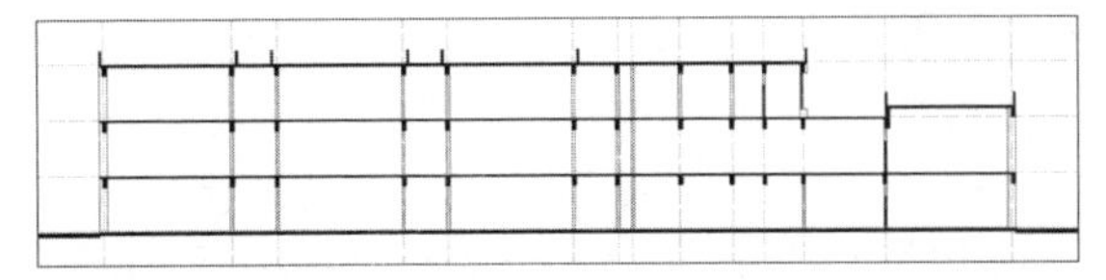

绘制其他窗户

11.3.7 绘制可见的门和窗

本节将绘制的是从剖面图角度看到的门和窗，绘制时要考虑原墙的厚度以及结构，以绘制相关的剖面墙，下面将介绍具体的操作方法。

Step 01 将【门窗】图层设为当前图层，首先绘制单扇门，调用【直线】命令，以垂直方向第2条轴线与水平方向第1条轴线交点向右650为左下角点，绘制长2400，宽800的矩形，如下图所示。

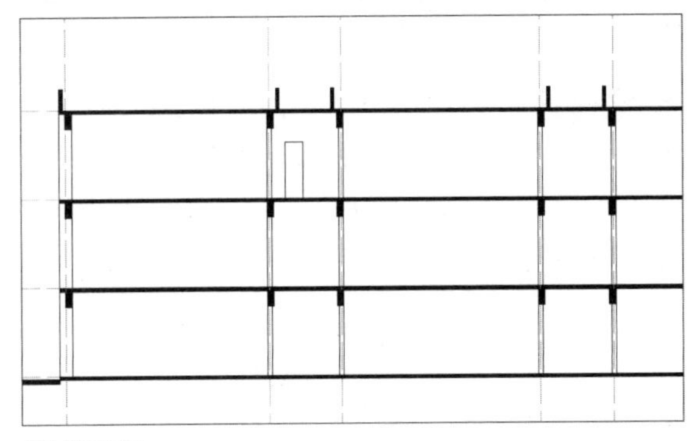

绘制单扇门

Step 03 绘制单扇窗，在【绘图】面板中单击【直线】按钮，绘制长2200，宽700的矩形。关闭【正交限制光标】功能，连接矩形左边中点与右边两角点，选中这两条斜线，在【特性】面板中将其线型切换为ACAD_ISO03W100，完成一扇窗的绘制，效果如下图所示。

Step 02 调用【复制】命令，将矩形复制向下竖直3800，再将矩形复制向下竖直3800。调用【组】命令，将此3个矩形建组。调用【复制】命令，将该组水平向右12000、12000处复制，完成单扇门的绘制，如下图所示。

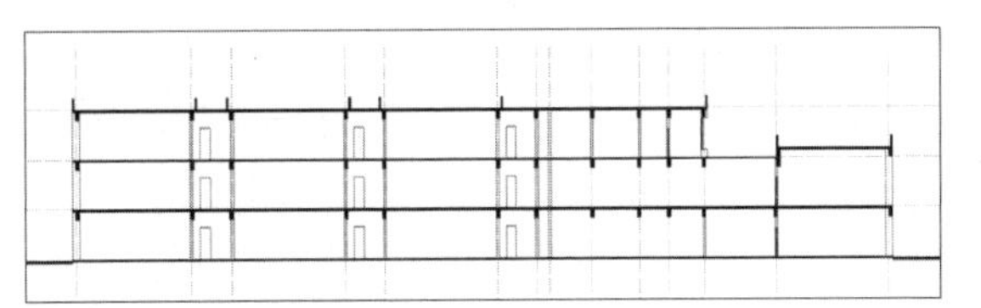

完成其他单扇门的绘制

Step 04 调用【偏移】命令，将矩形4条边向外偏移50，再次将外矩形4条边向外偏移50，绘制窗框，如下图所示。

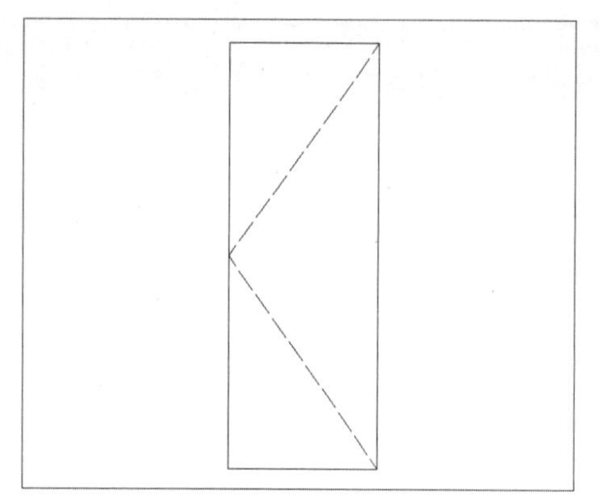

绘制单扇窗

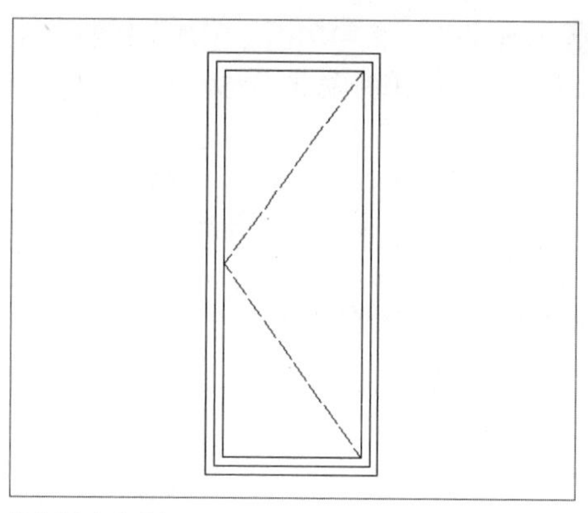

绘制单扇窗窗框

Step 05 调用【组】命令，将窗建组。调用【复制】命令，将窗水平向右1800复制。再重复复制操作，得到3个窗。调用【组】命令，将这3个窗建组。调用【移动】命令，将该组窗左下角点移动至垂直方向第1条轴线、水平方向第2条轴线交点处，再次调用【移动】命令，将该组窗水平向右移动3625，水平向上移动600，如下图所示。

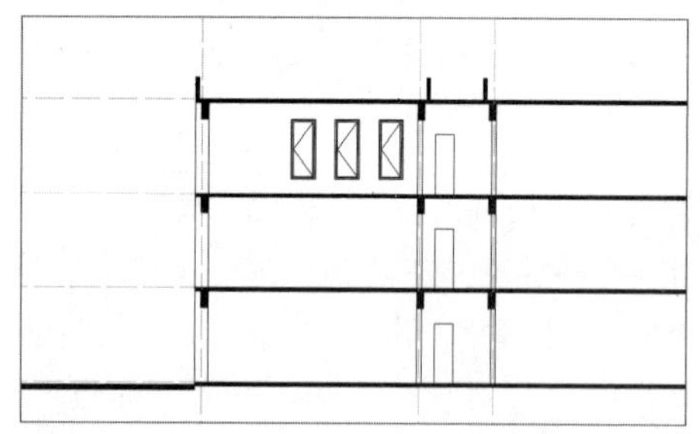

添加窗户

Step 06 调用【复制】命令，将该组窗水平向下3800复制，再次重复操作，得到3排该组窗。选中这3排窗，调用【复制】命令，将其复制向右12000、12000，绘制完成窗，如下图所示。

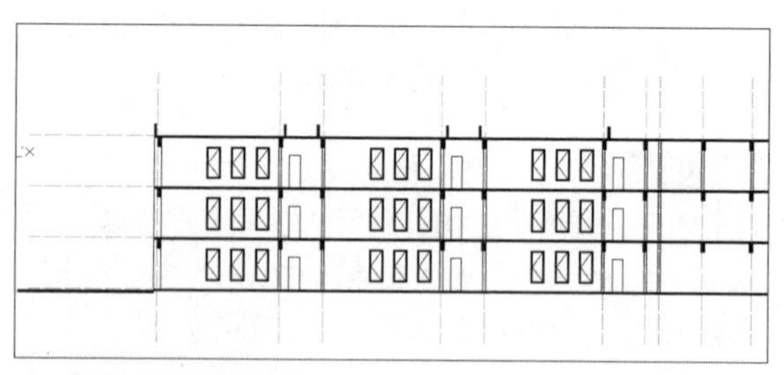

添加其他位置的窗户

Step 07 绘制双扇门，调用【直线】命令，绘制长为2300、宽为700的矩形。调用【偏移】命令，将4条边向内偏移50，再调用【修剪】命令，修剪多余的线。调用【直线】命令，连接内矩形左边中点与外矩形右上角点、右下角点，然后在【特性】面板中切换线性为ACAD_ISO03W100，如下图所示。

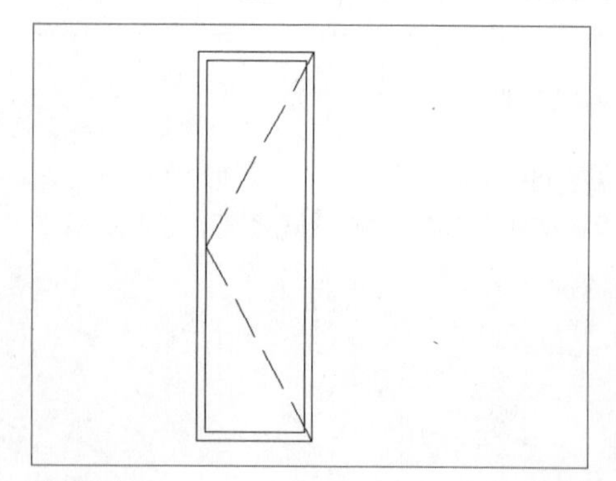

绘制单扇门

Step 08 在【修改】面板中调用【镜像】命令，选择单扇门，选择右上角点为第一个参考点，右下角点为第二个参考点，删除源对象，绘制一个双扇门，如下图所示。

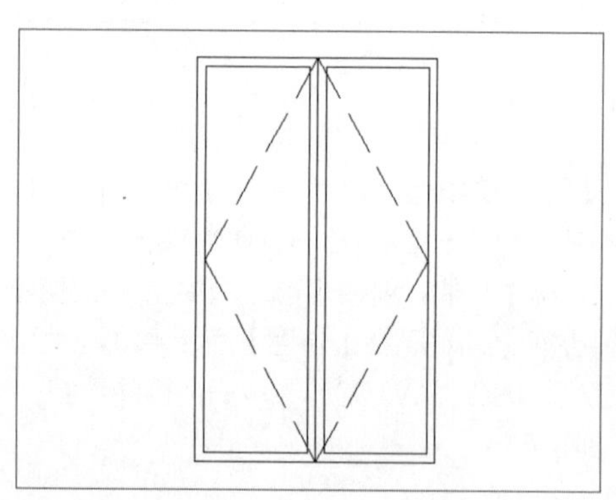

绘制双扇门

Step 09 调用【组】命令，将门建组。调用【移动】命令，将门左下角点移至垂直方向第1条轴线与水平方向第2条轴线交点，再将其向右平移1425，如下图所示。

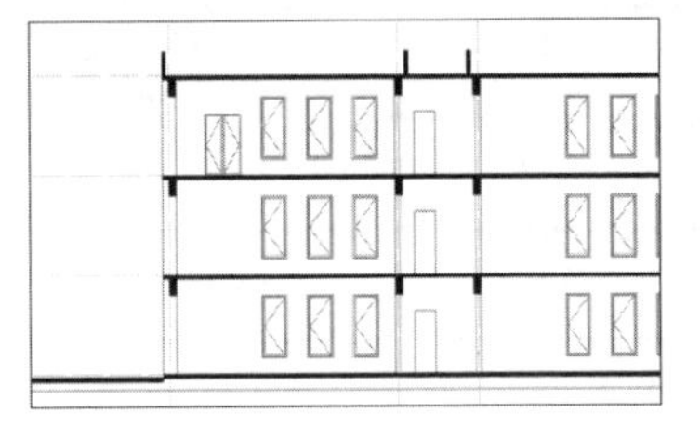
添加双扇门

Step 10 调用【复制】命令，将该门复制水平向下3800，再次重复操作，得到三排门。选中这三排门，调用【复制】命令，将其复制向右12000、12000，绘制完成门，如下图所示。

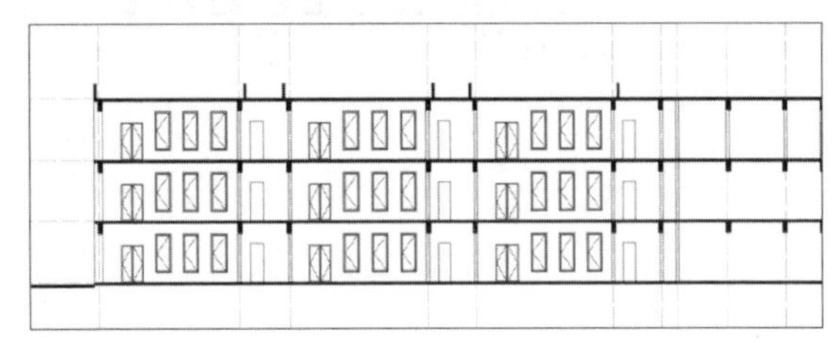
添加其他位置的门

Step 11 按照上述方法绘制出其他门和窗，效果如下图所示。

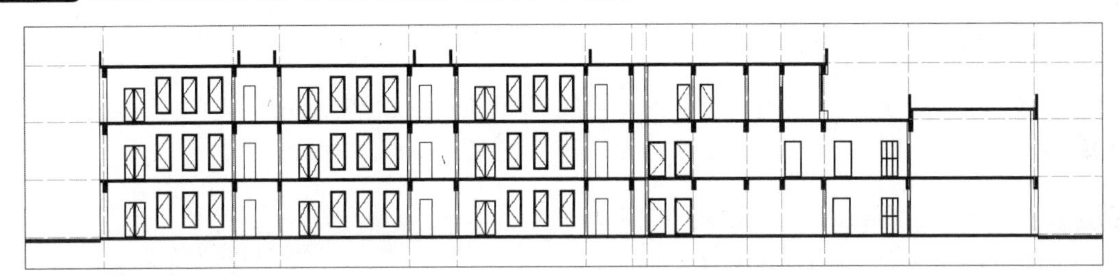
绘制门和窗

11.3.8 绘制建筑看线

接下来要绘制的是建筑物中的看线，看线存在于剖面图中，是透过当前面看到的线，下面将介绍具体操作方法。

Step 01 将【看线】图层设为当前图层，调用【直线】命令，以垂直方向第1条轴线与水平方向第1条轴线交点为端点，向左绘制长3245线段。调用【偏移】命令，将该线向下偏移3150，并连接两条线段的左端点，闭合成矩形。调用【直线】命令，以该矩形右下角点为右上角点绘制长3350，宽50的矩形。再调用【直线】命令以该矩形左下角点垂直向地面绘制垂线，调用【移动】命令将垂线向右移动50，如下图所示。

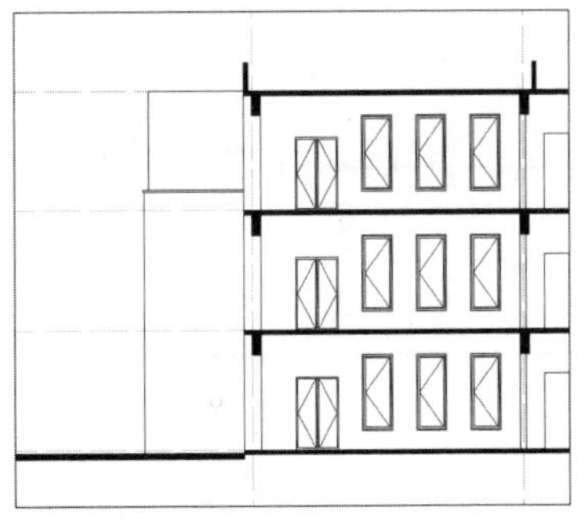
绘制看线

Step 02 在【绘图】面板中调用【直线】命令，以垂直方向第1条轴线与水平方向第1条轴线的交点为起点，竖直向上绘制长1150的线段。在【修改】面板中调用【阵列】命令，列数为90，介于100，行数1，完成栏杆的阵列。调用【直线】命令，连接左边第一根线段上顶点与最后一根线段上顶点。调用【偏移】命令将线段向上偏移50，并调用【直线】命令将其闭合为矩形，完成扶手的绘制，如下图所示。

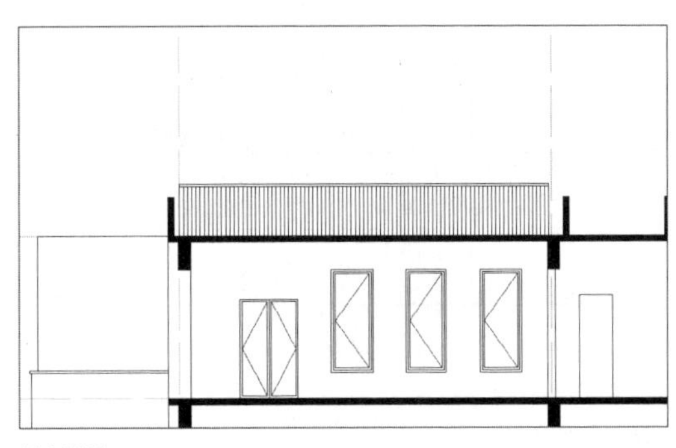
绘制栏杆

Step 03 按照上述方法绘制出其他看线，效果如下图所示。

绘制其他看线

11.3.9 尺寸和文字标注

在上述操作均已完成之后，本小节将学习如何为建筑剖面图添加尺寸标注、文字标注以及标高，下面将介绍具体操作方法。

Step 01 将【标注】图层设为当前图层，在菜单栏中执行【格式】>【标注样式】命令，在【标注样式管理器】对话框中单击【新建】按钮，在打开的对话框中单击【继续】按钮，打开【新建标注样式】对话框，设置【箭头】、【尺寸界线】、【尺寸偏移】、【精度】等数值，单击【确定】按钮后并置为当前，如右图所示。

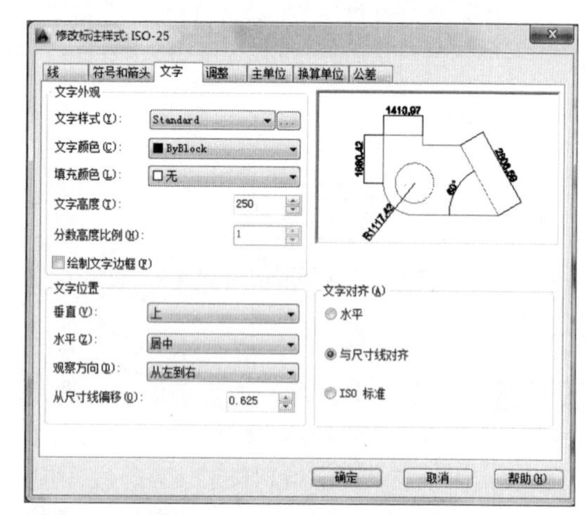

设置标注样式参数

Step 02 在菜单栏中执行【标注】>【线性】命令，单击【对象捕捉】按钮，对轴线进行尺寸标注，标注两道尺寸线，如下图所示。

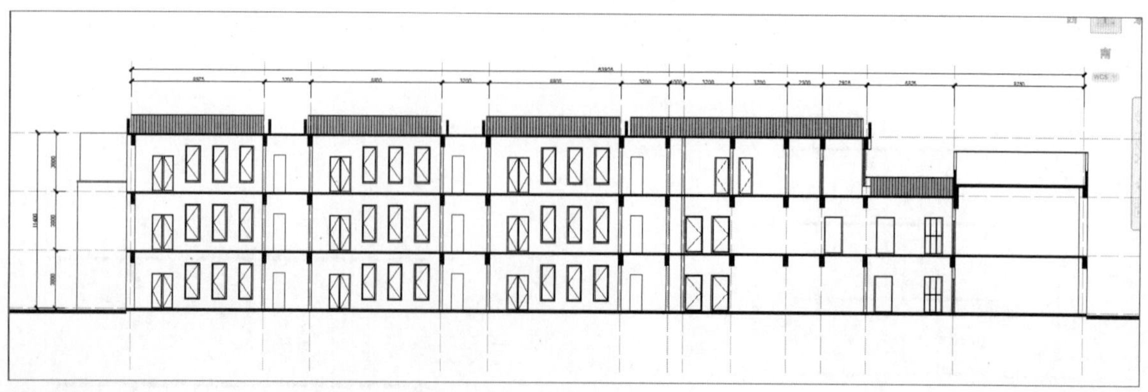

添加标注

Step 03 调用【直线】命令，绘制一条2000长的横线，在横线左侧400长处为起点，绘制一条向下垂直长600的线，再绘制一条向右长400的线，以横线左端点为起点连接垂直线下端，再连接垂点向右400处的点，形成一个等边三角形，最后选中绘制的图形，在命令行输入G命令，进行编组保存，完成标高符号制作，如下图所示。

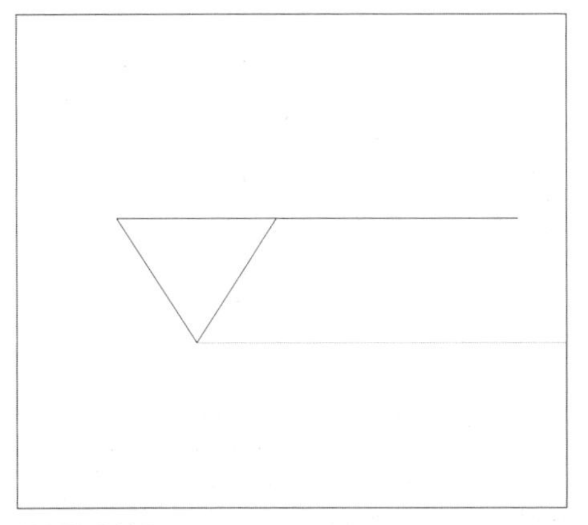

绘制标高符号

Step 04 调用【移动】命令，将标高符号三角形底点移动至第1条水平方向轴线左端点，再调用【复制】命令，将标高符号垂直向下复制至水平方向第2、3、4条轴线左端点上。切换【文字】图层为当前图层，在菜单栏中执行【绘图】>【文字】>【多行文字】命令，在相应标高符号上输入相应的高度，如下图所示。

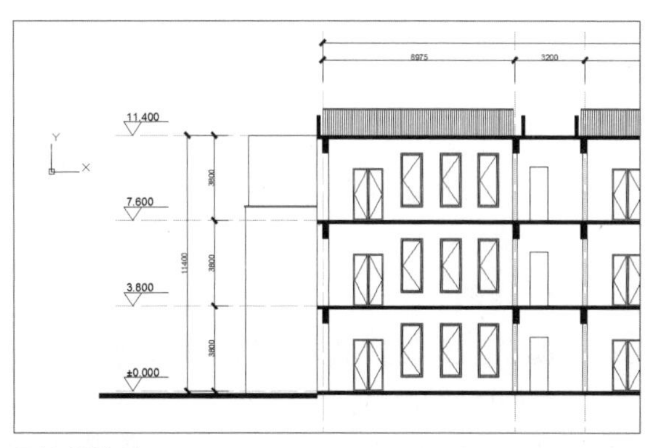

添加建筑标高

Step 05 切换【文字】图层为当前图层，在菜单栏中执行【绘图】>【文字】>【多行文字】命令，在相应房间输入对应文字。至此，幼儿园剖面图就绘制完成了，效果如下图所示。

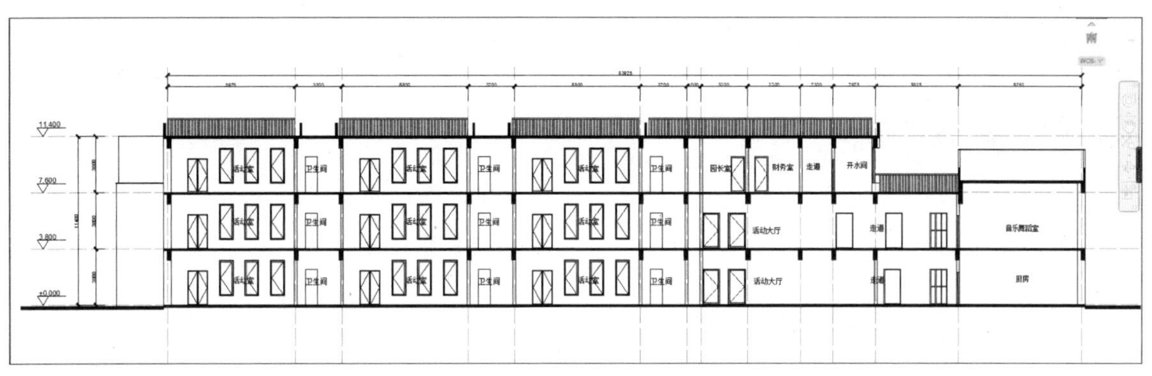

幼儿园剖面图的效果

12

Chapter

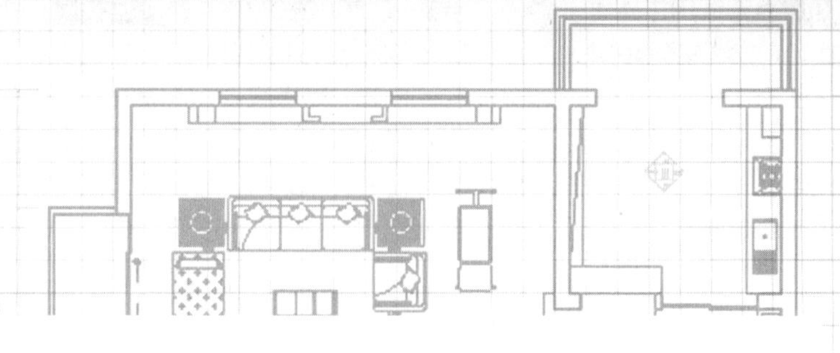

绘制别墅建筑图

现代社会，别墅建筑风格最能体现别墅主人品位。别墅与普通住宅不同，具有宽大舒适的起居空间、拥有各种用途的使用房间、布置机动灵活的交通流向以及纳入环境风格的优美形体。本章将对别墅建筑的标准层平面图、顶平面图、立面图以及建筑剖面图的绘制方法进行介绍。

01 核心知识点

❶ 绘制别墅标准层平面图

❷ 绘制别墅一层、二层平面图

❸ 绘制别墅屋顶平面图

❹ 绘制别墅立面图

02 本章图解链接

建筑立面图

12.1 绘制别墅标准层平面图

本节将学习别墅标准层平面图的绘制操作，首先确定定位轴线，再根据辅助线运用【直线】命令、【偏移】命令、【块】命令、【镜像】命令等多个命令完成，下面介绍标准层平面图的操作步骤。

12.1.1 绘制轴线

本小节将介绍绘制轴线的操作，轴线是绘制标准层的基础，所有的墙线、门窗洞口都是基于轴线绘制，这里需要的知识点包括设定图形边界、新建图层、【偏移】命令、【修剪】命令等，下面是具体步骤。

Step 01 首先需要设置图纸尺寸，在命令行中输入LIMITS命令，按Enter键后输入0.0000、0.0000，按Enter键后再输入42000、297000，接下来将图纸设置成A3尺寸,1/100的比例，如下图所示。

设定图形边界

Step 02 单击【图层】面板中【图层特性】按钮，在弹出的【图层特性管理器】面板中单击【新建图层】按钮，新建图层，如下图所示。

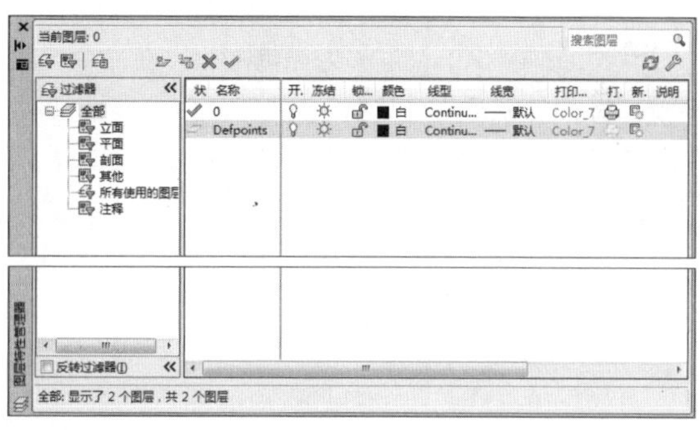

新建图层

Step 03 将图层分别重命名，并修改各图层的颜色色块，线型、线宽，如下图所示。

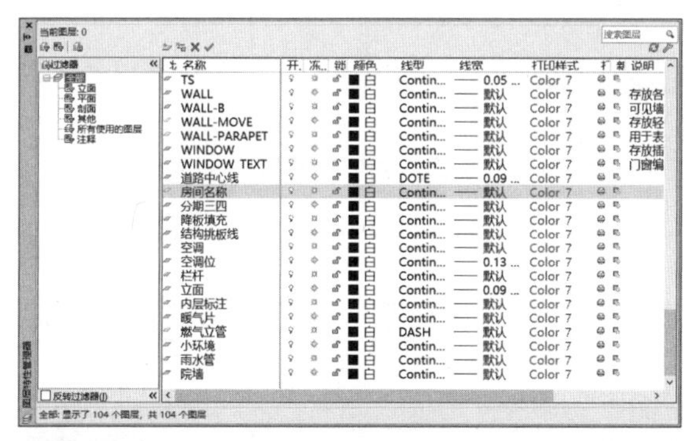

设置图层特性

Step 04 将DOTE图层设为当前图层，在命令行中输入L命令，按下F8功能键，开启【正交限制光标】功能，先绘制一条垂直方向轴线，再绘制一条水平方向轴线，如下图所示。

绘制轴线

Step 05 在【修改】面板中单击【偏移】按钮，将垂直方向直线向右依次偏移5100、1800、3300、3300、1800、1800、3300、3300、1800、1800、3300、3300、1800、1800、3300、3300、1800，调用【修剪】命令将1800的线条修剪短一些，如下图所示。

Step 06 继续调用【偏移】命令，将水平直线向上偏移3700、2000、2800、3700、3300、600、900、500、1000，将偏移500、1000线条分别修剪改短，然后将线条整理一下，如下图所示。

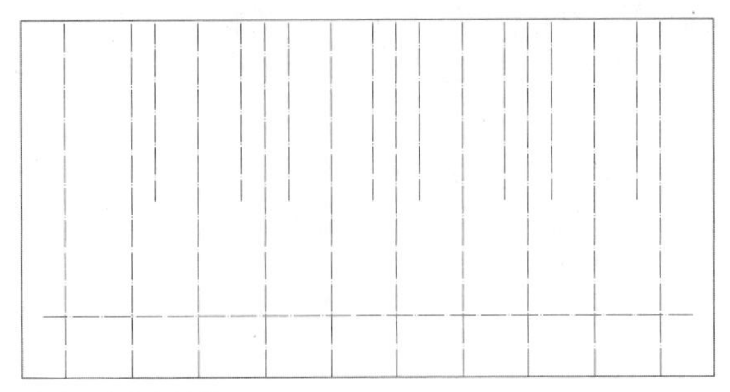

偏移垂直方向轴线

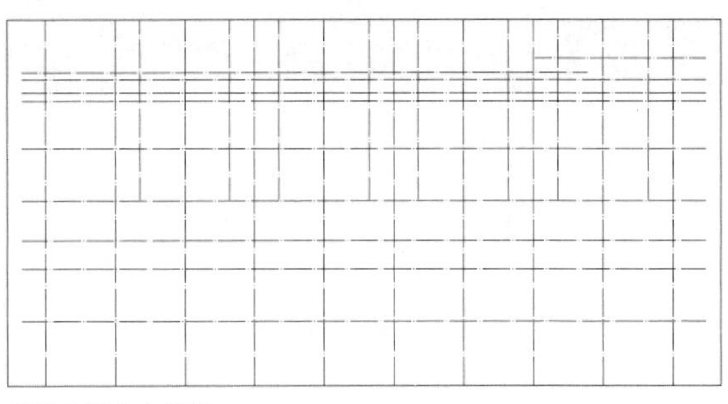

偏移水平方向轴线

12.1.2 绘制轴号

接下来需要绘制轴号，这里的主要目的是为了辨识轴号，运用到的知识点包括【圆】命令、【写块（W）】命令等，下面将介绍具体操作方法。

Step 01 将AXIS图层设为当前图层，在命令行中输入C命令，在适当位置绘制半径为500的圆。调用【直线】命令，在圆下方绘制1500垂直方向直线，如下图所示。

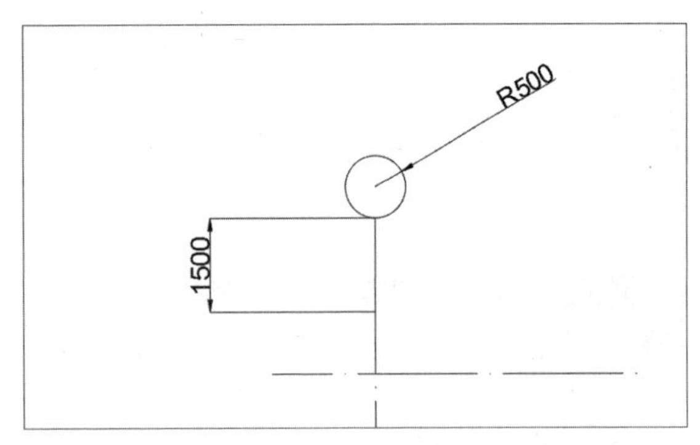

绘制轴号

Step 02 在命令行中输入ATT命令，打开【属性定义】对话框，设置标记为1，提示为【请输入轴号】，默认为1，对正为【中间】，文字高度为800，单击【确定】按钮，如下图所示。

定义属性

Step 03 在命令行中输入W命令，在弹出的【写块】对话框中单击【拾取点】按钮选择直线最下端为基点，单击【选择对象】按钮选择直线和圆以及轴号作为块对象，如下图所示。

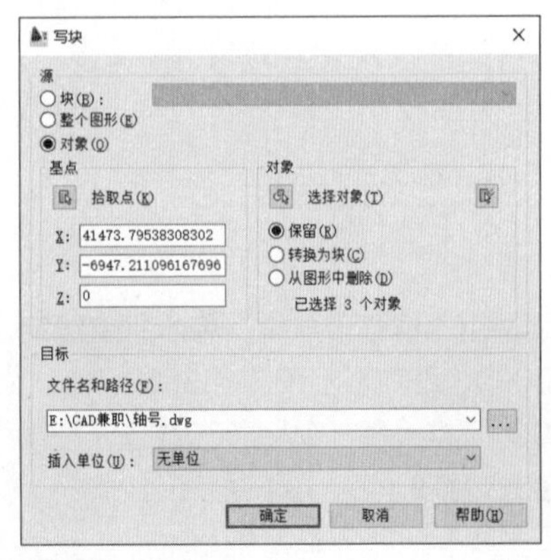

将轴号定义为块

Step 04 在命令行中输入I命令，在弹出的【插入】对话框中进行参数设置，如下图所示。插入之后在弹出的对话框中输入对应轴号即可。

【插入】对话框

Step 05 插入块后，双击块并在弹出的【增强属性编辑器】对话框中对【文字选项】选项卡中参数进行设置，如下图所示。

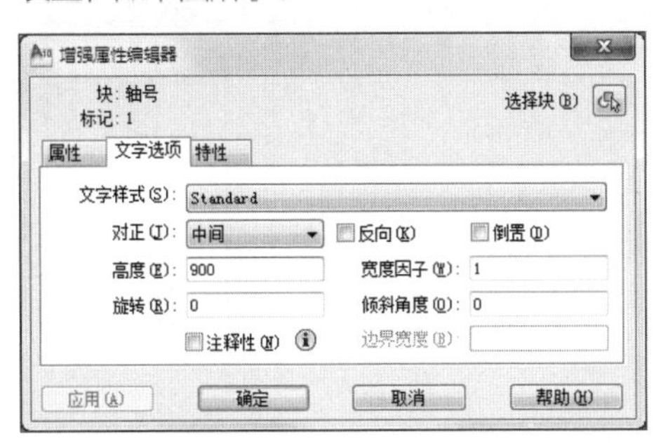

设置文字相关参数

Step 06 用相同的方法绘制图上所有轴号，如下图所示。

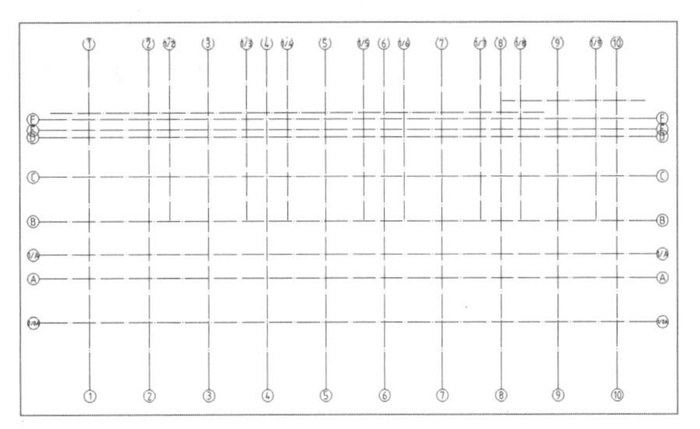

绘制轴号

12.1.3 绘制墙柱

本小节将学习如何绘制墙柱，墙柱是建筑结构中不可缺少的一部分，由于这里柱子为矩形柱和异形柱，所以将运用到REC命令和PL命令。需要注意的是在绘制柱子之前，要将轴线图层【DOTE】锁定以防误操作，下面将介绍具体操作方法。

Step 01 将【柱子】图层设为当前图层，在命令行中输入REC命令，在轴网交界处绘制一个长300、宽300的矩形柱子，移动矩形使矩形中心点在轴线交点处，如下图所示。

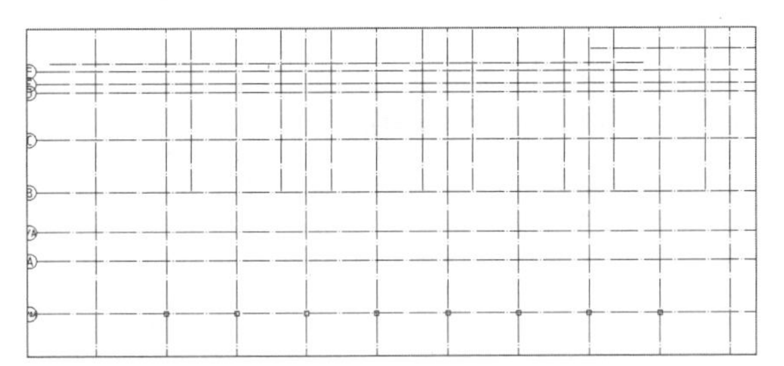

绘制基础墙柱

Step 02 根据相同的方法绘制其他柱子，或者调用【复制】命令将其他柱子复制并移至指定位置，如下图所示。

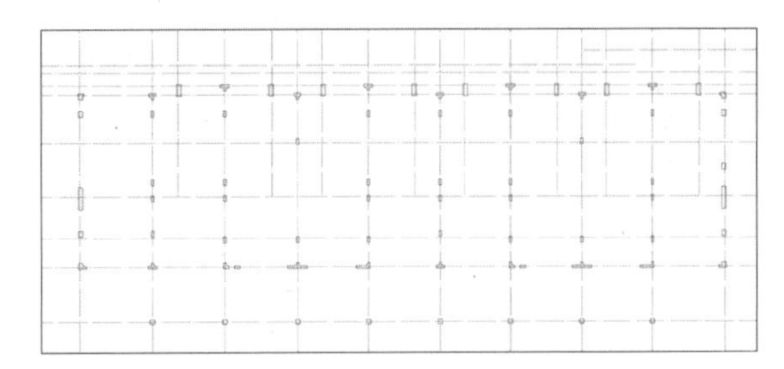

绘制其他墙柱

Step 03 填充柱子，将HATCH图层设为当前图层，在命令行中输入H命令再输入T，按Enter键，在弹出的【图案填充和渐变色】对话框中进行设置，如右图所示。

设置图案填充

Step 04 为所有的柱子填充设置的图案，效果如下图所示。

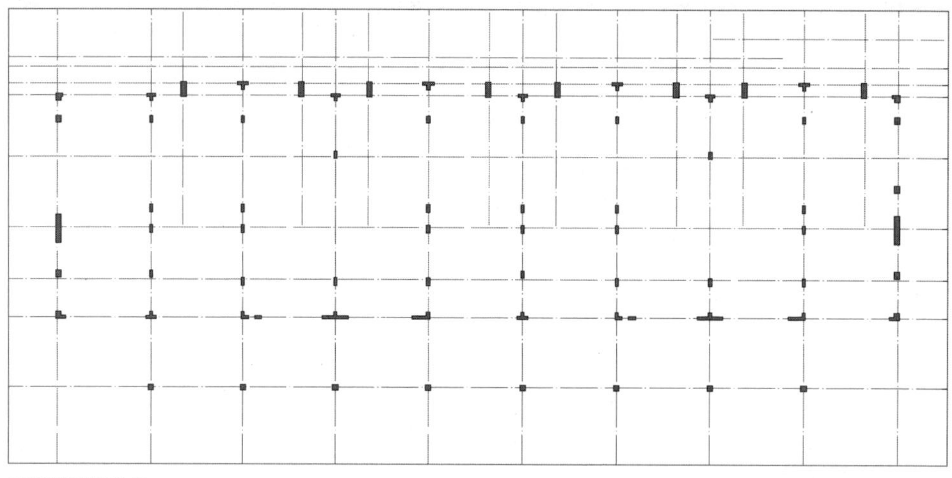

对墙柱进行填充

12.1.4 绘制墙体

本小节将介绍墙体的绘制方法，包括外墙体和内墙体（这里墙体分别为300，260，180，90，墙体均按轴线居中绘制），下面介绍具体操作步骤。

Step 01 将WALL图层设为当前图层，在命令行中输入MLSTYLE命令对多线样式进行设定，在弹出【多线样式】对话框后单击【新建多线样式】按钮，之后会弹出【新建多线样式】对话框，设置多线的相关参数，如下图所示。

设置多线样式

Step 02 根据相同的方法创建260和300的多线样式，如下图所示。

设置其他多线样式

Step 03 接下来在命令行输入ML命令，根据提示输入ST选择多线样式为260，再选择【对正（J）】选项，在【输入对正类型】提示下选择【无（Z）】，再选择【比例(S)】，输入比例为1，在【指定起点】提示下选择起点绘制外墙多线，如下图所示。

Step 04 调用【裁剪】命令，将多余的线修剪，形成完整的房间框架。接下来在菜单栏中执行【修改】>【对象】>【多线】命令，在弹出的【多线编辑工具】对话框中选择相应的工具进行编辑。然后在命令行中输入X命令，利用【修剪】、【打断】和【延伸】命令对墙体进行修改，并以同样的方法绘制180多线，如下图所示。

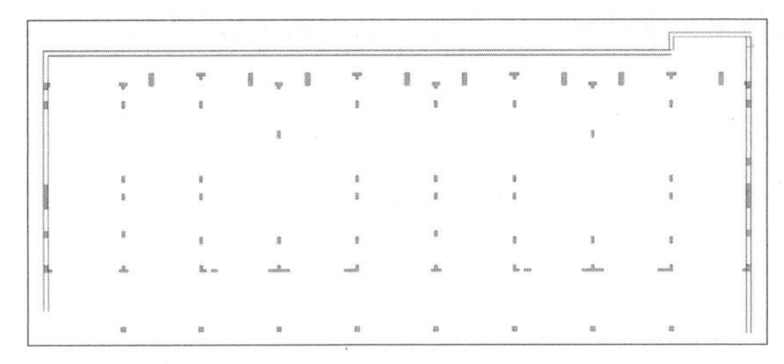

绘制外墙多线

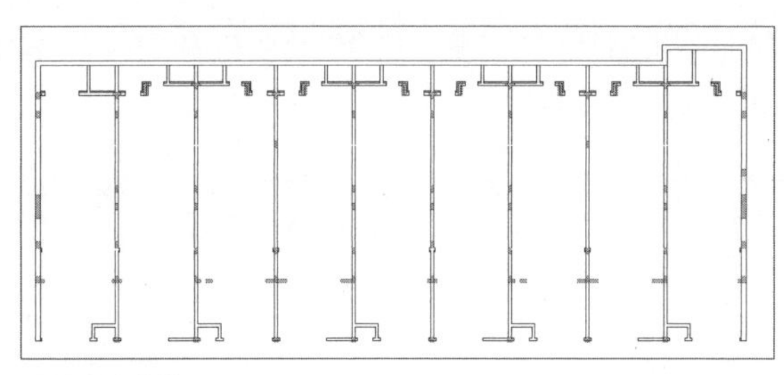

绘制内墙多线

Step 05 根据相同的方法绘制其他墙，对墙线进行修改，最后墙体全部绘制完成，如下图所示。

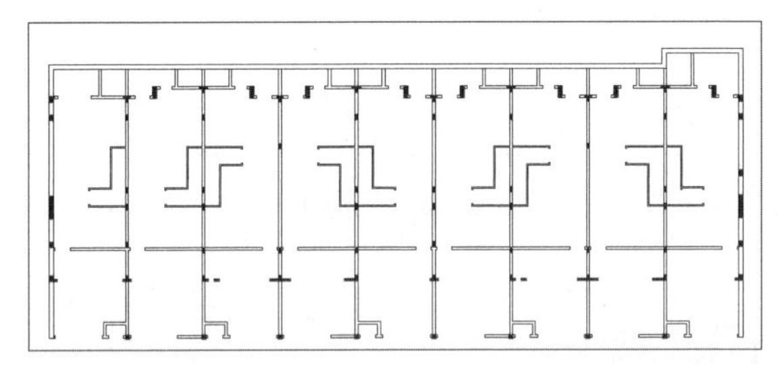

绘制其他多线

Step 06 将WALL-B图层设为当前图层并以同样的方法绘制墙体，修改墙体可在分解之后，利用【打断】、【延伸】、【修剪】等命令进行修剪，所有墙体绘制完成，如下图所示。

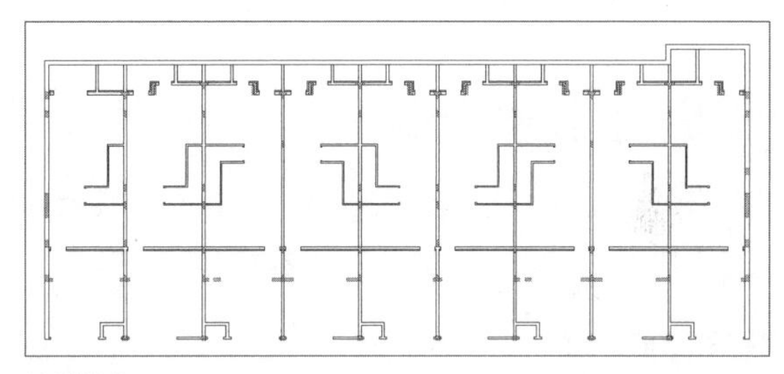

绘制墙体

12.1.5 绘制门窗洞口

要绘制门窗的洞口，则首先需要绘制相关的表格以对窗户、门洞进行设置，接下来使用【裁剪】工具即可，下面将介绍如何操作。

Step 01 门窗表的绘制，将PUB-TAB图层设为当前图层，在命令行中输入L命令，根据门窗尺寸绘制出相应数量的表格，如下图所示。

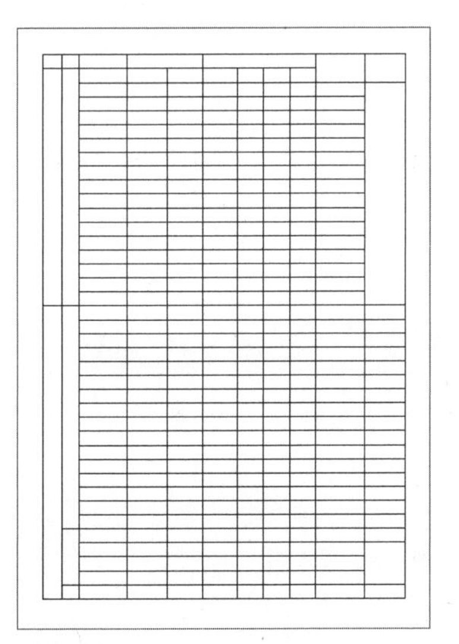

绘制表格

Step 02 在菜单栏中执行【绘图】>【文字】>【单行文字】命令添加表头表尾以及门窗的尺寸信息，同时在命令行中输入M命令对文字进行矫正，如下图所示。

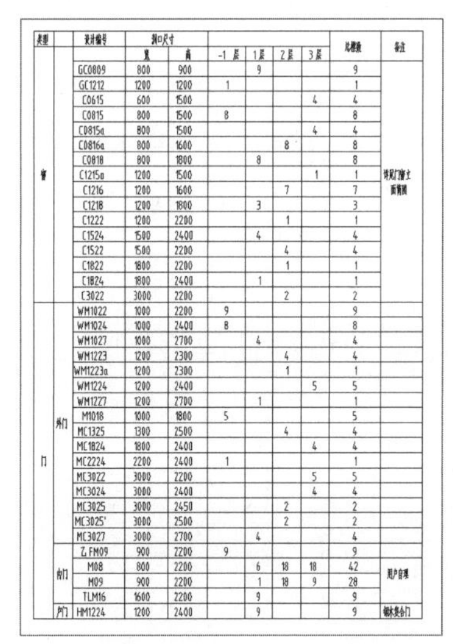

类型		设计编号	洞口尺寸						总樘数	备注
			宽	高	-1层	1层	2层	3层		
窗		GC0809	800	900		9			9	详见门窗立面详图
		GC1212	1200	1200	1				1	
		C0615	600	1500				4	4	
		C0815	800	1500	8				8	
		C0815a	800	1500				4	4	
		C0816a	800	1600			8		8	
		C0818	800	1800		8			8	
		C1215a	1200	1500				1	1	
		C1216	1200	1600			7		7	
		C1218	1200	1800		3			3	
		C1222	1200	2200			1		1	
		C1524	1500	2400		4			4	
		C1522	1500	2200			4		4	
		C1822	1800	2200			1		1	
		C1824	1800	2400		1			1	
		C3022	3000	2200			2		2	
门	外门	WM1022	1000	2200	9				9	
		WM1024	1000	2400	8				8	
		WM1027	1000	2700		4			4	
		WM1223	1200	2300			4		4	
		WM1223a	1200	2300			1		1	
		WM1224	1200	2400				5	5	
		WM1227	1200	2700		1			1	
		M1018	1000	1800	5				5	
		MC1325	1300	2500			4		4	
		MC1824	1800	2400				4	4	
		MC2224	2200	2400	1				1	
		MC3022	3000	2200				5	5	
		MC3024	3000	2400				4	4	
		MC3025	3000	2450			2		2	
		MC3025'	3000	2500			2		2	
		MC3027	3000	2700		4			4	
	内门	乙FM09	900	2200	9				9	
		M08	800	2200		6	18	18	42	用户自理
		M09	900	2200		1	18	9	28	
		TLM16	1600	2200		9			9	
	户门	HM1224	1200	2400		9			9	钢木复合门

输入门窗信息

Step 03 调用【分解】命令，将所有墙线分解。分别调用【偏移】、【修剪】命令，根据表格中尺寸修剪出门和窗洞，如下图所示。

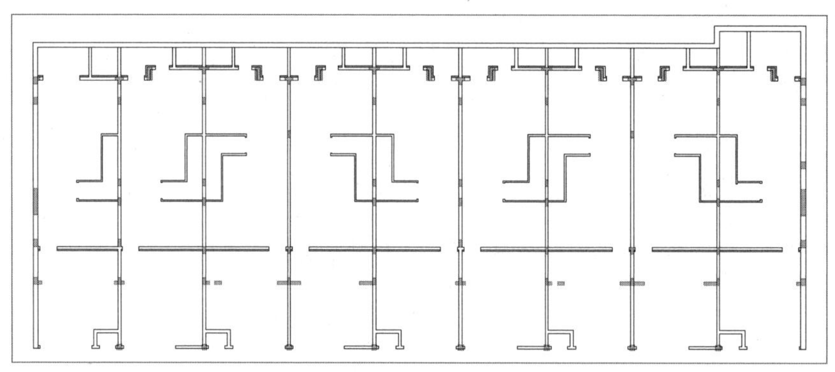

绘制门窗洞口

12.1.6 绘制门窗

绘制完门窗洞口后，根据表格中的门窗尺寸绘制对应的门窗，运用的知识点包括【矩形（REC）】命令、【块】命令等，下面将介绍具体操作方法。

Step 01 将WINDOW图层设为当前图层，在【绘图】面板中单击【矩形】按钮，在窗洞口处绘制矩形，调用【直线】命令，将矩形均分为3份，完成窗户绘制，如下图所示。

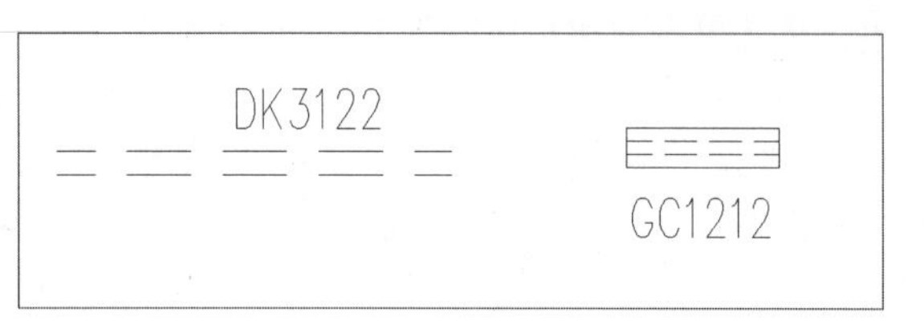

绘制窗户

Step 02 在菜单栏中执行【绘图】>【块】>【创建】命令，在弹出的【块定义】对话框中对块进行命名，单击【拾取点】按钮，拾取基点，单击【选择对象】按钮选择整个窗户作为对象，如下图所示。

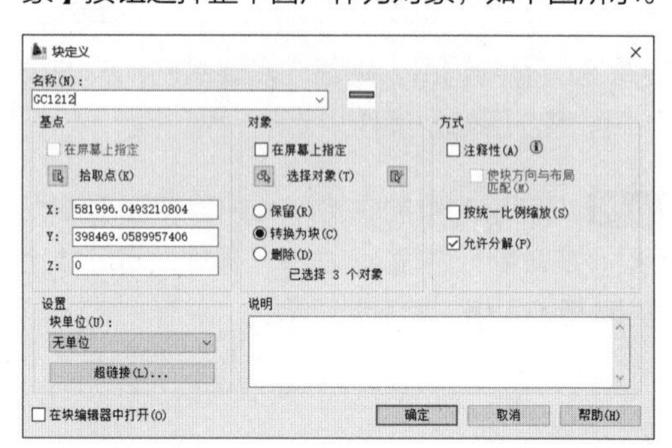

将窗户定义为块

Step 03 在菜单栏中执行【插入】>【块】命令，在打开的【插入】对话框中插入GC1212块，如下图所示。

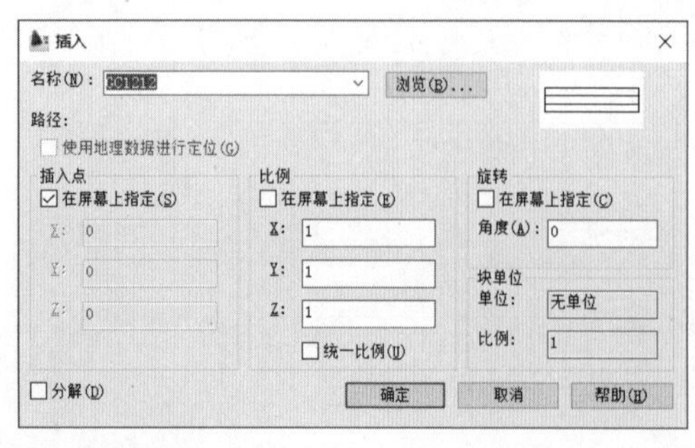

插入创建的块

Step 04 在图纸的相应位置插入窗户块，效果如下图所示。

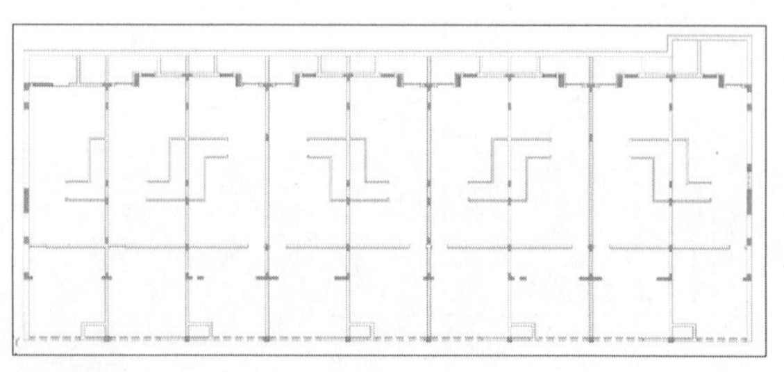

绘制窗户

Step 05 在命令行中输入REC命令，绘制长为1000、宽为260的矩形。调用【圆】命令，以门洞口轴线为圆点绘制半径为1000的圆。调用【修剪】命令，对多余线进行修剪，门M1022就绘制完成。根据相同方法绘制其他门，如下图所示。

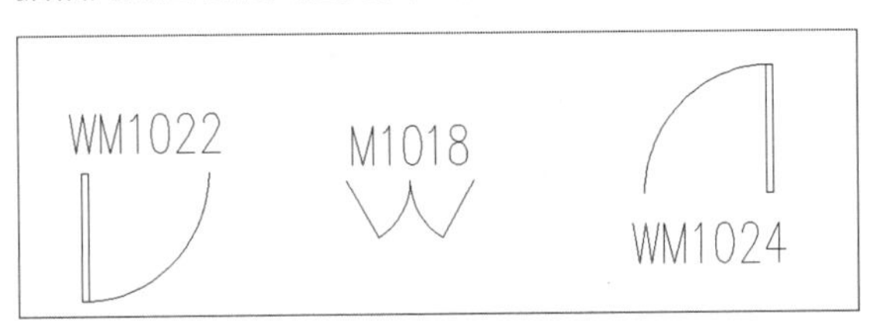

绘制门

Step 06 利用相同的方法，将绘制的门创建块，在图纸中绘制所有门，利用【旋转】、【镜像】等命令修改门，效果如下图所示。

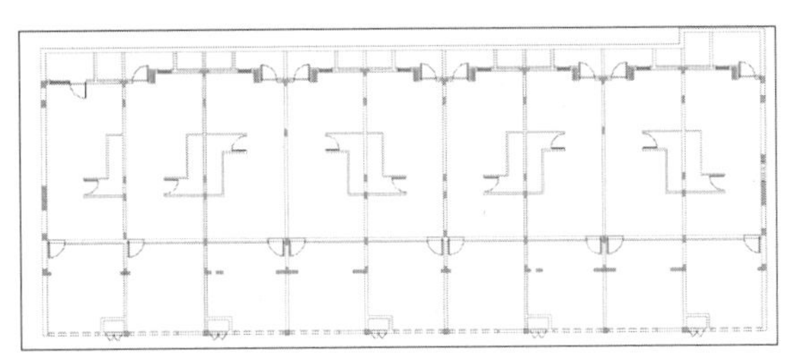

绘制其他门

Step 07 将WINDOW TXT图层置为当前图层，在菜单栏中执行【绘图】>【文字】>【单行文字】命令，在对应的门窗处添加文字，在命令行中输入RO命令对文字进行编辑，为所有门窗添加文字，效果如下图所示。

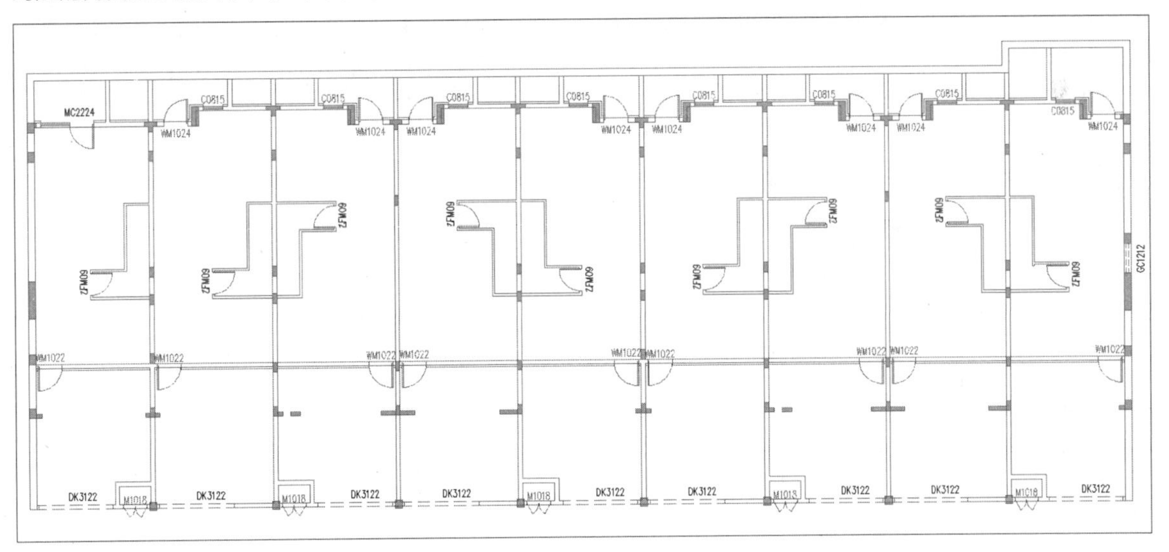

添加门窗文字

12.1.7 绘制楼梯

本小节将对如何绘制室内楼梯和室外楼梯进行详细讲解，运用的知识点包括【矩形（REC）】命令、【块】命令等，下面将介绍具体操作方法。

Step 01 切换STAIR图层为当前图层，单击【绘图】面板中的【直线】按钮，再开启【正交限制光标】功能，绘制楼梯的墙体与扶手，如下图所示。

Step 02 在菜单栏中执行【格式】>【点样式】命令，在打开的【点样式】对话框中选择X样式。在菜单栏中执行【绘图】>【点】>【定数等分】命令，以左边扶手的外面线段为对象，数目为8（可自拟），绘制等分点。单击【绘图】面板中的【直线】按钮，分别以等分点为起点，左边墙体上的点为终点绘制水平线段，如下图所示。

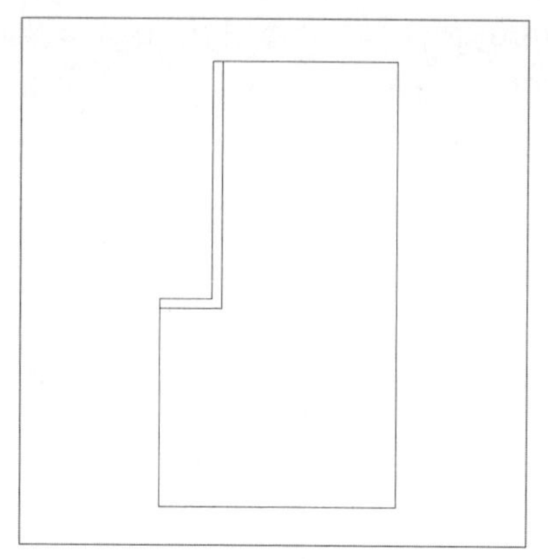
绘制楼梯的墙体和扶手

Step 03 调用【多段线】命令，自下而上绘制多段线，在端点处单击鼠标左键，在命令栏中根据提示输入相关数据，然后拖动鼠标左键绘制箭头，如下图所示。

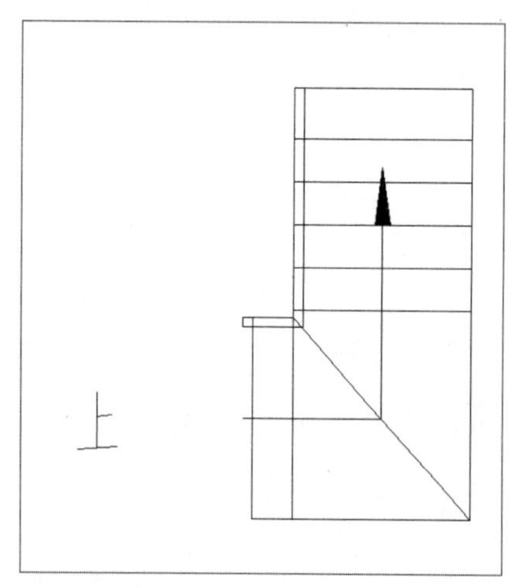

绘制上楼方向

Step 05 将楼梯移动到建筑平面图中并放在合适的位置，效果如下图所示。

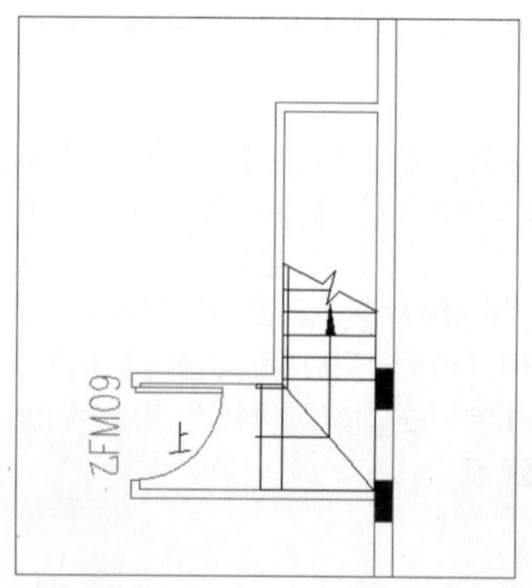

绘制室内楼梯

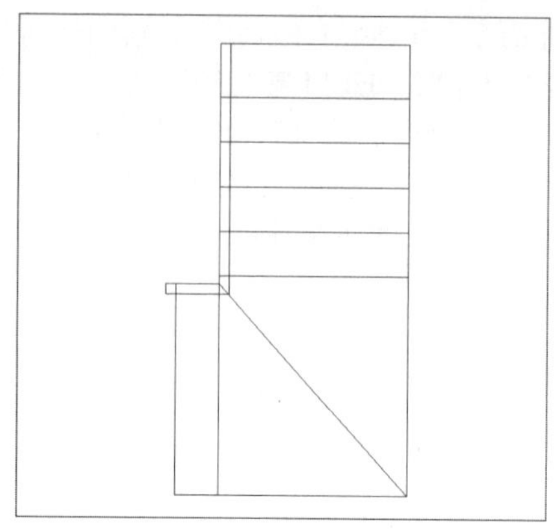
绘制楼梯踏步

Step 04 关闭【正交限制光标】功能，调用【直线】命令，在台阶处绘制两条平行直线，在平行直线中间斜着再绘制两条平行直线。调用【修剪】命令修剪多余线段，如下图所示。

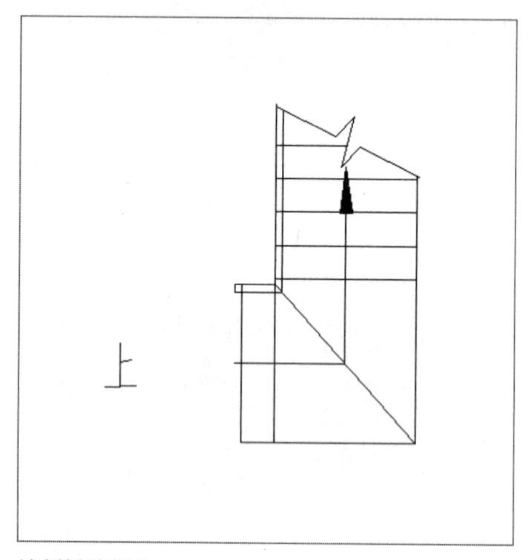

绘制其他部分

Step 06 利用【镜像】、【旋转】等命令绘制其他楼梯，如下图所示。

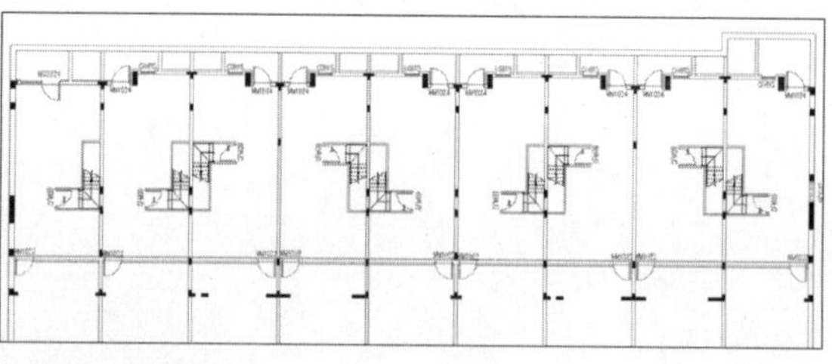
绘制其他室内楼梯

Step 07 根据相同的方法绘制室外楼梯，效果如下图所示。

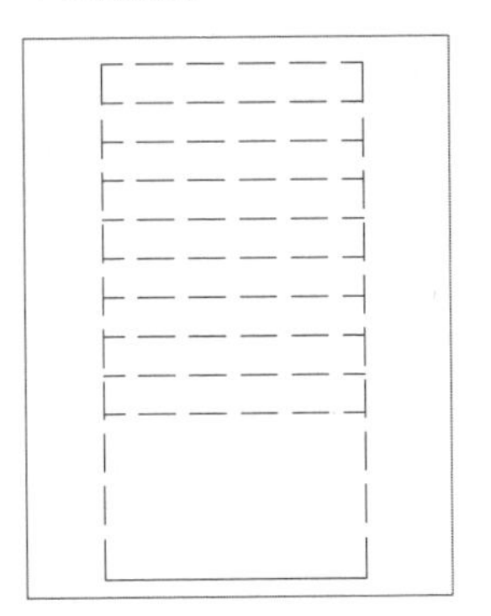

绘制室外楼梯

Step 08 将绘制好的楼梯利用CO命令复制，并放在图中合适的位置，效果如下图所示。

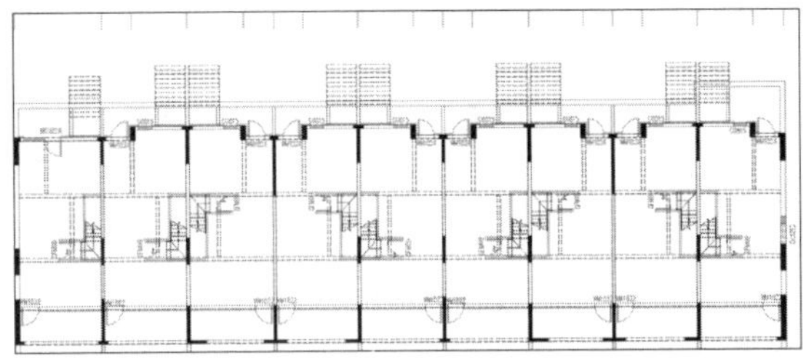

绘制其他室外楼梯

12.1.8 绘制框梁

本小节将对如何绘制框梁进行详细讲解，运用的知识点包括【矩形（REC）】命令、【块】命令等，下面将介绍具体操作方法。

Step 01 利用多线绘制框梁，因为提前设置好多线形式，所以直接省略对多线的设置。将【2a框梁】图层设为当前图层，在命令行输入ML命令绘制180墙体，如下图所示。

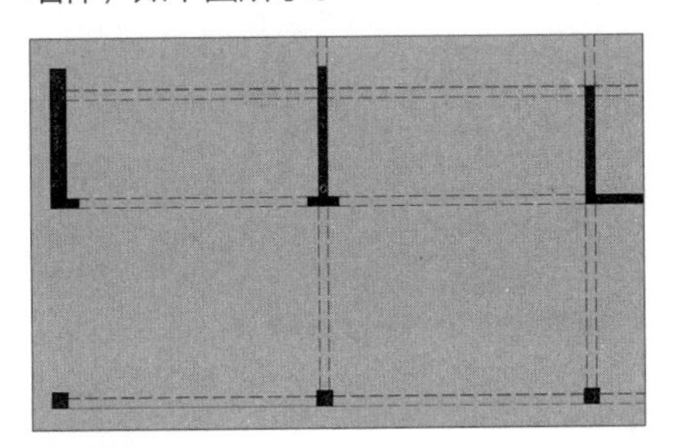

绘制框梁

Step 02 利用多线编辑工具对多线分解，根据实际需要进行修改。根据相同的方法绘制所有的框梁，效果如下图所示。

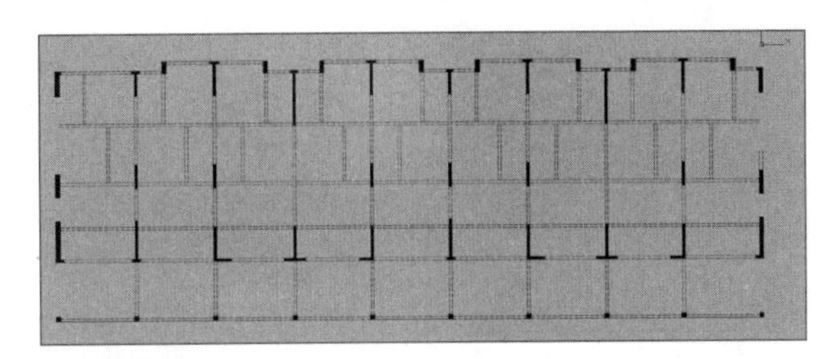

绘制其他框梁

Step 03 执行【绘图】>【块】>【创建】命令，将绘制的框梁创建成块并命名为A$C4F7526D7，如下图所示。

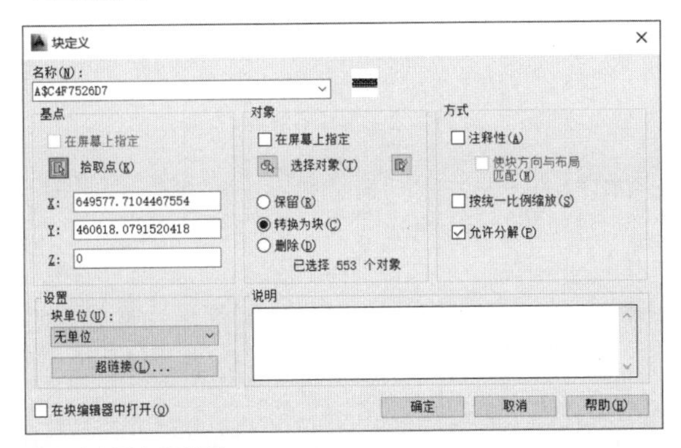

定义绘制的框梁为块

Step 04 在命令行中输入I命令，选择A$C4F7526D7块并插入，如下图所示。

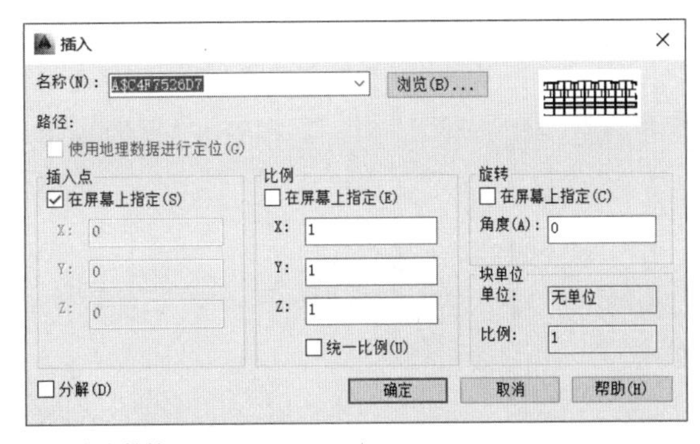

插入定义的块

Step 05 最后将绘制的框梁插入平面图中对应的位置，如下图所示。

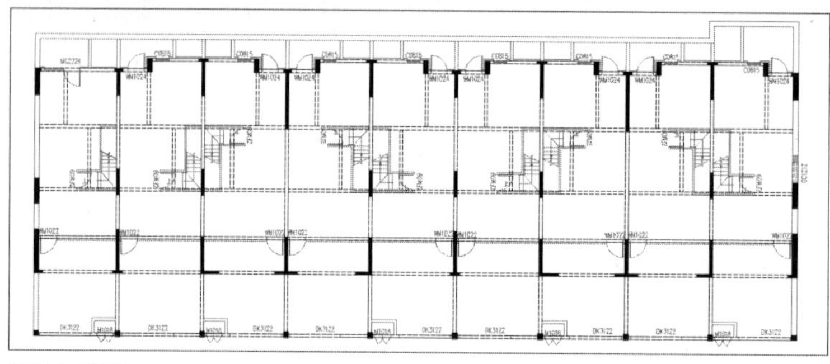
绘制完整框梁

12.1.9 尺寸和文字标注

本小节将对平面图进行尺寸标注和文字标注，在进行标注之前需要对标注样式和文字样式进行参数设置，接下来直接进行标注即可，下面将介绍具体操作方法。

Step 01 将PUB-DIM图层设为当前图层。在菜单栏中执行【格式】>【标注样式】命令，在【标注样式管理器】对话框中单击【新建】按钮，再单击【继续】按钮，在打开的【新建标注样式】对话框中设置标注样式相关参数，单击【确定】按钮后并置为当前，如下图所示。

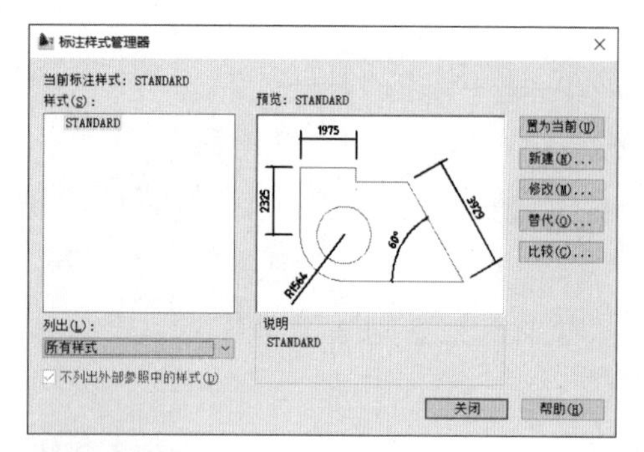

设置标注样式

Step 02 在菜单栏中执行【标注】>【线性】命令，单击【对象捕捉】按钮，进行尺寸标注，标注一个尺寸之后在菜单栏中执行【标注】>【连续】命令，进行尺寸的连续标注，效果如下图所示。

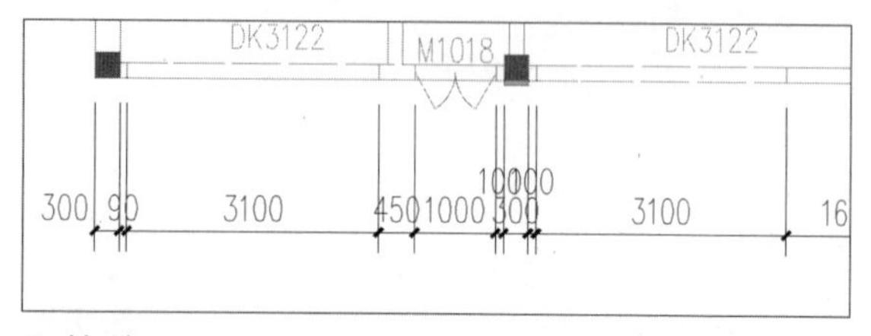

尺寸标注

Step 03 利用相同的方法将图中的其他尺寸标注出来，如下图所示。

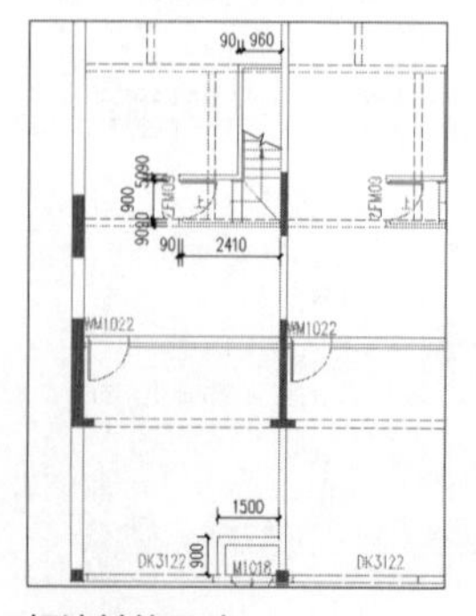
标注其他尺寸

Step 04 尺寸标注完成后，效果如下图所示。

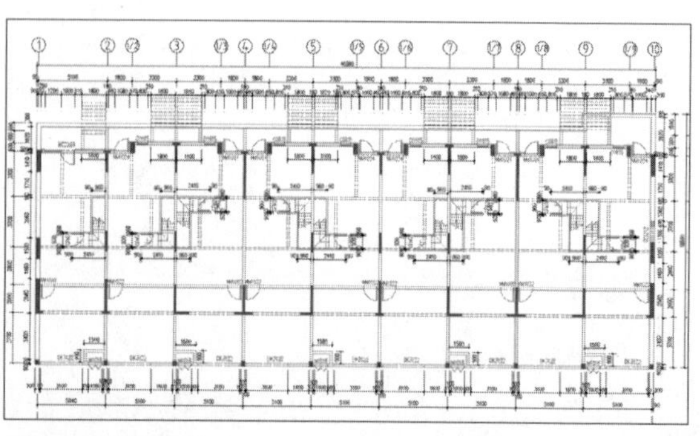
标注尺寸后的效果

12.1.10 绘制标高

本小节将对标准层平面图绘制标高，运用的知识点包括REC命令、【块】命令等，下面将介绍具体操作方法。

Step 01 选择DIM ELEV图层，在命令行输入L命令，然后绘制直线以及倒三角符号，如下图所示。

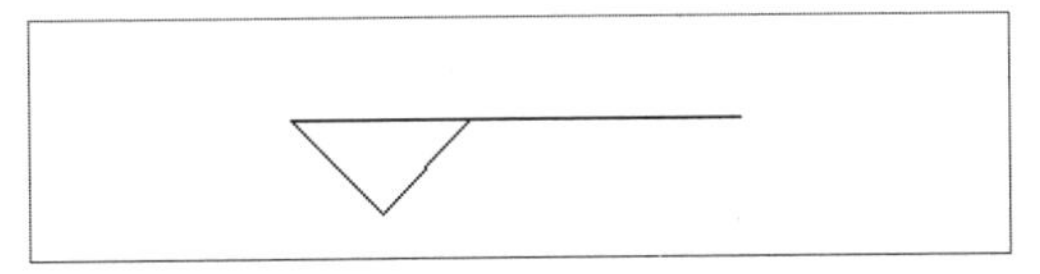

绘制标高

Step 02 在菜单栏中执行【绘图】>【文字】>【单行文字】命令，在直线上方输入-2.900，如下图所示。

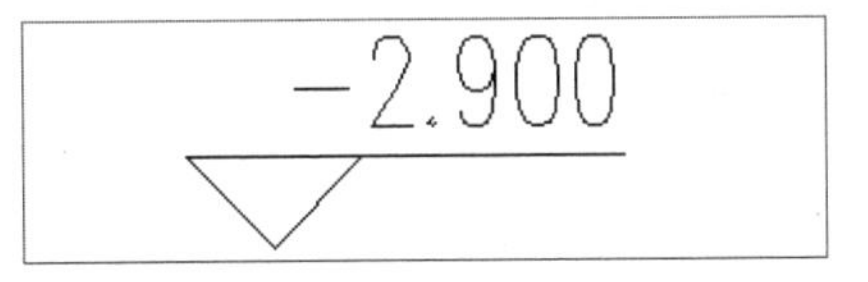

输入标高文字

Step 03 在命令行中输入ATT命令，打开【属性定义】对话框，设置标记为【标高】，提示为【请输入轴号】，默认为【-2.900】，对正为【中间】，文字高度为350，单击【确定】按钮，如下图所示。

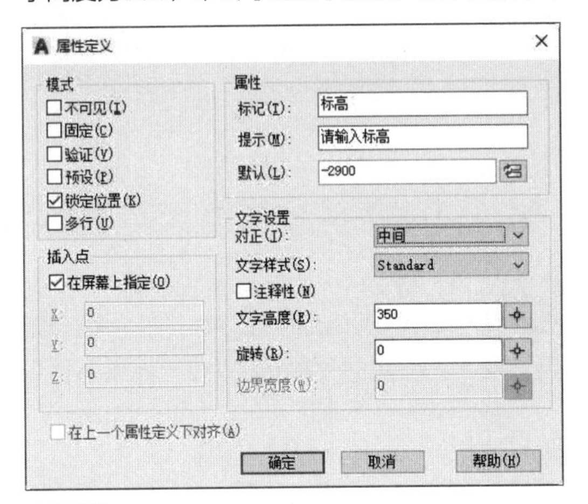

定义属性

Step 04 在命令行输入W命令，打开【写块】对话框，单击【拾取点】按钮选择倒三角的底角，单击【选择对象】按钮选择整个块，单击【确定】按钮，如下图所示。

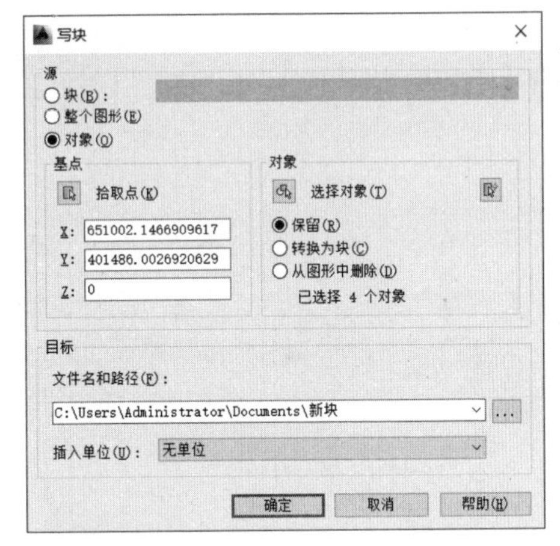

将绘制的标高定义为块

Step 05 在命令行中输入I命令，插入定义的块并输入相应的标高即可，如下图所示。

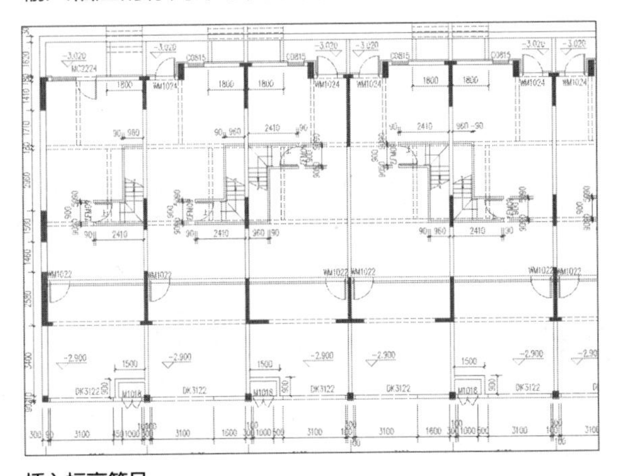

插入标高符号

Step 06 用相同的方法输入门槛的标高，并在下方输入【（门槛标高）】用于标记，如下图所示。

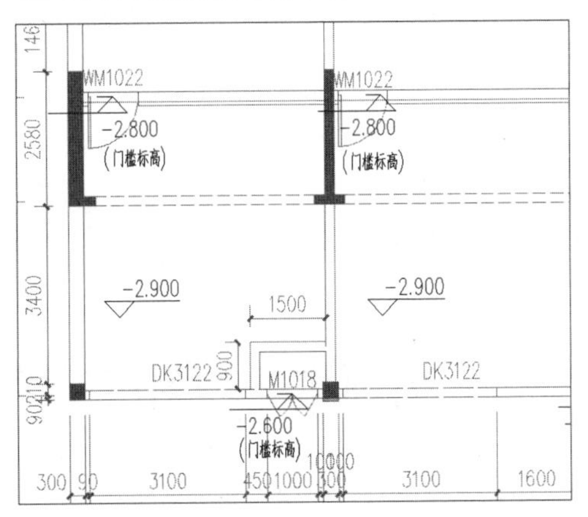

输入对应文字

12.1.11 标注文字

本小节将对如何输入房间文字进行讲解，运用的知识点包括【多行文字】、【块】命令等，下面将介绍具体操作方法。

Step 01 将ROOM-N图层设为当前图层，在菜单栏中执行【绘图】>【文字】>【多行文字】命令，在相应位置输入需要标注文字，如下图所示。

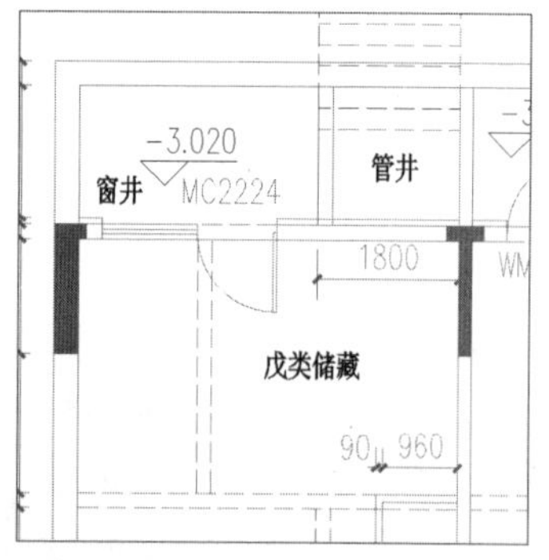

输入对应文字

Step 02 根据相同的方法在其他部位输入对应的文字，如下图所示。

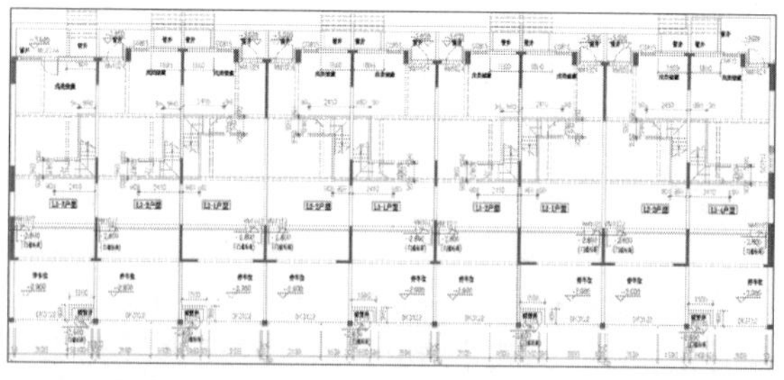
标注其他文字

Step 03 在图下方输入【地下一层平面图 1:100】字样，至此，地下一层平面图绘制完成，如下图所示。

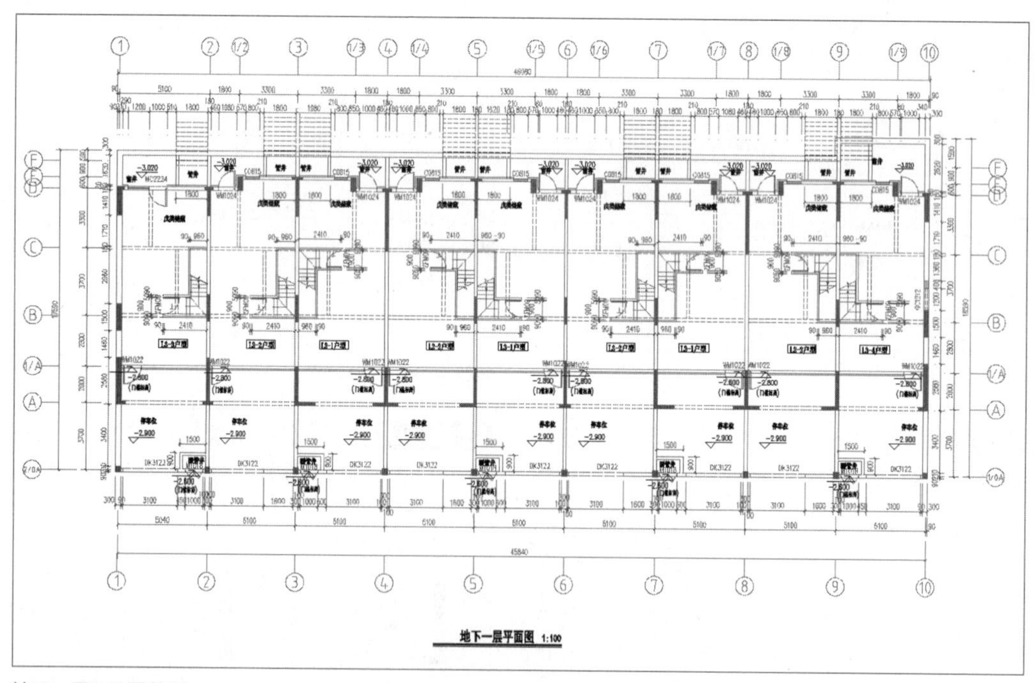

地下一层平面图效果

12.2 绘制别墅一层和二层平面图

接下来介绍别墅其他层的平面图的绘制，这里将以地下一层为标准层，除了部分房间内部装饰不同，轴线、轴号、墙线等均相同，下面介绍具体操作方法。

12.2.1 绘制一层平面图

本小节将对如何绘制一层的平面图进行介绍，一层平面图是基于标准层的轴网和轴号，区别在于房间的用途以及门窗的绘制，下面将介绍具体操作方法。

Step 01 首先设置图纸尺寸，设置完成后，复制地下一层的轴网以及轴号，效果如下图所示。

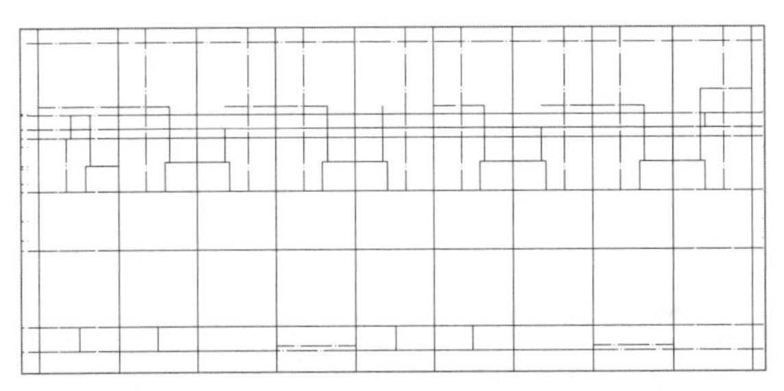

绘制轴线和轴号

Step 02 再绘制出墙线，内墙外墙，注意在绘制之前选好图层，效果如下图所示。

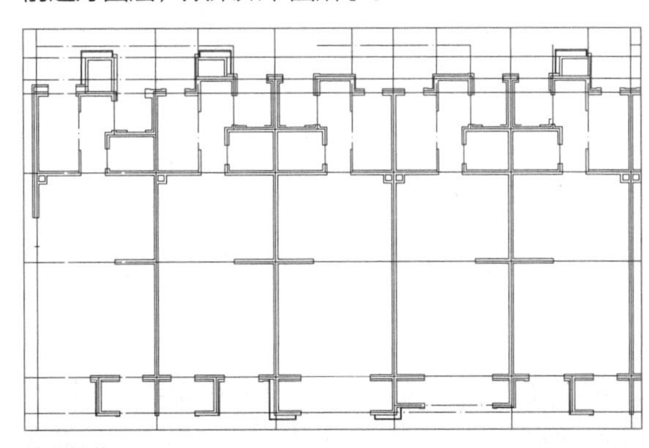

绘制墙线

Step 03 根据实际需要将门窗洞绘制好，如下图所示。

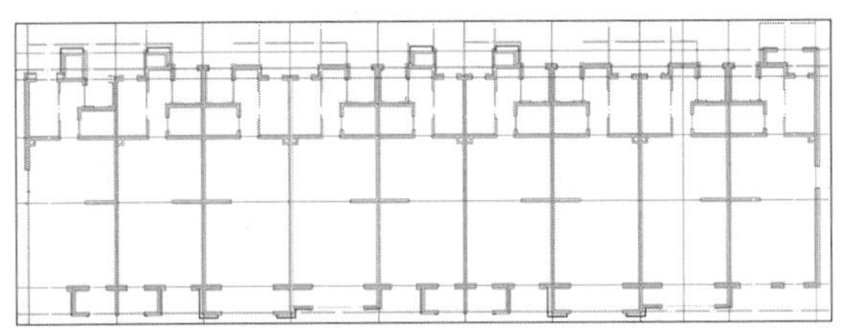

绘制门窗洞口

Step 04 根据同样的方法创建门窗块，将门窗绘制到门窗洞上，利用文字功能在绘制的门窗处输入文字，如下图所示。

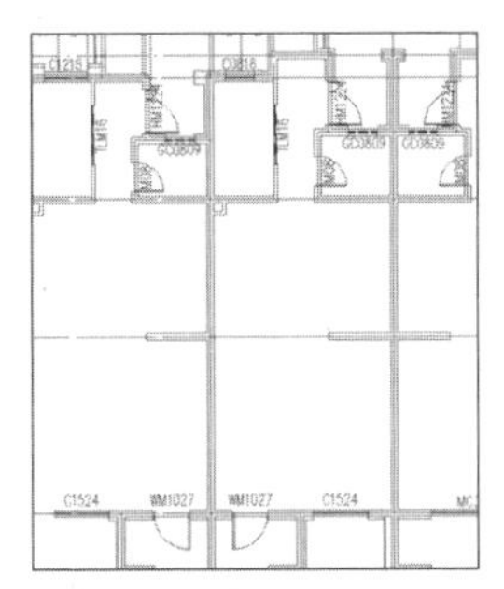

绘制门窗并输入文字

Step 05 切换STAIR图层为当前图层，绘制楼梯，如下图所示。

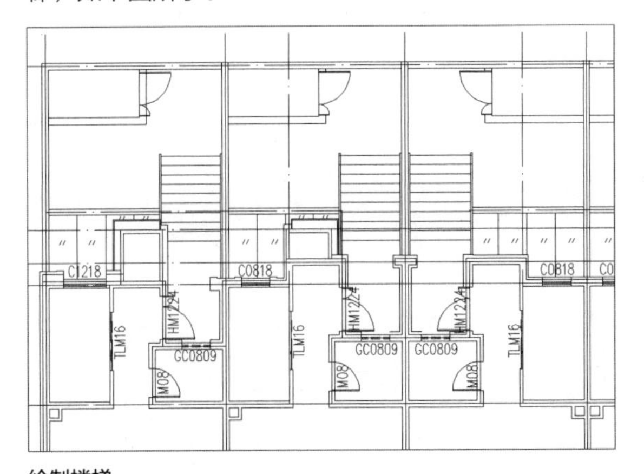

绘制楼梯

Step 06 对绘制的图形进行尺寸标注，效果如下图所示。

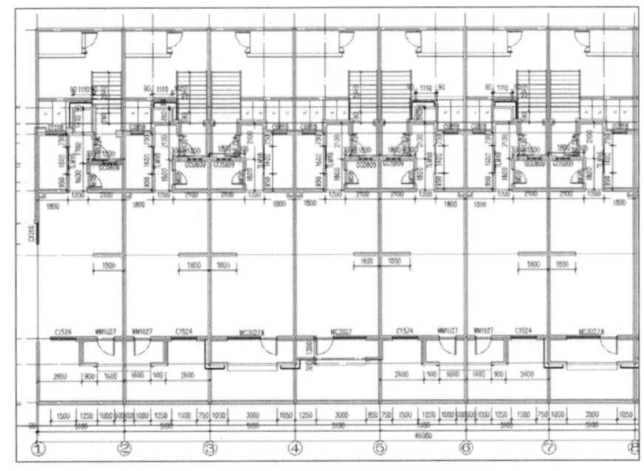

标注尺寸

Step 07 将【洗衣机】图层设为当前图层，绘制一个600×600的正方形，如下图所示。

绘制矩形

Step 08 在距离上边线145处绘制直线并平行于上边线，如下图所示。

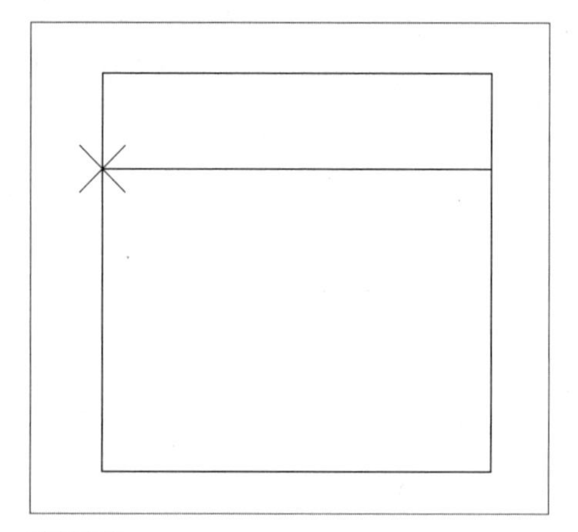

绘制直线

Step 09 删除点后，在中线位置绘制半径为16的圆，同时在右下角绘宽为50、长为170的矩形，然后在矩形内绘制小正方形，如下图所示。

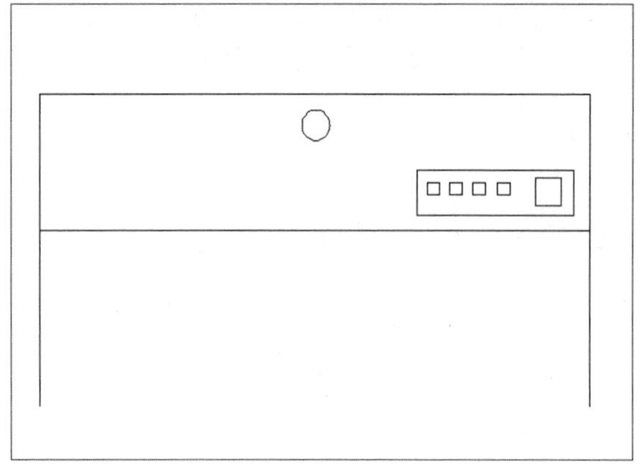

绘制圆和矩形

Step 10 调用【圆】命令在正方形两底角绘制圆，圆的半径为50，形成圆滑的角，如下图所示。

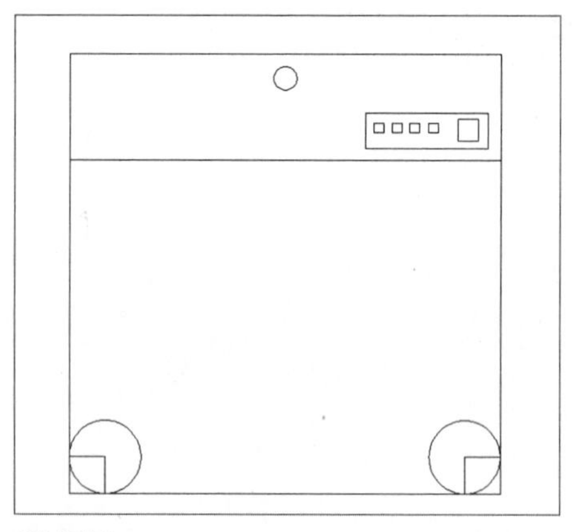

绘制圆形

Step 11 将圆与大正方形底角的两边相切，调用【修剪】命令，进行修剪，效果如下图所示。

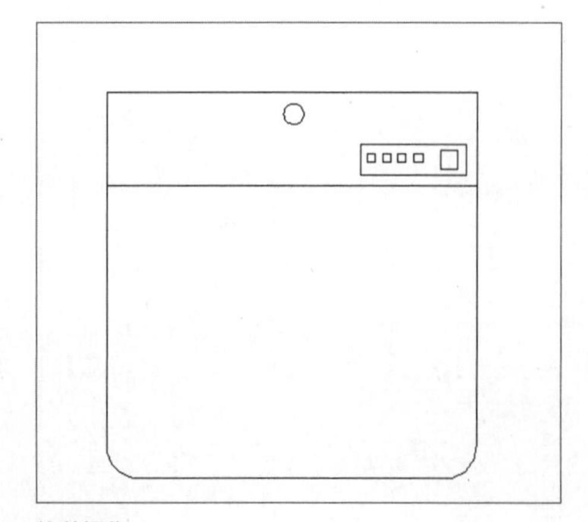

修剪操作

Step 12 根据相同的方法将内圆弧创建出来，内部的边到外边线的距离为55、38，如下图所示。

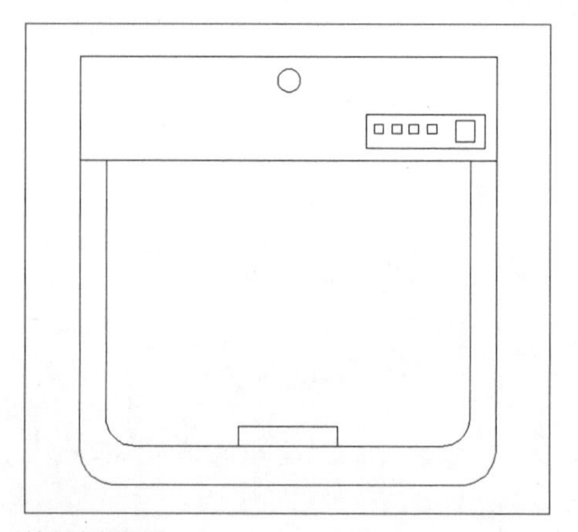

绘制内部圆弧

Step 13 将绘制好的洗衣机图形创建成块，如下图所示。

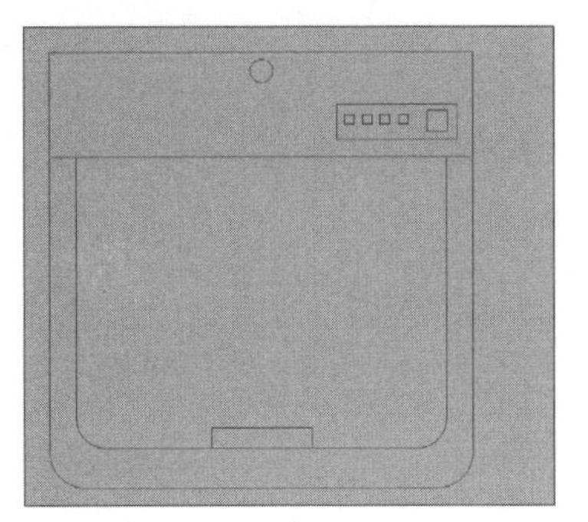
创建块

Step 14 在命令行中输入I命令在平面图中插入块，根据需要进行适当旋转，如下图所示。

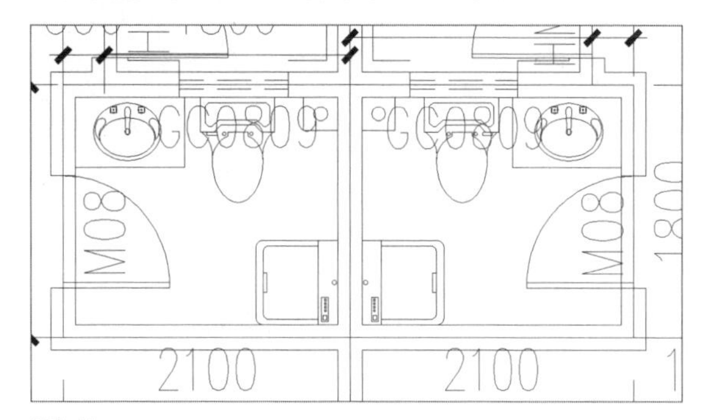
添加块

Step 15 根据相同的方法绘制其他家具图形，并放在平面图中，如下图所示。

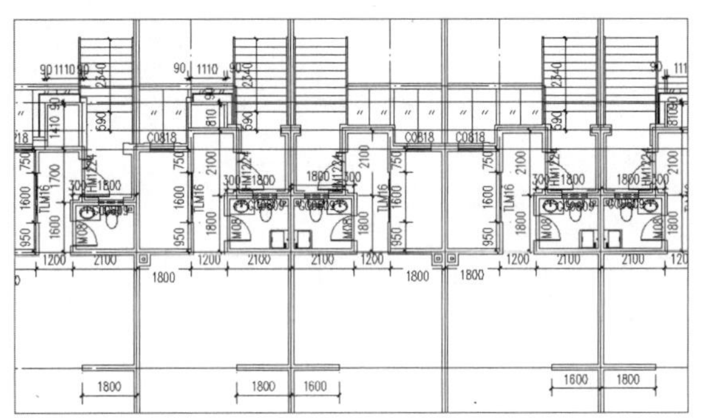
绘制其他家具

Step 16 调用【单行文字】命令为各房间进行文字添加，如下图所示。

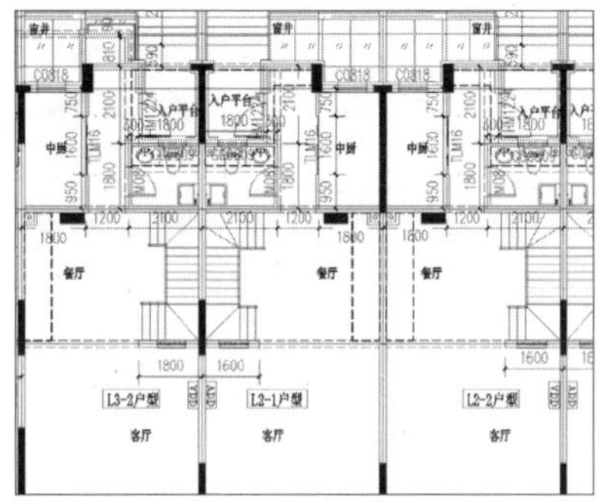
添加文字

Step 17 为平面图添加标高、轴号和标注，至此，一层平面图绘制完成，如下图所示。

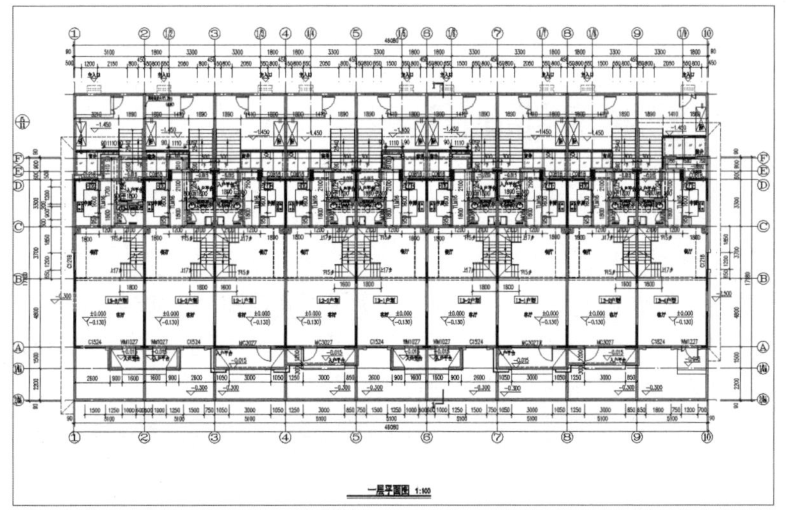
绘制完成一层平面图

12.2.2 绘制其他楼层平面图

接下来绘制其他楼层的平面图，具体操作方法和绘制一层平面图的操作步骤相同。

Step 01 根据相同的方法将二层平面图绘制出来，如下图所示。

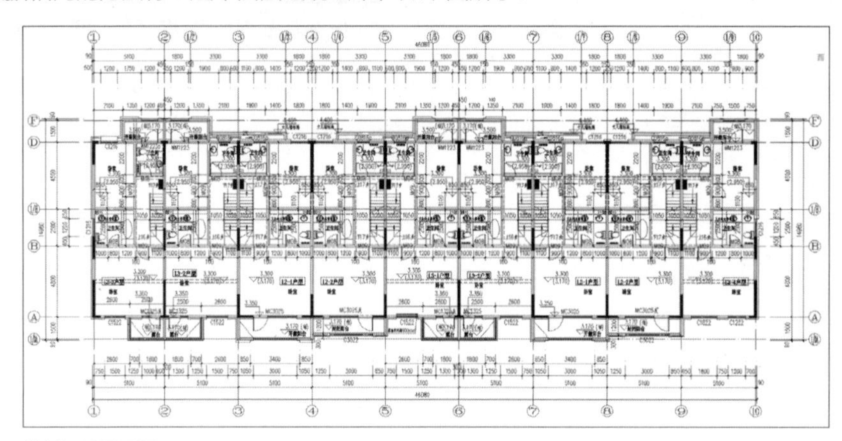

绘制二层平面图

Step 02 根据相同的方法将三层平面图绘制出来，如下图所示。

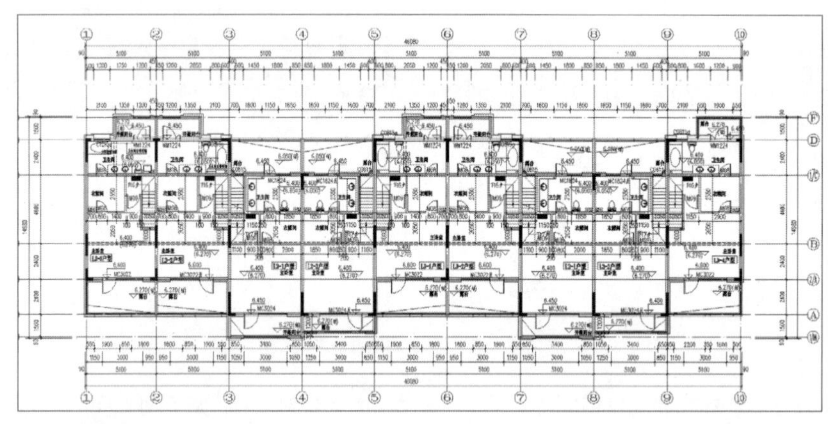

绘制三层平面图

12.3 绘制别墅屋顶平面图

本节将对别墅屋顶平面图的绘制进行介绍，在绘制轴线和轴号之后，需要绘制对应的屋脊等，下面将介绍具体操作方法。

Step 01 将DOTE图层设为当前图层，在命令行中输入L命令，按F8功能键开启【正交限制光标】功能，先绘制一条垂直方向轴线，再绘制一条水平轴线，如下图所示。

绘制基础轴线

Step 02 调用【偏移】命令，将垂直方向直线与水平方向直线分别偏移一定的尺寸，如下图所示。

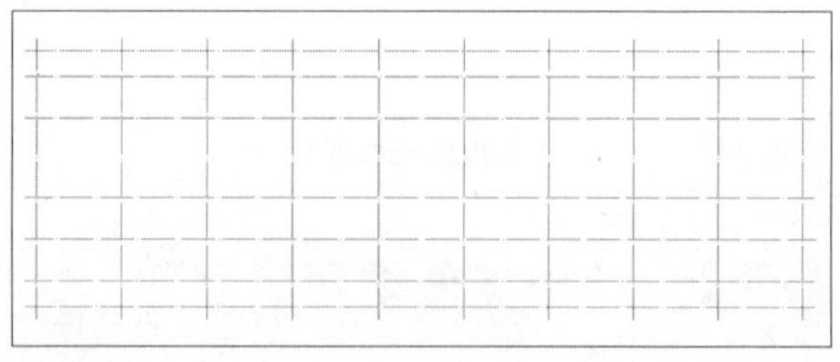

偏移直线

Step 03 建筑屋顶平面图是从上空俯视整个建筑，所以只能看到屋顶排风管的布置和屋顶的造型。因为屋顶比建筑物略大，所以下面的建筑物被屋顶遮挡是看不到的，而没有被遮挡的部分则需要绘制出来。建筑屋顶平面图与标准层的平面图类似，只是屋顶平面图会比标准层的略大，这样才能形成屋檐，因此只要按平面图的规格偏移出来即可。绘制屋顶边框，选择ROOF图层，绘制直线或多线段，分别外偏移820，形成屋外檐，如下图所示。

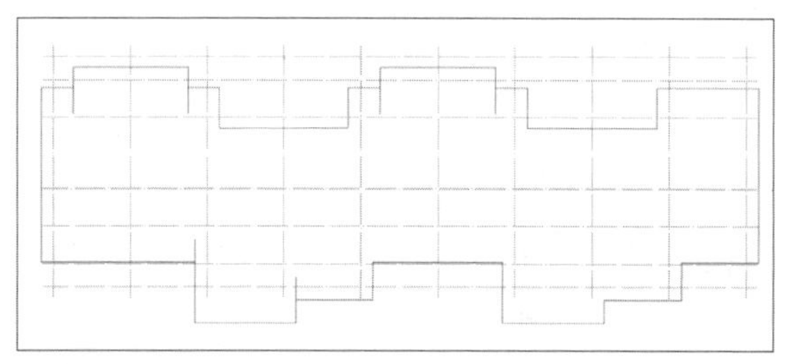

向外偏移直线

Step 04 将SURFACE图层设为当前图层并绘制阳台墙线，墙线宽为180，将DOTE图层关闭，效果如下图所示。

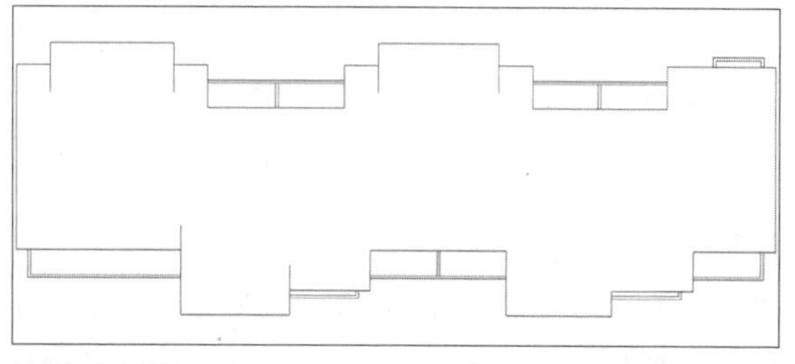

绘制阳台墙线

Step 05 调用【偏移】命令分别将房檐边缘向内偏移330、400，形成屋顶大样，如下图所示。

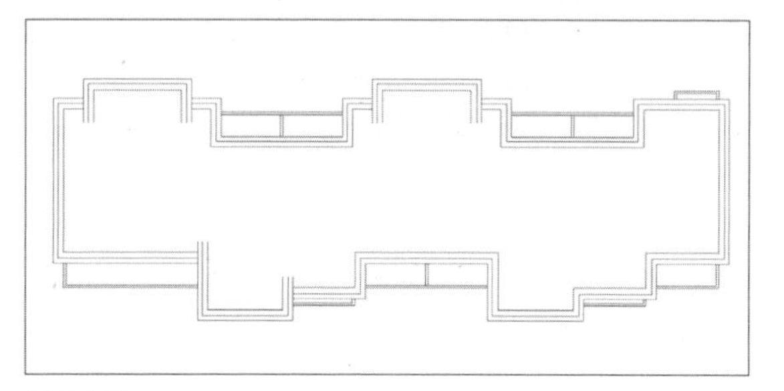

偏移房檐

Step 06 将ROOF图层设为当前图层，绘制直线，即可绘制屋脊线，如下图所示。

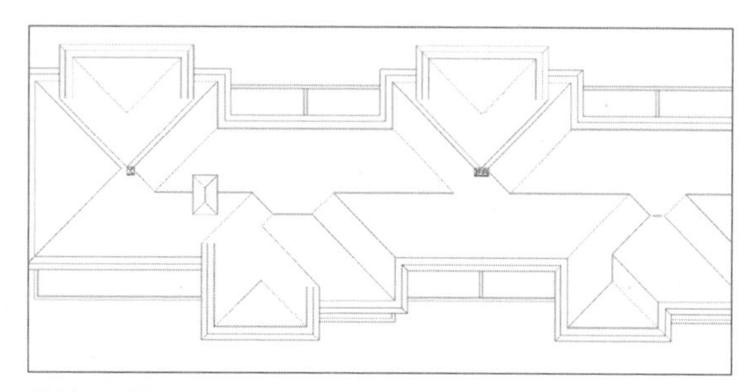

绘制屋脊线

Step 07 将PUB_HATCH图层设为当前图层，在命令行输入H命令，在打开的对话框中选择AR-RSHKE图案，如下图所示。

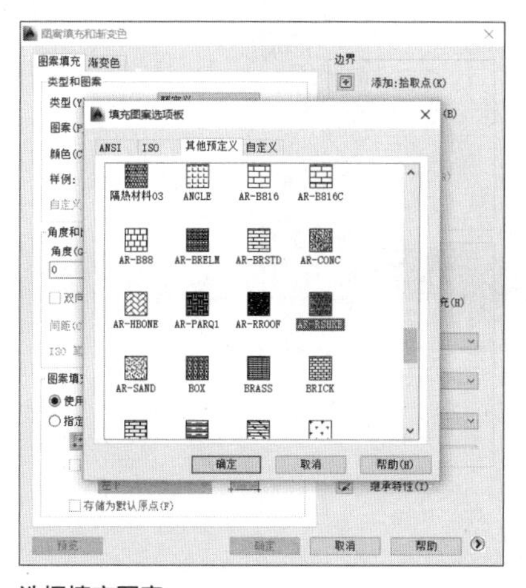

选择填充图案

Step 08 将比例设置成100，角度根据所填充屋顶角度进行调整，填充部分瓦片，如下图所示。

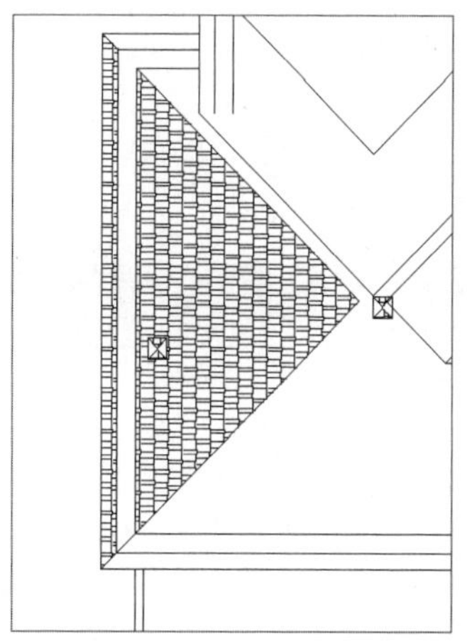

填充屋檐

Step 09 根据同样的方法将剩余部分进行填充，效果如下图所示。

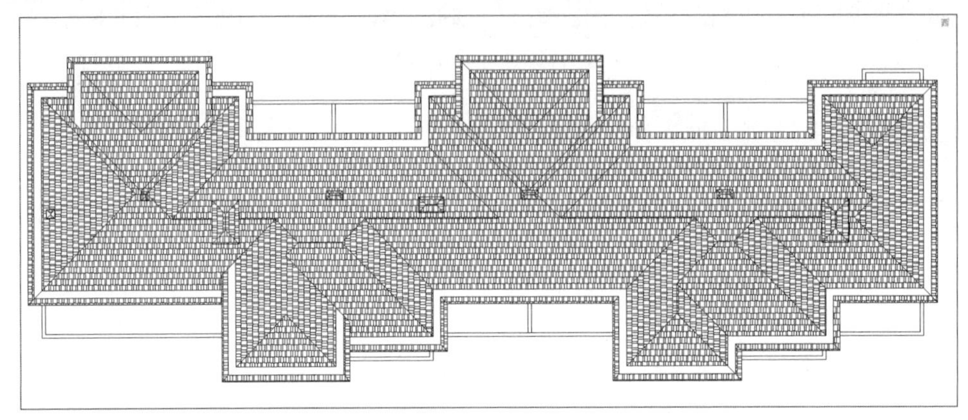

填充其他屋檐

Step 10 将DIM_SYMB图层设为当前图层，在命令行中输入PL命令绘制箭头，并填充箭头部分，接下来输入文字，即可添加屋顶坡度系数，如下图所示。

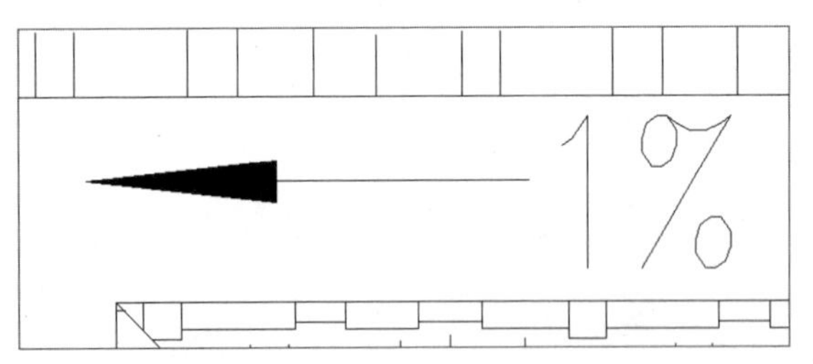

添加屋顶坡度系数

Step 11 根据相同的方法将所有的坡度系数都绘制完成，如下图所示。

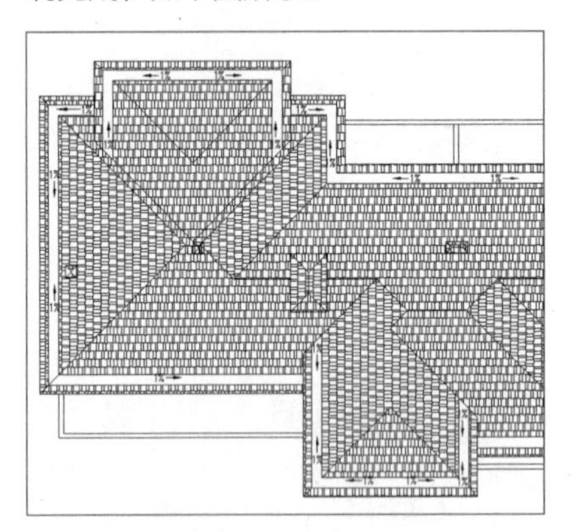

绘制其他坡度系数

Step 12 为屋顶平面图添加轴号及尺寸，至此，完成屋顶平面图的绘制，如下图所示。

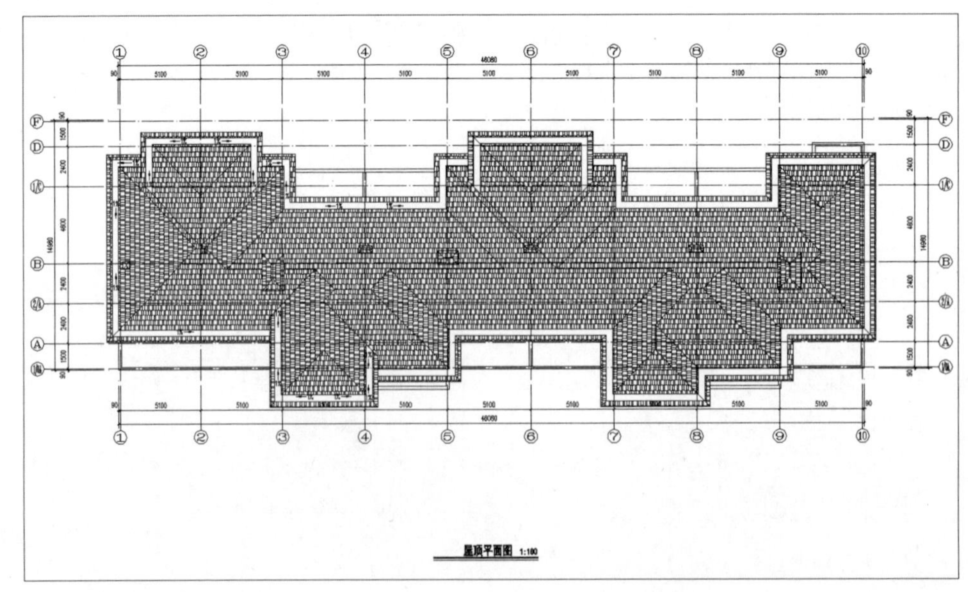

绘制完成屋顶平面图

12.4 绘制别墅立面图

本节将学习如何绘制别墅立面图，绘制立面图和绘制平面图的顺序是一样的，只是参数存在差异，下面将介绍具体操作方法。

12.4.1 绘制①-⑩轴立面图

本小节将绘制①-⑩轴立面图，即建筑南墙的立面图，具体操作方法如下。

Step 01 将DOTE图层置为当前图层，将平面图的轴号顺延下来，如下图所示。

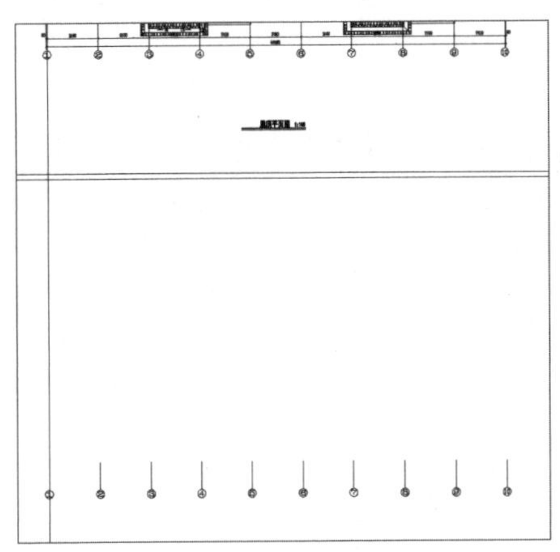

顺延轴号

Step 02 将DOTE图层设为当前图层，调用【偏移】命令绘制高线，在命令行中输入ML命令，绘制下方的粗线，如下图所示。

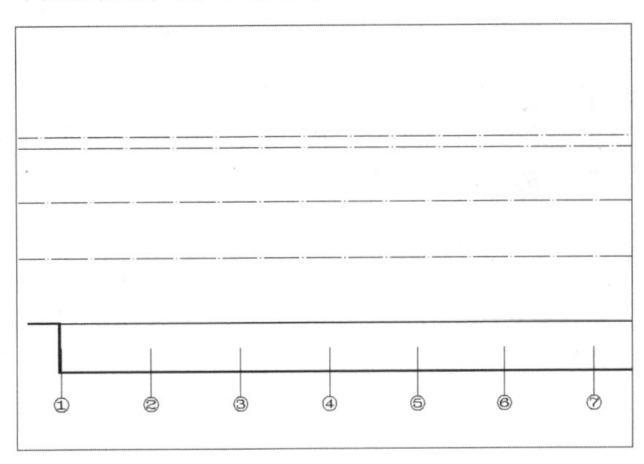

绘制多线

Step 03 根据平面图绘制墙体轮廓线，将P_PART图层设为当前图层，如下图所示。

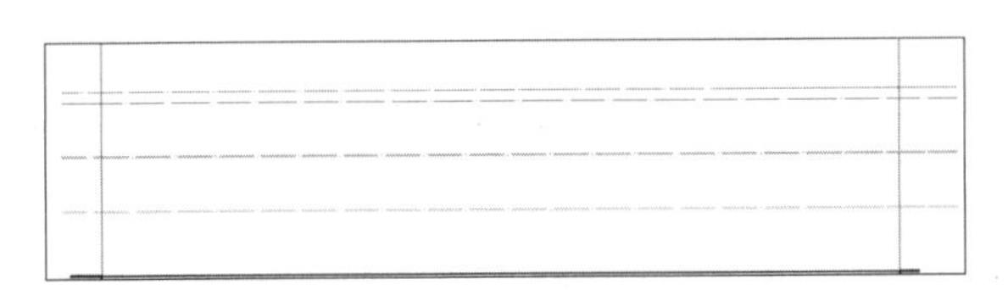

绘制墙体轮廓线

Step 04 绘制地下一层立面图，分别绘制出每条轴线所对应的墙线，同时绘制出底层地面线，距外围轮廓线距离为100，如下图所示。

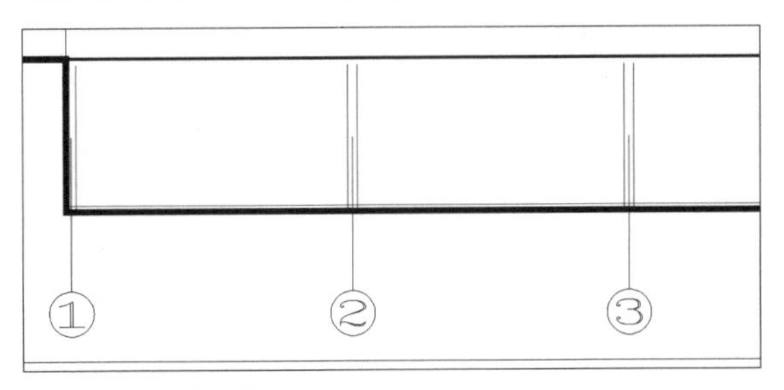

绘制地下一层立面图

Step 05 绘制出车库的其他线条，利用【修剪】命令对多余的线条进行修剪，如右图所示。

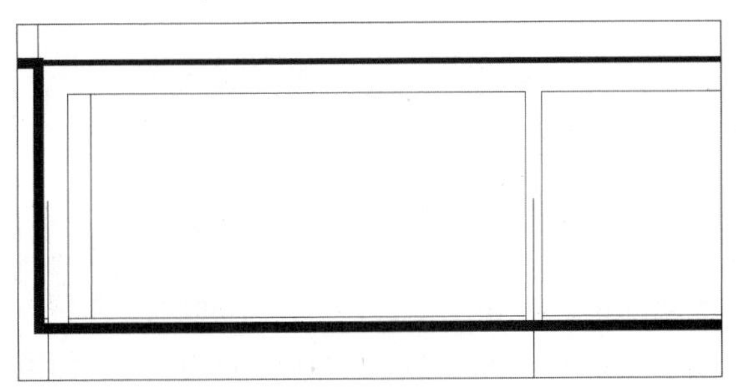

绘制车库

Step 06 绘制车库的门以及车，门距墙线距离根据地下一层平面图尺寸绘制，车可根据图集复制粘贴即可。利用【修剪】命令，对门及车进行修剪，然后绘制所有门和车，如下图所示。

绘制车库内车辆

Step 07 根据平面图分别绘制出其他楼层的墙线，可直接将平面图中的墙线延长到立面图中，利用阳台边缘线绘制出立面图的线条，如下图所示。

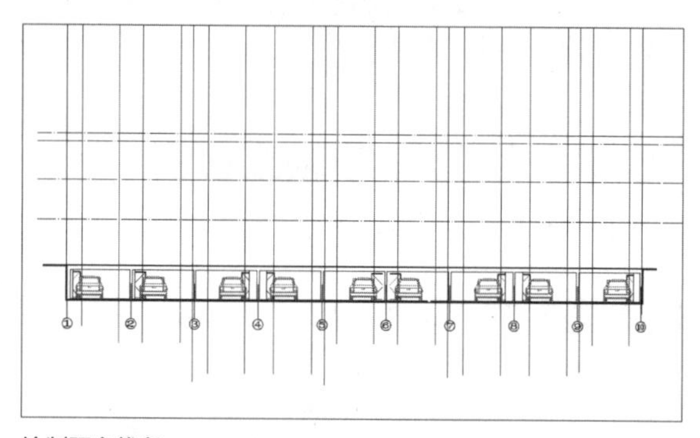

绘制阳台线条

Step 08 根据平面图墙体绘制墙线，利用【偏移】和【修剪】命令绘制出立面图所能看到的墙线，如下图所示。

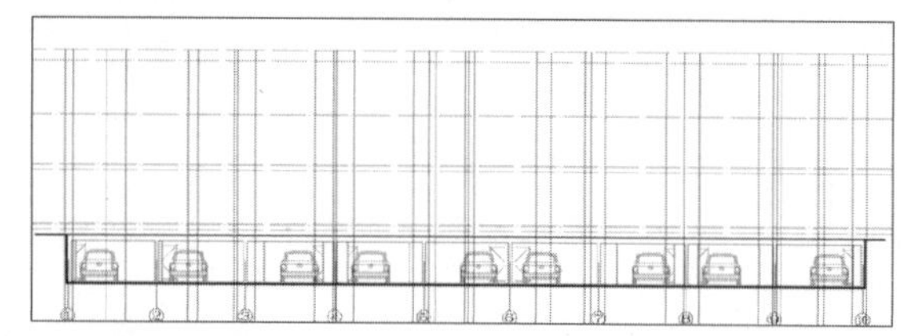

绘制墙线

Step 09 根据绘制墙线的方法绘制门窗外围线，可提前做辅助线定位，最后将辅助线删除即可，如下图所示。

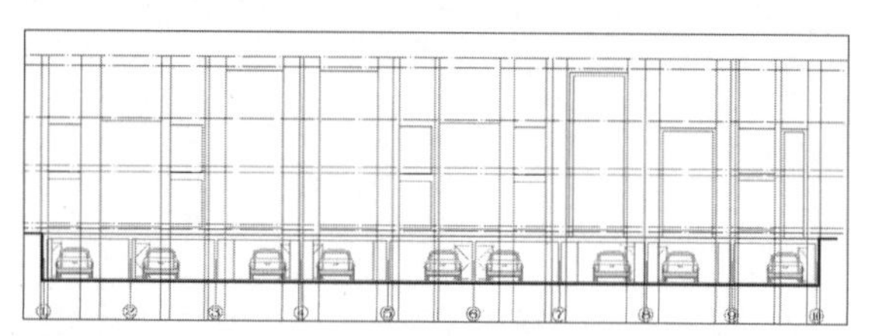

绘制门窗外围线

Step 10 根据门窗表中的尺寸，绘制宽为1500、长为2400的门窗，选择边框，向内偏移50，绘制出里面门窗的宽度，再利用【修剪】、【移动】命令进行修改，如下图所示。

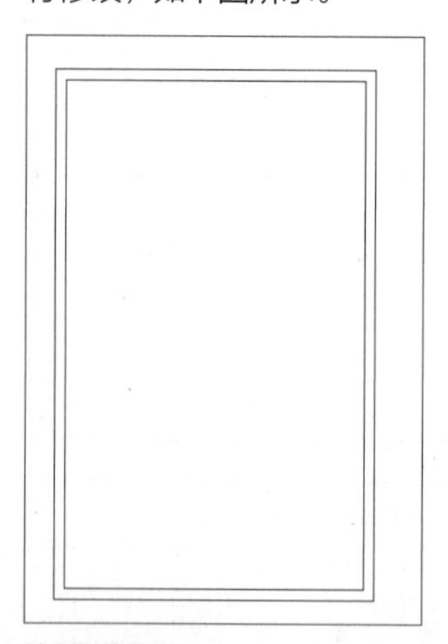

绘制门窗边框

Step 11 根据相同的方法绘制门窗的其他边线，利用【修改】、【打断】命令进行修改，绘制出门窗的图形，如下图所示。

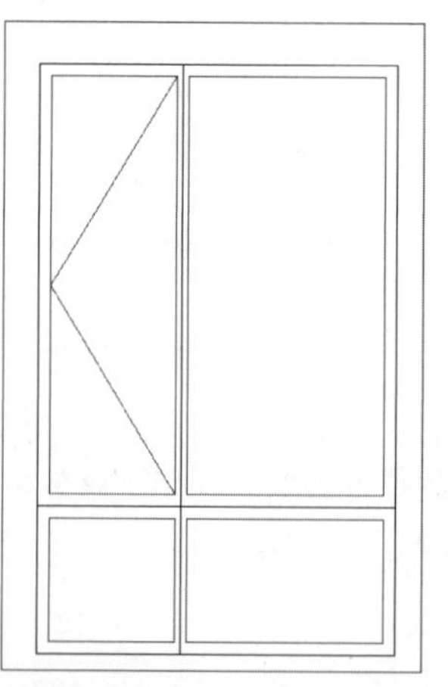

绘制门窗图形

Step 12 将门窗创建成块，分别绘制在立面图中相应的位置，若门窗有尺寸有误，可直接双击门窗块，在打开的对话框中进行修改，如下图所示。

Step 13 将门窗绘制到立面图中，门窗距地500，调用【复制】和【镜像】命令进行整体立面图门窗的绘制，如下图所示。

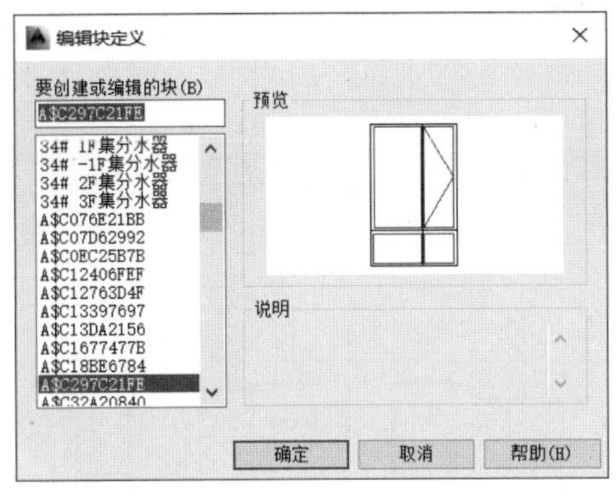

【编辑块定义】对话框

Step 14 根据相同的方法绘制出其他门窗，先单独绘制门窗，然后对门窗进行块的创建，最后绘制完成所有的门窗，效果如下图所示。

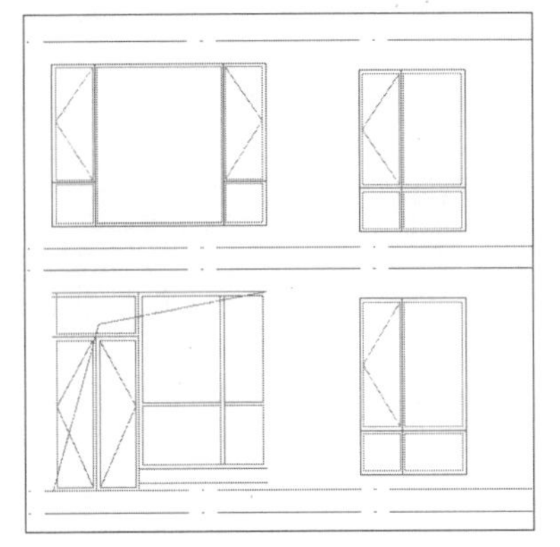

绘制其他门窗

Step 16 删除辅助线，对墙线以及阳台门窗进行修改，将WALL图层设为当前图层，绘制相连阳台之间的隔墙，隔墙厚为180，如下图所示。

绘制隔墙

Step 18 在命令行中输入H命令，选择AR-BYSTD图案，设置填充比例为100，角度为0，单击要填充的区域即可填充图案，如下图所示。

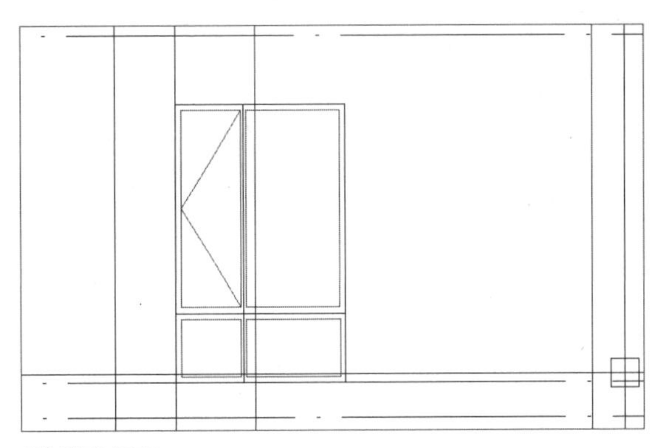

绘制整体门窗

Step 15 将WALL图层设为当前图层，绘制比窗户宽200的阳台，阳台设置成长方形即可，利用辅助线将阳台绘制出来，如下图所示。

绘制阳台

Step 17 将H_PATT图层设为当前图层，对别墅外墙进行填充，选择距地面2400高处绘制一条直线，为填充分割线，如下图所示。

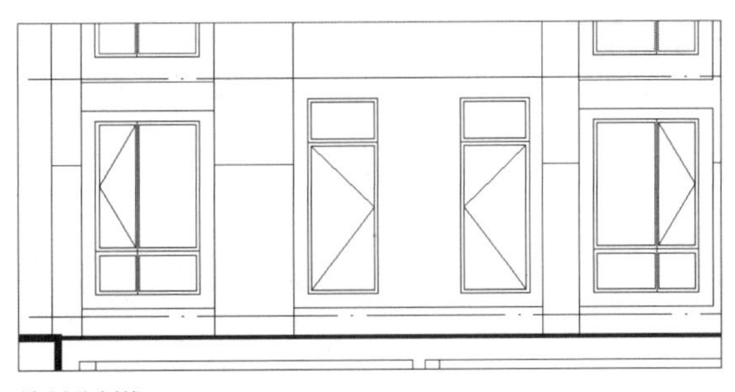

绘制分割线

Step 19 根据相同的方法选择合适的图案，设置填充比例为50，对部分墙体进行填充，如下图所示。

填充外墙

填充真石漆

Step 20 根据相同的方法将剩下的墙面填充相应的图案，如下图所示。

填充其他墙体部分

12.4.2 绘制①-⑩轴立面图屋顶

本小节将学习如何绘制①-⑩轴立面图屋顶，这里将以立面图为基础绘制屋顶，下面介绍具体操作方法。

Step 01 屋顶立面图同立面图墙线一样，绘制出屋顶最高的辅助线，以及屋顶点的最高点并绘制出辅助线，如下图所示。

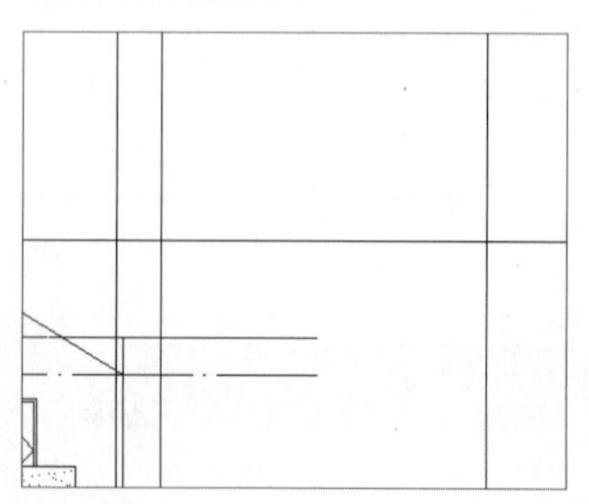
绘制辅助线

Step 02 绘制出屋顶边界线，将屋顶所绘制的最高点以及最低点线连接，形成屋脊线，如下图所示。

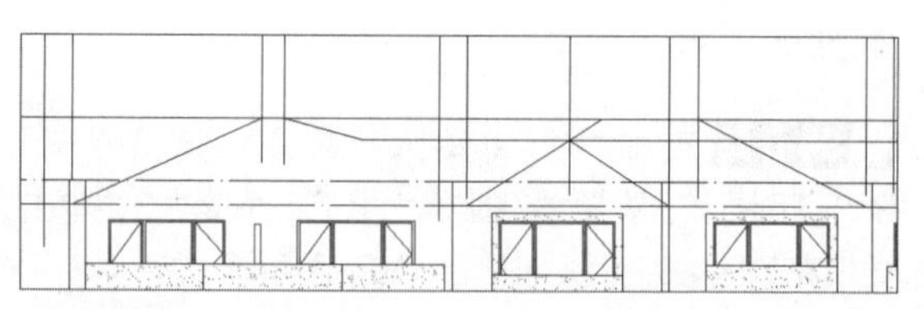
绘制屋脊线

Step 03 将辅助线删除，并利用【偏移】命令对屋顶线进行偏移200，然后选中偏移的线条，在【特性】面板中设置【线型】为DASH，如下图所示。

设置线型

Step 04 调用【修剪】命令，修剪多余的线条，如下图所示。

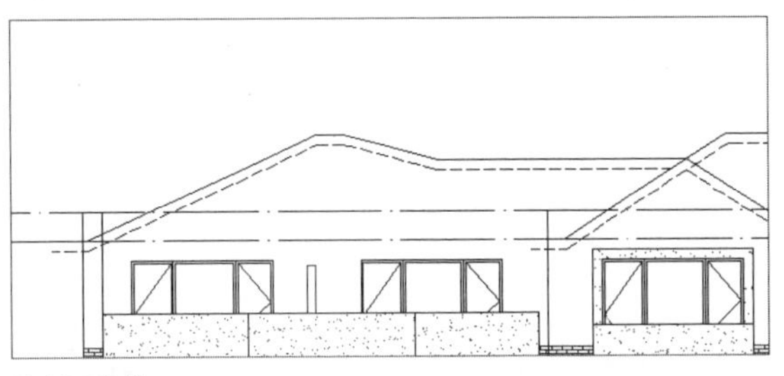

绘制屋脊线

Step 05 调用【直线】、【矩形】命令，对立面图中顶层和屋顶进行绘制，如下图所示。

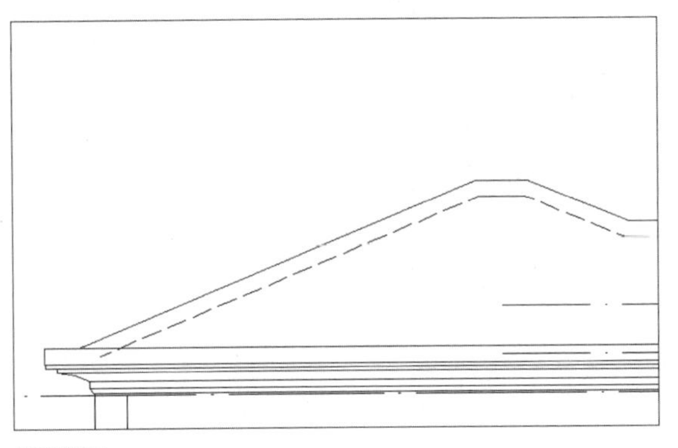

绘制檐口

Step 06 在命令行输入H命令，选择合适的填充图案对屋顶进行填充，效果如下图所示。

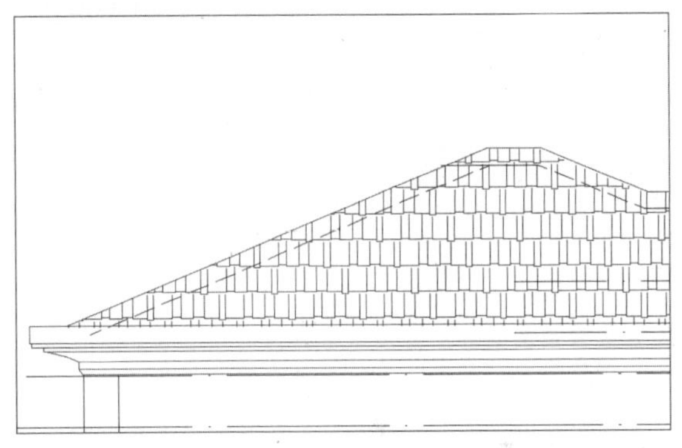

填充屋顶

Step 07 利用【直线】命令绘烟囱图形，然后通过【修剪】和【延伸】命令对线进行修改，将绘制的烟囱图形进行编组，如下图所示。

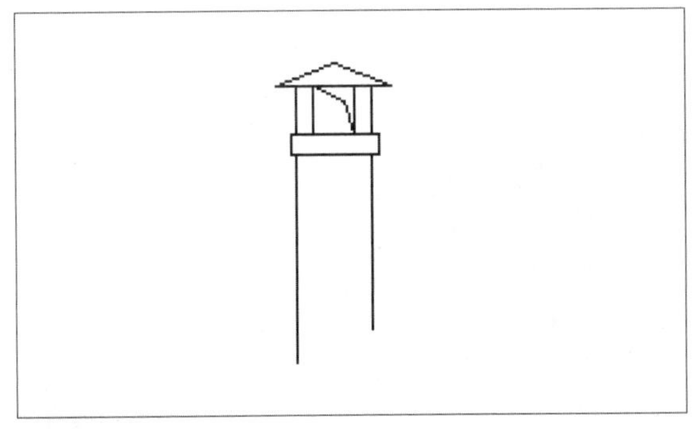

绘制烟囱

Step 08 对烟囱进行块的创建，输入I命令对烟囱进行添加，在【插入】对话框设置比例的参数可以插入不同大小的烟囱，如下图所示。

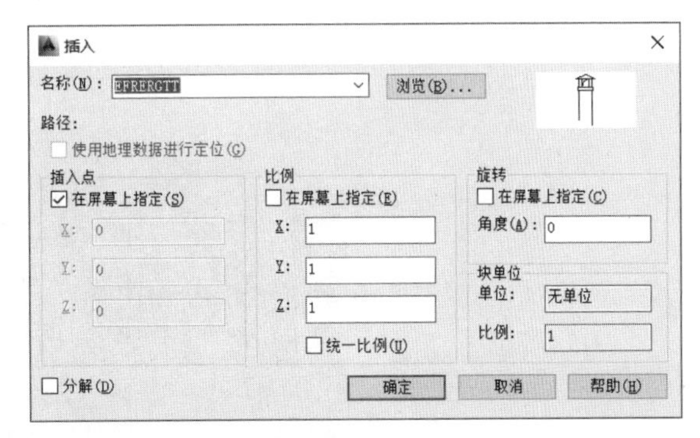

在【插入】对话框中设置参数

Step 09 对立面图进行尺寸标注以及标高标注，和对平面图添加尺寸标注和标高标注的方法相同，将所有的标注完成后，效果如下图所示。

Step 10 执行【绘图】>【文字】>【单行文字】命令，对必要的地方进行文字说明，如下图所示。

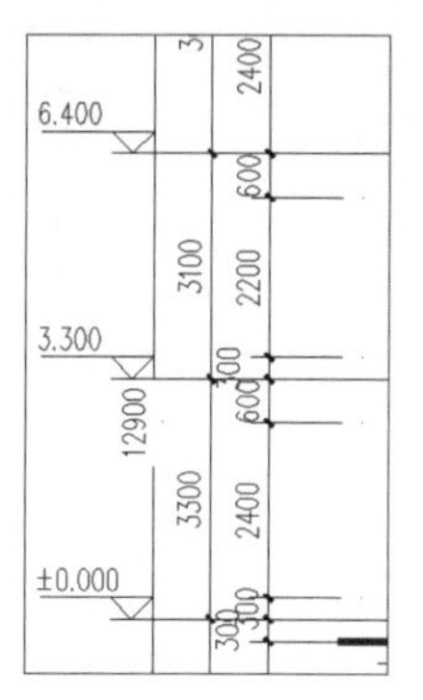

添加标高

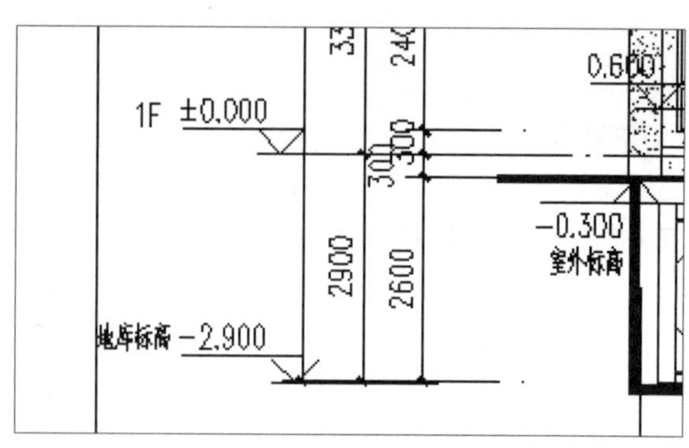

添加标注文字

Step 11 绘制图例并放置在图纸右上角，即可完成绘制①-⑩轴立面图，如下图所示。

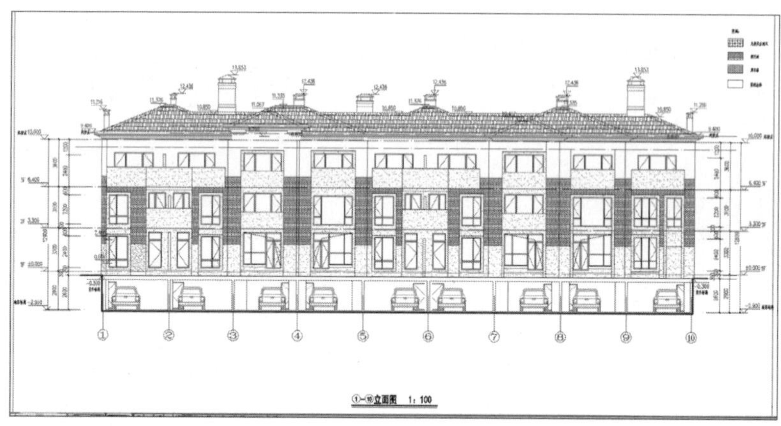

①-⑩轴立面图

12.4.3 绘制⑩-①轴立面图

使用相同的方法绘制⑩-①轴立面图，即北墙面立面图，绘制完成的效果如下图所示。其中阳台和门窗可根据尺寸自行修改样式，然后根据需要添加阳台栏杆护手等。

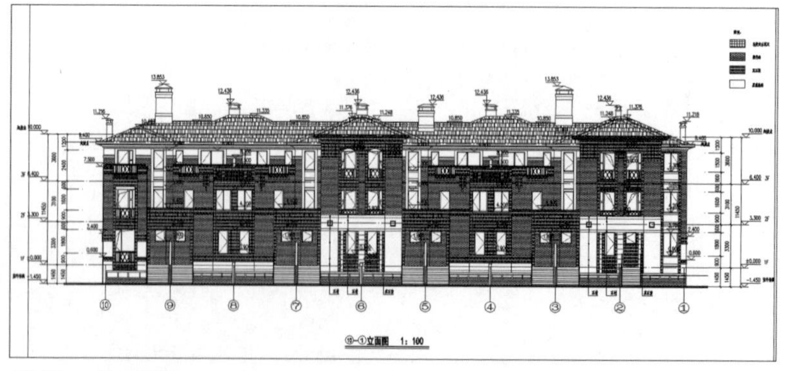

绘制⑩-①轴立面图

12.4.4 绘制侧立面图

绘制完⑩-①轴立面图后，本小节将详细介绍别墅侧立面的绘制方法，具体操作步骤如下。

Step 01 绘制侧立面图和绘制①-⑩轴立面图方法相同，可将平面图旋转90° 选择相对应的侧面进行辅助线的绘制，首先绘制出轴号及尺寸，如下图所示。将文字旋转角度改为0。

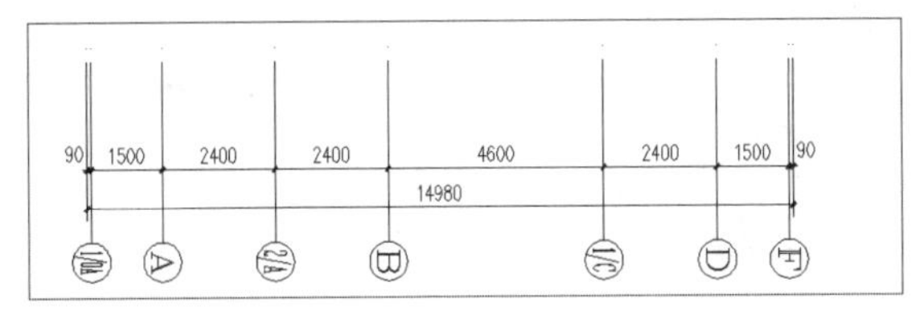

绘制轴号

Step 02 将负一层平面图旋转90°，绘制辅助线，利用辅助线绘制出墙体以及窗户定位，如下图所示。

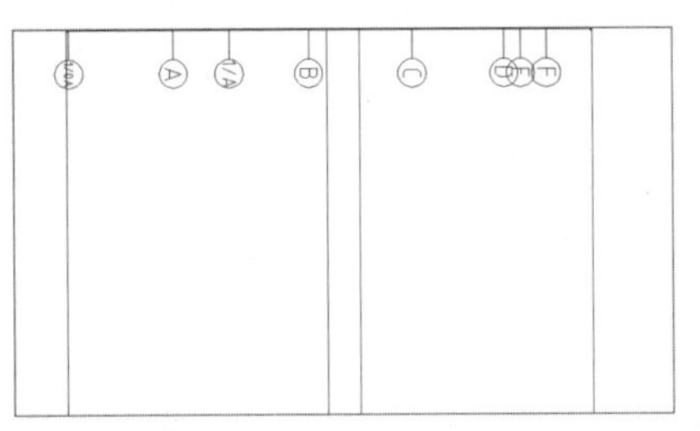

绘制辅助线

Step 03 根据平面图，绘制墙体轮廓线，将P-PART图层设为当前图层，绘制地下一层立面图，分别绘制出每个轴线所对应的墙线，同时绘制出底层地面线，距外围轮廓线100，如下图所示。

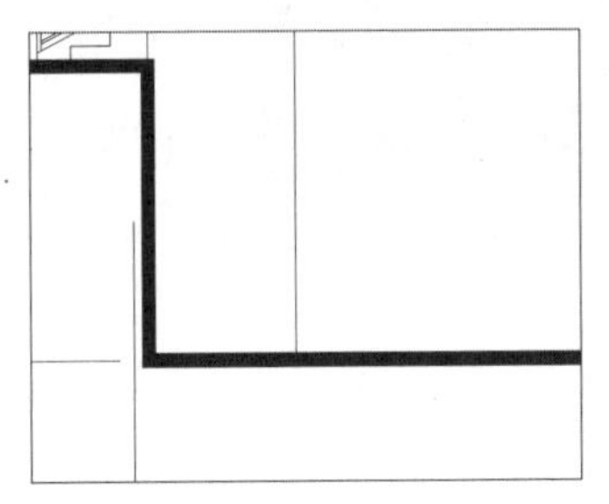

绘制墙体轮廓线

Step 04 将WINDOW图层置为当前图层，调用【直线】命令绘制出窗户轮廓线，如下图所示。

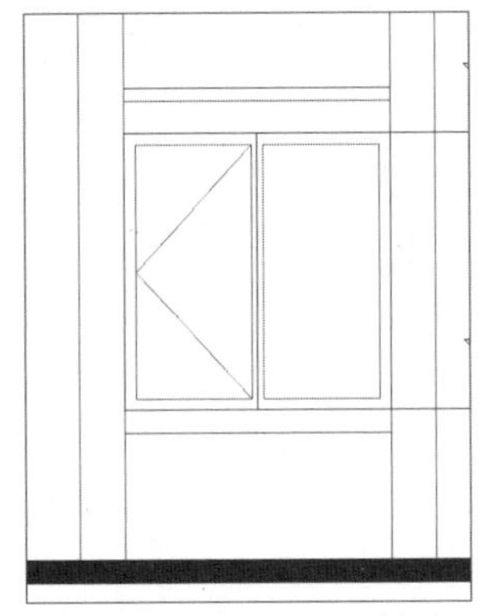

绘制窗户图形

Step 05 利用【修剪】命令对所绘制的地下一层立面图进行修改，至此，地下一层立面图绘制完成，如下图所示。

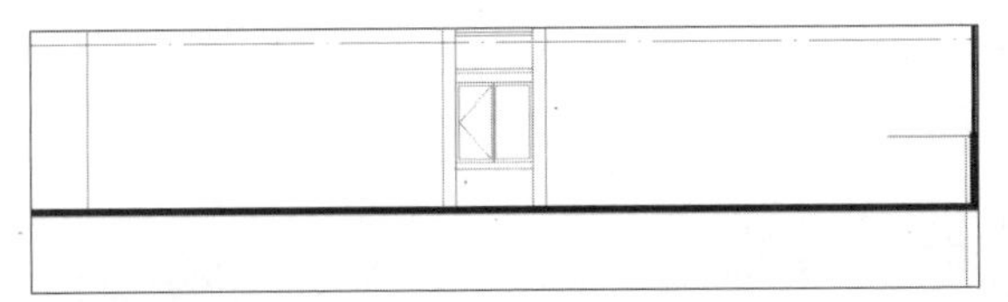

地下一层立面图

Step 06 将一层平面图旋转90°，绘制辅助线，利用辅助线绘制出墙体以及窗户定位，利用辅助线对墙体进行绘制，利用【修剪】命令对所绘制的墙体边线以及墙线进行修改，如下图所示。

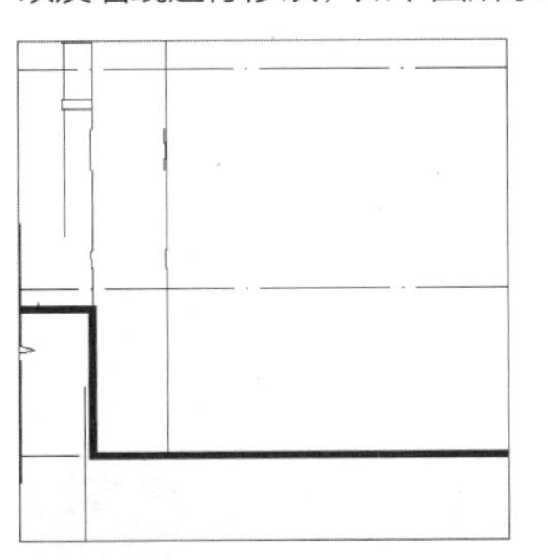

绘制辅助线

Step 07 将WALL图层设为当前图层，在命令行输入L命令绘制墙体腰线，利用【偏移】命令绘制出其他墙线，如下图所示。

Step 08 将WINDOW图层设为当前图层，绘制门窗，因侧面门窗都是统一门窗，只需要将地下一层的窗户创建为块，其他楼层的窗户直接插入块即可，至此，一层立面图绘制完成，如下图所示。

绘制墙线

Step 09 利用相同的方法将二层、三层以及屋顶立面图绘制出来，利用辅助线绘制大样，再绘制墙线以及窗户，最后对线条进行修改，如下图所示。

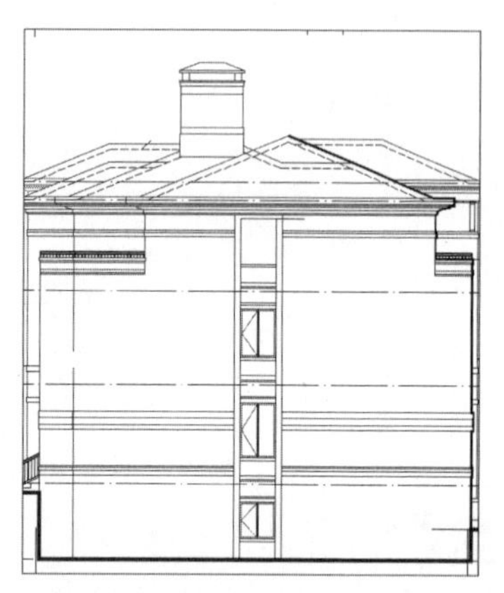

二层、三层和屋顶立面图

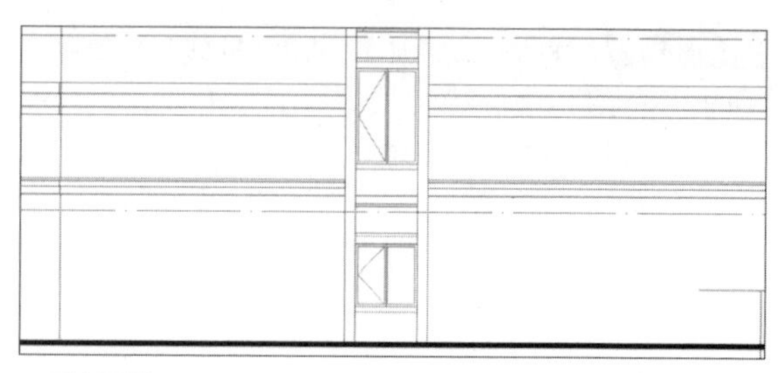

一层立面图

Step 10 在命令行中输入H命令，选择合适的图案对墙面装饰进行填充。然后再进行尺寸标注以及标高标注，并对部分内容添加文字说明。至此整个侧立面图绘制完成，如下图所示。

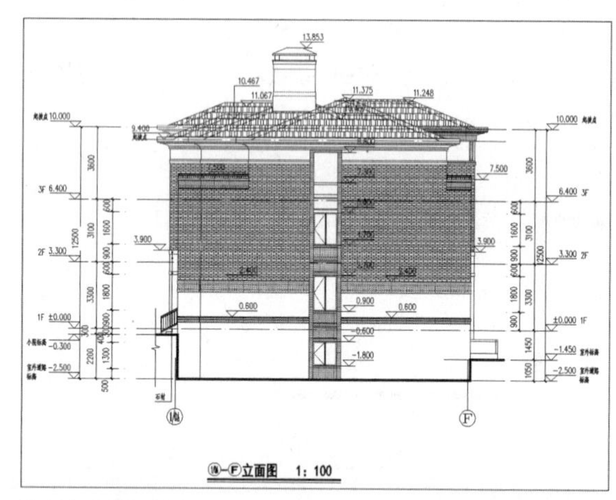

绘制完成侧立面图

12.4.5 绘制另一侧立面图

根据相同的方法绘制出另一侧立面图，效果如下图所示。至此，整个建筑图纸绘制完成。

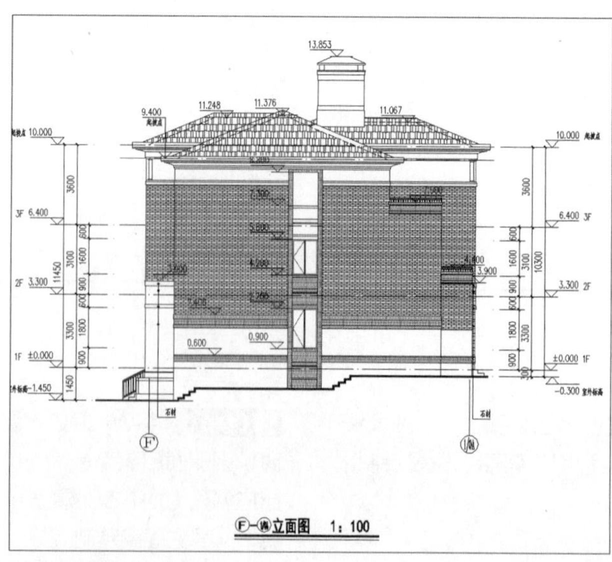

绘制侧立面图

13

Chapter

绘制建筑结构图

建筑结构施工图主要用于表示房屋承重结构的布置、构件类型、数量、大小及做法等，本章将介绍建筑结构图的绘制操作，包括桩平面图的绘制、基础平面布置图的绘制、墙柱定位图的绘制以及梁配筋图与板配筋图的绘制等。

01 核心知识点

❶ 绘制桩平面布置图

❷ 绘制墙柱定位图

❸ 绘制梁配筋图

❹ 绘制板配筋图

02 本章图解链接

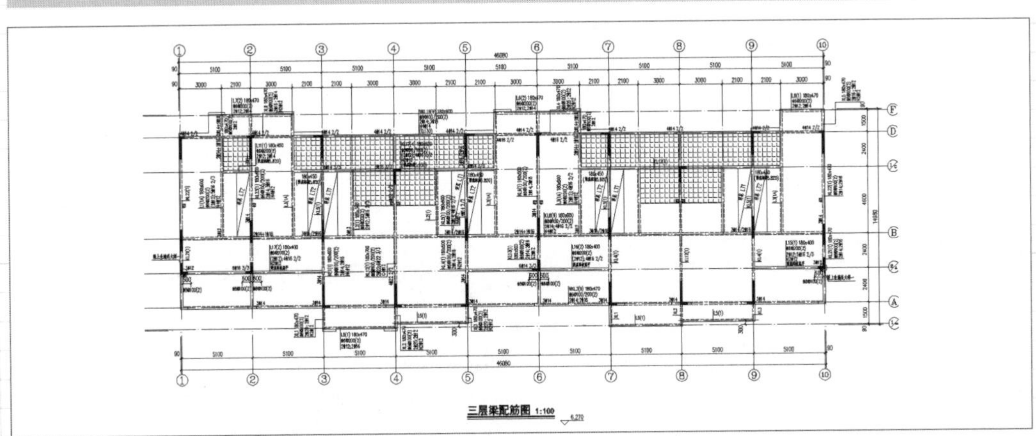

绘制三层梁配筋图

13.1 绘制桩平面布置图

首先要绘制的是别墅建筑结构图中的桩平面布置图，即别墅在施工过程中需要布置的桩的布置平面图，下面将介绍具体操作方法。

13.1.1 绘制轴线

要绘制桩平面布置图，首先需要创建轴线，并绘制轴网，下面介绍具体桩平面布置图的绘制方法，操作步骤如下。

Step 01 首先需要设置图纸尺寸，在命令行中输入LIMITS命令，按Enter键后输入0.0000、0.0000，按Enter键后再输入42000、297000，接下来将图纸设置成A3尺寸，1/100的比例，如下图所示。

设定图形边界及图形比例

Step 02 单击【图层】面板中【图层特性】按钮，在弹出的【图层特性管理器】面板中单击【新建图层】按钮，新建图层，如下图所示。

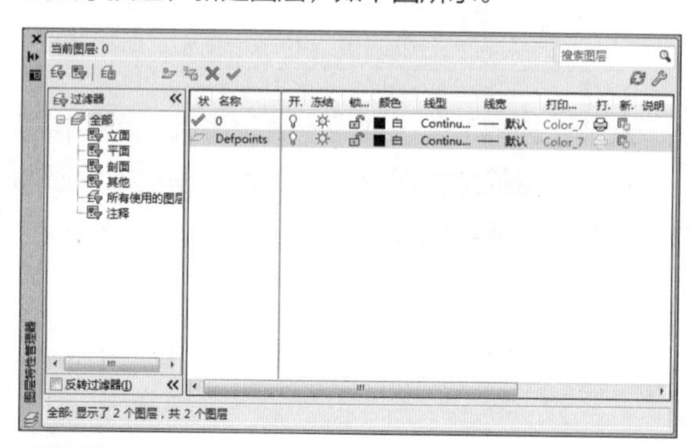

新建图层

Step 03 将图层分别重命名，并修改各图层的颜色、线型、线宽，如下图所示。

设置图层特性

Step 04 将DOTE图层设为当前图层，在命令行中输入L命令，按F8功能键开启【正交限制光标】功能，先绘制一条垂直方向轴线，再绘制一条水平轴线，如下图所示。

绘制基准轴线

Step 05 调用【偏移】命令，将垂直方向直线向右分别偏移5100，1800，3300，3300，1800，1800，3300，3300，1800，1800，3300，3300，1800，1800，3300，3300，1800，将偏移1800的线条修改短一些，如下图所示。

Step 06 继续调用【偏移】命令，将水平直线向上偏移3700，2000，2800，3700，3300，600，900，500，1000，将偏移500，1000线条分别修剪改短，然后将线条整理一下，如下图所示。

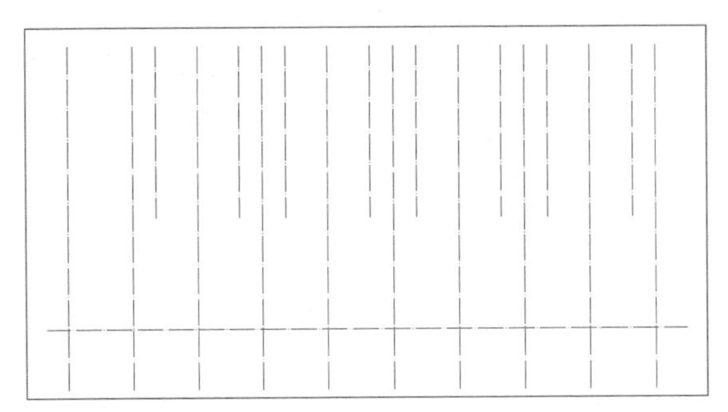

偏移垂直方向轴线

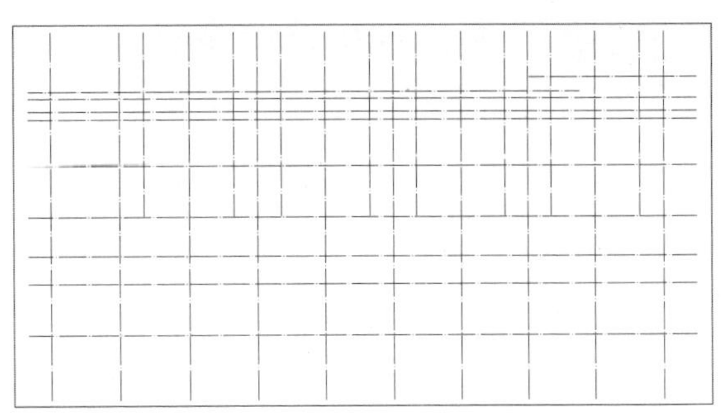

偏移水平方向轴线

13.1.2 绘制轴号

轴网绘制完成后，需要绘制对应的轴号便于下一步的操作，下面介绍绘制轴号的具体操作方法。

Step 01 将AXIS图层设为当前图层，调用【圆】命令，在适当位置绘制直径为500的圆。调用【直线】命令，在圆下方绘制1500直线。在命令行中输入ATT命令，打开【属性定义】对话框，设置标记为1，提示为【请输入轴号】，默认为1，对正为【中间】，文字高度为800，单击【确定】按钮，如下图所示。

定义属性

Step 02 在命令行中输入W命令，打开【写块】对话框，单击【拾取点】按钮，选择线条最下端为基点，单击【选择对象】按钮选择整个块，单击【确定】按钮，如下图所示。

写块
源
块(B):
整个图形(E)
对象(O)
基点
拾取点(K)
X: 41473.79538308302
Y: -6947.211096167696
Z: 0
对象
选择对象(T)
保留(R)
转换为块(C)
从图形中删除(D)
已选择 3 个对象
目标
文件名和路径(F):
E:\CAD兼职\轴号.dwg
插入单位(U): 无单位
确定 取消 帮助(H)

定义块

Step 03 在命令行中输入I命令，打开【插入】对话框，选择创建的【轴号】块，如下图所示。

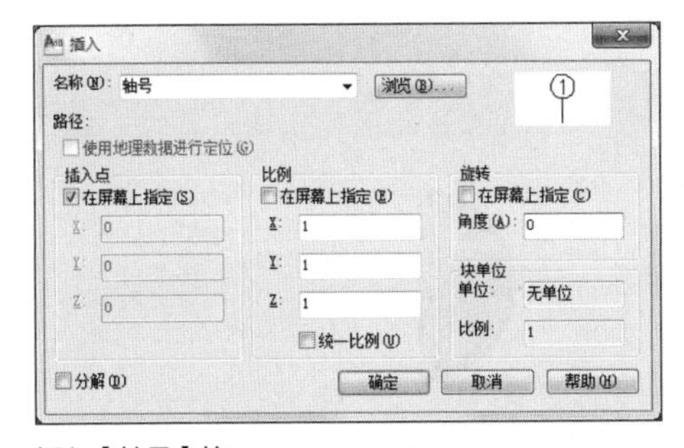

插入【轴号】块

Step 04 插入的块旋转以后文字方向也发生改变，双击插入的块在打开对话框的【文字特性】选项卡中将文字角度调整成为0，如下图所示。

增强属性编辑器
块：轴号
标记：1
选择块(B)
属性 文字选项 特性
文字样式(S): Standard
对正(J): 中间 反向(K) 倒置(D)
高度(E): 900 宽度因子(W): 1
旋转(R): 0 倾斜角度(O): 0
注释性(N) 边界宽度(B):
应用(A) 确定 取消 帮助(H)

设置文字的角度

Step 05 根据相同的方法绘制所有轴号，效果如右图所示。

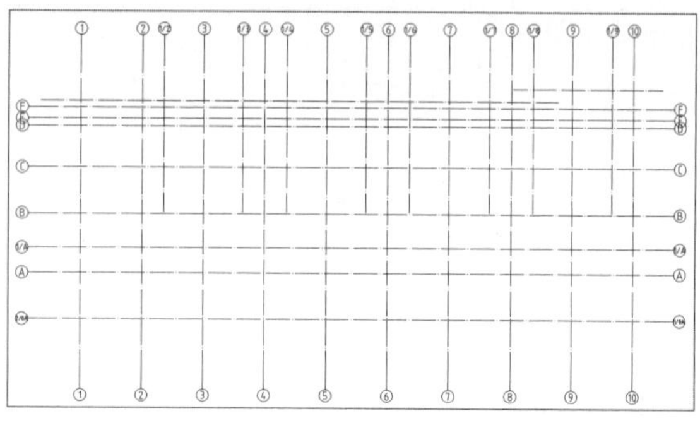

绘制轴号

13.1.3 绘制桩基础

本小节介绍的桩基础为桩承台基础，ZJ1桩型为PHC400AB95-XXa，桩顶标高为-3.680，未注明的桩基均为ZJ1；ZJ2桩型为PHC500AB125-XXa，桩顶标高为-3.680；PHC400AB95单桩承载力特征值按1000kN，PHC500AB125单桩承载力特征值按1400kN；桩长20m；共计86根，下面介绍绘制桩基础的具体步骤。

Step 01 将【5B填充2】图层设为当前图层，调用【圆】命令绘制半径为200的圆，开启【正交限制光标】功能，调用【直线】命令在圆中心绘制十字线，在命令行输入H命令对圆进行填充，效果如下图所示。

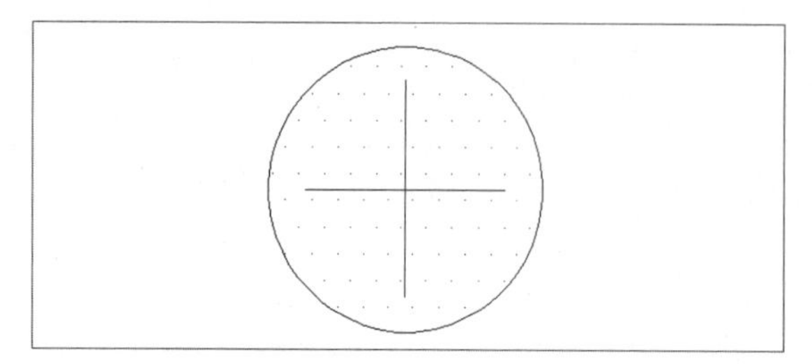

绘制ZJ1桩图形

Step 02 将所绘制完成的ZJ1创建块，并命名，如下图所示。

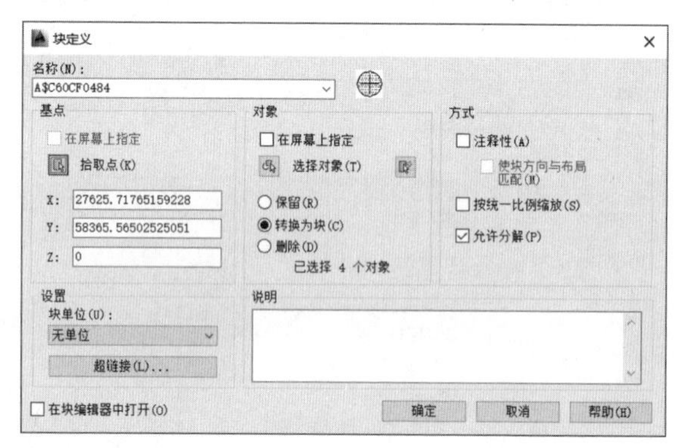

定义块

Step 03 在命令行中输入I命令将创建好的ZJ1块插入轴线相对应的相交处，如下图所示。

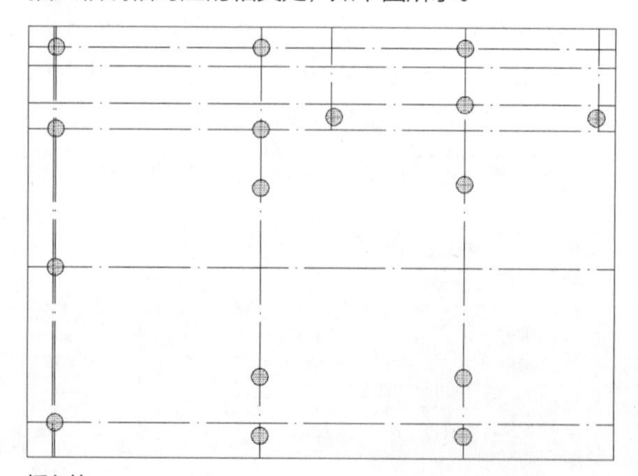

插入块

Step 04 将【5B填充2】图层设为当前图层，调用【圆】命令绘制半径为250的圆，开启【正交限制光标】功能，调用【直线】命令在圆中心绘制十字线，在圆中绘制垂直线将其等分为2份，在命令行输入H命令对圆左半部分进行填充，填充完毕删除所绘制辅助线，效果如下图所示。

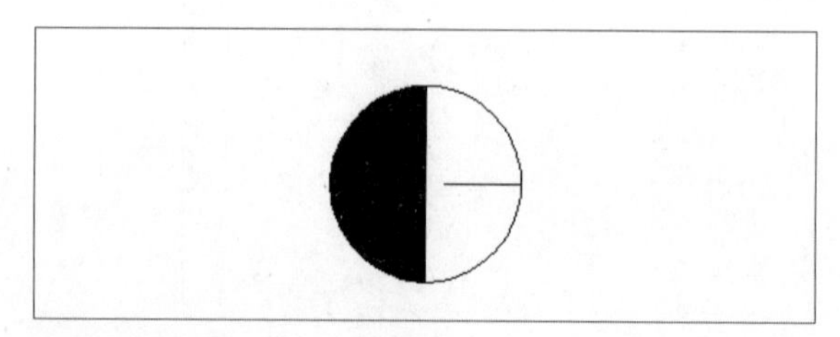

绘制ZJ2桩图形

Step 05 将所绘制的ZJ2创建块，并进行命名，在命令行中输入I命令将创建好的ZJ2块插入到轴线对应的相交处，如右图所示。

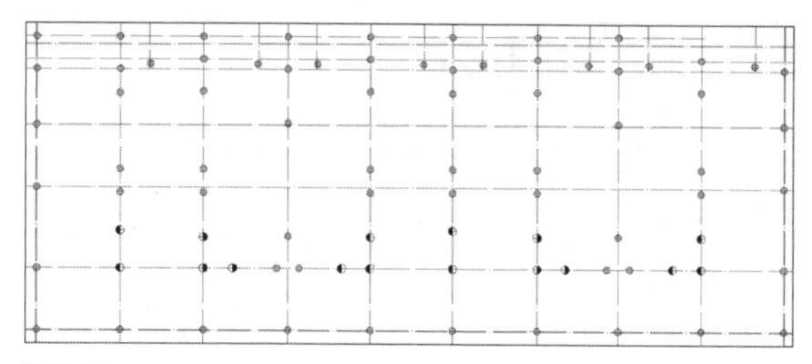

插入块

13.1.4 标注桩基础和文字

要绘制建筑结构图，首先要确定定位轴线，再根据辅助线运用【直线】命令、【偏移】命令、【块】命令、【镜像】命令等多个命令完成绘制。下面首先介绍具体桩平面布置图的操作方法。

Step 01 将【柱标注】图层设为当前图层，在菜单栏中执行【绘图】>【文字】>【单行文字】命令，在对应的ZJ2右下角单击，输入ZJ2文字，如下图所示。

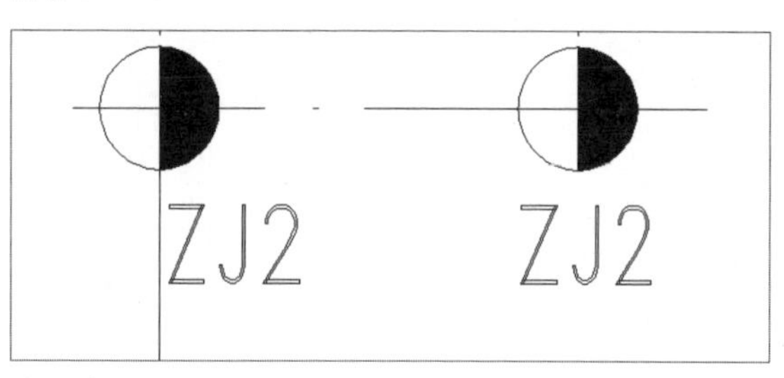

输入桩号

Step 02 将PUB_DIM图层设为当前图层，在菜单栏中执行【标注】>【快速标注】命令，对相邻两桩基进行尺寸标注，如下图所示。

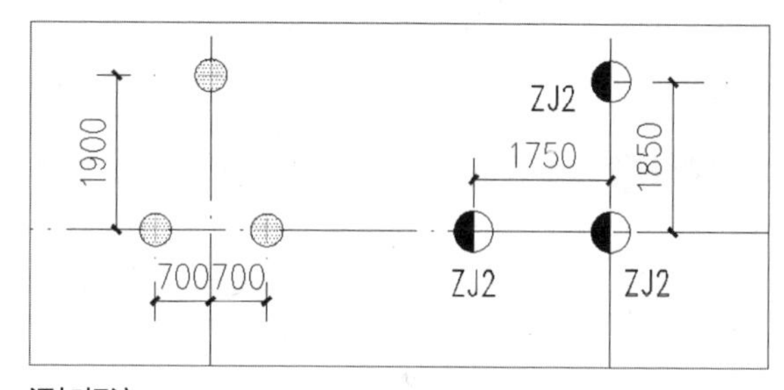

添加标注

Step 03 将AXIS图层设为当前图层，在菜单栏中执行【标注】>【快速标注】命令，对轴线进行尺寸标注，如下图所示。

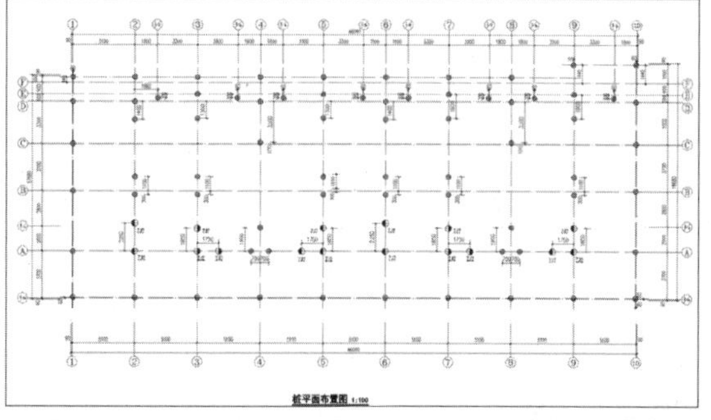

添加标注

Step 04 将PUB_TEXT图层设为当前图层，调用【直线】命令绘制表，然后输入所需要标注的文字，至此，整个桩基图绘制完成，如下图所示。

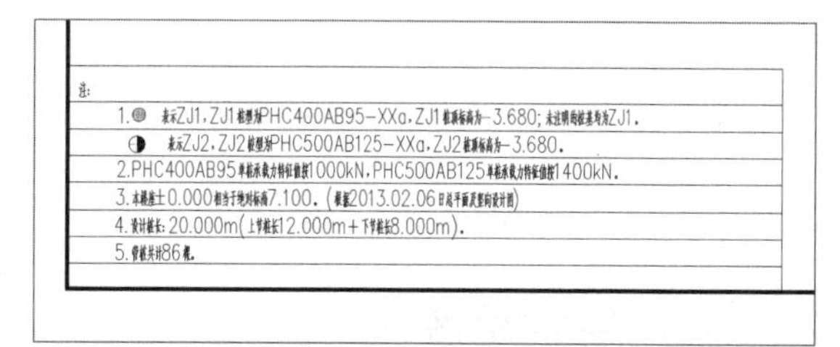

添加文字标注

13.2 绘制基础平面布置图

本节将介绍绘制基础平面配置图的操作，这里将沿用第一节绘制的轴网和轴号，同时需要绘制虚桩、承台、基础梁等结构，下面介绍具体操作方法。

13.2.1 绘制虚桩

首先需要绘制虚桩，虚桩要在之前的ZJ1、ZJ2基础之上绘制，具体操作方法如下。

Step 01 将【1C虚桩】图层设为当前图层，调用【圆】命令绘制半径为200的圆，开启【正交限制光标】功能，调用【直线】命令在圆中心绘制十字线。将绘制的圆选定，改为虚线，效果如下图所示。

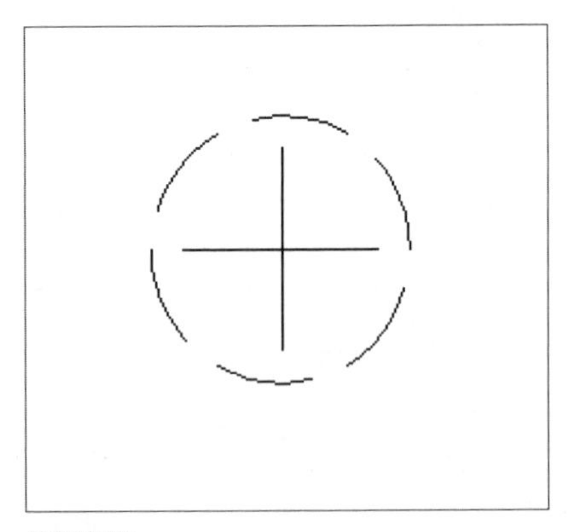

绘制虚桩

Step 02 将所绘制完成的虚桩创建块，在命令行中输入I命令将创建好的虚桩块插入轴线相对应的相交处，如下图所示。

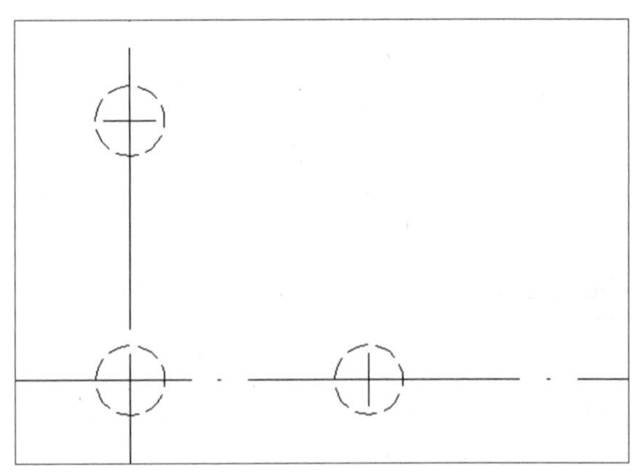

插入块

Step 03 根据相同的方法绘制所有的虚桩，效果如下图所示。

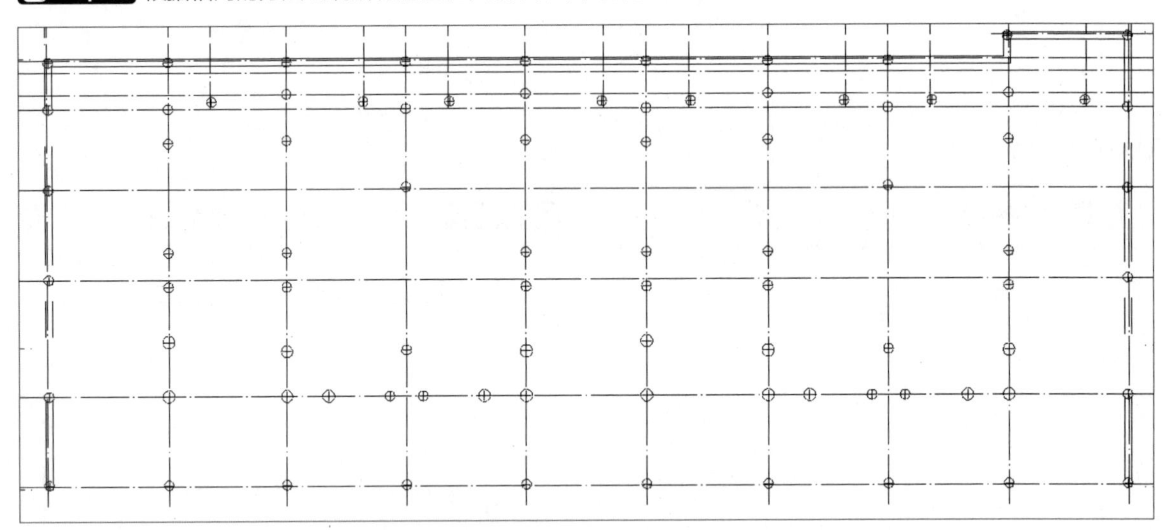

绘制其他虚桩

13.2.2 绘制承台

虚桩绘制完成后，接下来需要根据虚桩的位置绘制对应的承台，下面介绍具体桩平面布置图绘制的操作方法。

Step 01 将【承台-2】图层设为当前图层，将图层的线性修改为DASH类型，调用【矩形】命令绘制矩形作为承台，承台边缘距离轴线为500，如下图所示。

Step 02 调用【直线】命令绘制出异形承台，承台边缘距离轴线或桩的圆心为500，如下图所示。

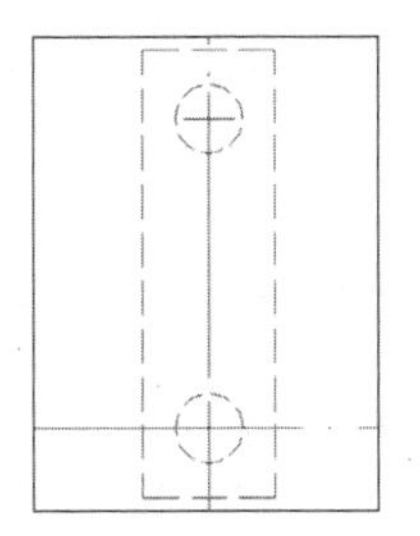

绘制承台-2

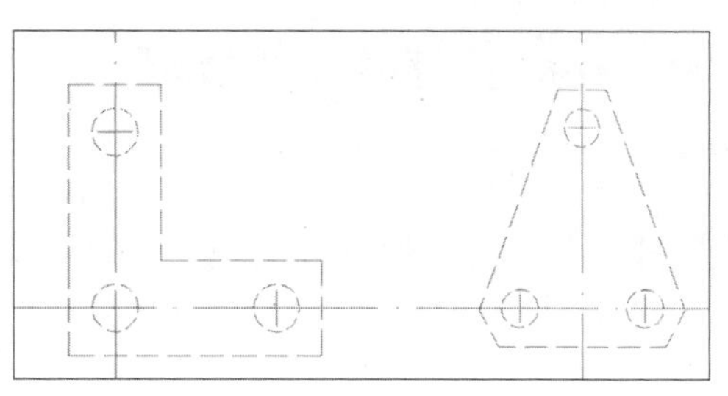

绘制异形承台

Step 03 根据相同的方法绘制所有承台，效果如下图所示。

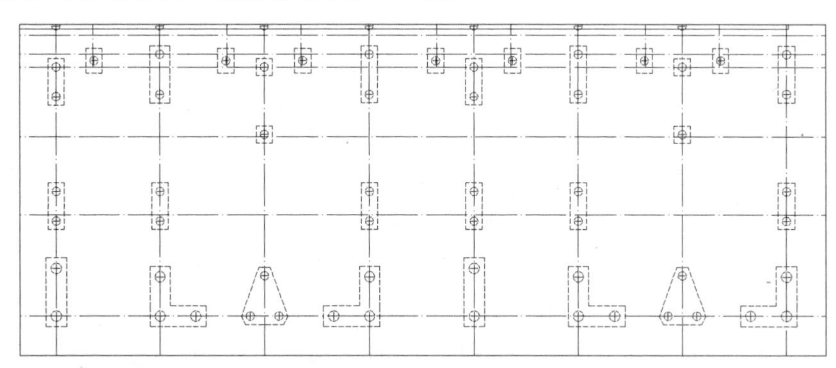

绘制其他承台

Step 04 将TEXT-350图层设为当前图层，调用【多段线】命令绘制引出标注，在菜单栏中执行【绘图】>【文字】>【单行文字】命令，在多段线平行线上方输入相对应的文字，如下图所示。

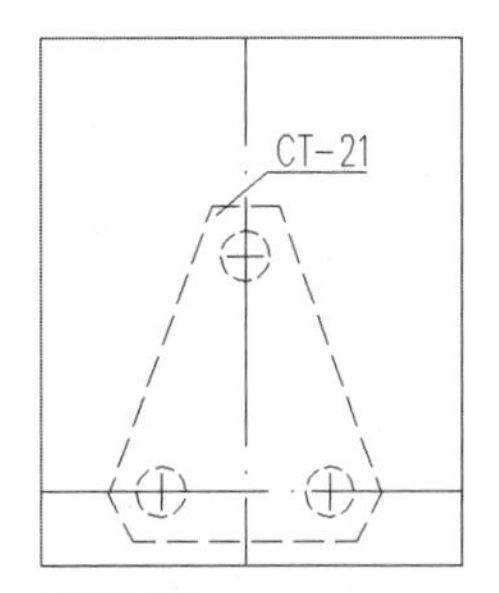

添加标注

Step 05 将所有的引出标注绘制完成，将PUB _ DIM图层设为当前图层，在菜单栏中执行【标注】>【快速标注】命令，对桩以及承台进行尺寸标注，如下图所示。

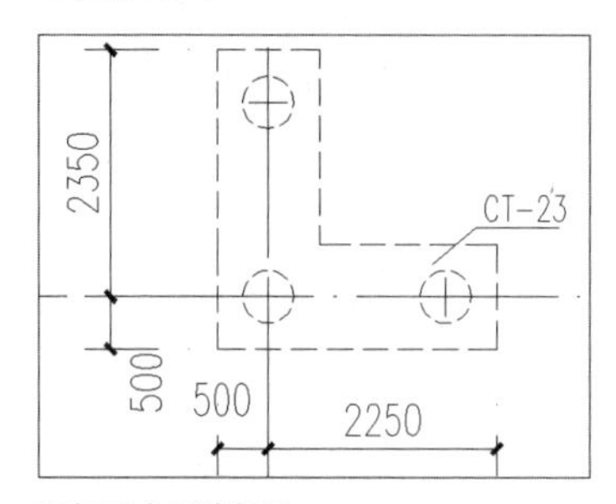

添加承台距离标注

Step 06 将所有的承台标注完毕，至此，承台绘制完毕，如下图所示。

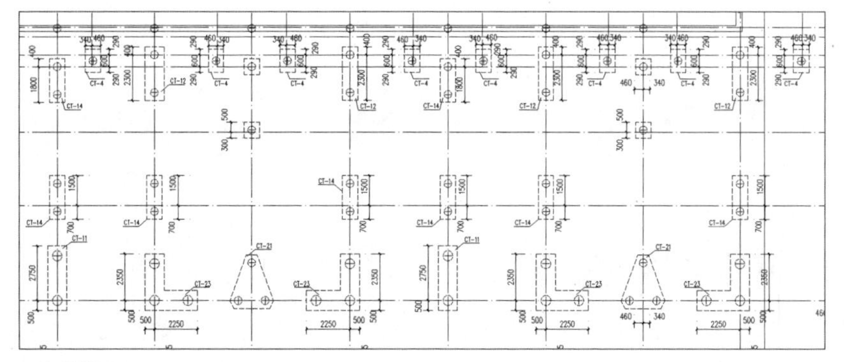

承台的效果

13.2.3 绘制基础梁、柱和墙

承台绘制完成后需要绘制基础梁、柱和墙，下面将介绍具体操作方法。

Step 01 将【1B基础梁】图层设为当前图层，在命令行输入MLSTYLE命令，弹出【多线样式】对话框，单击【新建】按钮，在打开的对话框中输入名称，创建相对应的多线样式，根据命令行提示进行输入并绘制想要相对应厚度的墙体，如右图所示。

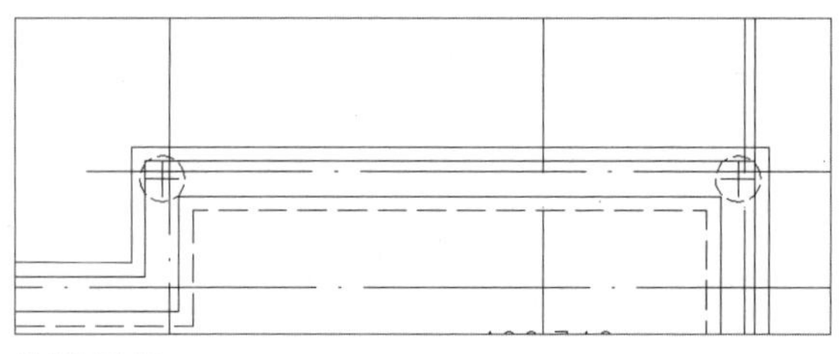

绘制基础梁

Step 02 将【3A实柱】图层设为当前图层，在命令行输入PL命令绘制柱图形，将柱绘制在相应的位置，如下图所示。

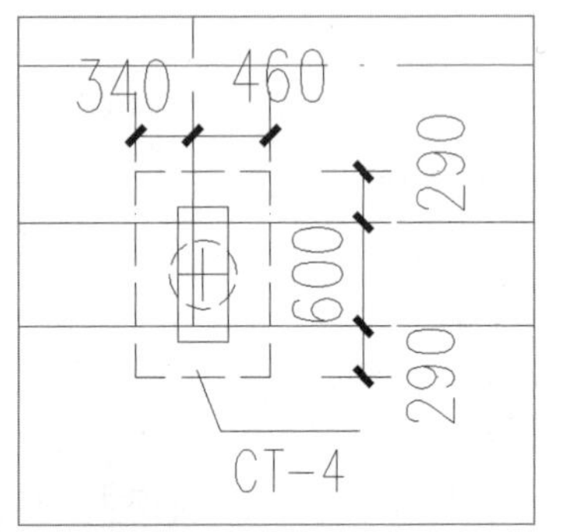

绘制实柱

Step 03 将【3B实墙】图层设为当前图层，可调用【直线】、【多线】、【矩形】等命令绘制墙体，再利用【修剪】命令进行多线修改，效果如下图所示。

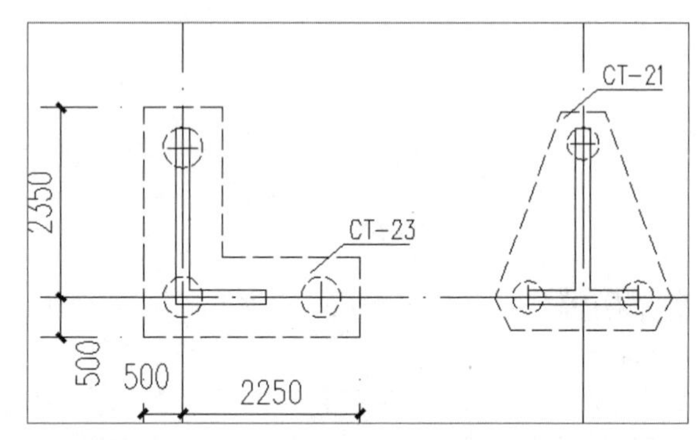

绘制3B墙体

Step 04 将【3B虚墙】图层设为当前图层，用绘制实墙的方法或者基础梁的方法绘制虚墙。至此，绘制完梁柱墙，效果如下图所示。

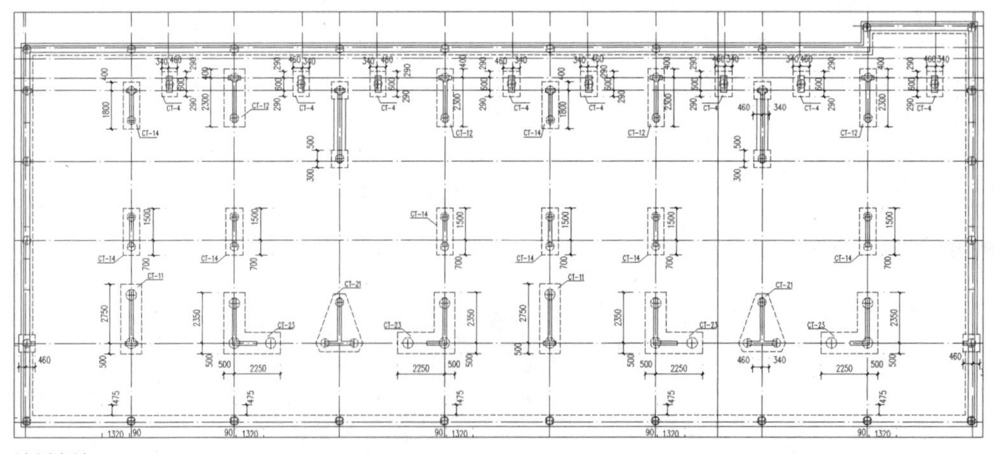

绘制虚墙

13.2.4 绘制集水坑等其他标注

上述操作完成之后，本小节将介绍绘制如集水坑、实墙等其他建筑结构的方法，并在对应的位置添加标注，具体操作步骤如下。

Step 01 将【0S-集水坑】图层设为当前图层，在命令行中输入PL命令绘制集水坑，再调用CO命令进行复制，绘制集水坑完毕后，将PUB_DIM图层设为当前图层并对集水坑进行尺寸标注，如下图所示。

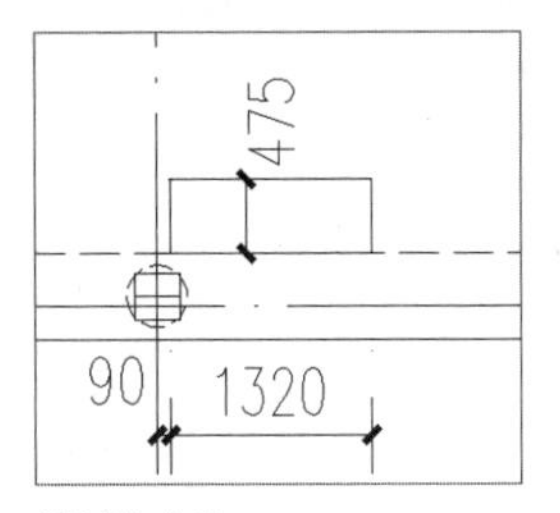

绘制集水坑

Step 02 将HATCH图层设为当前图层，在命令行输入H命令，然后再输入T，在打开的对话框设置图案为SOLD，对实墙进行填充，如下图所示。

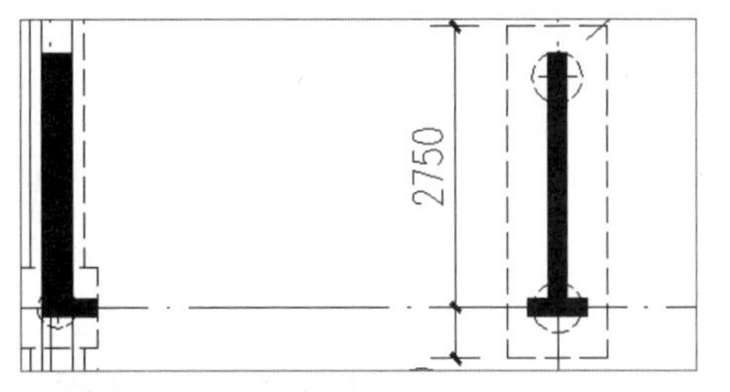

填充实墙

Step 03 将PUB_TEXT图层设为当前图层，对承台梁进行标注，在命令行输入l命令绘制直线作为引出标注线，在菜单栏中执行【绘图】>【文字】>【单行文字】命令，设置角度为270°，输入钢筋符号，也可以输入【%%c 符号代表ϕ、%%130 Ⅰ级钢筋ϕ、%%131 Ⅱ级钢筋ϕ、%%132 Ⅲ级钢筋ϕ、%%133 Ⅳ级钢筋ϕ】中相对应的钢筋符号，如右图所示。

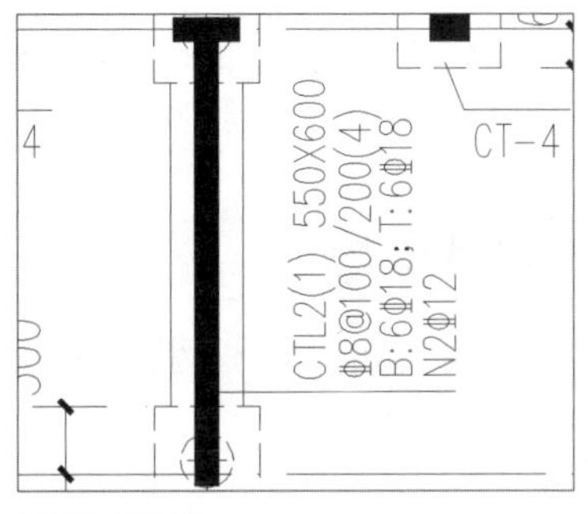

绘制钢筋符号

Step 04 将THICK图层设为当前图层，在菜单栏中执行【绘图】>【文字】>【单行文字】命令，在挡墙右侧输入DQ3文字，如右图所示。

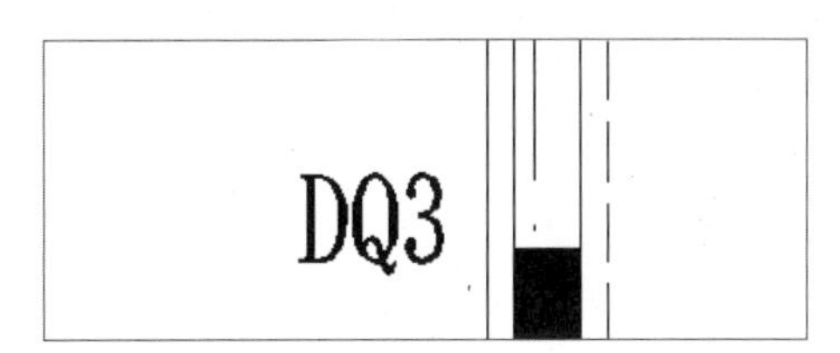

绘制挡墙符号

Step 05 标注所有符号，将AXIS图层设为当前图层，在菜单栏中执行【标注】>【连续标注】命令，对轴网进行标注，将所有的标注以及文字绘制完成，即可完成基础平面图的绘制，效果如下图所示。

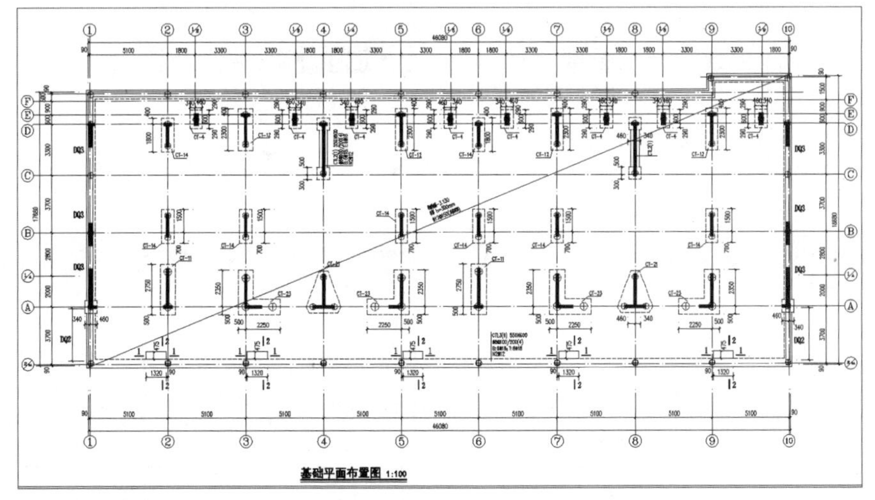

基础平面图的效果

Step 06 在菜单栏中执行【绘图】>【文字】>【单行文字】命令，在基础平面图的下方输入相对应的文字说明，如右图所示。

基础平面布置图 1:100

说明：1.图中 ✚ 所示为承台的形心，未注明的承台均为CT−1，未注明的挡墙均为DQ1。
2.承台的形心同柱的形心，未标注承台均对轴线居中布置。
3.承台顶标高 −3.130m(相对标高)。
4.承台、承台梁、防水板、挡墙混凝土强度：C45。
5.未注明承台梁截面及配筋均同CTL1。

添加说明

13.3 绘制负一层墙柱定位图

下面将介绍负一层墙柱定位图的绘制操作，这里将沿用第一节绘制的轴网和轴号，同时需要根据设计要求绘制相关柱子、墙体等结构，并绘制连梁表、墙体配筋表、层高表等相关说明。

13.3.1 绘制柱子和墙体

首先需要绘制的是柱子和墙体，这里运用的主要知识点是【矩形】命令、【填充】命令和【多段线】命令，具体操作方法如下。

Step 01 将【3A实柱】图层设为当前图层，在命令行中输入REC命令，绘制长为300、宽为300的正方形作为墙柱，如下图所示。

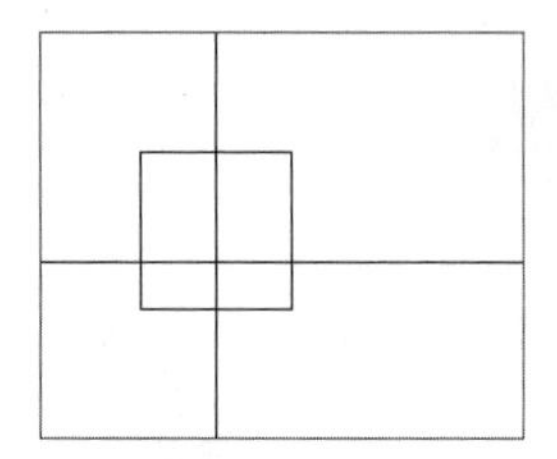

绘制墙柱

Step 02 根据相同的方法绘制其他矩形柱，需要绘制异形柱时在命令行输入PL命令，输入相对应的数值绘制，通过鼠标调节方向，绘制完成后效果如下图所示。

绘制异形柱

Step 03 将HATCH图层设为当前图层，并在命令行中输入H命令，再输入T，在打开的对话框中单击【图案】右侧按钮在【其他预定义】选项卡中选择SOLID图案，如下图所示。

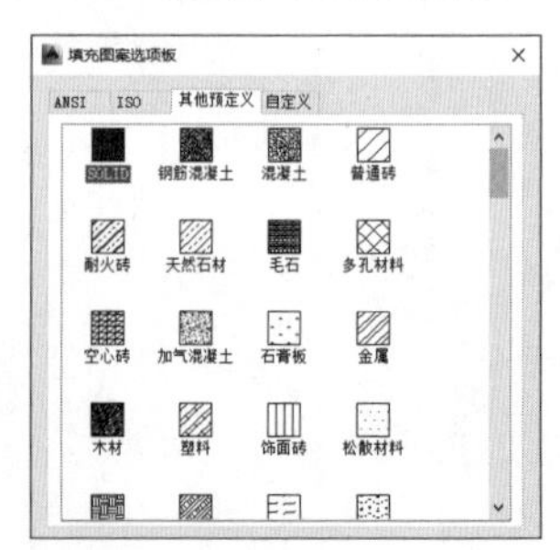

选择填充的图案

Step 04 单击绘制的柱子图形即可填充选择的图案，如下图所示。

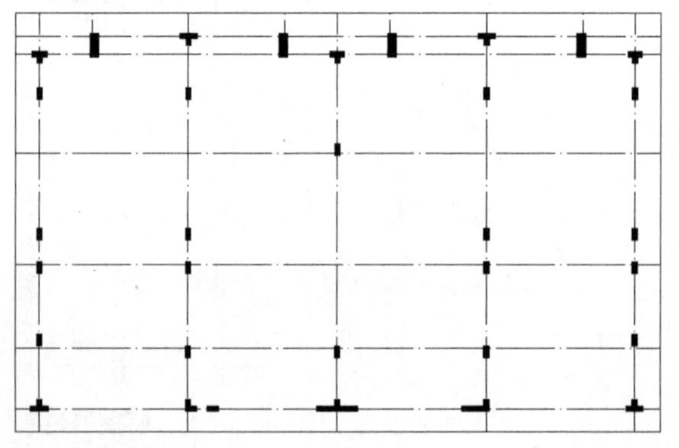

对墙柱进行填充

Step 05 将【3B实墙】图层设为当前图层，在命令行中输入ML命令绘制实墙，绘制完成后利用【偏移】、【修剪】命令对多线进行修改，效果如下图所示。

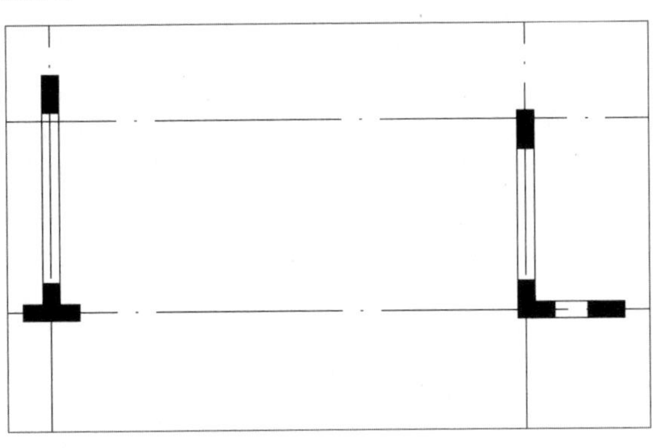

绘制实墙

Step 06 将【3B虚墙】图层设为当前图层，利用绘制实墙的方法绘制虚墙，效果如下图所示。

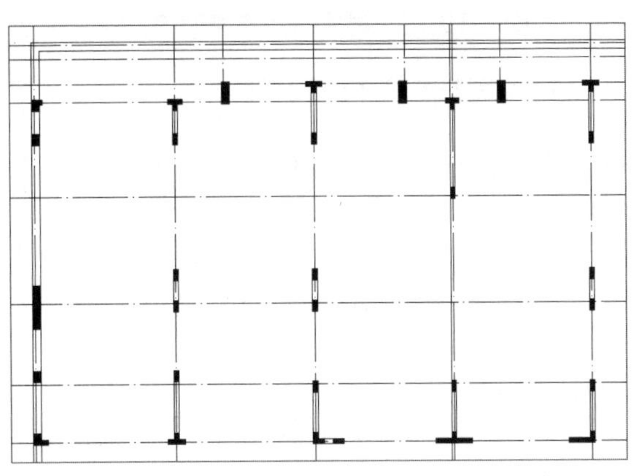

绘制虚墙

13.3.2 绘制尺寸和文字标注

柱子和墙体绘制完成后，接下来需要对柱子和墙体进行尺寸标注，具体操作方法如下。

Step 01 将PUB_DIM图层设为当前图层，在菜单栏中执行【标注】>【快速标注】命令，对桩以及承台进行尺寸标注，如下图所示。

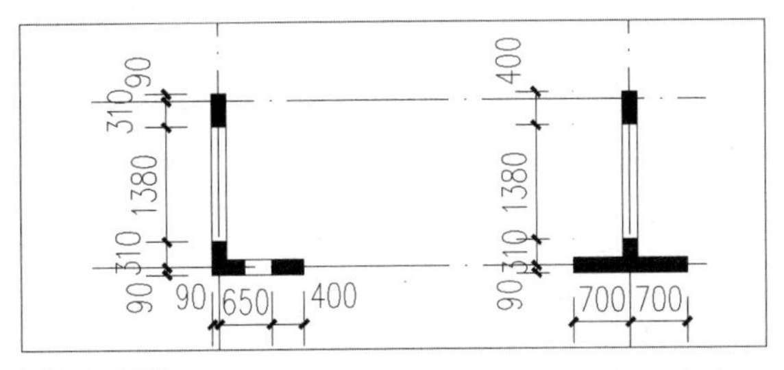

添加尺寸标注

Step 02 将【柱标注】图层设为当前图层，在菜单栏中执行【绘图】>【文字】>【单行文字】命令，为柱添加文字标注，如下图所示。

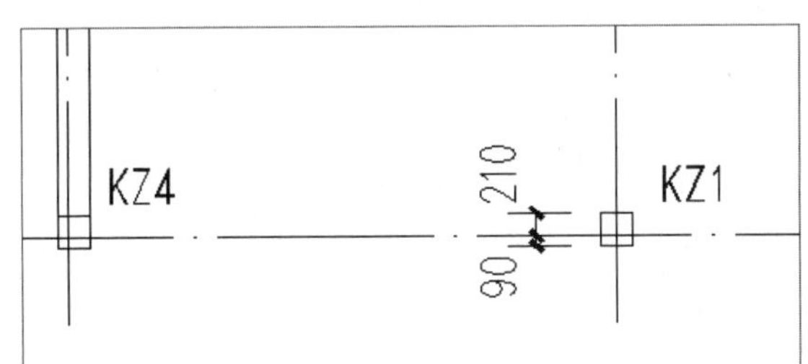

添加文字标注

Step 03 将AXIS图层设为当前图层，在菜单栏中执行【标注】>【连续标注】命令，对轴网进行标注，将所有的标注以及文字绘制完成，效果如下图所示。

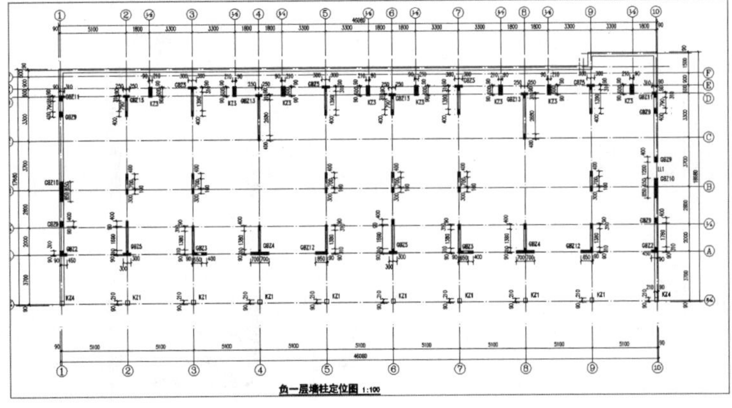

添加其他标注

13.3.3 绘制负一层墙柱大样图

尺寸标注完成后，这一节将介绍绘制负一层墙柱大样图的相关操作，首先需要绘制配置表，接着绘制钢筋、箍筋等结构，具体操作步骤如下。

1. 绘制柱子GBZ1大样图

Step 01 首先可以先绘制GBZ1柱子钢筋大样，需要分别绘制编号、截面、标高、纵筋、箍筋及拉筋、ASv1。利用【矩形】命令绘制表格并包含刚刚所叙述的内容，可以调用【修剪】、【打断】和【延伸】命令进行修改，如下图所示。

负一层墙体暗柱大样图 1:30

编号	GBZ1					
截面						
标高						
纵筋						
箍筋及拉筋						
ASv1						
编号						

绘制表格

Step 02 将COLU图层设为当前图层，单击【绘图】面板中的【矩形】按钮绘制长为180、宽为400的矩形，在命令行中输入PL命令，在绘制矩形下方绘制另一侧边缘以断面，如下图所示。

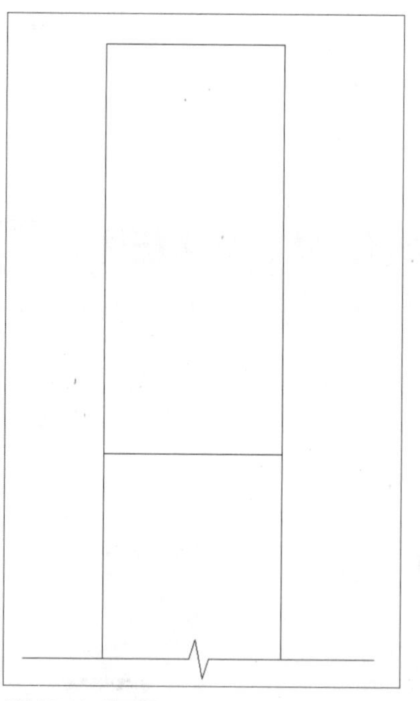

绘制GB21截面图

Step 03 将REIN图层设为当前图层，在命令行输入PL命令，绘制多段线矩形图样作为钢筋图，如下图所示。

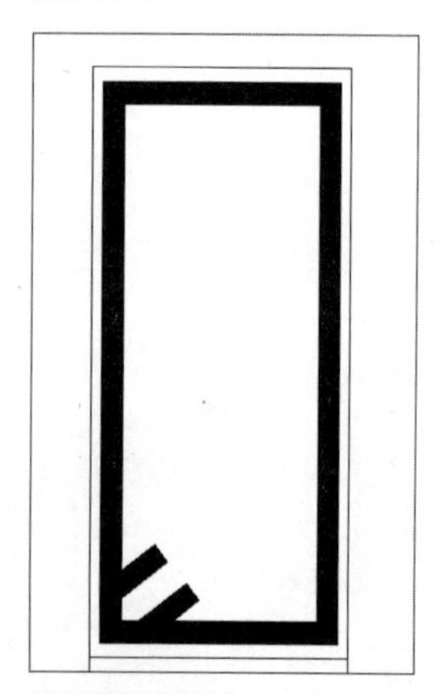

绘制多段线矩形

Step 04 在命令行中输入F命令，对矩形角进行倒角，设置倒角半径为50，选定一条需要倒角的边线，再选择另一边即可完成，如下图所示。

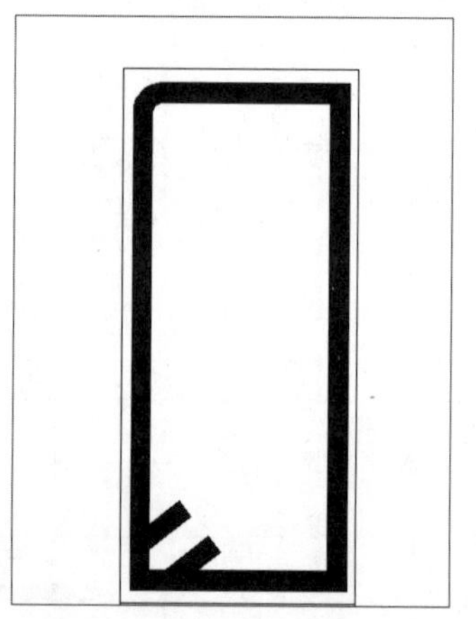

为矩形倒角

Step 05 根据相同的方法将其他角进行倒角，即可完成其中一种箍筋的绘制，如下图所示。

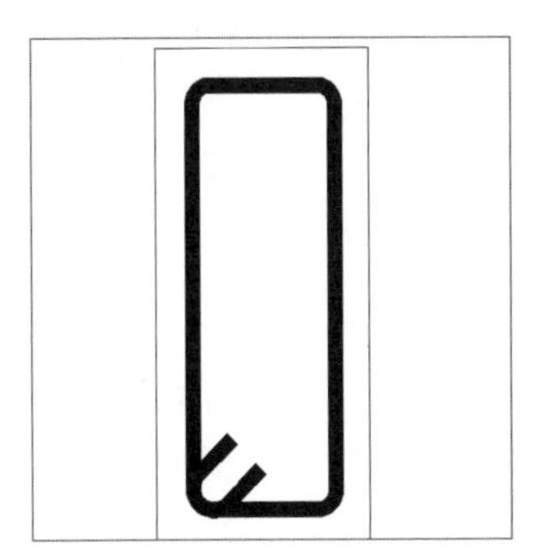
绘制箍筋

Step 06 另一箍筋绘制方法与上一箍筋绘制方法相同，在命令行中输入PL命令绘制即可，因为绘制第一个箍筋已经设置好线宽，所以可以直接绘制第二个箍筋不需要重新输入线宽，如下图所示。

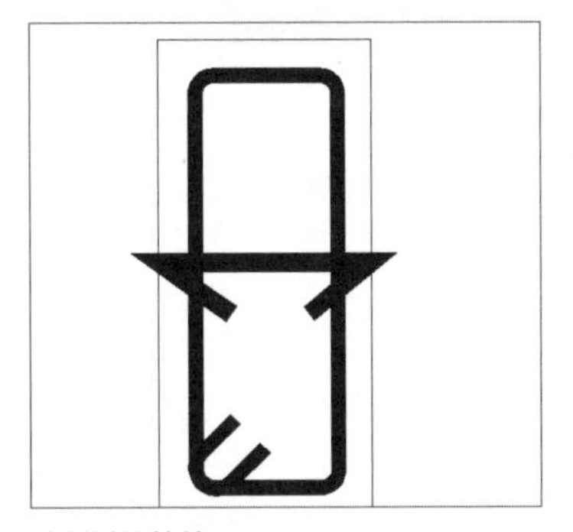
绘制其他箍筋

Step 07 在命令行输入F命令，进行倒角，选定一边多线，选定另一边需要倒角的边线即可完成。因为已经设置过倒角半径，所以直接进行倒角操作即可，如下图所示。

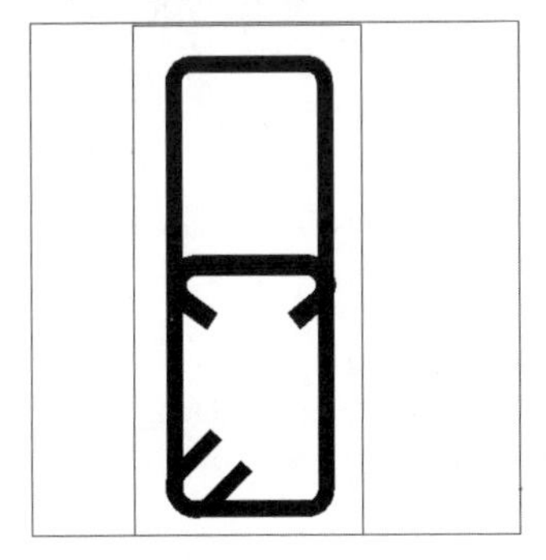
对箍筋进行倒角

Step 08 绘制钢筋的通长筋，调用【圆】命令绘制半径为40的圆，然后在命令行输入H命令对圆进行填充。通长筋移到所布筋位置即可，将所有通长筋绘制完成，如下图所示。

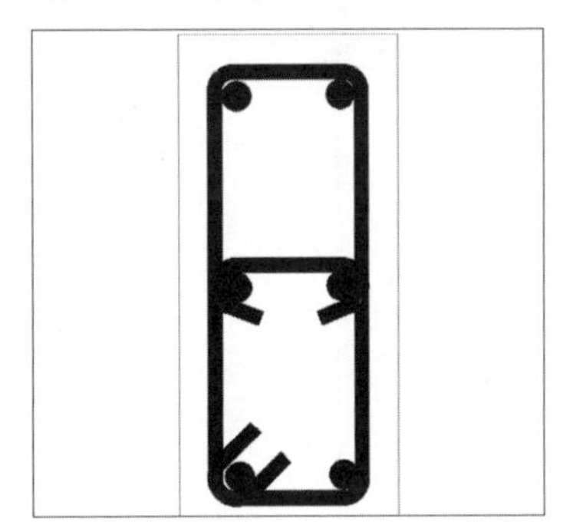
绘制通长筋

Step 09 将【C3墙体通长筋】图层设为当前图层，并绘制出断面钢筋图，根据相同的方法绘制多线即可，绘制完成后效果如下图所示。

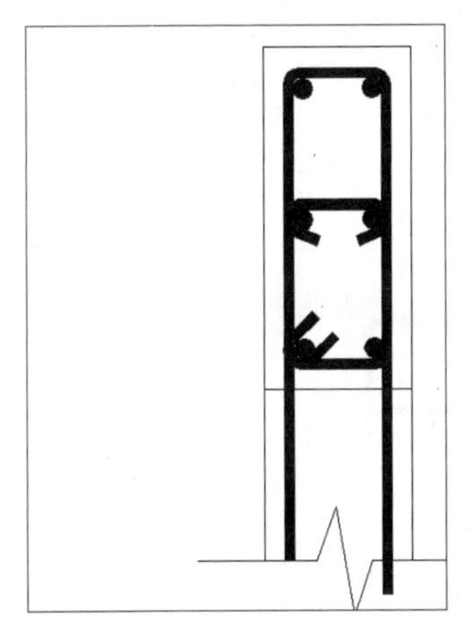
绘制断面钢筋

Step 10 在所绘制的截面图中进行尺寸标注，标注出柱的尺寸，及钢筋分布的尺寸，如下图所示。

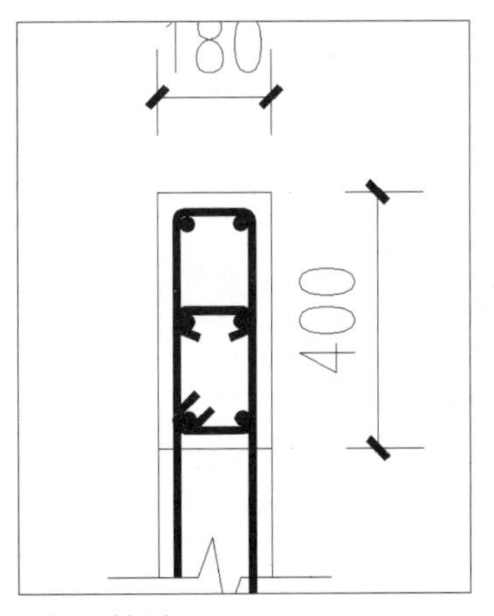

添加尺寸标注

Step 11 在所绘制的截面图下方绘制箍筋分布样图，可以让读图者清楚地分辨出都有哪些箍筋以及箍筋样式。同样调用【多线】命令进行绘制，然后在命令行中输入F命令进行倒角，绘制的箍筋不需要尺寸一样，只需能看懂即可，效果如下图所示。

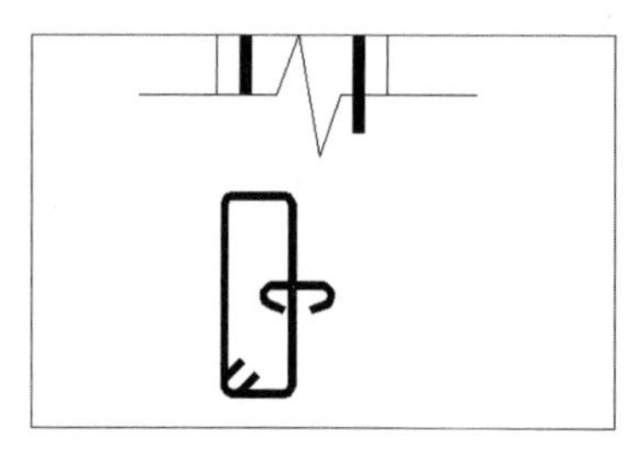
箍筋分布样图

Step 12 将PUB_TEXT图层设为当前图层，在表格中输入标高（此柱钢筋从低到高）、纵筋等其他说明，如下图所示。

标高	承台顶~-0.130
纵筋	6Φ12
箍筋及拉筋	Φ6@200
ASv1	

添加说明

2. 绘制柱子GBZ2大样图

Step 01 将COLU图层设为当前图层，调用【矩形】命令绘制300×400和180×540的矩形，在命令行中输入PL命令绘制矩形另一侧边缘以及断面图样，效果如下图所示。

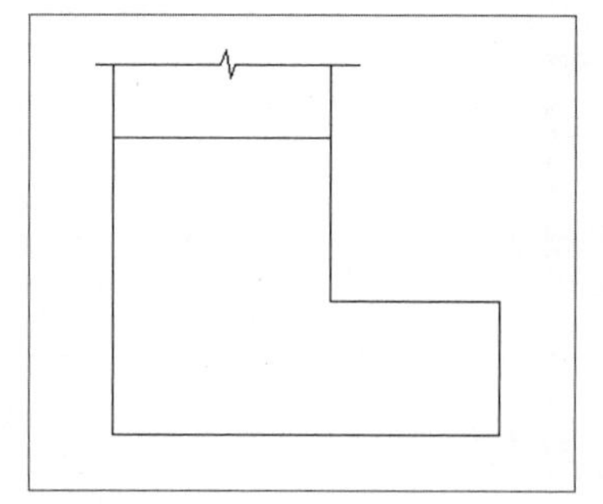
绘制柱子大样

Step 02 将REIN图层设为当前图层以绘制柱钢筋图，在命令行输入PL命令，绘制多段线矩形图样，如下图所示。

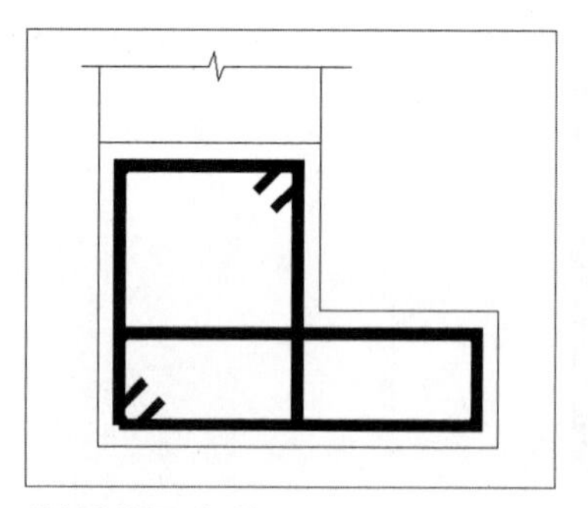
绘制多线矩形钢筋

Step 03 在命令行中输入F命令，对矩形边角进行倒角，倒角半径为50，选定需要倒角的一条边线，再选择另一边即可完成，如下图所示。

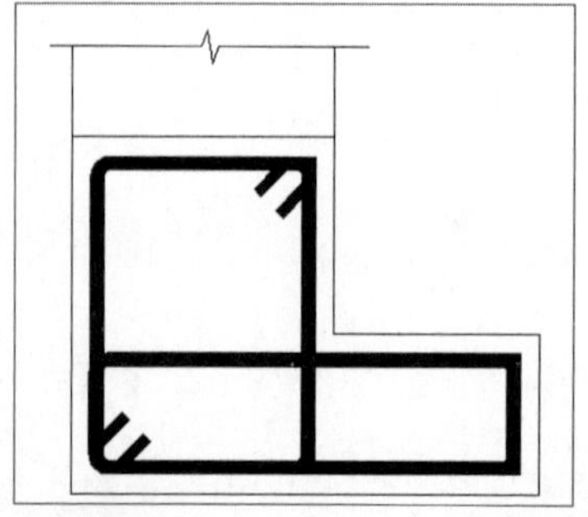
绘制倒角

Step 04 根据相同的方法将其他角进行倒角即可完成其中一种箍筋的绘制，如下图所示。

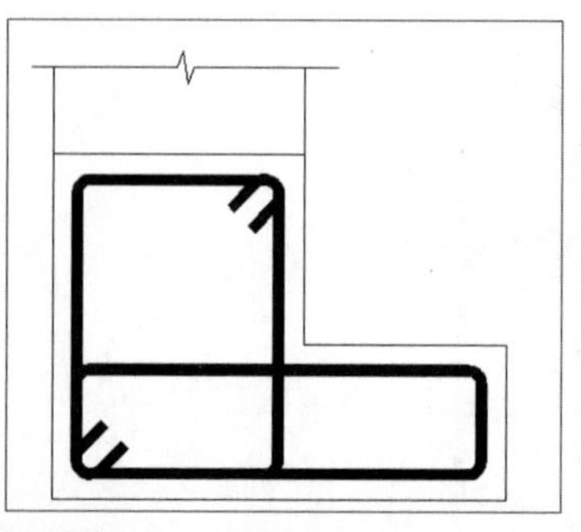
绘制箍筋

Step 05 在命令行中输入PL命令进行绘制即可，因为已经设置好线宽，所以不需要重新输入线宽，如下图所示。

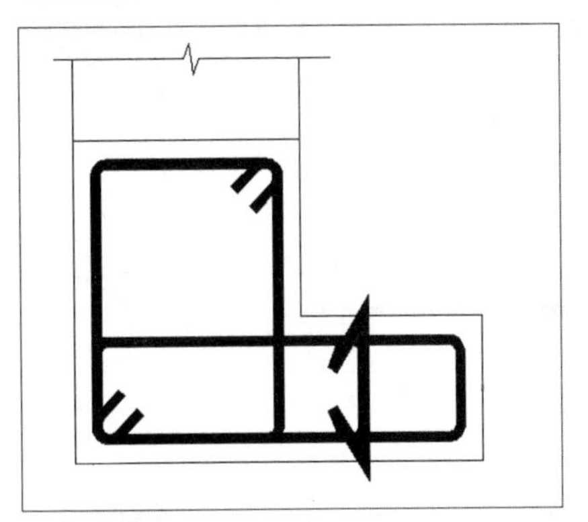

绘制其他箍筋

Step 06 在命令行中输入F命令，进行倒角，已经设置过倒角半径，直接进行倒角操作即可，如下图所示。

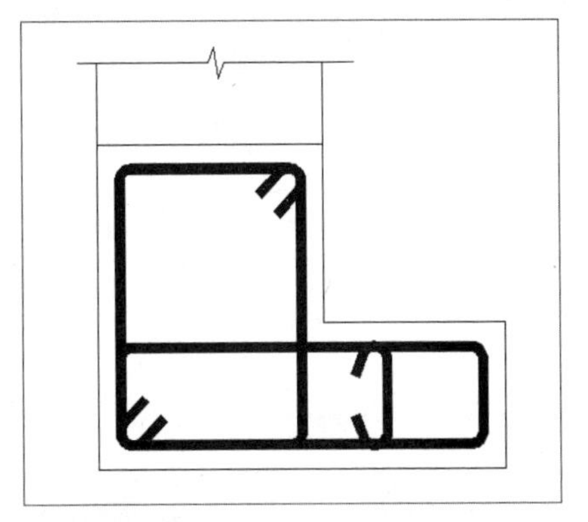

对箍筋进行倒角处理

Step 07 绘制钢筋的通长筋，通长筋在截面图上只显示圆点，因此绘制半径为40的圆，然后在命令行输入H命令对圆进行填充，通长筋移到所布筋位置即可，将所有通长筋绘制完成，如下图所示。

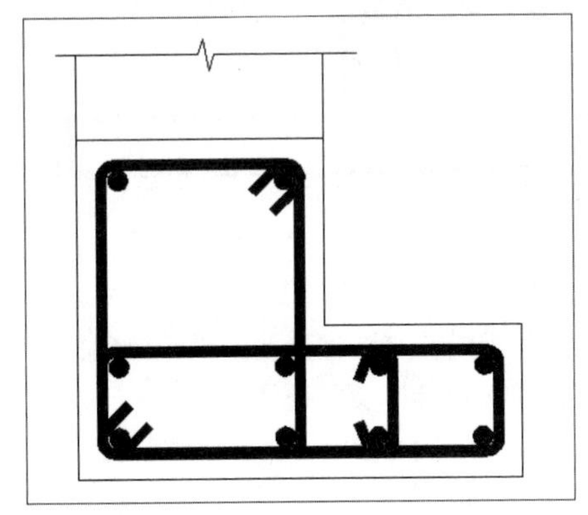

绘制通长筋

Step 08 将【C3墙体通长筋】图层设为当前图层绘制出断面钢筋图，利用相同的方法绘制多线即可，绘制完成后效果如下图所示。

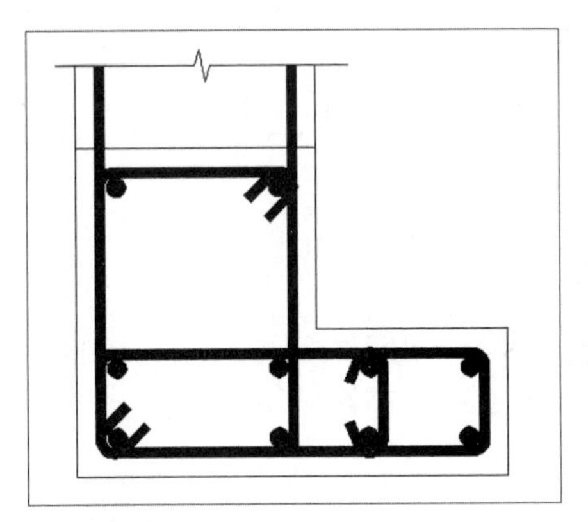

绘制断面钢筋

Step 09 在所绘制的截面图中进行尺寸标注，标注出柱的尺寸及钢筋分布的尺寸，如下图所示。

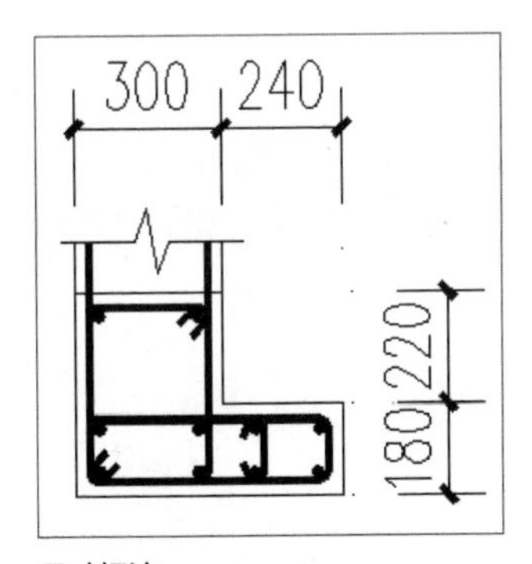

尺寸标注

Step 10 在所绘制的截面图下方绘制箍筋分布样图，调用【多段线】命令进行绘制。在命令行中输入F命令进行倒角，绘制的箍筋不需要尺寸一样，只需能看懂即可，效果如下图所示。

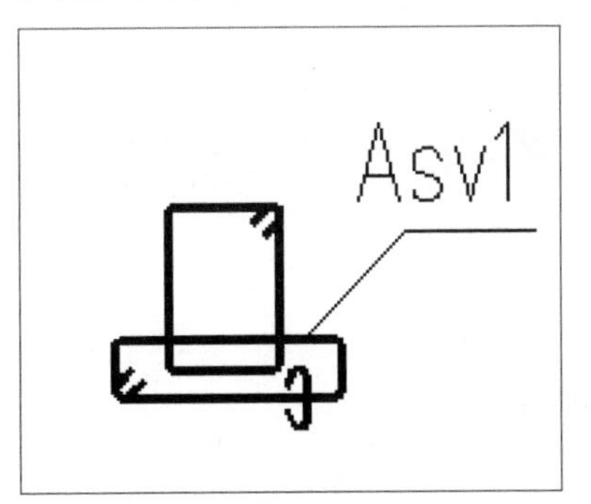

绘制箍筋分样图

Step 11 将PUB_TEXT图层设为当前图层，在表中输入标高（此柱钢筋从低到高）、纵筋等其他说明，如右图所示。

	承台顶~-0.130	
	10Φ16	
	Φ6@200	
	Φ8@200	

绘制表格说明

3. 绘制柱子GBZ4大样图

Step 01 绘制GBZ4截面图，将COLU图层设为当前图层，调用【矩形】命令绘制1400×180和180×400的矩形，在命令行中输入PL命令绘制矩形另一侧边缘以及断面图样，效果如下图所示。

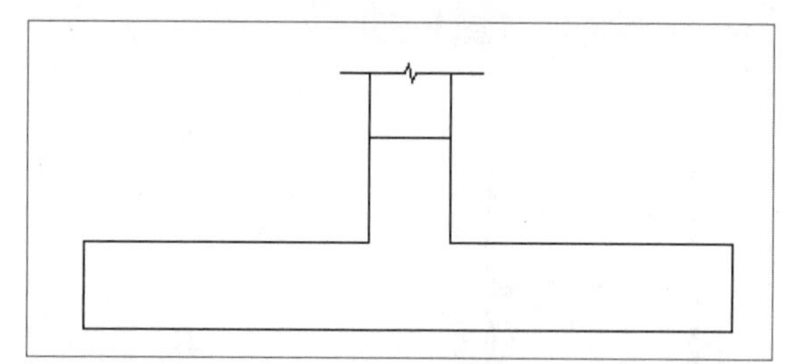

绘制柱子大样

Step 02 将REIN图层设为当前图层以绘制柱钢筋图，在命令行输入PL命令，绘制多段线矩形图样，如下图所示。

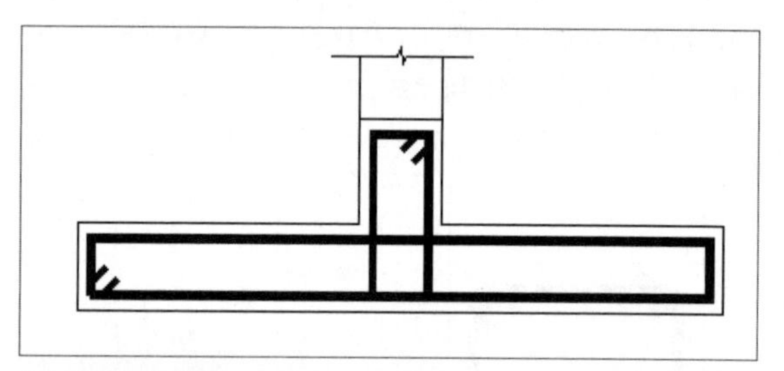

绘制多线矩形钢筋

Step 03 在命令行中输入F命令，对矩形边角进行倒角，倒角半径为50，如下图所示。

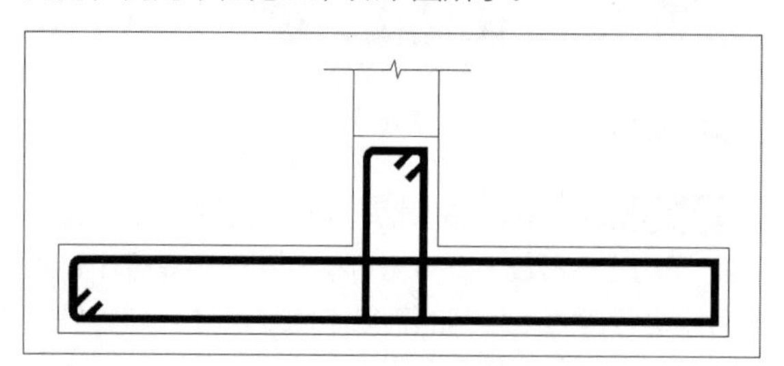

绘制倒角

Step 04 根据相同的方法将其他角进行倒角即可完成其中一种箍筋的绘制，如下图所示。

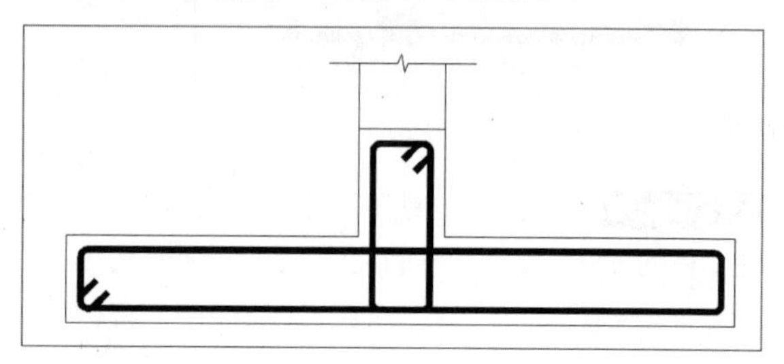

绘制箍筋

Step 05 在命令行中输入PL命令绘制相关图形，线宽和前矩形的线宽一样，如下图所示。

Step 06 在命令行中输入F命令，对绘制的图形进行倒角操作，倒角半径为50，效果如下图所示。

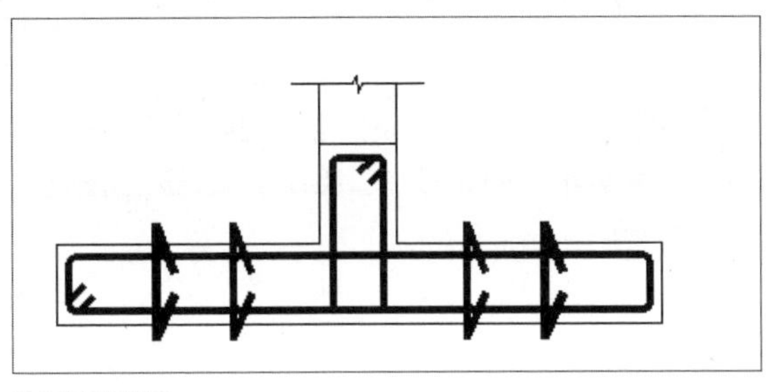

绘制其他箍筋

Step 07 绘制钢筋的通长筋，调用【圆】命令绘制半径为40的圆，然后在命令行输入H命令对圆进行填充，通长筋移到所布筋位置即可，将所有通长筋绘制完成，如下图所示。

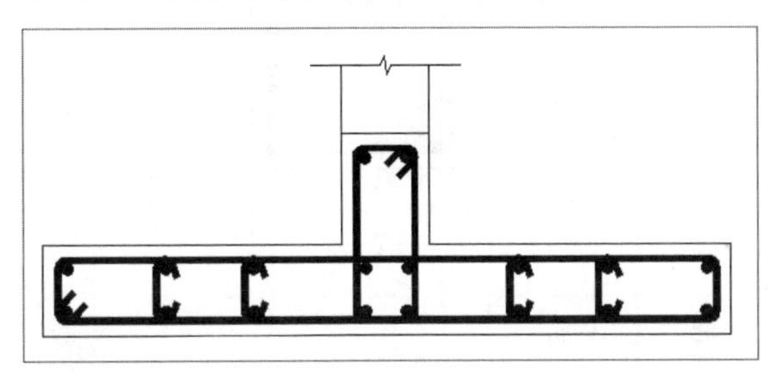

绘制通长筋

Step 09 在所绘制的截面图中进行尺寸标注，标注出柱的尺寸及钢筋分布的尺寸，如下图所示。

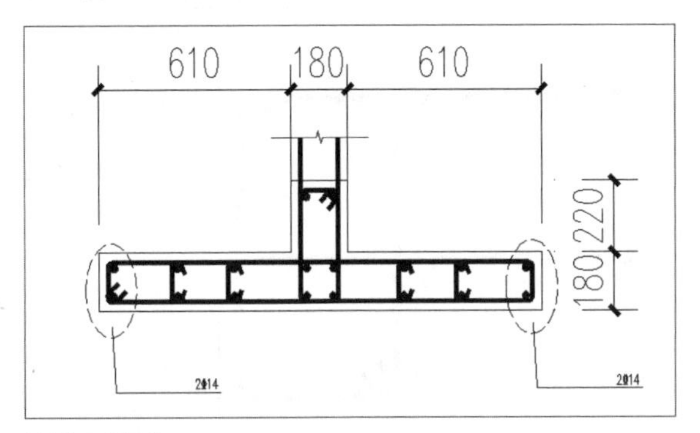

绘制尺寸标注

Step 11 将PUB_TEXT图层设为当前图层，在表格中输入标高（此柱钢筋从低到高）、纵筋等其他说明，如右图所示。

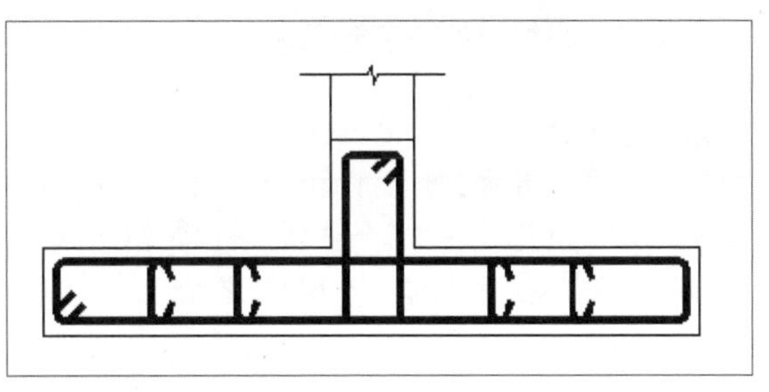

对箍筋进行倒角处理

Step 08 将【C3墙体通长筋】图层设为当前图层绘制出断面钢筋图，采用相同的方法绘制多线即可，效果如下图所示。

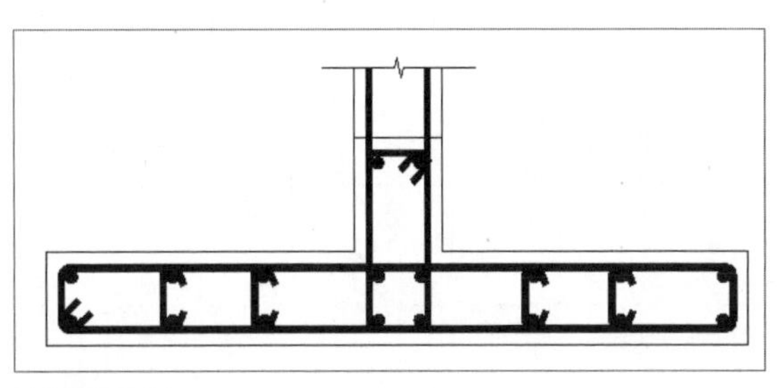

绘制断面钢筋

Step 10 在所绘制的截面图下方绘制箍筋分布样图，根据相同的方法利用【移线】命令进行绘制，在命令行中输入F命令进行倒角，绘制完成后效果如下图所示。

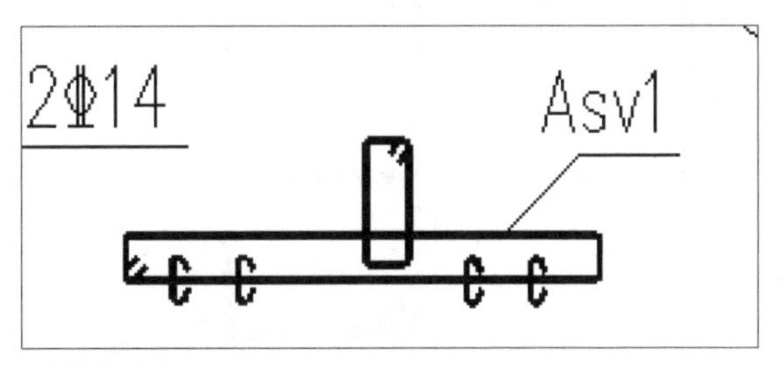

绘制箍筋分样图

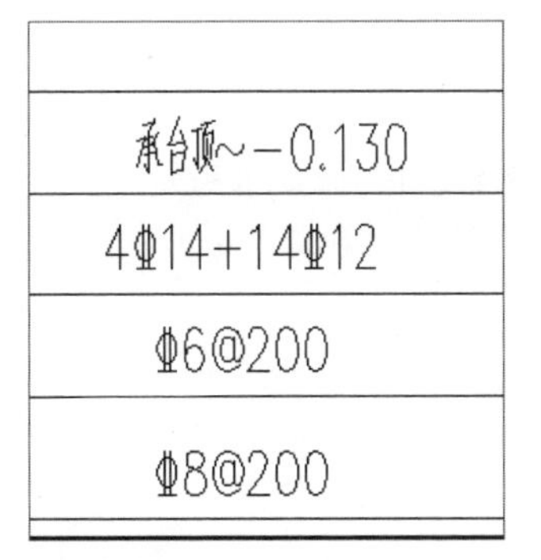

承台顶~-0.130
4Φ14+14Φ12
Φ6@200
Φ8@200

绘制表格说明

4. 绘制柱子GBZ7大样图

Step 01 绘制GBZ7截面图，将COLU图层设为当前图层，调用【矩形】命令绘制300×660和300×500的矩形，在命令行中输入PL命令绘制矩形另一侧边缘以及断面图样，效果如下图所示。

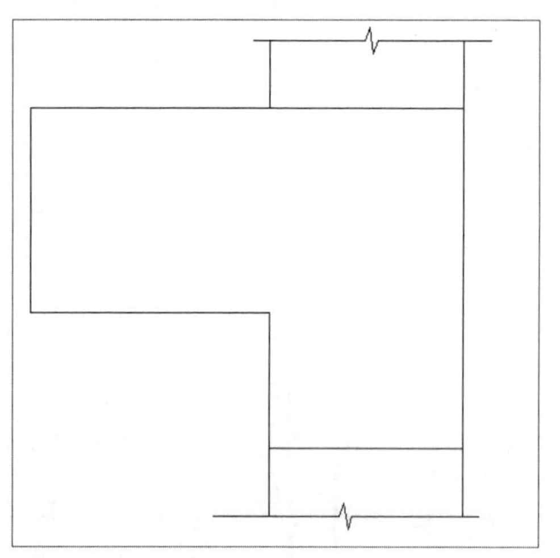

绘制柱子大样

Step 02 将REIN图层设为当前图层以绘制柱钢筋图，在命令行输入PL命令，绘制多段线矩形图样，如下图所示。

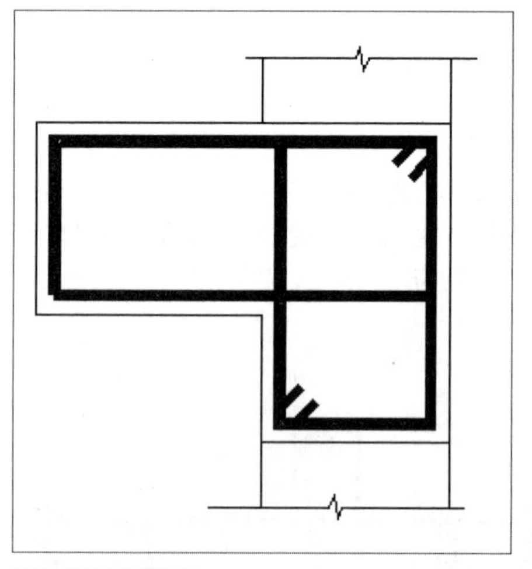

绘制多线矩形钢筋

Step 03 在命令行中输入F命令，对矩形边角进行倒角，倒角半径为50，如下图所示。

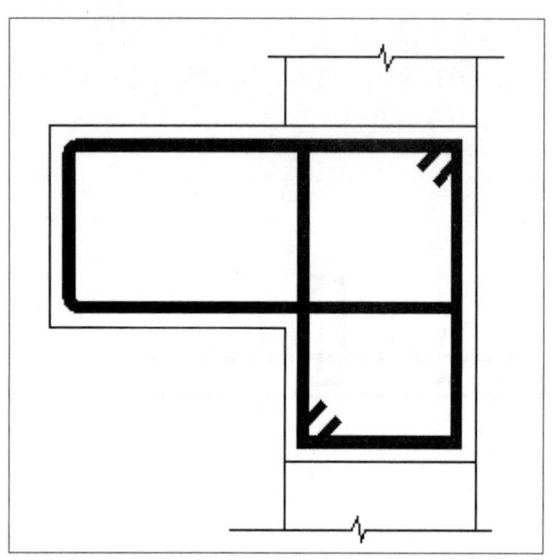

绘制倒角

Step 04 采用相同的方法将其他角进行倒角即可完成其中一种箍筋的绘制，如下图所示。

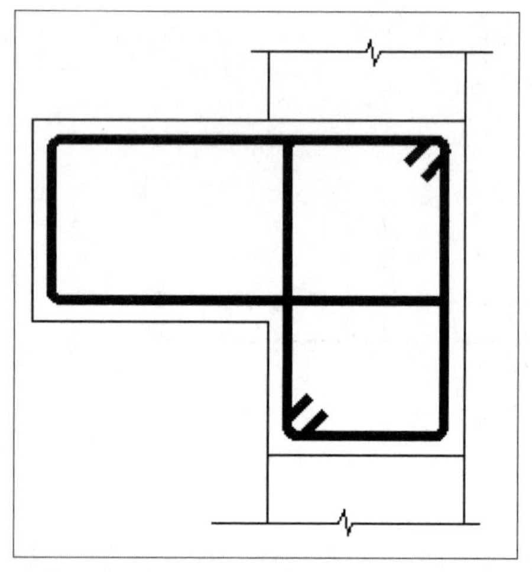

绘制箍筋

Step 05 在命令行中输入PL命令绘制另一条箍筋，已经设置好线宽，直接绘制第二个箍筋即可，如下图所示。

Step 06 在命令行中输入F命令，对绘制的图形进行倒角操作，倒角半径为50，效果如下图所示。

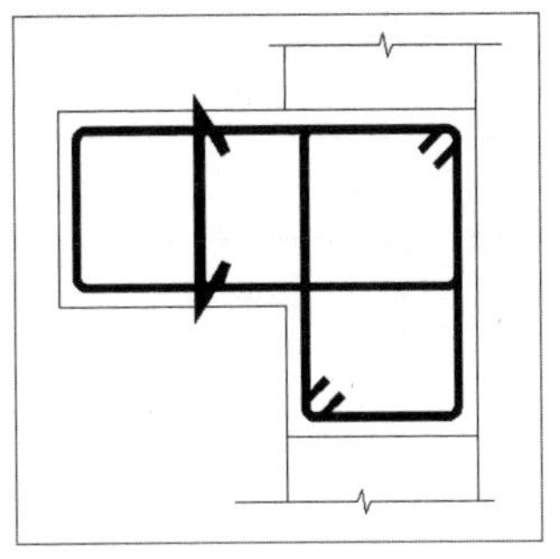

绘制其他箍筋

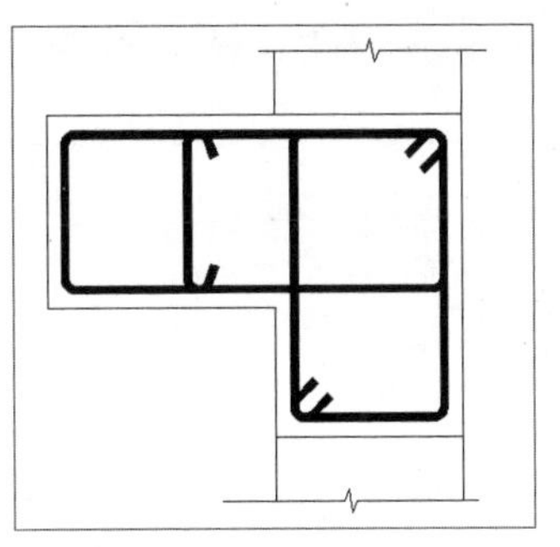

对箍筋进行倒角处理

Step 07 绘制钢筋的通长筋，调用【圆】命令绘制半径为40的圆，然后在命令行输入H命令对圆进行填充，通长筋移到所布筋位置即可，将所有通长筋绘制完成，如下图所示。

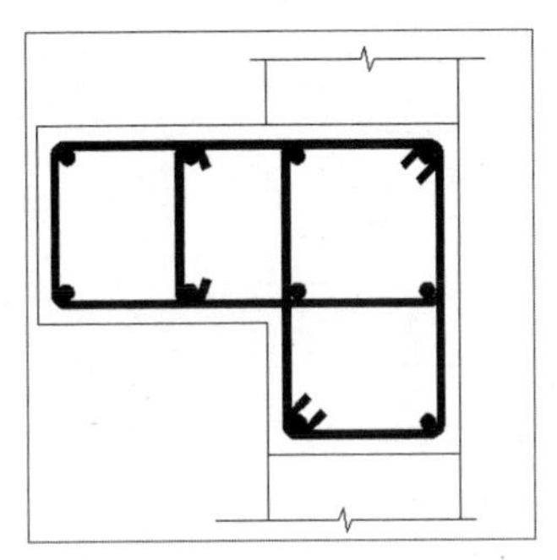

绘制通长筋

Step 08 将【C3墙体通长筋】图层设为当前图层绘制出断面钢筋图，用相同的方法绘制多线即可，绘制完成后效果如下图所示。

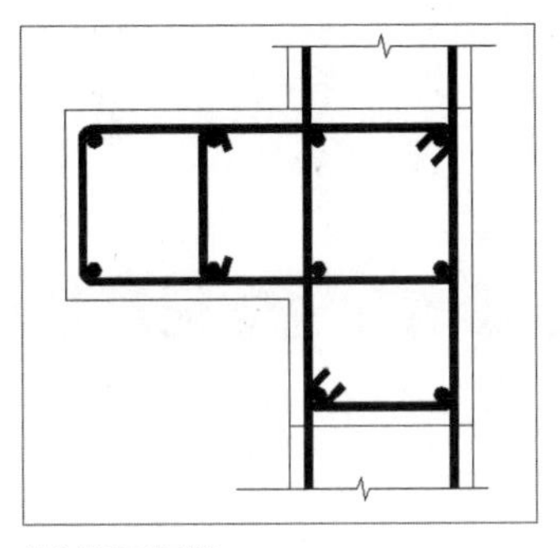

绘制断面钢筋

Step 09 在所绘制的截面图中进行尺寸标注，标注出柱的尺寸及钢筋分布的尺寸，如下图所示。

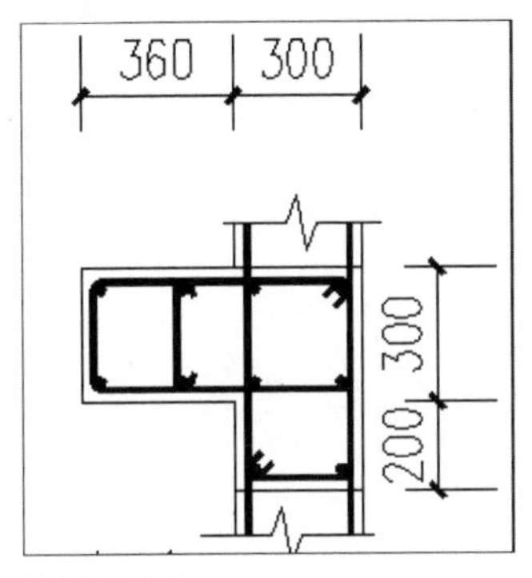

绘制尺寸标注

Step 10 在所绘制的截面图下方绘制箍筋分布样图，根据相同的方法采用【多线】命令绘制分布样图，在命令行中输入F命令进行倒角，如下图所示。

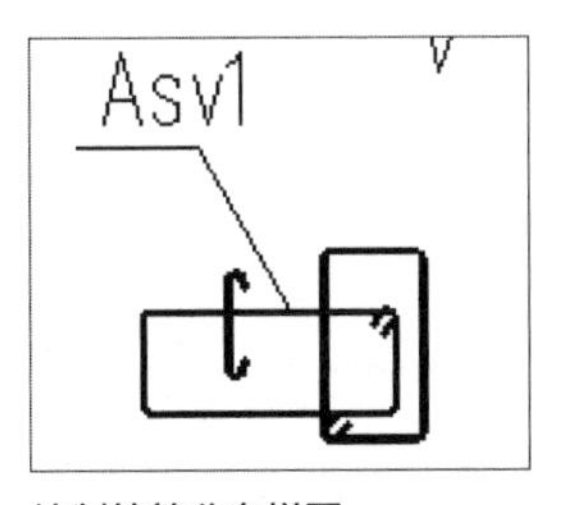

绘制箍筋分布样图

Step 11 将PUB_TEXT图层设为当前图层，在表格中输入标高（此柱钢筋从低到高）、纵筋等其他说明，如右图所示。

承台顶~-0.130
10Φ16
Φ6@200
Φ8@200

绘制表格说明

Step 12 采用相同的方法将其他柱大样图绘制完成，如下图所示。

负一层墙体暗柱大样图 1:30

编号	GBZ1	GBZ2	GBZ3	GBZ4	GBZ5	GBZ6	GBZ7	GBZ8	GBZ9
截面									
标高	承台顶~-0.130	承台顶~-0.130	承台顶~-0.130	承台顶~-0.130	承台顶~-0.130	承台顶~-0.130	承台顶~-0.130	承台顶~-0.130	承台顶~-0.130
纵筋	6Φ12	10Φ16	8Φ12	4Φ14+14Φ12	10Φ12	10Φ12	10Φ16	8Φ16	6Φ16
箍筋及拉筋	Φ6@200	Φ6@200	Φ6@200	Φ6@200	Φ6@200	Φ6@200	Φ6@200	Φ6@200	Φ6@200
ASv1		Φ8@200		Φ8@200	Φ8@200	Φ8@200	Φ8@200	Φ8@200	

编号	GBZ10	GBZ11	GBZ12	GBZ13	GBZ14	KZ1(KZ4)	KZ2	KZ3	GBZ15
截面					注：用于梁下无暗柱处。				
标高	承台顶~-0.130	承台顶~-0.130	承台顶~-0.130	承台顶~-0.130	承台顶~-0.130	承台顶~-0.300	承台顶~-0.130	承台顶~-0.130	承台顶~-0.130
纵筋	16Φ16	8Φ16	14Φ12	10Φ12	6Φ16	4Φ16(4Φ18)	4Φ22(角筋)+8Φ16	4Φ20(角筋)+6Φ16	12Φ12
箍筋及拉筋	Φ6@200	Φ6@200	Φ6@200	Φ6@200	Φ6@200	Φ8@100/200	Φ8@100	Φ8@100	Φ6@200
ASv1	Φ8@200	Φ8@200	Φ8@200	Φ8@200					Φ8@200

柱大样图表

13.3.4 绘制连梁表和墙体配筋表

尺寸标注完成后，本小节将介绍连梁表和墙体配筋表的绘制，首先需要绘制配置表，接着绘制钢筋、箍筋等结构，具体操作方法如下。

Step 01 调用【直线】、【矩形】等命令绘制表格，再利用【打断】、【延伸】等命令对绘制的表格进行修改，如下图所示。

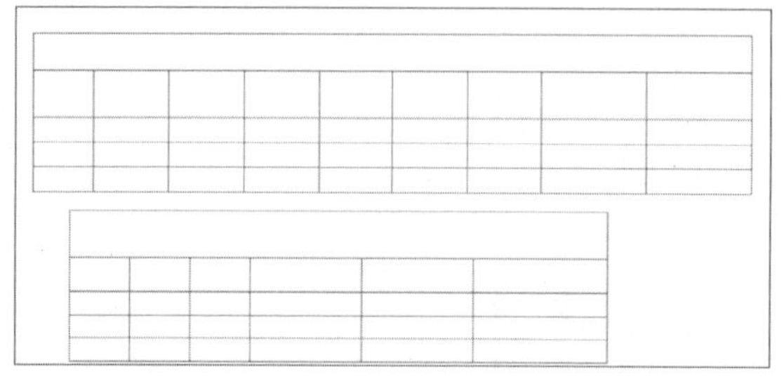

绘制表格

Step 02 绘制完表格后，在菜单栏中执行【绘图】>【文字】>【单行文字】命令，在对应的位置输入文字，输入钢筋符号可以根据之前介绍的方法输入，效果如下图所示。

LL梁表

编号	所在楼层	截面(BxH)	跨度	梁顶钢筋	梁底钢筋	侧面纵筋	箍筋	相对H高差(m)
LL1	一层	300x470	1200	4Φ16	4Φ16	N4Φ12	Φ8@100(2)	0.000

墙体配筋

墙号	墙厚	排数	水平分布筋	垂直分布筋	拉筋
Q1	180	2	Φ8@200	Φ8@200	Φ6@400

添加文字

Step 03 如有其他说明可在表格下方输入备注说明文字，至此，连梁表以及墙体配筋图绘制完成，效果如右图所示。

LL梁表

编号	所在楼层	截面(BxH)	跨度	梁顶钢筋	梁底钢筋	侧面纵筋	箍筋	相对H高差(m)
LL1	一层	300x470	1200	4Φ16	4Φ16	N4Φ12	Φ8@100(2)	0.000

墙体配筋

墙号	墙厚	排数	水平分布筋	垂直分布筋	拉筋
Q1	180	2	Φ8@200	Φ8@200	Φ6@400

说明：1、图中未注明的墙体为 Q1；未注明的暗柱均为GBZ1。
2、图中未定位的墙体轴线居墙中。

连梁表以及墙体配筋图

13.3.5 绘制层高表

连梁表以及墙体配筋表绘制完成后，本小节将介绍负一层层高表的绘制，首先需要绘制层高表，接着在表内添加相关说明即可，具体操作方法如下。

Step 01 调用【直线】、【矩形】等命令绘制表格，再利用【打断】、【延伸】、【偏移】等命令对绘制的表格进行修改，如下图所示。

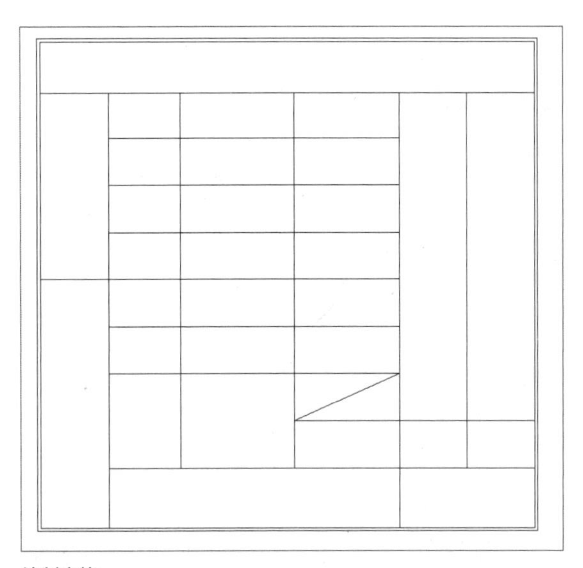

绘制表格

Step 02 绘制完表格后，在菜单栏中执行【绘图】>【文字】>【单行文字】命令，在相对应的位置输入文字，图中标高可用之前介绍的方法绘制，如下图所示。

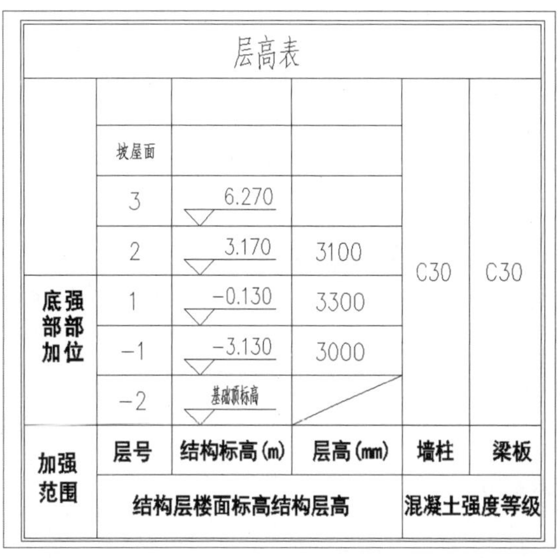

输入表格内的信息

Step 03 如有其他说明可在表格下方输入备注说明文字，至此，层高表绘制完成，如下图所示。

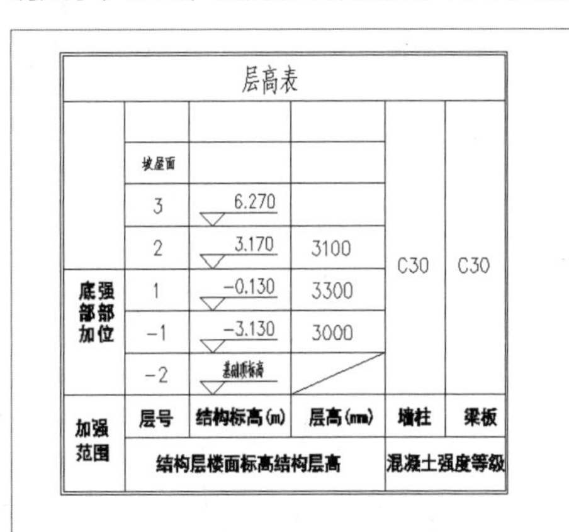

添加说明

Step 04 至此，整个负一层的大样图绘制完成，因为图框大小有限，所以将其他详图绘制到另一个图框中，最终效果如下图所示。

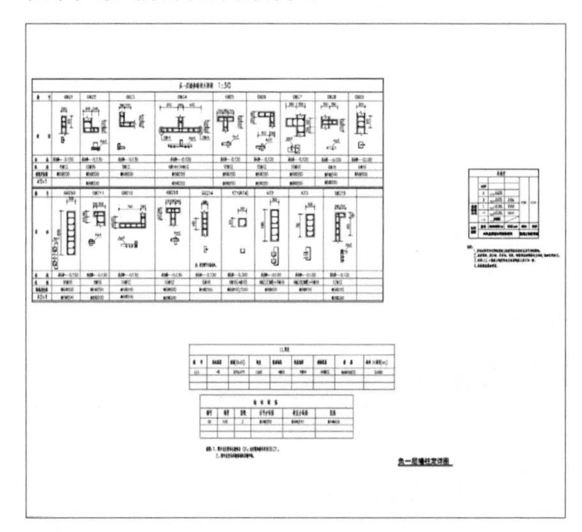

负一层大样图效果

13.4 绘制一层墙柱定位图

学习了如何绘制负一层墙柱定位图后，本节将介绍绘制一层墙柱定位图的方法，下面介绍具体操作步骤。

13.4.1 绘制柱子和墙体

首先需要绘制的是柱子和墙体，这里运用的主要知识点是矩形、填充和多段线等命令，具体操作步骤如下。

Step 01 选中COLU图层，调用【矩形】命令，在命令行中输入D命令，分别输入相应的数值，绘制矩形柱子，如下图所示。

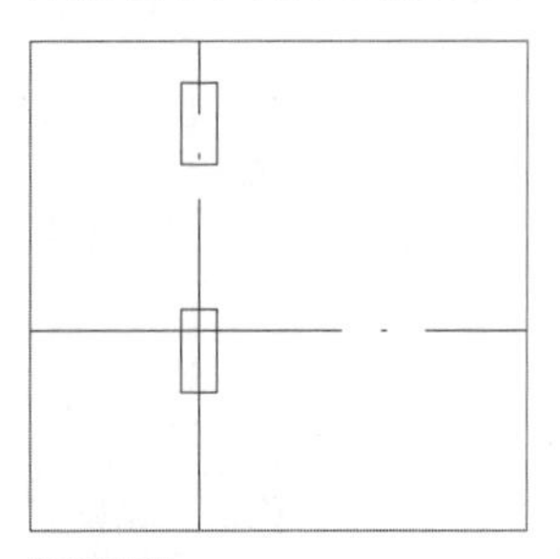

绘制墙柱

Step 02 使用相同的方法绘制其他矩形柱。要绘制异形柱，用户可应用【多线】命令进行操作，绘制柱子时输入相应的数值，用鼠标调节方向，必要时可按F8功能键，打开【正交限制光标】功能，如下图所示。

绘制异形柱

Step 03 所有柱子绘制完成后，将HATCH图层设为当前图层，在命令行中输入H命令，然后在打开的对话框中选择填充图案为SOLID，如下图所示。

选择填充图案

Step 04 对所有绘制的柱子执行填充操作，效果如下图所示。

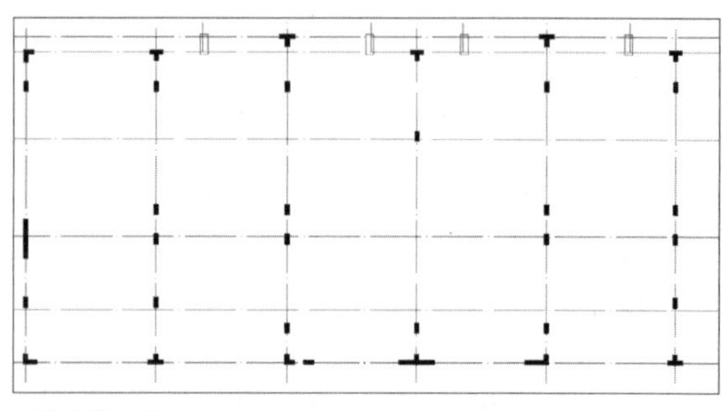

对墙柱进行填充

Step 05 将【3B实墙】图层设为当前图层，利用平面图中的方法，在命令行中输入PL和MLSTYLE命令，对墙体绘制，此绘图方法需要提前设置多线样式，再利用【偏移】等修改命令对多线进行修改，绘制出右图所示的墙体。

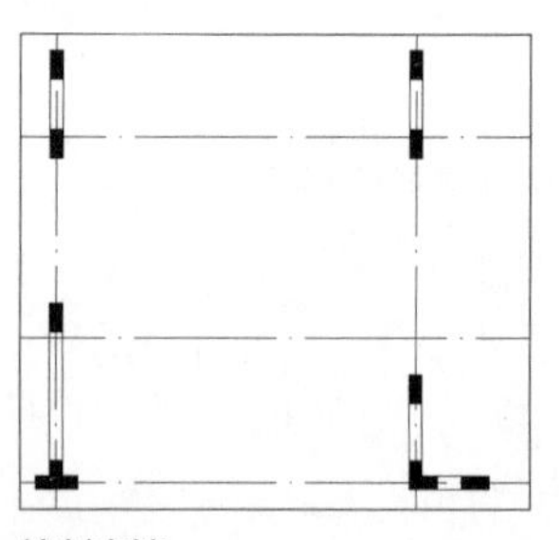

绘制实墙

Step 06 选定【3B虚墙】图层，利用绘制实墙的方法绘制虚墙，绘制的梁柱墙效果如右图所示。

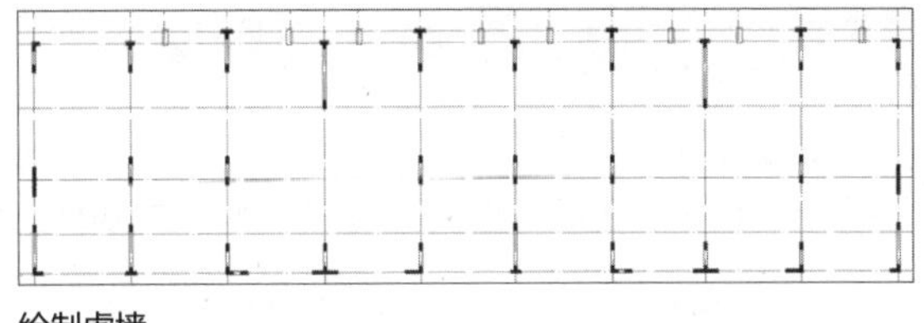

绘制虚墙

13.4.2 绘制尺寸和文字标注

柱子和墙体绘制完成后，接着需要对柱子和墙体进行尺寸标注，具体操作步骤如下。

Step 01 将PUB_DIM图层设为当前图层，在菜单栏中执行【标注】>【快速标注】命令，首先对桩和承台进行尺寸标注，如下图所示。

为桩和承台添加尺寸标注

Step 02 将【柱标注】图层设为当前图层，在菜单栏中执行【绘图】>【文字】>【单行文字】命令，对柱进行标注，如下图所示。

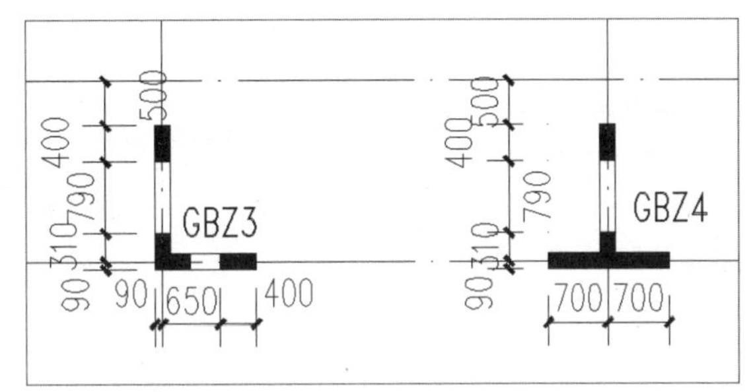

为柱添加文字标注

Step 03 然后将AXIS图层设为当前图层，在菜单栏中执行【标注】>【连续标注】命令，对轴网进行标注，将所有的标注以及文字绘制完成，即可完成一层墙柱定位图的绘制，效果如下图所示。

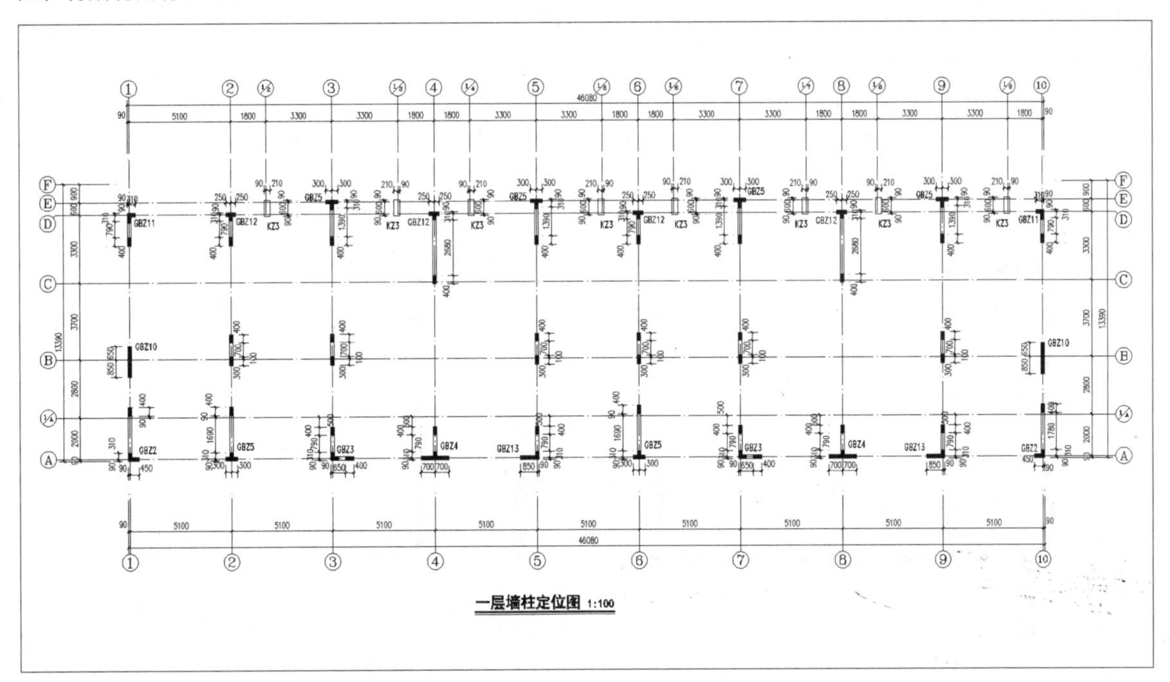

添加其他标注

13.4.3 绘制一层墙柱大样图

为基础平面图进行尺寸标注后，本小节将介绍如何绘制负一层墙柱大样图。首先需要绘制配置表，接下来绘制钢筋、箍筋等结构，具体操作方法如下。

1. 绘制GBZ2柱子钢筋大样图

Step 01 要绘制GBZ2柱子钢筋大样，需要分别绘制编号、截面、标高、纵筋、箍筋及拉筋、Asv1，用户可以先创建包含这些内容的表格，如下图所示。

负一层墙体暗柱大样图 1:30

编号	GBZ1					
截面						
标高						
纵筋						
箍筋及拉筋						
ASv1						
编号						

绘制表格

Step 02 首先使用【多段线】命令绘制钢筋，利用【矩形】命令绘制柱子外边框，将COLU图层设为当前图层，选中绘制框柱图形。在命令行中输入REC命令，绘制矩形另一侧边缘以及断面图样，绘制完成的效果，如下图所示。

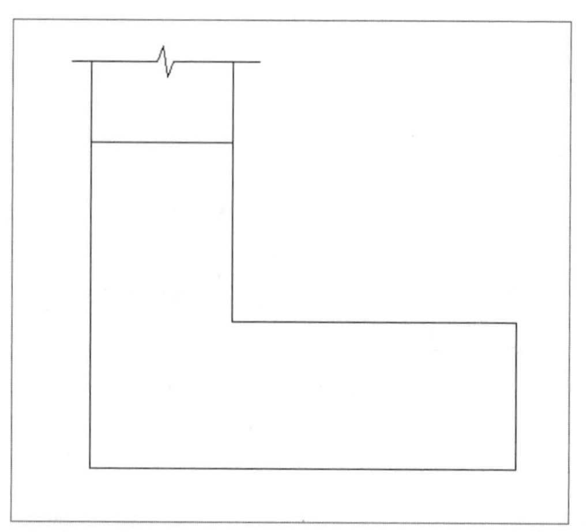

绘制钢筋

Step 03 然后将REIN图层设为当前图层绘制柱钢筋图，在命令行中输入PL命令，绘制多段线矩形图样，如下图所示。

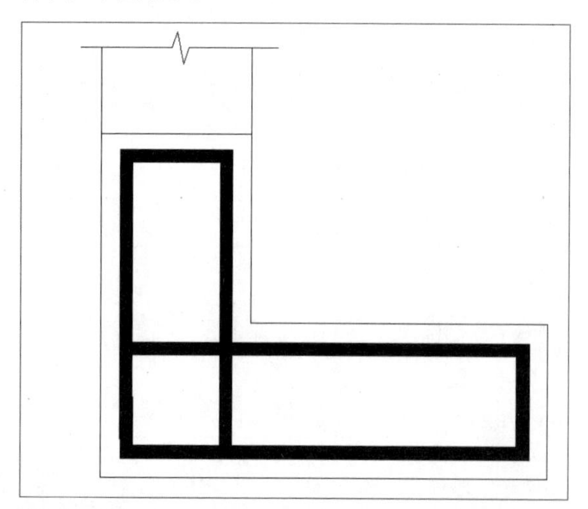

绘制多段线矩形

Step 04 在命令行中输入F命令，对矩形的一个边角执行倒角操作，倒角半径为50，如下图所示。

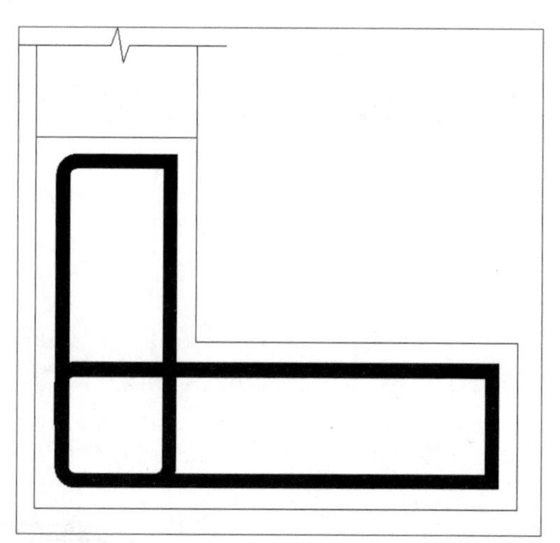

矩形倒角

Step 05 使用相同的方法对其他角执行倒角操作，即可完成其中一种箍筋的绘制，如下图所示。

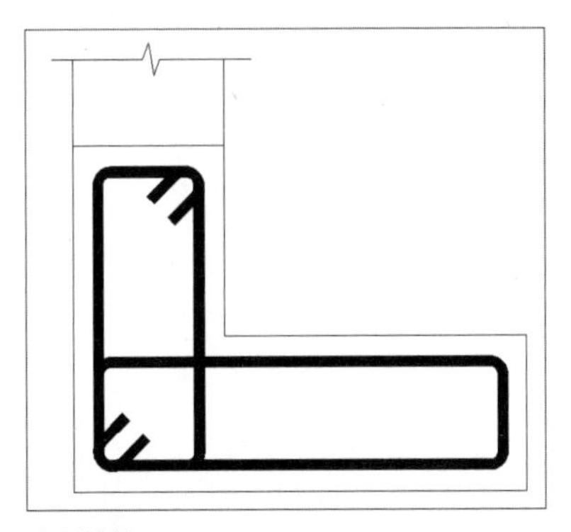

绘制箍筋

Step 06 另一箍筋画法与上一箍筋画法相同，在命令行中输入PL命令进行绘图即可，因绘制第一个箍筋时已经设置好线宽，因此可以直接绘制第二个箍筋，不需要重新设置线宽，如下图所示。

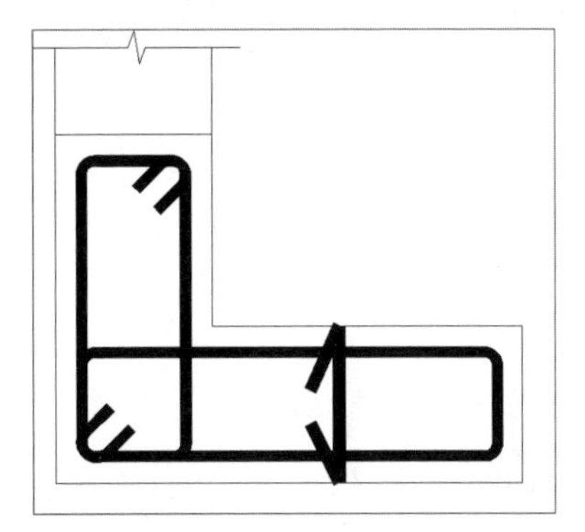

绘制其他箍筋

Step 07 在命令行输入F命令，对矩形边角执行倒角操作，倒角半径为50，选定另一需要倒角的边线，同样执行倒角操作，如下图所示。

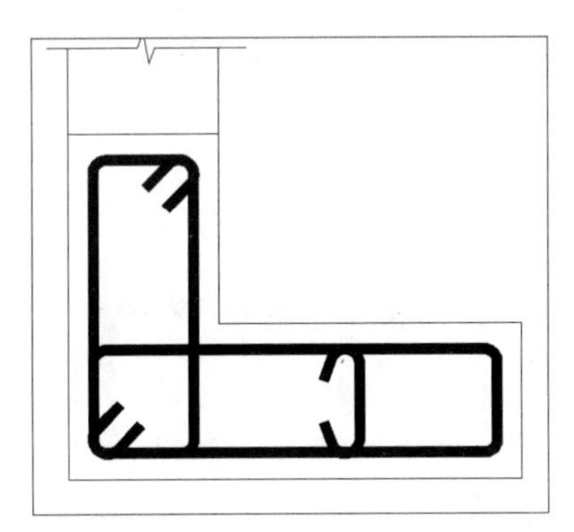

对箍筋进行倒角

Step 08 接着需要绘制钢筋的通长筋。通长筋在图纸上就是一个圆点，因此用户可以绘制半径为40的圆，然后在命令行中输入H命令对圆进行填充，绘制所有通长筋后查看效果，如下图所示。

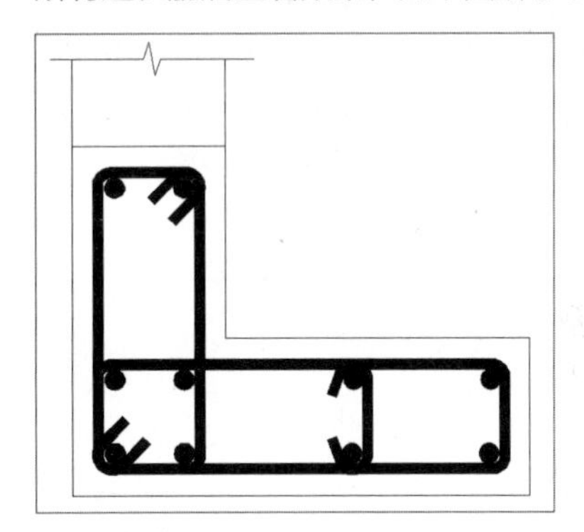

绘制通长筋

Step 09 将【C3墙体通长筋】图层设为当前图层，然后使用【多线】命令绘制出断面钢筋图，效果如下图所示。

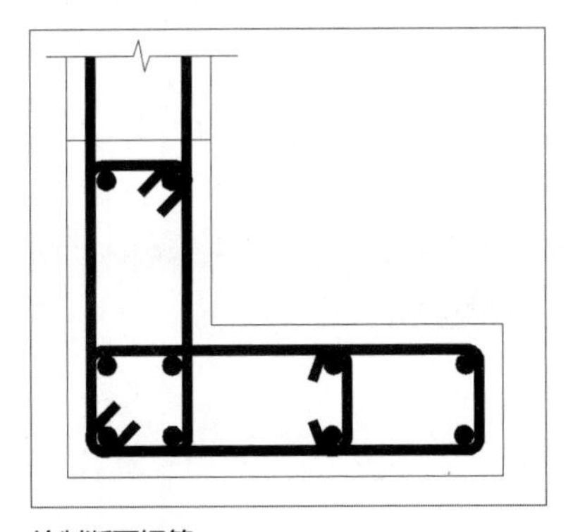

绘制断面钢筋

Step 10 在所绘制的截面图中对柱和钢筋分布的尺寸进行标注，如下图所示。

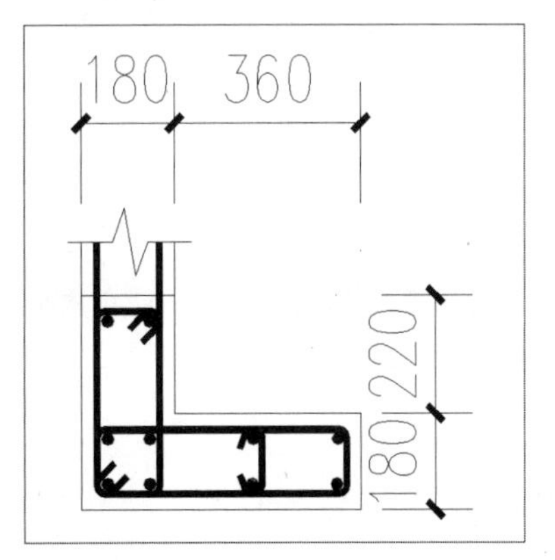

添加尺寸标注

Step 11 然后在所绘制的截面图下方绘制箍筋分布样图，使用户可以清楚地分辨出有哪些箍筋以及箍筋样式。绘制箍筋时可以不进行尺寸标注，能看懂即可，绘制完成的效果如下图所示。

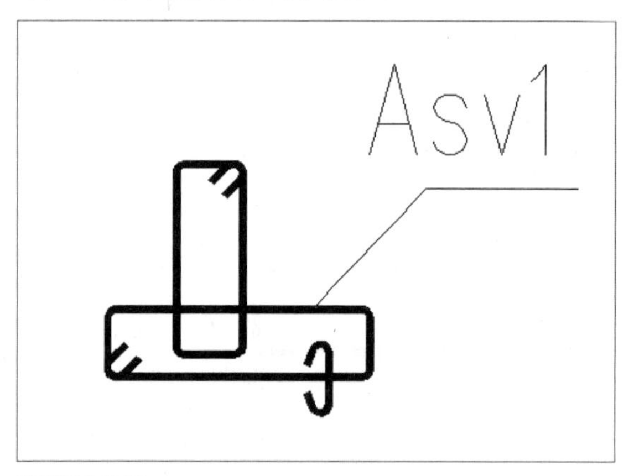

箍筋分布样图

Step 12 选中PUB_TEXT图层，在表格中输入标高（此柱钢筋从低到高）、纵筋等其他说明，如下图所示。

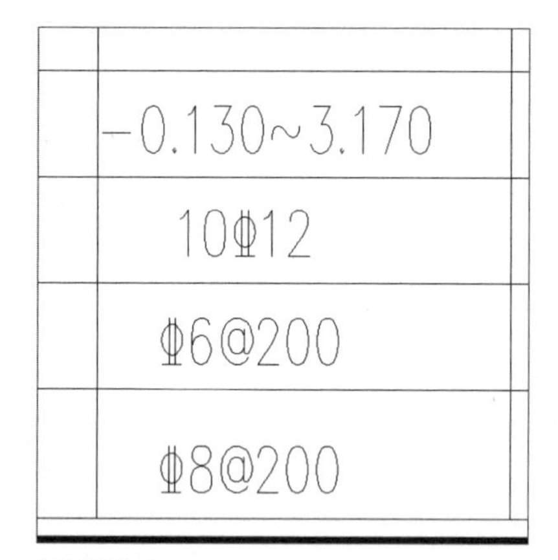

绘制标高表

2. 绘制柱子GBZ5大样图

Step 01 绘制GBZ5截面图，将COLU图层设为当前图层，调用【矩形】命令绘制600×220和180×400的矩形，在命令行中输入PL命令绘制矩形另一侧边缘以及断面图样，效果如下图所示。

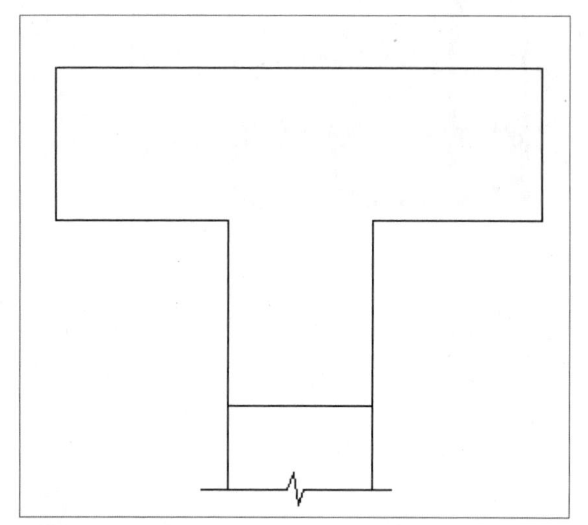

绘制柱子大样

Step 02 将REIN图层设为当前图层，以绘制柱钢筋图，在命令行输入PL命令，绘制多段线矩形图样，如下图所示。

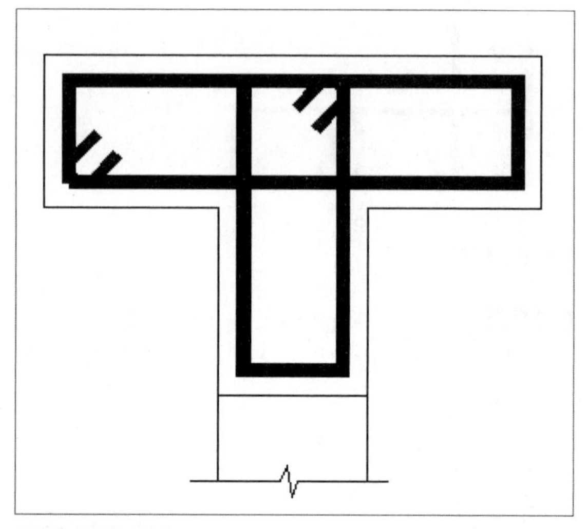

绘制多线矩形钢筋

Step 03 在命令行中输入F命令，对矩形边角执行倒角操作，倒角半径为50，如下图所示。

Step 04 使用相同的方法将其他角进行倒角，即可完成其中一种箍筋的绘制，如下图所示。

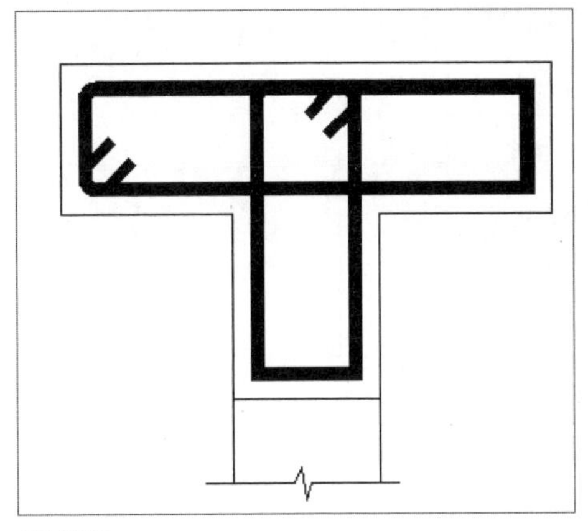

绘制倒角

Step 05 调用【圆】命令绘制半径为40的圆，然后对圆进行填充，绘制通长筋。将所有通长筋绘制完成，效果如下图所示。

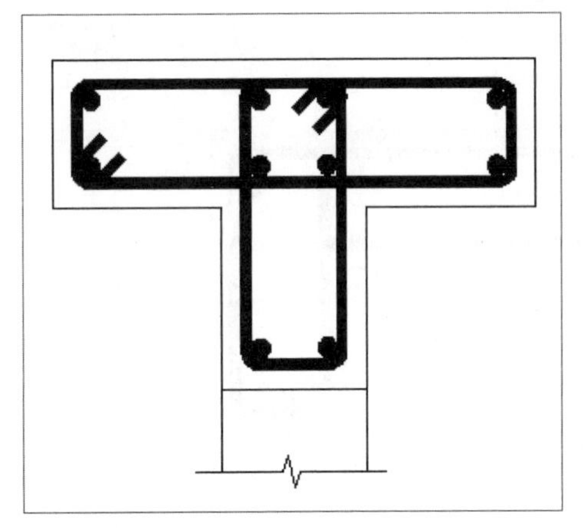

绘制通长筋

Step 07 在所绘制的截面图中进行尺寸标注，标注出柱和钢筋分布的尺寸，如下图所示。

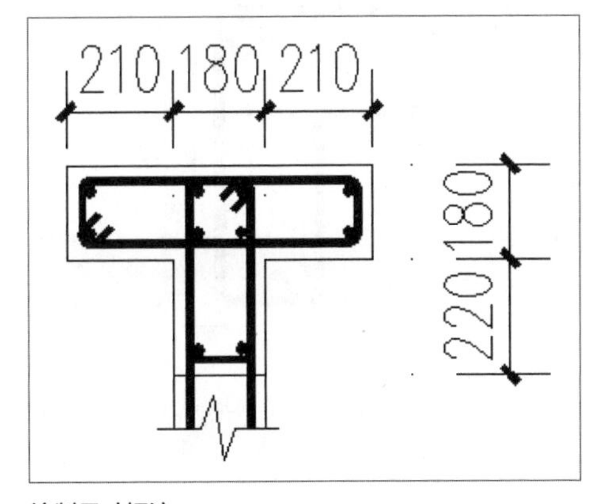

绘制尺寸标注

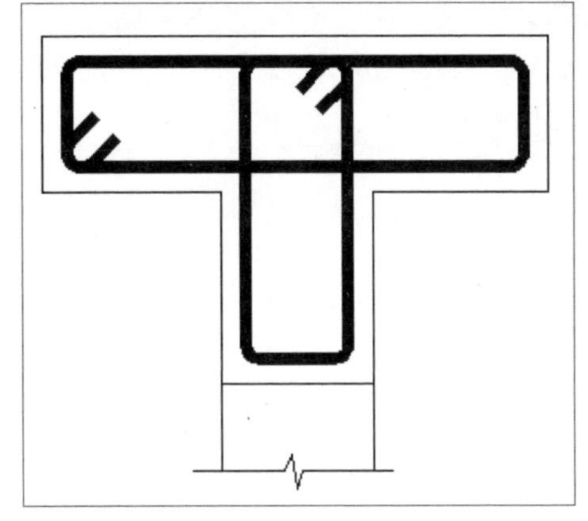

绘制箍筋

Step 06 将【C3墙体通长筋】图层设为当前图层，利用【多线】命令绘制断面钢筋图，效果如下图所示。

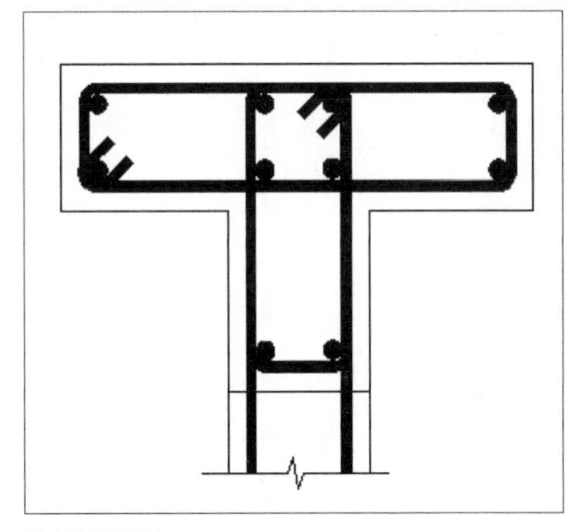

绘制断面钢筋

Step 08 在所绘制的截面图下方绘制箍筋分布样图，让用户可以清楚地分辨出有哪些箍筋以及箍筋样式。在命令行中输入F命令执行倒角操作，绘制的箍筋不需要尺寸标注，只需能看懂即可，绘制完成的效果如下图所示。

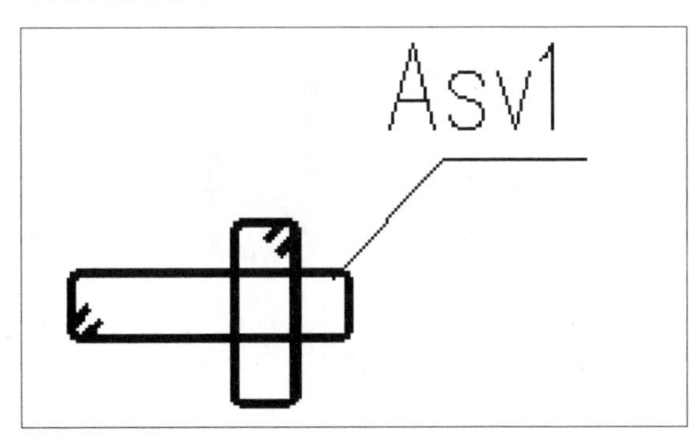

绘制箍筋分样图

Step 09 将PUB_TEXT图层设为当前图层，在表中输入标高（此柱钢筋从低到高）、纵筋等其他说明，如右图所示。

−0.130~3.170
10Φ12
Φ6@200
Φ8@200

绘制表格说明

3. 绘制柱子GBZ6大样图

Step 01 要绘制GBZ6截面图，则首先执行【多段线】命令绘制钢筋，利用【矩形】命令绘制柱子外边框。将COLU图层设为当前图层，绘制590×180和180×400的矩形，在命令行中输入REC命令，绘制矩形另一侧边缘以及断面图样，断面图样可用【多段线】命令绘制，效果如下图所示。

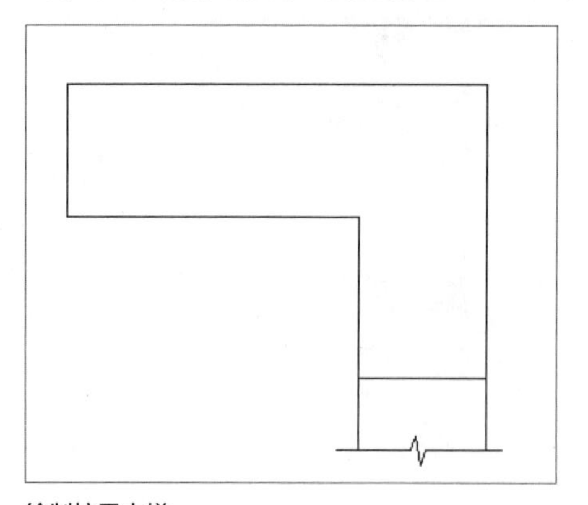

绘制柱子大样

Step 02 接着将REIN图层设为当前图层以绘制柱钢筋图，在命令行输入PL命令，绘制多段线矩形图样，如下图所示。

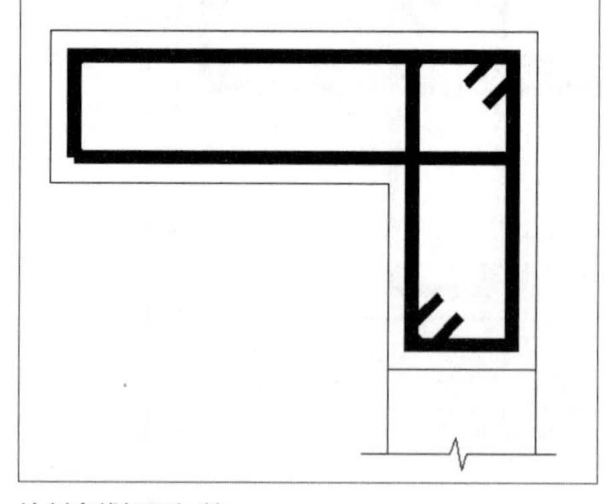

绘制多线矩形钢筋

Step 03 在命令行中输入F命令，对矩形边角执行倒角操作，倒角半径为50，如下图所示。

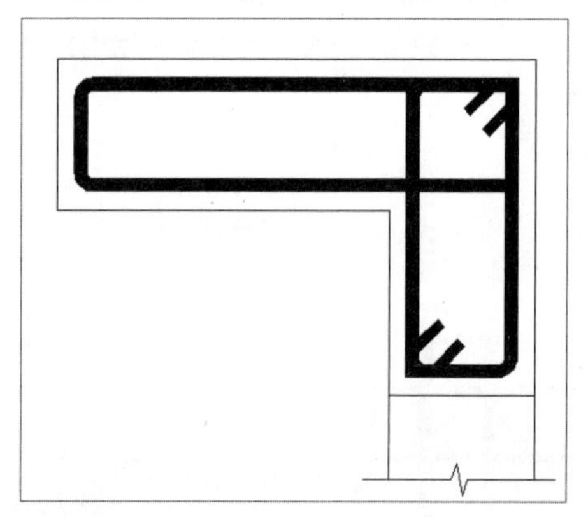

绘制倒角

Step 04 采用相同的方法对其他角执行倒角操作，即可完成其中一种箍筋的绘制，如下图所示。

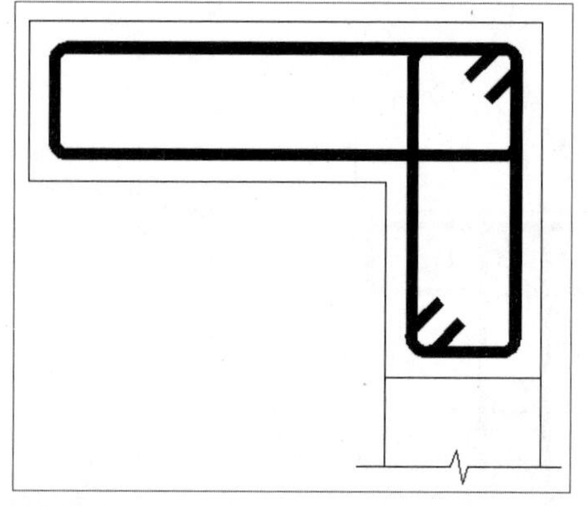

绘制箍筋

Step 05 同样的方法，在命令行中输入PL命令绘制另一箍筋。因绘制第一个箍筋时已经设置好线宽，因此绘制第二个箍筋时不需要重新设置线宽，如下图所示。

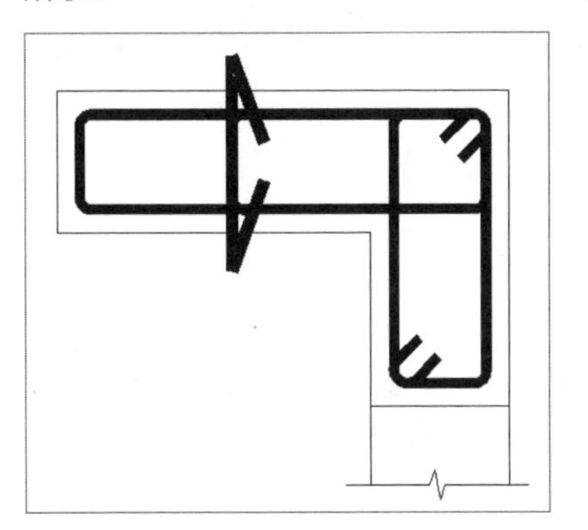

绘制其他箍筋

Step 06 在命令行中输入F命令，对矩形边角执行倒角操作，如下图所示。

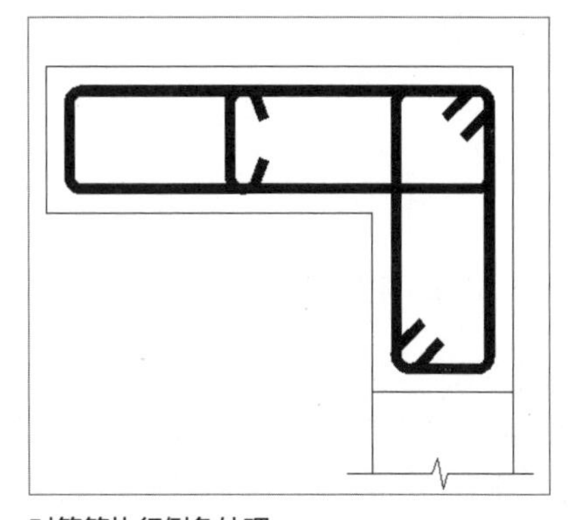

对箍筋执行倒角处理

Step 07 接着绘制半径为40的圆，并对圆进行填充，绘制钢筋的通长筋。通长筋的分布位置如下图所示。

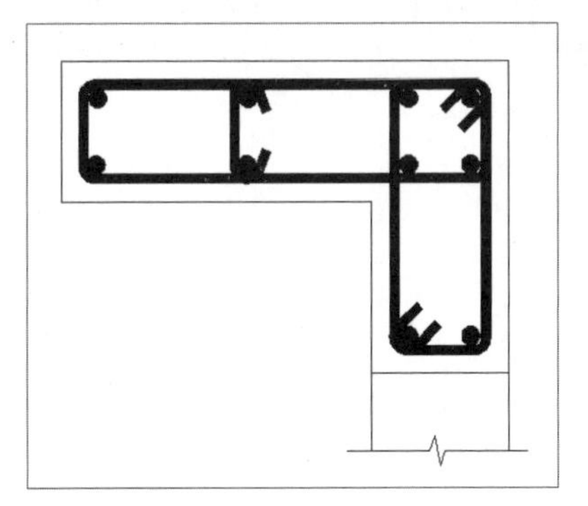

绘制通长筋

Step 08 将【C3墙体通长筋】图层设为当前图层，调用【多线】命令绘制出断面钢筋图，如下图所示。

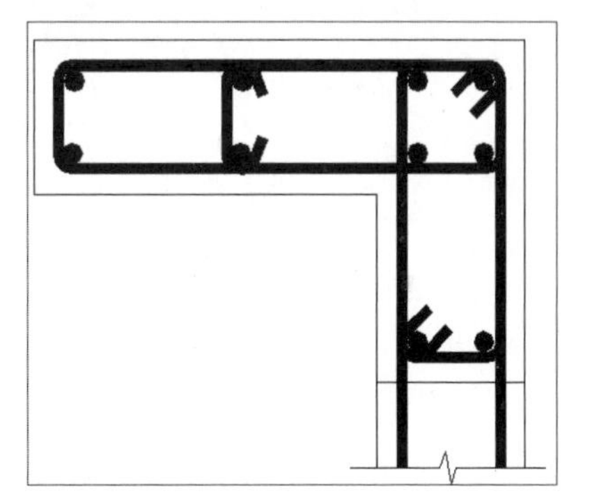

绘制断面钢筋

Step 09 在所绘制的截面图中进行尺寸标注，标注出柱和钢筋分布的尺寸，如下图所示。

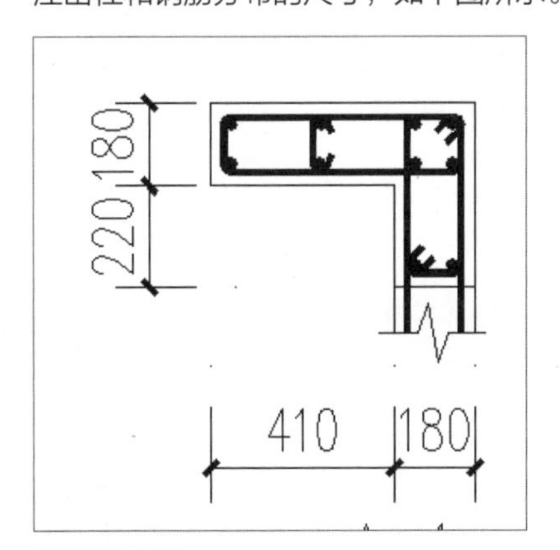

绘制尺寸标注

Step 10 调用【多线】命令，在所绘制的截面图下方绘制箍筋分布样图。在命令行中输入F命令，执行倒角操作，绘制的箍筋不需要进行尺寸标注，只需能看懂即可，绘制完成的效果如下图所示。

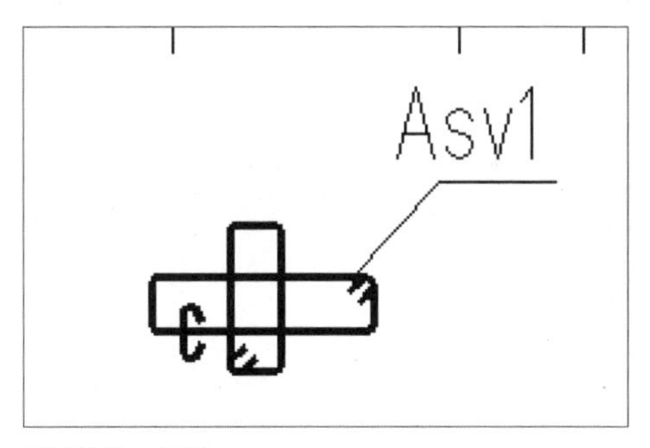

绘制箍筋分样图

Step 11 将PUB_TEXT图层设为当前图层，在表中输入标高（此柱钢筋从低到高）、纵筋等其他说明，如右图所示。

−0.130~3.170
10Φ12
Φ6@200
Φ8@200

绘制表格说明

4. 绘制柱子GBZ14大样图

Step 01 要绘制GBZ14截面图，则首先调用【多段线】命令绘制钢筋，调用【矩形】命令绘制柱子外边框。将COLU图层设为当前图层，调用【矩形】命令绘制780×180和180×390的矩形，在命令行中输入REC命令，绘制矩形另一侧边缘以及断面图样，断面图样可用【多段线】命令绘制，效果如下图所示。

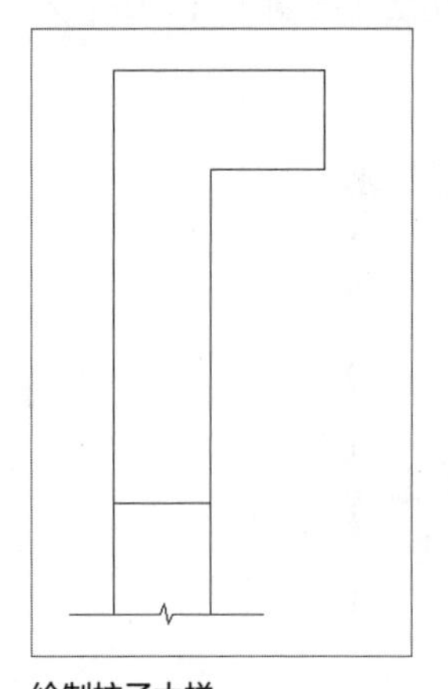

绘制柱子大样

Step 02 要绘制柱钢筋图，则将REIN图层设为当前图层，在命令行输入PL命令，绘制多段线矩形图样，如下图所示。

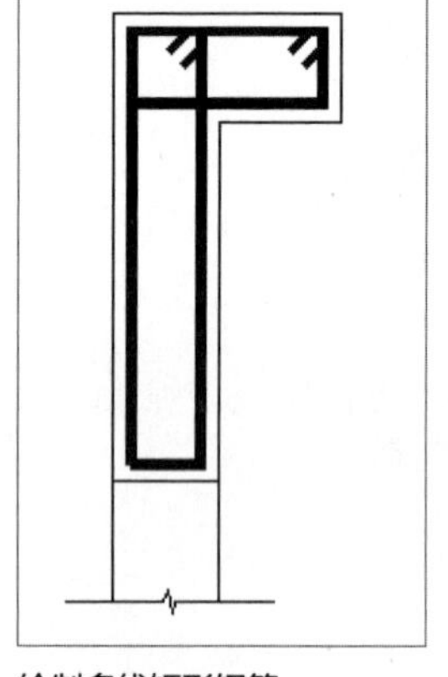

绘制多线矩形钢筋

Step 03 在命令行中输入F命令，对矩形边角执行倒角操作，倒角半径为50，如下图所示。

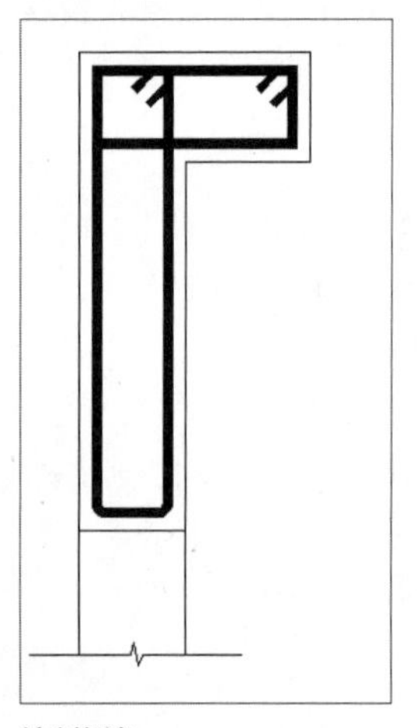

绘制倒角

Step 04 相同的方法对其他角执行倒角操作，即可完成箍筋的绘制，如下图所示。

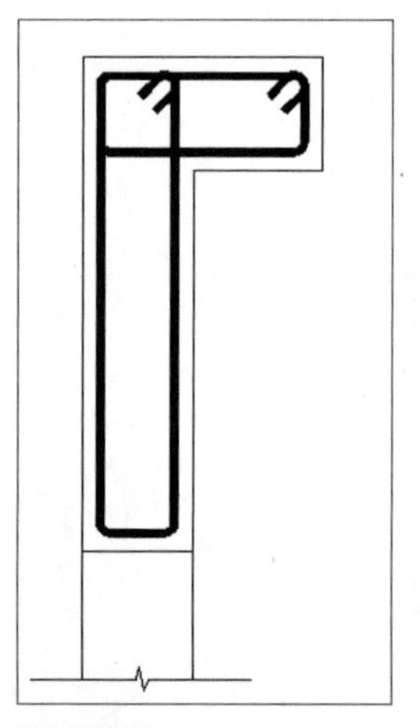

绘制箍筋

Step 05 同样的方法，在命令行中输入PL命令，绘制另一箍筋，因绘制第一个箍筋时已经设置好线宽，因此可以直接绘制第二个箍筋，不需要重新设置线宽，如下图所示。

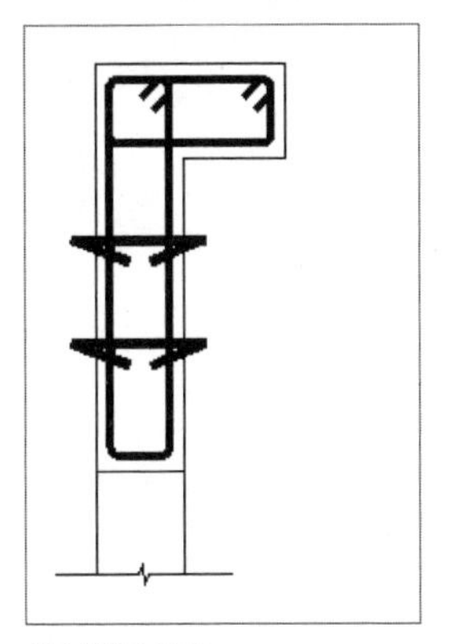

绘制其他箍筋

Step 06 在命令行中输入F命令，对绘制图形的边角执行倒角操作，如下图所示。

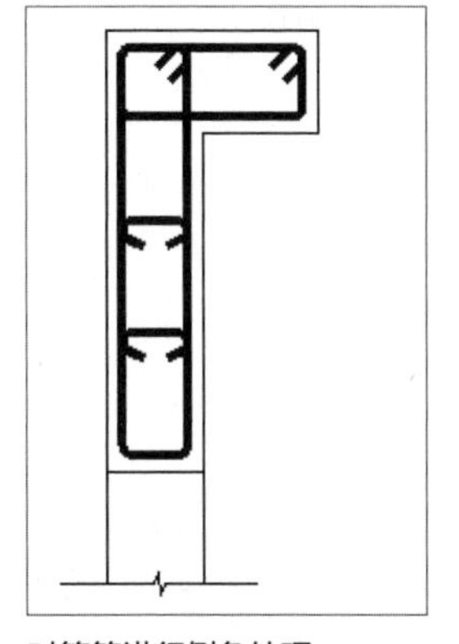

对箍筋进行倒角处理

Step 07 接着绘制钢筋的通长筋，首先绘制半径为40的圆，然后对圆进行填充，通长筋的分布位置如下图所示。

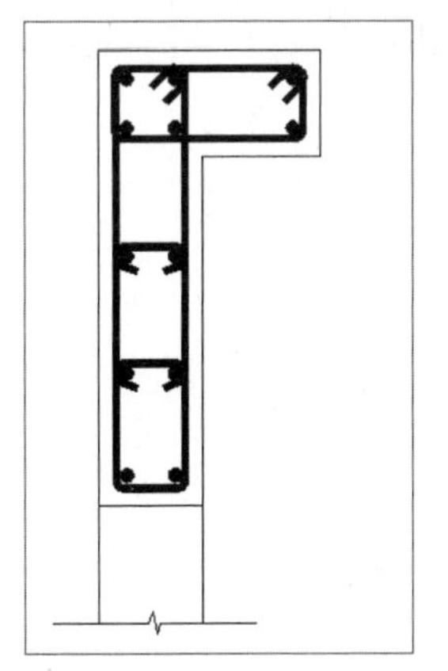

绘制通长筋

Step 08 要绘制断面钢筋图，则首先将【C3墙体通长筋】图层设为当前图层，然后调用【多线】命令进行绘制，效果如下图所示。

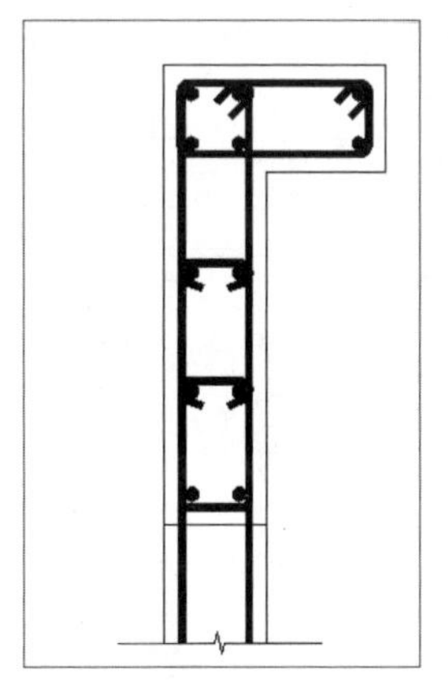

绘制断面钢筋

Step 09 在所绘制的截面图中进行尺寸标注，标注出柱和钢筋分布的尺寸，如右图所示。

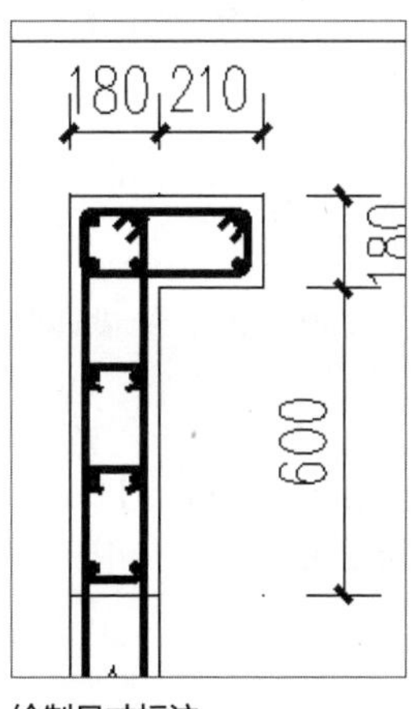

绘制尺寸标注

Step 10 在所绘制的截面图下方绘制箍筋分布样图，让用户清楚地分辨出有哪些箍筋以及箍筋样式，同样调用【多线】命令进行绘制，在命令行中输入F命令进行倒角，绘制的箍筋不需要尺寸标注，只需能看懂即可，绘制完成的效果如下图所示。

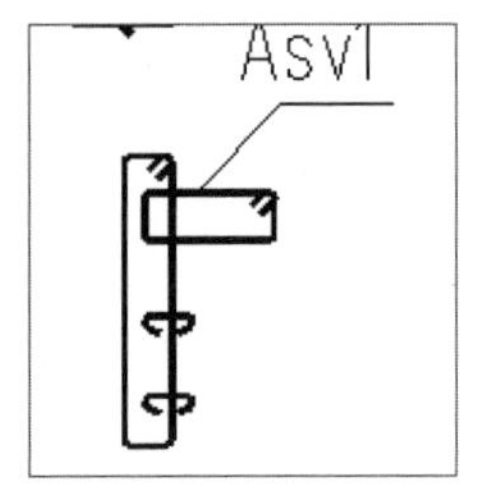

绘制箍筋分布样图

Step 11 将PUB_TEXT图层设为当前图层，在表中输入标高（此柱钢筋从低到高）、纵筋等其他说明，如下图所示。

承台顶~-0.130
12Φ12
Φ6@200
Φ8@200

绘制表格说明

Step 12 使用相同的方法绘制其他柱大样图，最终效果如下图所示。

一层墙体暗柱大样图 1:30

编号	GBZ1	GBZ2	GBZ3	GBZ4	GBZ5	GBZ6	GBZ7	GBZ14
截面								
标高	-0.130~3.170	-0.130~3.170	-0.130~3.170	-0.130~3.170	-0.130~3.170	-0.130~3.170	-0.130~3.170	承台顶~-0.130
纵筋	6Φ12	10Φ12	8Φ12	4Φ14+14Φ12	10Φ12	10Φ12	20Φ14	12Φ12
箍筋及拉筋	Φ6@200	Φ6@200	Φ6@200	Φ6@200	Φ6@200	Φ6@200	Φ6@200	Φ6@200
ASv1		Φ8@200		Φ8@200	Φ8@200	Φ8@200	Φ8@200	Φ8@200

编号	GBZ8	GBZ9	GBZ10	GBZ11	GBZ12	GBZ13	KZ2	KZ3	
截面		注：用于梁下无暗柱处。							
标高	-0.130~3.170	-0.130~3.170	-0.130~3.170	-0.130~3.170	-0.130~3.170	-0.130~3.170	-0.130~3.170	-0.130~3.170	
纵筋	10Φ12	6Φ12	4Φ14+12Φ12	8Φ12	10Φ12	14Φ12	4Φ22(角筋)+8Φ16	4Φ20(角筋)+6Φ16	
箍筋及拉筋	Φ6@200	Φ8@200	Φ6@200	Φ6@200	Φ6@200	Φ6@200	Φ8@100	Φ8@100/200	
ASv1	Φ8@200		Φ8@200	Φ8@200	Φ8@200	Φ8@200			

柱大样图

13.4.4 绘制墙体配筋表

墙柱大样图绘制完成后，本小节将介绍墙体配筋表的绘制方法。首先绘制配置表，接着绘制钢筋、箍筋等结构，具体操作方法如下。

Step 01 调用【直线】、【矩形】、【打断】、【延伸】等命令进行绘制表格，如右图所示。

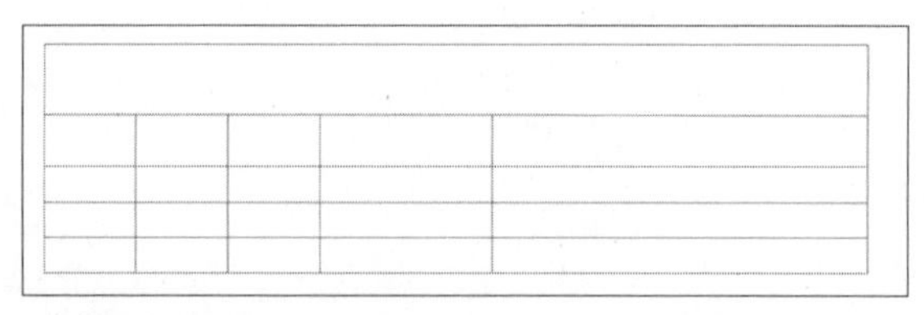

绘制表格

Step 02 绘制完表格后，在菜单栏中执行【绘图】>【文字】>【单行文字】命令，在相对应的位置输入文字即可，用户可根据之前介绍的输入钢筋符号的方法在表格中输入，如下图所示。

墙体配筋				
墙号	墙厚	排数	水平分布筋	垂直分布筋
Q1	180	2	⌀8@200	⌀8@200

添加内容

Step 03 如有其他说明可在表格下方输入备注说明文字，至此，连梁表以及墙体配筋图绘制完成，如下图所示。

墙体配筋				
墙号	墙厚	排数	水平分布筋	垂直分布筋
Q1	180	2	⌀8@200	⌀8@200

说明：1、图中未注明的墙体为 Q1；未注明的暗柱均为GBZ1。
2、图中未定位的墙体轴线居墙中轴。

添加说明

13.4.5 绘制层高表

连墙体配筋表绘制完成后，本小节将介绍负一层层高表的绘制，首先需要绘制层高表，接着表内添加相关说明即可，下面介绍具体操作方法。

Step 01 首先通过调用【直线】、【矩形】等命令绘制表格，再利用【打断】、【延伸】、【偏移】等命令对表格进行修改，如下图所示。

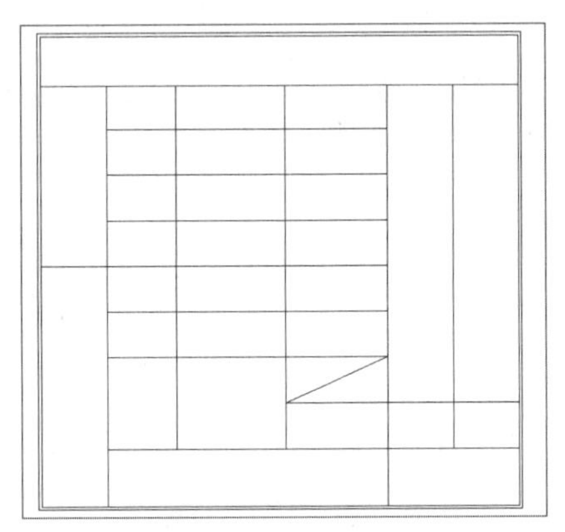

绘制表格

Step 02 绘制完表格后，在菜单栏中执行【绘图】>【文字】>【单行文字】命令，在相对应的位置输入文字即可，图中标高可利用【多线段】命令进行绘制倒三角，在上方输入文字即可，如下图所示。

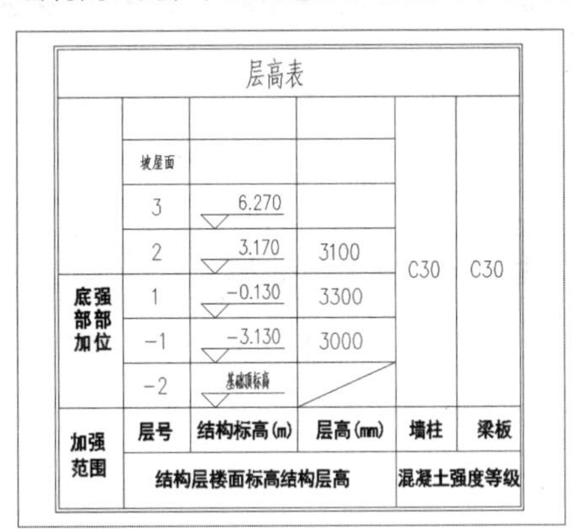

层高表					
	坡屋面				
	3	6.270			
	2	3.170	3100	C30	C30
底部加强部位	1	-0.130	3300		
	-1	-3.130	3000		
	-2	基础顶标高			
加强范围	层号	结构标高(m)	层高(mm)	墙柱	梁板
	结构层楼面标高结构层高			混凝土强度等级	

绘制层高表

Step 03 如有其他说明可在表格下方输入备注说明文字，至此，层高表绘制完成，如右图所示。

层高表					
	坡屋面				
	3	6.270			
	2	3.170	3100	C30	C30
底部加强部位	1	-0.130	3300		
	-1	-3.130	3000		
	-2	基础顶标高			
加强范围	层号	结构标高(m)	层高(mm)	墙柱	梁板
	结构层楼面标高结构层高			混凝土强度等级	

说明：
1. 层高材料表所注梁板混凝土强度等级均指所在层号顶的梁板。
2. 抗震等级：剪力墙、异形柱、连梁、框架梁抗震等级均为四级，特殊注明除外。
3. 连梁（LL）混凝土强度等级与该层混凝土剪力墙一致。
4. 嵌固端为基础顶面。

添加说明

Step 04 根据相同的方法，绘制一层其他大样图。至此一层墙柱定详图绘制完成，效果如下图所示。

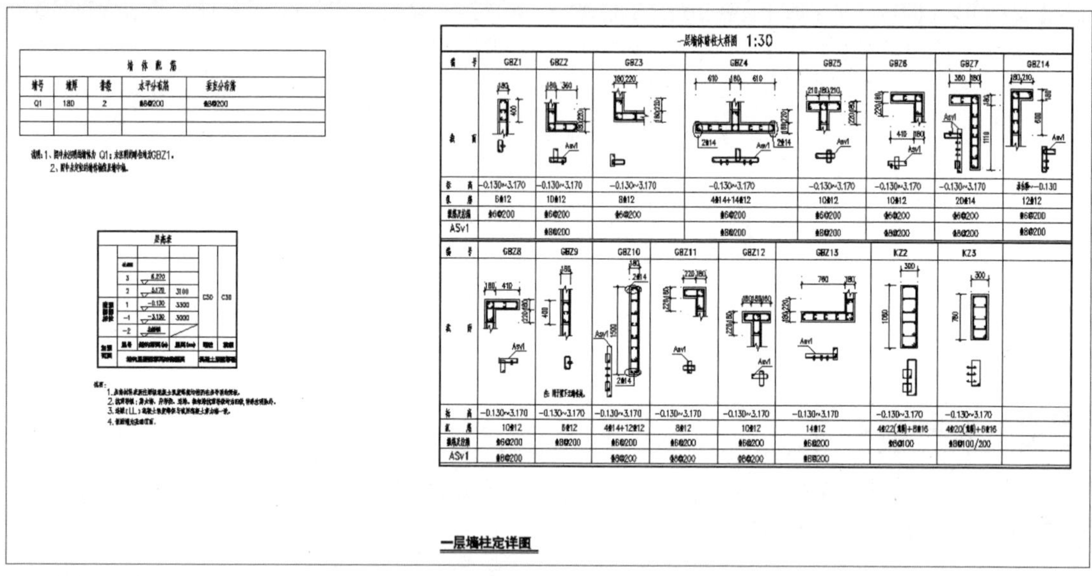

一层墙柱定详图

13.5 绘制其他层墙柱定位图

学习了负一层墙柱定位图和一层墙柱定位图的绘制操作后，本节将介绍二层墙柱定位图和三层墙柱定位图的绘制操作。

13.5.1 绘制二层墙柱定位图

在学习如何绘制负一层墙柱定位图和一层墙柱定位图之后，可以仿照使用同样的方法绘制二层墙柱定位图，效果如下图所示。

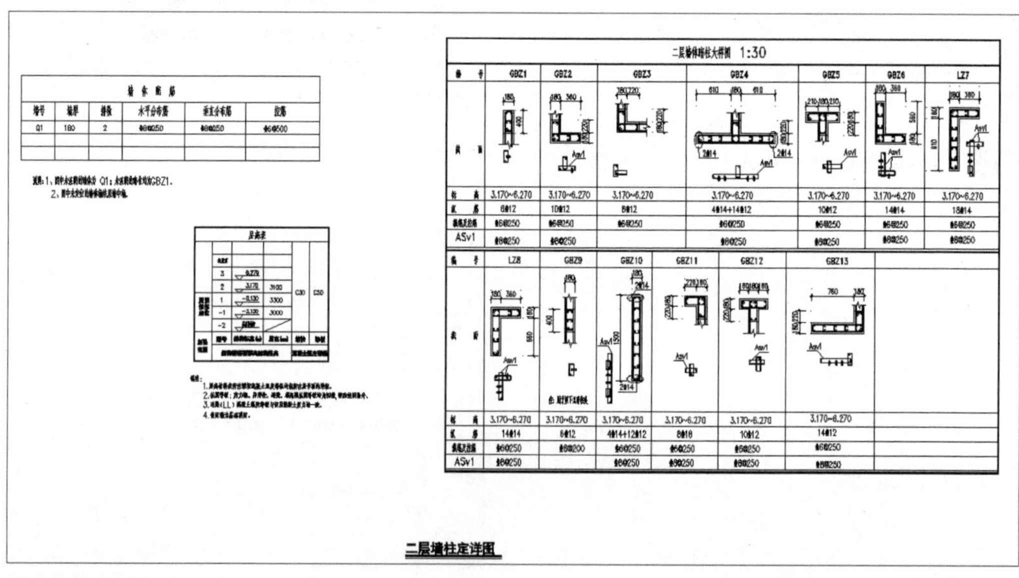

二层墙柱定位图

13.5.2 绘制三层墙柱定位图

本案例中的建筑最高为三层，用户可以仿照绘制其他层墙柱定位图的方法绘制三层墙柱定位图，效果如下图所示。

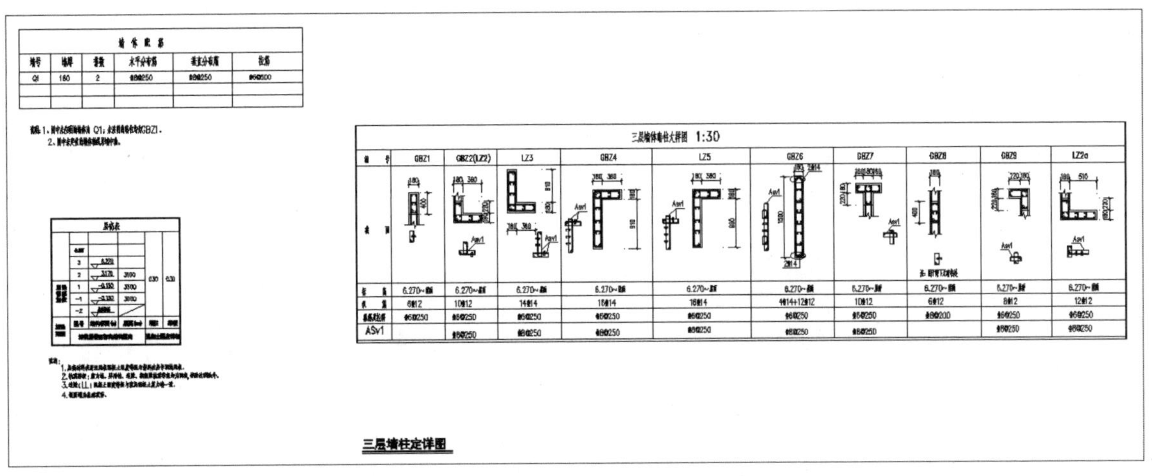

三层墙柱定位图

13.6 绘制一层梁配筋图和板配筋图

本节将介绍一层梁配筋图和板配筋图的绘制操作，在绘制梁配筋图和板配筋图时均需要沿用一层的轴网、轴号和墙体等结构作为模板。

13.6.1 插入模块

本小节将介绍插入模板块的操作，首先将之前绘制的一层大样图复制并删除不需要的部分，创建块后直接插入即可进行下一步的操作，下面将介绍具体操作方法。

Step 01 复制之前绘制的建筑平面图，可以选择平面图中的基本模型，即删除一些设备的楼层大样图。在命令行中输入I命令插入到结构图中，如下图所示。

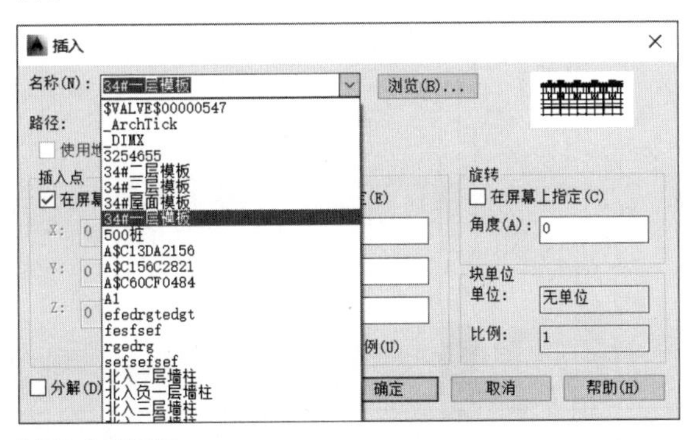

【插入】对话框

Step 02 将模板块入到图中，可以直接省略绘制墙体以及楼梯等图形，插入之后效果如下图所示。

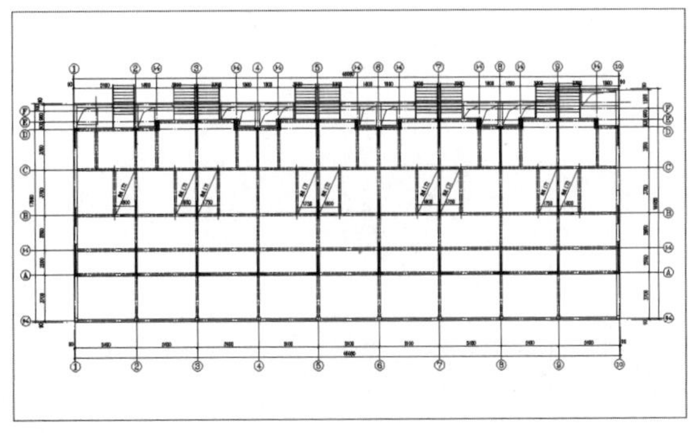

插入模块

Step 03 将【5B填充1（细线）】图层设为当前图层，在命令行中输入H命令，再输入T按Enter键弹出【图案填充和渐变色】对话框，选择填充图案并设置比例，如下图所示。

【图案填充和渐变色】对话框

Step 04 单击需要填充的位置，按Enter键确认并填充，根据相同的方法填充其他位置，如下图所示。

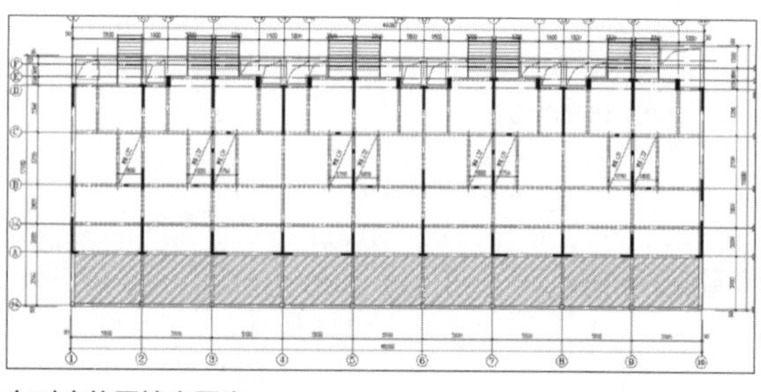

在对应位置填充图案

13.6.2 绘制梁标注和通长筋标注

插入模板块并做填充处理后，本节将介绍绘制梁标注以及通长筋标注的方法，具体操作步骤如下。

Step 01 将HIDE设为当前图层，在命令行中输入L命令绘制引出线，在菜单栏中执行【绘图】>【文字】>【单行文字】命令，在引出线一侧绘制梁型号的说明文字。用户可以根据之前介绍输入钢筋符号的方法输入对应的钢筋符号，如下图所示。

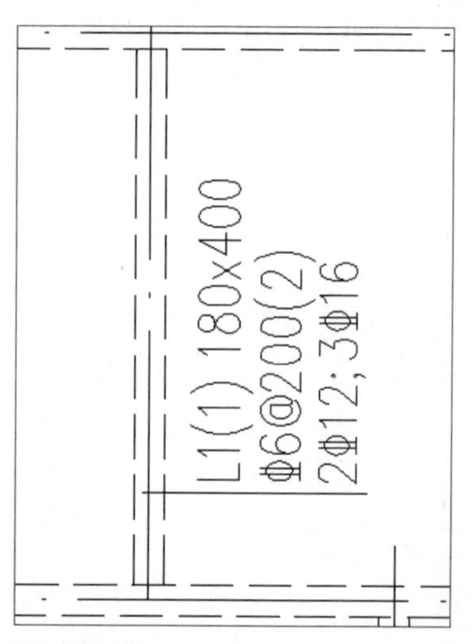

添加钢筋符号

Step 02 相同的梁直接引出直线标注，然后输入L1即可，这样在绘制完成之后不会因为梁的具体标注太多而显得整张图很乱且很杂，如下图所示。

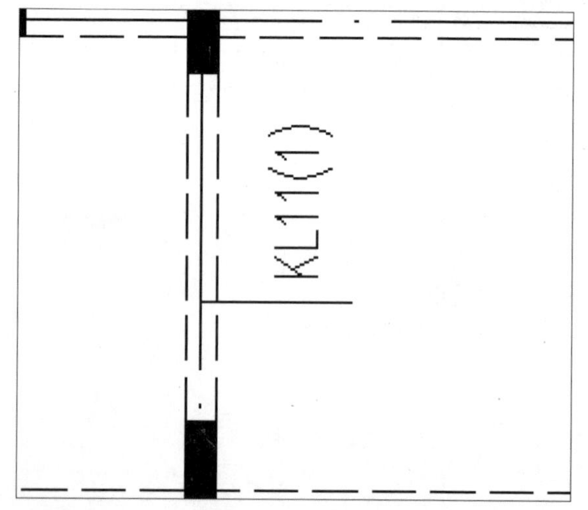

添加文字标注

Step 03 采用相同的方法为其他梁添加梁符号，同样的梁也直接用梁型号标注，如下图所示。

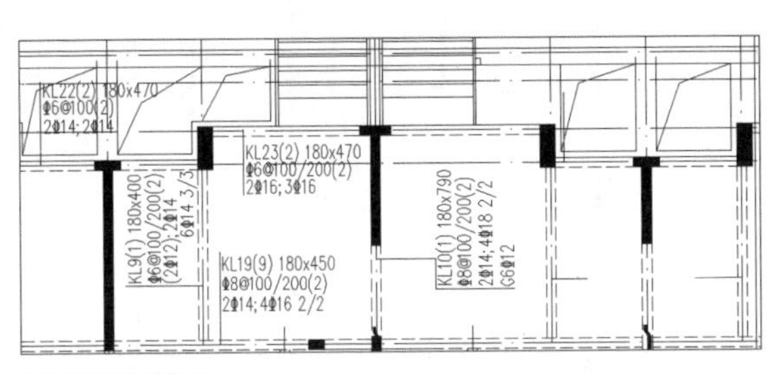

绘制其他梁符号

Step 04 绘制梁的通长筋时，不需要直线标注，直接在梁上输入文字即可，文字的方向同梁方向保持一致，如下图所示。

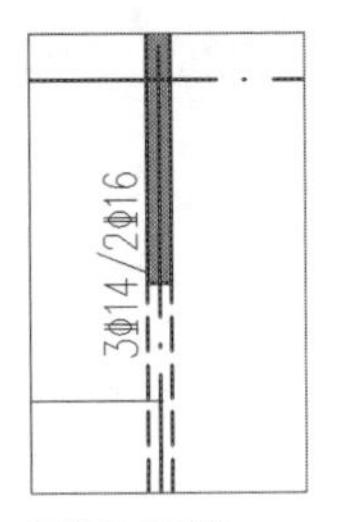

绘制通长筋

Step 05 根据相同的方法将所有的梁标注绘制完成，效果如下图所示。

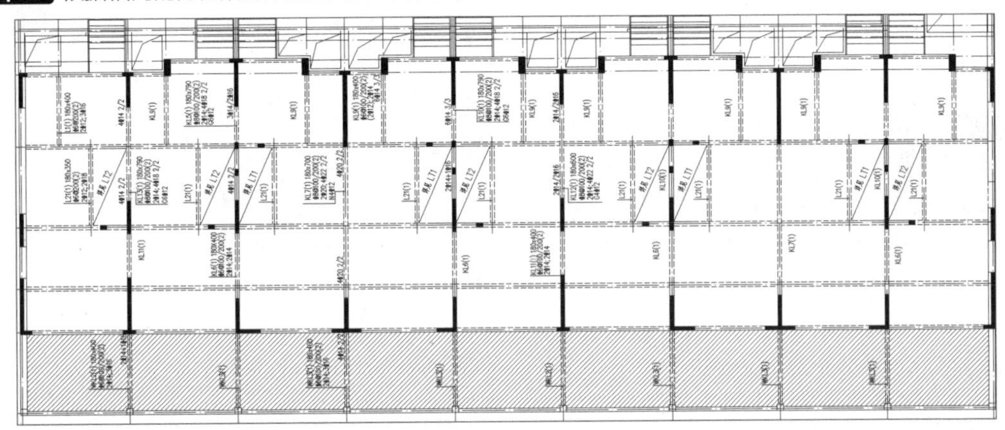

绘制其他的梁标注

13.6.3 绘制次梁吊筋和尺寸标注

梁标注和通长筋标注完成后，本小节将介绍绘制次梁吊筋和尺寸标注的方法，具体操作步骤如下。

Step 01 次梁吊筋的绘制同之前的柱钢筋相同，将【次梁吊筋】图层设为当前图层，在命令行中输入PL命令绘制多段线，效果如下图所示。

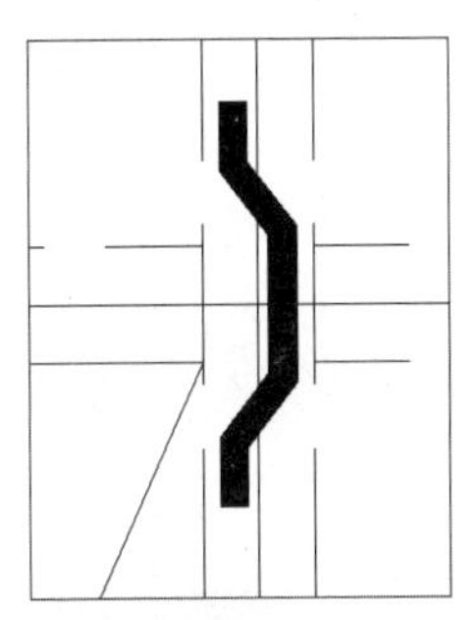

绘制次梁吊筋

Step 02 将S图层设为当前图层，执行【绘图】>【文字】>【单行文字】命令，文字高度根据需要调整，输入截面尺寸以及梁钢筋型号根数等文字说明，效果如下图所示。

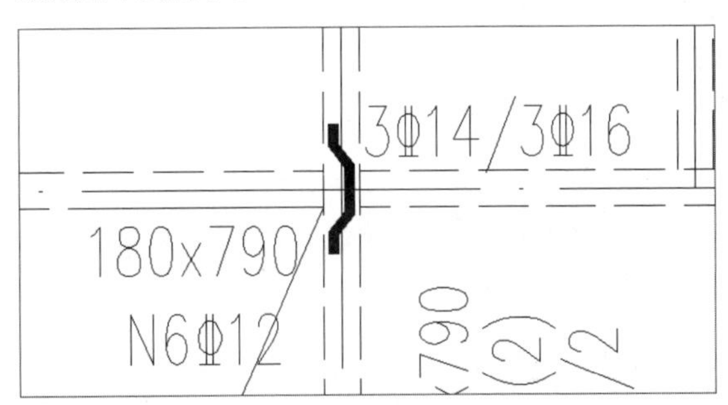

添加说明以及标注

Step 03 将PUM_DIM图层设为当前图层，在菜单栏中执行【标注】>【连续标注】命令，绘制尺寸标注，即可完成一层梁配筋图的绘制，如下图所示。

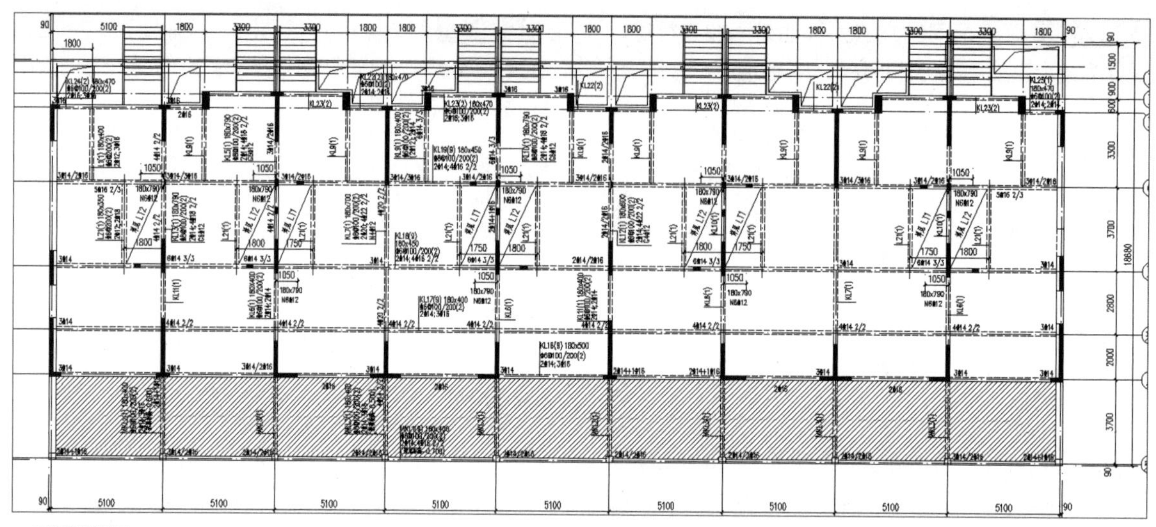

一层梁配筋图

Step 04 将TEXT图层设为当前图层，在菜单栏中执行【绘图】>【文字】>【单行文字】命令，分行绘制一层梁配筋图的文字说明，效果如右图所示。

说明：
1.除注明外，梁顶标高同本层板顶标高。
2.主次梁相交时，主梁在次梁每侧加密箍3道，密箍直径肢数同主梁箍筋。
3.悬挑梁(XL)底部钢筋按框架梁锚固。
4.KL搭于梁的一端箍筋不加密。
5.未注明的吊筋均为2Φ14。
6.WKL中的非屋面梁部分按照框架梁施工。

添加文字说明

13.6.4 绘制板配筋图

梁配筋图绘制完成后，接下来需要绘制板配筋图，首先需要插入模板块，并在模板块上绘制对应的板配筋和相关标注，具体操作如下。

Step 01 将【4C板顶筋】图层设为当前图层，在命令行中输入PL命令绘制出板顶筋的图形，效果如下图所示。

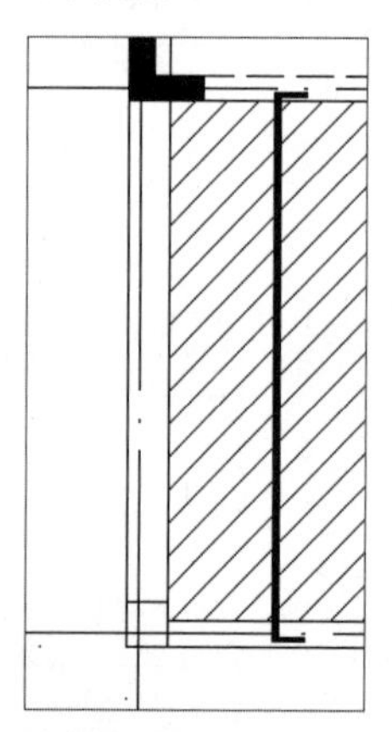

绘制板顶筋

Step 02 根据同样方法利用【多段线】命令绘制出另一形状附加筋即楼板正筋，效果如下图所示。

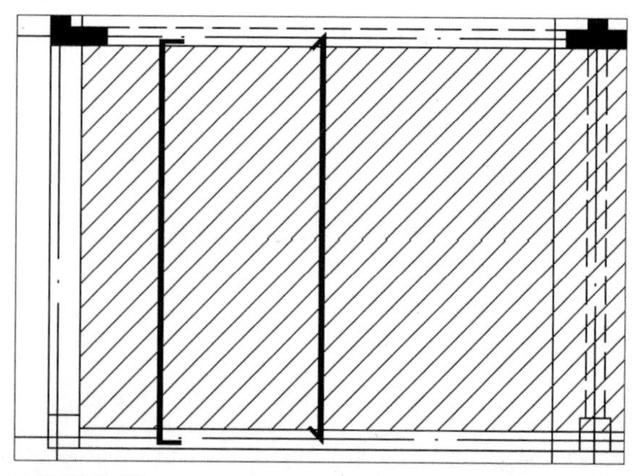

绘制楼板正筋

Step 03 在命令行中输入CO命令进行复制并绘制出其他板负筋。最后再复制板水平方向负筋，水平方向负筋也是两种负筋，一个楼板正筋一个是楼板负筋，是贯穿于整个楼板的，如下图所示。

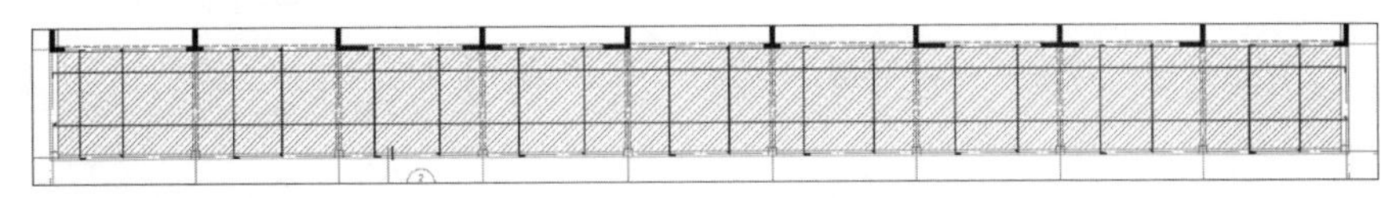

绘制负筋

Step 04 分别选定【楼板负筋文字】图层或【楼板正筋文字】图层，调用【单行文字】命令并在对应的位置输入钢筋符号及间距，效果如下图所示。

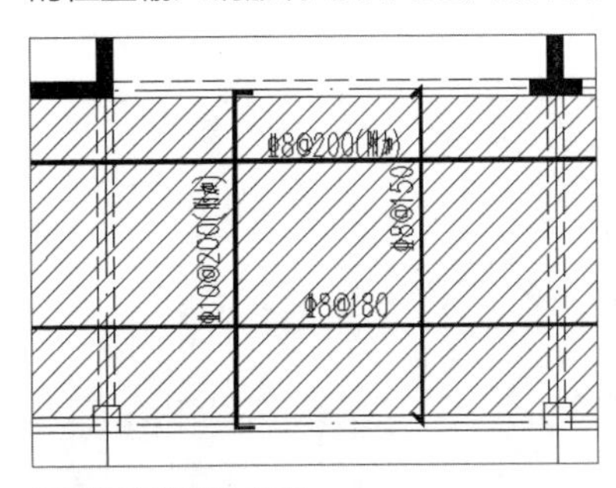

添加钢筋符号及间距

Step 05 绘制悬挑筋时同样是选择【4C板顶筋】图层，利用【多线】命令进行绘制，效果如下图所示。

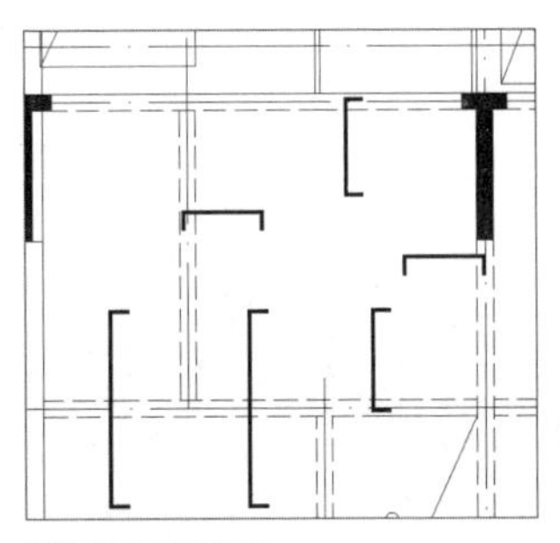

绘制楼板悬挑筋

Step 06 分别绘制出一边悬挑和两边悬挑，然后添加标注及尺寸说明，如下图所示。

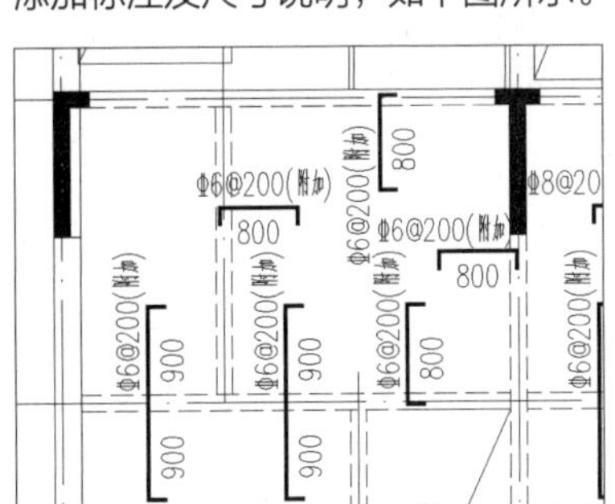

添加标注说明

Step 07 将整个楼板钢筋绘制完成，在图外侧输入对应的文字说明，如下图所示。

说明：

1. 未注明板厚均为120；未注明板顶标高为-0.130；未特别注明梁按轴线居中定位或贴墙柱边齐。
2. 本层板顶配筋为采用"通长配筋+局部附加"的配筋方式，通长配筋为Φ8@200，附加钢筋与通长钢筋间隔布置。未示意板底钢筋为Φ8@200双向。
3. 水暖井、电井、管井预留插筋，待设备安装完毕后封堵；烟道、通气孔详建施标注。
4. 隔墙下端未设置梁时，在该处板底附加 2Φ14钢筋，锚入两侧梁内或墙内。
5. ▨ 填充部分板厚为130，板顶标高为-0.500。

添加文字说明

Step 08 至此，将整个板配筋图绘制完成，最终效果如下图所示。

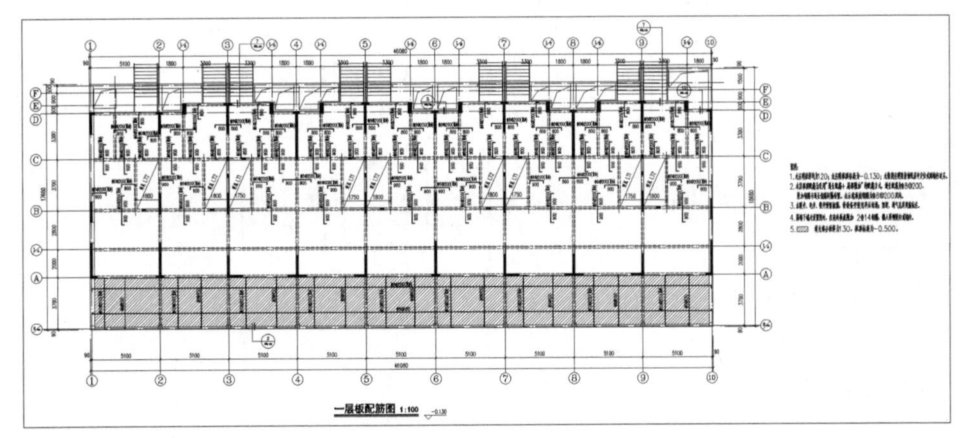

一层板配筋图

13.7 绘制其他层梁配筋图和板配筋图

一层梁配筋图和板配筋图绘制和标注完成后，用户可以仿照相同的制作方法绘制其他层的梁配筋图和板配筋图层。

13.7.1 绘制二层梁配筋图和板配筋图

下面介绍如何绘制二层梁配筋图和板配筋图的操作，具体如下。

Step 01 仿照绘制一层梁配筋图的方法绘制二层梁配筋图，效果如下图所示。

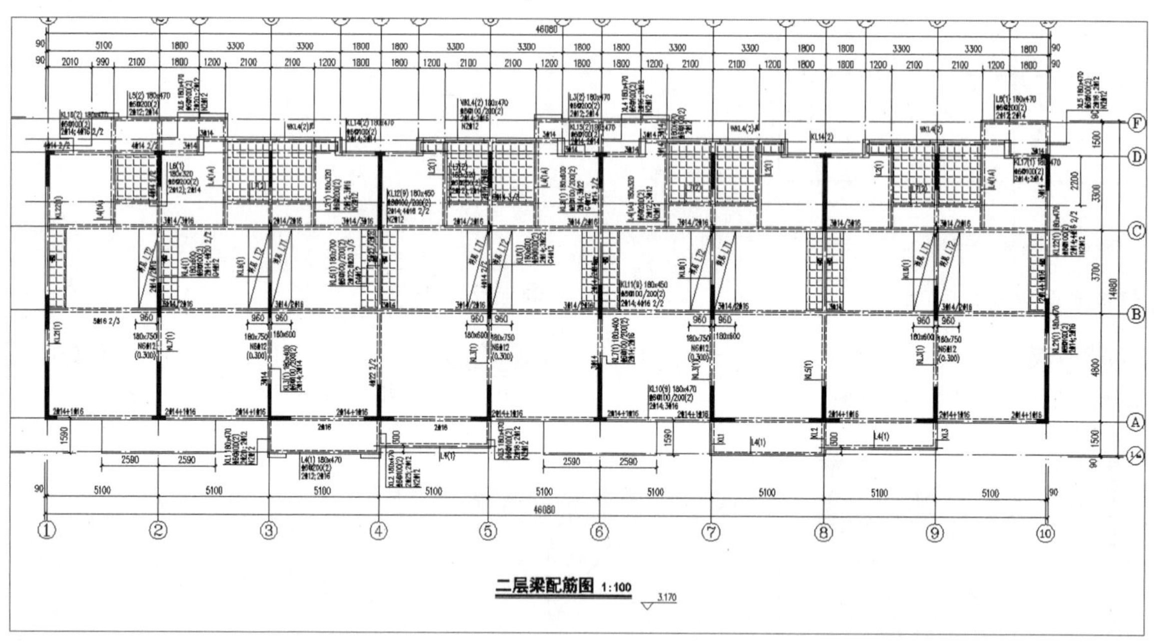

二层梁配筋图

Step 02 仿照绘制一层板配筋图的方法绘制二层板配筋图，效果如下图所示。

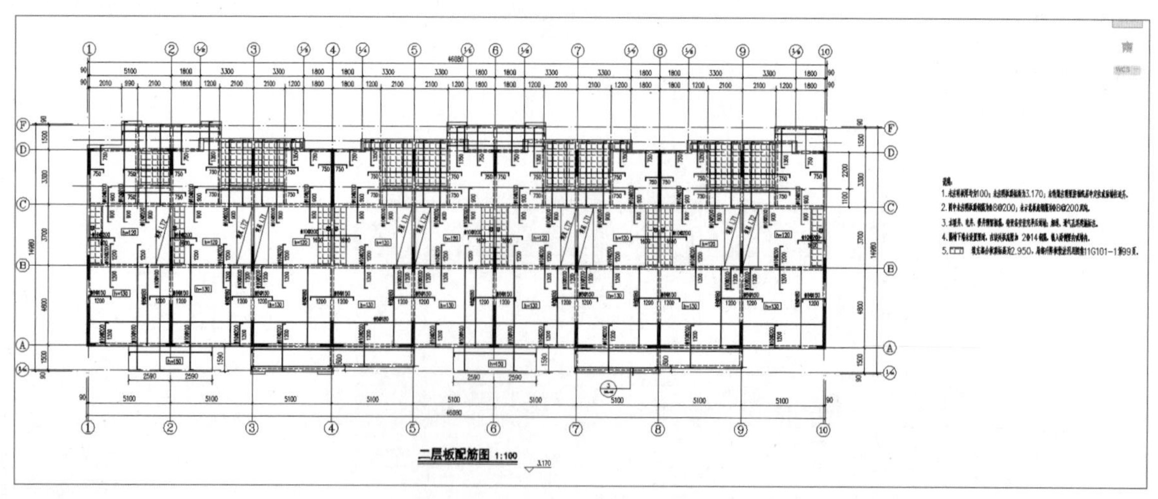

二层板配筋图

13.7.2 绘制三层梁配筋图和板配筋图

本小节将介绍三层梁配筋图和板配筋图的绘制，具体如下。

Step 01 仿照绘制梁配筋图的方法再绘制三层梁配筋图，效果如下图所示。

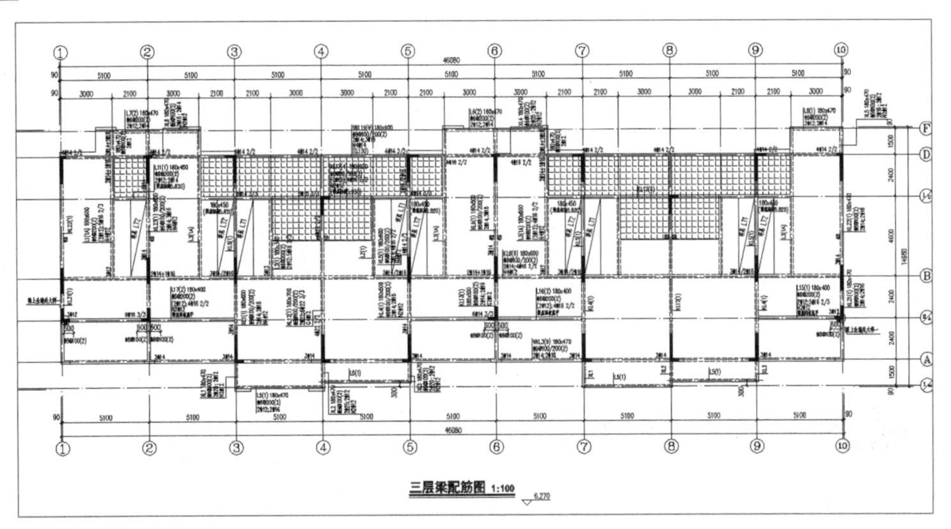

三层梁配筋图

Step 02 仿照绘制板配筋图的方法再绘制三层板配筋图，效果如下图所示。

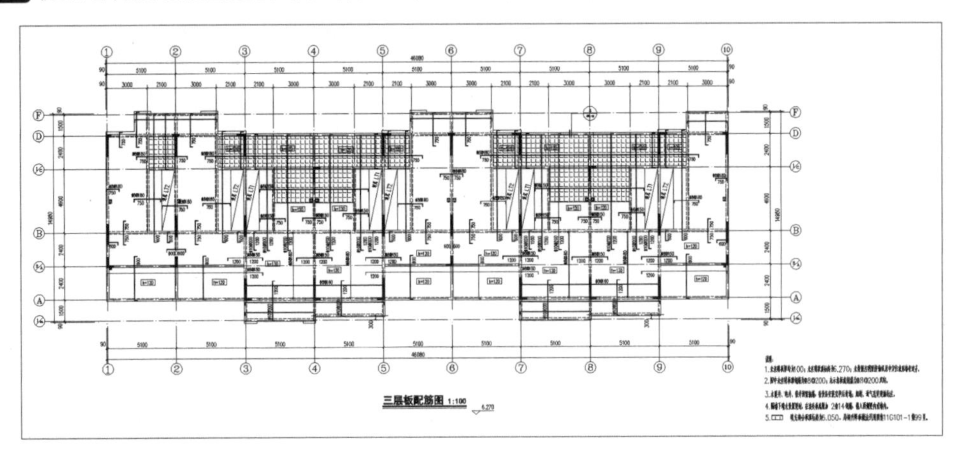

三层板配筋图

13.8 绘制屋顶梁配筋图和板配筋图

本节将介绍屋顶的梁配筋图和板配筋图的绘制，在绘制梁配筋图和板配筋图时，均需要沿用屋顶平面图的轴网、轴号和屋脊等结构作为模板。

13.8.1 插入模块

首先介绍模块的插入，即将之前绘制的屋顶平面图复制并删除不需要的部分，创建块后直接插入即可进行下一步的操作。

Step 01 复制之前绘制的建筑平面图，可以选择平面图中的基本模型，即删除一些设备的楼层大样图。在命令行中输入I命令插入到结构图中，如下图所示。

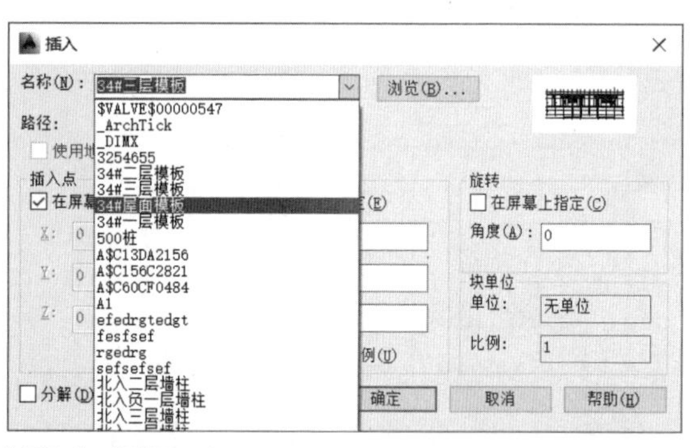

【插入】对话框

Step 02 将模板块插入到图中，因此可以直接省略绘制墙体以及楼梯等图形，效果如下图所示。

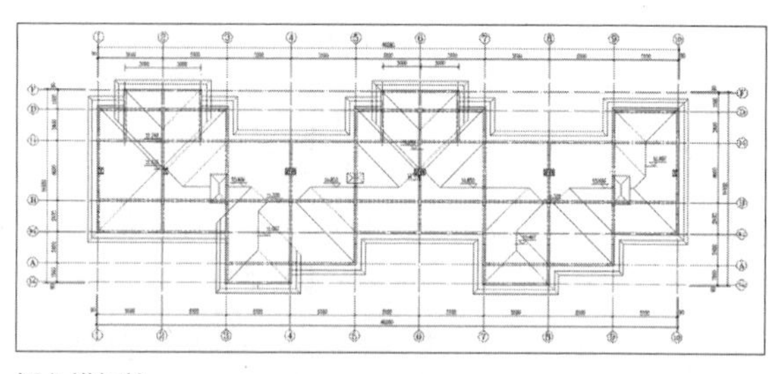

插入模板块

13.8.2 绘制梁标注和通长筋标注

插入模块并进行填充处理后，本小节将介绍梁标注以及通长筋标注的绘制操作，具体操作步骤如下。

Step 01 将HIDE图层设为当前图层，在命令行中输入L命令绘制引出线，在菜单栏中执行【绘图】>【文字】>【单行文字】命令在引出线一侧输入梁型号说明，如下图所示。

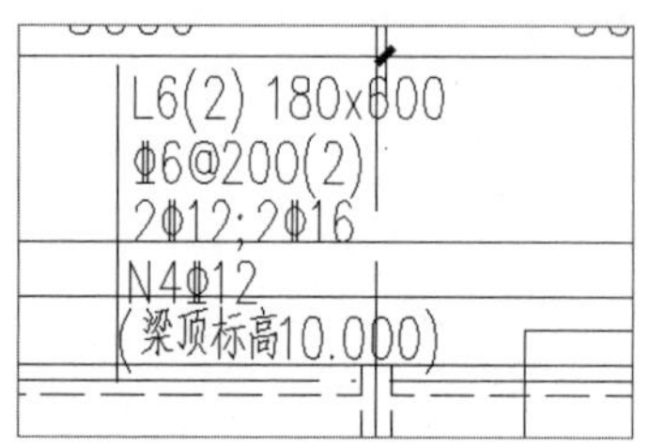

添加钢筋符号

Step 02 相同的梁直接引出直线标注，输入梁的型号即可，这样在绘制完成之后不会因梁的具体标注太多而显得整张图很杂且很乱，如下图所示。

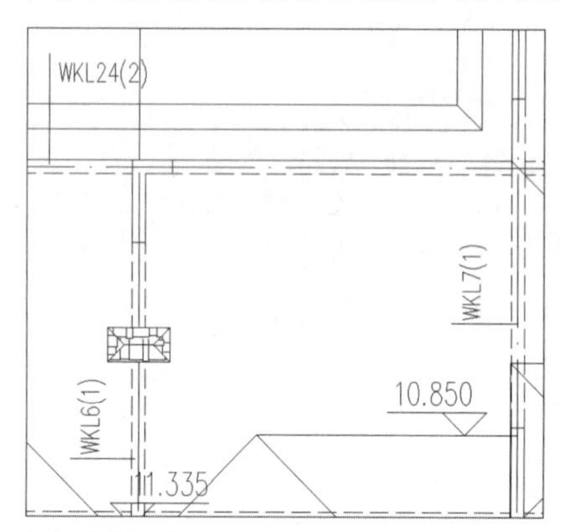

添加文字标注

Step 03 采用相同的方法将其他梁添加文字说明，相同的梁直接用梁型号标注，如下图所示。

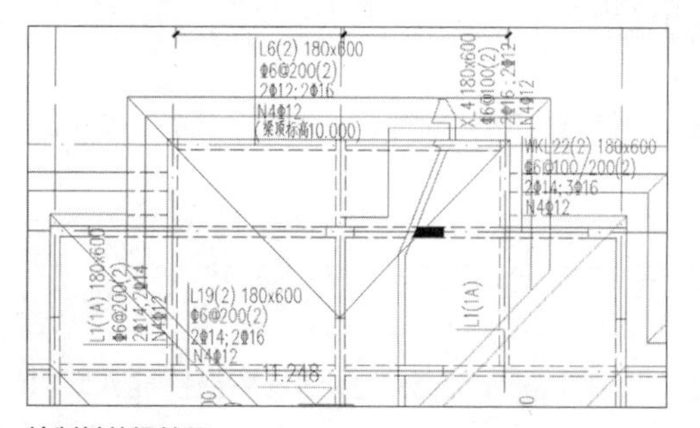

绘制其他梁符号

Step 04 绘制梁的通长筋时，不需要直线标注，直接在梁上绘制文字即可，文字的方向同梁方向一致，如下图所示。

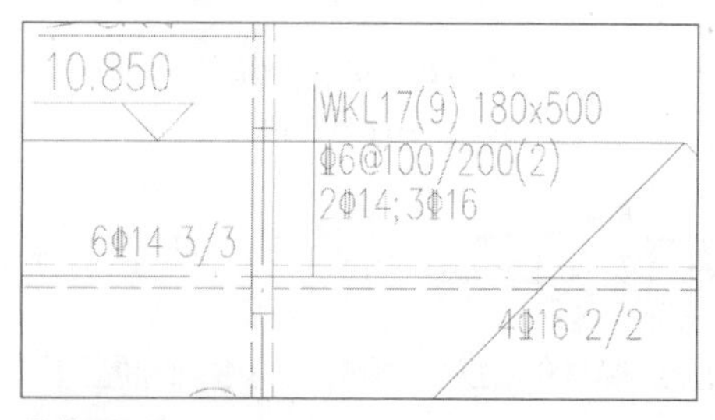

绘制通长筋

Step 05 根据相同的方法将所有的梁标注完成，效果如下图所示。

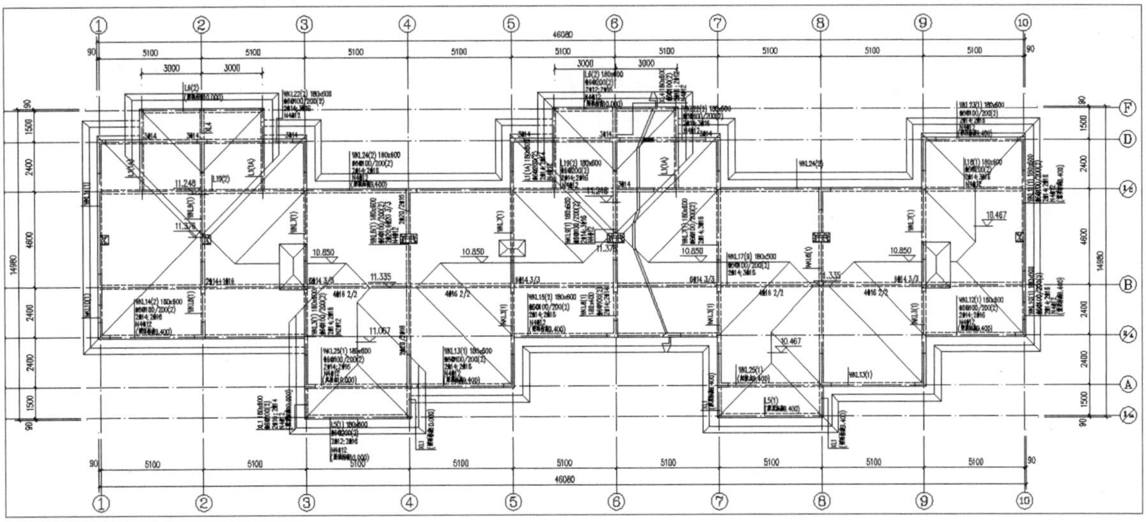

标注其他的梁

Step 06 将TEXT图层设为当前图层，在菜单栏中执行【绘图】>【文字】>【单行文字】命令，分行绘制相关的文字说明，如右图所示。

说明:
1.除注明外，梁顶标高同本层板顶标高。
2.主次梁相交时，主梁在次梁每侧加密箍3道，密箍直径肢数同主梁箍筋。
3.悬挑梁（XL）底部钢筋按框架梁锚固。
4.KL搭于梁的一端箍筋不加密。
5.未注明的吊筋均为2Φ14。
6.WKL中的非屋面梁部分按照框架梁施工。

添加文字说明

13.8.3 绘制板配筋图

梁配筋图绘制完成后，接着需要绘制板配筋图，这里一样需要插入模块，并在模块上绘制对应的板配筋及相关标注，下面将介绍具体操作方法。

Step 01 将【4C板顶筋】图层设为当前图层，在命令行中输入PL命令绘制出板顶筋，如下图所示。

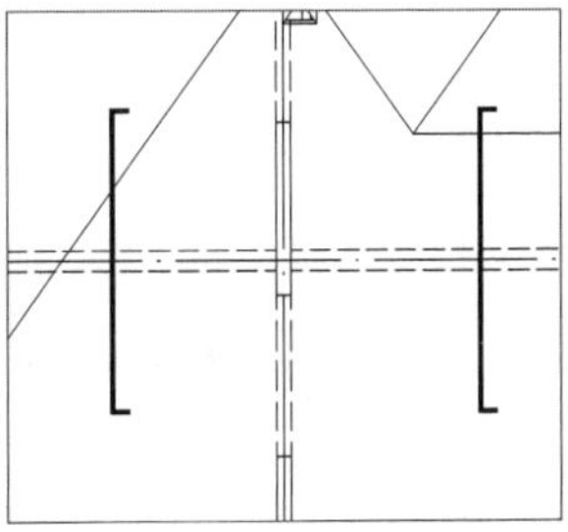

绘制板顶筋

Step 02 在命令行中输入CO命令复制并绘制出其他板负筋，效果如下图所示。

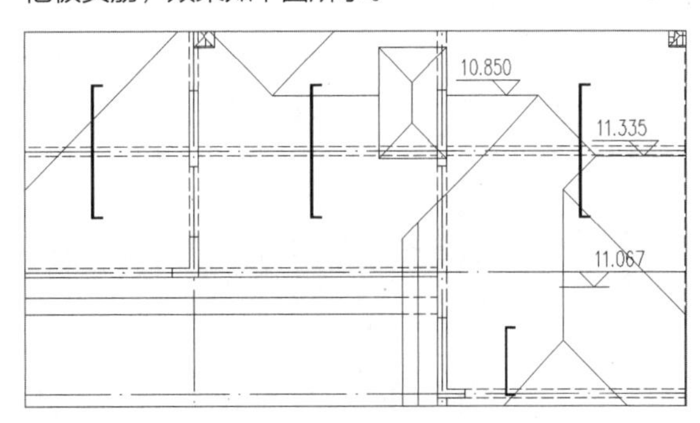

绘制负筋

Step 03 分别选定【楼板负筋文字】图层或【楼板正筋文字】图层，调用【单行文字】命令在对应的位置输入钢筋符号及间距，如下图所示。

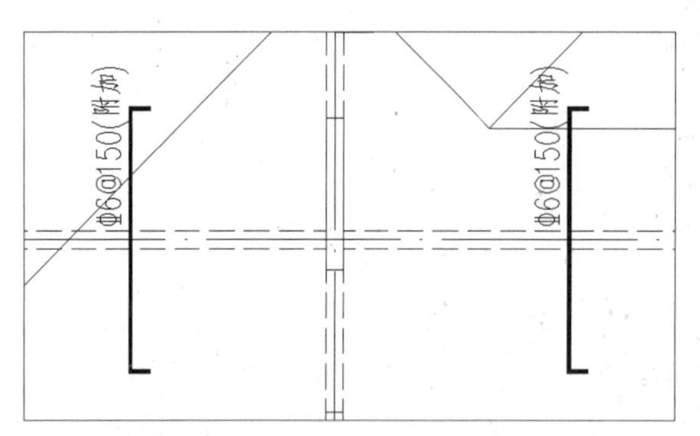

添加钢筋符号及间距

Step 04 分别绘制出一边悬挑和两边悬挑，然后添加标注及尺寸说明，如下图所示。

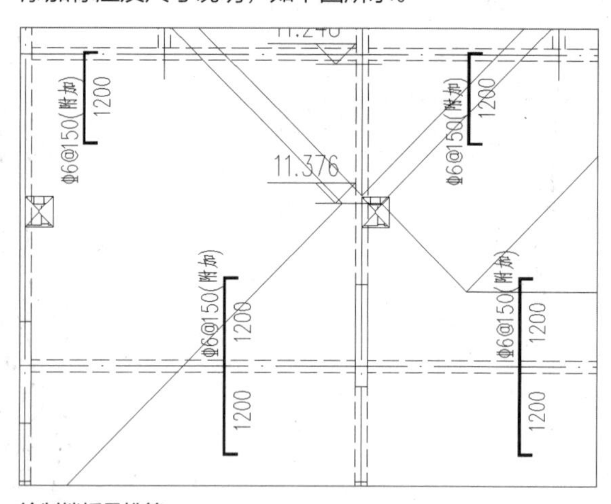

绘制楼板悬挑筋

Step 05 将整个楼板钢筋绘制完成，在图外侧输入相关的文字说明，如下图所示。

说明：
1. 未注明板厚均为120；未特别注明梁按轴线居中定位或贴墙柱边齐。
2. 本层配筋为双层双向Φ8@150。
3. 水暖井、电井、管井预留插筋，待设备安装完毕后封堵；烟道、通气孔详建施标注。

添加说明

Step 06 将【4F板厚标注】图层设为当前图层，调用【矩形】命令绘制矩形，然后将文字输入在矩形框内，再将板厚绘制到每个板上，效果如下图所示。

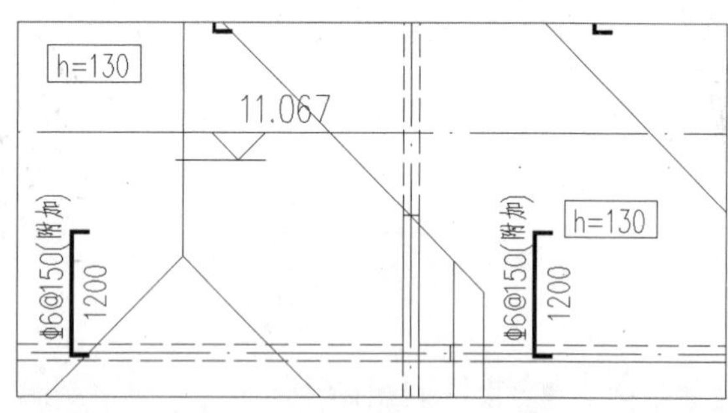

绘制板厚标注

Step 07 至此，屋顶板配筋图绘制完成，最终效果如下图所示。

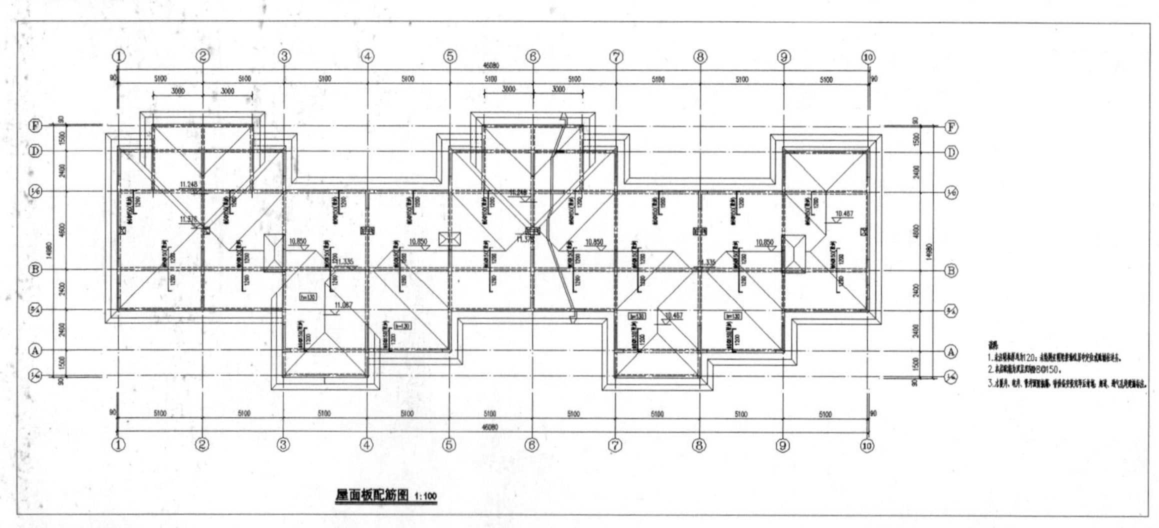

屋顶板配筋图